Die elektrische Kraftübertragung

Von

Dipl.-Ing. Herbert Kyser
Oberbaurat

Dritter Band
Bau und Betrieb des Kraftwerkes

Erster Teil
**Die maschinellen Einrichtungen für Dampf, Rohöl, Gas und Wasser
Vorarbeiten, Entwurfsgestaltung und Betriebsführung**

Dritte
vollständig umgearbeitete und erweiterte Auflage

Mit 380 Abbildungen und 50 Zahlentafeln

Springer-Verlag Berlin Heidelberg GmbH

1936

ISBN 978-3-662-36135-1 ISBN 978-3-662-36965-4 (eBook)
DOI 10.1007/978-3-662-36965-4

Vorwort.

Einem vielseitigen Wunsch der Fachkollegen folgend ist der III. Band des vorliegenden Werkes bei seiner Neubearbeitung in zwei Teile aufgeteilt worden, um ihn handlicher zu gestalten und für die Praxis leichter benutzbar zu machen. Es werden nunmehr die maschinellen und elektrischen Anlageteile getrennt behandelt.

Die großen Fortschritte der letzten Jahre auch auf dem Gebiet aller maschinellen Einrichtungen neuzeitiger Kraftwerke bedingten eine vollständige Neubearbeitung. Bei der außerordentlichen Vielgestaltigkeit der Einzelteile konnte nicht auf alle Einzelheiten eingegangen werden. Das hätte das Werk nur unnötig belastet und unübersichtlich gemacht. Trotzdem ist versucht worden, nach den Erfahrungen des Betriebes dem Elektroingenieur auch aus dem Maschinen- und Baugebiet das zu vermitteln, was ihm für die Aufstellung von neuen Kraftwerksentwürfen, für die Erneuerung oder Erweiterung bestehender Anlagen, für die Begutachtung von Vorschlägen und die Überprüfung von Angeboten als Rüstzeug zur Verfügung stehen muß. Nicht immer ließ es sich dabei vermeiden, kleine Wiederholungen zu bringen, um das Studium zu erleichtern und das oft lästige Zurückgreifen auf bereits Gesagtes zu beschränken.

Die betriebswissenschaftliche Bearbeitung von Wärmekraftanlagen ist dem Elektroingenieur zumeist weniger geläufig. Hier soll ihm der dritte Band helfend zur Seite stehen, ohne ihn mit theoretischen Abhandlungen zu belasten, die durchzuarbeiten ihm zumeist Zeit und Ruhe fehlen. Ähnliches gilt für betriebstheoretische Feststellungen bei den Wasserkraftanlagen.

Formeln, soweit sie für die Beurteilung der Betriebswirtschaft erforderlich sind, wurden kurz erläutert, um sie besser verwerten zu können, und den Einfluß ihrer einzelnen Glieder zu übersehen.

Beschreibungen von Patenten und Konstruktionen sind wiederum vollständig fortgelassen worden.

Nicht unerwähnt soll bleiben, daß in der gewählten Stoffbehandlung auch auf die Jungingenieure und Studierenden besonders Rücksicht genommen wurde, um ihnen die Einführung in die Praxis auch auf diesem Gebiet zu erleichtern.

Den Wünschen meiner Fachkollegen um Vervollständigung mancher Abschnitte bin ich mit besonderem Dank auch an dieser Stelle für das mir entgegengebrachte Interesse gerne gefolgt. Um das Formelverzeichnis und das ausführlich gehaltene Sachregister beim Studium des dritten Bandes bequem zur Hand zu haben, sind einem ebenfalls mehrfach geäußerten Wunsch entsprechend beide zu einer Anlage zusammengefaßt und so beigeheftet worden, daß sie herausgenommen und besonders benutzt werden können.

Zu danken habe ich weiter den Firmen, die mich durch Überlassung technischer Angaben und Bildvorlagen unterstützten, insonderheit der Verlagsbuchhandlung Julius Springer für die große Mühe und wertvolle Beihilfe bei der Bearbeitung und Drucklegung auch dieses Bandes.

Eine berechtigte Freude ist es mir, meinen Sohn, Dipl.-Ing. Karl Heinz Kyser, erstmalig als Mitarbeiter erwähnen zu können, der mir bei der Durchsicht der Handschrift, beim Korrekturlesen und besonders bei der Formelbearbeitung mit dem Buchstabenverzeichnis wesentlich geholfen hat.

Weimar, im Juli 1936.

Kyser.

Inhaltsverzeichnis.

Dritter Abschnitt.

Die Dampfkesselanlagen.

Vierter Abschnitt.
Die Kolbenkraftmaschinen.

Fünfter Abschnitt.
Die Wasserkraftanlagen.

Druckfehlerberichtigung.

Seite 165, Zeile 24 von oben nicht „H", sondern $H_{u,\,n}$ = nutzbar gemachte
Wärmemenge.
Seite 259, Zeile 4 von unten nicht „sind", sondern „und Schnellgang".

Das Stromversorgungsgebiet.

1. Die Belastungsverhältnisse.

In Deutschland ist die Elektrizitätsversorgung bereits bis in die kleinsten und entlegensten Dörfer vorgedrungen. Für Beleuchtungszwecke ist das Gas fast vollständig verdrängt. Für Kraftzwecke in industriellen und gewerblichen Betrieben, in der Landwirtschaft und sonstigen ortsfesten Anlagen wetteifert jedoch nur für kleine Leistungen noch der Rohöl- oder Dieselmotor mit dem Elektromotor. Lediglich für Wärmezwecke im Großen ist die Stromverwendung noch gering. Infolge dieser außerordentlichen Verbreitung, die die Nutzanwendung elektrischer Energie gefunden hat, wurden die vorhandenen Kraftwerke entsprechend ausgebaut, so daß Neubauten in Deutschland nur noch vereinzelt ausgeführt werden. Daher kommt der entwerfende Elektroingenieur heute nicht mehr so häufig und allgemein dazu, sich mit der schwierigsten, aber auch mit der interessantesten Aufgabe der elektrischen Kraftübertragung befassen zu müssen, ein Kraftwerk mit allen seinen Einzelheiten zu bearbeiten und zu bauen. An ihre Stelle ist eine neue, unzweifelhaft gleich interessante Aufgabe getreten, die in der fortgesetzten Neugestaltung, der Erweiterung und dem Zusammenschluß vorhandener Kraftwerke besteht. Das Betätigungsfeld auf diesem Gebiet ist so umfangreich, daß es heute nicht mehr vom Elektroingenieur allein beherrscht werden kann. Es treten betriebstechnische und betriebswirtschaftliche Fragen oft größten Ausmaßes hinzu, die nur von Sonderfachleuten bearbeitet und beantwortet werden können. Als Leiter größerer und größter elektrischer Kraftübertragungsanlagen wird aber letzten Endes stets ein Elektroingenieur tätig sein müssen, da im Grunde genommen immer elektrotechnische und elektrowirtschaftliche Einzelheiten für das Zusammenwirken aller Anlageteile den Ausschlag geben. Die Betriebsgestaltung, die Betriebsführung und das wirtschaftliche Ergebnis verlangen reiches Wissen, umfangreiche Erfahrungen, gute Beurteilungsgabe für andere Betriebe, wirtschaftliches Denken, Entschlossenheit und zielbewußtes Handeln.

Im III. Band werden Forderungen und Erfahrungen aus dem Gesamtbetrieb elektrischer Kraftwerksanlagen die Grundlagen für die Bearbeitung der einzelnen Abschnitte bilden. In dieser Form wird es dann leichter sein, das zu erkennen, was zur Beurteilung von Stromerzeugungsanlagen in ihrem jeweiligen Zustand, für Erweiterungen, Zusammenschlüsse, Betriebsführung, Lastverteilung und Wirtschaftlichkeit von besonderer Bedeutung ist. Daraus werden weiter

Folgerungen für Erweiterungen und letzten Endes solche für die Entwurfsbearbeitung von Neuanlagen leichter gezogen werden können. Oftmals wird sich dabei zeigen, daß die Anforderungen, die der Betrieb an die Einrichtungen der Stromerzeugungsanlagen stellt, sogar neue Entwürfe bis zur vollständigen Umgestaltung beeinflussen, wenn sie in richtiger und bestimmender Form herangezogen und bewertet werden. Neben unbedingter Betriebssicherheit und schnellster Betriebsbereitschaft sind schließlich die Stromselbsterzeugungskosten und die Wirtschaftlichkeit die bestimmenden Richtlinien.

Allen Feststellungen voran werden zunächst die Lastverhältnisse der mit Strom zu versorgenden Gebiete einer Beurteilung unterzogen. Ihnen muß die Stromerzeugungsanlage jederzeit genügen, wenn es sich um öffentliche Stromversorgung handelt.

Es ist bekannt und im I. und II. Band wiederholt erwähnt worden, daß die Belastung eines Werkes — die Netzlast — innerhalb 24 Tagesstunden außerordentlich schwankt, sich jeder Tag von dem folgenden im Verlauf der Belastung sowohl nach der Höhe der Leistung als auch nach ihrer zeitlichen Beanspruchung unterscheidet, die Sommermonate bedeutende Abweichungen gegenüber den Wintermonaten aufweisen, ein neues Jahr schließlich wesentlich andere Verhältnisse bringen kann. Jedes Versorgungsgebiet hat zudem seine Eigenart, entsprechend seinen volkswirtschaftlichen und allgemeinwirtschaftlichen Verhältnissen. Ländliche Bezirke haben einen anderen Lastverlauf als Städte kleineren, mittleren oder größeren Umfangs. Der Einfluß der angeschlossenen Groß- oder Kleinindustrie verändert den Verlauf der Belastung unter Umständen ausschlaggebend. Wesentlich mitbestimmend für den Belastungsverlauf zu allen Zeiten eines Betriebsjahres ist die Verwendung elektrischer Energie für Koch- und Heizzwecke im Haushalt, für elektrochemische und elektrometallurgische Aufgaben im Großbetrieb, für den Betrieb von Klein- und Großbahnen u. dgl. Die vorauszuschätzende Weiterentwicklung des Stromversorgungsgebietes schließlich bestimmt die erforderliche Größe der Kraftwerksanlagen und die Deckung des Strombedarfes in Verbindung mit Aushilfs- und Sicherungseinrichtungen. Die störungsfreie Betriebsführung für ein Stromversorgungsgebiet ist daher auch eine der bevorzugten Aufgaben, die dem Elektroingenieur gestellt werden können. Hier gehört schon für kleinere Anlagen, ganz besonders natürlich für Anlagen größeren und größten Ausmaßes ein ganzer Mann auf den Posten, soll die unbedingt zu fordernde Betriebssicherheit einmal im Hinblick auf die Folgen auch der geringsten Störung, dann aber auch für eine befriedigende Weiterentwicklung des Stromabsatzes gewährleistet sein und gegebenenfalls schneller und weittragender Entschluß gefaßt werden müssen.

Aus dieser kurzen Skizze ist schon zu erkennen, daß die Feststellung, für welche Leistung ein neu zu entwerfendes Kraftwerk zu bauen ist, wie die einzelnen Maschinengrößen zu bemessen, welche Reserven vorzusehen sind oder wie eine Erweiterung zur Durchführung zu bringen ist, sorgfältige Überlegung, Untersuchung und rechnerische Beurteilung aller Möglichkeiten erfordert, soll ein Grundfehler vermieden werden, das Kraftwerk erstmalig entweder zu klein oder zu groß oder eine Erweiterung unzweckmäßig zu wählen. Ein zu kleines Kraftwerk erfordert schon nach verhältnismäßig kurzer Betriebszeit wesentliche bauliche und maschinelle Erweiterungen, die zunächst aufgestellten Maschinen, Kessel und sonstigen Einrichtungen werden in ihren Leistungsverhältnissen wirtschaftlich zu ungünstig und der Betrieb an sich kann unter Umständen stark beeinträchtigt werden. Ein zu großes Kraftwerk andererseits arbeitet infolge des schlechten Jahreswirkungsgrades mit zu hohen Selbsterzeugungskosten, muß, um eine genügende Verzinsung und Abschreibung der Anlagewerte herauszuwirtschaften, bei öffentlicher Stromabgabe unverhältnismäßig hohe Strompreise verlangen und beeinträchtigt dadurch nicht nur den anfänglichen Stromabsatz, sondern kann die ganze Entwicklung auf Jahre hinaus in Frage stellen. Bei Erweiterungen ist auch zu prüfen, ob nicht Strombezug von anderen Werken bei entsprechender Betriebsumstellung im eigenen Werk vorteilhafter ist.

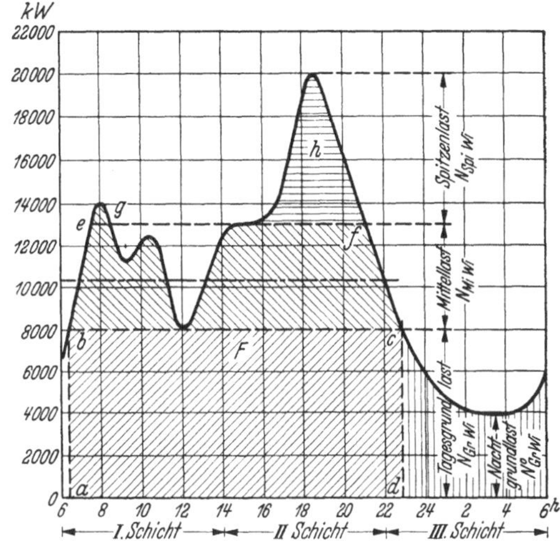

Abb. 1.

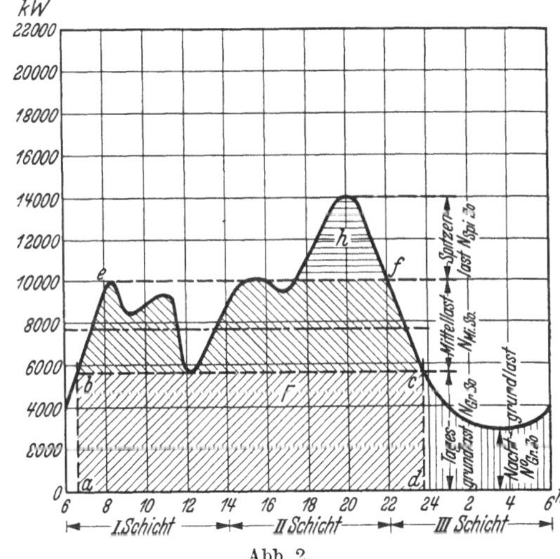

Abb. 2.

Abb. 1 und 2. Winter- und Sommerlastverlauf.
Lasteinteilung.

Die Lastverhältnisse sind so wesentlich bestimmend, daß es notwendig ist, aus den vielfach gebrauchten Bezeichnungen Grundbegriffe festzulegen, die Mißverständnisse ausschließen und klare Verhältnisse schaffen.

Auf den 24stündigen Betriebstag bezogen soll bezeichnet werden als:

Lastverlauf die Kennlinie der wechselnden Belastung,

4 Das Stromversorgungsgebiet.

Zahlentafel 1. Auswertung des Lastverlaufes für Abb. 1 und 2.

Bezeichnungen	Sommer (So)					Winter (Wi)				
	Fläche	Leistung		Arbeitsmenge		Fläche	Leistung		Arbeitsmenge	
		kW	vH	kWh	vH		kW	vH	kWh	vH
Tagesgrundlast N_{Gr}	$a\,b\,c\,d$	5600	40,0	96000	51,6	$a\,b\,c\,d$	8000	40,0	132000	53,2
Mittellast N_{Mi}	$b\,e\,f\,c$	4400	31,5	56000	30,2	$b\,e\,f\,c$	5000	25,0	62000	25,0
Spitzenlast N_{Spi}	h	4000	28,5	12000	6,4	h	7000	35,0	19000	7,7
Kleinstlast N^{0}_{Gr}	$c\,d\,a\,b$	3000	21,4	22000	11,8	$c\,d\,a\,b$	4000	20,0	35000	14,1
Höchstlast N_H	—	14000	100,0	186000	100,0	—	20000	100 0	248000	100,0
Durchschnittslast $N_{mitt.}$	—	7750	55,5	—	—	—	10333	51,8	—	—
Lastverhältnis v	0,215					0,200				
Schwankung der Durchschnittslast .			7750	100 vH				10333	100 vH	
bis Höchstwert		14000	6250	+80,7 vH			20000	9667	+93,5 vH	
bis Mindestwert . . .		3000	4750	−61,2 vH			4000	6333	−61,3 vH	

Durchschnittslast die Belastung, die sich aus dem Gesamtarbeitsverbrauch eines Tages in kWh geteilt durch 24 ergibt,

Grundlast die Belastung, die während des größten Teiles des Betriebstages nicht unterschritten wird,

Höchstlast die größte Belastung des Tages,

Spitzenlast die größte über der Grundlast auftretende Belastung,

Kleinstlast (Nachtgrundlast) die auftretende kleinste Belastung,

Tagesgrundlast die Belastung, die zwischen bestimmten Tagesstunden nicht unterschritten wird, z. B. auf die Arbeitszeit der Belegschaft eines Kraftwerkes bezogen während der beiden Tagesschichten von 6 bis 22 Uhr,

$$\text{Lastverhältnis } v = \frac{\text{Kleinstlast}}{\text{Höchstlast}}. \quad (1)$$

In Abb. 1 und 2 sind diese Grundbegriffe für die Aufteilung der Belastungskennlinie eingezeichnet. Zwischen Spitzen- und Tagesgrundlast findet man häufig eine Zwischenbezeichnung „Mittellast", die die Spitzenlast noch sinnfälliger heraushebt. Die Last steigt vom Sommer zum Winter und fällt vom Winter zum Sommer, wobei die Höchstlast sich entgegengesetzt verschiebt entsprechend dem zeitlichen Auftreten der Stromentnahme für Beleuchtungszwecke. Die Sommermonate werden gerechnet vom April bis September; als Wintermonate gelten Januar bis März und Oktober bis Dezember. Einzelheiten zu diesen Grundbegriffen für Abb. 1 und 2 sind in Zahlentafel 1 zusammengestellt. Zunächst soll der Lastverlauf im allgemeinen für verschiedene Verhältnisse gezeigt und besprochen werden. Wie stark die Leistung innerhalb eines Betriebstages in den verschiedenen Absatzgebieten schwankt, zeigen die Kennlinien Abb. 3 bis 6. Sie beziehen sich vergleichsweise jedesmal auf den kürzesten Sommer- und den längsten Wintertag. Sonn- und Feiertage sind oft noch ungünstiger. Ergänzt man diese Tageskennlinien unter Berücksichtigung des sich mit jedem Monat ändernden Strombedürfnisses zu Monats- bzw. Jahreskennlinien (Abb. 7 bis 13), so sind die Belastungsverhältnisse für einen bestimmten Zeitabschnitt ziemlich genau feststellbar. Für ein neu zu entwerfendes Kraftwerk ist der Belastungsverlauf nur schätzungsweise oder an Hand praktischer Ergebnisse ähnlicher, schon länger im Betrieb befindlicher Werke gleicher Eigenart oder zum mindesten ähnlichen Versorgungsgebietes zu ermitteln. Diese Schätzungen sind wegen ihrer großen Ungenauigkeit sehr sorgfältig durchzuarbeiten, wenn sie einigermaßen sichere Unterlagen bilden sollen.

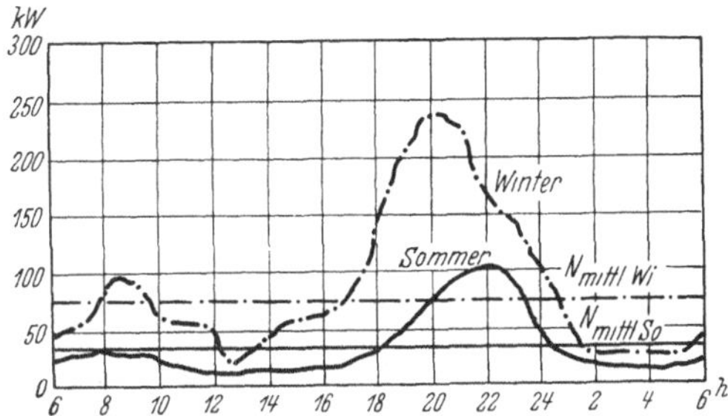

Abb. 3. Lastverlauf für ein kleines städtisches Elektrizitätswerk an einem Wochentage des hellsten und dunkelsten Monates, vorwiegend Licht- und Kleingewerbe-, ohne Industrieanschlüsse.

Abb. 3 zeigt den Lastverlauf eines kleinen städtischen Elektrizitätswerkes mit vorwiegendem Lichtstromverbrauch, wenigen kleinen Motoranschlüssen, ohne nennenswerte Industrie. Im Sommer tritt eine beachtenswerte Spitzenlast nur in der Zeit von 18 bis 23 Uhr ein. Im Winter dagegen zeigt der Lastverlauf zwei Spitzen. Zwischen den Spitzenlasten und den Kleinstlasten, die jedesmal des Nachts vorhanden sind, schwankt die Leistung. Die Maschinen müssen daher das Leistungsbedürfnis innerhalb recht weiter Grenzen decken, was bereits aus diesem einfachsten Fall zu ersehen ist. Diese Grenzen liegen:

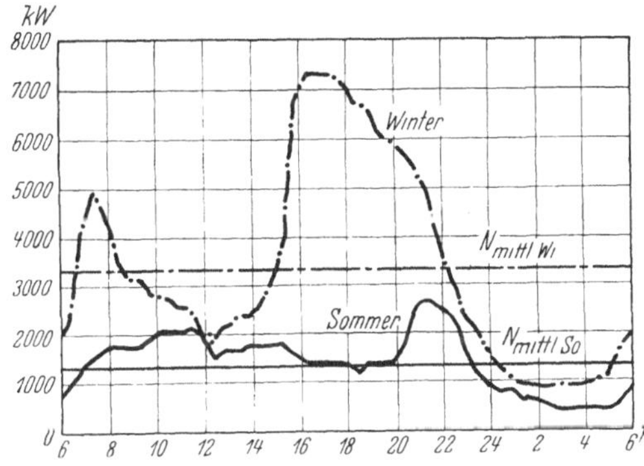

Abb. 4. Lastverlauf für ein mittleres städtisches Elektrizitätswerk an einem Wochentage des hellsten und dunkelsten Monates, vorwiegend Licht- und Gewerbe- ohne größere Industrieanschlüsse.

bei einer Durchschnittslast von	im Höchstwert bei:	im Mindestwert bei:
im Sommer 35 kW	100 kW = 186 vH +	10 kW = 71,5 vH −
im Winter 75 kW	235 kW = 214 vH +	25 kW = 66,8 vH −

Lastverhältnis $v = \dfrac{\text{Kleinstlast}}{\text{Höchstlast}}$ im Sommer $v_S = 0{,}1$, im Winter $v_W = 0{,}106$.

Für die Größe der Maschinen-Einzelleistung und die Ausnutzung der
Betriebsmittel (Maschinen, Transformatoren, Leitungen) ist dieses
Lastverhältnis v von ganz besonderer Bedeutung.

In Gegenüberstellung zur Abb. 3 sind in Abb. 4 die Lastkennlinien eines Mittelstadt-Elektrizitätswerkes wiederum unter
den gleichen Betriebs- und Anschlußverhältnissen wie für Abb. 3 gezeichnet. Die Schwankungen um die Durchschnittslast betragen hier:

bei einer Durchschnitts- last von:	im Höchstwert:	im Mindestwert:
im Sommer 1300 kW	2700 kW = 107,9 vH +	400 kW = 69,4 vH −
im Winter 3370 kW	7400 kW = 119,8 vH +	900 kW = 73 vH −

$$\text{Lastverhältnis: } v_S = 0{,}148, \quad v_W = 0{,}122\,.$$

Das Lastverhältnis ist etwas günstiger als bei dem Kleinstadtwerk.
Das liegt in dem stärkeren Lichtbedürfnis auch zu Nacht- und Mor-
genzeiten und in der zumeist etwas längeren Ausnützung der Anschlüsse
an sich d. h. der größeren Benutzungsdauer der Leistung.

Einen wesentlich abweichenderen Lastverlauf zeigen die Kennlinien der Abb. 5 für ein mittleres Überlandwerk zur Versorgung
mehrerer Stadt- und Landkreise. In den Sommermonaten, wenn die
Dreschzeit noch nicht begonnen hat, sind die Spitzen in den Vor-
mittags- und den Abendstunden verhältnismäßig gering und hervorgerufen durch das Arbeiten von Motoren in der Landwirtschaft. Im
Winter treten hier besonders starke Lichtspitzen auf. Die Grenzen der
Schwankungen betragen für die Kennlinien I und II:

bei einer Durchschnitts- last von:	im Höchstwert:	im Mindestwert
im Sommer 3800 kW	6700 kW = 76,5 vH +	1300 kW = 65,8 vH −
im Winter 7900 kW	16600 kW = 110 vH +	1700 kW = 78,5 vH −

$$\text{Lastverhältnis } v_S = 0{,}194, \quad v_W = 0{,}103\,.$$

Die Herbstlinie wird sich stark der Winterlinie nähern, weil der Dresch-
betrieb an die Stelle der Beleuchtung tritt, und mit Einsetzen der
Dunkelheit durch Übergang des einen in den anderen Stromverbrauch
die Spitzen nicht mehr stärker zur Ausprägung kommen. Dadurch
hebt sich auch der Wert der Grundlast. Die Sommerspitze tritt hier
in den Morgenstunden ein und ist durch die Industrie hervorgerufen.

Ein ganz anderes Bild zeigt der Lastverlauf der Abb. 6, der für
ein öffentliches Werk mit großem Industrieanschluß gilt. Die
Leistung, die der Industrie während ihrer festliegenden, im Sommer und
Winter zumeist gleichbleibenden täglichen Arbeitszeit zu liefern ist,
erhebt sich bzw. schwankt im Sommer wenig, im Winter etwas stärker
über einen festen Durchschnittswert und zeigt Kleinstwerte nur in den
Zeiten der Arbeitsruhe. Die sommerliche Beleuchtungsspitze fällt in die
Zeit des Industriestillstandes. Die Gesamtdurchschnittsbelastung des
Werkes ist daher wesentlich günstiger. Im Winter ist natürlich die
Stromabgabe für die Beleuchtung auf die Durchschnittsbelastung mit-
bestimmend. Aber auch hier zeigt die letztere einen günstigeren

Wert als für reine Lichtanlagen. Die Grenzen der Schwankungen betragen:

bei einer Durchschnitts- last von:	im Höchstwert:	im Mindestwert:
im Sommer 1200 kW	1650 kW = 37 vH +	300 kW = 75,0 vH −
im Winter 1700 kW	3400 kW = 100 vH +	380 kW = 77,6 vH −

Lastverhältnis $v_S = 0,182$, $v_W = 0,112$.

Die günstige Tagesbelastung und das Auftreten nur geringer Beleuchtungsspitzen heben die Durchschnittsbelastung außerordentlich. Es ist daher anzustreben, viel Industrie für Tagesbelastung als Stromverbraucher zu gewinnen. Kann auch durch Nachtstromabgabe noch weiter das starke Fallen der Lastlinie verhindert werden, dann wird die Kraftwerksausnutzung immer günstiger, der Durchschnittswert der Tagesbelastung mehr und mehr für alle Monate zu einem gleichbleibenden Höchstwert und dadurch die Wirtschaftlichkeit des Betriebes gehoben, weil die Grundlast sich dann der ständigen besten Maschinenausnutzung nähert, insbesondere die Benutzungszeit der Grundlast wesentlich erhöht wird.

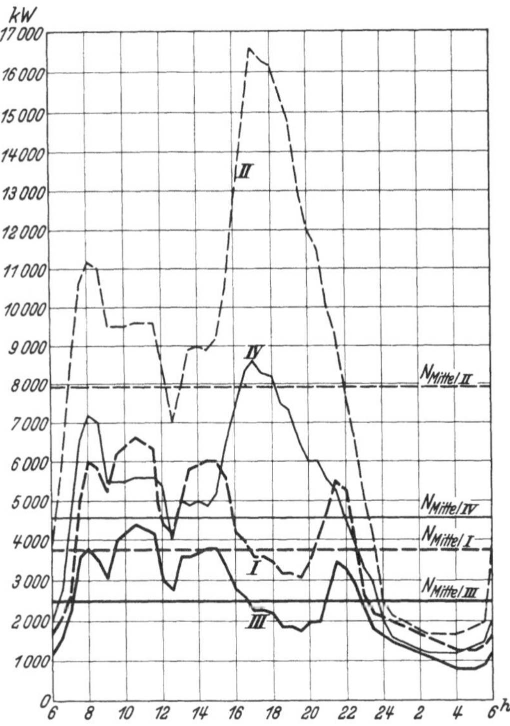

Abb. 5. Lastverlauf eines mittleren Kraftwerkes für Stadt- und Landbelieferung an einem Wochentage des hellsten und dunkelsten Monates.

Kennlinie *I* Stadt und Land im Sommer (7. VII.), *II* Stadt und Land im Winter (22. XII.), *III* Stadt im Sommer (7. VII.), *IV* Stadt im Winter (22. XII.).

Bahnbetrieb ist in allen diesen Lastkennlinien nicht mit berücksichtigt. Es würde durch die Leistungsabgabe für Bahnbetrieb die Tagesgrundbelastung weiter erhöht, aber auch die Spitzenbelastung je nach Zugfolge und Streckenverhältnissen gesteigert und zudem der Lastverlauf stark schwankend werden. Um letzteren auszugleichen, werden die im IV. Band beschriebenen Ausgleichsmaschinen (Puffereinrichtungen) zur Unterstützung der Hauptgeneratoren des Kraftwerkes aufgestellt oder besondere Bahngeneratoren benutzt. Die großen Landesversorgungsnetze, die heute besonders in Deutschland bestehen, sind gegenüber den Belastungen durch Vollbahnen bereits so unempfindlich, daß besondere Puffereinrichtungen nicht mehr erforderlich sind. Neuere Versuche gehen auch dahin, die besonderen Bahngeneratoren zu vermeiden, Drehstromverteilung zu benutzen und den Einphasenbahnstrom über Umformer oder Umrichter zu gewinnen.

Die Kennlinien der geringsten Sommer- und höchsten Winter-Tageslast hüllen die Lastkennlinien der anderen Tage des Betriebsjahres zumeist ein, so daß für rechnerische und betriebliche Untersuchungen diese beiden Kennlinien genügen. Das zeigen die Lastlinien der Abb. 7 für

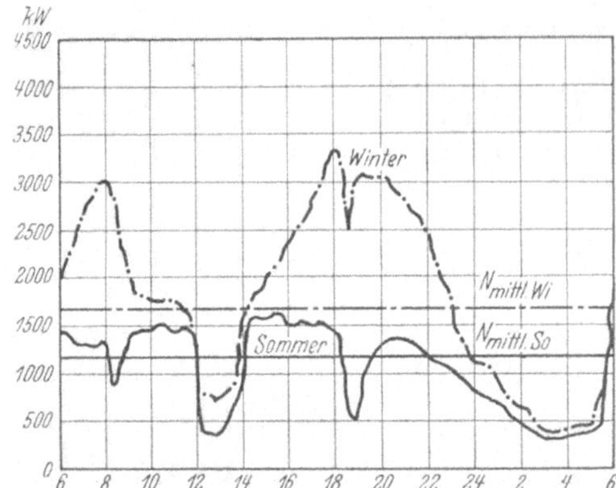

Abb. 6. Lastverlauf für ein Kraftwerk mit größeren Industrieanschlüssen an einem Wochentage des hellsten und dunkelsten Monates.

ein Kraftwerk mittlerer Leistung zur Versorgung einer Stadt und Abb. 8 zur Versorgung eines Überlandgebietes. Es ist hier der mitt-

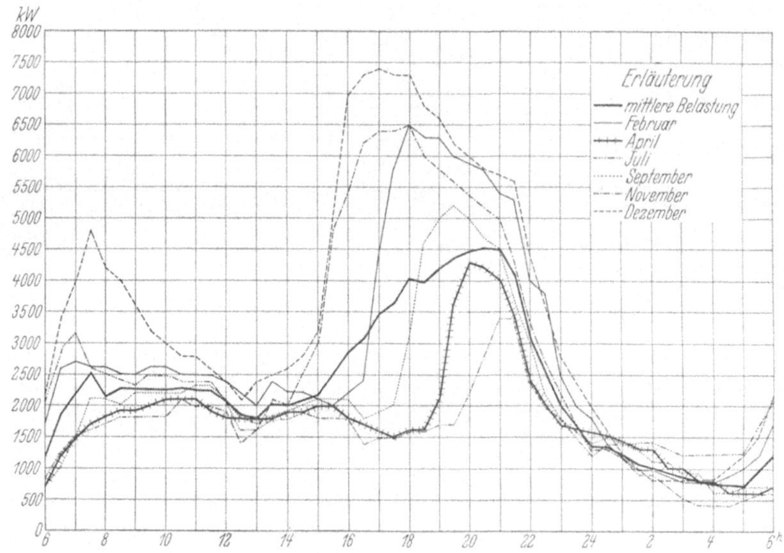

Abb. 7. Durchschnittlicher Monatslastverlauf eines Betriebsjahres für ein mittleres Kraftwerk mit vorwiegendem Licht- und Gewerbeanschluß ohne größere Industriebelieferung.

lere Tageslastverlauf für verschiedene, besonders beachtliche Monate des Jahres und aus diesen der mittlere Jahreslastverlauf gezeichnet. Man erkennt, wie sich die Kleinst- und Höchstlasten zueinander verschieben und wie sie wechseln. Dabei zeigt das Überlandnetz einen günstigeren Verlauf als das Stadtnetz. Es ist ferner aus Abb. 7 und 8 zu ersehen, daß ein mittlerer Jahreslastverlauf keine irgendwie möglichen Rückschlüsse auf den eigentlichen Monatslastverlauf zuläßt, also

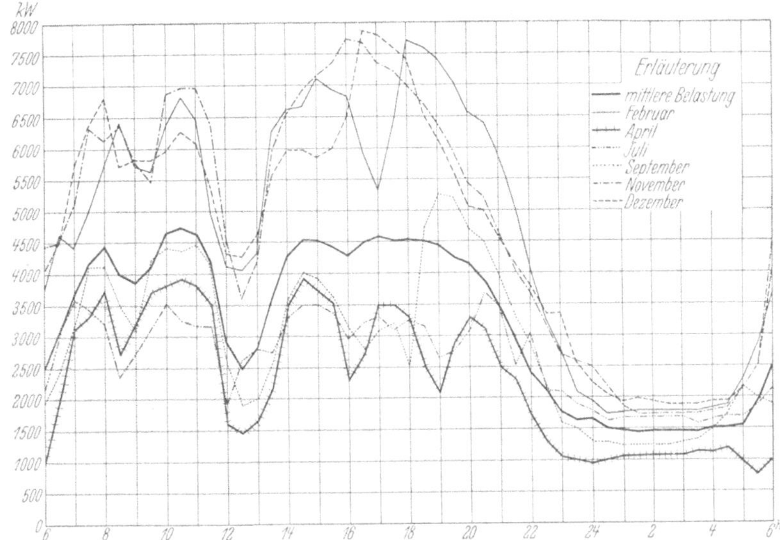

Abb. 8. Monatslastverlauf eines Betriebsjahres für ein mittleres Überlandwerk.

sowohl für betriebliche als auch für wirtschaftliche Feststellungen keine Grundlage bilden kann.

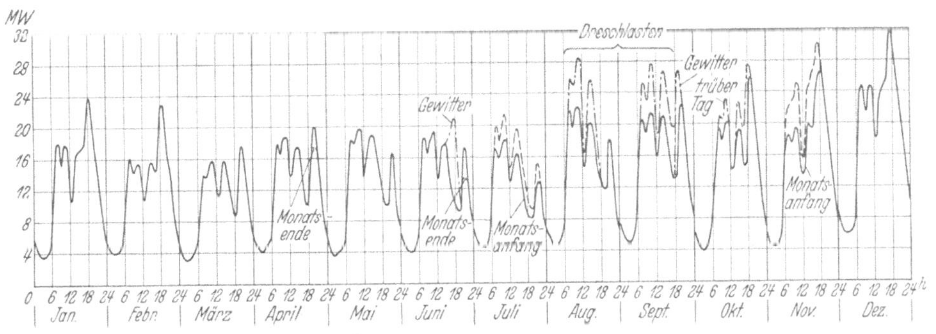

Abb. 9. Mittlerer Monatslastverlauf eines Betriebsjahres für ein größeres gemischtes Versorgungsgebiet (Fernstromversorgung).

Abb. 9 zeigt den mittleren Monatslastverlauf eines Betriebsjahres für ein Stromversorgungsgebiet größerer Ausdehnung, in welchem keine größeren Industrien angeschlossen sind, das aber sonst in allen Stromverbrauchsarten gemischt ist und auch Landwirtschaft mittlerer Ausdehnung umfaßt. Es sind Monats-Durchschnittskennlinien gewählt worden. Dort, wo sich zwischen den Tagen des Monatsanfanges und des

Monatsendes wesentliche Laständerungen zeigen, sind die entsprechenden Eintragungen ebenfalls gemacht. Sie sind für die Betriebsführung besonders beachtlich, so insbesondere für das Zu- und Abschalten von Maschinen, die Vorbereitung für Betriebsüberholungen, Kesselinstandsetzungen, Neubauten, bei Wasserkraftanlagen für die Wasserdarbietung, die Beschaffung von Zusatz- oder Ersatzleistung. Im Sommer ist auf das Auftreten plötzlicher Dreschbelastungen wesentlich Bedacht zu nehmen. Mit fortschreitender Jahreszeit können trübe Tage in den Früh- und Vormittagsstunden Überraschungen in der plötzlichen Lei-

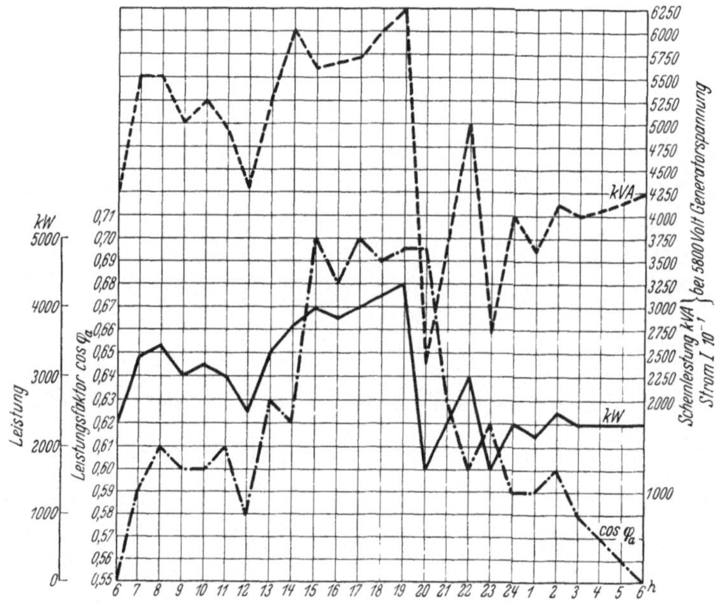

Abb. 10. Tageslastkennlinien (Dezember) eines mittleren Überlandkraftwerkes in kW und kVA mit Verlauf der Leistungsfaktoränderungen cos φa.

stungsanforderung bringen. Hierzu gehört auch das zumeist außerordentlich schnelle Lastansteigen bei Gewittern im Sommer. Für alle solche Fälle ist ein sorgfältig aufgezogener Wetterwarnungsdienst über das eigene Versorgungsgebiet vorteilhaft mit Anschluß an die benachbarten Gebiete, der heute mit den Flugwetterwarten zusammen schon sehr schnell und mit gutem Erfolg in den Betriebsdienst eines Kraftwerkes oder eines größeren Versorgungsgebietes eingegliedert werden kann, von nicht zu unterschätzender Bedeutung. Es gehört dazu ein gut ausgebautes Betriebsfernsprechnetz und straffe Durchführung der Meldeordnung. Die nach dieser Richtung aufzuwendenden jährlichen Betriebsausgaben sind zumeist nicht sehr hoch. An ihnen sollte im Interesse der Betriebsführung und der Betriebssicherheit nicht gespart werden.

Da heute der Akkumulatorenbatterie als Augenblicksreserve für die Werke der öffentlichen Stromversorgung kaum noch Bedeutung zukommt, weil als Stromart fast durchweg Drehstrom vorhanden ist oder gewählt werden wird, sind solche Betriebskennlinien für den Lastverlauf die Grundlage für die Kraftwerksgestaltung und die Hauptrichtlinie für die Betriebsführung.

Bei Drehstromerzeugung und -Verteilung sind weiter beachtlich der Verlauf des Leistungsfaktors und daraus die Kraftwerksbeanspruchung in kVA-Leistung, die für die Belastung der Maschinen, Transformatoren und Leitungen bestimmend ist. Um auch hierfür ein Beispiel zu geben, zeigt Abb. 10 den entsprechenden Kennlinienverlauf für ein Überlandkraftwerk mittlerer Größe an einem Dezembertage. Im Sommer wird der Lastverlauf wieder ungünstiger und auch der Leistungsfaktorverlauf zumeist noch schlechter. Die Mittel, letzteren zu verbessern und dadurch die Ausnutzung der Anlage zu steigern, sind im I. und II. Band bereits ausführlich besprochen worden.

Abb. 11 zeigt zum Vergleich mit Abb. 9 den Verlauf der Höchstlast an jedem Tage des Betriebsjahres für ein Stromversorgungsgebiet ähnlicher Größe und Eigenart wie das für Abb. 9 gewählte. Die Stromlieferung erfolgt aus Großkraftwerken über ein Höchstspannungsnetz an die einzelnen Elektrizitätswerke des Gebietes, die nur Grundlast abnehmen, die Spitzenlast

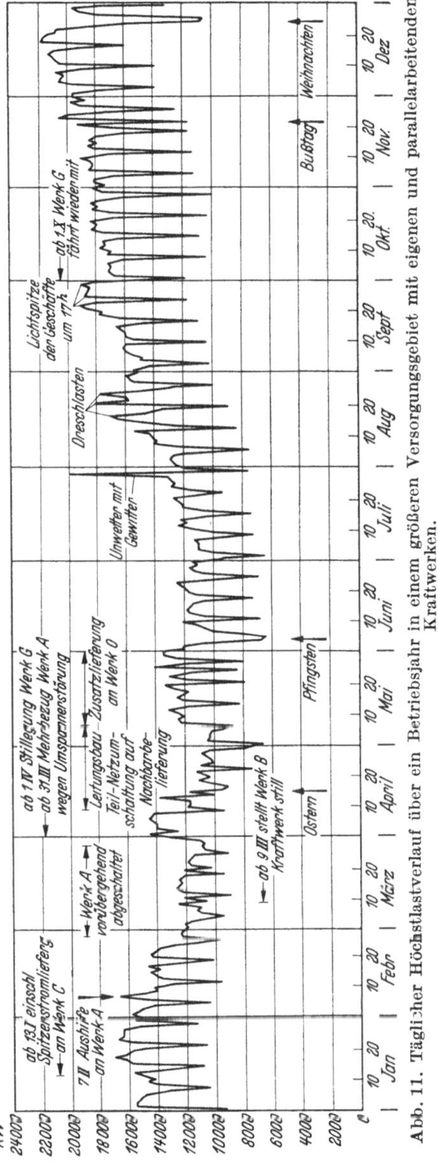

Abb. 11. Täglicher Höchstlastverlauf über ein Betriebsjahr in einem größeren Versorgungsgebiet mit eigenen und parallelarbeitenden Kraftwerken.

dagegen im Winter mit den eigenen Anlagen selbst decken. Infolgedessen schwanken hier die Höchstlasten nicht in dem Ausmaß wie z. B. in Abb. 5 bezogen auf die Wintermonate. Im Sommer werden die Eigenwerke stillgesetzt. Infolgedessen muß der Großlieferer auch

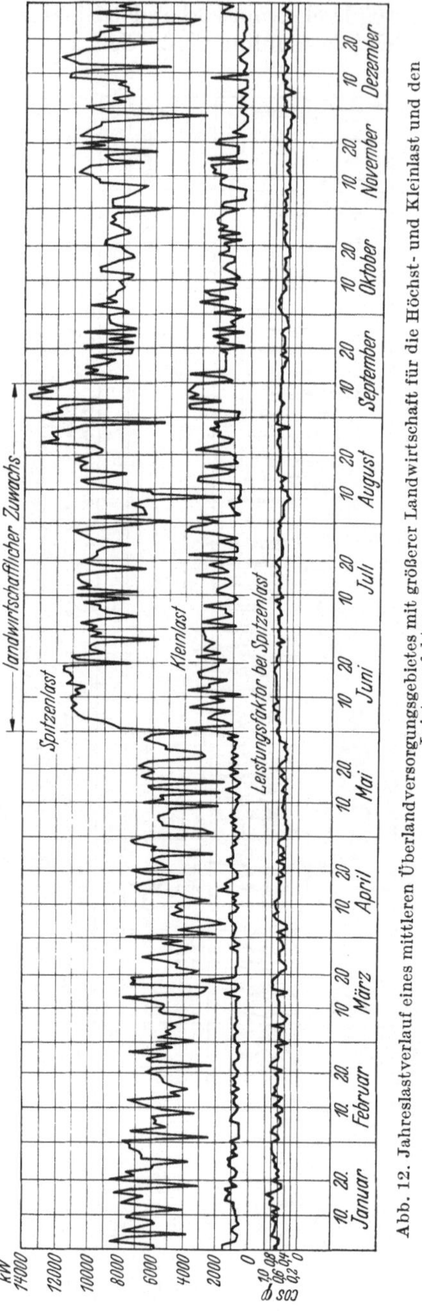

Abb. 12. Jahreslastverlauf eines mittleren Überlandversorgungsgebietes mit größerer Landwirtschaft für die Höchst- und Kleinlast und den Leistungsfaktor $\cos \varphi_a$.

die plötzlichen Lastschwankungen durch Gewitter, Dreschlast usw. übernehmen.

Aus der großen Zahl besonders beachtlicher Lastverlaufskennlinien soll schließlich noch in Abb. 12 der Höchst- und Kleinstlastverlauf eines Stromversorgungsgebietes mit Jahreszeitindustrien und größerem landwirtschaftlichen Anschluß gezeigt werden mit dem gleichzeitigen Verlauf des Leistungsfaktors zur Zeit der Höchstlast. Letzterer ist wesentlich beachtlicher als der Kleinstlast-Leistungsfaktor.

Für die Betriebsführung sind zur leichteren Übersicht über die zu erwartenden Betriebsverhältnisse sowohl die Kennlinien nach Abb. 9 als auch die nach Abb. 12 oder in vollständiger Form nach Abb. 11 aus dem Vorjahr erforderlich. Sie sind im übrigen nicht nur für die Kraftwerksbelastung, sondern für jede größere Einzelanlage, also für jedes Transformatoren- und Umformerwerk aufzustellen und zu verfolgen. Ihre Auswertung für die Nachprüfung der Leitungs- und sonstigen Übertragungsanlagen muß ebenfalls ständig erfolgen. Auch für den Zusammenschluß mehrerer Kraftwerke, das Zusammenarbeiten von Wasser-, Lauf- und Spitzenwerken mit Wärmekraftwerken wird dieser Jahreslastverlauf von ausschlaggebendem Wert sein und leichter Entschlüsse zu fassen gestatten als aus statistischen Zahlenzusammenstellungen und Ähnlichem möglich ist.

Der Kennlinienverlauf zeigt ferner, daß angestrebt werden muß, alle irgendwie möglichen Stromverbraucher der verschiedensten Art in das Stromversorgungsnetz einzubeziehen, um den Lastverlauf wesentlich günstiger zu gestalten dadurch, daß die Lasttäler insbesondere Abends, Morgens und des Nachts, dann aber auch gegenüber der Winterbelastung ausgefüllt werden; dann erst werden die Betriebsmittel besser und gleichmäßiger ausgenutzt und die Möglichkeit geschaffen, billigste Strompreise zu gewähren. Näheres hierüber wird später ausführlich behandelt werden. Es wird also eine besondere Aufgabe der Werbung sein, neben der Gewinnung neuer Abnehmer Stromverbraucher heran-

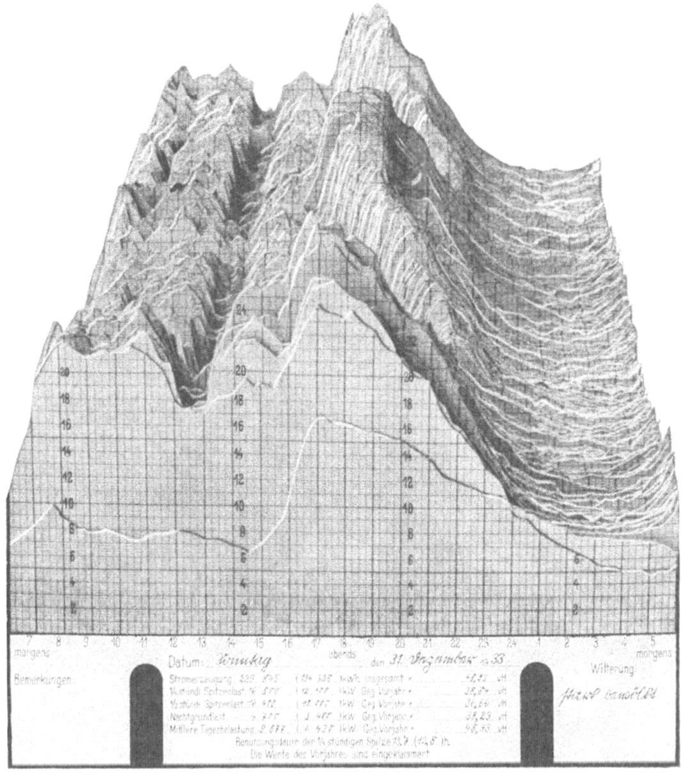

Abb. 13. Kartenaufzeichnungen der Tagesbelastungen in zwei Kalenderjahren (Darstellung der Belastungsgebirge).

zuziehen, die diesen Lastausgleich zwischen Kleinst- und Höchstlast ermöglichen (Industriesommerlast, Arbeitszeitänderung, Vermeidung von Höchstlast zur Zeit der Spitzen); hier müssen also Betrieb und Werbung eng zusammenarbeiten. Besonders günstige Strompreisangebote werden zum Ausgleich von Benutzungsschwierigkeiten solchen Sonderabnehmern gemacht werden müssen, was ohne Benachteiligung der ständigen Stromabnehmer immer zu vertreten sein wird, weil die Gesamtausnutzung des Werkes und seiner Betriebsmittel dann eine solche unterschiedliche Strompreispolitik rechtfertigen.

Aus dem bisher Gesagten geht hervor, daß Kenntnis und Beachtung des Lastverlaufes von grundlegender Bedeutung für die Betriebsführung ist und weiter auch alle Entschlüsse für Neubau bzw. Erweiterung eines Kraftwerkes bestimmt. Da aber naturgemäß der Lastverlauf am Betriebstage nicht bekannt sein kann, dient dem Betrieb als Richtlinie der Verlauf des Vortages oder der Vorwoche unter Beachtung der zwischenzeitlich eingetretenen geänderten Stromabnahmeverhältnisse im Stromversorgungsgebiet. Um sich nach dieser Richtung schnell unterrichten zu können, wird jede Tageslastkennlinie der Kraftwerksbelastung zeichnerisch sofort ausgewertet und aufgetragen. Ein sehr gutes Hilfsmittel bietet die Auftragung auf ein Kartothekblatt und das Ausschneiden der Kennlinie. Alle solche Tageskartenblätter werden fortlaufend hintereinander eingeordnet. Abb. 13 zeigt eine solche Kartothek, die sich außerordentlich schnell eingeführt hat und zu einem sehr erwünschten Hilfswerkzeug des Betriebes bzw. der Lastverteilung geworden ist. Man bezeichnet eine solche Aufzeichnungssammlung als Belastungsgebirge.

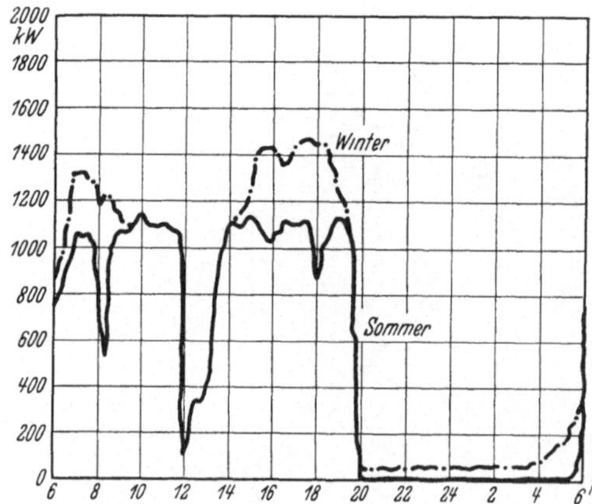

Abb. 14. Lastverlauf im Sommer und Winter für ein reines Industriekraftwerk.

Wesentlich anders liegen die Verhältnisse bei einem Kraftwerk für ein industrielles Unternehmen. Den Lastverlauf eines solchen wiederum für einen Sommer- und einen Wintertag zeigt Abb. 14. Dabei ist angenommen, daß Strom für andere Zwecke nicht abgegeben wird; infolgedessen ist mit Ausnahme der Nachtbeleuchtung in der Zeit nach Arbeitsschluß bis zum Morgenarbeitsbeginn keine nennenswerte Stromentnahme vorhanden. Die Durchschnittslast fällt hier fast mit der Grundlast zusammen und bewegt sich abgesehen von den Betriebspausen im allgemeinen auf einer Höhe, die aus dem Betrieb leicht feststellbar ist, wie überhaupt die verlangten Leistungen in der Regel ziemlich eindeutig festliegen. Auch die Betriebsdauer ist bekannt. Im Winter mit Einsetzen des zusätzlichen Lichtverbrauches steigt die Leistung besonders. Die Spitzen sind hier weniger deutlich ausgeprägt.

Ein derartiges Werk kann daher leichter als die vorher betrachteten bei der Entwurfsbearbeitung von vornherein richtig bemessen werden, sofern auch in der Stromart auf die Stromverbraucher in entsprechender Weise Rücksicht genommen wird.

Aus diesen Erörterungen folgt, daß die Kraftwerke hinsichtlich ihrer Belastungen und Betriebsverhältnisse und auch in bezug auf die Leistungsermittlung eingeteilt werden können in: Kraftwerke für öffentliche Stromversorgung mit mehr oder weniger überwiegenden landwirtschaftlichen, industriellen oder gemischten Stromversorgungsgebieten und Industriekraftwerke.

2. Betriebs- und wirtschaftstechnische Grundverhältnisse.

Dem Lastverlauf muß die Deckung mit der erforderlichen Sicherheit in allen Anlageteilen, hier also in allen Kraftwerkseinrichtungen und den Maschinen entsprechen. Abgesehen von besonderen Verhältnissen sind, wie bereits gesagt, die Lastlinien des kleinsten Sommerbedarfes und des größten Winterbedarfes zumeist die Umhüllenden der Jahresleistungschwankung (Abb. 15). Daraus ergibt sich ein allgemeines Bild über die Beanspruchung der Maschinenleistung auf den Betriebstag bezogen. Trägt man nach Abb. 16 jeweils die einzelne Leistung, die z. B. eine halbe Stunde lang im 24stündigen Be-

triebstage aufgetreten ist, nach der Dauer ihrer Jahresbeanspruchung auf, so gibt das ein zweites Bild für den Verlauf der Maschinenbelastung. Aus Abb. 15 und 16, die für den größten Teil aller öffentlichen Stromversorgungen in ähnlicher Weise verlaufen, ist zu ersehen, wie ungünstig zur Zeit noch die Maschinen der Kraftwerke ausgenutzt werden, wenn bedacht wird, daß z. B. nach Abb. 16 die Höchst-

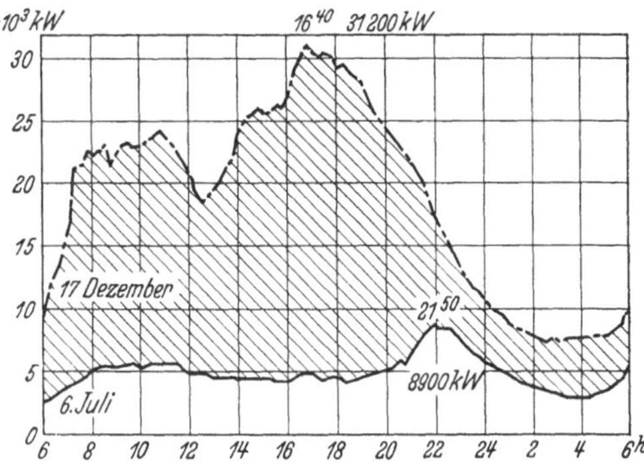

Abb. 15. Lastschwankungen für Beurteilung des Maschineneinsatzes zwischen dem Tage der höchsten und tiefsten Belastung innerhalb eines Jahres.

last eines größeren Kraftwerkes nur in einer halben Stunde des Jahres auftritt. Das Kraftwerk oder allgemeiner gesprochen die Stromquellen eines Versorgungsgebietes müssen für diese Höchstlast mit der notwendigen Reserve und einem gewissen Überschuß für Abnahmezuwachs bemessen sein. Bei Auftreten dieser Last über 8760 Jahresstunden wäre die Vollausnutzung des Werkes vorhanden. Abb. 17 zeigt schließlich noch den Verlauf der monatlichen Stromabgabe in kWh und der monatlichen halbstündigen Höchstlasten für das gleiche Kraftwerk, dessen Lastverlauf der Abb. 16 zugrunde liegt.

Zur Beurteilung dieser Verhältnisse des Bedarfes und der Deckung bedient man sich ebenfalls einiger Grundbezeichnungen, die bei der Entwurfsbearbeitung und später bei der Behandlung wirtschaftlicher Fragen von besonderer Bedeutung sind.

Der Anschlußwert A eines Stromversorgungsgebietes ist die Summe aller angeschlossenen Stromverbraucher wie Lampen, Motoren, Hausgeräte u. dgl. Er ist zumeist um ein Vielfaches höher als der tatsächliche, gleichzeitig z. B. während einer halben Stunde auftretende

Leistungsbedarf in kW, aus dem sich die Höchstlast ergibt. Das hat naturgemäß darin seine Begründung, daß nicht alle Stromverbraucher gleichzeitig eingeschaltet sind.

Der Anschlußwert hat zumeist keine sehr große Bedeutung für betriebliche und wirtschaftliche Untersuchungen. Seine Änderung im Verlauf mehrerer Jahre zeigt nur den Fortschritt in der Anwendung elektrischer Einrichtungen an sich, läßt wohl auch Schlüsse auf den Wohlstand, die bessere Beschäftigung in Industrie und Gewerbe, gute landwirtschaftliche Verhältnisse des Stromversorgungsgebietes zu, kann aber zu den Stromerzeugungsanlagen in keine unmittelbare Beziehung gebracht werden. Der Anschlußwert wechselt zudem fortgesetzt, was

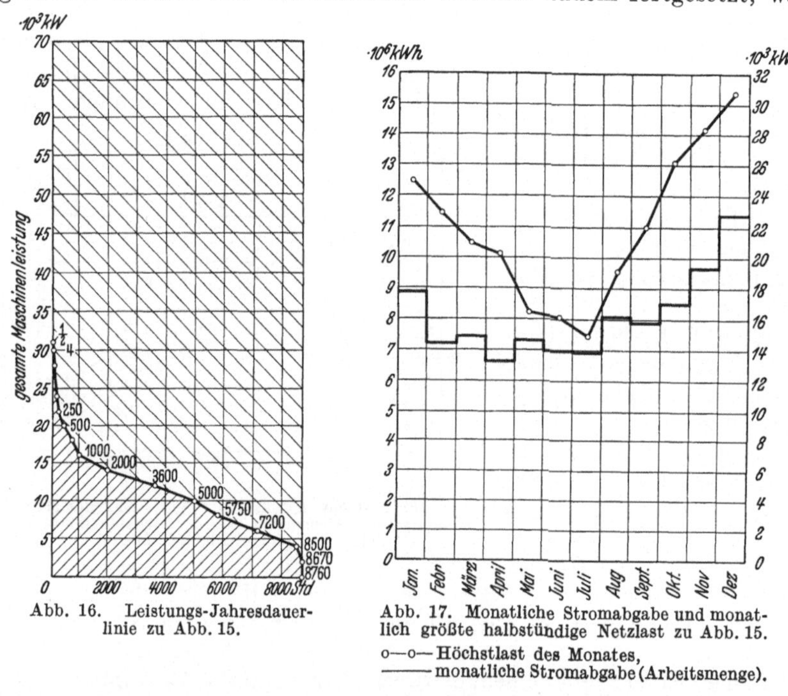

Abb. 16.   Leistungs-Jahresdauer-
linie zu Abb. 15.

Abb. 17.   Monatliche Stromabgabe und monat-
lich größte halbstündige Netzlast zu Abb. 15.

o—o—Höchstlast des Monates,
———— monatliche Stromabgabe (Arbeitsmenge).

sich in kleinen Anlagen wesentlich stärker bemerkbar macht als in großen Gebieten. Das Anwachsen des Anschlußwerts gibt der Geschäftsleitung des Stromversorgungsunternehmens eine Bestätigung für die erfolgreiche Werbearbeit.

Im Anschlußwert A sind die Übertragungs- und Verteilungsverluste noch nicht berücksichtigt. Das darf nicht vergessen werden, zumal diese Verluste bis zur letzten Lampe in größeren Netzen 15 bis 20 vH und mehr betragen können.

Für den Neuentwurf eines Kraftwerkes ist A aus Untersuchungen, Statistiken, örtlichen Aufnahmen, Vergleich mit ähnlichen Werken zu ermitteln. In bestehenden Anlagen ist A sorgfältig zu verfolgen. Jeder Neuanschluß muß dem Werk mit allen Einzelheiten gemeldet werden, sonst geht die Übersicht verloren und damit die Sicherheit der Bedarfsdeckung.

Im Zusammenhang mit dem Anschlußwert steht die Ausbauziffer Z_A für das Kraftwerk:

$$Z_A = \frac{\text{Gesamte Leistungsfähigkeit des Kraftwerkes } N_{g,\,Kr} \text{ in kW (kVA)}}{\text{Gesamter Anschlußwert } A \text{ in kW (kVA)}} . \qquad (2)$$

Diese gibt also an, in welchem Verhältnis die gesamte Leistungsfähigkeit eines Kraftwerkes zu seinem gesamten Anschlußwert steht. Hier wie im folgenden ist je nach der Stromart kW oder kVA zu berücksichtigen, kVA insbesondere mit Rücksicht auf den Leistungsfaktor des Netzes und die Belastungsfähigkeit der Generatoren bzw. der Antriebsmaschinen. Naturgmäß schwankt Z_A in weiten Grenzen und hängt vollständig von den betrieblichen Einzelheiten der angeschlossenen Stromverbraucher ab.

Es beträgt je nach den Wirtschaftsverhältnissen im Versorgungsgebiet:

für kleine Anlagen und kleine Städte bis etwa
5000 Einwohnern . . . . $Z_A = 0,4$ bis $0,5$
für kleinere Überlandkraftwerke z. B. zur Versorgung nur eines Kreises . . . . $Z_A = 0,3$ bis $0,4$
für mittlere Städte bis etwa 20000 Einwohnern $Z_A = 0,3$ bis $0,4$
für ländliche Überlandkraftwerke . . . . . . $Z_A = 0,2$ bis $0,3$
für Großstädte und größere Überlandkraftwerke
mit gemischtem Verbraucheranschluß (ohne
wesentliche Industrie) . . . . $Z_A = 0,4$ bis $0,5$

Für bestehende Anlagen und zur Beurteilung von Erweiterungen gibt der Wert Z_A Unterlagen. Je kleiner Z_A ist, um so unsicherer ist die Strombedarfsdeckung, um so unsicherer ist auch der Betrieb. Jede Maschinenstörung im Kraftwerk wirkt sich in steigendem Maße aus und geht sehr bald über die höchstzulässigen Grenzen der Überlastungsfähigkeit der ungestörten Maschinen hinaus. Ein abnehmender Wert von Z_A deutet auf die Notwendigkeit hin, Erweiterungen vorzunehmen oder für die Unterstützung von anderer Seite zu sorgen.

Bei Neuanlagen wird man zunächst mit $Z_A = 1$ in die Entwurfsbearbeitung eintreten. Daraus erhält man dann die Gesamtleistungsfähigkeit des Kraftwerkes $N_{g,Kr}$. Schon bald wird dieses Verhältnis nicht mehr zutreffen, bis dann der Zeitpunkt gekommen ist, an eine Erweiterung der Stromerzeugungsanlage herangehen zu müssen. Nach dieser Richtung sind die folgenden ziffernmäßigen Beurteilungen der Verhältnisse von besonderer Bedeutung, und zwar betrieblich die Belastungsziffer, die Reserveziffer, die Ausnutzungsziffer und die Gleichzeitigkeitsziffer, wirtschaftlich ebenfalls die Ausnutzungsziffer und die Jahresbenutzungsstunden einer bestimmten Kraftwerksleistung.

Die Belastungsziffer Z_B ist das Verhältnis zwischen der Höchstlast des Kraftwerkes N_H, die innerhalb eines Betriebsjahres z. B. während einer halben Stunde oder für einen anderen begrenzten Zeitraum auftritt, in kW oder kVA zur Gesamtleistung $N_{g,Kr}$ der Stromerzeugungsanlagen, also:

$$Z_B = \frac{N_H}{N_{n_1} + N_{n_2} + N_{n_3} + \cdots} = \frac{N_H}{\Sigma N_n} = \frac{N_H}{N_{g,\,Kr}} . \qquad (3)$$

Die Dauer der auftretenden Spitzenlast N_{Spi} (Abb. 1 und 2) muß besonders beurteilt werden. Für reine Grundlastwerke wird sie über eine Reihe von Tagesstunden, bei Einzelkraftwerken, die selbständig den Belastungsschwankungen folgen müssen, zumeist mit einer halben oder einer vollen Tagesstunde zu berücksichtigen sein. Die zulässige Überlastungsfähigkeit der Antriebs- und Stromerzeugungsmaschinen, bei Wechselstrom auch unter Berücksichtigung der Blindstromerzeugung, also des Leistungsfaktors, ist bei dieser Beurteilung der Belastungsziffer nicht in Ansatz zu bringen.

Zahlentafel 2 gibt in der Zusammenstellung als Jahres-Brennkalender in Durchschnittszeiten von Sonnenuntergang und bis Sonnenaufgang zu bestimmten Tageszeiten die Monatsstunden für Lichtstrombedarf an und wird für die Beurteilung der Lichtbelastung nach Dauer und Größe gute Dienste leisten. Zahlentafel 3 gibt Aufschluß über Belastungsziffer und Benutzungsdauer für verschiedenartige Stromversorgungsgebiete.

Zahlentafel 2. Jahres-Brennkalender.

Brennzeiten	Januar	Februar	März	April	Mai	Juni	Juli	August	September	Oktober	November	Dezember	Das ganze Jahr Stunden
Von Sonnenuntergang bis 20 Uhr	125	89	67	36	6	—	—	21	54	87	117	140	742
21 „	156	117	98	88	37	20	25	52	84	118	147	171	1113
22 „	187	145	129	96	68	50	56	83	114	149	177	202	1456
23 „	218	173	160	126	109	80	87	114	144	180	207	233	1831
24 „	249	201	191	156	130	110	118	145	174	211	237	294	2216
2 „	311	257	253	216	192	170	180	207	234	273	297	326	2916
4 „	373	313	315	276	254	230	242	269	296	335	357	388	3648
Von 4 Uhr bis Sonnenaufgang	125	92	69	32	3	—	—	24	51	75	103	154	728
5 „	94	64	38	2	—	—	—	—	21	44	73	123	459
6 „	63	36	7	—	—	—	—	—	—	13	43	92	254

Die praktischen Zeiten für das Einschalten der Lampen müssen im Herbst wegen des raschen Dunkelns früher, für das Ausschalten wegen des langsameren Tages später angesetzt werden als im Frühjahr. Die durchgängige Nachtbeleuchtung beträgt etwa 30 bis 40 vH.

Zahlentafel 3. Belastungsziffer, Jahresbenutzungsdauer und Verlust verschiedener Stromversorgungsgebiete.

Art der Stromversorgungsgebiete	Belastungsziffer in vH der Kraftwerksleistung Z_B	Jährliche Benutzungsdauer des Anschlußwertes in Stunden h_1	Verlust in den Leitungen und Transformatoren V vH der Leistung
Städtische Anlagen bei 1000 bis 20000 Einw. .	30—27	400— 800	20—25
Überlandanlagen	25—30	300— 700	25—30
Reine Industrieversorgungsanlagen	50—70	2000—3000	10—20

Elektrochemische Betriebe haben je nach ihren Herstellungszweigen oft vollen Tag- und Nachtbetrieb (8000 Stunden), Zementwerke etwa 5000 bis 6000 Stunden.

Besondere Fälle ausgenommen und Aushilfe von anderen Werken ebenfalls nicht mitberücksichtigt sollte sich Z_B je nach Größe des Kraftwerkes, Zahl und Leistung der einzelnen Maschinen in den Grenzen von 0,50 bis 0,60 bewegen, um den Zeitpunkt zu erkennen, an welchem aus Sicherheit der Strombedarfsdeckung eine Erweiterung des Kraftwerkes erforderlich wird. Wie auch immer die Maschineneinzelleistungen zueinander liegen, immer ist darauf Bedacht zu nehmen, daß die größte, etwa die neueste und am wirtschaftlichsten arbeitende Maschine durch Störung ausfällt oder für längere Zeit unbrauchbar wird. Da alter Betriebserfahrung entsprechend Störungen solcher Art fast stets zu den ungünstigsten Zeiten einzutreten pflegen, darf der Betrieb keine wesentliche Abweichung von dem vorgenannten Wert für Z_B zulassen. Die Zahlentafel 4 läßt das deutlich erkennen, in der 4 Kraftwerke mit ihren Maschineneinzelleistungen zusammengestellt sind, wie sie im Laufe der Jahre angeschafft wurden. Bei einem Z_B zwischen 0,5 und 0,6 zeigen die Werte der Spalten 3 und 5 die zulässigen Höchstbelastungen, die bei I und II jederzeit als gesichert auch bei ungünstigstem Maschinenausfall angesehen werden können. Unberücksichtigt ist dabei die Überlastbarkeit der Maschinen geblieben, die noch eine gewisse Lastzunahme zuläßt.

Zahlentafel 4.

Beurteilung der Kraftwerksleistung zu der Belastungsziffer Z_B.

Nr.	Bezeichnungen	kleines Werk	mittleres Werk	Großes Werk	Großkraftwerk
		I	II	III	IV
1.	Kraftwerks-Maschinen-Einzelleistung in kW $\cos\varphi = 0{,}8$	1000 1000	3000 6000 6000	10000 20000 30000 50000	20000 20000 30000 50000 100000
2.	Σ der Leistungen	2000	15000	110000	220000
3.	Zulässige Netzhöchstlast kW	1000	9000	66000	130000
4.	Z_B	0,50	0,60	0,66	0,60
5.	Maschinenleistung bei ungünstigster Störung	1000	9000	60000	120000

Wenn auch in den Werken III und IV Leistungen über der Höchstlast leicht gedeckt werden können, ist eine jederzeitige Bedarfsdeckung bei ungünstigem Maschinenausfall doch nicht voll gewährleistet, es sei denn, daß gegebenenfalls einige Stromverbraucher abgeschaltet werden können. Ist das möglich, dann ist N_H entsprechend zu bewerten.

Aus Zahlentafel 4 erkennt man unschwer weiter, mit welchen großen Vorteilen für Anlagekapital und Betriebssicherheit der Bedarfsdeckung es verbunden ist, wenn mehrere Werke sich zusammenschließen und sich

2*

dadurch, abgesehen von den sonstigen wirtschaftlichen Verbesserungen, gegenseitig die Reserven stellen, denn dann kann Z_B in den einzelnen Werken wesentlich herabgesetzt werden.

Für die Beurteilung der Belastungsziffer sind die Jahreslastkennlinien der Abb. 9, 11 und 12 heranzuziehen. Sie haben also auch nach dieser Richtung großen Wert. Aus ihnen kann dann auch festgestellt werden, ob anderen Werken zu günstigen Bedingungen bei Stillsetzen ihrer Eigenanlagen infolge schlechter Belastungsziffer z. B. im Sommer, an Festtagen u. dgl., Leistung zur Verfügung gestellt werden kann. Je mehr sich Z_B dem Wert 1 für die Hauptbelastungszeiten nähert, um so besser ist zwar das Werk ausgelastet, um so unsicherer dann aber auch die jederzeitige einwandfreie Deckung des Bedarfes. Die Untersuchung von Z_B hat sich bei Wärmekraftanlagen einzeln auf die Maschinen, Kessel, Pumpen, Kühlwasserverhältnisse und Brennstofflieferung zu beziehen. Bei Wasserkraftwerken ergibt sich aus Z_B das Erfordernis von Hilfsstromerzeugung, Zusammenarbeiten mit anderen Werken, Rückpumpeinrichtungen. Die Reserveziffer ist dabei auch von vornherein mit bestimmten Werten zugrunde zu legen.

Die Reserveziffer Z_R soll angeben, welche Maschinenleistung gegenüber der Höchstlast — also etwa wiederum unter Berücksichtigung der Spitzenlast — noch verfügbar ist. Für sie bestimmte Zahlen anzugeben ist nicht möglich. Man bezeichnet als Reserveziffer das Verhältnis der gesamten Maschinenleistung zur Höchstbelastung:

$$Z_R = \frac{\Sigma N_n}{N_H} = \frac{N_{g,\,Kr}}{N_H} \, . \tag{4}$$

Es ist also eigentlich $Z_R = \dfrac{1}{Z_B}$, d. h. gleich dem umgekehrten Wert der Belastungsziffer. Das entspricht aber nicht den tatsächlichen Verhältnissen und ist insofern zu ungünstig gerechnet, als jede Maschine für bestimmte Zeit überlastbar ist, ohne daß sie in irgendeinem Teil unzulässig überansprucht wird. Zumeist beträgt diese Überlastbarkeit 25 vH der Nennleistung auf die Dauer einer halben bis zu zwei Stunden. Infolgedessen ist zu ΣN_n ein Zuschlag von 25 vH bzw. der zugelassenen Überlastungsfähigkeit zu machen und Gl. (4) geht z. B. über in:

$$Z_R = \frac{1{,}25\,\Sigma N_n}{N_H} \, . \tag{5}$$

Nach dem bei der Belastungsziffer Gesagten kann nunmehr etwa damit gerechnet werden, daß $Z_R \geqq 1{,}3$ bis $1{,}4$ ist. Im einzelnen ist die Überprüfung immer nach der Zahl und Größe der vorhandenen Maschinen vorzunehmen, wobei das einfache Beispiel in Zahlentafel 4 den zu beschreitenden Weg anzeigt. Selbstverständlich hat sich die Prüfung bzw. Bestimmung von Z_R auf alle zur Stromerzeugungsanlage gehörenden Einzelteile der Kessel, Bekohlung, Wasserbeschaffung, Pumpen, Kühlluft usw. zu erstrecken. Die Kette muß in allen Teilen geschlossen sein, sonst ist die Reserve unsicher oder gar ungenügend.

Die Reserveziffer ist ferner bei der Entwicklung der Stromabnahme von Jahr zu Jahr gegenüber dem Anschlußwert und bei Neuaufstellung

von Maschinen hinsichtlich ihrer Leistung zu der Leistung der alten
Maschinen und ihrer zugehörigen Betriebsmittel zu prüfen. Immer sind
bei der Beurteilung der Reserveziffer die Betriebsforderungen nach
schnellster Einsatzmöglichkeit bei Störungen in den Vordergrund zu
stellen so etwa durch entsprechende Änderung in der Dampfführung,
in der Wasserbeschaffung, der Bekohlung der Kessel, der leichten Schalt-
möglichkeit auf die Sammelschienen, der Spannungshaltung, der Sicherheit gegen übermäßige Kurzschlußbelastungen, der Relaiseinrichtungen
für die Schalterauslösungen u. dgl.

Betrieblich weiter ist Z_R bestimmend für die teilweise Stillegung von
Anlageteilen zu größeren Überholungsarbeiten je nach der Jahreszeit
und dem Verlauf der Belastungsziffer.

Für die zu verschiedenen Zeiten innerhalb eines Jahres bereitzustellende
Kraftwerksleistung ist aus den Abnahmeverhältnissen des Gesamtver-
sorgungsgebietes weiter die Gleichzeitigkeitsziffer Z_G der zu liefernden Einzelleistungen von Bedeutung. Die Gleichzeitigkeitsziffer berücksichtigt die zur gleichen Zeit auftretende Leistung aller Stromverbraucher nach ihrer jeweiligen Höhe und ergibt daraus die Höchstlast
zu bestimmten Tageszeiten und für diese innerhalb einer bestimmten
Lastdauer z. B. einer Viertel- oder einer halben Stunde. Aus Anschlußwert und Eigenart jedes größeren Stromabnehmers kann man sich ein
allgemeines Urteil über den zu erwartenden Leistungsverlauf eines
Betriebstages oder einer Betriebswoche bilden. An den Wochentagen
der Monate Februar bis Oktober wird die Hauptabnahme durch Industrie, Gewerbe und Landwirtschaft erfolgen. Diesen Abnehmern gewissermaßen als einer geschlossenen Tagesgruppe steht die Gruppe der
wesentlichen Lichtabnehmer gegenüber. Bei Arbeitsschluß der industriellen Wirtschaft wird in den hellen Jahresmonaten die Höchstlast nicht
wesentlich durch die Lichtstromabnahme beeinflußt. In den dunklen
Jahresmonaten überschneiden sich Abfall der einen und Anstieg der
anderen Stromabernehmerart in den Morgen- und Abendstunden.
Stärker ausgeprägt treten diese Verhältnisse dann zutage, wenn es sich
um gemischte Versorgungsgebiete oder um industriereiche Städte handelt. Betriebe mit einer annähernd gleichbleibenden Lastabnahme innerhalb der Tageszeiten von Arbeitsbeginn bis über die Lichtspitze hinaus
sind entsprechend zu bewerten. (Chemische Industrie.)

Es wird also bei der Ermittelung der für ein Betriebsjahr
bereitzustellenden Maschinenleistung als Höchstleistung insbesondere aus dem angemeldeten Jahreszuwachs bei bestehenden
Anlagen auf diese Stromabsatzverhältnisse Rücksicht zu nehmen sein.
Sie wechseln im übrigen auch innerhalb einer Woche z. B. an den Sonn-
abenden, wenn die Industrie nicht arbeitet und an Sonn- und Feiertagen.

Zur Beurteilung der Gleichzeitigkeitsziffer des Zuwachses wird der
Lastverlauf am hellsten und dunkelsten Tage des vorangegangenen Be-
triebsjahres heranzuziehen sein. Die aus dem Zuwachs zu erwartende
Leistungssteigerung zu Zeiten der für das Kraftwerk bedeutungsvollen
Höchstlasten ergibt sich aus den einzelnen Zuwachsleistungen multi-
pliziert mit der Gleichzeitigkeitsziffer. Werden für die nach dieser Rich-

tung besonders zu beachtenden Teile eines Versorgungsgebietes die Einzelleistungen dieser zwei Abnehmergruppen mit N_I (Industrie) und N_B (Beleuchtung) und mit x und y die vH-Sätze der zur Zeit der Netzhöchstlast anteilig zu berücksichtigenden Höchstleistungen bezeichnet, so ist die Gleichzeitigkeitsziffer:

$$Z_G = \frac{x_1 \cdot N_{I_1} + x_2 \cdot N_{I_2} + \cdots + y_1 \cdot N_{B_1} + y_2 \cdot N_{B_2} + \cdots}{N_{I_1} + N_{I_2} + \cdots + N_{B_1} + N_{B_2} + \cdots} \qquad (6)$$

und der für das Kraftwerk zu deckende Leistungszuwachs:

$$\sum (x \cdot N_I + y \cdot N_B) = Z_G \cdot \sum (N_I + N_B). \qquad (7)$$

Die Zahlenunterlagen für diese Zuwachsberechnung muß die Statistik des Werkes liefern, die daher sehr sorgfältig zu führen ist.

Besonders zu erwähnen ist hierzu die plötzliche Leistungsanforderung in der Dreschzeit durch die Landwirtschaft bei unerwartet einsetzendem schlechten Wetter und das Auftreten von Gewittern sowie im Winter besonders dunkle Tage mit Frühspitzen und die Vorweihnachtstage. Aus dem Verlauf der Jahresbelastungslinie (Abb. 9 und 11) sind solche plötzliche Laststeigerungen zu ersehen, die hinsichtlich der Leistungsfähigkeit der Betriebsmittel für jedes neue Betriebsjahr aus dem Abnahmezuwachs oder den sonstigen Veränderungen in den Leistungsverhältnissen größerer Abnehmergruppen zu überprüfen sind und dann dem Betrieb, wenn zudem der Wetterwarnungsdienst gut und zuverlässig aufgezogen ist, keine wesentlichen Schwierigkeiten und Überraschungen bringen dürfen.

Zuverlässige Angaben über die Gleichzeitigkeitsziffer lassen sich naturgemäß nicht machen. Unterlagen können nur aus einer sorgfältigen und fortgesetzt durchgeführten Beobachtung der Stromabsatzverhältnisse und in Gegenüberstellung mit den täglichen Betriebsaufzeichnungen in Form von Kennlinien gewonnen werden. Mit einer den tatsächlichen Verhältnissen möglichst nahe kommenden richtigen Schätzung der Gleichzeitigkeitsziffer kann die Wirtschaftlichkeit der Kraftübertragungsanlagen, d. h. nicht nur der Kraftwerkseinrichtungen, sondern auch der Leitungen, Umspannwerke u. dgl. wesentlich gesteigert werden, indem erst zum notwendigen Zeitpunkt Erweiterungen zur Ausführung kommen. Dem Wechsel in der Beschäftigung der Wirtschaft kann dann gegebenenfalls auch rechtzeitig Rechnung getragen werden.

Die Gleichzeitigkeitsziffer ist auch für die Verbundwirtschaft mehrerer Kraftwerke von besonderer betrieblicher und wirtschaftlicher Bedeutung. Hier gilt das bisher Gesagte in erweitertem Umfang, wozu noch je nach der Lage der Kraftwerke in großen Entfernungen Ost zu West die Gleichzeitigkeit der Beleuchtungsspitzen eine nicht unbeträchtliche Rolle spielen kann.

Die Ausnutzungsziffer Z_{Nj} ist für die wirtschaftliche und betriebliche Beurteilung eines Kraftwerkes von gleich wesentlicher Bedeutung. Sie stellt das Verhältnis der erzeugten jährlichen Arbeitsmenge zur größtmöglich erzeugbaren Arbeitsmenge dar. Werden mit den Fußzahlen 1, 2, 3 usw. die einzelnen Maschinen des Kraftwerkes, ihre Betriebszeiten mit t und ihre Einzelleistungen mit N_n bezeichnet, so ist die Jahresausnutzungsziffer:

$$Z_{Nj} = \frac{N_{n_1} \cdot t_1 + N_{n_2} \cdot t_2 + N_{n_3} \cdot t_3 + \cdots}{(N_{n_1} + N_{n_2} + N_{n_3} + \cdots)\,8760}\,, \tag{8}$$

oder da:

$$N_{n_1} \cdot t_1 + N_{n_2} \cdot t_2 + N_{n_3} \cdot t_3 = A_j \tag{9}$$

die gesamte im Betriebsjahr erzeugte Arbeitsmenge des Kraftwerkes in kWh ist, wird:

$$Z_{Nj} = \frac{A_j}{(N_{n_1} + N_{n_2} + N_{n_3} + \cdots)\,8760}\,. \tag{10}$$

Je größer Z_{Nj} wird, um so besser ist das Kraftwerk ausgenutzt, d. h. um so kleiner wird die in der Wirtschaftlichkeitsberechnung besonders hervortretende Kapitalziffer bezogen auf die Jahresbenutzungsstunden der eingebauten Maschinenleistung. Hier ist indessen zunächst nur der betriebstechnische Wert von Z_{Nj} zu behandeln. Über seinen Wert in wirtschaftlicher Hinsicht wird im IV. Band gesprochen. An der erzeugten Jahresarbeitsmenge A_j sind je nach den Verhältnissen mehrere Maschinen des Kraftwerkes beteiligt. Nach dem Wirkungsgrad der Maschinen bzw. nach dem Dampfverbrauch jedes einzelnen Maschinensatzes wird der Betrieb zu bestimmen haben, welche Maschinen für A_j in der Hauptsache heranzuziehen sind so z. B. zur Deckung der Grund- und Spitzenlast. Ferner ist aus Z_{Nj} zu erkennen, welche Maschinenreserve an sich vorhanden ist und weiter, welche Bedeutung die einzelnen Maschinen im Fall der Störung für vorübergehende oder längerwährende Reserve besitzen.

Aus der Betrachtung der Abb. 16 erkennt man, wie unwirtschaftlich für dieses Werk die Ausnutzungsziffer Z_{Nj} zur Zeit ist. Allgemein wird es noch sehr bedeutender Arbeiten auf allen elektrotechnischen Gebieten bedürfen, um Z_{Nj} zu heben. Mit der Zunahme von Z_{Nj} ist in jedem Fall bei gesunder und vernünftiger Preisgestaltung eine Verbilligung der Stromlieferungskosten verbunden, die bei der Tarifgestaltung Berücksichtigung zu finden hat. Nicht nur verstärkte Werbung, sondern geschickte Geschäftsführung des Stromlieferers kann zur Hebung von Z_{Nj} sehr viel beitragen. Lediglich die Rücksichtnahme auf die gleichzeitige Hebung der Höchstlast legt besondere Grenzen fest, die betrieblich auch für Z_{Nj} zu beurteilen sind.

In A_j sind die Verluste in der erzeugten Jahresarbeitsmenge berücksichtigt, während in N_n auf die Reserve nicht besonders Rücksicht genommen ist. Inwieweit das zu geschehen hat, wird im IV. Band eingehender besprochen.

Schließlich soll nur kurz die Jahresbenutzungszeit h_j der Höchstlast N_H erwähnt werden, die bei wirtschaftlichen Untersuchungen die Hauptrolle spielt. Je höher h_j einer bestimmten Belastung, um so vorteilhafter und wirtschaftlicher ist diese Belastung zu decken. Betrachtet man dazu Abb. 1 und 2, so zeigen diese, daß die Tagesgrundlast die größte Jahresbenutzungszeit hat. Man wird also dort, wo das Kraftwerk mehrere

Maschinen besitzt, diejenige Maschine zur Tagesgrundlastdeckung einsetzen, die wirtschaftlich die geringsten Betriebskosten aufweist. Die Mittel- und Spitzenlastdeckung und vor allen Dingen auch die Nachtlastdeckung werden dem Betrieb im Rahmen dieser Betriebs- und Wirtschaftsuntersuchungen stets neue Aufgaben stellen, um das Beste zu erreichen. Auch insofern sind die Verhältnisse schon hier erwähnt, da sie bekannt sein müssen, um auf sie bei der Besprechung der maschinellen Anlageteile verweisen zu können.

Die Jahresbenutzungsstunden ergeben sich aus:

$$h_j = \frac{A_j}{N_H} = \frac{\text{Gesamt-Jahresarbeitsmenge in kWh}}{\text{Höchstlast in kW}} \ . \tag{11}$$

Sonderuntersuchungen werden sich hier noch zu erstrecken haben auf die Gesamtleistungsfähigkeit des Kraftwerkes, die Berücksichtigung der Netzverluste, den Einsatz der Reserven zur nutzbar abgegebenen Jahresarbeitsmenge, um für den Betrieb zu ermitteln, ob für ein folgendes Betriebsjahr neue Richtlinien für die Betriebsführung aufzustellen sind.

Bei Wasserkraftanlagen wird aus h_j auch zu übersehen sein, wie die Wasserdarbietung ausgenutzt worden ist.

Die wirtschaftliche Deckung dieses schwankenden Lastverlaufes bedarf fortgesetzter Überwachung und sorgfältigster Beurteilung, zumal die Entwickelung des Versorgungsgebietes hinzukommt, Störungen in den Kraftwerkseinrichtungen nicht immer zu vermeiden sind, die Erweiterungsmöglichkeit des Kraftwerkes beschränkt sein kann, die Heranziehung von Reserven einer Begrenzung unterliegen. Schon hieraus geht unschwer hervor, daß die Stützung der Stromerzeugung selbst für ein kleines Gebiet nur auf ein Kraftwerk bei der heutigen Anforderung der Öffentlichkeit auf höchste Betriebssicherheit und Deckung jedes Strombedarfes eine Verantwortung für die Betriebsleitung mit sich bringt, die außerordentlich groß ist. Hinzu kommt die betriebsmäßige Abschaltung von Übertragungsleitungen zu Überholungs- und Instandsetzungszwecken oder aus Gründen einer Störung. Infolgedessen wird der Zusammenschluß benachbarter Kraftwerke zum mindestens zur gegenseitigen Aushilfe immer mehr durchgeführt und endet schließlich von selbst in der wirtschaftlich bedingten Leistungsverteilung auf die verbundenen Kraftwerke und deren gesamten Übertragungsanlagen. Für diese letzten Endes wirtschaftliche Beurteilung ist mitbestimmend der Träger der Stromerzeugung. Als solcher gilt die Kohle, das Öl und das Wasser. Die Luft, die Ebbe und die Flut u. dgl. sollen ihrer geringen Bedeutung wegen nicht in den Kreis der Behandlung gezogen werden.

Sind die Übertragungsanlagen der einzelnen Werke für den Zusammenschluß der einzelnen Verteilungsnetze ausreichend, so wird für bestehende Verhältnisse der Weg des Zusammenschlusses in der Form gegangen, daß in gegenseitiger Vereinbarung der Betrieb jedes einzelnen Werkes auf die gesamte Bedarfsdeckung eingestellt wird. Das bedeutet, daß nicht mehr jedes Werk z. B. anteilmäßig an der Deckung der Netzlast beteiligt, sondern nunmehr nach einem bestimmten sogenannten Betriebsfahrplan eingesetzt wird, der sich auf die Netzlastkennlinien stützt. Je nach der Größe des Werkes in Verbindung mit den Betriebsverhältnissen und den Selbsterzeugungskosten für die kWh wird die Eingliederung in den Betriebsfahrplan vorgenommen, wobei es dann vorkommen kann, daß kleinere Werke den Betrieb vollständig oder zum Teil einstellen müssen, weil sie nicht mehr wirtschaftlich arbeiten. Wasserkraftwerke genießen insofern den Vorzug, als sie in den unmittelbaren Betriebskosten am günstigsten liegen, sofern für die Wasserausnutzung keine geldliche Abgabe zu leisten ist. Werke auf der Kohle oder auf Rohöllagern sind alsdann heranzuziehen, während Werke mit Zuführung der Betriebsstoffe über weite Wege in letzter Linie eingesetzt werden. Zur Vervollständigung dieser ersten Angaben über die Bedarfsdekkung ist in Abb. 18 gezeigt, in welcher Form ein solcher Betriebsfahrplan aufgestellt wird, der für die Hauptzeitabschnitte Sommer und Winter in großen Zügen und dann im einzelnen zumeist wochen- oder unter Umständen auch tageweise die Werke

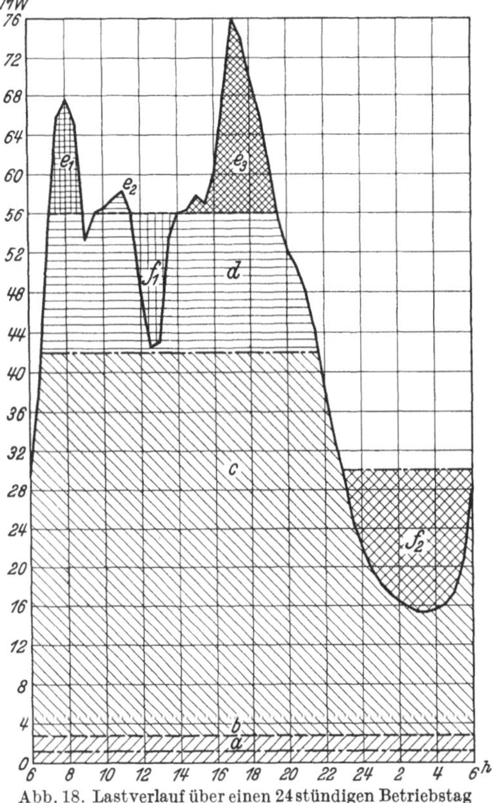

Abb. 18. Lastverlauf über einen 24 stündigen Betriebstag und Lastdeckung im Verbundbetrieb mehrerer Kraftwerke mit einem Pumpspeicher-Spitzenlastwerk.

a und *b* kleine Laufwasserkraftwerke, *c* Grundlastwerk, Dampf, *d* im Winter eingesetztes älteres Dampfkraftwerk, *f*₁ Einsatz des Werkes *d* zum Pumpbetrieb für das Pumpspeicherwerk, *e*₁ und *e*₃ Spitzenlastdeckung aus dem Pumpspeicherwerk, *e*₂ Spitzenlastdeckung aus Werk *d*, *f*₂ Einsatz des Werkes *c* zum Pumpbetrieb für das Pumpspeicherwerk.

bestimmt, die beteiligt sein sollen und wie ihre Betriebsmittel einzusetzen sind.

Zum Abschluß dieser einleitenden Betrachtungen soll schon hier darauf hingewiesen werden, daß in neuerer Zeit besondere Kraftwerke für die Deckung der Spitzenlast errichtet worden sind, die mit Dampf- oder Wasserspeicherung arbeiten, oder deren Maschinen lediglich für die Spitzenzeit in Betrieb genommen werden. Hierzu gehört auch die Verwendung älterer Dampfkraftwerke und die Aufstellung besonderer Rohölmotoren.

3. Stromart und Spannung.

a) Allgemeines. Wenngleich heute für die öffentliche Stromversorgung in Städten und Überlandanlagen nur Drehstrom verwendet wird und auch Industriekraftwerke mehr und mehr zu Drehstrom übergehen, weil trotz der Eigenerzeugung auch das benachbarte Überlandkraftwerk zu berücksichtigen ist, gibt es doch eine Anzahl von Fällen bei Neuanlagen, bei denen nicht ohne weiteres gesagt werden kann, daß Drehstrom von vornherein zu wählen ist. Das gilt auch dann, wenn alte Gleichstrom-Anlagen umgebaut, ersetzt oder erweitert werden sollen. Es muß daher die Stromart und Spannung sowohl nach der Gleichstrom- als auch nach der Drehstromseite behandelt werden.

Im I. Band sind die Stromverbraucher, besonders die Motoren, Umformer und Transformatoren in ihren Eigenarten und in ihrer Arbeitsweise, im II. Band die Leitungen besprochen worden. Es wird infolgedessen im Nachfolgenden vorausgesetzt, daß die Frage über die zweckmäßigste Stromart für die einzelnen Absatzgebiete im Hinblick auf die Stromverbraucher bereits geklärt ist. Mit Rücksicht auf das Kraftwerk bedarf es aber weiterer rechnerischer Untersuchungen, ob die für die Stromverbraucher günstigste Stromart auch vom Kraftwerk am wirtschaftlichsten erzeugt werden kann. Lediglich Sache des entwerfenden Ingenieurs ist es hier Entscheidungen zu treffen, wobei zunächst grundsätzlich bestimmend ist, ob es sich um ein öffentliches Kraftwerk für eine Stadt mit oder ohne Industrie und Gewerbebetrieb, für Versorgung ländlicher Gebiete großer Ausdehnung, für ein Dorf im Anschluß an eine Mühle oder an eine Fabrik, eine Einzelanlage auf einem Gute oder schließlich um ein reines Industrieunternehmen handelt. Die Stromart und Spannung willkürlich festzusetzen, ist ein schwerer Fehler, der sich z. B. bei einer Erweiterung, die sich in der Regel schon nach wenigen Betriebsjahren als notwendig erweist, bemerkbar macht.

Als Grundsatz gelte, daß die Entscheidung dieser Frage nur unter voller Berücksichtigung der Eigenart der stromverbrauchenden Einrichtungen, ihrer Betriebsart und den besonderen, an dieselben zu stellenden Anforderungen z. B. hinsichtlich Regelbarkeit und Anpassungsvermögen an die von ihnen geforderten Verrichtungen gefällt werden darf. Auch der erste Umfang des mit Strom zu versorgenden Gebietes, dessen betriebliche Sonderheit, die Ausdehnungsmöglichkeit und Ähnliches müssen berücksichtigt werden.

Bei Fabrikanlagen, wie überhaupt bei industriellen Unternehmungen ist es oft nicht leicht, sich von vornherein für diese oder jene Stromart (Gleichstrom oder Drehstrom) und Spannung zu entscheiden. Es werden vielmehr auch hier oft sorgfältige Abwägungen der Vorzüge und Nachteile der einzelnen Stromarten in erster und bestimmender Linie mit Rücksicht auf die Motoren (Werkzeugmaschinen, Gruben, Zechen, elektrochemische Anlagen) stattfinden müssen, um sowohl das Zweckmäßigste als auch das Wirtschaftlichste zu finden.

Schon aus diesen Angaben geht hervor, daß die Stromverbraucher mit den größten Einfluß auf die Wahl der Stromart besitzen, während andererseits für die Spannung die Lage zu den Abnahmestellen und die Größe des Kraftwerkes den Ausschlag geben. Erst in letzter Linie sollten die erstmaligen Anlagekosten entscheidend sein; denn spätere Umbauten können wiederum hinsichtlich der Änderungskosten, des schlechteren Jahreswirkungsgrades, einer etwa notwendigen Transformierung oder Umformung in keinem Verhältnisse zu den anfänglich gemachten Ersparnissen stehen.

b) Gleichstrom; Licht- und Kraftversorgung für Eigen- oder allgemeine öffentliche Zwecke. Für kleine Eigenanlagen (Gutsanlagen, Dorfzentralen, kleine Städte), die nur geringen Gewerbebetrieb und wenig Industrie kleineren Umfanges aufweisen, ist der Gleichstrom die gegebene und zumeist auch die wirtschaftlichste Stromart abgesehen dann, wenn das Kraftwerk unverhältnismäßig weit vom Versorgungsgebiet und dessen Mittelpunkt angelegt werden muß.

Bei Betrachtung der Belastungskennlinie nach Abb. 3 ergibt sich, daß die Belastungsspitzen und die geringe Belastung während der Nachtstunden durch eine Akkumulatorenbatterie leicht und wirtschaftlich gedeckt werden können (IV. Band). Dieser große Vorteil, den die Batterie hat, darf keineswegs unterschätzt werden, weil die ständige Stromlieferung auch des Nachts ohne jegliche Bedienung im Kraftwerk zuverlässig möglich ist. Kurze wirtschaftliche Berechnungen hinsichtlich Anschaffungspreis, Wirkungsgrad, verminderter Reserve in der Maschinenanlage und Bedienungskosten werden für kleine Anlagen die Vorzüge der Batterie schnell erkennen lassen.

Sind dagegen größere Entfernungen zu überwinden, so muß der Jahresverlust in den Leitungen mit in die Vergleichsberechnungen eingeführt werden. In diesem Fall entscheidet die Höhe des Kapitaldienstes (Abschreibung, Erneuerung, Verzinsung und fester Anteil an den Bedienungskosten) für Kraftwerk und Leitungsanlagen und die Höhe der jährlichen Betriebsausgaben. Besonders schnell und einfach läßt sich mit Rücksicht auf den Aufwand an Leitermetall ein Vergleich der verschiedenen Stromarten und unter diesen wiederum der verschiedenen Schaltungsformen bei Niederspannung, die hier vorausgesetzt wird, durchführen. Bei gleicher Verbrauchsspannung, gleicher zu übertragender Leistung, gleicher Entfernung zwischen Stromerzeugungs- und Abnahmestelle und gleichem Leistungsverlust ist die in Zahlentafel 5 angegebene Menge an Leitermetall erforderlich:

Zahlentafel 5. Vergleichende Zusammenstellung der Leitermetallmengen bei verschiedenen Stromarten.

Stromart und Schaltungsform	Zahl der Leiter	Spannung zwischen zwei Hauptleitern	Menge an Leitermetall
Gleichstrom-Zweileiter . .	2	U_{II}	100,00
Gleichstrom-Dreileiter . .	3	$2\,U_{II}$, Mittelleiterquerschnitt $=\frac{1}{2}$ Außenleiterquerschnitt	31,25
Drehstrom	3	$U_{III} = \sqrt{3}\,U_{II}$	75,00
Drehstrom mit Nulleiter	4	$U_{III} = \sqrt{3}\,U_{II}$, Nulleiterquerschnitt $=\frac{1}{2}$ Außenleiterquerschnitt	29,17

Bei Drehstrom ist reine Wirkbelastung zugrunde gelegt. Muß die Leitung auch Blindstrom führen, werden also z. B. nicht kompensierte Motoren angeschlossen, dann ist die Leitermetallmenge durch $\cos^2 \varphi$ zu dividieren und rückt damit den Gleichstrom wesentlich in den Vordergrund (II. Band).

Am ungünstigsten ist die Gleichstrom-Zweileiterform. Daher wird diese für Kraftübertragungszwecke nur noch sehr selten angewendet. Es tritt an deren Stelle die Gleichstrom-Dreileiterform, die der Drehstromform hinsichtlich der Metallmenge überlegen ist. Am wenigsten Metall notwendig hat die Drehstromform mit Nulleiter. Für die Hauptübertragungsleitungen wird diese aber nicht benutzt, da sie bei Verwendung von Transformatoren leicht auf der Unterspannungsseite herstellbar ist, also die Verlegung des vierten Leiters bis zum Kraftwerk nicht nötig wird (siehe I. Bd. S. 299).

Um ähnliche Vergleiche anstellen zu können, wie sie in Zahlentafel 5 durchgeführt sind z. B. hinsichtlich des Verlustes, der Entfernung, der Berücksichtigung des Leistungsfaktors, sollen hier die Gleichungen für die Querschnittsberechnung ohne Abzweigungen zusammengestellt werden, deren Entwicklung und besondere Betrachtung im II. Band zu finden ist.

Gleichstrom:

$$q'_G = \frac{N_e \cdot l_g \cdot 10^5}{\varkappa \cdot U_e^2 \cdot p'} \; \text{mm}^2 \; ; \tag{12}$$

bei der Dreileiterform ist $U_e = $ Außenleiterspannung am Ende;
Drehstrom:

$$q'_D = \frac{N_e \cdot l \cdot 10^5}{\varkappa \cdot U_e^2 \cdot \cos^2 \varphi_2 \cdot p'} \; \text{mm}^2 \; . \tag{13}$$

$N_e = $ Leistung in kW am Ende der Leitung,
$l_g \;= 2\,l$ die Leitungslänge (Hin- und Rückleiter) in m,
$l \;\;= $ Entfernung in m,
$p' \;= \dfrac{\varDelta N \cdot 100}{N_e} = $ Leistungsverlust in vH der zu übertragenden Leistung N_e,

$\varkappa \;\;= $ Leitfähigkeit des Leiterbaustoffes $S \dfrac{\text{m}}{\text{mm}^2}$,

$U_e = $ Spannung am Ende der Leitung in Volt.

Für Industriekraftwerke müssen die Vorzüge, die der Gleichstrom gegenüber dem Wechselstrom besitzt, und die in erster Linie in den Motoren begründet sind, berücksichtigt werden. Vornehmlich ist es der Gleichstromnebenschlußmotor, der eine ganze Reihe von Vorteilen aufweist, die im I. Band erläutert worden sind.

Die leichte und wirtschaftliche Geschwindigkeitsregelung dieser Motorgattung weist ihr unmittelbar das Feld ihrer Verwendung zu, und zwar gehört zu letzterem der gesamte Werkzeugmaschinenantrieb. So verlangt z. B. der Betrieb einer Hobelmaschine kleine Drehzahlen in der Schnittzeit, während der Rückgang des Arbeitstisches schnell vor sich gehen muß. Diese Arbeitsweise kann nur von einem Gleichstrom-Nebenschlußmotor völlig befriedigend erreicht werden. Ähnliche besondere Geschwindigkeitsregelungen sind erforderlich bei Förderanlagen, Walzenstraßenantrieben, Ziehbänken, Papiermaschinen und dann, wenn eine oft zu regelnde Arbeitsmaschine unmittelbar mit dem Elektromotor zusammengebaut ist.

Neben dem Gleichstrom-Nebenschlußmotor ist es weiter der Hauptschlußmotor, der in seiner Arbeitsweise insbesondere für die Zwecke der Hebezeugtechnik ganz besondere Vorzüge besitzt. Das liegt in erster Linie in der selbsttätigen Einstellung seiner Drehzahl nach der jeweilig geforderten Zugkraft, indem leichtere Lasten schnell und schwerere Stücke bei entsprechend vergrößerter Zugkraft langsamer bewegt werden. Hier ist aber zu bemerken, daß der Gleichstrom für dieses Gebiet nur dann zu bevorzugen ist, wenn es sich um Anlagen größeren Umfanges handelt.

Den Vorzügen der Gleichstrommotoren stehen andererseits auch einige Nachteile in bezug auf die Stromart selbst gegenüber. Der Wirkungsgrad von Gleichstrommotoren ist zumeist etwas geringer als der gleichgroßer Drehstrommotoren. Die Abmessungen der Motoren werden größer; dazu kommt ferner der Stromwender mit den Bürsten. Wenn auch die ersten beiden Punkte nicht wesentlich ins Gewicht fallen, da namentlich der geringere Wirkungsgrad durch die wirtschaftliche Geschwindigkeitsregelung oft als ausgeglichen angesehen werden kann, ist es der Stromwender, der bei angestrengtem und staubigem Betrieb besonders sorgfältiger Wartung bedarf. Durch Ausführung der Motoren mit Wendepolen und Kompensationswicklungen läßt sich eine fast funkenfreie Stromwendung erreichen, so daß heute der Stromwender nicht mehr die Schwierigkeiten macht wie noch vor wenigen Jahren.

Infolge des Bürstenfeuers sind Gleichstrommotoren überall dort ungeeignet, wo Explosionsgefahren vorhanden sind, also in Gruben, Bergwerken, Pulverfabriken, chemischen Werkstätten u. dgl., wenn nicht besonders teuere, entsprechend gebaute Motoren benutzt werden.

In chemischen Fabriken wird indessen Gleichstrom durch manche Arbeitsvorgänge notwendig; das sind Ausnahmefälle, die von vornherein die Stromart und unter Umständen auch die Spannung bestimmen.

Bei der Festsetzung der Stromart auf die elektrische Beleuchtung Rücksicht zu nehmen ist nicht notwendig, denn die heutigen Wechselstromlampen genügen allen Anforderungen und stehen den Gleichstromlampen nicht nach.

Ist auf Grund solcher Erwägungen der Gleichstrom für eine Anlage gewählt worden, wird es sich weiter darum handeln, die Spannung zu bestimmen, mit der die Gesamtanlage also auch die Beleuchtung zu betreiben ist. Für Deutschland richtet man sich heute nach den genormten Spannungen, die der VDE festgesetzt hat[1], und zwar sind das 110, 220, 440, 550 bis 750 V an den Stromverbrauchern bzw. entsprechend höhere Spannungen an den Generatoren bedingt durch den Spannungsabfall in den Leitungen.

Eine Spannung von 110 V für die Zweileiterform wird naturgemäß nur für kleine Leistungen und demnach kleine Anlagen in Frage

---

[1] VDE-Vorschriften REM 1930 III § 9.

kommen, da bei größeren Stromstärken die Leiterquerschnitte zu stark werden, und dann die Kosten für die Gesamtanlage zu hoch ausfallen. Daß man tunlichst hohe Spannung wählen soll, ist bereits früher erwähnt worden. Bei einer bestimmten zu übertragenden Leistung nimmt der Querschnitt der Leiter umgekehrt verhältnisgleich mit dem Quadrat der Spannung ab bzw. nimmt die Entfernung verhältnisgleich mit dem Quadrat der Spannung bei gleichbleibendem Querschnitt zu. Anlagen, die neben einer Anzahl größerer oder kleinerer Motoren vor allen Dingen dem Zweck einer ausgedehnten Beleuchtung dienen sollen, betreibt man daher in der Zweileiterform mit 220 V. Sind in der Hauptsache Motoren großer Leistung vorhanden, oder soll sich die Stromverteilung auf ein größeres Gebiet erstrecken, empfiehlt es sich, mit der Spannung bis auf 440 oder 550 V zu gehen. Da dann aber die Glühlampen nach den Vorschriften des VDE nicht mehr ohne besondere Schutzvorrichtungen anwendbar sind, weil eine Spannung über 250 V gegen Erde als Hochspannung gilt, wählt man fast durchweg die Dreileiterform.

Neue Anlagen, die verschiedene Betriebsverhältnisse aufweisen, mit zwei verschiedenen Spannungen zu betreiben ist durchaus untauglich, weil im Kraftwerk Generatoren für die Erzeugung verschiedener Spannungen aufgestellt werden müssen, oder eine teilweise Umwandlung der gegebenen in eine andere Spannung stattfinden muß (siehe I. Bd., S. 265), die den Wirkungsgrad der Gesamtanlage verschlechtert.

Ob die Zweileiter- oder die Dreileiterform für eine bestimmte Anlage zweckmäßiger ist, kann durch eine einfache Überschlagsrechnung ermittelt werden. Da besonders die Kosten für den Leiterbaustoff dabei ausschlaggebend sind, soll in Ergänzung zu den Werten der Zahlentafel 5 untersucht werden, welche der beiden Formen die geringste Baustoffmenge bei größter Leitungslänge und guter Erweiterungsfähigkeit aufweist.

Bezeichnet:

M_{II} die Baustoffmenge bei der Zweileiterform,

M_{III} die Baustoffmenge bei der Dreileiterform,

so ist die Baustoffmenge bei der Zweileiterform:

$$M_{II} = l_g \cdot q'_G = 2\,l \cdot q'_G = \frac{N_e \cdot 4 \cdot l^2 \cdot 10^5}{\varkappa \cdot U_e^2 \cdot p'} = k\,\frac{l^2}{U_e^2}, \qquad (14)$$

worin bei gleicher zu übertragender Leistung und gleichem Leistungsverlust in vH der Festwert k beträgt:

$$k = \frac{N_e \cdot 4 \cdot 10^5}{\varkappa \cdot p'}.$$

Da zum Vergleich der Baustoffmengen die Längen gleich sein müssen, ist für die Dreileiterform unter der Voraussetzung, daß der Mittelleiter im Querschnitt nur gleich der Hälfte desjenigen eines Außenleiters ist:

$$M_{III} = 1{,}25 \cdot M_{II} = 1{,}25 \cdot k \cdot \frac{l^2}{U_e^2}. \qquad (15)$$

Bei einer Spannung für die Dreileiterform $U_{III} = 2\,U_{II}$, worin bekanntlich die hauptsächlichste Eigentümlichkeit derselben liegt, werden die Baustoffmengen:

$$\left.\begin{array}{l} \text{für die Zweileiterform:} \quad M_{II} = k \cdot \dfrac{l^2}{U_e^2}\,, \\[3ex] \text{für die Dreileiterform:} \quad M_{III} = \dfrac{1{,}25}{4} \cdot k \cdot \dfrac{l^2}{U_e^2}\,, \end{array}\right\} \qquad (16\,\text{a})$$

und hieraus ergibt sich das Verhältnis derselben zueinander zu:

$$m = \frac{M_{III}}{M_{II}} = \frac{5}{16}\,, \qquad (16\,\text{b})$$

oder wenn z. B. für eine Zweileiteranlage die Baustoffmenge $= 500\,\text{kg}$ beträgt, geht dieselbe für eine Dreileiteranlage auf $156{,}5\,\text{kg}$ zurück (siehe auch Zahlentafel 5).

Das Verhältnis der Entfernungen bei gleicher Spannung U_e und gleicher Baustoffmenge der beiden Formen ergibt sich mit Benutzung der Gl. (15) und mit $M_{II} = M_{III}$ zu:

$$\frac{l_{III}}{l_{II}} = \sqrt{\frac{16}{5}} = 1{,}79\,, \qquad (17)$$

also auch bedeutend zugunsten der Dreileiterform.

Sollen in der bisherigen Untersuchung die beiden Formen auf alle Kosten miteinander verglichen werden, dann sind auch diejenigen für die Maschinen, Akkumulatoren, die Montage, die Befestigungsmittel usw. in die Betrachtung einzuschließen.

In jüngster Zeit ist die bereits wiederholt untersuchte Frage der Gleichstrom-Hochspannungübertragung[1] erneut aufgegriffen worden, um grundsätzlich festzustellen, ob schon in naher Zukunft eine Umstellung der bisherigen Großkraftübertragung auf Gleichstrom wirtschaftlich und betrieblich in Aussicht zu nehmen wäre. Die bisherigen Untersuchungen[2] haben ergeben, daß die Erzeugung hochgespannten Gleichstroms trotz der Durchbildung der Stromrichter noch nicht mit der für die Praxis erforderlichen Betriebssicherheit möglich ist, und daß auch die Anlagekosten für die Erzeugungs- und Abnahmestellen wirtschaftlich noch nicht in Wettbewerb mit dem Drehstrom treten können. Weiter sind auch z. B. die elektrischen Erscheinungen bei der Fernübertragung (Erdung, Korona) noch so wenig geklärt, daß es verfrüht ist, auf Einzelheiten einzugehen.

Als weitere Vorzüge des Gleichstromes sind zu nennen: die Akkumulatoren, über deren Vorteile bereits kurz gesprochen worden ist, ferner in elektrischer Beziehung die geringere Gefahr für Über-

---

[1] Rüdenberg: Elektrische Hochleistungsübertragung auf weite Entfernungen. Berlin: Julius Springer 1932.

[2] Scherbius, Dr. Ing. A.: Gesichtspunkte für den Vergleich von Energieübertragungen mit Hochspannungs-Gleichstrom und Wechselstrom. Elektrotechn. Z. 1923 Heft 28 S. 657.

Rachel: Die technisch-wirtschaftliche Seite der Gleichstrom-Hochspannungsübertragung. Elektr.-Wirtsch. 1935 Heft 32 S. 717.

spannungen und schließlich die Möglichkeit, die Gleichstromgeneratoren in ihren Drehzahlen leichter mit den Drehzahlen der Antriebsmaschinen in Übereinstimmung bringen zu können. Der letztere Umstand gestattet somit, die Antriebsmaschine für die vorteilhafteste Umdrehungszahl zu bauen. Eine Ausnahme hiervon bilden allein die Turbogeneratoren, die bei besonders großen Einzelleistungen durch die Stromstärken, für die die Stromwender bemessen werden müssen, an Höchstdrehzahlen gebunden sind.

c) Wechselstrom. Bei großen Leistungen, ausgedehnten Versorgungsgebieten und öffentlicher Stromabgabe (abgesehen von elektrischen Bahnen) kommt heute nur der hochgespannte Wechselstrom und zwar der Drehstrom zur Anwendung. Über die Vorteile dieser Wechselstromform ist bereits im I. und II. Band gesprochen worden. Aber auch für industrielle Anlagen ist der Drehstrom geeignet, weil mit Hilfe von Transformatoren jede Spannung hergestellt, also gewissermaßen jede Entfernung bei geringsten Kosten für die Kraftwerks- und Übertragungseinrichtungen überbrückt werden kann. Nur vereinzelt und zwar dann, wenn neben ausgedehnten Licht- und Kraftanlagen auch eine elektrische Bahn mit Strom versorgt werden soll, ist der Einphasen-Dreiphasenbetrieb mit in die Untersuchung einzuschließen. Hierbei werden entweder Drehstromgeneratoren, die entsprechend umschaltbar sind, oder getrennte Generatoren für beide Wechselstromformen aufgestellt. Wohl zu beachten ist aber, daß eine Drehstrommaschine bei Entnahme von Einphasenstrom nur eine um etwa 25 vH geringere Leistung unter der Voraussetzung gleicher Erwärmung herzugeben imstande ist. Auch der Wirkungsgrad wird schlechter, worauf bei Bemessung der Antriebsmaschine Rücksicht genommen werden muß.

Für die Spannung an den Stromverbrauchern gilt das bei Gleichstrom Gesagte auch bei Wechselstrom unverändert.

Die Generatorspannung dagegen ist nicht immer einfach wählbar. Bei ihrer Festsetzung müssen wiederum recht eingehende rechnerische Untersuchungen angestellt werden, um die Anlagekosten so gering wie möglich zu gestalten und zwar dadurch, daß möglichst an Transformatoren gespart wird. Der VDE hat auch für diese Spannungen genormte Werte festgesetzt, die tunlichst eingehalten werden sollten. Einzelheiten werden im IV. Band behandelt. Die Generator- und Übertragungsspannung sind für die Lage des Kraftwerkes zum Verbrauchsort von besonderer Bedeutung.

Sind keine langen Fernleitungen vorhanden, handelt es sich also z. B. um eine industrielle Anlage u. dgl., dann ist die Höhe der Spannung unter Berücksichtigung der vorkommenden Einzelmotorleistungen so festzusetzen, daß einmal in der längsten und am stärksten belasteten Leitung der Leistungsverlust bzw. der Spannungsabfall bestimmte, wirtschaftliche Werte nicht überschreitet, andererseits der größte Teil der Motoren möglichst ohne Zwischenschaltung von Transformatoren betrieben werden kann. Bei häufig zu schaltenden Motoren und bei unkundiger Bedienung ist Niederspannung zu bevorzugen. Selbstverständlich ist auch auf Erweiterungen des Betriebes gebührend Rücksicht zu nehmen.

Ist die Generatorspannung gewählt, so ist eine Überschlagsrechnung hinsichtlich der Gesamtkosten für die Hauptanlagen anzustellen, also für die Maschinen, Transformatoren, Leitungen und Motoren einschließlich der jeweils zugehörigen Schaltanlagen und der Raumbeanspruchung, und die Generatorspannung zu ändern, falls sich dadurch für die Gesamtanlage Ersparnisse erzielen lassen. Hier theoretische Wirtschaftlichkeitsberechnungen anzustellen, hat wenig Wert, denn schon dadurch, daß der Verlust in den Leitungen sich fortgesetzt ändert, verlieren die Ergebnisse einer solchen Berechnung an Sicherheit.

Handelt es sich um die **Erweiterung einer bestehenden Anlage,** die mit verhältnismäßig geringer Spannung arbeitet, dann ist zu prüfen, ob die alte Spannung für die neu aufzustellenden Generatoren beizubehalten, oder eine höhere Spannung zu wählen und diese zu transformieren ist. Das hat allerdings den Nachteil, daß im Fall einer Störung an den Transformatoren die neuen Generatoren nicht mit zur Stromlieferung auf die Sammelschienen herangezogen werden können, der Betrieb also unter Umständen zusätzlich empfindlich beeinträchtigt werden kann. Werden die neuen Maschinen dagegen für die bereits vorhandene Spannung ausgeführt, gewinnt man damit den Vorteil, daß beim Schadhaftwerden einer neuen Maschine die alten Maschinen auf die Transformatoren geschaltet werden können. Auch kann die Beweglichkeit der Betriebsführung in diesem Fall günstiger gestaltet werden, weil zumeist neue Maschinen mit wesentlich größerer Leistung und günstigerem Gesamtwirkungsgrad zur Aufstellung kommen, und diese dann die Grundlast übernehmen, während zu Zeiten der Spitzen und der Nachlast die alten Maschinen für die Stromlieferung über die Transformatoren auch mit der hohen Spannung ausnutzbar sind.

Sind **Fernleitungen mittleren Umfanges** zu speisen, und handelt es sich um Maschinen kleinerer und mittlerer Leistungen, dann wählt man für die von den Generatoren unmittelbar zu erzeugende Spannung vorteilhaft eine der vom **VDE genormten Spannungen** (1050, 2100, 3150, 5200, 6300, 10500 V). Die ungeraden Zahlen ergeben sich daraus, daß bei diesen Spannungen bereits die Deckung des Spannungsabfalles in den Fernleitungen mit 5 vH berücksichtigt ist. Diese Spannungshöhe ist auch am **Platz, wenn neben längeren Fernleitungen näher am Kraftwerk gelegene Abnahmegebiete zu versorgen sind,** weil dann bei mehreren Maschinen die gleiche Betriebsbeweglichkeit erzielt werden kann wie oben bei der Erweiterung bestehender Anlagen geschildert.

Wenn wenige **Maschinen großer Einzelleistungen in Frage** kommen, und der Verlust in den Leitungen eine Spannungshöhe bis zu etwa 15000 V gestattet, ist es unter Umständen ratsam, diese Spannung unmittelbar von den Maschinen erzeugen zu lassen. Man kann auf diese Weise wesentlich an Anlagekosten für die gesamten Einrichtungen des Kraftwerkes sparen. Es sind heute schon Generatorspannungen bis etwa 30 kV in Vorschlag gebracht.

Bei **sehr ausgedehnten Fernleitungen** (Höchstspannungsanlagen) ergibt sich die Übertragungsspannung ohne weiteres aus dem

Leistungsverlust bzw. Spannungsabfall und dem Querschnitt der Leitungen; letzterer ist natürlich tunlichst gering zu bemessen, denn die Kosten für die Leitungsanlagen bilden in diesem Fall zumeist die Hauptausgabe der gesamten Kraftübertragung. Im I. und II. Band ist hierüber ausführlich gesprochen.

Die Frequenz wird, sofern es sich um gemischte Betriebe (Licht und Kraft) handelt, in Deutschland in der Regel zu 50 Hertz gewählt. In der Schweiz und in Italien findet man häufig 40 bis 42 Hertz; in den Vereinigten Staaten von Amerika werden 60 Hertz benutzt. Sind nur Motoren zu speisen, oder werden lange Kabelstrecken für die Fernleitungen angewendet, so empfiehlt es sich, mit der Frequenz auf etwa 25 Hertz und darunter herabzugehen. Wie sehr die Frequenz bei Kabeln in bezug auf die induktiven Verluste zu beachten ist, wurde bereits im II. Band ausführlich erläutert. An den Hauptverteilungspunkten müssen dann unter Umständen Frequenzumformer aufgestellt werden. Welche niedrigste Frequenz in solchen Fällen zu wählen ist, kann allgemein nicht angegeben werden. Es sind dazu eingehende Berechnungen über Anlagekapital und Betriebskosten für das Kraftwerk, die Kabelleitungen und die Frequenzumformer anzustellen.

d) Kraftwerke mit zwei Stromarten, d. h. Anlagen, in denen sowohl Gleichstrom als auch Wechselstrom erzeugt wird, kommen in der Mehrzahl der Fälle nur in städtischen Betrieben vor. Der Gleichstrom dient zumeist zur Speisung einer elektrischen Bahn, der Drehstrom für Licht- und Kraftversorgung. Der Aufbau eines solchen Werkes kann auf drei Arten erfolgen und zwar:

1. durch Aufstellung getrennter vollständiger Maschinensätze mit ihren Antriebsmaschinen;

2. durch Benutzung von sog. Doppelmaschinen mit je nur einer Antriebsmaschine;

3. durch elektrische Umformung der einen Stromart in die andere.

Die Ausführung unter 1. ist gleichbedeutend mit der Anlage zweier Kraftwerke in einem Maschinensaal. Jede der beiden Stromformen ist völlig unabhängig voneinander. Handelt es sich dabei um häufig stark wechselnde Belastungsverhältnisse, wie sie in städtischen Elektrizitätswerken stets vorhanden sind, ist dieser Aufbau des Werkes hinsichtlich des Jahreswirkungsgrades nicht günstig, weil die Antriebsmaschinen oft nur mit geringer Belastung, infolgedessen mit schlechtem Wirkungsgrad arbeiten. Als weitere Nachteile kommen in Betracht: der hohe Anschaffungspreis für die Gesamteinrichtungen, die große Raumbeanspruchung, sowie schließlich ein verhältnismäßig großer Kapitalaufwand für die Reservemaschinen. Man findet infolgedessen diese Form des Aufbaues nur bei sehr großen, unter besonders günstigen Betriebs- und Belastungsverhältnissen für beide Stromarten arbeitenden Kraftwerken.

Um die Nachteile der getrennten Maschinensätze zu vermeiden, ist die Ausführung nach 2. entstanden mit Benutzung sog. Doppelmaschinen, bei der durch Kupplung oder Zusammenbau von zwei Generatoren mit nur einer Antriebsmaschine jedesmal ein Maschinensatz gebildet wird. Aber auch durch diese Anordnung läßt sich der verhältnismäßig schlechte Gesamt-Jahreswirkungsgrad infolge der elektrisch getrennten Erzeugung der beiden Stromarten nicht verbessern, sofern die Antriebsmaschine so bemessen ist, daß beide Generatoren gleichzeitig vollbelastet arbeiten können. Weiter ist für diese Ausführung ungünstig, daß bei Störungen an der Antriebsmaschine sich diese auf beide Generatoren auswirken. Hinsichtlich der gegenseitigen Anordnung von Antriebsmaschine und Generatoren (letztere auf einer oder zu beiden Seiten) gilt sinngemäß das bei den Motorgeneratoren im I. Bd. Gesagte.

Doppelmaschinen werden daher heute, wenn überhaupt noch angewendet, zumeist nur als Reservemaschinen aufgestellt, und die Leistung der Antriebsmaschine dann derart gewählt, daß stets nur einer der beiden Generatoren vollbelastet werden kann. Diese Einschränkung ergibt sich aus der Unwahrscheinlichkeit der gleichzeitigen Vollbeanspruchung der Reservemaschinen in beiden Stromformen.

Die unter 3. genannte Ausführung ist jedenfalls am günstigsten und wird heute bevorzugt. Dabei wird nur eine Stromart — zumeist Drehstrom — unmittelbar erzeugt und die andere — Gleichstrom — durch Umformung gewonnen. Bei den hohen Wirkungsgraden der Einankerumformer und besonders der Gleichrichter (siehe I. Bd., Zahlentafel 14) läßt sich der beste Jahreswirkungsgrad erzielen, weil nunmehr die Umformung mit als Belastung des Hauptgenerators und damit der Antriebsmaschine auftritt. Zudem wird die Umformung stets billiger als Generatoren mit Antriebsmaschinen, und erfordert auch geringeren Platz zu ihrer Aufstellung. Daß man bestrebt sein muß, den Gleichstrom durch die Umformung zu gewinnen, hat seinen Grund in den Akkumulatoren einerseits und den günstigeren Arbeitsverhältnissen der Umformung in dieser Richtung andererseits. Auch die Betriebsbeweglichkeit ist bei dieser Ausführung wesentlich besser als bei den Doppelmaschinen.

Die Dampfkraftanlagen.

4. Einleitung.

In Dampfkraftanlagen kommen heute zum Antrieb elektrischer Stromerzeuger — vereinzelte Sonderfälle ausgenommen — nur Dampfturbinen zur Verwendung. Kolbendampfmaschinen sind für diese Zwecke als überholt anzusehen, da sie betrieblich und wirtschaftlich den Dampfturbinen unterlegen sind und auch in der Raumbeanspruchung weit hinter diesen zurückstehen. Aus diesen Gründen werden im folgenden die Kolbendampfmaschinen nicht berücksichtigt.

Die Entwurfsbearbeitung bzw. die Beurteilung einer Dampfkraftanlage hat sich zu erstrecken auf die Dampfturbinen mit Kondensationseinrichtungen, die Kesselanlagen mit der Speisewasserbeschaffung, die Verbindung beider, den Brennstoff selbst, die Brennstoffzuführung und Aschebeseitigung, die Generatorenanlagen, die Kraftwerksgestaltung und die Vorrichtungen für die Betriebsführung. Die technische Durchführung hat Hand in Hand zu gehen mit wirtschaftlichen Untersuchungen, denn ausschlaggebend für die Wahl der einzelnen Anlageteile ist letzten Endes der Einfluß auf das wirtschaftliche Gesamtergebnis für die erzeugte kWh — allerdings mit der Einschränkung, daß die Betriebssicherheit gewährleistet ist. Diese setzt allen wirtschaftlichen Maßnahmen jedenfalls für die öffentliche Stromversorgung eine gewisse Grenze. Das wird im folgenden besonders gekennzeichnet werden.

Die Einzelheiten der Dampfkraftanlage selbst zu bearbeiten ist nicht Sache des Elektroingenieurs. Sie weisen heute eine so große Vielseitigkeit auf, daß sie in allen Teilen zu beherrschen schwierig ist; übersehen muß sie jedenfalls in ihren Grundaufgaben aber auch der Elektroingenieur und insbesondere der Betriebsmann, sollen beste Wirtschaftlichkeit und größte Betriebssicherheit gesichert sein. Die Wirtschaftlichkeit drückt sich teils im Wärmeverbrauch, also im Brennstoffverbrauch für die erzeugte kWh, teils in den Nebenkosten des Betriebes und im Kapitaldienst für die Gesamtanlage aus. Die Betriebssicherheit ist nach allen Einrichtungen zu beurteilen, die zur wirtschaftlichen Dampferzeugung und Dampfverwertung erforderlich sind. Eng zusammen mit dem Wärmeverbrauch hängt die Wasserbeschaffung für die Kesselspeisung und die Kondensation. Der im Kreisprozeß der Dampferzeugung und Dampfverwertung erzielte Wärmewirkungsgrad (thermische Wirkungsgrad) ist das Kriterium für die wärmetechnische Gesamtanlage. Nach diesem Gesichtspunkt hauptsächlich hat der Elektroingenieur den Entwurf einer Dampfkraftanlage zu prüfen und zu be-

urteilen und daraus dann das Ergebnis festzustellen, wieviel Wärmeeinheiten je kWh unter den verschiedenen Belastungsverhältnissen und Arbeitsbedingungen des Kraftwerkes aufzuwenden sind und welche Gesamtkosten diese Wärmemengen
verursachen.

5. Der Aufbau einer Dampfkraftanlage im allgemeinen.

Abb. 19 zeigt in einfacher Darstellung den Aufbau einer Dampfturbinenanlage für eine mittlere Leistung bei einem Dampfdruck bis
etwa 25 atü und einer Dampftemperatur bis etwa 350° C. Mit dem

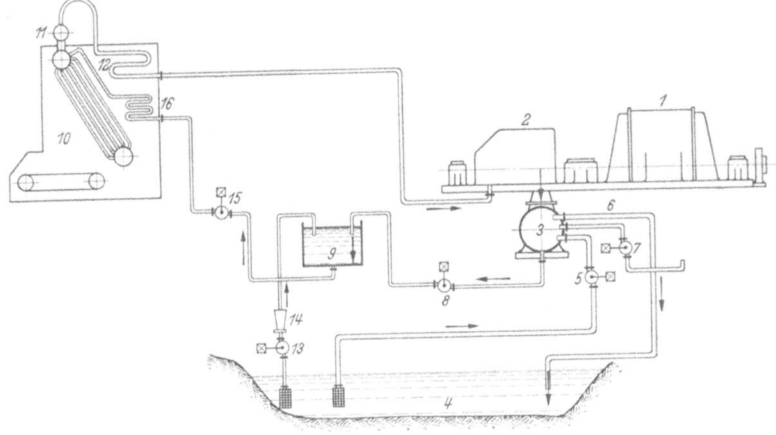

Abb. 19. Aufbau einer einfachen Dampfkraftanlage mit Kondensationsturbine für
Frischwasserkühlung.

Generator *1* ist die Dampfturbine *2* gekuppelt. Der im Kessel *10* erzeugte
Dampf strömt zunächst zum Dampfsammler *11* und dann über den im
Zuge der Rauchgase liegenden Überhitzer *12* zur Turbine. Der in der
Dampfturbine verarbeitete Dampf tritt in den Kondensator *3*. Für die
Dampfkondensation soll Frischwasser aus einer fortlaufend gespeisten
Frischwasserstelle *4* zur Verfügung stehen. Die Kühlwasserpumpe *5* führt
dieses Frischwasser dem Kondensator zu, das durch die Rohrleitung *6*
wieder abgeführt wird. Zur Entlüftung des Kondensators dient die
Luftpumpe *7*. Das Kondensat wird erneut zur Kesselspeisung verwendet
und mit der Kondensatpumpe *8* dem Speisewasserbehälter *9* zugeleitet.
Der Bedarf an Kesselspeisewasser wird aus dem Kesselspeisewasserbehälter *9* gedeckt, dem Zusatzwasser aus der Frischwasserstelle mittels
der Pumpe *13* über einen Wasserreiniger *14* zugeführt wird. Die Speisepumpe *15* bringt dem Kessel das Speisewasser über den Vorwärmer *16*.
Ist Frischwasser für Kondensator und Speisewasser nicht in genügender
Menge vorhanden, muß für das Kühlwasser eine Rückkühlanlage verwendet werden. Abb. 20 zeigt die entsprechende Änderung zu Abb. 19.
An Stelle der Frischwasserstelle tritt z. B. ein Brunnen *4* oder eine

sonstige Wasserbeschaffungsmöglichkeit nur für die zur Deckung der Verluste erforderliche Zusatzwassermenge. Das Kühlwasser wird nunmehr durch die Rohrleitung *6* dem Kühlturm *17* zugeführt und nach Durchrieseln von der Kühlwasserpumpe *5* dem Kondensator erneut zugeleitet. Die Pumpe *18* fördert in den Kühlturmsumpf das Verlustwasser. Die Pumpe *13* ist an den Brunnen *4* angeschlossen.

Für den dampf- bzw. wärmetechnischen Teil, den im einzelnen zu bearbeiten Sache des Maschinenfachmannes ist, muß der Elektroingenieur zum mindesten wie schon gesagt das Grundsätzliche kennen und überblicken, vor allem aber die erforderlichen Angaben für die Entwurfsbearbeitung machen können. Aus dem Vergleich verschiedener Vorschläge und Entwürfe muß er dann die für die wirtschaftlichen Untersuchungen und die Beurteilung der Betriebsverhältnisse sowie für die Erfüllung der Betriebsforderungen notwendigen Feststellungen

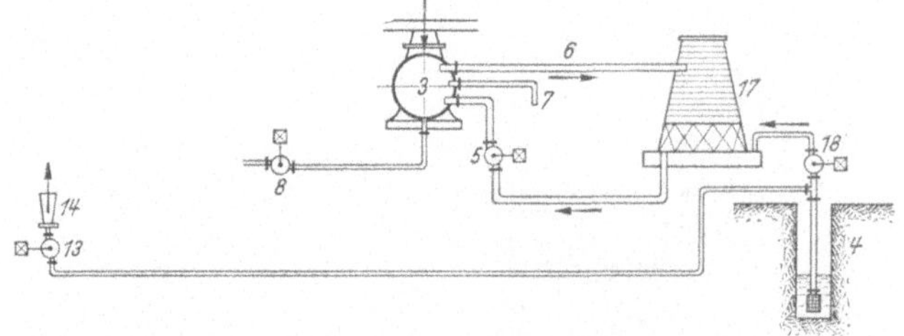

Abb. 20. Aufbau einer einfachen Dampfkraftanlage mit Kondensationsturbine für Kühlwasserrückkühlung (Ergänzung zu Abb. 19).

treffen bzw. beurteilen können. Die bautechnischen Einzelheiten sind aus den Beschreibungen und sonstigen Angaben der Hersteller zu ersehen. Sie sollen hier nicht behandelt werden. Die Gewährleistungen der Hersteller sollen die Sicherheit für die Erfüllung der Forderungen oder der Zusagen liefern.

Da der Elektroingenieur nach seinen Berechnungen und seinen wirtschafts- und betriebstechnischen Untersuchungen aus den Netzverhältnissen, der gewählten Stromart und Spannung, dem Zusammenarbeiten mit anderen Kraftwerken und den Erweiterungsmöglichkeiten für ein neu zu bauendes Kraftwerk den Platz oder für eine vorhandene Anlage die Durchführung einer Erweiterung bzw. Änderung zu bestimmen hat, sind dem Maschinenfachmann anzugeben: die Maschinenleistungen mit den Generatorendaten, dann der in Aussicht genommene Brennstoff mit den zugehörigen Nebenbedingungen, die Wasserverhältnisse und schließlich für die Gesamtentwurfsbearbeitung die Verhältnisse des Kraftwerksgeländes mit ebenfalls allen zugehörenden Nebenumständen. Sinngemäß gilt das auch für die Erweiterung oder Umgestaltung einer bestehenden Anlage. Zur Beschaffung dieser Unterlagen sind eine Reihe von Vorarbeiten notwendig. Allem voran steht die Festsetzung der Generatorenausführung, der Maschineneinzelleistungen und der Gesamtleistung des Kraftwerkes.

In Anlehnung an die Reihenfolge des Aufbaues nach Abb. 19 und 20 sollen die Anlageteile besprochen werden. Wenn dabei mit der Dampfturbine begonnen wird, liegt das darin, daß die Dampfturbine bestimmend sein soll für die Entwurfsbearbeitung der Kesselanlage, nicht umgekehrt. Naturgemäß muß die wärmetechnische Durchbildung einer Anlage nur in einer Hand liegen, soll das erreichbar günstigste Ergebni erzielt werden.

6. Die Maschinenleistung,

die das Kraftwerk im ersten Ausbau aufweisen soll, ist aus dem Lastverlauf des Netzes am Tage der höchsten Belastung festzustellen. Das ist eine besonders schwierige Aufgabe, für deren Lösung Richtlinien im I. Abschnitt gegeben worden sind. Für ein neues Kraftwerk wird man zumeist nur aus ähnlich gelagerten Fällen den Lastverlauf schätzen können; praktische Erfahrungen werden die Sicherheit solcher Schätzungen erhöhen. Für das Folgende soll angenommen werden, daß die zu erwartende Höchstleistung bekannt ist. Für die Kraftwerksgestaltung und die Entwurfsgrundlagen ist zu entscheiden, ob diese Höchstleistung von einer oder mehreren Maschinen erzeugt werden soll, welche Reserve zu wählen ist und in welcher Form dem zu erwartenden Zuwachs zugleich mit einer Erweiterung der Kraftwerksanlagen Rechnung getragen werden soll. Zunächst wird nur das selbständige Kraftwerk behandelt, der Zusammenschluß mit anderen Werken also vorerst nicht einbezogen.

Für die Größe der Maschineneinzelleistung liegen irgendwelche bautechnischen Schwierigkeiten und Grenzen weder nach oben noch nach unten vor. Der Maschinenbau beherrscht heute alle Leistungsgrößen mit wirtschaftlich und betrieblich besten Ergebnissen, nur sind gewisse Grenzfälle in den einzelnen Maschinengrößen vorhanden, die sich aus den Baudurchbildungen ergeben. Hierauf wird weiter unten besonders eingegangen werden.

Da für die öffentliche Stromversorgung die verlangte Leistung jederzeit zur Verfügung stehen muß, Maschinenstörungen im Kraftwerk also die Leistungshöhe nicht beeinträchtigen dürfen, muß die Leistung auf mindestens zwei, gegebenenfalls auf eine größere Anzahl von Maschinen verteilt werden. Hierzu ist eine ganz besondere Verständigung zwischen den Herstellern des mechanischen und elektrischen Teiles des Maschinensatzes erforderlich, um für eine geforderte Leistung die Ausnutzung der einzelnen Maschinenmodelle bis zum betriebszulässigen Höchstmaß zu gewinnen.

In Deutschland bauen die großen Elektrizitätsfirmen auch gleichzeitig Dampfturbinen bzw. stehen mit den Turbinenfirmen in engster Fühlung. Es ist daher ohne weiteres anzunehmen, daß tatsächlich die Maschinen für einen Maschinensatz nach Baudurchbildung, Baustoffausnutzung, Gewicht je kW und Wirkungsgrad zusammen mit den erzielbaren kleinsten Abmessungen auf das erreichbar vollkommenste zueinander abgestimmt sind.

Maßgebend für die Leistungsaufteilung auf mehrere Maschinensätze, damit für die Wahl der Maschinengrößen und weiter für die Kessel,

Hilfsmaschinen und schließlich die Kraftwerksgestaltung ist der Jahreslastverlauf der Leistungsabgabe, wie er im I. Abschnitt behandelt
worden ist. Ist die Höchstlast festgestellt, über das Versorgungsgebiet
aber Besonderes mit genügender Sicherheit noch nicht zu sagen, wird
man je nach den größeren Abnehmern einen mehr oder weniger der
Abb. 7 bzw. 8 ähnlichen Jahreslastverlauf seinen Entschlüssen zugrunde legen können, ohne einen wesentlichen Fehler zu begehen. Dabei ist selbstverständlich nicht nur der gegenwärtige Lastverlauf und
die Lasthöhe, sondern soweit irgendwie möglich auch die zukünftige
Entwicklung zu berücksichtigen. Weiter ist die Maschinenreserve besonders zu beurteilen. Die etwa zu erwartende Leistung mit einem
Zuschlag von 150 vH zu wählen — um ein Beispiel zu geben — bedeutet
eine Steigerung des Absatzes um je 30 vH für die nächsten 5 Jahre. Sind
nicht ganz besondere Fälle zu erwarten, etwa durch schnelleren Übergang der vorhandenen Industrien von der Selbsterzeugung zum Strombezug oder durch Stillsetzen veralteter Werke, was schon bei den An-
schlußverhandlungen im Versorgungsgebiet und nach der ersten Feststellung des etwa zu erwartenden Strompreises aus den Voruntersuchungen der Wirtschaftlichkeitsberechnung zu überprüfen ist, so
zeigt alte Erfahrung, daß ein Entwicklungszeitraum von etwa
5 Jahren zumeist festgestellt werden kann. Vorsichtig wird dabei der
jährliche Zuwachs zu schätzen sein. Legt man diesen je nach der Eigenart des Versorgungsgebietes mit 10 bis 20 vH der Höchstlast je Jahr
zugrunde und läßt Wirtschaftskrisen beschränkteren oder allgemeineren
Umfanges außer acht, so wird man also mit 50 bis 100 vH Zuschlag
zu rechnen haben. Die etwa erwartete Leistung ohne Zuschlag einfach
zu verdoppeln und dann mit 100 vH in die Reserve zu legen wird zwar
häufig vorgenommen, kann aber nicht als beste Lösung bezeichnet
werden. Schon bei geringer Leistungssteigerung muß dann die Reserve
in den täglichen Betrieb eingesetzt werden. Damit wird sie aber ihrer
eigentlichen Bestimmung entzogen. Werden dann nur zwei Maschinensätze aufgestellt, ist die Leistungsdeckung bei Ausfall eines Maschinensatzes nicht mehr vorhanden. Das ist für die öffentliche Stromversorgung ein unzulässiger Zustand. Besser wird die vorstehend bewertete
Gesamtleistung in erster Entschließung und abgesehen von der Berücksichtigung weiterer wirtschaftlicher und betrieblicher Einzelheiten, auf
die weiter unten eingegangen wird, so geteilt, daß zwei gleiche Maschinensätze zur Aufstellung kommen, jeder bemessen für das 1,25- bis
1,5fache der Anfangshöchstleistung. Damit erhält man zunächst 25 bis
50 vH Leistungssteigerung mehr. Wird dazu die Überlastungsfähigkeit der Maschinen, die etwa 25 vH der Nennleistung während
einer halben Stunde nach vorhergegangener Vollbelastung und bei noch
zulässiger Erwärmung beträgt, berücksichtigt, so werden sich die An-
lage- und auch die Betriebskosten zumeist noch in wirtschaftlichen
Grenzen bewegen. Diese Überlast tritt in der öffentlichen Stromversorgung in der Zeit der Abendspitzen auf und dauert kaum länger als
eine halbe Stunde, wobei die Nennleistung des Maschinensatzes in der
vorhergehenden und nachfolgenden Betriebszeit nach dem allgemeinen

Verlauf der Lastlinien in den meisten Fällen nicht über einen längeren Zeitraum voll vom Netz beansprucht wurde. Im Fall der Störung ist bei dieser Leistungsfestsetzung und Maschinenaufteilung einer der Maschinensätze immer tatsächlich volle Reserve.

Die Aufteilung der Leistung einschließlich Reserve auf drei Maschinensätze gleicher Leistung erhöht naturgemäß die Sicherheit und kann auch im Jahreswirtschaftsergebnis, wenn die Teilbelastung wesentlich ins Gewicht fällt, besonders vorteilhaft sein. Sie ergibt allerdings wesentlich höhere Anlagekosten. Hier kann also nur das Ergebnis von Einzeluntersuchungen bestimmend sein. Belastungsziffer, Gleichzeitigkeitsziffer und Reserveziffer sind dabei zu prüfen.

1. Beispiel. Die zu erwartende Netzhöchstlast soll 10000 kW betragen. Dann sind bei 50 vH Zuwachsschätzung und voller Reserve zu wählen:

$$10000 + 5000 + 15000 = 30000 \text{ kW},$$

die auf zwei Maschinensätze verteilt je 15000 kW Einzelleistung ergeben. Bei der Dreiteilung würde unter den gleichen Voraussetzungen jeder Maschinensatz eine Leistung von 10000 kW zu erhalten haben.

Die Leistungsaufteilung ist also aus wirtschaftlichen Untersuchungen festzustellen, die sich zu erstrecken haben auf den Wirkungsgrad, den Dampfverbrauch bei Voll- und Teillasten, die Betriebskosten nach dem Jahresverlauf der Last, die Anschaffungskosten einschließlich Zubehör und Gebäude mit Unterhaltungskosten.

Insbesondere ist dabei namentlich bei großen Anlagen festzustellen, ob die geringe Nachtlast nicht vorteilhafter durch eine gesonderte kleine Maschine gedeckt wird, die dann gleichzeitig als sogenannte Hausmaschine den Eigenbedarf liefert. Bei jedem Entwurf für ein neues Kraftwerk steht diese Frage im Vordergrund der Untersuchungen und löst stets umfangreiche Berechnungen aus. Berücksichtigt man aber den Kapitalmehraufwand für einen solchen Maschinensatz einschließlich Grunderwerb, Baulichkeiten usw. gegenüber der Ersparnis an Brennstoff durch den besseren Wirkungsgrad der kleineren Maschine gegenüber dem schlechteren Teilwirkungsgrad einer großen Maschine bei beispielsweise nur 10 bis 20 vH Belastung, so kommen alle solche Berechnungen fast ausnahmslos zu dem Ergebnis, von der Aufstellung einer kleinen Hausmaschine abzusehen.

Der Wirkungsgrad des vollständigen Maschinensatzes bzw. der Wirkungsgrad des Generators und der Dampfverbrauch der Turbine sollen ihre günstigsten Werte etwa im Bereich der ⅔ bis ¾ Last aufweisen, ohne daß die Maschinen dabei so ausgelegt werden, daß sie in ihrer Überlastbarkeit beschränkt sind. Hierzu wird bei den Dampfturbinen und Generatoren noch Weiteres gesagt werden. Diese Belastung kommt nach dem Verlauf der Lastlinien zumeist der Tagesgrundlast bzw. dieser zuzüglich der Mittellast oder auch der Durchschnittslast am nächsten, wird also mit einer verhältnismäßig hohen Benutzungsstundenzahl im Jahr abgenommen. Auch der anfangs etwa zu großen Leistung wird dann wirtschaftlich Rechnung getragen. Reine Grundlastmaschinen sind nach anderen Gesichtspunkten für den besten Wirkungsgrad zu beurteilen.

Ist diese Festlegung der Maschineneinzelleistung erfolgt, werden nunmehr die Hersteller festzustellen haben, welche günstigsten Modelle in Frage kommen. Insbesondere ist hier auf die Grenzturbinen hinzuweisen.

Weiter ist schon an dieser Stelle darauf aufmerksam zu machen, daß der Betrieb hinsichtlich der Maschinenzahl und -größe zwar möglichst große Betriebsbeweglichkeit im Anfahren und Abstellen verlangt, aber einen häufigen Maschinenwechsel gerne vermieden sieht, um die Quellen von Betriebsstörungen zu verringern.

Bei Erweiterung einer bestehenden Anlage gelten für die Wahl eines neuen Maschinensatzes zwar noch andere Gesichtspunkte als für den Neubau, doch sind die bisherigen Erörterungen auch hier als Richtlinien zu benutzen. Da sich die Voruntersuchungen dann auf Verhältnisse gründen lassen, die einfacher zu übersehen sind, wird die Sicherheit der Entschlüsse naturgemäß größer. Die Überlegungen werden dahin zu gehen haben, welche vorhandenen Maschinen zur Reserve bereitzustellen sind und mit welchen Maschinen weiter die Nacht-, Grund- und Spitzenlast gefahren werden soll. Immer wird dabei die wirtschaftliche Untersuchung den Ausschlag zu geben haben, die letzten Endes im Brennstoffverbrauch ihr Ergebnis hat. Die Forderungen des Betriebes nach ruhigster Betriebsabwicklung (Belastungsziffer, Reserveziffer) dürfen dabei unter keinen Umständen außer acht gelassen werden. Sie setzen sich im übrigen im Laufe der Zeit doch durch, auch wenn ihnen anfänglich aus Ersparnisgründen nicht gefolgt wird.

Nach gleichen Gesichtspunkten wird vorzugehen sein bei Fremdstrombezug für einen Teil der Kraftwerksleistung, sei es zur Grund- oder Spitzenlastdeckung.

Beim Zusammenschluß mehrerer Werke und ihrer Betriebsumstellung auf Grund- und Spitzenlastwerke, der dabei zu gewinnenden Reserve und der Eingliederung in den Betriebsfahrplan des ganzen Netzes sind die auf S. 19 und 24 bereits kurz angegebenen Gesichtspunkte zu beachten.

7. Die Vorarbeiten für die Entwurfsaufstellung.

a) Allgemeines. Jeder Kraftwerksbau bedarf sorgfältigster Vorarbeiten hinsichtlich seiner Lage zum Versorgungsgebiet und der gesamten Baukosten, die vorweg so genau wie möglich festzustellen sind. Die Kraftwerkslage ist bestimmend für die betriebswirtschaftlichen Kosten der Stromerzeugung; aus den Baukosten ergibt sich der spätere Kapitaldienst, der ausschlaggebend für die Gesamtwirtschaftlichkeit des Werkes ist. Nur zu häufig kommt es vor, daß die Vorarbeiten nicht mit der nötigen Gründlichkeit auf alle Einzelheiten ausgedehnt werden; die Folge davon sind elektrowirtschaftliche Schwierigkeiten bei Erweiterungen und Stromabsatzsteigerung, beim Bau selbst schon erhebliche plötzliche Bauschwierigkeiten, Änderungen des Bauentwurfes, Verzögerung in der Fertigstellung einzelner Bauteile und Bauabschnitte und — was die Hauptsache ist — Baukostenüberschreitungen unter Umständen mit Schwierigkeiten in der weiteren Geldbeschaffung. Auch Streit mit den Bauunternehmern und Lieferern, Abänderungen bereits in Arbeit befindlicher Bauteile, damit verbundene Mehrkosten und Lieferzeitüberschreitung können die Folge ungenügender Vorarbeiten sein. Alter Bauerfahrung entspricht es, besser mehr Zeit und Kosten für die Vorarbeiten, als nachher Ärger, Verdruß und Verluste.

Nur das Ergebnis der Vorarbeiten darf die Grundlage bilden für die einzelnen Ausschreibungen der Baulose und die Vertragsbedingungen. Dem Unternehmer solche Vorarbeiten zu überlassen ist immer falsch und nur nachteilig für den Bauherrn. Auch das ist alte praktische Bauerfahrung.

Weiter sollen Vorarbeiten von erfahrenen Fachleuten durchgeführt werden. Es kommt häufig auf Einzelheiten an, die, nicht erkannt oder nicht berücksichtigt, nicht selten später zu großen Schwierigkeiten führen, deren Behebung dann zumeist viel Geld kostet. Nach allen diesen Richtungen soll zur weitgehendsten Klärung bei den Vorarbeiten nicht ängstlich gespart werden; das ist Sparsamkeit am falschen Ort. Auch Schnellentwürfe sind zu vermeiden, da sie in der Mehrzahl der Fälle zu später schwer wieder gutzumachenden Irrtümern führen. Die Überlegungen und Lösungsmöglichkeiten für eine gestellte Aufgabe auch kleinen Umfanges müssen ausreifen, weil die Mannigfaltigkeit der Ausführungen auf allen die Anlage berührenden Gebieten der Technik außerordentlich groß ist.

b) Die Lage des Kraftwerkes. Zunächst soll in kurzen Umrissen Einiges allgemeiner Natur über die Lage des Kraftwerkes gesagt werden, um einen Überblick zu erhalten, nach welchen Gesichtspunkten die Vorarbeiten hierfür aufzunehmen sind. Alsdann wird auf die Einzelheiten dieser Vorarbeiten näher eingegangen werden.

Ist das Versorgungsgebiet in großen Zügen festgestellt, ist dieses in einer topographischen Landeskarte zu bezeichnen und aus der Karte nun zu ermitteln, an welchen Stellen etwa das Kraftwerk gebaut werden könnte. Größere Städte, Flußläufe, Kohlengruben, Eisenbahnknotenpunkte, aber auch wehrpolitisch günstige Stellen sind die Plätze, die zunächst in Aussicht zu nehmen sind. Belastungsverhältnisse, Anlage der Leitungen und günstige Leitungsführung, zu übertragende Leistungen, zu wählende Spannung und Stromart, Verluste, Spannungshaltung für einzelne Gebietsteile und Zahl der größeren und kleineren Umspannwerke sind elektrowirtschaftliche Gesichtspunkte, die für den zweckmäßigsten Standort des Kraftwerkes im vorhandenen oder neu aufzuschließenden Versorgungsgebiet ausschlaggebend sind. Ist nach dieser Richtung im allgemeinen Klarheit geschaffen, soll zunächst überschläglich eine erste wirtschaftliche Untersuchung für die einzelnen Baustellen angestellt werden. Hierfür sind die erforderlichen Unterlagen der Berechnungen, Baukosten usw. im I. und II. Band zu finden.

Selbstverständlich ist in elektrischer Hinsicht anzustreben, das Kraftwerk möglichst in den Mittelpunkt des Stromversorgungsgebietes zu legen. Die Ausgestaltung der Leitungsnetze und die Verluste in diesen sind mit zu berücksichtigen. Je längere Hauptspeiseleitungen und bei Drehstrom je mehr Haupttransformatorenanlagen notwendig werden, um so teurer wird die Gesamtanlage und um so höher müssen die Strompreise für die Abnehmer festgesetzt werden, weil neben den Ausgaben für Verzinsung und Abschreibung des Anlagekapitals die Kosten für die Unterhaltung der Leitungsanlagen und Transformatorenwerke sowie die Verluste steigen. Stehen mehrere Plätze zur Verfügung, können nur sorgfältige Berechnungen unter Berücksichtigung aller elektrowirtschaftlicher Einzelheiten, auch der Erweiterungsmöglichkeiten das Zweckmäßigste und Wirtschaftlichste ergeben. Bei einem in Aussicht genommenen Großkraftwerk sollte stets auch untersucht werden, ob nur ein Riesenwerk oder besser zwei oder drei kleinere Werke zu bauen sind. Ersteres wird hinsichtlich der Ausgaben für Grunderwerb, Gesamteinrichtungen und Bedienung manchen Vorteil bieten, während andererseits die Aufteilung auf mehrere Werke die Betriebssicherheit der Gesamtanlage außerordentlich erhöht und sich Betriebseinschränkungen oder vollständige Betriebsunterbrechungen zum Beispiel durch Streiks, Feuersbrunst, Explosionen, Zerstörungen im Kriegsfall, leichter vermeiden lassen. Der Parallelbetrieb mehrerer, selbst in großer Entfernung voneinander gelegener Werke bietet heute keine Schwierigkeiten mehr. Auf den späteren Zusammenschluß mit benachbarten Werken ist ebenfalls besonders Rücksicht zu nehmen sowohl hinsichtlich der Spannung als auch der Betriebsform als Grundlast-, Mittel- oder Spitzenlastwerk, der gegenseitigen Unterstützung, der Reservehaltung und der Betriebsgemeinschaft.

Diese ersten wirtschaftlichen Untersuchungen müssen zunächst abgeschlossen sein, bevor die weiteren Vorarbeiten begonnen werden können.

In bautechnischer Hinsicht sind in Rücksicht zu ziehen der Preis für Grund und Boden und die Beschaffenheit des Baugrundes. Besonders ist darauf zu achten und zu prüfen, ob kostspielige Fundierungen für die Maschinen (Grundwasserstand, Pfahlrost), Veränderungen in der Bodenbeschaffenheit (Schwemmsand) oder ungünstige Grundwasserverhältnisse zu befürchten sind. Bei benachbarten Flüssen darf die Überschwemmungsgefahr nicht unbeachtet bleiben.

Bei städtischen Werken ist, wenn die Kosten für den Grunderwerb, die Beschaffenheit des Baugrundes, die Wasserverhältnisse und die Zuführung des Betriebsstoffes nicht bereits bestimmend sind, die Wahl des Platzes für das Kraftwerk unter Berücksichtigung der Belästigung durch Geräusch, Ruß und Erschütterung der Nachbarschaft zu treffen. Ferner ist auf die Anschlußverhältnisse, die Lage des Schwerpunktes der Versorgung, etwa anzuschließende Industrien, Ausdehnungsrichtung der Stadt, Nachbarschaft des Gas- und Wasserwerkes für die Zusammenfassung der Betriebe, sowie auf Erweiterungsmöglichkeit zu achten.

Für Überlandkraftwerke sind neben diesen noch eine Reihe anderer Gesichtspunkte zu berücksichtigen und zwar in erster Linie die Ausdehnungsfähigkeit der mit Strom zu versorgenden Gebiete, ferner Betriebsstoffbeschaffung aus in der Nähe gelegenen Kohlengruben, Zechen oder Rohöllagern. Es entfallen gegebenenfalls Zuführungskosten für den Betriebsstoff, was bei Braunkohle wiederum die Lage des Kraftwerkes ausschlaggebend beeinflußt. Am günstigsten ist schließlich die Errichtung des Kraftwerkes auf der Betriebsstoffundstelle selbst, sofern nicht sonstige Schwierigkeiten bestehen z. B. teuere Wasserbeschaffung, Gründungsverhältnisse, und die Forderungen in elektrischer und bautechnischer Hinsicht erfüllt werden. Auf den Gruben können ferner sämtliche Abfallkohlen verfeuert und auch der Abdampf aus Brikettfabriken verwertet, also der Ausnutzungswert der Kohlenförderung bis auf das höchst erreichbare Maß ausgedehnt werden.

Bei Industriekraftwerken wird der Platz in der Regel eindeutig innerhalb des Grundstückes festliegen. Hängen mehrere Fabriken, die örtlich getrennt sind, zusammen, wird auch hier zu untersuchen sein, von welcher Stelle aus (zusammengezogener oder aufgeteilter Betrieb) die Stromerzeugung am wirtschaftlichsten erfolgt.

c) Die Brennstoffbeschaffung. Sind die elektrowirtschaftlichen Feststellungen in erster Annäherung, aber schon mit gewisser Klarheit und richtungsgebendem Ergebnis gemacht, dann ist die Platzfrage für das Kraftwerk einer ersten Entscheidung zugeführt. Die Vorarbeiten haben sich nun auf die betrieblichen und baulichen Einzelheiten des Kraftwerkes selbst zu erstrecken, deren Untersuchungen die bis hierher durchgeführten elektrowirtschaftlichen Feststellungen in einem zweiten Teil ergänzen. Zu den nunmehr zu behandelnden Fragen gehören die Brennstoffbeschaffung, die Wasserbeschaffung und die geologischen und hydrologischen Verhältnisse des Baugrundes. Die Ermittelungen hierzu können teilweise oder vollständig dazu führen, daß der elektrisch als günstigst angesehene bzw. rechnerisch gefundene Standort des Kraftwerkes verworfen werden muß, weil die zusätzlichen Kosten und Schwierigkeiten für Brennstoff- und Wasserbeschaffung oder die Baugrundbeschaffenheit gegenüber normalen Verhältnissen die gesamte Stromerzeugung unwirtschaftlich machen. Es ist in dieser Beziehung in früheren Jahren oft gefehlt worden.

Die Brennstoffbeschaffung ist naturgemäß von ganz besonderer Bedeutung, machen doch die Brennstoffkosten einen wesentlichen Bestandteil der Betriebskosten aus. Dabei ist aber zu beachten, daß die Brennstoffkosten durch eine Reihe von Umständen stark beeinflußt werden, so durch den Dampfverbrauch der Turbinen, der neben der baulichen Durchbildung auch von der Kesselanlage und den gesamten Wasserverhältnissen abhängt, von billigen Anfuhrverhältnissen, günstigen oder ungünstigen Verfrachtungskosten auf die Wärmeeinheit bezogen. Auf alles dieses ist bei der Prüfung der Brennstoffbeschaffung zu achten, sonst ist das Ergebnis fehlerhaft und kann sich sehr merklich auf die Wirtschaftlichkeit auswirken.

Als Brennstoff kommt Kohle, Holz, Torf und Gas zur Verwendung. Holz, Torf und Gas bestimmen die Lage des Kraftwerkes ausschließlich, wobei für Gas nur Hochofengas in die Betrachtung einbezogen werden soll, das auf den Hüttenwerken und Kokereien anfällt und zur Kraftgewinnung herangezogen wird. Der Bezug aus Gaswerken oder Ferngasleitungen soll nicht behandelt werden.

Für die zu wählende Kohle sind bestimmend die stoffliche Zusammensetzung, der Preis ab Grube, die Anfuhr, die Lagerung, die Asche und ihre Abfuhr, alles dieses bezogen auf eine bestimmte Wärmemenge z. B. 10000 kcal (Kilogrammkalorie). Mit Rücksicht auf Gewinnungsschwierigkeiten durch Streiks, Witterungsverhältnisse (Braunkohle im Tagebau im Winter), Anfuhrstörungen und aus wehrpolitischen Gründen ist die Untersuchung über den technisch und wirtschaftlich günstigsten Kohlenbezug auf mehrere Gruben auszudehnen, schon um auch der Gefahr zu entgehen, nach einer Seite gebunden zu sein. Weiter ist empfehlenswert, über die Güte und Gleichmäßigkeit der gelieferten Kohle bei Nachbarwerken Erkundigungen einzuziehen. Wird das Werk unmittelbar auf die Grube gelegt, so scheidet die Brennstofffrage aus den Vorarbeiten aus, wenn der Brennstoffpreis frei Kesselhausbunker, immer auf die bestimmte Wärmemenge bezogen, sicher feststeht.

In Zahlentafel 22 sind brenntechnische Einzelheiten angegeben, Abb. 98 zeigt die Kohlenlagerstätten in Deutschland. Weitere Angaben sind im 14. Kap. zu finden.

Nach Feststellung des Preises z. B. je 10 Tonnen für die verschiedenen Kohlensorten ab Grube muß dieser ermittelt werden sowohl frei Kohlenlagerplatz des Werkes unter Berücksichtigung des Frachtsatzes und der sonstigen Entladekosten je nach Lage des Kraftwerkes an einer Wasserstraße, einem Hafen, einer Haupt- oder Nebenbahnstrecke mit Gleisanschluß als auch frei Kesselhausbunker unter Schätzung der Kosten für die Förderung in das Kesselhaus. Aus diesen Kosten ergibt sich dann der Preis für 10000 kcal Heizwert. Wird für die ersten Vergleichsrechnungen ein spez. Wärmeverbrauch von etwa 4500 bis 5000 kcal je erzeugte kWh angenommen, wobei die Schwankungen in der Belastung durch diesen Durchschnittswert bereits berücksichtigt sein sollen, ergibt sich der gesamte Wärmeverbrauch $Q_{M,j}$ für ein Betriebsjahr bei der geschätzten Höchstlast N_H des Werkes und einer Jahresbenutzungsstundenzahl h_j von etwa 2500 je nach der Eigenart des Versorgungsgebietes:

$$Q_{M,j} = N_H \cdot 2500 \cdot 5000 \text{ kcal} \tag{18}$$

und der Jahreskohlenverbrauch bezogen auf den unteren Heizwert H_u des in Aussicht genommenen Brennstoffes:

$$B_j = \frac{N_H \cdot 2500 \cdot 5000}{H_u \cdot 1000} \text{ t} . \tag{19}$$

Zu diesem Kohlenverbrauch ist eine gewisse Reserve für unvorgesehene Fälle aller Art hinzuzurechnen. Damit sind dann die Kohlenheranführung, die zeitliche Lieferung, die Stapel- und Beschickungseinrichtungen so weit vorzuklären, daß der Entwurf des Kraftwerkes nach dieser Richtung begonnen werden kann, wenn festgelegt wird, für wieviel Tage Kohlen auf Vorrat liegen sollen, ob täglich volle Deckung des Bedarfs herangerollt wird oder wie sonst die Zuführung erfolgen soll. Die Zulässigkeit der Vorratshaltung im Freien oder unter Dach muß gleichzeitig geklärt werden (Stapelbrand, Verlust, Verwitterung, Feuchtigkeit, Heizwertminderung). Je nach der Größe des Werkes und der Beschickung aus den liefernden Gruben auf dem Wasser- oder Landwege wird mit einer Stapelmenge für den Bedarf von etwa 5 bis 10 Tagen gerechnet, die fortgesetzt umgewälzt wird. Besteht beim Wasserweg die Gefahr des Einfrierens oder des Spiegelabsinkens im Sommer, so ist aus örtlichen Beobachtungen weiterer Schluß zu ziehen. Diese Unzuverlässigkeit der Wasserstraße darf nicht unbeachtet bleiben. Eine besondere Reserve neben dem Tages- oder Wochenstapel auf die Dauer von 2 bis 4 Wochen ist immer erforderlich, wehrpolitisch unter Umständen sogar zu verlangen, wobei auf Voll- oder Teilausbau Rücksicht zu nehmen ist. Ob der Stapelplatz des täglichen Verbrauches mit dem Reservestapel zusammenzulegen ist, wie die Halden zu bilden, zu beaufsichtigen, zu beschicken und abzubauen sind, muß auch mit dem Kohlenlieferer besprochen werden.

Sind Kohlenmenge, Anfuhr und Stapelung geklärt — immer unter Berücksichtigung einer gewissen Erweiterung des Kraftwerkes — ist der erforderliche Grundstücksplatz zu berechnen und die Lage des Kesselhauses erstmalig zu entwerfen. Hierzu ist das auf S. 384 Gesagte zu beachten. Die Abb. 253 bis 262 werden für diese ersten Entschließungen gute Unterstützungen liefern.

Eng zusammen mit der Entscheidung über die Kohlensorte hängt der Ascheanfall und dessen Beseitigung. Hierzu ist auf das auf S. 316 Gesagte zu verweisen. Die Ascheabfuhr kann sich gegebenenfalls zu einer schweren Betriebssorge gestalten, weshalb bei der Wahl der Kohlensorte auch deren Ascheanfall festgestellt werden muß. In Zahlentafel 22 sind die Aschemengen der einzelnen Kohlensorten angegeben. Wird Kohlenstaubfeuerung in Aussicht genommen, ist auf die Umgebung des Kraftwerkes mit Rücksicht auf die Flugaschebelästigung aus dem Schornstein weitgehendst Bedacht zu nehmen. Bebautes Gelände ist gegen diese Belästigung sehr empfindlich, aber auch die Landwirtschaft kommt oftmals mit sehr erheblichen Schadenersatzansprüchen.

Für die Entwurfsbearbeitung ist nach Abschluß dieser Vorarbeiten der Kesselanfrage der vollständige Aufschluß der gewählten Kohlensorte nach den Einzelheiten der Zahlentafel 22 beizufügen.

d) Die Wasserbeschaffung für das Kesselspeise- und Kondensatorkühlwasser. Größere Bedeutung als der Kohlenbeschaffung ist der Wasserbeschaffung beizumessen, wobei zu unterscheiden ist:

das Wasser zur Kesselspeisung

und   das Wasser für die Kondensationsanlagen.

Bei Kohlenschwierigkeiten kann man sich immer helfen, selbst wenn das bis zum Umbau der Feuerungen gehen müßte; bei Wasserschwierigkeiten ist das unter Umständen nicht möglich. Daher ist auf die Zuverlässigkeit der Lieferung der erforderlichen Wassermenge ganz besonders zu achten.

Die **Wassermenge zur Kesselspeisung** ist verhältnismäßig gering, da die Dampfkraftanlagen sämtlich mit Rückgewinnungsanlagen für
den verarbeiteten Dampf in vollkommenster Weise ausgerüstet werden.
Es ist nur das mit den unvermeidlichen Dampfverlusten verbundene
Verlustwasser zu berücksichtigen. Wesentlich aber ist bei dieser Ver-
lustwassermenge die Beschaffenheit des Wassers. Das durch die Verluste
erforderliche Kesselspeise-Zusatzwasser darf nur als destilliertes Wasser
dem Kondensat zugeführt werden. Demnach zwingt die Aufbereitung,
je härter und unreiner das Wasser ist und — um das hier mit einzuschalten
— mit je tieferer Temperatur es zur Verfügung steht, zu umfangreichen
und kostspieligen Aufbereitungsanlagen und Vorwärmungseinrichtungen,
die nicht nur die festen jährlichen Unkosten, sondern auch die laufenden
Betriebsunkosten wesentlich beeinflussen, selbst wenn sie Wärmemengen
ausnutzen, die im Kreisprozeß keine Verwertung finden. Solche Wasser-
reinigungs- und Aufbereitungsanlagen verursachen außerdem in baulicher Beziehung Mehrausgaben. Die Vorwärmungseinrichtungen bedingen Wärmeverluste.

Aus den Kennlinien der Abb. 53 für den spez. Dampfverbrauch von
Dampfturbinen bei verschiedenen Dampfdrücken und Dampftemperaturen ist je nach der Größe der Maschinen eine mittlere Zahl zu wählen
und dem Speisewasserverbrauch zugrunde zu legen. Die Sicherheit des
Kesselbetriebes erfordert es, daß die Zusatzspeisewassermenge bei Vollbetrieb des Kraftwerkes unbedingt und in ausreichender Menge zur
Verfügung steht. Über Einzelheiten wird im III. Abschn. gesprochen.
Im Rahmen der Vorarbeiten genügt die Feststellung der Zusatzwassermenge für ein Betriebsjahr und für die Vollbelastung des Kraftwerkes
über eine bestimmte Zeitdauer.

Bezeichnet D in kg/kWh die stündlich für 1 kW erforderliche
Dampfmenge (spez. Dampfmenge), so ist die bei der Höchstlast N_H in
einer Stunde verarbeitete Dampfmenge:

$$Q_D = \frac{D \cdot N_H}{1000}\ \text{t/h}\ . \tag{20}$$

Für die hier anzustellende überschlägliche Berechnung genügt es,
die Speisewassermenge gleich der Dampfmenge Q_D zu setzen. Die erforderliche Zusatzwassermenge kann dann mit etwa 5 bis 10 vH der
Speisewassermenge angenommen werden. Demzufolge muß die Wasserquelle für das Zusatzwasser in der Lage sein, diese Wassermenge Q_{Sp}
zu liefern, so daß:

$$Q_{Sp} = \frac{0{,}05 \div 0{,}10 \cdot D \cdot N_H}{3600 \cdot 1000}\ \text{m}^3/\text{s}\ . \tag{21}$$

Der Zusatzwasserverbrauch im Jahr für die wirtschaftlichen Untersuchungen beträgt:

$$Q_{Sp,\,j} = \frac{0{,}05 \div 0{,}10 \cdot D \cdot N_H \cdot h_j}{1000}\ \text{m}^3\ . \tag{22}$$

Für die **Wasseraufbereitungsanlagen** muß die chemische und
mechanische Verunreinigung des Wassers genau bekannt sein. Es sind
zu diesem Zweck Untersuchungen an der in Aussicht genommenen

Entnahmestelle vorzunehmen und dem Hersteller dieser Anlagen die Prüfungsergebnisse (Analysen) bekanntzugeben. Dabei sind auch die Wassertemperaturen nicht zu vergessen. Soll Flußwasser verwendet werden, ist besonders zu beurteilen, ob eine Reinigung über Klärteiche oder Rechenanlagen notwendig ist. Seewasser bedarf besonderer Einrichtungen.

Das Kühlwasser zum Betrieb der Kondensationsanlagen wird zwar im allgemeinen nicht destilliert, also nicht den scharfen Bedingungen wie das Kesselspeisewasser unterworfen, wobei allerdings auf die Angaben S. 120 besonders hingewiesen sein soll. Aber auch das Kondensator-Kühlwasser darf nicht chemisch verunreinigt und schlechter Allgemeinbeschaffenheit sein. Mechanische Verunreinigungen, wie sie die Flußwässer zumeist aufweisen, müssen durch Klärteiche und Siebanlagen beseitigt werden, die baulich unter Umständen mit ihrem Platzbedarf, ihren Einrichtungen und ihrer Unterhaltung zusammen mit der Schlammbeseitigung große Kosten verursachen. Ungünstiger chemischer Beschaffenheit kann durch die auf S. 120 angegebenen Einrichtungen begegnet werden.

Wesentlich für die Voruntersuchungen ist die verfügbare Wassermenge und die Wassertemperatur des in Aussicht genommenen Kondensatorkühlwassers, weil von diesen beiden Werten die erreichbare Luftleere im Kondensator abhängt, bei der der Dampf in der Maschine entspannt also zur Arbeitsleistung ausgenutzt werden kann.

Bei der Frischwasserkühlung d. h. bei ständig neuer Kühlwasserzuführung aus Brunnen oder Flußläufen, Bächen, Seen und dgl. kann der Kühlwasserbedarf bei einer Wassereintrittstemperatur von 10 bis 22° C mit etwa dem 40- bis 50fachen der verarbeiteten Dampfmenge überschläglich berechnet werden. Das gibt unter Umständen ganz gewaltige Wassermengen, die zu jeder Jahreszeit mit vollkommener Sicherheit gewonnen und vor allen Dingen auch herangeführt und abgeleitet werden müssen. Nach den Angaben auf S. 118 ist die Frischwasserkühlung wärmetechnisch wesentlich vorteilhafter als die Rückkühlung, weshalb wenn irgendmöglich die Gewinnung von Frischwasser versucht werden sollte, sofern die Anlage der Zu- und Ablaufkanäle kein Hindernis bildet.

Sind solche Wassermengen nicht vorhanden, dann muß das Kühlwasser durch Rückkühlanlagen wieder auf niedrigere Temperatur gebracht werden. In diesem Fall ist rund das 60- bis 80fache der verarbeiteten Dampfmenge bei Kühlwassertemperaturen von etwa 21 bis 30° C aufzuwenden. Schon aus diesem Mengenunterschied, der bei großen Anlagen die Wahl des Bauplatzes für das Kraftwerk stark beeinflussen kann, ist ersichtlich, welch große Bedeutung der Kühlwasserbeschaffung beizumessen ist. Dazu kommt weiter die trotz der Rückkühlung im Wasser verbleibende hohe Temperatur, die im Sommer bis 30° C und im strengen Winter immer noch bis etwa 20° C beträgt und dadurch die Wirksamkeit der Kondensation wesentlich beeinträchtigt. Die Ausnutzung des Dampfes in der Dampfturbine wird ungünstiger, weil die erzielbare Luftleere hinter der bei Frischwasserkühlung zurück-

bleibt. Das hat höheren Wärmeverbrauch für die erzeugte kWh zur
Folge, weil der thermische Wirkungsgrad schlechter wird, und berührt
daher die Brennstoffkosten, somit die Wirtschaftlichkeit. Hinzu kommen
die hohen Anlage- und Unterhaltungskosten, sowie der große Platzbedarf für die Rückkühlanlagen (Abb. 249). Es sei besonders darauf
aufmerksam gemacht, daß die Schwierigkeiten der Kühlwasserbeschaffung namentlich auf Braunkohlengruben zumeist sehr groß sind und
dem Ausbau eines Kraftwerkes trotz der günstigen Brennstoffverhältnisse Grenzen setzen können, die von vornherein die weitgehendsten
Feststellungen erfordern.

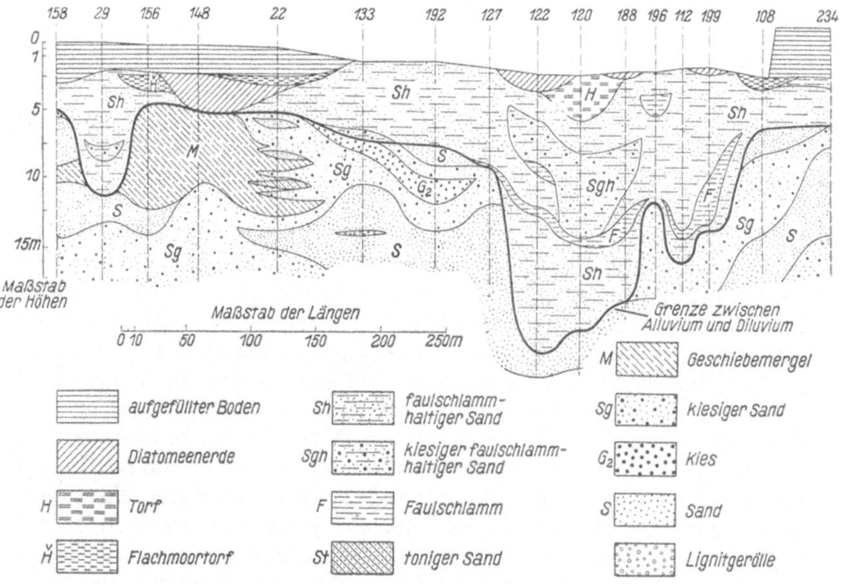

Abb. 21. Ausschnitt aus dem geologischen Längenprofil eines Kraftwerksgrundstückes.

Mit der Klärung der Kühlwasserbeschaffung nach Art, Menge und
Temperatur ist die erreichbare Luftleere im Kondensator festgelegt,
und die Entwurfsbearbeitung für die Turbine selbst, die Kondensation
und schließlich die Wärmeverbrauchsbestimmung kann eingeleitet
werden.

**e) Die geologischen und hydrologischen Untersuchungen des Bau-
grundes[1].** Haben die bisherigen Feststellungen ergeben, welcher Platz
für das Kraftwerk zu wählen ist, dann folgt im Rahmen der Vorarbeiten
weiter die geologische und hydrologische Untersuchung des Baugrundes.
Auch hier können noch mancherlei Überraschungen auftreten. Es ist
deshalb dringend zu empfehlen, sachverständige Geologen am besten
der zuständigen amtlichen Stellen zu Rate zu ziehen.

---

[1] Richtlinien für Bodenuntersuchungen 1935. Herausgegeben von der Deutschen Gesellschaft für Bauwesen. Berlin SW 19: Beuth-Verlag. Loos, Dr. Ing. W.:
Praktische Anwendung der Baugrunduntersuchung. Berlin: Julius Springer 1935.

Der Baugrund muß als erste Grundbedingung die Belastung durch die schweren Maschinenfundamente und Maschinen so sicher aufnehmen können, daß das betriebssichere Arbeiten der Maschinen gewährleistet ist[1]. Auf die bei den Turbinen auftretenden Schwingungen ist dabei Rücksicht zu nehmen.

Da der Untergrund sehr oft große Unregelmäßigkeiten im Bodenaufbau aufweist, soll er zur Feststellung seiner Tragfähigkeit möglichst weitgehend nach Tiefe und Fläche durch Bohrlöcher und Schürfgruben aufgeschlossen werden (Abb. 21). Dabei muß der Geologe seine Untersuchungen auch auf eingeschlossene oder benachbarte Moor-, Schlick- und Sandstellen, auf das Grundwasser, auf Quellen, Wasseradern, auf die Gefahr nachträglicher Veränderungen durch Ausspülungen, Setzungen, Sinken des Grundwasserstandes, auf die che-

[1] Kraftwerk West der Berliner Städtischen Elektrizitätswerke. Strickler, Dr. Ing. W.: Die Gründung der Kraftwerksbauten. Siemens-Zeitschr. 1930 Heft 2 bis 5.

Abb. 22. West-Ost-Querschnitt durch den Kraftwerkblock mit Fundierung des Kraftwerkes West der Bewag.

mische Beschaffenheit des Grundwassers hinsichtlich seiner Angriffsfähigkeit auf Beton und Eisen u. dgl. ausdehnen, denn alles dieses gehört dazu, den Baugrund vollständig beurteilen zu können.

Der geologische und hydrologische Befund ist in Beziehung zu bringen zur gesamten Kraftwerksanlage mit allen Nebenanlagen. Zu diesem Zweck soll ein erster Bauentwurf im Grundriß und einfachen Schnitten vorliegen, der zumeist ohne große Mühe skizzenhaft aufgestellt werden kann, wenn über die Maschinen- und Kesselanlagen erste Klärung herbeigeführt ist. Einzutragen sind darin insbesondere die Einzelgewichte und beanspruchten hochbelasteten Flächen, um die Bodenpressungen festzustellen und mit dem geologischen Befund der Druckfestigkeit zu vergleichen. Für einen solchen Kraftwerksentwurf sind im 28. Kapitel einige Beispiele mit Erläuterungen gegeben.

Ist der Untergrund für die Aufnahme der Lasten zu unsicher, muß an Stelle einer Flachgründung eine Pfahlgründung vorgesehen werden. Das bedeutet naturgemäß wiederum eine sehr wesentliche Baukostenerhöhung und muß bei der Ausschreibung auf den tiefbaulichen Teil ganz besonders vermerkt sein, zumal dadurch unter Umständen die gesamte Fundierung der Werksanlagen in Mitleidenschaft gezogen werden kann. Abb. 22 zeigt ein Beispiel, das gut erkennen läßt, wie sorgfältig auch nach dieser Richtung die Vorarbeiten zu betreiben sind.

Bei der Pfahlgründung ist ganz besonders die Bewegung des Grundwasserspiegels und die chemische Beschaffenheit des Rammgrundes, sowie des Grundwassers festzustellen, um daraus die erforderlichen Unterlagen für die Pfähle zu gewinnen. Holzpfahlgründungen werden für Bauten nur noch selten verwendet, da sie der Gefahr ausgesetzt sind, beim Absinken des Grundwasserspiegels an die Luft zu treten, dann rasch zu faulen und damit die Standsicherheit des Bauwerkes außerordentlich zu gefährden. Heute werden deshalb fast ausschließlich Betonpfähle benutzt, die entweder fertig bezogen oder an Ort und Stelle hergestellt werden. Die ersteren haben manchen Nachteil, so den, daß sie zu kurz oder zu lang sein können, da die Tiefe bis zum tragfähigen Untergrund immer mehr oder weniger stark schwankt. Die Anfertigung am Verwendungsort wird derart vorgenommen, daß man die Pfähle nach verschiedenen Verfahren im Erdreich selbst herstellt[1].

f) Besondere Einzelheiten. Liegt der Bauplatz an einem Fluß, so ist, wie bereits gesagt, auf die Überschwemmungsgefahr zu achten. Soll das Kraftwerk bei einer Stadt errichtet werden, muß der Bebauungsplan bekannt sein. Veränderungen in Straßen, Eisenbahnstrecken, Flugplätzen u. dgl. sollen ebenfalls tunlichst geklärt werden. Auch die Vorschriften, die die Landesverteidigung macht, sind festzustellen. Nicht unwesentlich ist ferner der Verlauf der Ge-

---

[1] Grün, Prof. Dr. R., Düsseldorf: Neuzeitliche Betonpfahlgründung. Z. VDI Nr. 22 S. 663.

Auf den Bohrpfahl aus Beton mit Mantelrohr der Allg. Baugesellschaft Lorenz & Co., Berlin-Wilmersdorf, ist hier hinzuweisen.

ländehöhenlinien wegen der Abschachtungs- und Auffüllarbeiten, die Lage der anzuschließenden Straßen für den Wagen-, Eisenbahn- und Schiffahrtsverkehr.

Aus diesen Angaben ist zu ersehen, daß die Vorarbeiten hinsichtlich des Bauplatzes nicht leicht genommen werden dürfen. Abschließend zu diesen ist die Anfuhr der Baustoffe und der Maschinen während der Bauzeit, der spätere Betriebszugang, die Anlage der Betriebswohnhäuser mit Wasser- und Kanalisationsanschluß, mit der Lebensmittel- und Unterhaltungsbeschaffung, die Postverbindung, die Brandbekämpfung, die ärztliche Hilfe vorweg zu überlegen und zu klären. Nur der Vollständigkeit wegen ist noch darauf hinzuweisen, daß unter Umständen auch die steuerliche Belastung vor Baubeginn einer besonders eingehenden Prüfung zu unterziehen ist.

g) Der thermische Wirkungsgrad, der Wärmeverbrauch. Bevor zur Behandlung der Dampfturbinen übergegangen wird, sollen noch einige wärmetechnische Einzelheiten besprochen werden, die ebenfalls geklärt sein müssen, bevor die endgültige Entwurfsbearbeitung begonnen werden kann. Sie beziehen sich auf den thermischen Wirkungsgrad $\eta_{th,g}$ bzw. den Wärmeverbrauch der Gesamtanlage und auf besondere Gesichtspunkte, die für die Wahl des Dampfdruckes und der Dampftemperatur zu beachten sind.

Der thermische Wirkungsgrad einer Dampfkraftanlage ist das Kriterium für die Ausnutzung der im Brennstoff aufgespeicherten und in den Anlageteilen ausgenutzten Wärmemenge. Verlauf und Ergebnis stellen den Wärmeverbrauch dar. Abb. 23 und 24 zeigen Wärmestrombilder für neuzeitige Dampfkraftanlagen. Das Wärmestrombild ist die Richtlinie für alle Entschlüsse des Wärmefachmannes. Dem Elektroingenieur gibt es die Unterlagen für den Aufbau der Gesamtanlage und daraus die Beurteilung der Anlage- und Betriebskosten, sowie Teilunterlagen für die Wirtschaftlichkeitsberechnung bzw. für die Ermittelung der Stromerzeugungskosten. Theoretische Erörterungen sollen hier nicht vorgenommen werden. Es soll aber auch Sache des Elektroingenieurs sein, alle wärmetechnischen Vorschläge auf ihre Zweckmäßigkeit und ihren Erfolg zu prüfen.

Die Behandlung des thermischen Wirkungsgrades bzw. des Wärmeverbrauches soll zunächst auf kurze Angaben beschränkt werden, die für die Beurteilung eines Entwurfes dem Elektroingenieur von Bedeutung sind.

Bezeichnet[1]:

Q_D	die Dampfmenge (Dampfdurchsatz) in t/h,
H_0	das adiabatische Wärmegefälle in kcal/kg,
N_{Kl}	die Klemmenleistung des Generators in kW,
N_{Hi}	den Leistungseigenbedarf in kW sämtlicher Hilfsmaschinen, soweit deren Antrieb nicht von der Turbinen- oder Generatorwelle abgeleitet ist: für Erregung, Generatorbelüftung, Kühlwasserförderung, Luftabsaugung, Kondensatförderung, Ölförderung,

---

[1] Regeln für Abnahmeversuche an Dampfturbinen; VDI Dampfturbinen-Regeln DIN 1943, VDI-Verlag 1934.

$N_n = N_{Kl} - N_{Hi}$ die Nutzleistung in kW, wenn die Hilfsmaschinen nicht mittels Dampf angetrieben werden, also der Unterschied zwischen Klemmenleistung und Leistungseigenbedarf,

$N_{Ku} = \dfrac{N_{Kl}}{\eta_G}$ die Kupplungsleistung in kW (Bremsleistung) der Turbine, also die am Kupplungsflansch der Turbinenwelle zu übertragende Leistung = Klemmenleistung vermehrt um die gesamten Generatorverluste nach REM,

η_i den thermodynamischen Wirkungsgrad der Turbine,

$\eta_{th,\ Tu}$ den thermischen Wirkungsgrad der Turbine mit Berücksichtigung der Leistung für die Hilfsmaschinen N_{Hi} bei Dampfantrieb,

η_G den Wirkungsgrad des Generators,

dann ist die stündliche Dampfmenge bei der Generator-Nutzleistung N_n:

$$Q_D = \frac{860 \cdot N_n}{H_0 \cdot \eta_i \cdot \eta_G\ 1000}\ \text{t/h}. \tag{23}$$

Inwieweit bei der Leistung N_n der Leistungseigenbedarf N_{Hi}, dann also die Klemmenleistung N_{Kl}, zu berücksichtigen ist, ergibt sich aus dem Aufbau der Turbinenanlage z. B. mit getrennter Erregermaschine, mit besonderer Generatorbelüftung, mit Antrieb der Kondensationspumpen durch Dampfturbinen oder Elektromotoren, mit Antrieb der Pumpen für Speisewasservorwärmung. Die Verhältnisse, soweit sie für die Turbine selbst von Bedeutung sind, werden im thermischen Wirkungsgrad der Turbine $\eta_{th,\ Tu}$ bzw. in der Kupplungsleistung N_{Ku} berücksichtigt, so daß Gl. (23) übergeht in:

$$Q_{D,\,Ku} = \frac{860 \cdot N_n}{H_0 \cdot \eta_{th,\ Tu} \cdot \eta_G\ 1000} = \frac{860 \cdot N_{Ku}}{H_0 \cdot \eta_{th,\ Tu}\ 1000}\ \text{t/h}. \tag{24}$$

Für die Brennstoffkosten in RM/t Dampf sind bestimmend:

i der Wärmeinhalt des erzeugten Dampfes in kcal/kg,

t_{Sp} die Speisewassertemperatur vor Eintritt in den Kessel oder den Rauchgasvorwärmer in °C,

H_u der untere Heizwert des Brennstoffes in kcal/kg,

η_K der Kesselwirkungsgrad,

η_R der Rohrleitungswirkungsgrad,

P_B der Brennstoffpreis frei Kraftwerk in RM/t,

$P_{B,g}$ der Brennstoffpreis frei Kesselhausbunker in RM/t, also einschließlich aller Nebenkosten für Anfuhr, Lagerung, Bewegung zum Kesselhaus, Ascheabfuhr mit Wasserbeschaffung, Verluste, ohne Kapitaldienst.

Aus dem Brennstoffpreis und dem Heizwert ergeben sich: der häufig gebrauchte Wärmepreis:

$$P_W' = \frac{P_B \cdot 100}{H_u}\ \text{Rpf/1000 kcal,} \tag{25}$$

$$P_W = \frac{P_{B,g} \cdot 100}{H_u}\ \text{Rpf/1000 kcal,} \tag{26}$$

am Kessel bei i mit t_{Sp}: die **Brennstoffkosten**

$$K_B = \frac{(i - t_{Sp}) \cdot P_W}{\eta_K \cdot \eta_R \cdot 100} \text{ RM/t Dampf[1]} \tag{27}$$

und die stündlichen Brennstoffkosten für N_n kW Leistung:

$$K_{B,h} = K_B \cdot Q_D = \frac{860\, N_n\, (i - t_{Sp}) \cdot P_W}{H_0 \cdot \eta_{th,\,Tu} \cdot \eta_G \cdot \eta_K \cdot \eta_R \cdot 100\,000} \text{ RM}. \tag{28}$$

Da die Belastungen im Betriebsjahr fortgesetzt schwanken, mit diesen auch die Wirkungsgrade und der Dampfverbrauch, genügt es für die ersten Berechnungen, die Höchstleistung N_H und die Jahresbenutzungsstunden dieser Höchstleistung h_j für die jährlichen Kohlenkosten zugrunde zu legen. Bei bestehenden Anlagen sind die Berechnungen genauer nach den Teilbelastungen und ihrer Benutzungszeit durchzuführen. Diese **jährlichen Kohlenkosten** mit **Durchschnittswerten** für die einzelnen Wirkungsgrade ergeben sich zu:

$$K_{B,j} = \frac{860 \cdot N_H \cdot h_j \cdot (i - t_{Sp}) \cdot P_W}{H_0 \cdot \eta_{th,\,Tu} \cdot \eta_G \cdot \eta_K \cdot \eta_R \cdot 100\,000} \text{ RM}. \tag{29}$$

Der **thermische Wirkungsgrad der Gesamtanlage** ist nunmehr:

$$\eta_{th,\,g} = \eta_{th,\,Tu} \cdot \eta_G \cdot \eta_K \cdot \eta_R, \tag{30}$$

wobei auch alle sonstigen Aufwendungen z. B. für den Kesselbetrieb (Rostantrieb, Saugzug), die Kesselspeisepumpen, die Speisewasserzuführung und Aufbereitung in η_K, für die Rohrleitungen unter Anrechnung von Kondensatgewinn in η_R berücksichtigt sein müssen.

Der thermische Wirkungsgrad $\eta_{th,\,g}$ spielt also neben dem Wärmegefälle H_0 eine ausschlaggebende Rolle für den Kohlenverbrauch und damit für die Wirtschaftlichkeit oder den Selbstkostenpreis der erzeugten kWh. Der Wert $(i - t_{Sp})$ ist ebenfalls von besonderer Bedeutung. Je höher die Temperatur des Speisewassers vor Eintritt in den Kessel oder einen vorgeschalteten Rauchgasvorwärmer ist, um so weniger Brennstoff ist für Erzeugung des erforderlichen Wärmeinhaltes i des Dampfes notwendig. Aus dem Wärmeverbrauch ist der Gewinn an Brennstoff zu ersehen.

Es wird also darauf ankommen, die Anlageteile, für die die Gl. (27) bis (29) bestimmend sind, so vorteilhaft wie möglich zu wählen. Begrenzt wird diese Wahl durch die Beschaffungs-, Unterhaltungs- und Betriebskosten, die gegenübergestellt werden müssen und das wärmewirtschaftliche Ergebnis beeinträchtigen. Für K_1 Anlagekosten, $p \cdot \text{vH}$ Kapitaldienst und K_2 jährliche, noch nicht berücksichtigte Betriebsausgaben ergibt sich die **Gesamtausgabe** für diesen Teil des Werkes zu:

$$K_g = K_1 \cdot p + K_2 + K_{B,j} \text{ RM/Jahr} \tag{31}$$

oder für die erzeugte kWh an den Sammelschienen des Generators,

---

[1] Wärmeinhalt des Speisewassers gleich Temperatur desselben gesetzt (S. 148).

wenn kein Transformator zwischengeschaltet ist:

$$K'_g = \frac{K_1 \cdot p + K_2 + K_{B,j}}{A_j} \, . \tag{32}$$

Der Entwurf des wärmetechnischen Teiles muß alle Angaben zur Ermittelung von $\eta_{th\,g}$ enthalten, damit bei der Gegenüberstellung und Bewertung der einzelnen Vorschläge die Vorzüge entsprechend klar und sicher heraustreten. Der thermische Wirkungsgrad der gesamten Dampfkraftanlage ist absolut genommen sehr schlecht. Er bewegt sich von der vollkommensten Ausführung nach heutigen Erkenntnissen und bewährten Konstruktionen bis zur einfachen Anlage zwischen 0,5 bis 0,35. Also ist die Dampfkraftanlage hinsichtlich der Wärmeumwandlung in elektrische Energie eine sehr unbefriedigende Form. Darum arbeitet die Wärmetechnik fortgesetzt an Verbesserungen, ohne indessen bisher mehr als einige wenige Prozent erreicht zu haben.

Abb. 23 zeigt das Wärmestrombild für die in Abb. 19 gezeichnete einfache Dampfkraftanlage mittlerer Leistung und einfacher Ausgestaltung ohne besondere zusätzliche Wärmeausnutzungseinrichtungen. Die im Brennstoff vorhandene Wärme wird dem Kesselwasser zugeführt, bringt dieses in den Dampfzustand und auf den Dampfdruck; der Dampf leistet in der Turbine

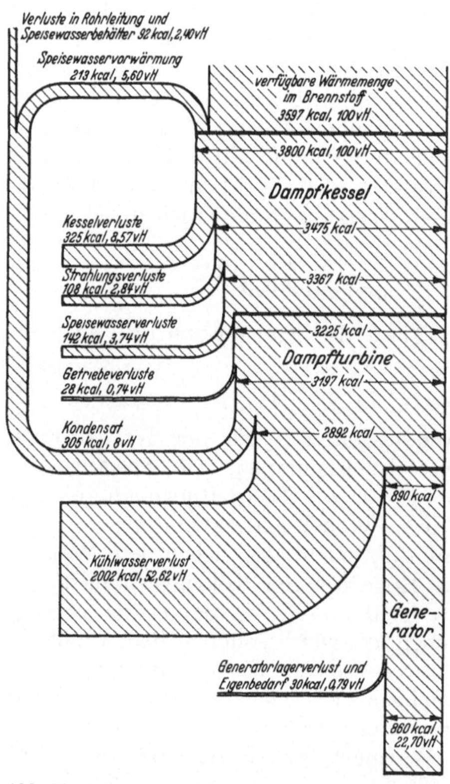

Abb. 23. Wärmestrombild für eine einfache Kondensationsturbinenanlage mit Speisewasservorwärmung durch das Turbinenkondensat.

Arbeit. Ist dem Dampf das Arbeitsvermögen entzogen, wird er über das Kondensat dem Kessel wieder zugeleitet.

Dem Wärmestrombild der Abb. 24 liegt die Ausführung der Dampfanlage nach Abb. 25 zugrunde. Das Speisewasser aus dem Kondensat wird durch eine Anzahl von Vorwärmern unter Ausnutzung eines Teiles des Dampfes aus der Turbine (Anzapfdampf) auf hohe Temperatur gebracht. Einzelheiten hierzu werden auf S. 196 behandelt. Aus dem Gewinn an Wärmemengen für den Kreisprozeß ergibt sich eine wesentlich geringere Brennstoffmenge, die bei gleicher Generatorleistung dem Kessel zuzuführen ist.

Die Wärmeausnutzung wird um so wirtschaftlicher, mit je höherem Druck und je höherer Temperatur der Dampf der Turbine zugeführt und je geringer der Gegendruck und die Dampftemperatur im Kondensator wird. Da dieser Kreisprozeß nicht verlustlos vor sich gehen kann, müssen die Verluste, die im thermischen Wirkungsgrad zum Ausdruck kommen, auf das geringst erreichbare Maß beschränkt werden. Die Verluste bedingen Deckung durch Brennstoff und Zusatzkesselwasser, sowie Nebenaufwendungen für motorische Antriebe. Um das Arbeitsvermögen des Dampfes bis möglichst an die theoretische Grenze zu treiben, muß angestrebt werden, die Ausdehnung bis zum Endzustand auszunutzen. Das ist in wenigen Worten grundlegend für die Wirtschaftlichkeit der Wärmezuführung und Wärmeausnutzung also für die Ausnutzung des Wärmegefälles vom Kesselaustritt über die Nutzbarmachung bis zurück zum Kessel und über diesen wieder bis zum Kesselaustritt.

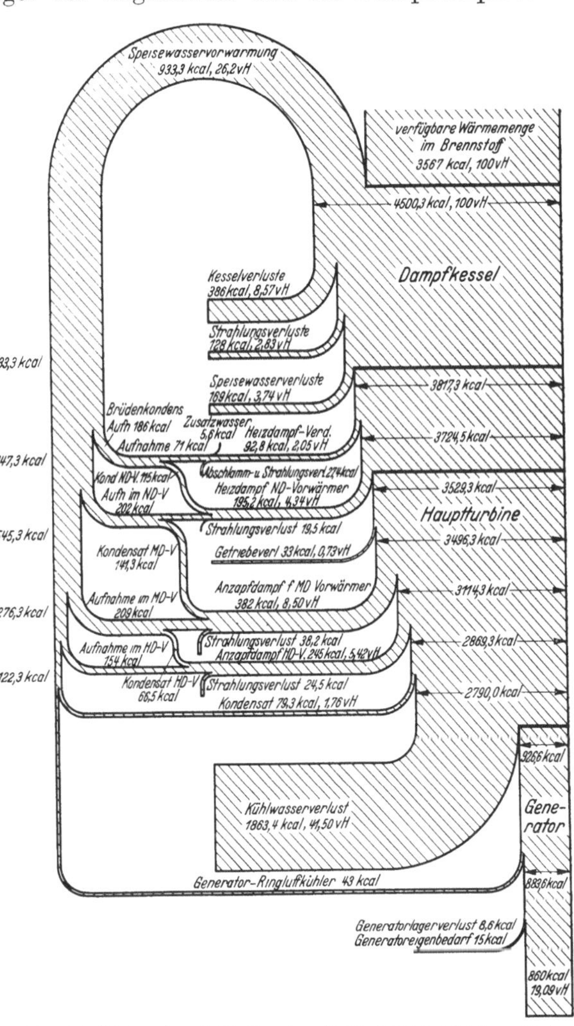

Abb. 24. Wärmestrombild für eine Dampfturbinenanlage mit besonderer Speisewasservorwärmung durch Anzapfdampf und Abdampf der Hilfsturbine der Kondensatpumpe.

h) Dampfdruck und Dampftemperatur sind bestimmend für die Dampfkraftanlage. Sie festzulegen ist Sache des Wärmefachmannes. Die Ausführung der Dampfturbine und der Kesselanlage — abgesehen von der Kesselfeuerung — richtet sich nur nach diesen beiden Werten. Es muß daher auch der Elektroingenieur zur Beurteilung eines neuen

Kraftwerksentwurfs oder für die Erweiterung bzw. die Erneuerung von Anlageteilen wenigstens in großen Zügen über die Gesichtspunkte unterrichtet sein, die bei der Wahl von Dampfdruck und Dampftemperatur von besonderer Bedeutung sind.

Die aus 1 kg Dampf gewinnbare Arbeit ist abhängig von dem Unterschied des Wärmeinhaltes des Dampfes vom Beginn bis zum Ende der adiabatischen Ausdehnung in der Dampfturbine, also vom Eintritt in die Maschine bis zum Gegendruck im Kondensator. Alle wichtigen Arbeits- und Wärmegrößen sind aus dem sogenannten JS-Diagramm (Dampfentropiediagramm)[1] zu ersehen, das diese durch Strekken darstellt und so leicht eine zahlenmäßige Feststellung ermöglicht. Die Benutzung des JS-Diagramms muß dem Betriebsmann durchaus geläufig sein.

Das JS-Diagramm gibt Aufschluß über den Wärmeinhalt i, der im Dampf bei einer bestimmten Spannung (Dampdruck p) und Temperatur t enthalten ist, über das entsprechend verfügbare Wärmegefälle H_0 zwischen zwei Dampfzuständen und daraus die Leistung. Die Ordinaten dieses in Abb. 26 gezeichneten Diagramms (Mollierdiagramm) geben das Wärmegefälle in Kilogrammkalorien je kg Dampf unmittelbar an

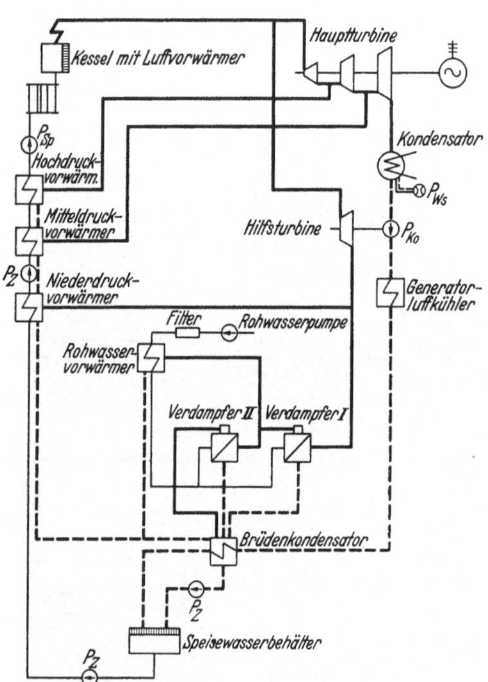

Abb. 25. Wärmeführung zu Abb. 24. Dampfkraftanlage: Teilkammer-Schrägrohrkessel 36 atü, 425° C, Turbogenerator 17500 kW, cos φ = 0,64, n = 3000, Turbine 33 ata, 400° C, 12° C Kühlwasser (MAN).

(kcal/kg). Das Diagramm ist durch die Sättigungslinie (Grenzlinie) des Dampfes in zwei Teile zerlegt; über dieser Linie ist der Dampf überhitzt, unter dieser im nassen Zustand. Der Punkt, der einem bestimmten Dampfzustand entspricht, ist im Überhitzungsgebiet durch den Schnittpunkt der entsprechenden Linie gleichbleibenden Dampfdruckes mit der Linie der entsprechenden Dampftemperatur bestimmt, im Naßdampfgebiet durch den Schnittpunkt der Linie gleichbleibenden Gegendruckes mit der Linie des Prozentsatzes des Dampffeuchtigkeitsgehaltes (längs der Linie z. B. 0,90 enthält der Dampf 10 vH Feuchtigkeit). Im Mollier-Diagramm ergibt sich das Wärmegefälle aus der Ordinate von dem Punkt, der den Anfangsverhältnissen des Dampfes entspricht bis zum

---

[1] Mollier, Dr. R.: Neue Tabellen und Diagramme für Wasserdampf. Berlin: Julius Springer 1932.

Schnittpunkt mit der Linie des geforderten Gegendrucks im Kondensator (Endzustand) bei den hier zu behandelnden Kondensationsmaschinen.

Bei einem Dampfdruck (Abb. 26) von $p_1 = 35$ ata, $t_1 = 425^0$ C an der Turbine ist der Wärmeinhalt $i_1 = 786$ kcal/kg Dampf. Je nach der Menge und Temperatur des zur Verfügung stehenden Kühlwassers

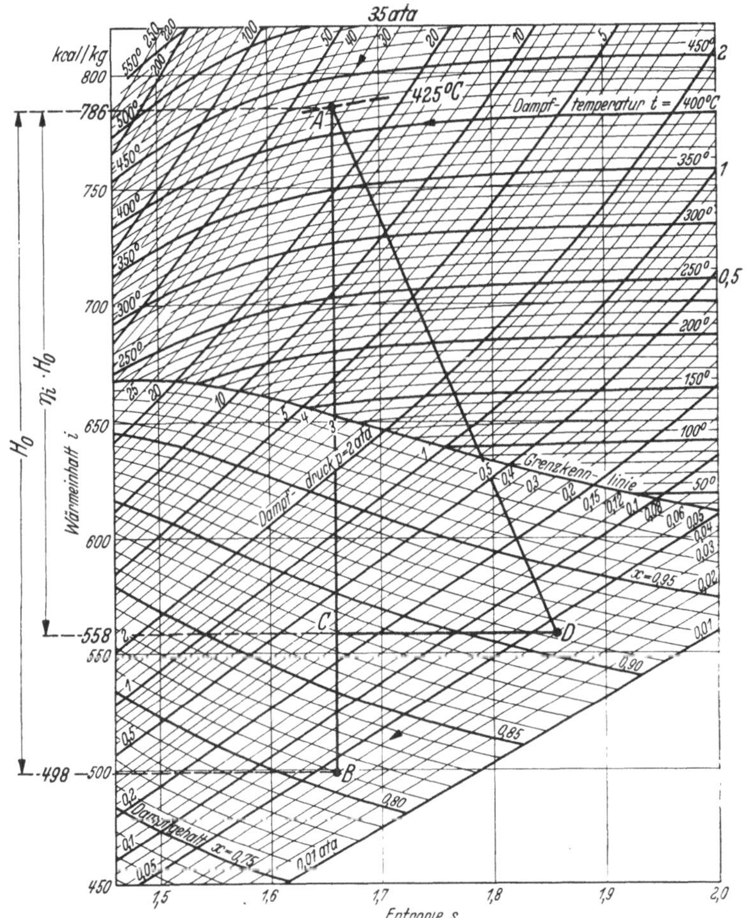

Abb. 26. JS-Diagramm für Wasserdampf (Mollier-Diagramm)

Beispiel: Dampfdruck 35 ata, Dampftemperatur 425^0 C, Luftleere 96 vH $= 0,04$, $\eta_i = 0,75$ ergibt $H_0 = 228$ kcal/kg, Dampffeuchtigkeit $1 - x = 8,8$ vH.

gibt es eine wirtschaftliche Luftleere im Kondensator, somit einen Gegendruck p_{Ko}, auf den der Dampf in der Turbine entspannt werden muß. Das adiabatische Wärmegefälle H_0 in der verlustlosen Turbine ist nun gleich der Ordinate $\overline{AB}$ vom Punkt des Dampfanfangszustandes A bis zum Schnittpunkt B ($i_2 = 498$ kcal/kg) mit der Gegendrucklinie des Kondensators, wenn z. B. $p_{Ko} = 0,04$ (96 vH Luftleere) angenommen wird. Es ist für diesen Fall:

$$H_0 = i_1 - i_2 = 786 - 498 = 228 \text{ kcal/kg}. \tag{33}$$

Da zur Erzeugung einer kWh 860 kcal (mechanischer Wärmegleichwert) erforderlich sind, beträgt der theoretische spez. Dampfverbrauch einer Dampfturbine für diese Verhältnisse:

$$D_{th} = \frac{860}{H_0} = \frac{860}{288} \cong 3{,}0 \text{ kg/kWh}. \tag{34}$$

Der Dampfverbrauch hängt also von drei Werten ab, dem Dampfdruck, der Dampftemperatur und dem Kondensatorgegendruck. Je höher Dampfdruck und Dampftemperatur, um so größer ist das Wärmegefälle und um so geringer wird der Dampfverbrauch bzw. der Brennstoffverbrauch. Allerdings sind, wie bereits gesagt, der Wahl dieser Werte Grenzen gesetzt durch die Beschaffungskosten und die von diesen abhängige Wirtschaftlichkeit. Abb. 27 zeigt den theoretischen spez. Dampfverbrauch bei verschiedenen Dampfdrücken und Dampftemperaturen für 2 Werte der Kondensatorluftleere (Frischwasser $p_{Ko} = 0{,}04$ ata, rückgekühltes Wasser $p_{Ko} = 0{,}07$ ata). Da letztere von der Kühlwassermenge und Kühlwassertemperatur abhängt, ist bei der Wahl der Dampfspannung und Dampftemperatur auch hierauf besonders Rücksicht zu nehmen.

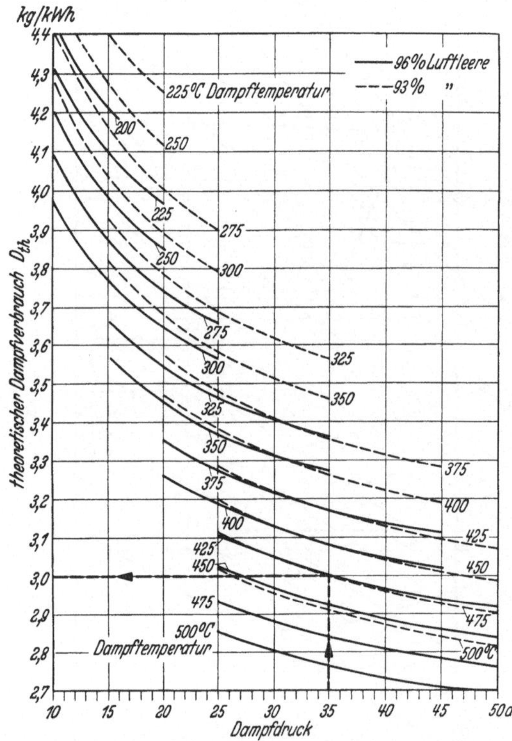

Abb. 27. Theoretischer spez. Dampfverbrauch von Kondensationsturbinen für 96 vH und 93 vH Kondensatorluftleere.
Beispiel: Dampfdruck 35 ata, Dampftemperatur 425° C, Luftleere 96 vH ergibt theoretischen spez. Dampfverbrauch $D_{th} \cong 3{,}0$ kg/kWh.

Die Verluste in der Turbine bedingen, daß nur ein Teil des adiabatischen Wärmegefälles in Nutzarbeit umgesetzt und an der Turbinenkupplung abgegeben werden kann. Von diesen Verlusten sind besonders zu nennen die Drosselungsverluste in den Steuerteilen, Radreibungs- und Luftverluste in den umlaufenden Teilen, Austrittsverluste am Ende der Turbine, ferner die mechanischen Verluste in den Lagern und der Steuerung, die Undichtigkeitsverluste, die Verluste durch Stopfbüchsendampf.

Alle diese Verluste werden im thermodynamischen Wirkungsgrad η_i berücksichtigt. Von besonderer Bedeutung sind neben den Spalt- die Reibungsverluste an den Schaufeln, die bei den heutigen Schaufelformen und der Schaufelherstellung — geschliffen und poliert — zwar sehr gering sind, aber wesentlich steigen können, wenn die Schaufeln an ihrer Oberfläche rauh werden. Diese inneren Schaufelverluste werden im Schaufelwirkungsgrad erfaßt, der bei neuen Schaufeln zu etwa 0,95 bis 0,96 angenommen werden kann. Sehr wesentlich für die Lebensdauer der Turbinenschaufeln und damit für die jährlichen Unterhaltungs- und Instandsetzungskosten sind die Zerstörungen durch Erosionen (Auswaschungen) an den letzten Niederdruckschaufelreihen (Abb. 28). Diese Erosionen werden durch das im Sättigungsgebiet des Dampfes ausgeschiedene Wasser hervorgerufen. Sie treten besonders bei hohen Dampfdrücken auf und zwingen dann zur Anwendung der Dampf-Zwischenüberhitzung. Sie bewirken eine mechanische Zerstörung der Schaufelkanten, bedingen dadurch eine gegebenenfalls häufige Auswechselung der großen und teueren Schaufeln und beeinflussen die Maschinen-Betriebsstundenzahl. Hierzu muß der Turbinenlieferer besonders Stellung nehmen. Es ist bei größeren Maschinen für hohen Dampfdruck zu fordern, daß der Schaufelbaustoff erosionsfest ist.

Die Erosion ist somit abhängig von der Dampffeuchtigkeit in den letzten Schaufelreihen. Die Dampffeuchtigkeit $(1-x)$ ist gegeben durch den Zustand des Dampfes und aus dem JS-Diagramm ohne weiteres auf den x-Linien ablesbar (Abb. 26).

Aus den verschiedenen in Abb. 29 eingetragenen Dampfzuständen und dem Verlauf des Wärmegefälles ist zu ersehen, daß die Dampffeuchtigkeit abnimmt: durch Erhöhung der Dampftemperatur t_1 bei gleichbleibendem Druck p_1 ($A_1 D_1 - A D$), durch Verringerung des Druckes p_1 bei gleichbleibender Temperatur t_1 ($A_1 D_1 - A_2 D_6$), durch Verschlechterung von η_i ($AD - AD_1$), durch Verschlechterung der Luftleere (0,04—0,10).

Abb. 28. Erodierte Dampfturbinenschaufel.

Erodierte Schaufeln haben ferner Bremsverluste zur Folge, die unter Umständen den Leistungsgewinn bei höheren Drücken und der damit zu verbindenden höheren Dampftemperatur stark aufheben können. Bei Zwischenüberhitzung, bei der eine besondere nochmalige Wärmezufuhr stattfindet, wird der thermische Wirkungsgrad verschlechtert. Es bedarf daher eingehender rechnerischer Untersuchungen, inwieweit die Zwischenüberhitzung wärmetechnische und insbesondere Erosionsverlust-Ersparnisse bringt.

Zur Verminderung des Wasserangriffes auf die Schaufeln wird eine besondere Entwässerung in den Turbinenzylinder eingebaut, die z. B. bei BBC[1] derart ausgebildet ist, daß sie saugend einen Teil des auf-

---

[1] Erosionen an Turbinenschaufeln im Naßdampfgebiet: BBC Nachr. 1934 S. 71.

tretenden Wassers abzieht und dem Kondensator zuführt. Kondensationen, die mit sehr niedriger Kühlwassertemperatur arbeiten (Frischwasserkühlung), haben hier hinsichtlich der Dampffeuchtigkeit noch besondere Beachtung zu erfahren. Aus bisherigen Beobachtungen ist ferner festzustellen, daß bei Anzapfungen für Speisewasservorwär-

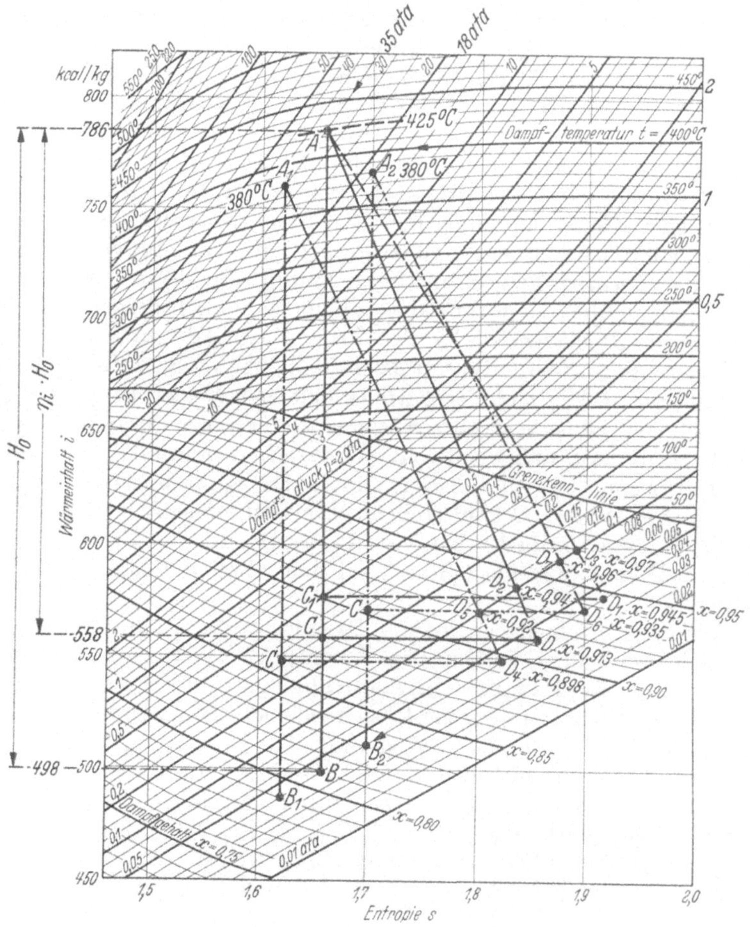

Abb. 29. Einfluß von Dampfspannung, Dampftemperatur und Kondensatorluftleere auf die Dampffeuchtigkeit am Turbinenende.

mung die niedrigste Anzapfstufe etwa bei 0,4 ata liegen soll, um schon bei Vollast einen Feuchtigkeitsgehalt von 4 bis 6 vH zu erhalten.

Das an der Turbinenkupplung nutzbar in mechanische Arbeit umzusetzende Wärmegefälle ist:

$$H_n = \eta_i \cdot H_0 \text{ kcal/kg} . \tag{35}$$

Im JS-Diagramm wird die Strecke $\overline{AC} = \eta_i H_0$ eingetragen (Abb. 26) und der Punkt C durch die Waagerechte $\overline{CD}$ nach der p_{K_0}-Linie übertragen. Dann stellt die Strecke $\overline{AD}$ das nutzbare Wärmegefälle dar und Punkt D gibt den Dampf-Endzustand an. Es ist der **thermodynamische Wirkungsgrad**:

$$\eta_i = \frac{\overline{AC}}{\overline{AB}} = \frac{H_n}{H_0} \tag{36}$$

und der **spezifische Dampfverbrauch der Turbine**:

$$D_i = \frac{860}{\eta_i \cdot H_0} \ \text{kg/kWh}.$$

Das Produkt aus adiabatischem Wärmegefälle und thermodynamischem Wirkungsgrad ist für die Auslegung der Maschine von besonderer Bedeutung. Zu dem bereits über H_0 Gesagten ist weiter zu beachten, daß sich der thermodynamische Wirkungsgrad der Dampfturbine mit steigendem Druck um so mehr verschlechtert, je kleiner die Maschinenleistung und je höher der Druck ist, weil η_i auch von der stündlich durch die Turbine zu bringenden Dampfmenge abhängig ist. Diese Dampfmenge fällt mit zunehmendem Dampfdruck sowohl nach Gewicht als auch nach spez. Gewicht (S. 327).

Der thermodynamische Wirkungsgrad spielt nur für die Beurteilung der Dampfturbine selbst in bezug auf Dampfdruck und Dampftemperatur eine Rolle. Ausschlaggebend für die Planbearbeitung einer Dampfkraftanlage ist der **thermische Wirkungsgrad der Gesamtanlage**.

In den Angeboten der Hersteller wird der thermodynamische Wirkungsgrad der Turbine zumeist nicht genannt, sondern nur der spezifische Dampfverbrauch D in kg/kWh für den vollständigen Maschinensatz, also einschließlich Generator und bei angebauter Erregermaschine einschließlich der Erregerarbeit. Um η_i und die Dampffeuchtigkeit festzustellen und dadurch einen besseren Vergleich der Angebote verschiedener Lieferer vornehmen zu können, kann aus dem theoretischen Dampfverbrauch D_{th} kg/kWh bei den vorgeschriebenen Verhältnissen für Dampfdruck p_1 und Dampftemperatur t_1 am Eintrittsventil der Turbine sowie aus den Kühlwasserverhältnissen für die Kondensation (Gegendruck p_{K_0}) die Umrechnung für η_i erfolgen. Es ist:

der spez. theoretische Dampfverbrauch:

$$D_{th} = \frac{860}{H_0} \ \text{kg/kWh} \tag{37a}$$

und der tatsächliche spezifische Dampfverbrauch bezogen auf die Kupplungsleistung N_{Ku}:

$$D_{Ku} = \frac{D_{th}}{\eta_i \cdot \eta_G} = \frac{860}{H_0 \cdot \eta_i \cdot \eta_G} \ \text{kg/kWh} \ ; \tag{37b}$$

da D_{Ku} und η_G bekannt sind, folgt:

$$\eta_i = \frac{860}{D_{Ku} \cdot H_0 \cdot \eta_G} \tag{38}$$

und das Nutzgefälle:

$$H_n = H_0 \cdot \eta_i,$$

damit im JS-Diagramm der Punkt C und waagerecht übertragen auf die entsprechende Gegendrucklinie des Kondensators der Punkt D, der gleichzeitig auch die Dampffeuchtigkeit auf der zugeordneten x-Linie angibt.

Der spez. Wärmeverbrauch der Turbine ist ferner:

$$M = \frac{860}{\eta_{th,\,Tu}} \quad \text{oder} \quad = \frac{860}{\eta_i} \,\text{kcal/kWh} \tag{39}$$

und der Wärmeverbrauch des Maschinensatzes bezogen auf die Kupplungsleistung:

$$Q_M = \frac{860 \cdot N_{Ku}}{\eta_{th,\,Tu}} \quad \text{oder} \quad = \frac{860 \cdot N_{Kl}}{\eta_i \cdot \eta_G} \,\text{kcal/h}. \tag{40}$$

2. Beispiel. Ermittelung des thermodynamischen Wirkungsgrades, der Dampffeuchtigkeit und des spez. Wärmeverbrauches aus gegebenen Dampfverhältnissen.

Gegeben	bei $^1/_1$	$^1/_2$ Last
1. Leistungsfaktor $\cos \varphi$	0,8	0,7
2. Generatorwirkungsgrad η_G	0,94	0,91
3. Dampfspannung p_1	35	35 ata
4. Dampftemperatur t_1	425°	425° C
5. Kondensator-Gegendruck p_{Ko}	0,04	0,04 ata
6. Wärmeinhalt i_1 bei p_1, t_1	786	786 kcal/kg
7. Speisewassertemperatur t_{Sp}	20°	20° C
8. Wärmeinhalt i_2	498	498 kcal/kg
9. Wärmegefälle $H_0 = i_1 - i_2$	288	288 kcal/kg
10. Spez. Dampfverbrauch D	4,22	4,03 kg/kWh
Errechnet:		
11. Theoretischer spez. Dampfverbrauch D_{th} .	3,00	3,00 kg/kWh
12. Thermodynamischer Wirkungsgrad η_i . . .	0,76	0,82
13. Nutzgefälle $H_n = H_0 \cdot \eta_i$	219	236 kcal/kg
14. Dampffeuchtigkeit x	0,92 8%	0,90 10%
15. Spez. Wärmeverbrauch bezogen auf die Kupplungsleistung M_{Ku}	3230	3080 kcal/kWh

Hohe Dampftemperatur bedingt entsprechende Bauart der Turbine als Zwei- oder Dreigehäusemaschine, um den Wärmeausdehnungen der einzelnen Maschinenteile betriebssicher folgen zu können.

Es richten sich daher Dampfdruck und Dampftemperatur auch nach der Größe der Maschinenleistung.

Diese Angaben für die Beurteilung turbinentechnischer Einzelheiten bei der Wahl von Dampfdruck und Dampftemperatur müssen noch ergänzt werden für Teilbelastungen des Maschinensatzes. Dabei ist auf das über die Betriebsführung größerer Kraftwerke mit mehreren Maschinensätzen bereits Gesagte hinzuweisen. Vollbelastung tritt auf die Jahresbetriebsstundenzahl von 8760 bezogen nur selten über 2000 bis 3000 Stunden im Jahr also nur zu 25 bis 35 vH auf abgesehen von Grundlastwerken, die eine bestimmte Leistung über 16 bis 18, selten über 24 Stunden des Tages gleichbleibend durchfahren. Für Entnahmeturbinen zur Speisewasservorwärmung kommt noch hinzu, daß die Entnahmedampfmenge bei ungesteuerter Entnahme mit der Belastung der Maschine schwankt. Bleibt die vorzuwärmende Speisewassermenge annähernd gleich, muß die Entnahmeturbine mit 2 oder 3 Entnahmestellen versehen und entsprechend von Hand oder selbsttätig gesteuert werden. Dabei sinkt dann aber die Leistung der Maschine, was wohl zu beachten ist.

Für kleine und mittlere Anlagen wendet man auch heute noch die seit vielen Jahren in ihren Auswirkungen auf die Baustoffe, hinsichtlich ihrer Betriebssicherheit und wirtschaftlichen Ergebnisse erprobten Dampfdrücke von 12 bis 16 atü und Dampftemperaturen durch Überhitzung von 300 bis 360⁰ C an.

Mit der Steigerung der Maschineneinzelleistung, die bereits bis zu 100000 kW in einem Maschinensatz getrieben worden ist, muß zur Erhöhung des Dampfdruckes und der Dampftemperatur übergegangen werden. Werte bis 100 atü und 475⁰ C sind bereits erreicht. Anlagen mit Dampfdrücken über 25 atü bezeichnet man als Hochdruckanlagen, über 35 atü als Höchstdruckanlagen. Die ersten erfolgreichen Arbeiten auf dem Hochdruckgebiet hat der deutsche Ingenieur Wilhelm Schmidt geleistet. Er erkannte die wirtschaftlichen Vorteile, die eine Erhöhung des Dampfdruckes und eine Erhöhung der Dampftemperatur mit sich bringen. Wie bereits gesagt, muß bei den Höchstdruckanlagen die Dampffeuchtigkeit besonders beachtet werden. So steigt z. B. bei einer Druckerhöhung von 16 auf 32 atü und gleichzeitiger Erhöhung der Frischdampftemperatur von 350 auf 400⁰ C der Wassergehalt des Abdampfes bei Verwendung von Frischwasser für die Kondensation von 6 auf 10 vH. Um den dadurch bedingten Schwierigkeiten zu begegnen, wird bei großen Leistungen und hohen Dampfdrücken der Feuchtigkeitsgehalt des Niederdruckdampfes durch eine Zwischenüberhitzung vor der Niederdruckstufe begrenzt. In diesem Fall legt man die erste Stufe der Dampfausdehnung in den Bereich etwas geringerer Temperatur und wärmt den Dampf vor dem Eintritt in die zweite Stufe erneut auf. Die Turbine wird dann als Zwei- oder Dreigehäusemaschine ausgeführt. Die Grenze des Dampfeintrittsdruckes in die Turbine ohne besondere Zusatzanlagen liegt bei Kondensationsturbinen etwa bei 45 bis 50 ata. Darüber hinaus ist die Zwischenüberhitzung unvermeidlich.

Abb. 30 und 31 zeigen die Ausführung einer Höchstdruckanlage mit Anwendung dieser Zwischenüberhitzung[1]. Die Turbine besteht aus einer Dreigehäusemaschine d. h. aus einer Hoch-, Mittel- und Niederdruckstufe. Der in der Hochdruckstufe verarbeitete Dampf wird über die Rohrleitung *19* in Abb. 30 der Kesselrauchkammer wieder zugeführt, dort unter weiterer Ausnutzung der Rauchgaswärme erneut erhitzt, strömt zur Mitteldruckstufe *2b* und nach Arbeitsleistung in dieser zur Niederdruckstufe *2c*. Die Anlage erfordert lange und starke Rohrleitungen und hat große Druck- und Wärmeverluste. In Abb. 31 wird die Rohrleitung für die Zwischenüberhitzung vermieden. Die Frischdampfleitung zur Hochdruckstufe führt zu einem Zwischenüberhitzer *20*, *21*,

---

[1] Neues aus dem Turbinenbau. BBC Nachr. 1930 Heft 2, 3 und 5.

in dem der Abdampf dieser Stufe auf erhöhte Temperatur gebracht wird und dann der Mitteldruckstufe *2b* zuströmt. Es bedarf selbst-

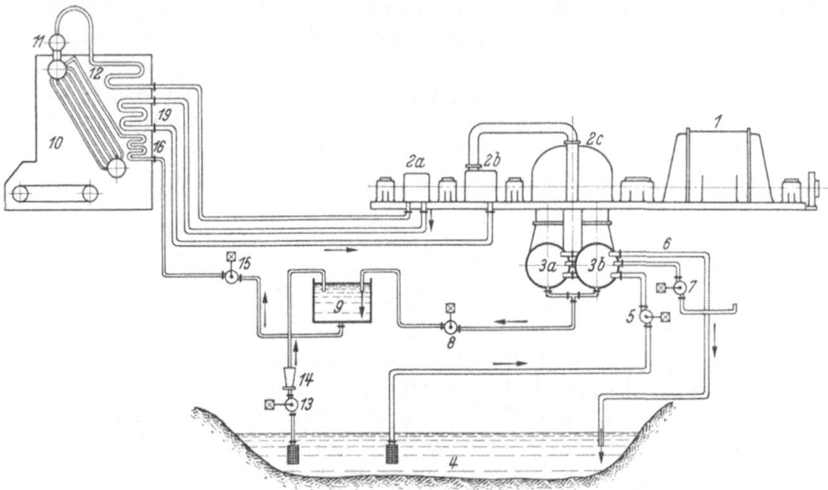

Abb. 30. Dampfkraftanlage mit Zwischenüberhitzung durch Rauchgase mit Dampfrückführung zum Kessel.

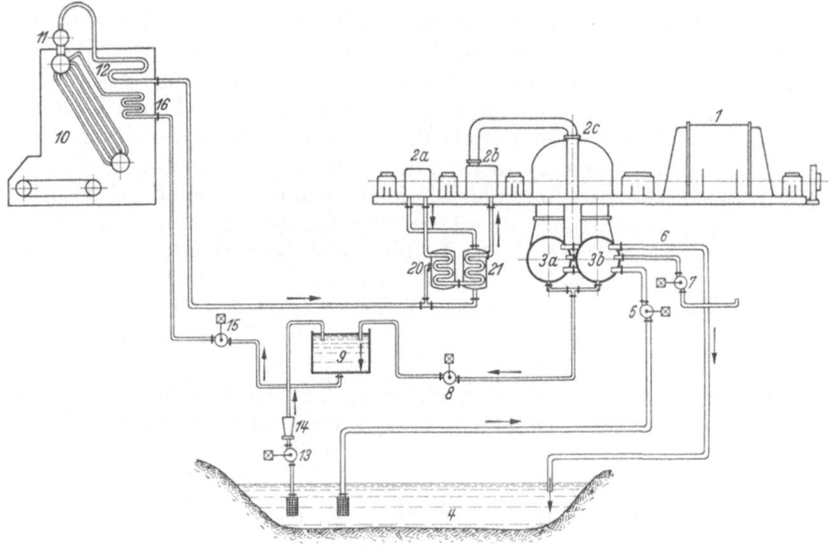

Abb. 31. Dampfkraftanlage mit einmaliger Zwischenüberhitzung durch kondensierenden Frischdampf in einer ersten Stufe und weitere Überhitzung in einer zweiten Stufe durch den Turbinenfrischdampf.

verständlich sorgfältiger wärmetechnischer und preislicher Untersuchungen, welche Form der Zwischenüberhitzung zu wählen ist, für die es noch einige andere Ausführungsmöglichkeiten gibt. Wohl zu beachten ist, daß die Anwendung der Zwischenüberhitzung nicht den thermischen Wirkungsgrad $\eta_{th,\,Tu}$ der Turbine, sondern nur den thermodynamischen Wirkungsgrad η_i zu verbessern gestattet.

Der Gewinn an Wärmeverbrauch für die kWh ist bei der Form der Zwischenüberhitzung nach Abb. 30 wesentlich größer als bei der nach Abb. 31. Demgegenüber steht aber der größere Kapitalaufwand für die Rohrleitungen und Schieber, die Erschwernisse in der Betriebsführung und die Mehrausgabe für eine besondere Regelvorrichtung, um bei plötzlichen stärkeren Belastungsabnahmen ein Durchgehen der Turbine zu verhüten.

Die Zwischenüberhitzung nach Abb. 31 ist wesentlich einfacher und in der Anschaffung billiger, bringt aber nicht den gleichen wirtschaftlichen Erfolg in der Wärmeersparnis.

Der Wärmegewinn gegenüber einer Anlage ohne Zwischenüberhitzung kann je nach den Verhältnissen der Gesamtanlage bei der Ausführung nach Abb. 30 mit etwa 4 bis 6 vH, nach Abb. 31 mit etwa 1,0 bis 1,5 vH des Gesamtwärmeverbrauches der Dampfkraftanlage in kcal/kWh geschätzt werden. Berücksichtigt man dazu die Kapitaldienst-, Unterhaltungs- und Bedienungskosten, so kann im allgemeinen gesagt werden, daß die Zwischenüberhitzung keine wesentlichen Vorteile bietet.

In amerikanischen Großanlagen ist die Zwischenüberhitzung vielfach zur Ausführung gekommen. In Deutschland hat man sie bisher nur in Einzelfällen angewendet.

Für die Kraftwerke, die der öffentlichen Stromversorgung dienen und daher den höchsten Grad der Betriebssicherheit trotz schwankender Belastung beim Durchlaufen der Maschinen über Monate ohne Stillstand aufweisen müssen, sollte man, sofern nicht die Brennstoffbeschaffung erheblich teuerer ist oder ganz besondere Gründe für die Wahl größter Maschinensätze vorliegen, die tunlichst einfachste Form in Betrieb und Unterhaltung der Anlage wählen, daher bis nur etwa 35 ata Eintrittsdruck gehen und so von der Verwendung der Zwischenüberhitzung absehen.

Hinsichtlich der Dampftemperatur ist ebenfalls ein Zuviel nur schädlich; es wirkt sich dies auf die Betriebssicherheit und die Unterhaltungskosten für die Dampfleitungen mit Zubehör, sowie die Kesselanlagen oft unerwartet schnell aus. Hierzu gilt besonders das auf S. 147 Gesagte. Daher ist die Eintrittstemperatur des Dampfes in die Maschine mit 475⁰ C als Höchstgrenze zu überschreiten zur Zeit nicht ratsam[1].

Neben dem Gewinn am thermischen Wirkungsgrad wird letzten Endes der Preis der Anlagen bei höheren Drücken und Temperaturen den Ausschlag geben und weiter der Aufwand an Betriebs- und Unterhaltungskosten bestimmend sein.

3. Beispiel. Als gutes Beispiel allgemeiner Form kann die Voruntersuchung für den Bau eines großen amerikanischen Kraftwerkes dienen, die folgendes Ergebnis hatte: Aus Einzelermittelungen wurde für die Wahl des Dampfdruckes bei verschiedenen Annahmen festgestellt, daß ein Dampfdruck von 40 atü ungünstiger war als

---

[1] Quack: Mitteilungen über Einfluß der Dampftemperatur auf das Verhalten des Turbinenmaterials. Mitt. VDE Sept. 1923 S. 344 bis 345.

ein solcher von 30 atü oder auch von 85 atü. Die Ursache dafür lag darin, daß für 40 atü die Anlagebeschaffungskosten wesentlich höher lagen als für 30 atü, die Brennstoffersparnisse aber noch nicht so erheblich waren, um den Kapitaldienst und die Unterhaltungskosten auszugleichen. Bei 85 atü war dagegen die Ersparnis im Brennstoffverbrauch bereits so bedeutend, daß die höheren Anschaffungskosten für Kessel und Turbinen kapitaldienstmäßig behandelt zusammen mit den Unterhaltungskosten gedeckt werden konnten. Weiter wurde festgestellt, daß der Dampfdruck von 40 atü bei billiger Kohle, der von 85 atü bei teurer Kohle wirtschaftlicher war. Bei einem bestimmten Kohlenpreis waren beide Drücke gleichwertig. Da an der Betriebsstelle des Kraftwerkes nur teuere Kohle zu erhalten war, wurde der Dampfdruck mit 85 atü gewählt. Hier hat also der Kohlenpreis entscheidend mitgesprochen.

4. Beispiel. Wirtschaftliche Untersuchung eines neu zu bauenden Kraftwerkes für $N_n = 20000$ kW bei $h_f = 3000$, also für $60 \cdot 10^6$ kWh/Jahr. Es sollen aufgestellt werden: 3 Turbosätze von je 10000 kW, $\cos \varphi = 0,7$ und 4 Hochleistungskessel: Kondensatorluftleere 96 vH; Brennstoff: Braunkohlenbriketts mit H_u = 4800 kcal/kg, mit der Eisenbahn anzufahren.

Zum Vergleich sind für die Dampfverhältnisse zu wählen:

a) 16 ata, 325° C an den Turbinen, Speisewasser 20° C,

b) 35 ata, 425° C an den Turbinen, Speisewasservorwärmung durch Anzapfdampf auf 105° C.

Die beweglichen Bedienungskosten sollen für beide Anlagen gleich angenommen werden und werden in der Vergleichsberechnung nicht berücksichtigt. (Siehe gegenüberstehende Zahlentafel).

In anderen Fällen als in den Beispielen behandelt können die weiteren wirtschaftbestimmenden Einzelheiten wesentlich von Einfluß sein. Das über die Grenzleistung von Turbinen auf S. 77 Gesagte ist hier besonders zu beachten.

i) Bei Erweiterung und Umbau bestehender Kraftwerke wird neuerdings häufiger die Frage untersucht, den neuen Maschinensatz zusammen mit einem neuen Kessel für eine höhere Dampfspannung und Dampftemperatur auszulegen als für die alten Maschinen vorhanden. Die Entscheidung bedarf ebenfalls sehr eingehender Untersuchungen wirtschaftlicher und betriebstechnischer Art, um alle Unsicherheiten eines solchen Doppelbetriebes von vornherein auszuschalten. Insbesondere bezieht sich das auf die gegenseitige Reserve in den alten und neuen Anlageteilen, auf die Umschaltmöglichkeiten von der einen auf die andere Dampfspannung und Dampftemperatur, die Leistungsminderung von Hochdruckturbinen bei Betrieb mit geringerer Dampfspannung und Dampftemperatur, die Umformung der Dampfverhältnisse im umgekehrten Fall für die alten Maschinen. Anlagen, die, wie man sagt, in der einen oder anderen vollständigen Maschinengruppe — also einschließlich der Kessel mit Zubehör und Pumpen — „nur auf einem Bein stehen", sind in der Betriebssicherheit für die öffentliche Stromversorgung mit großer Vorsicht zu beurteilen. Im Parallelbetrieb mit anderen Werken, die entsprechende Leistungs- und Reserveverhältnisse ohne wesentliche wirtschaftliche Zusatzbelastung in den Stromerzeugungskosten aufweisen, kann dagegen die allmähliche Umstellung alter Kraftwerke auf höheren Dampfdruck und höhere Dampftemperatur Vorteile bringen. Die wirtschaftlichen Voruntersuchungen sind nach den Angaben im 4. Beispiel durchzuführen und dabei auch alle Verluste zu berücksichtigen, die durch die Umschaltung, die unter Dampf zu hal-

Dampfverhältnisse an den Turbinen	16 ata, 325° C	35 ata, 425° C
A. Anlagekosten.		
Maschinenanlagen . . . . RM	1 350 000,—	1 500 000,—
Kesselanlagen mit Rohrleitungen . . . . „	2 100 000,—	2 700 000,—
Speisepumpen, Wasserbeschaffung. . . . . . „	400 000,—	600 000,—
Schaltanlagen und Sonstiges . . . . „	500 000,—	500 000,—
Grundstück, Gebäude, Fundamente . . . . . „	400 000,—	400 000,—
Zusammen . . . . . RM	4 750 000,—	5 700 000,—
für das Nutz-kW . . . . RM	237,50	285,—
für das eingebaute kW . . . . „	158,30	190,—
Reserveziffer . . . . Z_R	1,5	1,5
Mehrkosten	1	20,00 vH
B. Wärmepreis.		
Brennstoff	Braunkohlenbriketts	
Unterer Heizwert . . . . H_u kcal/kg	4800	
Preis frei Kraftwerksanschlußgleis . . P_B RM/t	13,50	
Preis frei Kesselhausbunker . . . . . P_{Bg} RM/t	14,60	
Wärmepreis. . . . . P_W Rpf/1000 kcal	0,304	
C. Wärmewirtschaft.		
Wärmegefälle . . . . H_0 kcal/kg	236	288
Theoretischer spez. Dampfverbrauch . D_{th} kg/kWh	3,64	3,00
Spez. Dampfverbr. i. Jahresdurchschnitt D kg/kWh	4,9	4,00
Generatorwirkungsgrad im Jahresdurchschnitt		
bei cos · $\varphi = 0{,}7$	0,92	0,92
Thermodynamischer Wirkungsgrad d. Turb. . . η_i	0,808	0,812
Nutzbares Wärmegefälle . . . . H_n kcal/kg	191	234
Thermischer Wirkungsgrad der Maschinenanl. $\eta_{th,\,Tu}$	0,74	0,746
Speisewassertemperatur . . . . t_{Sp} ° C	20	105
Kesselwirkungsgrad im Jahresdurchschnitt . . $\eta_{K,j}$	0,70	0,73
Rohrleitungswirkungsgrad i. Jahresdurchschn. $\eta_{R,j}$	0,90	0,90
Spez. Wärmeverbrauch der Anlage . M kcal/kWh	5600	4220
Brennstoffverbrauch . . . . kg/kWh	1,165	0,880
Reine Brennstoffkosten . . . . . . K_B Rpf/kWh	1,70	1,28
Ersparnis an Brennstoffkosten . . . . vH	1	24,7
Jahreshöchstleistung . . . . N_H kW	20000	
Jahresbenutzungsstunden von N_H . . . . . . h_j	3000	
Jährliche Brennstoffkosten . . . . . . $K_{B,j}$ RM	1 020 000,—	768 000,—
Ersparnis an Brennstoffkosten . . . . „	1	252 000,—
D. Wirtschaftsergebnis.		
5 vH Kapitaldienst		
6 bzw. 7,0 vH Erneuerungsrücklage		
1 „ 1,5 vH Unterhaltungskosten		
1 „ 1,0 vH fester Anteil an den sonstig. Unkosten		
13 bzw. 14,5 vH insgesamt . . . . RM/Jahr	617 500,—	826 500,—
dazu Brennstoffkosten . . . . „	1 020 000,—	768 000,—
insgesamt . . . RM/Jahr	1 637 500,—	1 594 500,—
Ersparnis . . .		43 000,—
bei 60 · 10^6 kWh somit Ersparnis Rpf/kWh .	—	0,072

tenden Reservekessel, die Verschlechterung des Dampfverbrauchs der
Turbinen mit den Jahren u. dgl. entstehen.

Auf eine besondere Ausführung ist hier noch hinzuweisen und zwar die
Verwendung eines Vorschaltturbinensatzes in alten Kraftwerken.
Ein solcher Maschinensatz mit Kessel wird für eine höhere Dampf-

spannung und Dampftemperatur ausgelegt und mit dem alten Maschinensatz zusammen betrieben, um auf diese Weise die Vorteile der höheren Dampfverhältnisse auszunutzen. Der Abdampf dieses Vorschaltmaschinensatzes wird in seinen Dampfverhältnissen so gewählt, daß er als Frischdampf für einen Teil der alten Maschinen benutzbar ist. Das setzt allerdings voraus, daß die vorhandene Dampfspannung und Dampftemperatur sehr niedrige Werte aufweisen. Solche Vorschaltturbinen sind vereinzelt ausgeführt worden. Da aber die alte Maschinenanlage bestehen bleibt, sind dem wirtschaftlichen Wert dieser Ausführungsform doch verhältnismäßig enge Grenzen gesetzt, die durch die beschränkte Lebensdauer des alten Maschinensatzes noch weiter beeinträchtigt werden. Das zu der Verwendung einer zweiten Dampfspannung und Dampftemperatur Gesagte gilt sinngemäß auch hier, wenngleich bei der Vorschaltturbine die im neuen Hochdruckteil nicht vorhandene Reserve nicht die Rolle spielt wie im anderen Fall. Beim Ausfall ist die alte Anlage voll und unter normalen Betriebsverhältnissen zur Stromerzeugung verfügbar.

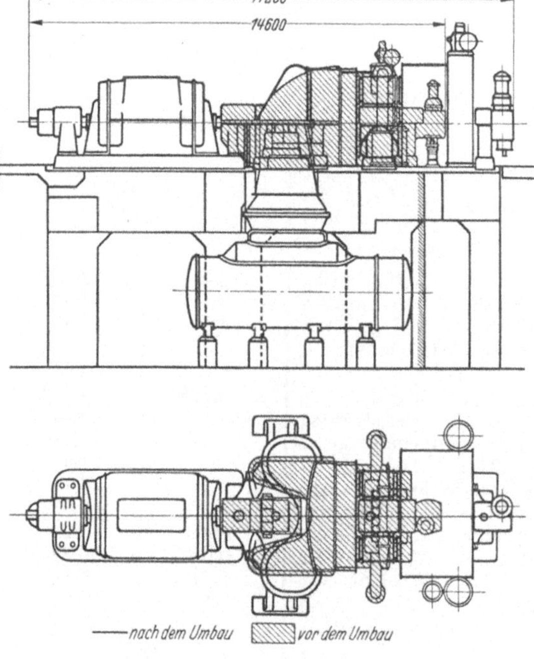

Abb. 32. Umbau des Dampfteiles eines alten 15 000 kW-Turbosatzes.

Die Erhöhung der Wirtschaftlichkeit alter Dampfturbinenanlagen kann auch durch Auswechseln des Dampfteiles und Umbau der Kondensatanlage herbeigeführt werden. In den letzten Jahren ist dieses wiederholt mit gutem Erfolg zur Ausführung gekommen. Man gewinnt dadurch einen geringeren Dampfverbrauch und kann aus den erzielten Brennstoffersparnissen den Kapitaldienst für die Neubeschaffung der auszuwechselnden Anlageteile decken. Da die alten Maschinen auch hinsichtlich ihrer Betriebsbereitschaft zumeist ungenügend sein werden, bringt die Teilauswechselung auch nach dieser Richtung Vorteile.

Für die Herrichtung alter Maschinensätze bestehen folgende Möglichkeiten, die wirtschaftlich zu untersuchen sind:

1. Auswechslung des alten unwirtschaftlichen Dampfteiles gegen eine neue Turbine,

2. Umbau der Kondensationsanlage,

3. Erneuerung des Lauf- und Leitzeuges der Turbine.

Die betrieblich und wirtschaftlich günstigsten Verhältnisse bringt die Auswechslung des Dampfteiles gegen eine neuzeitliche Turbine. Das bedingt zwar die größten Umänderungskosten, hat aber die Schaffung bester Dampfverhältnisse zum Ergebnis. Außerdem kann dann die Dampfturbine für schnellste Betriebsbereitschaft gebaut werden.

Der Umbau der Kondensation, der fast immer mit dem Auswechseln des Dampfteiles vorgenommen wird, kann sich auf die Auswechslung veralteter, bisher vereinigter Kondensat- und Luftpumpen durch getrennte Pumpensätze und Dampfstrahlapparat für die Entlüftung des Kondensators erstrecken. Die Ab-
wärme des letzteren wird dann dem Kondensator wieder zugeführt und somit betrieblich gewonnen. Die alte Kühlwasserpumpe kann mit der Triebwelle über eine während des Betriebes ausrückbare Kupplung verbunden und zusätzlich mit einer kleineren, gleichfalls während des Betriebes zu- und abschaltbaren Kühlwasserpumpe verbunden werden. Das

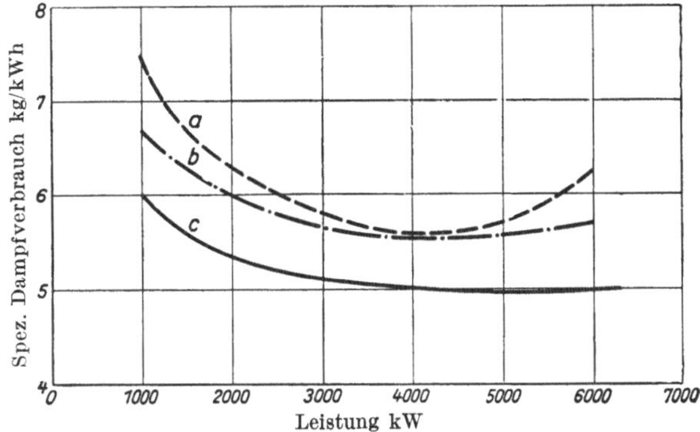

Abb. 33. Spezifischer Dampfverbrauch eines 5000 kW-Dampfturbogenerators bei Frischdampf von 12 ata, 375° und Kühlwasser von 15° einschließlich des Kraftbedarfs der Kondensation.
a Vor dem Umbau der Turbine, *b* Nach Erneuern der Kondensationsanlage, *c* Nach Auswechseln der Turbine.

bringt den Vorteil, daß je nach den im Winter und Sommer vorliegenden Kühlwassertemperaturen die Maschine mit einer der beiden Kühlwasserpumpen oder mit beiden gemeinsam gefahren und so eine der Turbinenbelastung angepaßte Luftleere bei geringstem Kraftbedarf erzielt wird. Als Antrieb der Pumpengruppe wählt man dann zweckmäßig eine einfache schnellaufende Hilfsturbine, deren Abdampf in eine Stufe der Hauptturbine geleitet wird. Der Umbau am Kondensator selbst erstreckt sich auf die Schaffung günstiger Dampfströme, Einbau neuer Luftabsaugestutzen und zweckmäßige Ableitung des Turbinenkondensats. Auf die Verwendung von Getriebeturbinen ist besonders aufmerksam zu machen.

Abb. 32 zeigt die Maschinenänderung, Abb. 33 die Kennlinien für die Änderung des Dampfverbrauchs bei einer 5000 kW-Maschine, die nach diesen Vorschlägen umgebaut worden ist. Bei der Jahresersparnis im Brennstoffverbrauch sind auch alle Nebenersparnisse in der Bekohlung und Entaschung, sowie in den Verlusten für die Hilfsmaschinen zu berücksichtigen.

Die Erneuerung des Lauf- und Leitzeuges wird neben allerdings ge-

ringen Dampfersparnissen vor allen Dingen die Anfahrzeit und dadurch
die Betriebsbereitschaft verbessern, was sich kostenmäßig unter Umständen ebenfalls beachtlich auswirken kann.

8. Die Dampfturbinen[1].

a) Der mechanische Aufbau. Die Dampfturbinen werden unterschieden in Kondensationsturbinen und Industrieturbinen,
wobei unter letzteren zu verstehen sind alle Turbinen, die mit Entnahmedampf arbeiten, die also nur zum Teil zur Erzeugung elektrischer
Energie verwendet werden, während ein Teil des Dampfes zu anderen
Zwecken industrieller Art wie Heizung, Stoffbearbeitung u. dgl. herangezogen wird. Auf die Industrieturbine wird im einzelnen nicht eingegangen werden, das übersteigt den Rahmen dieses Werkes.

Der mechanische Aufbau und die allgemeine Arbeitsweise der
Dampfturbine müssen als bekannt vorausgesetzt werden. Die verschie-
denen Bauformen, wie sie von den einzelnen Herstellern als Gleichdruck-
und Überdruckmaschinen auf den Markt kommen, sind für das hier zu
Behandelnde weniger von Bedeutung, weil die Betriebssicherheit bei
allen Bauformen heute gleich gut ist. Nur der Wirkungsgrad bzw. der
Dampfverbrauch, ferner der Ölbedarf, das Gewicht, der erforderliche
Platz, dann die Regelungsvorrichtungen, die Zugänglichkeit zu allen
Teilen für Instandsetzungs- und Besichtigungsarbeiten, schließlich selbstverständlich der Preis stehen beim Vergleich verschiedener Angebote
in Gegenüberstellung. Der Elektroingenieur hat bei dem Entwurf eines
Dampfturbinenwerkes besonders diesen Punkten seine Aufmerksamkeit zu schenken. Daher wird zunächst nur kurz einiges Technische
über die Dampfturbine im allgemeinen besprochen werden, soweit das
für Entwurfsfragen notwendig ist.

Die Dampfturbinen werden in der Verbindung ihres Hoch- und
Niederdruckteiles als Eingehäuse- und Mehrgehäusemaschinen
gebaut. Wann die eine oder die andere dieser Bauarten zu verwenden
ist, hängt von den Betriebsverhältnissen und der Höhe der Maschineneinzelleistung ab. Die Eingehäuseturbine (Abb. 34) ist infolge ihres
etwas geringeren Wirkungsgrades, aber demgegenüber infolge ihres geringeren Anschaffungspreises, ihrer geringeren Wartungs- und Unterhaltungskosten insgesamt bei niederer Ausnutzungsziffer der Leistung,
die Zwei- und Dreigehäuseturbine (Abb. 35, 36) bei hoher Ausnutzungsziffer überlegen. In Netzen mit großer Leistungsspitze und in Bahn-
betrieben sind die Maschinen zumeist schlecht ausgenutzt. Bei derartigen Betriebsverhältnissen werden die Eingehäuseturbinen Vorteile
bieten. Das gilt auch für besondere, nur zur Spitzenlastdeckung benutzte

---

[1] Bemerkung. Zwischen der Vereinigung der Elektrizitätswerke Deutschlands
(Wirtschaftsgruppe der Reichsgruppe Energiewirtschaft, Berlin) und dem Zentral-
verband der Deutschen Elektrotechnischen Industrie sind Lieferbedingungen für
Dampfturbinenanlagen festgelegt, die für deutsche Bestellungen herangezogen
werden und alle Einzelheiten umfassen, die für die Abwicklung eines Auftrages
erforderlich sind.

Maschinen und für Reservemaschinen, die für schnelles Anfahren gebaut sein sollen. Zur Grundlastdeckung bei großen Leistungen, sowie bei Hochdruckdampf über 35 ata wird man stets die Mehrgehäuseturbine wählen. Eingehäuseturbinen werden für Leistungen bis etwa 30000 kW bei 3000 U/min und bis 50000 kW bei $n = 1500$ U/min, für Frischdampfdruck bis 35 ata und 440° C Überhitzung gebaut. Die Betriebsverhältnisse müssen also bei der Entwurfsbearbeitung der Turbinenanlagen wiederum im Vordergrund stehen und dem Turbinenlieferer bekanntgegeben werden. Das Gebiet der eingehäusigen Maschinen überschneidet sich in den Grenzleistungen mit dem der zweigehäusigen

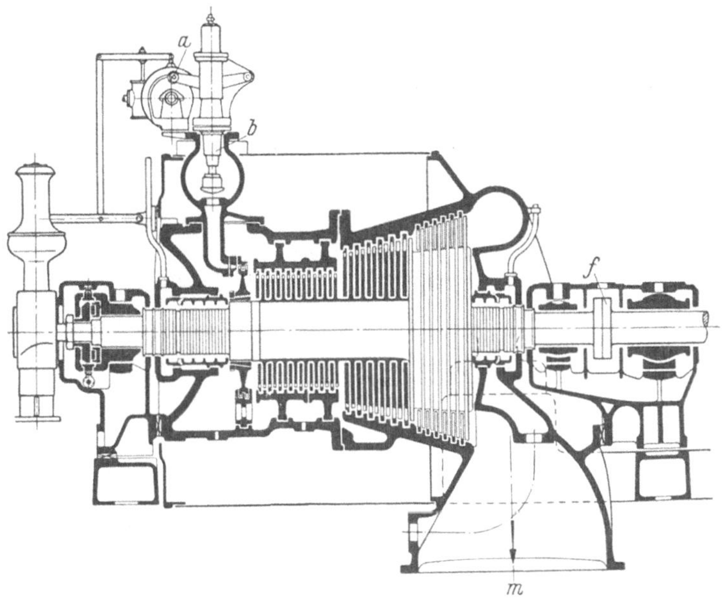

Abb. 34. Schnitt durch eine Eingehäuse-Kondensationsturbine mit $n = 3000$ U/min (AEG).
a Drehzahlregler, b Frischdampf, f Kupplung, m Abdampf.

etwa bei Leistungen zwischen 12000 und 15000 kW. Neben diesen Gesichtspunkten für die Wahl ist gegebenenfalls auch die Platzfrage von Bedeutung. Der Raumbedarf der Mehrgehäuseturbinen ist wesentlich größer als der der Eingehäusemaschinen (Zahlentafel 9 bis 13).

Für Großturbinen werden heute zumeist zwei oder drei Gehäuse (Abb. 35 und 36) angewendet. Bei diesen Bauarten sind die Schaufelgruppen voneinander getrennt in besonderen Gehäusen untergebracht. Diese Teilung ist bei Hochdruckturbinen erforderlich, um die günstigste Ausnutzung des Dampfgefälles zu erreichen. Für große Dampfmengen, die im Niederdruckteil zu verarbeiten sind, muß unter Umständen eine Unterteilung der letzten Laufradreihen der Niederdruckturbine vorgenommen werden, um die beste Wirtschaftlichkeit zu gewinnen. Es wird dann der sog. Doppelfluß angewendet, bei dem der aus dem Hochdruckteil abströmende Dampf in zwei Schaufelungsteile geleitet wird, in denen die Strömungsrichtung entgegengesetzt ist (Abb. 35 und 36).

Bei den Mehrgehäuseturbinen ist hinsichtlich Betriebssicherheit und der schnellen Einsatzbereitschaft gegenüber den Eingehäusemaschinen auf die Länge der Maschine aufmerksam zu machen, also auf die Lagerentfernung, die Durchbiegung der Welle und die Längsausdehnung der Gehäuse besonders bei hohen Dampftemperaturen, wodurch ein größerer Spalt zwischen Turbinenläufer und Gehäuse bedingt ist. Die damit verbundene geringe Wirkungsgradverschlechterung spielt keine beachtliche Rolle und wird durch die besseren Dampfverhältnisse ausgeglichen. Der größere Spalt ist vorteilhaft bei Betriebsverhältnissen, die in der Kesselanlage mit Temperatur- und Druckschwankungen bei plötzlichen größeren Laständerungen zu rechnen haben.

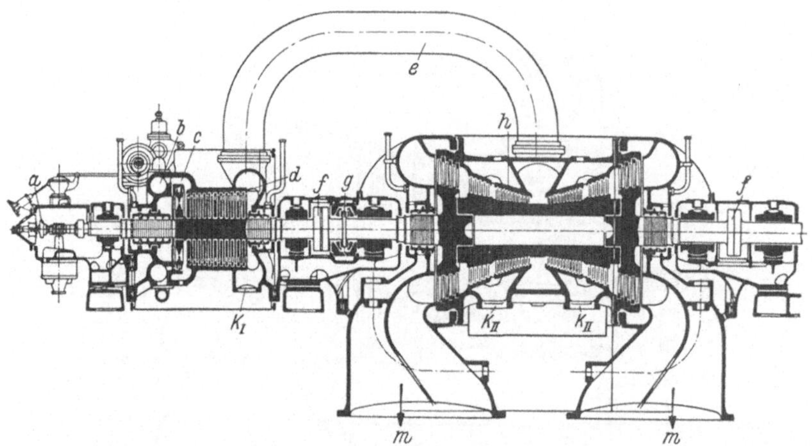

Abb. 35. Schnitt durch eine 30 000 kW Zweigehäuse-Grenzturbine mit Niederdrucktrommel, Überlastkanal c und zwei Anzapfstellen K_I und K_{II} für Speisewasservorwärmung (AEG).

a Drehzahlregler, b Frischdampf, c Überlastkanal, d Hochdruckturbine, e Überströmung, f Kupplung, g Drucklager, h Niederdruckturbine, m Abdampf.

Alle Turbinenhersteller bauen heute bei kleineren Leistungen die Turbine als reine Gleichdruckturbine, die Großmaschinen in den ersten Hochdruckstufen für Gleichdruck und in den letzten Niederdruckstufen bei Kondensationsturbinen für Überdruck. Der Zwischendruck zwischen dem Gleich- und dem Überdruckteil ist dagegen verschieden hoch. Der Wirkungsgrad und der Dampfverbrauch sind heute bei allen Bauarten praktisch gleich. Bei der Entscheidung sind daher mehr ausschlaggebend, wie einleitend bereits gesagt, die Betriebssicherheit d. h. bauliche Einzelheiten, benutzte Werkstoffe, ferner Herstellungskosten, Abmessungen und Gewicht je kW.

Eine von den üblichen Bauformen grundsätzlich abweichende Dampfturbine ist die Ljungströmturbine (Gegenlauf-Dampfturbine Abb. 37), die in den letzten Jahren entwickelt worden ist. Die Ljungströmturbine hat keine festen Leitvorrichtungen. Sie besteht im wesentlichen aus zwei Turbinenscheiben b mit ineinanderliegenden Schaufelkränzen c, die so eingesetzt sind, daß die Kränze der einen Scheibe in die Zwischenräume zwischen den Schaufelkränzen der anderen Scheibe

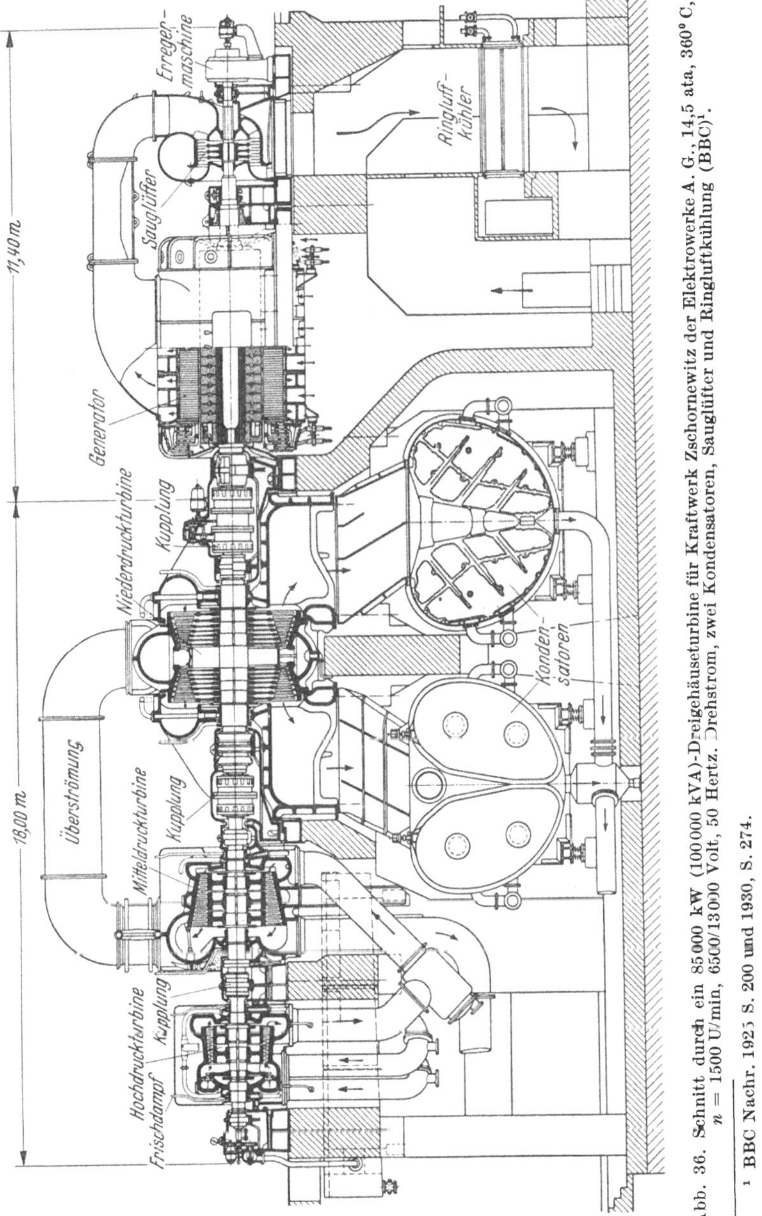

Abb. 36. Schnitt durch ein 85000 kW (100000 kVA)-Dreigehäuseturbine für Kraftwerk Zschornewitz der Elektrowerke A. G., 14,5 ata, 360° C, $n = 1500$ U/min, 6500/13000 Volt, 50 Hertz. Drehstrom, zwei Kondensatoren, Sauglüfter und Ringluftkühlung (BBC)[1].

[1] BBC Nachr. 1925 S. 200 und 1930, S. 274.

passen. Die Scheiben haben entgegengesetzten Drehsinn und treiben je einen Stromerzeuger a.

Der Dampf tritt durch die Dampfrohre f in die Dampfkammern d ein und gelangt von hier durch die Bohrungen e in den Laufscheiben b zu dem inneren Schaufelring. Von da aus durchströmt der Dampf die Beschaufelung radial nach außen, während er sich entsprechend seiner Arbeitsabgabe entspannt. Er gelangt dann in das Gehäuse h und von dort in den Kondensator. Das Gehäuse h ist frei von inneren Überdrücken und hohen Dampftemperaturen. Es bildet gleichzeitig den Träger der Stromerzeuger. Die ganze Maschine besteht also aus zwei Stromerzeugern von je der halben Gesamtleistung und dem zwischen diesen liegenden Dampfteil, der von einem starren Gehäuse umschlossen wird, das ohne weitere Fundamente unmittelbar auf den Kondensator aufgesetzt werden kann (Abb. 38). Der Wirkungsgrad der Ljungström-

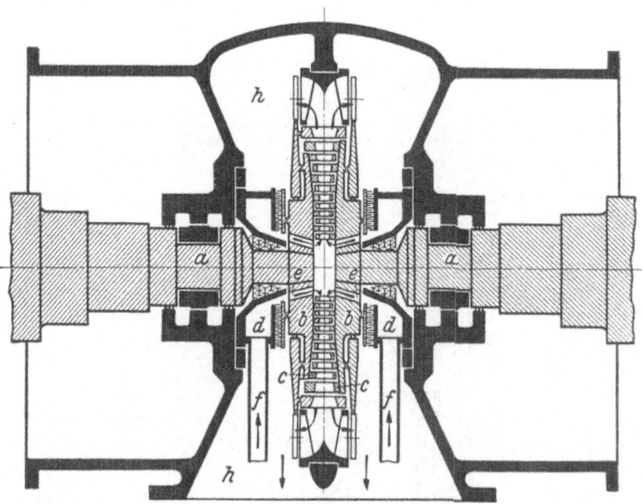

Abb. 37. Grundsätzlicher Aufbau der Gegendruckturbine Bauart Ljungström.

turbine ist sehr gut[1], desgleichen das Verhältnis für die Dampfströmung. Diese Turbine hat eine außerordentlich kurze Anfahrzeit und eignet sich daher besonders als Spitzen- und Reservemaschine. Die Ljungströmmaschinen sind bereits für 12000 kW, $n = 3000$ U/min, 350/400° C, 35 ata gebaut und haben sich im Betrieb bisher gut bewährt. Der Ausführung auch größerer Leistungen stehen technische und wirtschaftliche Schwierigkeiten nicht entgegen.

b) Die Leistung der Turbine wird durch die Generatorleistung bestimmt. Für die Entwurfsbearbeitung kann der Elektroingenieur nur angenäherte Angaben machen, welche elektrische Leistung jeder Maschinensatz aufweisen soll. Alsdann ist zwischen den Herstellern der Turbine und des Generators die baulich und wirtschaftlich günstigste Modelleistung zu ermitteln. Es sind nach dieser Richtung in den letzten

---

[1] Schultes, Dr. Ing. W.: Untersuchung einer MAN-Gegenlauf-Dampfturbine Bauart Ljungström. Glückauf 1931 S. 697.

Jahren in Deutschland gewisse Leistungsnormen durchgebildet worden, so daß eine umständliche Vorarbeit für die der verlangten Leistung am besten entsprechende Modelleistung vorhandener Maschinenkonstruktionen nicht vorzunehmen ist.

Dabei ist weiter darauf hinzuweisen, daß die Turbinen sog. Grenzleistungen besitzen (Grenzturbinen) d. h. größtmögliche Leistung bei einer bestimmten Drehzahl oder bestimmte Leistung bei größtmöglicher Drehzahl, bei denen sie je nach der Höhe des Dampfdruckes, der Frischdampftemperatur, den Kühlwasserverhältnissen für die Kondensation und dem sich daraus ergebenden Austrittsverlust im Wärmegefälle den günstigsten Dampfverbrauch, also den besten thermodynamischen Wirkungsgrad aufweisen. Das hängt mit der Durchbildung der Turbinenlaufräder, dem Schaufelkreisdurchmesser, der Schaufel-

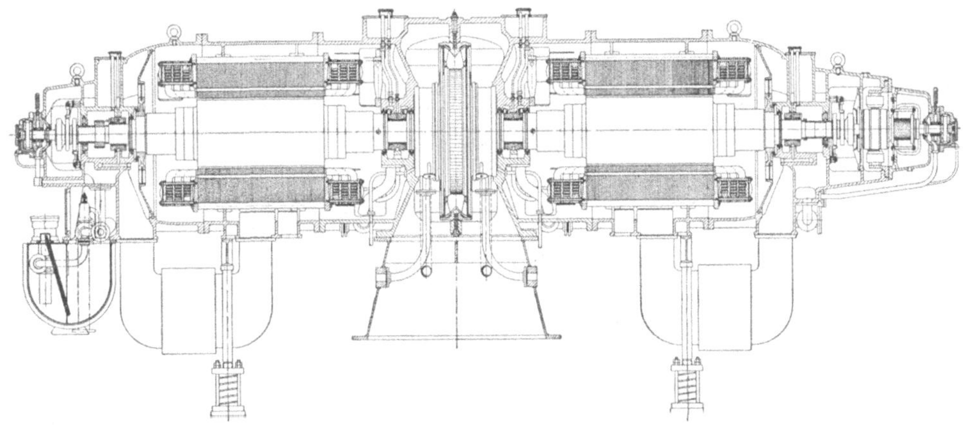

Abb. 38. Längsschnitt einer 6000 kW-Gegenlauf-Turbogruppe Bauart Ljungström für Kondensationsbetrieb.

länge, der Schaufelverjüngung und der Anzahl der Abdampfstutzen zusammen. Die Grenzleistung eines Abdampfstutzens liegt je nach den Dampfverhältnissen etwa bei 15000 bis 18000 kW (z. B. 30000 kW zwei Abdampfstutzen). Der Turbinenbauer wird daher auch diese Grenzzahlen bzw. Grenzdrehzahlen, die insbesondere auch durch die Generatorleistung festgelegt werden, zu untersuchen haben, um daraus Angaben zu machen für Dampfdruck und Dampftemperatur. Die Vorarbeiten über die Wasserbeschaffung werden sich hier als besonders vorteilhaft erweisen können.

Für kleinste Leistung bis herab zu 200 kW kommen sog. Kleinturbinen zur Verwendung. Nach oben sind die Maschineneinzelleistungen nicht begrenzt. Abgesehen von einigen als Einzelfälle anzusehenden Riesenmaschinen wählt man die Einzelleistung selten über etwa 40000 bis höchstens 50000 kW. Das wird selbst in Großkraftwerken vom Wirtschafts- und Betriebsstandpunkt betrachtet und in wirtschaftsgünstiger Erfüllung der Deckung nach dem Lastverlauf zu den verschiedenen Tages- und Jahreszeiten die vorteilhafteste Höchstmaschinenleistung sein können.

Auch die Turbine soll vorübergehend **überlastbar** sein, wie das bei den Generatoren nach den REM der Fall ist, damit die Betriebsführung nach dieser Richtung nicht gehindert ist. Ferner ist zu verlangen, **daß sie noch bei ungünstigen Dampfverhältnissen** etwa bis 20 vH tieferem Frischdampfdruck und bis 10 vH schlechterer Luftleere **ihre Dauerleistung entwickeln kann,** ferner bei einer Temperaturerhöhung von 25⁰, sowie einer Druckerhöhung von 10 vH noch keinen Schaden erleiden darf.

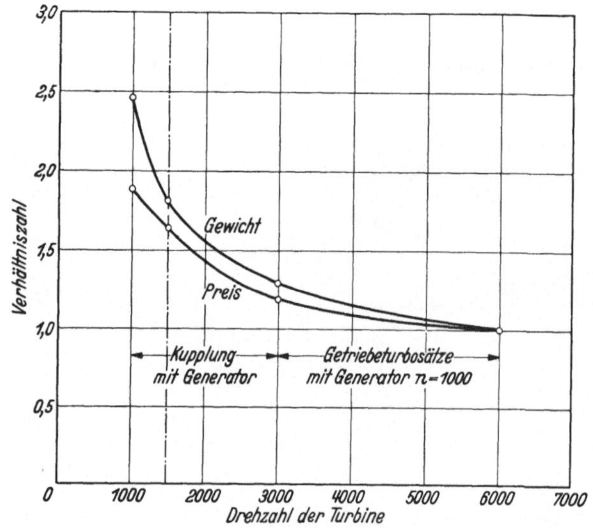

Abb. 39. Verhältnis der Gewichte und Preise von Turbosätzen für 500 bis 1000 kW Drehstrom (Turbine + Generator bzw. + Getriebe) in Abhängigkeit von der Turbinendrehzahl (Kondensationsturbinen).

c) Die Drehzahl der Turbine ist bestimmend für Abmessungen und Gewicht, demnach für den Preis des Maschinensatzes, die Fundament- und Gebäudekosten.

Bei **Drehstromgeneratoren** ist die Drehzahl durch die Frequenz und die Polzahl gegeben. Sie beträgt für unmittelbaren Antrieb entweder 3000 oder 1500 in der Minute. Es ist daher bei Drehstromgeneratorenantrieb lediglich die Leistung, die die Wahl der Drehzahl bestimmt, wobei bei kleinen Leistungen auf die weiter unten behandelte Getriebeturbine zu verweisen ist. Die bisherigen Lieferungen und die aus diesen gesammelten Betriebserfahrungen hinsichtlich der Betriebssicherheit haben ergeben, daß bei Leistungen bis 40 000 kW Maschinen mit $n = 3000$ U/min ohne Bedenken gewählt werden können. Das Bestreben geht indessen dahin, die Leistung bei dieser Drehzahl noch zu steigern. Daß das mit gutem Erfolg möglich ist, beweisen die für die Elektrowerke A.-G. und das Rheinisch-Westfälische Elektrizitätswerk gelieferten Maschinensätze für 80 000 und 60 000 kW bei $n = 3000$ U/min. Diese Maschinensätze arbeiten mit gutem Wirkungsgrad. Über ihre Lebensdauer kann indessen ein abschließendes Urteil noch nicht gefällt werden. Auch über die Unterhaltungs- und Instandsetzungskosten sind Angaben bisher nicht zu erlangen gewesen. Nach dem auf S. 77 Gesagten sollten Maschinenleistungen über etwa 50000 kW nicht gewählt werden, so daß die Drehzahl 3000 neuerdings immer angewendet werden kann. Über diese Leistung hinaus ist zur Zeit die Drehzahl von 1500 noch nicht als überholt anzusehen.

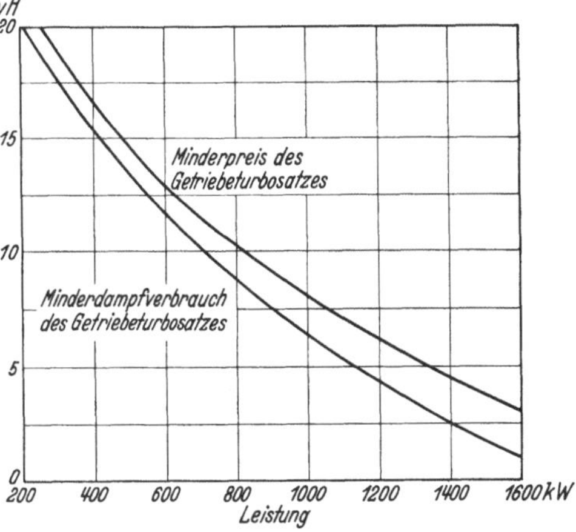

Abb. 40. Dampfverbrauchs- und Preisvorteile der Getriebeturbinen gegenüber normaler Kondensationsturbinen.

Beim Antrieb von Gleichstrommaschinen ist die Wahl der Turbinendrehzahl nicht gleich einfach. Die Dampfturbine ist von Natur aus eine Maschine, die mit höherer Drehzahl besseren Wirkungsgrad ergibt. Der Gleichstromgenerator ist dagegen in seiner Drehzahl an den Kollektor mit den Bürsten gebunden. Hier hat der Generatorbauer die Bestimmung der Drehzahl vorzunehmen und dabei wiederum davon auszugehen, daß Abmessungen, Wirkungsgrad und Preis des ganzen Maschinensatzes die günstigsten Werte aufweisen. Da die Gleichstromturbogeneratoren Grenzschwierigkeiten in der hohen Drehzahl aufweisen, andererseits die Gleichstrommaschinen bei niedrigen Drehzahlen bis $n = 1000$ U/min in normaler Bauart — also nicht als Turbogeneratoren ausgeführt — im Preise wesentlich billiger sind als Turbogeneratoren, wird häufig die Dampfturbine mit ihrer wirtschaftlichsten Grenzdrehzahl gewählt und dann unter Zwischenschaltung eines besonderen Getriebes mit einem langsamlaufenden Generator gekuppelt.

d) Die Getriebeturbinen sind vielfach für beide Stromarten ausgeführt worden und haben sich im Betrieb bestens bewährt. Die Turbinen laufen hier mit

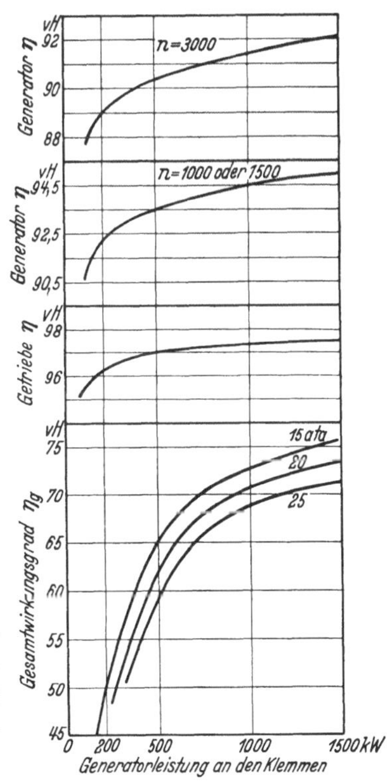

Abb. 41. Wirkungsgrade für Getriebe, Generatoren niederer und hoher Drehzahl und Gesamtwirkungsgrad des Turbosatzes bei verschiedenem Dampfdruck.

Drehzahlen zwischen 5000 bis 7000 i. d. Min. Abb. 39 und 40 zeigen in Form von Kennlinien Gewicht, Preis und Dampfminderverbrauch von Getriebeturbosätzen bei 500 bis 1000 kW Drehstromleistung gegenüber der unmittelbaren Kupplung zwischen Turbine und Generator. Abb. 41 gibt Wirkungsgradlinien für Gleichstromgeneratoren bei $n = 3000$ im Vergleich mit $n = 1500$ bzw. 1000 U/min und für das Getriebe. Die vorzüglich hergestellten Getriebe, deren Zahnräder vollständig in Öl laufen, haben so hohe Wirkungsgrade, daß ihr Einfluß auf den Gesamtwirkungsgrad des Maschinensatzes ohne wesentliche Bedeutung ist. Dazu kommt, daß dieser zusätzliche Getriebeverlust schon durch den besseren Wirkungsgrad des langsamlaufenden gegenüber dem des schnelllaufenden Generators ausgeglichen wird. Auch in baulicher Hinsicht gestatten die langsamlaufenden Generatoren Ersparnisse zu machen durch geringere Abmessungen und den Fortfall der besonderen Belüftungseinrichtungen mit dem zumeist erforderlichen Luftfilter, da sie in offener Bauart verwendet werden können.

Zahlentafel 6. Vergleichszahlen für Gleichstrom-Turbogeneratoren und -Langsamläufer.

Leistung kW	Drehzahl i.d.Min.	Länge mm	Breite mm	Achshöhe mm	Gewicht kg	Wirkungsgrad bei $^1/_1$ Last vH	Gewicht der Dampfturbine mit Kondensation kg
			Turbogeneratoren				
250	3000	2500	1380	585	4200	89,5	32000
500	3000	3000	1900	750	8800	90,5	40000
1000	3000	3600	2200	750	12000	91,5	43000
			Langsamläufer				mit Getriebe $n = 1000/4500$
250	{ 580	2280	1540	840	7470	92,5	} 25000
	{ 1100	1747	1250	800	4400	92,5	
500	1000	1980	2200	590	8500	93,5	30000
1000	800	2175	2610	590	14000	94,5	36000

In Zahlentafel 6 sind einige Vergleichswerte zusammengestellt, die ohne weiteres die Vorteile der Gleichstrom-Langsamläufer gegenüber den Turbogeneratoren erkennen lassen. Abb. 42 zeigt einen solchen Getriebe-Turbosatz in der Bauart von BBC und Abb. 40 Dampfverbrauchszahlen, die für Gleichstrommaschinensätze ebenfalls zum Vergleich herangezogen werden können. Bei dem Turboblock nach Abb. 42 sind Dampfturbine, Kondensator, Kühlwasserpumpe, Kondensatpumpe, Luftpumpe, Ölbehälter und alle Rohrleitungen so zu einer Einheit zusammengefaßt, daß sie als Ganzes befördert und am Ort einfach aufgestellt werden können.

Auch für den Antrieb von Drehstromgeneratoren bei Leistungen bis etwa 3000 kVA ist die Getriebeturbine aus dem bereits angeführten Grunde in die Untersuchung einzuschließen.

In Zahlentafel 7 sind die Wirkungsgrade langsam- und schnelllaufender Drehstromgeneratoren bei Voll- und Teillasten und verschiedenen Leistungsfaktoren zusammengestellt, die erkennen lassen, daß Vorteile zu erzielen sind.

Zahlentafel 7.

Wirkungsgrade[1] von Drehstromgeneratoren für verschiedene Drehzahlen und Leistungen bei verschiedenen Leistungsfaktoren.

cos φ	n	1000 kVA				500 kVA			
		$^4/_4$	$^3/_4$	$^2/_4$	$^1/_4$	$^4/_4$	$^3/_4$	$^2/_4$	$^1/_4$
1	3000	95,0	93,9	91,6	85,0	91,8	90,1	86,7	78,1
	1000	95,0	94,0	92,0	85,5	93,5	92,5	90,0	83,0
	750	94,2	93,3	91,5	85,3	93,2	92,3	90,0	83,7
0,8	3000	93,5	92,2	89,5	81,8	91,0	87,9	83,8	73,3
	1000	93,5	92,5	90,0	83,0	92,0	91,0	88,5	80,5
	750	93,0	92,1	89,7	82,9	91,4	90,0	88,3	80,5
0,7	3000	92,5	91,0	88,0	79,5	88,8	86,5	82,1	71,0
	1000	92,5	91,5	89,0	81,0	91,0	90,0	87,5	79,0
	750	92,1	91,2	88,8	81,0	90,2	89,3	87,2	79,0

Ganz besonders wird die Getriebeturbine zum Antrieb von Einphasen-Bahngeneratoren bei 25 und $16^2/_3$ Hertz benutzt, um die an sich niedrige Drehzahl nicht auch für die Turbine wählen zu müssen, die dann völlig unwirtschaftlich werden würde. Es laufen solche Einphasen-Turbomaschinen bereits mit Leistungen bis 10000 kVA.

Der Getriebe-Wirkungsgrad liegt je nach der zu übertragenden Leistung etwa bei 0,96 ÷ 0,98. Die Getriebe werden ganz besonders für diese Fälle hergestellt. Man benutzt Pfeilräder, die in einem öldichten Gehäuse eingekapselt sind; die Lagerung der Ritzel und Getrieberäder bei dieser Stirnradverzahnung ist starr. Um dem Ritzel aber die notwendige Bewegungsfreiheit in axialer Richtung zu geben, wird die Ritzelwelle mit der zugehörigen Maschine durch eine längsbewegliche Kupplung verbunden. Die Radwelle mit der Welle der anzutreibenden Maschine wird starr zusammengeflanscht. Die Schmierung der Räder und Zähne geschieht durch eine von der Radwelle angetriebene Zahnradölpumpe, wozu auch die Ölpumpe für die Schmierung der Maschinenlager verwendet werden kann. Die erforderlichen Ölmengen betragen nach bisherigen Betriebserfahrungen etwa 4 ÷ 12 l/s auf je 100 mm Radbreite, wobei die kleineren Werte für Umlaufsgeschwindigkeiten von etwa 10 m/s, die größeren für solche bis zu 40 m/s gelten. Das Öl wird durch den Ölkühler der Hauptmaschine rückgekühlt. Der Druck beträgt gewöhnlich 0,5 ÷ 1 ata. Auf größtmögliche Ölersparnis ist besonders Bedacht zu nehmen.

Die Getriebeturbine hat einen weiteren Vorteil als Ersatz für veraltete Turbinen, wenn der Generator noch brauchbar und für verhältnismäßig geringe Drehzahl gebaut ist. So z. B. kann ein mit 1000 Umdrehungen laufender Generator unter Zwischenschaltung eines Getriebes mit einer Turbine von $n = 3000$ U/min neu verbunden wer-

---

[1] Sämtliche Wirkungsgrade nach § 41 der REM. 1932 Normalspannung, Frequenz 50 Hertz.

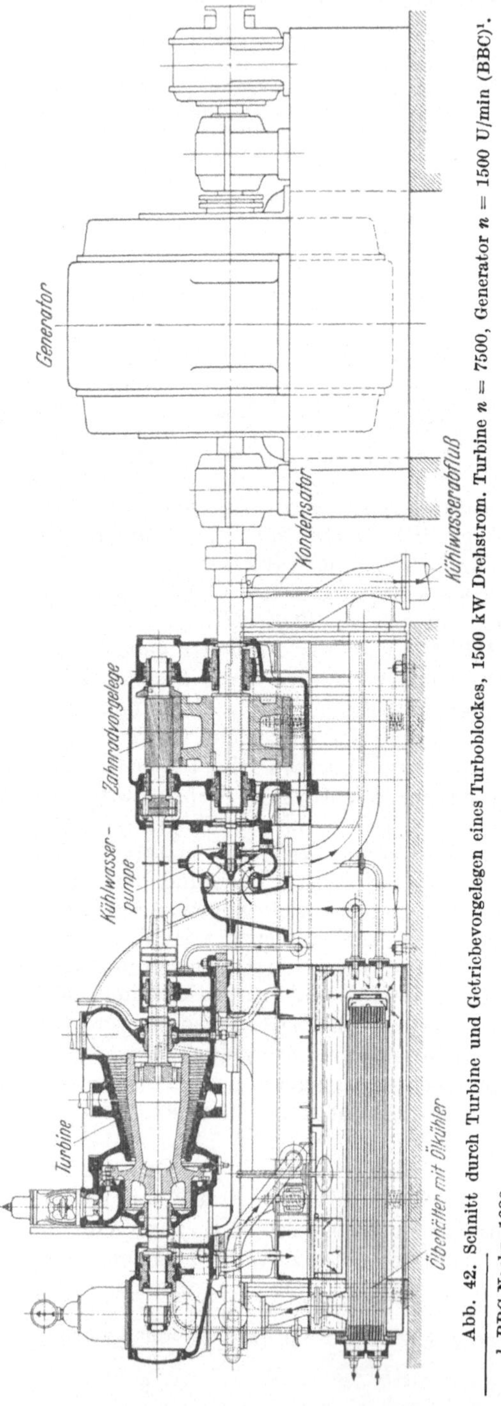

Abb. 42. Schnitt durch Turbine und Getriebevorgelegen eines Turboblockes, 1500 kW Drehstrom. Turbine $n = 7500$, Generator $n = 1500$ U/min (BBC)[1].

[1] BBC Nachr. 1930.

den. Die neue Maschine wird leicht und billig und wird mit dem Getriebe nicht mehr Platz als ihre alte, langsam laufende Vorgängerin erfordern.

Auch bei Turboanlagen für Drehstrom und Gleichstrom, bei denen eine Turbine zwei Generatoren antreibt, wird für den Drehstromgenerator die tunlichst höchste Drehzahl, also zumeist $n = 3000$ U/min gewählt und die Gleichstrommaschine unter Zwischenschaltung eines Getriebes mit der ihrer Leistung entsprechenden günstigsten Drehzahl betrieben. Ähnliches gilt, wenn eine Turbine zwei Drehstromgeneratoren für 50 und 100 Hertz antreiben soll z. B. für Textilfabriken, die für den Einzelantrieb sehr schnell laufender Spindeln hohe Frequenz gebrauchen, und die übrige Anlage mit der normalen Frequenz zu versorgen ist.

e) Die Welle, selbstverständlich aus bestem Siemens-Martinstahl herzustellen, muß gewährleistet spannungsfrei und so bemessen sein, daß die kritische Drehzahl weit von der Betriebsdrehzahl entfernt entweder über oder unter letzterer liegt. Die kritische Drehzahl ist die Drehzahl, bei der die Anzahl der Umdrehungen mit der Eigenschwingungszahl der Welle übereinstimmt. Ist das der Fall, tritt Resonanz ein. Bei Drehzahlen von 1000 und 1500 i. d. Min. kommen starre Wellen zur Verwendung, bei denen die kritische Drehzahl über der Betriebsdrehzahl liegt. Bei Drehzahlen von 3000 i. d. Min. dagegen liegt die kritische Drehzahl zumeist unter der Betriebsdrehzahl (sog. biegsame Welle). Es ist dann jedesmal beim Anfahren und Stillsetzen die kritische Drehzahl zu durchfahren, was aber betrieblich ohne Bedenken zugelassen werden kann. Hinsichtlich der Durchbildung der Welle ist zu fordern, daß von ihr Öl und Staub nicht in die Lager gesaugt werden.

f) Die Lager und der Zusammenbau mit dem Generator. Die Zahl der Lager und dadurch die Gesamtbaulänge des Maschinensatzes zu beschränken ist immer anzustreben, wobei die Betriebssicherheit wiederum nicht aus dem Auge gelassen werden darf.

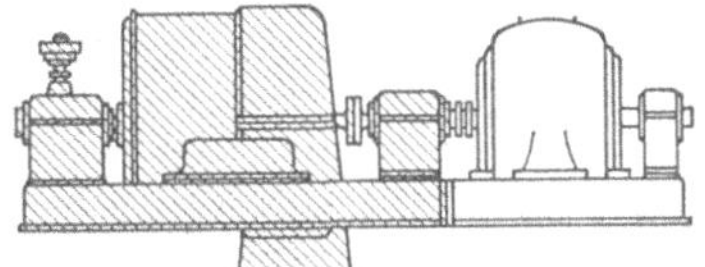 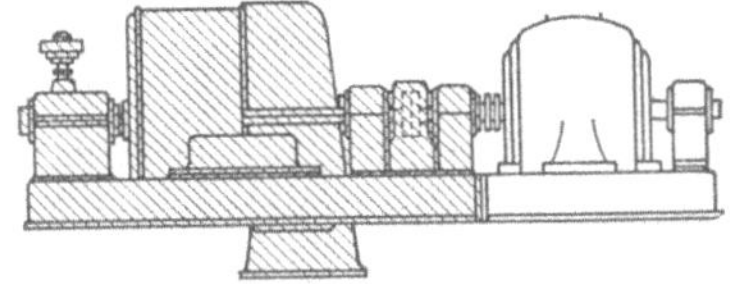

Abb. 43. Dreilagerausführung.   Abb. 44. Vierlagerausführung.
Abb. 43 und 44. Zusammenbau von Dampfturbine und Generator.

Beim Eingehäusemaschinensatz richtet sich die Zahl der Lager nach der Turbinenleistung und der Dampftemperatur, hinsichtlich letzterer hauptsächlich mit Rücksicht auf die Wärmedehnung des Turbinengehäuses. Bei kleineren Leistungen bis etwa 15000 kW werden drei Lager (Abb. 43), bei größeren Leistungen stets vier Lager (Abb. 44), benutzt. Bei der Vierlageranordnung bleibt die Turbine unabhängig vom Generator. Bei der Mehrgehäusemaschine wird der Generator stets mit besonderen Lagern versehen.

Die Generator- und die Turbinenwelle werden immer gekuppelt. Bei der Dreilagerform liegt die Kupplung auf der Turbinenseite und besteht aus starrer Verflanschung. Bei der Vierlagerform wird die Kupplung zwischen das Mittellager gelegt und läuft dann ebenfalls in Öl (Abb. 35 und 44). Die Kupplung selbst wird entweder als Klauenkupplung elastisch in axialer Richtung oder ebenfalls als starre Flanschenkupplung ausgeführt.

Bei der Eingehäusemaschine ist die Kupplung stets starr, da der Festpunkt zwischen Turbinengehäuse und Fundamentauflage so gewählt werden kann, daß eine Verschiebung des Gehäuses beim Anwärmen weder der Turbine, noch dem Generator schädlich wird. Das ist für die Betriebssicherheit der Maschine günstig.

Die elastische Kupplung wird bei der Mehrgehäusemaschine notwendig. Sie hat die Vorzüge, daß die Ölschicht zwischen den Klauen eine dämpfende Wirkung ausübt und eine gewisse Anpassungsfähigkeit trotz der starren Übertragung des Drehmomentes besitzt, um ein kleines Spiel und geringe Verschiedenheiten in der Lage der zu kuppelnden Wellen zu gestatten. Diese Vorteile erhöhen den erschütterungsfreien Lauf der beiden gekuppelten Maschinen.

Bei größeren Turbinen wird die Kupplung mit einem Zahnkranz und einer Wellendrehvorrichtung versehen, die entweder von Hand oder durch einen Elektromotor betätigt wird. Diese Vorrichtung gibt betriebliche Erleichterung bei der Untersuchung des Turbinenläufers, beim Anwärmen vor der Inbetriebsetzung und beim Austrocknen nach längeren Betriebspausen.

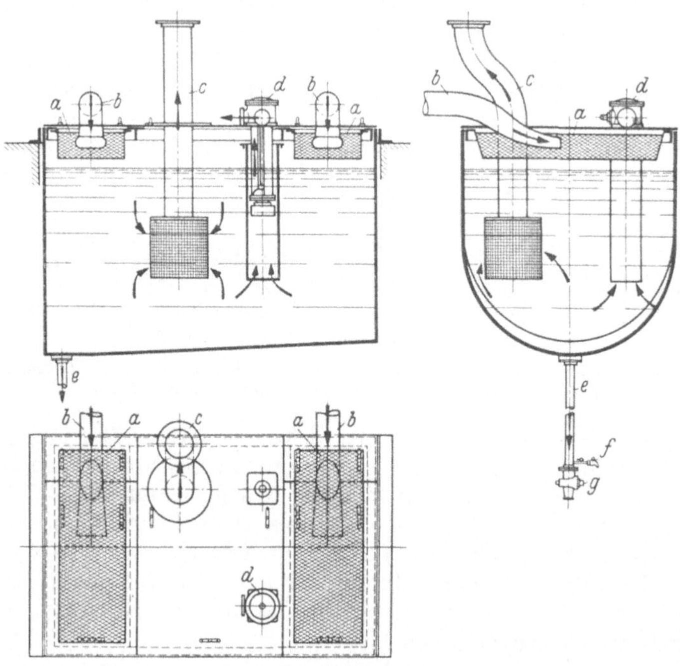

Abb. 45. Ölbehälter für Dampfturbinen, Bauart BBC.
a Ölsieb, *b* Ölzulauf, *c* Saugleitung der Ölpumpe, *d* Ölpumpe für An- und Abstellen der Turbine, *e* und *f* Entwässerung, *g* Entleerungshahn.

Bei der Dreilagerausführung ist ganz besonders darauf zu achten, daß die am Generatorläufer entstehenden elektrischen Ströme (Lagerströme), die der Welle entlang verlaufen, nicht in die Metallteile des Maschinensatzes, die Lagerschalen und insbesondere in die Kupfer-Kondensatorrohre als abirrende Ströme eintreten, wo sie Zerstörungen herbeiführen, die zu unangenehmen Betriebsunterbrechungen, teueren Instandsetzungsarbeiten, Verringerung der Luftleere und damit Steigerung des Dampfverbrauches Veranlassung geben. Es muß das Generatorlager bei der starren Kupplung vollkommen isoliert von der Grundplatte aufgestellt werden. Bei der Vierlagerbauform läuft die Kupplung in Öl. Das Überziehen der Kupplungshälften mit einer dünnen Ölschicht bewirkt eine verhältnismäßig gute Isolierung und dadurch die Verhinderung des Lagerstromflusses.

Bei Gleichstrom-Turbogeneratoren kann es empfehlenswert sein, die gesamte Leistung insbesondere dann, wenn es sich um verhältnismäßig geringe Spannung handelt, auf zwei Generatoren aufzuteilen, die zu beiden Seiten der Dampfturbine gekuppelt werden. Die Generatoren sind in diesem Fall hinsichtlich ihres Stromwenders für die günstigste Stromstärke bemeßbar, und die Dampfturbine kann gegebenenfalls mit größerer Drehzahl gewählt werden. Damit ist u. U. ein besserer Jahresdampfverbrauch und auch ein niedrigerer Preis für den vollständigen Maschinensatz erzielbar.

Die Maschinenlager werden heute so betriebssicher hergestellt, daß Einzelheiten über den Aufbau, soweit sie für den Betrieb von Bedeutung sind, hier zu behandeln nicht erforderlich ist. Nur ist leichte Zugänglichkeit, leichte Lagerschalenauswechselung bzw. Instandsetzung und vor allen Dingen mäßige Lagertemperatur unbedingt zu verlangen.

g) Die Lagerschmierung[1] ist durchweg eine Ölumlaufschmierung dergestalt, daß das den Lagerschalen zugeführte Öl durch eine Ölpumpe (Zahnradpumpe) zugedrückt wird, nach Verlassen des Lagers einem Röhrenkühler zufließt, hier durch Wasserkühlung auf niedere Temperatur gebracht wird und einem Ölbehälter zuströmt, von dem es dann erneut den Pumpen zur Verfügung steht. Bei größeren Maschinen wird der Ölkühler als Doppelkühler ausgeführt, dessen beide Wasserräume im Betrieb

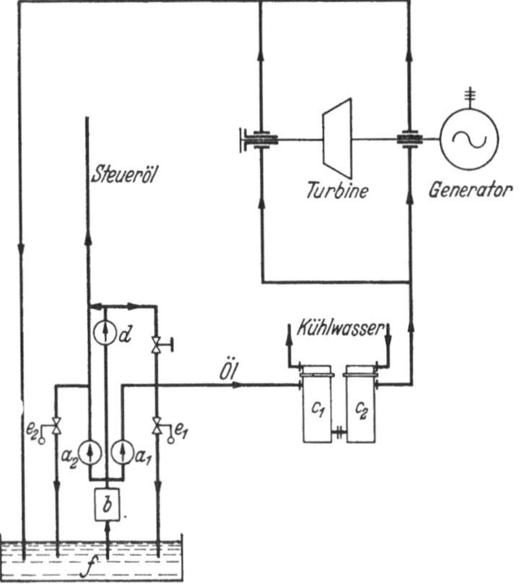

Abb. 40. Ölumlaufschmierung.
a_1 Lagerölpumpe, a_2 Steuerölpumpe, *b* Ölfilter, c_1 und c_2 Ölkühler (Abb. 48), *d* Hilfsölpumpe, e_1 und e_2 Sicherheitsventile, *f* Ölbehälter.

abwechselnd gereinigt werden können. Der Ölbehälter muß so ausgeführt sein, daß sich Schlamm und sonstige Verunreinigungen am Boden abscheiden und durch eine genügend weite Abschlammleitung abgelassen werden können (Abb. 45).

In Abb. 46 ist eine solche Ölumlaufschmierung gezeichnet. Für das Kühlwasser gilt alles, was im II. Band bei der Transformatorenkühlung gesagt wurde und was bei der Besprechung der Kondensation noch näher erörtert wird. Bevor das Öl in die Lager gelangt, muß es durch leicht zu beaufsichtigende und zu reinigende Filter geführt werden, um alle Fremdstoffe abzufangen. Die Ölpumpe a_1 erzeugt den Lageröldruck; das Öl läuft den Lagern hinter dem Ölkühler und über eine Drosselscheibe zu, die den erzeugten Druck auf den gewünschten Lageröldruck vermindert (für Drucklager = 1 atü, für Traglager = 0,5 atü). Den Steueröldruck für den Regler liefert die Pumpe a_2. Die

---

[1] DIN 6531, 6532, 6543, 6544, 6554 und DIN DVM 3662. Schmiermittelanforderungen. Berlin SW 19: Beuth-Verlag G. m. b. H.

Zahnradölpumpen werden über ein Schneckenradgetriebe von der Turbinenwelle angetrieben. Da vor dem Anfahren der Turbine der Steueröldruck zum Öffnen des Anlaßventiles vorhanden sein muß, die Pumpe a_1 aber noch nicht arbeiten kann, wird in die Ölleitung eine Hilfsölpumpe d eingeschaltet, die bei kleinen Turbinen von Hand betätigt, bei größeren Turbinen durch ein kleines Hilfsturbinenrad angetrieben wird. Ist die Turbinendrehzahl erreicht, erzeugen die mit der Turbinenwelle verbundenen Hauptölpumpen den Öldruck und die Hilfsölpumpe wird stillgesetzt. Steigt der Öldruck über das zulässige Maß, treten die Sicherheitsventile e_1 und e_2 in Tätigkeit und führen das Öl in den Sammelbehälter zurück.

Bei Getriebeturbinen hat das Zahnradübersetzungsgetriebe seine eigene Ölpumpe, die auf der Zahnradwelle sitzt und für das Getriebe dickflüssiges Öl fördert.

Bei sehr großen Maschinen werden die Ölkühlanlagen unter Umständen so groß, daß es vorteilhafter ist, auch die Lagerschalen selbst noch durch eine Wasserzuführung zu kühlen.

h) Die Wahl des Öles[1]. Der Dampfturbinenantrieb mit seinen hohen Geschwindigkeiten stellt besonders hohe Anforderungen an die Schmierstoffe. Für die Umlaufschmierung wird ein verhältnismäßig leichtes Öl gewählt, welches aber trotzdem einen hohen Schmierwert besitzen muß. Das Dampfturbinenöl muß imstande sein, schnell durch die Ölumlaufanlage hindurchzulaufen, muß im Betrieb bei fortgesetzter Wiederverwendung während einer langen Zeit unverändert bleiben und darf sich durch Verunreinigungen nicht leicht zersetzen.

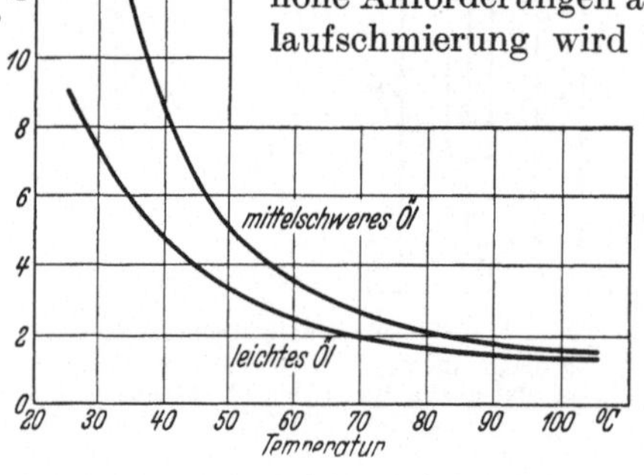

Abb. 47. Zähflüssigkeit (Viskosität) von Turbinenölen in Abhängigkeit von der Temperatur.

Die Zähflüssigkeit (auch Viskosität) der Öle spielt bei der technischen Beurteilung eine wesentliche Rolle. Sie wird zweckmäßig für ein Umlauföl gering gewählt, weil das am wenigsten zähflüssige Öl mit gleichzeitig größter Schmierfähigkeit die günstigste Ausnutzung zuläßt. Erfahrungsgemäß hat man bei Verwendung eines Öles von etwa 3 Englergraden bei 50° C und bei sonst guter Beschaffenheit die niedrigsten Lagertemperaturen. In Abb. 47 sind in Kennlinien Mittelwerte der Zähflüssigkeit in Abhängigkeit von der Temperatur für ein leichtes und ein mittelschweres Öl dargestellt[2].

---

[1] Die Ölbewirtschaftung; Betriebsanweisung für Prüfung, Überwachung und Pflege der Isolier- und Dampfturbinenöle. Herausgegeben von der V. d. E. W. in Zusammenarbeit mit der Gemeinschaftsstelle Schmiermittel des Vereins Deutscher Eisenhüttenleute. Berlin 1930.

[2] Die Viskosität nach Engler wird durch das Englersche Viskosimeter ermittelt. In diesem wird das zu untersuchende Öl auf gleichbleibende Temperatur

Das spezifische Gewicht eines guten Umlauföles soll im allgemeinen bei 15⁰ C nicht über 0,9 betragen. Es erübrigt sich hierbei, einen Geringstwert anzugeben, weil die Zähflüssigkeit nach unten hin ohnedies eine Grenze zieht; man kann sie aber wohl mit 0,8 angeben. Von weniger großer Bedeutung für ein Umlauföl sind Flamm- und Zündpunkt. Der Flammpunkt für ein gutes Dampfturbinenöl liegt bei etwa 190⁰ bis 200⁰ C.

Da Öl- und Lagertemperaturen ein wichtiges Kennzeichen für die Beurteilung des Zustandes der Schmierung und der Kühlung sind, muß der Betrieb Meßeinrichtungen verlangen. Solche Messungen sind durch fest angebaute Meßgeräte mit elektrischer Fernmeldung vorzunehmen hinter jedem Lager für die Lagertemperatur, für das Öl vor Eintritt in den Ölkühler und nach Verlassen desselben, dann für die Kühlwassertemperatur beim Ein- und Austritt. Die Lagertemperatur hängt von verschiedenen Umständen, wie u. a. von Temperatur und Menge des Kühlwassers, Größe und Wirksamkeit des Kühlers, Ölmenge und Ölbeschaffenheit ab. Das Kühlwasser soll unter nicht zu großem Druck, der auf jeden Fall unter dem Öldruck liegen muß, durch den Kühler gepumpt werden, damit keine Gefahr besteht, daß Wasser in das Öl eintritt. Die Größe des Ölkühlers und des Sammelbehälters soll reichlich bemessen sein, um möglichst tiefe Öltemperaturen zu erreichen und

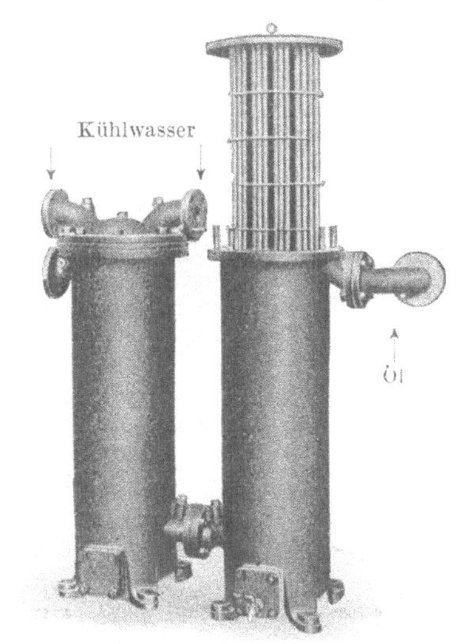

Abb. 48. Ölkühler (teilweise herausgezogene Kühlschlangen).

demzufolge größere Wärmebeträge aus den Lagern abführen zu können. Abb. 48 zeigt einen solchen Ölkühler, der je nach den Platzverhältnissen stehend oder liegend angeordnet wird.

Der Ölverbrauch ist sehr gering. Da das Öl im Kreislauf immer wieder verwendet wird, erstreckt sich der Ölverbrauch in der Hauptsache auf eine gewisse Menge Zusatzöl, die etwa mit 0,05 bis 0,1 g für die kWh angenommen werden kann. Der vollständige Ersatz des Öles ist je nach der Betriebsdauer des Maschinensatzes etwa alle 2 bis 3 Jahre notwendig.

In großen Kraftwerken wird eine besondere Ölreinigungsanlage

---

von 20⁰ oder 50⁰ oder 100⁰ C gebracht. Das erwärmte Öl läßt man dann durch eine Mündung von bestimmter Größe in ein geeichtes Gefäß von 200 cm³ Fassungsvermögen auslaufen. Die Errechnung der Viskositat des Öles ist die Anzahl Sekunden, die das Öl braucht, um das Meßgefäß bis zum Eichstrich zu füllen. Diese Zahl wird in Vergleich gesetzt zu der Anzahl Sekunden, die Wasser von 20⁰ C zum Ausfließen aus demselben Apparat braucht. Man erhält so den Viskositätswert in Englergraden.

für alle verwendeten Öle z. B. auch der Transformatorenöle mit besonderen Tanks für neues und gebrauchtes Öl vorgesehen, in der dann auch die Öle wieder aufbereitet werden. Die Öluntersuchungen führt der Betriebschemiker in einem eigenen Laboratorium aus.

Abb. 49. Ansicht einer gestängelosen BBC-Turbinen-Öldrucksteuerung mit ölgesteuerter Hauptabschließung.

1 Absperrventil zur Hilfsölpumpe, *2* Dampfleitung zur Hilfsölpumpe, *3* Ölleitung zu den Lagern, *4* Ölleitung der Schnellschlußvorrichtung, *5* Ölleitung der Steuereinrichtung, *6* Handrad der Anlaßvorrichtung, *7* Anlaß- und Schnellschlußvorrichtung, *8* Hauptabschließung, *11* Düsenventil, *12* Hauptölpumpe, *13* Gehäuse des Geschwindigkeitsreglers, *15* Handrad zur Drehzahlverstellung, *20* Druckknopf zur Schnellschlußvorrichtung, *24* Ölrücklauf.

i) Die Grundplatte besteht in der Regel aus einem gußeisernen Hohlrahmen, der die Lager und das Gehäuse trägt. Bei kleineren Dampfturbinen wird in derselben auch der Ölbehälter untergebracht; bei größeren dagegen wird letzterer gesondert aufgestellt. Um dem Gesamtbild — Turbine-Generator — ein einheitliches Aussehen zu geben, wird die Turbinengrundplatte mit der Generatorgrundplatte verschraubt und die Rohranlage für die Lagerschmierung, sowie die Kühlwasserzu- und -abführung innerhalb der Grundplatten untergebracht, wobei dann allerdings für diese bedeckten Rohrstrecken jede Muffen-

oder Flanschverbindung vermieden werden muß, da sie nach dem Vergießen der Grundplatte unzugänglich ist. Betrieblich erwünschter ist die offene Verlegung aller Rohrleitungen und Kühleinrichtungen, um sie jederzeit beaufsichtigen und schnell instandsetzen zu können.

k) Die Regelvorrichtungen (Anlassen, Drehzahlregelung, Schnellschluß, Abstellen) sind in den letzten Jahren wesentlich verbessert und vereinfacht worden. Grundsätzlich soll jede Regelvorrichtung bei

Abb. 50. Stirnseite einer 15000 kW-MAN-Kondensationsturbine mit Gestänge-Öldrucksteuerung, $n = 3000$ U/min, 12,5 ata, 300° C, 15° C Kühlwasser bei 5200 m³/h.

a Ölleitung vom und zum Kraftzylinder, *b* Reglerwelle, *c* Regler-Öldruck, *d* Handauslösung des Schnellschlusses. *e* Thermometer für Lagertemperatur, *f* Drehzahlanzeiger, *g* Anzeiger für Luftleere, *h* und *i* Dampfdruck vor und nach dem Regelventil, *k* Düsenventile, *l* Kraftzylinder mit Hauptregelventil, *m* Hauptabsperrventil, *n* Drehzahlverstellvorrichtung, *o* Schnellschlußgestänge, *p* Lageröldruck, *q* Lageröleintrittstemperatur, *r* Frischdampf für die Anlaßpumpe, *s* Saugleitung der Ölpumpe, *t* Ölstandszeiger, *u* Frischdampftemperatur.

allen Betriebsbedingungen des Maschinensatzes einwandfrei arbeiten. Sie muß den höchsten Anforderungen hinsichtlich Feinheit und Zuverlässigkeit entsprechen, damit die gewünschte Belastungsverteilung im Betrieb sicher gewährleistet ist. Das gilt besonders auch für parallelarbeitende Maschinen. Ferner muß die Regelung den Dampfverbrauch der Turbine bei jeder Belastung möglichst günstig halten. Unzuverlässigkeiten z. B. durch Wärmedehnungen von Reglergestängen, Hängenbleiben von Führungen, Spiel in Gelenken, unbeabsichtigtes Auslösen des Schnellschlusses durch Federveränderungen müssen sicher vermieden sein. Im Betrieb muß die Regelvorrichtung leicht überprüfbar, in ihrem Anbau an die Turbine so gestaltet sein, daß die Turbinenteile vollständig übersichtlich und durch Gestänge nicht unzugänglich werden. Auch jede falsche Betätigung von Handrädern oder sonstigen Einrichtungen muß unmöglich sein.

Die Steuerung des Reglers, der mit der Dampfturbine stets zusammengebaut wird (Abb. 49 u. 50), erfolgt entweder durch Öldruck oder durch Gestänge und andere mechanische Übertragungsglieder. Wenngleich die mechanische Übertragung bisher ausschließlich zur Ausführung gekommen ist und auf Zuverlässigkeit vollen Anspruch erheben kann, so geht das Verlangen des Betriebes neuerdings doch stärker darauf hin, die Übertragung durch Öldruck zu bewirken. Besonders bei großen Maschinen ist der mechanisch gesteuerte Regler, zu dem auch das Einlaßventil für den Dampf gehört, sehr schwer und langsam von Hand bedienbar, die Gestänge bedecken einen Teil der Turbinenstirnseite, machen diese schwerer zugänglich, bedürfen sorgfältigster Überwachung, um Störungen durch Wärmedehnungen oder Spiel in den Gelenken zu vermeiden. Der Regler mit ölgesteuerter Hauptabschließung ist nach dieser Richtung wesentlich einfacher und gestattet eine nach jeder Richtung gute bautechnische Lösung. Die Bedienung erfolgt durch ein kleines Handrad sehr leicht und schnell, mechanische Störungen der vorgenannten Art können nicht vorkommen. BBC verwendet zwei getrennte Ölkreise, den Schnellschlußkreis, der das Ölregelventil und die Hauptabschließung umfaßt, und den Steuerölkreis, in welchem der Geschwindigkeitsregler und die Düsenventile liegen. Beide Ölkreise sind mit der Anlaß- und Schnellschlußvorrichtung verbunden und werden von der Hauptölpumpe mit Drucköl gespeist.

Die auf S. 86 erwähnte Hilfsölpumpe ist bei der Ölsteuerung von BBC derart angeschlossen, daß die Turbine nicht angelassen werden kann, bevor nicht die Hilfsölpumpe läuft, weil diese das Öl zum erstmaligen Öffnen der Hauptabschließung und der Düsenventile liefern muß.

Die Regelung der Dampfzufuhr erfolgt entweder durch einen besonderen Drossel- oder einen Düsenregler, der die der jeweiligen Belastung entsprechende Dampfmenge der Turbine zuströmen läßt. Auf die bauliche Durchbildung der verschiedenen Regelvorrichtungen soll nicht näher eingegangen werden. Die Druckschriften der Hersteller geben genügenden Aufschluß.

Die Drosselregelung ist eine Druckregelung und wird in der Hauptsache bei den Kondensationsturbinen benutzt, weil sie einfach und ohne Nachteil für den Dampfverbrauch arbeitet. Die Düsenregelung ist eine Mengenregelung und wird daher vornehmlich für die Industrieturbinen angewendet. Bei der Gegenüberstellung der einzelnen Reglerarten ist die Empfindlichkeit maßgebend, d. h. wie stark die Drehzahlschwankung der Turbine zwischen Leerlauf und Vollast in vH der Vollastdrehzahl ist, wie stark sich ferner bei plötzlichen Belastungsänderungen um bestimmte Werte die Drehzahl um einen mittleren Wert nach oben oder nach unten ändert und schließlich, in welcher Zeit nach Eintritt der plötzlichen Belastungsänderung die Turbine ihren Beharrungszustand in der Drehzahl wieder erreicht hat. Ferner

darf kein Überregeln und kein Pendeln[1] der Steuerung stattfinden. Das gilt besonders für die Regler, deren Maschinen im Parallelbetrieb mit den Kraftwerksmaschinen oder mit anderen Werken über
lange Freileitungen liegen. Betriebstechnisch ist zu fordern, daß die
Regelung selbsttätig zwischen Leerlauf und Vollast erfolgt, daß also ein
Eingreifen des Maschinenwärters nicht notwendig wird. Bei der Drosselregelung tritt bei Teilbelastungen ein geringerer Anstieg[2] des Dampfverbrauches als bei der
Düsenregelung ein,
wie aus den Dampfver-
brauchskennlinien der
Abb. 51 zu ersehen ist.
Das Arbeiten des Reg-
lers muß schließlich
sanft und stoßfrei er-
folgen, da sonst in der
Dampfleitung Stöße auf-
treten, die mit der Zeit
zu Undichtigkeiten an
den Flanschen führen
und unangenehme Be-
triebsstörungen verur-
sachen.

In Abb. 52 ist der
Verlauf der Drehzahl-
änderung einer MAN-
Turbine gekuppelt mit
einem SSW-Drehstrom-
Turbogenerator dar-
gestellt. Der Kennlinien-
verlauf zeigt, daß die
Drehzahländerung zwi-
schen Leerlauf und Voll-
last um etwa 2,5 vH
schwankt, daß bei plötz-
lichen Belastungsände-
rungen die Werte über
einer Mittellinie um 2

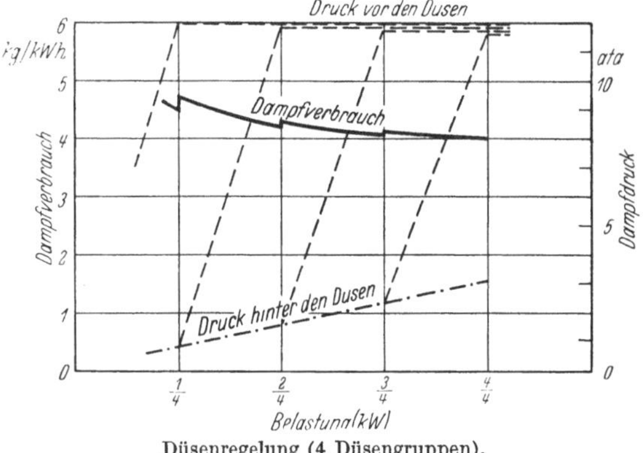

Düsenregelung (4 Düsengruppen).

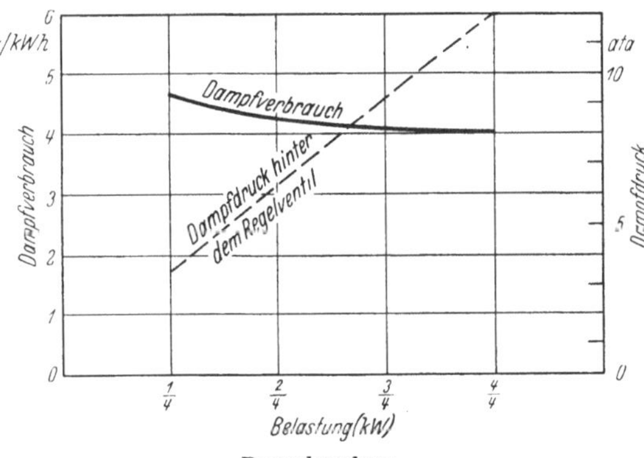

Drosselregelung.

Abb. 51. Änderung des spez. Dampfverbrauches bei verschiedenen Dampfreglern in Abhängigkeit von der Belastung.

bis 3 vH liegen und schließlich, daß der Beharrungszustand bei 100 vH
Laständerung nach 11,70 Sek. eingetreten ist. Handelt es sich um
fortgesetzt stark schwankende Belastungen z. B. in Gruben- und
Walzwerksbetrieben, so ist auf die Zuverlässigkeit und Schnelligkeit
der Regelung ganz besonders zu achten.

---

[1] Zeuner, H.: Über Entlastungsversuche und Änderungen der Regelorgane
der Dampfturbinen in den Großkraftwerken Böhlen und Hirschfelde. Elektr.-
Wirtsch. 1932 Nr. 12.

[2] Senger, U., u. F. A. Mayer: Der Einfluß der Regelung auf den Dampfverbrauch von Turbinen. BBC Mitt. 1933 S. 105.

Als Richtzahlen für die Regelung gelten in Deutschland:

a) bei gleichbleibender Leistung sollen die Gesamtschwankungen der Drehzahl nicht größer sein als 0,5 vH der mittleren Drehzahl bei der augenblicklichen Leistung. Pendelerscheinungen dürfen dabei nicht auftreten;

b) bei plötzlicher Be- oder Entlastung um 25 vH der Nennleistung — von irgend einer Leistung ausgehend — soll die Abweichung der Drehzahl von derjenigen bei der Ausgangsleistung auch vorübergehend nicht mehr als 1,5 vH betragen;

c) bei plötzlicher Entlastung von der Nennleistung auf Leerlauf, gleichviel ob diese Entlastung durch plötzliche Abschaltung der Nennleistung oder durch vorausgehendes plötzliches Auftreten einer Überlast (Kurzschlußstoß) geschieht, soll die Drehzahlsteigerung auch vor-

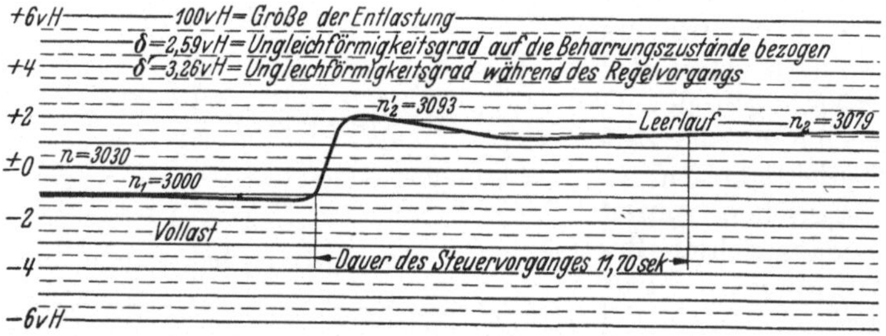

Abb. 52. Drehzahländerungen durch den Geschwindigkeitsregler bei Laständerung von Vollast auf Leerlauf (MAN).

übergehend nicht mehr als 6 bis 8 vH von der Drehzahl bei der Ausgangsleistung betragen[1]; im Beharrungszustand soll die Leerlaufdrehzahl nicht mehr als 4 vH über derjenigen bei der Ausgangsleistung liegen;

d) bei plötzlicher Entlastung von der höchsten Dauerleistung, die bei der Nenndrehzahl noch gehalten werden kann, auf Leerlauf soll die Drehzahlsteigerung auch vorübergehend nicht mehr als 6 bis 8 vH der Nenndrehzahl betragen.

Um bei plötzlicher Entlastung das Durchgehen der Turbine zu verhindern, wird die Drehzahlerhöhung durch eine Sicherheitsvorrichtung begrenzt, die bei etwa 10 vH Drehzahlüberschreitung selbsttätig anspricht und den Dampfzutritt absperrt. Dabei soll die Dampfzuführung zu allen Stellen der Maschine also auch zu den Düsenventilen geschlossen werden. Dieser Schnellschluß muß ferner von Hand leicht bedienbar sein, um ihn von Zeit zu Zeit auf das sichere Arbeiten betriebsmäßig prüfen zu können.

Neben der Schnellschlußvorrichtung sollen noch Sicherheitseinrichtungen vorhanden sein, die von der Ölversorgung abhängig sind und die Turbine ebenfalls stillsetzen, sobald die Ölpumpen versagen. Warnungsvorrichtungen in Form elektrisch betätigter Hupen oder Läutewerke für das nichtordnungsmäßige Arbeiten der Ölversorgung

---

[1] Siehe Zeuner: Fußnote S. 91.

und des Reglers sind notwendig und sollten daher weitgehendst zur Anwendung kommen.

In elektrischen Beziehungen sind bei Dampfturbinen besondere Forderungen für den **Parallelbetrieb** mit anderen Maschinensätzen, für das **Schwungmoment** und den **Ungleichförmigkeitsgrad** nicht zu stellen.

Wie bereits auf S. 78 erwähnt, muß die Dampfturbine in gewissen Grenzen auch **überlastbar** sein. Zu diesem Zweck wird ein von Hand oder selbsttätig gesteuertes **Überlastventil** vorgesehen, das auch beim Abfallen des Frischdampfdruckes benutzt wird. Durch dieses Ventil wird der Frischdampf dann einer anderen Stufe zugeleitet (Abb. 35).

Für die **Veränderung der Betriebsdrehzahl** zum Parallelschalten und zur Lastbeeinflussung erhält der Drehzahlregler einen von der Schaltbühne oder der Schaltwarte ferngesteuerten elektromotorischen Antrieb, der die Drehzahl in den Grenzen ± 5 vH beeinflussen kann.

1) Dampfverbrauch und Wirkungsgrad. Der Dampfverbrauch ist, wie bereits gesagt, abhängig von Anfangsdruck, Anfangstemperatur und Enddruck an der Turbine, ferner von der Druck- und Gefällsverteilung

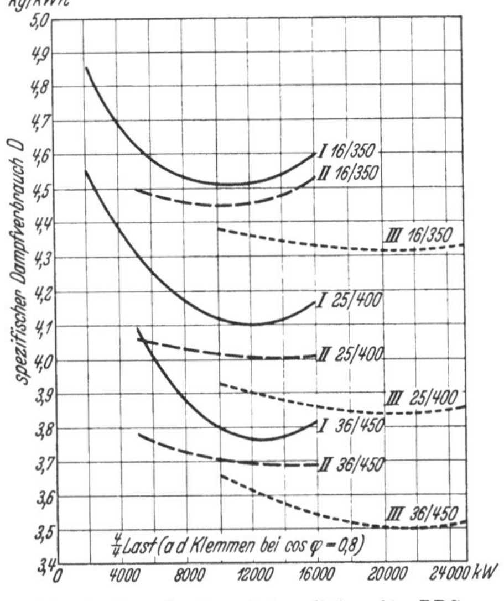

Abb. 53. Dampfverbrauchskennlinien für BBC-Ein-, Zwei- und Dreigehäuseturbinen ($^4/_4$ Last). *I, II, III* Anzahl der Gehäuse bei 16 ata, 350° C, bei 25 ata, 400° C, bei 36 ata, 450° C, Kühlwassertemperatur 15° C.

innerhalb der Turbine, der Leistung und dann vom inneren Aufbau.

Nach Forner[1] gilt für den spez. Dampfverbrauch die allgemeine Gl. (41):

$$D - D_r\, f(p_1)\, f(t_1)\, f(p_{Ko}) \text{kg/PS}_e\text{h.} \qquad (41)$$

Hierin bezeichnet für die Berechnung aus seinen Versuchen:

D_r den Dampfverbrauch der gemessenen Turbinen auf gleiche Dampfverhältnisse und gleiche Turbinenausführung zurückgeführt,

p_1 den Druck vor der Turbine in ata,

t_1 die Dampftemperatur vor der Turbine in ° C,

p_{Ko} den Gegendruck am Ende des Abdampfstutzens in ata,

Aus einer großen Zahl von Dampfverbrauchsmessungen an Kondensationsturbinen verschiedenster Herkunft, Prüfung und Leistung für

---

[1] Forner, Dr.-Ing. G.: Dampfverbrauch und Wirkungsgrad von Dampfturbinen. Z. VDI 1926 Nr. 15 S. 502.

verschiedene Drücke und Temperaturen hat Forner die empirische Gl. (42) gefunden:

$$D = \frac{13,45}{1,222} \left(\frac{0,27}{v} + \sqrt{v}\right) \left(1 + \frac{1,9}{p_1}\right) \left(1 - \frac{t_1}{905}\right) \left(1 - \frac{V}{145}\right) \left(1 + \frac{100}{N_{Ku}}\right) \text{kg/PS}_\text{e}\text{h} , \quad (42\text{a})$$

$$\underset{\text{Bauziffer}}{} \qquad \underset{\substack{\text{Druck-}\\\text{Ziffer}}}{} \quad \underset{\substack{\text{Tempera-}\\\text{turziffer}}}{} \quad \underset{\substack{\text{Konden-}\\\text{satorziffer}}}{} \quad \underset{\substack{\text{Leistungs-}\\\text{ziffer}}}{}$$

die daraus in allgemeiner Form geschrieben werden kann:

$$D \cong \alpha \left(1 + \frac{2}{p_1}\right) \left(1 - \frac{t_1}{900}\right) \left(1 - \frac{V}{148}\right) \text{kg/kWh}[1] , \qquad (42\text{b})$$

worin bedeutet:

α einen zusammengezogenen Festwert aus Gl. (42a),

$v = \dfrac{\sqrt{\Sigma(u^2)}}{91,53\sqrt{H_0}}$ die spezifische Umfangsgeschwindigkeit,

$\Sigma(u^2)$ die Summe der Quadrate der mittleren Umfangsgeschwindigkeiten der hintereinandergeschalteten Laufkränze in (m/s^2),

V den Unterdruck, die Luftleere am Ende des Abdampfstutzens in vH bei 760 mm Barometerstand.

Gl. (42) ist hier angeführt, um dem Entwurfs- und Betriebsingenieur die Erkenntnis der verschiedenen Einflüsse zu erleichtern und selbst rechnerische Feststellungen machen zu können. Sie gilt für Anfangsdrücke von 9 bis 19 ata.

Die Kennlinien der Abb. 53 für den spez. Dampfverbrauch von Ein- und Mehrgehäuseturbinen bei drei Dampfspannungen und Dampftemperaturen geben gute Mittelwerte und werden für erste wirtschaftliche Untersuchungen und Vergleiche gute Dienste leisten. Besonderes ist zu diesen Kennlinien nicht zu sagen.

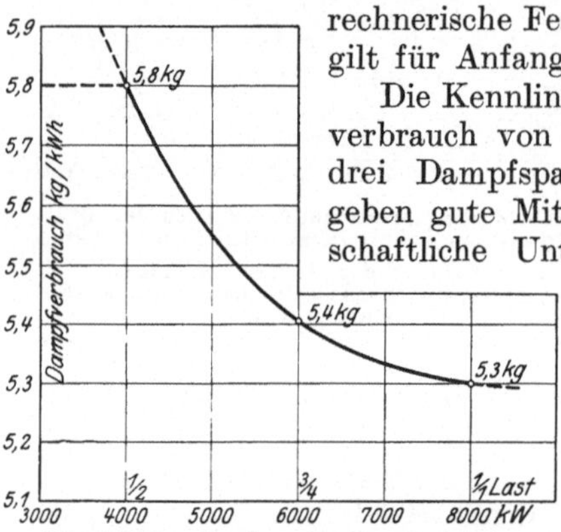

Sehr wesentlich sind auf den Dampfverbrauch von Einfluß Abweichungen von den Sollwerten beim Dampfdruck, bei der Temperatur des Dampfes und der des Kühlwassers. Zur guten Betriebsüberwachung und daraus zur Feststellung von Betriebsunregelmäßigkeiten gehören daher Kennlinien für diese Einflüsse, die in Abb. 54 bis 57

Abb. 54. Dampfverbrauch eines Drehstrom-Turbosatzes einschl. Kondensationsarbeit bei 13,5 m manometrischer Kühlwasser-Förderhöhe, 11 300 PS, 8000 kW, $n = 3000$ U/min, Frischdampf 14 ata, 350° C Überhitzung am Eintrittsstutzen, Kühlwassertemperatur 27° C.

für einen Turbosatz zusammengestellt und in den beigegebenen Erläuterungen kurz gekennzeichnet sind. Es ist empfehlenswert, solche Kennlinien schon dem Angebot beifügen zu lassen. Beim Vergleich verschiedener Angebote ist ferner zu beachten, ob die Dampfverbrauchswerte auf

---

[1] Thielsch, Dr.-Ing. K.: Wirtschaftliche Betriebsführung von Kondensationsanlagen. AEG-Mitt. 1925 Heft 1 S. 21.

gleicher Kühlwassertemperatur, gleicher Dampfspannung
und Überhitzung aufgebaut sind und ob die Arbeit für die
Kondensation, sowie für die Erregung bei Wechsel- bzw.
Drehstromgeneratoren mit eingeschlossen ist. Wesentlich sind
auch die Werte bei Teilbelastungen und bei Leerlauf. Besonders
die ersteren sind von Bedeutung, wenn neben der wechselnden Belastung auch der Leistungsfaktor stark unter den Wert sinkt, der

bei Bemessung der Dampf-
turbinenleistung angenommen
wurde, weil dann mit Rücksicht auf die elektrische Ausnutzungsfähigkeit des Generators nach der Scheinleistung
die Antriebsleistung nicht voll
verwertet werden kann. Im
allgemeinen ist etwa zu rechnen, daß 12 vH des Dampf-
verbrauches bei Vollbelastung
der Maschine für die Leer-
laufarbeit einschließlich Gene-
ratorenantrieb aufzuwenden
sind. Für die Turbine selbst
beträgt der Leerlaufdampf-

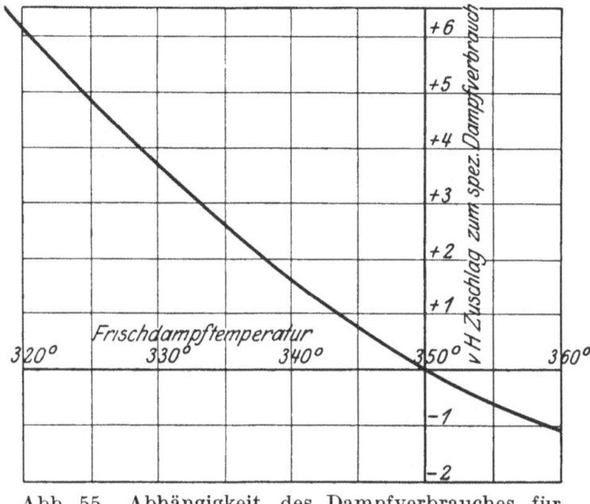

Abb. 55. Abhängigkeit des Dampfverbrauches für
Abb. 54 von der Frischdampftemperatur.

verbrauch bezogen auf die Nennleistung etwa 2,5 bis 5 vH. Bei
½-Belastung steigt der Mehrdampfverbrauch nur auf etwa 12 vH.
Die Kennlinie des Dampfverbrauches von Leerlauf bis Vollast ist bei
Kondensationsturbinen ohne Entnahmedampf
und ohne Überlastungseinrichtung eine Gerade
(Abb. 58).

Bei Dampfdrücken über 20 ata ist der
Einfluß der Dampfdruckhöhe nicht mehr
wesentlich. Bei Leistungen von etwa 1000 kW
aufwärts nimmt der Dampfverbrauch bei
einem um 1 ata höheren Druck
um etwa 1 vH, bei größeren
Maschinen um etwa 1½ bis
2 vH ab [Druckziffer in Gl. (42)].
Die Erhöhung des Dampf-
druckes wirtschaftlich betrachtet bedingt keine Erhöhung
des spez. Kohlenverbrauches
für eine kWh, da der Wärme-

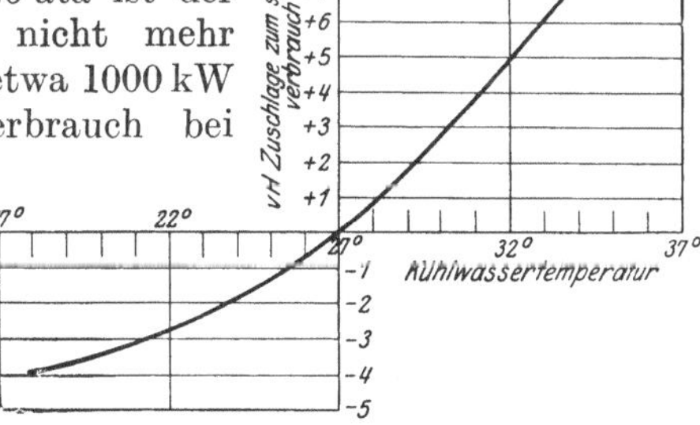

Abb. 56. Abhängigkeit des Dampfverbrauches für
Abb. 54 von der Kühlwassertemperatur.

inhalt des Frischdampfes bei gleicher Temperatur mit zunehmendem
Druck sogar etwas abnimmt.

Der Grad der Überhitzung macht sich dagegen stärker bemerkbar, und zwar ist hier eine den theoretischen Werten gegenüber nicht
unerhebliche praktische Änderung in günstigem Sinne festzustellen.
Man kann im allgemeinen annehmen, daß bei Überhitzung des Dampfes

zwischen 200 und 240⁰ C die Dampfverbrauchsabnahme für jede um 5 bis 5,5⁰ C höher liegenden Temperatur 1 vH beträgt. Bei 240 bis 280⁰ C tritt dieser Gewinn von 1 vH schon bei 6,5⁰ C höherer Temperatur und bei 280 bis 320⁰ C bei 7,5⁰ C ein. Die Abweichung gegenüber den theoretischen Werten rührt daher, daß bei überhitztem Dampf die Dampfverluste in der Turbine geringer werden. Wohl aber ist zu beachten, daß diese Verbesserung des Dampfverbrauches für eine

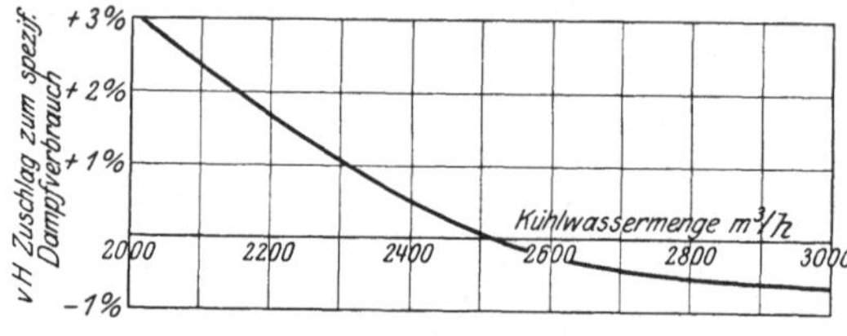

Abb. 57. Abhängigkeit des Dampfverbrauches für Abb. 54 von der Kühlwassermenge; Regel-Kühlwassermenge 2530 m³/h.

kWh gleichzeitig auch eine Erhöhung des Kohlenverbrauches für 1 kg Dampf bedingt. Der Gewinn der Dampfverbrauchsverbesserung geht wirtschaftlich gesehen also teilweise wieder verloren.

Die Höhe der Kondensatorluftleere ist dagegen von größter Bedeutung. Im allgemeinen verändert sich der Dampfverbrauch bei einer Luftleere in den Grenzen zwischen 91 bis 93 vH von 1 zu 1 vH um je 1,5 vH; das setzt allerdings voraus, daß die Kondensation dauernd in vorzüglichem Zustand gehalten wird. Wirtschaftlich ist bei der Beurteilung des Einflusses der Luftleere zu beachten, daß mit der Verbesserung der Luftleere, also mit sinkender Abdampftemperatur, die Kondensattemperatur und damit die Temperatur des Kesselspeisewassers abnimmt. Dies hat bei hohen Luftleeren eine solche Erhöhung der für jedes kg Dampf dem Kessel zuzuführenden Wärmemenge (Brennstoffmenge) zur Folge, daß dadurch ¼ bis ⅓ des durch

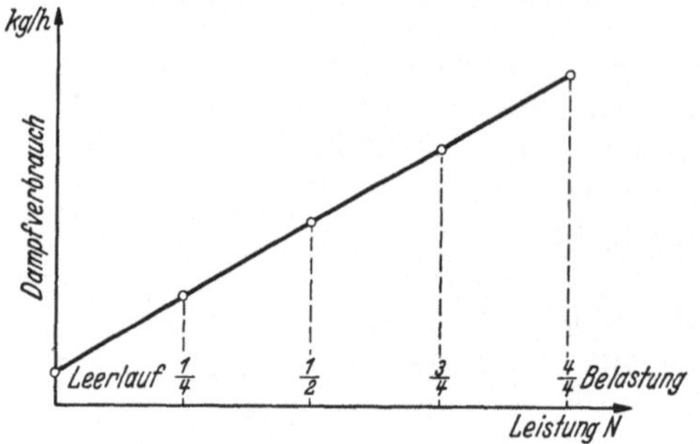

Abb. 58. Kennlinie für die Änderung des Dampfverbrauches in Abhängigkeit von der Turbinenleistung.

die Dampfverbrauchsverbesserung erzielten Gewinnes wieder verlorengeht. Dazu kommt bei gleichbleibender Kühlwassertemperatur, daß eine Erhöhung der Luftleere eine Zunahme des Kraftbedarfes der Kondensation bedingt. Abb. 59 gibt über diese gegenseitige Abhängigkeit zwischen den Dampfverhältnissen und dem spez. Dampfverbrauch Aufschluß. Die Kennlinien geben nur überschlägliche Werte, die aber für die hier vorliegenden praktischen Fälle genügend genau sein dürften. Für die Gesamtwirtschaftlichkeit einer Turbinenanlage ist nach den Angaben auf S. 56 der thermische Wirkungsgrad $\eta_{th,\,y}$ bestimmend.

Bei der Berechnung des gesamten Dampfverbrauches muß schließlich auch auf den Kraftbedarf der Kondensationsanlage und auf die Kühlwasserförderarbeit Rücksicht genommen werden, um wirtschaftlich richtige Ergebnisse zu erhalten.

Für den thermodynamischen Wirkungsgrad der Dampfturbine[1] gibt Forner folgende Gl. (43) ebenfalls für Anfangsdrücke von 9 bis 19 ata:

$$\eta_i = 0{,}77 \frac{\left(1 + \dfrac{\tau_1}{1650}\right)\left[1 - \dfrac{(V-90)^3}{12000}\right]}{\left(\dfrac{\dfrac{0{,}27}{v} + \sqrt{v}}{1{,}222}\right)\left(1 + \dfrac{100}{N_{Ku}}\right)} = \frac{\text{Temperaturziffer} \cdot \text{Kondensatorziffer}}{\text{Bauziffer} \cdot \text{Leistungsziffer}},$$

$$(43)$$

worin:

$$\tau_1 = t_1 - t_s$$

und:

t_s die Temperatur des gesättigten Dampfes in °C bezeichnet.

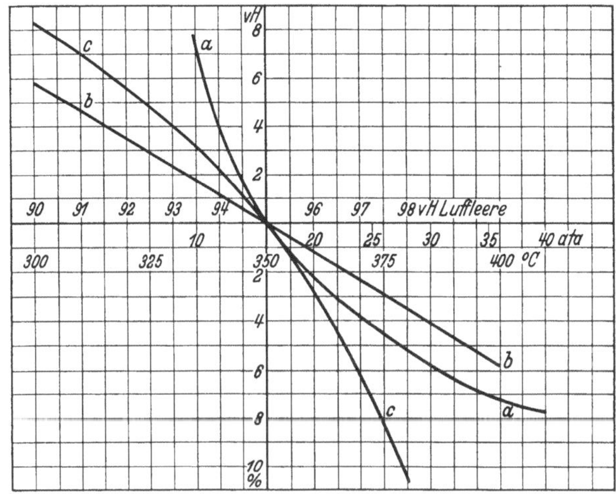

Abb. 59. Änderung des spez. Dampfverbrauches bei einem Anfangszustand von 16 ata, 350° C und 95 vH Luftleere.
a Änderung des Dampfdruckes, b Änderung der Dampftemperatur, c Änderung der Luftleere.

Die so ermittelten Werte liegen innerhalb der praktisch zulässigen Genauigkeitsgrenze.

Wie Gl. (43) zeigt, ist der thermodynamische Wirkungsgrad der Dampfturbine von einer großen Zahl von Einzeleinflüssen abhängig, auf die aber nicht näher eingegangen werden soll. Es liegt hierzu für den Entwurfsingenieur auch keine Veranlassung vor. Wesentlich ist nur allgemein zu wissen, welche Betriebsforderungen etwa für eine gewisse Verbesserung oder Verschlechterung von η_i mitbestimmend sind. Der Turbinenbauer muß zu dieser oder jener Forderung dann seine Be-

[1] Melan, Dr. Ing. H.: Der Wirkungsgrad von Dampfturbinen. Arch. Wärmewirtsch. 1927 Heft 10 S. 309. Pape, W.: Wirkungsgrade von Dampfturbinen Arch. Wärmewirtsch. 1928 Heft 11 S. 351. Melan, Dr. Ing.: Über Wirkungsgrade von Hochdruckturbinen. Siemens-Z. 1928 Heft 3, S. 186 und Arch. Wärmewirtsch. 1927 Heft 10 S. 309.

denken äußern und sich nicht einfach darauf beschränken, Wünsche des Bestellers ohne sonstige Rücksichtnahme einfach zu erfüllen.

In dem Wert ν der Bauziffer $= \dfrac{\sqrt{\Sigma u^2}}{91{,}53\,\sqrt{H_0}}$ bezeichnet man den Anteil

$$q = \frac{\Sigma u^2}{H_0} \qquad (44)$$

als die Gütezahl, auch Parsonsche Kennziffer genannt.

Die Gütezahl ist das Verhältnis der Summe der Quadrate der mittleren Umfangsgeschwindigkeiten aller Turbinenräder zum gesamten adiabatischen Wärmegefälle. In der Bauziffer ist noch die Dampfgeschwindigkeit entsprechend dem adiabatischen Stufengefälle berücksichtigt.

Da die Gütezahl von der Umfangsgeschwindigkeit der Laufräder abhängig ist, können höhere Werte auch durch größere Drehzahlen erreicht werden. Das hat mit dazu geführt, die Zahnradgetriebe zu verwenden. Die Turbinen werden kleiner, leichter und billiger (Kleinturbinen).

Nach den Angaben auf S. 61 ist auch die Dampffeuchtigkeit für η_i von besonderer Bedeutung. Bezeichnet H_w den Teil des adiabatischen Wärmegefälles, der in das Naßdampfgebiet im JS-Diagramm hineinragt, also die Strecke vom Schnittpunkt der H_0-Linie mit der Grenzlinie (Sättigungslinie) bis zum Punkte B auf der Gegendrucklinie (Abb. 26), so ist nach W. Pape die Feuchtigkeitszahl:

$$\mu \cong \frac{H_w}{H_0}\,100 - 30 \,. \qquad\qquad (45)$$

Bei $\eta_i = 0{,}85$ ist $\mu = 0{,}20$, bei $\eta_i = 0{,}70$ ist $\mu = 0{,}41$. Mit zunehmendem μ wird also η_i kleiner.

Schließlich hängt η_i vom mittleren Dampfvolumen ab, das in der Volumenziffer:

$$\xi = \frac{p_1 - p_{K0}}{Q_D \cdot H_0} \qquad (46)$$

zum Ausdruck kommt, worin $Q_D \cdot H_0$ das mittlere Dampfvolumen darstellt, das in der Turbine zu verarbeiten ist.

Der thermodynamische Wirkungsgrad der Beschaufelung ist um so höher, je kleiner ξ wird. Mit steigendem Dampfdruck nimmt η_i bei sonst gleichbleibenden Verhältnissen ab, weil die Verluste durch Undichtheiten wachsen und außerdem kleinere Dampfmengen in der Turbine zu verarbeiten sind. Verhältnisgleich mit dem kleineren Dampfrauminhalt wird die Schaufelhöhe und damit der Arbeitsquerschnitt geringer.

Für höhere Drücke bis 40 ata und $t_1 = 400^0$ C sind Dampfverbrauch und Wirkungsgrad rechnerisch ermittelt worden. Es zeigt sich, daß die Wirkungsgrade nicht mehr wesentlich verbessert werden können. Bedenkt man dabei, daß die Turbinen nur selten mit Vollast laufen, die Belastungen vielmehr stark schwanken, die Dampfspannung und Dampftemperatur ebenfalls nie auf den vorgeschriebenen Betriebs-

Zahlentafel 8. Gegenüberstellung von Abnahmeversuchen an Zwei-
und Eingehäuse-Dampfturbinen.

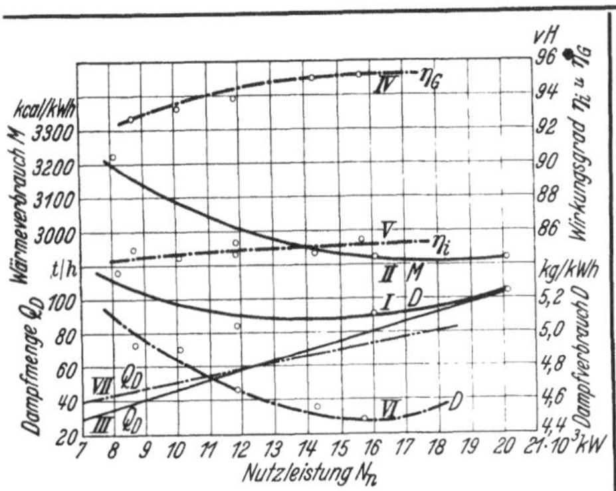

Abb. 60. *I* und *II* Zweigehäusemaschine,
III, *IV*, *V* Eingehäusemaschine.

	A				B			
	Zweigehäuse-Dampfturbine 16000/20000 kW, 25 atü, 370° C, Kühlwassereintritt 20° C, Speisewasservorwärmung durch Anzapfdampf 182° C bei 16000 kW Stufe.				Eingehäuse-Dampfturbine 18000/25000 kW, 17 atü, 400° C, Kühlwassereintritt 27° C.			
Klemmenleistung N_{Kl} . . . . kW	8239	11955	16136	20226	8772	11890	14300	15724
Hilfsleistung N_{Hi} . . . . kW	389	418	408	394	—	—	—	—
Nutzleistung N_n . . . . kW	7850	11537	15728	19832	—	—	—	—
Druck vor Ventil p_1 . . . . ata	24,68	24,95	24,42	25,20	17,50	17,20	16,99	16,93
Temperatur vor Ventil t_1 . . . . ° C	365,5	374,2	367,0	368,5	391,8	400,9	402,7	402,1
Luftleere am Kondensatoreintritt p_{Ko} . . . . . ata	96,45	96,20	95,74	95,14	94,11	94,15	93,48	93,07
Kühlwasser-Eintrittstemperatur $t_{Ku,1}$ . . . . . ° C	20,46	20,51	20,39	20,85	29,24	27,57	28,41	28,79
Speisewassertemperatur[1] t_{Sp} . . . . ° C	158,8	169,5	182,0	194,3	34,29	34,02	35,92	36,91
Dampfmenge insgesamt[2] Q_D . . . . t/h	42200	58100	80000	103300	43285	55254	65410	70580
Spez. Wärmeverbrauch einschl. aller Hilfsbetriebe und Speisepumpen M_{Hi} . . . . kcal/kWh	3240	2975	2920	2935	—	—	—	—
Thermodynamischer Wirkungsgrad η_i bezogen auf Druck vor 1 Leitrad und Luftleere auf Wellenhöhe . . . . vH	—	—	—	—	84,98	84,65	84,46	85,53
Gemessener spez. Dampfverbrauch D . . . . kg/kWh	5,393	5,048	5,095	5,223	4,935	4,650	4,570	4,490

[1] Speisewassertemperatur bei B = Kondensattemperatur.
[2] Dampfmenge bei B = Kondensatmenge.

Schurter, W., und A. Groß: Messungen an neueren Escher-Wyss-Dampfturbinenanlagen.
EWC Mitt. 1933 Nr. 1 und 5.

werten genau gehalten werden können, so sind die bei Prüfungen festgestellten Werte für Dampfverbrauch und Wirkungsgrad nur theoretische Ergebnisse — zumeist noch aus Paradeversuchen festgestellt unter ängstlicher Vermeidung aller geringsten Störungen. Die im praktischen Betrieb vorzunehmenden einfacheren Messungen geben die zu berücksichtigenden Werte für die Wirtschaftlichkeit. Selbstverständlich soll damit aber nicht gesagt sein, daß die gewährleisteten Werte in der Prüfung nicht auf das genaueste festzustellen sind, geben sie doch der Beurteilung die feste Grundlage, eine wirklich gute und in der baulichen Durchbildung dem jeweiligen Stand des Turbinenbaues entsprechende Maschine zu besitzen.

Aus Gl. (**43**) geht hervor, daß der Dampfdruck zwischen den Grenzen von 9 bis 19 ata keinen besonders beachtlichen Einfluß hat. Die Dampftemperatur beeinflußt η_i insofern, als η_i mit zunehmendem t_1 größer wird. Allgemein kann man etwa annehmen, daß bei gleichbleibender Druckverteilung für je $\pm 20°$ C Änderung von t_1 sich η_i um ± 1 vH

Zahlentafel 9. Platzbedarf der BBC Eingehäuse-Turbogruppen ($n = 3000$ U/min).
(Alle Maße in mm.)

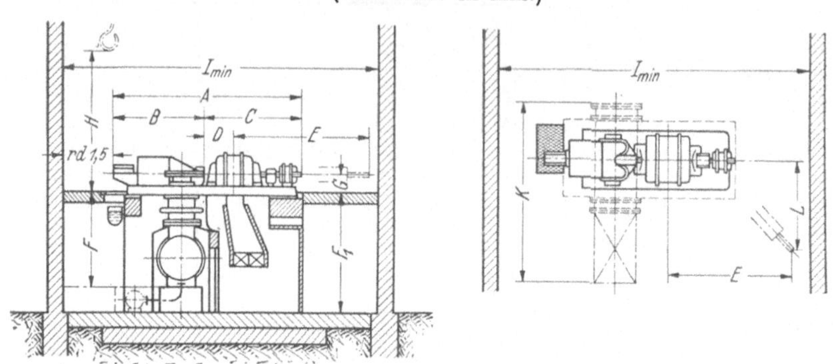

Leistung kW	A	B	C	D	E	Pumpekellerboden F_{min}	Pumpe versenkt $F_{1\,min}$	G	H	J	K	L	Zudampf $\varnothing$
650	5200	2900	2310	795	2900	3250	2250	650	3000	8300	5000	1400	125
1100	5550	3000	2550	935	3300	3750	2750	650	3000	9000	5800	1500	125
1500	6050	3300	2750	965	3100	4000	3000	650	3000	9200	7000	1700	150
2000	6350	3400	2950	1065	3400	4250	3250	650	3000	9500	7050	1800	150
2000	6700	3400	2950	1065	3400	4250	3250	650	3000	9500	7050	1800	175
2400	6700	3500	3200	1190	3600	4750	3250	650	3000	10000	7050	2000	175
2400	6700	3500	3200	1190	3600	4750	3700	650	3000	10000	7150	2000	200
3800	7430	3900	3530	1295	4400	5000	3750	850	3500	11250	7100	2200	200
3800	7430	3900	3530	1295	4400	5000	4000	850	3500	11250	7150	2200	250
5200	8000	4100	3900	1475	4700	5250	4250	850	3750	12000	8000	2300	200
5200	8000	4100	3900	1475	4700	5250	4250	850	3750	12000	10500	2300	250
6500	8370	4450	3920	1460	4600	5500	4500	850	4000	12500	10500	2600	250
8500	9360	4650	4710	1795	5500	6250	5000	800	4000	13750	10500	3000	2×200
10000	9810	5000	4710	1795	5500	6250	5000	800	4000	14000	12100	3000	2×250
13000	10420	5320	5100	1845	6000	7250	6250	800	4250	14800	12100	3700	2×250
18000	13340	7400	5940	2105	7200	7500	6150	1050	4250	18400	12100	4600	2×350

ändert. Über den Einfluß durch das Gleichungsglied v soll hier nichts Besonderes gesagt werden. Das ist Sache des Turbinenbauers.

Der zu gewährleistende Wirkungsgrad muß alle Verluste berücksichtigen und ist infolgedessen bei der Auftragsbearbeitung sorgfältigst zu klären, damit bei den späteren Abnahmeversuchen keine Unstimmigkeiten vorkommen.

Je nach den Belastungsverhältnissen wird die Kennlinie des Wirkungsgrades zwischen Voll- und Halblast so verlaufen müssen, wie es für die Wirtschaftlichkeit am günstigsten ist, bei Grundlastmaschinen also steigend, bei normalen Betriebsmaschinen möglichst flach zur Abszissenachse. Oft wird auch der günstigste Wirkungsgrad bei $^2/_3$ oder $^3/_4$ Last gefordert.

Abb. 60 zeigt die Betriebskennlinien für 2 Dampfturbosätze und bedarf weiter keiner Erläuterung. Alle Einzelheiten sind in Zahlentafel 8 angegeben.

Zahlentafel 10. Platzbedarf der BBC Zweigehäuse-Turbogruppen ($n = 3000$ U/min).
(Alle Maße in mm.)

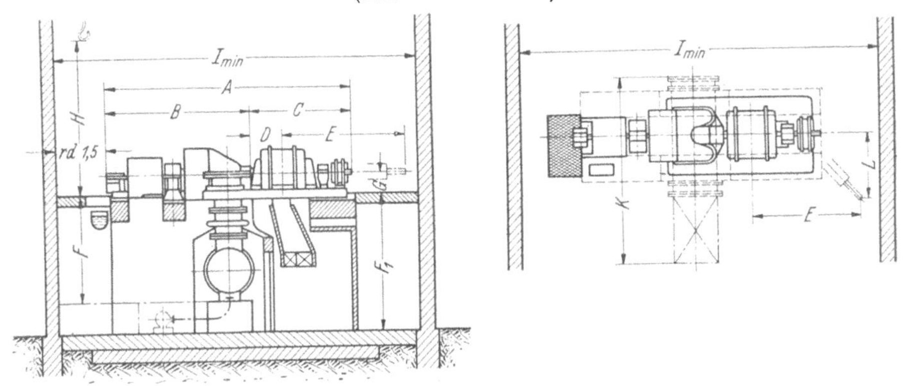

Lei-stung kW	A	B	C	D	E	Pumpe-keller-boden $F_{\min}$	Pumpe ver-senkt $F_{1\min}$	G	H	J	K	L	Zu-dampf $\varnothing$
1300 2000	8750 8950	6000	2750 2950	965 1065	3100 3400	4250	4250	650	3000	12000	6600	1700 1800	125
2000 2400	9000	6000	2950 3200	1065 1190	3400 3600	4500	4250	650	3000	12000	6600	1800 2000	125
2400 3500	9300 9630	6100	3200 3530	1190 1295	3600 4400	4750	3750	650	3000	13500	6600	2000 2200	125
3500 5000	10630 11000	7100	3530 3900	1295 1475	4400 4700	5000	4000	800	3500	14000	7400	2200 2300	150
5000 6500	11100 11120	7200	3900 3920	1475 1460	4700 4600	5250	4250	800	3500	15000	9700	2300 2600	200
6500 8000	10720 11130	6800	3920 4330	1460 1595	4600 5000	5750	4750	800	4500	15000	9700	2600 2800	200
8000 10000	11030 11410	6700	4330 4710	1595 1795	5000 5500	6500	5500	800	4500	15500	11200	2800 3000	2 × 200
10000 13000	11410 11800	6700	4710 5100	1795 1845	5500 6000	6500	5500	800	4500	16200	11200	3000 3700	2 × 200
13000 16000	12150 12380	7050	5100 5330	1845 2095	6000 6600	7250	7250	800	4500	17500	11200	3700 4000	2 × 250

Für die Beurteilung eines Dampfturbinenangebotes und die Ergebnisse von Abnahmeversuchen sind die folgenden Werte für Vollast und Teillasten bestimmend:

1. Leistung an den Klemmen des Generators (Klemmen-
leistung) . . . . N_{Kl} kW
2. Leistungsfaktor . . . . $\cos\varphi$
3. Generatorwirkungsgrad . . . . η_G vH
4. Kupplungsleistung . . . . N_{Ku} kW

Zahlentafel 11. Platzbedarf der BBC Dreigehäuse-Turbogruppen ($n = 3000$ U/min).
(Alle Maße in mm.)

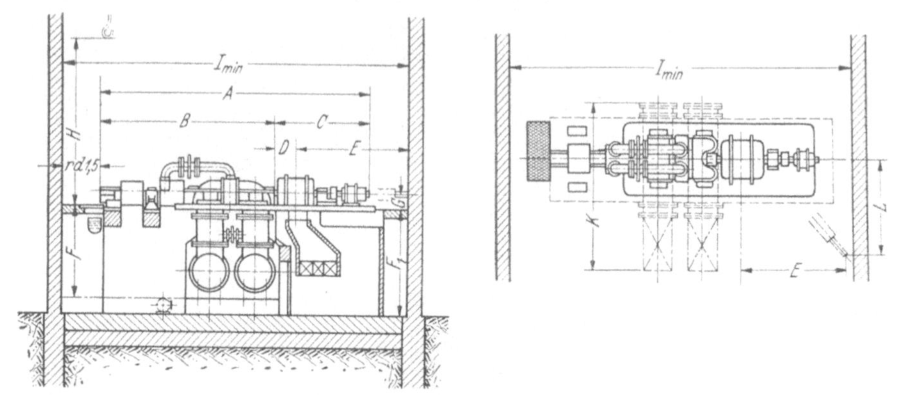

Eigenbelüftung

Lei-stung kW	A	B	C	D	E	Pumpe-kellerboden F_{min}	Pumpe versenkt $F_{1\,min}$	G	H	J	K	L	Zu-dampf $\varnothing$
10000	14010	9300	4710	1795	5500	5750	4500	800	4000	18500	9700	3000	2×225
10000	14910	10200	4710	1795	5500	5750	4500	800	4000	19000	9700	3000	2×175
12500	15100	10000	5100	1845	6000	6000	4750	800	4500	19000	9700	3700	2×225
12500	15500	10400	5100	1845	6000	6000	4750	800	4500	19500	9700	3700	2×225
12500	15000	9900	5100	1845	6000	6000	4750	800	4500	19500	9700	3700	2×225
16000	16050	10500	5550	2095	6600	6500	5250	800	4500	20500	9700	4000	2×250
16000	15950	10400	5550	2095	6600	6500	5250	800	4500	21000	9700	4000	2×200
16000	16250	10700	5550	2095	6600	6500	4750	800	4500	21000	9700	4000	2×200
16000	16150	10600	5550	2095	6600	7000	5750	800	5000	21000	11200	4000	2×250

 5. Dampfdruck vor dem Absperrventil . . . . p_1 ata
 6. Dampftemperatur vor dem Absperrventil . . . . t_1 ^{0} C
 7. Kühlwassereintrittstemperatur. . . . . $t_{Ku,1}$ ^{0} C
 8. Kühlwasseraustrittstemperatur . . . . $t_{Ku,2}$ ^{0} C
 9. Kühlwassermenge je Stunde . . . . Q_{Ku} m^3/h
10. Kondensatmenge . . . . Q_{Ko} kg/h
11. Kondensattemperatur . . . . t_{Ko} ^{0} C
12. Kondensatorluftleere im Dampfstutzen. . . . . p_{Ko} vH
13. Speisewassertemperatur vorgewärmt auf . . . . t'_{Sp} ^{0} C
14. Dampfentnahme für Speisewasservorwärmung . . . . . $Q'_{Sp,E}$ t/h
15. Entnahmedruck . . . . p_E ata
16. Wärmeinhalt des Entnahmedampfes . . . . i_E kcal/kg
17. Spez. Dampfverbrauch geschlossene Entnahme . . . . . D kg/kWh
    volle Entnahme . . . . D_E kg/kWh
18. Spez. Wärmeverbrauch geschlossene Entnahme . . . . . M kcal/kWh
    volle Entnahme . . . . M_E kcal/kWh
19. Thermodynamischer Wirkungsgrad . . . . η_i vH
20. Dampfmenge, geschlossene Entnahme . . . . Q_D t/h
    volle Entnahme . . . . $Q_{D,E}$ t/h
21. Wärmeverbrauch einschließlich aller Hilfsbetriebe,
    geschlossene Entnahme. . . . . M_{Hi} kcal/kWh
    volle Entnahme . . . . $M_{Hi,E}$ kcal/kWh
22. Verbrauch der Hilfsbetriebe . . . . N_{Hi} kW

Zahlentafel 12. Platzbedarf der BBC Dreigehäuse-Turbogruppen ($n = 3000$ U/min). (Alle Maße in mm.)

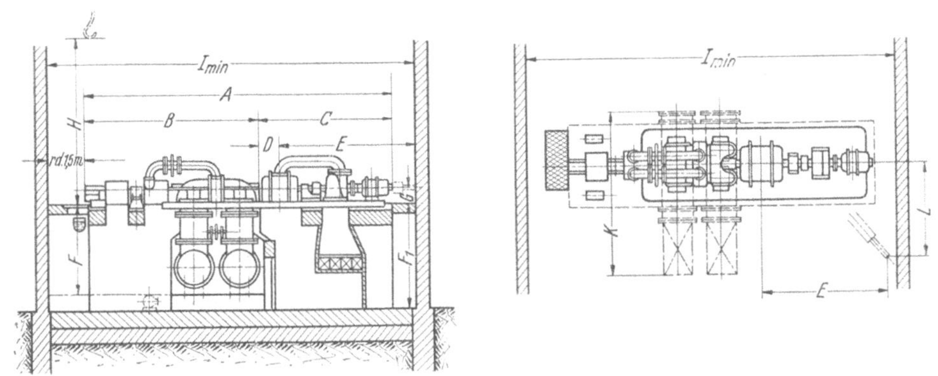

Fremdbelüftung.

Leistung kW	A	B	C	D	E	Pumpe-Kellerboden F_{min}	Pumpe versenkt $F_{1\,min}$	G	H	J	K	L	Zudampf $\varnothing$
20000	19800	11500	8300	2000	7200	7000	5250	800	5000	22500	11200	4600	2×250
20000	18600	10300	8300	2000	7200	7000	5250	800	4500	21500	9700	4600	2×200
20000	19800	11500	8300	2000	7200	7000	5250	800	4500	22500	9700	4600	2×200
25000	20450	11800	8650	2180	7700	7000	5550	800	4500	23000	11200	4800	2×250
25000	19850	11200	8650	2180	7700	7000	5750	800	4500	23000	11200	4800	2×250
30000	20650	11500	9150	2450	8300	8000	6750	900	4500	24000	11200	5200	2×250

m) Der Raumbedarf und die Fundierung. Über den Raumbedarf vollständiger Turbosätze für Drehstrom geben die Zahlentafeln 9 bis 13 einige für erste Entwurfsarbeiten oft erwünschte Zahlen.

Über den Aufbau vollständiger Dampfturbinensätze wird im 10. Kap. bei der Besprechung der Kondensationsanlagen Weiteres gesagt.

Der Durchbildung und Ausgestaltung des Fundamentes[1] (Abb. 61) ist selbst bei kleinen Maschinen ebenfalls vollste Aufmerksamkeit zu schenken. Nur allerbeste Ausführung bei besten Baustoffen nach sorgfältigster Berechnung ist zuzulassen, andernfalls ist ein ruhiger, ein wandfreier Lauf des Maschinensatzes nicht gewährleistet und Betriebsstörungen, insbesondere unruhiger Lauf sind die Folge. Beim Entwurf ist dabei auf die Fundamentschwingungen zu achten, die beim Lauf der Maschine ausgelöst werden. Diese Schwingungen müssen auf das erreichbar kleinste Maß beschränkt werden. Das kann nur der Fachmann gewährleisten, der das an sich schwingungsfähige Gebilde des Fundamentaufbaues auf Eigenschwingungen untersucht und die bauliche Durchbildung entsprechend wählt. Die Eigenschwingungszahl der Maschine muß weit von der Zahl der erzwungenen Schwingungen des

---

[1] Turbinenfundament auf sehr ungünstigem Baugrund. Kraftwerk 1931 S. 24 AEG-Mitt. 1931.

Zahlentafel 13. Abmessungen für Ljungström-Kondensationsturbinen ($n = 3000$ U/min).
(Alle Maße in mm.)

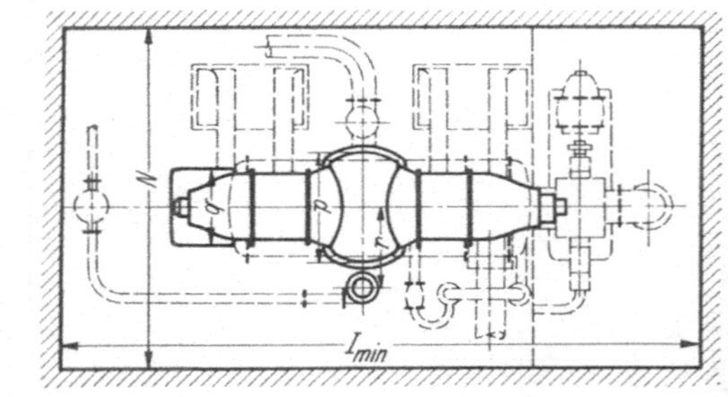

kW cos φ = 0,8	a	b	c	d	e	f	g	h	i	k	l	m	licht ∅ n	licht ∅ o	licht ∅ p	q	r	s	Stützen-Ent-fernung t	I_{min}	N	F_1	F_2	H	M	A
800	685	790	950	1075	775	100	1100	645	650	650	—	650	700	1000	1350	1150	1150	1400	1150	9000	5500	2600	3800	2500	3600	5850
1000	685	940	950	1075	775	100	1100	645	650	650	—	650	700	1000	1350	1150	1150	1400	1300	9300	5600	2700	3800	2500	3900	6150
1280	840	860	1015	1270	820	125	1100	720	650	725	—	710	830	1200	1500	1150	1250	1560	1370	9600	5700	2750	3850	2600	4150	6630
1600	840	1020	1015	1270	820	125	1100	720	650	725	—	710	830	1200	1500	1150	1250	1560	1530	10000	5800	2800	3900	2600	4400	6950
2000	925	930	1085	1300	820	150	1200	820	725	825	800	820	1000	1400	1800	1250	1450	1770	1500	10700	6200	2900	4000	2800	4400	7065
2560	925	1120	1085	1300	900	150	1200	820	725	825	800	820	1000	1400	1800	1250	1450	1770	1690	11400	6400	3000	4100	2800	4700	7525
3200	1050	1020	1220	1335	900	185	1400	920	825	925	900	980	1150	1600	2200	1450	1650	2020	1690	13000	6800	3200	4300	3000	4750	7780
4000	1050	1230	1220	1335	900	185	1400	920	825	925	900	980	1150	1600	2200	1450	1650	2020	1900	13500	7100	3400	4600	3100	5200	8200
5120	1255	1120	1415	1460	870	230	1600	1020	925	1025	1000	1120	1320	2000	2600	1650	1850	2150	1960	14000	7300	3800	5100	3200	5500	8725
6400	1255	1360	1415	1460	870	230	1600	1020	925	1025	1000	1120	1320	2000	2600	1650	1850	2150	2200	15200	7700	4100	5400	3200	6000	9205
8000	1410	1230	1450	1515	950	285	1800	1245	1025	1250	1100	1240	1560	2400	3050	1850	2150	2550	2170	16200	8100	4500	6000	3500	6100	9480
10000	1410	1500	1450	1515	980	285	1800	1245	1025	1250	1100	1240	1560	2400	3050	1850	2150	2550	2440	17000	8700	4800	6300	3500	6600	10050
12800	1580	1550	1570	1600	980	350	2000	1345	1250	1350	1200	1320	1960	3000	3700	2050	2550	2900	2620	17000	9300	5200	6900	3600	7000	10760
16000	1505	1570	1570	1600	1170	350	2200	1345	1250	1350	1200	1320	1960	3000	3700	2200	2550	2900	2620	18800	9900	5600	7300	4000	7000	10840
20000	1585	1620	1700	1600	1170	400	2400	1445	1350	1450	1300	1400	2400	3600	4400	2400	3000	3200	2750	19200	10500	5900	7600	4000	7100	11280
25600	1620	1760	1700	1720	1305	400	2600	1445	1350	1450	1300	1400	2400	3600	4400	2600	3000	3400	2900	20000	11000	6500	8200	4200	7500	11885

Fundamentes liegen, um die Resonanz mit Sicherheit zu verhüten. Hierzu gehört die vollständige Auswuchtung des Turbinen- und Generatorläufers. Diese Auswuchtung muß von Zeit zu Zeit nachgeprüft und gegebenenfalls nachgeregelt werden. Auf die **Kurzschlußkräfte**, die vom Generator ausgehen und unter Umständen eine außerordentliche Größe erreichen können, ist ebenfalls nach allen Beanspruchungen hin Rücksicht zu nehmen. Es sind schon wiederholt große Schwierigkeiten durch falsche Fundamentsdurchbildung aufgetreten, die dann zu beseitigen viel Geld, Mühe und Ärger gekostet haben.

Wesentlich ist auch, daß das Fundament zeichnerisch in allen Einzelheiten festliegt, bevor mit seinem Bau begonnen wird. Das Generator-

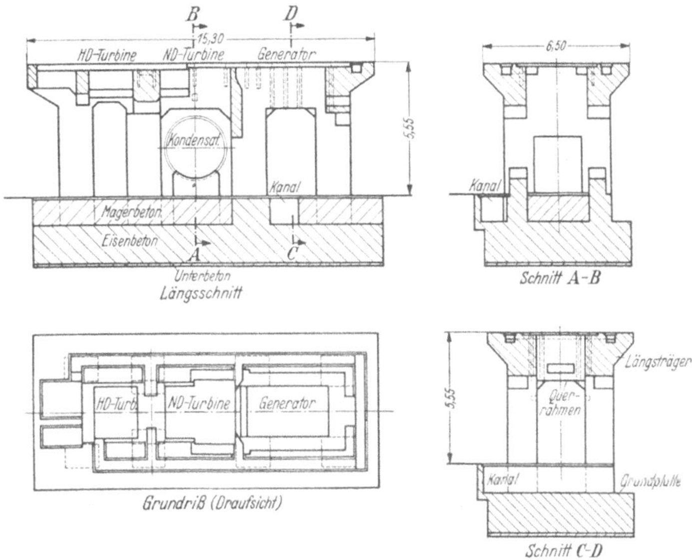

Abb. 61. Dampfturbinenfundament.

fundament ist mit dem Turbinenfundament als Ganzes herzustellen. Lieber nochmals überprüfen als später erkennen, daß z. B. ein Rohrdurchbruch, Kabel oder Steuerleitungsdurchbruch oder dgl. vergessen worden ist und dann ausgestemmt werden muß. Da heute wohl durchgängig Eisenbetonfundamente verwendet werden, sind solche Nacharbeiten zumeist außerordentlich schwierig und bedingen unter Umständen ganz ungewöhnlich hohe Mehrkosten.

Um die **Schwingungen**, die jedes Fundament ausführt[1], von den übrigen Gebäudeteilen fernzuhalten, damit sie nicht übertragen werden und an anderen Stellen erneut Schwingungen auslösen, die

---

[1] Einfluß von Fundamentschwingungen auf den Bau von Turbogeneratoren. Bergmann-Mitt. 1923 Nr. 6; ferner Z. VDI 1923 S. 884. Dampfturbinengründungen. Z. VDI Bd. 69 (1925) Nr. 13 S. 405. Vom Bau der Fundamente für Turbogeneratoren. Elektrotechn. Z. 1925 Heft 8. Rausch: Schäden an Maschinenfundamenten. Beton u. Eisen 1936 Heft 3.

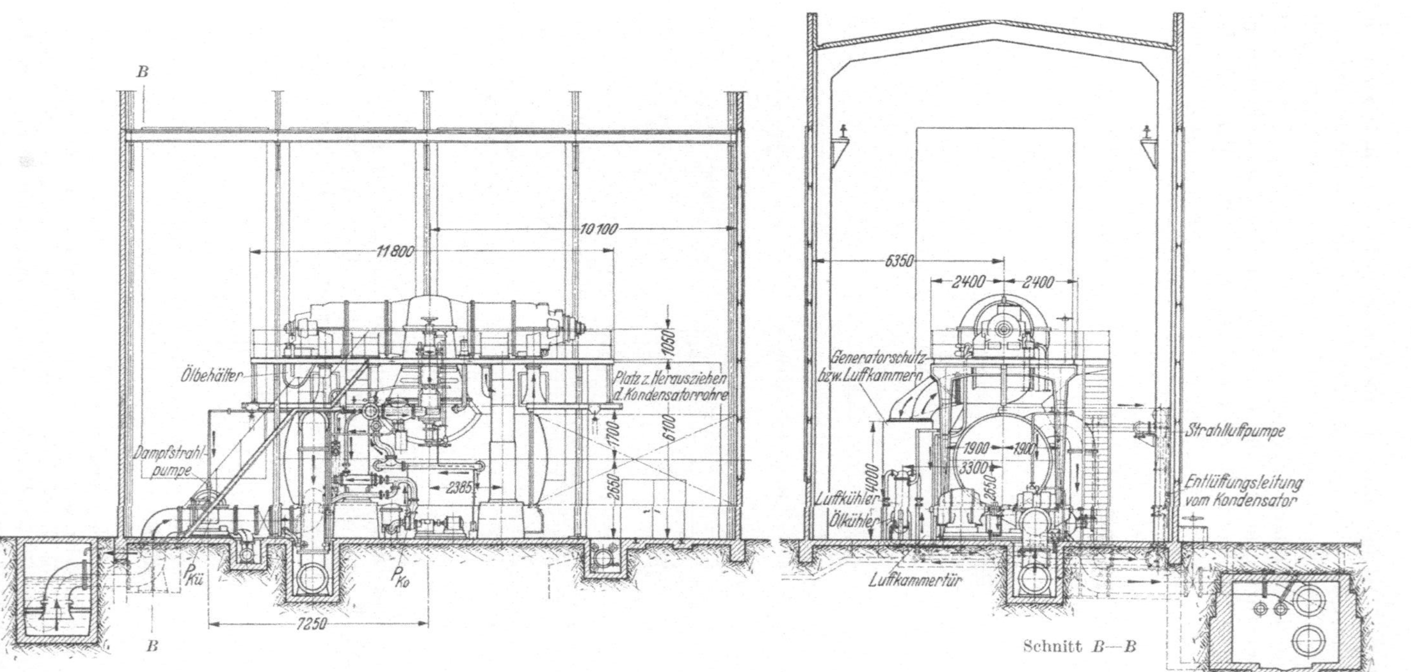

Abb. 62. Aufstellungs- und Rohrplan für eine 12000 kW MAN-Ljungström-Kondensationsturbine, 13 ata, 375° C, $n = 3000$ U/min.

oft bis in die Nachbarschaft durch Wasserrohrleitungen, Gasleitungen u. dgl. gelangen und zu Klagen führen, soll jedes größere Fundament für sich stehen, also durch einen schmalen Spalt vom Maschinenhausflur getrennt sein.

Die Ljungströmturbine wird auf den Kondensator aufgebaut und hat daher kein Fundament der besprochenen Form nötig. Abb. 62 zeigt die Aufstellung einer solchen Turbine und läßt erkennen, daß eine betrieblich sehr erwünschte Übersichtlichkeit im Kondensationskeller vorhanden ist. Für die Fundierung ist nur eine durchgehende Fundamentplatte erforderlich.

n) Betriebstechnische Einzelheiten. Wesentlich für die Betriebsführung der Dampfturbinenanlagen ist die Betriebsbereitschaft der verschiedenen Turbosätze. Je nach Zahl und Leistung der einzelnen Maschinen und dem Verlauf der Belastung muß die Betriebsführung bei Einzelkraftwerken ihr besonderes Augenmerk darauf richten, daß die Stromlieferung bei Maschinenstörung nicht oder nur auf sehr kurze Zeit unterbrochen wird. Bei nur 2 Maschinen muß die Reserve und die Bereitschaft 100 vH betragen. Bei mehreren Maschinen wird die Lösung der Bereitschaftsfrage auch oft auf Schwierigkeiten stoßen und wesentlich abhängig sein von der Bauart der einzelnen älteren Maschinen und naturgemäß ihrer Einzelleistung. Für die Bereitschaft ist in erster Linie die Anlaßzeit der Maschine bestimmt.

Das Anlassen der Dampfturbine[1] bedingt ein vorausgegangenes Anlassen der Hilfsmaschinen und ein Anwärmen,

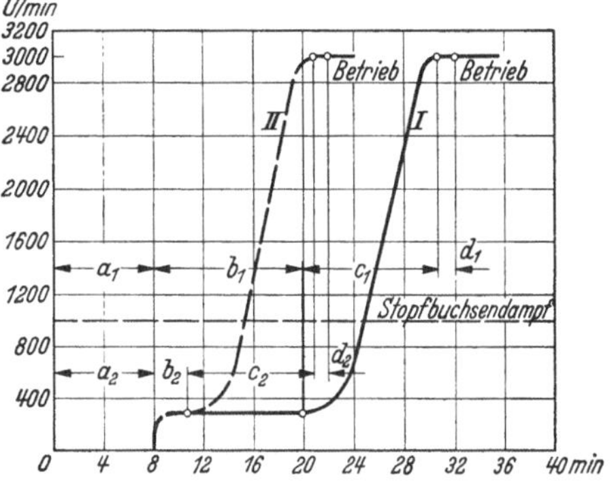

Abb. 63. Anwärm- und Anfahrvorschrift für Regel- und Schnellanfahren.

a_1, a_2 Vorbereitung, Kondensatorentlüftung und Hauptventil öffnen, b_1, b_2 Anwärmen, c_1, c_2 Hochfahren, d_1, d_2 Parallelschalten. *I* Regelanfahren, *II* Schnellanfahren.

und dieses wiederum muß mit besonderer Sorgfalt erfolgen, um einseitige Erwärmungen der einzelnen Maschinenteile zu vermeiden, die zu hohen örtlichen Beanspruchungen der Turbinenbaustoffe selbst und des Fundamentes führen und zu Betriebsstörungen Anlaß geben können. Beschädigungen der Stopfbuchsen, Verziehen der Welle, Krummwerden der Laufräder, Streifen der Turbinenschaufeln am Gehäuse sind in ihren Ursachen meist auf falsches Anwärmen zurückzuführen. Der Maschinenlieferer muß für das Anwärmen und Anfahren besondere Anweisungen geben, nach denen unbedingt zu verfahren ist (Abb. 63). Ob im Stillstand oder im Anfahren anzuwärmen ist, hängt von der Durchbildung der Turbine ab. Neuere Maschinen werden nur im lang-

---

[1] Schröder, K.: Betriebsbereitschaft von Dampfturbosätzen. Arch. Wärmewirtsch. 1934 Heft 6 S. 147. Schurter. W.: Beitrag zum Betrieb großer Dampfturbinen unter besonderer Berücksichtigung der Betriebspausen. EWC Mitt. 1930 S. 127.

samen Lauf angewärmt und dabei Anfahrzeiten von 25 bis 30 Minuten vorgeschrieben, die auch bei älteren Maschinen immer notwendig sind. Dazu kommt die Vorbereitungszeit für die Entlüftung des Kondensators, die Anstellung der Kühlwasserpumpe und der Dampfzufuhr mit dem Ölumlauf. Das ist für den schnellen Einsatz einer kalten Maschine im Störungsfalle außerordentlich lang und bedingt eine entsprechende Vorbereitung von Maschinen bzw. gibt die Grundlage für die Beurteilung der Betriebsbereitschaft älterer Maschinen. Weiter ist die Anfahrzeit begrenzt durch die Zeit für die Entlüftung des Kondensators, die wiederum von der Betriebsart und Arbeitsweise des Entlüfters (S. 128) abhängt. Auch hierfür zeigt sich ganz besonders der große betriebliche Vorteil des Zusammenschlusses mehrerer Werke.

Das Anfahren darf daher nur allmählich durchgeführt werden. Eingehäusemaschinen sind hierin den Mehrgehäusemaschinen überlegen. Ältere Maschinen sind als Bereitschaftsmaschinen nur dann entsprechend zu bewerten, wenn sie ständig angewärmt betriebsbereit stehen oder im Leerlauf mit geringer Drehzahl laufen, wobei der Generator nicht am Netz liegt. Das erfordert aber Dampflieferung und kann die Gesamtwirtschaftlichkeit des Dampfkraftwerkes — also wiederum den thermischen Wirkungsgrad der Anlage — wesentlich beeinträchtigen, wenn nicht Abdampf aus einer Betriebsmaschine zur Verfügung steht. Da zum mindesten 4000 bis 5000 Jahresstunden für die Tagesbereitschaft zu rechnen sind, lassen sich diese Betriebsunkosten leicht feststellen. Der Leerlaufdampfverbrauch kann etwa mit 10 vH des Vollastdampfverbrauches angenommen werden; dieser Betriebsverlust muß in größeren Werken, denen keine Reserve aus anderen Anlagen zur Verfügung steht, kostenmäßig der Beschaffung einer neuen Maschine gegenübergestellt werden, die für sofortige Betriebsbereitschaft entworfen und gebaut ist.

Bei der Verwendung älterer Maschinen zur Betriebsbereitschaft ist nicht zu vergessen, daß die Kondensation voll einzuschalten ist, insbesondere die Kühlwasserpumpen voll fördern, obgleich das, da die Belastung der Maschine fehlt, an sich nicht notwendig wäre. Diese Verluste können herabgesetzt werden, wenn eine umschaltbare Kühlwasserpumpe kleiner Leistung aufgestellt wird oder die Kühlwasserpumpen der Betriebsmaschinen den Wasserbedarf der Bereitschaftsmaschine mit decken. Ähnlich kann mit der Luftabsaugung und schließlich auch mit den Ölpumpen verfahren werden. Diese Betriebsmaßnahmen werden indessen nicht gerne vorgenommen, um den Gesamtbetrieb gerade im Augenblick einer Störung nicht noch mehr zu verwickeln.

Für das Anwärmen sehr großer Maschinen ist die bereits erwähnte Drehvorrichtung am Läufer vorteilhaft. Sie wird auch nach dem Abstellen benutzt, um ein gleichmäßiges Abkühlen der Welle zu erreichen. Eine solche Bewegung des Läufers erhöht die Betriebsbereitschaft und ermöglicht besonders schnelles Anfahren. Die Welle läuft dabei mit etwa 4 bis 6 U/min.

Sollen alte Maschinen in selbständigen Kraftwerken zum schnellen Anfahren herangezogen werden, so erfordert das einen Umbau insbesondere in der Wellenlagerung und in der Bemessung des Spaltes zwischen Läufer und Gehäuse. Bei Neubestellungen ist ein besonders gewolltes schnelles Anfahren aus dem kalten Zustand dem Maschinenlieferer vorzuschreiben, der dann darauf bei der Baudurchbildung von vornherein Rücksicht nimmt.

Eine andere Form der sofortigen Bereitschaft ist der Einsatz mehrerer Maschinen, deren Belastungen so geregelt werden, daß beim Ausfall einer Maschine die anderen Maschinen die Mehrlast sofort, gegebenenfalls unter voller Ausnutzung der Überlastbarkeit auf einen Zeitraum

Abb. 64. Bedienungsseite einer 7700 kW MAN-Gegenlauf-Gegendruckturbine (Ljungströmturbine)
n = 3000 U/min, 14 ata, 325° C, 3,5 ata Gegendruck.

a Dampfdruck vor dem Frischdampfventil, b Dampfdruck nach dem Frischdampfventil, c Dampfdruck Dampfkammer links, d Dampfdruck Dampfkammer rechts, e Gegendruck, f Regleröldruck, g Lageröldruck, h Zusatzventil, i Niederdruckvorrichtung für Frischdampfventil, k Ölstandszeiger, l Hauptabsperrventil, m Entwasserung des Schnellschlußventils, n Absperrventil für Frischdampfdruckmesser, o Belüftung des Laufers, p Frischdampf für die Anlaßpumpe, q Drehzahlanzeiger, r Thermometer fur Lagertemperatur.

übernehmen können, der durch die Inbetriebsetzungsdauer einer anderen Maschine gegeben ist. Der Wirkungsgradverlauf der Turbinen und Generatoren bei Teillasten, der Eigenverbrauch für die Kondensation, die Bedienungs- und Betriebskosten werden hier in erster Linie den Ausschlag für eine solche Betriebsdurchführung nach dem täglichen Betriebsfahrplan geben.

Die Wartung des Maschinensatzes und damit die Zahl der Bedienungsleute ist vom Gesamtaufbau der Anlage in besonderem Maße abhängig. Sämtliche Meßgeräte für die Dampfzufuhr sollen übersichtlich an der Stirnseite der Maschine beim Regler angeordnet sein (Abb. 49, 50 und 64). Etwa noch heranzuziehende Meßgeräte der Kessel- und Schaltanlage gehören ebenfalls hier in die unmittelbare Nähe, da sich der Maschinenwärter in der Hauptsache auf dieser Maschinenseite aufhält und jede Unregelmäßigkeit schnell und sicher erkennen muß, um sie sofort der Betriebsleitung melden zu können. Die Meßgeräte für die Lagerüberwachung sollen alle ihre Skalen nur nach einer Seite gerichtet haben, um beim Umgang um die Maschine den Stand jedes Meßgeräts der Reihenfolge nach überblicken zu können. Ähnliches gilt für die Meßgeräte der Kondensationsanlage, die durch den Durchbruch im Maschinenhausfußboden bequem ablesbar sein müssen.

Zur Wartung gehört weiter ganz besonders der Regler und die Schnellschlußvorrichtung. Beide können die Ursache sehr unangenehmer Störungen werden. Zur Überwachung der Schnellschlußvorrichtung empfiehlt es sich, diese beim jedesmaligen Abstellen der Maschine zu betätigen, um das sichere Arbeiten dadurch immer zu überprüfen.

Abb. 65. 10000 kW-Einzylinder-Kondensationsturbine, Drehzahl 3000 U/min. Gehäuseoberteil abgehoben.
A Ringkanal mit Dampfverteilungseinrichtungen, *B* Gleichdruckrad, *C* Überdruckteil, *D* Ausgleichskolben.

Die Besichtigung und Überprüfung der einzelnen Teile der Turbine muß auf einfache Weise und ohne großen Zeitverlust möglich sein. Hierzu gehört auch das Öffnen des Turbinengehäuses. Packungen an Teilfugen sind betrieblich sehr unerwünscht, da sie zumeist jedesmal leiden und erneuert werden müssen. Auch das Herausheben und Wiedereinlegen des Läufers muß einfach und ohne Gefahr für Beschädigung durch unachtsame Montage möglich sein. Abb. 65 zeigt eine geöffneten 10000 kW Maschine von BBC. Die Maschinen sollen häufig aufgedeckt werden, um den inneren Zustand zu prüfen, Baustoffverwerfungen, unzulässige Dehnungen, Wachsen der Laufräder, Strukturveränderungen in den Schaufeln, Erosionen und dgl. feststellen zu können. Die Lebensdauer der Maschine gewinnt dadurch wesentlich. Die Versicherungsgesellschaften fordern dieses Aufdecken zumeist jedes Jahr.

9. Die Kondensationsanlagen.

a) Allgemeines. Der spez. Dampfverbrauch bzw. der thermodynamische Wirkungsgrad der Dampfturbine ist abhängig vom Wärmegefälle H_0 und dieses bei den Kondensationsmaschinen vom Gegendruck im Kondensator p_{Ko}. Die Temperatur t_{Ko}, bis auf die die Wärmemenge des Dampfes im Kondensator ausgenutzt werden soll, ist vom Turbinenbauer festzulegen. Das Wasser-Dampfgemisch hat bei dieser Temperatur t_{Ko} einen bestimmten Druck, der aus den Wärmetafeln für gesättigten Wasserdampf zu ersehen ist. Nur dieser Druck darf als Gegendruck im Kondensator herrschen, wenn t_{Ko} erreicht werden soll; es ist also die Luftleere im Kondensatorkessel bis auf diesen Gegendruck zu schaffen. Je tiefer die Temperatur t_{Ko} liegt, um so größer muß die Luftleere in vH bzw. um so kleiner muß der Gegendruck sein. So entspricht z. B. einer Temperatur des gesättigten Wasserdampfes von $t_{Ko} = 28{,}6^0$ C ein Druck von 0,04 ata. Da 1 ata $= 1$ kg/cm² Druck einer Quecksilbersäule von 735 mm als Druckmaßstab gleichkommt, bezogen auf 760 mm QS (Quecksilbersäule) in der Höhe des Meeresspiegels, so ist:

die erforderliche Luftleere im Kondensator:

$$V = \frac{x}{760} \, 100 \ \text{vH} \tag{46}$$

und

$$x = 760 - p_{Ko} \cdot 735 \, \text{mm QS}, \tag{46a}$$

im vorgenannten Beispiel also:

$$x = 760 - 0{,}04 \cdot 735 = 730{,}60 \, \text{mm QS}$$

und die Luftleere:

$$V = \frac{730{,}60}{760} \cdot 100 = 96 \ \text{vH} \, .$$

Der Wärmeinhalt i_{Ko} des Dampfes bei $t_{Ko} = 28{,}6^0$ C ist nach der Wärmetafel 608,2 kcal/kg und die Verdampfungswärme $r = 579{,}6$ kcal/kg.

Je größer der Temperaturunterschied ist, um so vorteilhafter kann das Wärmegefälle zur Ausnutzung gebracht werden. Um nun den geringen Gegendruck noch unter dem Atmosphärendruck zu erhalten, so daß die Ausdehnung des Dampfes möglichst weit getrieben und damit das dem Dampf in dieser unteren Spannungszone noch innewohnende große Arbeitsvermögen in mechanische Arbeit umgewandelt werden kann, wird die Dampfturbine mit einer Kondensationsanlage versehen, die demnach den Zweck hat, die Arbeit des Gegendruckes und diesen selbst möglichst klein zu halten und das Wärmegefälle zu vergrößern. Das geschieht in der Weise, daß der aus der Maschine abströmende Dampf in einen praktisch luftleeren Behälter, den Kondensator, geleitet wird, in welchem er dann durch Wärmeentziehung mittels besonders zugeführten kalten Wassers schnell zum Kondensieren kommt. Hieraus geht bereits hervor, daß eine Kondensationsanlage ihrer Güte nach zu beurteilen ist nach der erzeugten Luftleere (Vakuum), die dauernd aufrechterhalten bleibt, und der erreichbaren Abkühlung des Dampfes, wobei indessen beide Zwecke bestimmte, praktisch erprobte Grenzen nicht überschreiten dürfen. Die wirtschaftliche Überlegenheit der Dampfturbine gegenüber der Kolbendampfmaschine ist zum großen Teil auf der Ausnutzung der erzielbaren größeren Luftleere begründet.

Die Kennlinien[1] der Abb. 66 geben die Grundlagen für die Beurteilung der Kondensation und zwar die Beziehungen zwischen der Luftleere und den zugehörigen Dampftemperaturen t_{Ko} im Kondensator innerhalb der Grenzen von atmosphärischer Spannung bis zu 98 vH Luftleere, ferner die für eine bestimmte Luftleere erforderliche Kühlwassereintrittstemperatur $t_{Kü,1}$ und das sich hierbei ergebende verfügbare Wärmegefälle H_0 bezogen auf einen angenommenen Dampfanfangszustand von 12 atü Überdruck und 300° C Überhitzung, endlich den theoretisch D_{th} und praktisch D erreichbaren spez. Dampfverbrauch. Als Abszissen sind die Luftleere bzw. der absolute Gegendruck p_{Ko} aufgetragen. Aus dem Verlauf der Kennlinien für D_{th} und D ist sofort zu ersehen, daß hohe Luftleere, insbesondere über 90 vH, den

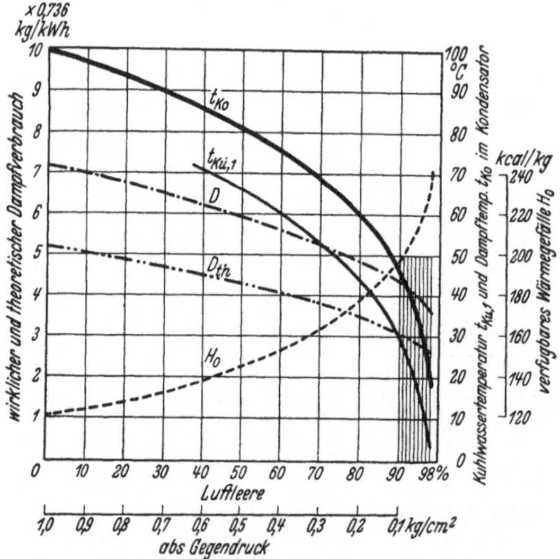

Abb. 66. Beziehungen zwischen Luftleere und Dampfverbrauch bei Kondensationsmaschinen (Frischdampf 12 atü, Überhitzung 300° C).

t_{Ko} Dampftemperatur im Kondensator ° C, $t_{Kü,1}$ Kühlwasser-Eintrittstemperatur ° C, H_0 verfügbares Wärmegefälle kcal/kg, D tatsächlicher spez. Dampfverbrauch [× 0,736] kg/kWh, D_{th} theoretischer Dampfverbrauch [× 0,736] kg/kWh.

Dampfverbrauch außerordentlich günstig beeinflußt, da das verfügbare Wärmegefälle sehr rasch wächst. Die Dampftemperatur entspricht jedesmal einer bestimmten Luftleere oder einem gegebenen absoluten Gegendruck im Kondensator. Diese Temperatur kann im Sättigungszustand weder überschritten noch unterschritten werden. Nach den Kennlinien ergibt sich weiter, daß eine hohe Luftleere auch eine sehr niedrige Kühlwassertemperatur erfordert.

Im Gegensatz zur Dampferzeugung im Kessel ist hier beim umgekehrten Vorgang also beim Niederschlagen des Dampfes zu Wasser in erster Linie die Verdampfungswärme an das Kühlwasser abzugeben. 1 kg Sattdampf von 0,10 kg/cm² absolutem Druck mit einer Temperatur t_s von 45,4° C (90 vH Luftleere) hat z. B. einen Wärme-

---

[1] Aufgestellt von der MAN Nürnberg.

inhalt i_{Ko} von 615,9 kcal[1]. Somit sind zum Niederschlagen von 1 kg Dampf 615,9 — 45,4 = 570,5 kcal an das Kühlwasser abzugeben. Soll das Kondensat noch weiter von 45,4° auf 30° abgekühlt werden, sind noch 15,4 kcal (Flüssigkeitswärme i') abzuleiten. Bei Zugrundelegung einer 60fachen Kühlwassermenge (für 1 kg Dampf 60 kg Kühlwasser bei etwa 15° C Temperatur) beträgt die Erwärmung des Kühlwassers etwa $\frac{570,5}{60} \cong 9,5°$ C, d. h. bei einer Eintrittstemperatur von 15° C fließt dasselbe mit 15 + 10 = 25° C ab. Es muß also die Kühlwassereintrittstemperatur $t_{Ku,1}$, um die Dampfkondensation zu erreichen, etwa 15° C unter der mittleren Dampftemperatur t_s, die der jeweiligen Luftleere entspricht, liegen. Hieraus ergibt sich, daß die erreichbare Luftleere innerhalb enger Grenzen gegeben ist, wie Kennlinie t_{Ko} in Abb. 66 zeigt, denn die Kühlwassermenge kann aus wirtschaftlichen Gründen nicht unendlich groß gemacht werden. Die Steigerung der Luftleere um 1 vH ergibt einen um etwa 1,5 vH geringeren Dampfverbrauch, also eine entsprechende Kostenersparnis.

Für den Oberflächenkondensator gilt unter Vernachlässigung der Verluste durch Strahlung und Leitung, sowie der durch die Luftabsaugung abgeführten Wärmemengen:

$$Q_D \left(i_{Ko} - t_{Ko}\right) = Q_{Kü} \left(t_{Ku,2} - t_{Ku,1}\right) \text{ kcal/h} \tag{47}$$

und daraus die Kühlwassermenge:

$$Q_{Ku} = \frac{Q_D \left(i_{Ko} - t_{Ko}\right)}{t_{Ku,2} - t_{Ku,1}} \text{ t/h} . \tag{48}$$

Q_D = Kondensatmenge = Dampfmenge in t/h,
t_{Ko} = Temperatur des austretenden Kondensates °C,
i_{Ko} = Wärmeinhalt des Dampfes bei p_{Ko} und t_{Ko} kcal/kg.

Bei der theoretischen Luftleere von 99 vH liegt die wirtschaftliche Luftleere etwa bei 95 bis 96 vH. Ob sie für einzelne Verhältnisse noch gesteigert werden kann, hängt von der Bauart der Turbine ab. Es ist dazu darauf hinzuweisen, daß mit einer weiteren Druckherabsetzung im Kondensator das spez. Volumen des Dampfes sehr rasch ansteigt und die Durchgangsquerschnitte im Niederdruckteil dann unter Umständen zu eng werden, wodurch die wirtschaftliche Ausnutzung des Dampfes beeinträchtigt wird und der Gewinn wieder verloren geht.

So beträgt das spez. Volumen:
bei 96 vH Luftleere, also einem Gegendruck von 0,04 ata:

$$V_D = 35,46 \text{ m}^3/\text{kg Dampf,}$$

bei 97 vH Luftleere entsprechend 0,03 ata demgegenüber:

$$V_D = 46,53 \text{ m}^3/\text{kg Dampf} = 31 \text{ vH mehr.}$$

Die Austrittstemperatur des Kühlwassers ist abhängig von der Eintrittstemperatur und von der Menge im Verhältnis zur niedergeschlage-

---

[1] Siehe: Wärmetafeln, Hütte I. Teil.

nen Dampfmenge. Die Temperaturerhöhung kann nach Gl. (48) rechnerisch leicht ermittelt werden. Es ist, wenn:

$$t_{Ko} = t_s - i'$$

und n das Vielfache der Dampfmenge Q_D bezeichnet:

$$Q_D \cdot i_{Ko} - (t_s + i') = n \cdot Q_D (t_{Kü,2} - t_{Ku,1}),$$

$$t_{Kü,2} = \frac{i_{Ko} - (t_s + i')}{n} + t_{Ku,1}. \tag{49}$$

Mit dem Dampf gelangt stets eine gewisse Luftmenge in den Kondensator, die teils im Speisewasser enthalten, teils von den nie vollkommen zu verhütenden Undichheiten an Maschine, Kondensator und Rohrleitungen herrührt. Der absolute Kondensatordruck setzt sich also zusammen aus Dampfdruck und Luftdruck. Die Luft verschlechtert die Wirkung des Kondensators und muß daher durch eine besondere Luftpumpe restlos abgesaugt werden. Ferner ist der zu Wasser verdichtete Dampf aus dem Kondensator abzuführen, was durch die Kondensatpumpe geschieht.

Es sei schließlich schon hier besonders hervorgehoben, daß auch die Betriebssicherheit der ganzen Dampfkraftanlage in unmittelbarer Abhängigkeit von dem guten und zuverlässigen Arbeiten der Kondensationsanlagen steht. Daher ist auf ihre zweckmäßige Durchbildung ebenso großer Wert zu legen wie auf die Auswahl der Dampfturbine selbst. Keinesfalls darf der Kondensationsanlage nur die Bedeutung einer Nebenanlage beigemessen werden.

Da heute fast ausschließlich der Oberflächen-Kondensator benutzt wird, soll nur dieser besprochen werden.

Für wärmewirtschaftliche Untersuchungen und für Vergleiche von Angeboten sind die folgenden Werte bestimmend, die für Voll- und Teilbelastung des Kondensators angegeben werden sollen:

zu verarbeitende Dampfmenge	Q_D	t/h
Kühlwassermenge	$Q_{Kü}$	m³/h = t/h
Kühlwasser Eintrittstemperatur . . .	$t_{Ku,1}$	⁰ C
,, Austrittstemperatur . . .	$t_{Ku,2}$	⁰ C
Luftleere am Kondensatoreintritt . .	V	vH
Kondensattemperatur	t_{Ko}	⁰ C
Sättigungstemperatur	t_s	⁰ C
abgeführte Wärmemenge	$Q_{M,Ko}$	kcal/kg
Wärmedurchgangszahl	K_D	kcal/m², h, ⁰ C
Kondensatmenge	Q_{Ko}	t/h
abzusaugende Luftmenge	Q_L	t/h
Leistung der Kühlwasserpumpe . . .	$N_{Kü}$	
,, ,, Kondensatpumpe . . .	N_{Ko}	
,, ,, Luftpumpe	N_L	

ferner in baulicher Beziehung

Größe der Kühlfläche	$F_{Kü}$	m²
Wassergeschwindigkeit in den Rohren	v_R	m/s

ferner Zahl, Wandstärke, Durchmesser und Baustoffzusammensetzung der Rohre und schließlich, bei welcher Dampfdruckabnahme in der Zuleitung (z. B. 10 vH Druckabfall) die volle Leistung des Kondensators noch gewährleistet wird.

Die Beurteilung einer Kondensationsanlage hat sich daher zu erstrecken auf:

die höchste erreichbare Luftleere gegenüber dem theoretisch möglichen Wert bei einer bestimmten Kühlwassertemperatur unter Anwendung geringster Kühlwassermenge, geringster Leistung und geringsten Energieverbrauches der Umlaufpumpen, geringster Widerstand im Kondensator für das durchfließende Wasser, einfachste und beste Reinigungsmöglichkeit des Kondensators in allen der Verschmutzung und dem Schlamm- und Steinansatz unterliegenden Teilen, einfache und schnelle Auswechselung der Kondensatorrohre.

b) Der Oberflächenkondensator. In Abb. 67 ist in einfachen Linien der Kondensator in der grundsätzlichen Ausführung gezeichnet. Allgemein zunächst ermöglicht der Oberflächen-Kondensator größte Luftleere bei kleinstem für den Kondensationsbetrieb

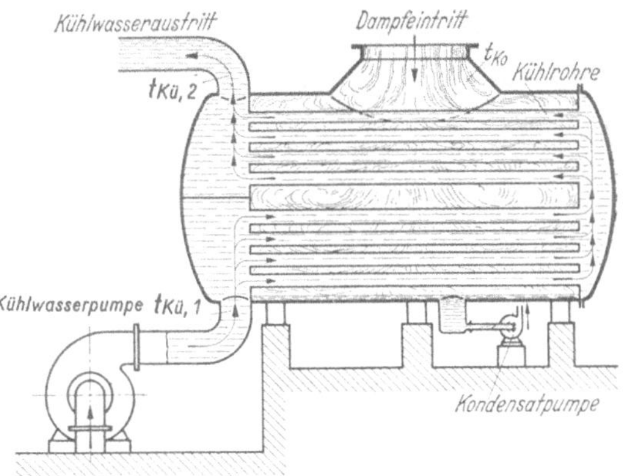

Abb. 67. Allgemeine Ausführung einer Oberflächenkondensation.

notwendigen Kraftbedarf und ferner reines Kondensat, da Dampf und Kühlwasser miteinander nicht in Berührung kommen. Das Kondensat ist ölfrei, völlig rein und ohne weiteres zur Kesselspeisung verwendbar.

Der aus der Turbine abströmende Dampf gelangt durch den Anschlußstutzen in den Kondensatorkessel, der von einer großen Anzahl von Kühlrohren durchsetzt ist. Die Stirnseiten des Kessels werden durch Rohrböden abgeschlossen und dadurch der Dampfraum begrenzt. Die an die Stirnseiten anschließenden Deckel werden zumeist als Wasserkammern ausgebildet, oder es ist an den Kondensatorkörper noch eine besondere Wasserkammer angebaut, an die die Kühlwasserleitungen angeschlossen werden. Diese Ausführung hat den Vorteil, daß beim Abnehmen des vorderen Deckels die Wasseranschlüsse nicht gelöst zu werden brauchen. Die Deckel müssen weite Putzöffnungen erhalten, damit die Kühlrohre zur Besichtigung und Reinigung leicht zugänglich sind. Ferner müssen sie mit besonderen Abhebevorrichtungen versehen sein, um sie bequem entfernen zu können; das ergibt nennenswerte Ersparnisse bei der Untersuchung und Reinigung des Kondensatorkessels. Das Röhrenbündel wird ausziehbar gestaltet; es muß daher bei der Aufstellung des Kondensatorkessels auf den notwendigen Raum Rücksicht genommen werden.

Die Verbindung zwischen Dampfturbine und Kondensator bedarf besonderer Beachtung. Sie muß unter Berücksichtigung des Wärmeausgleichs vollständig dicht sein. Für den Fall einer Störung in der Kondensationsanlage muß die schnellste Umschaltung auf Auspuffbetrieb möglich sein, die auch in Wirksamkeit zu treten hat, wenn im Kondensator der Überdruck eine unzulässige Höhe erreicht.

c) Die Kühlrohre. Der Dampf umspült die Kühlrohre. Ganz besonders ist auf die Führung zwischen Dampf und Wasser zu achten, damit bei kleinster Kühlfläche die größte Wirkung erzielt wird (Abb. 68 u. 69). Die Wassergeschwindigkeit in den Rohren liegt in der Regel zwischen 1,5 bis 2,5 m/s. Die Praxis hat ergeben, daß bei dieser Wassergeschwindigkeit sowohl eine vorzügliche Kühlwirkung erreicht als auch die Verschmutzung der Rohre bei unreinem Kühlwasser verhindert wird, weil dann Verunreinigungen mechanischer Beschaffenheit, Kesselsteinbildner usw. zumeist keine Zeit zur Ablagerung finden. Das Kühlwasser tritt von unten in den Kondensatorkessel ein und verläßt ihn oben, während der Dampf von oben zugeführt und unten durch die Kondensatpumpe abgesaugt wird. Bauart und Anordnung der Kühlrohre sind bei den verschiedenen Herstellern verschieden. Grundsätzlich gilt, daß Wasser und Dampf im Gegenstrom zueinander mit wiederholter Flußablenkung zu führen sind. Die Kühlrohre selbst bestehen aus nahtlos gezogenen Messing- oder Kupferrohren bestimmter metallischer

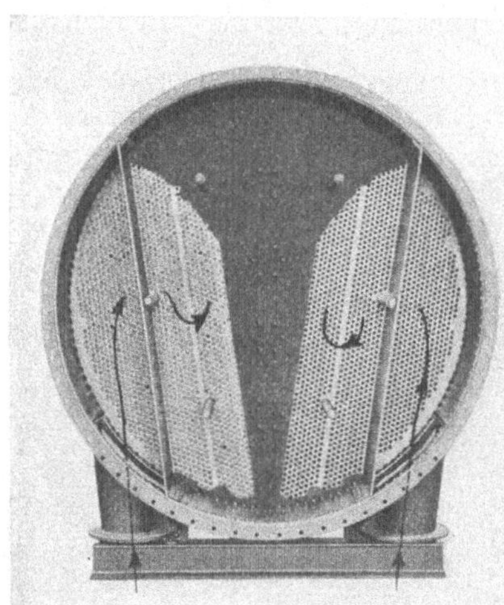

Abb. 68. Wasserkammereintrittsseite.

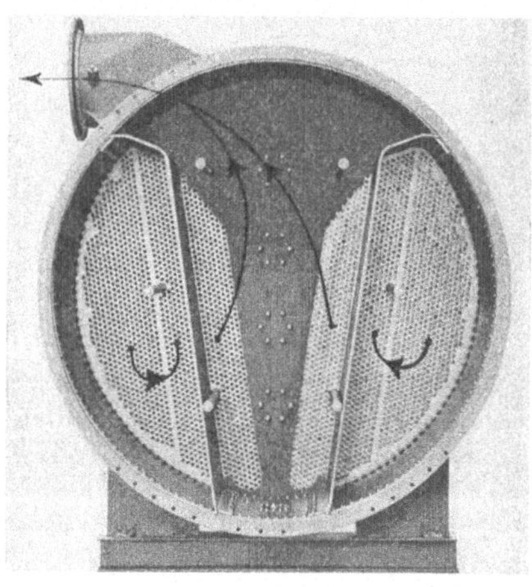

Abb. 69. Wasserkammeraustrittsseite.
Abb. 68 und 69. Wasser- und Dampflauf im Kondensator BBC.

Zusammensetzung. Muß für das Kühlwasser salzhaltiges oder saures Wasser verwendet werden, ist dieses bei Auswahl des Baustoffes für die Kühlrohre zu beachten, da dann letztere aus einer anderen metallischen Zusammensetzung zu wählen sind. Auch gegen elektrolytische Zerstörungen müssen die Kühlrohre besonders geschützt werden. Abirrende elektrische Ströme können die Ursache von Anfressungen der Messing- oder Kupferrohre sein, die mit der Zeit so weit fortschreiten, daß Durchbruch und dann ständiger Wasserverlust und schlechte Luftleere eintreten. Namentlich dort, wo in Gleichstromanlagen ein Pol an Erde liegt, können, wenn nicht besondere Schutzvorkehrungen getroffen werden, recht bedeutende und ständig sich wiederholende Kondensatorinstandsetzungen zu großen Ausgaben zwingen.

Nach praktischen Erfahrungen beträgt die lichte Weite der Kühlrohre zwischen 22 und 30 mm bei 1 bis 1,5 mm Wandstärke[1]. In baulicher Hinsicht ist ferner zu verlangen, daß die Kühlrohre sorgfältigst in den Rohrböden gelagert sind, damit sie an diesen Stellen nicht schon nach kurzer Zeit Störungen aufweisen. Die Rohre werden zumeist eingewalzt. Das muß sehr sorgfältig geschehen, damit keine Rohrbrüche vorkommen, die sich im Betrieb nach kurzer Zeit sehr störend und zwar in erster Linie in der Beeinträchtigung der erzielbaren Luftleere bemerkbar machen. Tritt durch schadhafte Rohre Kühlwasser in das Kondensat, wird dieses in seiner reinen Beschaffenheit verdorben, zudem mit Luft angereichert und dadurch für die Kesselspeisung verschlechtert.

Die Größe der Kühlfläche ist ebenfalls von besonderer Bedeutung. Sie wird bestimmt durch die Zahl, die Wärmeübertragungsfähigkeit, die Bauart und Anordnung der Kühlrohre, die Temperatur des Kühlwassers und die Belastung des Kondensators, also durch die Dampfmenge, welche auf 1 m² Kühlfläche zu kondensieren ist. Bei Oberflächenkondensation und Frischwasserkühlung rechnet man mit etwa 0,02 bis 0,03 m² Kühlfläche für 1 kg Dampf in der Stunde. Muß rückgekühltes, in der Kühltemperatur schwankendes Wasser benutzt werden, ist die Kühlfläche reichlicher zu bemessen. Es ist aber ein Irrtum anzunehmen, daß eine beliebige Vergrößerung der Kühlfläche auch eine Steigerung der Ausnutzungsfähigkeit und damit der Wirtschaftlichkeit der Kondensationsanlage erreichen läßt. Im Gegenteil beeinträchtigt eine zu große Kühlfläche den wirtschaftlichen Betrieb dadurch, daß im reinen Zustand der Kühlrohre das Kondensat unterkühlt werden kann, was zur Folge hat, daß ein zu hoher Betrag an kcal im Kühlwasser nutzlos verlorengeht, und die Speisewassertemperatur d. h. also die Temperatur des Kondensates zu niedrig wird. Es müßte dieser Wärmeverlust durch erneute Wärmezuführung zum Kessel wieder ausgeglichen werden. Reichliche Kühlflächen sind daher beim Vergleich verschiedener Kondensatoren kein Grund, solche mit geringen Kühlflächen als unvorteilhaft zu bezeichnen, sondern es ist, erstklassiger Baustoff vorausgesetzt, derjenige Kondensator der vorteilhaftere, der bei

---

[1] DIN 1785, Juli 1932: Kondensatorrohre, Abmessungen, technische Lieferbedingungen.

gegebenen Wasserverhältnissen eine bestimmte höchste
Luftleere mit der kleinsten Kühlfläche erreichen läßt.

Für den Betrieb ist es wesentlich, zu übersehen, von welchen Einzelwerten die Wirksamkeit der Kühlflächen der Kondensatorrohre abhängt. Für den Beharrungszustand gilt mit hinreichender Genauigkeit[1]:

$$F_{Ku} = \frac{Q_{Ku}}{k_D} \ln \frac{t_s - t_{Ku,1}}{t_s - t_{Ku,2}} + \frac{Q_L}{k_L} \ln \frac{t_s - t_{Kü,1}}{t_L - t_{Ku,1}} + \frac{Q_D}{k_K} \ln \frac{t_s - t_{Ku,1}}{t_L - t_{Ku,1}}, \qquad (50)$$

worin bezeichnet:

$F_{Kü}$ Kühlfläche des Kondensators in m²,

Q_D niederzuschlagende Dampfmenge = Kondensatmenge in kg/h,

$Q_{Kü}$ Kühlwassermenge in kg/h,

Q_L Luftmenge in kg/h,

k_D Wärmedurchgangszahl zwischen Dampf u. Kühlwasser in kcal/m²,
   h, °C,

k_L Wärmedurchgangszahl zwischen Luft u. Kühlwasser in kcal/m², h, °C,

k_K ,,   ,, Kondensat und Kühlwasser in kcal/m²,
   h, °C,

t_s Sättigungstemperatur des Dampfes beim Druck p_{Ko} in °C,

$t_{Ku,1}$ Kühlwassereintrittstemperatur in °C,

$t_{Kü,2}$ Kühlwasseraustrittstemperatur in °C,

t_L Temperatur der abgesaugten Luft in °C.

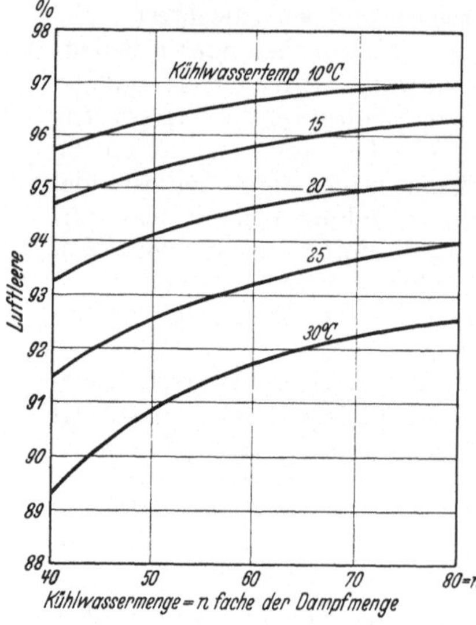

Abb. 70. Kühlwassertemperatur, Kühlwassermenge und erzielbare Luftleere im Oberflächenkondensator.

d) **Das Kühlwasser.** Abb. 70 zeigt
Kennlinien für Kühlwassertemperatur, Kühlwassermenge und erzielbare Luftleere. Es ist bei der Entwurfsbearbeitung zunächst festzustellen, welche Kühlwassermenge
bei Vollbelastung der Maschinen
für eine bestimmte Betriebszeit erforderlich ist, wie sie beschafft werden kann und mit welcher Eintrittstemperatur im Sommer und Winter
zu rechnen ist. Dabei ist zu beachten,
daß von der Beschaffenheit des
Kühlwassers die innere Oberflächen-
beschaffenheit der Kühlrohre und
damit die ständig beste Kühlwirkung
abhängig ist. Da nach Abb. 70 für
die Kondensationsanlage eine große
Kühlwassermenge dauernd zur Verfügung stehen muß, und naturgemäß möglichst reines Wasser zur
Verwendung kommen soll, ist also

auf die Beschaffung desselben und seine Beschaffenheit ganz besonderer

---

[1] Thielsch, Dr.-Ing. K.: Wirtschaftliche Betriebsführung von Kondensationsanlagen. AEG-Mitt. 1925 Heft 1 S. 21.

Wert zu legen. Ist kein Fluß oder Brunnen für Lieferung der erforderlichen Frischwassermenge zu jeder Jahreszeit in der Nähe des Kraftwerkes vorhanden, muß die Rückkühlung des benutzten Wassers erfolgen. Letzteres ist stets dann der Fall, wenn das Kraftwerk z. B.

auf einer Grube errichtet werden muß, wo nur Abwässer in geringer Menge und schlechter Beschaffenheit vorhanden sind.

Bei verschmutztem oder hartem Kühlwasser, das an sich bei der Oberflächenkondensation zulässig ist, ist mit einer schnellen Verschmutzung der Kühlrohre und mit einer Kesselsteinbildung zu rechnen, wodurch die Wärmeübertragung zwischen Kühlrohren und Dampf und damit die Luftleere, infolgedessen der Kohlenverbrauch stark beeinträchtigt werden (Abb. 71 u. 72). Besonders häufige Untersuchung und Außerbetriebsetzung des Maschinensatzes zur Kondensatorreinigung sind notwendig, was mit

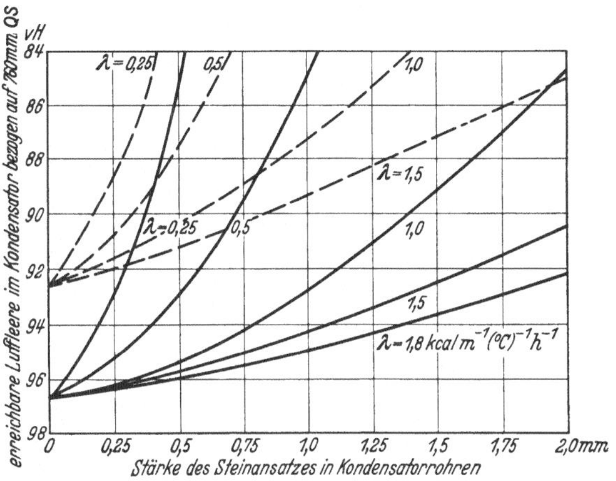
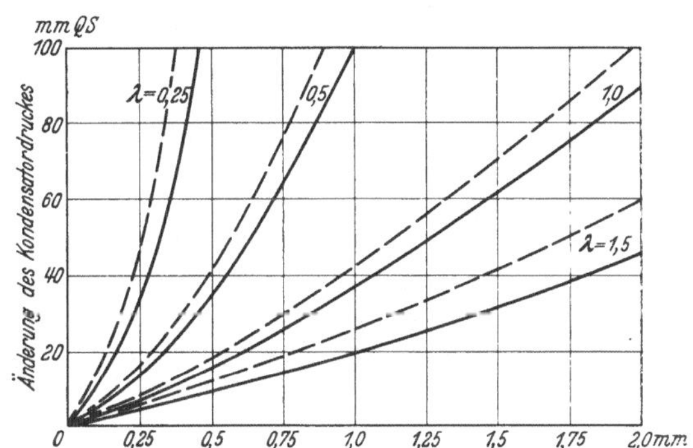

Abb. 71 und 72. Verschlechterung der Luftleere und des Kondensatordruckes durch Steinansatz in den Rohren für verschiedene Leitfähigkeiten des Ansatzes.

hohen Unkosten verbunden und betrieblich sehr unerwünscht ist.

Für den Einfluß der Verschmutzung durch Stein- und Schlammansatz gilt:

$$k_{D,v} = \frac{k_{D,r}}{1 + \frac{\delta}{\lambda} k_{D,r}} \quad \text{kcal/m}^2, \text{h}, {}^0\text{C}. \tag{51}$$

$k_{D,r}$ mittlere Wärmedurchgangszahl zwischen Dampf und Kühlwasser bei reinen Rohren in kcal/m², h, ⁰ C,

$k_{D,v}$ mittlere Wärmedurchgangszahl bei verschmutzten Rohren in kcal/m², h, ⁰ C,

δ Stärke des Ansatzes in m,

λ Wärmeleitfähigkeit des Ansatzes in kcal/m, h, ⁰ C.

Die Wärmedurchgangszahl ist abhängig von der Kühlwassergeschwindigkeit, die Verschlechterung der Luftleere dazu weiter von dem Wert λ, der wiederum abhängig ist von der Kühlwassertemperatur.

Die chemische Beschaffenheit des Kühlwassers darf keine Säuren u. dgl. aufweisen. Sie ist durch genaue Analysen festzustellen, um nicht nur den Baustoff der Kondensatorrohre und der Pumpenkörper, Rohrdichtungen usw., sondern bei mehreren Gewinnungsstellen auch das beste Wasser auswählen zu können.

Bei chemisch schlechtem Wasser kann eine dauernde Verhütung des Stein- und Schlammansatzes in den Kondensatorrohren durch eine von Balcke entwickelte Kühlwasser-Impfanlage erzielt werden. Bei dieser werden die im Rohwasser enthaltenen kohlensauren Kalk- und Magnesiumsalze durch Behandlung mit einer Impfsäure in leicht lösliche Chloride umgewandelt, welche dauernd in Lösung bleiben und eine Ablagerung in den Rohren, Kühlräumen und Kaminkühlern von vornherein ausschließen. Das lästige, zeitraubende, teuere und den Betrieb störende Reinigen der Kondensatorrohre fällt dann fort, die Luftleere im Kondensator kann ständig auf dem Höchstwert erhalten werden. Durch besondere Einrichtungen ist dafür Sorge getragen, daß keine freie Säure im Wasser auftritt, die den Metallteilen im Wasserkreislauf außerordentlich schaden könnte. Durch wirtschaftliche Gegenüberstellungen wird leicht festzustellen sein, ob der Betrieb ohne oder mit einer solchen Impfanlage vorteilhafter arbeitet. Bei beschränkter Maschinenzahl und Leistungsdeckung ist sie ferner für die Beurteilung der Maschinenreserve zu bewerten. An Stelle der Impfung ist gegebenenfalls auch eine andere Aufbereitung zu prüfen.

Bei mechanisch verunreinigtem Wasser sind besondere Einrichtungen anzuwenden, die aber unter Umständen hohe Kosten verursachen können. Wird Flußwasser benutzt, ist dasselbe ferner daraufhin zu untersuchen, ob es dauernd oder nur zeitweise Sinkstoffe und starke Beimengungen von festen Bestandteilen wie Schlacke, Sand, Kraut, Algen, Laub u. dgl. mit sich führt. Für die Reinigung von Sinkstoffen kommen Klärbecken, Klärteiche, Kies- oder Koksfilter, für die Beseitigung von Schwimmstoffen Siebrechen und ähnliche Einrichtungen zur Anwendung. Bei Klärteichen besteht die Gefahr der Geruchsbildung und der Insektenplage, auch die Schlammentfernung ist zu beachten. Da für Klärteiche oder Klärbecken, die durch Ruhe die Sinkstoffe zur Ablagerung bringen, zudem große Plätze notwendig sind, für deren Grunderwerb unter Umständen hohe Kosten aufgewendet werden müssen, kann eine Rechenanlage ohne oder mit Kies- und Koksfiltern vorteilhafter sein[1].

Bei der Reinigung durch Rechenanlagen strömt das Wasser durch einen oder mehrere Grob- und Feinrechen, die die mechanischen Verunreinigungen festhalten. Abb. 73 und 74 zeigen solche Rechenanlagen nach dem Patent Geiger. Der Feinrechen als sog. Schlitz- oder Siebbandrechen wird feststehend oder umlaufend gebaut. Die

---

[1] Siemens-Bauunion: 1927. Nr. 3: Der zweite Ausbau des Kraftwerkes Unterspree.

Siebe des Schlitzrechens Abb. 73 bestehen aus konischen Lamellenstäben, deren Querverbindungen hinter der Sieboberfläche zurückliegen. Die übliche Schlitzweite der Siebe beträgt 3 mm, in besonderen Fällen bis 1 mm. Die Reinigung der Siebe von Schwimmstoffen erfolgt durch mehrere, in endlose Kettenzüge eingeschaltete Bürsten mit Piassavaborsten, die in die Schlitze eingreifen und die Siebfläche in der Richtung von unten nach oben abbürsten. Die Schmutzstoffe werden von den langsamlaufenden Bürsten nach oben gezogen und fallen über

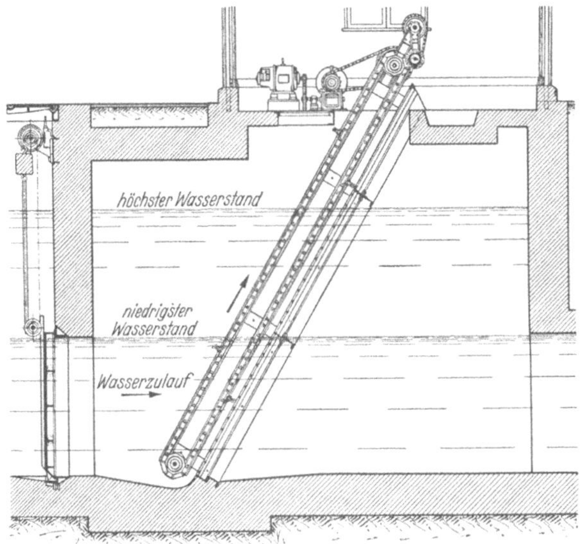

Abb. 73. Schlitzrechen mit Reinigungseinrichtung und elektromotorischem Antrieb (Bauart Geiger).

das Abstellblech in eine Sammelrinne, aus welcher sie von Hand, durch ein Fördermittel (Schnecke oder Band) oder durch Abspülen entfernt werden. Oben werden die Siebbürsten durch pendelnd angeordnete, in entgegengesetzter Richtung umlaufende Walzenbürsten der ganzen Länge nach gereinigt. Die Säuberung der Walzenbürsten erfolgt durch einen über die ganze Rechenbreite angeordneten Abstreifkamm.

Der umlaufende Siebbandrechen (Abb. 74) besteht aus einer Anzahl aneinander gereihter Siebfelder, die an zwei endlosen Gliederketten schwingend aufgehängt sind. Auf der Oberwasserseite überdecken sich diese Siebfelder schuppenartig und bilden ein geschlossenes Band, auf der Unterwasserseite schwingen sie infolge ihres Eigengewichtes aus bzw. klappen auf. Dadurch entsteht auf der Unterwasserseite ein freier Durchfluß, so daß das Wasser nicht noch einmal die Siebe durchströmen muß. Die Reinigung der Siebe erfolgt auf der Oberwasserseite durch Abspritzen von innen nach außen und von oben nach unten gegen die Bewegungsrichtung des Siebbandes. Die Siebfelder schwingen während der Reinigung aus, so daß sie etwas in die Schmutzrinne hineinhängen. Wo keine Druckwasserleitung

(2 bis 3 at) vorhanden ist, muß eine Pumpe (1 bis 3 kW) aufgestellt werden; das Spritzwasser wird dann dem durch den Rechen gereinigten Wasser entnommen.

Durch diesen Siebbandrechen wird eine filterartige Reinigung des Wassers erzielt. Ein besonderer Vorzug dieser Bauart besteht darin, daß dem Siebbandrechen jede beliebige Neigung gegeben werden kann, so daß auch bei niedrigstem Wasserstand ein genügend großer Durchfluß erzielt ·wird.

Abb. 74. Siebbandrechen mit Reinigungsvorrichtung und elektromotorischem Antrieb
(Bauart Geiger).

Abb. 75 zeigt drei verschiedene Rechenanlagen für ein größeres Kraftwerk und zwar eine Einfachanlage mit Umleitung, eine Doppelanlage ohne und eine solche mit Umleitung. Die jeweiligen Wasserwege sind durch Schieber regelbar. In Abb. 75c sind z. B. zwei nebeneinanderlaufende Kanäle $a\,c$ und $b\,d$, in die die Rechenkammern eingebaut sind, und ein freier Kanal e vorhanden. Das Wasser durchströmt zunächst einen feststehenden Grobrechen, dann den feststehenden Schlitzrechen und schließlich den umlaufenden Siebbandrechen, eine Aufteilung, die besonders zweckmäßig ist, wenn das Wasser mit wechselnder Jahreszeit auch in der Art und Menge wechselnde Sink- und Schwimmstoffe mit sich führt. Die Umleitung des Wassers ist dergestalt regelbar, daß bei geringer Verunreinigung der Schlitzrechen und bei starker Verunreinigung entweder nur der Siebbandrechen oder dieser in Hintereinanderschaltung mit dem Schlitzrechen eingeschaltet wird. Ist das Wasser verhältnismäßig rein, die Benutzung der Bandrechen also nicht nötig, oder soll ein Kanal zur Reinigung freigemacht werden, kann durch Schließen der entsprechenden Schieber das Kühlwasser nach Durchströmen des Grobrechens in den offenen Kanal umgeleitet den Kühlwasserpumpen zuströmen.

Der Kraftbedarf für den Antrieb des Schlitz- bzw. Siebbandrechens ist unbedeutend; dauernde Bewegung ist nicht notwendig. Eine Vereisungsgefahr besteht im Winter nicht, wenn, wie in Abb. 73 u. 74 gezeichnet, die Rechenanlage mit einem Haus überbaut ist. Wesentlich allerdings sind die Kanalanlagen, die je nach den Geländeverhältnissen und der Entfernung der Entnahmestelle bis zum Maschinenhaus unter Umstän-

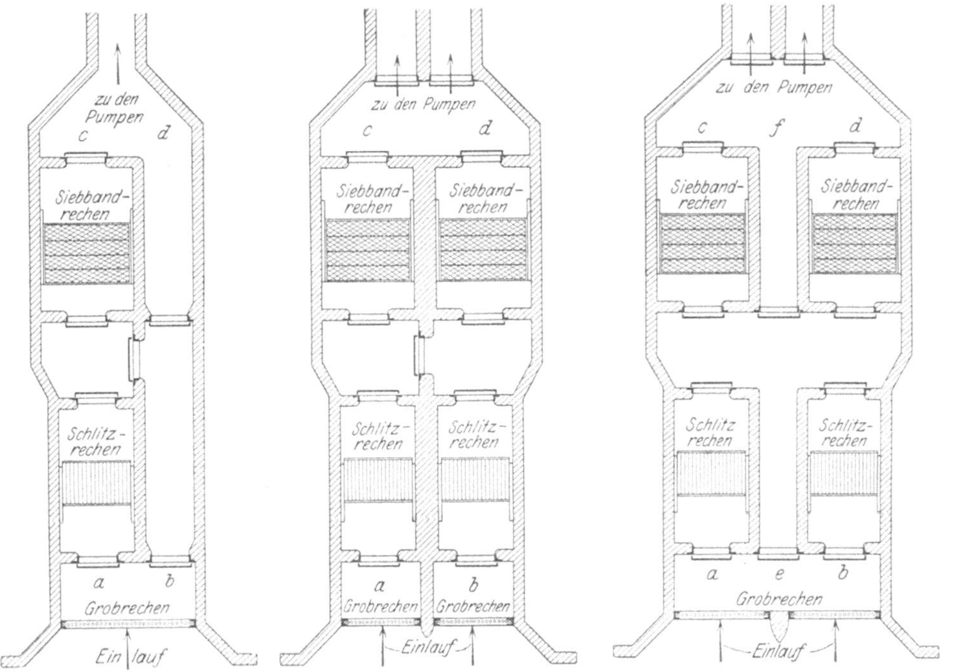

Abb. 75. Vollständige Rechenanlage mit Grob-, Schlitz-, Siebbandrechen und Umgangskanal.

den recht hohe Baukosten verursachen, zumal die Kanäle gegen Einfrieren geschützt sein müssen, also zumeist geschlossen auszuführen sind.

c) **Die Aufteilung des Kondensatorkessels.** Bei großen Anlagen verursacht die Reinigung des Kondensatorkessels recht beträchtliche Anschaffungs- und Bedienungskosten. Die Zu- und Abführungskanäle bzw. Rohrleitungen müssen dabei ebenfalls mit allen ihren Unkosten für Anlage und Betrieb berücksichtigt werden, da sie mehrere Tage aus dem Betrieb gezogen werden. Es ist daher rechnerisch festzustellen, ob eine der folgenden Ausführungen vorteilhafter ist:

1. Aufstellung eines vollständigen Reservekondensators,
2. Teilung jedes Kondensatorkessels in zwei Einzelkessel.

Die unter 1. genannte Ausführung wird nur dann möglich sein, wenn wenige Maschinensätze vorhanden sind, die annähernd die gleiche Leistung haben. Andernfalls kann der Reservekondensator entweder zu groß oder zu klein sein und damit das Kondensat entweder unterkühlen oder bei zu kleinen Abmessungen eine beträchtlich schlechtere Luftleere herbeiführen. Außerdem erfordert eine solche Anlage reichliche Räume, viele Rohrleitungen, Ventile usw. für die Umschaltung, wodurch die Betriebswirtschaftlichkeit und Betriebssicherheit beeinträchtigt werden.

Die Ausführung unter 2. wird bei größeren Maschinensätzen häufig angewendet, wie Abb. 84 und 85 zeigen. Hierbei ist die Möglichkeit gegeben, den Maschinensatz mit einem Kondensatorkessel noch voll in Betrieb zu halten, wenn der zweite zu reinigen ist. Die dann allerdings schlechtere Luftleere muß in Kauf genommen werden. Da aber ein solcher Betrieb zumeist nur kurzzeitig ist, wird die Wirtschaftlichkeit kaum nennenswert beeinträchtigt.

Eine andere Bauart dieses geteilten Kondensators wird von BBC ausgeführt und mit dem Namen „Dauerbetriebskondensator" bezeichnet. In Abb. 76 ist ein solcher abgebildet; hier sind beide Kondensatorkessel zu einem vereinigt. Im Dampfteil

Abb. 76. Geteilter Kondensator als Dauerbetriebskondensator (Bauart BBC).

oder Kondensationsraum weicht diese Bauform in keiner Weise von einem normalen Oberflächenkondensator ab. Die Wasserkammern dagegen unterscheiden sich von denen eines gewöhnlichen Kondensators durch eine senkrechte Mittelwand, welche die Wasserwege in eine linke und in eine rechte Hälfte scheidet, die unter sich gleich ausgebildet sind. Jede Hälfte hat ihren eigenen Wasserzu- und -abfluß, die für sich abgeschlossen werden können. Außerdem sind auch die Enddeckel in der senkrechten Mittelebene geteilt und einzeln um Scharniere aufklappbar. Durch diese Anordnung wird die Reinigung jedes der beiden Teile im Betrieb möglich. Dem Dampf bleibt der volle Eintrittsquerschnitt in den Kondensator erhalten, wodurch schädliche Drosselungen vermieden werden. Auf der offenen, vom Wasser nicht durchflossenen Seite findet keine Kondensation statt. Die Luftleere sinkt beim Betrieb mit einer Hälfte nach zahlreichen Versuchsergebnissen bei Vollast nur um 1 bis 3 vH unter den Wert mit ganzem Kondensator unter sonst gleichen Verhältnissen; bei Halblast und halbem Kondensator ist die Luftleere sogar etwas höher als bei Vollast mit ganzem Kessel.

Trotz aller besonderen Reinigungsvorrichtungen darf, wie hier nochmals betont werden soll, die ständige Überwachung der Kondensationsanlage, insbesondere des Kondensatorkessels und der Kühlrohre, nicht unterbleiben. Je besser der Zustand der Kondensation ist, um so günstiger bleibt der Dampfverbrauch der Dampfturbine. Werden besondere Wasserreinigungsanlagen z. B. bei kleinen Dampfkraftwerken nicht benutzt, ist die Handreinigung des Kondensatorkessels in kürzeren Zeitabschnitten durchzuführen und geschieht durch Bürsten, Auskratzungen oder durch Behandlung mit Säuren[1]. Die einzelnen Hersteller haben hierfür Behandlungsvorschriften und -verfahren, die eine schnelle und gute Reinigung gewährleisten.

f) Die Kondensationspumpen und der Pumpenantrieb. Unter dem Namen Kondensationspumpen werden allgemein alle die Pumpen zusammengefaßt, die zum Betrieb einer Kondensationsanlage erforderlich sind. Es gehören dazu:

die Kühlwasserpumpe, die Luftpumpe, die Kondensatpumpe.

Bei der Beurteilung der Pumpen sind gegenüberzustellen: die Arbeitsweise, der erforderliche Kraftbedarf, der Raumbedarf, der Antrieb und die Betriebssicherheit.

g) Die Kühlwasserpumpe. Das erforderliche Kühlwasser wird dem Kondensator durch die Kühlwasserpumpe zugeführt. Sie wird heute durchweg als Kreiselpumpe gebaut. Aus Abb. 70 ist der Kühlwasserbedarf bei verschiedenen Luftleeren festzustellen. Praktisch kann man bei Frischwasser von durchschnittlich 15° C Temperatur und dem 50- bis 60fachen der Dampfmenge eine Luftleere von etwa 95 vH, bei rückgekühltem Wasser von etwa 25° C Temperatur und dem 70- bis 80fachen der Dampfmenge eine Luftleere von nur 93,5 vH erzielen. Bei der Größenbestimmung der Pumpe ist auf den Höhenunterschied zwischen Zulauf und Ablauf, auf die Reibungswiderstände in den Rohrleitungen und im Kondensator Rücksicht zu nehmen. Muß das Kühlwasser rückgekühlt werden, dann ist auch die Höhe des Einlaufes am Kühlturm mit in Rechnung zu stellen, auf die das Wasser durch die Kühlwasserpumpe heraufgeschleudert werden muß. Ferner soll die Saugleitung so angelegt sein, daß der Saugkorb leicht zu reinigen ist. Wenn es die Aufstellungsverhältnisse ermöglichen, sollen Zu- und Abflußleitung im Kraftfluß stehen, also in Form eines Hebers arbeiten, weil dann die Pumpe nur die Reibungswiderstände zu überwinden hat.

Für das wirtschaftliche Arbeiten der Kühlwasserpumpe ist der Zusammenhang zwischen Fördermenge und Förderhöhe zu beachten (Abb. 208). Da eine Erhöhung der Drehzahl des Pumpenmotors zumeist

---

[1] Hoefer, K.: Reinhalten von Oberflächenkondensatoren. Z. VDI 1936 Nr. 5 S. 127. Quednau, H.: Ermittelung des wirtschaftlich günstigsten Zeitraumes zwischen zwei Kondensatorreinigungen. Elektrizitätswirtschaft 1930 S. 40. Brendlein, A.: Die chemische und mechanische Reinigung der Kondensatorrohre und ihr Einfluß auf den Werkstoff. Elektrizitätswirtschaft 1936 S. 323.

nicht angewendet wird, zeigt die Kennlinie, daß mit der Zunahme der Förderhöhe eine Verminderung der Kühlwassermenge verbunden ist. Eine Zunahme der Förderhöhe kann eintreten durch Verschmutzung der

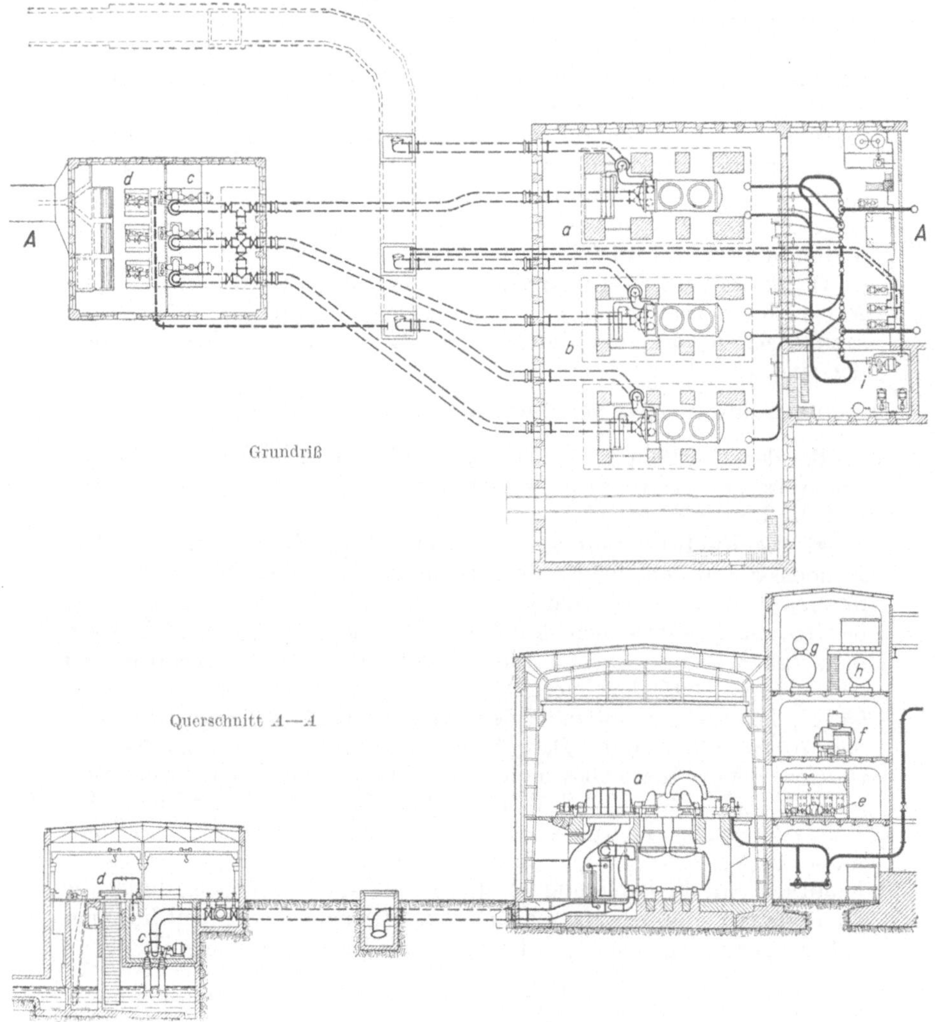

Abb. 77. Kraftwerk Schulau: Kühlwasserzu- und -ableitung, Maschinen und Rohrleitungen (AEG). a = 28000 kW-Turbine, b = 17000 kW-Turbine, c = Kühlwasserpumpen, d = Siebbänder, e = Kesselspeisepumpen, f = Verdampfer, g = Warmspeicher, h = Kaltspeicher, i = Notturbine.

Saugkörbe, Leitungen, Kühlrohre, Klappen und Schieber. Mit einem Absinken der geförderten Kühlwassermenge ist eine Verschlechterung der Luftleere verbunden.

Bei großen Kraftwerken sind hinsichtlich der Aufstellung der Kühlwasserpumpen besondere Untersuchungen durchzuführen, die sich zu erstrecken haben auf die Wahl von Einzelpumpen bei jeder Turbine oder die Zusammenziehung mehrerer Pumpen zu einer Zentralanlage. Ausschlaggebend ist dafür die Zu- und Abführung des Kühlwassers und die Führung der Kanäle, die unter Umständen ganz gewaltige Abmessungen erhalten müssen und in ihrer Lage zum Kraftwerk die Baukosten wesentlich beeinflussen können. Insbesondere ist das der Fall, wenn die Entnahmestelle für das Wasser gegenüber dem Fußboden des Kondensatorraumes tief gelegen ist. Einzelheiten hierzu sind schon bei der ersten Entwurfsbearbeitung zu klären. Besondere bauliche Schwierigkeiten können mit Rohrleitungen überwunden werden. Zu beachten ist, daß die Kreiselpumpen eine größere Saughöhe als etwa 6 m nicht zulassen.

Während in Abb. 79 und 80 die Kühlwasserpumpe jedesmal unmittelbar bei der Maschine steht und mit den übrigen Pumpen zu einem Maschinensatz verbunden ist, kann das bei größeren Anlagen aus räumlichen und betrieblichen Gründen, auch schließlich mit Rücksicht auf die Baukosten für die Zu- und Ablaufkanäle oder Rohrleitungsanlagen nicht mehr zweckmäßig erscheinen. Es wird dann die Zusammenfassung der Kühlwasserpumpen zu untersuchen sein, die sich nach der Kanal- oder Rohranlage zu richten haben wird. Dabei

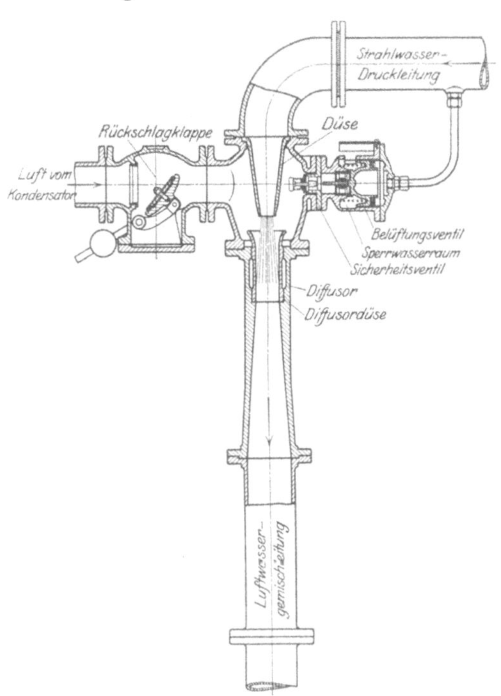

Abb. 78. MAN-Wasserstrahl-Luftpumpe.

ist zu beachten, daß mit Rohrleitungen die erforderliche Betriebsbeweglichkeit leichter zu erreichen ist als mit Kanälen, zumal für letztere auch die Reinigungsanlagen und die Kanalführung zu berücksichtigen sind. Kanäle durch das Kraftwerk zu führen, ist zumeist unratsam. Sie werden vielmehr außerhalb angelegt und über die Pumpenanlage mit Rohrleitungen an die Kondensation angeschlossen. Abb. 77 zeigt eine solche Ausführung. Auf die wechselseitige Umschaltung bei Rohranlagen ist Bedacht zu nehmen.

Für die Anlegung der Kanäle ist der Bauplatz und der Baugrund bestimmend, für den Betrieb und die jährlichen Betriebsunkosten die Wasserverluste, die Reinigung, Unterhaltung, Bedienung, die Verhinderung von Frostgefahr, der man allerdings am einfachsten durch

Einleiten des abfließenden warmen Kühlwassers begegnen kann. Gut verlegte Rohrleitungen sind zumeist billiger und erfordern weniger Aufsicht. Die Verteilung der Schieber zur abschnittsweisen Abschaltung von Rohrstrecken hat nach den Gesichtspunkten für die Rohrleitungsanschlüsse der Kessel und Maschinen zu erfolgen (S. 322). Bei Rohrleitungen müssen außerdem Schnellschlußschieber und Rückschlagklappen vorgesehen werden, wenn nach der Rohrführung und den Anschlüssen der Pumpen bei Störungen im Antrieb einzelner Pumpen falsche Strömungen eintreten können. Das gleiche gilt, wenn z. B. zwei Pumpen im Parallelbetrieb auf einen Kondensator arbeiten.

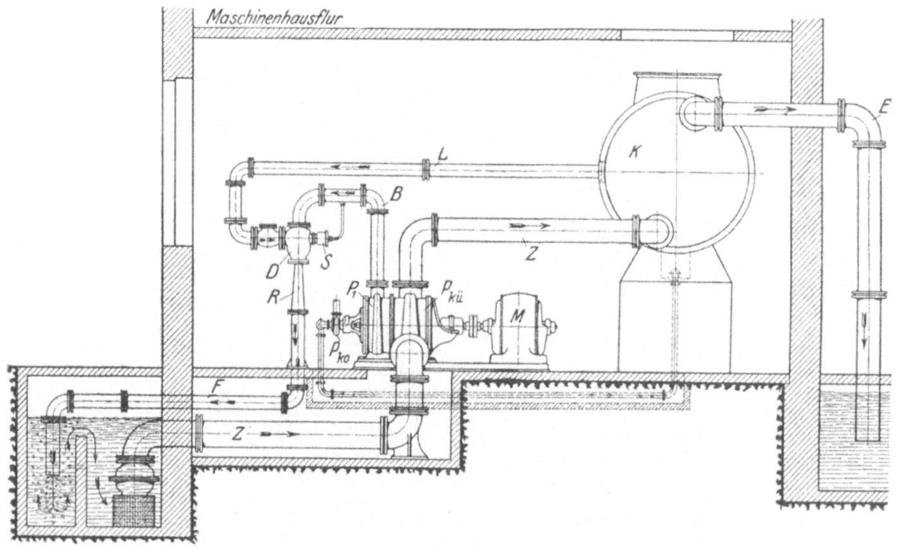

Abb. 79. Oberflächen-Kondensationsanlage für Frischwasserbetrieb mit elektrisch angetriebener Kühlwasser- und Kondensatpumpe und mit Wasserstrahlluftpumpe. MAN. (Erläuterungen s. Abb. 80.)

Die Zusammenfassung der Pumpen, bei der im normalen Betrieb jeder Maschine eine Kühlwasserpumpe zugeordnet werden kann, bietet die Möglichkeit besserer Wassermengenregelung, leichterer Betriebsführung bei Störungen und Instandsetzungen, was bei der Einzelaufstellung auch durch Unterteilung des Pumpensatzes zu erreichen ist. In mittleren Betrieben wählt man indessen fast durchweg die Einzelaufstellung. Bau- und Betriebskosten haben wiederum letzten Endes zu entscheiden.

h) Die Luftpumpe. Die im Kondensator enthaltene Luft bzw. das nicht kondensierte Dampfluftgemisch ist schnellstens und restlos abzuführen. Hierzu dient die Luftpumpe, die entweder als umlaufende, als Wasserstrahl- oder als Dampfstrahl-Pumpe gewählt wird.

Die umlaufende Luftpumpe findet heute nur noch selten Verwendung. Der besondere betriebliche Vorzug einer solchen umlaufenden Pumpe liegt darin, daß das Entlüften des Kondensatorkessels vor dem Anfahren in viel kürzerer Zeit (etwa 3 bis 5 Minuten) möglich ist als bei den Strahlluftpumpen. Besondere Strahler (Ejektoren) für das Anfahren sind unnötig; der Wirkungsgrad ist zudem höher als bei allen anderen Pumpenarten.

Die Wasserstrahlluftpumpe ist in Abb. 78 in ihrer baulichen Durchbildung und in Abb. 79 u. 80 im Zusammenbau mit dem Kondensator dargestellt. Die Wirkungsweise ist kurz folgende: Das Betriebswasser, das von der Kühlwasserpumpe $P_{Kü}$ mit beschafft wird, tritt

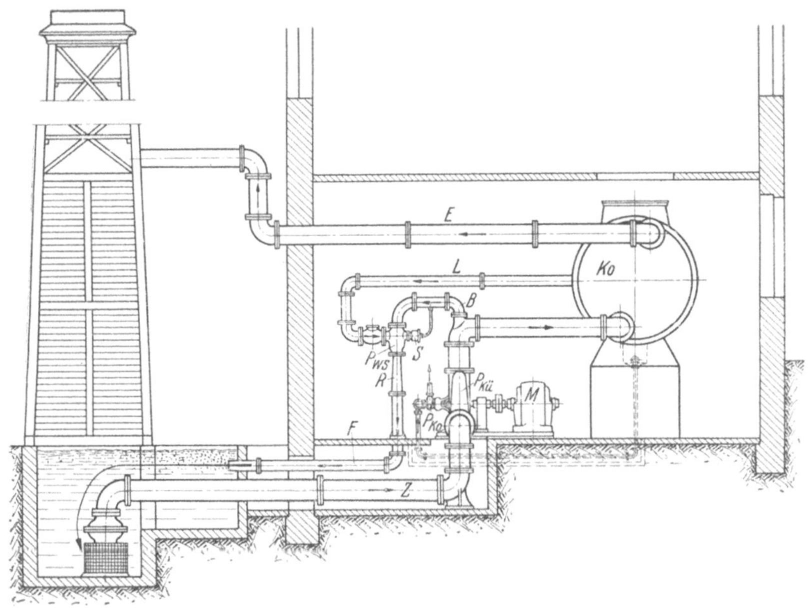

Abb. 80. Oberflächen-Kondensationsanlage für Rückkühlung des Kühlwassers, mit elektrischem Antrieb der Kühlwasser- und Kondensatpumpe und mit Wasserstrahlluftpumpe (MAN).

B Wasserzufluß für Strahldüse, P_{WS} Strahldüse, E Kühlwasserabflußleitung, F Abflußleitung für Wasserluftgemisch, Ko Kondensator, P_{Ko} Kondensatpumpe, L Luftabsaugleitung, M Elektromotor, $P_{Kü}$ Kühlwasserpumpe, R Zerstreuer S Belüftungsventil, Z Kühlwasserzuleitung.

durch das Zulaufrohr B in die Düse P_{WS} ein (Abb. 79), wo sein Druck in Geschwindigkeit umgewandelt wird. Der aus der Düse austretende Wasserstrahl saugt die Luft durch die Leitung L aus dem Kondensator Ko ab. Durch eine besondere Vorrichtung wird ferner eine zweckentsprechende Verteilung und Richtung des Wasserstrahles herbeigeführt und dessen Absaugefähigkeit gesteigert. In dem sich anschließenden, konisch erweiterten Zerstreuer (Diffusor) wird das Gemisch — Wasser-Luft — etwas über atmosphärische Spannung verdichtet, um die darauf folgende Luftabscheidung zu erleichtern. Die Strahlluftpumpe muß so reichlich bemessen werden, daß sie auch Luftmengen, die gelegentlich infolge undichter Packungen an

Rohrleitungen oder anderer Vorkommnisse in den Kondensator gelangen, abführen kann, so daß die Luftleere nicht sofort so stark sinkt, daß der Betrieb der Maschine beeinträchtigt wird.

Bei Anlagen, die mit Frischwasser arbeiten, soll die Anordnung für Luft- und Kühlwasserpumpe derart getroffen werden, daß beide in Parallelschaltung arbeiten, so daß dann wiederum die natürliche Heberwirkung ausgenutzt wird; die Kühlwasserpumpe hat in diesem Fall nur die Rohr- und Kondensatorwiderstände zu überwinden. Da der Druck des Kühlwassers für den Düsenbetrieb zumeist nicht ausreicht, muß für die Beschaffung des Strahlwassers eine besondere kleine Pumpe (Strahlwasserpumpe) aufgestellt, oder der Kühlwasserpumpe im gemeinschaftlichen Gehäuse noch eine besondere Druck-

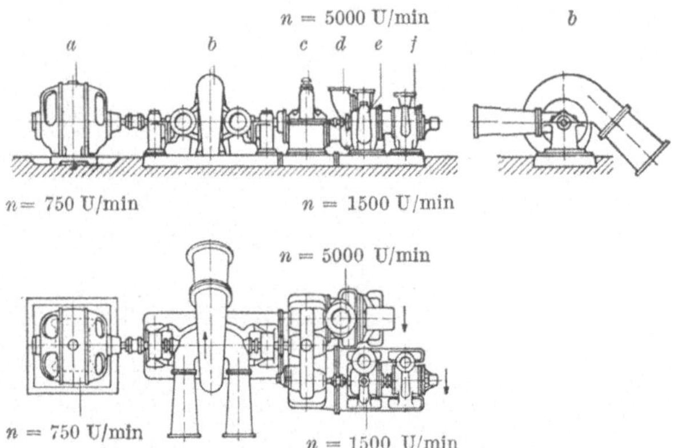

Abb. 81. Kondensationspumpenantrieb durch Elektromotor und Dampfturbine.
a Elektromotor, *b* Kühlwasserpumpe, *c* Zahnradgetriebe, *d* Dampfturbine, *e* Aufschlagwasserpumpe, *f* Kondensatpumpe.

stufe zugeschaltet werden, die das für die Düse nötige Wasser von dem Druck der Hauptpumpe auf den Düsendruck erhöht (Abb. 81). Das Ablaufwasser der Düse fließt unter Abscheidung der Luft dem Frischwasserkanal zu, um dann vermischt mit dem Frischwasser erneut in die Pumpe zu gelangen. Bei unbeschränkter Wasserzufuhr kann das Strahlwasser auch in den Warmwasserablauf geleitet werden.

Arbeitet die Kondensationsanlage mit rückgekühltem Wasser, genügt zumeist der dann erforderliche Druck, den die Kühlwasserpumpe zu überwinden hat, auch zum Betrieb der Düse. Das Strahlwasser und das Kühlwasser werden durch eine gemeinsame, einstufige Pumpe beschafft. Das Ablaufwasser der Düse fließt in den Saugschacht der Pumpe zurück und mischt sich dort mit dem rückgekühlten Wasser aus dem Kühlturm. Die Ausscheidung der Luft erfolgt im Kühlturmwerk. Die Abb. 80 zeigt die entsprechende Gesamtausführung der MAN, die in Gegenüberstellung zu bringen ist mit Abb. 79.

Die Vorzüge der Wasserstrahlluftpumpe liegen in der großen Luftabsaugefähigkeit, in der Wasserersparnis, in einer raschen Inbetriebsetzung, einer großen Betriebssicherheit, einfacher Bauform und geringer Abnutzung.

Die Betriebsbereitschaft besonders durch das schnelle Entlüften vor dem Anfahren der Maschine hängt von dem Antrieb der Kühlwasserpumpe ab. Erfolgt dieser durch eine Dampfturbine — auch z. B. nur als Notantrieb —, so ist der Wasserstrahler dem Dampfstrahler nicht wesentlich unterlegen. Das gilt auch, wenn ständig elektrischer Strom für den Pumpenantrieb zur Verfügung steht. Bei getrennter Aufstellung der Kühlwasserpumpe ist der Wasserstrahler nicht benutzbar.

Die Dampfstrahlluftpumpe (Dampfstrahler) (Abb. 82) arbeitet nach ähnlichem Grundsatz wie die Wasserstrahlluftpumpe, nur erfolgt hier die Absaugung der Luft und der unkondensierten Gase durch strömenden Dampf. Dieser Dampf muß der Pumpe aus dem Kessel zugeführt werden. Er dehnt sich in einer kleinen Düsenkappe auf die Kondensatorspannung aus, saugt das Dampfluftgemisch aus dem Kondensator an und unterwirft es einer gewissen Vorverdichtung. Nach dieser wird eine Verdichtung auf die Außentemperatur ebenfalls in einem konisch erweiterten Rohr über einen nachgeschalteten größeren Düsenapparat erzielt. Der Dampfverbrauch ist gering. Er muß in Gegenüberstellung gebracht werden mit dem kWh-Verbrauch für den Antriebsmotor der Strahlwasserpumpe, falls der Vergleich zwischen der Dampfstrahldüse, der Wasserstrahldüse und der umlaufenden Pumpe wirtschaftlich richtig durchgeführt werden soll. Die Abdampfwärme der Dampfstrahlluftpumpe wird dem Kondensat unter Benutzung eines Vorwärmers (Speisewasservorwärmer) und mit diesem dem Kesselspeisewasser bei geringfügigen Abkühlungsverlusten in der Leitung wieder zugeführt. Zur Nutzbarmachung dieser Wärme kann ein Ober-

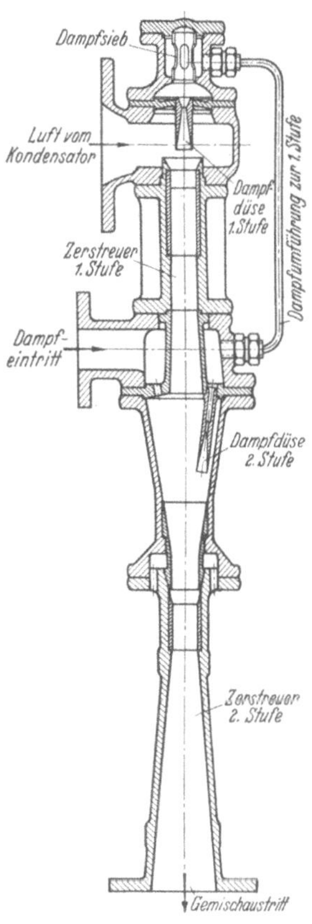

Abb. 82. Balcke-Dampfstrahlluftpumpe.

flächenvorwärmer verwendet werden, der in die Kondensatordruckleitung eingeschaltet wird. Das Kondensat geht durch das vom Abdampf der Strahlpumpe außen umspülte Röhrenbündel des Apparates hindurch und saugt dabei die gesamte Wärme aus dem Abdampf der Strahlpumpe auf (Abb. 83).

Die besonderen Vorzüge der Dampfstrahlluftpumpe bestehen darin, daß keine beweglichen Teile vorhanden sind, also geringste Unterhaltungskosten, und daß die Dampfturbine unter Luftleere bei Stillstand der Kondensation angelassen werden kann, was hinsichtlich der schnellen Betriebsbereitschaft besonders erwünscht ist.

Kolbenpumpen (sog. Saugluftpumpen) für Luft- und Kondensatentfernung werden heute nicht mehr benutzt, weil der Wirkungsgrad und der Preis ungünstiger und besonders der Raumbedarf wesentlich größer ist als für Strahlluftpumpen und Kondensatpumpen zusammen. Außerdem hat die Kolbenpumpe noch wärmetechnische Nachteile, die in der Hauptsache in einem Verdampfen des angesaugten Dampfluftgemisches liegen.

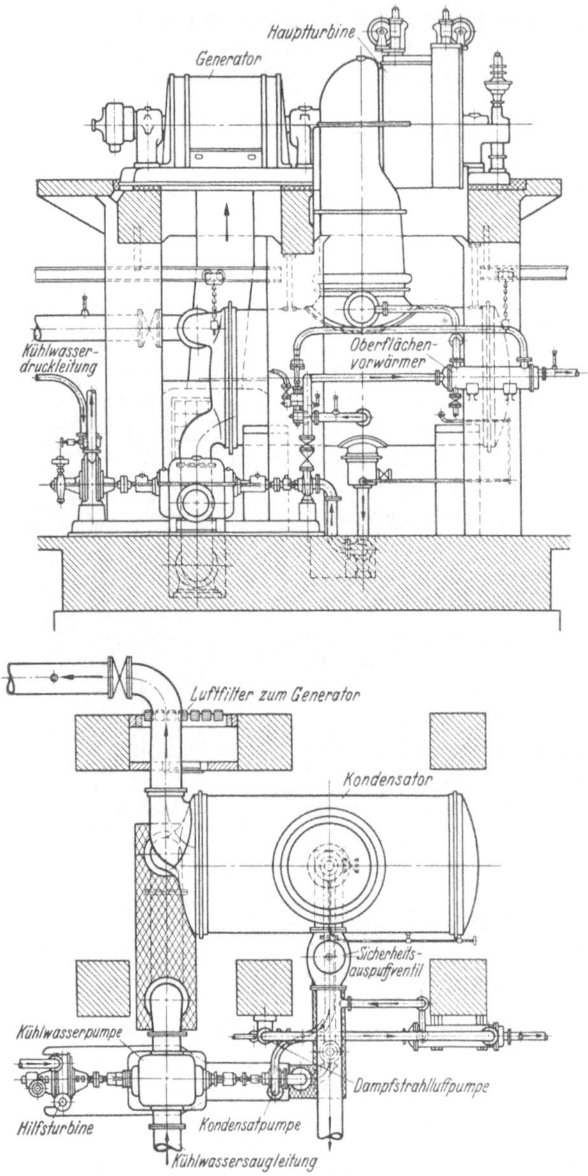

i) Die Kondensatpumpe zum Abführen des kondensierten Wassers in einen Hochbehälter, von dem es unter geringem Druck den Kesselspeisepumpen zufließt oder auch unmittelbar den Kesseln zugedrückt wird, wird derzeit ebenfalls durchweg als Kreiselpumpe gewählt. Da im Innern des Kondensators praktisch Luftleere herrscht, die Pumpe das Kondensat also nicht ansaugen kann, muß die Aufstellung derselben derart erfolgen, daß ihr das Kondensat zufließt (Gefälle etwa 0,5 bis 1 m). Durch besondere bauliche Anordnung dieser Konden

Abb. 83. Oberflächen-Kondensationsanlage für Frischwasserbetrieb, Dampfturbinenantrieb der Pumpen und Dampfstrahlluftpumpe.

satpumpe (Tieferlegen oder senkrechte Aufstellung) kann in einzelnen Fällen an Kellerhöhe und damit an Baukosten gespart werden. Hier-

auf ist bei der Bearbeitung dieses Teiles des Entwurfes einer Dampfkraftanlage ebenfalls Rücksicht zu nehmen (Zahlentafel 9 bis 13).

k) Doppeltes Pumpenwerk. Bei größeren Maschinensätzen wird ein
doppeltes Pumpenwerk von je ½ bis ¾ Leistung unter Umständen
Vorteile bieten, wenn mit schlechten Kühlwasserverhältnissen zu rechnen ist, und der Maschinensatz dauernd im Betrieb gehalten werden
muß. Die Vorzüge einer solchen Ausführung liegen in der erhöhten
Betriebssicherheit, in dem Anpassen an die schwankenden Belastungsverhältnisse der Dampfturbine (Halblast), in der dann erzielbaren Er-

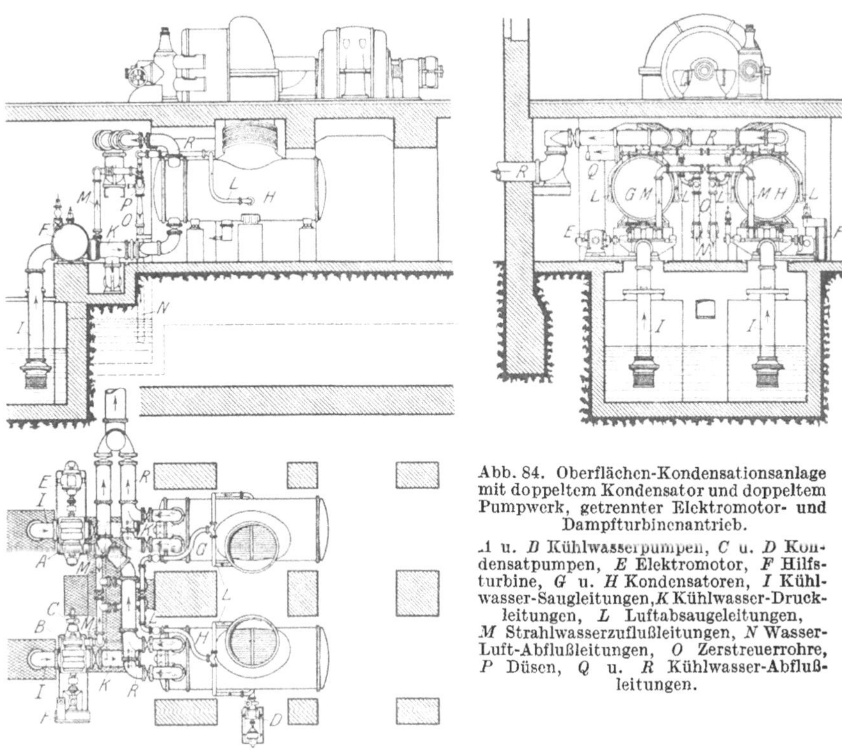

Abb. 84. Oberflächen-Kondensationsanlage
mit doppeltem Kondensator und doppeltem
Pumpwerk, getrennter Elektromotor- und
Dampfturbinenantrieb.

A u. *B* Kühlwasserpumpen, *C* u. *D* Kondensatpumpen, *E* Elektromotor, *F* Hilfsturbine, *G* u. *H* Kondensatoren, *I* Kühl-
wasser-Saugleitungen, *K* Kühlwasser-Druck-
leitungen, *L* Luftabsaugeleitungen,
M Strahlwasserzuflußleitungen, *N* Wasser-
Luft-Abflußleitungen, *O* Zerstreuerrohre,
P Düsen, *Q* u. *R* Kühlwasser-Abfluß-
leitungen.

sparnis im Dampfverbrauch bzw. im Stromverbrauch für die Antriebsmotoren und in der Reserve. Diese Betriebsbeweglichkeit ist
oft sehr erwünscht, z. B. auch wenn mit sehr kaltem Kühlwasser gearbeitet werden kann. Dann wird zur Ersparnis der Kondensationsarbeit ein Pumpensatz abgeschaltet. Es kann die Dampfturbine ferner,
wenn eine der Pumpengruppen nicht betriebsfähig ist (Reinigung),
dennoch mit der anderen Gruppe unter Vollast arbeiten, wobei trotz
der um die Hälfte verringerten Kühlwassermenge die Luftleere nur um
etwa 3 bis 4 vH verschlechtert wird. In Abb. 84 und 85 ist eine derartige Kondensationsanlage mit Doppelkondensator und in Abb. 86
für einen Einfachkondensator dargestellt. Die Luftpumpen werden

meistens für die volle Leistung bemessen und die Schaltung so getroffen, daß sie entweder mit der einen, oder mit der anderen, oder mit beiden Pumpengruppen betrieben werden können.

l) Der Pumpenantrieb. Der Antrieb der Kühlwasser-, Luft- und Kondensatpumpe erfolgt für den Fall, daß die Kühlwasserpumpe auch beim Kondensator steht, entweder durch Elektromotor oder durch eine kleine besondere Hilfsturbine.

Der elektrische Antrieb ist der wirtschaftlichste und wird daher in der Mehrzahl der Fälle vorzuziehen sein. Eine Hilfsturbine

Abb. 85. MAN-Doppelkondensator mit getrennten Pumpensätzen für Dampfturbinen großer Leistung (23000 PS = 5500 m³/h).

muß, da sie für sehr hohe Drehzahl (bis $n = 7000$) gewählt wird, für die notwendigen geringen Drehzahlen der Pumpen (etwa 1500) ein Zahnradgetriebe erhalten. Die Drehzahl der Elektromotoren dagegen ist den Pumpendrehzahlen bei unmittelbarer Kupplung leicht anpaßbar. Ferner hängt die Wahl zwischen elektrischem oder Turbinenantrieb besonders von den Betriebsverhältnissen der Gesamtanlage ab.

In Gleichstromkraftwerken mit einer genügend großen Batterie wird zumeist nur der elektrische Antrieb vorgesehen, weil hier aus der Batterie stets auch dann Strom für den Antrieb der Kondensationsmotoren zur Verfügung steht, wenn die Hauptgeneratoren stillstehen. Es ist ferner das Anfahren eines Maschinensatzes mit eingeschalteter Kondensation auch aus dem Stillstand des ganzen Werkes möglich, worauf natürlich besonders zu achten ist.

In Drehstromkraftwerken dagegen besteht hinsichtlich der Betriebsverhältnisse der Unterschied, ob das Werk als Einzelkraftwerk arbeitet, mit einem Außerbetriebsetzen des ganzen Kraftwerkes, wenn auch nur vorübergehend, also zu rechnen oder ob eine Stromlieferung von einem parallel arbeitenden Werk möglich ist (Verbundbetrieb).

In Einzelkraftwerken werden die Kondensationspumpen von einer kleinen Hilfsturbine angetrieben. Der abgearbeitete Dampf dieser Turbine wird in den Kondensator geführt. Nach dieser Richtung ist also größte Wirtschaftlichkeit erreicht. Um die Turbine billig und klein bauen zu können, wird sie für die günstigste Drehzahl ausgelegt

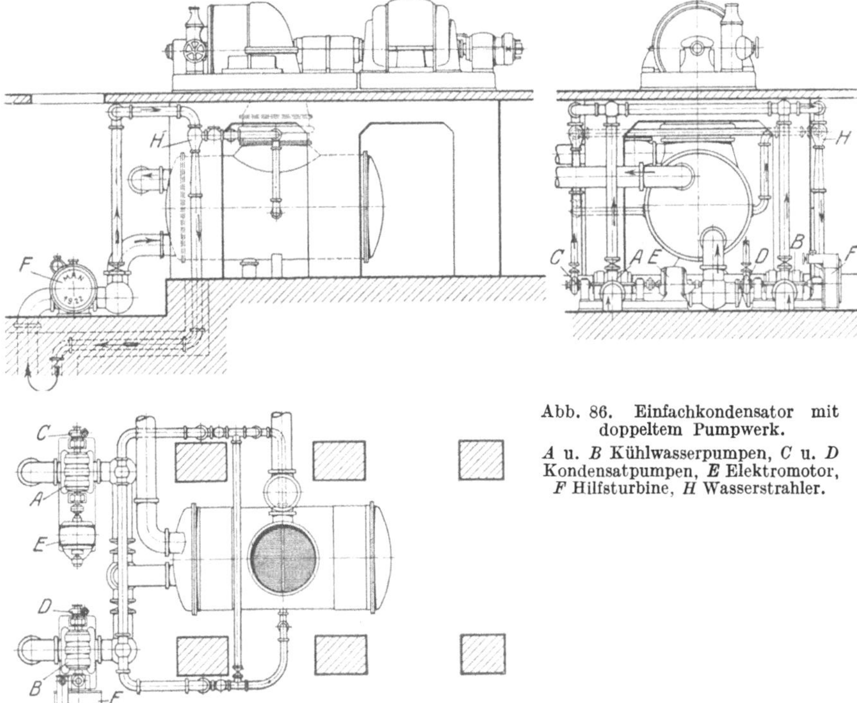

Abb. 86. Einfachkondensator mit doppeltem Pumpwerk.

A u. *B* Kühlwasserpumpen, *C* u. *D* Kondensatpumpen, *E* Elektromotor, *F* Hilfsturbine, *H* Wasserstrahler.

und über ein Zahnradgetriebe mit den Pumpen verbunden, die ihrerseits ebenfalls für die günstigsten Drehzahlen entworfen werden können (Abb. 81). Erzeugt das Kraftwerk Strom, kann die Umschaltung von der Turbine auf einen Elektromotor erfolgen. Jede Stromstörung bringt dann aber auch eine Störung für den Motor mit sich. Aus diesem Grunde wird nur in größeren Werken der zusätzliche Elektromotor gewählt, weil eine Stromunterbrechung bis zum Erliegen des ganzen Werkes äußerst selten vorkommen wird.

Bei Kraftwerken im Verbundbetrieb erhalten die Kondensationsmotoren in der Regel elektrischen Antrieb. Aber auch hier wird der Hilfsturbinenantrieb zum mindesten für die Hauptbetriebsmaschinen gewählt, um gegen jede mögliche Störung gesichert zu sein und für einen solchen Fall die Selbständigkeit des Werkes nicht zu beschränken.

Hilfsturbine und Elektromotor werden heute über feste Kupplungen mit den Pumpen verbunden, um sie nur notfalls abtrennen zu können. Im regelmäßigen Betrieb läuft die Hilfsturbine leer mit. Das Laufrad läuft dann im luftentleerten Gehäuse; der Leerlaufsverlust ist unbedeutend. Die Dampfzuführung wird vor dem Schnellschlußventil der Hauptmaschine abgezweigt und mit einem selbsttätigen Schieber versehen, der bei Ausfall der Stromlieferung an den Motor die Hilfsturbine zum Anlauf bringt und sie wieder stillsetzt, wenn der Motor Strom erhält.

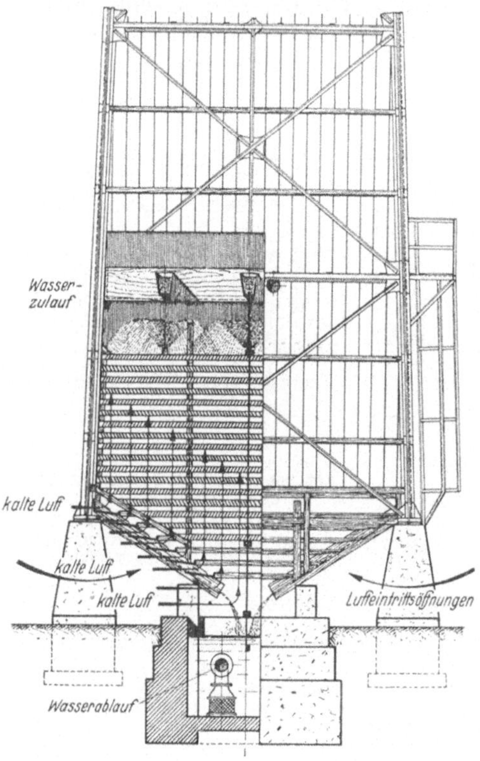

Wird der Pumpensatz einer Maschine auf zwei Pumpengruppen aufgeteilt, dann wird zweckmäßig aus gleichen Gründen wie oben die eine Gruppe mit einer Hilfsturbine, die zweite mit einem Elektromotor angetrieben (Abb. 84 u. 86).

Der Doppelantrieb der Pumpen erfordert neben den höheren Anschaffungskosten auch wesentlich größere Baulichkeiten, wodurch die Gesamtanlagekosten nicht unerheblich vergrößert werden. Es ist daher bei der Entwurfsbearbeitung auf die Betriebsverhältnisse besonders zu achten und der Vorzug der Unabhängigkeit von der Stromquelle wirtschaftlich zu untersuchen. Selbstverständlich muß auch die Hilfsturbine mit allem Zubehör ausgerüstet werden (Geschwindigkeits- und Sicherheitsregler, Schnellschluß).

Wird der Dampf in eine Zwischenstufe der Hauptturbine geleitet, darf das nur an einer solchen Stelle geschehen, von der aus Dampfmenge und Arbeitsvermögen nicht ausreichen, um die Hauptmaschine im Leerlauf anzutreiben und zum Durchgehen zu bringen. Auch zur Anwärmung des Speisewassers wird dieser Abdampf benutzt (Abb. 25).

m) Die Rückkühlanlagen. Kann das für den Betrieb der Kondensationsanlagen erforderliche Kühlwasser nicht einfach aus einem am Kraftwerk vorbeiführenden Fluß bzw. aus einem See mit natürlichem Zufluß oder einem Brunnen entnommen werden, was zur Voraussetzung hat, daß stets und zu allen Jahreszeiten ausreichende Wassermengen zur Verfügung stehen und keine große Pumpenarbeit für das Heben des Wassers aufzuwenden ist, wird es notwendig, das erwärmte Kühlwasser durch besondere Anlagen rückzukühlen.

Abb. 87. Balcke-Hochleistungskaminkühler mit Treppenrost-Luftzuführung.

Ein solcher Kühler wird in Form eines Kaminkühlers gebaut (Abb. 87). Er besteht aus einem hölzernen oder betonierten Schacht, in dessen unterem verbreiterten Teil eine Wasserregelungsvorrichtung eingebaut ist. Durch besondere mechanische Vorrichtungen wird das zu kühlende Wasser in den Turm eingeführt, in feine Tropfen zerstäubt, fällt langsam in einen unter dem Kühler befindlichen Sammelbehälter und gibt einer-

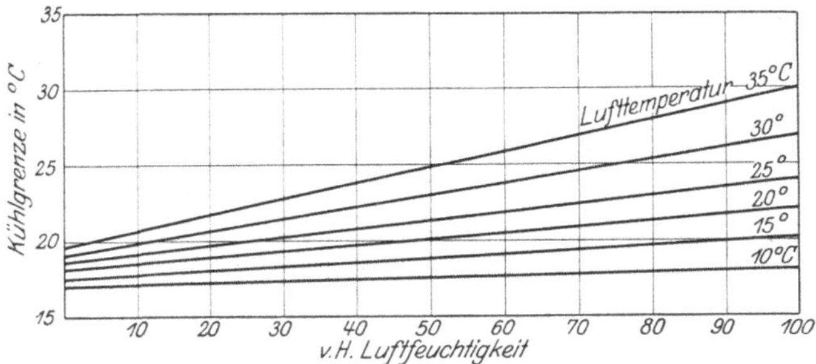

Abb. 88. Einfluß der Luftbeschaffenheit auf die Kühlwirkung von Kühltürmen.

seits einen Teil seiner Wärme an die von unten durchstreichende Luft, andererseits durch Sättigung letzterer mit Wasserdampf ab. Infolge der nach oben abziehenden Wärme entsteht gleichzeitig ein lebhafter Luftdurchzug durch den Kühler.

Die Hauptkühlwirkung eines solchen Kühlturmes ist abhängig von der Kühlfähigkeit der Luft und letztere richtet sich nach der barometrischen Höhenlage, der Lufttemperatur, dem Feuchtigkeitsgrade (Feuchtigkeitsgehalt, Sättigungsgrad) derselben und den Windverhältnissen. Als Kühlgrenze bezeichnet man die Temperatur der Außenluft am feuchten Thermometer, d. h. eine Temperaturhöhe, die unter der jeweiligen Lufttemperatur liegt und die angibt, welche tiefste Abkühlung bei einer bestimmten Luftbeschaffenheit physikalisch möglich ist. Die Temperatur des im Kühlturm abgekühlten Wassers bleibt stets um einige Grade über dieser Kühlgrenze. Die Kennlinien der Abb. 88 zeigen den Einfluß der Luftbeschaffenheit auf die Kühlgrenze. Je nachdem die Kühlgrenze tief oder hoch liegt, wird sich die Temperatur des gekühlten

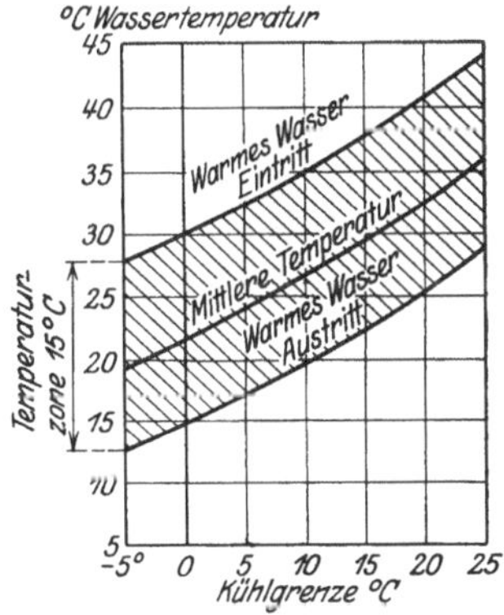

Abb. 89. Kühlwirkung von Kühltürmen in Abhängigkeit von der Kühlgrenze.

Wassers dieser Grenze nähern oder mehr oder weniger weit über derselben liegen. Infolgedessen kann die Temperatur des in den Kondensator erneut eintretenden Kühlwassers in weiten Grenzen schwanken. Dadurch wird die Luftleere und der Dampfverbrauch, wie früher bereits ausführlich erörtert, beeinflußt.

In Abb. 89 ist das Verhältnis zwischen Kühlgrenze und jeweils

erreichbarer Warmwasser-Austrittstemperatur bei verschiedenen Lufttemperaturen unter Zugrundelegung eines bestimmten Barometer-
standes durch Kennlinien veranschaulicht. Die schraffierte Fläche
wird die Kühl- oder Temperaturzone genannt. Je tiefer diese
bei gleichen Luft-, Witterungs- und Lagenverhältnissen für einen bestimmten Belastungszustand bei einem Kühlturm liegt, d. h. also je
näher sie der Kühlgrenze kommt, um so tiefer liegt die Temperatur des
austretenden Warmwassers und um so vorteilhafter arbeitet der Kühlturm bzw. weiter dann der Kondensator. Ferner ist zu beachten, daß
jeder Kühlturm bei seiner jedesmaligen Inbetriebsetzung nach längerem
Stillstand nicht sofort die Dauertemperatur des austretenden gekühlten
Wassers herbeiführt. Es findet vielmehr erst ein Ausgleich statt zwischen dem in der Temperatur gesunkenen, im Kühlturme noch vorhandenen Kühlwasser, das bei der erneuten Betriebsaufnahme zuerst dem
Kondensator zuströmt, und der Temperatur, die sich nach wiederholtem
Durchfluß durch den Kühlturm entsprechend der jeweiligen Kühlgrenze einstellt. Der Temperaturwechsel dauert eine gewisse Zeit, bis ein
Beharrungszustand eingetreten ist, der dann so lange bestehen bleibt,
solange sich an der Luftbeschaffenheit nichts ändert. Auch diese Zeit bis
zum Eintritt des gekennzeichneten Beharrungszustandes ist maßgebend
für die Güte eines Kühlers. Je schneller der Beharrungszustand vorhanden
ist, um so niedriger liegt die Temperatur des austretenden Warmwassers, und um so günstiger ist die Höhenlage der Temperaturzone.

Die Breite der Temperaturzone ist dagegen bei sämtlichen Kühltürmen unter den gleichen Voraussetzungen annähernd gleich und
hängt für einen bestimmten Kühler von der Kühlwassermenge ab.

Mit der Änderung der Belastung und der Kühlwassermenge stellt
sich jedesmal ein neuer Beharrungszustand ein; die Lage der Kühlzone sowie ihre Breite ändern sich. Bleibt dagegen die Belastung
unverändert, und wird die Kühlwassermenge geändert, so bleibt die
Lage der Kühlzone bestehen, die Zonenbreite dagegen ändert sich.

Es muß infolgedessen zur Beurteilung der Wirksamkeit und richtigen Bauart eines Kühlturmes diese Temperaturzone bekannt sein,
und beim Vergleich verschiedener Ausführungsformen der Temperaturverlauf gegenübergestellt werden. Damit aber der Hersteller ein
richtiges Angebot machen kann, muß angegeben werden: die Kühlwasseraustrittstemperatur, die Kühlwassermenge in der Stunde und der
Luftfeuchtigkeitsgrad für verschiedene Temperaturen und Jahreszeiten
bezogen auf die Gegend, in welcher das Kraftwerk errichtet werden soll,
sowie schließlich die Betriebsweise der Anlage selbst. Von dem Lieferer
des Kühlturmes muß die Höhenlage der Kühlzone bei verschiedenen
Lufttemperaturen und Feuchtigkeitsgraden gewährleistet werden.

Bezeichnet[1] (Abb. 90):

Q_{Ku} die zu kühlende Wassermenge in m³/h,

t_W die Eintrittstemperatur des Kühlwassers in den Kühlturm in ⁰ C,

---

[1] Regeln für Abnahmeversuche an Rückkühlanlagen DIN 1947. VDI-Verlag 1931.

t_K die Ablauftemperatur des gekühlten Wassers vor der Mischung mit Zusatzwasser in ^{0} C,

t_t die Temperatur der Außenluft am trockenen Thermometer in ^{0}C,

t_f die Temperatur der Außenluft am feuchten Thermometer in ^{0} C (Kühlgrenze),

$Q_{M,Kü}$ die vom Kühlwasser abzugebende Wärmemenge in kcal/h,

so ist bei der spez. Wärme für Wasser $= 1$:

die **Kühlzonenbreite** in ^{0} C (thermische Belastung):

$$t_W - t_K = \frac{Q_{M,Ku}}{Q_{Ku}} \qquad (52\,\text{a})$$

oder

$$Q_{M,Kü} = Q_{Kü}(t_W - t_K) \qquad (52\,\text{b})$$

und unter Berücksichtigung des Zusatzwassers (Q_0, t_0), das zur Deckung des Verlustes erforderlich ist, die vom **Kühlwasser abzugebende Wärmemenge**:

$$Q_{M,Kü} = Q_{Kü}(t_W - t_K) + Q_0(t_K - t_0)\ \text{kcal/h} . \qquad (53)$$

Reicht die natürliche Kühlwirkung des Kühlturmes z. B. im Sommer nicht aus, dann kann sie durch einen besonderen Lüfter verstärkt werden.

In Abb. 91 ist das Kühlschaubild für einen Kühlturm mit einer Kühlzone von 10^0 dargestellt. Die Kennlinien geben den Feuchtigkeitsgehalt der Luft in vH bei den Lufttemperaturen von -10 bis $+50^0$ an. Die oberste dieser Kennlinien bezieht sich auf Luft von 100 vH Feuchtigkeit und ist die theoretische Kühlgrenze. Die praktisch erreichbare Temperatur des gekühlten Wassers bei verschiedenen Lufttemperaturen und Feuchtigkeiten zeigt die Kennlinie B; sie gilt für 60fache Umlaufwassermenge

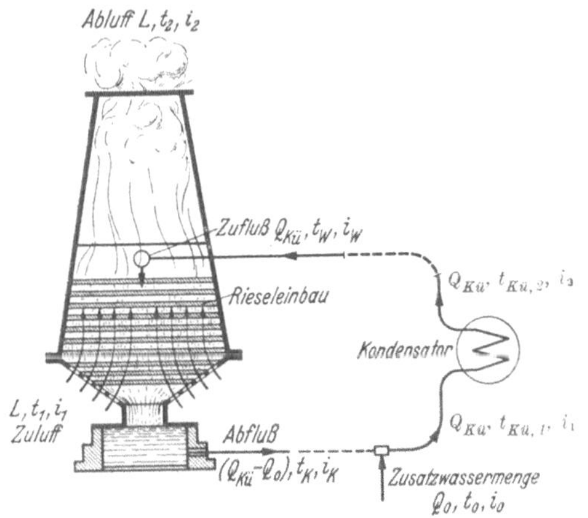

Abb. 90. Kühlverlauf beim Gegenstrom-Kaminkühler.

L Luft, Q Wasser,
Fußzeiger *1* Eintritt,
   ,,   *2* Austritt,
   ,,   *W* Warmseite,
   ,,   *K* Kaltseite,
   ,,   *o* Zusatzwasser.

und für eine Abkühlung von 10^0 des auf dem Kühlturm auflaufenden Wassers. Die Kühlzone ändert sich ihrer Lage nach je nach der thermischen und hydraulischen Belastung des Kühlers. Die Temperaturen des trockenen Thermometers sind als Abszissen, die des feuchten Thermometers als Ordinaten aufgetragen. Im Schnittpunkt von Abszissen und Ordinaten kann der Feuchtigkeitsgrad der Luft in vH an den Kennlinien A abgelesen werden.

5. Beispiel: Um die Arbeitsweise des Kühlturmes etwas klarer zu erkennen, soll ein Beispiel durchgerechnet werden.

Eine Dampfturbinenanlage habe 10000 kW Maschinenleistung im Betrieb, die Dampfturbinen dabei einen spez. Dampfverbrauch von 5 kg/kWh. Die zu kondensierende Dampfmenge beträgt demnach: $10000 \cdot 5 = 50000$ kg/h. Der Abdampf hat für 1 kg etwa rd. 600 kcal, und zum Niederschlagen sei die 60fache Kühlwassermenge erforderlich. Dann sind vom Kühlwasser $50000 \cdot 600 = 30000000$ kcal/h

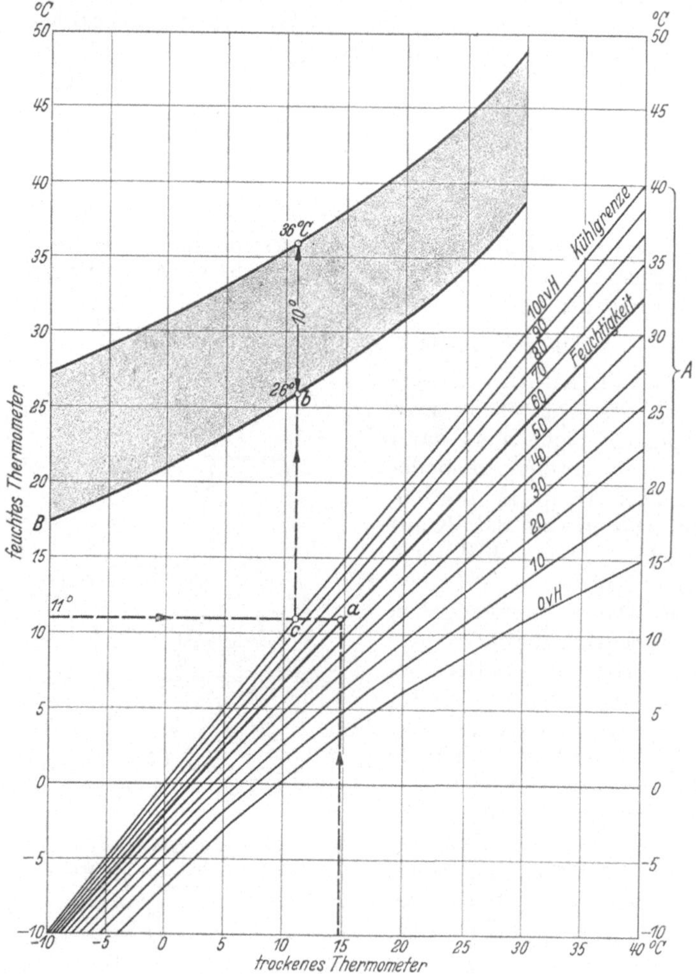

Abb. 91. Kühlschaubild für einen Kühlturm mit einer Kühlzone von $t_W - t_K = 10°$ C bei 60facher Kühlwassermenge.

aufzunehmen. Diese 30000000 kcal/h müssen im Kühlturm dem Kühlwasser wieder entzogen werden. Das ergibt bei der 60fachen Kühlwassermenge $Q_{Ku} = \dfrac{50000 \cdot 60}{1000}$
$= 3000$ m³/h Wasser. Die Temperaturerhöhung des Kühlwassers beträgt dabei
$$\frac{30000000}{3000 \cdot 1000} = 10°\,C\,.$$

Der Kühlturm ist für eine hydraulische Belastung von $Q_{Ku} = 3000$ m³/h gebaut und hat eine Temperaturzone von $t_W - t_{\bar{K}} = 10°$ C, die thermische Belastung ist $M_{Ku} = 30,10^6$ kcal/h. Bei einer Temperatur $t_t = 15^0$ C und $t_f = 11^0$ C beträgt die Luftfeuchtigkeit 60 vH (Punkt a). Die obere Kennlinie gibt die Wassertemperatur t_W für $t_W - t_K = 10^0$ und die untere Kennlinie B die Wassertemperatur t_K für $t_W - t_K = 10^0$. Der Punkt a auf die Kühlgrenze bezogen (Punkt c) ergibt auf der Kennlinie B die Temperatur des gekühlten Wassers mit 26^0 C. Bei der Kühlzonenbreite von 10^0 darf also das Kühlwasser mit 36^0 C auf den Kühler auflaufen. Bei Abweichungen in der thermischen und hydraulischen Belastung sind entsprechende Umrechnungen vorzunehmen. Für abweichende Außenluft- und Warmwasserverhältnisse gegenüber den Gewährleistungsdaten werden entsprechende Hilfskennlinien oder Zahlentafeln vom Hersteller benutzt.

Mit sinkender Lufttemperatur fällt auch die Temperatur des gekühlten Wassers. Hat der Kühlturm gestanden (z. B. des Nachts), und beträgt die Temperatur des Wassers im Kühlturm 15^0 C, so wird bei erneuter Inbetriebsetzung und 10^0 C Temperaturerhöhung des Kühlwassers dieses mit 25^0 C dem Kühlturm zufließen. Hier kann es aber nicht bis wieder auf 15^0 C abgekühlt werden, denn die Kühlgrenze kann aus physikalischen Gründen nicht erreicht werden. Kühlt sich das Wasser um 6^0 C ab, so kommt es nunmehr bei seinem zweiten Kreislauf mit $25 - 6 = 19^0$ C in den Kondensator und verläßt diesen mit $19 + 10 = 29^0$ C. Der höhere Temperaturunterschied bewirkt verstärkten Luftzug und damit ein verstärktes Arbeiten des Kühlturmes. Erfolgt die Abkühlung nunmehr um 8^0 C, also von 29 auf 21^0 C, so wird, wenn die Lufttemperatur sich nicht geändert hat, allmählich der Beharrungszustand eintreten.

Auf die verschiedenen Bauformen der Kaminkühler soll nicht näher eingegangen werden. Abb. 87 zeigt den Schnitt durch einen solchen neuester Durchbildung und ist ohne besondere Erläuterung verständlich[1].

Die Forderungen, denen ein guter Kühler zu entsprechen hat, und die Gesichtspunkte, nach welchen die Beurteilung von Kühlerangeboten durchzuführen ist, sind kurz folgende:

das zu kühlende Wasser muß innerhalb des Kühlers gleichmäßig verteilt werden,

die Luftzuführung muß am Fuß des Turmes und derart erfolgen, daß auch der Kern des Rieseleinbaues ausreichend belüftet wird,

geringste Wassereinlaufhöhe und dadurch geringste Wasserförderarbeit,

zwangsweise Verteilung des herabrieselnden Wassers und der angesaugten Luft,

geringste Strömungswiderstände im Quer- und Gegenstrom,

bequemer Einbau und Ausbau der Rieselvorrichtungen,

Regelfähigkeit, Verhinderung jeder Vereisungsgefahr, kleinste Kühlergrundfläche bezogen auf die zu kühlende Wassermenge, geringste Fundamentkosten,

möglichste Unabhängigkeit von der Umgebung (Vorsicht bei benachbarten Kalk-, Zement- und chemischen Werken),

geringste Belästigung des Arbeiters bei Bedienung und Besichtigung des Kühlers (Arbeiten im Dampfschwaden).

n) Allgemeine Angaben für den Entwurf und die Ausführung von Kaminkühlern. Für die zu wählenden Abmessungen des Kühlers ist vor allem die zur Verfügung stehende Baufläche maßgebend, nach welcher der Grundriß des Kühlers — genauer die berieselte Grundfläche — bestimmt wird. Nur bei freiem Gelände, wie es bei Groß-

---

[1] Merkel, Dr.-Ing. F.: Verdunstungskühlung. Z. VDI 1926 Nr. 4 S. 123. Seufert: Neuere Bauarten von Rückkühlanlagen. Z. VDI 1921 S. 1307.

kraftwerken zur Verfügung steht, können die Grundrißabmessungen nach anderen Gesichtspunkten getroffen werden. Einige Abmessungsbeispiele der Zschocke-Werke, Kaiserslautern, sind in Zahlentafel 14

Zahlentafel 14. Abmessungen von Normalkühlern der Zschocke-Werke, Kaiserslautern.

Grundfläche m	Einlaufhöhe m	Gesamthöhe m	Oberer Austritt m	
3,5 × 3,5	6,0	14,5	3,0 × 3,0	Belastung 3,5 bis 4,5 m³ a. d. m² Grundrißfl.
4,0 × 4,0	6,0	14,5	3,1 × 3,1	
4,7 × 4,7	6,0	16,0	3,1 × 3,1	
5,0 × 5,0	6,0	18,0	3,2 × 3,2	
5,5 × 5,5	6,5	19,0	3,5 × 3,9	
6,3 × 6,3	6,0	19,0	4,5 × 4,5	
8,0 × 8,0	6,0	20,0	5,5 × 5,5	Belastung 4,0 bis 5,0 m³ a. d. m² Grundrißfl.
8,4 × 8,4	7,0	21,0	6,4 × 6,4	
9,0 × 9,0	6,0	20,0	6,0 × 6,0	
10,0 × 10,0	6,5	24,0	6,5 × 6,5	
11,0 × 11,0	6,5	23,5	8,0 × 8,0	
12,0 × 12,0	8,0	26,0	8,5 × 8,5	
15,0 × 15,0	6,0	23,0	10,0 × 10,0	Belastung 4,5 bis 5,5 m³ a. d. m² Grundrißfl.
21,5 × 21,5	5,0	26,0	12,5 × 17,0	
15,0 × 29,5	5,8	27,8	11,0 × 18,0	
17,0 × 29,0	7,0	27,0	12,0 × 18,0	
14,0 × 26,8	7,0	27,0	11,0 × 15,0	
29,0 × 32,0	4,8	27,0	19,2 × 19,2	

zusammengestellt. Die Belastung des Kühlers in m³ auf den m² Grundrißfläche schwankt je nach dem Verwendungszweck des Kühlers zwischen 3,5 bis 5,5 m³; sie ist bei kleineren Ausführungen naturgemäß geringer als bei größeren. Auch die Betriebsverhältnisse sind bei der Wahl der Größe von Wichtigkeit. Unter Umständen kann beispielsweise ein Kühler für ein Kraftwerk, welches vornehmlich nachts oder im Winter als Zusatzwerk stark beansprucht wird, etwas kleiner bemessen werden als ein solcher für gleiche Wassermenge bei ständigem Tagesbetrieb.

Der Grundriß des Kühlers wird quadratisch, rechteckig oder vielseitig ausgeführt. Man vermeidet jedoch langgezogene Kühler mit schmalen Stirnseiten, da diese den Winddrücken zu große Angriffsflächen bieten und infolgedessen besondere Versteifungen notwendig machen. Außer dem Grundriß spielt die Höhe des Abzugsschlotes eine wesentliche Rolle.

Der Querschnitt des Kamins wird entsprechend dem Grundriß ebenfalls quadratisch, rechteckig — bei größeren Kühlern auch achteckig, oder bei Ausführung in Beton rund gewählt. — Die Höhe ist abhängig von den in der Nähe stehenden Gebäuden, damit nicht bei ungünstiger Windrichtung die Zugwirkung des Kühlers beeinträchtigt wird. Auch klimatische Verhältnisse können für die Bemessung des Kamins ausschlaggebend sein. Schließlich ist für eine gute Zugwirkung und damit verbundene Kühlwirkung die Größe des Austrittsquerschnittes des Kamins von Bedeutung. Die Belastung der Austrittsöffnung für den m² beträgt bei kleineren und mittleren Kühlern etwa 8 m³ und steigt bei größeren und größten Abmessungen auf 15 und mehr m³ bezogen auf die Kühlwassermenge.

Der gebräuchlichste Baustoff für den Kühler ist Holz, d. h. Gerippe, Verschalung, Berieselungseinrichtung aus Holz. Für größere Abmessungen werden in neuerer Zeit meistens eiserne Gerüste mit Holzverschalung und hölzernem Einbau verwendet; als sehr wetterbeständig haben sich die Eisenkühler mit Verschalung aus verzinktem Wellblech erwiesen. In dem Bestreben, die Instandsetzungsarbeiten am Kühler gering zu halten, hat man die Verschalung auch aus Asbestschieferplatten ausgeführt, oder wie z. B. die Firma Zschocke die Kühler wiederholt ganz in Beton mit hölzernem Hordeneinbau hergestellt. Bei einer Bauart ganz aus Holz ist den Eckstielen mit rechteckigem oder quadratischem Querschnitt stets der Vorzug vor Rundholz zu geben, welches schwer anzupassen ist. Bei Kühlern mit Eisenversteifung ist nach Möglichkeit der ganze Trag- und Stützenaufbau außen auf der Kühlerhaut anzuordnen, da die im Schwaden befindlichen Eisenteile leicht rosten. Als Schutz hiergegen werden die betreffenden Teile einbetoniert, oder sie sind häufig mit Rostschutzfarbe sorgfältigst zu streichen. Alle Holzteile mit Ausnahme der Horden werden durch entsprechende Imprägnierung gegen Fäulnis geschützt; ein Imprägnieren der Horden wird, da sie stets mit Wasser in Berührung sind, selten vorgenommen. Die Lebensdauer von Holztürmen kann bei guter Instandhaltung zu etwa 12 bis 15 Jahren angenommen werden. Sie verursachen aber recht beträchtliche Unterhaltungskosten. Das gilt auch für Eisenkonstruktionen. Sehr vorteilhaft sind Betontürme, die sich selbst bei größeren Anlagen immer mehr einbürgern.

In der Erkenntnis, daß nicht nur die größten, sondern auch die kleinsten Anlagen in allen ihren Teilen mit den höchst erreichbaren Wirkungsgraden arbeiten müssen, müssen auch die Pumpeinrichtungen besonders untersucht werden. Das eintretende Warmwasser muß je nach der Bauform des Kühlers auf eine bestimmte Höhe gehoben werden, die bei älteren Bauarten zwischen 8 und 10 m liegt. Je niedriger die monometrische Förderhöhe ist, um so geringer sind bei gleicher Förderleistung die Kosten für den Stromverbrauch des Motors.

Zum Heben von Q m³/s Wasser auf eine manometrische Höhe H m ist bei einem Wirkungsgrad der Förderpumpe von η_P und einem Wirkungsgrad der Rohrleitung von η_R eine Motorleistung erforderlich von:

$$N_P = \frac{1000 \cdot Q \cdot \gamma \cdot H}{75 \cdot \eta_P \cdot \eta_R \cdot 1,36} \text{ kW} . \qquad (54)$$

γ = spez. Gewicht der Flüssigkeit (für Wasser $\gamma = 1$),
H = Saug- und Druckhöhe zusammen in m.

Arbeitet die Förderpumpe h_j Stunden jährlich, so beträgt die aufzuwendende kWh-Menge bei $\gamma = 1$ und einem Motorwirkungsgrad η_M:

$$A_j = \frac{9,8 \cdot Q \cdot H \cdot h_j}{\eta_P \cdot \eta_R \cdot \eta_M} \text{ kWh} . \qquad (55)$$

Bei k RM-Selbstkosten für die kWh errechnet sich somit die dem jährlichen kWh-Verbrauche entsprechende Betriebsausgabe zu:

$$K_{K\ddot{u}} = \frac{9{,}8 \cdot Q \cdot H}{\eta_P \cdot \eta_R \cdot \eta_M} \cdot h_j \cdot k \; \text{RM} \,. \tag{56}$$

6. Beispiel. Wirtschaftliche Untersuchung einer Kühlturmanlage für 3600 m³/h
zugeführter Kühlwassermenge auf eine Gesamtförderhöhe von 12 bzw. 8 m bei
einem Strompreise von 1,5 Rpf/kWh und einer Betriebszeit von jährlich 8000 Stunden. Der Gesamtwirkungsgrad $\eta_M \cdot \eta_P \cdot \eta_R$ soll 0.65 betragen.

Es sind an Stromkosten aufzuwenden:

a) bei 12 m Förderhöhe:

$$K_{K u} = \frac{9{,}8 \cdot 3600 \cdot 12 \cdot 8000 \cdot 0{,}015}{0{,}65 \cdot 3600} = 21\,600 \; \text{RM jährlich} \,,$$

b) bei 8 m Förderhöhe:

$$K_{K u} = \frac{21\,600 \cdot 8}{12} \qquad \underline{= 14\,400 \; \text{RM} \qquad \text{,,}}$$
$$\text{Ersparnis: } \overline{7\,200 \; \text{RM jährlich}} \,.$$

Rechnet man diese Ersparnis als Kapitaldienstanteil bei 12 vH, so ergibt sich,
daß bei den gleichen jährlichen Ausgaben von RM 21 600,— und für beide Fälle
gleich angenommenen weiteren Betriebskosten die Kühlturmanlage für 8 m
Förderhöhe und entsprechender Grundflächenvergrößerung bei gleicher Kühl-
leistung um RM 60 000,— teurer sein könnte, als bei hoher Kühlturmanlage mit
$H = 12$ m. In dieser Form ist der Vergleich verschiedener Kühlturmausführungen
durchzuführen, um das Wirtschaftlichste zu finden.

Aus dem Beispiel geht hervor, daß sich bei der Beurteilung von
Kühlerbauformen die Prüfung auch auf die Förderverhältnisse
unbedingt zu erstrecken hat. Es können namhafte Betriebsersparnisse durch zweckmäßige Wahl des Kühlers erzielt werden.

Die Dampfkesselanlagen.

10. Einleitung.

Der zweite Teil der Dampfkraftanlage umfaßt die Kesselanlage mit allem für die Dampferzeugung und Fortleitung notwendigen Zubehör. Wenn der Elektroingenieur bei der Wahl der Dampfturbinen maßgeblichen Einfluß erhalten und daher Kenntnisse über die betrieblichen und betriebswirtschaftlichen Einzelheiten besitzen muß, so ist seiner unmittelbaren Mitarbeit das Gebiet der Kesselanlagen zumeist entrückter. Dennoch soll er auch über Anlage und Betrieb des Kesselhauses Bescheid wissen, da die praktischen Betriebsverhältnisse in wärmetechnischer Beziehung einerseits die Wirtschaftlichkeit und andererseits die Betriebssicherheit der Gesamtanlage wesentlich beeinflussen, was zu beurteilen und zu bewerten letzten Endes Sache des Elektroingenieurs ist. Bei Werken kleinen und mittleren Umfanges wird zumeist der Elektroingenieur auch die gesamte Betriebsführung in der Hand haben und daher um so mehr, ähnlich wie bei den Dampfturbinen, über Einzelheiten unterrichtet sein müssen. Nach der sich so ergebenden Richtung wird die gesamte Kesselanlage unter Voranstellung der Berechnungsgrundlagen im folgenden behandelt werden.

Das Gebiet der Kesselanlage[1] umfaßt:

die Brennstoffe und ihre Eigenschaften,
die Speisewasserverhältnisse,
die Kesselbauformen,
die Feuerungsanlagen,
die Nebenanlagen für die Brennstoffzufuhr,
die Ascheabfuhr,
die Rohrleitungen und die Pumpenanlagen für Wasser und Dampf,
den Zusammenbau des Kesselhauses mit dem Maschinenhause.

Hieraus geht schon hervor, wie mannigfaltig die Einzelheiten sind, die für Entwurf und Betrieb einer Kesselanlage in Frage kommen. Der Behandlung dieser Einzelheiten sollen kurz die Berechnungsgrundlagen[2] vorangehen.

---

[1] Die Dampfkesselanlagen unterliegen ganz besonderen behördlichen Vorschriften und fortlaufender behördlicher Nachprüfung durch die Dampfkessel-Revisionsvereine, die auch Auskunft über die Genehmigungsvorschriften, Abnahmeprüfungen usw. geben. (Werkstoffe und Bauvorschriften für Landdampfkessel.)

[2] Zur Prüfung von Angebotsangaben und zur Vervollständigung der Berechnungsgrundlagen ist auf die in der „Wärmetechnischen Arbeitsmappe" gesammelten Arbeitsblätter aus den Jahrgängen von „Archiv für Wärmewirtschaft und Dampfkesselwesen" (A. f. W.) im VDI-Verlag hinzuweisen.

Die im I. und II. Abschnitt im einzelnen behandelten Kraftwerks-Betriebsverhältnisse sind für die Wahl der Kesselart und die Durchbildung der gesamten Kesselanlage ebenfalls von grundlegender Bedeutung. Von vornherein ist darüber Klarheit zu schaffen bzw. Bestimmung zu treffen, ob das Kraftwerk als Grundlast-, Spitzen- oder Leistungskraftwerk allgemeiner Art im Verbundbetrieb oder als Einzelwerk betrieben werden soll, denn danach richtet sich die Größe und Beschaffenheit der einzelnen Kessel, die jeweils zu erzeugende Dampfmenge und ihr zeitlicher Verlauf über eine bestimmte Dauer, die Betriebsbeweglichkeit der Kesselanlage mit ihren Feuerungen im An-, Betriebs- und Abfahren für die Deckung schwankender Belastungen u. dgl.

11. Dampfbildung, Dampfspannung, Dampftemperatur.

Die heutigen Werte für die Dampfspannungen sind genormt und bewegen sich zumeist in den Grenzen zwischen 12 bis 40 atü Überdruck am Kessel. Es sind aber bereits seit einigen Jahren auch Höchstdruckanlagen mit 100 atü im Betrieb, die mit voller Sicherheit und Wirtschaftlichkeit arbeiten. Gleichzeitig mit hoher Dampfspannung wird die Überhitzung des Dampfes bis auf 480° C am Kessel angewendet.

Die Vorteile hoher Dampfspannung und Dampftemperatur für die Dampferzeugung sind sofort aus dem Vorgang bei der Verdampfung von Wasser im geschlossenen Kessel zu erkennen.

Die Dampfbildung beginnt bei rund 100° C (99,1° C, Normaldampf): der Dampf hat dabei eine Spannung von 1 ata entsprechend 1 kg/cm² Druck. Der Überdruck d. i. die Spannung des Dampfes abzüglich des Druckes der Atmosphäre ist Null. Mit fortgesetztem Feuern also weiterer Wärmezuführung steigt der Überdruck und gleichzeitig die Temperatur des Dampfes (1 at Überdruck [atü] = 2 at absolut [ata]). In Zahlentafel 15[1] sind die häufiger zu benutzenden Werte bei verschiedenen Dampfspannungen zusammengestellt. Da zunächst der Dampf mit dem die gleiche Temperatur besitzenden siedenden Wasser in inniger Berührung ist, wird diese Dampfform als gesättigter Dampf bezeichnet. Letzterer führt also stets Wasser mit sich und ist daher für den Betrieb von Dampfkraftanlagen nicht brauchbar. Um den Feuchtigkeitsgehalt des Dampfes zu vermindern, letzteren zu „trocknen", d. h. alles mitgerissene Wasser ebenfalls in Dampf umzuwandeln, wird derselbe nach Austritt aus dem Dampferzeugungsraum auf höhere Temperatur gebracht, „überhitzt". Das geschieht im Überhitzer ohne zusätzlichen Brennstoff durch eine bessere Ausnutzung der Heizgase. Im überhitzten Zustand, in welchem also die Temperatur höher ist als die dem Dampfdruck entsprechende Sättigungstemperatur, besitzt der Dampf einen größeren Rauminhalt. Es tritt ferner so lange keine Kondenswasserbildung in den Rohrleitungen, Dampfräumen usw. ein, solange der überhitzte Zustand vorhanden ist. Die mit der Kondenswasserbil-

---

[1] Siehe auch: Mollier: Neue Tabellen, Fußnote S. 58 und Knoblauch, Raisch, Hausen: Tabellen und Diagramme für Wasserdampf. München 1932.

Zahlentafel 15. Gesättigter und überhitzter Dampf.

Druck in ata p kg/cm²	Temperatur (Sättigungstemp.) t_s °C	Flüssigkeitswärme i' kcal/kg	Wärmeinhalt des gesättigten Dampfes (Gesamtwärme) i'' kcal/kg	Verdampfungswärme $r = i'' - i'$ kcal/kg	Wärmeinhalt i (kcal/kg) von 1 kg überhitztem Dampf bei t °C						
					200°	250°	300°	350°	400°	450°	500°
0	0	0	597,0	597,0	687,0	711,1	734,8	759,0	783,4	808,2	833,2
0,1	45,4	45,4	616,6	571,2	—	—	—	—	—	—	—
1,0	99,1	99,2	638,9	539,7	686,5	710,2	734,2	758,5	783,0	807,9	833,0
5,0	151,1	152,0	656,9	504,9	681,9	706,9	731,7	756,6	781,5	806,7	832,0
10,0	179,0	181,0	663,9	482,9	675,8	702,7	728,6	754,2	779,6	805,1	830,8
12,0	187,1	189,6	665,5	475,9	672,7	700,7	727,1	753,0	778,8	804,7	830,0
15,0	197,4	200,6	667,3	466,7	669,0	698,3	725,4	751,7	777,7	803,6	829,6
16,0	200,4	203,8	667,7	463,9	—	697,1	724,7	751,3	777,6	803,2	829,2
18,0	206,2	210,1	668,4	458,3	—	695,2	723,4	750,8	776,9	798,1	829,0
20,0	211,4	215,7	669,0	453,3	—	693,5	722,1	749,3	775,8	802,1	828,3
25,0	222,2	228,0	669,8	441,8	—	688,4	718,7	746,8	773,9	800,6	827,1
30,0	232,8	239,4	670,0	430,6	—	682,8	715,2	744,3	772,0	799,1	825,9
35,0	241,4	249,1	669,7	420,6	—	676,6	711,5	741,7	770,0	797,5	824,6
40,0	249,2	258,2	669,2	411,0	—	669,7	707,6	739,0	768,0	796,0	823,4
50,0	262,7	274,1	667,4	393,3	—	—	699,0	733,5	764,0	792,9	820,9
60,0	274,3	288,2	665,0	376,8	—	—	689,4	727,6	759,8	789,7	818,4
70,0	284,5	301,0	662,1	361,1	—	—	678,3	721,2	755,5	786,5	815,8
80,0	293,6	312,8	658,8	346,0	—	—	665,9	714,3	751,0	783,2	813,3
90,0	301,9	323,9	655,1	331,2	—	—	—	706,9	746,3	779,8	810,7
100,0	309,5	334,4	651,2	316,8	—	—	—	698,7	741,3	776,3	808,0

dung verbundenen Übelstände insbesondere Wasserschläge und Wärmeverluste werden vermieden. Der größere Rauminhalt des überhitzten Dampfes hat auch eine wesentlich größere Arbeitsfähigkeit. Der Wirkungsgrad der Dampfübertragung und der Dampfverbrauch der Dampfturbine werden, wie im II. Abschnitt angegeben, günstiger. Höhere Temperaturen als 500° C am Kessel und 475° C an der Arbeitsmaschine sind heute noch nicht praktisch anwendbar, weil über 500° C hinaus ein Glühen der Rohre — selbst bei bestem Wärmeschutz für diese — und dadurch eine wesentlich größere Wärmeausstrahlung also ein erhöhter Wärmeverlust eintritt.

Die Wärmemenge, die zur Umwandlung des Wassers von einer bestimmten Anfangstemperatur in gesättigten oder überhitzten Dampf mit bestimmtem Druck notwendig ist, ist zuzüglich der Gesamtverluste bis zur Nutzleistung an den Klemmen des Generators und abzüglich eines Gewinns durch Vorwärmung des Kesselspeisewassers nach den Angaben auf S. 56 maßgebend für die Brennstoffmenge nach ihrem Heizwert, die unter dem Kessel verfeuert werden muß.

Die Gesamtwärme i'' bei gesättigtem Dampf ist der Wärmeinhalt des Dampfes[1] bei bestimmtem Druck p ata und der diesem Druck ent-

---

[1] Wärmetechnische Arbeitsmappe, Arbeitsblatt 5: Wärmeinhalt von Wasser und Wasserdampf. Arch. Wärmewirtsch. 1932 Heft 9.

sprechenden Temperatur t und entspricht dem Wärmeinhalt des Wassers im Grenzzustand i' (Flüssigkeitswärme) sowie der Wärmemenge, die erforderlich ist, um den Dampf in den gesättigten Zustand zu bringen (Verdampfungswärme r). Es ist also der Wärmeinhalt des gesättigten Dampfes:

$$i'' = i' + r \text{ kcal/kg} . \tag{57}$$

Die Wärmemenge, die erforderlich ist, um 1 kg gesättigten Dampf bei unveränderlichem Druck p auf eine bestimmte Temperatur zu erhitzen (Überhitzungswärme) ergibt sich aus dem Wärmeinhalt des überhitzten Dampfes abzüglich des Wärmeinhaltes, der bei dem gegebenen Druck dem des gesättigten Dampfes i'' entspricht. Der Gesamtwärmeinhalt des überhitzten Dampfes wird mit i bezeichnet (Abb. 26).

Die Werte für i, i', i'' und r sind aus den Dampftafeln, die hierfür berechnet worden sind[2], zu ersehen. Im JS-Diagramm (Abb. 26) lassen sich i, i'' und t einfach abgreifen.

7. Beispiel: Der Wärmeinhalt des gesättigten Wasserdampfes bei einem Druck von $p = 10$ ata beträgt:

$$i' = 181{,}0 , \quad r = 482{,}9 , \quad i'' = 663{,}9 \text{ kcal/kg}$$

und die Dampftemperatur $t = 179{,}0^0$ C; bei einem Druck von $p = 30$ ata ist:

$$i' = 239{,}4 , \quad r = 430{,}6 , \quad i'' = 670{,}0 \text{ kcal/kg}$$

und die Dampftemperatur $t = 232{,}8^0$ C.

Die Werte bei überhitztem Dampf für verschiedene Dampftemperaturen sind aus Zahlentafel 15 zu ersehen. Der Vergleich zeigt die großen Unterschiede im Wärmeinhalt.

Um also 1 kg Wasser von 0^0 C in überhitzten Dampf von 350^0 C bei einem Druck von 10 ata überzuführen, sind nach Zahlentafel 15 754,2 kcal/kg erforderlich. Wird der Dampf nur in den gesättigten Zustand gebracht, dann sind 663,9 kcal/kg aufzuwenden. Die Dampftemperatur beträgt beim gesättigten Dampf nur $179{,}0^0$, die Erhöhung der Wärmemenge für den Temperaturunterschied von $350 - 179 = 171^0$ C also $754{,}2 - 663{,}9 = 90{,}8$ kcal/kg.

Bei 30 ata sind entsprechend $744{,}3 - 670{,}0 = 74{,}3$ kcal/kg Mehrwärmemengen zuzuführen.

Der Vorteil der höheren Temperatur und des höheren Druckes hinsichtlich der notwendigen Wärmemenge — also der Brennstoffmenge — ist klar ersichtlich. Da Dampf von 30 ata wesentlich mehr mechanische Arbeit zu leisten vermag als Dampf von 10 ata, ist also zur Brennstoffersparnis und damit zur Wirtschaftlichkeitsverbesserung sowohl Dampf hoher Spannung und Temperatur zu erzeugen, als auch dieser Zustand für den Betrieb ständig zu erhalten.

Da im 7. Beispiel Wasser von 0^0 C angenommen wurde, das zur Verwendung kommende Speisewasser aber stets eine wesentlich höhere Temperatur besitzt, ist bei der Ermittlung der aufzuwendenden Wärmemenge die im Speisewasser enthaltene Flüssigkeitswärme i'_{Sp} zu berücksichtigen. Diese beträgt annähernd die gleiche Zahl von kcal/kg, als das Wasser Temperaturgrade hat.

Bei einer Speisewassertemperatur von 60^0 C errechnet sich somit die Wärmemenge (Erzeugungswärme), die zur Bildung von 1 kg Dampf von 30 ata und 350^0 C Temperatur erforderlich ist, zu:

$$744{,}3 - 60 = 684{,}3 \text{ kcal/kg} .$$

Es ist allgemein üblich, die Rechnungen auf Normaldampf von 639,3 kcal/kg Gesamtwärme (Erzeugungswärme), entspre-

chend einem Druck von 1 ata und 100⁰ C Temperatur, zurückzuführen, um die zur Verdampfung von 1 kg Speisewasser notwendige Wärmemenge von der Höhe der Dampfspannung
und der Wassertemperatur unabhängig zu machen [Gl. (68b)].

12. Die Kesselgröße.

Die Größe der Kesselanlage und daraus die Größe der einzelnen
Kessel richtet sich nach der erforderlichen Dampfmenge, der zu wählenden Kesselbauart, der Zahl der Maschinen und dem Jahresbelastungsverlauf. Bei einem neu zu entwerfenden Werk kommt hinzu, welche
Reserveleistung zunächst in den Maschinen vorhanden ist, wie dieser
Reserveleistung in der Kesselanlage entsprochen werden soll, welcher
Anstrengungsgrad für die Feuerung vorgesehen wird und in welcher
Weise sich der zu verwendende Brennstoff betrieblich in der Kesselanlage auswirkt (gute, schlechte Kohle, Schlackenbildung, häufige
Kesselreinigung). Weiter ist für besondere Belastungsverhältnisse der
Hinweis auf S. 101 zu beachten, daß die Dampfturbinen ihren günstigsten Dampfverbrauch bei ⅔ oder ¾ Last aufweisen, also den besten
Wirkungsgrad besitzen. Diesem Umstand soll auch die Kesselanlage
Rechnung tragen, indem sie angepaßt an die Maschinenverhältnisse
einen entsprechenden Wirkungsgradverlauf zeigt. Die Kessel-Dampfleistung wird dann bei Vollast der Maschinen größer sein müssen. Es
ist demnach zu unterscheiden zwischen der günstigsten und der höchsten Kesselbelastung. Als Zeitmaß für die Dampfleistung wird
die Stunde zugrunde gelegt, so daß die Kesselleistung bestimmt wird
durch die Dampfleistung in kg oder t je Stunde.

Genau so wie man den Lastverlauf etwa nach den im I. Abschnitt
gegebenen Lastschaubildern für die Größenbestimmung der maschinellen Anlageteile heranzieht, ist dieser für die Bestimmung der Kesselanlage zu benutzen, um in Anlage- und Betriebskosten ein wirtschaftliches Höchstmaß zusammen mit der notwendigen Betriebsbeweglichkeit und Sicherheit bei Instandsetzungen und Störungen zu erreichen.
Die günstigen Dampfverbrauchszahlen der Maschinen können durch eine
nicht sorgfältigst berechnete und entworfene Kesselanlage sehr wesentlich beeinflußt werden, was sich dann im Preis der erzeugten kWh zeigt.
Hier liegt wieder die Beurteilung der Angebote beim Elektroingenieur.

8. Beispiel: Gesamte Maschinenleistung bei Vollast 30000 kW,

$$\text{Dampfverbrauch je kWh} \quad , , \quad , , \quad 4,5 \text{ kg},$$
$$, , \quad , , \quad , , \quad , , \text{ Halblast} \quad 4,8 \text{ kg},$$
$$\text{günstigster} \quad , , \quad , , \quad , , \quad , , \text{ ⅔ Last} \quad 4,2 \text{ kg},$$

$$\text{größte Dampfleistung:} \quad \frac{30000 \cdot 4,5}{1000} = 135 \text{ t/h},$$

$$\text{günstigste Dampfleistung:} \quad \frac{20000 \cdot 4,2}{1000} = 84 \text{ t/h},$$

$$\text{Dampfleistung bei Halblast:} \quad \frac{15000 \cdot 4,8}{1000} = 72 \text{ t/h}.$$

Für den Lastverlauf und die Benutzungsstunden der einzelnen Teillasten ist
die Jahreslastkennlinie den Berechnungen und Überprüfungen zugrunde zu legen.

Das 8. Beispiel soll nur zeigen, wie etwa der Jahreslastverlauf aufzuteilen ist auf die Kesselanlage, um daraus ein Bild zu erhalten, wie der Dampfverbrauch im Kesselhaus verläuft, wobei zu beachten ist, daß die Maschinen je nach den Netzleistungen zu- und abgeschaltet werden können, und daß von der Feuerungsanlage ebenfalls verlangt werden muß, diesen Betriebsverhältnissen mit wirtschaftlich bestem Ergebnis im Brennstoffverbrauch folgen zu können. Die Betriebsführung im Kesselhaus bedarf daher ebenfalls ganz besondere Überlegungen (S. 154). Zu große Kesselanlagen können nicht wirtschaftlich ausgenutzt werden, zu kleine Kesselanlagen werden unter Umständen zu stark beansprucht, erfordern dann viel Instandsetzungs- und Unterhaltungskosten und verlieren an Lebensdauer.

Die erforderliche Dampfmenge ist auf eine Anzahl von Kesseln zu verteilen, wobei je nach der Dauer der Höchstbeanspruchung zum mindesten ein Kessel zur Reserve bereitzustellen ist. Die Dampfkesselgröße wird durch die Heizfläche ausgedrückt. Die Heizfläche ist die auf der einen Seite von den Heizgasen, auf der anderen Seite vom Wasser berührte, auf der Feuerseite gemessene Kesselfläche. Die Dampfleistung des Kessels wird bestimmt durch die auf 1 m² Heizfläche in einer Stunde verdampfte Wassermenge. Sie ist abhängig von der Kesselbauart, der Heiz- und Rostflächen- bzw. Feuerraumgröße, dem Schornsteinzug und dem Brennstoff. Weiter ist für Vergleichszwecke bestimmend der Wasser- und der Dampfraum. Die Rostfläche ist die unter den Wasserräumen befindliche, mit Brennstoff belegte, fest oder beweglich gebaute Fläche zur Aufnahme des Brennstoffes. Bei der Kohlenstaubfeuerung tritt an die Stelle der Rostfläche die Feuerraumbelastung. Die Rost- bzw. Feuerraumbeanspruchung schließlich ist gleich der auf 1 m² Rostfläche oder im Feuerraum in einer Stunde verbrannten Brennstoffmenge.

Der Kesselwirkungsgrad ist das Verhältnis der im Dampf nutzbar abgegebenen zu der im Brennstoff vorhandenen und zur Dampferzeugung aufgewendeten Wärmemenge.

Zu diesen Bau- und Betriebszahlen kommen für die vollständige Beurteilung eines Kessels noch die Abmessungen, das Gewicht, der Einbau, die Verluste und der Preis betriebsfertig aufgestellt.

Die Kesselheizfläche H_K ist keine rechnerisch besonders zu ermittelnde Größe. Sie ist aus der Bauart des Kessels und aus der Entwicklung des Kesselbaues gefunden worden und zwar aus der Dauerbeanspruchung des Kessels im Betrieb. Für die Dauerbelastung wird diese

$$\text{Kesselbeanspruchung} = \frac{\text{Dampfmenge in kg/h m}^2}{\text{Heizfläche in m}^2} = \frac{Q_K}{H_K} \qquad (58)$$

zu etwa 22 bis 25 kg/h m², bei hochwertigen Kesseln zu etwa 30 bis 50 kg/h m² gewählt. Es werden aber heute auch Kessel mit noch größerer Dampfleistung auf einen Quadratmeter Heizfläche gebaut. Die Überlastbarkeit des Kessels liegt zumeist 30 bis 50 vH höher. Als Grenze der Heizfläche für einen Kessel kann etwa 2600 m² angesehen werden. Diese Zahl schwankt indessen sehr und wird besonders beeinflußt durch den Brennstoff, die Zugverhältnisse und den Kesselaufbau, wobei die Breite der Rostfläche aus mechanischen Gründen ein bestimmtes Maß nicht überschreiten darf, um die Betriebssicherheit für ein anstandsloses Arbeiten des Rostes bei allen Temperaturverhältnissen nicht zu gefährden. Ähnliches gilt für die Beanspruchung des Feuerraumes bei der Kohlenstaubfeuerung. Da die Dampfmenge je Stunde bekannt ist, ist die Gesamtheizfläche gegeben und vom Kesselhersteller nunmehr zu ermitteln, welche Kessel-Einzelheizflächen in Vorschlag zu bringen sind.

9. Beispiel:

Größte Dampfmenge 150 t/h,

Gesamtheizfläche bei 35 kg/h m² Kesselbeanspruchung: $H_K = \dfrac{150\,000}{35} = 4300\ \text{m}^2$;

Günstigste Dampfmenge 90 t/h,

Gesamtheizfläche bei 30 kg/h m² Kesselbeanspruchung: $H_K = \dfrac{90\,000}{30} = 3000\ \text{m}^2$.

Das Beispiel zeigt deutlich die großen Schwankungen, die bei der Bestimmung der Kesselheizfläche vorhanden sind. Die Unterteilung bedarf daher der bereits erwähnten sorgfältigen Untersuchungen, die sich nunmehr weiter auf die Platzfrage bzw. die Raumbeanspruchung und den zulässigen Anstrengungsgrad der Kessel und der Feuerungen zu erstrecken haben. Auch für den Anstrengungsgrad ist zu unterscheiden zwischen einem Kraftwerk für öffentliche Stromabgabe im Einzel- oder Verbundbetrieb und einem Industriekraftwerk.

Während bei letzterem mit einer verhältnismäßig gleichbleibenden Dampfentnahme über einen bestimmten Teil des Tages zu rechnen ist, nennenswerte plötzliche Überlastungen also nicht vorkommen abgesehen von Hütten- und Walzwerksbetrieben, ist das bei den Werken für die öffentliche Stromversorgung wesentlich anders, sofern nicht besondere Spitzenlastdeckung z. B. durch das Mitarbeiten von anderen Werken (Wasserkraftwerken, Verbundbetrieb), oder durch Dieselmaschinen, die zu diesem Zweck besonders aufgestellt werden, erfolgt[1]. Muß auch die Spitzenleistung unmittelbar erzeugt werden, handelt es sich also um ein selbständiges Werk (Einzelkraftwerk), dann hat man bei Kraftwerken dieser Art zwischen einem schwachen, einem regelmäßigen, einem flotten und einem besonders angestrengten Betrieb zu unterscheiden. Der schwache Betrieb erfordert die geringste Menge Brennstoff/m² Heizfläche. Letzterer wird infolgedessen am besten ausgenutzt, während andererseits die erzeugte Dampfmenge am kleinsten ist. Je mehr die Dampfentnahme steigt, um so mehr ändert sich allmählich bei unveränderten Verhältnissen der Kesselanlage die Ausnutzung des Brennstoffes, um so größer wird die zu erzeugende Dampfmenge, bis schließlich beim besonders angestrengten Betrieb der teuerste Dampf erzeugt wird, d. h. die unwirtschaftlichste Betriebsart eintritt. Bei der

---

[1] In den letzten Jahren sind vereinzelt sogenannte Dampfspeicher (z. B. Bauart Ruths) zur Aufstellung gekommen, die augenblicklich überflüssige Dampfmengen sammeln und aus denen dann eine gewisse Dampfreserve zur Verfügung steht.

Beurteilung von Kesselangeboten einschließlich der Feuerungsanlagen ist darauf zu achten, in welcher wirtschaftlich und betrieblich besten Form diesen Dampfschwankungen nachgekommen wird.

Man bezeichnet:

$$\frac{B}{H_K} = \frac{\text{Brennstoffmenge in kg/h}}{\text{Heizfläche in m}^2} = a_K \text{ Anstrengungsgrad des Kessels,} \quad (59a)$$

$$\frac{B}{R} = \frac{\text{Brennstoffmenge in kg/h}}{\text{Rostfläche in m}^2} = a_F \text{ Anstrengungsgrad der Feuerung,} \quad (59b)$$

worin $R = $ Rostfläche in m^2 bezeichnet.

In Zahlentafel 16 sind für zwei hauptsächlichste Brennstoffe die Werte für den Anstrengungsgrad des Kessels zusammengestellt. Von a_K ist der Wirkungsgrad der Heizfläche abhängig:

$$\eta_{H_K} = \frac{\text{aufgenommene}}{\text{zur Verfügung stehende}} \text{ Wärmemenge} . \quad (60)$$

Bei normalem Betrieb also mittlerer Beanspruchung soll η_{H_K} den höchsten Wert aufweisen.

Zahlentafel 16. Anstrengungsgrad des Kessels $a_K = \dfrac{B}{H_K}$.

Brennstoff	B/H_K für Betrieb			
	schwach	regelmäßig	flott	angestrengt
Beste Steinkohle . . .	1	1,5 bis 2	3 bis 4	4 bis 5
Beste Braunkohle. . .	3 bis 5	5 ,, 8	8 ,, 12	12 ,, 14

Maßgebend für den zu wählenden Anstrengungsgrad einer Anlage sind naturgemäß die Kosten für den erzeugten Dampf und zwar für 1 t/h. Diese setzen sich zusammen aus dem Kapitaldienst für die gesamte Kesselanlage einschließlich Schornstein, Gebäude und allem weiteren Zubehör, aus den Betriebslöhnen und den Preisen für den Brennstoff frei Feuerung. Zu berücksichtigen sind ferner die Kosten für die Speisewasserbereitung und -beschaffung. Ist der Brennstoff und dessen Zufuhr teuer, muß man den Anstrengungsgrad niedrig wählen und zwar um die Wärmemenge des Brennstoffes weitgehendst auszunutzen. Liegt das Kraftwerk unmittelbar bei einer Grube, kann also billigster Brennstoff verfeuert werden, wird man den Anstrengungsgrad der Kesselanlage höher ansetzen können. Im allgemeinen ist jedoch der normale Betrieb und der diesem entsprechende Anstrengungsgrad den Kesselhauptabmessungen zugrunde zu legen schon mit Rücksicht darauf, daß sich dann die Kesselanlage dem

Zahlentafel 17.

Anstrengungsgrad der Feuerung $a_F = \dfrac{B}{R}$.

Brennstoffverbrauch für 1 h und 1 m^2 Rostfläche bei gutem Zug.

Brennstoff	Regelmäßiger Betrieb kg	Angestrengter Betrieb kg
Steinkohle	80 bis 100	130 bis 150
Braunkohle	150 ,, 175	130 ,, 200
Braunkohlenbriketts .	100 ,, 120	130 ,, 200

Anwachsen der Stromerzeugung und der Spitzenlast leichter anpassen kann, ohne daß die Selbsterzeugungskosten für den Dampf unwirtschaftlich hoch werden.

Neben dem Anstrengungsgrad des Kessels ist der **Anstrengungsgrad der Feuerung** a_F d. h. die Rostbeanspruchung von Bedeutung. Dieser hängt ebenfalls von der Beschaffenheit und Güte des Brennstoffes, ferner von seiner Entzündungs- und Brenngeschwindigkeit, dann weiter von den Zugverhältnissen und der Art der Rostbeschickung ab. In Zahlentafel 17 sind einige Werte für a_F zusammengestellt, die für regelmäßigen und angestrengten Betrieb gelten.

Die **stündlich auf 1 m² Rostfläche R verbrannte Brennstoffmenge** in kg ist:

$$B_{h \cdot R} = \frac{4680 \cdot v \cdot m}{L} \text{ kg,} \tag{61}$$

worin bezeichnet:

v in m/s die Geschwindigkeit der durch den Rost ziehenden Luft $= 0{,}75$ bis $1{,}60$ m/s bei Steinkohle und Schornsteinzug (etwa 4 m/s bei Saugzug),

m das Verhältnis der freien zur gesamten Rostfläche

$$\begin{aligned} \text{bei Steinkohle} \quad & m = {}^1/_4 \text{ bis } {}^1/_2\,, \\ \text{,, Braunkohle} \quad & m = {}^1/_5 \text{ ,, } {}^1/_3\,, \\ \text{,, Torf, Holz} \quad & m = {}^1/_7 \text{ ,, } {}^1/_5\,, \\ \text{,, Koks} \quad & m = {}^1/_3 \text{ ,, } {}^1/_2\,, \end{aligned}$$

L in kg die Luftmenge, die zur Verbrennung von 1 kg Brennstoff tatsächlich notwendig ist [Gl. (71)].

Ferner ist der Wärmepreis nach Gl. (25) und der Dampfpreis = Brennstoffkosten für 1000 kg Dampf:

$$P_D = \frac{\text{Brennstoffpreis für 1000 kg in RM} \cdot 1000}{\text{Verdampfungsziffer} \cdot 1000} \text{ RM/t} \tag{62}$$

von größter wirtschaftlicher Bedeutung.

Der Brennstoffverbrauch richtet sich auch nach dem Heizwert, der Größe und Reinheit der Heizfläche und der Brennstoffausnutzung, die im Wirkungsgrad η_K der Kesselanlage zum Ausdruck kommt. Auf den Einfluß der Betriebsweise des Kessels und des Belastungsverlaufes ist bereits hingewiesen worden.

Die Kesselreserve. Die Zahl und Größe der Kessel richtet sich nach der Zahl und Größe der Maschineneinheiten, wobei zunächst für nur 1 Maschine 2 Kessel erforderlich sind also 100 vH Reserve, um einen Kessel jederzeit aus dem Betrieb nehmen, nachsehen und instandsetzen zu können. Aus dieser ersten Überlegung folgt, daß bei gleich großen Maschinen tunlichst je ein Kessel oder eine Kesselbatterie für jede Maschine aufgestellt und dann nur eine Reservebatterie notwendig wird.

Die Frage der Kesselreserve in größeren Kraftwerken ist sehr umstritten und allgemein nicht zu beantworten. Die Reserve richtet sich nach der Zahl der Kessel an sich, nach der einzelnen Dampfleistung zur geforderten Dampfmenge der Maschinen, also nach der Zahl der im

Betrieb zu haltenden Kessel und der Zeit, die im jährlichen Wechsel
für die Instandsetzung und Überholung jedes der Betriebskessel in der
Feuerungseinrichtung, im Ausbessern des Feuerraummauerwerks, in der
Besichtigung des Kesselzustandes, der Reinigung der Kesseltrommeln
und Fallrohre und in der Überprüfung aufzuwenden ist. Da gute Kessel
im Regelbetrieb ohne Überanstrengung eine durchgehende Betriebszeit
von etwa 3600 bis 4000 Stunden im Jahr erreichen müssen, ehe sie
kaltgestellt werden, ist also zunächst mit einem zweimaligen Ausfall
jedes Betriebskessels im Jahr zu rechnen. Für die Instandsetzung und
gründliche Überholung können etwa 20 Arbeitstage angenommen werden, demnach insgesamt je Jahr etwa 40 Tage. Wird dazu für unvorher-
gesehene Störungen noch ein Zuschlag von 50 vH gemacht, so fällt also jeder Betriebskessel an 60 Tagen aus.

Die Kesselreserve wird nun vom Betrieb nach dem Kessel-
betriebsplan er-mittelt, der für einen einfachen Fall mit 3 Betriebskesseln,
z. B. 2 je 500 m² und 1 je 1000 m² Kessel-heizfläche in Abb. 92

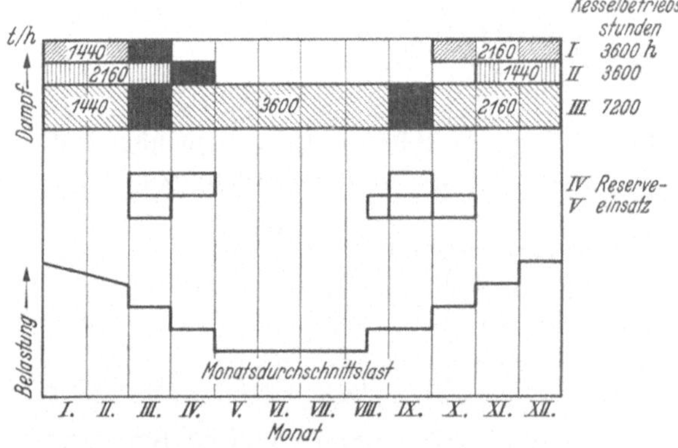

Abb. 92. Jahres-Kesselbetriebsplan mit Lastverlauf zur Feststellung der Kesselreserven und der Kesselüberholungszeiten.

gezeichnet ist. Nach dem Lastverlauf und einer Kesselbetriebsstundenzahl
für einen Arbeitszeitraum von 3600 Stunden müßte für dieses Werk als
Reserve ein Kessel mit 1000 m² oder zwei Kessel mit je 500 m² vorhanden sein. Anzunehmen ist die Monatsdurchschnittslast umgerechnet
in t/h Dampf für die Kessel. Dabei ist also die Höchstbelastung unberücksichtigt geblieben, was nur dann der Fall sein darf, wenn die
Belastung der einzelnen Kessel unter entsprechender Festsetzung des
Anstrengungsgrades der Kessel selbst und der Feuerung gewählt wird.
Aus Abb. 92 ist ferner zu ersehen, daß der größte Kessel grundsätzlich
auch die Höhe der Reserveleistung bestimmt.

In der Fortentwicklung eines Werkes werden die älteren Kessel zur
Reserve benutzt. Da sie zumeist in Zahl und Heizfläche kleine Einheiten darstellen, wird man den Jahres-Kesselbetriebsplan verhältnismäßig günstig aufstellen können. In Werken mit großen Kesselblocks
ist die Bereitstellung der notwendigen Reserve nicht nur betriebstechnisch, sondern auch betriebswirtschaftlich sehr eingehend zu untersuchen, da sie hier unter Umständen vergleichsweise sehr viel teurer
sein kann als in mittleren Werken.

Viele Betriebsleute rechnen mit etwa 25 bis 30 vH entweder der
Höchst- oder der Durchschnittslast im Dampf als Kesselreserve. Nach
Abb. 92 würde die Reserveleistung etwa 50 vH betragen. Man könnte

hier z. B. die Reserve vermindern, wenn Kessel I im April wieder eingesetzt wird; dann wird aber die Turnusstundenzahl überschritten und das erfordert wieder entsprechende Maßnahmen.

13. Dampfmenge, Heizfläche, Brennstoffverbrauch, Verlust, Kesselwirkungsgrad.

Bezeichnet:

Q_K die vom Kessel zu erzeugende Dampfmenge in kg/h,

i_1 den Wärmeinhalt des Dampfes bei den Dampfverhältnissen für Druck p_1 und Temperatur t_1 in kcal/kg Dampf an der Turbine,

t_{Sp} die Temperatur des Speisewassers vor dem Eintritt in den Rauchgasvorwärmer des Kessels in ^{0} C,

H_u den unteren Heizwert des Brennstoffes in kcal/kg,

B die Brennstoffmenge in kg/h,

Q_W die für Q_K einzuspeisende Wassermenge in kg/h, $=$ Kondensatmenge $+ Q_{Sp}$ (Verluste) $\cong Q_K$,

so ist, um 1 kg Dampf mit dem Wärmeinhalt i_1 im Kessel zu erzeugen, eine Brennstoffmenge von:

$$B' = \frac{i_1}{\eta_K \cdot H_u} \text{ kg} \tag{63}$$

aufzuwenden. Da dem Kessel Speisewasser mit der Temperatur t_{Sp} zugeführt wird, geht Gl. (63) über in:

$$B'' = \frac{i_1 - t_{Sp}}{\eta_K \cdot H_u} \text{ kg}. \tag{64}$$

Für eine Dampfmenge Q_K beträgt demnach der stündliche Brennstoffaufwand:

$$B = \frac{Q_K(i_1 - t_{Sp})}{\eta_K \cdot H_u} = \frac{Q_D \cdot (i_1 - t_{Sp}) \cdot 1000}{\eta_R \cdot \eta_K \cdot H_u} \text{kg/h} \tag{65a}$$

oder wenn $Q_K = Q_W$ gesetzt wird, ist:

$$B = \frac{Q_W(i_1 - t_{Sp})}{\eta_K \cdot H_u} \tag{65b}$$

und daraus der Kesselwirkungsgrad:

$$\eta_K = \frac{Q_W(i_1 - t_{Sp})}{B \cdot H_u} 100 \text{ vH}. \tag{66}$$

Für erste Rechnungen kann η_K bei neuzeitlichen Kesseln zu 0,80 bis 0,83 für günstigste Belastung zugrunde gelegt werden. Gl. (66) bedeutet in Worten:

$$\eta_K = \frac{\text{vom Kesselwasser aufzunehmende Wärmemenge}}{\text{durch den Brennstoff zuzuführende Wärmemenge}}. \tag{67}$$

Die in η_K zu berücksichtigenden Verluste werden weiter unten im einzelnen behandelt.

Das Verhältnis:

$$Z_v = \frac{H_u \cdot \eta_K}{i - t_{Sp}} \tag{68a}$$

nennt man die **Brutto-Verdampfungsziffer**. Sie gibt an, wieviel kg Dampf aus 1 kg des verwendeten Brennstoffes gewonnen oder wieviel kg Speisewasser von 1 kg Brennstoff verdampft werden. Je höher Z_v liegt, um so geringer ist der Brennstoffverbrauch bzw. um so größer der Heizwert H_u, oder um so vorteilhafter ist letzterer ausgenutzt. In Zahlentafel 18 sind die Verdampfungsziffern für die gebräuchlichsten Brennstoffarten unter der Voraussetzung von $p = 16$ ata, $t = 350\,^0$C und $t_{Sp} = 60^0$ C Speisewassertemperatur zusammengestellt. Gemessen wird die Verdampfungsziffer als Verhältnis der verbrauchten Wassermenge zur Brennstoffmenge.

Für den Vergleich verschiedener Anlagen oder einer Anlage mit verschiedenen Brennstoffen wird die Brutto-Verdampfungsziffer auf **Normaldampf** bezogen.

Die **Normal-Verdampfungsziffer** errechnet sich aus Z_v nach Gleichung:

$$Z'_v = Z_v \frac{i - t_{Sp}}{639,3} \, . \tag{68b}$$

$i = $ Wärmeinhalt des Dampfes bei Druck p und Temperatur t. Sie wird bei allen Kesselabnahmeversuchen festgestellt.

Zahlentafel 18.

Verdampfungsziffer Z_v und Normal-Verdampfungsziffer Z'_v für verschiedene Brennstoffe.

$p = 16$ ata, $t = 350^0$ C, $t_{Sp} = 60^0$ C, $\eta_K = 0,80$.

Brennstoffart	H_u Heizwert kcal/kg	Z_v	Z'_v
Oberschlesische Steinkohle. . .	6800	7,9	8,6
Westfälische Steinkohle	7500	8,7	9,4
Braunkohlenbriketts	4800	5,5	6,0
Böhmische Braunkohle	4600	5,35	5,8
Lausitzer Braunkohle.	2300	2,675	2,9
Torf	1800	2,10	2,28
Holz (trocken)	3000	3,50	3,8

Der **Heizwert** H_u eines Brennstoffes ergibt sich aus der chemischen Zusammensetzung desselben und muß bekannt sein, um B zu ermitteln. Für größere Rechnungen, die auch zur Bestimmung der Luftmenge und des Kohlensäuregehaltes der Rauchgase für den Vergleich dieser Werte bei verschiedenen Feuerungsausführungen oder bei Verdampfungsergebnissen durchgeführt werden müssen, ist H_u festzustellen aus:

$$H_u = 8100 \cdot c + 29000\,(h - o/8) + 2500 \cdot s - 600 \cdot w \ \text{kcal/kg}^1 \tag{69a}$$

$$(H_o = H_u + (9\,h + w) \cdot 600 \tag{69b}$$

für feste und flüssige Brennstoffe. Auf gasförmige Brennstoffe soll nicht näher eingegangen werden. In Gl. (69) bedeutet:

c das in 1 kg Brennstoff enthaltene Kohlenstoff- (C) Gewicht in kg,
h das in 1 kg Brennstoff enthaltene Wasserstoff- (H) Gewicht in kg,

---

[1] Verbandsformel; Zahlentafel 22 S. 172.

o das in 1 kg Brennstoff enthaltene Sauerstoff- (O) Gewicht in kg,
s das in 1 kg Brennstoff enthaltene Schwefel- (S) Gewicht in kg,
w das in 1 kg Brennstoff enthaltene Wasser- (H_2O) Gewicht in kg.

Um den Verbrennungsvorgang einzuleiten und aufrechtzuerhalten, muß dem Brennstoff Luft — also Sauerstoff — zugeführt werden. Feste Brennstoffe müssen in der Feuerungsanlage zuerst zweckentsprechend zur Entgasung und Vergasung kommen, um dann mit Luft gemischt zu verbrennen.

Die theoretisch erforderliche Menge an trockner Verbrennungsluft ergibt sich aus der chemischen Umwandlungsgleichung für 1 kg Brennstoff:

$$L_{th} = \frac{2{,}67 \cdot c + 8 \cdot h + s - o}{0{,}23} \ \text{kg/kg} \ . \tag{70}$$

Praktisch ist mit dieser Menge nicht auszukommen, weil nicht der ganze durch die Brennstoffschicht strömende Sauerstoff ausgenutzt werden kann. Es muß immer ein gewisser Überschuß zugeführt werden, der in der Luftüberschußzahl n berücksichtigt wird. Die wirkliche Luftmenge für 1 kg Brennstoff beträgt:

$$L = n \cdot L_{th} = n \, \frac{2{,}67\,c + 8\,h + s - o}{0{,}23} \ \text{kg/kg} \tag{71}$$

oder:

$$L' = \frac{L}{1{,}29} \ \text{in m}^3/\text{kg} , \tag{72}$$

worin also die Luftüberschußzahl

$$n = \frac{\text{wirkliche Luftmenge}}{\text{theoretische Luftmenge}} = \text{etwa } 1{,}2 \text{ bis } 1{,}5 \tag{73}$$

für feste Brennstoffe und neue oder gut instand gehaltene Feuerungsanlagen anzunehmen ist. Diejenige Feuerungsanlage ist die günstigere, die mit einer sehr kleinen Luftüberschußzahl arbeitet.

Ist Luft im Überschuß vorhanden, dann tritt unvollkommene Verbrennung ein und nur ein Teil des Sauerstoffes wird durch Kohlensäure in den abziehenden Rauchgasen ersetzt. Der theoretisch erreichbare höchste Kohlensäuregehalt (CO_2-Gehalt) liegt etwa bei 19 vH, während bei der Verbrennung von reinem Kohlenstoff mit der theoretischen Luftmenge die Rauchgase an Stelle des Sauerstoffes der Luft etwa 21 vH Kohlensäure enthalten würden, der in den Kesselanlagen praktisch nicht erzielbar ist. Der günstigste CO_2-Gehalt liegt etwa bei 14 bis 15 vH. Es soll praktisch bei einer guten Kesselanlage der Kohlensäure- und Sauerstoffgehalt der verbrannten Rauchgase

$$CO_2 + O_2 = 19 \ \text{vH}$$

betragen. Würde demnach z. B. ein $CO_2 + O_2$-Gehalt $= 14$ vH gemessen werden, würden $19 - 14 = 5$ vH des in der zugeführten Luftmenge enthaltenen Sauerstoffes weiter unausgenutzt in den Schornstein wandern. Der theoretisch erreichbare Höchstwert für den $CO_2 + O_2$-Gehalt der Abgase ist auch deshalb niedriger als 21 vH, weil die meisten Brennstoffe

Wasserstoff enthalten, der zu seiner Verbrennung einen kleinen Anteil des Sauerstoffes der Verbrennungsluft benötigt und sich mit diesem zu Wasserdampf vereinigt. Der theoretisch erreichbare Höchstwert wird um so mehr herabgedrückt, je gashaltiger eine Kohle ist; er beträgt bei Steinkohle etwa 18,5 vH, bei Braunkohle häufig noch weniger, bei Koks hingegen fast 21 vH, da dieser nahezu gasfrei ist. Aber auch dieser Höchstwert ist in den Feuerungen nur selten erreichbar, weil es praktisch nicht möglich ist, den Brennstoff vollkommen mit dem Sauerstoff zur chemischen Umsetzung zu bringen. Die Braunkohle braucht meistens einen geringeren Luftüberschuß als die Steinkohle, sie liefert an Kohlensäure reichere Abgase (S. 172). Beim Vergleich verschiedener Verdampfungsergebnisse ist daher ein Feuerungsanlage auch nach dieser Richtung zu beurteilen.

Falsche Luft wird als solche bezeichnet, die durch Spalten, Risse, Mauerwerk und offene Feuertüren in den Feuerungsraum eindringt. Sie vermindert den CO_2-Gehalt nach dem Schornstein zu und verschlechtert daher den Wirkungsgrad der Verbrennung. Naturgemäß soll falsche Luft möglichst überhaupt nicht eindringen können. Die Bauformen sind daraufhin ebenfalls zu prüfen (Schieberabschlüsse, Entaschungsklappen, Saugzuganlagen, Einmauerung usw.).

Mit dem Luftbedarf steigt ferner der Rauminhalt der Rauchgase, und infolgedessen muß die Feuerungsanlage d. h. die Feuerung selbst mit den Rauchgaszügen bei bestimmter günstigster Rauchgasgeschwindigkeit in ihren Abmessungen entsprechend ausgeführt sein. Hierzu gehört auch die Brenngeschwindigkeit, mit der 1 kg Brennstoff seine Wärmemenge in bestimmter Zeit abgegeben hat.

Man kann mit folgenden einfacheren Gleichungen Überschlagsrechnungen durchführen:

theoretische Luftmenge:
$$L'_{th} = \frac{1{,}01}{1000} H_u + 0{,}5 \ \mathrm{m^3/kg}, \quad (74)$$

theoretischer Rauchgasrauminhalt:
$$V_{R,th} = \frac{0{,}89}{1000} \cdot H_u + 1{,}65 \ \mathrm{m^3/kg}, \quad (75)$$

Rauchgasrauminhalt bei Luftüberschußzahl n:
$$V_{R,n} = V_{R,th} + (n-1) L'_{th} \ \mathrm{m^3/kg}. \quad (76)$$

10. Beispiel: Unterer Heizwert der Steinkohle $H_u = 7500$ kcal/kg, Zusammensetzung: 0,78 C, 0,05 H, 0,08 O, 0,02 H_2O, dann:

$$L_{th} = \frac{2{,}67 \cdot 0{,}78 + 8 \cdot 0{,}05 - 0{,}08}{0{,}23} = 10{,}45 \ \mathrm{kg/kg}$$

oder $\dfrac{10{,}45}{1{,}29} = 8{,}1 \ \mathrm{m^3/kg}$ $\left(\text{nach Gl. (74)} \ \dfrac{1{,}01}{1000} \cdot 7500 + 0{,}5 = 8{,}07 \ \mathrm{m^3/kg}\right)$,

$$V_{R,th} = \frac{0{,}89}{1000} \cdot 7500 + 1{,}65 = 8{,}235 \ \mathrm{m^3/kg}.$$

Der feuerungstechnische Wert des Brennstoffes wird weiter bestimmt durch die Temperatur, welche bei der Verbrennung erzielt wird. Liegt z. B. der günstigste Heizerfolg einer Feuerung bei 2000° C, so steht bei der Verdampfung des Wassers für den Wärmeübergang ein Temperaturgefälle von 1900^0 C zur Verfügung. Die Ausnutzungsmöglichkeit der von einer Feuerung entwickelten Wärmemenge wird demnach um so größer, je höher der Heizerfolg liegt. Die Brennstoffwärme wird also dann am vorteilhaftesten ausgenutzt, wenn der Brennstoff vollkommen d. h. mit der theoretischen Luftmenge verbrannt wird.

Die Höhe der Verbrennungstemperatur ist abhängig vom Heizwert des Brennstoffes, der Luft-Anfangstemperatur (Vorwärmung der Verbrennungsluft) und dem Luftüberschuß. Auf die Wärmeverluste wird weiter unten eingegangen. In Zahlentafel 19 sind für die gebräuchlichsten Brennstoffe die theoretischen Verbrennungstemperaturen für verschiedenen Luftüberschuß und die Anfangstemperatur $t_l = 0^0$, sowie der Kohlensäuregehalt der Rauchgase und der Schornsteinverlust zusammengestellt[1]. Die Erhöhung der theoretischen Menge der Verbrennungsluft hat eine wesentliche Herabsetzung des feuerungstechnischen Wertes des Brennstoffes zur Folge.

Zahlentafel 19. Verbrennungstemperatur, Kohlensäuregehalt der Rauchgase und Schornsteinverluste.

Vielfaches der theoretischen Luftmenge n	CO_2-Gehalt der Heizgase[2] vH	Theoretische Verbrennungstemperatur ^{0}C	Wärmeverlust in vH von H_u bei einer Abgastemperatur von ^{0}C				
			100	200	300	400	500
Steinkohle. 0,78 C, 0,05 H, 0,08 O, 0,02 H_2O, $H_u = 7500$ kcal/kg							
1,00	18,7	2280	3,7	7,4	11,3	15,3	19,2
1,25	14,9	1925	4,5	9,1	13,8	18,6	23,4
1,50	12,4	1660	5,3	10,8	16,3	21,9	27,6
2,00	9,2	1305	7,0	14,1	21,3	28,6	36,0
Braunkohlenbriketts. 0,53 C, 0,045 H, 0,20 O, 0,15 H_2O, $H_u = 4800$ kcal/kg							
1,00	19,0	2090	4,0	8,1	12,4	16,7	21,0
1,25	15,3	1780	4,9	9,8	14,9	20,1	25,4
1,50	12,7	1550	5,7	11,6	17,5	23,5	29,7
2,00	9,5	1230	7,4	15,0	22,6	30,4	38,3
Braunkohle. 0,28 C, 0,02 H, 0,08 O, 0,54 H_2O, $H_u = 2300$ kcal/kg							
1,00	19,4	1640	5,3	10,6	16,1	21,7	27,4
1,25	15,5	1430	6,2	12,5	18,9	25,5	32,2
1,50	12,8	1265	7,1	14,4	21,7	29,3	36,9
2,00	9,6	1030	8,8	18,1	27,3	36,8	46,3

Der Wirkungsgrad einer Kesselanlage wird nun bestimmt durch die Verluste, die sich zusammensetzen aus:

den Wärmeverlusten V_S durch Strahlung und Leitung[3] (Restverluste),

den Wärmeverlusten V_{Sch} in den den Kessel verlassenden Rauchgasen,

den Wärmeverlusten V_R in der Asche und Schlacke,

dem unverbrannten Brennstoff $B_{V,R}$ in der Asche und im Flugkoks.

---

[1] Für die Berechnung siehe Hütte Bd. 1 25. Aufl. S. 530.

[2] Bei vollkommener Verbrennung ($CO + H_2 = 0$).

[3] Praetorius: Strahlungs- und Abkühlungsverluste von Kesseln und Wärmespeichern. Arch. Wärmewirtsch. 1932 S. 157.

Den Wärmeverlusten V_S im vH der Brennstoffwärme durch Strahlung und Leitung (Restverluste bei der Verlustbestimmung des Kessels) muß durch die Ummauerung oder sonstige Abschließung der Kessel- und Heizgaswege gegen die Umgebung und durch eine zweckmäßige, richtige und kurze Führung der Rauchgase begegnet werden. Ferner müssen alle Dampfleitungen mit wärmeschützenden Stoffen umgeben sein, damit die Wärmeverluste auch an diesen Stellen auf das geringste Maß herabgedrückt werden. V_S schwankt — hier wie überhaupt beste Ausführung der Anlagen und ständige beste Wartung und Instandhaltung vorausgesetzt — je nach der Bauform des Kessels, der Verwendung von Strahlungsheizflächen, der Größe der Heizfläche und der Höhe der Kesselbelastung zwischen 0,6 und 5 vH. Risse im Mauerwerk, Spalten an den Rauchschiebern, Feuertüren, Ascheverschlüssen u. dgl. vergrößern V_S sofort beträchtlich. Dieser Verlust vermindert die wirksame Kesselheizfläche und ist daher auf diese zu beziehen.

Der Wärmeverlust der Rauchgase[1] V_{Sch} — auch Schornstein- oder Abgasverlust genannt — entsteht dadurch, daß die Verbrennungsgase der Feuerung mit einer höheren Temperatur als die Umgebungstemperatur in den Schornstein abziehen. Dieser Verlust ist also gleich dem Wärmeinhalt der abziehenden Gase gegenüber jenem der umgebenden Luft bei der betreffenden Lufttemperatur. Da die Verbrennung von der zugeführten Verbrennungsluftmenge und auch die Verbrennungstemperatur von dieser abhängt, die Wärmeausnutzung des Brennstoffes durch die Kesselbauform und die zusätzlichen Verwertungseinbauten gegeben ist, die Temperatur der Rauchgase bei ihrem Eintritt also schwankt, hängt der Verlust V_{Sch} von dem Temperaturunterschied ab.

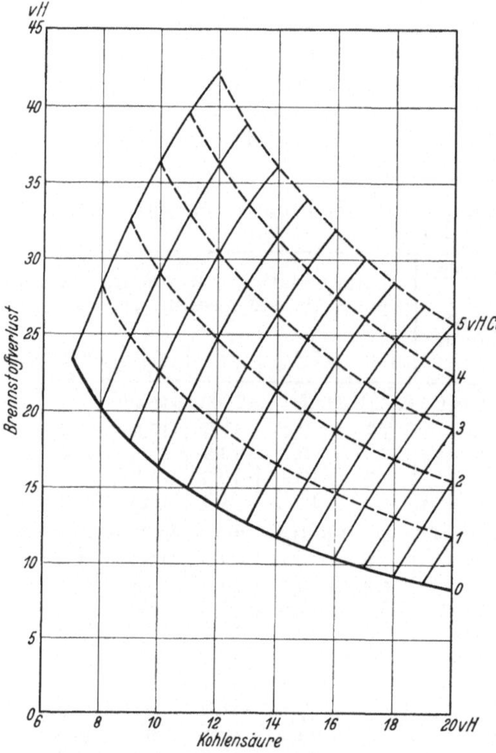

Abb. 93. Brennstoffverlust in vH bei verschiedenem CO₂ und CO-Gehalt der Abgase (Temperaturüberschuß 250° C).

---

[1] Karbe, Dr.-Ing.: Schornsteinverluste mit besonderer Berücksichtigung des Wasserdampfgehaltes der Rauchgase. Arch. Wärmewirtsch. 1926 Heft 4 S. 58. Daselbst, Arbeitsblatt 19: Rauchgasverluste bei festen Brennstoffen. Arch. Wärmewirtsch. 1932 S. 243 und Arch. Wärmewirtsch. 1932 S. 47.

Hohe Schornsteinverluste vermindern den Kesselwirkungsgrad d. h. die Wärmeausnutzung des Brennstoffes außerordentlich und haben auf die gleiche Leistung bezogen oft ungeahnten, daher unwirtschaftlichen Brennstoffverbrauch zur Folge (Abb. 93).

Bei vollkommener Verbrennung, bei der nur CO_2 und kein $CO + H_2$ in den Rauchgasen enthalten ist, kann für die Berechnung von V_{Sch} die Siegertsche Formel benutzt werden. Es ist:

$$V_{Sch} = \frac{k_1 \cdot (T_R - t_l)}{CO_2} \text{ vH kcal} \qquad (77)$$

für 1 kg festen Brennstoff,

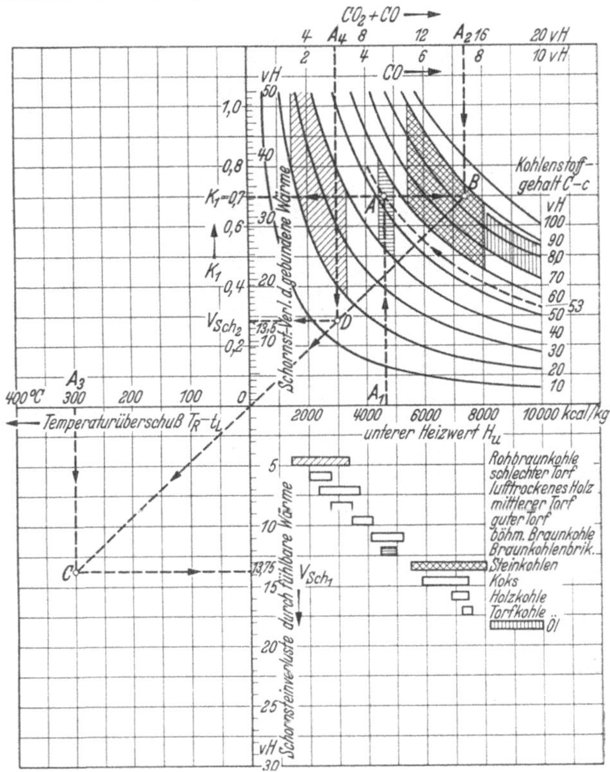

Abb. 94. Schornsteinverluste durch trockene Abgase.

worin bezeichnet:

T_R die Temperatur der abziehenden Rauchgase, abzüglich der Kesselhaustemperatur, in ⁰ C,

t_l die Temperatur der unter dem Rost zugeführten Luft in ⁰ C,

CO_2 den Kohlensäuregehalt der Rauchgase in vH,

k_1 einen Rechnungswert, der abhängig ist von der Brennstoffart,
  = 0,65 für Steinkohle,   = 0,78 für Holz,
  = 0,72 für Braunkohle,   = 0,82 für Koks.

Der Kohlensäuregehalt der Rauchgase hat demnach einen sehr bedeutsamen Einfluß auf den Verlust V_{Sch}.

Ist die Verbrennung unvollkommen[1], tritt also in den Rauchgasen auch CO und H auf, dann setzt sich der Verlust aus 2 Teilen zusammen und zwar aus dem Verlust $V_{Sch,\,R}$ in den trockenen Rauchgasen durch unvollkommene Verbrennung und aus $V_{Sch,\,w}$ durch Wasserdampf in den Rauchgasen.

Die Siegertsche Gl. (77) berücksichtigt nur die „fühlbaren" Verluste durch trockene Rauchgase; die Verluste durch chemisch gebundene Wärme (CO) der trockenen Abgase und die Verluste durch Wasserdampf werden nicht erfaßt. In Abb. 94 sind die fühlbaren und chemisch gebundenen Wärmeverluste in den trockenen Rauchgasen und in Abb. 95 die Verluste durch Wasserdampf für die häufigsten Brennstoffe zeichnerisch berechnet[2]. Aus diesen Kennlinien ist der Schornsteinverlust sofort ablesbar.

Der Schornsteinverlust durch trockene Abgase ergibt sich aus Gleichung (78):

$$V_{Sch,\,R} = \frac{1{,}86\,(C-c)}{H_u\,(CO_2+CO)}\,[0{,}33\,(T_R - t_l) + CO \cdot 3055]. \tag{78}$$

11. Beispiel (zu Abb. 94).

Unterer Heizwert der zu verfeuernden Braunkohlenbriketts . . . . $H_u = 4700$ kcal/kg (Punkt A_1)

Kohlenstoffgehalt der Kohle . . . . $C = 54$ vH

Kohlenstoffgehalt der Rückstände (unverbrannt im Schlackenfall bezogen auf 1 kg Brennstoff) . . . . $\dfrac{c = 1\ \text{vH}}{C - c\ 53\ \text{vH}}$ (Punkt A)

Wassergehalt . . . . $H = 4$ vH

Gesamtwassergehalt (Feuchtigkeit) . . . . $w = 24$ vH

Kohlensäuregehalt der Abgase . . . . . $CO_2 = 12$ vH

Kohlenoxydgehalt der Abgase . . . . . . $\dfrac{CO = 3\ \text{vH}}{CO_2 + CO = 15\ \text{vH}}$ (Punkt A_2)

Temperatur der Abgase . . . . $T_R = 325^0$ C

Temperatur der Verbrennungsluft . . . . $\dfrac{t_l = 25^0\ \text{C}}{T_R - t_l = 300^0\ \text{C}}$ (Punkt A_3).

Die Waagerechte durch Punkt A schneidet die Ordinate im Punkt $k_1 = 0{,}7$. Dieser Wert entspricht dem Festwert in der Siegertschen Formel, der für Steinkohle $k_1 = 0{,}65$ beträgt. Die Verlängerung der Waagerechten bis zum Schnittpunkt des Lotes im Punkte $CO_2 + CO = 15$ (Punkt A_2) ergibt den Punkt B. Die Verbindung des Punktes B mit dem Koordinatennullpunkt O und die Verlängerung dieser Verbindungslinie bis zum Schnittpunkt mit dem Lot im Punkt A_3 aus $T_R - t_l$ ergibt den Punkt C. Die Waagerechte durch C schneidet auf der Ordinate den Verlust durch fühlbare Wärme ab ($V_{Sch_1} = 13{,}75$ vH). Die Waagerechte

---

[1] Kolbe: Die Berechnung der Abgasanalyse. Brennstoff- u. Wärmewirtsch. 1930 Heft 11/12.

[2] Schultes: Das Jt-Diagramm bei Feuerungsuntersuchungen. Arch. Wärmewirtsch. 1932 S. 243. W. Prütz: Überwachung der Schornsteinverluste. Siemens-Z. 1925 Heft 7 S. 290.

durch den Schnittpunkt D der Geraden BC mit dem Lot im Punkt $A_4 = CO = 3$ vH schneidet auf der Ordinate den Verlust durch chemisch gebundene Wärme $V_{Sch_2} = 13,5$ vH ab. Der Verlust durch trockene Rauchgase ist somit:

$$V_{Sch,\,R} = V_{Sch_1} + V_{Sch_2} = 13,75 + 13,5 = 27,25 \text{ vH} . \tag{79}$$

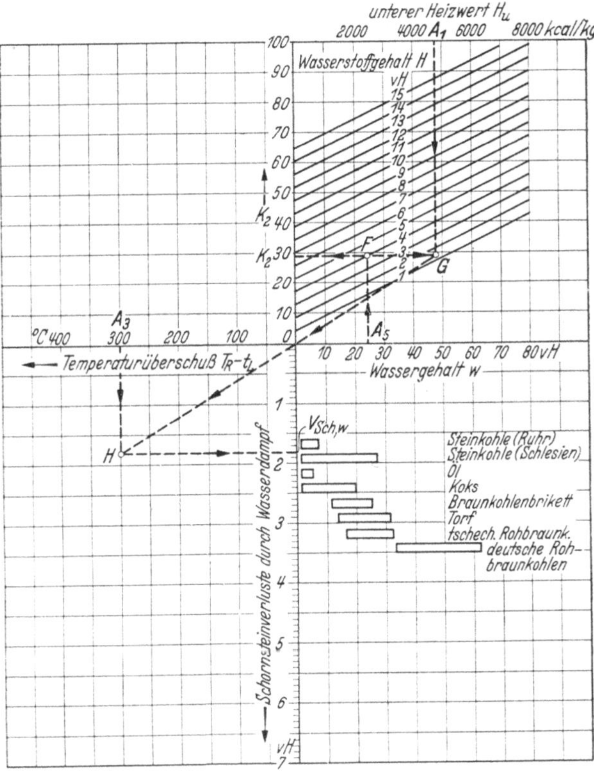

Abb. 95. Schornsteinverluste durch Wasserdampf.

Der Schornsteinverlust durch Wasserdampf $V_{Sch,w}$ ergibt sich aus Gleichung (80):

$$V_{Sch,w} = \frac{(9\,H + w) \cdot 0,48\,(T_R - t_l)}{H_u} = \frac{k_2\,(T_R - t_l)}{H_u} \tag{80}$$

$$k_2 = (9\,H + w)\,0,48 .$$

Abb. 95 ist in folgender Weise zu benutzen:

Wassergehalt ($w = 24$ vH) und Wasserstoffgehalt ($H = 4$ vH) ergeben Punkt F. Der Schnittpunkt G der Waagerechten durch F mit dem Lot durch $H_u = 4700$ wird mit dem Nullpunkt O verbunden. Diese Gerade $\overline{GO}$ schneidet das Lot im Punkt $A_3 T_R - t_l = 300$ im Punkt H. Die Waagerechte durch H schneidet auf der Ordinate den Verlust durch Wasserdampf $V_{Sch,w}$ in den Rauchgasen ab (1,8 vH).

11*

Der Gesamtschornsteinverlust ist somit:

$$V_{Sch} = V_{Sch,R} + V_{Sch,w} = 27{,}25 + 1{,}8 = 29{,}05 \text{ vH} . \qquad (81)$$

Die unvollkommene Verbrennung zeigt sich in der Rauch- und Rußbildung, die immer darauf schließen lassen, daß die Feuerung nicht richtig bedient wird oder fehlerhaft ist.

12. Beispiel:

Vollkommene Verbrennung, Braunkohlenbriketts, $H_u = 4700$ kcal/kg,
T_R Abgastemperatur 300^0 C ($325 - 25^0$ Kesselhaustemperatur),
t_l Verbrennungslufttemperatur 25^0 C.
CO_2 Gehalt der Abgase 12 vH

$$V_{Sch} = \frac{0{,}72\,(325 - 25)}{12} = 18 \text{ vH} .$$

Ist die Verbrennung unvollkommen, also eine größere Luftmenge als die theoretisch erforderliche vorhanden, tritt Kohlenoxyd mit 3,0 vH. Wasserstoff H mit 4 vH und Feuchtigkeit mit $w = 24$ vH auf, so beträgt:

$$V_{Sch} = 29{,}05 \text{ vH}$$

nach Abb. 93 und 94. Der Verlust ist also um 11,5 vH gestiegen.

Der Schornsteinverlust wird dadurch am weitgehendsten verringert, daß die den Kessel verlassenden Rauchgase so weit wie möglich abgekühlt sind und den höchsten Gehalt an CO_2 besitzen. Das erstere geschieht durch weitere Ausnutzung der den Feuerraum verlassenden Gase zur Dampferhitzung, zur Vorwärmung des Speisewassers und der Verbrennungsluft. Auch sorgfältigste Reinhaltung der Kesselheizflächen innen und außen, der Rauchgaskanäle usw. von Kesselstein, Flugasche und Flugkoksansetzungen vermindert diesen Teil des Verlustes durch größeres Temperaturgefälle zwischen Verbrennungs- und Abgastemperatur. Die vollständige Verbrennung bis zur Kohlensäure wird durch das richtige Gas-Luftgemisch im Feuerraum erzielt, also in der Hauptsache durch Menge und Temperatur der Verbrennungsluft. Wohl zu beachten ist aber dabei, daß der höchste Gehalt an CO_2 nicht immer der vollkommensten Verbrennung entspricht, wenn nicht gleichzeitig $CO + H_2$ den Wert Null aufweisen. Der Kohlensäuregehalt der Abgase ist also ein unmittelbares Maß für den Luftüberschuß.

Die Wärmeverluste V_R lassen sich zum Teil durch die Ausbildung der Feuerung selbst verringern. Sie rühren daher, daß in der Asche und der Schlacke Wärmemengen enthalten sind, die nicht ausgenutzt werden. Diese Verluste kann man ohne besonders teuere Einrichtungen, die in ihren Beschaffungs- und Bedienungskosten selten in einem wirtschaftlichen Verhältnis zu dem erzielten Wärmemengengewinn stehen, nicht unterdrücken. Der Verlust durch Rostdurchfall und in der Schlacke kann bei schlecht gehaltener Rostfläche, schlechter Feuerführung und schlechter Roststabbeschaffenheit dadurch entstehen, daß ein Teil des zerkleinerten Brennstoffes durch die Roststäbe oder an den Seiten der Rostfläche in den Aschenraum fällt und damit für die Wärmeerzeugung verlorengeht. Die neueren Rosteinrichtungen vermeiden, wenn sie für die zu benutzenden Brennstoffe richtig durchgebildet sind, diesen letzteren Verlust fast vollständig. Er kann mit etwa 3 bis 6 vH berücksichtigt werden[1].

Der Verlust durch Unverbranntes in vH des Heizwertes der aufgegebenen Brennstoffmenge ist aus der Untersuchung zu finden:

$$B_{V,R} = a \cdot x \cdot \frac{80}{H_u} \, \text{vH}, \qquad (82)$$

worin $a =$ Verbrennungsrückstände in vH des Brennstoffgewichtes B,

$x =$ Gehalt an Verbrennlichem in vH in den Verbrennungsrückständen.

Verluste durch Kühlwasser $V_{Kü}$ entstehen, wenn das zur Kühlung der Feuerbrücke und der Mauerwände der Kesselummantelung benutzte Wasser nicht zur Kesselspeisung verwendet wird, die von diesen aufgenommenen Wärmemengen also nutzlos verloren gehen. In neueren Feuerungsanlagen wird dieser Verlust vermieden. Er läßt sich aus dem Temperaturunterschied ermitteln, den das Wasser vor Eintritt in die Kühlanlagen und nach Austritt aus diesen aufweist. Da dieser Verlust von der baulichen Durchbildung, der Flächen und der Führung der Kühlwege abhängt, läßt sich eine Gleichung dafür nicht aufstellen.

Zusammengefaßt ist also der Gesamtverlust:

$$V_{K,g} = V_S + V_{Sch} + V_R + B_{V,R} + V_{Kü} \, \text{kcal/kg} \qquad (83)$$

und die Ausnutzung des Brennstoffheizwertes:

$$H_u = V_{K,g} + H_{u,n} \, \text{kcal/kg}. \qquad (84)$$

$H =$ nutzbargemachte Wärmemenge oder:

$$H_{u,n} = H_u - V_{K,g} \qquad (85)$$

und der Kesselwirkungsgrad:

$$\eta_K = \frac{H_{u,n}}{H_u} = 1 - \frac{V_{K,g}}{H_u}. \qquad (86)$$

Ist bei bester Brennstoffausnutzung bzw. geringsten Verlusten der Kesselwirkungsgrad η_{K_I} und bei schlechterem Kesselzustand, also vermehrten Verlusten der Wirkungsgrad $\eta_{K_{II}}$, so bedeutet das einen gesteigerten Brennstoffverbrauch von:

$$B_{II} = B_I \left(\frac{\eta_{K_I} - \eta_{K_{II}}}{\eta_{K_I}} \right) 100 \, \text{vH}. \qquad (87)$$

Die bisher behandelten Verluste beziehen sich auf den Beharrungszustand des Kessels. In $\eta_K' = 0,80$ bis $0,83$ bei Vollbelastung des Kessels sind diese Verluste berücksichtigt. Der Kesselwirkungsgrad ändert sich mit der Belastung des Kessels. Da für die Dampfturbinen der günstigste Wirkungsgrad zumeist bei $^2/_3$ Last gewählt wird, können, wie bereits

---

[1] Verlust durch Unverbranntes in den Verbrennungsrückständen. Arch. Warmewirtsch. Juli 1934.

gesagt, solche Vorschriften auch für die Kessel gemacht werden allerdings nur dann, wenn mehrere Kessel gleichzeitig im Betrieb sind und die täglichen Belastungsänderungen entsprechend verlaufen. Abb. 96 zeigt den Wirkungsgradverlauf eines neuzeitigen Kessels zusammen mit dem Verlustverlauf bei verschiedenen Kesselbelastungen.

Für wirtschaftliche Untersuchungen ist nicht η_K allein maßgebend, sondern der **Jahreswirkungsgrad** $\eta_{K.j}$, der einmal die Veränderung von η_K durch die Teilbelastungen und ihre Dauer und dann alle zusätzlichen Verluste V_Z berücksichtigt, die durch den Betriebsverlauf in der Kesselanlage entstehen. Zu diesen Verlusten gehören die **Verluste durch das An- und Abheizen und den Stillstand des Kessels im gewöhnlichen Betrieb**[1], sowie für das **Anheizen aus dem kalten Zustand und das Abschlämmen.** Auch hierfür lassen sich rechnerische Vorausbestimmungen nicht vornehmen, weil diese Ver-

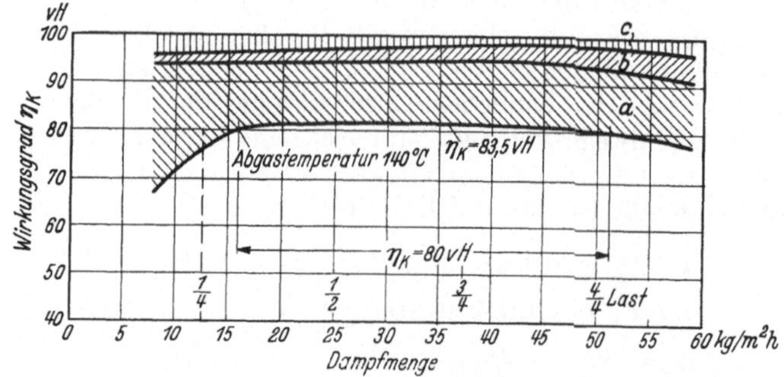

Abb. 96. **Wirkungsgradverlauf bei einem Steinmüller-Steilrohrkessel mit Zonenvorschubrost für Rohbraunkohle, 900 m² Heizfläche, 49,7 m² Rostfläche.**
a Abgasverluste, *b* Verluste durch Unverbranntes, *c* Restverluste.

luste von der Bauart des Kessels, der Dauer dieser Betriebszustände, den Nebeneinrichtungen (Zugsperre) und der Geschicklichkeit des Heizers abhängen. Sie können den an sich sonst guten Wirkungsgrad einer Kesselanlage sehr wesentlich beeinflussen. Ihre Höhe kann je nach der Betriebsweise des Werkes als Einzelwerk oder im Verbundbetrieb als Spitzen- oder Grundlastwerk zwischen 10 bis 20 vH und mehr der aufzuwendenden Jahresbrennstoffmenge betragen; sie sind daher vom Betriebsleiter ganz besonders zu beachten. Für das **Anheizen aus dem kalten Zustand** können bei Rostfeuerung erfahrungsgemäß etwa gerechnet werden:

für Großwasserraumkessel bei einer Anheizzeit von 4 bis 6 Stunden 150/200vH
„ Schrägrohrkessel   „   „   „   „ 2 „ 3   „   70/150 „
„ Steilrohrkessel   „   „   „   „ 1 „ 2   „   50/100 „
„ Strahlungskessel   „   „   „   „ 1 Stunde   40/80 „
des Brennstoff-Stundenverbrauchs des Kessels bei Vollast.

Die **Auskühlverluste**[2] sind ebenfalls schwer rechnerisch zu erfassen. Auch sie können der Betriebsführung einer Kesselanlage manchen

---

[1] Burgdorff, W.: Der Einfluß der Stillstandsverluste auf den Kohlenverbrauch. Arch. Wärmewirtsch. 1928 S. 349 und Elektr.-Wirtsch. 1928 S. 503.
[2] Voigt, Prof. Dr.: Inwieweit verbessert Verringerung der Mauerwerksverluste den Dampfkesselwirkungsgrad. Arch. Wärmewirtsch. 1934 S. 151.

Ärger bringen, wenn der tägliche Belastungsverlauf das wirtschaftliche Abfahren der für die Höchstlast im Betrieb zu haltenden Kessel nicht ermöglicht. Abb. 97 gibt hierfür einige Kennlinien, die für Voruntersuchungen recht brauchbare Werte liefern und deutlich zeigen, daß diese Verluste den Jahreswirkungsgrad der Kesselanlage sehr stark beeinträchtigen können.

Der Jahresbrennstoffverbrauch einer Kesselanlage setzt sich daher aus dem Gesamtverbrauch aller im Betrieb zu haltenden Kessel, den zusätzlichen Verlusten (Abschlämmen, Anheizen) V_Z und dem Verbrauch für die Hilfseinrichtungen $V_{Hi,K}$ (Antrieb der Roste, der Gebläse, der Speisepumpen in Dampf umgerechnet) zusammen und beträgt somit:

$$B_j = \sum \frac{Q_W (i - t_{Sp})}{\eta_{K,j} \cdot H_u} + V_Z + V_{Hi,K}. \tag{88}$$

Aus Gl. (88) ist zu ersehen, daß nur eine straffe Betriebsführung und ständige Betriebsüberwachung den Jahresbrennstoffverbrauch auf das geringst erreichbare Maß herunterdrücken können. Da die Brennstoffkosten in Werken für die öffentliche Stromversorgung als selbständige Kraftwerke etwa 50 vH der gesamten Betriebskosten für die erzeugte kWh ausmachen, werden also die Selbsterzeugungskosten je kWh vom Brennstoffverbrauch wesentlich beeinflußt. Bei der Behandlung der einzelnen Anlageteile wird auf den Jahreswirkungsgrad der Kesselanlage bzw. den Verlust oder den Brennstoffverbrauch immer wieder zurückgekommen werden. Mit Maßnahmen zur Ersparnis an Brennstoff geht wiederum der für diesen

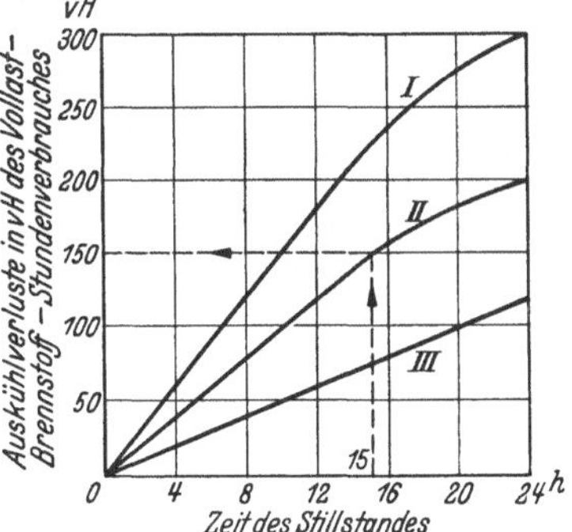

Abb. 97. Kesselauskühlverluste.
I schlechte Kesselabdichtung, *II* neuzeitliche Schräg- und Steilrohrkessel ohne Strahlungsheizflächen, *III* Strahlungskessel.

aufzuwendende Kapitaldienst Hand in Hand, sowie etwa zusätzlich notwendige Bedienungs- und Unterhaltungskosten.

Diese allgemeinen Erörterungen müssen wohl beachtet werden, wenn die nun folgende Besprechung der vielen Einzelteile, die zu einer neuzeitigen vollständigen Kesselanlage gehören, und die daran geknüpften wirtschaftlichen bzw. baulichen Angaben richtig verstanden und verwertet werden sollen.

In der folgenden Zusammenstellung sind alle Werte übersichtlich vereinigt, die für die wärmetechnische Berechnung einer Kesselanlage, für die Prüfung von Angeboten und die Beurteilung von Betriebs- und Abnahmeergebnissen von Bedeutung sind und zwar für den Ausgang solcher Rechnungen und für die Bestimmung des Kesselwirkungsgrades, des Kohlenverbrauches, der Rauchgas- und Luftmenge usw.

Für den Angebotsvergleich (auch Zahlentafel 31):

Kesselheizfläche,

Rostfläche,

Stündliche Dampfleistung,
Dampfdruck,
Heißdampftemperatur und Regelung,
Brennstoff und Feuerung,
Unterer Heizwert,
Flüchtige Bestandteile bezogen auf Reinkohle,
Aschegehalt,
Mittlerer Gehalt der Verbrennungsrückstände an Verbrennlichem,
Temperatur des Speisewassers vor dem Speisewasser-Vorwärmer,
Temperatur des Speisewassers hinter dem Speisewasser-Vorwärmer,
Temperatur der Verbrennungsluft vor dem Luftvorwärmer,
Temperatur der Rauchgase hinter dem Überhitzer,
Temperatur der Verbrennungsluft hinter dem Luftvorwärmer,
Temperatur der Rauchgase hinter dem Luftvorwärmer,
Feuerraumtemperatur,
CO_2 Gehalt der Rauchgase im Feuerraum,
CO_2 Gehalt der Rauchgase hinter dem Kessel,
O   Gehalt der Rauchgase hinter dem Speisewasser-Vorwärmer,
H_2 Gehalt der Rauchgase hinter dem Luftvorwärmer,
O   Gehalt hinter dem Luftvorwärmer,
H_2 Gehalt hinter dem Luftvorwärmer,
Zugstärke hinter dem Luftvorwärmer oder im Schornstein,
Druck und Menge der Verbrennungsluft vor dem Luftvorwärmer,
Regelung der Verbrennungsluft,
Kraftverbrauch des Saugzuggebläses,
Kraftverbrauch des Frischluftgebläses,
Kraftverbrauch der Speisepumpe;

für die Beurteilung des Kesselwirkungsgrades:

Kesselverluste,
Kesselwirkungsgrad,
Wärmeinhalt des Heißdampfes,
Speisewassertemperatur vor dem Speisewasser-Vorwärmer des
   Kessels,
Aufgegebene Brennstoffmenge,
Verbrannte Brennstoffmenge,
Verbrennungsluftmenge, Luftüberschußzahl,
Verdampfungsziffer,
Anstrengungsgrad des Kessels,
Anstrengungsgrad der Feuerung,
Feuerraumbelastung;

für die Berechnung des Jahreswirkungsgrades:
Lastverlauf,
Teilwirkungsgrade des Kessels,
Zusatzverluste,
Kosten des Brennstoffes frei Kesselhausbunker,
Kesselbedienungskosten, Kesselunterhaltungskosten.

Wirtschaftliche Feststellungen:

Für die Beurteilung von Kesselangeboten und daraus zur Feststellung der technisch und wirtschaftlich günstigsten Ausführung sind folgende Vergleichszahlen gegenüberzustellen:

Kesseleinheit in m^2.

m^2 Grundfläche je t Dampf und h,
m^2 umbauter Raum je t Dampf und h,
t   Dampf je Heizer und h,
    Dampfleistung in t/h normal,
    Dampfleistung in t/h maximal dauernd,
    Höchstmögliche Dampfleistung in t/h,
    Regelbarkeit der Dampfleistung und der Überhitzung,
    Heizflächenbelastung in $kg/m^2/h$,
    Spez. Kesselleistung je m^3 umbauten Raumes,
    Spez. Leistung der Feuerung je m lichte Kesselbreite,
m^2 Kesselheizfläche/m^2 Grundfläche,
kg   Dampf/m^2 Grundfläche,
kg   Dampf/m^3 umbauten Raumes,
kW/m^2 Kesselheizfläche.
    Kraftbedarf der Hilfseinrichtungen je t Dampf und h,
    Abmessungen, Gewicht und Preis des fertig aufgestellten Kessels
        je t Dampf und h.

14. Die Brennstoffe.

a) Allgemeines[1]. Die zur Verwendung kommenden Brennstoffe sollen nur auf deutsche Verhältnisse bezogen werden.

Die Brennstoffe werden eingeteilt in feste, flüssige und gasförmige, und zwar sind die hauptsächlichsten

festen Brennstoffe:

Steinkohle in reiner oder mit anderen Arten vermengter Beschaffenheit (auch Koks),
Braunkohlenbriketts,
Braunkohle,
Torf,
Holz und andere Abfälle;

flüssigen Brennstoffe:

Erdöl,
Steinkohlen- und Braunkohlenteeröl;

gasförmigen Brennstoffe:

Leuchtgas,
Koksofengas,
Gicht- oder Hochofengas,
Generatorgas.

---

[1] Schulte, Dr.-Ing. Fr., und K. Lang: Aufgaben der deutschen Brennstoffwirtschaft und ihre Auswirkung auf den Dampfkessel- und Feuerungsbau. Z. VDI 1935 S. 275.

Aus dieser Einteilung ist zu ersehen, daß gewissen Brennstoffarten das Benutzungsgebiet in bestimmter Form zugewiesen ist, so
z. B. Torf, Steinkohlenteeröl, Gichtgas. Ausnahmen allgemeiner und
daher besonders zu untersuchender Art bilden Steinkohlen, Braunkohlenbriketts und Braunkohlen. Für alle Kraftwerke, die nicht unmittelbar an oder auf Kohlengruben dieser oder jener Art liegen bzw.
gebaut werden können, bestimmt der Preis frei Kesselhaus des Kraftwerkes unter Berücksichtigung des Heizwertes, der Stapelmöglichkeit[1]

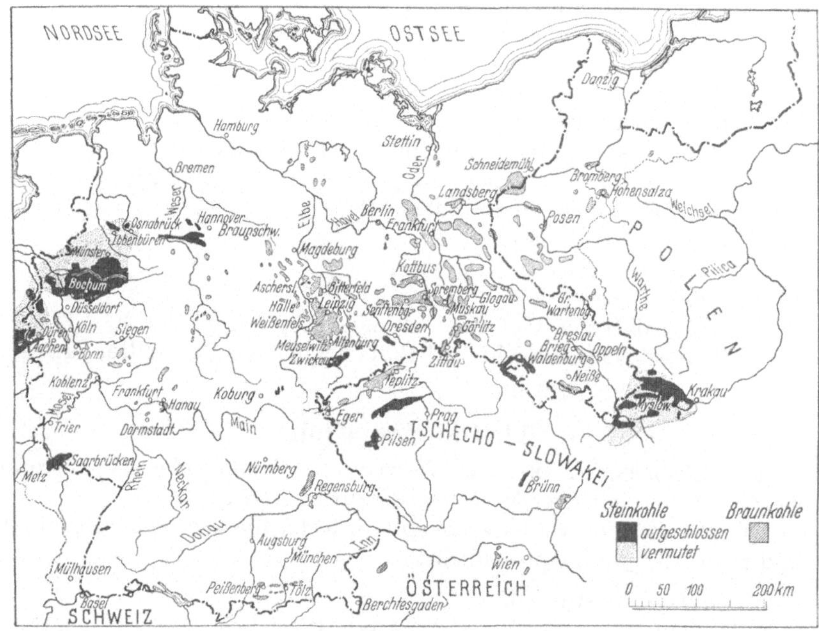

Abb. 98. Kohlenlagerstätten in Deutschland (nach Kukuk).

und der gesicherten Zufuhr die Auswahl des Brennstoffes[2]. Abb. 98 gibt
eine Übersicht über die Kohlenlagerstätten Deutschlands. Der Heizwert
und die Brennstoffbeschaffenheit als Rohkohle, Stückkohle, Brikett,

Zahlentafel 20. Rauminhalt einer Ladung von 10 t Gewicht.

Ladestoff	Rauminh. m³	Ladestoff	Rauminh. m³
Braunkohle, lufttrocken in Stücken	12,8÷15,4	Saar-Steinkohle	12,5÷13,9
		Sächsische Steinkohle . .	12,5÷13.0
Braunkohlenbriketts . . .	9,0÷10,0	Zechenkoks	19÷26
Oberschlesische Steinkohle	12,5÷13,2	Schlacken und Koksasche	16,7
Niederschlesische Steinkohle	11,5÷12,5	Torf, feucht	15÷18
Ruhr-Steinkohle	11,6÷12,5	Torf, lufttrocken.	24÷31

[1] Siehe Fußnote S. 176.

[2] Krebs, Dr. Ing.: Brennstoffgrundlagen der Kohlenstaubfeuerung in Deutschland. AEG, Kraftwerk 1930 S. 104.

Kohlenstaub, legen die Bauart der Feuerung und teilweise auch des Kessels fest. In Zahlentafel 20 und 21 sind Angaben über Rauminhalt

Zahlentafel 21. Ladeangaben für Güterwagen.

	Ladegewicht	Lichte Abmessungen in m			Laderauminhalt
	t	Länge	Breite	Höhe	m³
Offener Güterwagen . . .	15	6,72	2,84	1,10	20,9
Eiserner Kohlenwagen . .	15	5,30	2,89	1,45	22,2
Eiserner Kohlenwagen . .	20	6,00	2,85	1,50	25,6
Kokswagen	15	7,72	2,84	1,60	35,0

und Ladefähigkeit deutscher Reichsbahn-Güterwagen zusammengestellt. Auf die besonderen Großraumwagen der Reichsbahn ist besonders aufmerksam zu machen.

Die Fördergebiete in Deutschland sind:

   für Steinkohle:
das Ruhrgebiet,
 „ Saargebiet,
 „ sächsische Gebiet,
 „ oberschlesische Gebiet,
 „ Waldenburger Gebiet,
ferner Oberbayern;
   für Braunkohle:
das niederrheinische Gebiet,
 „ mitteldeutsche Gebiet,
 „ sächsische Gebiet,
 „ Lausitzer Gebiet,
ferner Hessen, Oberpfalz und Unterfranken.

Je nach der Aufbereitung werden unterschieden:
Förderkohle (noch nicht aufbereitet),
Schlammkohle (im Kohlenwäschewasser enthalten),
gewaschene Kohle (erdige Bestandteile beseitigt),
Stückkohle (nur große Stücke, noch zu brechen),
Würfelkohle (für kleinere Stücke, im Saar- und oberschlesischen Gebiet gebräuchlich, teilweise noch zu brechen),
Nußkohle I bis IV (Siebungen gleicher Größe),
Erbskohle (Schlesien),
Kohlengrus.

Die im Brennstoff enthaltenen Wärmemengen müssen naturgemäß so weit wie irgendmöglich zur Dampfbildung ausgenutzt werden, d. h. der Verbrennungsvorgang muß möglichst alle im Brennstoff enthaltene Wärme entwickeln und Feuergase von höchster Temperatur erzeugen. Der feuerungstechnische Wert eines Brennstoffes ergibt sich aus dem Heizwert[1], also aus der Zahl der Wärmeeinheiten, welche 1 kg als Einheit des Brennstoffes liefern kann und aus dem pyrometrischen Heizeffekt. Das ist die Temperatur, welche bei der Verbrennung erzeugt wird. Schließlich ist auch die Betriebsart des Werkes für die zu wählende Brennstoffsorte von Bedeutung. Für reine Spitzenlastwerke

---

[1] Herberg: Feuerungstechnik und Dampfkesselbetrieb. Berlin: Julius Springer. 1928.

Zahlentafel 22. Zusammensetzung, Heizwert, theoretischer Luftbedarf und Verbrennungsgasmenge für Brennstoffe verschiedener Herkunft.

Lfde. Nummer	Brennstoffart und Herkunft	Kohlenstoff c vH	Wasserstoff h vH	Sauerstoff o + Stickstoff n vH	Schwefel s vH	Wasser w vH	Asche vH	unterer Heizwert kcal/kg H_u	Flüchtige Bestandteile vH	Theoretischer Luftbedarf kg/kg L_{th}	Höchster Kohlensäuregehalt vH	Theoretisches Gasgewicht für 1 kg Brennstoff	Spez. Gewicht kg/m³ bei 0°C und 760 mm QS
1	Westfälische Steinkohle (Ruhr)	79	4,5	7	1	2 ÷ 6	4 ÷ 7	7500	19÷30	10,35	18,75	11,29	1,353
2	Sächsische Steinkohle	70	4,0	9	1	9	7	6900	30÷35	9,17	18,90	10,10	1,362
3	Saar-					3 ÷ 5	2 ÷ 5	7100	38				
4	Oberschlesische } Steinkohle.	73	4,5	10	1	3 ÷ 8	7 ÷ 10	6900	31÷33	9,65	18,85	10,58	1,35
5	Niederschlesische					4 ÷ 7	5 ÷ 10	6700	25÷30				
6	Oberbayerische Steinkohle . .	53	4,0	12	5	9	17	5200	31÷38	7,16	18,5	8	1,37
7	Englische Steinkohle	75	4,5	8	1	1 ÷ 3	3 ÷ 8	7500	8÷15	9,88	18,83	10,82	1,354
8	Steinkohlenbriketts	82	4,2	3,7	1,2	0,8 ÷ 1	8 ÷ 10	7600	16÷22	10,45	18,9	11,29	1,35
9	Zechenkoks, ...	84	1	3	1	1	8	7100	—	9,9	20,5	10,82	1,393
10	Gaskoks	68	0,4	2,6	1	1,5	12	7000	—	7,99	—	8,92	
11	Sächsische	53	4,5	18	1	8 ÷ 10	15	4800	45	6,90	18,7	7,82	1,325
12	Lausitzer } Braunkohlenbriketts	55,1	4,4	23,1	0,4	9 ÷ 12	15	4800	48	6,90	19,9	7,85	1,41
13	Rheinische	55	4,1	21,4	0,4	5 ÷ 6	13	4800	40÷50	6,83	19,8	7,77	1,40
14	Lausitzer Braunkohle	25,5	2,4	11,5	1,3	50	10	2230	15	3,36	19,1	4,26	1,32
15	Halle	31	2,8	9,6	1,3	49	6 ÷ 8	2800	25	4,17	18,6	5,11	1,31
16	Bitterfeld } Mitteldeutsche Braunkohle	30	2,3	9,5	1	50	6 ÷ 8	2470	20÷25	3,92	19,2	4,86	1,31
17	Zeitz	29	2,7	7,5	1,3	53	6 ÷ 8	2500	25	3,99	18,35	4,93	1,26
18	Kölner	24,6	1,9	10,7	1	58	2 ÷ 5	1950	15	3,10	19,5	4,07	1,29
19	Unterfranken } Braunkohle	23,3	2,1	8,8	1	62	2 ÷ 4	1850	11÷15	3,10	18,9	4,07	1,27
20	Oberpfalz	21,8	1,8	9,6	1	54	12	1700	12	2,80	19,4	3,68	1,29
21	Torf, lufttrocken	43	4	24	0,5	25	5	3500	70	5,35	19,8	6,30	1,317
22	Holz, lufttrocken	40	4,5	37	—	16	1,5	3500	70	4,58	20,9	5,56	1,308
23	Lohe, gepreßt	19	2,2	15	—	60	2	1300	---	2,30	20,1	3,28	1,190

ist nur beste Kohle mit größtem Heizwert zu benutzen, die lange Zeit lagerfähig ist, da solche Werke im Sommer stillstehen und im Winter häufig an- und abzufahren sind. Es würde zu weit führen, hier auf Einzelheiten des Verbrennungsvorganges einzugehen[1]. In Zahlentafel 22 sind die Heizwerte der einzelnen gebräuchlichen Brennstoffe zusammengestellt. Es ist notwendig, daß vor Berechnung der Größe einer Kesselanlage feststeht, welche Art von Brennstoffen in Frage kommt, d. h. also ob die Kesselanlage für reine oder minderwertige Steinkohlen-, Schlamm-, Förderkohlen-, Braunkohlen-, Torf- oder Holzfeuerung, oder für einen gemischten Brennstoff (z. B. Kohle mit Koks oder Braunkohlenbriketts) bestimmter Art geeignet sein soll.

Die Verbrennung an sich geht in Erweiterung des auf S. 158 Gesagten derart vor sich, daß der im Brennstoff enthaltene Kohlenstoff mit dem Sauerstoff der Luft entweder zu Kohlensäure oder Kohlenoxyd verbrennt. Im ersteren Fall ist die entwickelte Wärmemenge wesentlich größer als im zweiten. Es ist daher bei der Begutachtung von Kesselfeuerungen auch notwendig, zu prüfen, wie weit die Verbrennung des Brennstoffes sicher erfolgt; letzteres hängt von der zugeführten Sauerstoff- bzw. Luftmenge ab (vollkommene und unvollkommene Verbrennung). Da die Brennstoffe stets in zerkleinertem Zustand auf den Rost gelangen, ist der bereits erwähnte, über die theoretische Luftmenge notwendige Überschuß an Luft zuzuführen, um die unvollkommene Verbrennung und die mit ihr verbundenen Wärmeverluste zu verhüten. Für die Güte einer Feuerung ist daher bestimmend, mit welchem geringsten Luftüberschuß (n) die vollkommene Verbrennung erreicht wird. Das hängt bei Handfeuerung hinsichtlich der Schichthöhe und gleichmäßigen Verteilung des Brennstoffes über die ganze Rostfläche von der Geschicklichkeit des Heizers ab, ferner von der Führung der Heizgase und von der gesamten Ausbildung der Rostfläche. Für größere Kesselanlagen kommen daher heute fast durchweg selbsttätig arbeitende Rostbeschickungsvorrichtungen oder Staubfeuerungen zur Anwendung. Bei Braunkohle und Torf, sowie bei der Mehrzahl minderwertiger Brennstoffmischungen wird noch eine besondere künstliche Luftförderung (Unterwind bzw. Saugzug) angewendet, da es dann im allgemeinen nicht möglich ist, die für eine vollkommene Verbrennung notwendige Luftmenge auf natürliche Weise durch den Rost zu fördern, wenn die Schornsteinanlagen nicht außerordentlich groß und damit sehr teuer werden sollen.

Die unvollkommene Verbrennung hat Rauch- und Rußbildung zur Folge. Die Gasbildung ist dabei so stark, daß der Schornstein nicht imstande ist, die für die vollkommene Verbrennung notwendige Luftmenge durch den Rost anzusaugen und den Kohlenwasserstoff zur Entzündung zu bringen. Die Nachteile der Rauch- und Rußbildung liegen erstlich in der schlechten Ausnutzung des Brenn-

---

[1] Koschmieder, H.: Betrachtungen über die wirtschaftliche Ausnützung der Brennstoffe vom technischen Standpunkte. Brennstoff- u. Wärmewirtsch. 1926 S. 51. Auch Hütte I. Teil: Brennstoffe.

stoffes, ferner in einer Verschmutzung der Rauchkanäle der Feuerung, des Vorwärmers und der Heizflächen selbst und schließlich in der Belästigung der Umgebung.

b) Feste Brennstoffe. Als Brennstoff in fester Form werden je nach den vorliegenden Verhältnissen verwendet: Steinkohle, Braunkohle, Koks[1], Torf oder Holz. Sie sind in ihrer Güte bestimmt durch die in ihnen enthaltene Menge an Kohlenstoff, Wasserstoff, Sauerstoff, ferner freiem oder gebundenem Wasser und mineralischen Beimischungen. Letztere ergeben die Asche und Schlacke. Manche Brennstoffe enthalten außerdem noch Stickstoff und Schwefel, wobei besonders der Schwefel nach seiner Verbrennung in Gestalt der dabei entstehenden schwefligen Säure (SO_2) auf die Kesselwände zerstörend einwirkt und daher in brauchbaren Brennstoffen nicht enthalten sein darf. Je stärker die Beimengungen und Verunreinigungen sind, um so größer ist die Menge unverbrannter Stoffe, die Asche und die Schlacke. Letztere wird durch Sand- und Eisenoxydgehalt stärker fließend und kann die Kesselleistung außerordentlich ungünstig beeinflussen.

Steinkohle. Die Steinkohle sollte in ihrer hochwertigen Beschaffenheit nicht mehr allein zum Verfeuern unter Kesseln, also zur Dampferzeugung benutzt werden, weil die chemische Aufschließung aus volkswirtschaftlichen Gründen durch die Gewinnung der zahlreichen Nebenerzeugnisse wesentlich vorteilhafter ist, die heute mehr als je als Haupterzeugnisse anzusprechen sind. Die derzeitige allgemeine Wirtschaftslage hat diese Notwendigkeit klar zutage treten lassen. Man ist daher sowohl bei bestehenden als auch bei neu zu entwerfenden Anlagen in diesem Sinne immer mehr dazu übergegangen, minderwertige Kohlenbrennstoffe oder Steinkohlen gemischt mit Braunkohlenbriketts oder Koks zu verfeuern, sofern die Frachtkosten das nur irgend zulassen. Die Wirtschaftlichkeit hängt dann in der Hauptsache von der baulichen Ausbildung der Feuerungsanlage ab. Wenn bisher die Feuerungsanlagen auch nicht derart durchgebildet werden konnten, daß sie jederzeit für alle Sorten von Brennstoffen mit gleich gutem Wirkungsgrad benutzbar sind, so kann doch, wenn von vornherein auf die verschiedenen Arten der gegebenenfalls zu benutzenden Brennstoffbeschaffenheiten Rücksicht genommen wird, die Feuerung so gestaltet werden, daß sie den Forderungen nach dieser Richtung in weitgehendstem Maße bei guter Wirtschaftlichkeit entspricht. Bei bestehenden Anlagen werden heute Änderungen der Feuerungseinrichtungen vielfach vorgenommen; dabei ist eine wesentliche wirtschaftliche Verbesserung der Kesselanlagen erzielt worden.

---

[1] Koks in Form von Gaskoks und Grudekoks ist bisher als Brennstoff, von einzelnen Sonderfällen abgesehen, nicht verwendet worden, weil dieser Brennstoff sehr arm an flüchtigen Bestandteilen ist und daher feuerungstechnische Schwierigkeiten bereitet. Der Wärmepreis ist außerdem zu hoch. Der in großen Mengen bei der Verschwelung der Kohle anfallende Grudekoks kann nur an der Gewinnungsstelle selbst verfeuert werden. Die Durchbildung der Feuerung wird zur Zeit ernstlich in Angriff genommen. M. Blanke: Gaskoks als Brennstoff für Elektrizitätswerke. Arch. Wärmewirtsch. 1934 Heft 5 S. 125.

Außer den Mischungen verschiedener Sorten einer Kohle kommen noch Zusätze von Braunkohlenbriketts und Koks zur Verwendung. Als minderwertige Brennstoffe sind anzusehen: alle Abfallkohlen wie Schlammkohlen, Kohlengrus, Förderkohle. Ferner ist mit Rücksicht auf die Bildung langer oder kurzer Flamme zu unterscheiden, ob die Kohle gasreich oder gasarm ist. Die erstere nennt man Fettkohle, die zweite Magerkohle. Nach allen diesen Brennstoffbeschaffenheiten richtet sich die Ausbildung der Feuerungsanlage, weil die Brenngeschwindigkeit und die zur Verbrennung erforderliche Luftmenge verschieden sind. Es ist also zur Festlegung der Feuerungsanlage zunächst Klarheit zu schaffen, aus welchen Kohlengebieten die Kohle und in welcher Beschaffenheit bzw. in welchem Mischungsverhältnisse am billigsten und sichersten zur Verfügung steht, wobei auf Veränderungen in Beschaffenheit und Mischungsverhältnis ebenfalls weitgehends Rücksicht zu nehmen ist. Geschieht das nicht, so kann die Feuerungsanlage für die eine Art des Brennstoffes einen guten Wirkungsgrad ergeben, während sie für eine andere Beschaffenheit oder Mischung die Kesselleistung unter Umständen stark beeinträchtigt.

Die aus 1 kg erzeugbare Wärmemenge ist nach Gl. (25) bestimmend für den Brennstoffverbrauch und der Wärmepreis gibt den Ausschlag bei Wirtschaftlichkeitsberechnungen. Unter Zugrundelegung einer Wärmemenge von $1 \cdot 10^6$ kcal ergibt sich folgender Vergleich:

	kcal/kg	Preis ab Grube RM/1000kg	Preis für $1 \cdot 10^6$ kcal RM ab Grube	Gewicht der Menge kg, die $1 \cdot 10^6$ kcal enthält
Steinkohle	7000	16,80	2,40	143
Braunkohlenbriketts	4500	13,00	2,89	222
Rohbraunkohle	2000	2,98	1,49	500

Für die Verfeuerung auf dem Rost ist die Steinkohle auf ein bestimmtes Korn zu brechen. Das geschieht entweder schon auf der Grube oder aber erst im Kraftwerk, wozu dann eine besondere Brecheranlage aufzustellen ist. Auch in Staubform wird die Steinkohle verfeuert. Die Aufbereitung zu Staub erfolgt zur Zeit in den meisten Fällen erst in der Kesselanlage. In Zahlentafel 23 sind die Körnungen der Steinkohlen in mm nach den einzelnen Kohlenrevieren zusammengestellt.

Braunkohle. Die Braunkohle ist in den letzten Jahren ein sehr beachtenswerter Brennstoff für die Elektrizitätswerke geworden. Sie wird nicht nur dort benutzt, wo sie gewonnen wird, sondern auch in entfernter gelegenen Kesselanlagen. Allerdings kommt dann nicht die Rohbraunkohle, sondern die in Braunkohlenbriketts veredelte Form zur Verwendung. Die Feuerungsanlagen sind auch für diesen Brennstoff bereits seit langen Jahren eingehend erprobt und gestatten heute einen gleich wirtschaftlichen Betrieb wie solche für Steinkohlen.

In Zahlentafel 22 sind die besonders zu beachtenden Werte auch für Braunkohle zusammengestellt. Man erkennt aus diesen in Gegenüberstellung zu den Steinkohlensorten, daß die Braunkohle eine größere Menge

Zahlentafel 23. Körnung deutscher Steinkohlen.

Kohlenrevier	Ruhr	Saar	Aachen	Sachsen	Oberschlesien
Stückkohle	> 80	> 80	> 80 Brocken 80/120	> 80	> 130 Würfel I 90/150 Würfel II 70/90
Nußkohle	Nuß I 50/80 Nuß II 30/50 Nuß III 18/30 Nuß IV 10/18 Nuß V 7/10	Würfel 50/80 Nuß I 35/50 Nuß II 15/35 Nuß III 8/15	Würfel A 50/80 Würfel B 30/50 Würfel C 18/30 Nuß IV 10/18 Perlkohle 4/10	Würfel I 40/80 Würfel II 25/40 Knörpel I 20/30 Knörpel II 15/25 Nuß I 8/15 Nuß II 8/12 Waschklare I 3/8 Waschklare II 0/3	Nuß Ia 40/70 Nuß Ib 25/40 Nuß II 25/35 Erbs 15/25 Grieß I 10/20 Grieß II 10/15
Feinkohle	Feinkohle 0/10 Staubkohle 0/0,3	Feinkohle 0/8	Feinkohle 0/10 Staubkohle 0/1	Staubkohle 0/1	Staubkohle 0/10
Nußgrus	Nußgrus I 0/80 Nußgrus II 0/30	Waschgrus I 0/35 Waschgrus II 0/15	—	—	Kleinkohle I 0/80 Kleinkohle II 0/40

flüchtiger Bestandteile, einen größeren Wassergehalt, einen geringeren Aschegehalt und einen geringeren Heizwert besitzt. Infolge des geringen H_u ist daher für dieselbe Wärmemenge wie bei Steinkohle eine 2 bis 3 mal größere Menge an Braunkohlen zu verfeuern.

Was sonst bei der Steinkohle gesagt wurde, gilt sinngemäß auch für die Braunkohle. Die Staubfeuerung wird auch für Rohbraunkohle benutzt. Gegenüber der Steinkohle besteht der ganz besondere Unterschied, daß die Rohbraunkohle infolge ihres großen Wassergehaltes und ihres geringen Heizwertes nur am Fundort zu Staub vermahlen werden kann, weil zusätzliche Kosten für die Verfrachtung bezogen auf den Wärmepreis die Kohle unwirtschaftlich machen. Aus diesem Grunde sind BraunkohlenstaubFeuerungen nur auf den Braunkohlengruben oder diesen unmittelbar benachbarten Kraftwerken anwendbar. Dabei ist besonders darauf hinzuweisen, daß Rohbraunkohle nicht länger als etwa 8 bis 10 Tage gelagert werden kann. Darüber hinaus besteht die Gefahr des Zerfalls und der Selbstentzündung[1]. Gegen diese Ge-

[1] Ausschuß für wirtschaftliche Fertigung, Berlin (AWF). Merkblatt 45, 1927. Zweckmäßige Lagerung von Kohle.

fahr schützt allerdings die Lagerung in Eisenbunkern, die von der Außenluft abgeschlossen werden können. Vereinzelt umgeht man diese Schwierigkeiten beim Kraftwerk dadurch, daß man Braunkohlenstaub fertig zur unmittelbaren Verfeuerung von der Grube in Kohlenstaubwagen (Abb. 99) bezieht, die entsprechend gebaute eiserne Behälter erhalten. Dann muß die Zustellung und der Umlauf der Kohlenstaubwagen[1] sehr genau und sicher geregelt sein. Im Fall der Störung des Wagenumlaufes kann die Betriebssicherheit des Kraftwerkes beeinträchtigt werden.

Durch besondere Trocknung kann der Heizwert der Kohle gesteigert werden. Diese Trocknung erfolgt in besonderen Trockeneinrichtungen durch die Abgase der Feuerung, wodurch deren wirtschaftliche Ausnutzung erhöht wird.

Abb. 99. Behälterwagen für blasfertigen Kohlenstaub.

Bezeichnet:

w_1 den Wassergehalt vor der Trocknung in vH,
w_2 den Wassergehalt nach der Trocknung in vH,
H_{u_1} und H_{u_2} die entsprechenden Heizwerte in kcal/kg,

so ist:

$$H_{u_2} = \frac{H_{u_1}(100 - w_2) + 600(w_1 + w_2)}{100 - w_1} \text{ kcal/kg.} \tag{89}$$

Torf. Die Benutzung von Torf als Brennstoff[2] ist in Deutschland nur ganz vereinzelt — und von kleineren Anlagen abgesehen bisher nur in einem größeren Werk in Wiesmoor — zur Durchführung gekommen. Da der Heizwert des Torfes etwa zwischen 2500 bis 3500 kcal/kg schwankt (Zahlentafel 22), ist für gleiche Leistung je Stunde die notwendige Brennstoffmenge ähnlich wie bei Braunkohle wesentlich größer als bei

---

[1] Kaspers, M.: Versand und Verwendung von rheinischem Braunkohlenstaub. Arch. Wärmewirtsch. 1929 Heft 1.
[2] Stauf, Ph.: Erfahrungen über die Verheizung von Torf im Dampfkesselbetrieb. Z. bayer. Revis.-Ver. 1922 Nr. 13 S. 103. Caro: Veredelung minderwertiger Brennstoffe nach dem Madruckverfahren. Naturwiss. 1921 Heft 37.
Fortschritte der Torffeuerung. Brennstoff- u. Wärmewirtsch. 1926 S. 68.

Steinkohle und hochwertigen Braunkohlenbriketts; daher kann das Kraftwerk nur unmittelbar dort errichtet werden, wo der Torf gewonnen wird. Anderenfalls ist ein wirtschaftlicher Kesselbetrieb infolge der durch den großen Rauminhalt dieses Brennstoffes bedingten Frachtausgaben und des Kapitaldienstes für die Lagerplätze nicht zu erreichen. Etwa 100 kg in Soden geschüttet nehmen mindestens 0,4 Raummeter ein, so daß der Heizwert eines Raummeters oft nur etwa 7500 kcal/kg ergibt.

Der Torf hat bei seiner Gewinnung im Durchschnitt 85 vH Wassergehalt. Die Verfeuerung in diesem Zustand unter Dampfkesseln ist nicht möglich. Durch Lagerung und durch andere besondere Hilfsmittel muß der Wassergehalt wesentlich vermindert werden und zwar bis wenigstens auf 25 vH, da andernfalls ein wirtschaftlicher Feuerungsbetrieb überhaupt nicht durchführbar ist. Auch die Beimengung minderwertigen Torfes, insbesondere des weißen Moostorfes, verschlechtert die Verfeuerung stark. Sand, der bei zu tiefer Abbaggerung mitgenommen wird, hat starke Schlackenbildung zur Folge. Torf, der unter Frost gelitten hat, ist ebenfalls ungeeignet, weil er nach den Erfahrungen in Wiesmoor leicht aufflammt, nur 5 bis 6 vH. CO_2 ergibt und mehr den Fuchs und den Schornstein als den Kessel heizt[1].

Die Anlage eines Kraftwerkes mit Torffeuerung hat nur dann Aussicht auf Wirtschaftlichkeit, wenn es möglich ist, den Torf in der notwendigen großen Menge so sicher verfügbar zu haben, daß Zusatzbrennstoffe kaum oder nur in sehr geringen Mengen notwendig sind. Da aber die Torfgewinnung an sich noch mancher Verbesserung bedarf, bevor dieselbe als praktisch befriedigend bezeichnet werden kann, so scheitern die meisten Untersuchungen, Torfkraftwerke zu errichten, an den hohen Kosten für die Torfgewinnung.

Holz. In Deutschland kommt Holz als Brennstoff in kleinen und auch in mittleren Kraftwerken für öffentliche Stromabgabe nicht zur Verfeuerung. Es kann daher davon abgesehen werden, näher auf diesen Brennstoff einzugehen. Nur in kleinen industriellen Unternehmungen insbesondere in Holzsägemühlen, Möbelfabriken u. dgl., wo mit Abfallholz in großen Mengen zu rechnen ist, wird Holz zur Dampferzeugung benutzt. Frisch gefälltes Holz ist zur Verfeuerung ungeeignet. Die brenntechnischen Werte für trockenes Holz sind in Zahlentafel 22 ebenfalls angegeben.

c) **Die flüssigen Brennstoffe** werden für Landanlagen in Deutschland so gut wie gar nicht angewendet; vereinzelte Versuchsausführungen sind ohne Bedeutung geblieben. Die Kraftgewinnung z. B. aus Teeröl u. dgl. erfolgt billiger und nach den bisherigen praktischen Untersuchungen wirtschaftlicher in Dieselmotoren als durch Verfeuerung unter Kesseln.

d) **Die gasförmigen Brennstoffe.** Von diesen haben in der Hauptsache die Koksofen- und Hochofen- bzw. Gichtgase besondere Bedeutung gefunden. Auf Zechen werden dieselben durchweg in der weit-

---

[1] Siehe Elektrotechn. Z. 1912 S. 1255.

gehendsten Form ausgenutzt, aber nur verhältnismäßig selten zur Dampferzeugung unter Kesseln verfeuert. Die wirtschaftlichen und in erster Linie die wärmetechnischen Untersuchungen ergeben zumeist, daß es auch hier günstiger ist, die Gase in Gasmotoren zur Kraftgewinnung heranzuziehen und lediglich die Abgase zur Dampferzeugung und damit zur weiteren Kraftgewinnung aus Dampfturbinen zu benutzen.

15. Das Kesselspeisewasser[1].

a) Allgemeines. Als Kesselspeisewasser wird in erster Linie, wie bereits mehrfach erwähnt, das Kondensat der gesamten Dampfanlage benutzt. Infolge der unvermeidlichen Verluste ist zu der Kondensatwassermenge noch etwa 5 bis 10 vH Zusatzwasser erforderlich, für das hinsichtlich seiner Beschaffenheit zur Kesselspeisung sehr scharfe Bedingungen gelten. Diese Bedingungen sind: daß weder Kesselsteinbildner noch sonstige chemische und mechanische Beimengungen, noch Gase — insbesondere Sauerstoff und Kohlensäure — im Speisewasser enthalten sein dürfen. Die heutigen Hoch- und Höchstdruckkessel mit ihrem geringen Wasserinhalt, ihrer hohen Dampfleistung und ihren schlecht zu reinigenden Rohrbündeln verlangen ganz besonders vorzüglich gereinigtes und entgastes Wasser.

Kesselstein[2] gefährdet durch Ausglühen, Zusetzen, Ausbeulen und Durchbrennen der Rohre (Abb. 100 und 101) die Kessel außerordentlich, zwingt zu ganz besonderer Überwachung und häufigem Stillsetzen des Kessels zwecks Reinigung und Besichtigung. Ein Gipssteinbelag von 2 bis 6 mm oder ein Silikatsteinbelag von 0,5 mm haben Überhitzung der Kesselrohre über 500°C und darüber zur Folge und verursachen Ausbeulungen. Die Wärmeleitzahlen λ der Kesselsteine gehen herunter bis auf 0,05 gegenüber dem Wert bei Eisen zu 56 (Abb. 102). Der Wirkungsgrad eines versteinten und verschlammten Kessels sinkt daher sehr rasch, infolgedessen ist eine erheblich größere Brennstoffmenge aufzuwenden, um die volle Leistung zu erzielen. Die Kessel leiden unter dem mechanischen Entfernen des Kesselsteines und dem daraus notwendigen häufigen Kaltwerden und Wiederanheizen. Der Großwasserraumkessel

Abb. 100. Durch Kesselstein vollständig zugesetztes Speisewasservorwärmerrohr.

---

[1] Siehe auch Richtlinien der Vereinigung der Großkesselbesitzer für Bauart, Abnahme und Betrieb von Wasseraufbereitungsanlagen. Berlin 1930. Splittgerber, D. A.: Speisewasserbehandlung für neuzeitliche Dampfkessel. Z. VDI 1935 Nr. 11 S. 339. Aus dem Schrifttum über Speisewasserpflege. Arch. Wärmewirtsch. 1934 Heft 7 S. 189.

[2] Wolde, H.: Beiträge zur Frage des Kesselsteins und seiner Verhütung. Wiss. Veröff. Siemens-Konz. 1927 VI. Band, erstes Heft S. 151.

ist in dieser Beziehung nicht ebenso empfindlich wie der Schräg- und Steilrohrkessel. Letztere verlangen unbedingt völlig reines Wasser, wenn sie dauernd mit bester Wirtschaftlichkeit und Betriebssicherheit arbeiten sollen.

Abb. 101. Durchgebranntes Siederohr mit dünnem Kesselsteinansatz hohen SiO_2-Gehaltes.

Die praktischen Untersuchungen haben ergeben, daß eine Kesselsteinschicht zwischen 2 bis 6 mm eine zusätzliche Wärmemehrzufuhr von etwa 15 bis 45 vH bedingen. Hieraus geht ohne weiteres hervor, daß das Speisewasser von Kesselsteinbildnern so weit wie praktisch und wirtschaftlich möglich befreit werden muß.

Als Kesselsteinbildner sind in der Hauptsache anzusehen: kohlensaurer und schwefelsaurer Kalk, kohlensaure Magnesia, Gips, Kieselsäure und Tonerde. Insbesondere Kieselsäure setzt einen sehr harten und äußerst wärmeundurchlässigen Stein ab. Ist Chlornatrium, Chlorkalzium oder Chlormagnesium im Wasser in größeren Mengen vorhanden, ist von der Verwendung eines solchen Wassers namentlich für Wasserrohrkessel entschieden abzuraten, oder es muß eine ganz

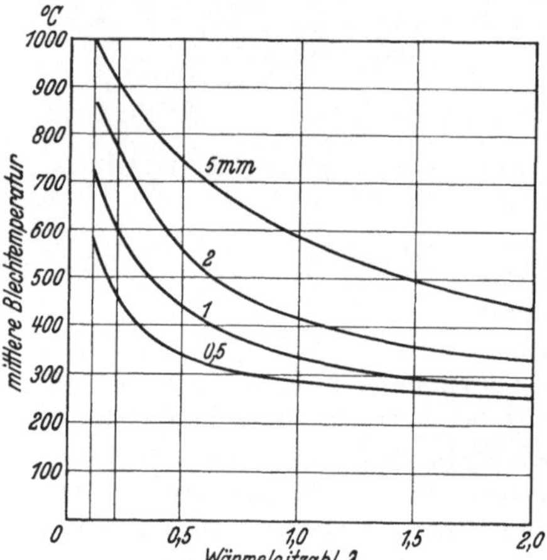

Abb. 102. Abhängigkeit der Blechtemperaturen von der Wärmeleitzahl in kcal/m h ° C und der Dicke des Kesselsteinbelages unter Zugrundelegung eines Wärmedurchganges von 15 000 kcal/m² h ° C.

besonders sorgfältige Aufbereitung mit ständiger Überwachung im Betrieb durchgeführt werden. Zweckmäßiger ist es, wenn irgend möglich, eine andere Wasserentnahmestelle zu suchen (Brunnenbohrungen an den verschiedenen Stellen des Kraftwerksgeländes von ortskundigen Fachleuten); Seewasser in unvergütetem Zustand ist wegen seines hohen Salz- und Chlorgehaltes überhaupt nicht benutzbar, anderenfalls sind in kurzer Zeit schwere Kesselschäden unvermeidlich.

Die Menge der im Wasser gelösten kesselsteinbildenden Salze wird in Deutschland in deutschen Härtegraden angegeben. Man versteht unter einem deutschen Härtegrad den Gehalt von 1 Teil gelöschtem Kalk in 100000 Teilen Wasser, oder 10 mg $Ca(OH)_2$ in einem Liter Wasser. Ein französischer Härtegrad ist der Gehalt von einem Teil kohlensaurem Kalk in 100000 Teilen Wasser (1 deutscher Härtegrad = ^{0}d = 1,79 franz.). Man unterscheidet ferner vorübergehende, bleibende und Gesamt-Härte[1]. Die Gesamthärte ist die Summe des Gehaltes an Kalk und der auf Kalk umgerechneten Magnesia. Mit vorübergehender Härte (Karbonathärte) bezeichnet man die durch Auskochen zu beseitigende, insbesondere durch Bikarbonate des Kalkes und der Magnesia bedingte Härte. Die bleibende Härte wird durch die nicht auskochbare, hauptsächlich durch Sulfate, Chloride und Nitrate jener Gase bedingte Härte gebildet. Die vorübergehende Härte kann verhältnismäßig leicht beseitigt werden. Durch Erhitzen werden die kohlensauren Beimengungen zersetzt und die Kohlensäure ausgetrieben. Die Beimengungen fallen dann als Schlamm aus. Die meisten chemischen Reinigungsverfahren arbeiten aus diesem Grunde mit einer Wärmezuführung für das Rohwasser, um die Wirkung der chemischen Fällungsmittel zu unterstützen. Die bleibende Härte kann durch Auskochen allein nicht beseitigt werden; sie ist der Hauptgrund für die Kesselsteinbildung.

Als chemische Verunreinigungen sind in erster Linie Beimengungen anzusprechen, die freie Säuren unmittelbar enthalten, oder sie unter der Einwirkung der Hitze im Kessel ausscheiden. Sie wirken zerstörend (korrodierend) auf die Kesselbleche, Armaturen, Speise-, Vorwärmer- und Überhitzerrohre, beeinträchtigen dadurch die Lebensdauer dieser Anlageteile sehr stark und zwingen ebenfalls zu sorgfältigster und ständiger Überwachung, kostspieligen Instandsetzungen und häufigem Kesselstillsetzen. Bei Wasserrohrkesseln kommt infolge ein oder mehrerer beschädigter Rohre noch der Verlust an hochwertigem Wasser und der durch Ablöschung der Heizgase und eines Teiles des Feuerraumes entstehende Wärmeverlust hinzu.

Gasbeimengungen, insonderheit Sauerstoff und Kohlensäure, haben Anfressungen und Rostbildung im Innern des Kessels, in den Wasserrohren usw. zur Folge. Der Sauerstoff ist, wie die Beobachtungen der letzten Jahre bewiesen haben, besonders gefährlich.

Aus diesen Gründen muß unbedingt das Kesselspeisewasser, also entweder nur das Zusatzwasser oder das gesamte Kondensat bzw.

---

[1] Ungefährer Anhaltspunkt für die Bezeichnung der Härtestufen:

Gesamthärte	Benennung	Gesamthärte	Benennung
0 bis 4	sehr weich	12 bis 18	ziemlich hart
4 „ 8	weich	18 „ 30	hart
8 „ 12	mittelhart	über 30	sehr hart

Frischwasser einer Vergütung und Entgasung unterzogen werden, da
völlig reines Wasser nur äußerst selten zur Verfügung steht.

Mechanische Verunreinigungen werden durch einfaches Fil-
trieren in Koks- oder Kiesfiltern entfernt.

Die chemischen und gasförmigen Beimengungen machen besondere
Einrichtungen notwendig, die in den mannigfaltigsten Formen gebaut
werden. Auf alle hinzuweisen bzw. näher einzugehen, ist nicht möglich.
Ihre richtige Wahl ist nicht immer ganz einfach und hat sich grundsätzlich nach der Beschaffenheit des zu reinigenden Wassers zu richten,
muß also jedesmal von Fall zu Fall bestimmt werden. Es sollen daher
nur die hauptsächlichsten Reinigungsverfahren kurz zur Behandlung
kommen. Die Festsetzung des Vergütungsverfahrens setzt voraus, daß
das in Aussicht genommene Kesselspeisewasser auf das sorgfältigste
von einem zuverlässigen Wasserchemiker analysiert ist, denn nur diese
Analyse darf maßgebend sein. Ist bei Fluß- oder Brunnenwasser mit
zeitlichen Änderungen in der Wasserbeschaffenheit zu rechnen, sind
entsprechend zahlreiche Proben fortgesetzt zu untersuchen. Die Probe-
fläschchen, in denen solche Wasserproben aufgefangen werden, müssen
unmittelbar nach Füllung sofort und sorgfältigst gasdicht verschlossen
werden, damit auch die im Wasser enthaltenen Gase — insbesondere die
freie Kohlensäure — feststellbar sind.

Auch Öl im Speisewasser ist schädlich, weil es sich in einer dünnen
Schlammschicht an den Rohrwandungen ansetzt und dann ebenfalls
zu Ausbeulungen der Rohre Veranlassung geben kann. Bei Flußspeise-
wasser ist hierauf ganz besonders zu achten. Namentlich Teeröle, die
sich aus Abdampf und Abdampfwasser besonders schwer ausscheiden
lassen, sind gefährlich.

Zur Herstellung reinen Zusatz-Speisewassers kommen zwei verschiedene Verfahren je nach den Verhältnissen entweder einzeln oder
miteinander verbunden zur Anwendung und zwar:

das chemische Reinigungsverfahren,

das thermische Reinigungsverfahren.

Für die Auswahl sind ferner bestimmend die Anlage- und Betriebskosten, die Bedienung, Unterhaltung und die zusätzlichen Einrichtungen, der Verbrauch an Chemikalien und Wärme, die Rückgewinnung
der beiden letzteren, die leichte Anpassungsfähigkeit an veränderliche
Wasser- und Betriebsverhältnisse und die sonst etwa anfallenden
Nebenkosten.

b) Das chemische Reinigungsverfahren des Zusatzwassers[1] besteht
darin, daß dem Rohwasser nach seinen Beimengungen besondere
Chemikalien zur Enthärtung zugesetzt werden. Welche Chemikalien
und in welchen Mengen diese notwendig sind, muß durch die erwähnte
Wasseranalyse festgestellt werden. Von den Ausführungsformen für
diese Art der Wasservergütung soll nur das Kalk-Soda- und das Permutitverfahren kurz behandelt werden, weil diese beiden die ausgedehnteste
Verbreitung gefunden haben.

---

[1] Richtlinien für Bauart, Abnahme und Betrieb von Wasseraufbereitungsanlagen. Vereinigung der Großkesselbesitzer, Beuth-Verlag.

Das Kalk-Soda-Verfahren (Zahlentafel 24). Die Kalk- und Magnesiaverbindungen werden durch Zusatz von gelöschtem Kalk, Soda und Ätznatron, vereinzelt auch mit Aluminiumsulfat zur Fällung und Abfiltrierung gebracht. Der Kalk wird in einem sogenannten Kalksättiger zur Behandlung vorbereitet und dabei seine Eigenschaft, sich mit Wasser zu sättigen, ausgenutzt. Hierdurch wird in der Hauptsache die vorübergehende Härte (Karbonathärte) beseitigt. Sie fällt in fester Form aus, ohne ein lösliches Salz zu hinterlassen. Die bleibende Härte wird durch Zuführung von Sodalösung beseitigt, die selbst die Gipshärte sprengt und aus ihr das leicht lösliche Glauber-

Zahlentafel 24. Wasserreinigung nach dem Kalk-Soda-Verfahren.

	Im Wasser gelöst	Gefällt mit	Ausscheidung als unlösliches Salz	Im gereinigten Wasser enthalten
Vorübergehende oder Karbonathärte	$Ca(HCO_3)_2$ dopp.kohlens. Kalk	$+ Ca(OH)_2$ gelöschter Kalk	$= 2\,CaCO_3$ einf.kohlens. Kalk	$+ 2\,H_2O$ Wasser
	$Mg(HCO_3)_2$ dopp.kohlens. Magnesia	$+ Ca(OH)_2$	$= MgCO_3$ Magnesiumkarbonat $+ CaCO_3$	
	$MgCO_3$	$+ Ca(OH)_2$	$= Mg(OH)_2$	$+ 2\,H_2O$ $+ CaCO_3$
Gas	CO_2 freie Kohlens.	$+ Ca(OH)_2$	$= CaCO_3$	$+ H_2O$
Bleibende oder Nichtkarbonathärte	$CaSO_4$ schwefels. Kalk	$+ Na_2CO_3$ Soda	$= CaCO_3$	$+ Na_2SO_4$ leicht lösliches Glaubersalz
	$MgSO_4$ schwefels. Magnesia	$+ Na_2CO_3$	$= MgCO_3$	$+ Na_2SO_4$
	$MgCl_2$	$+ Na_2CO_3$	$= MgCO_3$ Magnesiumkarbonat	$+ 2\,NaCl$
	$CaCl_2$	$+ Na_2CO_3$	$= CaCO_3$	$+ 2\,NaCl$

salz bildet, welches im Wasser verbleibt und dem Kessel zugeführt wird. Mit Sodazusatz kann ferner kieselsaurer Kalk entfernt werden, wobei dann Natriumsilikat zurückbleibt, das ebenfalls ein leicht lösliches neutrales Salz ist. Soda hebt auch die rostbildende Wirkung des im Wasser gelösten Chlornatriums zum großen Teil auf. Zumeist werden beide Chemikalien gleichzeitig angewendet, woraus die Bezeichnung Kalk-Soda-Verfahren entstanden ist. Ist die Karbonathärte gering (besonders weiches Wasser), dann kann der Kalkzusatz fortfallen, sofern das aus den Kesseln zurückgeführte Ätznatron zur Fällung der Karbonathärte verwendet wird. Da nach besonderen Untersuchungen gewisse Rißbildungen an Kesselblechen auf die Mitwirkung konzentrierter Natronlauge zurückgeführt werden und Glaubersalz dagegen schützend wirkt, ist vorzuschreiben, daß in Abhängigkeit vom Kesseldruck einer bestimmten Menge Ätznatron eine bestimmte Menge Glaubersalz gegenüberstehen muß. Die Wasserreinigungsanlage in ihrer Verbindung mit den einzelnen Kesseln muß die Einstellung der gewünschten Verhältniszahl von Ätznatron zu Glaubersalz und die Konzentration des Kesselwassers jederzeit einzuhalten gestatten.

Beim Kalk-Soda-Verfahren erfolgt die Nachreaktion im Kessel, der infolgedessen in bestimmten Zeitabständen abgeschlammt werden muß. Dadurch entstehen Wasser- und Wärmeverluste, die unter Umständen recht bedeutend sein können. Um diesen Nachteil zu beseitigen, sind Verfahren durchgebildet, die auch schlammfreies Kesselspeisewasser liefern. Dieses wird dadurch erzielt, daß dem durch Kalk und Soda gereinigten Wasser vor der Filtrierung in einem besonderen Behälter durch eine am Ablaßstutzen des Kessels angeschlossene Leitung fortlaufend etwas Kesselschlammwasser zuströmt. Durch diese Einrichtung wird die Nachreaktion aus dem Kessel in den Zwischenbehälter verlegt, wobei durch die Alkalität des Kesselwassers und die gleichzeitig stattfindende Temperaturerhöhung das durch die Kalk-Soda-Anlage auf etwa 3^0 d enthärtete Wasser auf weniger als 1^0 d nachenthärtet wird. Die an sich schon beim Kalk-Soda-Verfahren geringen Alkaliüberschüsse des Kesselwassers werden fortlaufend nutzbar gemacht, und das zur Speisung zur Verfügung stehende Wasser kann infolge seiner Weichheit zu einer Nachreaktion im Kessel nicht mehr führen. Etwaige noch stattfindende geringe Ausscheidungen sind belanglos, weil sie fortlaufend durch die Rückführung abgeführt werden.

Die Betriebskosten für die Reinigung von 1 m³ Wasser können allgemein nicht angegeben werden, da sie wesentlich von der Beschaffenheit des Wassers und den Preisen der Chemikalien abhängen. Zur Durchführung von Überschlags- und Vergleichsrechnungen ist anzunehmen, daß zur Ausscheidung von je einem deutschen Härtegrad Karbonathärte 12,5 g gelöschter Kalk (80 prozentig) und Nichtkarbonathärte 19,6 g Soda (96 prozentig) für je 1 m³ Wasser erforderlich sind.

Für besondere Fälle insbesondere bei höheren Dampfdrücken wird für die Enthärtung durch Kalk-Soda noch ein Zusatz von Trinatriumphosphat benutzt, um eine Nachenthärtung vorzunehmen. Der Überschuß an reaktionsfähigem Trinatriumphosphat, der mit dem Kesselspeisewasser in den Kessel gelangt, bewirkt im Kessel die selbsttätige Ausfällung noch verbleibender Resthärte und macht auch Kesselsteinbildner, die durch Undichtigkeit im Kondensator zeitweise mit dem Kondensat in den Kessel gelangen, unschädlich. Der Zusatz von Trinatriumphosphat wird besonders bei Wässern angewendet, die Kieselsäure enthalten. Trinatriumphosphat löst auch vorhandenen Kesselstein.

Für die Entgasung des so gereinigten Speisewassers wird häufig eine thermische Stufe nachgeschaltet, die mit dem Rücklaufverfahren dann derart zu verbinden ist, daß Wärmeverluste weitgehendst vermieden werden (chemisch-thermisches Reinigungsverfahren).

Der Salzgehalt im Speisewasser richtet sich nach der Härte des letzteren. Er wird durch die Dichte bestimmt (spez. Gewicht oder ^{0} d). Ist die bleibende Härte sehr hoch, wird dementsprechend auch der Salzgehalt höher sein, weil die zur Fällung der Härtebildner aufgewendete Soda sich in Natriumsulfat oder Natriumchlorid umsetzt. Für die höchst zulässige Salzanreicherung im Kessel Zahlen anzugeben, ist nicht möglich. Es muß hierbei berücksichtigt werden, wie der betreffende Kessel beansprucht wird. Bei starker Beanspruchung soll der Salzgehalt niedriger sein als bei schwacher. Durchschnittlich kann eine Anreicherung von 1 bis 2^0 d als zulässig angesehen werden. Bei Hochleistungs-Steilrohrkesseln mit schwankender Belastung soll dagegen der Gesamtsalzgehalt des Kesselwassers gemessen bei 20^0 C nicht über 0,3 bis $0,4^0$ d liegen entsprechend 3 bis 4 mg/l. Bei gleichbleibender Kesselbelastung können höhere Salzmengen zugelassen werden. Die Verluste, welche durch das Abschlämmen der Kessel auftreten, lassen sich ebenfalls nicht ohne weiteres angeben. Sie hängen davon ab, wieviel Salze mit dem Speisewasser in den Kessel gelangen, mit welchem Überdruck der Kessel betrieben, und welche Salzanreicherung dauernd im Kessel aufrechterhalten wird.

Allzu starke Salzanreicherung hat ein Überkochen des Kessels (Schäumen) zur Folge, Wasserdampf gelangt in den Überhitzer, wo das mitgerissene Wasser verdampft und die Salze sich in Form von Staub absetzen. Von dem nachfließenden Dampf mitgenommen können diese Staubteilchen in die Maschinen gelangen und dort eine schmirgelartige Wirkung auf die Armaturen, Turbinenschaufeln, auf die Zylinderwandungen und andere empfindliche Teile ausüben. Auch die Armaturen, falls sie aus minderwertigem Rotguß bestehen (je nach dem Zinkgehalt) und selbst die Kesselbleche können bei zu starker Salzanreicherung leiden. Zu geringer Salzgehalt muß auch vermieden werden, da er die Korrosion an den Kesselblechen und Siederohren begünstigt.

Um bestimmte Grenzwerte der Salzanreicherung nicht zu überschreiten, muß von Zeit zu Zeit eine gewisse Kesselspeisewassermenge abgelassen werden. Die dabei freiwerdende Wärme wird in größeren Anlagen zur Anwärmung des Rohwassers ausgenutzt. Aus den Kennlinien der Abb. 103 ist zu ersehen, welche Kesselwassermenge in Abhängigkeit vom Salzgehalt abzulassen ist. Die darin enthaltene Chemikalienmenge muß zurückgewonnen werden, um sie erneut verwenden zu können.

Der Arbeitsgang bei den Babcock-Wasseraufbereitungsanlagen ist folgender (Abb. 104). Das Rohwasser durchläuft zunächst den Kaskadenvorwärmer, in welchem es durch Brüden — und Abdampf — gegebenenfalls unter Zusatz von Frischdampf auf die erforderliche Temperatur gebracht wird. Es gelangt dann in das Mischrohr und wird dort entsprechend dem Rohwasserdurchsatz mit Kalkwasser und Soda oder nur mit Soda versetzt. Beim Durchgang des Wassers durch das Mischrohr und den Klärbehälter wird der größte Teil der Härtebildner ausgeschieden und setzt sich als Schlamm ab, der in die Schlammgrube geführt wird. Das so vorenthärtete Wasser tritt durch besonders angeordnete Fallrohre in den eingebauten Nachenthärtungsbehälter, nachdem es aus der oben angeordneten Mischrinne in zwangläufiger Abhängigkeit vom Rohwasserdurchsatz mit Trinatriumphosphat versetzt ist. Auf dem

Wege durch den Nachenthärtungsbehälter wird das Wasser von dem restlichen Teil der Härtebildner befreit und dann durch das untergebaute Düsenrost-Kiesfilter geleitet. Das Reinwasser gelangt nun in den auf dem Speisewasserbehälter angeordneten Entgaser, in welchem die Gase ausgeschieden werden, und schließlich in den Speisewasserbehälter. Hier ist die Oberfläche des gespeicherten Wassers durch ein dynamisches Dampfpolster D.R.P. gegen Sauerstoffaufnahme vollkommen geschützt.

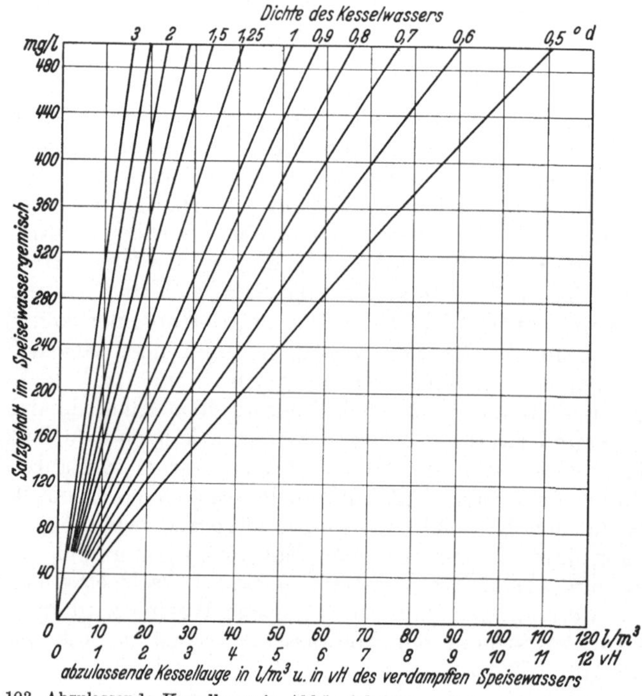

Abb. 103. Abzulassende Kessellauge in Abhängigkeit vom Salzgehalt des Kesselwassers (nach R. Klein).

Die zur Einhaltung der Grenzwerte der Salzanreicherung von Zeit zu Zeit abzulassende Kesselwassermenge wird zunächst dem Entspanner zugeführt. Der hier freiwerdende Brüden dient zum Anwärmen des Rohwassers im Kaskadenvorwärmer, ebenso wird die Wärme des abgeführten Kesselwassers in einem nachgeschalteten Wärmeaustauscher zur Vorwärmung des Rohwassers ausgenutzt.

Die Anlage kann durch einen Chemikalien-Aufbereitungsbehälter ergänzt werden, der auf dem Kesselhausflur aufgestellt wird. Von hier aus werden die Lösungen durch ein Strahlgebläse in die auf dem Reiniger angeordneten Behälter gebracht.

Bei weichen Wassern kann oft auf eine besondere Vorenthärtung verzichtet werden, wobei dann der gesamte Enthärtungsvorgang nur mit Trinatriumphosphat durchgeführt wird.

In Anlehnung an die jeweiligen Verhältnisse können die Wasseraufbereitungsanlagen mit und ohne Rückführung von Kesselwasser ausgeführt werden.

Das Permutitverfahren. Unter Permutit versteht man wasserhaltige Silikate, die in verdünnten Säuren unter Zersetzung löslich sind, Aluminium und andere Basen enthalten und die Fähigkeit besitzen, die Basen gegen andere umzutauschen.

Natrium-Permutit ist in feuchtem Zustand ein körniger bzw. blättriger, perlmutterartig glänzender Stoff, der durch Zusammenschmelzen von Feldspat, Kaolin, Sand und Soda in bestimmten Verhältnissen gewonnen wird. Bei der Permutierung liefert in gleicher Menge die

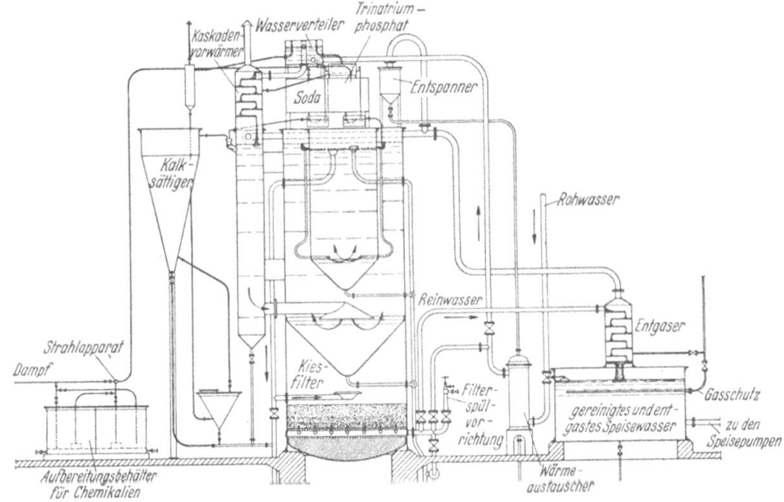

Abb. 104. Babcock-Speisewasseraufbereitungsanlage mit Entgaser und Gasschutz nach dem Kalk-Soda-Trinatriumphosphat-Verfahren.

durch den Kalzium- bzw. Magnesium-Bikarbonatgehalt des Wassers bedingte vorübergehende Härte Natrium-Bikarbonat, während der Gips in Natriumsulfat verwandelt wird. Durch Kochen geht das Natriumbikarbonat in Soda über. Für 1 Grad Karbonathärte und 1 m³ Wasser entstehen nach der Permutation 30 g Natriumbikarbonat bzw. 18,9 g Soda. In Prozenten ausgedrückt würde somit ein Wasser von 10 deutschen vorübergehenden Hartegraden nach der Permutation und nach dem Kochen 0,0189 vH Soda enthalten. Der bei der Permutation eines Wassers entstehende Soda- bzw. Bikarbonatgehalt ist eine unveränderte Größe, die nur von der vorübergehenden Härte des Wassers abhängt.

Das Permutit gibt keine löslichen Bestandteile an das Wasser ab. Ebenfalls soll der Verschleiß des Fällungsmittels unter 5 vH für das Jahr bleiben. Nach erfolgter Erschöpfung des Filters, d. h. sobald in dem abfließenden Wasser wieder Härte nachzuweisen ist, muß das Permutit durch Zusatz von Kochsalz aufgefrischt werden. Die Salzmenge für diese Umführung richtet sich nach dem vom Permutit aufgenommenen Kalk. Nach der Auffrischung ist dann das Filter wieder voll verwendbar.

Die Permutation ist für Rohwasser geeignet, das keinen zu hohen Kalkgehalt wegen des Auffrischungsvorganges und umgekehrt keinen zu hohen Chloridgehalt besitzt vorausgesetzt, daß das Chlor an Alkalien gebunden ist. Mit der wachsenden Menge von Alkalien im Wasser wird der Wirkungsgrad des Filters mehr oder weniger beeinflußt. Da ferner Permutit nicht nur oberflächlich, sondern infolge seiner Durchlässigkeit auch durch das Korn hindurch wirkt, müssen, um eine Verschlammung des Permutits zu vermeiden, mechanisch verunreinigte Wässer vorfiltriert werden. Eisen, Öl, Schlamm, kurz jede mechanische Verunreinigung ist also vorher aus dem Wasser zu beseitigen. Des weiteren müssen die zu filtrierenden Wässer neutral bzw. schwach alkalisch sein. Da auch freie Kohlensäure Natrium aus dem Permutit auslöst, wird gegebenenfalls im Filter selbst eine Marmorschicht vorgesehen, welche das Wasser zuerst durchlaufen muß. Eine Vorwärmung ist beim Permutitverfahren nicht notwendig.

Ebenso wie beim Kalk-Soda-Verfahren gelangen die durch die Permutation entstehenden Salze (Natriumbikarbonat und Glaubersalz) mit dem vergüteten Wasser in den Kessel und steigen beim Eindampfen stetig in ihrer Anreicherung. Ferner entsteht bei der Umwandlung durch Kochen aus dem Bikarbonat Soda und gleichzeitig Kohlensäure.

Aus der Zahlentafel 25 ist der chemische Vorgang bei der Reinigung von Wasser nach dem Permutitverfahren zu ersehen.

Zahlentafel 25. Wasserreinigung nach dem Permutitverfahren.

Im Wasser gelöst	bei der Filtrierung über	bindet sich das Permutit zu	das gereinigte Wasser enthält
$Ca(HCO_3)_2$ doppeltkohlensaurer Kalk	$+ P\text{-}Na_2$ Natrium-Permutit	$= P\text{-}Ca$ Permutit-Kalk	$+ 2\,Na(HCO_3)$ doppeltkohlensaures Natrium
$Mg(HCO_3)_2$ doppeltkohlensaure Magnesia	$+ P\text{-}Na_2$	$= P\text{-}Mg$ Permutit-Magnesium	$+ 2\,Na(HCO_3)$ doppeltkohlensaures Natrium
$CaSO_4$ schwefels. Kalk	$+ P\text{-}Na_2$	$= P\text{-}Ca$	$+ Na_2SO_4$
Auffrischung des erschöpften Filterstoffes			
$PCa(Mg)$	$+ 2\,NaCl$ Kochsalz	$= P\text{-}Na_2$	$+ CaCl_2(MgCl_2)$ Chlorkalzium fließt während der Auffrischung vom Filter ab

Die Enteisenung. Ist das Wasser eisenhaltig, was insbesondere dann vorkommt, wenn dasselbe aus moorigem Untergrund entspringt, oder moorige, sumpfige Gegenden durchläuft, ist auch eine Enteisenung notwendig, da andernfalls durch die Niederschläge eine Verschlammung der Rohrleitungen verursacht werden kann. Das an

Kohlensäure gebundene Eisen scheidet bei Gegenwart von Luft aus. Dieser Umstand wird zu der Enteisenung des Wassers benutzt. Es gibt hier ebenfalls eine größere Zahl von Verfahren, so auch das Permutitverfahren mit einer bestimmten Permutitzusammensetzung.

Ein anderes Verfahren beruht darauf, das Rohwasser mit Druck durch eine Brause gegen mehrere hintereinandergeschaltete Siebkörbe zu schleudern, um das fein zerteilte Wasser innig mit der Luft in Berührung zu bringen. Aus einem unter der Brause liegenden Sammelkasten fließt das Wasser dann ähnlich wie bei Kühltürmen über Lattenhorden in ein Schlammabsatzbecken. Hier kommt das Wasser zur Ruhe, der Eisenschlamm setzt sich ab, und das reine Wasser wird oben am Becken abgezogen. Allerdings ist dabei zu beachten, daß mit der Abnahme der Kohlensäure eine weitere Sauerstoffaufnahme verbunden ist, und daß dann ein solches Wasser ganz besonders vor-

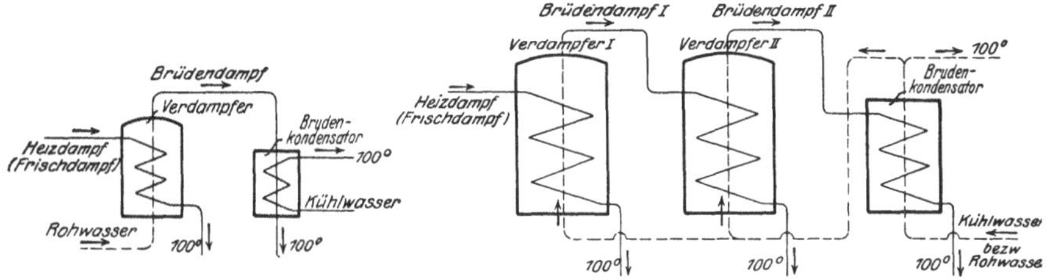

Destillat aus   Destillat aus
  Heizdampf Brüdendampf   Heizdampf   Brüdendampf I   Brüdendampf II.
  a Einfache Verdampferanlage   b Hoch- und Niederdruck-Verdampferanlage

Abb. 105a und b. Rohwasser-(Zusatzspeisewasser-)Aufbereitung durch Verdampfung.

züglich entgast werden muß, bevor es zur Kesselspeisung verwendbar ist.

c) Das thermische Reinigungsverfahren. Bei dem thermischen Reinigungsverfahren wird das Rohwasser in einem Verdampfer unter Zuführung von Wärme in Dampf umgewandelt, und dieser sogenannte Brüdendampf in einem zweiten Gefäß — dem Kondensator — unter Wärmeentziehung wieder niedergeschlagen (Destillation). Das gewonnene Destillat hat eine Temperatur von etwa 100° C, führt also einen Teil der aufgewendeten Wärmemenge dem Kessel im Speisewasser wieder zu. In Abb. 105 ist das Verfahren in einfachster Form dargestellt. Dem Verdampfer strömt Frischdampf unter Kesselspannung oder Heizdampf bzw. Abdampf und das Rohwasser, beide in getrennten Rohranlagen nach dem Gegenstromgrundsatz, zu. Der Frischdampf kondensiert durch Abgabe seiner Wärme an das kältere Rohwasser und verläßt den Verdampfer als Kondensat. Das in Brüdendampf verwandelte Rohwasser wird in den Kondensator übergeleitet, dort durch Kühlwasser destilliert und steht nunmehr als reines und gasfreies Wasser von etwa 100° C zur Kesselspeisung zur Verfügung. Die in das Kühlwasser übergeführten Wärmemengen aus dem Brüdendampf müssen weitgehendst wirtschaftlich weiter ausgenutzt werden. Hierfür werden verschiedene Ausführungen gebaut, von denen z. B. die eine darin besteht, daß mehrere Verdampfer in Form von Hoch- und Niederdruckverdampfern das warme Kühlwasser als vorgewärmtes Rohwasser erneut verarbeiten. Abb. 106 zeigt den Aufbau einer größeren Verdampferanlage.

Um die Leistungsfähigkeit solcher Verdampfer durch Rohrverkrustungen nicht schon nach kurzer Betriebszeit stark zu beeinträchtigen, empfiehlt es sich, das Rohrwasser vor Eintritt in die Verdampfer-

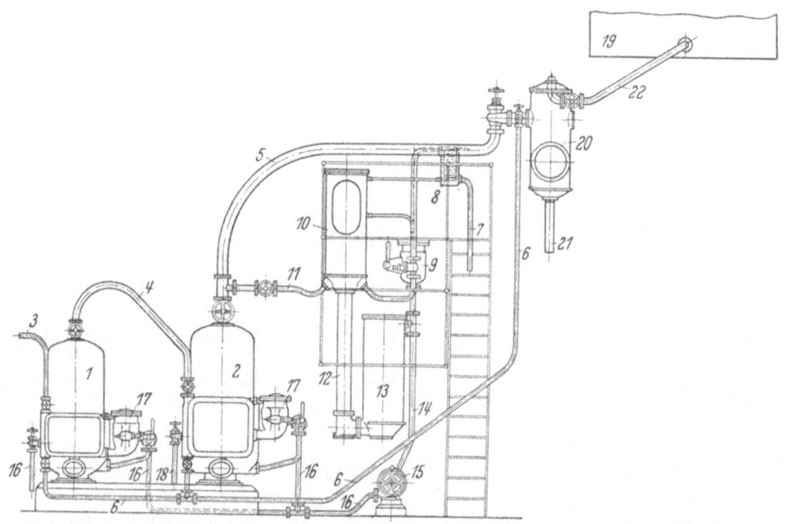

Abb. 106. Verbund-Verdampferanlage mit Rohwasservorreinigung und Mischdüse (Bauart Atlaswerke, Kiel.)

1 Hochdruckverdampfer, *2* Niederdruckverdampfer, *3* Frischdampfleitung für Hochdruckverdampfer, *4* Abdampfleitung vom Hochdruckverdampfer nach dem Niederdruckverdampfer, *5* Abdampfleitung vom Niederdruckverdampfer nach dem Speisewasserbehälter, *6* Heizdampfkondensatleitung vom Verdampfer nach Speisewasserbehälter, *7* Rohwasserleitung, *8* Kühler, *9* Speisewasserregler für Rohwasservorwärmer, *10* Rohwasservorwärmer, *11* Dampfleitung zum Rohwasservorwärmer, *12* Fallrohr, *13* Koksfilter, *14* Saugleitung der Kreiselpumpe, *15* Kreiselpumpe mit Elektromotor, *16* Speisewasserleitung für Verdampfer, *17* Speisewasserregler, *18* Laugeaustritt, *19* Kesselspeisewasserbehälter, *20* Mischdüse, *21* Saugleitung der Kesselspeisepumpe, *22* Leitung vom Speisewasserbehälter.

anlage mechanisch und chemisch vorzureinigen. Dadurch wird die Gesamtanlage aber sehr teuer und gegebenenfalls unwirtschaftlich.

Eine zweite Art des thermischen Reinigungsverfahrens hat lediglich die Aufgabe, das durch das chemische Reinigungsverfahren bereits vorbereitete Wasser durch Wärmebehandlung zu entgasen. Die dazu erforderlichen Einrichtungen werden dann mit denen des Kalk-Soda- oder Permutitverfahrens in entsprechender Form vereinigt. Diese Entgaser benutzen die Eigenart, daß sich das Löslichkeitsvermögen des Wassers für Gase mit zunehmender Temperatur verringert und im siedenden Wasser auf Null sinkt (Abb. 107). Als Wärmequelle wird Brüden- oder Abdampf gegebenenfalls unter Zusatz von Frischdampf verwendet; dabei ist darauf zu achten, daß keine Wärmeverluste entstehen. Die ausgetriebenen Gase entweichen durch ein Dunstrohr ins Freie. Das thermisch gereinigte Wasser fließt zum Speisewasserbehälter.

Reines destilliertes Wasser greift das Eisen an. Es soll daher das Kesselspeisewasser stets etwa 10 vH alkalisch sein. Dieser Wert hängt aber von der Wassertemperatur ab. Eine bestimmte sogenannte Natronzahl[1] muß daher ständig eingehalten und überwacht werden. Sie soll nach den Vorschriften der Großkesselbesitzer bei Gegenwart von überschüssigem Phosphat 100 bis 400 und bei Abwesenheit von Phosphat etwa 200 bis 1000 betragen. Es können aber auch höhere Werte zugelassen werden, wenn das Schäumen und Spucken des Kessels nicht gefährlich wird. Die Natronzahl ist:

$$N Z = \text{NaOH} + \frac{\text{Na}_2\text{CO}_3 + \text{Na}_2\text{SO}_3}{4,5} + \frac{\text{Na}_3\text{PO}_4\ \text{krist.}}{1,5}\ \text{mg/l} \qquad (90)$$

oder

$$N Z = \text{NaOH} + 0{,}22\,(\text{Na}_2\text{CO}_3 + \text{Na}_2\text{SO}_3) + 3{,}33\,\text{P}_2\text{O}_5\ \text{mg/l}\,.$$

Eine Entgasung nur des Zusatzwassers genügt nicht, wenn nicht gewährleistet ist, daß der Speisewasserbehälter mit seinem Gasschutz vollständig einwandfrei arbeitet. Sobald im Speisewasser hinter dem Gasschutzbehälter ein Sauerstoffgehalt von 1 bis 2 mg/l festgestellt werden kann, muß das gesamte Speisewasser entgast werden. Zum mindesten muß die Kondensatdruckleitung auf ihre Dichtigkeit besonders untersucht

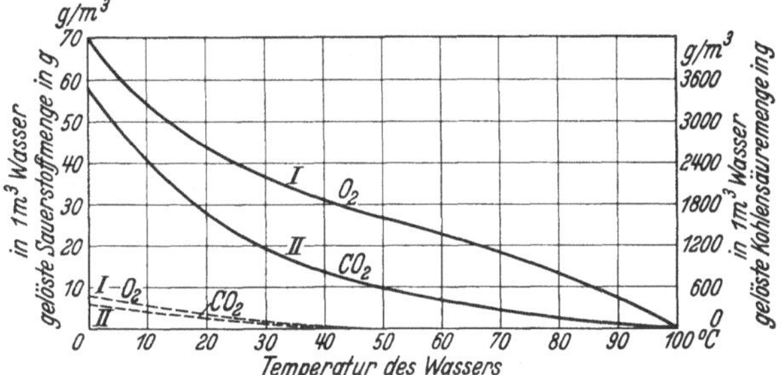

Abb. 107. Kohlensäure- und Sauerstoffaufnahme von reinem Wasser bei verschiedenen Wassertemperaturen (bei Lösungen Luft in Wasser beträgt die Aufnahme etwa ⅕ der Werte).

$\dfrac{I}{II}$ } bei 1 ata   - - - $\dfrac{I}{II}$ } bei 0,1 ata

werden, da dann zumeist anzunehmen ist, daß das Kondensat an irgendeiner Stelle Gas aus der Luft aufnimmt. Ganz besonders ist das bei Hoch- und Höchstdruckkesseln zu beachten.

Die erforderliche Wärme für das thermische Verfahren kann z. B. dem Abdampf der Kühlwasserturbinen oder der Kesselspeisepumpen entnommen werden.

Das chemische Verfahren zur Entgasung hat sich nicht allgemein eingeführt, weil es verhältnismäßig teuer ist und dann dauernd von einem Chemiker überwacht werden muß, was nur in Großbetrieben durchführbar ist.

d) Die Behandlung des gasfreien Wassers. Das Wasser nimmt, je reiner es ist, um so begieriger atmosphärische Gase, insbesondere Sauerstoff, auf (Abb. 107). Es ist daher unbedingt notwendig, daß sich das mit hohen Kosten gasfrei gemachte Wasser auf seinem Wege bis zum Kessel nicht wieder mit Gas an-

---

[1] Klein: Salzgehalt im Speisewasser. Wärme 1930 S. 377, 398. Stumper: Speisewasser und Speisewasserpflege. Berlin 1931.

reichern kann. Kommt das Wasser irgendwo nur einen Bruchteil einer Sekunde mit atmosphärischer Luft in Berührung, so sättigt es sich sofort in hohem Grade wieder mit Sauerstoff und müßte abermals neu entgast werden. Das gilt auch für das Kondensat, das nicht unterkühlt werden darf, da es dann begierig Sauerstoff aufnimmt. Alle Rohrleitungen sind daher ganz besonders gut zu verflanschen; der Speisewasserbehälter soll unter Gasschutz stehen.

Der Gasschutz des Speisewasserbehälters (Abb. 108) wird auf folgende Weise erreicht: Der Behälter ist luftdicht verschlossen, und über dem Wasserkessel lagert ein Dampfpolster oder ein Stickstoffpolster. Beide Polster stehen unter einem Druck von nur wenigen mm Wassersäule und haben den Zweck, den Luftzutritt von außen zu verhindern. Bei sinkendem Wasserspiegel dehnt sich das Schutzpolster aus, und neuer Dampf oder Stickstoff strömt nach. Bei steigendem Wasserspiegel entweicht der überschüssige Polsterstoff aus einem Überdruckventil selbsttätig ins Freie. Als Sicherheitsabschluß gegen Unter-

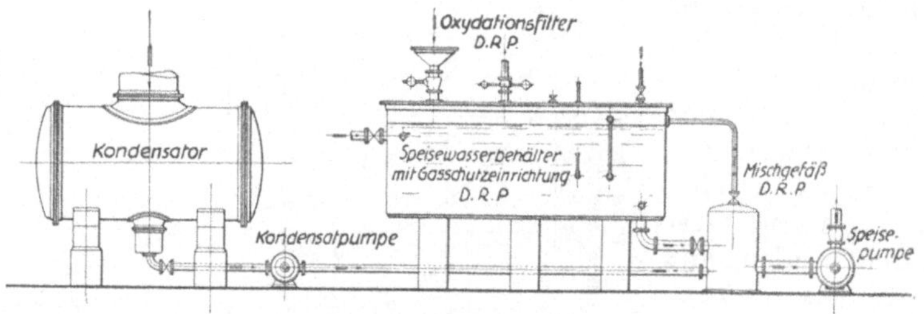

Abb. 108. Mischanlage für Kondensat und Zusatzspeisewasser in einem mit Gasschutz versehenen Speisewasserbehälter (Bauart Balcke).

druck ist der Behälter noch mit einem Oxydationsfilter versehen, welches durch ein selbsttätig wirkendes Unterdruckventil vom Behälterinnern getrennt ist. Beim Versagen des Schutzpolsters oder bei plötzlich stark abfallendem Wasserspiegel im Behälter kann möglicherweise ein Unterdruck im Gasschutzbehälter entstehen, wodurch letzterer gefährdet wird. In diesem Fall läßt das Oxydationsfilter atmosphärische Luft in den Behälter eintreten. Diese Luft wird beim Durchfluß durch das Filter von Sauerstoff und Kohlensäure befreit, so daß nur neutrale Luft mit dem gasfreien Speisewasser in Berührung kommt. Andere Schutzmaßnahmen bestehen darin, dem Speisewasserbehälter unter der Oberfläche strömenden Dampf zuzuführen, der die Wasseroberfläche gleichmäßig im Siedezustand erhält und dadurch das Eindringen von Sauerstoff verhindert. Die Entscheidung auch über die am vorteilhaftesten zu wählende Form des Gasschutzes hängt von den wirtschaftlichen Verhältnissen ab und kann daher nach festen Richtlinien nicht behandelt werden.

e) Die Entölung. Ist das Kondensat ölhaltig, kann ebenfalls eine ähnliche Schutzeinrichtung zur Anwendung kommen, wobei die beigemengten Ölteilchen abgeführt werden können, ohne daß eine Aufnahme von atmosphärischen Gasen durch das Wasser stattfindet.

Die Entölung kann unter Verwendung von schwefelsaurer Tonerde auch auf chemische Weise erfolgen. Wesentlich ist der verbleibende Ölgehalt, der etwa mit 1 mg/l als gering zu bezeichnen ist.

f) Betriebsvorschriften. Wie aus dem Vorstehenden hervorgeht, bedürfen alle Wasservergütungsanlagen ständiger besonderer Aufsicht, weil sie nur dann ihre Aufgabe richtig erfüllen können, wenn die chemischen Zusatzmittel der jeweiligen Beschaffenheit des Rohwassers angepaßt und dauernd in richtiger Menge vorhanden sind, die Gasfreiheit des Wassers im Speisewasserbehälter ständig aufrechterhalten bleibt. Es ist daher von der Betriebsleitung der Wasserreinigungsanlage stets ganz besondere Aufmerksamkeit zu schenken und zwar am besten dadurch, daß mehrmals täglich entweder durch den Betriebsingenieur oder bei größeren Anlagen durch einen besonderen Chemiker eine ständige gewissenhafte Nachprüfung der Arbeitsweise und der Reinigung durchgeführt wird. Die hierfür aufzuwendenden Kosten stehen in keinem Verhältnis zu den Gewinnen, wenn man bedenkt, daß häufige Reinigungsarbeiten an den Kesseln, Entfernung des Kesselsteines, Verlust an Wärme beim Abschlämmen usw. oft ungeahnte Ausgaben zur Folge haben. Die Prüfung hat sich zu erstrecken auf die Härte des Speisewassers, die richtige Zusatzmenge der Chemikalien, die Alkalität sowie auf die Feststellung des Gehaltes an Sauerstoff und Kohlensäure. In größeren, gut geleiteten Kraftwerken findet man daher heute immer häufiger den Betriebschemiker, dem ein vollständiges Laboratorium so angelegt werden sollte, daß er seine Tätigkeit leicht im Pumpenraum, in der Wasserreinigungsanlage und im Kesselhaus ausüben kann.

g) Die Speisewasservorwärmung. Nach den Angaben auf S. 155 wird der Brennstoffverbrauch gemindert, wenn das Speisewasser mit hoher Temperatur dem Kessel zugeführt wird. Diese Vorwärmung des Speisewassers kann in einem besonderen Vorwärmer, der im Abgaszug des Kessels liegt und mit gutem Wirkungsgrad arbeitet, erfolgen. Einzelheiten sind im 19. Kapitel angegeben. Bei dieser Form der Vorwärmung wird das in den Speisewasserbehältern aufgespeicherte Kondensat zusammen mit dem Zusatzwasser durch die weitere wirtschaftliche Ausnutzung der in den Abgasen noch enthaltenen Wärmemengen auf höhere Temperatur gebracht, ohne daß im Wärmekreislauf neue Wärmemengen zugeführt werden.

Neben der Ausnutzung der Abgase werden noch andere Formen der Speisewasservorwärmung zusätzlich angewendet und zwar in erster Linie die Temperaturerhöhung des Kondensats durch den Abdampf der Hilfsmaschinen, besonders der Antriebsturbinen der Kondensations- und Speisepumpen oder durch besondere Entnahme aus den Hauptturbinen, wenn die Dampfmenge der Hilfsmaschinen nicht ausreicht. Es muß dabei aber unter allen Umständen vermieden werden, daß sich das Kondensat bei abnehmender Belastung zu stark erwärmt, was an sich der Fall ist, weil die Kondensatmenge mit der Belastung abnimmt, während die Abdampfmengen der Hilfsmaschinen fast unverändert bleiben. Dieser Schwierigkeit wird dadurch begegnet, daß die

Hilfsmaschinen mit Turbinen- und Elektromotorantrieb versehen werden und bei abnehmender Belastung der Hilfsmaschinenantrieb auf die Elektromotoren übertragen wird. Eine andere Lösung besteht darin, selbsttätig einen Teil des Hilfsdampfes bei abnehmender Belastung in den Kondensator abströmen zu lassen. Die erste Form ist in der Anschaffung verhältnismäßig teuer, die zweite hat Verlusterhöhung zur Folge.

BBC ist eine Anordnung geschützt[1], welche diese Nachteile vermeidet und eine fast gleichbleibende Endtemperatur des Kondensates ergibt (Abb. 109). Der Abdampf der die Kondensationspumpen antreibenden Hilfsturbine T_2 wird durch den Vorwärmer VW_0 der Hauptturbine T_1 geführt, so daß die Hilfsturbine mit dem Druck dieser Stufe als Gegendruck arbeitet. Dieser Druck ist auch für die Wärmeübertragung im Vorwärmer maßgebend, da von ihm die Sättigungstemperatur des Abdampfes und damit das Temperaturgefälle an der Vorwärmerfläche abhängt. Da dieser Druck bei abnehmender Belastung der Hauptturbine abnimmt, wird auch die im Vorwärmer übertragene Wärmemenge entsprechend kleiner und damit bleibt die Endtemperatur der ebenfalls abnehmenden Kondensatmenge unverändert. Dieses Verfahren hat noch den Vorzug, daß die gewünschte Vorwärmung unabhängig von der Abdampfmenge der Hilfsturbine beliebig groß oder klein sein kann. Wird z. B. bei Vollast eine die Abdampfmenge der Hilfsturbine übersteigende Dampfmenge für die Vorwärmung benötigt, so kommt bei entsprechender Bemessung der Oberfläche eine entsprechende Menge aus der Hauptturbine hinzu; aus der Einführungsstelle bei T_1 wird also eine Anzapfstelle. Nimmt dann die Belastung ab, so verringert sich zuerst die Anzapfung bis auf Null, und erst bei weiterer Abnahme der Belastung beginnt ein Teil des Abdampfes der Hilfsturbine, der im Vorwärmer nicht mehr kondensiert wird, in die Hauptturbine überzuströmen, in welcher derselbe nützliche Arbeit verrichtet, indem er sich auf die Luftleere des Hauptkondensators ausdehnt. Dadurch wird weiter die Niederdruckbeschaufelung der Hauptturbine bei hoher Belastung sowohl vom Abdampf der Hilfsturbine als auch von

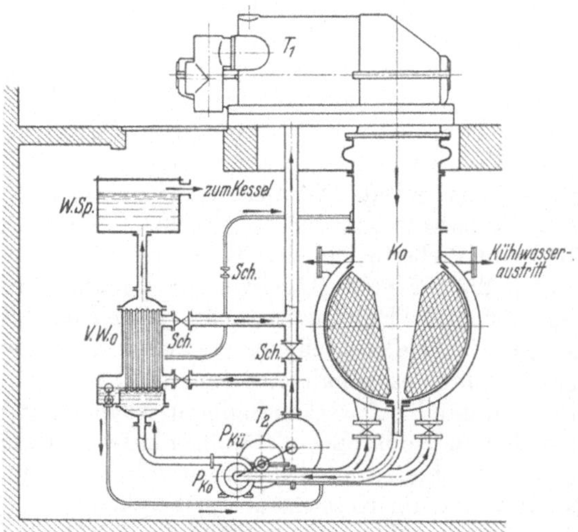

Abb. 109. Speisewasservorwärmung durch den Abdampf der Turbine der Kondensationspumpengruppe.

---

[1] Vorwärmung und Erzeugung von Speisewasser durch den Abdampf von Hilfsturbinen. BBC-Mitt. 1921 Heft 5 S. 75.

der zusätzlichen Anzapfmenge entlastet, während bei kleiner Belastung der Hilfsdampf an dieser Stelle zum Hauptdampf hinzukommt und einen Teil der Belastung übernimmt, ohne daß jedoch dessen Menge genügt, um die Hauptturbine im Leerlauf zum Durchgehen zu bringen. Umschaltventile und ähnliche Vorrichtungen, welche sonst bei Schaltung der Hilfsturbine auf die Hauptturbine notwendig werden, sind hier nicht erforderlich. Soll vorübergehend eine weniger starke Vorwärmung oder ein völliges Abschalten des Vorwärmers nötig sein, kann ersteres durch Öffnen des Schiebers Sch in der Leitung zwischen T_2 und T_1 in beliebigem Maß erreicht werden, während letzteres durch Schließen der beiden anderen Schieber nach vorhergehendem Öffnen des ersten Schiebers erfolgt.

Dieses Verfahren gestattet noch eine Reihe anderer Ausführungsformen, auf die aber nicht näher eingegangen werden soll.

Bei der Benutzung von Anzapfdampf aus der Hauptturbine[1] wird die Verdampfungswärme eines Teiles des in der Turbine bereits Arbeit geleisteten Dampfes zurückgewonnen, also nicht im Kondensator durch das Kühlwasser verloren. Nur eine eingehende wirtschaftliche Untersuchung kann Aufschluß darüber geben, ob und inwieweit diese Vorwärmung mit oder ohne Einschluß des Kessel-Vorwärmers beste Wärmeausnutzung ergibt. Zu berücksichtigen ist dabei auch die Ausnutzung der Abgase zur Vorwärmung der Verbrennungsluft der Kesselfeuerung. Grundsätzlich gilt, daß der Turbinendampf weitgehendst ausgenutzt werden soll, daß aber andererseits auch die in den Abgasen enthaltene Wärme dadurch nicht ungenutzt in den Schornstein entweichen darf.

Kann mit hochvorgewärmter Verbrennungsluft gearbeitet werden, wie das z. B. bei der Kohlenstaubfeuerung der Fall ist, dann gewinnt die Speisewasservorwärmung außerhalb der Kesselanlage erhöhte Bedeutung. Ferner ist gegebenenfalls auch das Zusatzwasser in den Wärmekreislauf einzuschalten, um die Gasfreiheit zu erhalten.

Eindeutige Richtlinien lassen sich nur in dieser grundsätzlichen Form geben, da jede Anlage so wesentliche Verschiedenheiten aufweist, daß nur der erfahrene Fachmann das betrieblich und wirtschaftlich Beste in Vorschlag bringen kann. Unter Umständen gibt auch die Maschinenunterteilung mit ihren Belastungsverhältnissen, eine vorhandene besondere kleine Hausturbine u. dgl. schon von vornherein den Weg für die günstigste Vorwärmeanlage zusammen mit der vollständigen Aufbereitung des Zusatzwassers und in Verbindung mit den dampfangetriebenen Speisepumpen an. Der Dampfdruck im Kessel und die Dampftemperatur sind dabei ebenfalls von Bedeutung. Sicherheit und Einfachheit müssen mitbestimmend sein, sonst leidet der spätere Betrieb in unzulässiger Weise und wird bei plötzlichen Störungen zu verwickelt.

In Abb. 23 und 24 war der Wärmeverlauf für eine Dampfturbinenanlage mit Speisewasservorwärmung dargestellt. Bei höheren Dampfdrücken und Temperaturen wird heute häufig eine Vorwärmung durch Anzapfdampf angewendet. In Abb. 110 und 111 sind hierfür einige Aus-

---

[1] Kubli, H.: Vorwärmung des Speisewassers durch Entnahmedampf. EWC-Mitt. 1930 S. 8.

führungsformen zusammengestellt. Für den Betrieb ist zu beachten, daß die Temperatur der Vorwärmung möglichst gleichmäßig gehalten werden soll. Da der Druck an den Anzapfstellen der Hauptturbine mit sinkender Belastung abnimmt, muß die Entnahme selbsttätig oder von Hand entsprechend gesteuert werden. Man wählt daher bei stark veränderlichen Belastungen auf längere Dauer zwei oder drei Anzapfungen bei Drücken von etwa 0,8, 3 und 5 ata. Das Zusetzen von Frischdampf ist unwirtschaftlich und sollte vermieden werden.

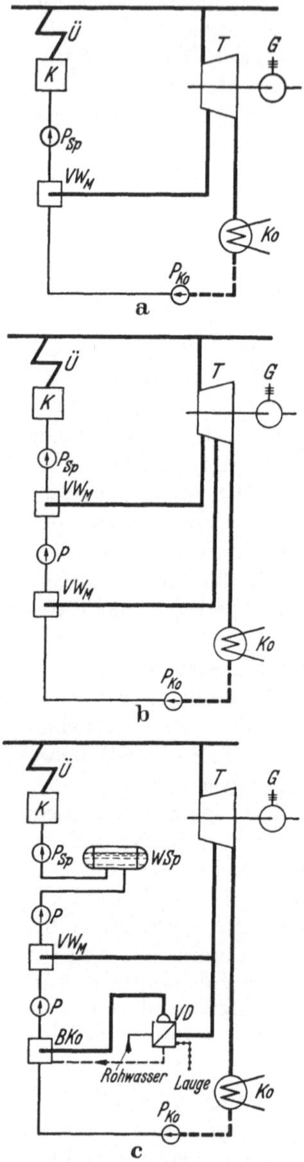

Abb. 110 zeigt die Speisewasservorwärmung mit Mischvorwärmern, bei denen der zur Vorwärmung benutzte Heizdampf mit dem Speisewasser in einem Behälter zusammenfließt, und Abb. 111 mit Oberflächenvorwärmern, bei denen Speisewasser und Heizdampf in den Behältern getrennt voneinander verlaufen.

Bei der einstufigen Mischvorwärmeranlage nach Abb. 110a wird der Heizdampf aus der Hauptturbine T dem Vorwärmer VW_M unmittelbar zugeführt. Das Kondensat fördert die Kondensatpumpe P_{Ko} zum Vorwärmer. Die Kesselspeisepumpe P_{Sp} entnimmt das vorgewärmte Wasser hinter dem Vorwärmer und drückt es in den Speisewasserbehälter bzw. in den Kessel. Abb. 110b zeigt die Anordnung für eine zweistufige Vorwärmung mit Hoch- und Niederdruck-Mischvorwärmern. In der Ausführung nach Abb. 110c wird das Kesselspeisezusatzwasser (Rohwasser) über einen vom Anzapfdampf der Turbine ebenfalls gespeisten Verdampfer VD mit Brüdenkondensator BKo in den Vorwärmerkreis eingeschaltet und das vorgewärmte gesamte Speisewasser einem geschützten Warmwasserspeicher WSp von den Zubringerpumpen P zugeleitet. Von hier entnehmen es die Speisepumpen.

Bei der Ausführung mit einstufigem Oberflächenvorwärmer VW_0 in Abb. 111a wird das Kondensat des Heizdampfes von einer besonderen Pumpe (Sammelpumpe) P_{Ko} aus dem Vorwärmer abgesaugt und dem Speisewasserstrom hinter dem Vorwärmer zugeführt, oder wenn die Aufstellung dieser

Abb. 110a bis c. Speisewasservorwärmung durch Anzapfdampf mit Mischvorwärmer.
a einstufig, b zweistufig, c einstufig mit Verdampferanlage für das Zusatzwasser.

—— Dampf, · · · Kondensat,
—— Wasser, · · · · Lauge.

Das Kesselspeisewasser.

Sammelpumpe nicht wirtschaftlich ist, in den Kondensator der Turbine zurückgeleitet. In diesem Fall tritt eine weitere Entspannung des Heizdampfes im Kondensator ein; die freiwerdende Wärmemenge wird allerdings an das Kühlwasser abgegeben. Um die Verluste zu verringern, kann ein Kondensatkühler KoK eingebaut werden (Abb. 111b), der ebenfalls vom Speisewasser durchflossen wird. Der Ausführung nach Abb. 110c entspricht Abb. 111c für eine zweistufige Hoch- und Niederdruck-Vorwärmung mit Oberflächenvorwärmer VW_{OH} und VW_{ON}. Über eine dreistufige Vorwärmung ist man bisher nicht hinausgegangen.

Soll in den Speisewasserkreislauf gleichzeitig auch das Zusatzspeisewasser einbezogen und mit vorgewärmt werden, dann ist zunächst zu prüfen, ob die Reinigung des Zusatzwassers durch chemische Mittel oder durch Verdampfer wirtschaftlich günstiger ist. Wird die Verdampferanlage gewählt, so gibt für deren Einschaltung in den Vorwärmerkreis Abb. 111c eine Ausführungsform. Der Heizdampf wird dem Hochdruck- und dem Niederdruckteil der Turbine T_1 entnommen. In Abb. 111c wird auch noch der Abdampf der Hilfsturbine T_2 verwertet. Vor dem Niederdruckvorwärmer liegt ein Kaltspeicher KSp für das Kondensat der Turbine T_1. Das Rohwasser, gefördert von der Pumpe P oder dem Speisewasserbehälter Sp entnommen, strömt über eine Enteisenungsanlage zunächst dem Vorwärmer VW_0 zu, kommt dann über Pumpe P in den

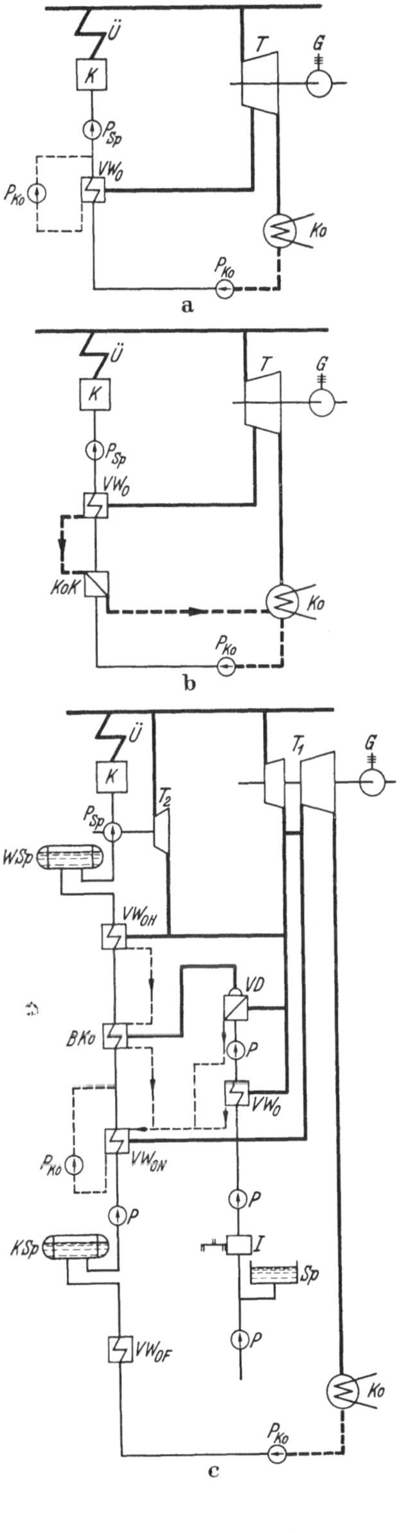

Abb. 111a bis c. Speisewasservorwärmung durch Anzapfdampf mit Oberflächenvorwärmer.
a einstufig, b einstufig mit Kondensatkühler, c zweistufig mit Vorwärmung- und Verdampferanlage für das Zusatzwasser.

—— Dampf, - - - Kondensat, —— Wasser, · — · — · Lauge.

Verdampfer VD und aus diesem in den Brüdenkondensator BKo. Das Kondensat des Verdampfers wird dem Niederdruckvorwärmer zugeleitet. Die Speisepumpen arbeiten aus dem Warmspeicher WSp. Ist der Vorrat an vorgewärmtem Wasser im Warmspeicher gering, so können die Vorwärmpumpen auch die Kesselspeisung übernehmen und sind dann gleichzeitig Reserve für diese. Angeschlossen vor dem Niederdruckvorwärmer sind noch die Kühlungen der Kessel-Feuerbrücken (S. 258), deren Wärmemengen dann ebenfalls ausgenutzt werden.

Welche Form der Vorwärmung zu wählen ist, bedarf, wie bereits gesagt, sehr sorgfältiger wärmewirtschaftlicher und geldwirtschaftlicher Untersuchungen. Es darf nicht vergessen werden, von dem erzielten Gewinn die Verluste abzuziehen, die naturgemäß die Vorwärmeanlage aufweist und die mit etwa 5 bis 10 vH dieses Gewinns in Ansatz zu bringen sind.

Der wirtschaftliche Erfolg der Speisewasservorwärmung durch diese besonderen Anlagen kann je nach den Dampfverhältnissen und der Zahl der Vorwärmerstufen etwa 7 bis 15 vH des aus dem Brennstoff im Kessel zu erzeugenden Wärmeinhaltes des Dampfes betragen. Der Gang der Rechnung ist in großen Zügen und ohne auf wärmetechnische Einzelheiten einzugehen kurz folgender:

Die vom Kessel für die Turbine selbst, also abgesehen von den Verlusten im Kessel, in der Rohrleitung und in den Hilfsmaschinen zu erzeugende Wärmemenge bei einem vorgeschriebenen Dampfzustand p_1, t_1 ist:

$$i - t_{Sp} = \frac{860}{D \cdot \eta_{th,\,Tu}} = \frac{\eta_i \cdot H_0}{\eta_{th,\,Tu}} \tag{91}$$

und der thermische Wirkungsgrad der Turbine unter Berücksichtigung des Gewinns durch die im Speisewasser enthaltene Wärmemenge:

$$\eta_{th,\,Tu} = \frac{\eta_i \cdot H_0}{i - t_{Sp}}. \tag{92}$$

Bezeichnet bei einstufiger Anzapfung der Turbine α vH den Anteil der Frischdampfmenge, der an der Anzapfstelle abgegeben werden muß, um das Kondensat auf die gewünschte Temperatur t'_{Sp} zu bringen und H_1 das Wärmegefälle in der Turbine, das vom Dampfeintritt bis zur Anzapfung vorhanden ist, so ist $1 - \alpha$ die Kondensatmenge, die der Kondensator infolge der Anzapfung nur noch liefert. Die Gl. (91) geht über in:

$$i - t'_{Sp} = \frac{\eta_i \left[(1 - \alpha)\,H_0 + \alpha \cdot H_1\right]}{\eta'_{th,\,Tu}} \tag{93}$$

und daraus:

$$\eta'_{th,\,Tu} = \frac{\eta_i \left[(1 - \alpha)\,H_0 + \alpha\,H_1\right]}{i - t'_{Sp}}. \tag{94}$$

Aus dem Vergleich der Gl. (92) und (94) ist ohne weiteres zu ersehen, daß $\eta'_{th,\,Tu}$ einen höheren Wert aufweisen muß.

13. Beispiel. $p_1 = 35$ ata, $t_1 = 425^0$ C, $p_{Ko} = 0{,}04$ ata, Speisewassertemperatur 20^0 C, Erhöhung der Speisewassertemperatur durch Anzapfdampf in einem einstufigen Vorwärmer auf $t'_{Sp} = 135^0$ C.

Aus dem JS-Diagramm Abb. 26 war für die gleichen Dampfverhältnisse festgestellt worden:

$$H_0 = i_1 - i_2 = 786 - 498 = 288 \text{ kcal/kg}.$$

Wird die Turbine bei 3 ata angezapft, so ist das adiabatische Wärmegefälle bis zu dieser Stelle $H_1 = 786 - 648 = 138$ kcal/kg und der Wärmeinhalt des Anzapfdampfes $i_\alpha = 648$ kcal/kg. Beträgt die Anzapfdampfmenge bei Vollast 12 vH der Frischdampfmenge bei geschlossener Entnahme und $\eta_i = 0{,}715$, so ist:

ohne Vorwärmung:

$$\eta_{th,\,Tu} = \frac{0{,}715 \cdot 288}{786 - 20} = 27 \text{ vH},$$

mit Vorwärmung:

$$\eta'_{th,Tu} = \frac{0{,}715\,[(1 - 0{,}12)\,288 + 0{,}12 \cdot 138]}{786 - 135} = 29{,}6 \text{ vH}.$$

Der spez. Dampfverbrauch beträgt:
ohne Vorwärmung:

$$D = \frac{860}{\eta_{th,\,Tu}\,(i - t_{Sp})} = \frac{860}{0{,}27 \cdot (786 - 20)} = 4{,}17 \text{ kg/kWh},$$

mit Vorwärmung:

$$D' = \frac{860}{\eta'_{th,\,Tu}\,(i - t'_{Sp})} = \frac{860}{0{,}296\,(786 - 135)} = 4{,}45 \text{ kg/kWh},$$

und der spez. Wärmeverbrauch der Turbine:
ohne Vorwärmung:

$$M = \frac{860}{\eta_{th,\,Tu}} = \frac{860}{0{,}27} = 3160 \text{ kcal/kWh},$$

mit Vorwärmung:

$$M' = \frac{860}{0{,}296} = 2900 \text{ kcal/kWh}.$$

Der Gewinn beträgt also 8,2 vH als Wärmeersparnis. Hiervon sind die Verluste der Vorwärmung mit etwa 5 vH abzusetzen, so daß mit einem Gewinn von 7,8 vH gerechnet werden kann.

Die Dampfmenge je Stunde bei einer Leistung von 13500 kW beträgt ohne Entnahme:

$$Q_D = D \cdot N_n = 4{,}17 \cdot 13500 = 57000 \text{ kg/h}.$$

Diese Dampfmenge muß mindestens erwärmt werden; sie ist an sich höher, da ein Teil des gesamten Dampfes von der Anzapfstufe ab nicht mehr zur Leistungserzeugung zur Verfügung steht. Ohne auch noch auf diese Rechnungen näher einzugehen, kann etwa angenommen werden, daß für die Temperaturerhöhung im Vorwärmer erforderlich sind:

$$Q'_M = Q_D\,(t'_{Sp} - t_{Sp}) = 57000\,(135 - 20) = 6 \cdot 10^6 \text{ kcal}.$$

Da der Anzapfdampf einen Wärmeinhalt von $i_\alpha = 648$ kcal/kg hat, müssen der Turbine:

$$\frac{Q'_M}{i_\alpha} = \frac{6 \cdot 10^6}{648} = 9200 \text{ kg Dampf}$$

entnommen werden. Diese Zahl ist nicht genau und an sich aus den Dampfleistungsverhältnissen in der Maschine geringer[1]. Es genügt hier nur die ungefähre Größenordnung, die tatsächlich bei etwa 7000 kg liegt.

---

[1] AEG, Kraftwerk 1930 S. 112: Berechnung der Speisewasservorwärmung und 1931 S. 59: Vereinfachtes Verfahren zur Berechnung der Speisewasservorwärmung und Zwischenüberhitzung bei Kraftwerksentwürfen. Broggi, J.: Wie ist die Güte einer Dampfturbine für sich und im Rahmen einer Dampfanlage zu beurteilen? BBC Nachr. 1927 S. 115.

Bei der räumlichen Anordnung der Vorwärmeanlage ist besonderer
Wert auf einfache Führung der Rohrleitungen, Übersichtlichkeit und
leichte Bedienungsmöglichkeit zu legen. Die Betriebsführung wird in
großen Anlagen wesentlich erleichtert, wenn sämtliche Schieberantriebe

Abb. 112. Pumpenraum mit Bedienungsschalttafel und Blindschaltbild für die gesamte Wasserversorgung; fernübertragene Messungen für Temperaturen, Drucke, Durchflußmengen usw.

von einer Schalttafel aus bedient werden können. Abb. 112 zeigt hierfür
eine Ausführung. Das auf der Tafel angebrachte Blindbild der gesamten
Wasserversorgung zeigt selbsttätig die Stellung der einzelnen Schieber
an. Auch die zugehörigen Meßgeräte für Temperaturen, Durchflußmengen, Wasserstandshöhen usw. sind in das Blindbild eingefügt. Weiteres zu solchen Bedienungseinrichtungen wird im 26. Kapitel besprochen.

16. Die Kesselbauformen.

Es kann hier wiederum nicht Aufgabe sein, die zahlreichen Kesselbauformen in ihren Einzelheiten zu beschreiben. Das Nachfolgende
wird sich vielmehr lediglich auf solche Betrachtungen bzw. Angaben
erstrecken, die dem Elektroingenieur die Mittel an die Hand geben, um
die notwendigen Unterlagen für die Ausarbeitung einer Kesselanlage

zusammenzustellen, Entwurfsarbeiten richtig durchzuführen, schließlich Angebote überprüfen und beurteilen zu können.

Als wichtigste Gesichtspunkte sind zu nennen:

Dampfspannung, Dampftemperatur (Überhitzung), Dampfmenge, Heizfläche,

Rostfläche und Ausgestaltung derselben,

Rauchgasführung, Strahlungs- und Schornsteinverluste,

Wirkungsgrad der Kesselanlage,

Raumbedarf,

Anheizdauer, schnelle Betriebsbereitschaft,

Betriebssicherheit, Bedienung, Instandhaltung, Reparaturen.

Die Haupt-Kesselbauformen sind:

der Großwasserraumkessel (Flammrohrkessel),

der Siederohrkessel (Wasserrohrkessel mit schräger oder steiler Anordnung der Wasserrohre),

der Umlaufkessel.

a) Der Großwasserraumkessel (Flammrohrkessel) besteht seiner grundsätzlichen Bauart nach aus einem eisernen Zylinder als eigentlichem Wasserbehälter und ein oder zwei weiteren inneren Zylindern, sogenannten Flammrohren, die an den Enden offen sind, und in denen sich die Feuerung befindet. Die Flammrohre werden zur größeren Widerstandsfähigkeit gegen äußeren Druck und Wärmespannungen aus Wellrohren hergestellt, wodurch die Heizfläche vergrößert und die Ausnutzung der Heizgase gesteigert wird. Je nach der Zahl dieser Flammrohre unterscheidet man Ein- oder Zweiflammrohrkessel. Da nur ein großer Wasserraum vorhanden ist, wurde die Bezeichnung „Großwasserraumkessel" gewählt. In Abb. 113 ist ein solcher Kessel gezeichnet und dabei gleichzeitig die Feuerung und die Führung der Rauchgase angedeutet. Es sind neben diesen noch eine Reihe anderer Bauarten in Verwendung so z. B. Doppelkessel mit einem oder zwei durch Oberkessel besonders gebildeten Dampfräumen.

Die Dampfspannung kann bis etwa 16 atü betragen. Für höhere Dampfspannungen ist der Großwasserraumkessel nicht geeignet, weil die Kesselbleche infolge der großen Durchmesser dann so stark werden, daß einerseits die Bearbeitung Schwierigkeiten bereitet, andererseits der Wärmedurchgang und damit der Kesselwirkungsgrad schlechter ausfallen.

Die Dampftemperatur ist durch Anwendung eines Überhitzers auf die gleiche Höhe steigerbar wie bei den anderen Kesselbauarten. Abb. 113 zeigt den Einbau des letzteren.

Die Dampfmenge für 1 m² Heizfläche beträgt im Durchschnitt:

bei Einflammrohrkesseln etwa 20 bis 25 kg/h,
  „ Zweiflammrohrkesseln „ 22 „ 28 „

Das sind gute Durchschnittswerte, die sich von den anderen Kesselbauformen, soweit normale Verhältnisse in Frage kommen, doch wesentlich unterscheiden, wenngleich die Wärmeausnutzung der Heizgase recht gut ist. Diese Dampfmengen setzen allerdings voraus, daß die

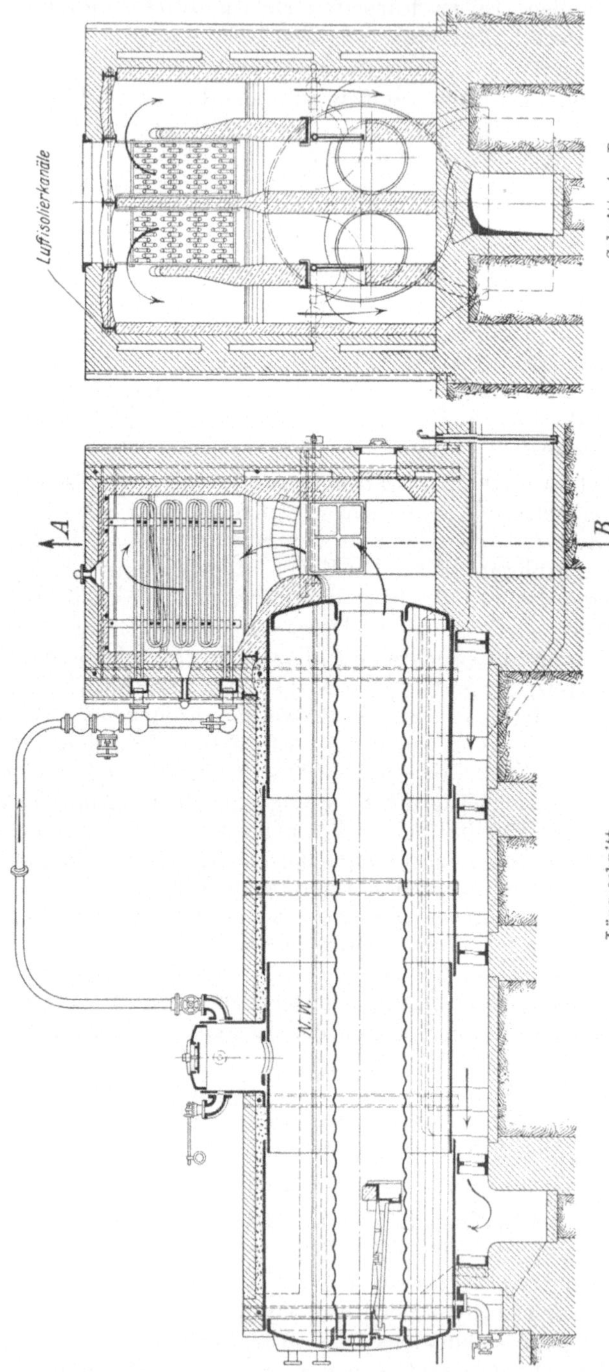

Abb. 113. Zweiflammrohrkessel (Wellrohrkessel) mit Planrostfeuerung und getrenntem Überhitzer.

Rauchgaskanäle nicht mit Flugasche angefüllt sind, was infolge ihrer Führung leichter eintritt als bei Wasserrohrkesseln. Es ist bei der Einmauerung hierauf entsprechend zu achten.

Da Wasser- und Dampfraum zusammenliegen, wird auf den Kessel ein besonderer Dampfraum (Dampfdom) aufgesetzt, um aus diesem möglichst trockenen Dampf zu entnehmen. Bei mittlerer Belastung beträgt der Wassergehalt im Dampf etwa 3 bis 6 vH. Da gesättigter Dampf für Dampfturbinen nicht verwendbar ist, wird ein Überhitzer zum Dampftrocknen benutzt, der besonders angebaut werden muß. An den Dampfraum werden die Dampfleitungen und die Kesselsicherheitsventile angeschlossen. Der Anstrengungsgrad des Kessels liegt etwa bei 1,4 bis 1,7.

Für die Feuerung kommt bei hochwertigen Brennstoffen der Planrost mit Handaufwurf, mechanischem Aufwurf oder mit Unterschub, bei minderwertigen Brennstoffen eine Treppenrost-Vorfeuerung zur Anwendung; auch die Kohlenstaubfeuerung wird neuerdings benutzt.

Die Rauchgasführung ist für gewöhnlich derart, daß die die Flammrohre verlassenden sehr heißen Gase um den Kessel außenherum durch entsprechende Ausbildung des Mauerwerks geleitet werden, um möglichst viel Wärmemengen abzugeben. Da die Gaswege aber große Länge besitzen, ist die Wärmeausnutzung ungünstiger als bei den Wasserrohrkesseln.

Die Heizfläche wird durch die Flammrohrabmessungen begrenzt. Die Größe der Kesseleinheiten ist daher nicht beliebig steigerbar. Die Größe der Heizfläche beträgt höchstens bei Einflammrohrkesseln bis 60 m², bei Zweiflammrohrkesseln bis 160 m². Über die Lage der Heizfläche zur Rostfläche und zu den Gaswegen gibt Abb. 113 Aufschluß. Der für die Verbrennung erforderliche Zug wird fast durchweg auf natürliche Weise durch einen gemauerten Schornstein hervorgerufen. Künstlicher Zug kommt nur selten zur Verwendung. Unterwindbetrieb ist neuerdings wiederholt ausgeführt worden insbesondere dann, wenn Unterschubfeuerung gewählt wird.

Die Asche fällt durch den Rost in den unteren Teil der Flammrohre und lagert sich auch im freien Teil der Flammrohre, sowie in den Rauchkanälen ab; sie ist von Hand oder besser durch Rußbläser zu entfernen. Besondere Unterkellerungen für die Ascheaufnahme sind bei dieser Kesselart zumeist nicht notwendig. Wenn minderwertige Brennstoffe zur Verfeuerung kommen, müssen die Kessel entsprechend hochgelegt werden.

Die Abmessungen und der Platzbedarf bezogen auf 1 m² Heizfläche sind wesentlich größer als bei den Wasserrohrkesseln, wenn von der Unterkellerung für letztere abgesehen wird. Der Platzbedarf beträgt:

bei Einflammrohrkesseln etwa 0,5 bis 0,7 m² für 1 m² Heizfläche,
„ Zweiflammrohrkesseln „ 0,4 „ 0,5 „ „ 1 „   „

Hierin liegt neben der geringen Heizfläche der Hauptnachteil dieses Kessels. Bei mittleren und größeren Anlagen wird die Zahl der Kessel zu groß, die Anlagekosten werden unwirtschaftlich hoch, weil dann auch die Kesselhäuser mit ihren Nebenanlagen zu umfangreich und unübersichtlich ausfallen.

In Zahlentafel 26 sind die Blockabmessungen für Ein- und Zweiflammrohrkessel bei Heizflächen bis zu 140 m² zusämmengestellt[1]. Die
Maße gelten ohne Überhitzeranbau, da die Größenverhältnisse für diesen
von Fall zu Fall verschieden sind.

Zahlentafel 26. Blockabmessungen für Flammrohrkessel.

Einflammrohrkessel				Zweiflammrohrkessel			
Heizfläche	Flammrohrkessel			Heizfläche	Flammrohrkessel		
	Länge	Breite	Höhe		Länge	Breite	Höhe
m²	mm	mm	mm	m²	mm	mm	mm
20	5340	2730	1950	50	7190	3630	2250
30	6840	2830	2000	60	8240	3630	2250
40	7990	3080	2150	80	9940	3780	2300
50	9090	3180	2200	100	10940	4030	2350
				120	12890	4030	2350
				140	13140	4380	2550

Die Temperatur der in den Schornstein eintretenden Gase ist viel
höher als bei jeder anderen Kesselbauform, was auf die nicht vollständige und damit unwirtschaftliche Ausnutzung des Brennstoffes hin-
weist. Die Strahlungs- und Schornsteinverluste werden noch dadurch
größer, daß das Temperaturgefälle zwischen Außenluft und Rauchgaskanälen sehr groß ist, weil das Mauerwerk nicht beliebig stark wärme-
undurchlässig gebaut werden kann. Zur Verminderung der Abgasverluste
werden Speisewasservorwärmer und gegebenenfalls auch Luftvorwärmer eingebaut. Weiter kann der Abgasverlust herabgedrückt werden
durch Anwendung der La-Mont-Verdampfung mit zwangläufigem
Wasserumlauf, zu dem auf S. 224 Einzelheiten angegeben sind.

Da die Einmauerung den Wärmeverlust durch Strahlung vergrößert
— er beträgt etwa 8 vH — wird neuerdings der Kessel mit einer Wärme-
schutzhülle aus Blechplatten mit Asbestzwischenfüllung umgeben. Die
sonst in der Mantelheizung den Rauchgasen entzogene Wärmemenge
wird in diesem Fall von einem Vorwärmer aufgenommen.

Der Wirkungsgrad einer Flammrohrkesselanlage beträgt — beste
Bauart, vorteilhaftester Einbau und sorgfältige Bedienung und Wartung
vorausgesetzt — etwa 80 bis 82 vH.

Wie schon gesagt, ist diese Kesselbauform nur für kleine Betriebe
wirtschaftlich anwendbar. Um die Länge und die Unübersichtlichkeit
des Kesselhauses zu beschränken und je nach der gewählten Feuerung
an Heizerzahl zu sparen, werden die Kessel zu Blocks mit je zwei Stück
zusammengefaßt.

Da der Wasserraum groß, der Dampfraum aber verhältnismäßig
klein ausfällt und mit dem Wasserraum zusammenliegt, ist der Großwasserraumkessel für solche Betriebe geeignet, die mit möglichst gleichmäßiger Belastung arbeiten, bei denen nur vorübergehend und nicht

---

[1] Mitgeteilt von der Vereinigung der Deutschen Dampfkessel- und Apparate-
Industrie E. V., Düsseldorf.

stoßweise wesentlich größere Dampfmengen auftreten können. Dieses trifft für Industriewerke und kleinere Elektrizitätswerke zu.

Der Kessel ist gegen schlechtes Speisewasser wenig empfindlich, weil er verhältnismäßig leicht gereinigt werden kann. Bei kleinen Anlagen wird daher oft von der Anwendung besonderer Speisewasser-Reinigungsvorrichtungen abgesehen.

Den Betriebsanforderungen, die die kleinen Anlagen stellen, ist der Flammrohrkessel durchaus gewachsen.

Die Anheizdauer und damit die schnelle Betriebsbereitschaft ist allerdings wesentlich ungünstiger als bei den Wasserrohrkesseln. Erstere beträgt etwa 3 bis 4 Stunden bei kleineren, 4 bis 6 Stunden bei größeren Kesseln, wenn dieselben aus dem kalten Zustand hochgeheizt werden müssen. Liegt nicht immer ein angewärmter Kessel in Bereitschaft, kann bei Vorkommnissen an den im Betrieb befindlichen Kesseln eine weit längere und dadurch größere Betriebsstörung eintreten als bei Wasserrohrkesseln, bis vom neu anzuheizenden Kessel genügende Dampfmengen verfügbar sind. Der Aufwand an Brennstoff für einen Bereitschaftskessel ist daher größer als bei den anderen Kesselbauarten, was bei der Feststellung des Jahreswirkungsgrades der Kesselanlage nicht vergessen werden darf.

Die vielen seit Jahrzehnten im Betrieb befindlichen Großwasserraumkessel beweisen, daß die Betriebssicherheit durchaus gewährleistet ist, sofern es sich um ruhigen Betrieb handelt, also nicht fortgesetzt übermäßige Beanspruchungen auftreten. Besonders aber müssen beim Großwasserraumkessel die Wasserverhältnisse ständig gesichert sein, da er sehr empfindlich gegen Wassermangel ist. Schon geringer Wassermangel kann zu Ausbeulungen der Flammrohre, zu Lockerungen der Nietungen und sogar zur Explosion führen. Die Bedienung ist einfach und kann, da nur kleine Rostflächen in Frage kommen, für 2 bis 3 Kessel von einem Kesselwärter erfolgen. Vergleiche nach dieser Richtung mit den Wasserrohrkesseln sind schwer durchführbar, weil für letztere die selbsttätige Feuerung heute ausschließlich verwendet wird. Man kann für kleinere Anlagen die Bedienungskosten in beiden Fällen gleich annehmen.

Die Unterhaltungskosten (Instandhaltungs- und Reparaturkosten) sind auch in gut geführten Betrieben beim Großwasserraumkessel insbesondere für das Mauerwerk nicht unbedeutend. Der Kessel hat eine geringe Ausdehnungsfähigkeit und gibt leicht zu Rißbildungen im Mauerwerk Veranlassung, wodurch die Strahlungsverluste vergrößert werden. Diese Mauerwerksrisse sind infolgedessen ständig auszubessern, was zumeist mit recht hohen Kosten und unter Umständen mit einer längeren Außerbetriebsetzung des betreffenden Kessels oder Kesselblockes verbunden ist. Reparaturen verursachen ebenfalls bedeutende Kosten, sofern sie am Kessel selbst, also an den Nietungen vorkommen, weil das Mauerwerk dann vollständig entfernt werden muß, um an die Nietnähte zu gelangen. Die Blechplattenverkleidung ist hier vorteilhafter. Nachträgliche Nietungen können sogar eine Herabsetzung des Betriebsdruckes des Kessels zur Folge haben. Die Flugaschenbeseitigung aus den Flammrohren ist verhältnismäßig einfach, umständlicher dagegen diejenige aus den Rauchgaskanälen, wenn letztere auch an den Außenwandungen des Kessels entlang führen. Hier ist dann der Rußbläser anzuwenden. Entaschungstüren im Mauerwerk müssen reichlich vorhanden sein. Auf dichten Abschluß derselben ist besonders zu achten, um das Entweichen von Rauchgasen oder das Eindringen falscher Luft zu verhüten. Das Entfernen von Kesselstein geschieht durch Abklopfen im Kessel selbst, was ebenfalls umständlich, gesundheitsschädlich und zeitraubend ist. Infolgedessen wird das Kesselspeisewasser auch für den Großwasserraumkessel besser besonders gereinigt.

b) Der Wasserrohrkessel (Siederohrkessel). Diese zweite Kesselbauform ist die heute fast ausschließlich für Kraftwerke zur öffentlichen Stromabgabe verwendete, weil sie allen an den Kessel zu stellenden Anforderung betrieblicher und wirtschaftlicher Art entsprechen kann. Ferner läßt sich jeder Brennstoff verfeuern und jede dem Brennstoff am besten zugeeignete Feuerungsanlage einbauen. Die große Mannigfaltigkeit im Aufbau eines Wasserrohrkessels hat in den letzten Jahren gewissen Einheitsformen Platz gemacht. Bei der Beurteilung eines Kessels sind eine Reihe grundsätzlicher Gesichtspunkte zu beachten, über die besonders gesprochen werden wird. Die Bauformentwicklung geht in der Hauptsache nach der Richtung, die Dampfleistung durch vorteilhaftere Ausnutzung der Verbrennungsvorgänge unter bestmöglichster Berücksichtigung der Brennstoffeigenschaften zu steigern. Die Verwertung der Wärmestrahlung wird ebenfalls behandelt werden.

Den neuerdings angewendeten hohen und höchsten Dampfdrücken und Dampftemperaturen bis 500° C am Kessel sind die Werkstoffe mit voller Sicherheit gewachsen. Den Ausführungen erster Hersteller kann in bezug auf Baustoffe und Werkstattsarbeit volles Vertrauen entgegengebracht werden.

Der Wasserrohrkessel wird in zwei verschiedenen Formen gebaut und zwar als:

Schrägrohrkessel oder Steilrohrkessel.

Da nur noch überhitzter Dampf benutzt wird, wird auch über den Überhitzer und seinen Einbau bei den einzelnen Kesseln gesprochen werden.

Der Schrägrohrkessel. Der Aufbau und die Kesselbauformen. Der Schrägrohrkessel besteht aus einer Anzahl geneigt zur Rostfläche angeordneter gerader Siederohre, die an den Enden zu Wasserkammern geführt sind. Diese Wasserkammern stehen mit ein oder mehreren Obertrommeln in Verbindung. Die Rohrneigung kann nach vorne oder nach hinten aufsteigend gewählt werden. Die Wasserkammern werden senkrecht aufgeteilt (Teilkammern) und mit Rohrstutzen an die Obertrommeln angeschlossen. Die Rohre werden eingewalzt und vorne und hinten durch besondere Verschlüsse abgeschlossen. Die Obertrommeln werden entweder längs- oder querliegend angeordnet. Die Abb. 114 bis 120 zeigen einige neuzeitige Ausführungen von Schrägrohrkesseln mit verschiedenen Feuerungseinrichtungen. Der Wasserumlauf geschieht in der Weise, daß die Zuspeisung in eine der Obertrommeln erfolgt. Von hier fällt das Wasser in die Wasserkammer, tritt in die Siederohre ein, wird in viele nebeneinanderliegende Teilströme zerlegt, verdampft und gelangt als Dampfwassergemisch über die zweite Wasserkammer wieder zu einer Obertrommel. Es ist also ein ununterbrochener, in sich geschlossener Wasserumlauf vorhanden. Innerhalb des Rohrbündels stellt sich noch ein zweiter Wasserumlauf zwischen den obersten und den am stärksten beheizten Rohren ein[1] (Abb. 114).

Der Kessel mit längsliegender Obertrommel (Abb. 114 und 115) stellt eine ältere Bauart dar und wird heute seltener angewendet. Er

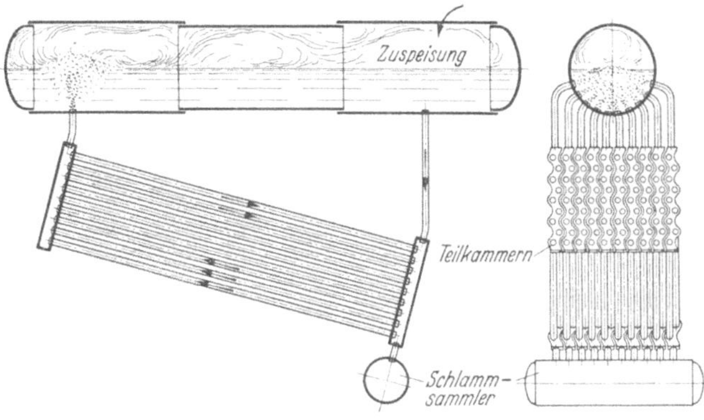

Abb. 114. Teilkammer-Schrägrohrkessel mit längsliegender Obertrommel; Aufbau, Wasser- und Dampfbewegung.

hat den Nachteil, daß der Austritt des Dampfes nur auf einem kleinen Teil des Wasserspiegels erfolgt, wodurch sich eine hohe örtliche Spiegelbelastung ergibt. Als Vorteil ist zu nennen der große Wasserinhalt der Obertrommel und der ausgedehnte Wasserspiegel. Beides ergibt einen großen Speiseraum-Speicherinhalt. In dieser Speiseraumspeicherung besitzt der Kessel die betrieblich vorteilhafte Fähigkeit, über einen bestimmten Zeitraum bei abgestellter Speisung erhöhte Dampfmengen bei gleicher Wärmezufuhr abzugeben, und zwar weil dem auf Siedetemperatur erhitzten Wasser zur Dampfbildung nur noch die Verdampfungswärme zuzuführen ist, die etwa $^2/_3$ der Gesamtwärme beträgt. Die Speiseraumspeicherung richtet sich nach der Anzahl und der Größe der Obertrommeln, nach der Wasserspiegelfläche und der zulässigen Wasserabsenkung.

Die querliegende Obertrommel ist quer zur Längsrichtung der Siederohre angeordnet. Je nachdem die Obertrommel über der vorderen oder der hinteren Wasserkammer liegt, steigen die Rohre nach hinten oder nach vorne an (Abb. 116 u. 117). Die Trommel liegt am zweckmäßig-

---

[1] Kleve: Neuere Wasserumlaufprobleme im Kesselbau. Arch. Wärmewirtsch. 1930 Nr. 11 S. 359.

sten hinten also in der kältesten Zone des Kessels. Dann müssen die vorderen Wasserkammern durch besondere Dampfrohre mit der Obertrommel verbunden werden. Liegt die Trommel vorne (Abb. 116), steigen die Rohre nach hinten an, und die hinteren Wasserkammern müssen mit der Trommel verbunden werden. Welche Trommellage zu wählen ist, muß der Kesselhersteller entscheiden und begründen. Ihre Lage ist auch für die Rauchgasführung von Bedeutung. Von seiten des

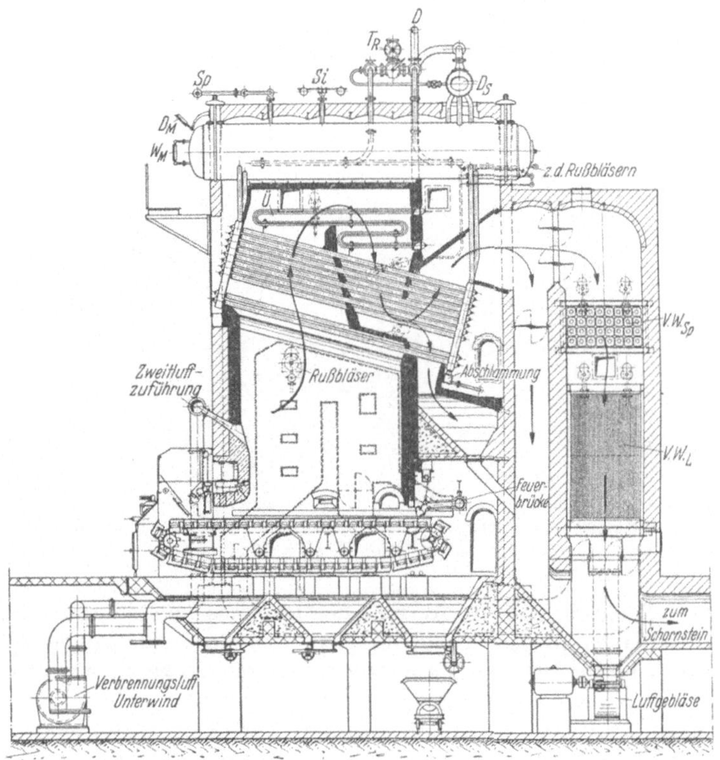

Abb. 115. Babcock-Teilkammerkessel mit längsliegender Obertrommel, 350 m² Heizfläche, 33 atü, mit Unterwind-Zonenwanderrost, Zweitluftzuführung, Überhitzer, Rippenrohr-Speisewasservorwärmer und Luftvorwärmer (Schornsteinanschluß).

In den Kesselabbildungen bezeichnet: Sp Speisewassereintritt, Si Sicherheitsventil, D Dampfaustritt, D_S Dampfsammler, T_R Temperaturregler, $Ü$ Überhitzer, VW_{Sp} Speisewasservorwärmer, VW_L Luftvorwärmer, D_M Dampfdruckmesser, W_M Wasserstandsmesser.

Betriebes ist hierzu zu fordern, daß die Auswechselung der Rohre ohne Schwierigkeit und ohne Behinderung anderer Kessel — oder Kesselhausteile wie z. B. der vor den Kesseln liegenden Kohlenbunker — möglich sein muß. Die Breite des Kesselbedienungsganges und damit die gesamte erforderliche Kesselhausgrundfläche sind dabei für Kostenvergleiche zu berücksichtigen.

Jede senkrechte Rohrreihe hat eine Kammer. Diese **Teilkammern** (Abb. 114) werden bisher in Schlangenform gepreßt, so daß beim Zusammenstellen des Rohrbündels die Siederohre gegeneinander versetzt sind. Das bewirkt eine fortgesetzte Durchwirbelung des Rauchgasstromes und fördert die Wärmeabgabe der Rauchgase an die Wasserrohre. Die gewellten Teilkammern sind in der Herstellung wesentlich teurer als die geraden. Neueste Versuche[1] haben gezeigt, daß die Rohrversetzung durch die gewellten Teilkammern nicht den gewünschten Erfolg bringt. Die Wärmedurchgangszahl wird schon nach kurzer Betriebszeit etwa gleich der bei geraden Kammern. Die Flugaschenablagerung ist auf den versetzten Rohren größer. Kessel mit geraden Kammern haben bei gleicher Leistung einen geringeren Zugverlust. Schäden an Überhitzerrohren, die bei Kesseln mit geraden Kammern durch Bildung heißer Gassträhnen in der Mitte der Rohrgassen auftreten können, sind bisher nicht beobachtet worden.

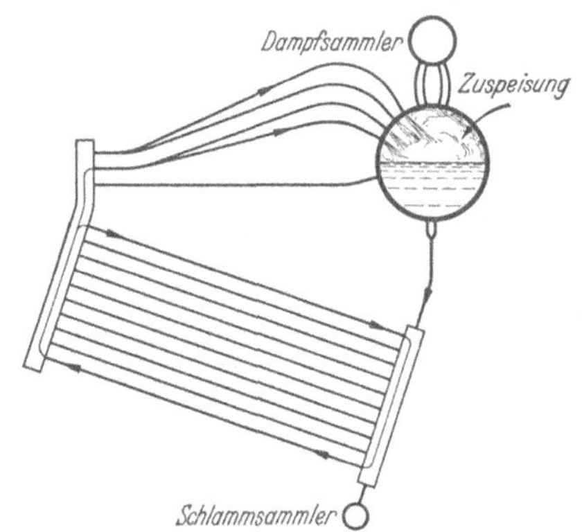

Abb. 116. Teilkammer-Schrägrohrkessel mit querliegender Obertrommel hinten und Dampfsammler; Aufbau, Wasser- und Dampfbewegung

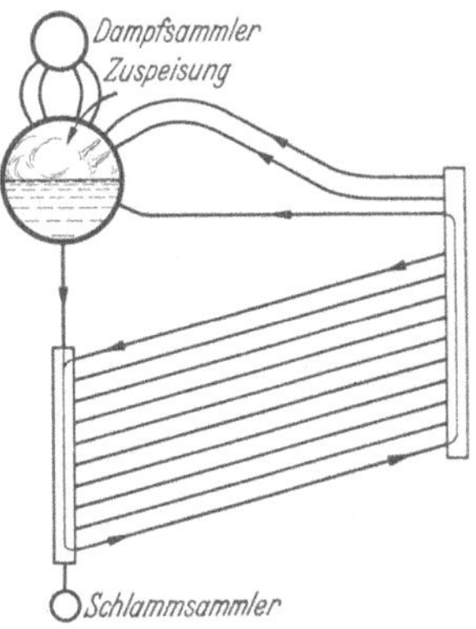

Abb. 117. Teilkammer-Schrägrohrkessel mit querliegender Obertrommel vorn und Dampfsammler; Aufbau, Wasser- und Dampfbewegung

Die untersten Rohrreihen sollen möglichst weite Teilung erhalten, um den Ansatz von Flugasche (Ansinterungen) an diesen den Rauchgasen an ihrer heißesten Stelle ausgesetzten Heizflächen zu vermeiden und gleichzeitig eine bessere Wärmeaufnahme zu erzielen, weil im Gebiet hoher Rauchgastemperaturen die durch Strahlung übertragene Wärmemenge größer ist als die durch Berührung.

Die Wasserkammern, an die die Fallrohre für den Wassereintritt angeschlossen sind, sollen an ihrem unteren Ende Anschlüsse zu einem gemeinsamen Schlammsammler erhalten, aus dem der Schlamm während des Betriebes abgelassen werden kann.

Die Einführung der Steigrohre in die Obertrommel soll möglichst über der Wasserfläche erfolgen, um ruhige Dampfentwicklung und trockenen Dampf zu erhalten. Das aufsteigende Dampf-Wassergemisch hat also bei der Quertrommel nicht den Druck der Wassersäule der Obertrommel zu überwinden. Münden die Dampfrohre unten in

---

[1] Gerade oder gewellte Teilkammern. Z. VDI 1935 S. 286.

Kyser, Kraftübertragung. III. 3. Aufl.   14

die Trommel, so tritt das bei der Längstrommel Gesagte ein. Es wird der ganze Wasserspiegel durchwühlt. Der Kessel neigt eher zum Spucken (Überreißen des Wassers). Bei Kesseln für größere plötzliche Leistungsschwankungen wird der Obertrommel noch ein Dampf-

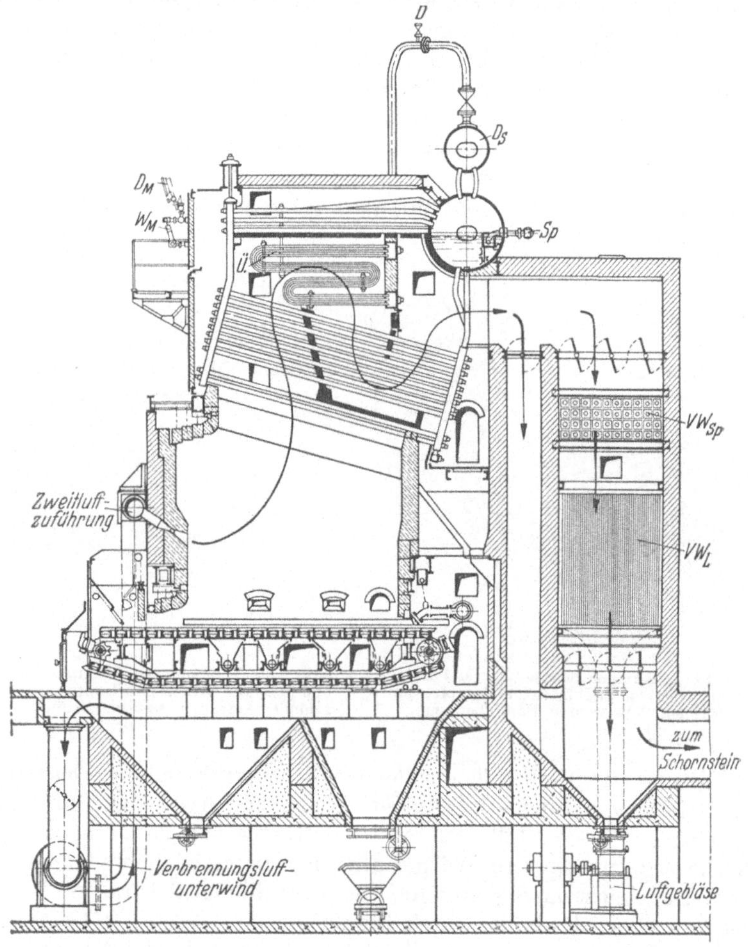

Abb. 118. Babcock-Teilkammer-Hochleistungskessel mit querliegender Obertrommel hinten, mit Unterwind-Zonenwanderrost, Zweitluftzuführung, Überhitzer, Rippenrohr-Speisewasservorwärmer und Luftvorwärmer (Schornsteinanschluß).

sammler beigegeben, der mit reichlichen Rohrverbindungen anzuschließen ist. Der Dampfsammler verlängert den Dampfweg, hat dadurch weitere Wasserausscheidung zur Folge und verhindert besonders das Überspeisen, da er die Dampfentnahme vom Wasserspiegel fortverlegt; es tritt aus dem Dampfsammler trockener Dampf aus. An Stelle des Dampfsammlers wird auch eine Entmischungstrommel eingeschaltet. An den Dampfsammler wird der Überhitzer angeschlossen.

Der Wasserinhalt ist beim Quertrommelkessel verhältnismäßig klein. Soll eine Speiseraumspeicherung vorgesehen werden, muß das durch Verwendung mehrerer Obertrommeln geschehen.

Die Dampfverhältnisse. Der Schrägrohrkessel ist mit beiden Formen der Obertrommelanordnung bereits für Dampfspannungen bis

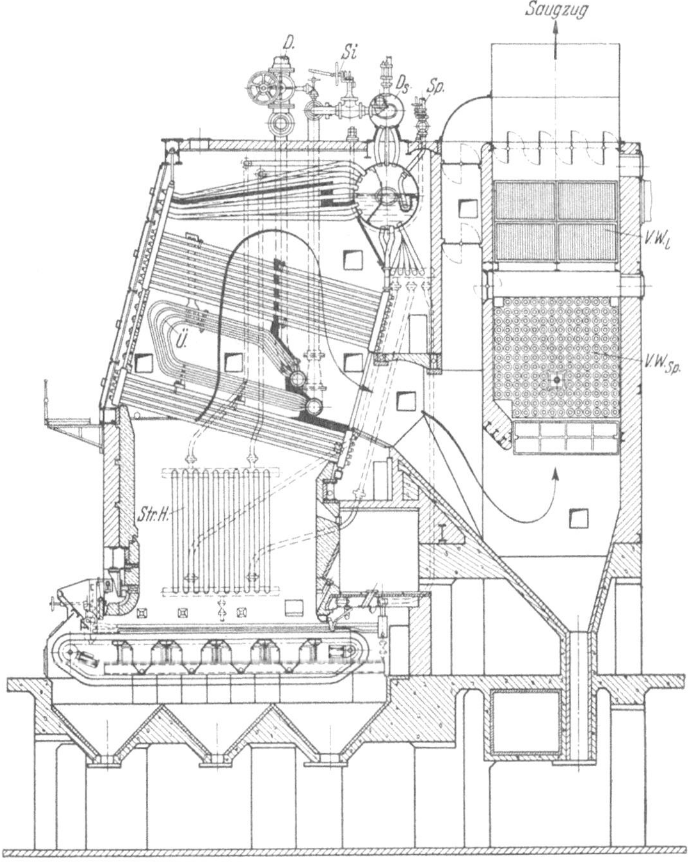

Abb. 119. Steinmüller-Teilkammer-Hochleistungskessel mit querliegender Obertrommel hinten, mit Unterwind-Zonenwanderrost, Strahlungsheizfläche (*Str. H.*), Überhitzer, Rippenrohr-Speisewasservorwärmer 1978 m² und Luftvorwärmer 860 m² (Saugzuganschluß) (1000 m² Heizfläche, 26,5 atü, 400° C, Rostbreite 6 m, Rostlänge 5,6 m).

38 atü ausgeführt worden. Bei höherer Dampfspannung wählt man heute zumeist den Steilrohrkessel.

Die Dampftemperatur liegt in den Grenzen aller anderen Kessel. Durch den Einbau eines Überhitzers kann die heute zulässig höchste Dampftemperatur erzielt werden. Bei Kesseln mittlerer Größe liegt der Überhitzer über dem Röhrenbündel (Abb. 115, 118) und zwar in waagerechter oder senkrechter Anordnung der Überhitzerrohre. Bei der Baudurchbildung ist auf die gute und leichte Besichtigung, Bedienung,

14*

Instandsetzung und Auswechselung des Überhitzers besonders zu achten. Da für die Lage des Überhitzers die Rauchgasführung mitbestimmend

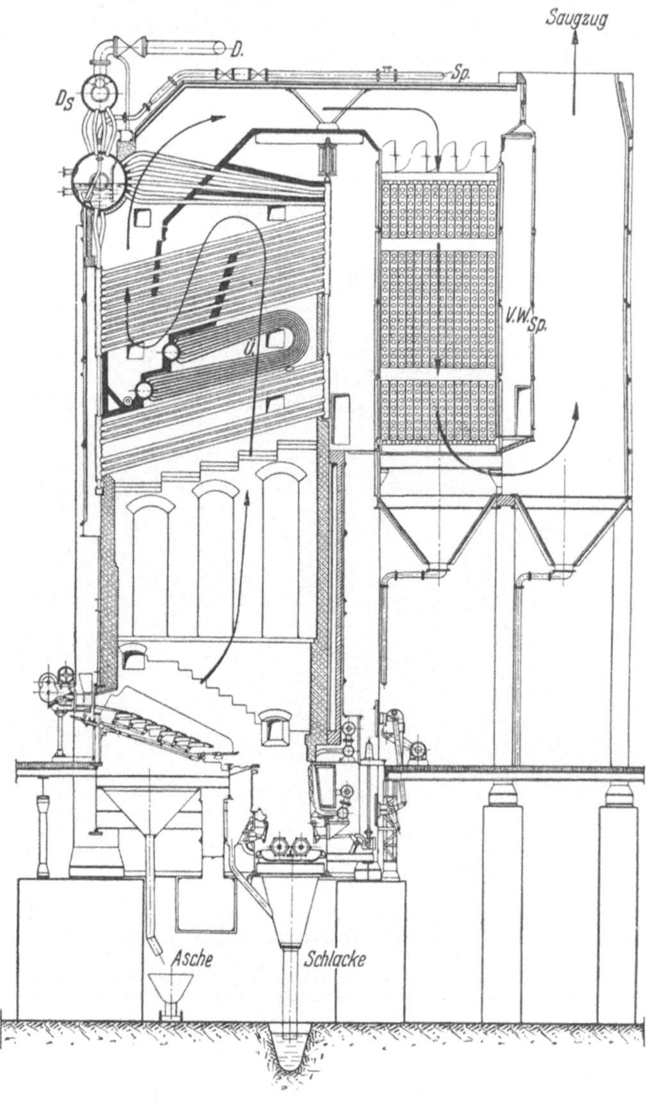

Abb. 120. Borsig-Teilkammerkessel mit querliegender Obertrommel vorne, 1850 m² Heizfläche, 32 atü, 400° C, mit Stokerfeuerung, Überhitzer und Rippenrohr-Speisewasservorwärmer (Saugzuganschluß).

ist, soll er im Rauchgasstrom an einer Stelle liegen, an der bei allen Belastungsverhältnissen des Kessels und seiner Feuerung möglichst gleichbleibende Überhitzertemperatur vorhanden ist. Anderenfalls muß ein Heißdampfregler zusätzlich benutzt werden, was für den Betrieb keine

Annehmlichkeit bedeutet. Bei sehr großen Kesseln teilt man daher das Röhrenbündel und legt den Überhitzer zwischen diese (Abb. 119 und 120).

Über den Dampfraum sind bereits Angaben gemacht worden. Von seiner Durchbildung hängt im wesentlichen die Stundendampfleistung des Kessels ab. Die Längstrommel ist hier der Quertrommel gegenüber bei höheren Leistungen und schwankenden Belastungsverhältnissen im Nachteil. Die Dampfgrenzleistungen je Stunde liegen beim Längstrommelkessel etwa bei 30 bis 50 kg Dampf je m² Heizfläche und Stunde, beim Quertrommelkessel etwa bei 65 kg/m² Heizfläche und Stunde. Wesentlich ist dabei die zulässige Dampfraumbelastung je m³ Dampfraum und Stunde. Es sind hierfür bereits Werte bis zu 900 m³/m³ angewendet worden. Die Quertrommel gibt dem Schrägrohrkessel die Eigenschaft eines Höchstleistungskessels. Aus diesen Verhältnissen bestimmt sich schließlich der Anstrengungsgrad des Kessels, den der Kesselhersteller anzugeben hat, sofern nicht bei der Entwurfsbearbeitung des Dampfkraftwerkes nach dieser Richtung besondere Bedingungen gestellt werden.

Die Rauchgasführung ist verhältnismäßig einfach. In den Abb. 115 und 118 bis 120 ist diese eingetragen. Die Gaswege sind viel kürzer als beim Großwasserraumkessel. Im ersten Gasweg liegt der Teil des Röhrenbündels, in dem die Hauptdampfentwicklung vor sich geht, und der Überhitzer. Im zweiten Gasweg wird eine Umlenkung zum dritten Gasweg vorgenommen, in dem die Fallrohre der Wasserzuführung liegen, um diese in die kälteste Rauchgaszone zu bringen und damit eine Verdampfung bereits in den Fallrohren und in den Kammern zu verhüten. Liegt die Obertrommel vorne, dann liegen die Gaswege umgekehrt von hinten nach vorne (Abb. 120). Alsdann verlassen die Rauchgase das Röhrenbündel, werden zur weiteren Ausnutzung dem Speisewasser- oder Luftvorwärmer zugeführt und entweichen durch den Fuchs und den Schornstein oder den Saugschlot dem Kessel. Die Umlenkung der Rauchgase geschieht durch Führungswände aus feuerfesten Steinen. Gegenüber dem Steilrohrkessel (Abb. 128) erfolgt die Rauchgasführung zu dem Röhrenbündel von unten nach oben mit Ausnahme des zweiten Zuges. Dadurch wird der Auftrieb der Gase im Kessel zur Unterstützung des Schornsteinzuges herangezogen. Die Rauchgasgeschwindigkeit im ersten Zug soll geringer sein (etwa 4 bis 5 m/s) als in den folgenden Zügen. Unterwind und künstlicher Zug können in jeder Form angewendet werden. Bei der Rauchgasführung ist weiter besonders darauf hinzuweisen, daß das untere Ende der Wasserkammer vor unmittelbarer Beheizung zu schützen ist (Abb. 115, 118, 119). Das geschieht ebenfalls durch entsprechende Ausbildung des Mauerwerkes; besondere Einrichtungen für die Überwachung dieses Feuerraumteiles sind betrieblich sehr erwünscht.

Die Lage der Heizflächen zur Feuerung gestattet beste und wirtschaftlich weitgehendste Ausnutzung der Heizgase. Die Größe der Heizfläche ist heute bis etwa 2400 m²* ausführbar. Sie hängt im wesentlichen von der Art der Feuerung ab, hat also ihre Beschränkung zumeist

---

* Die Schrägrohrkessel der Berliner Elektrizitätswerke im Westkraftwerk, geliefert von der Firma A. Borsig, Tegel bei Berlin.

in den Abmessungen letzterer. Die Obertrommeln und die Dampfrohre
von den Kammern zu diesen sind nicht mehr Heizflächen, müssen daher
durch feuerfeste Decken gegen die Rauchgase abgeschirmt werden.

Die Strahlungsheizfläche. Bei Hochleistungsfeuerungen, die mit
vorgewärmter Brennluft arbeiten, treten Betriebsschwierigkeiten insbesondere durch den Ansatz flüssiger Schlacke an den Wänden auf, die
zu unangenehmen Störungen und zu unwirtschaftlich häufigen Instand-
setzungen der Brennkammerwände führen. Diesen Mißständen wird unter anderem (S. 224) dadurch begegnet, daß die Brennkammerwände mit besonderen Röhrenheizflächen ausgekleidet werden. Da diese Heizflächen eine sehr große Aufnahmefähigkeit für Strahlungswärme besitzen, werden sie in die Durchbildung der gesamten Kesselheizfläche einbezogen; es entsteht dann der Strahlungskessel. Bei diesem fällt der Hauptteil der Dampferzeugung nunmehr den die Umfassung der Brennkammer bildenden Heizflächen zu.

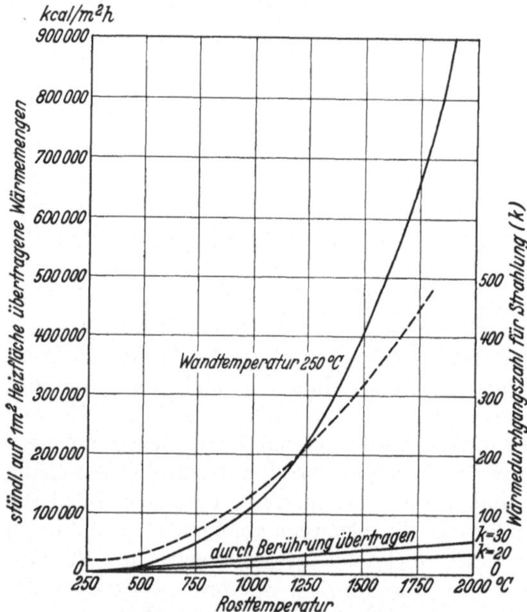

Abb. 121. Wärmedurchgang durch Strahlung und durch Berührung
in Abhängigkeit von der Feuerraumtemperatur.
— — — auf die Kesselheizfläche,
———— auf die Strahlungsheizfläche.

Abb. 119 zeigt dafür eine neueste Steinmüller-Bauart. Die Brennkammer
ist auf drei Seiten und an der Decke von Röhrenheizflächen eingeschlossen,
die das Wasser unmittelbar aus der Obertrommel erhalten. Die am stärksten beheizten Rohre auch dieser Strahlungsheizflächen geben ihren
Dampf unmittelbar in den Dampfraum der Obertrommel ab.

Die Größe der Strahlungsheizfläche hängt von den verwendeten
Brennstoffen z. B. gasarme Kohle und von der Zeitdauer der Belastungsschwankungen ab, denen der Kessel folgen soll. Gasarme
Kohlen kommen unter Umständen in der Flammentemperatur nicht
nach. Zur Beurteilung ist wesentlich das Verhältnis:

$$\frac{\text{bestrahlte Heizfläche}}{\text{gesamte Kesselheizfläche}},$$

um die tiefsten Abgastemperaturen zu erhalten. Die Strahlungsheizflächen vermindern das Mauerwerk und geben dem Kessel gesteigerte
Betriebsbeweglichkeit bei starken Lastschwankungen.

Aus Abb. 121 ist die stündlich auf 1 m² Heizfläche übertragene Wärmemenge durch Berührung und durch Strahlung in Abhängigkeit von den Rosttemperaturen zu ersehen. Nach diesen Kennlinien wird also bei den ebenfalls angegebenen Wärmedurchgangszahlen zwischen Feuerraumtemperatur und Wasser unter Zwischenschaltung der Siederohre eine wesentlich größere Wärmemenge durch Strahlung ausgenutzt. Die normale Mehrleistung der Heizfläche durch Strahlung, die durch die Siederohre der Wand- und Deckenbekleidung erzielt werden kann, erfordert aber entsprechend bemessene Rohrquerschnitte, um die erforderliche Wassermenge auch bei Höchstbelastung zur Verfügung zu haben. Es ist daher der Querschnitt, die Zahl und

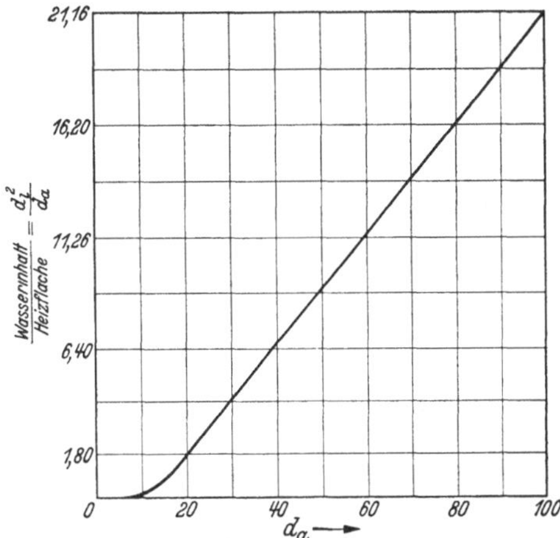

Abb. 122. Verhältnis des Wasserinhaltes (d_i = innerer Siederohrdurchmesser) zur Heizfläche (d_a = äußerer Siederohrdurchmesser) in Abhängigkeit von der Heizfläche bei Siederohren.

Länge der Siederohre der Strahlungsheizflächen in den Angeboten zusammen mit der auftretenden Wassergeschwindigkeit anzugeben, um verschiedene Angebote miteinander vergleichen zu können. Die bei den einzelnen Kesselbelastungen auftretenden Wandtemperaturen sind ebenfalls von besonderer Bedeutung.

Abb. 122 stellt die Abhängigkeit des Wasserinhaltes des Siederohrquerschnittes[1] zur Heizfläche dar. Aus der Kennlinie ist zu ersehen, daß je größer der Rohrdurchmesser um so größer der Wasserinhalt im Verhältnis zur Heizfläche des Rohres ist.

Zahlentafel 27. Hauptabmessungen für Teilkammerkessel (ohne Berücksichtigung der Vorwärmereinbauten).

Heizfläche m²	Tiefe mm	Breite mm	Höhe mm
100	6500	2520	9200
150	6500	3120	9200
200	6500	4060	9200
300	6800	4980	9400
400	7100	6180	9700
500	7100	7380	9700

In Zahlentafel 27 sind ungefähre Abmessungen von Teilkammerkesseln bis 500 m² Heizfläche zusammengestellt[2]. Die Maße berücksichtigen nicht Speisewasser- und Luftvorwärmer, deren Abmessungen und Einbau den jeweiligen Verhältnissen entsprechend verschieden sind.

Das La-Mont-Verfahren für eine zusätzliche Verdampfung durch besondere Rohranlagen mit zwangläufigem Wasserumlauf, das auch für Schrägrohrkessel verwendbar ist, wird auf S. 224 besonders behandelt.

---

[1] Lupberger: Bemessung von Siederohren. Arch. Wärmewirtsch. 1931 S. 267. Richtlinien für Wasser- und Ankerrohre. Beuth-Verlag 1931.

[2] Siehe Fußnote S. 204.

Der Steilrohrkessel. Der Aufbau und die Kesselbauformen. Bei beschränkter Grundfläche für das Kesselhaus, hoher verlangter Dampfmenge je Heizflächeneinheit und hohen Dampfdrücken sind Schrägrohrkessel oft nicht mehr anwendbar. Verschiedene Brennstoffarten, insbesondere die Braunkohle, dann die Kohlenstaubfeuerung verlangen große und hohe Feuerräume. In allen solchen Fällen muß man zur Aufstellung von Steilrohrkesseln übergehen, für die in Abb. 128 bis 132 einige der heute besten Bauformen zusammengestellt sind. Schon eine kurze Betrachtung dieser Ausführungen zeigt die Mannigfaltigkeit der Gesamtdurchbildung.

Die Hauptunterschiede der einzelnen Bauformen liegen in der Anordnung der Rohre und der Zahl der Ober- und Untertrommeln. Auf die gute Gasführung ist ebenfalls besonders zu achten.

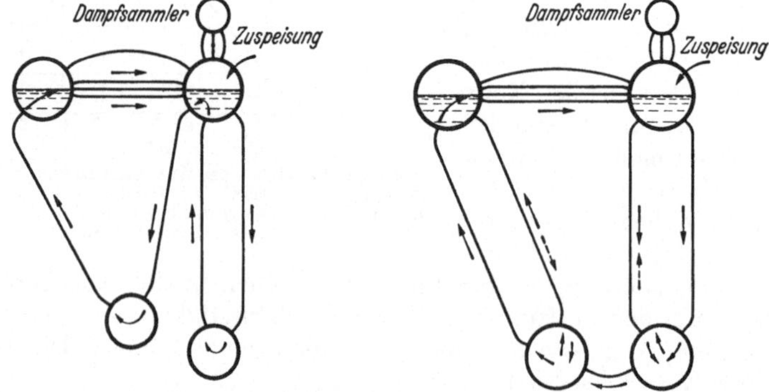

Abb. 123. Untertrommeln nicht verbunden.   Abb. 124. Untertrommeln verbunden.
Abb. 123 und 124. Viertrommel-Steilrohrkessel; Aufbau, Wasser- und Dampfbewegung
(einfache Darstellung).

Die Lage der Rohre im Kesselaufbau und die Zahl und Lage der Trommeln ist für den Wasserumlauf und die Dampfbildung von ausschlaggebender Bedeutung. Da sich auch im Steilrohrkessel das Wasser und der erzeugte Dampf bewegen, bei gleichgerichteter Bewegung der Dampf dem Wasser vorauseilt, ist diejenige Kesselbauform die günstigste, bei der in den entsprechenden Röhrenbündeln die gleichgerichtete Bewegung tatsächlich vorhanden ist. Da das Frischwasser der hintersten oberen Trommel zugeführt wird und von dieser durch die Fallrohre in den Dampfentwicklungslauf gelangt, muß auch bei diesem Kessel darauf geachtet werden, daß in den Fallrohren noch keine Dampfentwicklung eintritt, weil diese den vorherbezeichneten Umlauf hemmt. Die Fallrohre sollen in der Hauptsache die vorderen Röhrenbündel, die in der Hauptfeuerzone liegen und in denen die Hauptverdampfung vor sich geht, mit Wasser versorgen. Sie müssen infolgedessen möglichst kühl also wiederum im letzten Gaszug liegen, d. h. dem Heizgasstrom entzogen sein. Dann ist der Wasserumlauf eindeutig und sicher festgelegt[1].

---

[1] Siehe Fußnote auf S. 207.

In Abb. 123 liegt bei dem Viertrommelkessel ein Teil der Fallrohre mitten im Kessel, ein Teil der Hauptverdampfungsrohre in einer ungünstigen Gaszone, weil ein Teil der Feuergase durch die davorliegenden Fallrohre bereits ausgenutzt ist. Der Wasserumlauf ist bei dieser Ausführung nicht geschlossen. Abb. 124 zeigt eine bessere Wasser- und Dampfführung. Die beiden Untertrommeln sind mit-

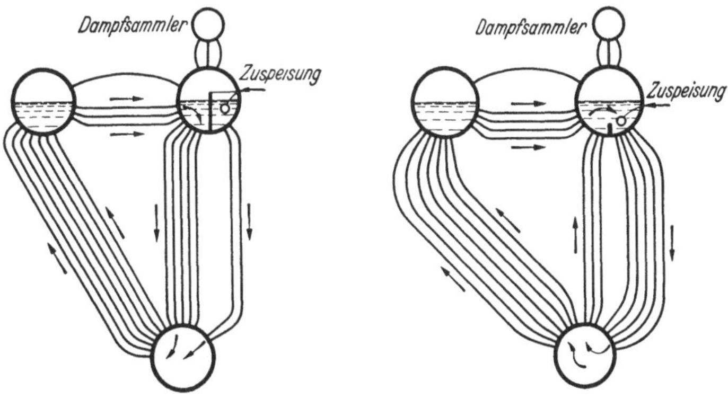

Abb. 125. Unrichtige Lage der Fallrohre.   Abb. 126. Richtige Lage der Fallrohre.

Abb. 125 und 126. Dreitrommel-Steilrohrkessel; Aufbau, Wasser- und Dampfbewegung.

einander verbunden, der Wasserumlauf wird dadurch geschlossen. Es können bei diesem Rohraufbau indessen auch falsche Strömungen eintreten. Bei der Anordnung nach Abb. 125 sind nur drei Trommeln vorhanden. Die Hauptfallrohre liegen im zweiten Zug, werden also stark beheizt. Die Rohre im letzten Zug liegen kühl. Infolge ihrer beschränkten Zahl wird in ihnen das Wasser nur vorgewärmt. Einen guten Kesselaufbau mit drei Trommeln zeigt Abb. 126. Hier liegen die Fallrohre vollständig im letzten Zug.

Eine solche Lage der Fallrohre ist ganz besonders dann zu verlangen, wenn mit hochvorgewärmtem Speisewasser gefahren werden soll, damit dieses

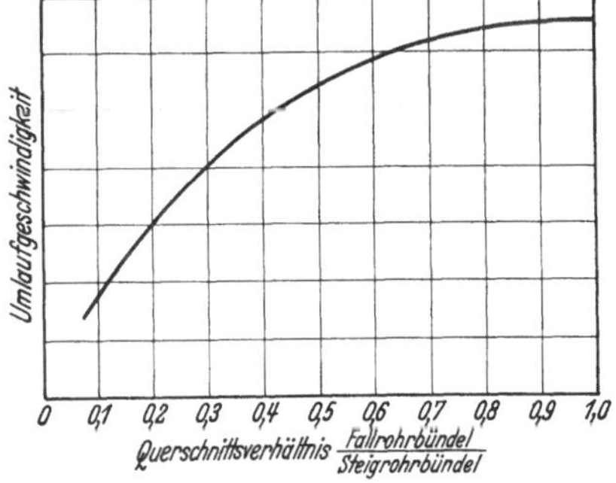

Abb. 127. Wasserumlaufsgeschwindigkeit in Abhängigkeit vom Querschnittsverhältnis des Fallrohr- zum Steigrohrbündel.

nicht schon in den Fallrohren zur Verdampfung gelangt. Ganz allgemein erhöht die Dampffreiheit in den Fallrohren die Geschwindigkeit des Wasserumlaufes und damit durch die ihnen zugeführte Wassermenge die Haltbarkeit der Dampfsteigrohre.

Die Dampf-Wasser-Umlaufsgeschwindigkeit ist abhängig vom Querschnittsverhältnis des Fallrohrbündels zum Steigrohrbündel und zwar von den inneren Reibungswiderständen, die so gering wie möglich gehalten werden müssen. Aus der für dampffreie Fallrohre in Abb. 127

gezeichneten Kennlinie ist zu ersehen, daß das Fallrohrbündel etwa einen Querschnitt von 60 bis 70 vH des Steigrohrbündels aufweisen soll.

Hinsichtlich der Zahl der Trommeln (Unter- und Obertrommeln) gehen die Ansichten noch weit auseinander. Es werden je nach der Dampfleistung und Dampfspannung Fünf-, Vier-, Drei-, Zwei- und Eintrommelkessel gebaut.

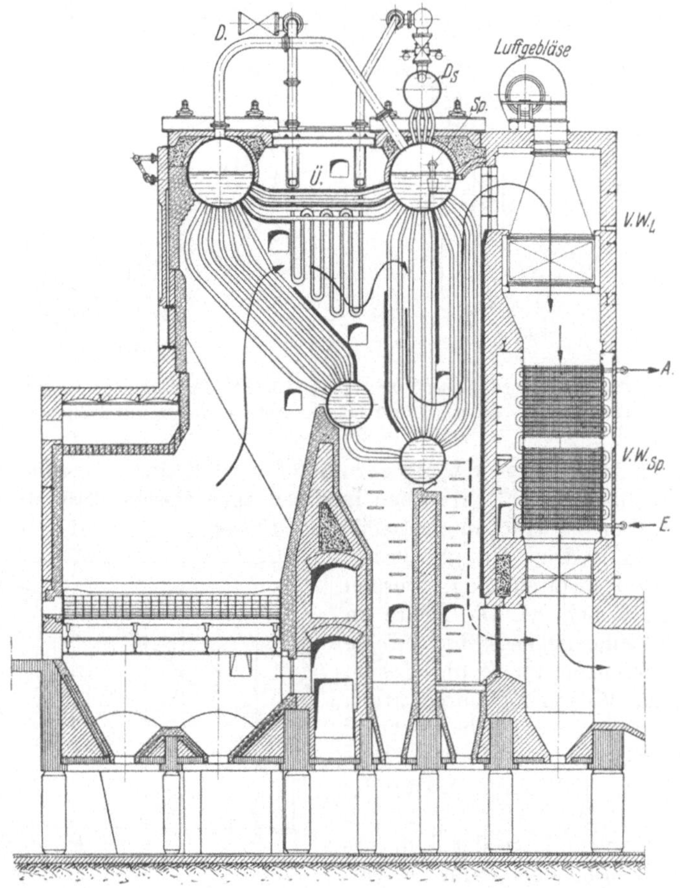

Abb. 128. Borsig-Viertrommelsteilrohrkessel mit Unterschubfeuerung, Überhitzer, Rippenrohrspeisewasservorwärmer und Luftvorwärmer (Schornsteinanschluß).

Die Viertrommelausführung (Abb. 128) ist die ältere Form. Sie wird heute mit zwei Untertrommeln seltener angewendet. Diese Bauform hat den Vorteil, daß nicht ganz reines Speisewasser verwendet werden kann, weil sich die Speisewasserverunreinigungen (Schlamm und Kesselsteinbildner) in der hinteren Untertrommel ausscheiden können und so dem Dampfumlauf entzogen werden. Die Untertrommeln sind zweckmäßig miteinander durch eine große Zahl von Rohren über die ganz- Trommellänge zu verbinden, um dem hochbelasteten Röhrenbündel mehr

Wasser zuzuführen und dadurch Beschädigungen dieser Rohre durch
Rohrreißer zu vermeiden.

Für Dampfspannungen bis etwa 25 atü wird zur Zeit der Drei-
trommelkessel bevorzugt. Er ist in seinem gesamten Aufbau einfacher
(Abb. 129). Muß aus Gründen des Lastverlaufes bei plötzlichen, auch
längere Zeit dauernden Überlastungen ein größerer Wasserinhalt verlangt werden, dann wählt man in der Regel den Viertrommelkessel
mit nur einer Untertrommel (Abb. 130) oder den Fünftrommelkessel
mit zwei Untertrommeln (Abb. 131).

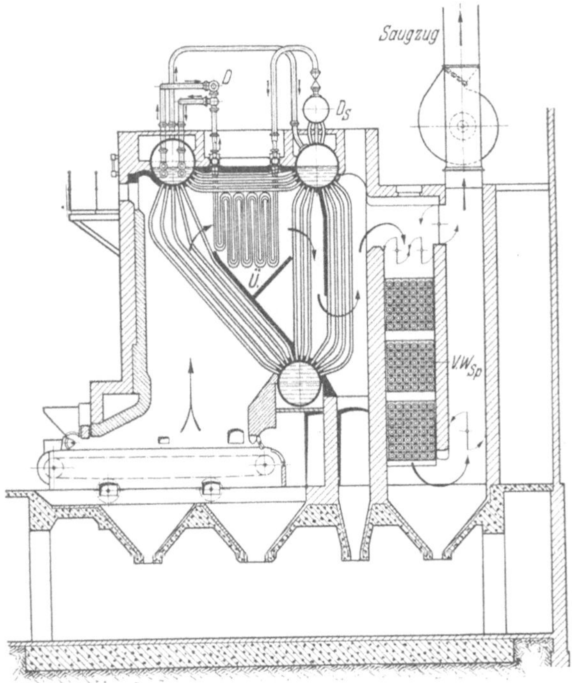

Abb 120. MAN-Dreitrommelsteilrohrkessel mit Zonenwanderrost, Überhitzer, Rippenrohrspeisewasservorwärmer (Saugzuganschluß).

Höchstleistungskessel werden neuerdings schon als Zwei- und
auch als Eintrommelkessel gebaut (Abb. 132 und 133). Sie kommen
erst bei Dampfdrücken über 35 atü zur Verwendung. Die Heizflächen
bei diesen beiden Bauformen werden dann durch Strahlungsheizflächen ergänzt.

Mit der Verringerung der Trommelzahl ist allerdings ein betrieblich
sehr zu beachtender Nachteil verbunden, der darin liegt, daß der Wasserstand außerordentlich schnell unter die durch die Betriebssicherheit des
Kessels festgelegte Grenze absinkt, wenn eine auch nur kurzzeitige
Störung in der Zuspeisung eintritt. Es muß auf diesen Umstand ganz
besonders geachtet werden. Selbsttätige Meldevorrichtungen beim Absinken des Wasserstandes und bei Störungen in der Speisewasserzu-

führung sind als Sicherheitseinrichtungen vorzusehen. Borsig baut für
diese Zwecke einen Notspeisespeicher (D.R.P.), der selbsttätig eine
außerhalb des Wasserumlaufes im Kessel liegende Speichertrommel

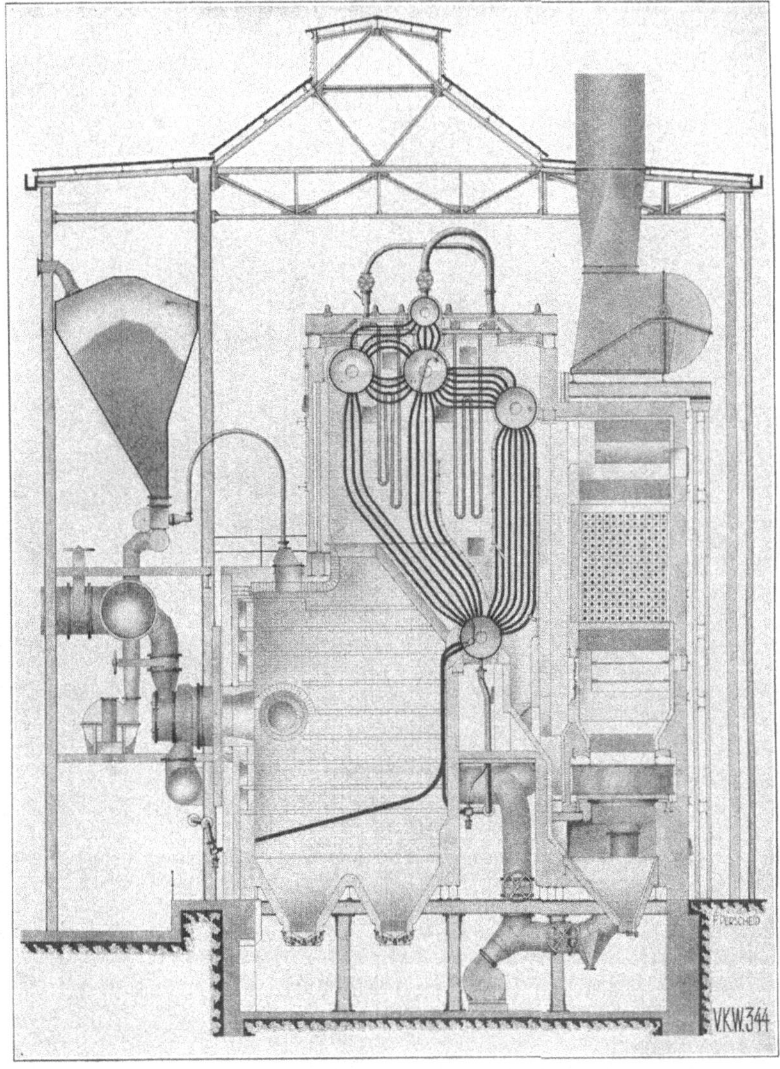

Abb. 130. Vereinigte Kesselwerke, Viertrommelsteilrohrkessel mit einer Untertrommel, Kohlenstaubfeuerung, geteiltem Überhitzer und Rippenrohrspeisewasservorwärmer (Saugzuganschluß).

einschaltet, die je nach dem Speisewasserrohrnetz auf einen nicht gestörten Netzteil oder auf die Notleitung umgelegt wird. In eine solche
Schaltung ist gegebenenfalls auch der Speisewasservorwärmer einzubeziehen.

Die Obertrommeln dienen zur Sammlung und Abgabe des erzeugten Dampfes. Ihre Zahl richtet sich, wie bereits gesagt, nach der verlangten Dampfleistung und den Betriebsverhältnissen. Werden zwei oder drei Obertrommeln angewendet, so sind diese wiederum durch Rohre miteinander zu verbinden, um ein genügendes Überströmen und einen guten Rücklauf der geförderten Wassermenge von der vorderen

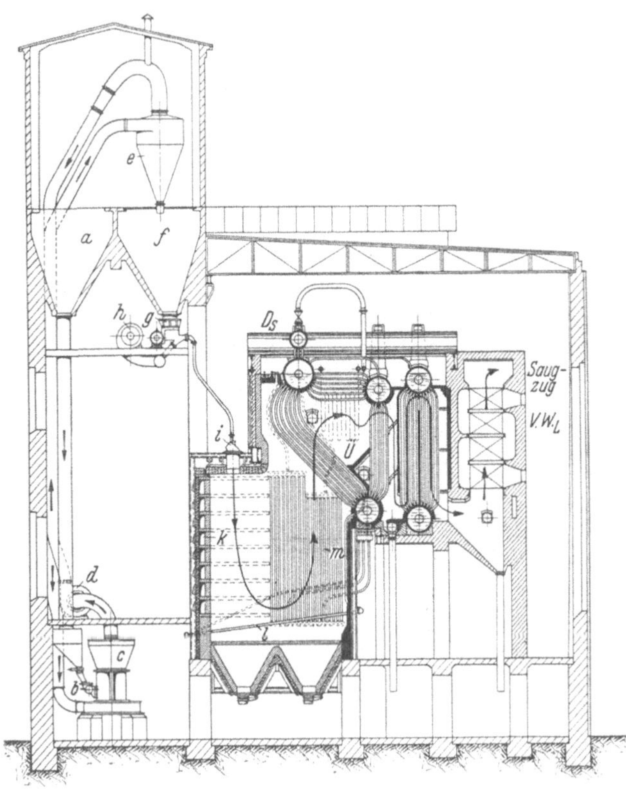

Abb. 131. Fünftrommelsteilrohrkessel mit Kohlenstaubfeuerung, Bauart Lopulco, Mahlanlage, Wasserrohrrost, Strahlungsheizflächen, Überhitzer und Luftvorwärmer (Saugzuganschluß).
a Rohkohlenbunker, *b* Zuteilvorrichtung, *c* Mühle, *d* Mühlengebläse, *e* Staubabscheider, *f* Staubkohlenbunker, *g* Zubringer, *h* Brennergebläse, *i* Brenner, *k* Eintrittsöffnungen für Zweitluft, *l* Wasserrohrrost, *m* Strahlungsheizfläche.

zur hinteren Trommel zu gewährleisten. Die Trommeln beim Mehrtrommelkessel liegen entweder alle auf gleicher Höhe und beteiligen sich dann gleichmäßig an der Dampfsammlung, Dampfabgabe und dem Wasserumlauf, oder es wird z. B. bei den Vereinigten Kesselwerken die hinterste Trommel tief gelegt und dient dann voll zur Wasserspeisung (Abb. 130).

Eine Drosselung auf dem Weg zwischen den Trommeln stört den ganzen Wasserkreislauf und hat zur Folge, daß die Wasserspiegel in den Obertrommeln starke Höhenunterschiede aufweisen, die unter Umständen ein Bloßlegen der Rohreinwalzstellen herbeiführen können. Hierauf ist ganz besonders zu achten. Der Höhenunterschied soll bei Trommeln auf gleicher Höhe so gering wie möglich sein und je nach der Größe der Trommeln und der Belastung des Kessels nicht mehr als etwa 60 bis 80 mm betragen.

In der Regel werden die Obertrommeln ebenfalls mit einem Dampfsammler ausgerüstet. Es gilt hierzu das beim Schrägrohrkessel Gesagte in gleicher Weise. Um ruhige Dampfentwicklung und trockenen Dampf zu erzielen, sollen die am stärksten beheizten Steigrohre wiederum über der Wasseroberfläche in die Obertrommel einmünden. Auch Aufsteigrohre werden für diesen Zweck verwendet, damit das ausströmende Dampfwassergemisch nicht den Druck der Wassersäule in der Obertrommel zu überwinden hat.

Für die Röhrenbündel ist zu fordern, daß sie hoch elastisch sind, um den Kesselbewegungen infolge der Temperaturänderungen nach jeder Richtung leicht folgen zu können und keine zusätzlichen Beanspruchungen auf die Einwalzstellen oder die Trommel auszuüben.

Ob gerade oder gebogene Rohre vorteilhafter sind, ist nicht grundsätzlich zu entscheiden. Bei beiden Rohrformen müssen die Trommeln beweglich gelagert oder nachgiebig im eisernen Traggerüst aufgehängt sein. Rohre gerader Form sind leicht auszuwechseln, die Lagerhaltung ist einfach, die Reinigung und das Einpassen sehr schnell möglich. Die gekrümmten Rohre nehmen ihrerseits an dem elastischen Ausgleich teil. Da sie in sich nachgiebig sind, d. h. ungleichmäßige Dehnungen durch seitliches Ausweichen aufnehmen können, ist die Beanspruchung der Walzstellen geringer als bei den geraden Rohren, eine nennenswerte Verschiebung der Trommeln gegeneinander tritt nicht ein, dagegen ist ihre Reinigung und Auswechselung umständlicher und zeitraubender. Die Krümmungsradien sollen zwecks besserer Reinigung und der Vermeidung gefährlicher Dampfstauungen oder toter Ecken möglichst groß sein (nicht unter 140 mm).

Ob versetzt oder hintereinander angeordnete Rohre eines Bündels zu wählen sind, ist nur für die Auswechselung von Bedeutung. Es sollen breite Rohrgassen vorhanden sein, um sowohl an die Zuglenkwände in den Bündeln als auch an die einzelnen Rohre und Walzstellen bequem herankommen und dadurch Instandsetzungen, Beaufsichtigung und äußere Reinigung schnell und leicht vornehmen zu können.

Für den Aufbau des ganzen Kessels ist zu beachten, daß das vorderste Bündel (Abb. 128) der Hauptdampfentwickler ist, weil es in der ersten Feuerzone liegt, in der es der Beheizung durch Strahlung und Berührung unmittelbar ausgesetzt ist. Das vorderste Bündel ist daher die wertvollste Kesselheizfläche. In den Kesselangeboten muß infolgedessen angegeben werden, wieviel vom Hundert der Kesselheizfläche im vordersten Bündel liegen (je nach der Brennstoffart etwa 45 bis 60 vH). Ob für dieses Bündel noch weitere Röhrenbündel zur Unterstützung dienen, muß ebenfalls erläutert werden. Es soll also die Zone der Steigrohre möglichst tief hinein in den Feuerraum gelegt werden, wodurch weiter auch die Belastbarkeit des Kessels gesteigert wird.

Das über den Dampfraum und die Speiseraumspeicherung beim Schrägrohrkessel Gesagte gilt auch für den Steilrohrkessel. Größeren Speicherraum erhält man durch die Zahl der Obertrommeln (z. B. Fünftrommelkessel).

Die Dampfverhältnisse entsprechen ebenfalls denen des Schrägrohrkessels. Der Steilrohrkessel ist aber für Höchstdruckdampf bis 100 atü bereits ausgeführt worden und hat sich bewährt.

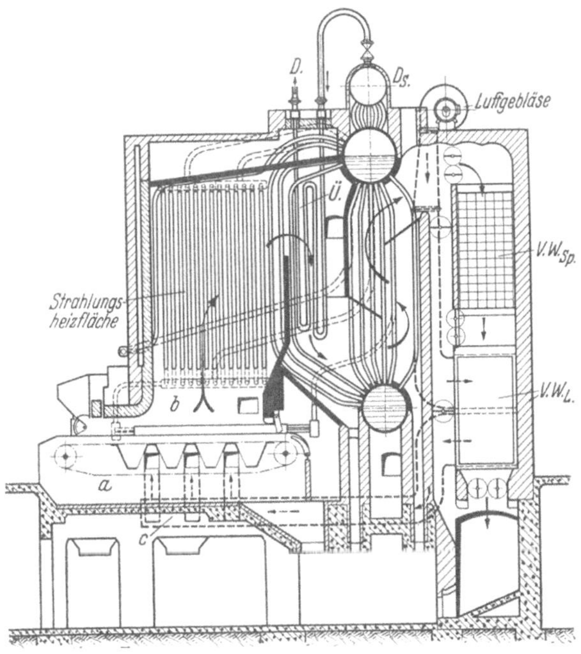

Abb. 132. MAN-Zweitrommelsteilrohrkessel mit Unterwind, Zonenwanderrost, Strahlungsheizflächen, Überhitzer, Rippenrohrspeisewasservorwärmer und Luftvorwärmer (Schornsteinanschluß).

Einen besonderen Vorteil besitzt der Steilrohrkessel in der wärmetechnisch wesentlich besseren Anordnung des Überhitzers, der zumeist so in die Gaszonen zwischen das vorderste und zweite Röhrenbündel gelegt werden kann, daß besondere Heißdampfregler selbst bei stärksten Belastungsschwankungen nicht erforderlich werden. Auch sein Ein- und Ausbau ist infolge des ganzen Kesselaufbaues leichter möglich (Abb. 128 bis 132).

Die Rauchgasführung ist aus den einzelnen Kesselzeichnungen ersichtlich. Sie ist unter Umständen etwas ungünstiger als beim Schrägrohrkessel. Eine Verlusterhöhung tritt dadurch aber nicht ein.

Die Lage der Heizflächen zur Feuerung ist sehr verschiedenartig. Einzelheiten hierzu sind aus den Kesselzeichnungen im allgemeinen ersichtlich.

Die Strahlungsheizflächen werden mit bestem Erfolg auch beim Steilrohrkessel angewendet (Abb. 132). Durch sie kann die Zahl der Trommeln bis auf eine einzige Obertrommel vermindert werden (Abb. 133). Je nach der Form der Hauptdampfrohre kann die Brennkammer Strahlungsheizflächen an den Seiten, der Hinterwand und der Decke erhalten oder aber nur an den Seiten und der Hinterwand, wenn dafür die Röhrenbündel im ersten Gaszug sehr weit in die Brennkammer hereingezogen werden. Bei der Gasführung kann im ersteren Fall ein Abbiegen des Rauchgasweges nach dem Bestreichen der Fallrohre nach unten, um zu den Vorwärmern zu gelangen, vermieden werden (Abb. 132). Im zweiten Fall ist auf diesem Wege die Rauchgasführung nicht gleich gut (Abb. 131). Auf das beim Schrägrohrkessel Gesagte ist besonders hinzuweisen.

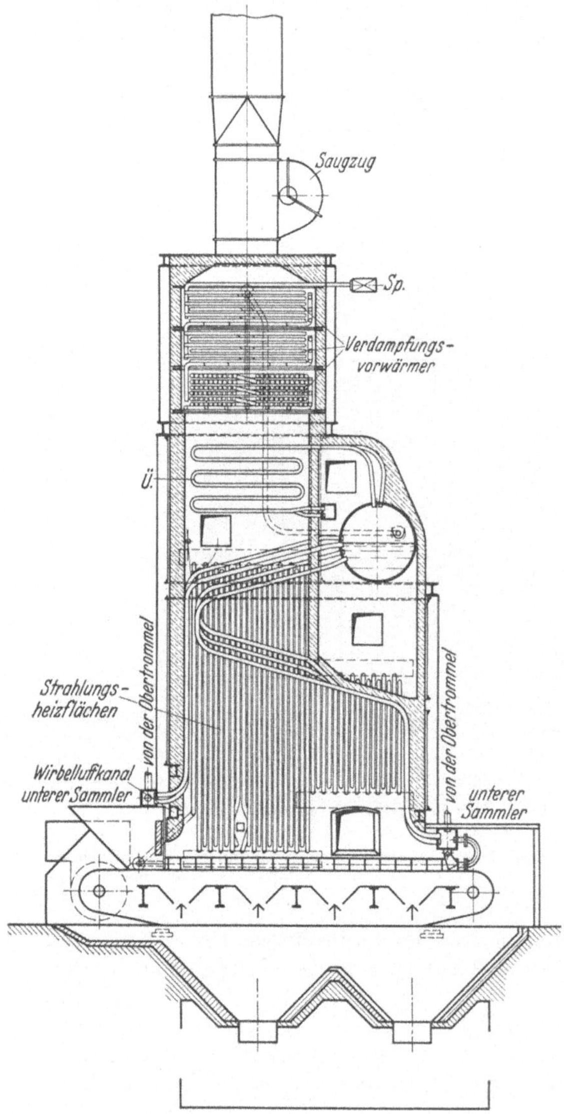

Die La-Mont-Verdampfung mit Zwangsumlauf[1]. Bei dieser wird eine zusätzliche Verdampfung mit zwangsläufigem Wasserumlauf angewendet. Nach dem grundsätzlichen Schaltbild Abb. 134 läuft einer Umwälzpumpe Wasser aus einer Kesseltrommel zu und wird von der Pumpe durch eine Anzahl dünner Rohre gedrückt.

Abb. 133. Borsig-Eintrommelsteilrohrkessel für 30 atü mit Unterwindzonenwanderrost, Strahlungsheizflächen, Überhitzer und Verdampfungsvorwärmer (Saugzuganschluß).

---

[1] Herper, Dr. Ing.: Dampferzeuger mit Zwangsumlauf und mit zwangsläufiger Wasserverteilung. Z. VDI Bd. 75 (1931) S. 617.

Diese Rohranlage liegt an den Feuerraumwänden und wird wie bei den Strahlungsflächen unmittelbar beheizt, so daß in ihr eine starke Dampfentwicklung stattfindet.

Das erzeugte Dampf-Wasser-Gemisch wird durch eine außen liegende Rohrleitung dem Dampfraum der Kesseltrommel zurückgeführt. Die Anwendung des Zwangsumlaufes hat gegenüber dem natürlichen Umlauf eine Reihe bedeutsamer Vorteile. Daher ist das La-Mont-Verfahren auch bereits in großem Umfang insbesondere zur Dampfmengen-

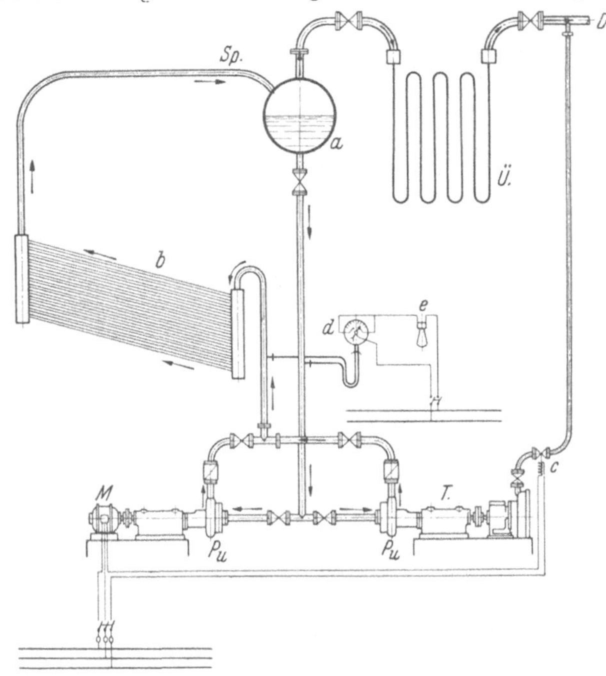

Abb. 134. Schaltbild für die Arbeitsweise einer La-Mont-Anlage (Bauart F. L. Oschatz, Meerane i. Sa.) mit Dampfturbinen- und Elektromotorantrieb der Umwälzpumpen.
a Kesseltrommel, b La-Mont-Rohranlage, c magnetisch gesteuertes Schnellöffnungsventil, d Unterschiedsdruckmesser, e elektrische Hupe, P_u Umwälzpumpen, M Motor, T Turbine, $Ü$ Überhitzer, Sp Zuspeisung, D Dampfaustritt.

steigerung und Verlustminderung bei vorhandenen Kesseln zur Anwendung gekommen. Die Verschmutzung des Kessels besonders bei Verbrennungstemperaturen im Feuerraum, die den Schlackenschmelzpunkt der verfeuerten Kohle erreichen oder überschreiten, und die infolgedessen trotz der Verwendung von Rußbläsern zu häufigem Stillsetzen des Kessels führt, kann durch den Einbau der La-Mont-Verdampfung ganz erheblich herabgesetzt werden, weil die Verbrennungstemperatur durch die Wärmeabgabe an die La-Mont-Rohre wesentlich unterhalb des Schlackenschmelzpunktes heruntergedrückt werden kann. Die Dampferzeugung wird dadurch nicht vermindert, sondern im Gegenteil noch erhöht. Ähnlich wie bei den Strahlungsheizflächen wird die Betriebssicherheit des Kessels gesteigert und eine Verbilligung der

Betriebskosten erzielt. Abb. 135 zeigt in Gegenüberstellung die Ansinterungen im Feuerraum eines Steilrohrkessels mit Wanderrostfeuerung vor und nach Einbau des La-Mont-Verfahrens nach zweiwöchentlicher und sechsmonatlicher Betriebsdauer.

Die La-Mont-Anlage schafft weiter zusätzliche Heizflächen, wodurch die Dampfleistung/h des Kessels gesteigert wird; sie bewirkt außerdem eine erhöhte Ausnutzung der Heizgase.

Gegenüber den Strahlungsheizflächen haben die La-Mont-Rohre den Vorteil, infolge des Zwangsumlaufes in ihrer Lage im Feuerraum ganz unabhängig zu sein, während die Rohre der Strahlungsheizflächen, um den natürlichen Wasserumlauf nicht zu hemmen, senkrecht oder zum mindesten stark ansteigend verlegt werden müssen. Es läßt sich daher beim La-Mont-Verfahren eine größere Heizfläche unterbringen und die ganze Oberfläche der Feuerwände mit Rohren schützen.

Der Zwangsumlauf gibt schließlich die Möglichkeit, ausreichende Kühlung jedes einzelnen Rohres auch bei stärkster Beheizung zu sichern. Wärmeüberbeanspruchungen werden vermieden, dem Kesselstein wird die Möglichkeit genommen, sich anzusetzen, zumal mit hoher Durchflußgeschwindigkeit durch die Rohre gearbeitet wird (bis 25 m/s am Austritt).

Abb. 135. Ansinterungen an den Feuerraumwänden eines Steilrohrkessels.

Die Verwendung der Umwälzpumpen, für die Schleuderpumpen gewählt werden, hat bisher zu keinen Betriebsstörungen oder sonstigen

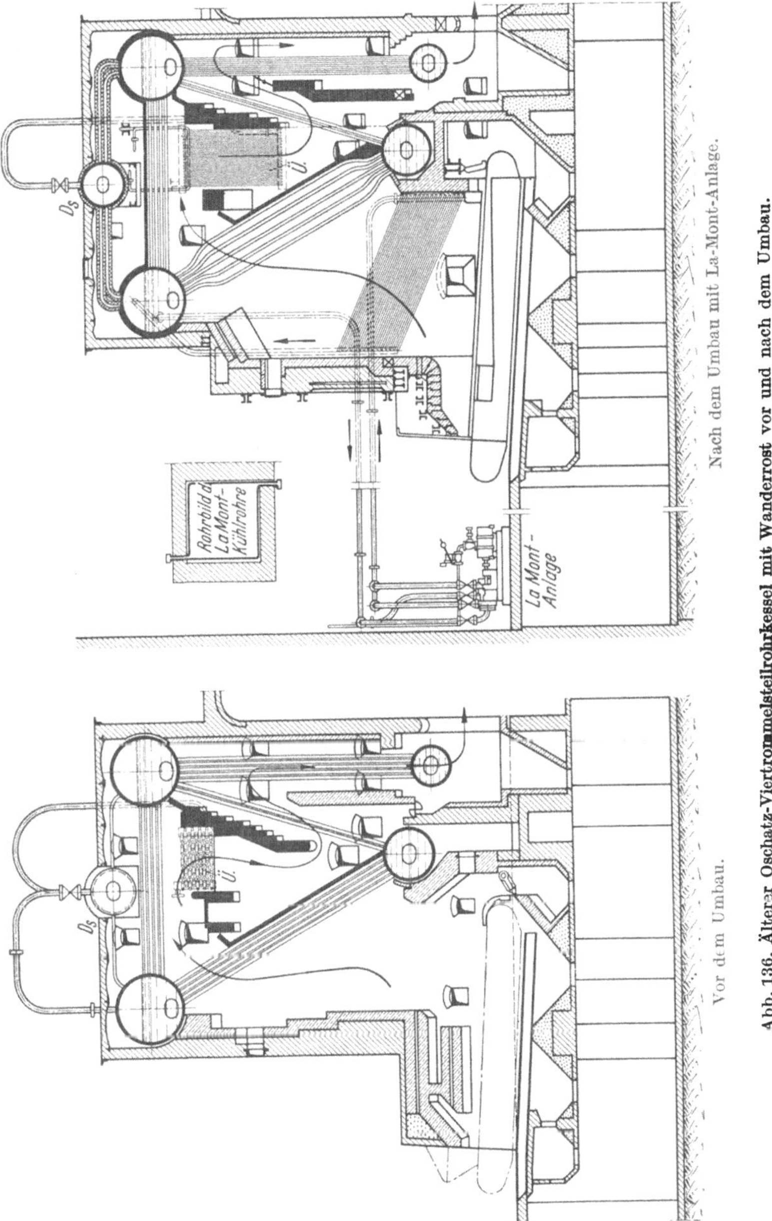

Abb. 136. Älterer Oschatz-Viertrommelsteilrohrkessel mit Wanderrost vor und nach dem Umbau.

Nachteilen geführt. Der Antrieb erfolgt ähnlich wie bei den Kondensationspumpen je nach den Verhältnissen durch Elektromotor oder

15*

Dampfturbine oder durch beide mit Benutzung selbsttätiger Umschaltung in Störungsfällen.

Das La-Mont-Verfahren ist bei allen Flammrohr- und Wasserrohrkesseln anwendbar und leicht einzubauen, so daß es für ältere Kessel ohne Schwierigkeiten benutzt werden kann. Abb. 136 zeigt einen Steilrohrkessel vor und nach dem Umbau. Die Dampfkesselfabrik F. L. Oschatz baut auch besondere La-Mont-Kessel für kleine und größte Leistungen, die infolge des Umwälzverfahrens und der unbehinderten Lage der Rohre verhältnismäßig kleine Raumabmessungen erhalten und daher auch nach dieser Richtung im Preise günstig liegen.

Bautechnische Einzelheiten für beide Kesselbauformen. Jeder Kessel wird in ein Eisengerüst eingehängt[1] (Abb. 137), so daß er sich den Temperaturverhältnissen entsprechend nach allen Seiten frei bewegen kann und dadurch zusätzliche Wärmespannungen nicht eintreten können. Für die Trommeln werden breite Bänder benutzt. Das ist besonders auch für das schnelle Anheizen eines Kessels aus dem kalten Zustand zu verlangen. Eine Rißbildung in der Einmauerung, die auf den Ausgleich solcher Wärmespannungen zurückzuführen ist, läßt immer auf bautechnische Fehler schließen.

Abb. 137. Borsig-Teilkammerschrägrohrkessel mit zwei querliegenden Obertrommeln hinten, Überhitzer und Rippenrohrspeisewasservorwärmer im Eisengerüst fertig zusammengebaut zur Einmauerung bereit.

Das Eisengerüst wird ausgemauert oder mit Eisenplatten ummantelt. Dadurch entsteht nach außen der Abschluß, nach innen mit entsprechender Auskleidung durch feuerbeständige Baustoffe der Feuerraum und ein Teil der Gaszüge. Die Führung der Verbrennungsgase erfolgt wie bereits gesagt durch feuerfeste Steinwände und Decken. An den letzten Gaszug schließen sich die Kammern für den Speisewasser- und Luftvorwärmer an und dann die Verbindung mit dem Schornstein oder der Saug-

---

[1] Wiederkehr, R.: Beitrag zur Berechnung der Kesselgestelle. EWC-Mitt. 1930 S. 131.

zuganlage. Rauchgasklappen müssen zur Regelung der Gaswege an diesen Stellen vorhanden sein.

Für die Asche und Schlacke sind unter der Feuerung und unter der Rauchgasführung für die Vorwärmer bzw. den Schornsteinfuchs Aschetrichter vorzusehen. Somit erfordert der Wasserrohrkessel eine Unterkellerung. Bei der Besprechung der Aschebeseitigung wird hierauf besonders eingegangen werden. Bedienungsgänge um den Aufbau des Kessels mit seiner Feuerung müssen eine sichere und gute Beobachtung gestatten. Das gilt besonders für die Rohrverschlüsse an den Teilkammern des Schrägrohrkessels, um Undichtheiten sofort erkennen zu können. Tropfwasser aus diesen Stellen muß von den unterhalb befindlichen Hängedecken ferngehalten werden, weil die Decken sonst beschädigt werden.

Da bei Wasserrohrkesseln die Ablagerung von Flugasche gefährlich werden kann, Ruß und Flugasche zudem den Wärmedurchgang behindern und den Kesselwirkungsgrad verschlechtern, muß die Rauchgasführung so gestaltet sein, daß keine toten Ecken vorkommen und die ganze Heizfläche gleichmäßig bestrichen wird. Ferner muß für eine leichte Beseitigung der Ascheablagerung Vorkehrung getroffen werden. Es werden hierzu Rußbläser verwendet, die entweder fest eingebaut oder aus dem Feuerraum herausziehbar angeordnet werden. Als Spülmittel wird Dampf oder Druckluft benutzt. Die gute Anordnung der Rußbläser und ihre sichere und vollständige Wirksamkeit auch an den Stellen, an denen Schlacke an den Rohren fest anbackt, muß vom Betrieb unbedingt verlangt werden. Es gibt heute dafür durchaus befriedigende Durchbildungen.

Weitere Einzelheiten über die Kesseleinmauerung werden auf S. 295 behandelt.

Die Größe der Obertrommel für das Einspeisen des Speisewassers muß festgelegt werden. Sie ist bestimmend für die Ausdampfzeit im Falle des Versagens der Kesselspeisung. Je nach der Art des Gesamtbetriebes, der Zahl der gleichzeitig arbeitenden Kessel, der in ihnen liegenden Reserve nach dem Anstrengungsgrad, der Art der Feuerung und der gewählten Kesselüberwachungseinrichtungen wird die Ausdampfzeit etwa zu 3 bis 5 Minuten gewählt. Sie hängt auch zusammen mit der Dampfraumbelastung, die daher ebenfalls bekannt sein muß.

Die Kesselverluste lassen sich bei bester Gesamtkesseldurchbildung und sorgfältiger Aufsicht und Unterhaltung auf das erreichbar geringste Maß herabdrücken. Kesselwirkungsgrade von 82 vH und mehr im ständigen Betrieb (nicht bei Paradeversuchen) lassen sich ohne weiteres erreichen und aufrechterhalten. Nur bedingt das, daß der Kesselhersteller über alle Betriebsanforderungen von vornherein unterrichtet ist und der Kesselaufbau den jeweiligen Verhältnissen angepaßt wird.

Sowohl für den Vergleich der verschiedenen Kesselbauformen als auch für die wirtschaftliche Beurteilung der einzelnen Kesselverluste kann das Wärmestrombild dienen, das bei Angeboten auf große Kessel stets vorgelegt werden sollte. Ein solches Wärmestrombild (Abb. 138, auch Abb. 24) zeigt die aus der aufgegebenen Brennstoffmenge in den einzelnen Kesselabschnitten nutzbar gemachte Wärmemenge durch

die Wärmeaufnahme des Kessels selbst, des Überhitzers, des Speisewasser-
und Luftvorwärmers und die in allen diesen Teilen entstehenden Verluste durch Leitung und Strahlung. Diese Verluste zusammen mit den
Abgasverlusten ergeben nach den rechnerischen Angaben auf S. 165 die
Gesamtverluste, und aus diesen ist dann der Kesselwirkungsgrad festzustellen. Auch die Ab-
nahmeversuche sind
zweckmäßig in einem
solchen Wärmestrom-
bild zusammenzustellen.

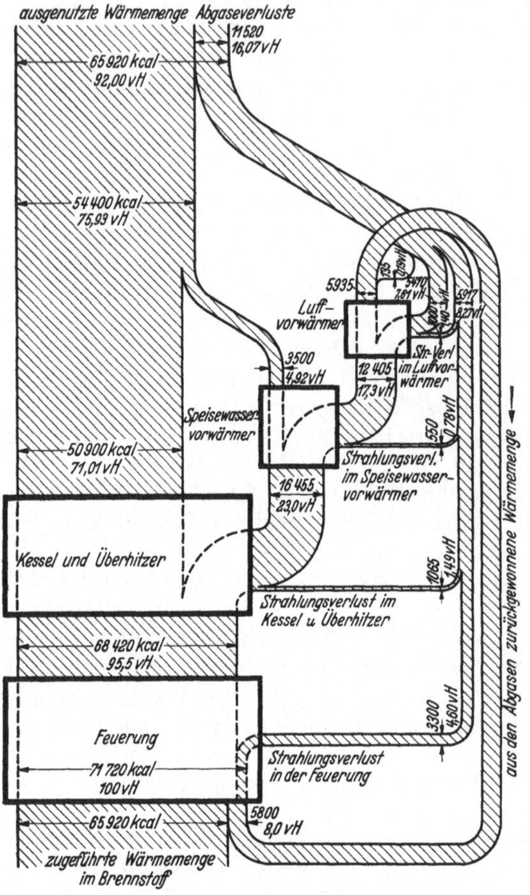

Besondere Merkmale zwischen Schräg- und Steilrohrkessel. Für die Wahl einer der beiden Kesselbauformen sind in erster Linie die Betriebsverhältnisse maßgebend. Auf einige dabei zu beachtende Unterschiede zwischen den Schrägrohrkesseln mit Längstrommel und Quertrommel, sowie dem Steilrohrkessel soll zusammenfassend kurz hingewiesen werden.

Schrägrohrkessel haben gegenüber den Steilrohrkesseln bei gleicher Heizfläche, Belastung und Feuerung bei einer Dampfbeanspruchung unter 50 kg/m² niedrigere Abgastemperatur.

Schrägrohrkessel mit Längstrommel werden heute seltener verwendet, weil sie mehr Oberraum erfordern als der Quertrommelkessel, der zudem in der Herstellung billiger ist. Bei Betriebsdrücken über etwa 30 atü wird nur noch der Quertrommel- und der Steilrohrkessel gewählt.

Abb. 138. Wärmestrombild eines Steilrohrkessels mit Überhitzer, Speisewasser- und Luftvorwärmer.

Die Kohlenstaubfeuerung erfordert hohen Brennkammerraum, der beim Steilrohrkessel an sich vorhanden ist. Daher wird für Kohlenstaubfeuerung der Steilrohrkessel gewöhnlich zu wählen sein.

Der Steilrohrkessel hat einen besseren Wasserumlauf und dadurch einen günstigeren Wärmedurchgang insbesondere bei höheren Rauchgasgeschwindigkeiten, die bei hohen Belastungen auftreten.

Der Abzug der Rauchgase beim Schrägrohrkessel erfolgt ohne Zwang nach oben und ergibt so die günstigste Zugführung.

Die Feuerkammer beim Schrägrohrkessel ist für die Gasführung gut, ferner übersichtlich und leicht zugänglich für Instandsetzungsarbeiten. Der erzeugte Dampf ist trocken, wenn das Dampfwassergemisch aus den Rohren in die Dampftrommel überströmt und nicht in den Wasserteil der Trommel mündet, was beim Steilrohrkessel für die Hauptteile der Rohre nicht ausführbar ist.

Beim Schrägrohrkessel ist die Führung des Wasserzuflusses und Dampfwasserabflusses für die Strahlungsheizrohre im Feuerraum ungünstiger als beim Steilrohrkessel. Die volle Ausnutzung der möglichen einzubauenden Strahlungsheizflächen ist beim Steilrohrkessel gegeben, nicht in gleicher Weise auch beim Schrägrohrkessel.

Die Auswechselung von Siederohren ist beim Steilrohrkessel leichter vorzunehmen und erfordert weniger Raum vor bzw. hinter dem Kessel als beim Schrägrohrkessel. Ferner ist die Anordnung und die Auswechselung des Überhitzers beim Steilrohrkessel sowohl in mechanischer als auch in brenntechnischer Hinsicht günstiger, weil der Wärmedurchgang gleichzeitig durch Strahlung und Berührung erfolgt. Es ist dadurch möglich, die Dampftemperatur selbst bei stark schwankenden Belastungen nahezu unverändert halten zu können.

Bei mittleren Kesselleistungen und Heizflächen ist die Raumbeanspruchung bei beiden Kesselbauformen im allgemeinen ohne wesentliche Unterschiede. Bei sehr großen Heizflächen wird der Steilrohrkessel günstiger.

Für stark schwankende Lastverhältnisse ist der Steilrohrkessel elastischer, sofern in der Anordnung seiner Röhrenbündel und in der Zahl der Obertrommeln von vornherein auf diese schwankenden Dampfentnahmen Rücksicht genommen wird. Für die Regel-Betriebsverhältnisse der Elektrizitätswerke sind wesentliche Unterschiede in beiden Kesselarten dagegen nicht vorhanden.

Die Anheizdauer für den Steilrohrkessel ohne Strahlungsheizfläche beträgt etwa 1 bis 2 Stunden aus dem kalten Zustand (S. 166). Die Betriebsbereitschaft ist daher wesentlich schneller möglich als beim Schrägrohrkessel. Das liegt in der Hauptsache darin, daß der Wasserinhalt des Kessels durch die Rohre in eine große Zahl kleiner Einzelströme zerlegt wird, so daß die Feuergase außerordentlich schnell wirksam werden können. Dieser Vorzug ist für alle Kraftwerke zur öffentlichen Stromversorgung von besonderer Bedeutung, weil diese Werke in den meisten Fällen infolge der stark schwankenden Belastungsverhältnisse mit einer oft zu ändernden Zahl der in Betrieb zu haltenden Kessel arbeiten müssen. Die Steilrohrkessel eignen sich daher besonders auch zur Spitzenlastdeckung.

c) Der Umlaufkessel[1]. Wie bereits früher erwähnt, kann durch

---

[1] Münzinger: Zwanglaufkessel, Einfluß des Wettbewerbes zwischen natürlichem und künstlichem Wasserumlauf auf den Bau von Röhrendampfkesseln. Z. VDI 1935 S. 1127. Münzinger: Die Aussichten von Zwanglaufkesseln. Berlin: Julius Springer 1935.

Anwendung sehr hoher Drücke und Temperaturen der thermische Wirkungsgrad des Dampfkraftwerkes wesentlich gesteigert werden. Zur Erzeugung von Höchstdruckdampf sind jedoch die bisher üblichen Kesselbauarten nicht geeignet. Es treten Baustoffschwierigkeiten auf, die einerseits eine Folge des Herstellungsverfahrens und der hohen Temperaturen sind, andererseits sich aus der Speisewasserbeschaffenheit ergeben. Höchstdruckdampfkessel der bisherigen Kesselbauarten besitzen daher nicht die nötige Betriebssicherheit. Weiter werden ihre Anlagekosten so

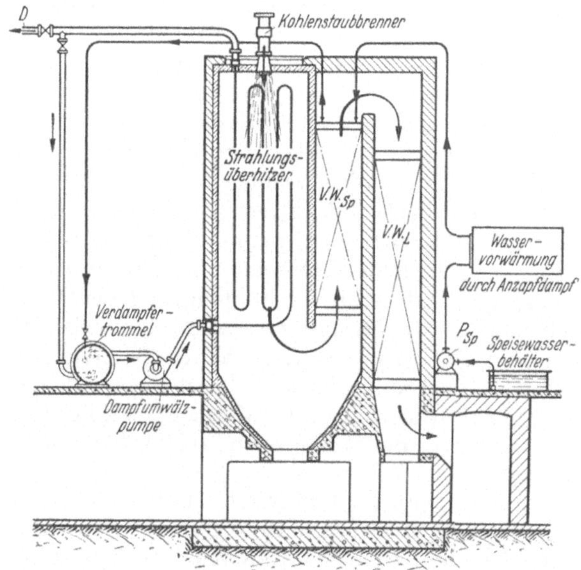

Abb. 139. Aufbau, Wasser- und Dampfbewegung beim MAN-Löfflerkessel mit Kohlenstaubfeuerung (P_{Sp} Speisepumpe).

hoch, daß sie die Wirtschaftlichkeit der Gesamtanlage ungünstig beeinflussen.

Aus den zahlreichen und auf das sorgfältigste durchgeführten Versuchen sind neuerdings besondere Höchstdruckdampfkessel als Umlaufkessel entwickelt worden, von denen die Bauart Löffler der MAN, der Bensonkessel und die BBC-Veloxanlage kurz behandelt werden sollen. Auch das La-Mont-Verfahren kann hierzu gerechnet werden.

Der **Löffler**-Höchstdruckkessel[1] arbeitet mit mittelbarer Dampferzeugung und zwangläufiger Dampfumwälzung. In den Wasserraum einer außerhalb der Feuerung liegenden Verdampfertrommel (Abb. 139) wird Heißdampf unmittelbar d.h. ohne Vermittlung von Heizflächen eingeleitet, der das Wasser in der Verdampfertrommel zur Verdampfung bringt. Der entstehende Sattdampf von 100 bis 140 atü mit einer Temperatur von 310 bis 320° C wird von einer Umwälzpumpe abgesaugt und durch einen Überhitzer gedrückt, wo seine Temperatur auf

---

[1] Bělohlávek, B.: Der Löffler-Kessel des Hochdruckwerkes Trebovice (C.S.R.). Wärme 1933 Heft 24 S. 377.

500° C erhöht wird. Hinter dem Überhitzer wird der für den Maschinenbetrieb erforderliche Dampf entnommen, während der Rest, etwa zwei Drittel der in der Verdampfertrommel entstehenden Dampfmenge als Heizmittel wieder in die Verdampfertrommel gedrückt wird. Das Speisewasser wird unmittelbar in die Verdampfertrommel eingeleitet.

Die Verdampfertrommel besteht aus einem zylindrischen Körper, dessen Wandstärke trotz des hohen Druckes verhältnismäßig gering gehalten werden kann, da er keinerlei schwächende Bohrungen besitzt und wegen der Art der Wärmezufuhr und der Lage zum Kessel keine schädlichen Wärmespannungen erhalten kann. Sie wird aus dem Vollen gedreht oder aufgedornt, die sehr starken, ebenen Böden werden eingeschraubt und eingeschrumpft, die Verdampferwandung durch aufgezogene Schrumpfringe entlastet. Sämtliche Dampfzuleitungs- und Ableitungsrohre, sowie die Bohrungen für die Armaturen sind durch die Böden geführt. Die Verdampfertrommel kann an beliebiger Stelle des Kessels untergebracht werden. In der Regel geschieht dies am Fuß des Kessels, so daß schwere Eisengerüste vermieden werden.

Der Überhitzer hängt im Verbrennungsraum und besteht aus einem Hauptüberhitzer, der unmittelbar in der Strahlungszone liegt, und einem Nachüberhitzer, der im ersten Zug angeordnet ist. Die Rohrverbindungen werden durch Schweißen hergestellt.

Als Umwälzpumpe dient je nach der Größe der Dampferzeugung entweder eine Kolben- oder Kreiselpumpe, die zweckmäßig Dampfantrieb erhält, aber auch elektrisch angetrieben werden kann. Die Armaturen und Rohrverbindungen weichen von den bisher üblichen grundsätzlich ab und sind den Anforderungen der hohen Drücke und Temperaturen entsprechend hergestellt.

Die Vorzüge eines solchen Höchstdruckkessels liegen in der Hauptsache darin, daß die Strömungs- und Wärmevorgänge beherrscht werden und gefährlicher Wärmestau infolge der zwangläufigen Dampfumwälzung vermieden wird.

Infolge der sicheren zwangläufigen Regelbarkeit durch die Umwälzpumpe und der geringen wärmespeichernden Massen kann der Kessel den Belastungsschwankungen gut folgen. Da die Dampferzeugung außerhalb der Feuerung stattfindet, besteht keine Explosionsgefahr. Der Kessel liefert trocknen reinen Dampf, weil die Dampfblasen nur einen kurzen Weg im Wasser der Verdampfertrommel zurücklegen und sich etwaige Unreinigkeiten im Verdampfer abscheiden. Es ist daher nur chemische Vorreinigung des Speisewassers, keine Destillation desselben notwendig. Der Aufbau des Kessels ist einfach und übersichtlich. Die teuren Eisengerüste fallen fort.

Als Feuerung kann jede der bisher üblichen Arten verwendet werden (Wanderrost, Kohlenstaub, Öl, Gas).

Der Bensonkessel[1] (Abb. 140) ist ein reiner Röhrenkessel mit Zwangsdurchlauf. Er besteht aus einer Anzahl von parallel geschalteten Rohrsträngen, denen am einen Ende durch eine Speisepumpe Wasser

---

[1] Gleichmann: Die Entwicklung des Zwanglaufröhren- bzw. Bensonkessels in Vergangenheit und Zukunft. Siemens-Z. 1933.

zugeführt und am anderen Ende überhitzter Dampf entnommen wird.

Diese Art der Dampferzeugung ist die einfachste, die überhaupt denkbar ist. Der Grundgedanke liegt darin, den **kritischen Dampf-zustand zur Krafterzeugung auszunutzen.**

Die Schwierigkeiten bei den Trommelkesseln und höheren Dampf-drücken, die in der Beherrschung des Wasserumlaufs und in der Her-stellung der dickwandigen Trommeln liegen, werden mit diesem Zwangs-umlaufkessel behoben.

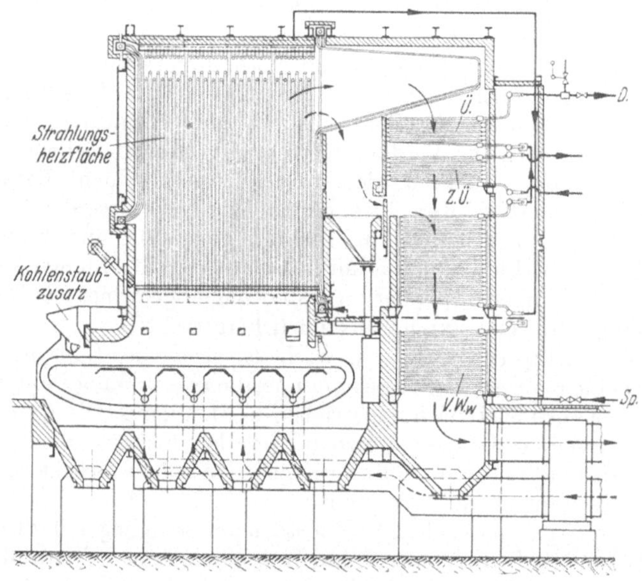

Abb. 140. S.S.W.-Bensonkessel mit Unterwindzonenwanderrost und Kohlenstaubzusatzfeuerung (*Z Ü* Zwischenüberhitzer).

Für die Wahl des kritischen Druckes, der für Wasserdampf bei 225 at liegt, war bestimmend, daß hierbei das Wasser ohne Siedeerscheinungen unmittelbar als Ganzes in trockenen Dampf übergeführt wird.

Im Hinblick auf die Dampferzeugung und Dampfverwendung er-möglicht dieser hohe Druck einen Höchstwert des thermischen Wir-kungsgrades. Um jedoch auch bei mittleren und kleinen Leistungen, wo mit Rücksicht auf den Turbinenwirkungsgrad der kritische Druck nicht wirtschaftlich ist, die Vorteile des trommellosen Zwangsdurchlaufkessels zu gewinnen, ist der Bensonkessel dahin entwickelt worden, Dampf be-liebigen Druckes zu erzeugen (unterkritische Drücke) und den Kessel auch während des Betriebs mit veränderlichen Drücken arbeiten zu lassen, was in vielen Fällen sehr wirtschaftliche Gesamt-anlagen ergibt. Diese mit „Gleitdruckverfahren"[1] bezeichnete Be-triebsweise besteht darin, daß bei einer niedrigen Grundlast mit mäßigen

---

[1] Gleichmann: Siemens-Z. 1933 Heft 3; Wärme Jg. 56 (1933) Heft 28.

Drücken gefahren und durch Drucksteigerung auf ein Vielfaches auch ein Vielfaches der Leistung zur Spitzenlastdeckung erzeugt wird, wobei der Wirkungsgrad bei allen Belastungen praktisch gleichbleibt.

Der Verlauf der Dampferzeugung ist aus Abb. 140 und 141 ersichtlich. Die Kesselheizfläche besteht im allgemeinen aus vier Teilen, die nacheinander durchströmt werden, nämlich Vorwärmer, Strahlungsteil, Übergangsteil und Überhitzer. Vorwärmer und Überhitzer sind von denen normaler Kessel grundsätzlich nicht verschieden. Der Strahlungsteil setzt sich aus mehreren hintereinander geschalteten Gruppen oder Elementen zusammen, deren jedes aus mehreren parallelen Steigrohren und einem zum nächsten Element hinüberführenden Fallrohr besteht. Im Strahlungsteil findet die Verdampfung statt. Der Verdampfungsvorgang wird hier jedoch nicht bis zu Ende geführt, sondern der letzte Teil der Verdampfung, sowie der erste Teil der Überhitzung vollzieht sich im Übergangsteil, der bewußt in ein Gebiet geringerer Wärmebelastung (aus der Abb. 141 ersichtlich) gelegt ist. Dadurch wird erreicht, daß die sich im Übergangsteil bildenden Salzablagerungen nicht zu unzulässig hohen Rohrwandtemperaturen führen. Für das gelegentliche Herausspülen der Salze aus dem Übergangsteil, das dem Abschlämmen der normalen Trommelkessel entspricht, ist durch einfache Vorrichtungen Sorge getragen.

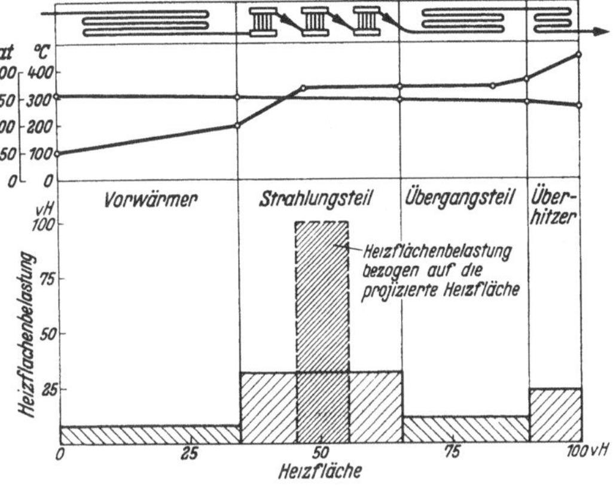

Abb. 141. S.S.W.-Bensonkessel, Druckverlauf, Temperaturverlauf und Heizflächenbelastung.

Die hauptsächlichsten Vorteile des Bensonkessels sind folgende: gesicherte Wasser- bzw. Dampfverteilung durch Zwangsdurchlauf, beliebig hoher Druck bis zu den höchsten Drücken und Möglichkeit der Veränderung des Druckes im Betrieb, Unabhängigkeit der Überhitzungstemperatur von Betriebsdruck und Kesselbelastung, große Gewichts- und Raumersparnis durch Fehlen der Kesseltrommeln, durch Heizflächenzusammendrängung einerseits wegen Verwendung kleiner Rohrdurchmesser, andererseits wegen höherer Wärmedurchgangszahlen bei dünnen Rohren und durch geringen Einfluß höherer Drücke auf Rohrwandstärken bei kleinen Rohrdurchmessern.

In der baulichen Durchbildung ist der Kessel besonders frei, da auf Trommeln und natürlichen Wasserumlauf keine Rücksicht zu nehmen ist. Daher kann der Kessel leicht den örtlichen Verhältnissen angepaßt werden ein Vorteil, der besonders beim Umbau alter Anlagen oft wesentlich ins Gewicht fällt. Der Kessel ist in der Herstellung billig und gestattet einfache und sichere Montage, da Einzelteile bereits in der

Werkstatt zusammengebaut und geprüft werden können. Die Einwalz-arbeiten bei dem Trommelkessel fallen vollständig fort.

Betrieblich ist der Kessel unempfindlich gegen Temperaturschwan-kungen durch ausschließliche Verwendung von Schweißverbindungen innerhalb des Kessels und gute Ausdehnungsmöglichkeit der dünnen Rohre. Er gestattet sehr hohe Überlastungen ohne Gefahr des Über-kochens (hoher Anstrengungsgrad) und besitzt völlige Explosionssicher-heit trotz höchsten Druckes, da sein Speicherinhalt nur sehr klein ist.

Beim Bensonkessel kann jede Art von Feuerungsanlage verwendet werden. Abb. 140 zeigt die Benutzung eines Unterwind-Zonenwander-rostes mit Kohlenstaub-Zusatzfeuerung. Die Gaswege sind gekenn-zeichnet; eine regelbare Gasumführung gestattet für jede Kohlensorte eine richtige Einstellung der Endtemperatur des Übergangspaketes. Zwischen Schornstein und Kessel sind große Staubkammern zur Ab-lagerung von Flugasche eingeschaltet.

Der **BBC-Velox-Dampferzeuger**[1] weicht von allen Kesselanlagen voll-ständig ab. Er wird unmittelbar an die Dampfturbine angeschlossen, bildet also mit dieser eine Einheit. Es fehlt das besondere Kesselhaus, alle Haupt- und Hilfsmaschinen liegen im Maschinenhaus. Als Brennstoff kommt nur Öl in Frage, wodurch die Anlage eine gewisse Beschränkung in der Anwendung erleidet.

Die Arbeitsweise des Velox-Dampferzeugers ist kurz folgende (Abb. 142):

Die durch Brenner *1* eingeführte Brennluft und der Brennstoff ver-brennen unter Druck in Brennkammer *2*, durchströmen mit hoher Geschwindigkeit die Heizrohre innerhalb der Verdampferrohre *3*, ge-langen zum Überhitzer *5* und zur Gasturbine *6* und von da durch den Vorwärmer *7* ins Freie. Durch eine Umwälzpumpe *11* wird Wasser, ebenfalls mit hoher Geschwindigkeit, durch die Verdampfrohre *3* ge-preßt und der sich hier entwickelnde Dampf durch Schleuderwirkung im Abscheider *4* ausgeschleudert. Der Dampf gelangt zum Überhitzer *5*, das überschüssige Wasser, ergänzt durch frisches Speisewasser aus Speisepumpe *12* geht zur Umwälzpumpe zurück. Die Brennluft wird vom Verdichter *8* geliefert, den die Gasturbine *6* antreibt. Zur Unter-stützung der Gasturbine, vor allem bei Belastungsänderungen, ist der Zusatzmotor *10* vorgesehen, der durch Getriebe *9* auf die höhere Dreh-zahl des Verdichters übersetzt wird. Der Motor *10* dient auch zur In-betriebsetzung der Anlage.

Die wesentlichen Kennzeichen des Velox-Kessels sind demnach: Ver-brennung unter Druck, Aufrechterhaltung des Druckes durch einen Ver-dichter, der durch eine Gasturbine angetrieben wird, die ihre Energie aus den Heizgasen bezieht, Anwendung sehr hoher Heizgasgeschwindig-keiten in allen Teilen des Dampferzeugers, Zwangsumlauf auf der Wasserseite mit mechanischer Trennung von Dampf und Wasser in einem Schleuderabscheider. Es ergeben sich bei dieser Bauart sehr hohe Brennkammer- und Heizflächenleistungen, kleine Heizgaskanal-

---

[1] BBC-Mitt. 1933 S. 48 und 1935 Heft 2 S. 35.

querschnitte, daher kleine Masse und geringes Gewicht. Im Zusammenhang mit den geringen wärmespeichernden Massen ergibt sich des weiteren eine sehr kurze Inbetriebsetzungszeit und ein unmittelbares

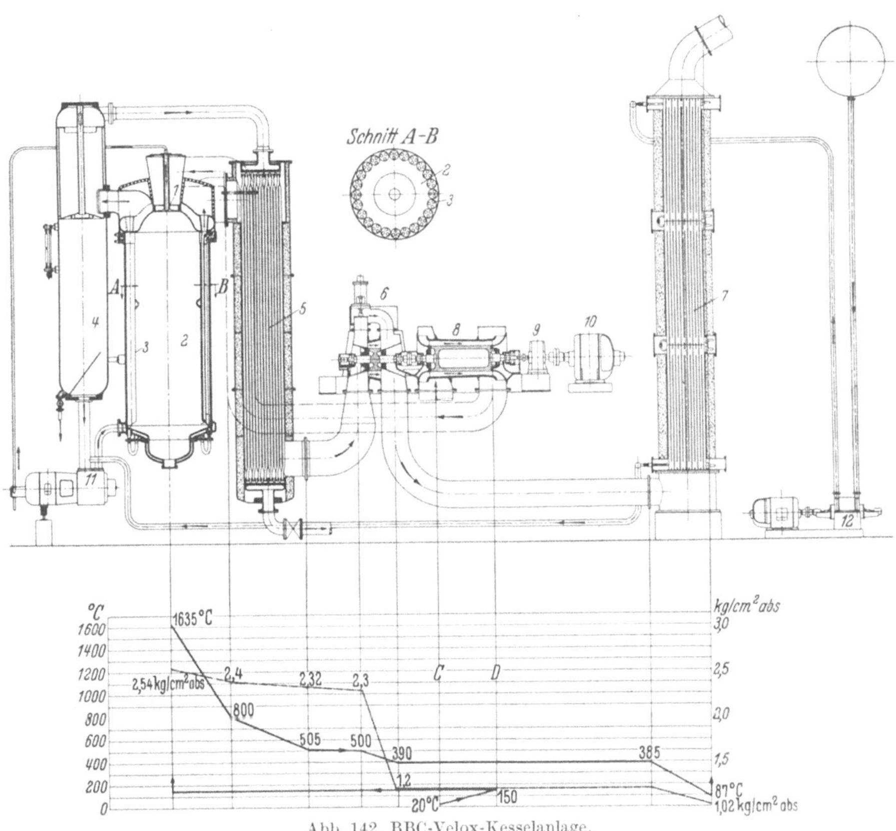

Abb. 142. BBC-Velox-Kesselanlage.

Ansprechen auf Belastungsänderungen, wodurch eine vollselbsttätige Regelung erst möglich wird. Die Anlage hat hohen Wirkungsgrad, der bis zu kleinsten Belastungen nahezu unverändert bleibt und geringsten Platzbedarf. Abb. 142 zeigt auch den Druck- und Temperaturverlauf.

17. Die Feuerungsanlagen.

a) Allgemeines. Der Aufbau richtet sich nach Art und Beschaffenheit des Brennstoffes, der Bauform des Kessels und den Betriebsanforderungen, die an die Kesselanlage gestellt werden. Grundsätzlich gilt heute, daß die Feuerung nicht eine Hilfseinrichtung der Kesselanlage ist, sondern daß ihr eine ausschlaggebende Bedeutung für die Dampferzeugung zukommt. Die Feuerung hat den größten Einfluß auf die Leistung, den Wirkungsgrad und den wirtschaftlichen Brennstoffverbrauch des Kessels, auf die Kessel-Anpassungsfähigkeit an die Betriebserfordernisse, auf die Bau- und Betriebskosten, auf die Betriebssicherheit, die Größe der Kesseleinheiten und die im Kessel liegende Reserve. Der Begriff „Feuerungsanlage" umschließt sowohl die Verbrennungseinrichtungen für den Brennstoff als auch die Gestaltung des Feuerraumes nach Größe und Formgebung in Verbindung mit dem Kessel selbst. Es ist daher nach Ansicht des Verfassers eine Kesselanlage ein in sich geschlossenes Ganzes, das nur einer Herstellerin übertragen werden sollte, um betrieblich das beste Ergebnis zu erzielen und einen Gesamtaufbau nach einheitlichen Gesichtspunkten zu erhalten.

Von gleicher Bedeutung für die Entwurfsbearbeitung einer Feuerungsanlage ist die Erfüllung der Forderung, möglichst viele Brennstoffarten mit bester Wirtschaftlichkeit verfeuern zu können, um nicht ängstlich an bestimmte Kohlengewinnungsorte gebunden zu sein. Der Entschluß für die Wahl einer bestimmten Feuerungsanlage wird daher stets auch auf Wirtschaftlichkeitsuntersuchungen dieser Art gestützt werden müssen abgesehen natürlich in solchen Fällen, wo ein bestimmter Brennstoff von vornherein ausschließlich in Frage kommt. Versuchsergebnisse aus anderen Betrieben sollten hierzu in weitgehendstem Maße herangezogen werden.

Eine dritte ebenfalls grundsätzliche Forderung ist die der Betriebsbeweglichkeit, d. h. die wirtschaftliche Anpassung an die jeweilige Kesselbelastung. Nach dieser Richtung findet heute eine Auffassungsumstellung derart statt, daß die Energiespeicherung nicht mehr in einer großen Wassermenge im Kessel liegt, sondern in den Brennstoff verlegt wird, was den natürlichen Verhältnissen entspricht. Das ist für die Gesamtanlagekosten einer Kesselanlage unter Umständen von nicht zu unterschätzender Bedeutung und dann besonders beachtlich, wenn veraltete Kesselanlagen umgebaut werden sollen.

Die Haupterfordernisse einer guten Feuerungsanlage sind zusammengefaßt:

Eignung für verschiedene Brennstoffarten bei wirtschaftlichster Ausnutzung,

sichere und schnelle Zündung des Brennstoffes,

bester Ausbrand des Brennstoffes,

geringer CO_2-Gehalt der Feuergase, bzw. $CO + H_2 = Null$,

höchste wirtschaftlich zulässige Beanspruchung des Feuerraumes bei geringster Bauhöhe des Kessels,

hohe spezifische Rostleistung und große Breitenleistung in kg Normaldampf und in kg je m lichte Kesselbreite und Stunde bei Vorschubfeuerungen,

schnellste Beeinflussung der Dampferzeugung entsprechend den jeweiligen Kesselbetriebsverhältnissen,

flacher Verlauf der Wirkungsgradlinie des Kessels zwischen weitgehendsten Lastverhältnissen (z. B. $^1/_4$ und $^6/_4$ Last),

geringster Kraftbedarf für den Betrieb der Feuerung.

Die Feuerungsanlagen in allen Einzelheiten zu behandeln übersteigt den Rahmen dieses Werkes, zumal die Brennvorgänge und die Zahl der Bauformen auch hier außerordentlich mannigfaltig sind und jede Ausführung mit ihrem Zubehör von der Brennstoffsorte und ihren Eigenarten abhängt. Die Beurteilung hat nach der wirtschaftlichen und brenntechnischen Seite zu erfolgen. Bekannt müssen dem Feuerungsfachmann sein:

die Brennstoffsorten,

der Brennstoffpreis frei Kraftwerksgrundstück,

die Lage des Kraftwerkes zu bewohnten Gegenden mit Rücksicht auf die Flugaschenbelästigung,

der Belastungsverlauf und ein gewünschter Anstrengungsgrad des Kessels,

Bedingungen über kurze Anheizdauer und besondere Betriebsanforderungen (Augenblicksspitzendeckung, Kesselreserven),

ferner naturgemäß die Dampfspannung, die Dampftemperatur und die Dampfmengen, die für die Dampfturbinen verlangt werden.

Bei kleineren Anlagen selten, bei Großanlagen zumeist wird zunächst die Frage zu klären sein, ob der Brennstoff in Stücken bzw. Brikettform oder als Staub verfeuert werden soll. Entscheidend hierzu ist die gute Vermahlungsmöglichkeit der Kohle, der Brennstoffpreis und die Anlage- und Unterhaltungskosten der Mahlanlagen zusammen mit denen der Feuerungsanlage selbst. Kurz soll daher hier schon darauf hingewiesen werden, daß die Kohlenstaubfeuerung ihre betriebstechnischen Vorteile darin hat, daß sie außerordentlich betriebsbeweglich ist, die Dampfleistung und der Kohlenverbrauch den jeweiligen Belastungsverhältnissen also vorzüglich angepaßt werden können, daß weiter die Anheizdauer eines Kessels die kürzeste Zeit erfordert. Diesen Vorteilen stehen die Nachteile gegenüber, daß die Feuerungsanlagen wesentlich teurer sind, die Raumbeanspruchung der Kessel insgesamt größer ist, weil die Kohlenmahlanlagen hinzukommen, die die Betriebs- und Unterhaltungskosten erhöhen. Die Abgase der Kohlenstaubfeuerung haben zudem einen verhältnismäßig hohen Gehalt an Flugasche, so daß für empfindliche Gegenden Reinigungsanlagen vorgesehen werden müssen, die bisher noch nicht allen Anforderungen voll entsprechen. Erst aus der Untersuchung aller dieser Einzelheiten kann festgestellt werden, ob die Kohlenstaubfeuerung Vorteile bietet.

Weitaus am häufigsten kommt die Rostfeuerung zur Verwendung, die bei geeigneter Ausbildung den betriebstechnischen Vorteilen der Kohlenstaubfeuerung hinsichtlich der Betriebsbeweglichkeit bei schwankenden Belastungen nicht nachsteht. Wirtschaftlich hingegen, soweit der reine Brennstoffverbrauch in Frage kommt, hat die Rostfeuerung gegenüber der Kohlenstaubfeuerung den Nachteil, daß bei plötzlicher starker Lastabnahme oder bei plötzlichem Stillsetzen eines Kessels noch erhebliche Wärmemengen in der auf dem Rost befindlichen unverbrannten Kohle vorhanden sind, deren Nutzbarmachung zum größten Teil verlorengeht. Bei der Kohlenstaubfeuerung wird die Staubzuführung in solchen Fällen sofort abgestellt.

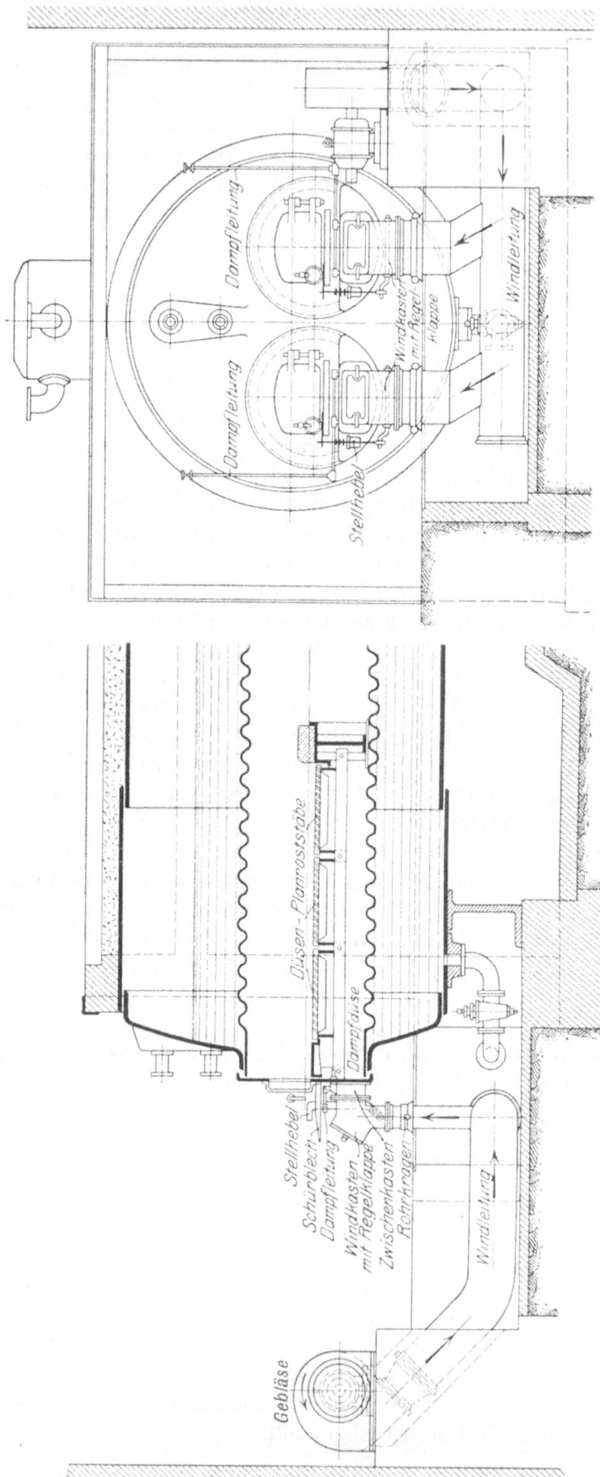

Abb. 143. Zweiflammrohrkessel mit Planrost, Unterwind und Dampfstrahlzusatz.

Als Feuerungseinrichtungen sollen besprochen werden für den Großwasserraumkessel:

die Rostfeuerung mit Aufwurf, mit Unterschub und die Stokerfeuerung;

für den Wasserrohrkessel:

die mechanische Wanderrostfeuerung, die Feuerungseinrichtungen für Rohbraunkohle und die Kohlenstaubfeuerung.

Der allgemeine Vorgang bei der Verfeuerung ist kurz folgender: Der Brennstoff ist zunächst, wenn er in den Feuerraum kommt, zu trocknen und zu entgasen, d. h. seiner flüchtigen Bestandteile an Kohlenstoff und Sauerstoff zu entkleiden, dann zu vergasen und schließlich restlos zu verbrennen, wobei die Güte der Feuerung einerseits und des Brennstoffes andererseits bestimmt werden durch den Gehalt der Rauchgase an Kohlensäure bzw. Kohlenstoff und durch das Gewicht und die Beschaffenheit der Rückstände (Asche und Schlacke).

Im Feuerraum gibt der Brennstoff seine Wärmemengen ab. Es bildet daher die Wärmebeanspruchung des Feuerraumes d. h. die Ziffer, die angibt, wieviel $kcal/m^3$ des umbauten Feuerraumes stündlich entbunden werden, ein Maß für die Beurteilung verschiedener Feuerungsanlagen. Dabei ist praktisch festgestellt worden, daß die Kesselleistung in Abhängigkeit steht zur Höhe des Feuerraumes. Nach dieser Richtung sind daher die Angebote und Gesamtentwürfe für eine Kesselanlage gegenüberzustellen, da die Baukosten des Kesselhauses hier mit in die Vergleichsuntersuchung eintreten (S. 169). An sich richtet sich die Feuerraumgestaltung nach der Brennstoffart und den besonderen Brennstoffeigenheiten, sowie bei Vorschubfeuerungen nach der Rostleistung.

b) Die Rostfeuerung im allgemeinen. Der Brennstoff wird von einem Rost aufgenommen, der aus einer Anzahl entsprechend geformter und zueinander angeordneter Roststäbe besteht. Die Verteilung des Brennstoffes auf dem Rost muß so erfolgen, daß die Schichthöhe möglichst gleichmäßig ist und unbedeckte Stellen nicht vorkommen. Letzteres hat nicht nur die Verminderung des Kohlensäuregehaltes der Rauchgase zur Folge, sondern beeinflußt auch die Güte der Verbrennung und die Haltbarkeit der Roststäbe. Da die Luft den Weg des geringsten Widerstandes sucht und infolgedessen mehr nach den unbedeckten und dünnen Stellen auf dem Rost strebt, wird sie den benachbarten Stellen, wo sie zur Verbrennung des Brennstoffes und gleichzeitig zur Kühlung der Roststäbe erforderlich ist, zu gering zuströmen. Es verbrennen dann an diesen Stellen statt Kohle die Roststäbe.

c) Als Feuerungsanlagen für Großwasserraumkessel kommen zur Verwendung die Rostfeuerung mit Aufwurfbedienung, die Unterschubfeuerung und die Kohlenstaubfeuerung.

Die Rostfeuerung mit Aufwurfbedienung wird entweder von Hand oder mechanisch beschickt. Der Rost ist als Planrost (Abb. 143) ausgeführt und wird mit wechselnder Brennstoffschicht in vollem Umfang bedeckt. Die Entgasung, Vergasung und Verbrennung sind hier untereinander vermischt. Eine gute Brennstoffausnutzung hängt in der

Hauptsache von der Geschicklichkeit und dem guten Willen des Heizers ab. Dadurch arbeitet die Feuerung mit sehr wechselndem Wirkungsgrad. Die Hand-Aufwurffeuerung kommt für größere Kessel nur noch selten zur Anwendung, weil man immer mehr bestrebt ist, sich von der Handkesselbedienung auch hinsichtlich der Feuerbeschickung unabhängig zu machen. Die mechanische Bedienung der Feuerung läßt vor allen Dingen beste Ausnutzung des Brennstoffes erzielen. Die mechanische Aufwurffeuerung hat sich nur vereinzelt und nur in kleinen Anlagen Eingang verschafft. Auf sie soll nicht näher eingegangen werden.

Der Planrost besteht aus einer Anzahl aneinandergereihter festgelagerter Roststäbe, die unter dem Kessel liegen und nach Öffnen der Feuertüren beschickt werden.

Beim Brennstoffaufgeben, Schüren und Abschlacken tritt jedesmal falsche Luft in die Feuerung. Es erfolgt dann unvollkommene Verbrennung, die sich in Rußbildung, hohen Schornsteinverlusten und geringem CO_2-Gehalt zeigt. Das sind so große wirtschaftliche Nachteile, daß die einfache Planrostfeuerung heute auch bei kleinen Anlagen als praktisch unbrauchbar bezeichnet werden muß. Diese kurzen Bemerkungen mögen genügen. Auf dem einfachen Planrost können ferner nur beste Kohlensorten, in der Hauptsache Nußkohlen, verfeuert werden, was gesamtwirtschaftlich gesehen ein weiterer Nachteil ist.

Die Unterwindfeuerung. Bei minderwertigen, vermischten und bei schwer entzündbaren Brennstoffen wechselt die Brenngeschwindigkeit stark. Sie ist ferner wesentlich geringer als bei hochwertigen Brennstoffen, und die zur Verbrennung notwendige Luftmenge kann durch die Zuganlage nicht mehr ausreichend gefördert werden. Unvollständige Verbrennung, Rauch- und Rußbildung sind die Folge, und der vH-Satz an Kohlensäure in den Rauchgasen ist am Ende der Feuerung unwirtschaftlich gering. In solchen Fällen ist es notwendig, die dem Rost zuzuführende Verbrennungsluftmenge künstlich zu erhöhen. Das geschieht durch die Benutzung eines Unterwindgebläses, durch das eine bestimmte Menge an Verbrennungsluft zugesetzt wird. An Stelle eines solchen Gebläses für natürliche Luft wird auch ein Dampfstrahlgebläse verwendet. Die Gesamtfeuerungsanlage bezeichnet man als „Unterwindfeuerung". Angewendet wird sie sowohl bei der Aufwurffeuerung (Planrostfeuerung Abb. 144 und 145) als auch bei der Wanderrostfeuerung (Abb. 149).

Die durch den Rost eintretende Verbrennungsluft bewirkt über der Brennschicht eine starke Durchmischung der Feuergase und dadurch eine wesentliche Förderung der Verbrennung. Gleichzeitig mit letzterer wird die Flugaschenbildung verringert.

Die Verteilung der Verbrennungsluft muß durch entsprechende Ausbildung des Rostes mit Druckkammern oder ähnlichen Einrichtungen zweckentsprechend über die ganze Rostfläche erfolgen. Die Anlage muß leicht und sicher regelbar sein, um einerseits dem jeweilig verfeuerten Brennstoff und andererseits dem Verbrennungszustand desselben am Anfang und Ende des Rostes angepaßt werden zu können. Das Arbeiten mit natürlichem Luftzug muß ohne Schwierigkeit möglich sein; die Verbrennungsluft soll tunlichst weit vorgewärmt dem Brennstoff zuströmen, soweit das die Rostausbildung und die Rosttemperatur zulassen, Druckverlust durch Undichtheiten muß vermieden werden. Die Wartung und Bedienung der Anlage muß sich einfach und leicht durchführen lassen.

Für die Gebläse kommen gewöhnliche Schleudergebläse mit unmittelbarem Elektromotorantriebe zur Anwendung, wobei auf die Regelbarkeit des Motors bei der Auswahl der Stromart Rücksicht zu nehmen ist. Da es sich hier um große Betriebsstundenzahlen handelt, ist entweder ein verlustlos regelbarer Motor oder ein umschaltbares Kapselgetriebe zu wählen, um die Verluste auf das Mindestmaß einzuschränken und weitgehendste Anpassung an die jeweils günstigste Luftförderung zu erzielen.

Der Wind wird in gemauerten oder Blechrohrleitungen der Feuerung zugeführt. Der im Windverteilungsraum unter dem Rost vorhandene Druck beträgt in der Regel etwa 25 bis 30 mm WS. Über dem Feuer soll ein Zug von 2 bis 3 mm vorhanden sein, damit kein Überdruck im Feuerraum entsteht. Die Windzufuhr muß vom Heizerstande aus bequem regelbar sein. Außerdem sind Vorrichtungen vorzusehen, die den Wind selbsttätig vollständig abdrosseln, sobald die Feuertür oder der Abschluß der Feuerung gegen den Bedienungsgang geöffnet wird, um das gefährliche Herausschlagen der Flamme zu verhüten.

Die Unterwindfeuerung hat sich vorzüglich bewährt und wird bei neu zu erstellenden Kesselanlagen — auch kleineren Umfanges — neuerdings sehr häufig angewendet, um in der Wahl des Brennstoffes die wirtschaftlich notwendige Freiheit auch beim Planrost zu erhalten. An Schornsteinabmessungen kann aber nicht gespart werden, denn die Unterwindeinrichtung ist nur als Unterstützung des Schornsteinzuges (entsprechende Entlastung der Widerstandshöhe) anzusehen und hat lediglich den Widerstand, den die Brennstoffschicht dem Luftdurchtritt entgegensetzt, zu überwinden. Die Anlage der Gesamtfeuerung muß sehr sorgfältig hergestellt sein, damit kein Luftwechsel durch das Mauerwerk und durch sonst vorhandene Türen und Klappen eintritt, der den Wirkungsgrad der Feuerung sofort wieder verschlechtert.

Der Kraftbedarf für den Gebläsemotor ist gering, sofern die Verbrennungsluft mit niedriger Temperatur zu fördern ist. Es ist bei der Feststellung der Jahresunkosten dieser Eigenbedarf zu berücksichtigen und die aufzuwendende jährliche Arbeitsmenge muß dem Brennstoffgewinn wirtschaftlich gegenübergestellt werden, was durch Rechnung und praktische Prüfung leicht durchzuführen ist.

An Stelle des Luftgebläses wird ein Dampfgebläse angewendet, wenn backender und stark schlackender Brennstoff verfeuert werden soll. Der Dampf bewirkt, daß die Schlacke porös wird und auf den Roststäben nicht festbackt. Die Dampfregelung muß ebenfalls beim Heizerstand liegen.

Das Dampfstrahlgebläse ist verhältnismäßig einfach und billig einzubauen, wird aber in größeren Anlagen seltener angewendet als das

Luftgebläse, weil sich der Betrieb teuerer stellt und mehr Geräusch verursacht. Wirtschaftlicher sind in den meisten Fällen einfache Luftgebläse, wenn der Dampf nicht sehr billig erzeugbar ist z. B. als Rauchgas-Dampf-Luftgemisch durch Führung der Rauchgase mit Hilfe eines Gebläses über Wasserzerstäuberdüsen.

Der Unterwind-Planrost (Abb. 143) unterscheidet sich im Äußeren kaum von einem gewöhnlichen Planrost. Nur der Rostbelag wird entsprechend der Rostbreite ein- oder mehrteilig mit längs oder quer zur Feuerung liegenden Sonderroststäben ausgeführt. Die Roststäbe sind dann so geformt, daß sie dem Wind bequemen Durchgang gewährleisten und ihm den geringsten Widerstand entgegensetzen. Der gesamte Rostbelag muß entsprechend der zur Verwendung kommenden Kohle in Verbindung mit der Verbrennungsluftmenge die beste Wirtschaftlichkeit erzielen lassen. Es werden Düsenroste besonderer Form oder Abstandsbleche verwendet, die zwischen die Roststäbe eingefügt werden. Der Rost ist nach unten durch einen Blechmantel abgeschlossen, der gleichzeitig Frontplatte und Feuerbrücke miteinander verbindet und so die Feuerung zu einem Ganzen gestaltet. Das Entschlacken bzw. Reinigen des Rostes erfolgt durch die Feuertüren. Der Aschedurchfall wird über Paßbleche hinweg durch die im Windkasten anzuordnende Reinigungstür herausgezogen. Die sonstigen Nachteile des Planrostes mit Handaufwurf bleiben unverändert bestehen.

Welche Ersparnisse durch Einbau eines Unterwind-Planrostes zu erzielen sind, ist aus folgender Berechnung zu ersehen[1]:

Vor Umänderung eines einfachen Planrostes wurden Ruhr-, Fett- oder Gas-Nußkohlen verfeuert; diese kosteten durchschnittlich ab Grube:

    Nuß III . . . . RM/t 19,—
    Nuß IV. . . . . „ 17,—.

Dagegen beträgt der Preis für:

    Anthrazit Nuß V . . . . nur RM/t 12,60
    Gasreiche Gruskohle . . . . „ „ 11,50
    Eßfeinkohle . . . . „ „ 11,40.

Der alte Planrost wurde durch einen Unterwind-Planrost ersetzt. Vergleichsversuche mit Steinkohlenbriketts, Magernußkohle und Fettfeinkohle zur einwandfreien Feststellung der durch den Einbau des Unterwind-Planrostes erzielbaren Ersparnisse ergaben bei einem Kessel von 76 m² Heizfläche, 8 atü Druck, Planrost 2 m² Rostfläche und einem Preis für:

    Steinkohlenbriketts frei Kesselhaus von . . . . . RM/t 22,89
    Magernußkohle . . . . „ 16,80
    Fettfeinkohle . . . . „ 16,80

eine Ersparnis von 0,70 RM je Tonne Dampf. Der Dampfpreis änderte sich ungefähr dem Kohlenpreis entsprechend. Er stellte sich für die Tonne bei:

    Steinkohlenbriketts auf etwa . . . . RM 2,80
    Magernuß auf etwa. . . . . „ 2,10
    Fettfeinkohle auf etwa . . . . „ 2,10.

---

[1] Angaben der Röhrenkesselfabrik v. L. u. C. Steinmüller, Gummersbach.

Beim Übergang von den bisher verheizten Steinkohlenbriketts auf Magernuß V bzw. Fettfeinkohle, sowie bei einschichtigem Betrieb und einer täglich zu erzeugenden Dampfmenge von nur 8 t in 300 Arbeitstagen wird demgemäß in dieser Anlage je Jahr eine Ersparnis von ungefähr RM 1680, bei durchgehendem Betrieb eine solche von etwa RM 5040 erzielt. Der Kraftbedarf des Gebläses ist hierbei bereits berücksichtigt. Die Ersparnisse am Dampfpreis gestatten die Abschreibung der Neuaufwendungen in kürzester Zeit. Außer dieser Brennstoffersparnis konnten weitere Ersparnisse dadurch erzielt werden, daß der Dampfdruck beim Abschlacken nicht mehr um einige Atmosphären absank und der Schornstein nicht mehr qualmte.

Die mechanische Feuerung mit Unterwind hat allgemein, also abgesehen von der Unabhängigkeit vom Heizerpersonal, die Vorzüge, daß auch geringwertige Brennstoffe bei rauchfreier Verbrennung und leichter und sicherer Anpassung an die jeweiligen Kesselbeanspruchungen verfeuert werden können, ferner große Brennleistung, hohe Dampfleistung, hohen Kohlensäuregehalt der Abgase, damit vollständige Ausnutzung des Brennstoffes, geringere Schornsteinverluste und besten Wirkungsgrad. Diese Vorteile fehlen sämtlich bei der Handfeuerung.

Die Unterschubfeuerung. Wird gasreiche Kohle auf ein glühendes Feuerbett aufgeworfen, so geht die Entgasung so stürmisch vor sich, daß es praktisch unmöglich ist, im Zeitraum der Entgasung genügend Luft heranzuführen. Die Verbrennung erfolgt dann unvollkommen, und es tritt starke Rauchbildung mit all ihren unwirtschaftlichen und unangenehmen Folgen ein. Bei der mechanisch arbeitenden Unterschubfeuerung wird die Kohle unter die brennende Schicht eingeführt und langsam von unten nach oben gedrückt. Auf diesem Weg geht dann eine langsame Vorwärmung und dementsprechend eine langsame Entgasung vor sich. Die ausgetriebenen flüchtigen Bestandteile werden gezwungen, durch das glühende Feuerbett hindurchzutreten, wo sie mit der Verbrennungsluft gemischt werden und vollständig verbrennen.

Die Unterschubfeuerung kommt hauptsächlich für gasreiche Steinkohlensorten mit mindestens 14 bis 15 vH flüchtigen Bestandteilen und einem Schlackenschmelzpunkt von über 1250° C, ferner für gut backende Kohle zur Verwendung. In bezug auf Körnung sollen Nußsorten gewählt werden; es können aber auch Mischsorten und kleineres Korn noch benutzt werden. Der Aschegehalt soll nicht höher als 15 vH, der Wassergehalt nicht höher als 20 vH sein. In bezug auf die Kesselbauformen kommen hauptsächlich Großraumkessel mit großem Flammrohrdurchmesser und Wasserrohrkessel bis etwa 300 m² Heizfläche in Betracht.

Der Rost (Abb. 144) besteht aus besonders geformten Düsenroststäben, die durch einfaches Aneinanderreihen die gesamte Rostfläche bilden. Auf der der Rostfläche gegenüberliegenden Seite sind ebenfalls Düsenroststäbe eingelegt, die eine Entgasung und Verbrennung des sich frisch auf den Rost schiebenden Brennstoffes bewirken.

Der Brennstoff wird aus einem Trichter in gewissen Abständen vor einen sich hin und her bewegenden Stempel oder Schieber aufgegeben,

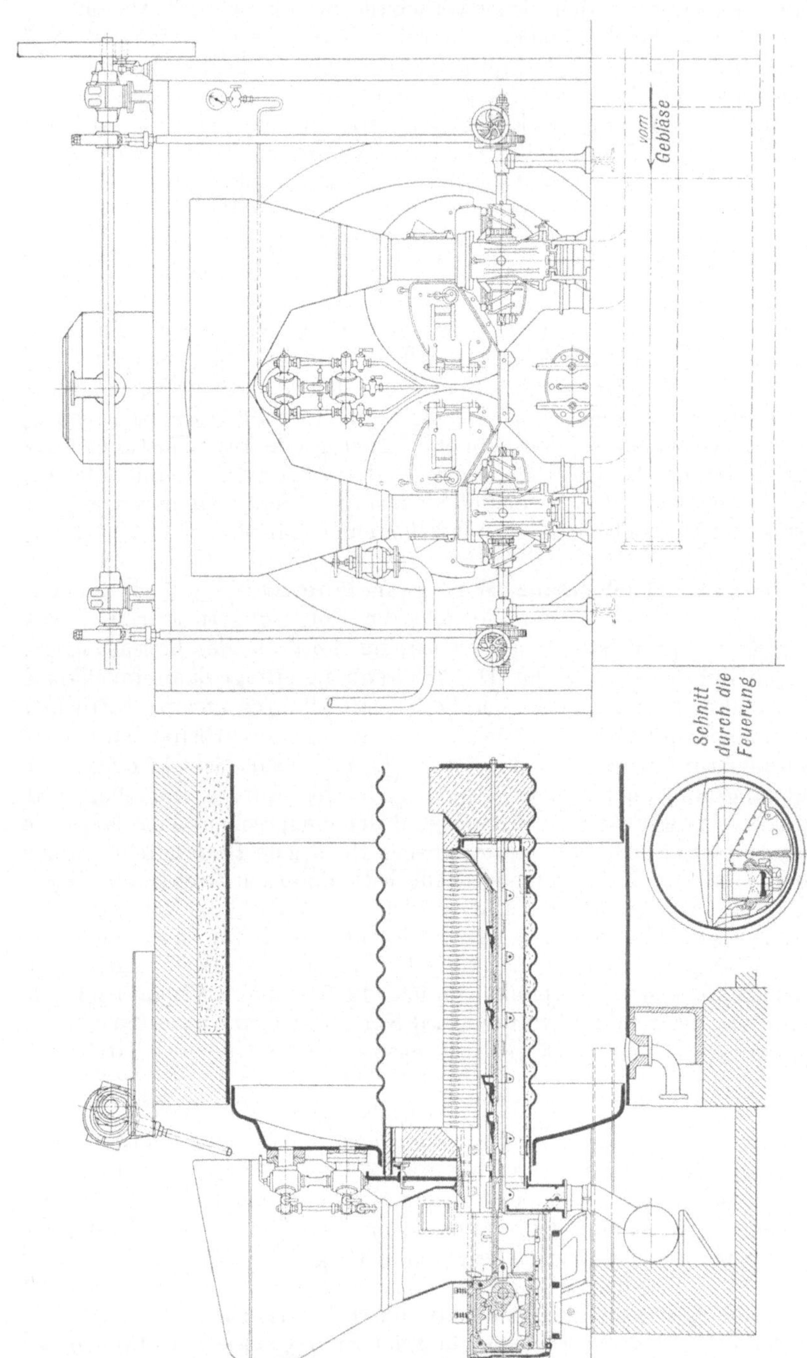

Abb. 144. Zweiflammrohrkessel mit Unterschubfeuerung und Unterwind.

der den Brennstoff bei jedem Hub in die Feuerung drückt. Im Augenblick des Zurückgehens des Schiebers schieben sich Riegel zwangsläufig zwischen Stempel und Brennstoff so lange, bis sich der vom Stempel durch seinen Rückgang freigegebene Raum mit neuem Brennstoff gefüllt hat. In der Feuerung selbst befinden sich Keilstücke, die ein Hin- und Herwandern der sich bereits im Trog innerhalb des Flammrohres befindenden Kohle verhindern. Die neu eintretende Kohle wird durch die darüberliegende Brennschicht allmählich entgast und somit eine technisch rauchfreie Verbrennung erzielt.

Der Antrieb erfolgt durch zwei Zahnstangen und ein auf der Antriebswelle aufgekeiltes Zahnsegment. Von den beiden Zahnstangen ist die eine oben für den Hingang, die andere unten für den Rückgang mit dem Stempel verbunden. Durch das verstellbare Schaltwerk wird die Fördermenge geregelt und somit die Verbrennung dem jeweiligen Anstrengungsgrad des Kessels angepaßt. Bei geringer Kesselbelastung wird die Feuerung mit gewöhnlichem Schornsteinzug betrieben; bei stärkerer Belastung wird Unterwind benutzt.

Diese Feuerungsform hat den Vorteil, daß mit geringstem Luftüberschuß gearbeitet werden kann. Die Wirtschaftlichkeit der Unterschub-Feuerung ist gut. In Zahlentafel 28 sind Vergleichsversuche für eine Planrostfeuerung mit Handbeschickung und mit Unterschubaufgabe zusammengestellt, aus denen die Vorteile dieser mechanischen Feuerung ersichtlich sind.

Die Stokerfeuerung (Planstoker) kommt ebenfalls bei minderwertigen Kohlensorten z. B. Fettfeinkohle, Fett- und Gasförderkohle zur Verwendung. Bei dieser Feuerung wird der Brennstoff durch einen Vorschubkolben mit mehreren kurzen Kolbenhüben auf den Hauptverbrennungsrost gedrückt (Abb. 145). Ein Schichtregler regelt auch hier nach der jeweiligen Feuerleistung die Kohlenmenge. Der Antrieb erfolgt durch einen Elektromotor mit Wechselgetriebe. Der Hauptverbrennungsrost besteht aus gewöhnlichen Roststäben. Zur Seite des Vorschubkolbens und des Hauptrostes und in der Verlängerung des letzteren liegen Ausbrandroste, die aus Düsenplatten gebildet sind, deren Bohrungen sich von oben nach unten zur Vermeidung von Verstopfungen erweitern und mit wachsender Entfernung vom Hauptrost nach den Seiten und nach hinten bis auf 0 vH verringern.

Durch die Vor- und Rückwärtsbewegung des Kolbens und durch den Anstau am Schichtregler wird der Brennstoff auf die Rostbahn nach hinten gegen die Feuerbrücke und nach den Seiten abgestreift. Die auf dem Kolben lagernde Kohle wird hier vorgetrocknet und durch die strahlende Wärme der auf dem Haupt- und Ausbrandrost brennenden Kohle teilweise entgast. Die Hauptverbrennung erfolgt auf dem Hauptrost unter Zuführung von Unterwind und Oberwind (Zweitluft) durch Gebläse, die je nach dem Gasgehalt, der Backfähigkeit und Körnung der zur Verfeuerung kommenden Kohle getrennt regelbar sein sollen. Die Zweitluft bewirkt im Feuerraum eine Wirbelung der Schwelgase, dadurch rauchfreie Verbrennung und hohen CO_2-Gehalt. Die fast entgaste und je nach der Backfähigkeit in mehr oder weniger große Kokskuchen zusammengeballte Kohle wird durch einen langen, über den ganzen Hauptrost hinweggehenden Kolbenhub auf den seitlichen und hinteren Ausbrandrost geschoben und dort ausgebrannt. Gleichzeitig wird durch diesen, sich in bestimmten Abständen durch selbsttätige Umschaltung wiederholenden langen Hub der Hauptrost vollkommen von anhaftender

Zahlentafel 28. Verdampfungsversuche an einem mit Unterschubfeuerung ausgerüsteten Einflammrohrkessel im Vergleiche mit Handfeuerung.

Versuchskessel: 1 Einflammrohrkessel Heizfläche: 93 m²	Versuche		
Rostfläche: I 2,5 m², II und III 2,36 m² Verhältnis der Rostfläche zur Heizfläche: I 1:37,2, II und III 1:39,4 Brennstoff: Oberschlesische Nußkohle II ·	I Hand- feue- rung	II | III Unterschub- feuerung	
Dauer des Versuches . . . . Std.	4	5,83	7
Brennstoff:			
Verheizt im ganzen . . . . kg	1087	1360	3076
Verheizt in einer Stunde . . . . ,,	271,8	233,3	439,4
Verheizt in einer Stunde auf 1 m² Rostfläche . ,,	108,7	98,8	186
Herdrückstände:			
Im ganzen . . . . kg	104,5	—	152
In vH des Brennstoffes . . . . vH	9,6	—	4,9
Speisewasser:			
Verdampft im ganzen . . . . kg	7900	11500	24900
Verdampft in einer Stunde . . . . ,,	1975	1972	3557,1
Verdampft in einer Stunde auf 1 m² Heizfläche . ,,	21,2	21,2	38,2
Temperatur. . . . . ⁰C	45,5	53	55,7
Dampf:			
Mittlerer Dampfüberdruck . . . . atü = kg/cm²	6,7	6,7	7
Ergänzungswärme für 1 kg Dampf . . . . . kcal	612,1	604,4	605,2
Rauchgase:			
Mittlerer Gehalt an CO_2 am Kesselende. . . vH	9,5	14,4	13,4
Mittlerer Gehalt an O_2 am Kesselende . . . ,,	—	4,6	6,2
Temperatur am Kesselende . . . . ⁰C	220	229	380
Luftüberschußzahl. . . . . n	—	0,28	0,38
Zug am Kesselende . . . . in mm WS	20	9	12
Verdampfungsziffer und Wirkungsgrad:			
1 kg Brennstoff erzeugte			
a) Rohdampf . . . . kg	7,27	8,46	8,09
b) Normaldampf . . . . ,,	7,00	8,03	7,68
Von kg Brennstoff nutzbar gemacht im Kessel kcal	4450	5115	4892
Heizwert des Brennstoffes H_u . . . . . kcal/kg	6750	6659	6986
Wirkungsgrad des Kessels η_K . . . . vH	65,9	76,8	70
Erhöhung des Wirkungsgrades mit Unterschub- feuerung	—	16,5	6,2

Bei Versuch II beträgt die Erhöhung des Wirkungsgrades nach Abzug des Kraftverbrauches für Gebläse und Feuerung 14 vH.

Mit Versuch III war die Gewährleistung erfüllt, daß auch bei Höchstleistung mit 35 kg/m² Heizfläche und Stunde eine technisch rauchfreie Verbrennung erzielt wird. Erreicht wurden 38,2 kg Dampf/m² Heizfläche und Stunde bei technisch rauchfreier Verbrennung.

Schlacke gereinigt, so daß die Leistungsfähigkeit der infolgedessen immer freien Rostfläche auch im Dauerbetrieb nicht beeinträchtigt werden kann. Außerdem erfolgt dadurch ein wiederholtes Brechen des sich inzwischen neugebildeten Kokses, das einen restlosen Ausbrand gewährleistet. Die

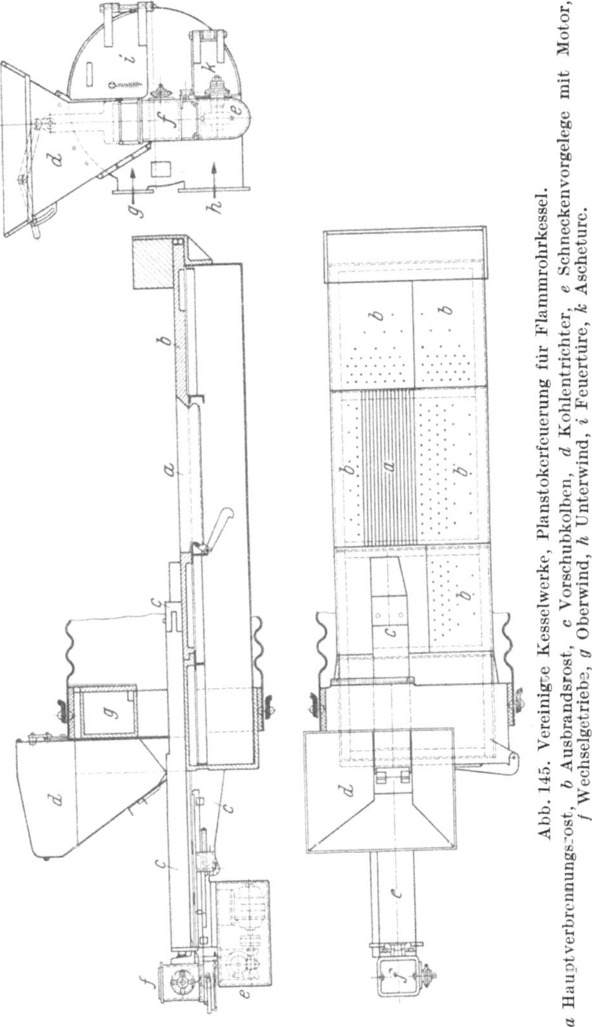

Abb. 145. Vereinigte Kesselwerke, Planstokerfeuerung für Flammrohrkessel. a Hauptverbrennungsrost, b Ausbrandsrost, c Vorschubkolben, d Kohlentrichter, e Schneckenvorgelege mit Motor, f Wechselgetriebe, g Oberwind, h Unterwind, i Feuertüre, k Ascheture.

allmählich auf dem Ausbrandrost angesammelte Schlacke wird durch die neben dem Vorschubkolben befindliche Feuertür mit Schürhaken von Hand entfernt.

Auf Grund zahlreicher Versuche mit verschiedensten Brennstoffarten wurde festgestellt, daß sich auf dem Planstoker am besten Kohlen mit einem zwischen 20 und 40 vH liegenden Gasgehalt verfeuern lassen. Selbst bei hohen Rostleistungen und damit entsprechend hohem

Unterwinddruck bleiben die Flugkoksverluste auch bei Feinkohlen in mäßigen Grenzen. Die Abb. 146 gibt einen Überblick über die beim Planstoker zu erwartenden Flugkoksverluste bei Nuß- und Feinkohlen in Abhängigkeit vom Gasgehalt.

Aus den in Zahlentafel 29 zusammengestellten, amtlich durchgeführten Verdampfungsversuchen sind die Dampfkosten eines Flammrohrkessels zu ersehen, die sich bei Ausrüstung mit Unterschubfeuerung, Wurfbeschicker mit Planrost und mit Planstoker ergeben haben. Bei dem Vergleich zwischen Versuch I und II können die Stromkosten für die Antriebsmotore des Unterwindgebläses und des Rostes vernachlässigt werden, da in dieser Hinsicht zwischen den beiden Feuerungen kein wesentlicher Unterschied besteht. Beim Planstoker errechnet sich eine Ersparnis von 0,44 RM/t Dampf gleich 21 vH gegenüber Unterschubfeuerung. Außerdem

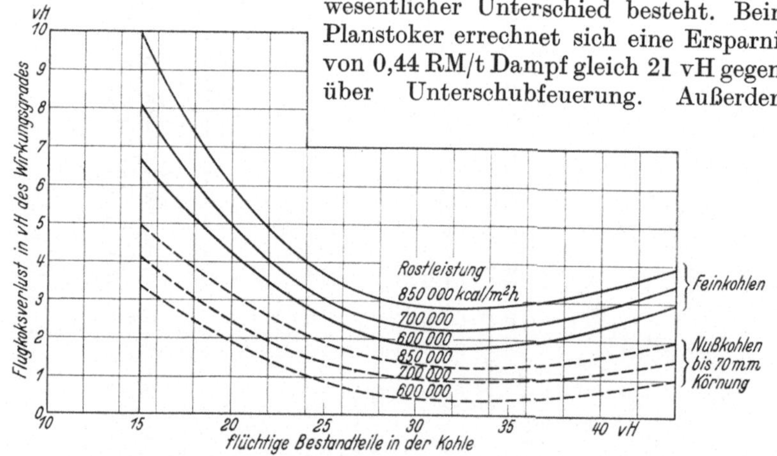

Abb. 146. Angenäherte Flugkoksverluste bei der Planstokerfeuerung nach Abb. 145 bei Nuß- und Feinkohlen in Abhängigkeit vom Gasgehalt.

konnte eine Leistungssteigerung von 14 vH erzielt werden. Beim Vergleich der Versuche II und III sind die Stromkosten bei Errechnung des Dampfpreises zu berücksichtigen. Die Ersparnis beim Planstoker gegenüber dem Planrost mit Wurfbeschickung beträgt 0,38 RM/t Dampf gleich 14,4 vH. Verzinsung und Abschreibung des Anlagekapitals, sowie Bedienungs- und Unterhaltungskosten sind in diesen Rechnungen nicht einbegriffen.

Die Benutzung der **Treppenrostfeuerung** beim Großwasserraumkessel wird auf S. 270 besonders besprochen.

d) Die Feuerungsanlagen für Wasserrohrkessel. Der Wanderrost ist ein mechanischer Vorschubrost, bei dem die Roststäbe auf einer Kette oder in anderer Form aufgebaut und zu einem endlosen Band zusammengeschlossen sind (Abb. 147). Die so gebildete Rostfläche erhält einen besonderen Antrieb und bewegt sich mit einstellbarer Geschwindigkeit fortgesetzt durch den Feuerraum. Der frische Brennstoff wird durch einen Fülltrichter auf den Rost aufgegeben und durchläuft dann mit der regelbaren Geschwindigkeit der Rostfläche den Feuerraum bis zur vollständigen Verbrennung. Dabei treten Trocknung, Entgasung und

Verbrennung räumlich und zeitlich nacheinander ein und verlaufen über den ganzen Rost. Je nach dem Gasgehalt und der Brenngeschwindigkeit des Brennstoffes sind bei dieser Feuerung verschiedene Bauformen

Zahlentafel 29. Gegenüberstellung von Versuchsergebnissen mit Planrostfeuerungen.

Versuchskessel: Flammrohrkessel Heizfläche: 281,1 m² Betriebsdruck: 13 atü	I	II	III
Feuerung.	Unter- schubrost	Planrost mit Wurfbeschicker	VKW- Planstoker
Rostfläche . . . . m²	4,0	4,83	3,78
Versuchsdauer . . . . . . Min	416	464	470
Brennstoff	Förderkohle	Förderkohle	Gasflamm- Nußgrus
Heizwert. . . . . . . kcal/kg	7300	7300	6900
Preis frei Werk. . . . RM/t	18,45	18,45	15,66
Kohlenverbrauch . . . . kg/h	414	431	461
Rostbelastung . . . . kg/m²h	103,5	89,4	122
Heizflächenbelastung . kg/m²h	3540	3780	4040
Speisewassermenge . . . kg/h	12,6	13,4	14,35
Speisewassertemperatur . . ⁰C	51	42	42
Dampfdruck . . . . atü	8,8	8,53	9,06
Heißdampftemperatur . . . ⁰C	253	245	300
Zugverhältnisse:			
Druck unter Rost. . . mm WS	25—30	± 0	48—50
Zug über Rost . . . . mm WS	± 0	5—7	± 0
Zug Kesselende. . . . mm WS	10—12	12—14	10—14
Verdampfungsziffer: auf Normal- dampf bezogen	8,55	8,75	8,75
	8,70	9,0	9,35
Dampfpreis:			
1000 kg des erzeugten Dampfes erfordern Kohlen . . . kg	117	114	114
1000 kg des erzeugten Dampfes kosten an Kohlen . . . RM	2,16	2,11	1,79
1000 kg Dampf von 640 kcal er- fordern Kohlen . . . . kg	115	111	107
1000 kg Dampf von 640 kcal ko- sten an Kohlen . . . . RM	2,12	2,06	1,68

	—	II	III
Unterwindgebläse-Antriebs- motor. . . . . kW	7,4	—	—
jedoch nur zur Hälfte belastet kW	—	3,7	—
Strompreis/kW-Std. . . . . RM	—	0,08	—
Stromkosten für Unterwind RM	—	0,30	—
2 Rostantriebsmotoren zus. kW	—	1,4	0,92
Stromkosten . . . . . . RM	—	0,11	0,074
Gesamtstromkosten	—	0,41	0,074
Stromkosten für 1 t Dampf ..	—	0,1	0,02
Dampfkosten	—	2,16	1,70

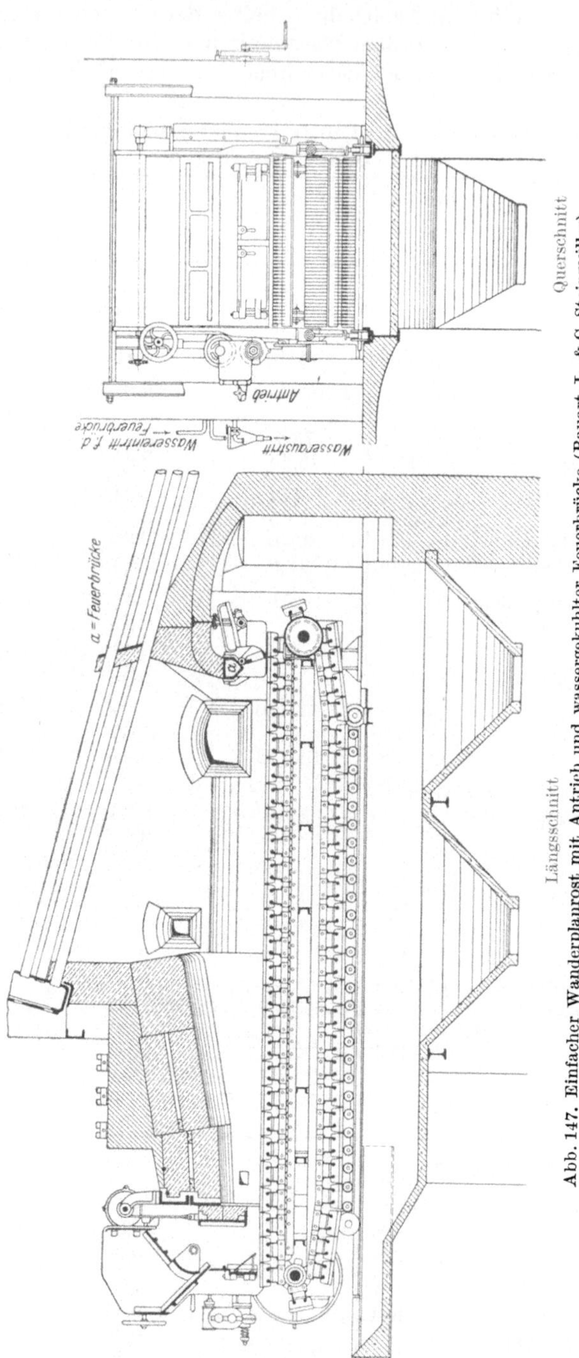

Abb. 147. Einfacher Wanderplanrost mit Antrieb und wassergekuhlter Feuerbrücke (Bauart L. & C. Steinmüller).

durchgebildet, um die restlose Verbrennung bei zweckmäßigster und weitgehendster Wärmeerzeugung zu erreichen.

Als Hauptformen sind zu nennen:

der einfache Wanderrost und der Zonenwanderrost.

Der Unterschied beider liegt in der Zuführung und Regelung der Verbrennungsluft.

Beim einfachen Wanderrost (Abb. 147), der ohne und mit Unterwind[1] gefahren werden kann, erfolgt die Zuführung der Verbrennungsluft von unten durch den Rost gleichmäßig über die ganze Rostfläche. Da die Schichthöhe mit dem Fortschreiten der Verbrennung nach hinten zu immer mehr abnimmt, wird der Widerstand für den Luftdurchtritt auf dem hinteren Rostteil stark vermindert, und infolgedessen tritt an dieser Stelle eine wesentlich größere Luftmenge durch den Rost als auf

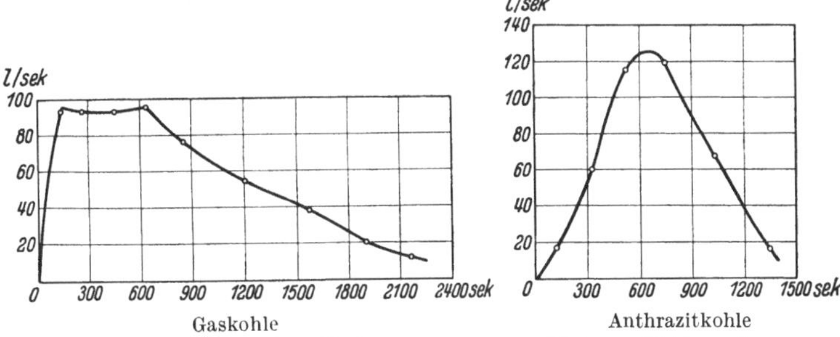

Abb. 148. Luftbedarf bei Verbrennung von verschiedenen Kohlensorten.

dem übrigen Teil. Es wird daher durch besondere Stauvorrichtungen am Rostende (Feuerbrücke, Pendelstauer) die Restbrennstoffmenge angestaut, um durch die höhere Schicht den zu starken Luftdurchtritt zu verhindern. Eine besondere Regelung der Luftmenge und Luftwege unter dem Rost ist, abgesehen von der allgemeinen Regelung der Luftmenge, an sich bei Unterwind oder künstlichem Zug nicht vorhanden. Den Laständerungen und damit den schwankenden Dampfverhältnissen im Kessel kann diese Feuerung nur langsam und nicht mit der höchsten Wirtschaftlichkeit in der vollständigen Ausnutzung des Brennstoffes folgen. Außerdem reicht bei manchen Kohlensorten das Anstauen am Rostende nicht aus, um die Ausbrennung vollständig zu gewährleisten. Abb. 148 zeigt den Luftbedarf eines gasarmen und eines gasreichen Brennstoffes, wie er sich zeitlich bei der Verbrennung auf einem Planrost ergibt[2]. Die Hauptverbrennung erfolgt also hier entweder vorn oder in der Mitte des Rostes, während am Rostende das Brenngut schon fast vollständig ausgebrannt sein soll und kein großer Bedarf an Verbrennungsluft mehr vorhanden ist. Andere Brennstoffe mit Flugkoksbildung, die am Rostende entsteht, erfordern eine verminderte Luftzuführung

---

[1] Über Unterwind gilt das auf S. 242 allgemein Gesagte auch für die anderen Feuerungsanlagen.

[2] Werkmeister: Verbrennungsverlauf bei Steinkohlen mittlerer Korngrößen. Arch. Warmewirtsch. 1931 Heft 8.

gerade am Rostende, um der Flugkoksbildung und dem Flugkoksaus-
wurf aus dem Schornstein zu begegnen. Auch der Wirkungsgrad der
Kesselanlage wird dadurch beeinflußt.

Der so geförderten besonderen Führung und Regelung der Verbrennungsluft entspricht der Unterwind-Zonenwanderrost (Abb. 149).

Bei diesem Rost sind Luftkammern unter der Rostfläche eingebaut,
aus denen die Zumessung der besonders geförderten Verbrennungsluftmenge je nach den theoretischen Erfordernissen des Brennstoffes erfolgt.
Falls notwendig kann die Regelung der Luftmenge für die letzte Zone

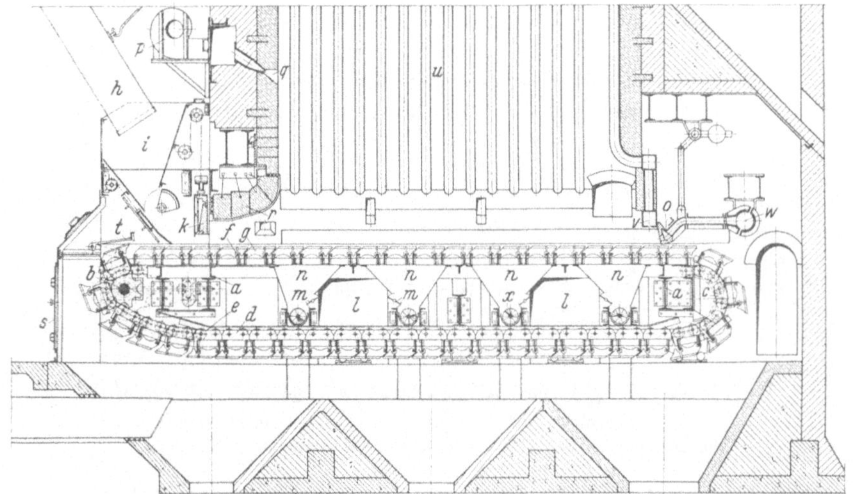

Abb. 149. Unterwind-Zonenwanderrost mit Pendelstauer (Bauart Babcock).
a Gerüst, *b* und *c* Rostwellen, *d* Rostkette, *e* Laufrolle, *f* Roststabträger, *g* Roststab, *h* Kohlen-
schurre, *i* Kohlentrichter, *k* Schichtregler, *l* Luftverteilkästen, *m* Regelklappen, *n* Windzonen,
o Schlackenstauer, *p* Lüfter für Zweitluft, *q* Zweitluftzuführung, *r* Hängebrücke, *s* Einkapselung,
t Abstreifer, *u* Strahlungsheizfläche, *v* Kühlbalken, *w* Druckluftzuführung, *x* Ascheschnecke.

in bestimmte Abhängigkeit zu den Luftmengen der vorderen Zonen
gebracht werden. Dadurch kann der günstigste Verbrennungsvorgang,
der höchste Gehalt der Abgase an CO_2 und der beste Ausbrand der
Rückstände erzielt werden.

Bei dem in Abb. 149 gezeichneten Zonenwanderrost wird die Verbrennungsluft mittels Krümmer aus den unter Flur verlegten Kalt- oder
Heißluftkanälen an beiden Rostseiten in große Windkästen geführt, die
unter der ganzen Rostbreite liegen. Aus diesen Windkästen wird auf
der ganzen Rostbreite gleichmäßig die Luft durch quer zur Rostbewegung
angeordnete Klappen regelbar in die einzelnen Zonen geleitet. Diese
Klappen müssen leicht bedienbar sein und sollen Ferneinstellung erhalten.
Schauluken bei diesen Betätigungseinrichtungen sind so anzubringen, daß
der Erfolg der Luftregelung vom Heizer beobachtet werden kann. Um
jederzeit auch eine Übersicht über die Druckverteilung in den einzelnen
Zonen zu besitzen sind zweckmäßig Zugmesser für die Änderung der
Druckverteilung einzubauen. Wesentlich für genaue zonenweise Luftzu-

teilung ist größte Dichtheit der Zonen gegeneinander besonders dort, wo die Luft aus den unbeweglichen Zonen in den Bereich des beweglichen Rostbandes übertritt. Die feststehenden Zonenräume selbst müssen ebenfalls luftdicht geschlossen sein.

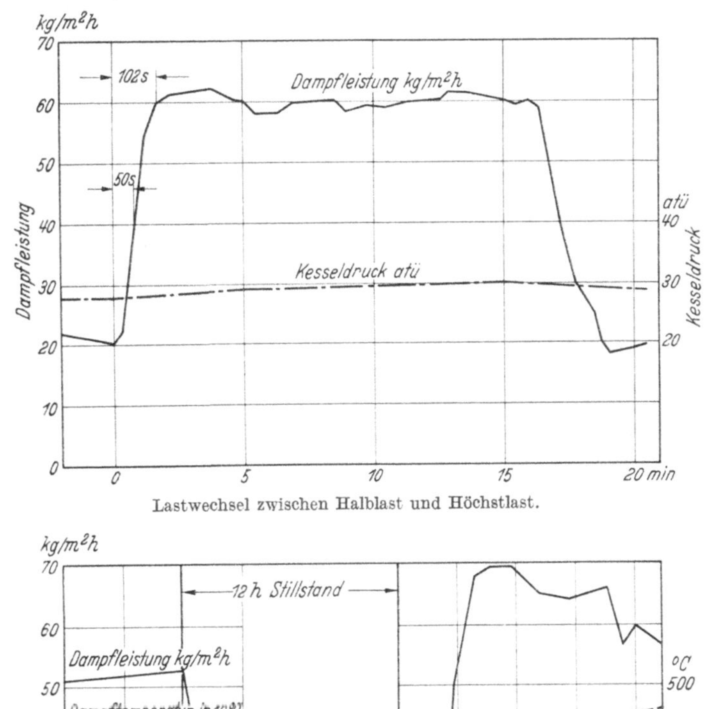

Lastwechsel zwischen Halblast und Höchstlast.

Abheizen und Anfahren nach 12stündigem Stillstand.

Abb. 150. Betriebskennlinien für einen Babcock-Schrägrohrkessel mit Unterwind-Zonenwanderrost (Brennstoff: Anthrazit-Mittelprodukt.)

Sämtliche Luftzuführungsquerschnitte sollen so groß bemessen werden, daß selbst bei großer Kesselleistung nur geringe Luftgeschwindigkeiten in den Windkästen und Luftzuführungskanälen auftreten. Auf gute Abführung der durch den Rost auf die Zonenböden fallenden Ascheteilchen mittels Förderschnecke oder Schieber ist ebenfalls zu achten.

Die Asche muß unter Luftabschluß in den Aschetrichter gebracht werden.

Eine besondere Führung der Verbrennungsluft wenden die Babcock-Werke an, um die beim Durchlaufen des Feuerraumes erwärmten Roststäbe während des Rücklaufens im unteren Turm möglichst abzukühlen und dadurch ihre Lebensdauer zu erhöhen. Die kalte Verbrennungsluft wird, bevor sie das Gebläse durch den Luftvorwärmer oder in die Unterwindzone drückt, durch den Raum unter dem Rost geleitet. Durch entsprechende Anordnung der Aschetrichter wird dafür gesorgt, daß diese Luft das Rostband mehrmals durchstreichen muß. Durch diesen Anschluß des Ascheraumes an die Saugseite des Gebläses wird der Raum unter leichtem Unterdruck gehalten, so daß die staubigen und übelriechenden Schwefelgase abgesaugt und vom Heizerstand ferngehalten werden (DRP.). Dadurch wird zugleich die Bedienungsmannschaft beim Abziehen der Asche gegen Belästigung durch heiße Gase und Schwaden sowie das Kesselhaus gegen Verstauben geschützt.

Die Regelfähigkeit gibt dem Zonenwanderrost noch eine weitere besondere Bedeutung für den Kesselbetrieb der hier zu behandelnden Kraftwerke dadurch, daß der Kessel durch die Feuerung den jeweiligen Lastverhältnissen außerordentlich schnell und wirtschaftlich folgen kann. Das ist besonders wichtig für selbständige Kraftwerke mit stark schwankenden Lastverhältnissen und plötzlich auftretenden Laständerungen größeren Ausmaßes, sowie für alle Werke, die als Spitzenlastwerke eingesetzt werden. Abb. 150 zeigt Regelkennlinien für diesen Rost, die amtlich aufgenommen sind. Aus ihnen ist zu ersehen, wie vorzüglich die Feuerung und damit der Kessel einem Lastwechsel zwischen Halblast und Höchstlast folgen und in welcher Zeit das Abheizen des Kessels, sowie das Anfahren nach 12 stündigem Stillstand durchgeführt werden kann. Die erforderliche Dampfmenge für die einzelnen Kesselleistungen ist in großen Grenzen gewählt worden. Diese vorzügliche Betriebsbeweglichkeit erhöht den Wirkungsgrad der Kesselanlage außerordentlich.

Für den Steinmüller-Zonenwanderrost werden folgende Werte angegeben:

Betriebsart	Betriebszeit
Übergang von Normallast auf Nullast	innerhalb ½ Min.
Übergang von Nullast auf normale Dauer-Dampf-Stundenleistung	innerhalb ½ Min.
Nach 12stündigem Betriebsstillstand auf Normallast je nach Brennstoffart	3 bis 8 Min.
auf höchste Dauerdampf-Stundenleistung	4 „ 14 Min.
Nach vollständigem Stillstand von etwa 38 Stunden Hochheizen auf Dauerdampf-Stundenleistung . .	33 Min.
Bei Störungen Abstellung der Dampferzeugung . .	sofort durch Stillsetzen des Rostes und Schließen der Luftregelklappen ohne schädliches Abfahren des Rostrückstandes.

Diese Betriebswerte sind für die Wahl der Feuerung von hervorragender Bedeutung und müssen im Ganzen zusammen mit den Anschaffungs-, Bedienungs-, Unterhaltungs- und Betriebskosten beim Vergleich mit der Kohlenstaubfeuerung herangezogen werden. Sie haben außerdem wirtschaftlich wie bei der Kohlenstaubfeuerung zur Folge, daß die Kesselreserve im täglichen Betrieb bedeutend kleiner gehalten werden kann, weil die Wärmereserve in die Feuerung bzw. in den Brennstoff gelegt ist.

Bei sehr großer Feuerbreite muß der Rost unterteilt werden. Es ist betrieblich vorteilhafter, dann jedes Rostband durch einen besonderen Antrieb zu bewegen. Ferner soll die Bauart zweckmäßig derart durchgebildet sein, daß die Rostbänder in der Mitte dicht zusammenschließen, damit keine besonderen Zwischenwände, Kühlkästen u. dgl. notwendig werden. Auch die Unterwindzonen sollen für jede Rosthälfte abgeschlossen und unabhängig regelbar sein.

Der Zonenwanderrost ergibt gute Breitenleistung, hohe spezifische Rostleistung, flache Wirkungsgradkennlinie und hohe Dampfleistung, die bei hochwertigen Brennstoffen bis etwa 200 t/h erzielbar ist.

Die verfeuerbaren Brennstoffe sind:

Auf dem einfachen Wanderrost: Ruhrnußkohle, schlesische Nuß- und Erbskohle, Kohlen aus dem Aachener Revier, englische Nußkohle, polnische Kohle, Saar-Nußkohle und Saargrus, schlesische Staubkohle, bayrischer Waschgries, Braunkohlenbriketts, böhmische Braunkohle, Rauchkammerlösche, Mittelprodukte von Fettkohle; auf dem Zonenwanderrost ferner Perlkoks, Koksgrus, Abfallkohle, gewaschene oder ungewaschene Mager-Feinkohle, Förderkohle, Schwelkoks, Torf und Mischungen minderwertiger Brennstoffe.

Der Wanderrost ist für alle Wasserrohrkessel-Ausführungen geeignet und hat die größte Verbreitung gefunden.

Die Wanderroste müssen besonders bei stark schlackender Kohle eine selbsttätige, sicher arbeitende Entschlackung am Ende der Rostbahn erhalten. In älteren Feuerungsanlagen sind zu diesem Zweck sog. Abstreifer eingebaut, das sind gußeiserne Bügel, die am Ende der Rostbahn aufliegen und diese kratzerartig von den festgebackenen Schlacken befreien sollen.

Im Betrieb haben sich die Abstreifer, namentlich wenn mit wechselnden Kohlensorten gefahren werden muß, nicht immer bewährt. Sie machen häufige Instandsetzungen erforderlich und versagen oft. Ferner werden sie unbrauchbar, wenn der Brennstoff gewechselt wird. Sie werden daher nur dort eingebaut — unter Umständen auch an der vorderen Rostumkehr — wo Kohle mit fließender Schlacke zur Verfeuerung kommt. In neueren Kesselanlagen verwendet man Pendelstauer (Feuerbrücken, Staubrücken), die gleichzeitig eine zweite Aufgabe haben. Bei gemischtem Brennstoff und bei solchem minderwertiger Beschaffenheit ist ohne besondere Hilfsmittel eine in allen Teilen vollständige Verbrennung beim Anlangen des Brennstoffes am Rostende nicht zu erreichen. Namentlich wenn die zur Mischung benutzten Brennstoffe verschiedene Brenngeschwindigkeiten aufweisen,

kann der Betrieb eine wesentliche Beschränkung seiner Wirtschaftlichkeit erfahren, weil ein Teil der noch nicht verbrannten Stoffe mit in
den Schlacken- und Ascheraum fallen, also für die Dampferzeugung
verloren sind. Hiergegen schützen diese Stauvorrichtungen, indem sie
den Brennstoff am Rostende aufstauen, dort nochmals verbrennen
lassen, und dann erst den Austritt der Asche und Schlacke in den
Ascheraum gestatten; sie haben sich im praktischen Betrieb gut bewährt.

Eine häufig benutzte Stauvorrichtung ist die Feuerbrücke
(Pendelstauer) von L. & C. Steinmüller (Abb. 151). Sie besteht aus
einem schmiedeeisernen, wassergekühlten Hohlkörper, an welchem ein

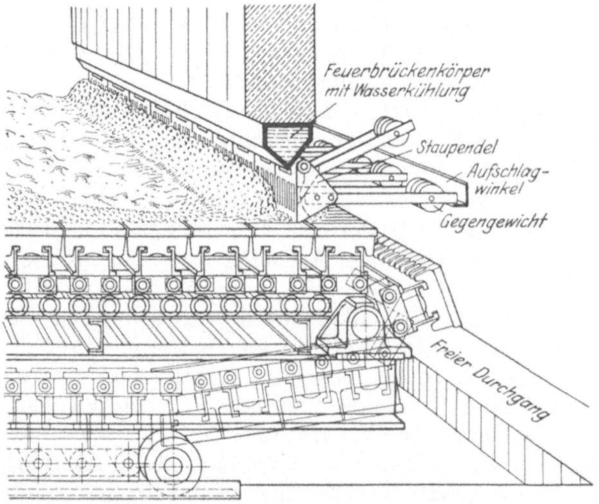

Abb. 151. Wassergekühlte Feuerbrücke (Pendelstauer) Bauart L. & C. Steinmüller.

Pendelrost aufgehängt ist, der nach hinten ausschwingen kann. Dieser
Pendelrost ist in eine Anzahl von Staupendeln unterteilt, die einzeln
mit einstellbaren Gegengewichten versehen sind, um den für die jeweils
verfeuerten Kohlen notwendigen Andruck gegen den Schlackendruck zu
erzeugen. Vor den Pendeln staut sich Schlacke in einer Höhe an, die
von der Stärke des Andruckes abhängt. Diejenigen Pendel, vor welchen
abzuführende Schlacke liegt, schwingen aus, während die übrigen den
Anstau aufrechterhalten. Die Pendel sind mit Luftschlitzen und Kühl-
rippen versehen. Die dem Rostende zugeführte Luft erwärmt sich an
der Schlacke, fördert den Verbrennungsvorgang an dieser Stelle und
dient gleichzeitig zur Schonung der Pendel.

Die jährlichen Unterhaltungs- und Instandsetzungskosten sind nach
praktischen Erfahrungen sehr gering.

Andere Ausführungen arbeiten mit einer Kühlung des Pendels
durch Wasser, das dann noch Wärmemengen aufnimmt und zur
Kesselspeisung benutzt wird (Abb. 151). Die Wirtschaftlichkeit ist hier
also um ein weiteres erhöht. Allerdings bilden sie auch häufig Störungs-

quellen, weil die Wasseranschlüsse nur sehr schwer dicht gehalten werden können.

Bei aschereichen Brennstoffen und hohen Rostleistungen führen die Babcock-Werke durch den Schlackenstauer dem Rostende Druckluft in regelbarer Menge zu, um den Ausbrand zu erhöhen (Abb. 149).

Alle derartigen Rostabschlußvorrichtungen müssen mit Hubvorrichtungen versehen sein, die sämtliche Pendel anheben, um den Rost bei Störungen schnell leerfahren zu können.

Die besonderen Vorteile der pendelnden Staubrücken sind: einfache Bedienung, große Unabhängigkeit vom Heizer, Fortfall des Abschlackens von Hand, Zugänglichkeit des Rostes von beiden Seiten, Erhöhung der Rostleistung, Schonung der Roststäbe, Verbesserung des Kesselwirkungsgrades, Verminderung der Brennstoffverluste, Rauchfreiheit im Feuerraum und im Schornstein.

Der Antrieb der Wanderroste erfolgt entweder von einer über dem Heizerstande oder im Keller verlegten Transmission durch Gelenkkette bzw. Exzenterantrieb oder

Abb. 152. Wanderrostantrieb durch Elektromotor mit Getriebe (Bauart L. & C. Steinmüller).

durch Elektromotoren auf dem Flur des Heizerstandes. Die erste Ausführung kommt nur für kleinere Kesselanlagen in Frage, während für große Kessel der elektrische Antrieb und zwar der Einzelantrieb jedes Wanderrostes vorgesehen wird (Abb. 152). Als Zwischenglied zwischen dem Motor mit hoher und dem Wanderroste mit sehr geringer Umlaufszahl wird ein Schnecken- oder Stirnradvorgelege geschaltet. Eine möglichst große Zahl von Geschwindigkeitsstufen (acht bis zehn sind Schnellgang) soll vorgesehen werden. Die Drehzahlregelung wird entweder mit diesem Vorgelege oder am Motor selbst vorgenommen. Das Schneckenradvorgelege arbeitet mit schlechterem Gesamtwirkungsgrade als das Stirnradvorgelege; besser sind Bauformen letzterer

Art. Die Motoren werden beim Schneckenradvorgelege größer und verbrauchen mehr Strom. Räderschaltkästen mit den Getrieberädern im Ölbad und stufenlose Regelung für selbsttätig arbeitende Feuerungen werden neuerdings vielfach verwendet. Die Abstufung der Geschwindigkeiten soll so vorgenommen sein, daß selbst bei kleiner Kesselbelastung z. B. $^1/_5$ Last und noch weniger der Rost nicht stehenbleibt, sondern durchgefahren wird.

Die Motorleistung schwankt je nach der Größe und dem Gewicht des Rostes zwischen $^1/_4$ bis $^1/_{10}$ kW für 1 m² Brennfläche. In Zahlentafel 30 sind die Antriebsleistungen für einige Rostgrößen von Steinmüller zusammengestellt, die je nach der Form und dem Wirkungsgrad des Antriebszwischengliedes bis zu etwa 25 vH zu erhöhen sind. Der Motor soll nicht zu knapp bemessen werden, um eine genügende Rostbewegung ohne Motorüberlastung auch bei schlechten Kohlen, deren Schlacken stark am Mauerwerke anbacken, zu erhalten.

Zahlentafel 30. Kraftbedarf für den Antrieb von Wanderrosten.

Bei Einzelrost		Bei Doppelrost	
Rostfläche R m²	Antriebsleistung kW	Rostfläche R m²	Antriebsleistung kW
1,5	0,15	3,0	0,30
2,0	0,18	4,0	0,37
4,0	0,37	8,0	0,65
6,0	0,50	10,0	0,90
8,0	0,60	15,0	1,1
10,0	0,80	20,0	1,7

Für Stromart und Sicherheit des elektrischen Antriebes gelten sinngemäß die gleichen Gesichtspunkte wie für den Antrieb der Kondensationspumpen. Steht Abdampf zur Verfügung, so ist wirtschaftlich zu untersuchen, ob der Antrieb nicht besser durch eine kleine Dampfmaschine oder Niederdruck-Dampfturbine unmittelbar für jeden Rost erfolgt. Ausführungen dieser Art sind ebenfalls in der Praxis vorhanden. Der Strom- bzw. der Dampfverbrauch (als Eigenverbrauch gerechnet) ist bei der Wirtschaftlichkeitsberechnung zu berücksichtigen.

Die allgemeinen an einen Wanderrost zu stellenden Forderungen sind zusammengefaßt folgende: Das Aufgeben des Brennstoffes muß sicher und je nach der Brennstoffart regelbar sein, desgleichen die Anpassung an die jeweilige Beschaffenheit der Brennstoffe, die schwankenden Betriebsverhältnisse (Anstrengungsgrad des Kessels und der Feuerung) und die Geschwindigkeit, mit der die Rostfläche wandert. Bei hochwertigen Brennstoffen ist mit kleiner Schichthöhe und großer Brenngeschwindigkeit, bei vermischten Brennstoffen mit wechselnder Schichthöhe und kleineren Brenngeschwindigkeiten zu fahren. Die Ausbildung und der Einbau der Roststäbe muß die Verbrennungsluft in zweckmäßigster Weise über die ganze Rostfläche verteilen lassen. Ferner soll der ganze Wanderrost gestatten, andere Roststabformen wiederum dem betreffenden Brennstoff angepaßt einbauen und beschädigte oder verbrannte Roststäbe leicht auswechseln zu können, ohne den Betrieb zu stören. Selbstverständlich muß die Durchbildung des vollständigen Wanderrostes derart sicher und erprobt sein, daß Verbrennungen, Klemmungen u. dgl. im Betrieb nicht vorkommen. Besonders vorteilhaft sind schließlich die Bauformen und die durch sie bedingten Einbauformen, die kein Herausfahren des ganzen Wanderrostes aus der Feuerung zu Untersuchungen und Instandsetzungen erforderlich machen (Platzbedarf vor dem Kessel). Das ist nur bei Hochleistungskesseln erfüllbar, weil bei den anderen Kesselbauformen die Rostfläche und damit die Rostbahnlänge wesentlich kleiner als der Feuerraum ist. Für den Zonenwanderrost ist noch besonders zu fordern, daß an keiner Stelle, besonders an den Austragsstellen des Rostdurch-

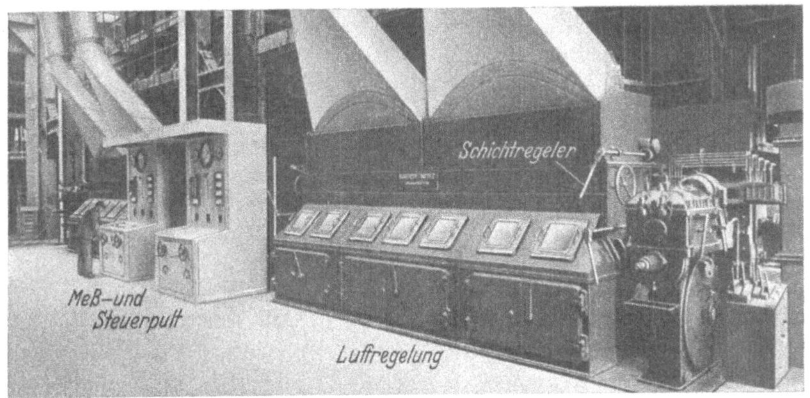

Abb. 153. Kesselbedienungsgang mit Meß- und Steuerpult, eingekapselter Feuerung, Rostantrieb und selbsttätiger Zugregelungsanlage (Bauart Babcock). 2 Hochleistungs-Teilkammerkessel je 800 m² Heizfläche, 36 atü, 440° C, Überhitzer 310 m², Speisewasser- und Luftvorwärmer, Unterwind-Zonenwanderrost, oberschlesische und westfälische Kohle.

falls, falsche Luft zutreten kann, der Luftabschluß der Zonen also dauernd und sicher gewährleistet ist.

Als besondere Baumerkmale eines guten Wanderrostes sind weiter zu nennen: die Größe und Durchbildung des Kohlentrichters, aus dem der Brennstoff dem Rost zugeführt wird. Er soll so reichlich bemessen sein, daß bei Störungen in der Kohlenzufuhr die Feuerführung noch mindestens eine halbe Stunde gespeist werden kann. Außerdem soll nahe am Rost eine sofortige Kohlenabsperrung möglich sein, um das Feuer schnell vom Rost entfernen zu können. Durch den Kohlentrichter darf aber die Rostzugänglichkeit für Besichtigung und Überholungsarbeiten nicht behindert werden. Durch ein Kohlenwehr muß die Schichthöhe leicht und sicher einstellbar sein. Gegen Falschluft soll der Rost eingekapselt werden (Abb. 153). Die Einkapselung kann bei Wanderrosten ohne Unterwind zur Regelung der Verbrennungsluftmenge benutzt und in mechanisch selbsttätige Verbindung mit dem Zugregler nach den Belastungsverhältnissen gebracht werden. Sie schützt den Heizer zudem vor heißer Luft, Staub, Schwelgasen und

Wärmerückstrahlung, dann auch den Kessel gegen das Auskühlen des Feuerraumes, was für Kessel, die häufig abgefahren und dann schnell wieder hochgefahren werden sollen, von besonderer wirtschaftlicher Bedeutung ist.

Reichliche Einsteigtüren und Schauluken für die Beobachtung der ganzen Feuerung dürfen nicht fehlen.

Die Roststäbe. Der zweckmäßigsten Gestaltung und Wahl der Roststäbe ist ganz besondere Bedeutung beizumessen. Hier sind Formen mit Luftkühlung und mit Wasserkühlung auf dem Markt, die alle mit mehr oder weniger gutem Erfolg zum Grundsatz haben, den Verschleiß der Roststäbe besonders bei geringen Rostgeschwindigkeiten tunlichst einzuschränken. Allgemein sollen die Roststäbe große Kühlfläche und große Höhe besitzen, damit die Abnutzung gering bleibt. Es ist Aufgabe der Betriebsleitung, auf die richtige Form der Roststäbe je nach dem verfeuerten Brennstoff zu achten, um auch hier die Betriebsausgaben und die Verluste durch den Rostdurchfall gering zu halten.

Die Kühlung durch die Verbrennungsluft ist die beste und einfachste Ausführung. Bei der Wasserkühlung z. B. durch Anblasen des Rostes vor der Staubrücke aus einer feinverteilenden Dampfbrause ist ein Verbrennen der Roststäbe bei guter Bedienung ausgeschlossen. Ferner hat diese Form der Kühlung den Vorteil, daß die Schlacken nicht festbrennen können, sondern zerkörnt werden und dann lose und in porösem Zustand auf dem Roste liegen. Allerdings ist der Betrieb infolge der Wasser- bzw. Dampfbeschaffung und der sorgfältigeren Wartung teuerer.

Um die Roststäbe während der Rostbewegung selbsttätig zu reinigen, werden sie mit Rüttel- oder Schlagvorrichtungen versehen, die sich im Betrieb gut bewährt haben. Durch solche Einrichtungen, die den Roststäben eine Erschütterung oder eine wackelnde Bewegung erteilen, werden die sich zwischen den Roststäben ansammelnden Schlacken- und Kohlenteilchen entfernt, so daß die Rostspalten für den ungehinderten Durchtritt der Verbrennungsluft vollkommen frei werden. Dadurch werden die Roststäbe ferner besser gekühlt und ihre Lebensdauer entsprechend erhöht.

Die Stokerfeuerung ist auch für Wasserrohrkessel durchgebildet. Grundsätzlich gilt hier das gleiche, insbesondere hinsichtlich der zu verfeuernden Brennstoffarten, das bereits auf S. 247 für die Flammrohrkesselfeuerung gesagt worden ist. Steinkohlen mit fließender Schlacke sollen weniger verwendbar sein. In Deutschland hat diese Feuerung wenig Eingang gefunden. Sie ist in der Hauptsache in Amerika durchgebildet worden und dort auch in großem Umfang im Gebrauch. In Deutschland ist die Riley-Stoker-Feuerung[1] (Abb. 154) in einigen Großkesselanlagen zur Verwendung gekommen und hat sich, soweit bisher bekannt geworden ist, gut bewährt.

---

[1] Marguerre, Dr.-Ing.: Bericht über eine Besichtigung von Riley-Stoker-Anlagen. Elektr.-Wirtsch. 1928 Nr. 462. Kaiser, F.: Der neue Riley-Stoker im Großkraftwerk Franken. Z. bayer. Revis.-Ver. 1929 Nr. 7, 9 und 10.

Die Stokerfeuerung steht im Wettbewerb mit der Wanderrost- und der Kohlenstaubfeuerung. Der ersteren gegenüber hat sie den Vorteil, für wesentlich größere Breitenleistungen ausgeführt werden zu können. Es sind bereits Kesselfeuerungen für 2100 m² Heizfläche bei 63 m² Rostfläche im Betrieb. Der Wanderrost hat hierin gewisse Beschränkungen. Die Höchstleistung eines solchen Kessels beträgt bis zu 100 t/h Dampf. Der Kohlenstaubfeuerung gegenüber besitzt die Stokerfeuerung den wesentlichen Vorzug im Fortfall der Kohlenaufbereitungsanlagen, trotzdem sie mit unsortierter Kohle gefahren werden kann.

Von den verschiedenen Durchbildungen soll kurz der Riley-Stoker[1] besprochen werden.

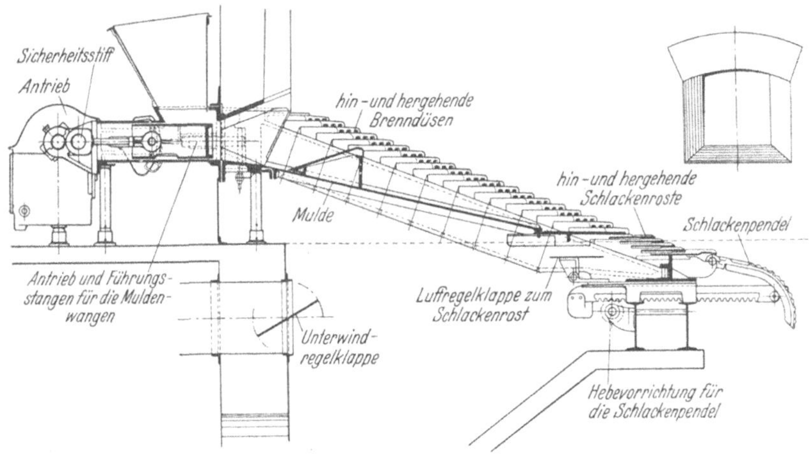

Abb. 154. Riley-Stokerfeuerung, Längsschnitt durch ein Element.

Aus Abb. 154 ist der Aufbau zu ersehen. Die Feuerung besteht aus der Beschickungsvorrichtung mit dem Antrieb, der Mulde mit den beweglichen Muldenwangen und Brenndüsen, und dem Schlackenrost mit den Schlackenpendeln.

Die in den Fülltrichter eingebrachte Kohle wird durch einen hin- und hergehenden Kolben in die Mulde gedrückt und von oben durch die darüber liegende Brennschicht erwärmt und entgast. Der Kolben erhält durch Kreuzkopf und Pleuelstange seinen Antrieb von einer dem Stoker vorgelagerten Kurbelwelle. Diese wird über ein Getriebe von einem regelbaren Elektromotor angetrieben. Der Kreuzkopf ist mit seitlichen Zapfen versehen, die die Zug- und Führungsstangen der Düsenwangen umgreifen und durch eine einfache Kupplung, die gleichzeitig eine Hubveränderung ermöglicht, mit diesen gekuppelt werden. Die Düsenwangen, auf denen die einzelnen Brenndüsen sitzen, machen eine hin- und hergehende Bewegung. Diese Beweglichkeit der Düsenwangen ist ein wesentliches Kennzeichen des Riley-Stokers. Die Fortbewegung der Kohle und der Schlacke erfolgt einerseits durch den

---

[1] Gebaut von der Deutschen Evaporator A.-G. Berlin.

Kolbennachschub, andererseits durch die gegenläufige Bewegung der Düsenwangen. Durch diese Bewegung wird auch gleichzeitig ein Aufbrechen der Kohlenschicht erzielt, so daß das Feuerbett ständig gasdurchlässig ist und dadurch leistungsfähig bleibt. Die Kohle wandert langsam über die etwas schräggelegte Mulde nach abwärts und gelangt nahezu ausgebrannt auf einen Schlackenrost, auf dem das vollständige Ausbrennen erfolgt. Der Schlackenrost macht ebenfalls die hin- und hergehende Bewegung mit.

Hinter dem Schlackenrost sind wiederum hin- und hergehende Schlackenpendel angeordnet, die gleichzeitig eine drehende Bewegung ausführen, wodurch die Schlacke in den Schlackenfall fortgeführt wird. Hinter dem Schlackenrost liegt eine Brecherwalze zur Zerkleinerung der Schlackenkuchen. Durch Verstellen der Zahnstange können die Pendel in ihrer Lage eingestellt und die Durchgangsöffnung für die Schlacke vergrößert oder verkleinert werden.

Der Riley-Stoker wird mit Unterwind betrieben. Die Verbrennungsluft wird durch ein regelbares Gebläse unter die Mulden gedrückt und durch die Brenndüsen in die Brennstoffschicht geblasen. Je nach Länge der Roste ist der Unterwindraum in mehrere Kammern unterteilt. Die Luftzufuhr zum Schlackenrost ist durch eine eigene Windklappe ebenfalls regelbar. Die Verbrennungslufttemperatur kann bis etwa 150° C getrieben werden, sofern die Schlackenbeschaffenheit der Kohle dieses zuläßt. Sie liegt höher als beim Wanderrost.

Die Menge der aufzugebenden Kohle wird durch Veränderung der minutlichen Hubzahl des Aufgabekolbens eingestellt. Der Vorschub der Kohle wird durch Verstellung des Hubes der Düsenwangen erzielt. Je größer der Hub gewählt wird, desto niedriger wird bei gleichmäßiger Kohlenzufuhr die Höhe der Kohlenschicht und umgekehrt.

Eine Riley-Stoker-Anlage setzt sich aus gleichen Mulden mit bewegten Seitenwänden zusammen, deren Anzahl von der Größe des Kessels bzw. von der verlangten Kesselleistung abhängt. Dadurch können ohne Schwierigkeiten Rostflächen jeder Breite hergestellt werden. Jedes einzelne Element besteht aus Teilen, die nach Normen gearbeitet sind, so daß ein gegenseitiges Auswechseln leicht möglich ist. Es kann daher die Zahl der Reserveteile auch für große Anlagen verhältnismäßig gering gehalten werden.

Die Regelung gestattet die Feuerung in den weitesten Grenzen den Betriebserfordernissen anzupassen. Durch Absperren der Verbrennungsluft wird das Feuer gedämpft und kann in diesem Zustand beliebig lange Zeit erhalten werden. Dabei bleibt der Kessel stets auf Druck, da nur so viel an Kohle verbrannt wird, als an Wärme für den Verlust durch Strahlung und Leitung ersetzt werden muß. Bei Bedarf ist das Feuer in wenigen Minuten hochzufahren, wodurch auftretende Spitzenlasten ohne Schwierigkeiten gedeckt werden können.

Der Riley-Stoker erfordert keinerlei Gewölbeeinbauten, infolgedessen ist sein Einbau einfach und billig. Dementsprechend sind die Instandhaltungskosten für das Mauerwerk gering. Das seitliche Mauerwerk wird durch gußeiserne Düsenwangen, die ein Anbacken der

Schlacke an das Mauerwerk verhindern, geschützt. Der Feuerraum wird durchgehend ohne jede Zwischenmauer ausgeführt. Infolgedessen ist eine einwandfreie Beobachtung von außen auch bei Kesseln breitester Bauart möglich.

Jedes Element ist mit einer Sicherheitsvorrichtung in Form eines Sicherheitsstiftes als Kupplung zwischen Kreuzkopf und Pendelstange versehen, die das betreffende Element bei eintretendem Widerstand durch Abscheren des Stiftes selbsttätig außer Betrieb setzt. Der Betrieb der übrigen Elemente wird dadurch nicht gestört. In wenigen Minuten läßt sich ein neuer Sicherheitsstift einsetzen. Das ist ein besonderer betriebstechnischer Vorteil gegenüber dem Wanderrost.

Die Feuerungseinrichtungen für Rohbraunkohlen. Nach der Beschaffenheit der Braunkohle muß die Feuerung ausgebildet werden. Der geringe Heizwert erfordert große Rostfläche und bei Wasserrohrkesseln, insbesondere bei Steilrohrkesseln, bei denen die Breitenausdehnung der Feuerung beschränkt ist, eine besondere Bautiefe, um die jeweils notwendige Brennlänge zu erreichen. Aus diesem Grund kommen bei reiner Braunkohlenfeuerung Treppenroste mit schrägliegender Brennfläche zur Anwendung. Da sich letztere aber verhältnismäßig schwer gleichmäßig beschicken lassen, ein Nachteil, der sich namentlich bei

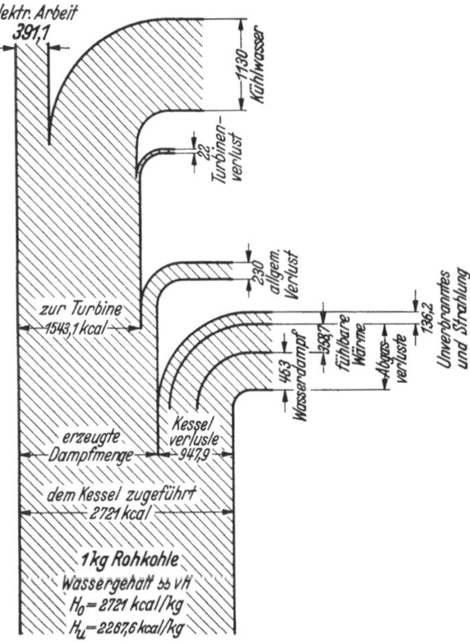

Abb. 155. Wärmestrombild für Verfeuerung von 1 kg Rohbraunkohle im natürlichen Zustand mit 55 vH Wassergehalt auf Vorschubrost.

wechselnder Beschaffenheit dieses Brennstoffes bemerkbar macht, wird der untere Teil der Brennbahn noch besonders ausgebildet und endet am Fuß des Treppenrostes in einen Planrost. Von diesem fällt die Asche ab.

Die Verfeuerung der Braunkohle kann im rohen oder getrockneten Zustand erfolgen. Im rohen Zustand gehen der Wärmeausnutzung in der Feuerung die Wärmemengen verloren, die zur Verdampfung des Wassers verbraucht werden und in der Überhitzungswärme des entstehenden Dampfes enthalten sind. Der Kesselwirkungsgrad wird dadurch nicht unwesentlich vermindert. Abb. 155 zeigt hierfür das Wärmestrombild[1] mit eingetragenen Verlustzahlen. Die wirtschaftliche Ausnutzung des Rohbrennstoffes beträgt nur 14,4 vH. Für den getrock-

---

[1] Münzinger, F.: Einfluß der Kohlenstaubfeuerung auf den Bau von Elektrizitätswerken. Z. VDI. 1926 Nr. 40 u. 42.

neten Zustand gibt Abb. 156 die Gegenüberstellung. Nunmehr beträgt
die Ausnutzung 16,3 vH, allerdings unter Berücksichtigung der im
Kondensat des Trockners enthaltenen Wärmemengen. Die Trocknung
erfolgt durch Anzapfdampf der Hauptturbinen oder über eine Gegendruckturbine.

Vor der Entscheidung der besonderen Trocknung muß eine sorgfältig
aufgestellte Wirtschaftlichkeitsberechnung Aufschluß geben über den
Wärmepreis des Dampfes unter Berücksichtigung aller Einzelheiten für
die Trockenanlage selbst, die Dampfgewinnung, die Nebenanlagen (Rohr-

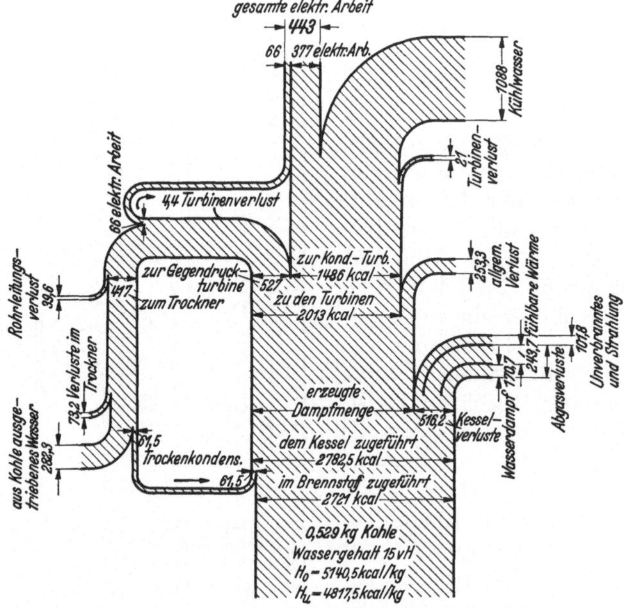

Abb. 156. Wärmestrombild für Verfeuerung von 1 kg Rohbraunkohle in getrocknetem Zustand mit 15 vH Wassergehalt in einer Kohlenstaubfeuerung, Trocknen durch Dampf einer Gegendruckturbine.

leitungen usw.), die Bau- und Betriebskosten. Hierfür allgemeinere Unterlagen zu geben ist nicht möglich, da sich die Verhältnisse für jede
Anlage anders gestalten. Jedenfalls ist die zum Trocknen aufzuwendende
Wärmemenge kein vollständiger Verlust, sondern erscheint als Gewinn in der Verminderung der Abgasverluste. Unter Umständen kann
sogar insgesamt eine Wärmeersparnis erzielt werden. Die Anwendung
der Trocknung hängt im wesentlichen von den Brennstoffen frei Kesselhaus ab.

Bei der Gegenüberstellung verschiedener Feuerungsausführungen ist neben der Einrichtung für das Trocknen, Entgasen,
Vergasen und Verbrennen auch auf die Bedienung, die Regelung, die
Luftführung und das Abschlacken zu achten. Anlagen für Braunkohlenfeuerung haben wesentlich mehr Bauraum notwendig als solche
für Steinkohlen und Briketts. Da sie große Feuerräume benötigen,

um mit möglichst geringer Zugstärke im Betrieb zu arbeiten und das Mitreißen von Brennstoff und Asche (Flugasche)[1] in die Feuerzüge und den Schornstein zu verhindern, um ferner die Belastungsfähigkeit und die Wirtschaftlichkeit gegenüber Anlagen für Steinkohle oder Braunkohlenbriketts auf möglichst gleich günstigen Wert zu bringen, muß auch hier auf große Rostleistung bei geringster Rostfläche gesehen werden. Schießlich darf die Sauberkeit des Betriebes unter der Kohle nicht leiden.

Die Rostbelastungen schwanken sehr stark und sind abhängig vom Heizwert, dem Wasser- und Aschegehalt und der Stückung der Braunkohle. Für deutsche Braunkohle mit etwa 2000 kcal/kg Heizwert kann eine Dauerrostbelastung von 230 bis 240 kg/m² und eine Höchstbelastung bis 300 kg/m² erreicht werden. Für hochwertige Braunkohle mit 3000 bis 3500 kcal/kg sind die Belastungen entsprechend geringer zu etwa 180 bis 250 kg/m² anzunehmen. Diese Belastungen setzen ausreichende Zugstärke voraus.

Die Gesamtausbildung der Feuerung geschieht stets nach den Gesichtspunkten einer Vorfeuerung. Auf einem Vorrost — Vortrocknungsrost — muß die Kohle genügend vorgetrocknet d. h. der Wassergehalt entzogen werden. Der Wasserdampf kühlt das Gewölbe unter Umständen so stark ab, daß keine Weißglut erzielt werden kann und die Zündung abreißt, so daß dann die Kohle schwarz in den eigentlichen Feuerraum einläuft. Nach dieser Vortrocknung erfolgt auf der weiteren Rostbahn die Entgasung, die Vergasung und schließlich die Verbrennung. Die Wärme der Vorfeuerung wird auch zur teilweisen Entzündung der Kohle benutzt. Die sehr feuchten Verbrennungsgase müssen derart in den Feuerraum geführt werden, daß jede Kühlwirkung auf die Zündgewölbe vermieden wird. Die Verbrennungstemperaturen müssen möglichst hoch liegen; dabei dürfen die Strahlungsverluste nicht zu groß ausfallen. Man bezeichnet die Vorfeuerung auch als Halbgasfeuerung; die Arbeitsweise soll an zwei Feuerungsbauarten kurz erläutert werden.

Die Babcock-Treppenrostfeuerung (Abb. 157) besteht im wesentlichen aus dem Brennstofftrichter, daran anschließend aus dem oberen steilen Schwelrost, dem unteren flachen Verbrennungsrost mit Schür- und Regelungseinrichtung, dem Schlackenplanrost mit darunterliegendem vollwandigen Schlackenschieber und davorsitzenden Luftschiebern. Der Trichterausgang ist durch einen Absperrschieber verschließbar. Das Ende des Schwelraumes wird durch einen einstellbaren Schamotteschieber mit Öffnungen für den Durchlaß der Schwelgase begrenzt. Dieser Schieber bildet mit einer kurz dahinter hängenden Mauerzunge den Gasmischraum; jenseits desselben liegt der Verbrennungsraum.

Nach außen ist die Feuerung vorn durch die Frontplatte mit Bedienungstüren, seitlich, oben und unten durch das Mauerwerk eingeschlossen. Im Mauerwerk befinden sich die Kanäle für die Verbrennungsluftzuführung, die Schau- und Bedienungsluken, und im Boden

---

[1] **Pradel:** Die Flugkoks- und Flugaschenfrage bei der Umstellung auf minderwertige Brennstoffe. Mitt. V. d. E. W. 1922 Nr. 304.

Verschlüsse für den Schlacke- und Ascheabzug. Ein besonderes Merkmal der Feuerung bildet die in Abb. 157 erkennbare Schürvorrichtung. Der untere Rostteil ist derart verstellbar, daß die Rostplatten mit nach unten zunehmendem Vorschub eingerichtet werden können. Diese Vorkehrung ermöglicht durch eine einfache Hebelbetätigung das Schüren und Lockern der gesamten Brennschicht, die Reinigung des unteren Rostes und das Freihalten der Rostspalten von Schlacke und Asche

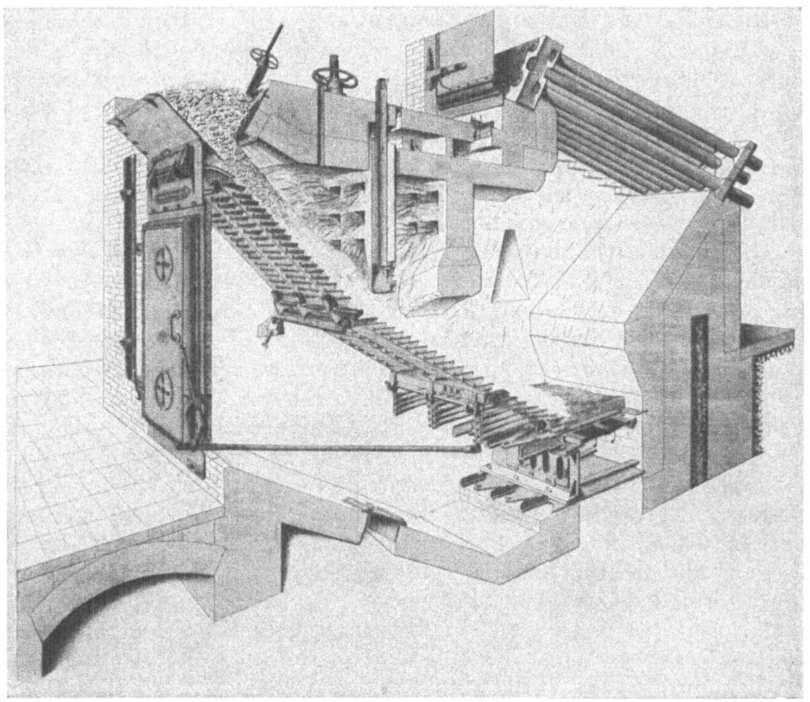

Abb. 157. Einfache Treppenrostfeuerung für Rohbraunkohle (Bauart Babcock).

(besserer Luftdurchtritt durch die Brennschicht), sowie im Bedarfsfalle die Einstellung einer veränderten Rostneigung[1].

Die Feuerung arbeitet nach dem Vortrocknungsgrundsatz, der einen hohen Wirkungsgrad und eine rauchfreie Verbrennung gewährleistet. Die Beschickung und Verbrennung erfolgt in der Weise, daß der frische Brennstoff aus dem Trichter in regelbarer Schicht in den Schwelraum (auf den Vorrost) gelangt. Dortselbst wird er durch die Einwirkung der Hitze teilweise vergast und getrocknet. Die abziehenden Schwelgase treten durch Öffnungen in den Trennwänden in den Hauptfeuerraum und verbrennen im Misch- und Verbrennungsraum vollständig. Der Schwelrost beschickt nunmehr wiederum in einstellbarer

____

[1] Maßnahmen gegen das Herausschleudern der Flammen bei Braunkohlenfeuerungen; Mitt. V. d. E. W. 1922 Nr. 304.

Schicht den Verbrennungsrost mit vorgetrocknetem, schwach glühendem und ziemlich gleichartigem Brennstoff. Dieses Feuer bildet das sogenannte Grundfeuer. Während des Abwärtsgleitens in dieser Hauptfeuerzone brennt er fast vollständig aus, so daß der anschließende Schlackenrost in der Hauptsache Schlacke empfängt; die Reste an Verbrennlichem haben Zeit, noch an dieser Stelle auszubrennen. Die Verbrennungsrückstände werden durch zeitweises Ziehen der Schlackenschieber in den Ascheraum abgeführt.

Die Babcock-Treppenrostfeuerung eignet sich in erster Linie zur Verfeuerung von erdiger oder stückiger Rohbraunkohle auch dann,
wenn sie schwer zündbar und dicht lagernder Beschaffenheit ist, in Sonderausführung ferner für Lignit, Torf und Lohe, doch können auf der Feuerung vorteilhaft auch kleinere Holzabfälle und Sägemehl verbrannt werden. Diese Feuerung ist dort besonders geeignet, wo große Kesselabmessungen und hohe Dampfleistungen große Rostabmessungen erforderlich machen. Gewöhnliche Treppenroste versagen bei zu großen Längenabmessungen.

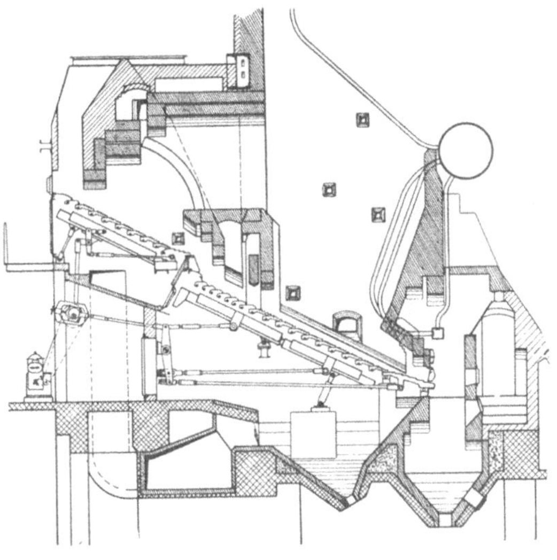
Abb. 158. Doppelvorschub-Treppenrostfeuerung für Rohbraunkohle (Bauart L. & C. Steinmüller).

Je nach den Verhältnissen (Leistung, Brennstoffart) können Vor- und Hauptrost mit natürlichem Zug, ferner nur der Vorrost oder beide mit Unterwind betrieben werden. Mit natürlichem Zug auf dem Hauptrost und Unterwind im Vorrost können etwa 300 kg/m² Hauptrostfläche und Stunde Rohbraunkohlen verfeuert werden. Bei Brennstoffen anderer Zusammensetzung wie Schlamm, Koksgrus usw. ist der Wärmeumsatz entsprechend höher. Durch Anwendung von Unterwind auch für den Hauptrost ist die Leistung noch weiter steigerbar.

Da der Vorrost als besondere Feuerung ausgebildet ist, kann er jeder Brennstoffsorte angepaßt werden. Man ist selbst bei stark wechselnder Brennstoffbeschaffenheit in der Lage, stets den Betrieb aufrechtzuerhalten und hohe Leistungen bei gutem Wirkungsgrad zu erreichen.

Für gute Kohlen wird der Vorrost durch Absperrung der Luftzufuhr und Gasabsaugung außer Betrieb gesetzt und dient dann nur als Kohlenrutsche. Für wenig wasserhaltige, gasarme, schwer zündbare Kohlen wird nur die untere Druckkammer mit dem Unterzündungsrost scharf beblasen, während die Luftzufuhr zum Schrägrost mehr oder weniger ganz gesperrt wird. Bei Kohlenmischungen mit starkem Wassergehalt wird der Vorrost voll betrieben. Die Einstellung der Luftzufuhr zum unteren und oberen Druckraum wird in einfacher Weise durch besondere Klappen geregelt. Die Kohlenschichthöhe auf dem Vorrost wird durch einen Schieber im Trichter, die Schichthöhe auf dem Hauptrost durch einen wassergekühlten oder doppelseitig mit Schamotte verkleideten Schieber eingestellt.

Bei niedriger Last wird die Luftzufuhr zum Vorrost abgedrosselt und dieser dadurch für den Feuerungsvorgang außer Betrieb gesetzt. Bis etwa zweidrittel der Kessellast wird dabei noch ein günstiger Wirkungsgrad erreicht. Wird die Luftzufuhr zum Hauptrost abgeschaltet, also nur mit dem Vorrost gefahren, dann kann die Kesselbelastung wirtschaftlich noch weiter absinken.

Bei einer anderen Bauform arbeitet der ganze Rost in Form eines Vorschubrostes mit abwechselnd festen und beweglichen Roststabreihen. Die hin- und hergehende Bewegung der beweglichen Reihen wird durch einen Exzenter mit Elektromotorantrieb vorgenommen. Auch hier sollen möglichst viele Geschwindigkeitsstufen (4 bis 10 in der Regel) einstellbar sein.

Da bei der Braunkohlenfeuerung das Grundfeuer von besonderer Bedeutung ist, muß der Vorrost entsprechend durchgebildet sein. Bei dem Steinmüller-Doppel-Vorschubrost (Abb. 158) gelangt der Brennstoff des Vorrostes in glühendem, nicht restlos ausgebranntem Zustand auf den Hauptrost, wo er, ein Ersatz für das sonst fehlende Grundfeuer, den Brennvorgang sofort einleitet. Das ergibt eine starke Steigerung der Breitenleistung. Die Breitenleistung ist aber wirtschaftlich durch die anfallenden unverbrannten Gase und den Flugkoks begrenzt. Um hohe Breitenleistungen zu erzielen, müssen die Braunkohlenroste sehr lang werden. Da der Luftüberschuß der Gase, die vorn auf dem Rost, und der Gase, die auf dem Rostende erzeugt werden, zumeist sehr verschieden ist, müssen diese beiden Gasströme im Feuerraum dann gut durcheinandergewirbelt werden. Das erfolgt bei dieser Feuerung in der Form, daß im Treffpunkt der Gasströme eine praktisch restlose Ausbrennung noch vorhandener unverbrannter Gase vor sich geht. Die Treffpunkte dieser Gasströme sind Orte höchster Temperatur. Der CO_2-Gehalt der Rauchgase wird wesentlich von dieser Gasführung beeinflußt. Der Flugkoks wird ebenfalls an diese Stelle geschleudert also im Feuerraum verbrannt.

Die Halbgasfeuerung Bauart Völcker wird bei Großwasserraumkesseln (Abb. 159) mit feststehendem Rost, für Schräg- und Steilrohrkessel allgemein ebenfalls mit einer Bewegungseinrichtung des hochwertigen unteren Rostteiles und des Schrägrostes versehen (Abb. 160). Der Planrost wird je nach der Beschaffenheit der Kohle als mechanischer Längsstoker ausgeführt oder mit mechanisch betätigten Schiebern ausgerüstet. Neuerdings werden unterhalb des Kohlenwehres zwischen der Kohle Kohlenleitschienen angeordnet, wodurch eine gleichmäßige Bedeckung des Rostes mit Brennstoff auf der ganzen Breite, eine Auflockerung der Kohlenschicht und ein höherer Brenndurchsatz bei geringem Unterdruck in der Feuerung erreicht werden.

Die Völcker-Feuerungen
erhalten einen Vortrock-
nungsschacht, in wel-
chem der Brennstoff auf
dem Weg vom Kohlen-
einlauf zum Verbrennungs-
rost mehrmals umgewälzt
wird. Hierdurch kommen
immer wieder frische Koh-
lenteile an die Oberfläche
und gelangen unmittelbar
mit den heißen Feuergasen
in Berührung, so daß die
Wasserdämpfe und Schwel-
gase stark ausgetrieben
werden. Dieser Vortrock-
nungsschacht steht in Verbindung mit einer Gas-
rückführung, durch die
eine weitgehende Vortrocknung und eine gute Auf-
bereitung des grubenfeuch-
ten Brennstoffes herbei-
geführt wird. Durch diese
Gasrückführung wird ein-
mal für den vollkommenen
Ausbrand der Feuergase
im Feuerraum eine starke
Wirbelung der Feuergase
und eine innige Mischung
der Verbrennungsluft mit
den Schwelgasen erzielt,
andererseits wird durch die
Mischung eines Teiles der
hochwertigen Feuergase mit
den Schwelgasen eine Er-
höhung der Anfangstempe-
ratur des Gasgemisches und
dadurch eine Temperatur-
erhöhung der Feuergase
um etwa 200° C im Feuer-
raum selbst erreicht.

Die Gasführung bewirkt
ferner ein selbsttätiges Ausscheiden der durch den Zug
mitgerissenen Koks- und
Aschenteilchen auf dem
Rost. Es können daher

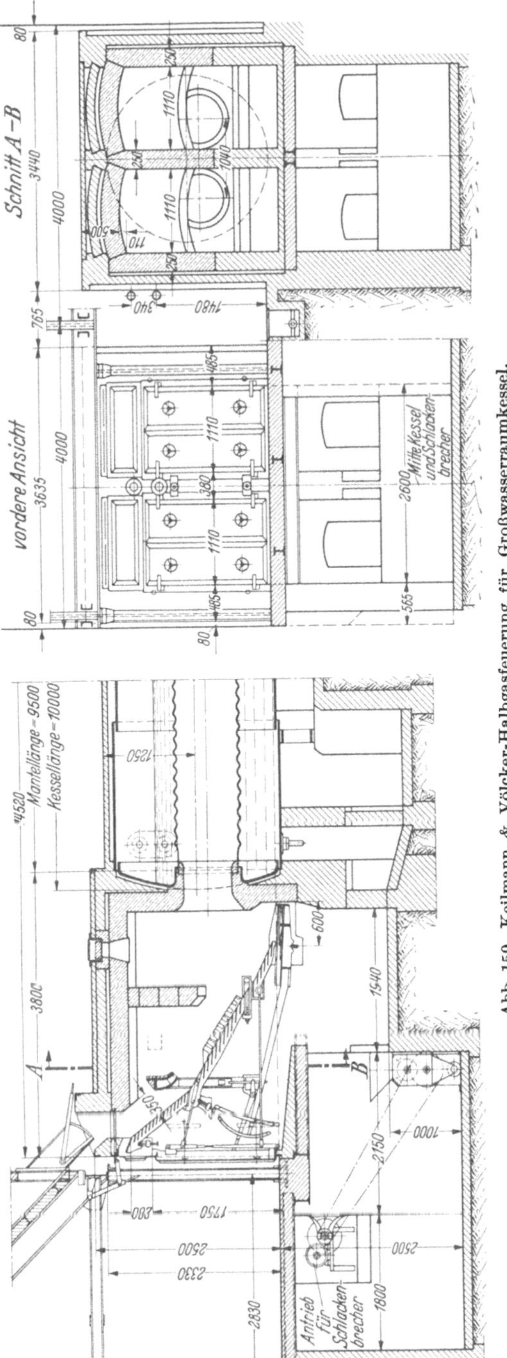

Abb. 159. Keilmann & Völcker-Halbgasfeuerung für Großwasserraumkessel.

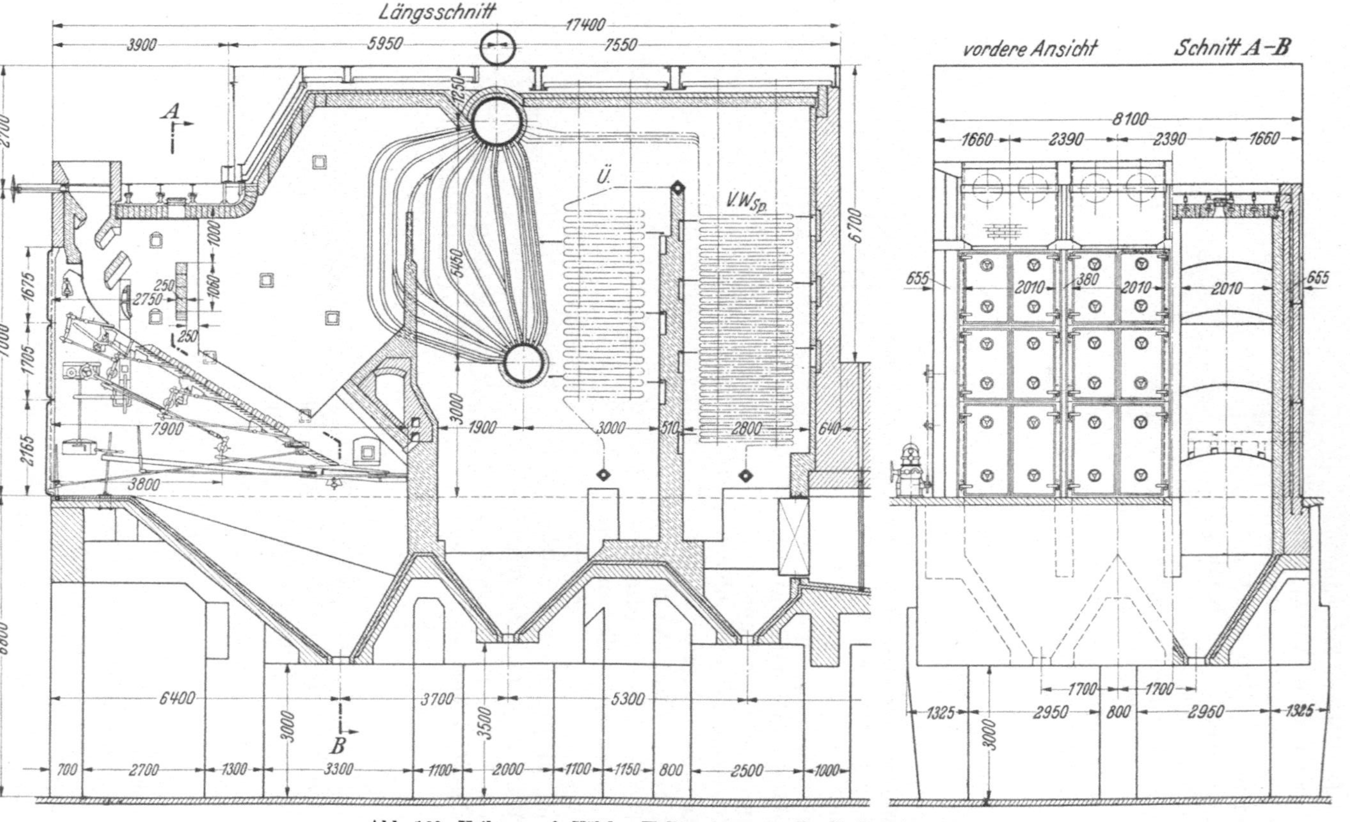

Abb. 160. Keilmann & Völcker-Halbgasfeuerung für Steilrohrkessel.

keine unverbrannten Brennstoffteile in die Kesselzüge gelangen, somit werden Nachverbrennungen in den hinteren Zügen sicher vermieden und die Abgastemperatur am Kesselende wesentlich vermindert. Infolge der hohen Anfangs- und der verminderten Abgastemperatur steht ein bedeutend höheres Temperaturgefälle zur Ausnutzung im Kessel zur Verfügung.

Mit der Beschickungsvorrichtung wird eine gute Zuführung und Verteilung des Brennstoffes auf dem unteren Verbrennungsrost erreicht. Die Feuerungen erhalten einstellbare Planroste, die während des Betriebes von Hand der jeweilig zur Verbrennung gelangenden Kohle angepaßt werden können.

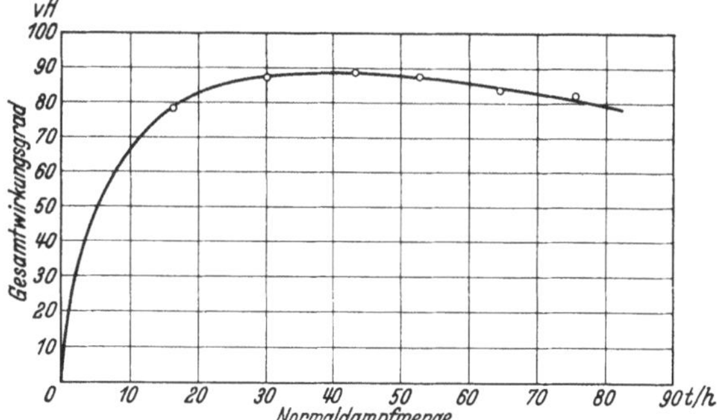

Abb. 161. Kesselwirkungsgrad bezogen auf die Normaldampfmenge in t/h bei einem Steinmüller-Großsteilrohrkessel mit Doppelvorschub-Treppenrostfeuerung (Rohbraunkohle 51 bis 53 vH Wassergehalt, 6 bis 7 vH Asche, 40 vH Feingehalt, H_u = 2250 kcal/kg, 1350 m² Heizfläche, 40 atü 380° C, 77,8 m² nutzbare Rostfläche).

nen. Das vom Heizerstand entsprechend der Beschaffenheit der Kohle einstellbare Kohlenwehr ist in seiner Form der Feuerungsbahn angepaßt, so daß ein Hängenbleiben der Kohle vermieden wird. Das Kohlenwehr erhält auf der ganzen Breite kleine, gleichmäßig verteilte Öffnungen für die Zweitluft zum Feuerraum. Dadurch wird eine gute Vorwärmung der Zweitluft und eine gute Mischung mit den Schwelgasen erreicht.

Auch diese Feuerung gestattet eine leichte und wirtschaftliche Regelung in Anpassung an alle Belastungsschwankungen.

Bei der Beurteilung verschiedener Rostbauformen ist noch besonders darauf zu achten, ob der Vorrost eine

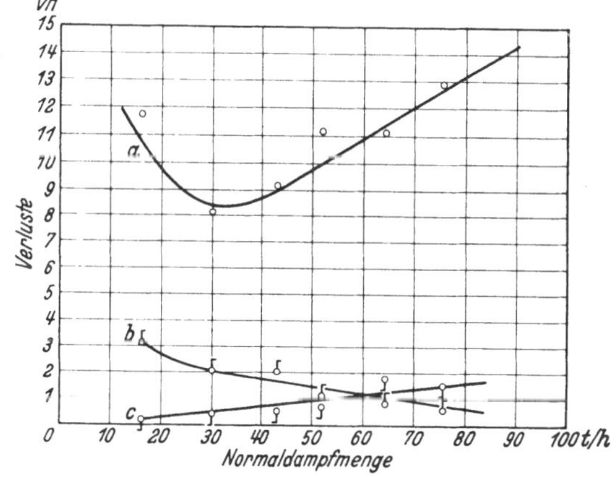

Abb. 162. Verluste in Abhängigkeit von der Normaldampfmenge zu Abb. 161. Verluste in vH der Normaldampfmenge: a in der Abwärme, b in der angefallenen Flugasche, c in den angefallenen Herdrückständen.

besondere Aufgabe für die wirtschaftliche Verbrennung hat und damit der gleichen Wartung und Beaufsichtigung wie der Hauptrost bedarf. Werden die Rückstände vom Vorrost nicht auf den Hauptrost, sondern in einen gesonderten Schlackentrichter geführt, dann besteht diese besondere betriebliche Beobachtung des Vorrostes. In den Angeboten muß weiter angegeben werden, inwieweit eine Bedienung von Hand bei schlackenhaltigem Brennstoff erforderlich ist, um ein Absinken der Leistung und eine Verschlechterung des Kohlensäuregehalts zu verhüten und in welcher Weise solche Betriebsmaßnahmen durchzuführen sind. Schließlich soll jeder Braunkohlenrost ohne größere Umstellung auch mit Steinkohle gefahren werden, was bei Streik, Ausfall in der Förderung oder Anfuhrstockungen gegebenenfalls verlangt werden muß.

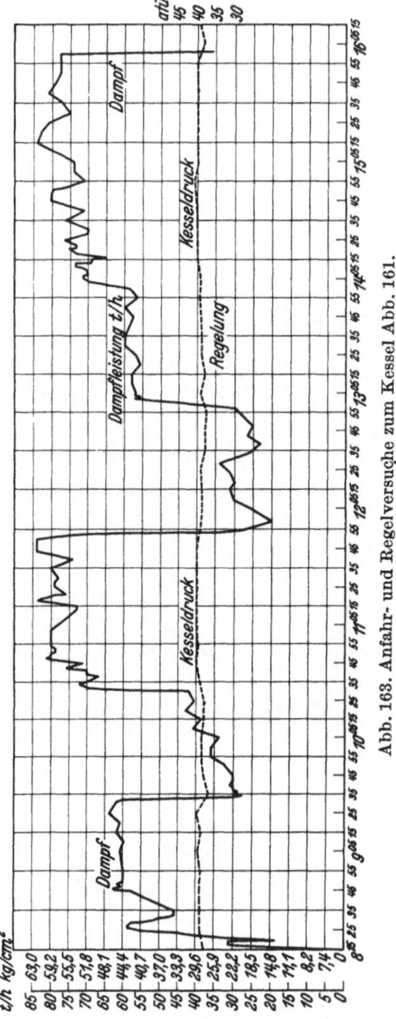

Abb. 163. Anfahr- und Regelversuche zum Kessel Abb. 161.

In wirtschaftlicher Beziehung ist von der Rohbraunkohlenfeuerung zu fordern, daß der Wirkungsgrad auch bei schwachen Leistungen hoch liegt, also auch bei geringen spezifischen Rostbelastungen mit hohem Kohlensäuregehalt gefahren werden kann.

Abb. 161 u. 162 zeigen Wirkungsgrad- und Verlustkennlinien für den Steinmüller-Vorschubrost, Abb. 163 Anfahr- und Regelversuche, zu denen besondere Bemerkungen nicht zu machen sind.

e) Die Kohlenstaubfeuerung. Für diese wird zunächst der Brennstoff durch Mühlen aus seiner stückigen Form in Staub zermahlen und dann erst in den Feuerraum geblasen. Die Feuerung besteht hier aus einer Anzahl von Düsen oder Brennern, aus denen der Kohlenstaub dem Feuerraum zugeführt wird, wo er freischwebend verbrennt. Der Feuerraum erhält einen wesentlich anderen Gesamtaufbau als bei der Rostfeuerung (Abb. 164). Die Kohlenstaubfeuerung wird in der Hauptsache bei Kesseln höherer Leistung und für minderwertige Brennstoffe angewendet, die durch die Aufbereitung in Staub aufgeschlossen und in ihrer Ausnutzung dadurch wesentlich verbessert werden. Aber auch für hochwertige Kohlensorten wird sie benutzt. Sie besitzt allgemein den Vorteil größter Sparsamkeit, weil sich der Brennstoff durch die in Betrieb zu nehmende Zahl der Brenner außerordentlich fein der jeweiligen Belastung des Kessels anpassen läßt. Die Verluste durch Unverbranntes und die Verluste, die durch die Aufrechterhaltung des Feuers bei schwach oder unbelaste-

tem Kessel zu Zeiten geringster Belastung für einen Teil der im
Betrieb befindlichen Kessel entstehen, werden geringer als bei der
Wanderrostfeuerung.

Vor der Entscheidung der Wahl einer Kohlenstaubfeuerung ist zuerst
festzustellen, ob sich die in Aussicht genommenen Kohlensorten zur

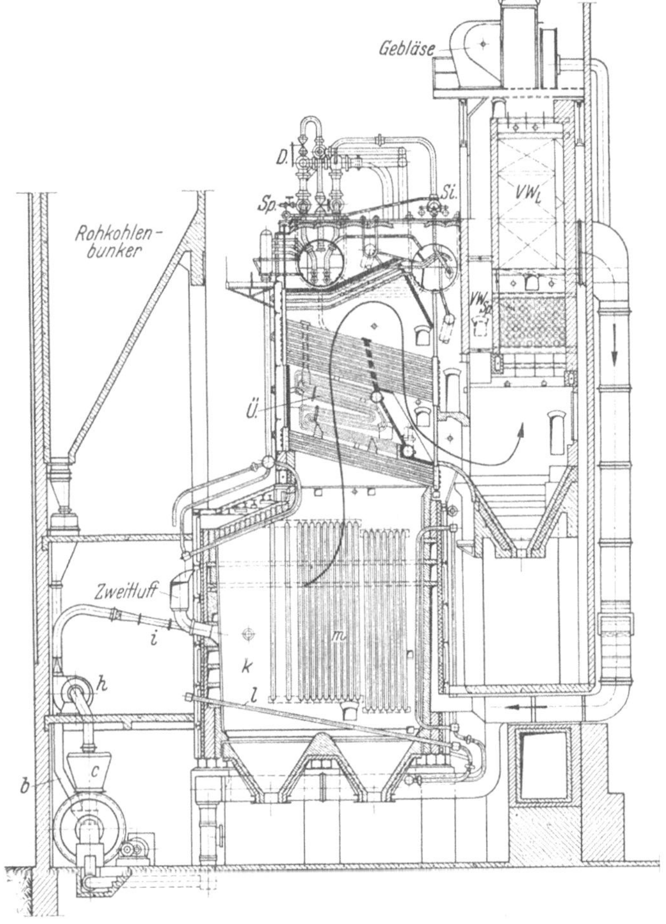

Abb. 164. Kohlenstaubfeuerung (Bauart Steinmüller).
b Zuteilvorrichtung, c Mühle, h Brennergebläse, i Brenner, k Eintrittsöffnungen für Zweitluft,
l Wasserrohrrost, m Strahlungsheizfläche (siehe auch Abb. 131 S. 221).

Verarbeitung auf Staub überhaupt wirtschaftlich eignen. Hier sind bestimmend die Stückung, der Wassergehalt und die Explosionsgefahr des
gewonnenen Staubes. Große Stückung bei harter Kohle erfordert große
Brechanlagen und Mühlen, erheblicher Wassergehalt verlangt umfangreiche und teuere Vortrocknungsanlagen. Das bei der Rohbraunkohlenfeuerung hierzu auf S. 266 Gesagte gilt hier ebenfalls. Die Explosionsgefahr bei Steinkohlenstaub ist bei der Bunkerlagerung unter Um-

ständen ganz besonders zu ermitteln und zwingt dann auf größere Bunker zu verzichten, wodurch die Aufbereitungs- und Mahlanlagen wieder teurer und durch die Reserven umständlicher werden.

Die Kohlenstaubfeuerung arbeitet ferner mit sehr hoher Feuerraumtemperatur. Daraus entstehen Schwierigkeiten für die Baustoffe des Feuerraumes und für die Beseitigung der Schlacke, wenn die verwendeten Kohlensorten eine niedrig schmelzende Schlacke bilden, die sich an den Feuerraumwänden ansetzt und diese durch ihre chemische Zusammensetzung ebenfalls angreift. Derartigen Schwierigkeiten muß von vornherein mit größter Sorgfalt Rechnung getragen werden. Zu diesem Zweck ist es notwendig, den Brennstoff chemisch genauestens zu untersuchen, die Durchbildung des Feuerraumes und die Auskleidungsbaustoffe entsprechend zu wählen. Der Strahlungskessel wird aus diesen Gründen bevorzugt. Neuerdings wird versucht, die flüssige Schlacke in dem wannenförmig ausgebildeten Boden der Brennkammer zu sammeln, in flüssigem Zustand durch Stichlöcher abzuziehen und durch Einleiten in Wasserbehälter zu zerkörnern[1] (zu granulieren). Da im Feuerraum Asche und Schlacke ausgeschieden werden, wird oberhalb des Aschetrichters ein besonderer Rost eingebaut, der als Kühlrost mit Röhren durchgebildet und vom Kesselspeisewasser durchflossen wird. Neben der Wärmegewinnung wird dadurch erreicht, daß die aus der Flamme ausgeschiedenen Ascheteilchen abgeschreckt werden, bevor sie in den Aschetrichter gelangen und dann nicht zu großen Schlackenkuchen zusammenbacken können.

Die Arbeitsweise der Kohlenstaubfeuerung ist folgende. Der Brennstoff gelangt vom Kohlenlagerplatz oder aus dem Vorratsbunker je nach seinem Wassergehalt zunächst für die Zerkleinerung zu einer Vortrocknung. Bei einem Wassergehalt bei Steinkohle von nicht über 4 vH, bei Braunkohle von nicht über 14 vH ist die Vortrocknung nicht unbedingt nötig, besser aber auch vorzunehmen, wenn dazu keine besonderen Einrichtungen erforderlich werden. Die Vortrocknung wird an die Feuergase angeschlossen. Der getrocknete Brennstoff wird gesichtet und dann der Mühle zugeleitet, hier bis auf ein bestimmtes Feinkorn gemahlen und durch Gebläse über einen oder mehrere Brenner in den Feuerraum gebracht. Bei anderen Aufbereitungsanlagen werden Trocknungs- und Mahlvorgang zusammengelegt. Zahl und Anordnung der Brenner, sowie Durchbildung letzterer selbst richten sich nach den jeweiligen Kesselverhältnissen.

Die Staubzufuhr zur Brennkammer soll mehrfach unterteilt sein, um weitgehendste Beweglichkeit bei Belastungsänderungen zu erreichen.

Die Brenner müssen im Feuerraum so zueinander liegen, daß eine vollständige Mischung und Wirbelung der Verbrennungsgase erzwungen wird und die Orte der höchsten Temperatur sich in nächster Nähe des eintretenden Staubluftgemisches befinden. Es sind die verschiedensten Anordnungen im Gebrauch so z. B. nur ein Brenner in der Feuerraumdecke, schachbrettartige Verteilung in den Brennkammerwänden, Verlegung der Brenner in die Ecken des Brennkammerraumes. Mit der

---

[1] Marcard: Arch. Wärmewirtsch. Bd. 14 S. 313; Elektrotechn. Z. 1935 Heft 1 S. 20.

weitgehenden Unterteilung der Brenner werden erreicht: kurze Flammenlängen, guter Ausbrand und großer Regelbereich. Abb. 165 zeigt einen Steinmüller-Wirbelbrenner; er besteht aus einem innenliegenden Rohrstück für die Zufuhr des Staubluftstromes und dem äußeren ringförmigen Teil. Der Leitschaufeleinsatz im inneren Rohr und die Führungsflächen im äußeren Ringraum geben dem Staubluftgemisch und der Zweitluft eine gegenläufige Drallbewegung.

Die Verbrennungsluft wird zusammen mit dem Kohlenstaub dem Feuerraum zugeführt. Um das richtige Brennstoff-Luftgemisch zu erhalten werden die Kohlenmühlen mit besonderen Luftgebläsen versehen. Die Verbrennungsluft wird ebenfalls weitgehendst vorgewärmt. Man kann mit etwa 7000 bis 10000 m³ Luft je 1 t Kohlenstaub rechnen. Die Vorwärmung erfolgt entweder durch Luftvorwärmer oder durch die Führung der Verbrennungsluft in den hohlen Feuerraumwänden. Freiliegende Luftkanäle sollten vermieden werden, damit bei Bruch die Warmluft nicht in das Kesselhaus strömen und hier große Gefährdungen verursachen kann. Die Kaltluft wird oberhalb der Kessel oder der Außenluft entnommen, wobei diese dann so durch das Kesselhaus an den Kesselseitenwänden vorübergeführt

Abb. 165. Steinmüller-Wirbelbrenner.

wird, daß sie die Strahlungswärme aufnimmt und ausnützt. Die Erwärmung kann dabei auf etwa 30⁰ bis 35⁰ C getrieben werden.

Die Kohlenstaubflamme erfordert einen sehr geringen Luftüberschuß, ein weiterer Vorteil der Kohlenstaubfeuerung, weil es hier möglich ist, den Luftsauerstoff gut an die Kohleteilchen heranzubringen. Die Brenner müssen allerdings dafür entsprechend durchgebildet sein. Bei der Flammenführung ist der Bedingung einer guten Mischung zwischen Luft und Kohle leicht zu entsprechen. Um die Luft- und Kohlenmengen getrennt regeln zu können, müssen entsprechende Einrichtungen vorhanden sein. Zur Beurteilung verschiedener Ausführung ist dabei die Brennkammerraumbelastung in Wärmeeinheiten (kcal/m³), die stündlich entbunden werden, von besonderer Bedeutung, die erfahrungsgemäß nicht zu hoch getrieben werden darf und für die einzelnen Kesselbelastungsverhältnisse angegeben werden soll. Um die Luftregelung in bester Form in der Hand zu haben werden nicht Schornsteine, sondern Saugzuganlagen verwendet.

Wesentlich für die Wahl einer Kohlenstaubfeuerung ist ferner die Flugaschenbeseitigung. Über diese wird auf S. 313 Näheres angegeben.

Die Ansichten und Erfahrungen über die Durchbildung der Mahlanlagen[1] sind noch sehr verschieden. Man neigt heute mehr dazu, von
einer großen, für alle Kessel zusammengefaßten Anlage (Hauptanlage
mit Fortbewegungs- und Verteilungseinrichtungen) abzusehen und dafür
jedem Kessel — bei Einbrenneranlagen also jedem Brenner — seine
Mühle mit dem vollständigen Zubehör zu geben. Das verteuert zwar die
Gesamtkosten, bringt aber andererseits die betrieblich sehr erwünschte
Unabhängigkeit, erleichtert die Beseitigung von Störungen und gibt
der gesamten Kesselanlage eine gesteigerte Beweglichkeit. Für überschlägliche Untersuchungen kann gerechnet werden, daß eine im besonderen Gebäude untergebrachte Hauptmahlanlage etwa 500 m³ Raum
je Tonne stündlich zu vermahlender Kohle erfordert. Der Kraftbedarf
kann bei einer solchen Anlage etwa 25 kWh, bei Einzelanlagen etwa
15 kWh je Tonne vermahlene Kohle betragen.

Die Verwendung von Einzelmahlanlagen hat den weiteren Vorzug, daß der Bunker für den Kohlenstaub fortfallen kann, der sonst
sehr sorgfältig zu bauen und in seinem Inhalt besonders scharf zu überwachen ist, um Bunkerbrände oder die verheerenden Kohlenstaub-
explosionen zu verhüten. Werden die Mahlanlagen durch entsprechende
Rohrführungen auf verschiedene Kessel umschaltbar eingerichtet —
ähnlich wie die Umschaltungen bei elektrischen Maschinen und Transformatoren — sind auch kleine Bunker nicht mehr erforderlich; die
Gesamtkosten werden weiter verringert, was wohl zu beachten ist.

Die Trocknung des Brennstoffes erfolgt wie bereits kurz erwähnt während der Vermahlung einesteils mittels Heißluft oder heißer
Gase aus der Brennkammer, die durch die Gebläsewirkung des Mühlen-
läufers angesaugt werden, andernteils durch Wärmeleitung und Strahlung
aus dem Feuerraum. Die zugeführte Wärme entzieht dem Brennstoff
während des Umlaufes in der Mühlenkammer das Wasser, und der aus-
getriebene Wasserdampf dient zusammen mit der Erstluft als Träger-
mittel bei der Beförderung des Fertigstaubes in die Feuerung. Die Mit-
führung des Wasserdampfes beeinträchtigt nach Versuchsergebnissen
die Nutzwirkung der Feuerung nicht.

Die Durchbildung der Mühle als Kugel-, Schläger-, Rohr- oder
Walzenmühle ist heute so weit gediehen, daß sie als betriebssicher bezeichnet werden kann. Zur Vereinfachung der Anlage wird die Mühle
mit dem Gebläse für die Staubförderung zusammengebaut. Bei größeren
Brennstoffmengen werden mehrere Mühlen nebeneinander vorgesehen.
Der Antriebsmotor soll vollständig geschlossen gebaut sein. Es ist am
zweckmäßigsten Einzelantrieb zu wählen. Die Korngröße der Zermah-
lung ist bestimmt durch den Brennstoff selbst und die Ausbildung der
Feuerung. Größeres Korn ergibt geringere Aufbereitungskosten als Feinkorn, vermindert zudem die Explosionsgefahr des lagernden Brennstoffes, kann aber unter Umständen eine schlechtere Heizleistung erbringen.

Eine den Betriebsverhältnissen vollständig anzupassende Regelung

---

[1] Noske, C.: Kohlenstaubaufbereitung in Großkraftwerken. Z. VDI 1926
S. 873.

der Feuerung ist Grundbedingung, sonst wird diese Feuerungsform zumeist von vornherein unwirtschaftlich. Bei gasarmer Kohle und Anordnung großer Strahlungsflächen muß auf die Erfüllung dieser Bedingung besonders geachtet werden.

In betrieblicher Hinsicht bietet die Kohlenstaubfeuerung noch die Vorteile der Sauberkeit, der einfachen Bedienung und der besten gleichmäßigen Dampfverhältnisse im Kessel.

Die mit der Kohlenstaubfeuerung allgemein je Kesseleinheit erzielbare höchste stündliche Dampfleistung beträgt etwa 250 t. Versuche, diese Leistungen noch zu steigern, sind im Gange, so daß ein Endzustand in der Entwicklung noch nicht erreicht ist.

Die Anheizdauer aus dem kalten Zustand ist sehr gering. Sie hängt ab von der Kesselbauform, der Zahl der Brenner und dem Brennstoff. Vorgewärmte Kessel hochzufahren ist in wenigen Minuten möglich, ohne fürchten zu müssen, daß der Kessel selbst in irgendeinem seiner Teile überbeansprucht wird.

Die Aufbereitungsanlagen verteuern die Kessel gegenüber den anderen Feuerungsarten sowohl durch den jährlichen Kapitaldienst als auch durch die hohen Unterhaltungs-, Instandsetzungs- und Betriebskosten für die Mühlen wesentlich. Die wirtschaftliche Bedeutung des hohen Wirkungsgrades dieser Feuerung innerhalb eines großen Leistungsbereiches wird dadurch vermindert. Es kann daher nur eine bis ins einzelne durchgeführte wirtschaftliche Untersuchung ergeben, ob die Kohlenstaubfeuerung Vorteile bietet. Die Unkosten für den Mühlenantrieb, Verschleiß, Löhne, aber ohne Kapitaldienst sind im Durchschnitt mit etwa RM 1,— je Tonne vermahlener Kohle anzusetzen. Den Beschaffungs- und Betriebskosten sind die Ersparnisse aus der erhöhten spez. Kesselleistung und aus der Verringerung der Jahres-Betriebsverluste durch den günstigeren Jahreswirkungsgrad gegenüberzustellen. Für den Brennstoffverbrauch und die Brennstoffherstellung ist die höchste Tagesleistung bestimmend. Nach bisherigen Feststellungen kann die Kohlenstaubfeuerung unter 500 t Brennstoffverbrauch je Tag wirtschaftlich nicht angewendet werden.

Von den vielen Ausführungsformen sollen nur wenige, eigenheitsbestimmte Anlagen kurz behandelt werden.

Bei der Lopulco-Feuerung[1] tritt der Kohlenstaub senkrecht von oben in die Verbrennungskammer ein (Abb. 131). Die Flammenführung ist aus Abb. 131 zu ersehen. Einen Teil der Verbrennungsluft führt zugleich der Kohlenstaub mit, der Rest etwa 85 vH der Gesamtluft (Zweitluft) wird absatzweise entsprechend dem allmählichen Fortschreiten der Verbrennung durch Schlitze in der Stirnwand der Brennkammer zugesetzt. Die hohlen Wände des Feuerraumes werden dadurch wirkungsvoll gekühlt und die Verbrennungsluft gleichzeitig vorgewärmt. Wird der Feuerraum mit Kühlrohren als Strahlungsheizflächen ausgerüstet, dann wird die Führung der Mauerkanäle für die Zweitluft entsprechend geändert. Über den Aufbereitungsvorgang

---

[1] Kohlenscheidungs-Gesellschaft m. b. H., Berlin NW 7.

und die Staubzuführung bis zur Brennkammer gibt Abb. 131 Aufschluß.

Die Krämer-Mühlenfeuerung[1] ist in Durchbildung und Aufbau eine Abart der Kohlenstaubfeuerung. Sie vereinigt in sich Trocknung, Mahlung, Sichtung und Verfeuerung des Brennstoffes. Sie ist für sämtliche feste Brennstoffe mit einem Gasgehalt von 8 vH und darüber geeignet. Alle Körnungen des Brennstoffes können gegebenenfalls unter Zuhilfenahme von Vorbrechern verwendet werden.

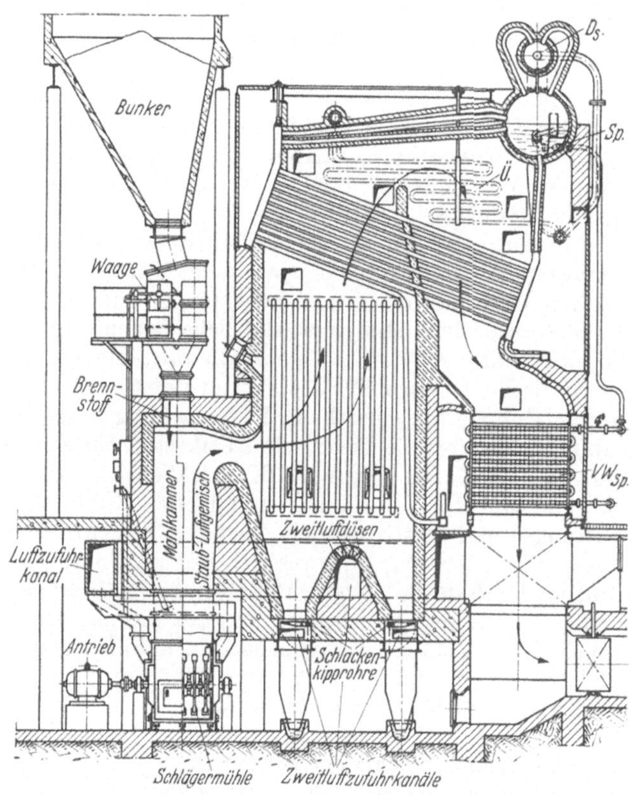

Abb. 166. Borsig-Mühlenfeuerung (Patent Krämer).

Mit Vorteil lassen sich hauptsächlich alle billigen, nicht aufbereiteten oder ausgesiebten Brennstoffe verheizen also Rohkohle, Förderkohle, melierte Kohle, Grus-, Klein-, Fein-, Klar- und Filterkohle, Schwelkoks, Schlamm, ferner auch Torf oder Gemische von Kohlen mit Lohe, Holzspäne, Lokomotivlösche und ähnliche Abfallstoffe. Ohne Einfluß auf den Anwendungsbereich sind die chemischen Eigenschaften insbesondere die der Schlacke, und der Feuchtigkeitsgehalt.

---

[1] Die Mühlenfeuerung, Arbeitsweise und Verhalten der Krämerfeuerung bei Braunkohlen- und Schwelkoksvermahlung. Arch. Wärmewirtsch. 1934 Heft 3 S. 71/72. Rosin, Rammler, Kauffmann: Die Mühlenfeuerung. Braunkohle 1933 Heft 39, 46, 47.

Der Brennstoff gelangt aus dem Bunker über eine Zuteilungsein-
richtung in regelbarer Menge in den Mahlraum (Abb. 166), der unmittelbar vor dem Feuerraum liegt und mit diesem durch eine verhältnismäßig
große Öffnung in der Trennwand verbunden ist.

Im Mahlraum wird der Brennstoff getrocknet, zerkleinert und gesichtet. Die Mühle, deren Läufer eine große Anzahl radial angeordneter
Schläger besitzt, zermahlt die Kohle in kürzester Zeit zu feinem Staub,
wobei dieser gleichzeitig getrocknet wird. Die Trockenluft strömt der
Mühle unter entsprechendem Druck in Achsenrichtung durch Öffnungen
an beiden Seiten des Mühlengehäuses zu. Bei Kohlen mit einem Wassergehalt von mehr als 25 vH wird Warmluft verwendet, die in einem durch
die Rauchgase beheizten Luftvorwärmer auf eine Temperatur von 100 bis
300° C gebracht wird. Für die Trocknung weniger feuchter Brennstoffe
genügt Frischluft, doch ist auch hier vorgewärmte Luft von Vorteil, da
sie eine schnellere Mahlung ermöglicht und somit den Kraftbedarf herab-
setzt. Die genügend feingemahlenen Kohleteilchen werden durch die
Schläger der Mühle und durch den Luftstrom in der Mahlkammer gegen
eine in bestimmter Höhe oberhalb des Schlägerwerkes angeordnete Prallplatte geschleudert. Durch den Anprall erfolgt eine zweite Zerkleinerung der Kohleteilchen. Die Prallplatte ist verstellbar, wodurch eine
Anpassung an den jeweiligen Mahlbarkeitswert der Kohle ermöglicht
wird. Die zermahlenen Kohleteilchen werden durch den Kesselzug in
die Brennkammer übergeleitet.

Bei der Krämerfeuerung fallen also der Windsichter, die Brenner
und die Rohrleitungen fort.

In der Brennkammer entzündet sich das Staubluftgemisch unmittelbar an den Feuergasen und verbrennt nahezu restlos in der Schwebe.
Die übriggebliebenen Ascheteilchen sinken auf einen als Kipp- oder
Ausfahrrost gebauten Schlackenrost, der den unteren Abschluß der
Brennkammer bildet. Diesem wird gleichzeitig Verbrennungsluft (Zweitluft) zugeführt, damit die Reste an Unverbranntem in der Schlacke, gegebenenfalls auch unvollständig verbrannte niedergefallene Kohleteilchen, ausbrennen können. Der Schlackenrost dient bei Inbetrieb-
nahme des Kessels außerdem zum Anheizen durch ein Lockfeuer aus
Holz oder dgl. Zum schnelleren und bequemeren Anzünden können auch
Öl- oder Gasbrenner vorgesehen werden.

Den gewöhnlichen Kohlenstaubfeuerungen ist die Mühlenfeuerung
sowohl in betrieblicher als auch in wirtschaftlicher Hinsicht überlegen.
Die Zusammenfassung von Trocknung, Mahlung und Sichtung in einen
einzigen Vorgang, die gleichzeitige Verwendung der diesen Zwecken
dienenden Luft als Verbrennungsluft und der Fortfall von besonderen
Brennern sichern eine sehr einfache Betriebsweise und ein schnelles Anpassen der Feuerung an Belastungsschwankungen.

Zugunsten der Mühlenfeuerung spricht ferner der niedrige Kapitaldienst. In dieser Hinsicht dürfte die Mühlenfeuerung alle Erwartungen
erfüllen, die an die Weiterentwicklung der Kohlenstaubfeuerung gestellt werden. Bei gleicher Dampfleistung machen die Anlagekosten der
Mühlenfeuerung knapp die Hälfte derjenigen bei der normalen Kohlen-

staubfeuerung mit Aufbereitungsanlagen aus. Noch günstiger gegenüber den entsprechenden Verhältnissen bei der Kohlenstaubfeuerung liegen die laufenden Betriebsausgaben. Bei der Mühlenfeuerung betragen die Kosten für Löhne, Strom der Antriebsmotoren, Ersatzteile und Betriebsstoffe zusammen weniger als ein Viertel der entsprechenden Aufwendungen bei der Kohlenstaubfeuerung. Maßgebend hieran beteiligt sind die ungewöhnlich niedrigen Verschleißkosten der Schlägermühle. Über diese sind von unabhängiger Seite eingehende, in ihrer Art erstmalige Betriebsmessungen vorgenommen worden; die Abnutzungskosten betrugen beispielsweise bei Verfeuerung von Rohbraunkohle 0,7 Pf./t Brennstoff. Sehr mäßig ist auch der Kraftbedarf für den Mühlenantrieb, der sich z. B. für das Zermahlen einer Rohbraunkohle von rund 52 vH Feuchtigkeitsgehalt auf nur 3,5 kWh/t beläuft. Demgegenüber liegt der Kraftbedarf bei den sonstigen Kohlenstaubfeuerungen bei durchschnittlich 12 bis 25 kWh/t, also

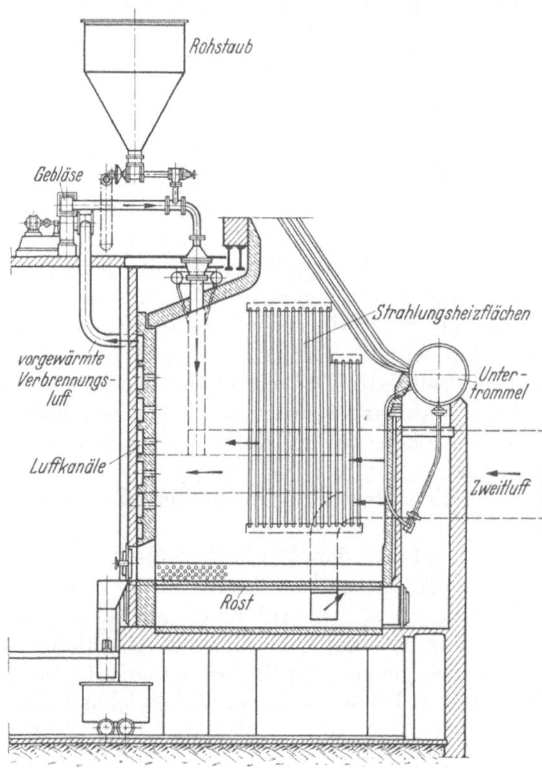

Abb. 167. Vereinigte Kesselwerke A. G. Rohkohlenstaubfeuerung für einen Steilrohrkessel.

um 4 bis 8 mal höher. Insgesamt belaufen sich Kapital- und Betriebskosten auf nur etwa 30 vH derjenigen einer Kohlenstaubfeuerung gleicher Leistung. Die Ersparnis gegenüber einer solchen beträgt also 70 vH. Der Einbau der Mühlenfeuerung kann nahezu bei jedem Kessel und jeder Kesselart vorgenommen werden.

Für Zechenanlagen zur **Verfeuerung von Rohstaub,** wie er in der Kohlenwäsche anfällt, wird eine Düsenrostfeuerung angewendet. Der Staub, dem in der Beförderung bahnseitig keine besonderen Schwierigkeiten entgegenstehen (offene Wagen mit Schutzdecken oder normale Kalkwagen) wird aus dem Bunker durch eine Schnecke dem Luftstrom zugeteilt. Das Gemisch fällt durch eine einfache Düse in die Brennkammer (Abb. 167).

Beim Austritt aus der Düse wird das Staubluftgemisch von tangentialen Luftströmen erfaßt und in einen solchen Drall versetzt, daß eine gute Wirbelung hervorgerufen wird, wie durch einen Wirbelbrenner. Gleichzeitig verhindern die tangentialen Luftströme, die eine nicht brennbare Luftschicht um den Düsenaustritt bilden, ein Rückschlagen der Flamme in die Leitung. Der Feinstaub verbrennt in der Schwebe. Die gröberen Teilchen fallen auf einen auf dem Boden der Brennkammer aus Schamotteplatten gebildeten und mit Unterluft betriebenen Ausbranddüsenrost. Die durch die Düsen hindurchtretende Luft zerkörnt (granuliert) die ausgebrannte Asche und verhindert das Schmelzen bzw. das Zusammensintern. Die herunterfallenden gröberen Kohlenteilchen verbrennen durch die Eigenart der Rostbauform einzeln, d. h. es findet eine Aufbereitung so lange statt, bis der Ausbrand beendet ist. Die Entfernung der Asche erfolgt durch Preßluft mittels Kratzern oder bei entsprechender Ausbildung des Düsenrostes durch Abziehen in untergestellte Wagen.

Auch diese Feuerung (R.D.P. der Vereinigten Kesselwerke A.-G. Düsseldorf) gestattet eine Regelung der Leistung. Es sind keine Kohlenmahlanlagen erforderlich, wodurch sich Ersparnisse an Raum-, Anlage- und Betriebskosten und infolgedessen ein sehr niedriger Dampfpreis ergeben.

Die Feuerung ist sowohl bei Flammrohr-, als auch bei Wasserrohrkesseln anwendbar. Mit ihr können Fett-, Gasflamm- und Magerkohlen auch unter Zusatz von 8 bis 10 vH Koksasche verfeuert werden. Die Korngröße kann 0 bis 5 mm bei etwa 70 vH Rückstand auf dem 4900-Maschensieb betragen. Die Explosionsgefahr ist infolge dieser wesentlich gröberen Körnung geringer als bei Feinstaub.

Die Kohlenstaub-Zusatzfeuerung. Sofern eine Kohlenstaubfeuerung in schon bestehende Kessel aus örtlichen Verhaltnissen nicht eingebaut werden kann, insbesondere die Brennkammer nicht unterzubringen ist, können bei Wanderrostkesseln durch eine Kohlenstaub-Zusatzfeuerung Vorteile der reinen Staubfeuerung erreicht und die bestehende Feuerung ohne größere Veränderungen verbessert werden. Abb. 168 zeigt eine Kesselanlage, bei der der Staub gesondert gemahlen und dann von einem Bunker über eine Aufgabeschnecke in regelbaren Mengen durch ein Gebläse der Feuerung zugeführt wird.

Die Kohlenstaub-Zusatzfeuerung gewährt betrieblich den großen Vorteil, den Kessel außerordentlich schnell auf höhere Dampfleistung bringen zu können so z. B. für die Deckung von Augenblicksspitzen und zum Einspringen bei Störungen an anderen Kesseln. Diese Betriebsbeweglichkeit wird heute bereits in weitgehendstem Maße in älteren Kesselanlagen ausgenutzt, um den Mangel der älteren Feuerungen nach dieser Richtung zu beheben. Auch der wirtschaftliche Gewinn ist beachtlich, da die zu beschaffenden Mahlanlagen keine wesentlichen Unkosten bereiten. Mancherorts wird als Kohlenstaub die Lokomotivlösche benachbarter Bahnhöfe, der Abraum von Kohlenlagerplätzen u. dgl. verwendet und dadurch der Staubbeschaffungspreis außerordentlich gesenkt. Abb. 169 zeigt das sprunghafte Ansteigen der

Kesselbelastung von etwa 22 kg/m²h bis 28 kg/m²h Heizfläche bei Rohbraunkohle als Brennstoff und Staubzusatz von Brikettabrieb. Die Bedienung ist sehr einfach, da nur der Motor für die Mühle oder Auf-

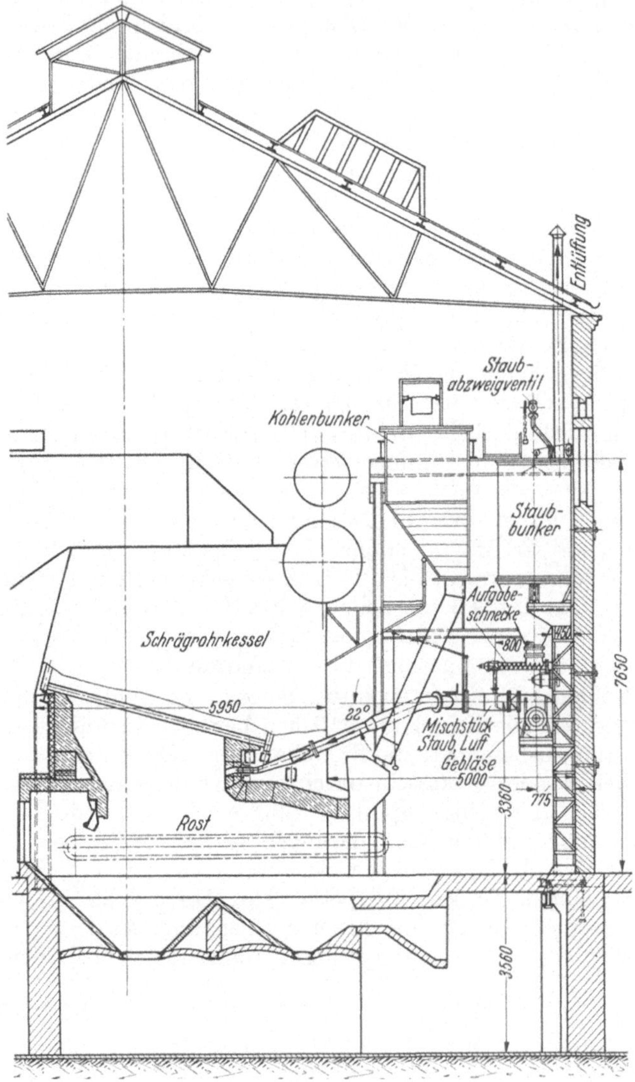

Abb. 168. Babcock-Kohlenstaubzusatzfeuerung für Schrägrohrkessel (Patent Schuckert-Petri).

gabeschnecke und das Gebläse einzuschalten sind. Die Staubmenge muß ebenfalls regelbar sein.

Bei der Zusatzfeuerung wird eine gute Durchwirbelung und Durchmischung der Rostflamme mit der Kohlenstaubflamme erreicht. Allerdings darf die Kohlenstaubflamme nicht auf den Rost auftreffen, da sie diesen zerstören würde, sondern sie muß dicht oberhalb des Brennstoffbettes durch den Kesselzug umgelenkt werden. Diese Einstellung wird durch entsprechendes Bemessen der Austrittsgeschwindigkeit aus dem Brenner geschaffen. Bei sehr gasarmen Brennstoffen genügt oft das Zündgewölbe nicht zur richtigen Entzündung des vergasten Brennstoffes, die Gase ziehen unverbrannt ab und der Schornstein raucht dann stark. Diese Erscheinungen werden durch starke Durchwirbelung

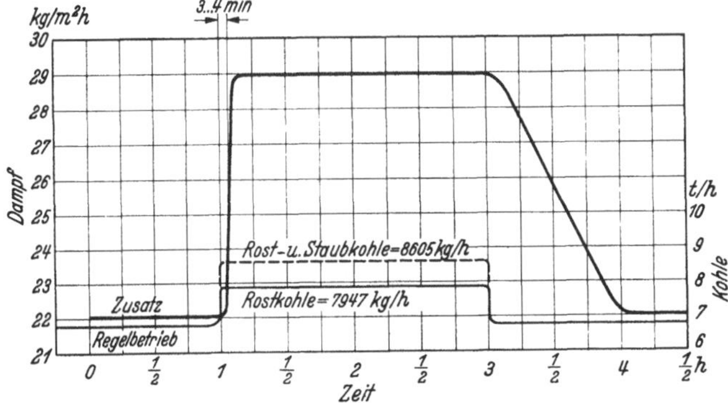

Abb. 169. Dampferzeugungsverlauf für einen Spitzenlastversuch mit Babcock-Kohlenstaubzusatzfeuerung (Patent Schuckert-Petri).

der Rostflamme mit der Zusatzflamme vermieden, die Verbrennung verbessert und der Wirkungsgrad gesteigert. Die Staub-Zusatzfeuerung arbeitet trotz der erhöhten Feuerraumbelastung mit gutem Wirkungsgrad. Diese Belastungen können 300000 bis 500000 kcal/m³h betragen.

Durch die Zusatzfeuerung läßt sich der Verlust an Brennbarem in der Schlacke vermindern, da die Kohlenstaubflamme eine Temperaturerhöhung im Feuerraum bewirkt, die den Ausbrand besonders am Rostende verbessert. Die von der Zusatzfeuerung herrührende Schlacke fällt in kleinen Tropfen verteilt über dem ganzen Brennstoffbett aus und wird mit der anderen Schlacke zugleich entfernt.

18. Der Überhitzer.

Heute arbeiten alle größeren Dampfkraftwerke mit überhitztem Dampf; auch bei Großwasserraumkesseln geht man neuerdings immer mehr dazu über. Neue Entwürfe werden, Einzelfälle ausgenommen, nach dieser Richtung nicht mehr anders aufgestellt. Die Vorteile der Überhitzung sind bereits wiederholt und für die Dampfturbinen selbst bei diesen erläutert worden.

a) Der Berührungsüberhitzer besteht aus einem Röhrenbündel, das von den Heizgasen umspült wird. In den einzelnen Kesselzeichnungen ist der Überhitzer jedesmal eingezeichnet. Seine Aufgabe besteht darin, das vom Dampf mitgerissene Wasser nachzuverdampfen, den Dampf also zu trocknen und ihn auf eine höhere Temperatur zu bringen. Dieser Zweck tritt um so stärker in Erscheinung, je mehr der Kessel angestrengt wird, da der Wassergehalt des Dampfes mit der Beanspruchung steigt. Schließlich wird der Wärmeinhalt der Heizgase weiter ausgenutzt.

Die allgemeine Bauart eines Überhitzers ist aus Abb. 170 ersichtlich. Zwei schmiedeeiserne Kästen (Sammler) sind durch eine Anzahl U-förmig gebogener nahtlos gezogener Stahlrohre miteinander verbunden. Der Baustoff der Rohre richtet sich nach der Höhe der Dampftemperatur (zunderfreier Sonderstahl bei sehr hoher Temperatur). Der aus dem Kessel austretende Dampf wird in einen der Sammler eingeleitet, durchströmt das Rohrbündel und wird im überhitzten Zustand dem anderen Sammler entnommen. Gegen Überheizung (Ausglühen der Rohre) muß der Überhitzer geschützt werden. Das geschieht in der Weise, daß er durch geeignete Rohrverbindungen mit Wasser aus dem Kessel gefüllt wird.

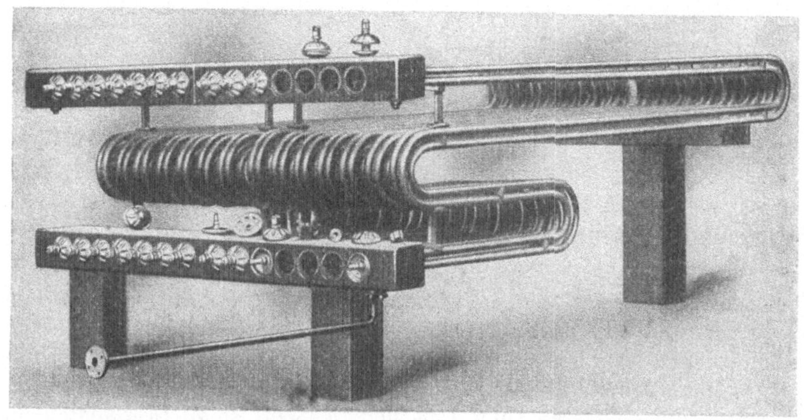

Abb. 170. Dampfüberhitzer (Berührungsüberhitzer).

Am Naßdampfstutzen des Kessels wird ein Sicherheitsventil und ein Entwässerungsventil angebaut. Das letztere ist notwendig, um das nach längerem Stillstand angesammelte Kondenswasser ablassen zu können.

Der Vergleich verschiedener Ausführungen hat sich auf die Baustoffe, die Befestigung der Rohre in den Sammlern, die Abdichtungen, die leichte Auswechselbarkeit von Rohrschlangen, die Reinigung bzw. das Durchblasen und den Einbau des gesamten Überhitzers hinsichtlich höchster Ausnutzung der Gase zu erstrecken. Die Sammelkästen sollen außerhalb des Rauchgasstromes liegen, um sie jederzeit nachsehen zu können, die Schlangen im Querstrom zu den Heizgasen. Die Temperatur des Dampfes ist ständig durch Quecksilberthermometer zu überwachen.

Die Größe eines Überhitzers ist von der zu überhitzenden Dampfmenge, der verlangten Überhitzungstemperatur und der Temperatur der Heizgase, ferner von der Bemessung und Anordnung der Rohrschlangen abhängig[1].

Es ist derjenige Überhitzer der vorteilhaftere, der mit kleinster

---

[1] Münzinger: Berechnung und Verhalten von Wasserrohrkesseln. Berlin 1929. Dorfmann: Neuzeitliche Kesselberechnung. Arch. Wärmewirtsch. 1932 S. 47.

nutzbarer Heizfläche die höchste Temperatur zu erreichen gestattet.
Vergleichsweise bestimmend sind die Verhältniszahlen:

$$\frac{\text{gasberührte Überhitzerheizfläche in m}^2}{\text{Kesselheizfläche in m}^2} = \frac{H_{ü}}{H_k}$$

und

$$\frac{\text{gasberührte Überhitzerheizfläche in m}^2}{\text{Rostfläche in m}^2} = \frac{H_{ü}}{R}.$$

Bei Kesseln für stark schwankende Belastung ist zu fordern,
daß der Leistungsbereich für gleichbleibende Überhitzung
von einem Mittelwert nach oben und unten möglichst groß ist, damit
bei abnehmender Belastung und nicht gleichzeitiger entsprechender Ab-
schwächung des Feuers keine zu hohe Dampftemperatur entsteht. Das
kann, wie bereits gesagt, durch eine entsprechende Lage des Überhitzers
im Gasstrom der Feuerung erreicht werden. Gestattet der Kesselaufbau
dieses nicht, muß die Rege-
lung der Überhitzertempe-
ratur durch einen Heiß-
dampfregler erfolgen[1].

Beim Großwasserraum-
kessel muß der Überhitzer
getrennt untergebracht werden. Das ist nachteilig im
Mauerwerk, weil mit plötzlich abnehmender Belastung
nach vorhergegangener starker Beanspruchung des Kessels die Dampftemperatur
durch die im Mauerwerk

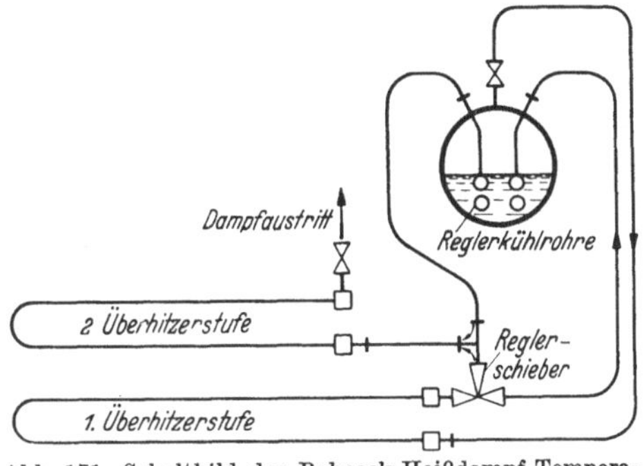

Abb. 171. Schaltbild der Babcock-Heißdampf-Tempera-
turregelung (D.R.P).

enthaltene Wärmemenge erhöht und die zulässige Temperatur überschritten wird. Aus diesem Grunde sind Überhitzungsanlagen für Großwasserraumkessel besonders vorsichtig zu entwerfen oder ebenfalls mit
Regelvorrichtungen zu versehen.

Die Regelung in der Ausführung nach Abb. 171 erfolgt durch Her-
unterkühlen in einer im Wasserraum der Obertrommel eingebauten
Röhrenanlage. Durch Verstellen eines Wechselventils vom Heizerstand
aus wird je nach Erfordernis ein Teil des überhitzten Dampfes abgezweigt
und nach der Kühlung der Hauptdampfmenge wieder zugesetzt. Bei
Höchstdruckkesseln kann diese Art der Temperaturregelung unter Umständen Schwierigkeiten machen, weil die Obertrommel nur einen verhältnismäßig geringen Durchmesser hat. Solche Heißdampfregler müssen
eine leichte, sichere und selbsttätige Regelung gestatten und vor allen
Dingen eine gleichmäßige Wärmebeanspruchung des Überhitzers gewährleisten. Betrieblich werden sie gerne vermieden.

b) Der Strahlungsüberhitzer. Bei diesem liegen die Überhitzerrohre
im Feuerraum an den Feuerraumwänden oder hinter diesen und nutzen
die Strahlungswärme aus. Der Einbau richtet sich nach den Kessel-

---

[1] Konejung, A.: Verfahren zur Regelung der Überhitzungstemperatur.
Z. VDI 1936 Nr. 17 S. 501.

bauverhältnissen. Einzelheiten hierzu müssen von dem Kesselhersteller angegeben werden. Insbesondere bezieht sich das auf den Einbau selbst, die Zugänglichkeit für Untersuchungen und Instandsetzungen, die Regelfähigkeit bei wechselnden Belastungsverhältnissen, die äußere Reinigung durch Rußbläser, ferner auf Form und Baustoff der Elemente, die Verschlußstücke, die Haltbarkeit und die Wirtschaftlichkeit.

In Deutschland haben Strahlungsüberhitzer erst in den letzten Jahren Eingang in den Kesselbau gefunden. In nordamerikanischen Anlagen werden sie bereits häufig verwendet und erfreuen sich dort steigender Beliebtheit.

Sind die Feuerungswände wassergekühlt, so kann der Strahlungsüberhitzer hinter diesen angeordnet werden.

Die Vorteile der Strahlungsüberhitzer sind hohe Wärmeaufnahme je m² Heizfläche, Fortfall des Zugverlustes, fallender Verlauf der Überhitzerkennlinie, Verwendbarkeit für Zwischenüberhitzung und dadurch Fortfall eines besonderen Zwischenüberhitzerkessels.

Strahlungsüberhitzer eignen sich besonders zum nachträglichen Einbau in vorhandene Kessel, um die Temperatur zu steigern oder bei vergrößerter Kesselleistung die Überhitzungstemperatur unverändert zu halten.

Eine weitere Durchbildung der Überhitzeranlage besteht darin, den Strahlungsüberhitzer hinter den Berührungsüberhitzer zu schalten. Dadurch wird ein flacherer Verlauf der Temperaturkennlinie erreicht, denn bei einer Steigerung der Kesselbelastung steigt die Temperatur im Berührungsüberhitzer, während sie im Strahlungsüberhitzer fällt. Ähnliches gilt auch für eine veränderte Feuerführung. Je geringer der CO_2-Gehalt der Rauchgase ist, desto höher wird die Temperatur im Berührungsüberhitzer und desto niedriger die im Strahlungsüberhitzer. Bei richtiger Wahl der Größenverhältnisse beider Überhitzer kann eine große Gleichmäßigkeit der Überhitzung bei allen Belastungsverhältnissen erzielt werden.

19. Die Abgasverwertung.

In den Abgasen der Kesselanlage entweicht eine beträchtliche Wärmemenge V_{sch}, weil deren Ausnutzung durch den Kessel selbst nicht mehr möglich ist. Zahlreiche Versuche haben gezeigt, daß die Temperatur der Heizgase mindestens 100° C über der Temperatur des Kesselinhaltes liegen muß, um noch eine nennenswerte Heizwirkung zu erzielen. Bei z. B. 14 atü hat der Kesselinhalt eine Temperatur von 194° C. Die Heizgase müßten dementsprechend eine Temperatur von etwa 294° C besitzen. Da weiter zur Erzielung eines sicheren und ausreichenden Schornsteinzuges schon eine Temperatur von 150 bis 220° C genügt, ist die Temperatur der Abgase unwirtschaftlich hoch. Diese Überschußwärmemenge als Wärmeverlust soll so klein wie möglich gehalten werden. Sie wird durch unaufmerksame Bedienung (zu niedrige Brennschicht, zu starker Zug, Rostverschlackung, Rostbeschädigung, Lücken im Feuer, Eindringen falscher Luft) erhöht. Das zeigt sich in dem abnehmenden CO_2-Gehalt der Rauchgase am Kesselende. Auch Verschmutzungen der

Kesselheizfläche außen durch Ruß- und Schlackenablagerung, innen durch Kesselsteinansatz vermindern die Ausnutzung der Heizgase.

Der Verwertung der in den Abgasen enthaltenen Wärmemenge ist daher ebenfalls größte Beobachtung zuzuwenden, um sie wirtschaftlich nutzbar zu machen. Das geschieht durch Vorwärmung des Speisewassers im Speisewasservorwärmer oder durch Vorwärmung der der Feuerung zugeführten Verbrennungsluft im Luftvorwärmer. Unter besonderen Verhältnissen werden auch beide Verwertungsformen zusammen angewendet. Der Speisewasservorwärmer vermindert den Wärmebedarf auf der Wasserseite, der Luftvorwärmer verstärkt den Wärmedurchgang durch Erhöhung der Temperatur auf der Gasseite (Abb. 172). Speisewasser- und Luftvorwärmer stehen miteinander im Wettbewerb. Es ist daher vom Kesselhersteller in der Hauptsache mit Rück-

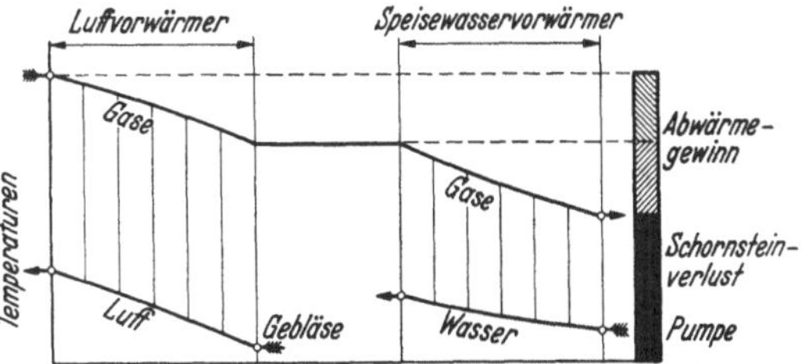

Abb. 172. Allgemeiner Temperaturverlauf für die Abgasverwertung durch Luft- und Speisewasservorwärmer.

sicht auf die zulässige Heißlufttemperatur für die Feuerung nach der Brennstoffsorte zu entscheiden, welche Verwertungsform wirtschaftlich und betrieblich die beste ist, um den günstigsten Kesselgesamtwirkungsgrad zu erhalten. Zu empfehlen ist, die Untersuchungen stets auf beide Ausführungen zu erstrecken, um sicher zu sein, tatsäch-

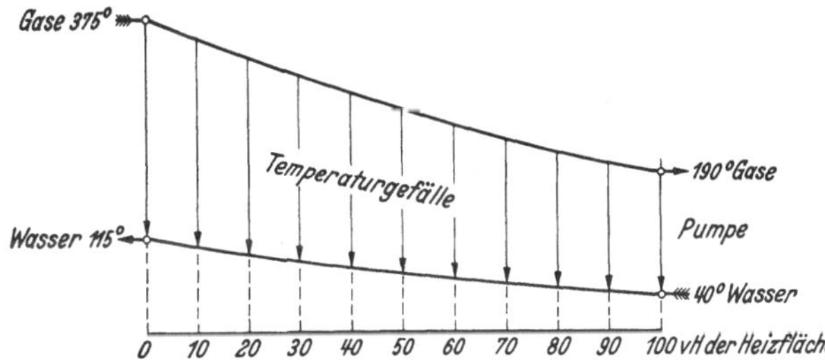

Abb. 173. Temperaturverlauf für die Abgasverwertung durch Speisewasservorwärmer.

lich das vorteilhafteste gewählt zu haben und vor allen Dingen aus dem Ergebnis auch feststellen zu können, welche Unterschiede bestehen und aus diesen, welche Überlegungen die Wahl beeinflussen.

a) Der Speisewasservorwärmer überträgt die Abwärme an das Wasser. Er muß infolgedessen druckfest sein, wird in der Herstellung schwerer und teurer, je höher der Betriebsdruck ist. Bei Hochdruckanlagen sind dieses Nachteile gegenüber dem Luftvorwärmer, der mit dem Kesseldruck nicht in Zusammenhang steht. Bei Hochdruckkesseln ist daher auch die Speisewasservorwärmung außerhalb des Kessels nach den Angaben auf S. 193 in die Untersuchungen einzubeziehen. Abb. 173 zeigt den Verlauf der Temperaturen längs der Wasser- und Gasseite.

Der Vorwärmer besteht aus einer Rohranlage, die vom Kesselspeisewasser durchflossen und von den abgehenden Heizgasen umspült wird. Das Speisewasser kann z. B. von 40⁰ C auf 100⁰ C und mehr vorgewärmt werden.

In Abb. 118 und 119 sind solche Vorwärmer mit ihren zugehörigen Kesseln gezeichnet. Abb. 174 zeigt einen Vorwärmer in seiner Durchbildung.

Bauformen mit senkrecht stehenden einfachen gußeisernen Rohren sind veraltet, weil ihre Heizleistung zu gering und ihr Platzbedarf zu groß ist. Man verwendet heute Rippenrohrvorwärmer. Bei diesen bilden die Rippen eine gute Versteifung der Rohrwände und eine wesentliche Vergrößerung der Heizfläche; der Platzbedarf wird geringer. Schmiedeeiserne Vorwärmer sind mit Vorsicht zu wählen. Sie setzen ganz besonders reines und vollständig entgastes Wasser voraus, da andernfalls die Rostbildung durch den Sauerstoff im Kesselspeisewasser diesen Baustoff durch Anfressungen in kurzer Zeit so stark zerstört, daß außerordentlich hohe Verluste an teuer gereinigtem Wasser durch Undichtheiten entstehen. Die Rohre müssen zum mindesten innen und außen stark feuerverzinkt werden. Die gußeisernen Rippenrohre sind wesent-

Abb. 174. Rippenrohr-Speisewasservorwärmer (Bauart Babcock).

lich haltbarer. Sie werden durch Krümmer einzeln oder in Gruppen hintereinander geschaltet und liegen in den Rauchgaskanälen. Die Heizflächen müssen naturgemäß so sauber wie irgendmöglich gehalten werden. Zu ihrer Reinigung werden Rußbläser verwendet. Der Ruß fällt in die unter dem Vorwärmer vorgesehene Rußkammer.

Beim Vergleich verschiedener Bauformen ist auf die leichte innere Reinigungsmöglichkeit der Rohre, die Ausführung der Dichtungen, die Durchbildung und das sichere Arbeiten der Rußbläser über die ganze Rohrlänge sowie zwischen den Rohrreihen zu achten, ebenso auf ein leichtes Abblinden schadhafter Elemente ohne nennenswerte Betriebsstörung, ferner auf geringste Zugverluste der vollständigen Einrichtung.

Nach neuesten Vorschriften[1] muß zur Verhütung der Explosionsgefahr ein undichter Vorwärmer aus dem Rauchgasstrom abschaltbar sein oder, falls dieses nicht möglich ist, der Kessel stillgelegt werden.

Die Größe eines Vorwärmers ist bei gegebenen Betriebs-, Platz- und Zugverhältnissen bestimmt durch die größte Temperaturerhöhung mit kleinster Heizfläche und abhängig von der Temperatur und Menge der zur Verfügung stehenden Abgase.

Für die Größenbestimmung gilt folgendes:

Bezeichnet:

H_v die Heizfläche des Vorwärmers in m^2,

t_1 die Heizgastemperatur vor dem Vorwärmer in ^{0} C,

t_2 die Heizgastemperatur hinter dem Vorwärmer in ^{0} C,

also $t_1 - t_2$ die Ausnutzung der Heizgastemperatur,

Q_w Speisewassermenge in kg/h,

t_{Sp_1} die Anfangstemperatur des Speisewassers in ^{0} C,

t_{Sp_2} die Endtemperatur des Speisewassers in ^{0} C,

so ist angenähert:

$$H_v = \frac{2\,(t_{Sp_2} - t_{Sp_1})\,Q_w}{k \cdot (t_1 + t_2 - (t_{Sp_1} + t_{Sp_2}))}. \tag{95}$$

$k =$ Wärmedurchgangsziffer[2] $= 10$ bis 15 kcal/m^2 h ^{0}C für ständig gut gereinigte gußeiserne Vorwärmer. Die Gasgeschwindigkeit wird nach Erfahrungswerten bestimmt. Für die Pumpenleistung ist zu beachten, daß die Wassergeschwindigkeit nicht zu hoch gewählt wird.

Die Bemessung der Vorwärmer muß mit Rücksicht auf die Endtemperatur ebenfalls wirtschaftlich untersucht werden. Wird t_{Sp_2} zu hoch gewählt, dann steigt auch der Druck in den Rohren, diese werden teurer und müssen besonders sorgfältiger Beaufsichtigung unterliegen. Der Wirkungsgradgewinn kann dadurch beeinträchtigt werden.

Von besonderer Bedeutung ist der Einbau in die Kesselanlage. Die Besichtigung der Rohranschlüsse und der Rohre selbst muß jederzeit leicht möglich sein (Abb. 175). Fehler in der Rauchgasführung haben eine schäd-

Abb. 175. Speisewasservorwärmer betriebsfertig eingebaut, Türen geöffnet (L. & C. Steinmuller).

---

[1] Grundsätze für Rauchgasvorwärmer, Reichsarbeitsblatt 1935 vom 15. Febr. Teil I Nr. 5 S. 40.

[2] Münzinger: Berechnung und Verhalten von Wasserrohrkesseln. Berlin 1929.

19*

liche Beeinflussung des Schornsteinzuges und im Anschluß hieran eine Wirkungsgradverschlechterung der Gesamtanlage zur Folge. Auf kürzeste Wege zwischen Kessel und Vorwärmer und beste Durchleitung der Rauchgase ist zu achten. Umlenkungen sind zu vermeiden. Der Vorwärmer muß daher möglichst dicht an den Kessel angebaut werden. Das Mauerwerk muß dauernd dicht bleiben und darf keine kalte Luft eintreten lassen, die den Vorwärmer abkühlt. Auf die Beseitigung der Flugasche ist bereits hingewiesen worden. Durch die entsprechende Anlage der Aschekammern ist dieser Betriebsforderung zu entsprechen. Der Abschluß der Kammern muß derart vorgenommen werden, daß beim Entaschen keine kalte Luft in den Vorwärmer eintreten kann. Es sind zweckmäßig zwei Schieber so einzubauen, daß sich bei Öffnung des unteren Schiebers der obere selbsttätig schließt, damit bei der Entaschung durch plötzlich in größeren Mengen herausgeschleuderte Flugasche auch die Bedienung nicht gefährdet wird.

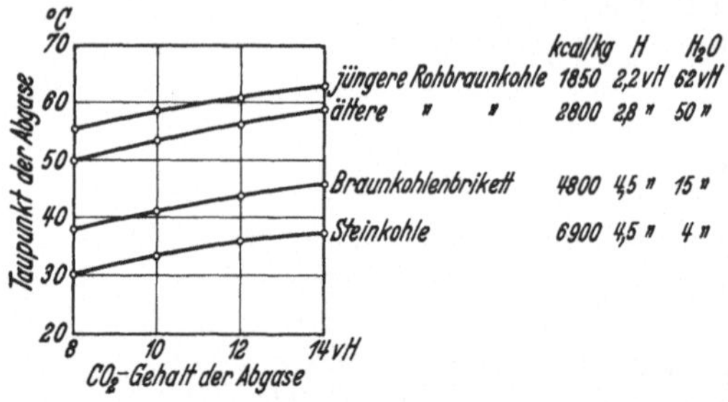

Abb. 176. Taupunkt der Abgase (Rauchgase) verschiedener Brennstoffe in Abhängigkeit vom CO_2-Gehalt (85 vH Feuchtigkeit der Brennluft bei 15° C).

Wohl zu beachten ist ferner, daß die Temperatur der Rauchgase an keiner Stelle des Vorwärmers so weit sinken darf, daß der in den Rauchgasen enthaltene Wasserdampf kondensiert (Taupunkt der Rauchgase) und sich auf den Rohren niederschlägt. Dieses „Schwitzen der Rohre" führt zu äußeren Anfressungen und dadurch ebenfalls zu Rohrzerstörungen, Wasserverlust und Betriebsstörungen. Insbesondere kann diese zu starke Rauchgasabkühlung bei kleinen Belastungen eintreten. Der Taupunkt hängt von der Luftüberschußzahl ab. Abb. 176 zeigt den Verlauf für verschiedene Brennstoffe in Abhängigkeit vom CO_2-Gehalt.

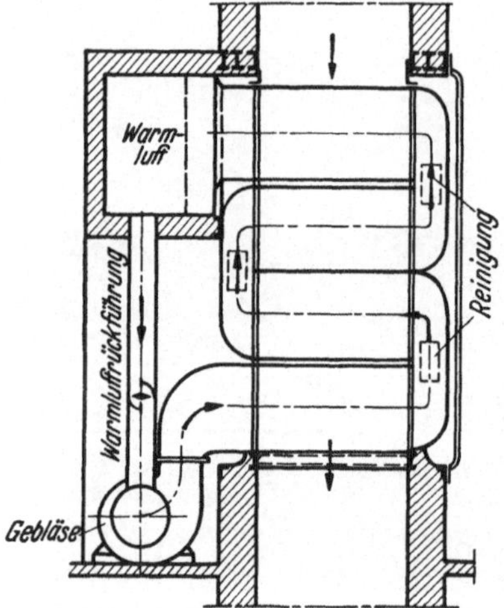

Abb. 177. Aufbau eines Luftvorwärmers.

b) Der Luftvorwärmer. Nach S. 165 ist die wärmetechnische Ausnutzung des Brennstoffes, dadurch die Wirtschaftlichkeit der Kesselanlage zu verbessern, wenn die Verbrennungsluft vorgewärmt wird. Der Luftüberschuß kann kleiner, der Kohlensäuregehalt größer gehalten werden.

Ein solcher Luftvorwärmer (Abb. 177 und 178) besteht aus waagerecht und senkrecht verlaufenden Kammern oder Kanälen aus Eisenblech für

Gas und Luft, die gegeneinander vollständig abgedichtet sind, und in denen Abgas und Luft im Kreuz- oder Gegenstrom aneinander vorbeigeführt werden. Auch drehbare Trommeln werden benutzt (Drehlufterhitzer Bauart Schwabach der Gesellschaft für künstlichen Zug GmbH., Berlin-Charlottenburg). In der bautechnischen Durchbildung ist neben dieser besonders wichtigen Abdichtung zu verlangen, daß bei einfachster und technisch bester Ausführung höchstmögliche Wärmeübertragung bei geringsten Reibungsverlusten gewährleistet ist. Auf eine leichte und vollständige Reinigung der Kammern oder Kanäle ist auch hier besonders zu achten. Der Ein- und Ausbau sowie die Besichtigung außen und innen muß ohne Schwierigkeit möglich, die Wartung und Bedienung einfach sein.

Abb. 179 zeigt den Verlauf der Temperaturen längs des Gas- und Luftweges. Ein vollständiges Angebot muß eine solche Temperaturkennlinie enthalten, die dann für die Gewährleistungen zugrunde zu legen ist.

Die Anwendung des Luftvorwärmers hängt von der Art der Feuerung und der Brennstoffbeschaffenheit ab. Die Rostfeuerung kann nicht mit den gleich hohen Feuerraumtemperaturen (Gastemperaturen) arbeiten wie die Kohlenstaubfeuerung, weil die Kühlung der Roste hier eine bestimmte Grenze zieht. Auch die Rostdurchbildung als feststehender

Abb. 178. Luftvorwärmer (Bauart L. & C. Steinmüller).

oder Vorschubrost ist von Bedeutung. Die zulässigen Brennlufttemperaturen betragen etwa 100 bis 150° C. Wesentlich für die Temperatur der Verbrennungsluft ist ferner das Verhalten der Asche. Zeigt die Asche durch hohe Rosttemperatur das Bestreben zum Fließen, dann darf die Verbrennungsluft nicht vorgewärmt werden, sondern der Rost ist zu kühlen. Aus diesen Gründen werden Luftvorwärmer bei Rostfeuerungen und mittleren Dampfdrücken seltener verwendet oder es wird noch ein Speisewasservorwärmer dem Luftvorwärmer angegliedert. Die Reihenfolge ist von den Verhältnissen abhängig. Durch Tropf- oder Schwitzwasser darf der Luftvorwärmer nicht gefährdet werden.

Auch beim Luftvorwärmer ist darauf zu achten, daß der Taupunkt der Gase bei tiefer Temperatur der vorzuwärmenden Luft nicht unterschritten wird (Abb. 176). Nach praktischen Feststellungen soll die Anfangstemperatur der anzuwärmenden Luft 15 bis 20° C unter dem Taupunkt der Rauchgase oder höher liegen. Aus diesem Grunde wird die Speiseluft aus dem Kesselhaus entnommen und durch geeignete Luftführung über den Kesseln entsprechend vorgewärmt. Eine Ausnutzung der Abwärme bis auf die Grenztemperatur erfolgt zumeist nicht, weil wirtschaftliche Gründe dieses verbieten.

Bei der **Kohlenstaubfeuerung**, insbesondere wenn Strahlungsheizflächen vorhanden sind, kann die Brennlufttemperatur 300° C und darüber betragen. Hier ist in der Luftvorwärmung fast die ganze Abgaswärme ausnutzbar, weil von der Gesamtbrennluftmenge etwa 70 bis 90 vH für die Brennluft erhitzt werden können.

Die **Wärmeleistung** des Luftvorwärmers ist von der Geschwindigkeit der Rauchgase und der Luft im Heizkörper abhängig, wobei zu verlangen ist, daß die Zug- und Druckverluste sich in wirtschaftlichen

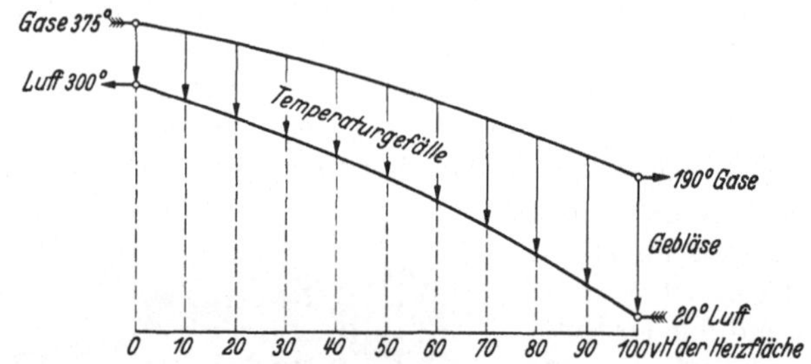

Abb. 179. Temperaturverlauf für die Abgasverwertung durch Luftvorwärmer.

Grenzen bewegen. Die Wärmedurchgangsziffer k beträgt hier etwa 8 bis 17 kcal/m² h °C.

Zur Förderung der Luft wird ein besonderes **Niederdruckgebläse** benutzt, das **entweder saugend** auf der Heißluftseite oder **zweck-**

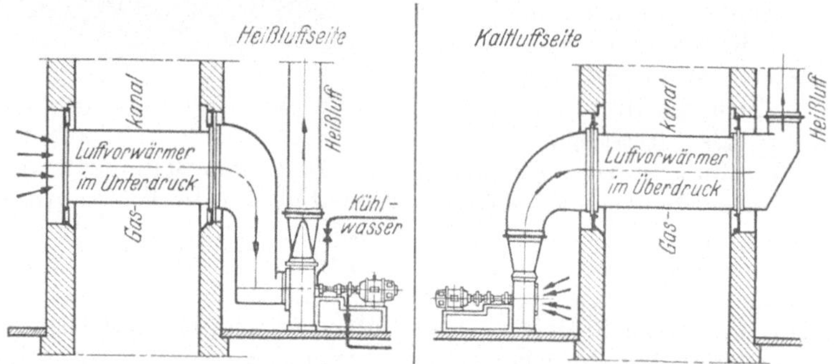

Abb. 180. Anordnungen der Luftgebläse für Luftvorwärmer.

mäßiger drückend auf der Kaltluftseite angesetzt wird (Abb. 180), weil dann die Leistung des Gebläses und der Motor wegen des kleineren Rauminhaltes der Kaltluft kleiner werden. Weiter ist die Lagerausführung des Gebläses einfacher, da die andernfalls für die hohe Temperatur erforderliche Wasserkühlung der Lager fortfällt. Die Luft im Vorwärmer hat ferner überall **Überdruck gegenüber den Gasen**, ein Übertreten letzterer an schadhaften Stellen ist hier also nicht möglich.

Bei **Unterwindfeuerungen** kann das Unterwindgebläse fortfallen, wenn ein Luftvorwärmer aufgestellt wird.

Bei großen Anlagen ist vereinzelt der Gedanke aufgetaucht, für die Verbrennungsluft die Abluft der gekapselten Generatoren zu verwenden, weil diese Luft vorgewärmt zur Verfügung steht. Das ist aber praktisch nicht möglich. Der Abluft der Generatoren darf kein großer Widerstand entgegengesetzt werden, weil die Generatorlüfter diesen nicht zu überwinden vermögen. Die Luftmenge für den Kesselbetrieb muß außerdem regelbar sein, die Luftmenge, die von den Generatoren abströmt, bleibt unverändert und ist zumeist viel zu groß, so daß hier durch Drosselklappen eine fortgesetzte Regelung erfolgen müßte. Alle Generatoren müßten ferner an einen durchgehenden Abluftkanal oder an eine Luftkammer angeschlossen werden, von wo aus die Kesselanlage zu speisen wäre. Bei der In- und Außerbetriebsetzung einzelner Maschinen wäre dann auch jedesmal die Abluftanlage zu regeln, was umständlich ist und unter Umständen zu Betriebsschwierigkeiten führen könnte. Die Raumbeanspruchung schließlich für die Kanalanlage und die Anlagekosten dürften in den meisten Fällen größer sein, als wenn einzelne Gebläse für jede Feuerung zum Einbau kommen.

Abnahmeergebnisse an ausgeführten Kesselanlagen. Zum Abschluß dieses Teiles der Kesselanlagen sind in Zahlentafel 31 Abnahmeergebnisse neuester Kesselanlagen zusammengestellt, um bei Angeboten und Überprüfungen Zahlen zur Hand zu haben. Die auf S. 168 angegebenen Unterlagen für den Entwurf und die Beurteilung einer Kesselanlage werden durch diese Zahlenangaben auch den Betriebsingenieur in die Lage versetzen, die Wirtschaftlichkeit einer alten Kesselanlage zu vergleichen und Entschlüsse für zweckmäßige Änderungen zu treffen.

20. Das Kesselmauerwerk.

a) Das Außenmauerwerk. Auch dieses darf, worauf wiederholt hingewiesen wurde, nicht als nebensächlich angesehen werden. Es ist nicht zweckmäßig, die Einmauerungen durch ungeübte Maurer vornehmen

Abb. 181a. Topfsche Bogenform-Einmauerung eines Flammrohrkessels.

zu lassen, sondern es sind hierfür Fachleute nicht nur bei großen, sondern auch bei kleinen Anlagen heranzuziehen, die über genügende Erfahrungen für die Durchbildung des Mauerwerkes, für die Auswahl der Steine und für den gesamten Aufbau verfügen.

Eine in Deutschland sehr verbreitete Einmauerungsform ist die nach der Bogenform von J. A. Topf & Söhne, Erfurt. Abb. 181a

Die Dampfkesselanlagen.

Zahlentafel 31. Zusammenstellung von Abnahme-

I Zonenwanderrost mit Unterwind, Strahlungskessel. Bauart Borsig, Tegel. Rostantrieb 1,47 kW,
II Stokerfeuerung der Deutschen Evaporator-AG., Berlin, Steilrohrkessel. Kraftbedarf für den Stokerantrieb gewendeten spez. Dampfmenge von 6 kg/kWh somit Dampfverbrauch für die Antriebe etwa 192 kg/h = 0,85
III Vorschubrost, Steilrohrkessel der Röhrendampfkesselfabrik L. & C. Steinmüller, Gummersbach, Rhld. Kraft-
IV Mech. Treppenrostfeuerung, Hochleistungsschrägrohrkessel, Babcockwerke, Oberhausen, Rhld. Kraftbedarf
V Steinmüller-Kohlenstaubfeuerung, Fünftrommel-Steilrohrkessel mit 2 Untertrommeln, Strahlungsheiz-
VI Krämer-Mühlenfeuerung, Teilkammmerkessel, Bauart Borsig, Tegel. Mühlenantrieb 24 kW,

Nr.	Bezeichnungen		I		II	III	
	Kesselanlage:						
1	Heizfläche des Kessels	m²	350		500	1000	
2	,, ,, Überhitzers	m²	110		197	235	
3	,, ,, Wasservorwärmers	m²	723		272	534	
4	,, ,, Luftvorwärmers	—	—		—	510	
5	Rostfläche	m²	12,6		13,6	28,8	
6	Feuerraum	m³	38		—	175	
7	$\frac{\text{Heizfläche}}{\text{Rostfläche}}$	m²/m²	27,8		36,7	35	
8	$\frac{\text{Überhitzerheizfläche}}{\text{Kesselheizfläche}}$	m²/m²	0,314		0,395	0,235	
9	$\frac{\text{Überhitzerheizfläche}}{\text{Rostfläche}}$	m²/m²	8,73		14,5	8,15	
10	Versuchsdauer	Min.	365	240	793	330	395
11	Belastungsart		norm.	max.	normal	Schwachlast	Normallast
	Brennstoff:						
12	Bezeichnung		Chines. Steinkohle		Fettnuß	Braunkohlenbrikett	
13	Herkunft		Kailan Slag		Westfalen	Sachsen	
14	Körnung		0—80		IV	—	
15	Wasser	%	3,65		0,80	14,9	14,7
16	Asche	%	16,0		9,0	4,6	4,6
17	Brennbares	%	80,35		90,2	80,5	80,7
18	Unterer Heizwert	kcal/kg	6900		7381,1	4930	4912
19	Brennstoffmenge	kg/h	1585	2310	2622,9	3980	5200
20	,, verheizt auf 1 m² Rostfläche[1]	kg/h	125,8	183,3	192,5	138	180,5
21	Anstrengungsgrad des Kessels	a_K	4,52	6,61	5,22	3,98	5,20
22	,, der Feuerung[1]	a_F	125,8	183,3	192,5	138	180,5
	Dampf und Wasser:						
23	Dampfdruck	atü	28,4	26,4	14,6	32,1	33,2
24	Dampftemperatur	°C	436	425	360	379	387
25	Erzeugungswärme	kcal/kg	713	716	716	654	655
26	Speisewassertemperatur, Eintritt	°C	81	72	42,6	103,5	107
27	,, Austritt	°C	—	—	100	124,3	129
28	Speisewasserverdampfung	kg/h	13500	18250	22667	26000	33500
29	,, auf 1 m² Heizfläche	kg/h	38,6	52,2	45,33	26	33,5
	Rauchgase und Luft:				vorn hinten		
30	Feuerraumtemperatur	°C	—	—	1217 | 1425	1250	1330
31	Abgastemperatur, Kesselende	°C	—	—	373	293	309
32	,, Vorwärmerende	°C	170	174	231	232	243
33	CO₂-Gehalt, Speisewasser-Vorwärmerende	%	12,9	11.8	11,8	14,8	14,7
34	Zugstärke im Feuerraum über Rost	mm WS	—	—	2,4	4	6
35	Zugstärke am Kesselende	mm WS	—	—	17,6	8,2	10
36	Zugstärke am Speisewasser-Vorwärmerende	mm WS	25,5	24,5	35	9,3	12,8
37	Luftüberschuß	n.	—	—	1,49	1,25	1,25
38	Abgastemperatur, Luftvorwärmerende	°C	—	—	—	174	190
39	Lufttemperatur, Eintritt	°C	35	35	—	32	32
40	,, Austritt	°C	—	—	—	146	149
41	CO₂-Gehalt, Luftvorwärmerende	%	—	—	—	14,0	13,8
42	CO + H₂	%	—	—	—	0,19	0,09
43	Zugstärke am Luftvorwärmerende	mm WS	—	—	—	12	24

[1] Wert 20 und 22 sind gleichbedeutend.

werten für verschiedene Kesselausführungen.

Unterwindantrieb 10,3 kW.
3,8 kW, Kraftbedarf für Unterwindgebläse und Stokerantrieb normal 32 kW, max. 42 kW. Bei einer auf-
bis 0,87 vH der gesamten stündlich erzeugten Dampfmenge.
bedarf des Rostantriebes normal 7,0 kW, max. 7,5 kW, des Unterwindgebläses normal 35 kW, max. 49 kW.
der Hilfsmotoren etwa 2,4 kW.
flächen. Brenner in der Hängedecke.
Zuteiler 1 kW.

III	IV	V	VI
1000	623	1015	455
235	324	380	180
534	1494	540	700
510	—	770	—
28,8	36,96	—	—
175	128	225	123
35	17,0	—	—
0,235	0,52	0,375	0,396
5,15	8,80	—	—

III		IV				V			VI			
350	140	497	515	497	363	487	383	112	480	470	382	290
Hochlast	Überlast	Normallast	Hochlast	Überlast	Höchstdauerlast	Normallast	Hochlast	Überlast	norm.	max.	Spitze	max.
Braunkohlenbrikett Sachsen		Rohbraunkohle Niederlausitz				Magerfeinkohle Ruhr			Rohbraunkohle Wählitz Unsortiert		Schwelkoks Köpsen	Mittelprodukt Scholven
14,4	11,3	55	53,9	55	55,2	0,20	0,35	0,35	52,3	51,9	23,3	12,7
5,6	5,2	2,97	3,26	3,56	1,62	9,74	9,40	9,46	5,4	5,4	14,4	19,9
80,0	83,5	42,21	42,84	41,44	43,18	90,06	90,25	90,19	42,3	42,7	62,3	67,4
4904	5093	2144	2115	2064	2026	7750	7564	7556	2519	2572	4922	5457
6300	8700	8662	11042	14609	18775	4230	5380	6380	6640	7510	4165	3460
218,5	302	234,4	298,8	395,2	508,0	—	—	—	—	—	—	—
6,30	8,70	13,82	17,60	23,5	30,0	4,29	5,44	6,42	14,6	16,5	9,15	7,6
218,5	302	234,4	298,8	395,2	508,0	19,2	24,8	28,4	—	—	—	—
33,0	32,7	35,3	35,8	35,8	36,01	21,09	21,4	21	37,6	37,8	37,0	38,5
402	426	382	398	414,6	424,6	431	443	448	368	384	370	361
665	683	634,3	642,4	652,4	658,3	707,4	718,1	720	633	643	633	632
105	101	125,5	125,9	124,9	124	83	78	79	117	116	118	115
134	129	177	184,9	192	194,7	124	119	119	198	213	198	—
39500	54400	25364	30997	37977	45212	40200	49700	56000	22700	25750	28310	24000
39,5	54,4	40,7	49,8	61,0	72,6	40,6	50,1	56,8	50	56,5	62	52,5
1350	1350	1106	1132	1108	1124	1477	1481	1513	—	—	—	—
337	337	323	355	386	408	347	372	383	426	464	466	—
276	303	202	225	246	265	251	272	281	234	261	236	235
14,7	14,7	16,05	15,60	15,60	16,30	13,5	13,8	14,6	14,9	15,3	17,7	12,8
6,5	8,4	10	12	16	13	2,7	3,7	4,1	10,4	14,4	12,4	10,5
17,5	35	15	22	29	34	13	20	25	15,4	22,0	16,2	14,5
						—	—	—				
21,5	00	18	27	00	45				25,0	29	22,2	—
1,26	1,25	1,20	1,24	1,22	1,20	1,38	1,36	1,29	ca. 1,2	ca. 1,2	ca. 1,2	ca. 1,2
202	236	—	—	—	—	171	192	193	—	—	—	—
37,4	33	—	—	—	—	34	35	35	24,6	24,6	31,9	25
153	167	—	—	—	—	116	123	128	—	—	—	—
14,0	14,5	—	—	—	—	13,0	13,5	14,2	—	—	—	—
0,11	0,36	—	—	—	—	—	—	—	—	—	—	—
28	58	—	—	—	—	40	59	71	—	—	—	—

Zahlentafel 31.

Nr.	Bezeichnungen		I		II	III	
	Spezifische Leistung:						
44	Rostleistung	kg/m²h	126	184	192,3	138	181
45	Dampfleistung	kg/m²h	38,6	52,2	45,33	26	33,5
46	Feuerraumbelastung	kcal/m³h	291 000	410 000	—	103 000	146 000
47	Verdampfungsziffer	kg/kg	8,45	7,86	8,642	6,54	6,42
48	,, auf Normaldampf 640 kcal	kg/kg	9,43	8,8	9,668	6,68	6,56
	Wärmeausnutzung:						
49	Ausgenützt im Kessel	%	—	—	66,85	71,5	70,0
50	,, ,, Überhitzer	%	—	—	10,26	12,3	12,7
51	,, ,, Speisewasservorwärmer	%	—	—	6,72	2,8	2,9
52	Gesamtwirkungsgrad	%	88,80	82,5	83,83	86,6	85,6
	Verluste:						
53	In den Abgasen	%	7,3	8,1	10,8	7,97	8,23
54	In den Herdrückständen	%	1,2	6,4	0,59	} 5,43	6,17
55	Restverlust	%	3,5	3,0	4,78		
56	Zusammen	%	100,00	100,00	100,00	100,00	100,00

und 181 b zeigen einen nach dieser Bogenform ummauerten Flammrohrkessel, Abb. 182 einen Schrägrohrkessel. Auf die verschiedenen Kesselanlagezeichnungen sei nach dieser Richtung ebenfalls hingewiesen.

Bei der Bogenbauart werden die Außenmauern in Form stehender Gewölbe angelegt, zwischen denen ein Eisengerippe bei Flammrohrkesseln oder das Eisengerüst bei Wasserrohrkesseln liegt, das gleichzeitig als Ver-

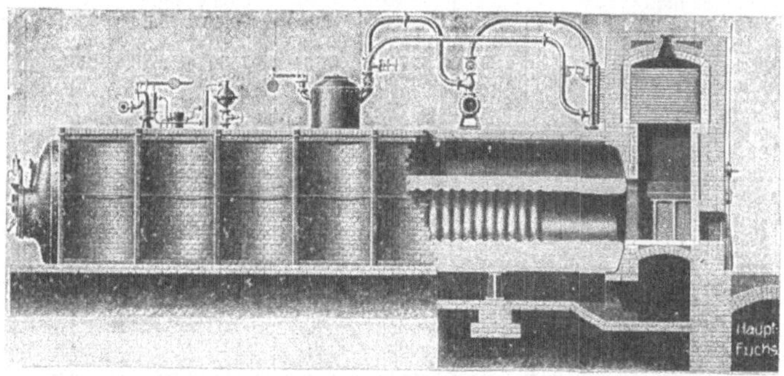

Abb. 181 b. Topfsche Bogenform-Einmauerung eines Flammrohrkessels.

ankerung dient. Schädliche Rißbildung und das Herausdrücken von Mauerwerksteilen werden dadurch vermieden.

Auf die Fugenbreiten im Mauer- und Schamottemauerwerk (S. 301) ist besonders zu achten. Sie sollen tunlichst schmal gehalten werden, im Mauerwerk nicht über 6 mm, im Schamottemauerwerk nicht über 2 mm betragen, doch muß dabei jeder Stein im vollen Mörtelbett liegen. Zu kleine Fugen beeinträchtigen die Haltbarkeit des Mauerwerkes ebenfalls.

Die sachgemäße Durchbildung und Ausführung der Einmauerung setzt ferner voraus, daß auch die Einmauerungs-Einzelstücke

(Fortsetzung).

III		IV				V			VI			
219	302	234,55	298,76	395,15	507,98	—	—	—	—	—	—	—
39,5	54,3	40,71	49,75	60,96	72,57	39,59	49,01	55,10	50	56,5	62	52,5
176 000	250000	145 000	183 000	236 000	297 000	141 900	180 500	214 000	147 000	157 000	166 000	154 000
6,24	6,24	2,93	2,81	2,60	2,41	9,52	9,27	8,78	3,42	3,37	6,8	6,95
6,52	6,65	2,96	2,82	2,65	2,48	10,50	10,41	9,87	3,39	3,39	6,75	6,90
67,8	65,8	66,74	63,81	59,63	55,74	68,38	67,19	63,57	63,8	60,6	64,8	—
13,5	14,6	12,66	13,46	13,89	13,72	15,60	15,94	15,40	11,4	11	11,6	—
3,7	3,4	7,28	8,13	8,78	8,74	5,03	5,09	4,65	11,1	12,8	11	—
85,0	83,8	86,68	85,40	82,30	78,20	89,01	88,22	83,62	86,3	84,4	87,4	80,5
8,91	11,30	10,33	11,80	13,40	14,20	6,91	7,3	7,26	12,4	13,3	8,7	10,7
6,09	4,90	} 2,99	2,80	4,30	7,60	0,11	0,08	0,07	0,8	1,8	3,4	8,3
						3,97	4,40	9,05	0,5	0,5	0,5	0,5
100,00	100,00	100,00	100,00	100,00	100,00	100,00	100,00	100,00	100,00	100,00	100,00	100,00

richtig gewählt werden. Dazu gehört, daß die Verschlußstücke für Reinigungsöffnungen, Einsteigeschächte, Rauchkanäle, Schaulöcher sicher schließen und die Türen, Rauchkanalschieber, Klappen usw. an ihren Schließflächen selbst nach häufigem Gebrauch keine Spalten zeigen. Auf die Schädlichkeit der durch solche Spalten eindringenden falschen Luft ist wiederholt hingewiesen worden.

Eine Sonderausbildung der Kesselumkleidung ist die doppelwandige Blechverschalung mit einer Verfüllung aus hochwertigen Isolierplatten. Sie bringt den Vorteil bedeutender Raum- und Gewichtsersparnis und gibt dem Kessel einen sehr guten Wärmeschutz, vermindert dadurch den Verlust durch Wärmestrahlung. Infolge der geringen Wärmespeicherfähigkeit der Umkleidung wird diese Art gerne für Kessel gewählt, die häufig angeheizt werden müssen, weil die Anheizdauer geringer ausfällt als bei der Steineinmauerung. Die Blechverkleidung ist zudem billiger als die Einmaue-

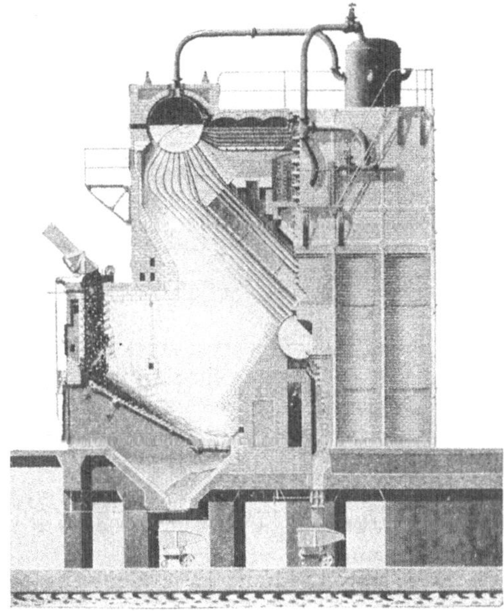

Abb. 182. Topfsche Bogenform-Einmauerung eines Steilrohrkessels mit Überhitzer für Rohbraunkohlenfeuerung.

rung und betrieblich insofern vorteilhafter, als in kurzer Zeit die Rohranlage an jeder gewünschten Stelle freigelegt werden kann. Der Kessel kann weiter nach Außerbetriebsetzen rasch entleert werden, da keine Mauermassen vorhanden sind, die tagelang bis zu ihrem Erkalten Wärmemengen ausstrahlen und das Kesselinnere unbefahrbar machen.

b) Das Innenmauerwerk. Der Feuerraum wird innen mit feuerbeständigen Steinen (Normalsteine) ausgekleidet, desgleichen werden aus diesen Steinen die Gaszüge und die Hängedecken hergestellt.

Die Brennkammerausmauerung muß sich gegenüber dem Kesselaußenmauerwerk frei ausdehnen können, also unabhängig von letzterer sein.

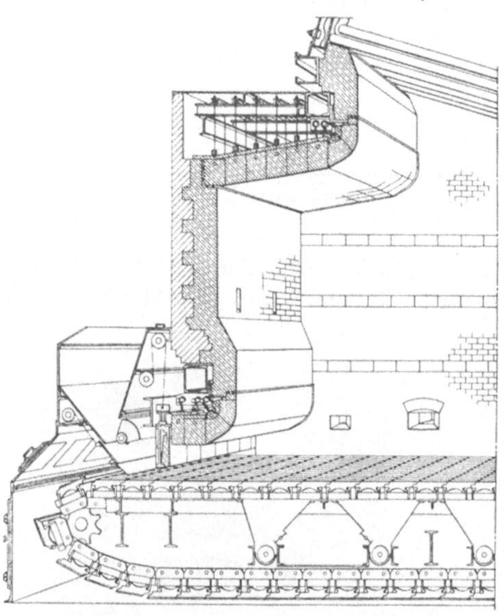

Abb. 183. Babcock-Aufbau einer Feuerraum-Hängebrücke für Wanderrostfeuerung.

Abb. 183 zeigt den Aufbau eines Feuerraumes aus feuerfesten Steinen, denen nach außen die Mauersteine vorgesetzt sind. Zur Umlenkung der Flamme müssen z. B. bei Schrägrohrkesseln Hängedecken eingesetzt werden, die am Kesselgerüst aufgehängt sind. Die Durchbildung dieser Decken erfordert große Erfahrung, um für sie eine lange Lebensdauer und damit für den Kessel bis zum Stillsetzen und Überholen eine lange Betriebsdauer zu erreichen. Es gibt Ausführungen als Einstein- und Doppeldecken. Ihre Auswahl richtet sich nach den jeweiligen Verhältnissen. Zu fordern ist, daß jeder Stein besonders an einem feuerfesten Haken aufgehängt wird, damit die Decke die Wärmeausdehnung selbst aufnimmt, ferner daß jeder Stein während des Betriebes leicht auswechselbar ist, ohne daß benachbarte Steine beschädigt werden. Eine über der Hängedecke liegende Mauerlast muß so abgefangen sein, daß die Hängedecke nicht belastet wird.

Die Auskleidung des Feuerraumes erlaubt eine große Ausnutzung der Feuerraumheizfläche und der Rauchgastemperaturen. Die Lebensdauer der Einmauerung wird größer, die Strahlungsverluste nach außen werden vermindert und dadurch die Wirtschaftlichkeit der Kesselanlage gehoben.

Die Wahl dieser Auskleidungsstoffe richtet sich zunächst nach der Feuerraumtemperatur und der Beschaffenheit der Brenngase, sowie der Beschaffenheit und dem Verhalten der Schlacke, ferner nach der Betriebsart des Kessels. Treten häufig Temperaturänderungen ein, wie sie bei Spitzenlastkesseln und Kohlenstaubfeuerungen durch schnelles Hochfahren und plötzliches Abstellen vorkommen, dann erzeugt die rasche und ungleichmäßige Erhitzung und Abkühlung Wärmespannungen, die ein Abspalten der Steine von den Wandflächen hervorrufen können. In solchen Fällen sind weichgebrannte Steine mit größerer Nachgiebigkeit und schnellem Aufnahmevermögen in bezug auf Temperaturschwankungen zu verwenden. Zu schnelle Abkühlung des Feuerraumes durch kalte Luft bei offenen Luftklappen ist besonders schädlich. Als Baustoffe werden Schamottesteine[1] verwendet, die in ganz besonderen chemischen und physikalischen Zusammensetzungen geliefert werden. Ihrer Auswahl ist im Betrieb sehr große Aufmerksamkeit zuzuwenden, da die Kesselbetriebskosten durch häufiges Instandsetzen des Innenmauerwerkes beträchtlich erhöht und der Betrieb des Kessels gestört werden, wenn das aus ihnen gebildete Mauerwerk nur kurze Lebensdauer besitzt und vorzeitig zu Bruch geht.

Bei Verwendung von Strahlungsheizflächen oder La-Mont-Rohranlagen werden die Auskleidungen der Brennkammer wesentlich entlastet und dadurch eine oft bedeutende Ersparnis an Instandsetzungskosten ermöglicht.

Bei besonders bösartiger Schlacke werden Kühlvorrichtungen in Gestalt von Kühlkanälen für Luft oder in Form von wasserdurchflossenen Kühlrohren im Kesselmauerwerk eingebaut, die dann hinter abnehmbaren, wärmeisolierenden Blechverkleidungen liegen sollen, um sie jederzeit nachsehen und instandsetzen zu können. Die erwärmte Luft wird der Unterwindanlage, das erwärmte Wasser der Obertrommel zugeführt und auf diese Weise ein Teil der Strahlungsverlustwärme weiter ausgenutzt. Der Schlacke ist dann die Möglichkeit genommen, sich an den Brennkammerwänden anzusetzen und diese zu zerstören.

Die weitere Durchbildung des Feuerraumes richtet sich nach der Kesselart, der Heizfläche, der Art der Feuerung und den Eigenschaften der Brennstoffe (kurz- und langflammig, Schlackenbildung am Mauerwerk u. dgl.). Die Rauchgaszüge sind in ihren Querschnitten so zu bemessen, daß die Heizgase bei natürlichem Zug eine Geschwindigkeit von etwa 3 bis 5 m/s aufweisen. Bei minderwertigen Brennstoffen ist ferner auf die Flugasche und deren Beseitigung weitgehendst Rücksicht zu nehmen. Zu diesem Zweck sind im Mauerwerk an allen Umkehrstellen der Heizgaswege bunkerartig ausgebildete Erweiterungen zur Ascheablagerung und selbsttätigen Reinhaltung der Züge herzustellen, die leicht zugänglich und genügend weit mit dem Schürgerät befahrbar sein müssen, wenn Handreinigung vorgesehen ist. Bei Reinigung durch Rußbläser werden diese besonderen Aschesammelstellen nicht ausgeführt, da sich der Ascheabfall dann in den Aschetrichtern sammelt. Im übrigen dürfen durch Ascheablagerstellen keine toten Räume im Gasweg entstehen.

Bei großen Kesselanlagen mit mechanischer Aschebeseitigung muß die zu wählende Form der Entaschung noch vor der Einmauerung

---

[1] Ellrich, W.: Untersuchung und Bewährung von Schamotte-Erzeugnissen für die Einmauerung von Dampfkesseln. Elektr.-Wirtsch. 1935 Heft 13 S. 283. Ferner: Richtlinien für die Bestellung von Schamottematerial für Dampfkesselfeuerungen. Herausgegeben von der Ver. d. Elektr.-Werke. Berlin 1929.

der Kessel festliegen, damit auf deren richtiges Einfügen in die Gesamtanlage von vornherein Rücksicht genommen werden kann. Insbesondere
bezieht sich das auf die Wahl und Anordnung der Ascheentnahme-
stellen, die Ausbildung der Aschesäcke, die leichte Zugänglichkeit und
Besichtigungsmöglichkeit der Züge durch Entaschungsklappen, Schaulöcher u. dgl.

21. Die Luftzuganlagen.

Als solche sollen behandelt werden: Schornstein und künstlicher Zug.

a) Der gemauerte Schornstein wird auch heute noch vielfach gewählt. Er kann nicht immer allen Betriebsanforderungen neuester

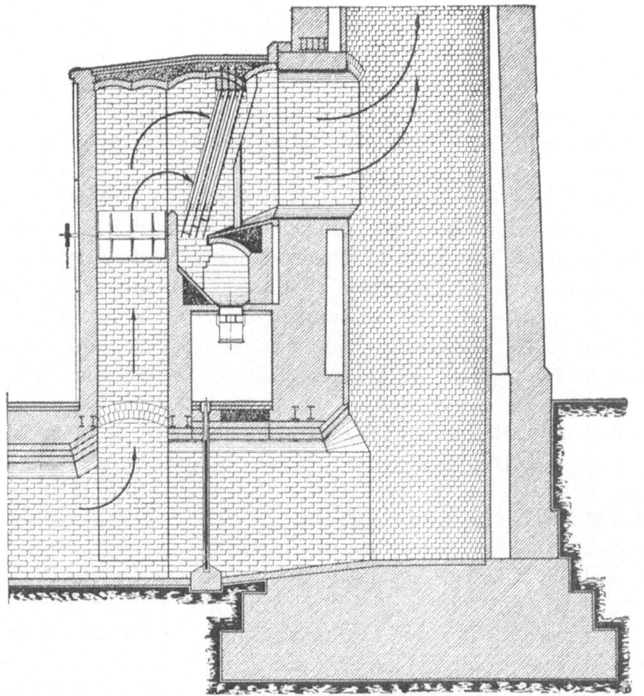

Abb. 184. Schornstein mit Fuchs, Flugaschefänger und Abgasregelklappe.

Kesselanlagen entsprechen. Es muß daher erst durch Rechnung festgestellt werden, ob der Schornsteinzug mit wirtschaftlichen Beschaffungskosten erreicht werden kann. Ferner hat die Wahl eines oder
mehrerer Schornsteine zur Voraussetzung, daß der Baugrund vollständig
sicher und geeignet ist. Die Schornsteinanlagen erfordern weiter Platz
und dort, wo mehrere Kessel an einen Schornstein angeschlossen werden
sollen, Raum für den Rauchgaskanal, den sog. Fuchs (Abb. 184). Die
Schornsteinabmessungen richten sich nach der Zahl der zu bedienenden
Kessel also der Gesamtrostfläche, der von den Kesseln im Höchstfall
verbrauchten Brennstoffmenge und der gewählten Feuerungsart zusammen mit der Brennstoffart und der Kesselbauform.

Berechnung und Ausführung der Schornsteinanlage muß im engsten Zusammenarbeiten mit dem Kesselhersteller erfolgen, da in die gesamte Luftzuganlage oft noch Vorwärmer einzubauen sind. Die notwendigen Unterlagen für die Berechnung hat der Kesselhersteller zur Verfügung zu stellen und dabei anzugeben, in welcher Form der Anschluß an die Feuerung vorzunehmen ist. Besser ist es, Entwurf und Bau der Luftzuganlage ebenfalls dem Kesselhersteller zu übertragen. Auf günstigste Führung der Rauchgase, leichte Zugänglichkeit zum Feuerraum und zum Fuchs mit seinen Rauchklappen für die Zugregelung, leichte und vollständige Reinigung von Flugasche, ungefährliches Befahren und gute Überprüfung des Mauerwerkzustandes ist besonders zu achten.

Der Schornstein wird entweder in Mauerwerk, Eisenbeton[1] oder Eisenblech ohne oder mit Ausfütterung hergestellt. Der gemauerte oder betonierte Schornstein steht auf eigenem Fundament. Der Eisenblechschornstein erfordert eine entsprechende Verstärkung des Kesselhaushochbaues. Zumeist ist der gemauerte oder betonierte Schornstein billiger. Außerdem erfordert er sehr geringe Unterhaltungskosten, während der Blechschornstein von Zeit zu Zeit gestrichen werden muß. Ist er nicht ausgefüttert, dann ist auch mit einem Durchfressen der Bleche und deren recht kostspieligem Ersatz zu rechnen abgesehen davon, daß für die Zeit solcher Instandsetzungsarbeiten die zugehörigen Kessel ausfallen.

Auch beim gemauerten oder betonierten Schornstein ist darauf zu achten, daß bei Braunkohle die Abgase den Beton oder das Mörtelwerk chemisch angreifen. Es muß deshalb wie bei Eisen ein Innenfutter aus entsprechenden Baustoffen vorgesehen werden. Ein solches Futter ist dann mit Luftschicht zu verlegen. Die Schornsteinmündung soll stets mit säurefesten Klinkern als Isolierfutter ausgerüstet werden, die der zerstörenden Wirkung der kondensierenden Rauchgase besser widerstehen. Ferner soll oben eine umlaufende Galerie vorhanden sein, an der Hängegerüste zu Untersuchungen und Instandsetzungen am Schornsteininneren und -äußeren hochziehbar befestigt werden können. Für die Besteigung sind gesicherte Steigeisen einzubauen.

Bei großen Kesselanlagen ist die Zahl der Schornsteine unter Berücksichtigung der Betriebs- und Belastungsverhältnisse, der Lage des Kraftwerkes im freien Gelände oder in einem Talkessel, der durchschnittlichen und ungünstigsten Jahres-Wind- und Lufttemperaturverhältnisse aus den Schornsteinabmessungen und -gewichten zu errechnen, die gegebenenfalls durch die Bodenbelastung, die Fördermengen und den verfügbaren Platz begrenzt werden. Letzterer ergibt sich erst aus der Aufstellung des Gesamtentwurfs des Kraftwerks, für den die Zahl der Schornsteine bekannt sein muß.

Die Anlagekosten müssen in jedem Fall festgestellt werden. Die aus diesen jährlich anfallende Kapitaldienst-, Betriebs- und Unterhaltungs-

---

[1] Eisenbeton-Schornsteine. Kraftwerk 1931 S. 65. AEG-Mitt. 1931. W. Dohme: Die Schornsteine und Abgaskanäle für das Kraftwerk West. Siemens-Z. 1930 S. 439 u. 471. Baugrundversuche. Zbl. Bauverw. 1926 Heft 50 S. 57.

kosten zusammen sind zumeist sehr viel geringer als die entsprechenden Kosten für künstlichen Zug. Der Kostenunterschied gerechnet als Zinssumme eines entsprechenden Anlagekapitals steht dann zugunsten der Schornsteinanlage insgesamt, also mit zusätzlichen Einrichtungen für die Zugregelung zur Verfügung, sofern der Schornstein sonst Vorteile bietet.

Die Zugwirkung eines Schornsteines beruht auf der Verschiedenheit der Gewichte der Rauchgassäule im Schornstein und einer gleich hohen Luftsäule von gleichen Querschnittsabmessungen. Dieser Unterschied in den Gewichten ist diejenige Kraft, die die Gase durch die gesamte Feuerungsanlage also den Rost, die Feuerzüge, die Rauchkanäle und den Schornstein selbst ins Freie treibt. Diese Kraft wird als statische Zugstärke bezeichnet. Es ist notwendig, kurz über den Gang einer Schornsteinberechnung in wärmetechnischer Hinsicht unterrichtet zu sein, um insbesondere entscheiden zu können, ob die Schornsteinanlage an sich richtig entworfen und beim Einbau von Vorwärmern die Ausnutzung der Rauchgase wirtschaftlich auf das größterreichbare Maß getrieben ist. Es sollen daher hier kurz die in Frage kommenden Rechnungen eingeschaltet werden.

Die statische Zugstärke Z_S am Schornsteinfuß kann folgendermaßen festgestellt werden[1]:

bezeichnet:

γ_{G_1} das spez. Gewicht in kg von 1 m³ Gas bei t_{G_1} °C (mittlere Temperatur im Schornstein),

γ_{L_2} das spez. Gewicht in kg von 1 m³ Luft bei t_{L_2} °C (Außentemperatur), H_S die Höhe des Schornsteins über dem Rost in m,

so ist:

$$Z_S = H_S\,(\gamma_{L_2} - \gamma_{G_1}) \tag{96}$$

in kg/m² oder in mm WS.

Die spez. Gewichte von Gas und Luft bei den Temperaturen t_{G_1} bzw. t_{L_2} °C sind aus folgenden Gleichungen zu finden:

$$\left. \begin{aligned} 1\ \text{m}^3\ \text{Rauchgas bei } t_{G_1}: \gamma_{G_1} &= \frac{\gamma_G}{1 + \alpha \cdot t_{G_1}}, \\[2ex] 1\ \text{m}^3\ \text{Luft} \qquad \text{bei } t_{L_2}: \gamma_{L_2} &= \frac{\gamma_L}{1 + \alpha \cdot t_{L_2}}, \end{aligned} \right\} \tag{97}$$

wobei das spez. Gewicht von Luft γ_L oder Rauchgas γ_G bei 0° C in kg/m³ $= \gamma \cong 1{,}34$ anzunehmen und $\alpha = \frac{1}{273}$ (Wärmeausdehnungszahl der Gase) zu setzen ist (Zahlentafel 22, Seite 172). Es ist somit:

$$Z_S = H_S \cdot \alpha \cdot \gamma \cdot \frac{t_{G_1} - t_{L_2}}{(1 + \alpha \cdot t_{G_1})\,(1 + \alpha \cdot t_{L_2})}. \tag{98}$$

Ein Teil dieses Zuges $Z_{S,n}$ dient zur Überwindung der Widerstände in der Feuerungsanlage, also der Widerstände ΣW_K, die der Rost, die

---

[1] Franz Seufert: Verbrennungslehre und Feuerungstechnik. Berlin: Julius Springer 1921. G. Herberg: Feuerungstechnik und Dampfkesselbetrieb. Berlin: Julius Springer 1922. Guniz: Feuerungstechnisches Rechnen. Leipzig 1931.

Brennstoffschicht, die Heizgaszüge, die Schieber und die Vorwärmer aufweisen, so daß:

$$Z_{S,n} = \Sigma W_K . \qquad (99)$$

Ein weiterer Teil ist zur Erzeugung der Strömungsgeschwindigkeit v_G m/s an der Schornsteinmündung erforderlich (Austrittsverlust):

$$Z_{S,1} = \frac{v_G^2}{2\,g}\,\gamma_{G_2}\ \text{mm WS} \qquad (100)$$

γ_{G_2} = spez. Gewicht der austretenden Gase in kg/m³ bei der Temperatur t_{G_2} ⁰ C,

$g = 9{,}81$ m/s².

Schließlich ist noch der Reibungsverlust im Fuchs und Schornsteinkanal zu berücksichtigen. Es ist:

$$Z_{S,2} = \frac{1}{100} \cdot \frac{v_G^2}{2\,g}\,\gamma_{G_2} \cdot \frac{H_S\,k_r^{0,314}}{d_2^{1,314}}\ \text{kg/m}^2 = \text{mm WS} \qquad (101)$$

d_2 = lichter oberer Schornsteindurchmesser in m,
k_r = Rauhigkeitsmaß (siehe Hütte, 26. Aufl., II. Teil).

Die nutzbare Zugstärke am Schornsteinfuß ergibt sich nunmehr zu:

$$Z_{S,n} = \Sigma W_K = Z_S - (Z_{S_1} + Z_{S_2}) . \qquad (102)$$

Die einzelnen Widerstände müssen, soweit sie sich auf die Feuerung selbst beziehen, vom Kesselhersteller angegeben werden. Die Widerstände im Fuchs und im Schornsteinschacht sind bei überschläglichen Rechnungen mit etwa 3 bis 8 mm WS anzunehmen.

Für ΣW_K ergeben sich bei offenen Fuchsschiebern am Schornsteinfuß etwa folgende Mittelwerte:

für Kesselanlagen bis			100 m² Heizfläche		13 bis 18 mm WS
von	100 bis	400 ,,	,,	18 ,, 23 ,,	,,
,,	400 ,,	800 ,,	,,	23 ,, 28 ,,	,,
,,	800 ,,	1200 ,,	,,	28 ,, 35 ,,	,,
,,	1200 ,,	1800 ,,	,,	35 ,, 40 ,,	,,
,,	1800 ,,	2500 ,,	,,	40 ,, 48 ,,	,,

mit Zuschlägen für:

Dampfüberhitzer	2 bis 3 mm WS
Vorwärmer	3 ,, 6 ,, ,,
Flugaschenfänger	2 ,, 5 ,, ,,

Die Temperatur, bei der die abziehenden Gase die günstigste Zugwirkung auf den Rost ausüben, ist:

$$t_{Gm} = 273 + 2\,t_{L_2} . \qquad (103)$$

Die mittlere Gastemperatur im Schornsteinkanal t_{Gm} kann etwa zu 30 bis 60⁰ C niedriger als die Temperatur vor den Schiebern angenommen werden; die Rauchgastemperatur beträgt etwa 300 bis 350⁰ C, eine mittlere Kesselbeanspruchung vorausgesetzt. Mit der stärkeren Ausnutzung der Rauchgase durch Vorwärmer wächst die Schornsteinhöhe. Die statische Zugstärke muß für alle zu erwartenden Temperaturverhältnisse nachgerechnet werden. Für die Ausführung zugrunde zu legen sind die ungünstigsten Temperaturen, also die höchste Sommertemperatur. Auf die Höhenlage des Kraftwerkes über Meeresspiegel ist ebenfalls zu achten. Der Barometerstand muß berücksichtigt werden.

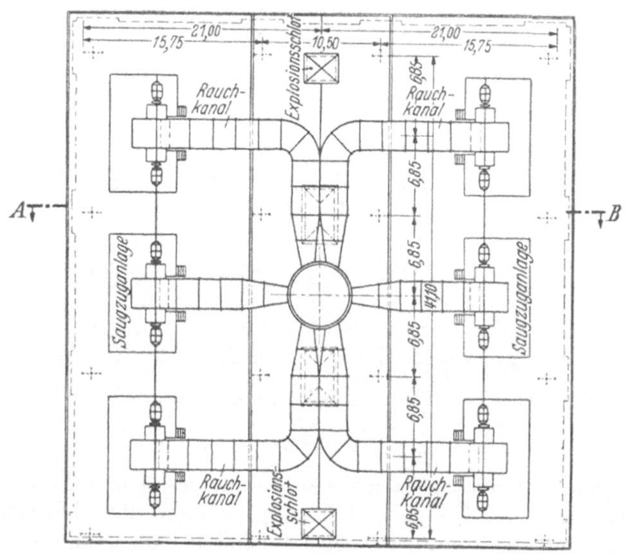

Abb. 185a. Dachaufsicht.

Für den lichten Querschnitt der oberen Schornsteinmündung ergibt sich:

$$F_2 = \frac{B \cdot (1 + n \cdot L_{th}) \, (273 + t_{G_2})}{\gamma_1 \cdot 3600 \cdot 273 \cdot v_G} \; \mathrm{m^2} \,, \tag{104}$$

worin:

B = die von der Kesselanlage verbrauchte Brennstoffmenge in kg/h,
$n \cdot L_{th}$ die nach Gl. (71) wirklich verbrauchte Luftmenge in m³/h,
γ_1 = spez. Gewicht eines m³ der wasserdampfhaltigen Rauchgase bezogen auf Luft von 0^0 C und 760 mm QS (für Steinkohle $\gamma_1 \cong 1{,}325$ kg/m³, für mitteldeutsche Braunkohle $\gamma_1 \cong 1{,}270$ kg/m³ bei etwa 9 bis 12 vH Kohlensäuregehalt)
bezeichnet.

Die Ausströmgeschwindigkeit der Rauchgase v_G muß durch Proberechnungen gefunden werden. Sie liegt je nach der Zahl der angeschlossenen Kessel und hoher Außenlufttemperatur bei etwa 4 bis 12 m/s. Auf Erweiterung in der Zahl an einen Schornstein anzuschließender Kessel ist von vornherein Rücksicht zu nehmen. Kommt die volle Kesselzahl beim ersten Ausbau nicht zur Aufstellung, ist eine entsprechende Verengung des Schornsteinquerschnittes durch teilweise Abdeckung der Mündung oder bei sehr hohen Schornsteinen durch Einbau einer Drosselklappe im Schornsteinfuß vorzusehen. Die Regelung der Zugstärke erfolgt für jeden Kessel getrennt durch Schieber im zugehörigen Fuchs.

Mit F_2 ergibt sich der lichte innere Durchmesser des Schornsteins, wenn der Kreisquerschnitt gewählt wird, zu:

$$d_2 = \sqrt{\frac{4\,F_2}{\pi}}\ \text{m}\,. \tag{104a}$$

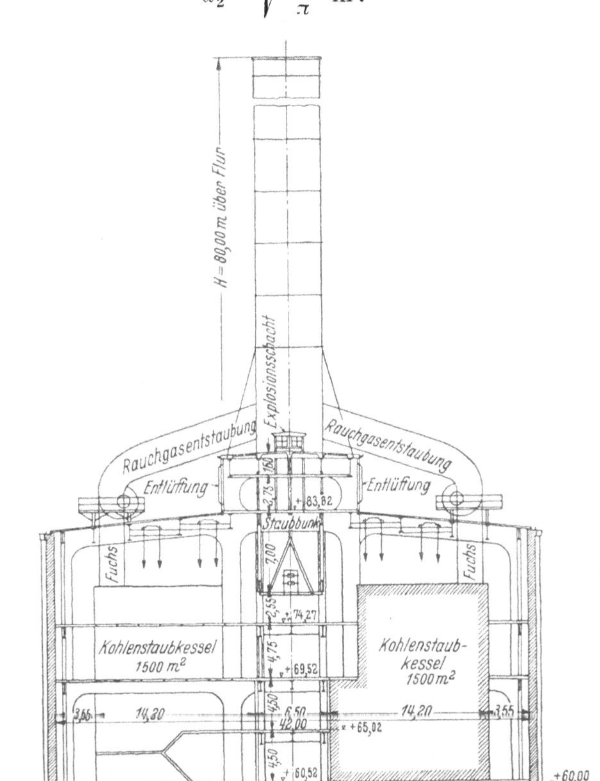

Abb. 185b. Querschnitt.

Abb. 185a und b. Kesselanlage mit 6 Steilrohrkesseln für Kohlenstaubfeuerung mit einem eisernen Schornstein in der Mitte des Kesselhauses (Rauchkanäle und Saugzuganlage).

Die erforderliche Höhe des Schornsteines über dem Rost kann aus Gl. (105) gefunden werden:

$$H_S = (15\,d_2 + 2,5\,v_G + a \cdot l - 160\,\beta)\,\frac{700 - t_{Gm}}{200 + t_{Gm}}\ \text{m}\,, \tag{105}$$

darin ist:

l die Länge der Feuerzüge und des Fuchses in m,
a ein Erfahrungswert abhängig von der Form und Weite der Feuerzüge und des Fuchses
$\sim 0{,}04$ ohne Vorwärmer,
$\quad 0{,}07$ mit Vorwärmer,

$$\beta = \frac{d_1 - d_2}{2\,H_s} \cong 0,008 \text{ bis } 0,010 \text{ der durchschnittliche innere Anlauf}$$

des Schornsteines.

Als Form für den Schornstein wird zweckmäßig die runde der eckigen vorgezogen, da sie dem Winddruck die geringste Fläche bietet und der innere runde Querschnitt den schraubenförmig aufsteigenden Gasen den geringsten Reibungswiderstand entgegengesetzt. Auf die Herstellung der Fundamente ist ganz besondere Aufmerksamkeit zu verwenden. Sie müssen unbedingt auf besten Baugrund heruntergeführt werden. Für die sich daraus ergebende Lage des Fuchses ist zu beachten, daß derselbe nicht im Bereich des Grundwassers

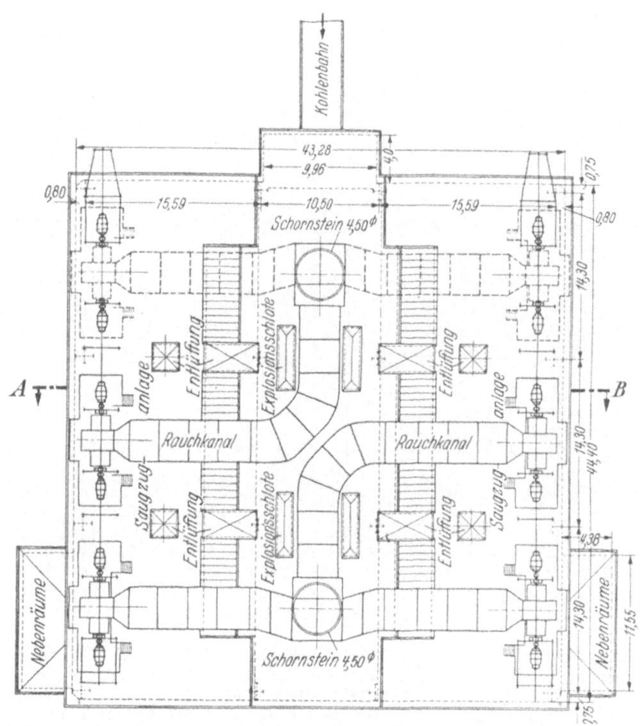

Abb. 186a. Dachaufsicht.

liegt, weil durch eindringende Feuchtigkeit neben einer Abkühlung der Rauchgase also einer verminderten Zugwirkung auch das Festbacken der Flugasche zu befürchten ist.

Werden mehrere Kessel an einen Schornstein angeschlossen, sollen die einzelnen Kesselfüchse auf den Hauptfuchs nicht senkrecht zustoßen, sondern allmählich in die Richtung des Hauptfuchses einmünden, damit die Reibungsverluste der Rauchgase tunlichst herabgedrückt werden.

Schließlich ist jeder Schornstein mit einem Blitzableiter zu versehen, der ebenfalls sorgfältig anzulegen ist und mit Benutzung der Steigeisen am Schornstein geprüft werden kann.

Die architektonische Ausgestaltung sollte sich in den einfachsten Linien halten, und dem Gesamtbilde des Kraftwerkes angepaßt sein.

b) Der eiserne Schornstein. Lassen die Platzverhältnisse die Aufstellung gemauerter Schornsteine nicht zu (Abb. 259 und 262), so kann,

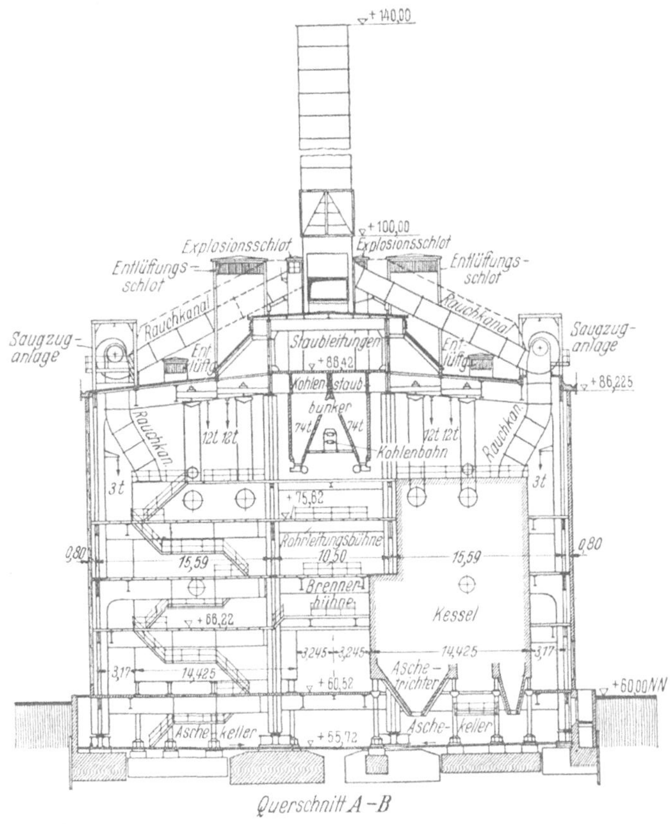

Abb. 186 b. Querschnitt.

Abb. 186 a und b. Kesselanlage mit 6 Steilrohrkesseln für Kohlenstaubfeuerung mit zwei eisernen Schornsteinen (Rauchkanäle und Saugzuganlage).

wenn die Brennstoff- und Feuerungsverhältnisse die Anwendung künstlichen Zuges nicht fordern, der Schornstein auch als eiserner Schornstein über den Kesseln in den Kesselhausaufbau eingegliedert und die Rauchgasführung über den Kesseln gewählt werden (Abb. 185 und 186). Die Durchbildung der Fuchsanlagen ist in diesem Fall allerdings schwierig, da die Füchse mit ihren Anschlüssen in Eisenblech hergestellt werden und dabei den Längenänderungen bei den großen Temperaturschwankungen nachkommen müssen. Dazu werden stopfbuchsenartige

Glieder eingesetzt, die dicht genug schließen müssen, um das Eindringen von falscher Luft oder das Entweichen von Gasen zu verhüten. Nur einen eisernen Schornstein für ein Kesselhaus zu verwenden ist nicht zu empfehlen, weil die Abmessungen unter Umständen zu groß werden und bei Instandsetzungsarbeiten, Streichen u. dgl. Schwierigkeiten und Betriebsunterbrechungen nicht zu vermeiden sind. Bei Kohlenstaubfeuerung ist diese Schornsteinanordnung nur mit Vorsicht anzuwenden, denn bei dieser Feuerungsart sollen zwischen dem Schornstein und den Kesseln möglichst lange Wege liegen, um Flugascheabscheider einbauen oder auf andere Weise die Flugascheabscheidung bewirken zu können.

Die Vorwärmer werden in Deutschland fast durchweg hinter dem Kessel angeordnet, während sie in Amerika über dem Kessel liegen. Die erstere Aufstellungsform ergibt ein niedriges, aber breiteres Kesselhaus, die zweite die umgekehrten Abmessungsverhältnisse. Die Rauchgasführung im zweiten Fall zwingt zur Aufstellung der Schornsteine über den Kesseln und zu künstlichem Zug, da eine Umlenkung zum tiefgelegenen Fuchs und gemauerten Schornstein nicht möglich ist. Die Rauchgasführung im ersten Fall läßt der Wahl der Schornsteingestaltung freiere Hand. Für deutsche Verhältnisse ist dabei zu beachten, daß die größere Grundflächenbeanspruchung keine wesentliche Baukostenbelastung ergibt, daß aber mit Rücksicht auf die Flugaschebelästigung der Saugzug gegenüber dem hohen Schornstein oft auf Schwierigkeiten stößt, wenn Braunkohle in roher oder brikettierter Form verfeuert werden soll. Luft, Licht und Zugänglichkeit sind in den deutschen Anlagen besser. Die hohe Bauweise setzt eine hohe Baugrundbelastungsmöglichkeit voraus.

Wesentlich für die Durchbildung der Schornsteinanlage ist weiter die Zugregelung, die notwendig ist, um den Belastungsverhältnissen der Kessel schnell und sicher folgen zu können. Sie wird durch Klappen oder Schieber vorgenommen, die von Hand, mechanisch oder elektrisch eingestellt werden. Es sind auch große Kraftwerke mit solchen einfachen Zugregelungseinrichtungen im Betrieb; der Betrieb mit diesen ist durchaus wirtschaftlich und beweglich zu führen. Bei einer selbsttätigen Kesselregelung wird auch die Zugregelung angeschlossen. Einzelheiten hierzu werden auf S. 357 besprochen.

c) **Die Saugzuganlagen.** Läßt sich aus betriebs- oder bautechnischen Verhältnissen ein gemauerter oder aufgesetzter Schornstein nicht benutzen oder bedingen die Kessel- oder Brennstoffverhältnisse besonders starken Zug mit sehr weitgehender Zugregelung, dann ist die Saugzuganlage zu wählen. Bei dieser wird die Schornsteinwirkung durch ein Gebläse künstlich hervorgerufen und der gemauerte Schornstein durch einen verhältnismäßig niedrigen Schlot aus Eisenblech ersetzt. Abb. 187 zeigt den Schnitt durch eine Kesselanlage mit Saugzugeinrichtungen.

Die wesentlichsten Unterschiede gegenüber dem Schornstein sind: Fortfall der teueren Steinbauten mit Fundamenten und Platzbedarf. Vermeidung langer Füchse und Rauchkanäle mit ihren Temperaturverlusten, geringen Instandsetzungs- und Reinigungskosten, leichtere Gewichte und kleinere Abmessungen, da jeder Kessel oder jeder Kesselblock zumeist seinen eigenen Schlot mit Gebläse erhält, dadurch leichtere Zugregelung und Unabhängigkeit jedes Kessels, geringe Anlagekosten, jedoch höhere Betriebs- und Unterhaltungskosten durch den Verbrauch an elektrischem Strom für die Gebläsemotoren und dann für die Gebläse selbst, die bei unmittelbarem Einbau in den Schlot die heißen Gase zu fördern haben. Auch die Unterhaltung der eisernen Schlote selbst ist, wie bereits gesagt, zu berücksichtigen.

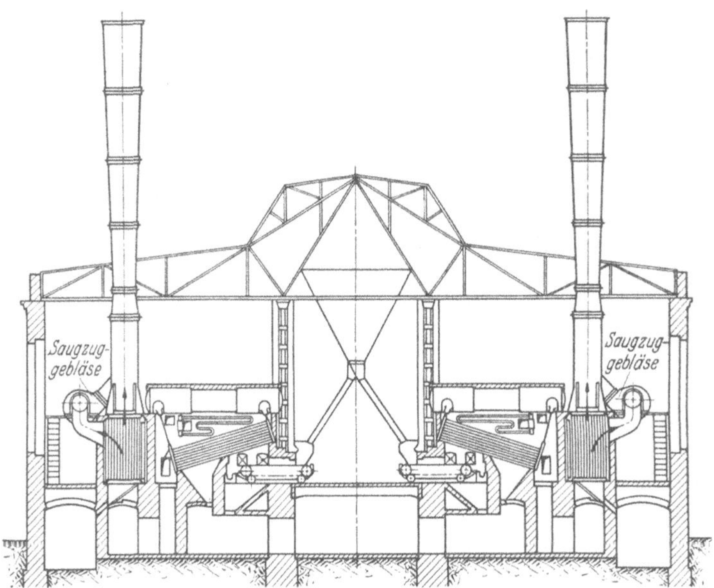

Abb. 187. Anlage für natürlichen und künstlichen Zug (Saugzug) (Bauart Schwabach der Gesellschaft für künstlichen Zug, Berlin).

Ferner macht der künstliche Zug den Kesselbetrieb von den Witterungseinflüssen unabhängig, beseitigt also eine gewisse Unzuverlässigkeit, die dem Schornstein anhaftet. Angewendet wird der Saugzug neuerdings sehr häufig. Die jährlichen Betriebsausgaben für den Strom der Motoren können, wenn teurer Brennstoff in Frage kommt oder die Erzeugungskosten für die kWh an sich bereits hoch sind, die Entscheidung zugunsten der Schornsteinanlagen bewirken. Bei Braunkohlenfeuerung und bei Lage des Kraftwerkes in bewohnter Gegend ist der Saugzug wegen der Flugaschebelästigung unter Umständen nicht anwendbar.

Dort wo es sich um stark schwankende Betriebsverhältnisse handelt (häufige Deckung von Spitzenlasten) und der Anstrengungsgrad der Kessel zu bestimmten Tagesstunden gesteigert werden muß, ist das durch die Saugzugeinrichtung für den Gesamtbetrieb leichter und betrieblich schneller durchführbar. Hierzu gehört auch die Beurteilung, ob eine Saugzuganlage für je zwei Kessel Vorteile bietet. Das ist aus betrieblichen Gründen zumeist nicht der Fall und erfordert in bautechnischer Hinsicht viel Platz.

Der Antrieb der Gebläse wird nur elektrisch vorgenommen. Gegebenenfalls sind bei großen Kesselbatterien einzelne Kesselblocks mit zwei Gebläsen auszurüsten, um den Betriebsansprüchen entsprechend folgen zu können.

Die Regelung des Gebläses soll weitgehendst möglich sein, was bei Drehstrommotoren zu besonderen Ausführungen oder zur Zwischen-

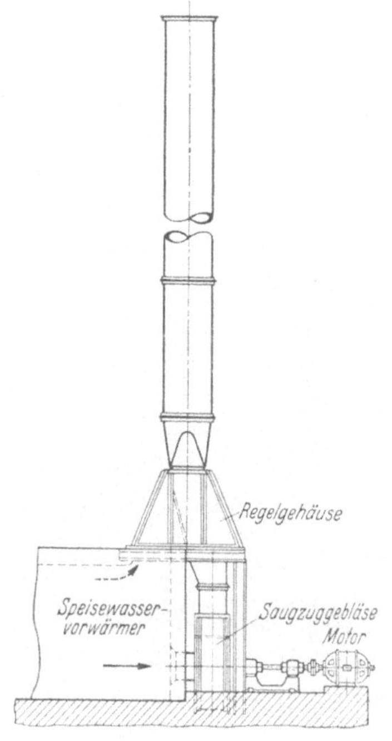

Abb. 188. Saugzuganlage mit unmittelbarer Luftbewegung.

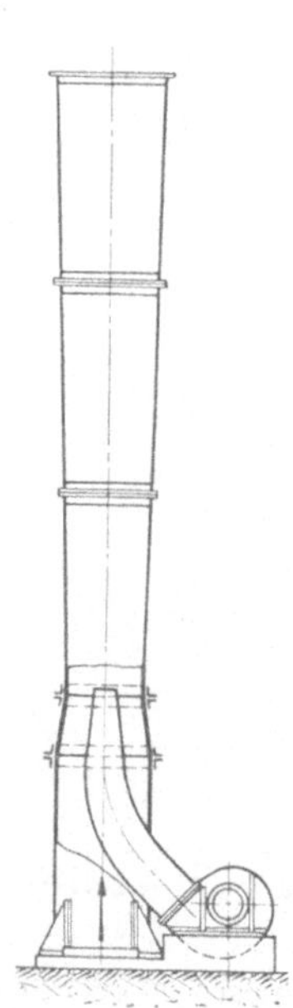

Abb. 189. Saugzuganlage (Bauart Schwabach) mit unmittelbarer und mittelbarer Luftregelung.

schaltung von Kapselgetrieben führt. Auf das Regelgehäuse des Gebläses ist hier hinzuweisen.

Abb. 188 zeigt eine Saugzuganlage mit unmittelbarer Wirkung des Gebläses. Der große Nachteil für das Gebläse, die heißen Gase zu fördern, und der hohe Preis eines solchen Gebläses, ferner die nicht volle Ausnutzung der Schornsteinwirkung des an sich vorhandenen Schlotes haben dazu geführt, die mittelbare Saugzuganlage (Abb. 189) durchzubilden. Diese wird heute bei neuen Anlagen fast durchweg gewählt. Es wird bei dieser einmal der natürliche Zug des Schlotes so lange verwendet, als die Kesselbelastung dieses zuläßt. Erst mit steigender Belastung wird der künstliche Zug eingeschaltet. Die Gesellschaft für künstlichen Zug, Berlin, verwendet dabei die Düseneinrichtung nach Schwabach, wobei das Gebläse nur reine Frischluft ansaugt und diese durch eine Düse in den Abzugsschlot einbläst (Abb. 189). Hierdurch werden die heißen Abgase mittelbar abgesaugt. Das Gebläse kommt also mit den heißen, staubigen und säurehaltigen Abgasen nicht in Berührung. Die allgemeinen Vorzüge dieser Saugzuganlagen beruhen vor allem auch auf den geringen Abmessungen des Gebläses.

Bei Kesselanlagen mit gemauerten Schornsteinen kann sich ein Mangel an Zug ergeben, wenn die Belastung im Laufe der Jahre gestiegen ist. Eine Erhöhung der Schornsteine ist aus baulichen Gründen meist nur in geringem Maß möglich; auch ist die Schornsteinerhöhung oft mit einer Verschlechterung des Zuges verknüpft, wenn die lichte Weite des Schornsteins ungenügend ist. Zur Erhöhung der Zugstärke wird dann ebenfalls künstlicher Zug nach dem unmittelbaren Verfahren angewendet.

Bei einer solchen Saugzuganlage werden die Rauchgase mittels eines Gebläses durch einen Saugstutzen aus dem Fuchs oder dem Schornsteinsockel angesaugt und dann durch einen Druckstutzen in den Fuchs oder Schornsteinsockel (Abb. 190) wieder hineingedrückt. Bei Stillstand des Gebläses kann mit natürlichem Zug gearbeitet werden, indem man eine zwischen Saug- und Drucköffnung vorzusehende Absperrklappe im Fuchs oder Schornstein öffnet.

Diese Ausführungsform hat den Vorzug, daß der Querschnitt, welcher für den natürlichen Zug zur Verfügung steht, nicht auf die Größe des Gebläseausblases beschränkt ist, da beim Arbeiten mit natürlichem Zuge die Rauchgase das Gebläse nicht durchströmen. Bei einer Störung des Gebläses kann mit natürlichem Zug weitergefahren werden.

Vereinzelt und wo billiger Dampf zur Verfügung steht, wird als Reserve und zur Erhöhung der Betriebssicherheit gegen Gebläsestörungen noch ein Dampfgebläse eingebaut.

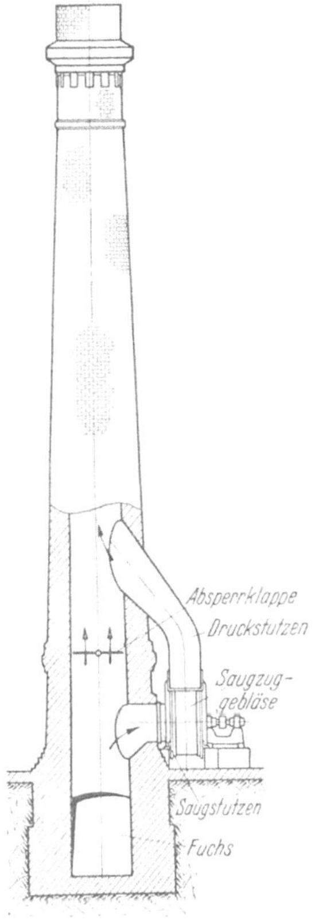

Abb. 190. Zusammengesetzte Zuganlage (Schornstein- und Saugzug).

22. Die Ruß- und Flugaschebekämpfung.

Je größer der Aschegehalt des Brennstoffes ist, um so mehr ist der Ruß- und Flugaschebeseitigung aus den den Schornstein verlassenden Rauchgasen Beachtung zuzuwenden. Das trifft weiter insbesondere für die Kohlenstaubfeuerung zu. Bei dieser gesellt sich zu der Flugasche noch der Flugkoks, der Verbrennbares darstellt und somit Verluste zur Folge hat. Die Flugasche kann die Nachbarschaft des Kraftwerkes stark beeinträchtigen, wenn das Kraftwerk in bewohnten Gegenden oder in einem Tal liegt, dessen Hänge bewohnt sind. Industrien wie die Textil- und Papierindustrie sind gegen verunreinigte Luft sehr empfindlich.

Die in den Abgasen enthaltene schweflige Säure kann zu Rauchschäden an Gebäuden führen. Schadenersatzansprüche und unangenehme Streitigkeiten sind zumeist nicht abzuwenden.

Die Flugasche wird auch den **Wicklungen der Generatoren**, die mit besonderer Frischluftzuführung arbeiten, sehr gefährlich, da sie unter Umständen **leitfähig** ist und dann hohe magnetische Eigenschaften besitzt. Durch ihre Ablagerung auf den Wicklungen können diese frühzeitig zerstört werden[1].

Die Schwebefähigkeit des Rußes bzw. der Flugasche ist von der Korngröße, die Reichweite von der Geschwindigkeit der Luft abhängig. Beeinträchtigungen können auf viele Kilometer im Umkreis eintreten. Die Windverhältnisse (Häufigkeit und Windstärke) sind zu beachten und am besten durch die Wetterwarten zu ermitteln.

Es ist nicht zutreffend, daß mit der Erhöhung des Schornsteins die Belästigung am besten zu bekämpfen ist. Sie wird nur von benachbarten auf entfernter gelegene Plätze verschoben. Es sind vielmehr, wenn die Ruß- und Flugaschebeseitigung notwendig ist, besondere Filteranlagen für die Reinigung der Rauchgase zu verwenden.

Der **Grad der notwendigen Entstaubung**[2] muß von Fall zu Fall ermittelt werden. Er richtet sich nach dem Aschegehalt des Brennstoffes, dem darin enthaltenen Flugascheanteil, dem Koksgehalt der Flugasche, der Luftüberschußzahl, mit der die Feuerung arbeitet, und dem zuzulassenden Staubgehalt in g/m^3. Die Gasanalyse hat über die einzelnen Werte Aufschluß zu geben. Je nach der Gegend und ihrer volkswirtschaftlichen Bedeutung wird mit einem zulässigen Staubgehalt zwischen 0,5 bis etwa $2\ g/m^3$ gerechnet werden dürfen.

Die bisher durchgeführten Versuche mit **Reinigungsanlagen** haben zu einem endgültigen Abschluß noch nicht geführt. Sie erstrecken sich auf den Einbau von Filtern mit Saugzugverbindung, die aber in der Anschaffung und Unterhaltung sehr teuer sind, zumal sie für die hohen Abgastemperaturen durchgebildet sein müssen. Dazu kommen die laufenden Betriebs- und Bedienungskosten, weil die ausgeschiedene Asche von Hand oder durch andere mechanische Einrichtungen abgezogen werden muß. Wirtschaftliche Untersuchungen führen zu keinem Ergebnis, denn es handelt sich hier nicht um die Erhöhung der Wirtschaftlichkeit, sondern je nach den Umständen um volkswirtschaftlich notwendige Nebenanlagen. Immerhin sollte schon beim Entwurf der Kesselanlage auch auf den Einbau solcher Ruß- und Abgasreinigungsanlagen Rücksicht genommen werden. Besonders bei der Kohlenstaubfeuerung und hier wieder bei Braunkohlenstaub kann für die Kostenuntersuchung die Brennzeit für den Abbrand des Kohlenstaubgemisches herangezogen werden. Ohne Staubfilter ist die Brennzeit begrenzt durch den stärkeren Staubanfall und die Anteile von unverbranntem Kohlenstaub in den Abgasen. Mit dem Staubfilter ist auf diese Erscheinungen

---

[1] Finkh, F.: Die Flugaschegefahr in Turbogeneratoren-Kraftwerken. Mitt. E. W. Nr. 379 Februar 1925.

[2] Rosin, Rammler u. Doerffel: Flugaschenmessungen an einem Braunkohlenkessel. Arch. Wärmewirtsch. 1931 S. 321.

nicht mehr Rücksicht zu nehmen. Die Brennkammerbelastung kann erhöht und dadurch die Kesselleistung gesteigert werden. Wie weit diese Steigerung wirtschaftlich und betriebstechnisch möglich ist, muß besonders untersucht werden. Die so gefundenen Zahlen können für die wirtschaftlichen Untersuchungen über den Einbau von Staubfilteranlagen zu einem verhältnismäßig günstigen Ergebnis führen. Es wären gegenüberzustellen die Anlage- und Betriebskosten für 1 t Dampf mit Filter und Saugzug bzw. ohne Filter mit Saugzug und ohne Filter mit Schornstein. Die etwa noch in Rechnung zu stellenden Schadenersatzansprüche und Rechtsstreitkosten können das Bild weiter zugunsten der Staubfilteranlage verschieben.

Von den vielen Bauformen soll nur der Rauchgasreiniger der B. Kröger GmbH., Kiel, zugleich mit einigen allgemeiner zu beobachtenden Hinweisen kurz behandelt werden. Dieser Reiniger arbeitet mit der Naßentstaubung. Der Flugaschefänger wird auf den Blechschlot aufgesetzt (Abb. 191). Die senkrecht aufsteigenden Rauchgase werden durch eine besondere Vorrichtung in drehende Bewegung versetzt. Infolgedessen werden die mitgeführten Ascheteilchen und auch die spezifisch schwereren Gase durch die Schleuderkraft nach außen geschleudert und durch Wasser aufgefangen. Der die Bestandteile der Rauchgase aufnehmende Wasserschleier rieselt auf dem konisch ausgebildeten, mit einer gegen die schweflige Säure der Rauchgase korrosionsbeständigen Auskleidung versehenen Mantel herunter. Die Eigenart dieses Reinigers bedingt eine weitere Entstaubung durch Abwälzen der Rauchgase am Wasserschleier. Die abgefangene Flugasche wird fortgespült und kann ohne besondere Hilfsmittel fortgeleitet werden.

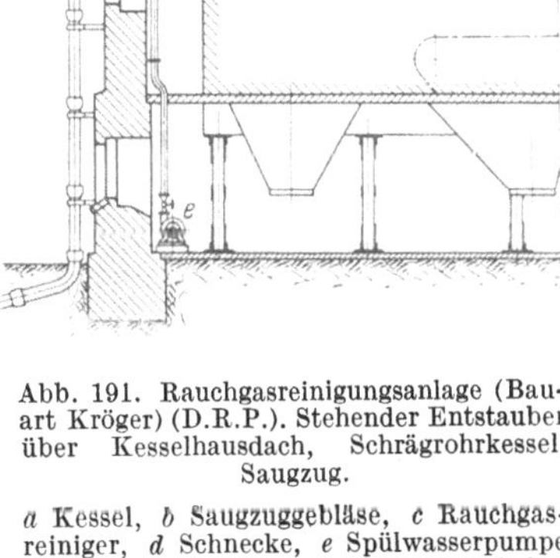

Abb. 191. Rauchgasreinigungsanlage (Bauart Kröger) (D.R.P.). Stehender Entstauber über Kesselhausdach, Schrägrohrkessel, Saugzug.

a Kessel, b Saugzuggebläse, c Rauchgasreiniger, d Schnecke, e Spülwasserpumpe mit Absperrventil und Entleerungshahn, f Druckrohrleitung für Spülwasserzufluß, g Abflußleitung.

Nach eingehenden Versuchen ist eine durchschnittliche Entstaubung bei einer Unterwind-Wanderrost-Feuerung mit Saugzuganlage von 96 vH festgestellt worden. Als Brennstoff wurde ein Gemisch von 2 Teilen Koksgrus und 1 Teil Feinkohle mit einem Zusatz von Nußkohle bei einem unteren Heizwert von 5900÷6000 kcal/kg verfeuert. Die Korngröße betrug 0 bis etwa 8 mm, wovon der größte Teil unter 4 mm lag. Die Flugasche, die ohne den Flug-aschefänger den Schlot verläßt, setzt sich auf Grund einer Sieb-analyse nach den DIN-Normen aus Korngrößen nach Zahlentafel 32 zusammen. Der Wirkungsgrad der Entstaubung wurde unter Berück-sichtigung aller Einzelheiten zu 96,15 vH festgestellt. Der durch den Flugaschefänger hervorgerufene Zugverlust betrug hinter dem Vor-wärmer gemessen 22÷16 = 6 mm WS.

Zahlentafel 32. Siebanalyse für Korngrößenfeststellungen.

Sieb Maschen auf einen cm²	Rückstand vH
10000	63,1
6400	53,8
4900	45,7
900	10,5
Aschegehalt	23
Raumgewicht in g/cm³ . .	1,2

An Stelle der Naßentstaubung benutzt die Firma Beth, Maschi-nenfabrik A.G., Lübeck, die Trockenentstaubung mit Frischluft-zuführung. Beide Formen solcher Entstaubungsanlagen bauen auch die Babcock-Werke. Schließlich ist auf die Elektrofilter hinzuweisen.

23. Die Entaschungsanlagen.

a) Die Handentaschung. In kleinen Kraftwerken wird die anfallende Asche aus den Aschebunkern (Aschesäcken) von Hand fortgeschafft. Man benutzt bei unterkellerten Großraumkesseln und bei allen Wasser-rohrkesseln einfache eiserne Handwagen, hängend bzw. auf Rollen mit oder ohne Gleise. Mit der Asche wird auch die Schlacke abgezogen und beide auf einer Halde oder in einen Eisenbahnwagen bzw. bei vorhande-nem Wasserweg in ein Schiff abgeworfen. Die Staubentwicklung ist bei dieser Art der Entaschung, Steinkohlenasche vorausgesetzt, noch er-träglich, bei Braunkohlenasche dagegen sehr unangenehm und bedarf für die Bedienung dann besonderer Vorsichtsmaßregeln. Ferner wird in der Asche und Schlacke auch der auf dem Rost nicht vollständig ver-brannte Brennstoff abgeführt und geht verloren, wenn nicht besondere Aufbereitung vorgesehen ist.

Da die Handentaschung durch die Staub-, Gas- und Hitzeentwick-lung gesundheitsschädlich und unsauber ist, sollte sie auch in kleinen Kraftwerken nicht mehr zur Anwendung kommen. Es gibt billige Aus-führungsformen für die mechanische Aschebeseitigung, die in Gegen-überstellung mit den Kosten und Nachteilen der Handarbeit den Be-triebsausgabenvergleich durchaus aushalten.

In größeren und sehr großen Kraftwerken wird von vornherein die mechanische Aschebeseitigung angewendet.

Welche Aschemengen in größeren Kraftwerken zu erwarten sind und wieviel Arbeitskräfte gegebenenfalls zum Fortschaffen notwendig sein würden, zeigt die folgende kurze Rechnung. Ganz besonders sind die Braunkohle und das Braunkohlenbrikett diejenigen Brennstoffe, die gewaltige Aschemengen ergeben und zudem infolge des leichten Aschegewichtes räumlich nicht die gleiche Ausnutzung der Aschebeseitigungsvorrichtungen gestatten wie bei Steinkohle.

Über den Ascheanfall der verschiedenen Brennstoffe gibt Zahlentafel 22 Aufschluß.

14. Beispiel. Bei einem Kraftwerk von 20000 kW Betriebshöchstleistung und einer auf Vollast bezogenen 100stündigen Betriebszeit innerhalb der siebentägigen Woche sind bei Braunkohlenbriketts mit einem Heizwert von 4800 kcal/kg und einem spez Wärmemengenverbrauch von 5200 kcal/kWh:

$$\frac{20\,000 \cdot 100 \cdot 5200}{4800 \cdot 1000} = 2200 \text{ t Braunkohle}$$

notwendig. Beträgt der Ascheanfall etwa 8 vH, so sind rd. 176 t Asche innerhalb sechs Arbeitstagen zu beseitigen, da Sonntags für diesen Zweck nicht gearbeitet werden darf. Ein Arbeiter kann täglich bei nicht zu weiten Wegen etwa bis 2,5 t Asche abfahren; es sind somit $\frac{176}{2,5 \cdot 6} = 12$ Mann erforderlich, die durch Krankheits- und Urlaubersatz auf 15 Mann festzusetzen sein werden. Die jährliche Lohnsumme beträgt bei 65 Pf. Stundenlohn (Schmutzarbeit) einschließlich sozialer Abgaben $15 \cdot 300 \cdot 8 \cdot 0,65 = $ RM 23400. Bei insgesamt 12 vH für Kapitaldienst, Abschreibungen, Unterhaltung und Bedienung für eine mechanische Anlage könnte diese RM 200000 kosten. In dieser Rechnung sind nur die Löhne bei Handentaschung der mechanischen Entaschung gegenübergestellt. Der Vollständigkeit wegen müßten noch die Unterhaltungs- und Instandsetzungskosten der Handwagen und sonstigen Einrichtungen hinzugerechnet werden.

Diese überschlägliche Rechnung zeigt, daß — ganz abgesehen von den personellen Bedingungen — die Handentaschung außerordentlich hohe Unkosten verursacht.

b) Die mechanische Entaschung ist für den Bau des Kesselhauses ebenfalls von bestimmender Bedeutung. Ihr ist daher von vornherein die gleiche Aufmerksamkeit zu schenken wie allen anderen Anlagenteilen des Kesselhauses. Mit zur Entaschung gehört die Schlackenbeseitigung, die Lagerung auf dem Kraftwerksgrundstück bzw. die Entfernung von diesem.

Von den zahlreichen Ausführungsformen haben sich im Betrieb bisher die Spülwasserentaschung und die Saugluftentaschung am besten bewährt.

Beide haben ihr verhältnismäßig begrenztes Anwendungsgebiet. Besonders festgelegt wird dieses durch die Beschaffenheit der Asche[1] in Verbindung mit ihrer Neigung zur Schlackenbildung, ihre Stapelfähigkeit und ihre sonstigen mechanischen, chemischen und physikalischen Eigenschaften. Da die Kohlengruben über die Ascheeigenschaften ihrer Kohlen sehr genau unterrichtet sind, muß bei der Wahl der zu verfeuernden Brennstoffe auch Klarheit über die Asche bestehen. Wesentlich ist, ob sich die Asche durch Wasser ablöschen läßt, dabei keine Explosionserscheinungen zeigt, ferner welches Gewicht und welche chemischen Eigenschaften sie in Verbindung mit Wasser besitzt und wie sie sich an der Luft auf der Halde verhält. Starke Schlackenbildung kann zu häufigen Störungen der mechanischen Entaschungsanlage führen und bedarf dann besonderer Vorkehrungen.

---

[1] Rosin, Prof. Dr. P.: Das Aschenproblem in der Feuerung. Braunkohle 1931 Heft 31.

Steinkohlenasche ist schwer, sonst aber mit Ausnahme chemischer Eigenschaften ungefährlich, neigt aber je nach der Kohlensorte zu mehr oder weniger starker Schlackenbildung. Braunkohlenasche wiederum ist leicht, schwimmt auf dem Wasser, vermengt sich mit diesem nicht zu einem Aschebrei, kann Explosionserscheinungen aufweisen, ist andererseits aber hinsichtlich der Schlackenbildung gutmütig.

Als Hauptbedingungen, die eine mechanische Entaschung erfüllen soll, sind zu nennen:

vollständig staubfreie Abführung bis einschließlich zur Halde oder in sonstige Bewegungsmittel, Ausschaltung aller Menschenarbeit für die Entaschung selbst abgesehen naturgemäß von der Bedienung der Anlagen,

einfachster Aufbau ohne kostspielige Neben- und Zusatzanlagen,

leichte Beaufsichtigung und Instandsetzung,

geringste Betriebs- und Unterhaltungskosten, geringster Verschleiß aller Einzelteile.

Da mit Ausnahme der nicht unterkellerten Flammrohrkessel alle sonstigen Kesselbauarten besondere Aschesäcke für die Aufnahme der Asche erhalten, gilt zunächst für diese, daß sie tief heruntergezogen werden, um den Rost bei Rostfeuerungen durch die heiße Asche nicht von unten unzulässig zu erhitzen. Die Entaschungsanlage in Verbindung mit diesen Aschesäcken muß so gebaut sein, daß keine Falschluft bei der Entaschung durch die Aschesäcke zum Rost dringt. Alle Aschestellen des Kessels sind so an die Entaschungsanlage anzuschließen, daß zusätzliche Einrichtungen für die Beseitigung von Asche nicht mehr erforderlich werden. Bei der Durchbildung der Entaschung ist die Lage und Gestaltung des Aschekellers festzulegen, die Lage insofern, als angestrebt werden muß, nicht wie bisher den Flur des Aschekellers, sondern den Flur des Kesselhauses auf Geländehöhe zu legen, um Steigungen, Treppen usw. zu vermeiden. Die mechanische Entaschung läßt den Flurunterschied ohne Schwierigkeit überwinden. Licht und Luft ist im Aschekeller dann nicht mehr in dem gleichen Maß nötig wie bei der Handentaschung. Das Bauwerk des Kesselhauses wird niedriger und billiger.

Für die Größe der Anlage ist die Höchstleistung der Kessel am stärksten Belastungstage und die Aschemenge in der stärkst belasteten Betriebswoche zu 7 Tagen bestimmend mit der Maßgabe, daß die wöchentlich anfallende Aschemenge in einer bestimmten Zeit fortgeschafft werden muß.

Bei der **Spülwasserentaschung** fallen die Asche und die Schlacke in wassergefüllte Rinnen unterhalb der Kessel, werden nach der Mitte oder einer Seite der Kesselanlage gesammelt und von hier aus durch Band oder Schnecke mit Pumpe und Rohrleitung auf eine Halde, in den Wagen oder das Schiff abbefördert. Das Spülwasser wird wieder benutzt und dadurch zurückgewonnen, daß das Wasserschlammgemisch über einen Behälter geleitet wird, in welchem durch Siebe die Bestandteiltrennung erfolgt. Bei genügender Wassermenge kann die Schlammmasse entsprechend dünn gehalten werden. Der Wasserverlust ist gering. Durch chemische Bestandteile in der Asche, die im Wasser löslich sind, können Säuren bzw. Laugen gebildet werden, die die Metalle außerordentlich stark angreifen. Die ständigen Unterhaltungs- und Instandsetzungskosten sind aber für diese Anlagen nach den heutigen Ausführungen zumeist sehr gering, wenn alle Anlageteile zweckentsprechend gewählt werden. Ein Versagen bei Frost ist nicht zu fürchten, wenn nicht eine starke Wärmeentziehung bis zum Sammelbehälter stattfindet. Die Spülwasserentaschung arbeitet staubfrei.

Der Vollständigkeit wegen soll kurz die Rothstein - Spülwasserentaschung[1] beschrieben werden.

An allen Ascheabzugsstellen, auch den für Flugasche und Flugstaub unter der Feuerung, der Vorwärmer, Rauchkanäle und Zuganlage werden in den Ausläufen besondere Abzuggeräte nach Abb. 192 eingebaut. Im Becken dieses Gerätes wird die Asche so abgestützt, daß sie einen Schüttkegel bildet, der den Auslauf des Aschetrichters abschließt. Durch Ausbreitung eines Wasserstrahls um diesen Aschekegel und den Bodengrund wird die Asche von allen Seiten angegriffen und fließt bei gleichzeitiger Ablöschung und Staubbindung langsam ab. Die Asche rutscht nach, bis der Trichter geleert ist. Die Eigenart des Verfahrens schließt ein plötzliches Nachstürzen der Asche in das Abführungsrohr und damit dessen Verstopfung aus.

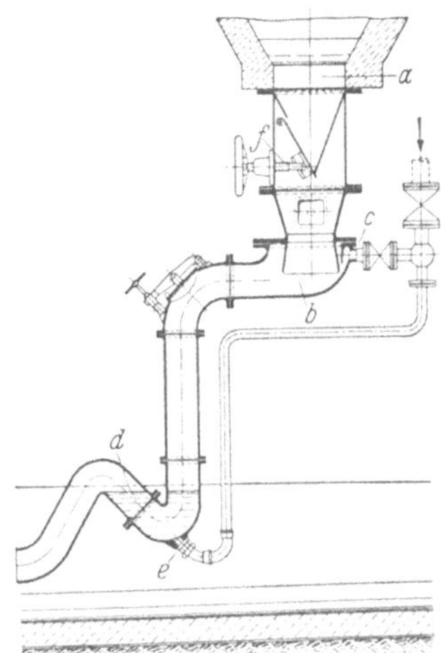

Abb. 192. Abzugsgerät für die Rothstein- Spülwasserentaschung(D.R.P.). *a* Ascheeinfall, *b* Stützfläche, *c* Wasserzutritt, *d* Syphon, *e* Ausstoßdüse. *f* Zulaufregler.

Das auf diese Weise mit Wasser innig gemischte Gut gelangt durch ein Fallrohr in eine offene Rinne. Obwohl an keiner Stelle des Gerätes — weder zum Öffnen des Trichterauslaufes noch zur Regelung des Nachschubes — bewegliche Teile vorhanden sind, ist die Förderung stets gleichmäßig und dabei ein vollkommen dichter Abschluß gegen Luftdurchtritt in die Kesselzüge geschaffen.

Ist die Rostasche stark mit Schlackenstücken durchsetzt, wird zwischen Trichterauslauf und Spülgerät ein Brecher eingebaut. Gewöhnlich wird eine Gruppe von Schlackenbrechern von einem Elektromotor aus über eine Zwischenwelle mit Kettentrieb angetrieben.

Aus der offenen, übersichtlichen Flutrinne gelangt der dünnflüssige Ascheschlamm in eine Grube oder mittels einer Baggerpumpe — je nach

---

[1] Rade, P.: Neuerungen an der Rothstein-Entaschung. Feuerung 1931 Heft 11. Behrendt, C.: Feuerungstechnik 1933 Heft 2. Auf die selbsttätigen Entaschungs- und Entschlackungsanlagen Bauart Schwabach der Gesellschaft für künstlichen Zug G. m. b. H., Berlin-Charlottenburg, ist ebenfalls hinzuweisen. — Ferner: Wichmann, E.: Die selbsttätige Entaschungsanlage im Kraftwerk Wehrden bei Völklingen a. d. Saar. BBC Nachr. 1934 S. 64.

den örtlichen Verhältnissen — auf die Halde oder in den Eisenbahn-wagen. Soll das Wasser im Kreislauf wieder verwendet werden, wird der Ascheschlamm in eine Klärgrube gefördert, aus der das Wasser zurück-gepumpt wird. Zweckmäßig wird oberhalb der Klärgrube die Verlade-anlage angelegt, um die Rückstände leicht abfahren zu können (Abb. 193).

Die Baggerpumpe zur Förderung des Schlammes muß auch anstands-los Schlackenstücke bis zu 80 mm Korngröße fortschaffen: Eisenstücke,

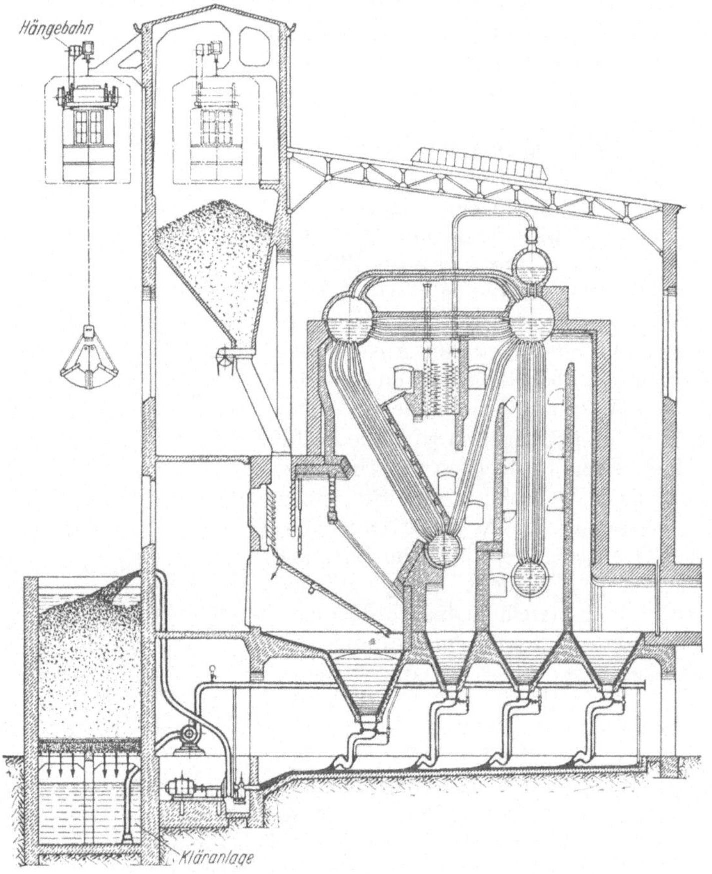

Abb. 193. Kesselanlage mit Rothstein-Spülwasserentaschung, Kläranlage und Ascheentfernung.

Schrauben, Laschen, Roststäbe werden in einem vor der Pumpe an-geordneten Eisenfänger zurückgehalten. Die Pumpe unterliegt sehr starker Baustoffbeanspruchung und wird daher aus besonders geeig-netem Baustoff hergestellt.

Der erforderliche Wasserdruck beträgt nicht mehr als 1 at; er richtet sich nach der Schwere der Asche. Daher ist für die Wasser-anlage keine besondere Einrichtung notwendig. Der Verlust beträgt bei Wasserrückgewinnung nur etwa 5 vH des geförderten Aschegewichtes.

Die Bedienung beschränkt sich ausschließlich auf das An- und Abstellen der Wasserhähne, mit denen die Ascheförderung betätigt oder stillgesetzt wird, und auf die Beobachtung der Förderung. Körperliche Arbeit ist nicht zu leisten.

Muß die Asche auf dem Kraftwerksgrundstück gelagert werden, dann wird sie mit der Baggerpumpe durch eine Rohrleitung auf die Halde gepumpt. Gestatten beschränkte Platzverhältnisse das Anlegen einer solchen Halde nicht, wird ein versenkter Bunker als Absitzbecken angelegt, der z. B. durch die Greiferkatze der Kohlenbewegungsanlage von Zeit zu Zeit geräumt werden kann[1].

Die **Saugluftentaschung** wird dort angewendet, wo die Wasserbeschaffung auf Schwierigkeiten stößt, die Asche besonders schlecht Wasser annimmt und der Schwefelgehalt der Asche oder andere chemische Bestandteile zerstörende Einflüsse auf die Rohrleitungen der Spülent-

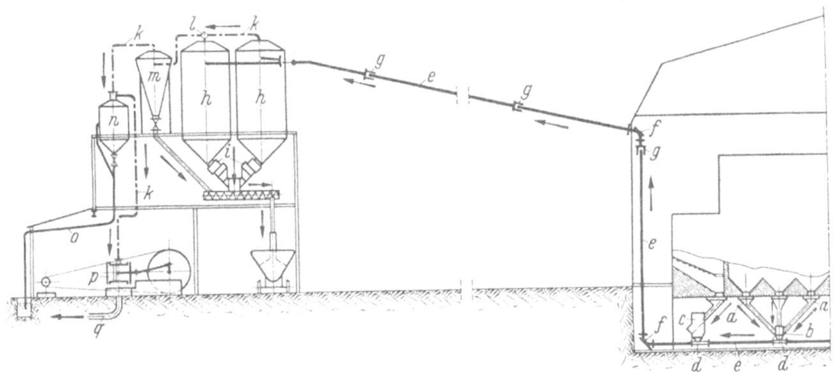

Abb. 194. Saugluftentaschungsanlage (Bauart Hartmann A.G., Offenbach a. Main).

aschung hervorrufen. Dem dieser Entaschungsart nachteiligen großen Verschleiß der Rohranlagen wird neuerdings dadurch begegnet, daß in erster Linie alle Rohrventile und Krümmer durch besondere Formstücke ersetzt werden, die nach Baustoff und Bauart dieser besonderen Verschleißbeanspruchung entsprechend durchgebildet sind und verhältnismäßig schnell und billig ersetzt werden können. Die Anlage erfordert fest aufgestellte Sammelbehälter und eine Luftpumpe, die zumeist als Kolbenpumpe gewählt wird. Abb. 194 zeigt Anordnung und Arbeitsweise einer solchen Saugluftentaschung der Hartmann A.G., Offenbach a. M.

Die Asche bzw. Flugasche wird durch Öffnen der Verschlüsse a aus den Bunkern abgezogen und durch Fallrohre den Absaugtrichtern b, c zugeführt. Es ist zweckmäßig, mehrere Bunkerausläufe nach einer Absaugstelle zu vereinigen. Die Flugasche und die vorher auf dem Rost des Ascheabsaugkastens c zerkleinerte Schlacke tritt durch die Rohrventile d in die Förderleitung e mit Stoßkrümmern f und Ausgleichstücken, wo sie vom Luftstrom erfaßt und nach dem Einsaugbehälter h getragen wird. Hier scheidet sie sich aus der Luft aus. Die den Behälter verlassende Luft führt nur noch geringe Flugascheteilchen mit, welche

---

[1] Siehe auch 17. Beispiel S. 382.

überwiegend in dem Trockenfilter m und restlos im Naßfilter n niedergeschlagen werden. Sie gelangt vollkommen gereinigt in die Luftpumpe p, die sie ins Freie ausstößt. Der Naßfilter erhält einen selbsttätigen Wasserablauf durch ein Barometerrohr o.

Sobald ein Einsaugbehälter gefüllt ist, wird die Förderleitung durch den Umstellhahn und die Luftpumpe durch den Dreiweghahn auf den anderen Behälter umgestellt. Der gefüllte Behälter wird durch Öffnen des luftdichten Verschlusses i entleert. Den gleichmäßigen Auslauf regelt ein Schwingschieber; eine Mischschnecke verhindert unter Wasserzusatz jegliche Staubentwicklung. Die Beladung des Förderwagens erfolgt zweckmäßig durch ein Teleskoprohr.

Als Förderleitungen werden nahtlos gezogene Mannesmannstahlrohre verwendet. Der Verschleiß in den geraden Rohrsträngen ist bei richtiger Verlegung gering.

Für kleine Kesselanlagen werden fahrbare Saugluftförderer mit Absaugschläuchen benutzt, die sich ebenfalls bewährt haben. Die Schläuche, die dem Verschleiß am meisten unterworfen sind, werden als Metallspiralschläuche aus starkem, verzinktem Stahl ausgeführt.

24. Die Rohrleitungen[1].

Der gesamten Rohrleitungsanlage kommt die gleiche Bedeutung zu, wie den Sammelschienen und ihren Anschlüssen in der Schaltanlage, denn sie hat sinngemäß die gleichen Aufgaben zu erfüllen, nämlich Sammlung und Verteilung des Frischdampfes auf die einzelnen Haupt- und Hilfsmaschinen, Zuführung des Kesselspeisewassers, Ableitung des Kondensates usw. Die Entwurfsbearbeitung muß unter den Gesichtspunkten größter Betriebssicherheit, leichter Umschaltbarkeit bei Störungen an Einzelteilen, kleinster Wege, um die Kondens- und Reibungsverluste möglichst zu beschränken, und bester Übersichtlichkeit erfolgen.

a) Die Durchbildung der Rohrleitung, sowie die Anordnung und Gestaltung der Verbindungs- und Absperrteile ist wesentlich vom Verwendungszweck, von der Betriebsart, Dampfart, dem Grad der Betriebssicherheit, welcher in bezug auf die Gesamtanlage verlangt werden muß, von der gegenseitigen Lage des Kessel-, Maschinen- und Pumpenhauses, von der Kesselreserve und dem Betriebsplan für die Kesselüberholung abhängig.

Beim Aufbau der Rohrleitungsanlage ist weiter hinsichtlich der Wahl der Wege darauf zu achten, daß bei Störungen an Ventilen, Flanschen usw. durch Dampf- oder Wasseraustritt die Hauptbedienungsgänge des Kessel- und Maschinenhauses nicht gefährdet werden und Hauptumschaltventile in Gefahrfällen auch gefunden und bedient werden können. Ferner soll die Zahl der Ventile, Abzweige und Krümmer möglichst beschränkt sein. Jede Richtungsänderung und jedes Ventil hat Verluste zur Folge und vermindert die Betriebssicherheit.

Für einfache Dampfanlagen wird man die Rohrleitungen einfach und mithin auch billig gestalten, während bei Großdampfanlagen durch Anordnung von Ring- oder Doppelleitungen dafür Sorge zu tragen ist,

---

[1] Fußnote S. 333 und 334.

daß der Maschinenbetrieb nicht etwa durch Schäden an der Rohrleitung nachteilig in Mitleidenschaft gezogen wird.

Als weiterer Grundsatz hat zu gelten, daß die Verminderung der Anlagekosten niemals auf Kosten der Güte der für Rohre, Verbindungen und Absperreinrichtungen verwendeten Baustoffe erstrebt werden darf.

Die folgenden Schaltbilder für die Turbinendampfleitungen — zur besseren Übersicht und leichteren Vergleichbarkeit abgestellt auf 6 Einzelkessel und 3 Turbinen — geben einige Grundformen in der An-

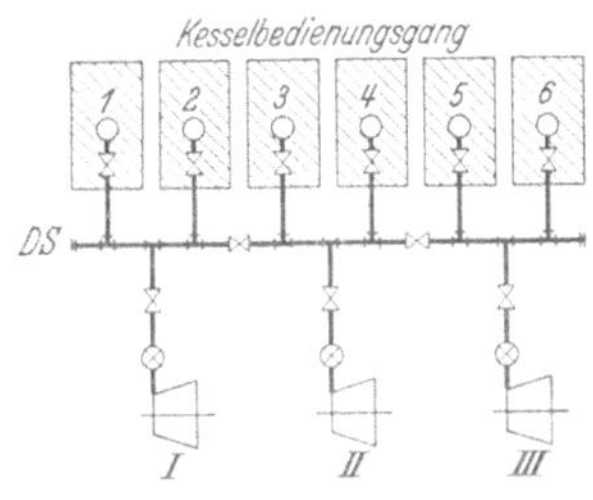

Abb. 195. Rohrleitungsplan, einfache Ausführung.

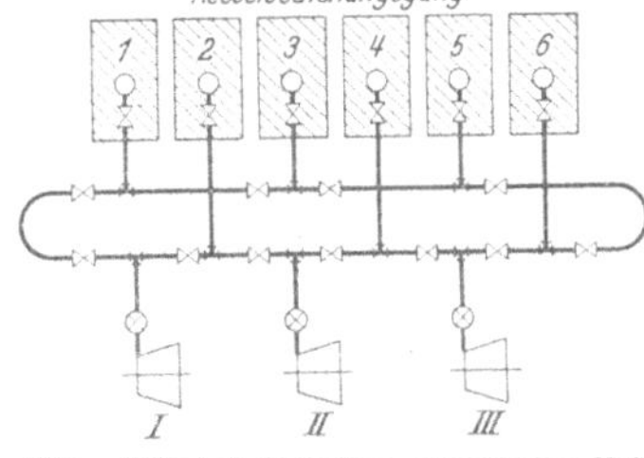

Abb. 196. Rohrleitungsplan, Ringsammelleitung.

ordnung bei paralleler und senkrechter Lage zwischen Kessel- und Maschinenhausachse. Für die Beurteilung gelten die gleichen Gesichtspunkte, wie sie im I. Band ausführlich für die Sammelschienen- und Transformatorenschaltungen in Umspannwerken behandelt worden sind. Werden Betriebsblocks gebildet bestehend aus Kessel und Turbine als Einheit, so werden sich aus den einzelnen Rohrleitungsplänen für Frischdampf noch manche anderen vereinfachten Durchbildungen z. B. für

die Umschaltung eines Reservekessels ergeben, auf die aber nicht weiter eingegangen werden soll.

Abb. 195 zeigt eine Anlage mit einfachem Sammelrohr (5 Ventile). Diese Anordnung ermöglicht einerseits die Dampfbedarfsdeckung bei Außerbetriebsetzung eines Kessels durch verstärkten Betrieb der übrigen Kessel, anderseits kann bei Betrieb nur einer Maschine jeder Kessel zur Dampfleistung herangezogen werden. Sie ist sehr einfach, übersichtlich und billig, betrieblich in den Umschaltmöglich-

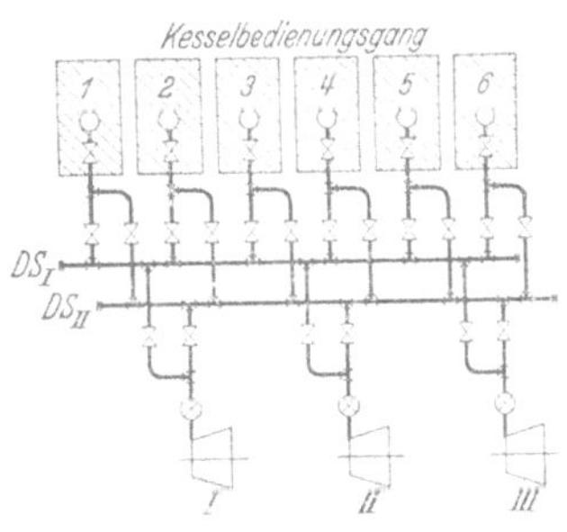

Abb. 197. Rohrleitungsplan, Doppelsammelleitung.

keiten aber sehr unbeweglich, wenn an der Sammelleitung selbst eine Störung eintritt.

In Abb. 196 ist eine Ringleitung gezeichnet (11 Ventile). Jede Ringhälfte erhält aus einer Anzahl von Kesseln Dampf, die Turbinen liegen an der unteren Ringhälfte. Die Verteilung der Absperrventile in der Ringleitung ist so getroffen, daß die Sicherheit des Betriebes bei Störungen durch Rohrbruch und Flanschundichtigkeit in der Ringleitung selbst in vollem Umfang gewahrt bleibt.

Abb. 197 zeigt eine Doppelleitung (18 Ventile). Jeder Kessel und jede Turbine kann sowohl auf die Sammelleitung DS_I als auch auf DS_{II} geschaltet werden. Die Doppelleitung ist der Ringleitung vorzuziehen, wenn es der Aufbau der Gesamtanlage ermöglicht. Die Betriebsbeweglichkeit ist größer, auch wenn in den Sammelleitungen keine Absperrschieber liegen. Sehr geeignet ist die Doppelleitung für den Fall, daß der Betrieb in einen besonders unruhigen und einen ruhigen Teil zerlegt werden muß.

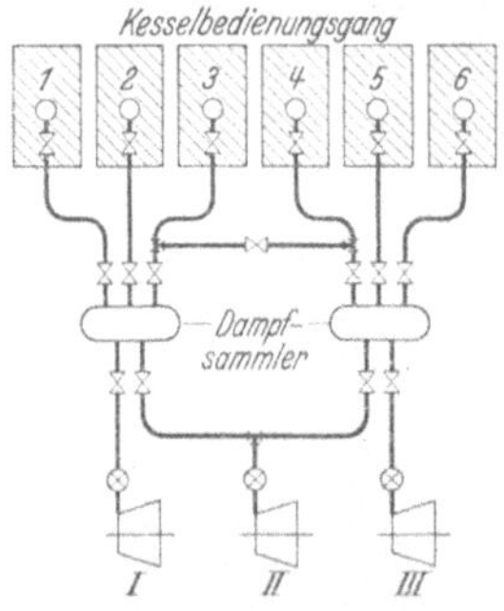

Bei größerer Kesselzahl ist es oft vorteilhaft, die Kessel einer Gruppe über einen Dampfsammler zu verbinden (Abb. 198). Die Kessel werden mit einfachen Rohrleitungen angeschlossen und für die Dampfverteilung wird eine Einfach-, Ring- oder Doppelleitung gewählt. Bei zweireihiger Aufstellung der Kessel nach Abb. 199 bis 201 werden zumeist Ringleitungen verlegt und die Turbinen über eine oder zwei Sammelleitungen angeschlossen. Auch die Doppelleitungen lassen sich anwenden, werden aber wesentlich teurer. Dabei ist noch zu unterscheiden, wie die Kessel- und Maschinenhausachsen zueinander liegen. Dampfsammler werden ebenfalls verwendet, um die Rohrleitung zu vereinfachen. Die Zusammenziehung einer größeren Zahl von Ventilen zu Gruppen ist nicht zu empfehlen, weil die Übersichtlichkeit leidet und bei Störungen an

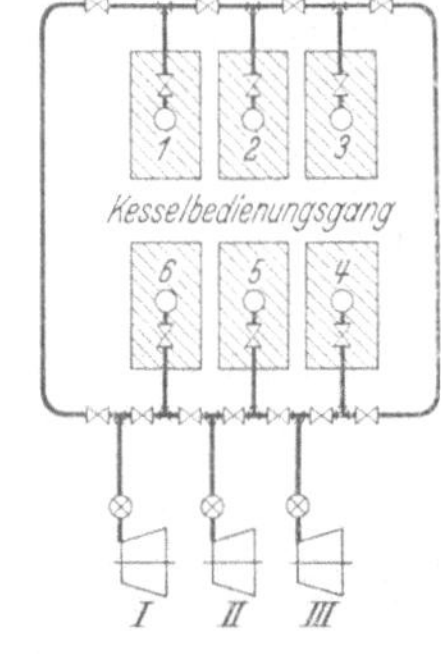

Abb. 198. Dampfsammler.

Abb. 199. Ringsammelleitung, Kessel gegenüber.

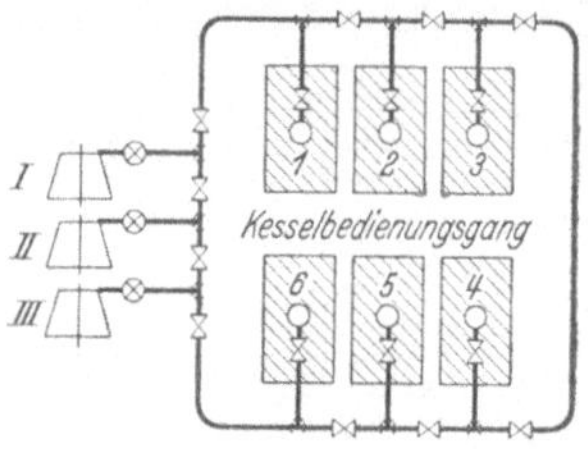

Abb. 200. Ringsammelleitung, Kessel gegenüber.

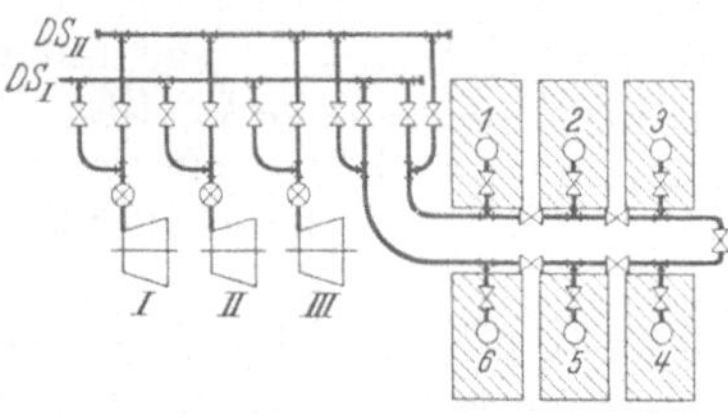

Abb. 201. Doppelsammelleitung.

einem Ventil sehr große Schwierigkeiten für die Bedienung der anderen Ventile entstehen können.

Die Dampfleitungsanlage für ein Großkraftwerk zeigt Abb. 202. Je vier Kessel sind an eine Ringleitung angeschlossen und die Absperrschieber in den beiden Ringen sowie an den Kesseln so gelegt, daß jeder Kessel ohne Störung des Dampfflusses zu- und abgeschaltet werden kann. Beide Ringleitungen sind miteinander verbunden, um die Betriebsbeweglichkeit noch zu erhöhen. Der den Maschinen zugekehrte Teil der Ringleitungen ist im Pumpenraum über Verteiler an die Turbinen angeschlossen. Je zwei Leitungen führen zu einer Turbine. Die Absperrschieber sind so verteilt, daß nie mehr als ein Kessel oder eine Maschine bei Rohrbruch ausfallen kann. An den Kesseln, an den Verteilern und in der Verbindungsrohrleitung zwischen den beiden Ringen haben die Absperrschieber elektrischen Antrieb mit Fernsteuerung erhalten.

Da die Rohrleitungsanordnung sehr viele Lösungen zuläßt, muß jeder Fall besonders geprüft und berechnet werden, wobei wie bereits gesagt Betriebssicherheit, Anlagekosten und Wirtschaftlichkeit in erster Linie bestimmend sind.

b) Die Einzelberechnung der Rohrleitungen ist nicht Sache des Elektroingenieurs. Ihr Ergebnis muß ihm aber bei der Entwurfsbearbeitung bekannt sein. Neben der mechanischen Ausführung, den gewählten Baustoffen, der Gesamtanordnung und den Betriebseinzelheiten sind dabei anzugeben: die Dampfgeschwindigkeiten, die Druck-

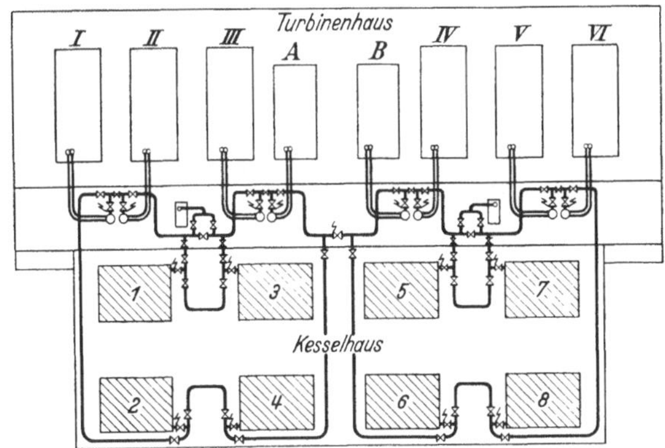

Abb. 202. Frischdampf-Rohrplan für ein Großkraftwerk.

verluste, die Rohrquerschnitte, die Ventil- und Krümmerverluste, die Dampftemperaturverluste und der Wirkungsgrad der Rohranlage bei den verschiedenen Belastungs- und Umschaltverhältnissen[1].

Für die Berechnung der einzelnen Rohrquerschnitte ist bei gegebener Dampfmenge, Dampfdruck und Überhitzung die Strömungsgeschwindigkeit, der Druckabfall durch Leitungswiderstand, der Temperaturabfall und der Wärmeverlust durch äußere Abkühlung maßgebend. Daraus bestimmt sich der Jahreswirkungsgrad der Rohrleitungen, der heute ebenfalls bei Großkraftwerken ermittelt und bei verschiedenen Angeboten berücksichtigt werden sollte. Mit der Dampfgeschwindigkeit soll nicht zu hoch gegangen werden. Großer Druckabfall in den Rohrleitungen hat kleine Durchmesser und kleinen Temperaturverlust zur Folge; das wird zumeist vorteilhafter sein, als geringer Druckabfall und größerer Temperaturabfall in weiten Leitungen, weil dann die Anlagekosten zu groß werden. Da aber der Dampfdruck und die Temperatur, die an den Hauptmaschinen herrschen soll, in der Mehrzahl der Fälle

---

[1] A. Steinemann: Über die schnelle Ermittelung der Druck- und Wärmeverluste in Dampfleitungen und Ventilen. AEG-Mitt. 1923 Nr. 9 u. 10.
F. Schwedler: Handbuch der Rohrleitungen. Berlin: Julius Springer 1932.

vorgeschrieben sind, so ist hieraus der Querschnitt der Hauptleitungen bestimmt. Häufige Richtungs- und Querschnittsänderungen sollen tunlichst vermieden werden, um Wirbelbildungen und zusätzlichen Druckabfall in den Rohren zu vermeiden.

Damit der Elektroingenieur auch den Gang der Berechnung übersehen kann, soll dieser hier kurz für die Turbinendampfleitungen angegeben werden.

Bezeichnet:

Δp den Druckabfall in ata in der gesamten Rohrleitung,

Δp_R den Druckabfall in der geraden Rohrleitung in ata,

Δp_V den Druckabfall in den Ventilen, Schiebern, Abzweigungen, Krümmern usw. in ata,

w_R die Widerstandszahl für die gerade Rohrleitung,

$w_{V_1}, w_{V_2}, w_{V_3} \ldots$ die Widerstandszahl für Ventile, Schieber, Abzweigstücke, Krümmer usw.,

γ_D das mittlere spez. Gewicht des Dampfes bei der verlangten Dampftemperatur und dem mittleren Dampfdruck in kg/m³,

l_R die Länge der geraden Leitung in m,

d_R den inneren Durchmesser der Leitung in m,

v die mittlere Dampfgeschwindigkeit in m/s,

Q_D die Dampfmenge in kg/h,

so ist:

$$\Delta p = p_1 - p_2 = \Delta p_R + \Delta p_V$$

$$= \left[w_R \cdot \gamma_D \cdot \frac{l_R}{d_R} + \Sigma w_V \left(\frac{\gamma_D}{2 \cdot g \cdot 10^4} \right) \right] v^2$$

$$= w_R \cdot \gamma_D \cdot \frac{l_R}{d_R} \cdot \left(\frac{Q_D}{3600 \cdot \frac{d_R^2 \cdot \pi}{4} \gamma_D} \right)^2 + \Sigma w_V \left(\frac{\gamma_D \cdot v^2}{2 \cdot g \cdot 10^4} \right). \quad (106)$$

Der Rohrleitungswiderstand setzt sich zusammen aus dem Reibungswiderstand der geraden Rohrleitung, dem Widerstand durch Richtungs- und Querschnittsänderungen und den Widerständen, die die zu durchströmenden Absperrventile, Messer u. dgl. hervorrufen.

Der Druckabfall in der geraden Rohrleitung ist[1]:

$$\Delta p_R = w_R \cdot \gamma_D \cdot \frac{l_R}{d_R} \cdot \left(\frac{Q_D}{3600 \frac{d_R^2 \cdot \pi}{4} \gamma_D} \right)^2 \quad (107)$$

und daraus folgt der Rohrdurchmesser:

$$d_R = \sqrt[5]{\frac{w_R \cdot l_R}{\gamma_D \cdot \Delta p_R} \cdot \left(\frac{Q_D}{900 \cdot \pi} \right)^2}, \quad (108)$$

Es werden v und Δp_R gewählt, um d_R zu berechnen[2].

Die Widerstandszahl w_R kann für die erste Rechnung zu etwa $\dfrac{9 \text{ bis } 10{,}55}{10^8}$ angenommen werden[3].

---

[1] Arch. Wärmewirtsch. 1932 Heft 4; 1933 Heft 2.

[2] Es ist gegebenenfalls auch ein Einheitsquerschnitt für die Hauptsammelleitungen anzustreben, wie etwa nach der Leitungsberechnung II. Bd., S. 14 u. folg.

[3] Weiteres siehe F. Schwedler: Handbuch der Rohrleitungen.

Das spez. Gewicht des Dampfes γ_D ist aus den Dampftafeln fest-zustellen (Abb. 203). Es hängt vom Dampfdruck und der Dampftemperatur ab. Die stündliche Dampfmenge Q_D, die die Rohrleitung übertragen soll, ergibt sich aus der Maschinenleistung.

Die Dampfgeschwindigkeit[1] v in Hochdruckleitungen soll nach bisherigen Erfahrungen für überhitzten Dampf nicht mehr als 40 bis höchstens 60 m/s betragen. Bei Sattdampf liegen diese Werte mit Rücksicht auf die Kondenswasserableitung, die bei überhitztem Dampf während des Betriebes der Rohrleitung nicht erforderlich ist, bei etwa 10 bis 20 m/s. Ist mit starken Dampfentnahmeschwankungen zu rechnen,

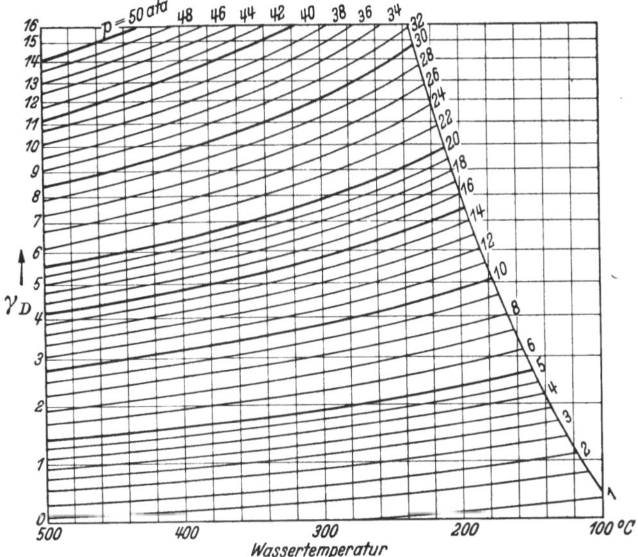

Abb. 203. Einfluß von Druck und Temperatur auf das spezifische Gewicht von Wasserdampf.

muß die Geschwindigkeit geringer angenommen und ein Dampfsammler vor den Verbrauchsstellen eingebaut werden, da sonst starke Erschütterungen in der Rohrleitung auftreten können, die insbesondere auf die Flanschverbindungen und die Rohrbefestigungen nachteilig wirken.

Die Dampfgeschwindigkeit ist:

$$v = \frac{Q_D \cdot V_D}{3600 \cdot \dfrac{\pi \cdot d_R^2}{4}} = \frac{Q_D \cdot V_D}{2826 \cdot d_R^2} \ \text{m/s}, \tag{109}$$

worin $V_D = \dfrac{1}{\gamma'_D}$ den spez. Rauminhalt des Dampfes bei dem Dampfzustand p, t in m³/kg bezeichnet. Aus Abb. 204 kann V_D ermittelt werden. Die Rohrdurchmesser sind genormt. Es kann also auch aus Gl. (109) bei Annahme von d_R die Dampfgeschwindigkeit oder umgekehrt bei Annahme von v der Rohrdurchmesser errechnet werden.

----

[1] Arch. Wärmewirtsch. 1932 Heft 7.

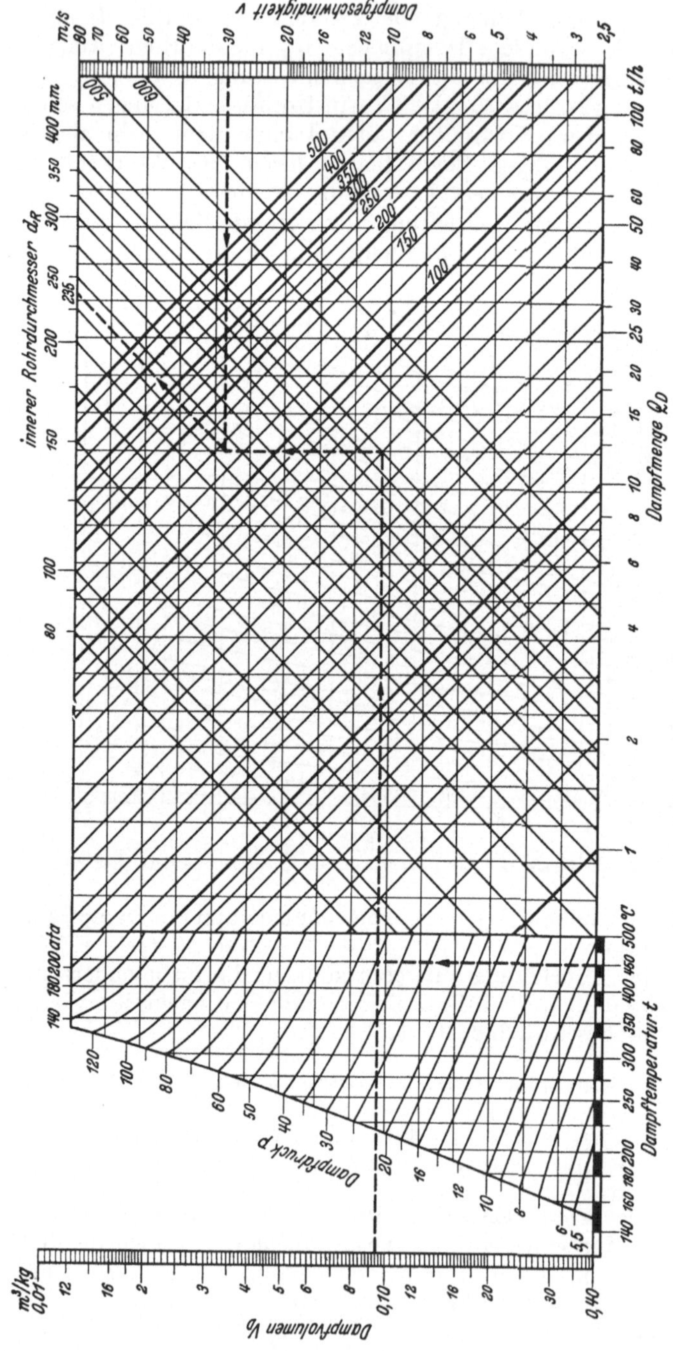

Abb. 204. Strömungsgeschwindigkeit in Dampfleitungen.

Dampfdruck 35 ata, Dampftemperatur 450° C, Dampfmenge 50 t/h ergibt Dampfvolumen 0,92 m³/kg und bei $v = 30$ m/s einen Rohrdurchmesser von 235 mm.

Für die Beurteilung von Rohrleitungsangeboten ist die Überprüfung von v oft sehr erwünscht, ohne umständliche Rechnungen durchführen zu müssen. Das Nomogramm Abb. 204 gibt hierfür ein bequemes Mittel an die Hand. Die Benutzung ist aus dem eingetragenen Beispiel ohne Schwierigkeit möglich. In Abb. 204 ist die Dampfmenge Q_D in t/h zugrunde gelegt.

Die Druckabfallwiderstandszahlen w_V für das zweite Glied der Gl. (106) werden nicht berechnet, sondern sind aus Versuchen festgestellt worden. In Zahlentafel 33 sind für w_V einige Werte zusammengestellt, die für die Prüfung von Berechnungen genügen. Sie sind auf den lichten Durchmesser bezogen.

Der gesamte Druckabfall Δp wird je nach der Ausdehnung der Rohranlage zu etwa 5 bis 10 vH gewählt, wobei der kleinere Wert für Anlagen mit größerer Dampfmengenschwankung über kurze Zeiträume gilt.

15. Beispiel. Einer Dampfturbine soll durch eine Rohrleitung Dampf von mindestens 32 ata Endspannung zugeführt werden. Der Dampf am Kessel hat einen abs. Druck von 35 ata. Bei Eintritt in die Rohrleitung hat der Dampf eine Temperatur von 450° C. Die Länge der Rohrleitung ist 100 m. In der Leitung liegen am Anfang und am Ende je 1 Absperrventil, ferner 2 T-Stücke, 2 Bogen von je 90° und 1 Lyrabogen. Die Dampfmenge beträgt 50 t/h, das spez. Gewicht bei der Dampfspannung und Dampftemperatur $\gamma_D = 10{,}52$. Der gesamte Druckabfall soll rd. 10 vH = 3,5 ata bei Vollast nicht überschreiten.

Zunächst wird der Rohrdurchmesser überschläglich festgestellt für einen mittleren Wert von $v = 30$ m/s:

Nach Gl. (109) wird bei $v = 30$ m/s:

$$d_R = \sqrt{\frac{Q_D \cdot V_D}{2826 \cdot v}} = \sqrt{\frac{50\,000 \cdot 0{,}095}{2826 \cdot 30}} = 0{,}235 \text{ m} = 235 \text{ mm}$$

und nach Gl. (107) der Druckabfall in der geraden Rohrleitung:

$$\Delta p_R \simeq \frac{10}{10^8}\, 10{,}52 \cdot \frac{100}{0{,}235}\left(\frac{50\,000}{2826 \cdot 0{,}235^2 \cdot 10{,}52}\right)^2 = 0{,}41 \text{ ata}.$$

Nach Zahlentafel 34 sind die Druckabfall-Widerstandszahlen w_R für:

2 Absperrventile (Koswig-Ventile)	2×16	$= 32$ m,
2 Bogen 90°	2×4	$=$ 8 ,,
1 Lyrabogen (Falten)		34 ,,
2 T-Stücke	$2 \times 15{,}5 =$	31 ,,
		zus. 105 m

Der Druckabfall durch die Zusatzstücke beträgt:

$$\Delta p_V = 105\left(\frac{10{,}52 \cdot 30^2}{2 \cdot 9{,}81 \cdot 10^4}\right) = 5{,}04 \text{ ata}$$

und der gesamte Druckabfall:

$$\Delta p = 0{,}41 + 5{,}04 = 5{,}45 \text{ ata} = 15{,}6 \text{ vH}.$$

Gegenüber der gestellten Bedingung ist also Δp wesentlich zu hoch. Es wird nun eine zweite Rechnung mit einem genormten Rohrdurchmesser und gegebenenfalls auch unter Änderung des Entwurfes für die Rohrführung durchgeführt, bis die preislich und wirtschaftlich besten Verhältnisse gefunden worden sind.

Das Beispiel ist mit Absicht ausführlicher gehalten worden um zu erkennen, welche Werte besonderer Beachtung bei der Beurteilung verschiedener Angebote bedürfen. Der große Druckabfall in den eingebauten

Zahlentafel 33.

Druckverluste von Einzelwiderständen in lfd. m gerader Rohrlänge[1].

NW	50	100	150	200	250	300	350	400	450	500
Biegung 90⁰ ($R=4d$)	1	1,7	2,5	3,2	4	5	6	7	8	9
Biegung 90⁰ ($R=3d$)	1,5	2,5	4	5	6	7,5	9	11	12,5	14
Krümmer (Guß)	3,2	7,5	12,5	18	24	30	38	44	50	55
Krümmer (Blech)	7,5	17,5	29	42	56	70	87	102	115	137
Lyrabogen ($A=12d$, $B=12d$)	4	9,5	14,5	20	27	33	41	48	54	64
Lyrabogen[2] (Falten)	5	12	18,5	26	34	42	52	61	69	82
Biegung[2] (Falten) ($R=4d$)	1,7	2,8	4,2	5,5	6,5	8,5	10	12	13,5	15
Biegung[2] (Falten) ($R=3d$)	2,4	4	6,5	8	9,5	12	14,5	17,5	20	23
T-Stück	3,6	5,5	8	6,3	15,5	21	26	32	36	43
T-Stück	4,5	7	9,5	14	19	25	31	38	43	51
T-Stück	5	11,5	17,5	26	36	47	65	74	84	100
T-Stück	4,5	9	14,5	20	26	34	41	47	54	63
Norm. Ventil	13	31	50	73	100	130	160	200	230	270
Norm. Ventil	10	20	32	45	61	77	95	115	130	150
Koswa-Ventil	2,1	5	8,5	12	16	20	25	30	38	39
Rückschlag-klappe	3,2	7,5	12,5	18	24	30	38	44	50	59
Parallel-schieber	0,6	1,5	2	3	4	5	6,5	7,5	8,5	10

Zwischenstücken zeigt, daß solche Zwischenstücke, Richtungsabweichungen usw., sehr viel höheren Druckverlust zur Folge haben können als die gerade Rohrleitung selbst. Die einfachste Anordnung der Gesamt-

---

[1] Entnommen aus: Schwedler, F.: Handbuch der Rohrleitungen. Berlin: Julius Springer.

[2] Bei Wellrohrausführung ist mit den doppelten Werten zu rechnen.

rohranlage wird daher dann den günstigsten Wirkungsgrad aufweisen, wenn es dem Entwurf geglückt ist, bei größter Betriebsbeweglichkeit und höchster Betriebssicherheit durch beste Anordnung aller Ventile usw. den geringsten Druckabfall zu erreichen.

Der Wirkungsgrad der Rohranlage ist weiter sehr wesentlich abhängig von den Wärmeverlusten[1]. Die durch Strahlung und Berührung auftretenden Wärmeverluste einer Rohrleitung für Dampf oder Warmwasser müssen daher ebenfalls soweit irgend möglich verhindert werden, da sie anderenfalls den Kohlenverbrauch der Anlage stark erhöhen. Diesem Zweck dienen Wärmeschutzmittel[2], mit denen alle Rohre, Flanschen, Ventile, Abzweigstücke, Wasserabscheider usw. umhüllt werden. Solche Schutzmittel sind um so wirksamer, je kleiner ihre Wärmeleitzahl λ ist. Die Wahl dieser Wärmeschutzmittel richtet sich nach der Temperatur, ist also für Heißdampf und Warmwasserleitungen unterschiedlich zu treffen. Ferner ist zu beachten, daß je nach dem Wärmeschutzmittel von einer bestimmten Stärke der Schutzschicht ab eine Zunahme der Schutzwirkung nicht mehr eintritt. Es ist empfehlenswert, sich für die zu wählenden Wärmeschutzstoffe und die Schutzschichtstärken Versuchszahlen geben zu lassen und die erzielbare Wärmeersparnis in wirtschaftliche Gegenüberstellung zu den Ausgaben für diesen Schutz zu stellen, um auch nach dieser Richtung des Guten nicht zu viel zu tun bzw. aus verschiedenen Stoffen den besten herauszusuchen.

An allen Flanschen bzw. Rohrverbindungen ist der Wärmeschutz derart zu gestalten, daß diese Stellen zugänglich bleiben. Auch auf die Ausdehnungsstücke ist zu achten.

Für die Güte des Wärmeschutzes ist die Temperaturabnahme zwischen zwei bestimmten Punkten einer Rohrleitung maßgebend. Dieses Temperaturgefälle kann mit Thermometern verhältnismäßig leicht festgestellt werden.

Der Wärmeverlust[3] der isolierten Rohrleitung für 1 m Länge ist:

$$M_{V,R} = \frac{t_D - t_L}{\dfrac{1}{\alpha_D} \cdot \dfrac{d_{Ra}}{d_R} + \dfrac{1}{\alpha_L} \dfrac{d_{Ra}}{d_{Ru}} + \dfrac{d_{Ra}}{2\lambda} \ln\left(\dfrac{d_{Ru}}{d_{Ra}}\right)} \text{kcal/m h}. \tag{110}$$

Darin bezeichnet:

t_D die Dampftemperatur am Anfang der Leitung in $^\circ$ C,

t_L die Lufttemperatur in $^\circ$ C,

α_D die Wärmeübergangszahl zwischen Dampf und Rohrwand ($= 150$) kcal/m^2 h $^\circ$C,

---

[1] Arch. Warmewirtsch. 1932 Heft 8.

[2] Richtlinien zur Bemessung von Wärme- und Kälteschutzanlagen (Regelangebote). DIN-Vornorm 1951. VDI-Verlag 1931. Regeln für die Prüfung von Wärme- und Kälteschutzanlagen. VDI-Verlag 1930.

[3] Cammerer: Wärmeverluste isolierter Rohrleitungen. München 1928. Wärmeverluste isolierter Rohrleitungen. Arch. Wärmewirtsch. 1933 Heft 4. Raisch, E.: Wärmeschutz von Dampfkesseln und Rohrleitungen für hochüberhitzten Dampf. Z. VDI 1935 S. 304.

α_L die Wärmeübergangszahl zwischen Oberfläche der Umhüllung und Luft ($= 6$ bis 8) kcal/m²h°C,

d_{R_a} den Durchmesser der Rohrleitung außen in m,

d_{R_u} den Durchmesser der umhüllten Leitung außen in m,

λ die Wärmeleitzahl des Wärmeschutzmittels in kcal/mh°C (durch Versuche festzustellen, auch Hütte 25. Aufl. Bd. 1 S. 448).

Der Gesamtwärmeverlust der Leitung während der Jahresbetriebszeit h_j Stunden beträgt:

$$M_{V.R.j} = M_{V.R} \cdot l_R \cdot \pi \cdot h_j \text{ kcal.}$$

Schließlich ist der Temperaturabfall in der Dampfleitung:

$$\Delta t_V = \frac{M_{V.R}}{c_p \cdot Q_D} \text{ °C/m}, \tag{112}$$

$c_p =$ mittlere spez. Wärme in kcal/kg°C für Dampf bei mittleren Werten für Dampftemperatur und Dampfspannung.

Der Jahreswirkungsgrad der Rohranlage wird aus den Zeitverlusten und ihrer Dauer festgestellt aus Gl. (113):

$$\eta_{R.j} = \frac{\text{Nutzbar verarbeitete Wärmemengen in den Maschinen}}{\text{In der Kesselanlage erzeugte Wärmemenge}}. \tag{113}$$

Das im I. Band für die Berechnung des Jahreswirkungsgrades von Transformatoren und im II. Band für Leitungen Gesagte gilt hier sinngemäß.

In **mechanischer** Beziehung müssen alle Rohrleitungen für Dampf oder Warmwasser ausreichende Beweglichkeit besitzen, damit sie sich frei ausdehnen können. Ist das nicht möglich, so sind Flanschbeschädigungen, Rohrverbiegungen und selbst Rohrbrüche unvermeidlich. Trotz dieser Vorrichtungen ist zu verlangen, daß die Rohrleitung ruhig liegt.

Die Rohrausdehnung beträgt z. B.

bei 8 ata und 175° C auf 100 m Rohrlänge rd. 220 mm,
„ 13 „   „ 350° C „ 100 m   „   „ 440 „

gute Rohrleitungsbaustoffe vorausgesetzt. Diese Werte zeigen, welche Beachtung der Wärmeausdehnung bzw. der Rohrbeweglichkeit entgegengebracht werden muß[1].

Die Beweglichkeit wird auf verschiedene Art erreicht: Zumeist werden Federrohre in Lyraformbogen oder die 90°-Rohrkrümmer benutzt (Kompensatoren), die dann als Faltenrohrbogen ausgebildet sind. Auch Rollenlager, besondere Rohrführungen u. dgl. sind im Gebrauch. Diese Ausführungsformen gewähren selbst für die höchsten vorkommenden Temperaturen ausreichende Sicherheit. Stopfbuchsen werden selten verwendet, da sie als Fehlerquellen anzusehen sind. Das Angebot muß auf die Wärmeausdehnung und Verankerung der Rohranlage besonders eingehen. Für letztere ist weiter zu berücksichtigen, daß Stoßbeanspru-

---

[1] Rohrleitungsverband (R. V.) Berlin 1934: Beanspruchung von Rohrleitungen durch Temperaturänderungen. Berechnung der durch Temperaturänderungen hervorgerufenen Festpunktkräfte und Spannungen in ebenen Rohrleitungssytemen. Auszug in Arch. Wärmewirtsch. 1934 S. 295.

chungen und Schwingungen aus den Dampfabnahme- und -speise-verhältnissen eintreten können, gegen die ebenfalls genügende Sicherung vorhanden sein muß.

An zahlreichen Stellen sind Ableitungen für das beim Anwärmen und nach Stillsetzen der Leitungen anfallende Kondensat vorzusehen.

Es werden hierzu Kondenstöpfe mit Hand- oder selbsttätiger Entleerung, Wasserabscheider, Verteiler und andere Einrichtungen vor den Maschinen an besonderen Punkten der Frischdampfleitungen und in den Sammelleitungen eingebaut. Sie sollen nicht nur bei mittleren Dampfverhältnissen, sondern auch bei hohen Dampftemperaturen und trotz der Isolierung der Rohre vorhanden sein, um die Rohrleitungen auf das vollkommenste zu entwässern. Bei Höchstdruckanlagen mit kleinen Kesseltrommeln müssen sie in der Lage sein, das beim Überspeisen der Kessel mitgerissene Wasser abzuführen. Das Kondensat aus diesen Abscheidern ist hochwertiges Kesselspeisewasser, muß daher sorgfältig gesammelt und dem Speisewasserbehälter auf luftdicht verschlossenen Wegen zugeführt werden. Auf diese Weise wird dann auch der Wärmeinhalt ausgenutzt. Durch nicht vollkommene Wasserableitung aus der Rohranlage sind schon manche schwere Betriebsstörungen infolge von Wasserschlägen in den Maschinen (Schaufelsalat) und den Frischdampfrohren eingetreten. Die Lage der Abscheider muß so gewählt werden, daß sie sicher und zuverlässig bedient werden können. Von der schnellen Entwässerung einer verzweigten Rohrleitung hängt auch die schnelle Betriebsbereitschaft von Reservemaschinen ab.

c) Baustoff und Art der Herstellung[1] der Rohrleitungsstücke richten sich nach dem Verwendungszweck für kaltes oder warmes Wasser, für gesättigten oder überhitzten Dampf von niederem oder hohem Druck und nach dem Durchmesser. Es werden patentgeschweißte, nahtlos gezogene Rohre, ferner solche aus Gußeisen, Schweißeisen, Flußeisen und Kupfer benutzt. Die Verbindung der geraden Rohrstücke untereinander und mit den T-Stücken erfolgt durch Flanschverschraubung oder Verschweißung. Letztere wird erst in jüngster Zeit angewandt, hat sich aber bereits bei Dampfdrücken über 50 ata und Temperaturen über 420° C gut bewährt.

Die patentgeschweißten Rohre sollen aus gut schweißbarem Flußeisen weicher, zäher Beschaffenheit bestehen. Sie werden aus Blechstreifen gewalzt und nach verschiedenen Behandlungsformen überlappt geschweißt.

---

[1] Für Rohrleitungen gelten folgende deutsche Normen nach der Übersicht
DIN 2400   DIN 2401 Druckstufen,
        „ 2402 Nennweiten,
        „ 2403 Kennfarben,
für Rohre DIN 2410 Übersicht, ferner 2413, 2429, 2448, 2450, 2451, 2456, 2500.
    „ 1628 Technische Lieferbedingungen für überlappt geschweißte Flußstahlrohre,
    „ 1629 Technische Lieferbedingungen für nahtlose Flußstahlrohre.
Marscheider, C.: Erfahrungen im Bau von Hochdruck-Rohrleitungen. Z. VDI 1935 S. 292.

Die nahtlos gezogenen Rohre werden aus gelochten Flußeisenblöcken gezogen. Bei der großen Baustoffbeanspruchung und infolge des Herstellungsganges kann es vorkommen, daß der Baustoff beim Ziehen überanstrengt wird und dadurch an Festigkeit verliert. Auch Überhitzungen können eintreten, die den Baustoff zu seinem für Rohrleitungszwecke weiteren Nachteil sehr spröde machen.

Für Hochdruckdampfleitungen hat der Verein Deutscher Ingenieure Normen aufgestellt, auf die hier verwiesen werden kann[1].

Zur Aufstellung von Angebotsunterlagen sind in Zahlentafel 34 Ergebnisse von Werkstoffprüfungen zusammengestellt, wie sie für die Frischdampf- und Speisewasserleitungen eines Höchstdruckkraftwerkes gewonnen wurden. An Hand dieser Zusammenstellung in Verbindung mit den Rohrleitungsnormen werden die Einzelheiten von Angeboten leichter überprüft werden können.

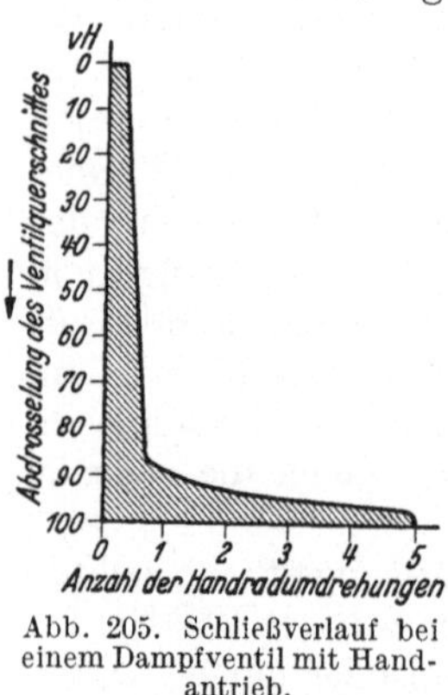

Abb. 205. Schließverlauf bei einem Dampfventil mit Handantrieb.

d) Die Kessel- und Rohrleitungszubehörteile[2]. Die Dampf-Absperrventile und Schieber richten sich in Baustoff und Ausführung ebenfalls nach dem Dampfdruck, der Höhe der Überhitzung und der Dampfgeschwindigkeit. Bei ihrer Auswahl ist ferner der in ihnen entstehende Druckabfall, die Schließkennlinie (Abb. 205), die angibt, mit welcher Zahl von Handrad- oder Spindelumdrehungen die Abdrosselung des Ventilquerschnittes erfolgt, und die den Einbauverhältnissen anzupassende Bedienungsmöglichkeit bestimmend.

Für Dampfdrücke bis 100 atü und Überhitzungstemperaturen bis 480° C entsprechen die Kessel- und Rohrleitungszubehörteile heute allen Ansprüchen, die an die Sicherheit und Lebensdauer gestellt werden können — in jeder Beziehung erstklassige Hersteller vorausgesetzt.

Besonders ist hier auf die geschmiedeten Ventile aufmerksam zu machen, die aus dem Vollen im Gesenk geschmiedet werden. Für die Spindeln wird SM- oder Sonderstahl verwendet. Sitz und Kegel bestehen aus nichtrostendem oder aus verschleißfestem und korrosionsbeständigem Stahl. An Stelle der geschmiedeten Ventile werden auch Stahlgußventile benutzt, die sich in der Praxis ebenfalls anstandslos bewährt haben. Bei Stahlguß besteht allerdings die Gefahr, daß eingebettete Lunkerstellen die Sicherheit beeinträchtigen können. Bei hohen Dampftemperaturen muß bei allen Ventilen auf den Ausgleich der Stoffausdehnung besonders geachtet werden.

Hinsichtlich der Durchbildung im allgemeinen ist darauf aufmerksam zu machen, daß Absperrorgane mit Umführungsventil große Vorteile darin aufweisen, daß das Hauptventil teilweise entlastet und Ventil und Rohrleitung vorgewärmt werden, wodurch Rohrbeschädi-

---

[1] Richtlinien für Werkstoff und Bau von Heißdampfrohrleitungen der Vereinigung der Großkesselbesitzer E. V., Berlin und in deutschen Industrienormen.

[2] Marscheider, C.: Fußnote S. 333.

gungen durch plötzliche Temperatursteigerung vermieden werden. Der Ventilsitz soll ferner stets im vollen Dampfstrom liegen und eine möglichst widerstandsfreie Durchflußöffnung freigeben. Auch eine Entwässerung sollte namentlich bei Ventilen mit großem Querschnitt nicht fehlen. Auf die auf dem Markt befindlichen Schnellschließventile ist aufmerksam zu machen.

An Stelle von Ventilen werden auch Dampfschieber verwendet, die den Vorteil eines freien Durchtrittes haben, aber dort, wo auch mit nur teilweise geöffnetem Schieber gefahren werden muß, nicht günstig sind, da der Schieber nicht fest genug gelagert werden kann. Erschütterungen sind die Folge. Die Instandsetzung der Schieberflächen macht ebenfalls Schwierigkeit. Bei geschlossenem Schieber kann ein Verziehen eintreten. Die Abdichtung ist nicht so vollständig wie bei Ventilen (Dampfverluste). Auf diese Nachteile nehmen die neuesten Bauformen bereits Rücksicht. Sie werden daher in jüngster Zeit häufiger verwendet.

Der Antrieb der Ventile und Schieber richtet sich nach den örtlichen Einbauverhältnissen, der Größe und der betrieblichen Aufgabe und erfolgt entweder von Hand ohne oder mit Stirn- und Kegelradübersetzung oder durch Elektromotor mit Fernsteuerung.

Vereinzelt werden in ausgedehnten Dampfanlagen auch Rohrbruch- oder Schnellschlußventile eingebaut, die die Aufgabe haben, bei Rohrbruch, Ventilbruch und ähnlichen Ursachen die Dampfleitung selbsttätig zu schließen. Ihre Lage im Rohrplan (Abb. 214) ist besonders zu untersuchen. Betrieblich gelten dabei die gleichen Gesichtspunkte wie für die Schalterrelais in Sammelschienen und Leitungsanlagen. Sie dürfen aber nicht derart arbeiten, daß sie ungewollt z. B. bei angestrengtem Betrieb also bei hoher Dampfgeschwindigkeit oder größerem Druckabfall (auf diesen Einflüssen beruht ihre Wirksamkeit) in Tätigkeit treten. Bauformen mit Federauslösung sind zu vermeiden. Sind nicht ganz besondere Gründe für den Einbau solcher Ventile vorhanden z. B. bei unzuverlässiger Bedienung oder bei sehr großem Rohrnetz, so sollte von ihrer Verwendung Abstand genommen werden, da sie die Anlage nur betriebsunsicher machen.

Für Baulängen, Flanschabmessungen, Festigkeit usw. sind die DIN-Hochdrucknormen zugrunde zu legen.

Besonderes Augenmerk ist schließlich allen Dichtungsstellen zuzuwenden, deren Ausdehnungswerte nicht wesentlich von dem der Gehäuse abweichen dürfen.

e) Speisepumpen-Frischdampfleitungen, Saug- und Druckwasserleitungen. Neben den Frischdampfleitungen für die Betriebsmaschinen erfordert die Anordnung und Ausführung der Pumpenleitungen, Abdampfleitungen, Luftleerleitungen usw. ebenfalls große Sorgfalt und eingehende Vorarbeiten.

Auch diese Leitungen können bei vorkommenden Störungen große unmittelbare Gefahr zur Folge haben. Dies gilt hauptsächlich für die Speisewasserleitungen zu den Kesseln. Wird durch Beschädigung der Pumpenleitungen (Dampfleitungen, Druckwasserleitungen, Saug-

Zahlentafel 34. Ergebnisse der Werkstoffprüfungen für Frisch-

Nummer	Gegenstand	Werkstoff	Zugfestigkeit bei 20⁰ C	bei 425⁰ C
			kg/mm²	kg/mm²
1	Rohre und Bogen 292 × 12	Flußstahl St. 45. 29	48—51	34,2—41,4
2	Rohre und Bogen 216 × 9	Flußstahl St. 45. 29	46	36,5
3	Flansche	Flußstahl St. 50. 11	53,5—54,6	
4	Gew.-Muffen 11 ″	Flußstahl St. 50. 11	53,1	45 (bei 450⁰ C)
5	Gew.-Muffen 8 ″	Flußstahl St. 50. 11	52,3	
6	Gew.-T-Stücke 11 ″	Flußstahl St. 50. 11	57,3	46,5
7	Gew.-T-Stücke 8 ″	Flußstahl St. 50. 11	58,6	49
8	Krümmer	Elektro-Stahlguß	43,6—45,1	
9	Sammler	Flußstahl	44—47	34,5
10	Wasserabscheider	Flußstahl	48—50	41,1
11	Schieber	Molybdän-Stahlguß	43,6—43,8	36,9—37,5 (bei 500⁰ C)
12	Schrauben	Nickelstahl 3 vH	64	49,6
13	Muttern	Flußstahl St. 42. 12	43—43,6	

Ergebnisse der Werkstoffprüfungen für die Speisewasser

Nummer	Gegenstand	Werkstoff	Zugfestigkeit bei 20⁰ C	bei 425⁰ C
1	Rohre und Bogen 216 × 9	Flußstahl St. 45. 29	48,2	
2	Rohre und Bogen 139 × 9; 113,5 × 8; 88,25 × 7	Flußstahl St. 34. 29	36—41	
3	Flansche	Flußstahl St. 50. 11	51,7	
4	Gew.-Muffen 8 ″	Flußstahl St. 50. 11	53—54,6	
5	T-Stücke und Krümmer	Elektro-Stahlguß	44,7	
6	Schieber	Elektro-Stahlguß	47,1	
7	Ventile	Flußstahl	52,3	
8	Sicherheitsventile gegen Wasser- schlag	Stahl-Formguß	49,3	

[1] Gesellschaft für Hochdruck-Rohrleitungen, Berlin O 27. Druckschrift: Hochdruck-

[2] $f = \dfrac{\pi \cdot d_R^2}{4}$ Querschnitt mm².

dampfleitungen (Betriebsdruck 52 at bei 425° C) und Speiseleitungen[1].

| Streckgrenze | | Dehnung[2] | | Chemische Bestandteile und Eigenschaften. P=Phosphor S=Schwefel | Bemerkungen |
bei 20° C kg/mm²	bei 425° C kg/mm²	bei 20° C bezogen auf $l = 5{,}65\,\sqrt{f}$ vH	bei 425° C bezogen auf $l = 5{,}65\,\sqrt{f}$ vH	vH	
28—33	14	23—20 $(l = 11{,}3\,\sqrt{f})$	42,5—38,6 $(l = 140$ mm $= 11{,}3\,\sqrt{f})$		Besonders geglüht
27	14,8	23—19 $(l = 11{,}3\,\sqrt{f})$	18,5 $(l = 130$ mm $= 11{,}3\,\sqrt{f})$		Besonders geglüht
25,6		29—23,8			Kerbzähigkeit: 9,7—10,7 mkg/cm²
32,4	19,9—20,9 (bei 450°C)	21,4	23,3		Gew. DIN 259
32,4		19,6			Gew. DIN 259
42	18,5	25—18	29—20		Gew. DIN 259 Kerbzähigkeit: 19,9 mkg/cm²
39,5	19,7	24—17	30—22,5		Gew. DIN 259 Kerbzähigkeit: 13 mkg/cm²
19—26		30—19			Kerbzähigkeit: 12—14 mkg/cm²
27—29	14,9	35—30	28,7		Kerbzähigkeit: 16 mkg/cm²
27—28	16,9	32—28	34,1		Kerbzähigkeit: 13 mkg/cm²
23,9—25,1	16,4—17,4 (bei 500°C)	33,1—25,4	21,8—21,5 (bei 500°C)		Kerbzähigkeit: 12,7—17,4 mkg/cm²
40	23,7	22	30,7 $(l = 11{,}3\,\sqrt{f})$		Kerbzähigkeit: 12 mkg/cm²
25,8—26		50,4—49,5			

leitungen (Betriebsdruck 60—70 at bei 125—250° C).

bei 20° C kg/mm²	bei 425° C kg/mm²	bei 20° C	bei 425° C	vH	Bemerkungen
31—32		19,8—19			Besonders geglüht
23—31		27—22			Besonders geglüht
26,3		24,9			R.-Gew. DIN 259 Kerbzähigkeit: 9,5 mkg/cm²
32,9—34,6		19,5—19,3			
24,3		31,4		P = 0,022 S = 0,003	Kerbzähigkeit: 10,5 mkg/cm²
29,5		31,3		P = 0,039 S = 0,021	Kerbzähigkeit: 12,2 mkg/cm²
32,4		29,3			
33,1		25,1			Kerbzähigkeit: 11 mkg/cm²

Rohrleitungsanlage eines Braunkohlenkraftwerkes. Bau- und Versuchsergebnisse.

wasserleitungen) die Speisung in einem ungünstigen Betriebszeitpunkt unterbrochen, kann hierdurch nicht nur eine empfindliche Störung des gesamten Dampfbetriebes, sondern unter Umständen auch Kessel-explosion hervorgerufen werden.

Für die Anordnung und Ausführung dieser Leitungen gelten die gleichen Gesichtspunkte wie für die Hauptdampfleitungen unter entsprechender Berücksichtigung ihrer Hauptaufgaben und ihrer Betriebs-bedingungen. Auf weitere Einzelheiten soll daher nicht näher eingegangen werden. In Zahlentafel 34 waren für die Werkstoffbeschaffenheiten einige Angaben gemacht.

Zu dem für Aufbau und Betrieb bereits Gesagten ist noch hinzu-zufügen, daß zur leichteren Übersicht und fehlerfreien Bedienung die einzelnen Rohrstränge mit farbigen Ringen oder mit verschiedenen Anstrichen versehen werden (Dampf, Warmwasser, Kaltwasser usw.), die Ventile entsprechende Bezeichnungen und weitsichtbare Nummernschilder erhalten und an geeigneten Stellen farbige Rohrleitungspläne aufgehängt sein sollen. Besichtigungslaufgänge unter Hauptrohrleitungen sind sehr zu empfehlen. Über den Kesseln liegende Rohrstränge sollen keine Kreuzungen aufweisen und so angeordnet sein, daß das Betreten der Kesseldecken und die Ausführung von Instandsetzungsarbeiten nicht behindert sind. Die „Zu- und Auf"-Stellungen der Ventile müssen von den Bedienungsgängen deutlich erkennbar, die Zugänglichkeit zu diesen darf nicht behindert sein.

25. Die Kesselspeisepumpen.

Die Kesselspeisung muß in allen Fällen vollständig gesichert sein. Davon hängt die Betriebssicherheit des ganzen Kraftwerkes ebenfalls ab. Wird sie auch nur für Minuten unterbrochen, können die Kessel außerordentlich gefährdet werden. Die sofortige Abstellung der Feuerung und der Dampfentnahme kann diese Gefährdung nicht beseitigen. Das gilt für alle Kraftwerksgrößen und für alle Kesselbauformen, wobei der Großwasserraumkessel keine wesentliche Ausnahme macht.

Die fortgesetzte Steigerung der Dampfmenge/h, des Dampfdruckes und der Dampftemperatur stellen auch an die Speisevorrichtungen so hohe Bedingungen und Anforderungen, daß in der Wahl der Pumpen mit der größten Sorgfalt vorgegangen werden muß. Dazu kommt, daß die Speicherfähigkeit der Kessel durch die Verringerung des Kesselinhaltes mehr und mehr heruntergesetzt wird. Auf das hierzu bei den einzelnen Kesselbauformen Gesagte muß nochmals hingewiesen werden.

Zu dieser Forderung der Betriebssicherheit tritt die zweite Forderung, daß die Pumpenanlage den jeweiligen Kesselbelastungen sicher und wirtschaftlich folgt. Grundlastwerke haben nach dieser Richtung andere Betriebsanforderungen als Spitzen- oder Einzelkraftwerke. Der Voll- und Überlast folgen plötzliche Entlastungen oder schnelles Absinken auf kleinste Last. Damit schwankt auch die Speisewassermenge. Die Pumpenanlage muß nicht nur durch Zu- und Abschalten eines oder mehrerer Pumpensätze, sondern auch durch die Arbeitsweise der Pumpen selbst zeitlich und mengenmäßig

(Überspeisen) nachkommen, da unter Umständen nur eine Pumpe im Betrieb sein kann.

Bevor zur Größenbestimmung und zur Auswahl der Pumpenbauform geschritten wird, muß erst die Form der Kesselspeisung an sich festgelegt werden. Das bezieht sich auf die Zuführung des Speisewassers und die Verbindung mit dem Kessel unter Einschluß der Vorwärmung. Bei kleineren Anlagen mit geringeren Dampfdrücken ohne besondere Vorwärmung durch Maschinendampf fließt das Speisewasser der Pumpe aus dem Sammelbehälter mit mäßig warmer Temperatur zu, wird hinter der Pumpe in den Vorwärmer und dann in den

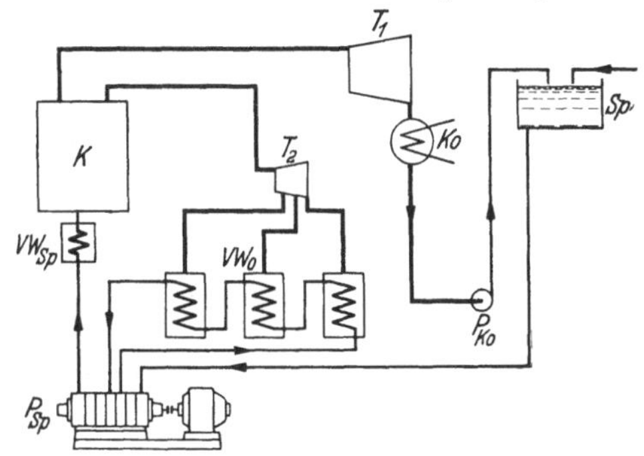

Abb. 206. Schaltplan einer Kesselspeiseanlage mit vereinigter Vorwärm- und Speisepumpe.

Kessel gedrückt. Der Vorwärmer, die Speiserohrleitungen und die Vorwärmerarmaturen müssen hier für den vollen Kesseldruck bemessen werden. Als Pumpen kommen Injektor- oder Kolbenpumpen zur Verwendung. Besondere Schwierigkeiten für die Pumpen und Rohrleitungen bestehen nicht, da das Speisewasser keine höhere Temperatur als bis etwa 60^0 C aufweisen wird.

Bei höheren Drücken ist diese Schaltung unter Umständen unvorteilhaft und teuer. Dann ist die Vorwärmeranlage an eine andere Stelle des Speisestromkreises zu legen. Für die Pumpen werden in diesem Fall nur Kreiselpumpen verwendet, die der folgenden Beurteilung daher zugrunde gelegt werden sollen.

Abb. 206 zeigt ein Schaltbild, nach welchem der Speisepumpe die Vorwärmeranlage vorgeschaltet ist und beim Kessel nur ein kleiner weiterer Vorwärmer VW_{Sp} benutzt wird. Das Schaltbild Abb. 207 weicht insofern ab, als die besondere Vorwärmeanlage mit der Speisepumpe vereinigt ist. Sie

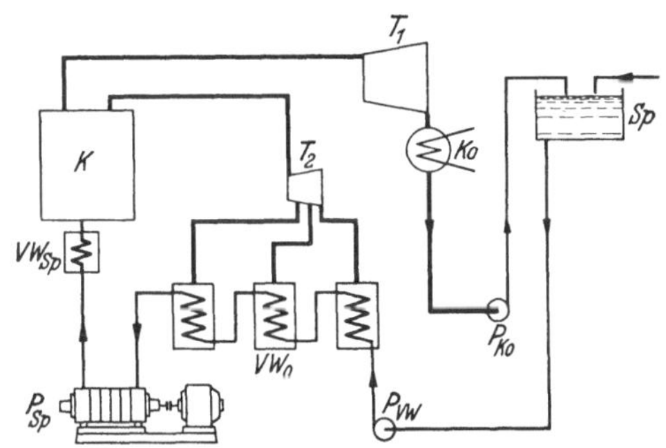

Abb. 207. Schaltplan einer Kesselspeiseanlage mit besonderer Vorwärmerpumpe vor der Hauptspeisepumpe. K Kessel, T_1, T_2 Turbinen, Ko Kondensator, P_{Ko} Kondensatpumpe, P_{Sp} Speisewasserpumpe, P_{VW} Vorwärmerpumpe, VW_o Oberflächenvorwärmer, VW_{Sp} Speisewasservorwärmer, Sp Speisewasserbehälter.

liegt hier zwischen den Stufen der Pumpe. Die erste Pumpenstufe übernimmt die Arbeit der Vorwärmerpumpe und die letzte Pumpenstufe wirkt als eigentliche Kesselspeisepumpe. Der Vorteil der ersten Ausführungsform liegt im wesentlichen darin, daß das hochvorgewärmte Speisewasser nicht schon in die ersten Stufen der Pumpe eintritt.

Bei zu förderndem hochgrädigem Speisewasser verlangt die hohe Temperatur insbesondere in den Stopfbuchsen der Wellen eine ganz besonders sorgfältig erprobte Bauart, um an diesen Stellen Dampfverluste, Lagerbeschädigungen und dann sehr unangenehme Betriebsstörungen zu vermeiden. Die Stopfbuchsendurchbildung, die verwendeten Baustoffe, die Durchbildung der Pumpe selbst hinsichtlich der Schutzmaßnahmen gegen Wärmeausdehnungen der einzelnen Pumpenteile sollen im Angebot im einzelnen genauestens angegeben sein, um entsprechende Vergleiche vornehmen zu können. Höchstdruckanlagen und hochvorgewärmtes Speisewasser, das mit Temperaturen von 200° C und mehr heute verwendet wird, verlangen die schärfsten Bedingungen.

Neben diesen Schaltungen gibt es noch eine ganze Reihe andere, so z. B. mit Mischvorwärmern, mit Mischdüsen für den Dampf aus Vorschaltturbinen, Verbindung mit Zwischenüberhitzern usw., die als Sonderfälle nur kurz angedeutet sein sollen.

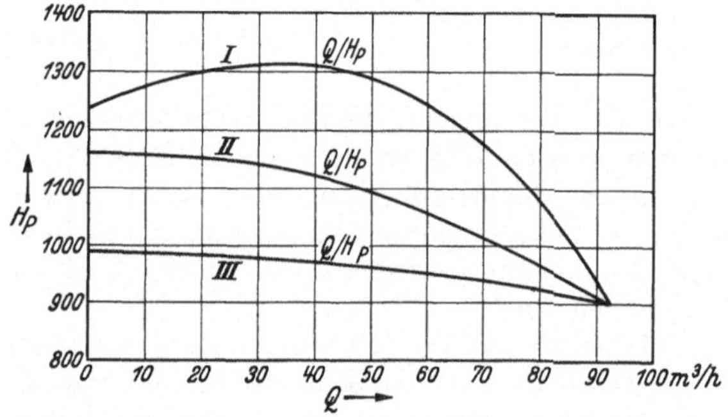

Abb. 208. Verlauf der QH_P-Linien von Kesselspeisepumpen bei gleichbleibender Drehzahl. *I* unstetiger (labiler) Verlauf, *II* u. *III* stetiger (stabiler) Verlauf.

Erst wenn diese Schaltung zwischen Speisewasserbehälter, Vorwärmer und Kessel geklärt ist, kann zur Auswahl der Kreiselpumpenbauform und zur Festsetzung der Einzelleistung übergegangen werden. Beide werden bestimmt durch die Fördermenge, die Förderverhältnisse, den Dampfdruck im Kessel und die Dampftemperatur, ferner der Größe nach entsprechend der Mengenaufteilung, die in wirtschaftlicher Beziehung gewisse Grenzen hat und unter Umständen auch an vorhandene Platzverhältnisse gebunden sein kann.

Die Arbeitsweise[1] der Kesselspeisepumpen muß bei allen Belastungen einwandfrei sein und keine besondere Bedienung erfordern. Sie muß ferner nach einer stetigen (stabilen) Q—H_P-Linie (H_P = Pumpendruck in kg/cm²) und nicht nach einer unstetigen (labilen) Kennlinie mit Scheitelpunkt (Abb. 208) erfolgen, damit eine Regelung der Pumpenfördermenge in weiten Grenzen möglich ist. Unstetiger Verlauf hat Pendelungen der Wassersäulen in den Rohrleitungen zur Folge, wenn mehrere Pumpen parallel arbeiten. Auch Wasserschläge können eintreten, die die Rohrleitungen sehr gefährden. Die Q—H_P-Linie kann

---

[1] Quantz, L.: Kreiselpumpen. Berlin: Julius Springer 1925. Schulz, W.: Pumpen in wärmetechnischen Betrieben. Z. VDI 1933 S. 307.

eine flache oder steile Krümmung besitzen. Der flache Verlauf wird bei Drehstrommotorenantrieb mit gleichbleibender Drehzahl, der steilere Verlauf bei regelbaren Antriebsmotoren gewählt. Beim flachen Verlauf der $Q-H_P$-Linie ist zudem der Druckanstieg zwischen Vollast und Nullast sehr gering.

Drehzahl und Antriebsart der Kreiselpumpen hängen zusammen mit der Zahl und Größe der aufzustellenden Pumpen und den Betriebsverhältnissen der Kesselanlage, insbesondere mit den Lastschwankungen nach Größe und Zeit.

Die Kreiselpumpen kleiner und mittlerer Fördermenge werden, wenn größere Förderhöhen in Frage kommen, mit hohen Drehzahlen (bis $n = 2900$ U/min) ausgelegt. Die Drehzahl sehr großer Pumpen liegt etwa bei 1450 U/min. Der Dampfturbinenantrieb gestattet die Ausnutzung solcher Drehzahlen mit Zwischenschaltung von Übersetzungsgetrieben, da diese kleinen Turbinen mit sehr hohen Drehzahlen gebaut werden können. Da weiter die Dampfturbine eine Drehzahlregelung in weiten Grenzen ohne nennenswerte Wirkungsgradunterschiede zuläßt, werden die Turbopumpen oft mit Drehzahlregelung auf gleich-

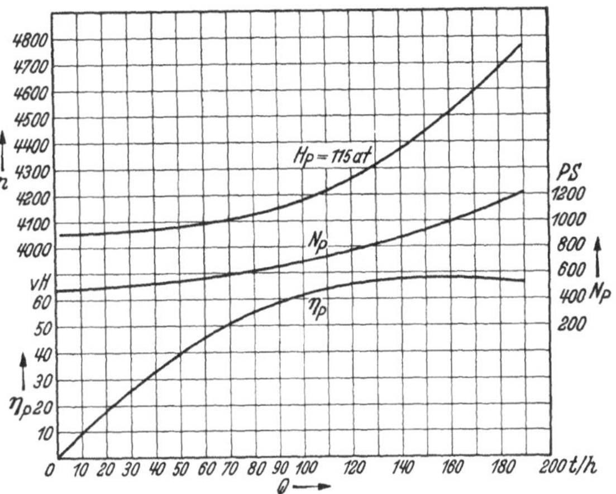

Abb. 209. Kennlinien einer Kesselspeisepumpe bei gleichbleibendem Gegendruck und veränderlicher Drehzahl.

bleibenden Speiseleitungsdruck und in der gesamten Pumpenanlage für Betrieb mit angenäherter Vollast bei Höchstleistung der Kessel bemessen, so daß sie mit bestem Wirkungsgrad bei der Normalbelastung der Kessel arbeiten und noch Reserve besitzen für Übergang auf Höchstlast. Dadurch kann die Zahl der Pumpen eingeschränkt werden. Der elektrische Antrieb wird, da zumeist Drehstrom zur Verfügung steht, ebenfalls für eine oder zwei Pumpen der Gesamtanlage angewendet, dann aber für gleichbleibende Drehzahl, weil die aus wirtschaftlichen Gründen nur zulässige verlustlose Regelung größere und teuere Motoren erfordert. Die Elektropumpen werden, wenn billiger Strom zur Verfügung steht, als Grundpumpen eingesetzt, und die regelbaren Turbopumpen übernehmen den Ausgleich bei wechselnden Betriebsverhältnissen, Zu- und Abschalten von Kesseln, plötzlichen Laständerungen, Pumpenstörungen usw. In Abb. 209 und 210 sind für beide Betriebsarten die Betriebskennlinien gezeichnet.

In Einzelkraftwerken ist am zuverlässigsten der Dampfturbinenantrieb, da Dampf stets vorhanden ist. Das setzt aber voraus, daß die Rohrleitungsanlage für den Frischdampf entsprechend durchgebildet ist, um auch bei Betriebsstörungen oder Umschaltungen die Dampfzuführung für die Pumpen stets zu sichern. Die Unabhängigkeit und Betriebsbeweglichkeit zusammen mit der Wirtschaftlichkeit muß aber oft noch wesentlich weitergetrieben werden. Um allen Anforderungen entsprechen zu können, wird in größeren Einzelkraftwerken ein Teil der Pumpen mit elektrischem Antrieb versehen. Für die Beherrschung von Störungen wird dann wie bei den Kondensatpumpenantrieben das selbsttätige Anfahren und die selbsttätige Umschaltung auf die Reserve-Turbopumpen vorgesehen. Die hierfür durchgebildeten Einrichtungen sind betriebssicher und haben sich gut bewährt.

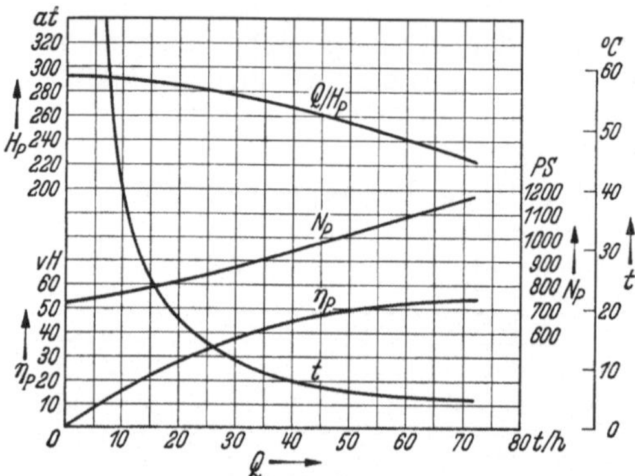

Abb. 210. Kennlinien einer Kesselspeisepumpe bei gleichbleibender Drehzahl.

Für das selbsttätige Anfahren einer Speisepumpe sind die verschiedensten Lösungen durchgebildet, auf die im einzelnen nicht eingegangen werden soll. Die Druckschriften der Hersteller geben darüber erschöpfend Auskunft.

Allgemeiner und in Wechselseitigkeit zwischen Turbo- und Elektropumpe wird die selbsttätige Umschaltung nicht von der Stromunterbrechung, sondern vom Förderdruck der Pumpe abgeleitet. Dann tritt die Reservepumpe auch in Kraft, wenn eine Störung an der Betriebspumpe selbst eingetreten ist.

Liegt das Kraftwerk im Verbundbetrieb mit anderen Werken, so wird für die Hauptbetriebspumpen der elektrische Antrieb gewählt, weil er an sich sehr einfach ist (Kurzschlußankermotoren), billiger und wirtschaftlicher arbeitet und ein wesentlich rascheres Anfahren gestattet. Selbst sehr große Elektropumpen können in wenigen Sekunden auf volle Fördermenge kommen. Der Platzbedarf ist zudem geringer und die Dampfrohrleitungen fallen fort.

Abb. 211 zeigt eine Elektropumpe mit unmittelbar angebautem Motor, Abb. 212 eine Turbopumpe mit zwischengeschaltetem Getriebe. Abb. 213 gibt einen Überblick über den Speisepumpenraum eines größeren Kraftwerkes mit einer Elektropumpe und zwei Turbopumpen. Der Anlasser für den Elektromotor ist an diesen angebaut. Die Aufstellung ist sehr übersichtlich; die Schieberantriebe sind hochgezogen und in Säulen bei den Pumpen untergebracht.

Zwei Schaltbilder für die Durchbildung der Speiseleitungen sind in Abb. 214 und 215 gezeichnet. In Abb. 214 sind zwei Ringleitungen um die Kessel vorgesehen, an die die Kessel wechselseitig angeschlossen werden können und die ebenfalls umschaltbar von den Hauptrohr-

Abb. 212. Speisewasserpumpe mit Dampfturbinenantrieb und Getriebe.

strängen der Pumpen gespeist werden. Sicherheitsschieber $SSch$ und Schnellschlußventile SV in den Ringleitungen gestatten die schnellste Eingrenzung von Störungen. Abb. 215 stellt eine einfachere Rohranlage dar, bei der zunächst nur eine offene Leitung zu jeder Kesselgruppe führt. Zur Sicherheit ist eine Notspeiseleitung mit einer Notpumpe als Turbopumpe vorgesehen.

Abb. 213. Pumpenraum eines Kraftwerks mit 2 Turbo- und 1 Elektropumpe.

Der Kraftbedarf der Pumpe ist:

$$N_P = \frac{Q_P \cdot H_P \cdot 0,736}{27 \cdot \eta_P \cdot \gamma} \, \text{kW} , \tag{114}$$

worin Q_P die Fördermenge in t/h,

H_P den von der Pumpe erzeugten Druck in kg/cm²,

η_P den Pumpenwirkungsgrad,

γ das spez. Gewicht des Wassers bei der jeweiligen Wassertemperatur in kg/l

bezeichnet.

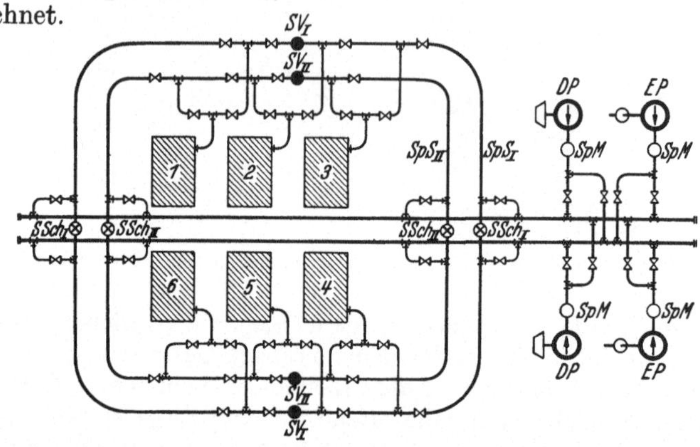

Abb. 214. Rohrplan für Kesselspeiseleitungen mit Schnellschluß- und Sicherheitsventilen.

γ schwankt mit der Temperatur beträchtlich. Das ist wieder zu beachten für die Schaltung zwischen Speisewasserbehälter, Pumpe und Vorwärmer. Mit höherer Wassertemperatur nimmt der Kraftbedarf zu, da das spez. Gewicht kleiner als Eins (Abb. 216) wird.

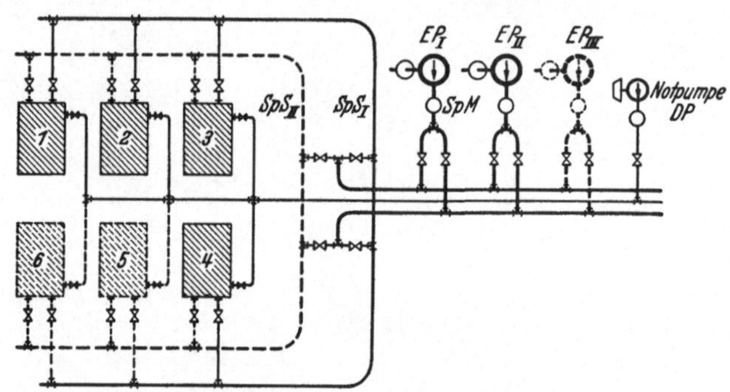

Abb. 215. Einfacher Rohrplan für Kesselspeiseleitungen mit Notspeiseanlage.

Für die erforderliche Fördermenge der Pumpenanlage sind in Deutschland die gesetzlichen Vorschriften maßgebend. Sie bestimmen, daß für eine Dampfkesselanlage mindestens zwei voneinander unabhängige Speisevorrichtungen vorhanden sein müssen. Die Einzelfördermenge dieser Speisevorrichtungen kann betragen:

bei 2 Pumpen das Zweifache,

„ 3　　„　　„　Einfache,

„ 4　　„　　„　0,67fache,

„ 5　　„　　„　0,5fache,

„ 6　　„　　„　0,4fache

der normalen Verdampfungsmenge der Kessel. Hieraus ergibt sich die Größe der Pumpenanlage. Die Unterteilung auf mehrere Pumpen ist an sich freigestellt. Es wird daher diese betriebs- und wirtschaftstechnisch besonders zu untersuchen sein.

Da mindestens 2, je nach der Zahl und Größe der Kessel 3 und mehr Speisewasserpumpen vorhanden sein müssen, verlangt die Sicherheit des Betriebes, daß die jeweils arbeitenden Pumpen in ihrer Leistung derart gewählt sind, daß sie nicht mit der Vollastfördermenge, sondern nur mit Teilbelastung laufen, die so bestimmt wird, daß bei Ausfall einer Pumpe die übrigen sofort die ausgefallene Fördermenge übernehmen, bis eine Ersatzpumpe eingeschaltet ist.

Bei der Aufteilung der Pumpenfördermenge nach diesen Gesichtspunkten ist neben der wirtschaftlichen Arbeitsweise der einzelnen Pumpensätze der Jahreswirkungsgrad der gesamten Pumpenanlage festzustellen. Er ergibt sich aus den Betriebsaufwendungen für die t erzeugten Dampfes bzw. für die kWh erzeugten Stromes, den Bedienungs-, Unterhaltungs- und den Kapitaldienstkosten zu der geförderten Jahres - Speisewassermenge. Zur Betriebsersparnis ist in größeren Anlagen zu prüfen, ob wirtschaftlich für die schwachen Nacht- und

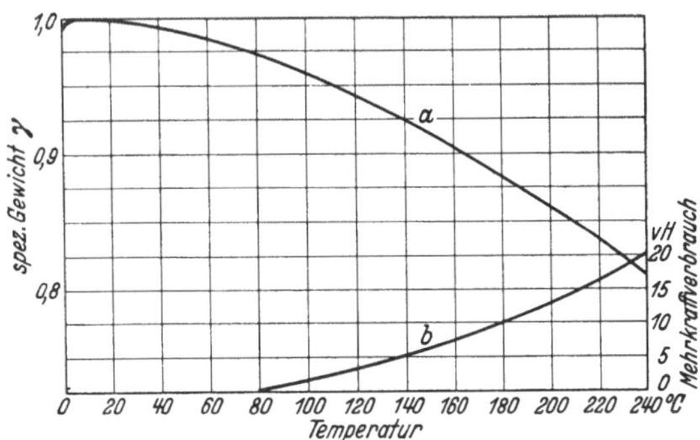

Abb. 216. Spezifisches Gewicht des Wassers in Abhängigkeit von der Temperatur (*a*) und Erhöhung des Pumpenkraftbedarfes bei Wassertemperaturen über 80° C (*b*).

Sonntagsbelastungen noch eine besondere kleine Pumpe aufzustellen ist. Die Aufteilung der Pumpenfördermenge auf mehrere Pumpen und die Größenbestimmung unterliegen so mannigfaltigen Gesichtspunkten, daß das hierzu Gesagte nur als Anhalt dienen kann. Es muß dem Pumpenfachmann überlassen bleiben, den jeweiligen Betriebsverhältnissen der Kesselanlage entsprechend die betrieblich und wirtschaftlich beste Lösung zu finden, wobei wiederum auch der Anstrengungsgrad der einzelnen Kessel nicht unberücksichtigt bleiben darf.

Die Pumpen sind so aufzustellen, daß ihnen das Speisewasser aus den Speisewasserbehältern zufließt. Geringe Strömungswiderstände verlangen kurze und weite Rohre, Vermeidung von Krümmerm und scharfen Rohrübergängen. Auch die Zulaufhöhe muß ein bestimmtes Maß erhalten, um Betriebsstörungen beim plötzlichen Öffnen des Speisewasserventils zu verhüten insbesondere, wenn die Pumpe rasch anspringen muß.

26. Die Meß- und Überwachungseinrichtungen für den Betrieb.

Wie in den Schaltanlagen alle Vorgänge elektrischer Art ständig gemessen, geprüft und überwacht und diese Betriebsfeststellungen auch bei den Dampfturbinen, wie bereits kurz erwähnt, vorgenommen werden, so sind solche Meß- und Überwachungseinrichtungen auch in neuzeitlichen Dampfkesselanlagen mehr und mehr zur Einführung gekommen. Von der ständigen Überwachung aller Einzelteile einer Kesselanlage ist nicht nur die Sicherheit des Kesselbetriebes, sondern ganz besonders auch die Wirtschaftlichkeit der Gesamtanlage in hervorragendem Maß abhängig. In dieser Erkenntnis gehen selbst kleine Kraftwerke heute zur Anwendung von Überwachungseinrichtungen über. Großkraftwerke werden von vornherein entsprechend ausgerüstet. Bei der zumeist vom Betrieb gewünschten großen Zahl verschiedenster Meßeinrichtungen sollte man nicht vor deren Beschaffung zurückschrecken, denn wie die bisher und im nachfolgenden eingeflochtenen Hinweise zeigen, kann selbst eine ausgedehnte und darum in der Beschaffung teuere Meßanlage sich durch die erzielten Betriebsersparnisse und die gewonnene erhöhte Betriebssicherheit oft in kürzester Zeit bezahlt machen, zudem die Bedienung zu sorgfältigerer Arbeit anhalten.

Nicht zuletzt dienen die Meßeinrichtungen zur ständigen, vor allen Dingen schnellen und einfachen Prüfung des Wirkungsgrades der Dampferzeugung und zur Anzeige notwendiger Instandsetzungen, Reinigungen u. dgl. Das setzt aber voraus, daß die Überwachungsanlagen vollständig sind und ein einwandfreies Bild der Wärmeausnutzung geben.

Auf die Beschreibung der einzelnen Meßgeräte wird nicht eingegangen, sondern nur kurz angegeben werden, welche Messungen und an welchen Stellen notwendig oder erwünscht sind, um eine allen Anforderungen genügende Anlage zu erhalten.

a) Kesselanlage. In der Kesselbetriebsführung müssen überwacht werden:

die Dampferzeugung,
die Kesselspeisung,
die Brennstoffzufuhr und
die Verbrennung mit ihren Nebeneinrichtungen.

Für die Dampferzeugung sind der Dampfdruck, die Dampftemperatur und die vom Kessel abgegebene Dampfmenge zu messen und zu prüfen. Der Dampfdruck wird durch einen Druckmesser (Manometer) bestimmt, den nach den behördlichen Vorschriften jeder Kessel besitzen muß. Der Druckmesser ist in at oder kg/cm^2 geeicht; er soll derart am Kessel angebracht sein, daß er ohne jede Behinderung frei vom Heizerstand klar und deutlich abgelesen werden kann. Das Zifferblatt hat an der Stelle des Betriebsdruckes einen roten Strich zu erhalten, um dem Heizer durch die Zeigerstellung sofort anzuzeigen, wie der vorhandene Kesseldruck zum Betriebsdruck steht. Es ist bereits darauf hingewiesen worden, daß das wirtschaftliche Arbeiten der Dampfturbine stark von dem bei allen Belastungsschwankungen gleichbleibenden, von der vorgeschriebenen Höhe nicht abweichenden Dampfdruck abhängig ist.

Die Dampftemperatur muß ebenfalls für die Dampfturbine und für die Dampffortleitung bei allen Betriebszuständen unverändert bleiben, insbesondere darf sie nicht über den vorgeschriebenen Wert ansteigen, um die Rohrleitungs- und Turbinenbaustoffe nicht zu gefährden. Zur Messung werden elektrische Widerstandsthermometer verwendet, die in die abgehende Hauptdampfleitung jedes Kessels, bei Sammelleitungen vor dem Anschluß an diese einzubauen sind (Abb. 217). Die Meßwerte werden elektrisch zu den Anzeigegeräten übertragen, die in ⁰ C geeicht sind (Meßbereich zwischen 200 und 500⁰ C).

Die abgegebene **Dampfmenge** wird nur in Anlagen mit einer größeren Kesselzahl für jeden Kessel gemessen. Diese Messung ist jedoch allgemein sehr zu empfehlen, weil mit ihr die Kesselbedienung und besonders der Betriebsingenieur in der Lage ist, die Gesamt-Dampfbelastung jederzeit zu übersehen und dementsprechend auf die einzelnen Kessel zu verteilen, dadurch dem Tagesbetriebsfahrplan nachzukommen und unter Berücksichtigung der einzelnen Kesselgrößen, ihres Leistungsvermögens, der Feuerungsanlage, der Brennstoffbeschaffenheit und des Kesselzustandes an sich die beste Belastungsverteilung vornehmen zu können. Die Dampfmengenmessung entspricht der elektrischen Arbeitsmengenmessung. Für die Dampfmengenmesser werden Strömungsmesser verwendet z. B. Meßflanschen oder Venturirohre, die unmittelbar in die Hauptrohrleitungen eingebaut und in t/h geeicht werden (Abb. 217 und 218). Die Venturimesser müssen genau so wie die Rohrleitungen selbst mit entsprechendem Wärmeschutz umgeben werden. Da die Venturirohre bestimmte gerade Rohrstrecken vor und hinter dem Anschluß erfordern, werden Meßflanschen benutzt, wenn in der Rohrleitung die notwendigen Rohrlängen nicht zu gewinnen sind. Die gelieferte Dampfmenge wird durch Dampfmengenzähler festgestellt.

Für die **Kesselspeisung** ist nach behördlichen Vorschriften der Wassermengenzustand im Kessel selbst festzustellen und zu überwachen. Hierzu ist jeder Kessel mit einem Wasserstandszeiger zu versehen. Da dieser bei Wasserrohrkesseln in die Obertrommeln einzubauen ist, infolge der Kesselhöhe bei großen Kesseln sehr hoch liegt und daher vom Heizerstand unter Umständen nicht sicher genug jederzeit zu erkennen ist, wird dieser Betriebsmangel dadurch behoben, daß der Wasserstand durch Spiegelung oder in anderer Form in die Augenhöhe des Heizers gebracht wird. Auch farbige Beleuchtung des Wasserfadens ist in Anwendung. Betrieblich werden solche Sonderheiten heute gerne benutzt, da sie die Verantwortlichkeit des Heizers und der Aufsicht erleichtern und die Sicherheit erhöhen. Die richtige und zweckmäßige örtliche Beleuchtung des Wasserstandszeigers und eine Bedienungsbühne unter diesem, die bei angestrengtem Betrieb von Zeit zu Zeit zu begehen ist, dürfen indessen nicht fehlen. Alarmvorrichtungen für höchsten und niedrigsten Wasserstand sind außerdem empfehlenswert.

An besonderen weiteren Meßanlagen sind die Speisewassermengen- und Temperaturmesser zu erwähnen. Da sie aber nicht eigentlich zur Kessel- sondern zur Pumpenanlage gehören, wenn nicht doppelte Einrichtungen vorhanden sein sollen, wird erst dort auf sie eingegangen werden.

Die **Brennstoffzufuhr** zum Kesselhausbunker bzw. aus diesem bei Rostfeuerungen zu den einzelnen Kesselschurren wird durch Kohlenwaagen festgestellt. Sie sind mit selbsttätigem Zählwerk zu versehen und sollen — wie jede andere Waage — so durchgebildet sein, daß kein unerlaubter Eingriff in die Bestimmung der Meßwerte möglich ist. Zumeist werden die Waagen zugleich mit der ganzen Förderanlage eingebaut. Sehr zu empfehlen ist die Aufstellung solcher Waagen ge-

Abb. 217. Dampfmengenmessung durch Meßflansch und Dampftemperaturmessung mit schreibendem Anzeigegerät.

trennt für jeden Kessel, um jederzeit leicht den Kohlenverbrauch und daraus die Wirtschaftlichkeit des Kessels ermitteln zu können.

Bei Kohlenstaubfeuerungen kann die Brennstoffzufuhr zu jedem Kessel aus der Fördermenge der Mahlanlage bestimmt werden, sofern eine Gesamtanlage vorhanden ist. Hat jeder Kessel seine eigene Aufbereitung, so wird die Kohle ebenfalls gebunkert und dann auf die gleiche Weise gewogen wie oben angegeben.

Für die Aufbereitungsanlagen ergeben sich die Meßgeräte und ihre Einbaustellen aus der Beschaffenheit und Arbeitsweise der Anlage, so z. B. für den Dampfverbrauch zum Trocknen nach Menge und Dampfverhältnissen, für die Luftförderung durch Ermittelung der Motorantriebsleistung und des kWh-Verbrauches, den Förderschneckenantrieb in gleicher Weise usw. An diesen Meßgeräten werden auch Störungen in der Dampfzufuhr zum Trockner u. dgl. erkannt.

Die Förderung des Kohlenstaubes in die Feuerung wird durch Prüfung des Druckes der Förderluft an den einzelnen Stellen mit Druckmessern geeicht in mm WS überwacht.

Abb. 218. Dampfmengenmesser (Venturimesser) eingebaut in die Hauptdampfleitung.

Ist aus der Beschaffenheit der Kohle bei längerer Lagerung im Bunker — bei Kohlenstaub mit ganz besonderer Vorsicht bei längeren Durchsatzzeiten — zu erwarten, daß Selbstentzündung (Bunkerbrand) eintreten kann, dann sind bewegliche Thermometer mit Fernübertragung und Meldegabe in die Bunker einzubauen.

Für die Überwachung der Brennstoffzufuhr zum Feuerraum entsprechend der Belastung gibt es sowohl bei der Vorschub- als auch bei der Kohlenstaubfeuerung keine besonderen Meßgeräte, nach denen sich der Heizer richten kann. Sie sind auch nicht erforderlich, da die Brennstoffmenge nach der Dampfbelastung eingerichtet wird.

Die Schichthöhe auf dem Wanderrost wird für jede Brennstoffart nach der Stunden-Dampfmenge des Kessels und der Brenngeschwindigkeit der Kohle einmal bestimmt und dann im allgemeinen nicht wesentlich geändert. Den Belastungsschwankungen folgt die Brennstoffzufuhr durch Änderung der Vorschubgeschwindigkeit des mechanischen Rostes. Bei Kohlenstaubfeuerung wird die Änderung der Staubmenge durch Zu- und Abschalten von Brennern oder durch Änderung der Staubförderung vorgenommen.

Der Einbau von Meßeinrichtungen für die Verbrennung und ihre Nebeneinrichtungen erfordert ein sehr sorgfältiges Studium des gesamten Kessels und der Zubehöranlagen, um die Wirtschaftlichkeit jederzeit leicht überprüfen und den Kesselzustand sowie die Bedienung der Gesamtfeuerung, dadurch die möglichst restlose Ausnutzung des Brennstoffes überwachen zu können.

Die beste Feuerführung d. h. also die vollständige Verbrennung der Kohle ist dann gewährleistet, wenn die Rauchgase nur CO_2 und kein CO bzw. H_2 enthalten. Das wird bei jeder Feuerungsart durch die Einstellung des Brennstoff-Luftgemisches erreicht. Zur Überprüfung und Überwachung werden Rauchgasprüfer verwendet, nach deren Anzeige auf den Luftüberschuß, mit dem die Verbrennung erfolgt, geschlossen werden kann. Die Rauchgasprüfer sollen an den Stellen liegen, an denen die Rauchgase den Kessel hinter den Vorwärmern verlassen. Diese Meßgeräte arbeiten mit chemischer oder elektrischer Analyse; sie sollen derart durchgebildet sein, daß das Rauchgas unmittelbar an der Entnahmestelle sofort und nicht mit geraumem Zeitaufwand analysiert wird, da anderenfalls die Bedienung für die Behebung eines Fehlers zu spät kommt, und der Wert der Messung stark beeinträchtigt wird. Die Angaben werden mit Fernübertragung auf Anzeigeräte an den Heizerstand gebracht. Die Anzeigen erfolgen in vH CO_2 bzw. CO + H_2. Nach diesen Werten hat der Heizer so zu fahren, daß CO + H_2 möglichst Null wird. Die Anzeigegeräte werden entweder getrennt oder zusammengebaut geliefert. Im letzteren Fall sollen sich die beiden Zeigerstellungen decken; Abweichungen zeigen den Gehalt der Rauchgase an CO an.

Aus den Angaben der CO_2-, CO + H_2-Messer kann erkannt werden, ob die Feuerung richtig beschickt wird, also ob das Feuerbett zu dick oder zu dünn, die Brennstoffschichthöhe richtig, das Feuer klar oder trübe, der Luftüberschuß den jeweiligen Verhältnissen entsprechend angepaßt ist oder die Rauchklappen falsch bedient sind bzw. bei Unterwindanlagen, ob die Windregelung richtig erfolgt, schließlich ob die Kohle für die Feuerung paßt und ob die Feuerung Fehler aufweist. Es kann aus diesen Messungen auch erkannt werden, ob z. B. Falschluft hinter dem Verbrennungsraum durch das Mauerwerk oder ungenügend schließende Rauchklappen in den Gasstrom eintritt und ob die brennbaren Gase durch Berührung mit kalten Kesselteilen unter ihren Zündpunkt abgekühlt werden.

In Verbindung mit diesen Meßgeräten sollen Zugmesser vorhanden sein, um aus diesen Anzeigen die Verschmutzung der Kesselzüge, der Rohre bei Wasserrohrkesseln und der Vorwärmekanäle durch Flugasche feststellen zu können. Die Zugmessung ist hinter dem Kessel vor der Rauchgasklappe und im Feuerraum vorzunehmen. Der Druckunterschied bei bestimmten gleichen Belastungsverhältnissen und gleicher Rauchgasklappenstellung zu verschiedenen Zeiten zeigt die Verschmutzung an. Die Zugmesser sind in mm WS geeicht.

Bei elektrischer Betätigung der Rauchgasklappen wird die Klappenstellung ebenfalls nach dem Heizerstand übertragen.

Mit zunehmendem Abgasverlust, der durch die Rauchgasprüfer überwacht wird, steigt auch die Temperatur der Abgase. Es ist daher zur vollständigen Überwachung der Feuerführung und des Kesselzustandes erforderlich, die Abgastemperatur hinter dem Kessel und hinter den Vorwärmern zu messen. Hierzu werden thermoelektrische Pyrometer oder auch Widerstandsthermometer in °C geeicht benutzt.

Zur Überwachung der Verbrennungsluftzufuhr auf Druck und Temperatur dienen wieder Druckmesser und Thermometer. Bei der Rostfeuerung wird die Messung dieser beiden Werte im Zuluftkanal vor dem Übergang der vorgewärmten Luft unter den Rost, ferner über dem Rost und hinter dem Lufterhitzer vorgenommen. Bei der Kohlenstaubfeuerung müssen die Meßstellen je nach der Arbeitsweise der Feuerung in den Leitungen für die Warm-, Kalt-, Förder- und Kühlluft liegen. Hier ist schließlich noch die Temperaturüberwachung in der Brennkammer selbst zu erwähnen, um die Luftregelung entsprechend einstellen und dadurch den Verschleiß am Brennkammer-Innenmauerwerk, Störungen an den Kühlrohren und am Zerkörnungsrost erkennen zu können. Als Meßgeräte werden Strahlungspyrometer benutzt.

In Abb. 219 sind für einen Schrägrohrkessel mit Unterwind-Zonenwanderrost und Luftvorwärmer und in Abb. 220 für einen Steilrohrkessel mit Kohlenstaubfeuerung die Meßstellen angegeben, die nach dem bisher Gesagten für die Kesselführung zweckmäßig sind. Die Erläuterungen zu diesen beiden Abbildungen geben weitere Einzelheiten, um eine eingehende Beurteilung vornehmen zu können[1].

Das Kesselschild und die Kesselwarte. Die Meßgeräte geben infolge ihrer verschiedenartigen Verteilung in der Kesselanlage, ihrer Lage für schnelle und bequeme Beobachtung und ihrer technischen Durchbildungen den Heizern, Werkmeistern und Betriebsingenieuren nicht für alle Stellen die Möglichkeit, mit der vom Betrieb zu fordernden Schnelligkeit die nach ihren Angaben vorzunehmenden Betriebsmaßnahmen durchzuführen. Daher sind ihre Angaben nach Plätzen zu übertragen, von denen die Überwachung des Betriebes leicht, sicher und zusammengefaßt erfolgen kann. Solche Plätze sind je nach der Art und der Größe der Kesselanlage der Kesselhaus-Bedienungsgang, die Mahlanlagestellen bei Kohlenstaubfeuerung, die Wasserregelungshauptstelle im Pumpenraum und schließlich die Hauptüberwachungsstelle im Betriebsbüro. Die Fernübertragung der Meßwerte erfolgt fast durchweg auf elektrischem Wege, weil dieses die einfachste und sicherste Verbindungsmöglichkeit ist.

____
[1] Von Siemens & Halske A.G. zur Verfügung gestellt. Druckschrift: Wärmetechnisches Meßwesen in Kraftwerken.

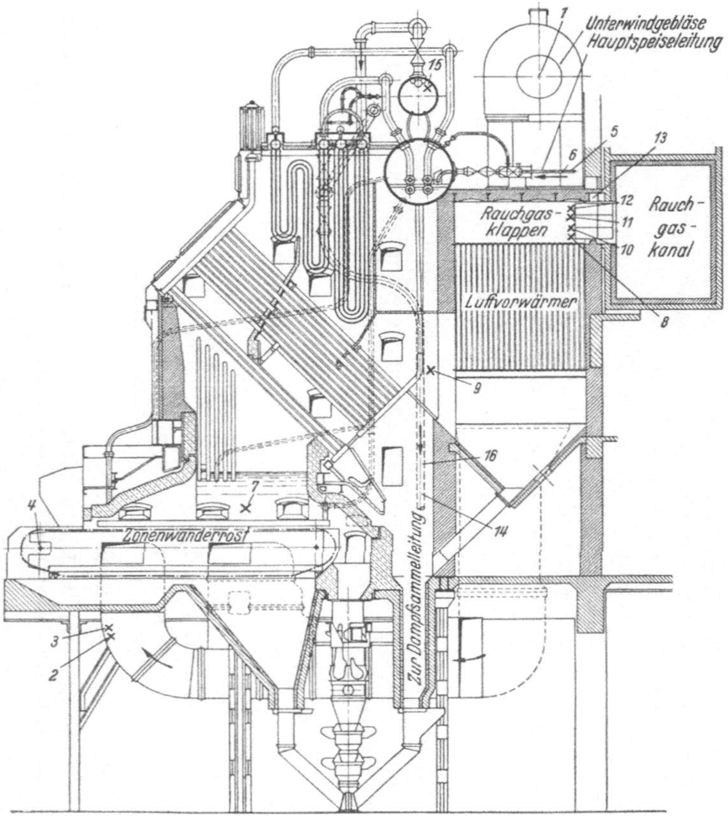

Abb. 219. Meßstellen zur wärmetechnischen Betriebsüberwachung eines Schrägrohrkessels mit Wanderrost, Unterwind und Luftvorwärmer.

Erläuterung zur Abb. 219.

Meß-stelle	Meßgröße	Meßgerät	Meßbereich
1	Drehzahl des Unterwindgebläses (links und rechts)	Drehzahlgeber	0...1000 U/min
2	Zug im Unterwindkanal (links und rechts)	Zugmesser	0...200 mm WS
3	Temperatur der Verbrennungsluft im Windkanal (links und rechts)	Widerstandsthermometer	20...160° C
4	Drehzahl der Rostmotoren (links und rechts)	Drehzahlmesser	0...2200 U/min
5	Menge des Speisewassers (links und rechts)	Venturirohr u. Strömungsmanometer mit Wechselstromferngeber	0...50 t/h
6	Temperatur des Speisewassers (links und rechts)	Widerstandsthermometer	20...200° C
7	Zug über dem Rost (links und rechts)	Zugmesser	− 25...+25 mm WS
8	Zug hinter dem Luftvorwärmer (links und rechts)	Zugmesser	0...50 mm WS
9	Temperatur der Rauchgase hinter dem Kessel (*links und rechts*)	Widerstandsthermometer	140...400° C
10	Temperatur der Rauchgase hinter dem Luftvorwärmer (links und rechts)	Widerstandsthermometer	140...400° C
11	CO_2-Gehalt der Rauchgase (links und rechts)	Rauchgasprüfer	0...20 vH
12	$CO + H_2$-Gehalt der Rauchgase	Rauchgasprüfer	0...4 vH
13	Einstellung der Rauchgasklappe	Klappen-Getriebe	0...90 Grad
14	Menge des erzeugten Dampfes (links und rechts)	Venturirohr u. Strömungsmanometer mit Ringrohrferngeber	0...40 t/h
15	Druck des Dampfes	Druckmesser	0...30 kg/cm²
16	Temperatur des überhitzten Dampfes (links und rechts)	Widerstandsthermometer	200...500° C

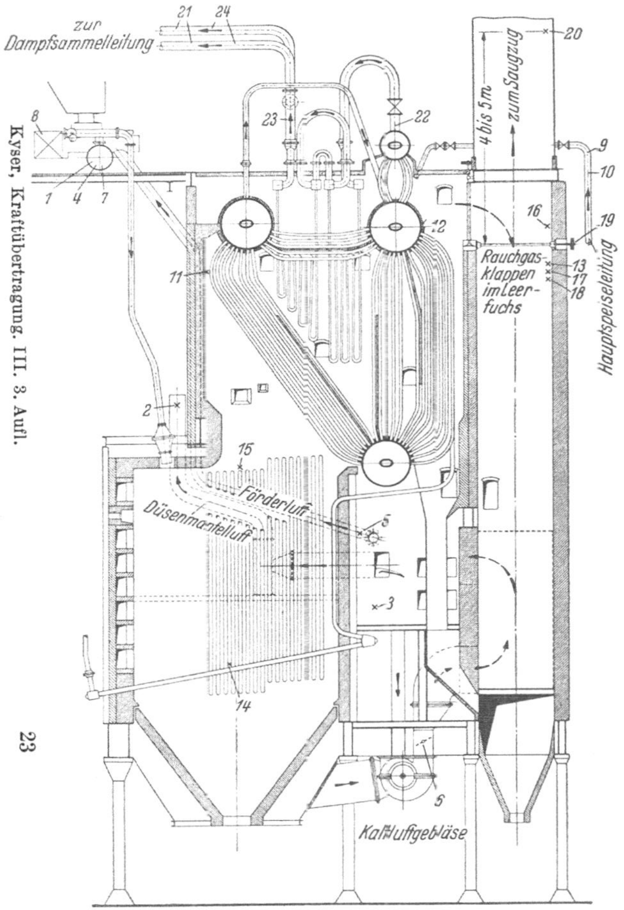

Abb. 220. Meßstellen zur wärmetechnischen Betriebsüberwachung eines Steilrohrkessels mit Kohlenstaubfeuerung.

Erläuterung zur Abb. 220.

Meß-stelle	Meßgröße	Meßgerät	Meßbereich
1	Druck der Förderluft	Druckmesser	0...400 mm WS
2	Druck der Düsenmantelluft (links, Mitte, rechts)	Druckmesser	0... 40 mm WS
3	Druck in der Warmluftkammer	Druckmesser	—5...+15 mm WS
4	Temperatur der Förderluft (links, rechts)	Widerstandsthermometer	0...100° C
5	Temperatur der Heißluft (links, rechts)	Widerstandsthermometer	100...400° C
6	Einstellung der Kaltluftklappen	Klappen-Getriebe	0...90 Grad
7	Einstellung der Förderluft-Mischklappen	Klappen-Getriebe	0...60 Grad
8	Drehzahl der Zubringermotoren	Drehzahlgeber	0...1800 U/min
9	Menge des Speisewassers	Venturirohr und Wechsel-stromferngeber	—
10	Temperatur des Speisewassers	Widerstandsthermometer	0...200° C
11	Zug vor dem Kessel	Zugmesser	+5...—10 mm WS
12	Zug hinter dem Kessel	Zugmesser (umschaltbar auf Meßstelle 12 und 13)	0... 80 mm WS
13	Zug vor der Rauchgasklappe		
14	Temperatur über dem Zerkörnungsrost	Ardometer	0...1600° C
15	Temperatur an der Brennkammer-Hängedecke	Ardometer	0...1600° C
16	Temperatur der Rauchgase	Widerstandsthermometer od. thermoelektrisches Pyrometer	20...400° C
17	CO$_2$-Gehalt der Rauchgase	Rauchgasprüfer	0...20 vH
18	CO + H$_2$-Gehalt der Rauchgase	Rauchgasprüfer	0... 4 vH
19	Einstellung der Rauchgasklappe	Klappen-Getriebe	0...90 Grad
20	Rauchdichte im Schornstein	Rauchdichtemesser	Ringelmannskala
21	Menge des erzeugten Dampfes	Venturirohr u. Strömungs-manometer mit Ring-rohrferngeber	0...110 t/h
22	Druck des Dampfes vor dem Überhitzer	Druckmesser	0...40 kg/cm²
23	Druck des Dampfes hinter dem Über-hitzer	Druckmesser mit Ringrohr-ferngeber	0...40 kg/cm²
24	Temperatur des Dampfes hinter dem Überhitzer	Widerstandsthermometer	300...500° C

Für die Durchbildung solcher Meßstellen gilt allgemein, daß sie in zweckentsprechender und leicht zu überblickender Form die Werte übermitteln, nach denen der Kesselbetrieb geführt werden soll. Alles Unnötige ist fortzulassen so z. B. für den Heizer fortlaufend aufzeichnende Geräte, da diese nur für die Betriebsbeurteilung und Auswertung, nicht aber für die unmittelbare Bedienung notwendig sind. Solche Meßgeräte gehören nur in eine Kesselwarte oder das Betriebsbüro.

Neuerdings haben sich Kesselschilder sehr gut eingeführt, auf denen für jeden Kessel die Anzeigegeräte für die Brennstoff-, Luft-, Speisewasser- und Rauchgasüberwachung sowie für die Dampfabgabe zusammengefaßt sind. Die Bedienung der zugehörigen Kesseleinzelteile wie Rostvorschub, Luftklappen, Rauchgasschieber, Saugzug usw. wird dann an der Stelle der Kesselschilder ebenfalls zusammengefaßt. Es lassen sich dafür die mannigfachsten Anordnungsformen durchbilden. So zeigt Abb. 221 das Kesselschild an einer Wanderrostfeuerung, Abb. 222 eine schaltpultähnliche Ausführung für eine größere Zahl von Kesseln mit Kohlenstaubfeuerung und Abb. 223 eine Meß-

Abb. 221. Kesselschild mit Rundmeßgeräten für einen Wanderrostkessel.

a Dampfmenge t/h, *b* Dampftemperatur ⁰ C, *c* Rauchgastemperatur ⁰ C, *d* Druck at, *e* CO_2-Gehalt der Rauchgase, *f* Zug hinter dem Kessel mm WS.

tafel für ein größeres Kesselhaus. Die Bedienungsschalter für die Antriebsmotoren mit ihren Meldelampen sind hier ebenfalls untergebracht. Bei großen Kesselanlagen wird die Überwachung für einzelne Kesselblocks oder das ganze Kesselhaus an einer einzigen Stelle zusammengezogen und dann gleichzeitig so ausgebildet, daß von hier aus ebenfalls die Kesselbetriebsführung durchgeführt wird. Eine solche Betriebswarte gleicht den Meß- und Betriebswarten für den elektrischen Teil des Kraftwerkes oder eines größeren Umspannwerkes (Band I S. 436). In ihrer Ausgestaltung ist man bei großen Kesselanlagen heute schon sehr weit gegangen und hat damit die besten Erfahrungen gemacht.

Diese Hauptüberwachungs- und Steuertafeln sollen nicht zu ausgedehnt werden, da sonst leicht die Übersicht verlorengeht und dann Bedienungsfehler nicht vermieden werden können. Nach der räumlichen Gestaltung des Kesselhauses ist eine gewisse Aufteilung zumeist etwa nach dem Gesichtspunkt zu empfehlen, daß mehrere Heizer gleichzeitig Dienst tun müssen und die in der Schicht tätigen Hauptheizer jeder seine Überwachungstafel zu bedienen hat.

Die Übersicht wird weiter erhöht, wenn auf einer Tafel oder getrennt auf mehreren beieinander angeordneten Tafeln die Überwachung

Abb. 222. Warte auf der Brennerbühne eines Kesselhauses für 6 Kessel mit Kohlenstaubfeuerung, fernübertragene Meßwerte. Rund- und Rahmenmeßgeräte, Steuerschalter für die motorischen Antriebe der Kesselregelung.

der Brennstoffzufuhr, der Verbrennung, der Kesselspeisung mit der Pumpenanlage streng unterschieden wird. Die Steuerpultausführung wird vom Betrieb oft sehr begrüßt.

Für die Anzeigegeräte wählt man je nach Bedeutung der Messung große oder kleine Ausführungen, unterteilt bei der Wahl nach betriebstechnischen Gesichtspunkten diese verschiedenen Geräteformen und nimmt dazu Rund- und Rahmenbauformen, um auch dadurch die im Betrieb sehr erwünschte Beobachtungserleichterung zu schaffen. Um die Zahl der Anzeigegeräte zu sparen, ist bei gleichartigen Messungen z. B. Temperaturen die Umschaltung nur eines Gerätes auf verschiedene Meßstellen zu empfehlen.

Strömungsbilder in der Form von Blindbildern (Abb. 224)[1],

---

[1] Grunwald, Dr. A.: Leuchtschaltbilder zur Darstellung des Wärmestromlaufes in Dampfkraftwerken. Wärme 1930 Heft 29.

wie sie bei den Schaltanlagen des elektrischen Teiles fast durchweg
angewendet werden, erleichtern ebenfalls die Bedienung. Für die
Wasser- und Dampfströmung sind Leuchtröhrenbilder durchgebildet, die sich auch bereits eingeführt haben.

Die Meßleitungen zu diesen Anzeigestellen müssen sorgfältig angeordnet und verlegt werden, um Fehler und Störungen schnell finden
und leicht beseitigen zu können. Es wird hiergegen noch oft verstoßen.
Nur Leitungen in Stahlpanzerrohr oder entsprechend gut isolierte
Steuerkabel sind zu verwenden. Alle Anschlüsse müssen über Klemm-

Abb. 223. Schalttafel mit Meßgeräten und Steuerpult für eine Großkesselanlage (Kesseldruck 22 atü,
Heizfläche 755 m², Dampfmenge 50 t/h).
1 Sechsfarbenschreiber für CO_2, $CO + H_2$, Dampftemperatur, Wassertemperatur von VW_{Sp}, Lufttemperatur von VW_L und Rauchgastemperatur hinter VW_L, *2* Dampfmengenmesser, *3* Dampftemperatur, *4* Speisewassertemperatur, *5* Drehumschalter für 10 Temperaturmeßstellen, *6* 2 Schalter
zum Abschalten der Schreiberklinkwerke von der Kontaktuhr, *7, 8* Strommesser, Signallampen und
Druckknöpfe für die Bedienung der Gebläse, *9* Unterwind links (mmWS), *10* Unterwind rechts
(mmWS), *11* Druck der Zweitluft links, *12* Druck der Zweitluft rechts, *13* CO_2-Messung, *14* $CO + H_2$-
Messung, *15* Zugmessung im Feuerraum, *16* Zugmessung nach dem Luftvorwärmer, *17* 3 Schalter zur
Abschaltung der Brennstoff-, Unterdruck-, Saugzugregelung, *18* 6 Druckknöpfe für Steuerung des
Rostantriebmotors, der Unterwindmenge und Saugzuges von Hand, *19* Meldelampe, *20* Umschalter
für den CO_2-Gehalt von Hand auf selbsttätigen Betrieb, *21* Hauptschalter für Umstellung der festen
Last auf Hand- oder selbsttätigen Betrieb, *22* 1 Doppeldrehwiderstand für feste Last, *23* 1 Doppeldrehwiderstand für Lastverschiebung, *24* 1 Drehwiderstand für das Kohle-Luftverhältnis.

leisten gehen. Prüfklemmen sind vorzusehen. Für die Verlegungsart
und die dazu zu verwendenden Baustoffe sind auch die Kesselhaustemperaturen, die Luftbeschaffenheit, die Lage der Leitungsführung,
die Zugänglichkeit bestimmend. Ein vollständiger Leitungs- und Anschlußplan muß vorhanden sein und bei jeder Änderung stets ergänzt
werden. Übereinstimmende Nummerbezeichnung jeder Leitung und

Anschlußstelle in diesen Plänen und an den Klemmleisten erleichtert die Überwachung bedeutend.

Die Kesselregelung hat der Heizer nun nach diesen Anzeigegeräten so vorzunehmen, daß der Dampfdruck bei allen Belastungen möglichst unverändert und der Brennstoffverbrauch in den geringsten Grenzen bleibt. Er hat demnach die Verbrennungsluft nach der Bauart des Kessels und der Feuerungseinrichtung durch Steuerung der Gebläse, der Rauchklappen für den Zug und der Brennstoffzufuhr zu überwachen. Das geschieht auch heute noch selbst in großen Kesselanlagen von Hand. Geschickte und gut unterrichtete Heizer erreichen höchste Wirkungsgradwerte, wenn ihnen die gestellten Aufgaben in jeder Weise klargemacht sind. Es ist zu empfehlen, durch zeitweisen Betriebsunterricht die Heizer immer wieder zu schulen, auf die gemachten Fehler hinzuweisen und durch praktische Übungen nicht nur zu belehren, sondern auch zu erziehen. Einzelne Werke gehen hierin so weit, daß sie Heizervergütungen[1] für geringsten Kohlenverbrauch zahlen. Es sind auch Meßeinrichtungen ausgebildet worden, die die Feststellung derartiger Vergütungen leicht durchführen lassen.

Wie bei allen ähnlichen Steueranlagen, die die Betriebssicherheit und Betriebswirtschaftlichkeit beeinflussen, ist auch für die Kesselregelung die selbsttätige Steuerung[2] entwickelt und bereits vielfach in der Praxis eingeführt worden. Es sind hier zu nennen der Arca[3]- und der Askania-Regler[4], ferner die Siemens elektrische Kesselsteuerung[5]. Alle diese Regeleinrichtungen steuern zusammen und in der entsprechenden Beeinflussung der Kesselbetriebseinrichtungen:

die Zuführung des Brennstoffes nach der geforderten Dampfmenge unter Aufrechterhaltung gleichbleibenden Dampfdruckes,

die Verbrennung im richtigen Verhältnis zwischen Kohle und Luft,

den Unterwind, den Schornstein- bzw. den Saugzug,

den Druck im Feuerraum

und die Kesselspeisung.

Die selbsttätige Kesselregelung hat besonders dann ihre zweifellos hohe Bedeutung, wenn es sich um stark schwankende Betriebsverhältnisse handelt. Der Kesselwirkungsgrad als Durchschnittswirkungsgrad oder auch als Jahreswirkungsgrad ist bei Kraftwerken für die öffentliche Stromversorgung sehr viel schlechter als der bei Abnahme- bzw. Paradeversuchen ermittelte. Das liegt schon daran, daß die Tages- und Spitzenbelastung zur Nachtbelastung oftmals in den Grenzen von 5:1

---

[1] Bretting u. Grüß: Eine praktische Methode zur Ermittlung von Heizerprämien. Wärme 1926 Heft 32 u. 33.

[2] Stein, Th.: Regelung und Ausgleich in Dampfanlagen. Berlin: Julius Springer 1926.

[3] Arca-Regler der Gesellschaft für Hochdruck-Rohrleitungen.

[4] Askania-Feuerregler der Askaniawerke A.G. Berlin-Friedenau.

[5] Himmler, C.: Selbsttätige elektrische Regelung von Dampfkesseln, insbesondere bei starken Lastschwankungen. Wiss. Veröff. Siemens-Konz. II. Bd. Heft 2 S. 110. Moeller, M.: Selbsttätige Kesselregelung auf elektrischem Wege. Siemens-Z. 1929 Heft 7 u. 8. Kaspar, A.: Die motorischen Antriebe in Kesselanlagen mit besonderer Berücksichtigung der selbsttätigen Kesselregelung. Siemens-Z. 1929 Heft 8 u. 9.

liegt. Je nach der Zahl der im Betrieb befindlichen Kessel wird deren Belastung von Vollast bis fast auf Leerlauf sinken, und das erfolgt täglich. Um solchen schwierigen wirtschaftlichen Verhältnissen nachzukommen, müssen die Heizer und muß insonderheit auch die Betriebsführung sorgfältig und fortgesetzt prüfen, welche Maßnahmen in der Kesselführung den günstigsten Erfolg versprechen. Das kann zumeist nur durch eine selbsttätige Regeleinrichtung, sofern sie an sich einwandfrei die ihr gestellte Aufgabe zu lösen imstande ist, erreicht werden. Grundsätzlich ist dabei zu unterscheiden, ob in der Betriebsführung alle Kessel an den Lastschwankungen gleichmäßig bzw. ihren Dampferzeugungsverhältnissen entsprechend teilnehmen oder einzelne Kessel zeitweise abgeschaltet werden sollen. Bestimmte Richtlinien können hierzu nicht gegeben werden, indessen ist heute wohl allgemeine Praxis, sofern die Dampfschwankungen nicht zu groß gegenüber den bei höchster Belastung einzusetzenden Kesseln sind, alle jeweils im Betrieb befindlichen Kessel gleichmäßig heranzuziehen. Wesentlich ist aber noch, ob einzelne Kessel, z. B. Kohlenstaubkessel oder solche mit Kohlenstaubzusatzfeuerung, die Spitzenbelastungen übernehmen und dadurch die übrigen Kessel gewissermaßen Grundlastkessel werden.

Die selbsttätige Kesselregelung hat sich bisher gut bewährt und wird daher immer mehr eingeführt. Sind mehrere Kessel mit einer solchen Einrichtung versehen, ist zu verlangen, daß alle Kessel entsprechend gleichzeitig geregelt werden und keine Pendelungen in der Dampfentnahme zwischen den geregelten Kesseln auftreten.

Bei der Entscheidung über die Einführung der selbsttätigen Regelung ist auf einen Betriebsumstand aufmerksam zu machen, der nicht unbeachtet bleiben darf. Die Haltung gleichbleibenden Druckes bei allen Belastungsschwankungen kann zu unwirtschaftlichen Maßnahmen und zum unbefriedigten Arbeiten der selbsttätigen Regelung führen, wenn die Speicherfähigkeit der Kessel unberücksichtigt bleibt. Bei plötzlichen Überlastungen von kurzer Zeit infolge von Störungen muß der Speicherraum der Kessel herangezogen werden. Der Regler darf nicht ohne weiteres in Kraft treten, denn die Überlastung kann bereits wieder abgeklungen sein, bis der Regler alle seine Einzelheiten durchgeführt hat. Daraus können Betriebsschwierigkeiten entstehen. Es ist daher jeder Kesselbetrieb für die zu wählende Reglerart im einzelnen durchzuprüfen, bevor man sich zur Beschaffung der teueren Einrichtungen entschließt. Bei Höchstdruckkesseln, die keine Speicherfähigkeit besitzen, wird man gezwungenermaßen die selbsttätige Regelung anwenden, um besten Betrieb zu erreichen. Ferner muß die Regleranlage so durchgebildet sein, daß bei Störungen an einem Regler dieser sofort und vollständig außer Betrieb gesetzt und die Kesselsteuerung von Hand weitergeführt wird, um den Gesamtbetrieb nicht zu stören. Inwieweit die anderen Regler dann beeinflußt werden muß ebenfalls festgestellt werden.

Betrieblich ist schließlich darauf hinzuweisen, daß die bis heute auf dem Markt befindlichen Einrichtungen noch sehr feiner mechanischer Bauart sind und daher außerordentlich pfleglich behandelt werden müssen. Die ständige Beaufsichtigung durch einen geschulten Facharbeiter ist daher in größeren Kesselanlagen nicht zu entbehren.

Für die jederzeitige Beobachtung des Belastungsverlaufes soll ein kW-Leistungsanzeiger mit verstellbaren Meldekontakten für Höchstlastwerte in besonders großer Ausführung an der bestsichtbarsten Stelle des Kesselhauses angebracht sein. Die Kesselbedienung ist auf Grund dieser Anzeigen leichter und schneller in der Lage, bei plötzlichen Belastungsschwankungen entsprechende Maßnahmen zu treffen, so z. B. die Rostgeschwindigkeit zu erhöhen, Zusatzkohlenstaubfeuerung ein- oder stillzusetzen, den künstlichen Zug zu verstärken oder zu schwächen, die Kohlenstaubfeuerung und die Fuchsklappen zu regeln u. dgl.

Je schmiegsamer die Kesselanlage den Belastungsverhältnissen folgen kann, um so sicherer und wirtschaftlicher wird die gegenseitige Unterstützung bei parallelarbeitenden Kraftwerken und damit die Stromlieferung in die Netze.

b) Pumpenanlage. Auch für die gesamten Pumpenanlagen sind eine Reihe von Messungen ständig vorzunehmen, die sich in der Hauptsache auf Wassermenge und Temperatur zu erstrecken haben. Bei der großen Ausdehnung des Speisewasserkreislaufes vom Kesselhaus über das Maschinenhaus und die Pumpenanlagen zum Speisewasserbehälter und zurück zum Kessel unter Einschluß der verschiedenartigen Vorwärmung und der Zusatzwasserbeschaffung zusammen mit der Aufbereitung des letzteren wird die Fernübertragung auf eine Meßtafel zur Notwendigkeit, da die ständige Überwachung der vielen Meßstellen vermehrte Bedienung erfordert, ohne daß damit immer die Gewißheit verbunden ist, eine vollständige Prüfung sicher erreicht zu haben (Abb. 224).

Für die Feststellung des Kesselwirkungsgrades ist die Verdampfungsziffer Z_v von besonderer Bedeutung. Hierzu ist es notwendig, den Speisewasserverbrauch fortlaufend festzustellen. Als Wasserzähler werden Scheiben-, Woltman- und Flügelradzähler, ferner auch Venturimesser benutzt. Grundsätzlich bestimmend für die Auswahl sind: die Temperatur des Wassers, der Reinheitsgrad desselben namentlich hinsichtlich Salz- und Kalkgehalt, die Wassermenge, die Wassergeschwindigkeit, also die lichte Weite der Rohrleitungen und der Betriebsdruck.

Als Bedingungen, die die Zähler erfüllen müssen, sind zu nennen: ständiges einwandfreies und zuverlässiges Arbeiten auch bei schwankenden Wassermengen und Temperaturen, geringste Fehlergrenze ($\pm$ 1 bis höchstens 2 vH), leichte Instandsetzungsmöglichkeit, geringe Reparaturkosten, keine ständige Aufsicht.

Der Scheibenwasserzähler ist für kaltes und warmes Wasser gleich gut geeignet. Bei erstklassiger Durchbildung und geeigneten Baustoffen haben Temperaturschwankungen des Speisewassers auf die Arbeitsweise des Zählers keinen „Einfluß. Nur bei unreinem Wasser, namentlich wenn mit stärkeren Kalkablagerungen zu rechnen ist, also bei allen nicht durch Verdampfer vergüteten Wässern besteht die Gefahr, daß der Zähler verschmutzt. In solchen Fällen ist der Woltmanzähler, oder bei größeren Rohrdurchmessern der Venturimesser besser. Abb. 225 zeigt einen Heißwasser-Scheibenzähler von Siemens & Halske A.G.

Der Einbau der Zähler hat vorteilhaft auf der Druckseite der Speisewasserleitung zu erfolgen. Ist ein Außerbetriebsetzen der mit Zählern

Abb. 224a. Wärmewarte mit Leuchtschaltbild im Pumpenraum eines Kraftwerkes.

versehenen Leitung zur gelegentlichen Reinigung und Überprüfung des Zählers nicht statthaft, so ist eine Umgehungsleitung mit Absperrventilen (Abb. 226) oder billiger eine solche mit Wechselventilen vorzusehen.

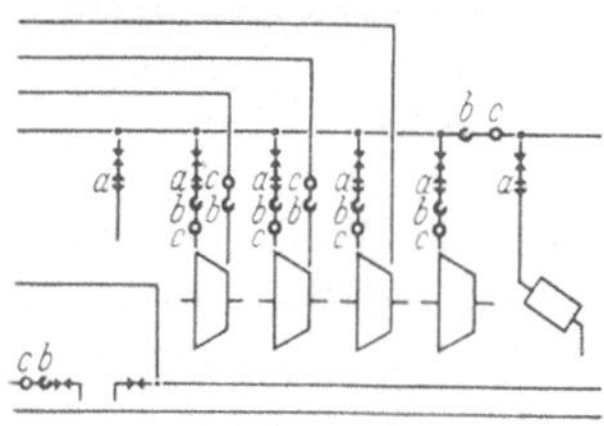

Abb. 224b. Das dritte Feld der Meßtafel Abb. 224a mit eingetragenen Meßstellen für Wassermenge (a) Temperatur (b) und Druck (c).

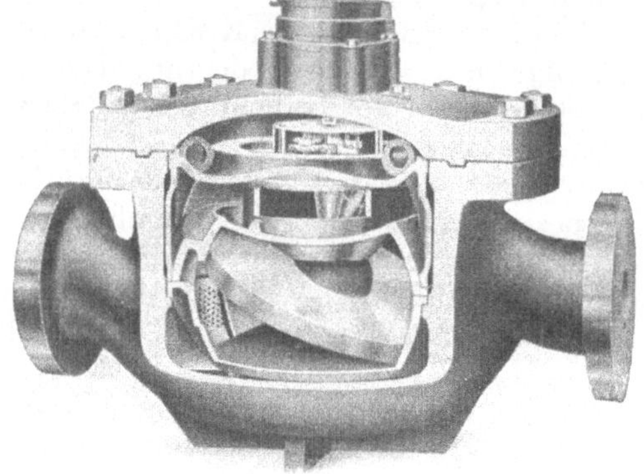

Abb. 225. Scheibenzähler für Wassermessungen. Schnitt durch Gehäuse und Meßkammer.

Für Rohrdurchmesser von etwa 250 mm lichte Weite aufwärts, für alle Betriebsdrücke und höchste Temperaturen bei Fördermengen über 40 m³/h, also für große Kesselanlagen, sind die Venturi-Wassermesser am zweckmäßigsten (Abb. 227). Die Arbeitsweise dieses Messers beruht auf der Feststellung des Druckunterschiedes am Einlauf des konischen Einlaufrohres und der Einschnürung. In dem sich ebenfalls konisch erweiternden Auslaufrohr wird der größte Teil der in Geschwindigkeitshöhe umgewandelten Druckhöhe wiedergewonnen, so daß der Gesamtdruckverlust sehr gering ist.

Die Venturimesser sind wesentlich billiger als die Scheibenwasserzähler, zudem einfach in der Montage und Beaufsichtigung und haben eine Meßgenauigkeit bis zu $\pm 2\,vH$ Fehlergrenze. Der Druckunterschied wird mittels dünner kupferner Rohre auf einen Mengenanzeiger übertragen. In dieser Form wird die jeweilige Durchfluß-

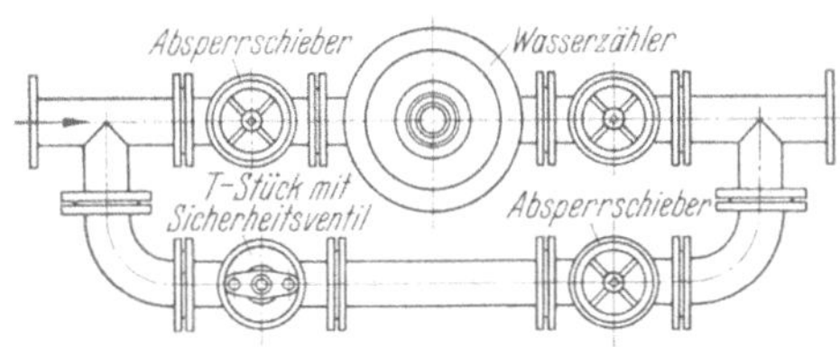

Abb. 226. Einbau eines Wasserzählers mit Umgehungsleitung und Absperrschieber.

menge festgestellt, die auch durch elektrische Fernübertragung auf einem Schreibstreifen aufgezeichnet werden kann.

Wesentlich ist ferner die Überwachung der Wassermengen und des Wasserstandes im Speisewasserbehälter. Man verwendet hierzu Druckmesser und noch Meldeeinrichtungen für den Fall des zu tiefen Absinkens des Wasserspiegels.

Die Speisewassertemperaturen werden durch Widerstandsthermometer überall dort festzustellen sein, wo Unregelmäßigkeiten in den Temperaturen auf Störungen im Wasserkreislauf schließen lassen und dann zur Überprüfung der betreffenden Anlageteile Veranlassung sein müssen.

Nur kurz soll darauf hingewiesen werden, daß auch eine selbsttätige Regelung der Kesselspeisung benutzt wird. Zu erwähnen ist hier der Copes-Speiseregler. Die selbsttätige Regelung hat gegenüber der Handregelung den großen Vorzug, einen gleichmäßigen Speise-

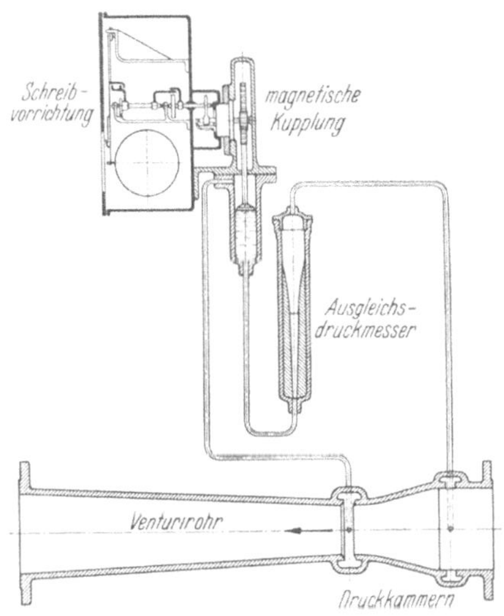

Abb. 227. Venturimesser mit Schreibvorrichtung.

betrieb herbeizuführen, vor allen Dingen den Kessel nicht zu überspeisen. Einrichtungen, die wie der Copes-Regler mit Thermostaten arbeiten, die einerseits mit dem Dampfraum, andererseits mit dem Wasserraum des Kessels in Verbindung stehen, sind solchen Einrichtungen vorzuziehen, die mit Schwimmern u. dgl. arbeiten, weil letztere trotz sorgfältigster Durchbildung und Überwachung leichter zu Störungen neigen. Unsicherheiten dieser Art dürfen aber unter keinen Umständen bestehen, sonst ist die selbsttätige Speiseregelung unbrauchbar und gefährlich.

c) Maschinenanlage. Da der Wirkungsgrad wie überhaupt die günstigste Arbeitsweise der Dampfturbine zum Teil vom Dampfzustand abhängig ist, also vom Dampfdruck und der Dampftemperatur, soll jede Turbine einen Druck- und einen Temperaturanzeiger erhalten. Für die Betriebsleitung ist ferner besonders der Dampfverbrauch der Turbine wissenswert. Dieser wird durch Strömungsmesser (Venturirohre) festgestellt und auf ein Meßgerät fernübertragen, das zweckmäßig als schreibendes Gerät gewählt wird. Da aus dem Dampfverbrauch und der elektrischen Leistung des Generators der Wirkungsgrad des Maschinensatzes ermittelt wird, ist auch der Leistungsverlauf des Generators mittels eines schreibenden Meßgerätes dauernd aufzuzeichnen. Die Vorschubgeschwindigkeit der Meßstreifen beider Meßgeräte muß genau übereinstimmen. Es ist zweckmäßig, hierzu nur ein Meßgerät mit 2 Meßwerken zu benutzen.

Zustand und Arbeitsweise des Kondensators geben die weiteren Werte für den ordnungsmäßigen Betrieb der Dampfturbine. Es sind hier also zu überwachen die Höhe der Luftleere, die Temperatur, die Menge des Kühlwassers und der Zustand der Kühlrohre in bezug auf Verschmutzung und Undichtigkeiten. Der Kondensatorzustand wird aus dem Temperaturunterschied zwischen Kühlwasser und abfließendem Kondensat, sowie aus einer elektrischen Leitfähigkeitsmessung des Kondensats festgestellt. Die Leitfähigkeitsprobe ist notwendig, da die Kühlwasserverhältnisse sich ändern und anderenfalls falsche Schlüsse aus den Temperaturmessungen gezogen werden können.

Die Temperaturmessungen erfolgen mit Widerstandsthermometern und Fernübertragung. Für eine gute Betriebsüberwachung im großen werden neben den Anzeigegeräten noch schreibende Geräte herangezogen.

Zu erwähnen sind hier die Vakuumwaage und der elektrische Wasserprüfer von Siemens-Halske A.-G. Die Vakuumwaage mißt die Luftleere unmittelbar in kg/cm² vH Luftleere oder in mm WS und kann als Meßgerät ohne oder mit Schreibvorrichtung mit den übrigen Betriebsmeßgeräten beim Maschinistenstand angeordnet werden. Der Wasserprüfer mißt die Leitfähigkeit des Wassers nach dem Grundsatz der Widerstandsmessung mit der bekannten Brückenschaltung. Die Anzeigen können ebenfalls auf ein Betriebsmeßgerät übertragen werden.

Für den Generator sind je nach seiner Größe Messungen der Kühllufttemperatur vor und hinter dem Generator, ferner Temperaturmessungen der Ständerwicklungen erforderlich. Um die Zahl der Anzeiggeräte zu beschränken, wird für jede Maschine nur ein Gerät mit Umschaltung auf die einzelnen Meßstellen gewählt.

Schließlich ist noch die Lagerüberwachung erforderlich, die sich auf die Beobachtung der Lagertemperatur, der Kühlmitteltemperatur (Öl und Wasser) und der Druckanlage für die Lagerschmierung zu erstrecken hat. Hierzu dienen die in Abb. 49, 50 und 64 angegebenen Meßgeräte.

Alle Anzeigen werden je nach den Verhältnissen für jede Maschine gesondert oder für mehrere Maschinen zusammengefaßt nach einer

Maschinenüberwachungstafel ferngeleitet, die in unmittelbarer Nähe der zugehörigen Maschinen anzuordnen und so aufzustellen ist, daß die Maschinenbedienung und die Betriebsführung bei bester Übersichtlichkeit den notwendigen und gewünschten Nutzen auch tatsächlich gewinnt.

In Abb. 228 sind die zweckmäßigsten Meßstellen angegeben. Zu den Erläuterungen ist Besonderes nicht mehr hinzuzufügen.

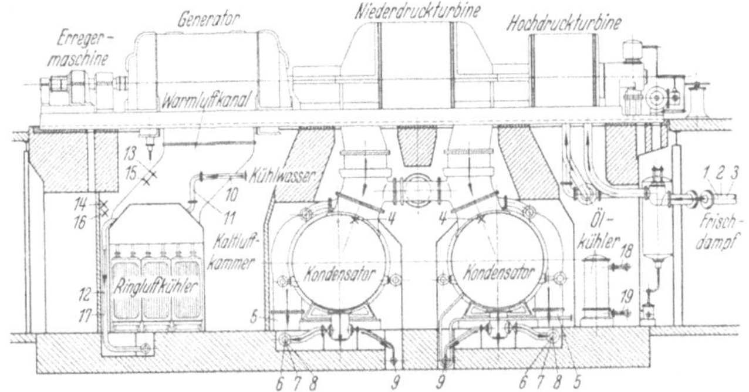

Abb. 228. Meßstellen zur wärmetechnischen Betriebsüberwachung eines Dampfturbinensatzes mit Kondensator und Ringluftkühler[1].

Verzeichnis der Meßstellen für Abb. 228.

Meß-stelle	Meßgröße	Meßgerät	Meßbereich	Anzeige, Aufzeichnung, Zählung
1	Menge des Dampfes	Venturirohr und Strömungsmanometer mit Ringrohrferngeber	0…110 t/h	Aufzeichnung
2	Druck des Dampfes	Druckmesser mit Ringrohrferngeber	15…30 kg/cm²	Aufzeichnung
3	Temperatur des Dampfes	Widerstandsthermometer	300…450° C	Aufzeichnung
4	Luftleere, Eintritt, Kondensator	Widerstandsthermometer	760…660 mm QS	Anzeige
5	Temperatur des ablaufenden Kühlwassers	Widerstandsthermometer	Temperaturunterschied 20…0…20° C (20…0 Undichtigkeit 0…20 Verschmutzung)	Anzeige
6	Temperatur des Kondensats	Widerstandsthermometer		
7	Temperatur des Kondensats	Widerstandsthermometer	0…50° C	Anzeige
8	Menge des Kondensats	Venturirohr und Strömungsmanometer mit Ringrohrferngeber	0…60 t/h	Aufzeichnung
9	Leitfähigkeit des Kondensats	Wasserprüfer	$0…5000…\infty \mu S \frac{cm}{cm^2}$	Anzeige
10	Menge des Kühlwassers	Venturirohr oder Meßflansch und Strömungsmanometer mit Ringrohrferngeber und Grenzkontakten	—	Anzeige und Aufzeichnung
11	Temperatur des Kühlwassers, Eintritt Ringluftkühler	Widerstandsthermometer	0…50° C	Anzeige
12	Temperatur des Kühlwassers, Austritt Ringluftkühler	Widerstandsthermometer	0…100° C	Anzeige
13	Temperatur im Warmluftkanal	Widerstandsthermometer	0…100° C	Anzeige
14	Temperatur in der Kaltluftkammer	Widerstandsthermometer	0…100° C	Anzeige
15	Gefahrmeldung, Warmluftkammer	Gefahrmelder	20…70° C (einstellbar)	Hupe und Lichtsignal
16	Gefahrmeldung, Kaltluftkammer	Gefahrmelder	20…70° C (einstellbar)	Hupe und Lichtsignal
17	Gefahrmeldung, Kühlwasseraustritt	Gefahrmelder	20…70° C (einstellbar)	Hupe und Lichtsignal
18	Temperatur des Warmöles, Eintritt Ölkühler	Widerstandsthermometer	0…100° C	Anzeige
19	Temperatur des gekühlten Öles, Austritt Ölkühler	Widerstandsthermometer	0…100° C	Anzeige

[1] Von Siemens & Halske A.G. zur Verfügung gestellt. (Fußnote S. 351.)

27. Die mechanischen Kohlenbewegungsanlagen.

a) Allgemeines. Die tägliche Kohlenmenge schon bei kleineren, wesentlich naturgemäß bei großen Kraftwerken, die an sich durch Zahl und Arbeitsleistung teueren menschlichen Arbeitskräfte, die in ihr liegende Unsicherheit für die Aufrechterhaltung des Betriebes und die gesundheitsschädliche Staubentwicklung bei der Kohlenbewegung führen dazu, die Handarbeit für die Bekohlung und die Entaschung der Kesselanlage durch mechanische Kraft zu ersetzen. Hinzukommt, daß die Brennstoffbewegung auch große Betriebsausgaben verursacht, die die Wirtschaftlichkeit nicht unwesentlich beeinflussen und daher so weit wie irgendmöglich gesenkt werden müssen. Das alles hat dazu geführt, der mechanischen Bewegung des Brennstoffes von seinem Eintreffen auf dem Kraftwerksgelände bis zu seiner Entfernung als Asche und Schlacke ebenfalls ganz besondere Aufmerksamkeit zuzuwenden.

Diese Kohlenbewegungsanlagen haben also den Zweck, den Brennstoff von der Entladestelle in das Kesselhaus und, wo das mit Rücksicht auf genügende Reserve für erforderlich gehalten wird, auch auf und von einem Lagerplatz zu fördern. Sie werden infolgedessen in ihrer Gesamteinrichtung durch die Gelände- und Bauverhältnisse, die Größe der Kesselanlagen, die tägliche Betriebszeit, die Fördermenge und die Förderwege bestimmt. Erst nachdem die Lage des Kesselhauses, des Kohlenplatzes und die Heranschaffung des Brennstoffes an das Kraftwerk im allgemeinen geklärt sind, kann zum Entwurf der Kohlenbewegungsanlage geschritten werden. Grundsätzlich ist darauf zu achten, daß jeder unnötige Weg, jedes erneute Aufnehmen des Brennstoffes, häufiges Umlenken in der Wegführung vermieden werden, denn das bedeutet Verlust an Zeit und Arbeit und erhöht die Anlage- und Betriebskosten.

Bei den Vorarbeiten müssen die Fragen über die Brennstoffzuführung zum Kraftwerk und gegebenenfalls seine Lagerung bereits im einzelnen klargestellt sein. Ist die Heranführung aus benachbarten Gruben täglich in gesicherter und ausreichender Menge durchführbar, dann können die Entlade- und Stapelanlagen sehr einfach gehalten werden. Liegt längerer Zufuhrweg (Eisenbahn, Wasserstraße) vor, ist auf einen Lagerplatz zu fördern, von dem das Kesselhaus versorgt wird. Das sind die grundsätzlichen Feststellungen bei den Vorarbeiten.

b) Die Förderung von einer benachbarten Grube bis zu den Einrichtungen, die für die Bekohlung der Kessel unmittelbar anzulegen sind, richtet sich nach der Entfernung zwischen Kraftwerk und Grubenhalde, sowie nach den Bewegungsanlagen auf der Grube selbst. Ein Lagerplatz beim Kraftwerk wird zumeist nicht erforderlich sein. Als Fördereinrichtungen werden je nach der Brennstoffart und Brennstoffbeschaffenheit der Eisenbahnwagen oder die Elektrohängebahn benutzt. Nur bei geringer Entfernung wird der Gurtförderer oder das Becherwerk angewendet.

Der Eisenbahnwagen als Großraum-Selbstentlader oder als Gefäßwagen für kleine Körnung und Staub wird über einen Tiefbunker gefahren

und am besten selbsttätig — unvorteilhafter von der Hand — entleert.
Werden an Stelle solcher Sonderwagen, die bei großen täglichen Fördermengen hohe Beschaffungs- und Unterhaltungskosten verursachen,
gewöhnliche Eisenbahnwagen verwendet, so werden sie über dem Tiefbunker durch Wagenheber vor Kopf — Wagenkipper — entleert.

Der **Wagenkipper** (Abb. 229) besteht im wesentlichen aus einer
festen Unter- und einer beweglichen Oberplattform, die an ihren vorderen Enden drehbar miteinander verbunden sind. Die Oberplattform
nimmt den zu entleerenden Wagen auf und wird dann um den vorderen
Drehpunkt scherenartig aufgeklappt. Die Kohle gleitet in den mit einem
Gitter abgedeckten Tiefbunker, um gleichzeitig eine Sortierung vorzunehmen. Solche Kipper werden bis 20 t Ladefähigkeit gebaut. Sie
erhalten elektrischen Antrieb (etwa 10-kW-Motor) und haben bei der

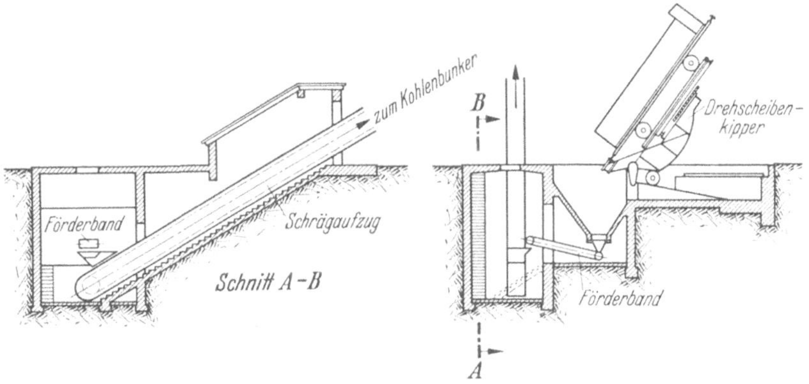

Abb. 229. Wagenkipperanlage mit Fördereinrichtung (MAN.).

üblichen Ausführung zur Entleerung einen Zeitaufwand von etwa
2½ Minuten und zum Wiederabsenken die gleiche Zeit, also insgesamt
für ein Spiel etwa 5 Minuten nötig. Ein Nachräumen der Wagen ist
nicht erforderlich.

Die Wagen seitlich zu kippen ist nicht möglich, da die Achslager
eine solche Lage nicht zulassen (Auslaufen des Öles).

Diese Zuführung hat zur Folge, daß eine zweite Kohlenbewegungsanlage aus dem Tiefbunker nach den Kesseln vorhanden sein muß, die
zumeist nach einem Bunker über den Kesseln geführt wird, aus dem
die einzelnen Kessel mit Kohle versorgt werden (Abb. 229).

Bei Kraftwerken mittlerer Größe wird die tägliche Wagenlieferung
mit Tiefbunker ohne oder mit Wagenkipper gerne gewählt und der
Kohlenlagerplatz dann so gelegt, daß von ihm der Tiefbunker not-
gedrungen auch von Hand beschickt werden kann.

Für die Beurteilung der Leistungsfähigkeit solcher Anlagen soll
ein Beispiel durchgerechnet werden.

16. Beispiel. Der Kraftwerksbetrieb verlangt unter Berücksichtigung zukünftiger
Erweiterungen die Deckung eines täglichen Kohlenbedarfs für 40 000 kW und
16stündigen Vollbetrieb im Winter. Als Kohlensorte kommen Industriebriketts kleiner Abmessung mit einem Heizwert von 4800 kcal/kg zur Verfeuerung. Der Eisen-

bahnfahrplan und die Gleisanlagen auf dem nächstgelegenen Bahnhof gestatten nur eine beschränkte tägliche Wagenbewegung. Der Vollzug hat eine Fahrzeit von 6 Stunden von der Grube zum Bahnhof. Er ist um 6 Uhr auf dem Kraftwerksplatz zur Entladung bereitgestellt. Der Leerzug muß um 16,30 Uhr zum Herausziehen fertig sein. Es stehen nur gewöhnliche Kohlenwagen mit 20 t Ladefähigkeit zur Verfügung.

Tägliche Kohlenmenge bei einem mittleren spez. Wärmeverbrauch je kWh von 5100 kcal:

$$\frac{40000 \cdot 16 \cdot 5100}{4800 \cdot 1000} = 680 \text{ t} + 10 \text{ vH Sicherheitszuschlag} = 750 \text{ t}.$$

Demnach täglich $\frac{750}{20} = 38$ Wagen.

Entladezeit für die Wagen von 6 bis 16 Uhr = 10 Stunden, für jeden Wagen somit:

$$\frac{10 \cdot 60}{38} = 15,8 \text{ Minuten}.$$

Die Entladung erfolgt über einen Wagenkipper, der quer zur Gleisachse über 3 Tiefbunker verschoben werden kann. Jeder Bunker kann 300 t Kohle aufnehmen. Zeit für ein Kippspiel 10 Min., für eine Querverschiebung des Kippers von Bunker 1 zu Bunker 2 5 Min., von Bunker 2 zu Bunker 3 5 Min. Entladeplan:

10 Wagen	für	Bunker	1	100 Min.	
10	„	„	2	150	„
8	,	„	3	160	„

410 Min. oder rd. 7 Stunden,

zuzüglich unvorgesehener Verlustzeit   1 Stunde,

zus. 8 Stunden.

Da 10 Stunden zur Verfügung stehen, verbleiben noch 2 Stunden, um den Leerzug auf dem Kraftwerksgleise zusammenzustellen.

Die **Elektrohängebahn** wird ebenfalls gerne benutzt. An einem Hochgerüst (Abb. 230)[1], das auch Richtungsänderungen leicht überwindet, laufen Kübelwagen, die den Brennstoff unmittelbar in den Kesselhausbunker befördern. Es entfällt hier also ein zweites Aufnehmen und eine zweite Bewegungsanlage für das Kesselhaus selbst. Die Elektrohängebahn ist ebenfalls durchaus betriebssicher, wenngleich sie naturgemäß mehr Unterhaltung und Beaufsichtigung erfordert als die Bahnanlage mit Wagenkipper. In Gegenden mit stärkeren Unwettern, längeren Frostzeiträumen und ähnlichen Störungsursachen ist die Bahnbeförderung vorzuziehen.

Abb. 230 zeigt eine Anlage, die so ausgebildet worden ist, daß dieses eine Fördermittel alle Kohlenbewegungen ohne Zwischenumladung ausführt und außerdem die Fortschaffung der Asche übernimmt. Die Einrichtung ist sehr einfach und der Betrieb billig. Bedienung ist lediglich an der Beladestelle der Wagen, also nur an einem Punkt erforderlich.

Die Entfernung zwischen dem Kraftwerk und der Braunkohlengrube beträgt etwa 200 m. Unterhalb der Förderbrücke auf der Grube sind vier Überladerümpfe angeordnet, in welche die Kohle aus den Förderwagen entleert wird. Die Elektrohängebahnwagen halten auf dem Gleis oberhalb eines der Füllrumpf-Ausläufe; der Ladearbeiter läßt den Kübel

---

[1] Ausgeführt von der Bleichert-Transportanlagen GmbH., Leipzig.

des Wagens herunter und belädt ihn, indem er den Schieber des Füllrumpfes öffnet. Der volle Kübel wird aufgezogen, worauf der beladene Wagen abfährt, ein leerer Elektrohängebahnwagen, der bisher durch eine selbsttätige Blockung zurückgehalten wurde, selbsttätig nach der Beladestelle vorrückt und dasselbe Spiel durchmacht.

Der volle Wagen läuft über eine selbsttätige Waage nach dem Kraftwerk über den Lagerplatz hinweg in das Kesselhaus, wo er sich über dem Bunker selbsttätig entleert. Der Bunker hat eine Reihe von Bodenöffnungen, die durch Schieber mit Zahnstangenantrieb verschließbar sind. Unter den Ausläufen befindet sich eine selbsttätige Waage, aus welcher die Braunkohle in genau abgemessenen Mengen in die Aufschütttrichter der Feuerungen gelangt. Die Schieber werden von der Bühne der Waage durch den Heizer geöffnet, welcher auch das Ab-

Abb. 230. Kohlenförderung von der Grube zum Kraftwerk mit Elektro-Hängebahn (Bleichert).

wiegen überwacht und die Waage verfährt. Die entleerten Elektrohängewagen kehren über eine jenseits des Kesselhauses angeordnete Umkehrschleife nach der Grube zurück.

Soll nach dem Lagerplatz gefördert werden, werden die Weichen umgestellt, und der Wagen fährt jetzt auf eines der dreieckförmig über dem Lagerplatze verlegten Gleise. Der Kübel kann durch Fernsteuerung ohne weiteres an jeder Stelle gesenkt werden. Bei Wiederaufnahme der Kohle vom Lager wird durch Einstellung der Weichen die Strecke nach der Grube abgeschaltet, so daß die Wagen nur die Gleise über dem Lagerplatz und dem Kesselhausbunker zu durchlaufen brauchen.

Die Fortschaffung der Asche vollzieht sich in der Weise, daß die im Aschekeller gefüllten Förderkübel aus dem Ascheschacht gehoben, über einen Aschebunker gefahren und dort selbsttätig entleert werden. Die Asche wird durch Öffnen des Verschlußschiebers des Füllrumpfes in Fuhrwerke abgezogen.

Die Leistung der Förderanlage, die eine Schienenlänge von 580 m besitzt, beträgt ungefähr 25 t stündlich; eine Erhöhung auf das Doppelte ist durch Einstellung weiterer Wagen jederzeit möglich. Für die Bedienung genügt bei der Förderung von der Grube ein Mann, der

den Schieber des Füllrumpfes öffnet und gleichzeitig den Elektromotor
bedient. Die Strecke durchlaufen die Wagen ohne Aufsicht mit selbsttätig geregelter Geschwindigkeit und in den durch die Blockung vorgeschriebenen Abständen.

An Stelle der Elektrohängebahn kann auch eine Drahtseilbahn
gewählt werden, mit der Entfernungen von 12 und mehr km bereits betriebssicher und wirtschaftlich überbrückt worden sind.

Die Elektrohängebahn ist für kleine Kesselhäuser ebenfalls geeignet.
Durch Fortfall des Bunkers über den Kesseln können die Anschaffungskosten verhältnismäßig niedrig gehalten werden. Bei der Anlage nach
Abb. 231a ist eine Grube (D) an der Längswand des Kesselhauses angeordnet. Von den beiden Elektrohängebahnen dient die eine zur Beförderung der Kohle von den Eisenbahnwagen auf den Lagerplatz oder in

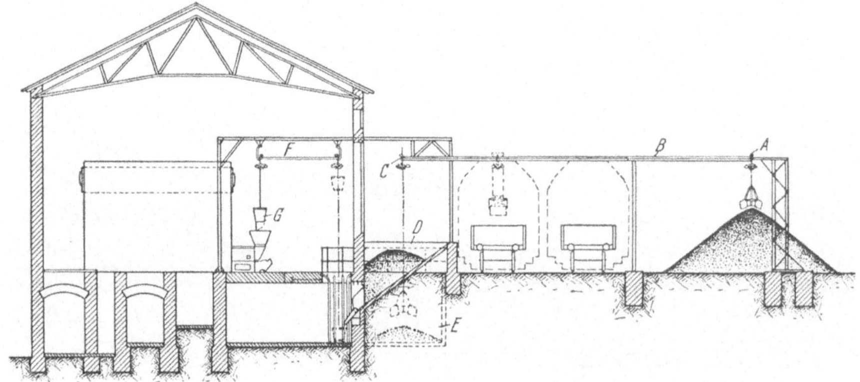

Abb. 231a. Aufbau und Betrieb einer Kohlen- und Aschebeförderung mit Elektrohängebahnen.

die Grube, sowie zur Entfernung der Asche, die zweite zur Versorgung
der Aufschütt-Trichter der Kesselfeuerungen aus der Grube. Die erste
Bahn besteht aus einem einzigen Gleis ABC, das sich über dem Kohlenlagerplatz entlang erstreckt (A), dann umbiegt und über die Eisen-
bahngleise hinweg (B) parallel zur Kesselhauswand (C) über der Aschen-
grube E und der Kohlengrube D entlang verläuft. Der Elektrohängebahnwagen mit Winde arbeitet mit einem Selbstgreifer. Über der
Kohlengrube entleert sich der Greifer selbsttätig an einem durch einen
fahrbaren Anschlag festgelegten Punkt, kehrt nach dem Kohlenlager
zurück, wird durch Fernsteuerung auf den Kohlenhaufen gesenkt und
füllt sich wiederum selbsttätig. Die Asche nimmt der Greifer aus dem
Schacht E gleichfalls selbsttätig auf und läßt sie über dem Eisenbahn-
gleis in den Wagen fallen.

Die zweite Bahn verläuft in einer in sich geschlossenen Schleife
im Kesselhaus und arbeitet mit einem mit Bodenklappe versehenen
Kübel G. Der Heizer senkt den Kübel vor dem Auslauf eines der drei
Füllrümpfe der Grube D und belädt ihn, indem er durch Kettenzug vom
Kesselhausflur den Füllrumpfverschluß öffnet. Nach Aufziehen des
Fördergefäßes läßt er den Wagen vor einen der Kessel fahren, wo

er den Kübel senkt und ihn durch Öffnen der Bodenklappen in den
Aufschütt-Trichter entleert. Da der Brennstoff nicht stürzt, tritt

Abb. 231b. Kohlen- und Aschebeförderung mit Elektrohängebahnen für ein kleines Kraftwerk
nach Abb. 230.

auch keine Staubentwicklung ein. Aus Abb. 231b ist die praktische
Ausführung zu ersehen.

Abb. 232. Elektrohängebahn mit 2 Führerstandsgreiferkatzen, Stundenleistung je 15 t.

Abb. 232 zeigt die Anwendung einer Elektrohängebahn für die Brennstoffbewegung aus dem Schiff (Kanalanschluß) auf den längs des Kesselhauses liegenden Kohlenplatz und von diesem oder auch unmittelbar
aus dem Schiff in das Kesselhaus. Es sind zwei Führerstandsgreiferkatzen
vorhanden, die jede eine Stundenleistung von 15 t bewältigen kann.

Die Länge der Fahrbahn beträgt 130 m. Die Querbahn kann längsverfahren werden. Eine Greiferkatze bedient während der Entladung das Kesselhaus. Ist dieses nicht erforderlich, werden beide Katzen zur Schiffsentladung herangezogen.

c) Die Bewegungsanlagen zum und vom Werkslagerplatz. Ist nach Menge und Eisenbahnweg die tägliche Befriedigung des Kohlenbedarfes fortlaufend nicht möglich, müssen also große Kohlenzüge in größeren Zeitabständen herangebracht und entladen werden, oder wird der Wasserweg benutzt, dann ist zunächst auf den Kohlenlagerplatz zu fördern und von diesem der tägliche Bedarf dem Kesselhaus zuzuführen. Die Anlagen hierzu richten sich nach den Platzverhältnissen und können in der verschiedensten Form gebaut werden. Bei der Bahnzuführung ist durch das Legen von Anschluß- und Werksgleisen leicht die Möglichkeit gegeben, die Löschungsstellen mit der Lage des Kohlenplatzes und der Übergabestelle zum Kesselhaus so in Übereinstimmung zu bringen, daß kürzeste Wege mit geringsten Richtungsänderungen und wenigsten Hub- und Senkarbeiten erzielt werden.

Als Bewegungsanlagen für diesen Teil der Kohlenförderung werden die fahrbare Verladebrücke mit Drehkran, der fahrbare Kabelkran und der Brückenkabelkran benutzt. Da die leichte Be- und Entkohlung des Kohlenplatzes in der Regel den größten Teil der Gesamtanlagen umfaßt, ist daher ein genaues Studium zu empfehlen, da die zur Verwendung kommenden Ausführungsformen sehr mannigfaltige Bauarten aufweisen und in den Preisen für die Gesamtanlage so stark voneinander abweichen, daß nur genauest durchgeführte Wirtschaftlichkeitsrechnungen unter richtiger Wertung der Betriebsvorteile und -nachteile und der Betriebsausgaben die Wahl bestimmen können.

Der Brennstoff ist grundsätzlich mit Selbstgreifern aufzunehmen und abzugeben, um jedes Stürzen zu vermeiden, das den Brennstoff zu stark zerschlägt, ihn auf der Halde feststampft und mit starker Staubentwicklung verbunden ist.

Die fahrbare Verladebrücke mit Drehkran gestattet die einfachste Beförderung und eine gute Bestreichung des ganzen Lagerplatzes, setzt allerdings voraus, daß der Lagerplatz eine viereckige Gestalt hat, um die Anlage voll ausnutzen zu können. Kann das Kesselhaus derart gelegt werden, daß mit dem fahrbaren Drehkran auch eine unmittelbare Beschickung der Bunker im Kesselhaus durchführbar ist, so wird die Gesamtanlage am einfachsten, billigsten und der Betrieb mit den geringsten Aufwendungen möglich. Die Ausladung des Drehkranes wird durch die zu bestreichenden Flächen bestimmt.

Abb. 233 zeigt eine solche Kohlenbewegungsanlage in der Ausführung der MAN für ein mittleres Dampfturbinenkraftwerk. Die Kohle — zu Schiff oder mit der Bahn angefahren — ist entweder auf den Kohlenlagerplatz oder in den Kesselhausbunker und vom Lagerplatz in den Bunker zu fördern. Verlangt wird ferner, daß das Stürzen des Brennstoffes vermieden und jede Bewegung auf einfachsten Wegen mit geringstem Zeitaufwand bei niedrigsten Bedienungskosten durchführbar sein muß.

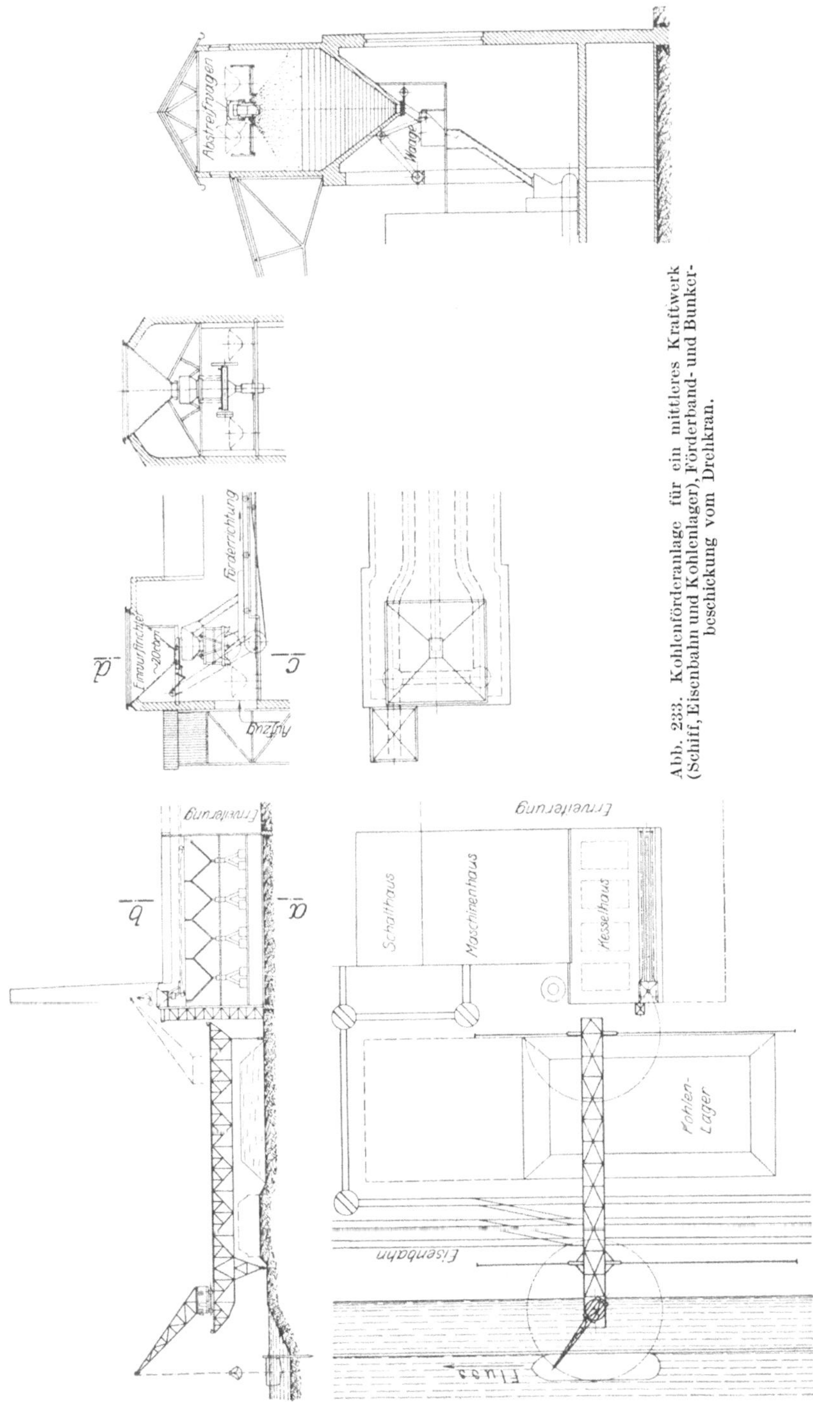

Abb. 233. Kohlenförderanlage für ein mittleres Kraftwerk (Schiff, Eisenbahn und Kohlenlager), Förderband- und Bunkerbeschickung vom Drehkran.

Die technischen Einzelheiten für die fahrbare Verladebrücke mit dem fahrbaren Drehkran sind folgende:

Verladebrücke: Spannweite 52 m, Kragarm wasserseitig 15 m, landseitig 4 m; Fahrgeschwindigkeit 25 m/s.

Drehkran fahrbar: Tragfähigkeit 4 t bei 16 m Ausladung, Greifer 2 m³ rechnerischen Inhalt, eingebaute eichfähige Wiegevorrichtung, Fahrgeschwindigkeit 1,5 m/s, Drehgeschwindigkeit 90 m/min, Hubgeschwindigkeit 0,92 m/s.

Die Kohlenförderanlage ist für eine Stundenleistung von etwa 30 t oberschlesischer Steinkohle gebaut und besteht aus Förderbahn, Einwurftrichter, zunächst vier selbsttätigen Ausschüttwagen für 30 kg jedesmalige Ausschüttung und bis zu 3,5 t Stundenleistung, Zufuhrschüttelrinnen, Vorgelege zum Antrieb der vier Schüttelrinnen mit Riemenscheibe und Elektromotor (1,2 kW). Unter dem Einwurftrichter befindet sich ein Kohlenbrecher für 30 t Stundenleistung zum Brechen der Kohle in Stücke von etwa 8 cm Korngröße. Die Förderbahn und der Kohlenbrecher werden von einem 10 kW-Elektromotor angetrieben. Als Reservefördereinrichtung bei Störungen der eigentlichen Förderanlage sind vier Muldenkippwagen von je 0,75 m³ Inhalt vorhanden, die durch einen außerhalb des Kesselhauses gelegten Lastenaufzug ohne Führerbegleitung für 1500 kg Tragfähigkeit (1 Muldenkipper mit Füllung) bis zum Einwurftrichter gehoben und dort entleert werden können (Schnitt c—d).

Abb. 234. Fahrbarer Brücken-Kabelkran zur Bedienung des Kohlenlagers und der Kohlenbunker eines Kraftwerkes (Spannweite 64 m, Tragkraft 5 t; Ausführung: Bleichert).

Das Kesselhaus mit Bunker ist zunächst nur einseitig ausgebaut. Unter den Bunkeröffnungen liegt eine verfahrbare Waage, um die jedem Kessel zugeführte Kohlenmenge genau feststellen zu können.

Betriebsdaten (Durchschnittswerte im Regelbetrieb):
bei Förderung von Schiff auf Lager: etwa 15 kWh für 50 t Leistung in der Stunde
„   „   „ Lager in Bunker: „   20 „   „ 40 t   „   „ „ ,
„   „   „ Schiff in Bunker: „   30 „   „ 35 t   „   „ „   „
Die Anlage wird auch zur Ascheabfuhr in Eisenbahnwagen und Schiff benutzt.

Der fahrbare Kabelkran besteht aus zwei eisernen Türmen an den Enden des Kohlenlagerplatzes, zwischen denen ein Tragseil für eine Laufkatze mit Greifer gespannt ist. Die Laufkatze wird durch ein Fahrseil hin- und hergezogen; über sie ist ein Hubseil geführt, mit dem der Greifer gehoben und gesenkt wird. Die Winden für die Seile sind in einem Führerhaus auf einem der Türme eingebaut. Die Steuerung erfolgt von diesem Führerhaus, das infolgedessen einen guten Überblick über das ganze Arbeitsfeld bieten muß. Je nach der Gestalt des Lagerplatzes ist die Fahrbahn des Kabelkranes entweder mit parallelen Gleisen zu versehen oder es steht ein Turm fest und der andere wird auf einem Kreis um diesen geschwenkt. Hinsichtlich Spannweite, Hubhöhe und Förderung kann der Kabelkran allen Anforderungen entsprechen. Die Katzfahrgeschwindigkeit wählt man zu etwa 3,35 bis 5 m/s, die Hubgeschwindigkeit zu etwa 0,67 bis 2 m/s.

Bei Spannweiten unter etwa 100 m wird an Stelle des Kabelkrans der **Brückenkabelkran** (Abb. 234) entweder mit einspurigen Stützfahrwerken auf beiden Seiten oder auch mit Auslegern nach einer oder beiden Seiten verwendet.

Der Kabelkran paßt sich jeder Gestalt des Lagerplatzes an. Er läßt auch gewisse Ungenauigkeiten der Fahrbahn in jeder Richtung zu.

Abb. 235. Zwei-Gurt-Förderer mit selbsttätigen, fahrbaren Abwurfwagen, sowie hochklapp- und schwenkbaren Abstreichern mit Hohenverstellung, fur Rechts- und Linksabwurf. Stündliche Leistung der Bänder bei 80 m Förderlange und 1000 mm Breite je 250000 kg.

Die Raumbeanspruchung ist geringer als beim fahrbaren Drehkran. Er wird zudem besonders bei größeren Spannweiten in der Beschaffung, Unterhaltung und den Betriebskosten billiger als die Verladebrücke.

Bei Anlagen namentlich in der Nähe der Meeresküste sind für die Standsicherheit gegen Windbeanspruchung die schärfsten Bedingungen zugrunde zu legen. Es ist wiederholt vorgekommen, daß solche Anlagen durch Sturm zu Störungen und zum Umbruch gekommen sind. Dadurch kann die Betriebssicherheit des Kraftwerkes schwer geschädigt werden.

d) Die Förderung im Kesselhaus erfolgt durch Gurtförderer, Plattenbänder oder Pendelbecherwerke. Die Entscheidung über die sicherste und wirtschaftlichste Förderart hängt von der Lage des Kesselhauses zum Lagerplatz, von der Anordnung der Kessel im Kesselhaus, der Förderung zu diesen und von der Kohlenart ab. Für die Beurteilung von Entwürfen sollen daher nur allgemeine Gesichtspunkte besprochen werden.

Der Gurtförderer (Abb. 235) besteht aus einem endlosen Gurt aus

Gummi oder Gewebe (Balata, Hanf, Baumwollgurt mit oder ohne Schutz der Decke durch Rohgummiüberzug oder Gummiband), der von einem Elektromotor angetrieben wird. Der Gurtförderer kann nur einen geradlinigen Weg laufen und Steigungen bis etwa 25⁰ überwinden. Der obere, belastete Strang des Gurtes wird bei wagerechter Förderung und geringer Fördermenge von ebenen, bei ansteigenden Förderern und größerer Fördermenge von muldenförmigen Tragrollen gestützt. Der Gurtförderer ist wirtschaftlich für Fördermengen von einigen 100 kg/h bis zu mehreren 100 t/h, also für jeden selbst in Großkesselanlagen anfallenden Kohlenverbrauch ausreichend. Die Beschickung erfolgt zumeist aus einem Bunker mit Hilfe von einstellbaren Aufgabevorrichtungen. Die Entladung in den Kesselhausbunker geschieht durch verstellbare Abstreifer oder Abwurfwagen. Die Abstreifer arbeiten entweder selbsttätig oder sie werden von Hand bedient. Sie beanspruchen den Gurt verhältnismäßig stark und können die Ursache eines vorzeitigen Gurtverschleißes sein. Sie müssen daher mit dem gleichen Gurtstoff oder mit Vollgummi belegt werden und nachgiebig sein, um den Gurt zu schonen. Besser sind die Abwurfwagen, bei denen die Kohle über Kopf in einen Trichter fällt und von diesem dem Bunker zufließt. Da der Gurt hier in einer S-Schleife geführt werden muß, ist Bedingung, daß zur Schonung des Gurtes die Gurtscheiben entsprechend große Abmessungen erhalten.

Bedingt die Kohlenförderung Richtungswechsel im Förderlauf, dann werden mehrere Gurtförderer zu einer Anlage zusammengestellt. Die Übergabe des Fördergurtes geschieht in diesem Fall durch Abwerfen über Kopf am Ende des einen Gurtförderers auf den zweiten, die Beschickung des Bunkers vom Letzten wieder durch Abstreifer oder Abwurfwagen.

Die Leistung/h des Gurtförderers ist abhängig von der Beschickung und der Umlaufgeschwindigkeit. Die Umlaufgeschwindigkeit wird im Mittel zwischen 1 bis 1,5 m/s gewählt. Die Fördermenge ergibt sich aus der Bandbreite, der Schichthöhe und der Umlaufgeschwindigkeit. Die Gurtbreite kann in den Grenzen von etwa 300 bis 1200 mm genommen werden.

In Zahlentafel 35 sind Leistungszahlen für Gurtförderer bezogen auf die Fördergeschwindigkeit von 1 m/s zusammengestellt.

Betrieblich ist der Gurtförderer allen Anforderungen gewachsen.

Zahlentafel 35. Mittlere theoretische Fördermengen in m³/h bei einer Geschwindigkeit von $v = 1{,}0$ m/s für Gurtförderer der Allgemeinen Transportanlagen Gesellschaft m. b. H., Leipzig[1].

Gurtform	Gurtbreiten in mm										
	300	400	500	650	800	1000	1200	1400	1600	1800	2000
Flacher Gurt . .	12	23	38	69	108	173	255	351	464	592	735
Gemuldeter Gurt	21	42	70	126	197	318	467	645	850	1085	1350

[1] Jetzt: Mitteldeutsche Stahlwerke A. G. Lauchhammerwerk, Lauchhammer, Provinz Sachsen.

Die Beaufsichtigung und Instandsetzung ist einfach, die Betriebsunkosten für Strom, Unterhaltung, Reparaturen sind gering.

Der **Plattenbandförderer** unterscheidet sich vom Gurtförderer nur dadurch, daß an Stelle des Gurtes ein eisernes Band mit Blechtafeln oder Blechmulden als Träger verwendet wird (Abb. 236). Die Fördergeschwindigkeit ist geringer als beim Gurtförderer und beträgt nur etwa 0,25 bis 0,40 m/s. Die Breite der Plattenbänder kann bis 1500 mm gewählt werden. Zur Erhöhung der Fördermenge werden die Platten mit Seitenblechen versehen. Im übrigen gilt das für den Gurtförderer Gesagte auch für den Plattenbandförderer.

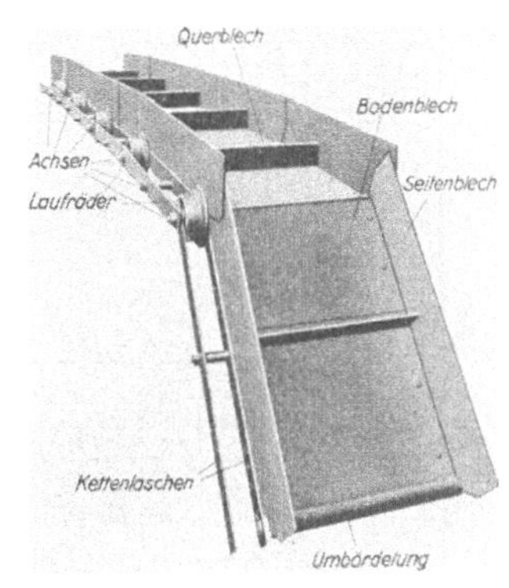

Abb. 236. Elemente eines eisernen Plattenbandes (Bauart Bleichert).

In angestrengten Betrieben und bei harter Kohle (Steinkohle) erfordert die Unterhaltung des Gewebegurtes höhere Kosten als die des Plattenbandes. Es wird daher aus Anlage- und Betriebskosten festzustellen sein, welches dieser beiden Fördermittel zweckmäßiger und wirtschaftlicher ist. Im allgemeinen wird der Gurtförderer vorgezogen. Der Plattenbandförderer ist dann besonders geeignet, wenn Steilförderung erfolgen muß, bei der der Gurtförderer nicht mehr verwendbar ist. Das **Pendelbecherwerk** (Abb. 237) besteht aus einer ständig im gleichen Sinn umlaufenden Becherkette, die von gleisartigen Eisenrahmen getragen wird. Die

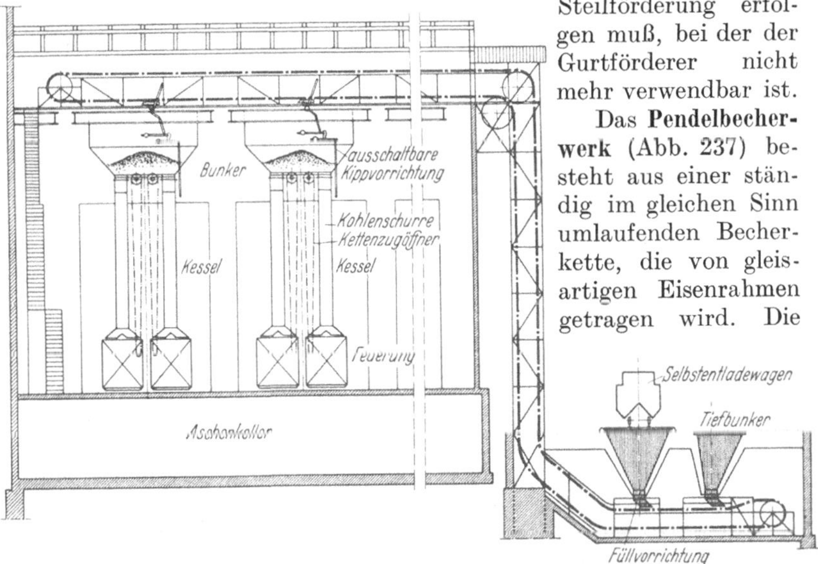

Abb. 237. Kesselbekohlungsanlage mit Pendelbecherwerk, Beladung aus Tiefbunker.

bauliche Durchbildung des Pendelbecherwerkes bedarf besonderer Beachtung hinsichtlich der Anordnung und Lagerung der Becher zwischen oder an den Gelenkachsen. Die Schmierung der vielen Gelenke und

Zahlentafel 36. Hauptabmessungen in mm und Leistungen in t/h bei 75 vH Becherfüllung für Becher der Allgemeinen Transportanlagen Gesellschaft m. b. H., Leipzig.

Becherabstand . . . . . . .mm	4000											2000			1000		
Becherlänge . . . . . . .mm	500			600		780			960			960			960		
Becherbreite . . . . . . .mm	400	600	800	600	800	600	800	1000	800	1000	1200	800	1000	1200	800	1000	1200
Becherinhalt l	34	50	67	78	104	121	160	200	238	296	358	238	296	358	238	296	358
Spurweite . . . . .mm	640	840	1040	840	1040	840	1040	1240	1040	1240	1440	1040	1240	1440	1040	1240	1440
Steinkohle zu 800 kg/m³ *. t/h	6,2	9,2	12	14	18,5	22	29	36	43	54	70	85	107	140	170	215	280
Braunkohle „ 700 kg/m³ . t/h	5,5	8	10,5	12,5	16	19	25	32	38	47	60	75	95	120	150	190	250
Asche „ 600 kg/m³ . t/h	4,6	6,7	9	10,5	14	16,5	22	27	32	40	52	65	80	105	130	160	210
Koks „ 500 kg/m³ . t/h	4	5,8	7,8	8,8	11,5	13,5	18	23	27	34	44	54	67	88	108	135	175

* Raumgewicht.

Achsen während des Betriebes ist umständlich, zeitraubend und unsicher. Es sind hier Bauformen mit Betriebseinrichtungen zu bevorzugen, die die Schmierung selbsttätig besorgen. Der Antrieb erfolgt durch Elektromotor. Da die Bewegung der Becherkette über Mehreckscheiben und dadurch ungleichmäßig vor sich geht, muß das Getriebe derart ausgebildet sein, daß die gleichmäßige Bewegung, die der Antriebsmotor hervorruft, nicht gestört wird. Der Gang soll also vollständig ruhig und gleichmäßig erfolgen. Zum Ausgleichen der Längenänderung der Becherkette durch Belastungs- und Temperaturwechsel muß eine leicht bedienbare Spannvorrichtung vorhanden sein.

Das Pendelbecherwerk kann sowohl für Richtungsänderung in einer Ebene als auch für solche nach einer dritten Richtung ausgeführt werden.

Die Beladevorrichtungen müssen so durchgebildet sein, daß sie die Kohle den Becherwerken in richtig abgemessenen Mengen und im richtigen Augenblick zuführen, damit keine Überladung und kein Verschütten eintritt. Es werden hierzu Füllmaschinen mit oder ohne Zwischenschaltung von Förderbändern oder Rüttelschurren benutzt, deren Öffnung regelbar und selbsttätig arbeitend sein muß. Sind mehrere parallele Becherwerke zu bedienen oder sollen Brennstoffmischungen vorgenommen werden, sind die Füllmaschinen entsprechend zu wählen und gegebenenfalls in gegenseitiger Aushilfsschaltung

einzubauen. Auch Fülltrommeln, Förderschnecken und Bandförderer
sind als Beladevorrichtungen im Gebrauch.

Die Entladung der Becher geschieht durch Kippen mit Hilfe von Kip-
pervorrichtungen, die aus festen oder fahrbaren Anschlägen mit federnd
gelagerten Hebeln bestehen, gegen die die Becher mit ihren Kippwellen
oder Kippbügeln anlaufen. Auch Kippwagen sind hier zu benutzen.

Für die Bestimmung der Fördermenge wird beim Pendelbecherwerk mit einer Fördergeschwindigkeit von 0,2 bis 0,4 m/s gerechnet.
Durch entsprechende Wahl der Teilung, der Bechergröße und des
Füllgrades lassen sich die Fördermengen in weitesten Grenzen den
Betriebsverhältnissen anpassen. Der Wirtschaftlichkeit dieser Kohlenförderanlage ist aber eine unterste Grenze gesetzt, die etwa bei einer
Leistung von 10 t/h
liegt. Nach oben sind
Anlagen mit einer Lei-
stung von 300 t/h und
mehr bereits ausge-
führt. Die Becherwerke
sind einfach, betriebs-
sicher, erfordern wenig
Bedienung und Auf-
sicht, sind wirtschaft-
lich und haben bei
guter Pflege geringe In-
standsetzungskosten.

In Zahlentafel 36
sind die Hauptabmes-
sungen und Förder-
mengenzahlen von Be-

Abb. 238. Kesselbekohlung durch ein Pendelbecherwerk. Leistung: 25 t/h. Kohlenzuführung durch eine Elektrohängebahn
(Ausführung: Bleichert).

cherwerken der Allgemeinen Transportanlagen Gesellschaft
m. b. H., Leipzig, zusammengestellt, die gute Vergleichswerte für Angebote an die Hand geben[1].

Für kleinere Anlagen kann an Stelle des Pendelbecherwerkes das
Seilbecherwerk zur Verwendung kommen, bei welchem einzelne Be-
chergruppen durch Seile verbunden sind. Im allgemeinen gilt für dieses
das gleiche wie für die Pendelbecherwerke.

Abb. 238 zeigt eine Kesselbekohlungsanlage mit Pendelbecherwerk.
Die Kohle wird mit Eisenbahnwagen angefahren, durch eine Elektrohängebahn oder durch einen Greiferkran herangebracht, einer versenkt
liegenden Bunkeranlage zugeführt und aus dieser in das Becherwerk
überführt. Diese Bekohlungsform wird für kleine und mittlere Kraftwerke gerne gewählt. Vor den Kesseln liegen Bunker, in die die Kohle
abgeworfen wird.

Das Becherwerk gleichzeitig zur Entaschung zu benutzen, empfiehlt sich zumeist nicht.

Ein weiteres Beispiel für eine größere Bekohlungsanlage ist aus Abb. 239
zu ersehen. Die Eisenbahnwagen werden mit einem Wagenkipper in einen

---

[1] Siehe Fußnote S. 374.

Tiefbunker entleert. Aus dem Tiefbunker gelangt die Kohle in einen Überladetrichter mit Bandverschluß, aus dem sie auf einen unterirdisch geführten Gurtförderer fließt. Dieser fördert die Kohle in den Einwurftrichter des Becherwerkes. Das Becherwerk übergibt die Kohle in einem Förderturm einer selbsttätigen Waage; von dort wird sie durch einen in die Schrägbrücke verlegten Gurtförderer in das Kesselhaus geschafft.

e) Steuer- und Überwachungseinrichtungen. In großen Kraftwerken sind oft zwei und mehr Kesselhäuser vorhanden, die vom Kohlenlagerplatz beschickt werden müssen. Dann sind Umlagerungen während der Kohlenbewegung, Richtungsänderungen, Benutzung von Förderband, Becherkette, Schüttelrinnen u. dgl. nicht zu vermeiden. Da der Antrieb aller Einzelstücke einer solchen sehr ausgedehnten Anlage durch Elektromotoren erfolgt, ist zu fordern, daß die Steuerung sämtlicher Motoren selbsttätig und derart zwangläufig vor sich geht, wie es die In- und Außerbetriebsetzung erfordert. Einschalten einzelner Motoren von Hand ist bei größeren Anlagen nicht möglich, da anderenfalls Stockungen, Fördergutanhäufung, falsches Abwerfen, Unterbrechung der Förderung nicht zu vermeiden sind. Wesentlich ist weiter, daß

Abb. 239. Wagenkipper, Becherwerk, Übernahmeturm und Gurtförderer.

bei Ausfall eines Antriebes selbsttätig alle Motoren ausgeschaltet werden, damit kein Anlageteil für sich weiterfördern kann. Diese Motorverriegelung muß ferner das Wiederzuschalten so lange verhindern, bis die Störung beseitigt ist, dann aber sofort wieder die Gesamtanlage in allen Teilen in Betrieb setzen.

In Großkraftwerken wird eine Warte auch für die Kohlenförderanlage einzurichten sein, nach der alle Bewegungen, Stockungen, Störungen usw. auf Leuchtschaltbilder, Meßgeräte u. dgl. übertragen werden. Von hier aus ist auch die Fernsteuerung für Umlenkungen zu den einzelnen Kesselhäusern vorzunehmen.

17. Beispiel. An Hand der Abb. 240 bis 244 soll die Bekohlungs- und Entaschungsanlage eines größeren Kraftwerkes im Einzelnen kurz erläutert werden, für das in seiner Gesamtanordnung Abb. 247 zugrunde gelegt ist.

Für den ersten Ausbau erfolgt die Heranschaffung der zur Verfeuerung gelangenden Nußkohle auf dem Bahnwege. Der Gleisplan ist aus Abb. 247 ersichtlich. Die spätere Erweiterung des Kraftwerkes sieht auch eine Anfuhr der Kohle auf dem Wasserweg vor.

Für den ersten Ausbau sind zur Aufstellung gekommen:

1 Kohlenverladebrücke für die Lagerplatzbeschickung,

1 Wagenkipper für die unmittelbare Entleerung der Kohlenwagen,

1 Gurtband längs des Kohlenlagerplatzes zur Beschickung des Pendelbecherwerkes,

1 Pendelbecherwerk zur Beschickung des Kesselhaus-Gurtbandes,

1 selbsttätig arbeitende Kohlenwaage,

1 Verteilungsgurtband für die Beschickung der Kesselbunker,

1 Rangierwindenanlage zum Verholen der Kohlenwagen.

Sämtliche Förderelemente sind für eine stündliche Leistung von 50 t Kohle bemessen.

Der Kohlenlagerplatz hat bei einer Breite von etwa 45 m im ersten Ausbau eine Länge von 45 m, so daß bei einer Schütthöhe von 5 m etwa 6000 t Kohle gestapelt werden können. Diese Menge entspricht einem Kohlenvorrat für etwa 1½ Monate.

Entsprechend dem weiteren Ausbau des Kraftwerkes kann der Kohlenlagerplatz bis zu einer Länge von 150 m und etwa 20000 t Stapelmöglichkeit erweitert werden.

Die Kohlenverladebrücke (Abb. 240) hat eine Spannweite von 45 m und auf beiden Seiten 9,5 m lange Auskragungen der Katzenfahrbahn. Die Auskragung an der Pendelstütze bei der etwa 4 m hohen Stützmauer ist für die spätere Beschickung des Lagerplatzes vom Wasserweg aus vorgesehen.

Die Kohlenverladebrücke ist mit einer Zweischienen-Greiferlaufkatze von 6 t Tragkraft mit einem Mehrseilgreifer von 3 m³ ausgerüstet.

Infolge der an der Küste vorherrschenden starken Winde ist die Verladebrücke gegen Abtreiben durch Wind besonders gesichert worden. Es werden durch einen entsprechend starken Brückenfahrmotor sämtliche acht, in vier Schwebebalken gelagerte Laufräder angetrieben; außerdem ist eine Sicherheitsschaltung für das Brückenfahrwerk eingebaut. Diese Fahrschaltung ist so ausgebildet, daß erst nach elektrischer Abbremsung des Motors durch Gegenstrom auf eine ganz geringe Drehzahl der Bremsmagnet einfällt und somit Stöße im Triebwerk vermieden werden.

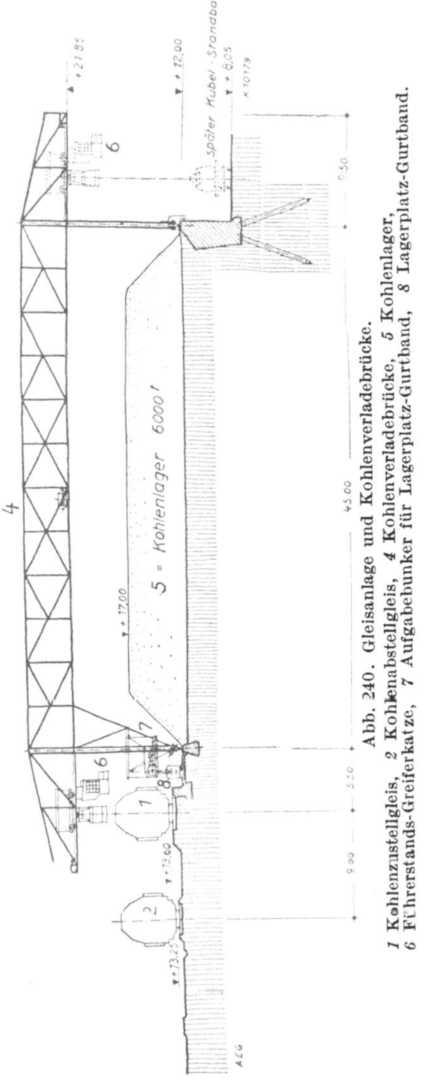

Abb. 240. Gleisanlage und Kohlenverladebrücke.

1 Kohlenzustellgleis, *2* Kohlenabstellgleis, *4* Kohlenverladebrücke, *5* Kohlenlager, *6* Führerstands-Greiferkatze, *7* Aufgabebunker für Lagerplatz-Gurtband, *8* Lagerplatz-Gurtband.

Das Kohlenzustellgleis liegt parallel zum Kohlenlagerplatz und mündet über einen Kohlenkipper in einen Drehwinkel. Die ankommenden Kohlenwagen werden mit der Verladebrücke so weit entleert, als der Greifer noch aus dem Vollen arbeiten kann. Um das zeitraubende Zusammenschaufeln der Kohlenrestmengen in den Wagen zu vermeiden, werden diese mit einer Rangierwinde zum Wagenkipper gezogen und die Restmengen, die immerhin je Wagen noch einige Tonnen betragen, dort in den unter dem Wagenkipper angeordneten, etwa 31 m³ fassenden

Bunker gekippt, wo sie durch das Pendelbecherwerk und das Kesselhaus-Gurtband
unmittelbar den Kesselbunkern zugeleitet werden (Abb. 241 und 242). Der Wagenkipper dient außerdem als Reserve, falls bei der Verladebrücke Betriebsstörungen
eintreten sollten. Er ist in Anbetracht der zu erwartenden Einführung der 30-t-
Kohlenwagen von vornherein für diese Nutzlast gebaut.

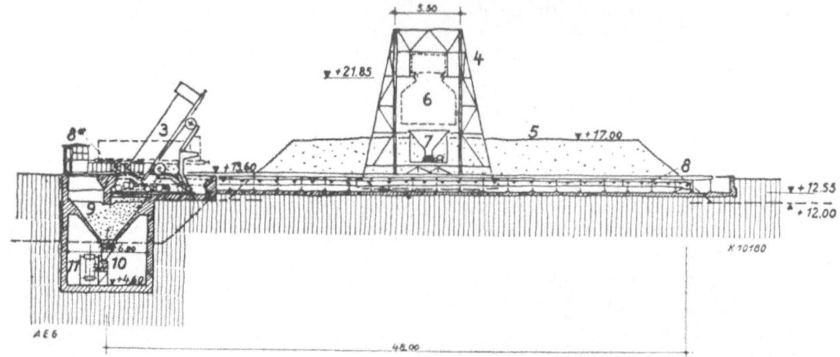

Abb. 241. Lagerplatz-Gurtband und Kohlenkipper.

3 Wagenkipper, *4* Kohlenverladebrücke, *5* Kohlenlager 6000 t, *6* Führerstands-Greiferkatze,
7 Aufgabebunker, *8* Lagerplatz-Gurtband, *8a* Lagerplatz-Gurtband-Antrieb, *9* Kippergrube,
10 Aufgabevorrichtung, *11* Wagerechter Pendelbecherstrang.

Nach dem Kippen werden die leeren Kohlenwagen durch die Rangierwinde
auf den Drehwinkel gefahren, dort gewendet und auf das Abstellgleis abgeschoben.

Die Beschickung der Kesselbunker erfolgt, wenn nicht unmittelbar mit dem
Wagenkipper gearbeitet wird, in der Weise, daß der Greifer der Verladebrücke

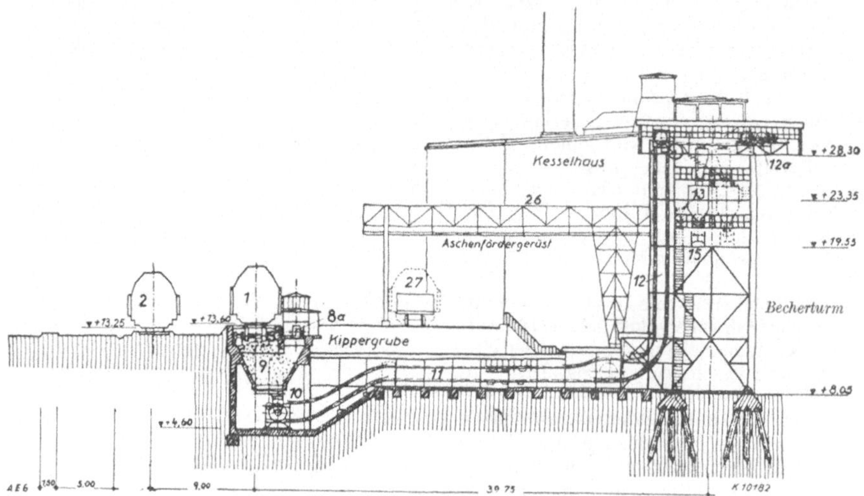

Abb. 242. Pendelbecherstrang und -turm.

1 Kohlenzustellgleis, *2* Kohlenabstellgleis, *3* Wagenkipper, *8a* Gurtband-Antrieb, *9* Kippergrube, *10* Aufgabevorrichtung, *11* Wagerechter Pendelbecherstrang, *12* Senkrechter Pendelbecherstrang, *12a* Pendelbecher-Antrieb, *13* Kohlenwaage, *15* Kesselhaus-Gurtband, *26* Asche-
Fördergerüst, *27* Asche-Abfuhrgleis.

die aufgenommene Kohle in einen an der festen Stütze der Verladebrücke an-
gebrachten Vorratsbunker schüttet. Von hier aus wird die Kohle durch ein kurzes
Plattenband mit Aufgabevorrichtung auf ein 600 mm breites, muldenförmiges

Gurtband aufgegeben, das die Kohle in den Bunker unter den Wagenkipper abgibt (Abb. 241). Das Gurtband ist gegen Einwirkung von Regen, Kohlenstaub

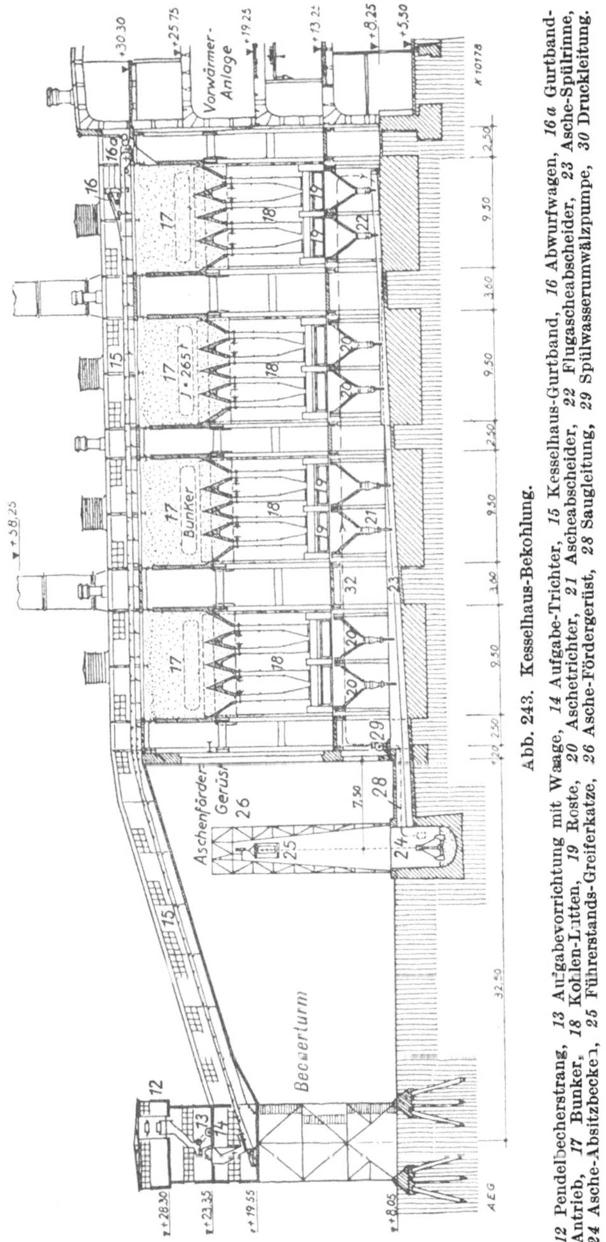

Abb. 243. Kesselhaus-Bekohlung.

12 Pendelbecherstrang, 13 Aufgabevorrichtung mit Waage, 14 Aufgabe-Trichter, 15 Kesselhaus-Gurtband, 16 Abwurfwagen, 16a Gurtband-Antrieb, 17 Bunker, 18 Kohlen-Lutten, 19 Roste, 20 Aschetrichter, 21 Aschetrichter, 22 Flugascheabscheider, 23 Asche-Spülrinne, 24 Asche-Absitzbecken, 25 Führerstands-Greiferkatze, 26 Asche-Fördergerüst, 28 Saugleitung, 29 Spülwasserumwälzpumpe, 30 Druckleitung.

usw. mit abnehmbaren Wellblechtafeln vollständig eingedeckt. Die Aufgabe der Kohle auf das Band kann durch Abnehmen der entsprechenden Wellblechtafeln an jeder beliebigen Stelle erfolgen.

Die vom Gurtband in den Bunker abgeworfene Kohle wird nach Öffnung des Bunkerverschlusses durch eine Aufgabevorrichtung über einem Trommelfüller an ein Pendelbecherwerk abgegeben, das die Kohle auf den etwa 22 m hohen Pendelbecherturm hinaufschafft (Abb. 242). Hier werden die Pendelbecher gekippt und die Kohle über eine selbsttätig arbeitende Waage von 50 t stündlicher Leistung auf das Kesselhaus-Gurtband aufgegeben (Abb. 242 und 243).

Die Eisengerüste des wagerechten und senkrechten Pendelbecherstranges, der Schrägbrücke und der Kesselbunker sind für die Erweiterung schon jetzt zur Aufnahme eines zweiten Fördermittels eingerichtet.

Entaschungsanlage. Die anfallende Schlacke und Asche werden durch Rothstein-Spülapparate in eine mit Schmelzbasaltplatten ausgekleidete Rinne von 4,5 vH Neigung geleitet, die in ein vor dem Kraftwerk angeordnetes Absitzbecken mündet (Abb. 243 und 244). Aus diesem entnimmt eine Pumpe das für die Spülung notwendige Wasser und drückt es durch die Spülgeräte. Das Wasser-Aschegemisch wird durch die Spülrinne zum Absitzbecken zurückgeleitet; es findet also ein Kreislauf des Wassers statt.

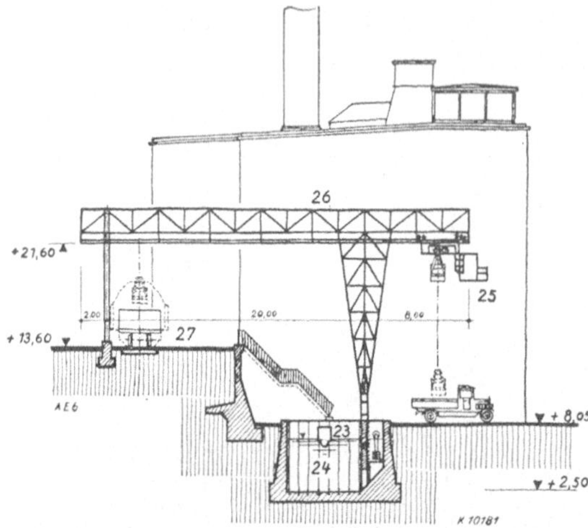

Abb. 244. Asche-Absitzbecken und Verladeanlage.
23 Asche-Spülrinne, *24* Asche-Absitzbecken, *25* Führerstands-Greiferkatze, *26* Fördergerüst, *27* Asche-Abfuhrgleis.

Die in den Absitzbecken gesammelte Schlacke und Asche werden durch eine Verladeanlage mit Einschienen-Greiferlaufkatze von 2,5 t Tragkraft mit einem durchlöcherten Mehrseilgreifer von 1 m³ Inhalt abbefördert. Die Fortschaffung kann in Eisenbahnwagen und Straßenfuhrwerken erfolgen. Die Brückendurchbildung der Katzenfahrbahn ist von vornherein so ausgebildet, daß diese beim weiteren Ausbau des Kraftwerkes ohne weiteres verlängert werden kann. Durch Abnahme des Greifers und Einschäkeln einer Hakentraverse kann die Ascheverladeanlage zugleich als Beförderungsmittel von Lasten bis zu 2,5 t benutzt werden.

Unter jedem Kessel sind außer den Schlacken- und Flugaschefällen zwei Trichter für Rostdurchfallkohle vorgesehen. Die in diesen Trichtern anfallende Kohle wird wieder verwendet und durch einfache Schieber in Aschewagen von ¾ m³ Inhalt abgezogen. Ein elektrisch betriebener Aufzug von 1000 kg

Abb. 245. Kesselhaus mit eisernem Bunker und Beschickungsrohren, ohne zwischengebaute Wiegeeinrichtung.

Tragkraft befördert diese Kohle entweder auf den Heizerstands-Fußboden oder auf das Gleisplanum.

f) Der Kohlenbunker im Kesselhaus wird bei größerer Kesselanlage stets gewählt, weil er die Beschickung der Kessel in bestimmtem

Abb. 246. Kesselhaus mit Betonbunker und eingebauter Wiegevorrichtung in die Füllrohre.

Umfang unabhängig von der Kohlenförderanlage macht, also eine Reserve darstellt. Ferner schwankt der stündliche Kohlenverbrauch des einzelnen Kessels zumeist innerhalb eines Betriebstages mehr oder weniger stark. Auch dieser Ausgleich zwischen Fördermenge und Verbrauch wird durch den Bunker geregelt. Der Bunker liegt über dem

Kesselbedienungsgang und ist durch Füllrohre und Trichter mit den einzelnen Feuerstellen verbunden.

Für die Größe des Bunkers ist einmal die sich aus den Tages-Betriebsverhältnissen des Werkes ergebende Brennstoffmenge, ferner die Belieferung des Kraftwerkes mit Brennstoff an sich maßgebend. Auch auf Störungen in der Beschickung des Bunkers ist Rücksicht zu nehmen. Zum mindesten wird der Bunker für einen Tagesverbrauch der Kessel bei angestrengtem Betrieb bemessen. Zur Vermeidung von Bunkerbränden ist namentlich bei leicht entzündbarer Kohle darauf zu achten, daß die Lagerhöfe der Kohle nicht zu groß gewählt werden. Querstege zwischen den einzelnen Kesselabschnitten im Bunker sind empfehlenswert, um einen Bunkerbrand leichter einzudämmen und ablöschen zu können. Die Bunkertaschen müssen ferner so gebaut sein, daß stets vollständige Entleerung erzielt wird, sowie die Bildung von Kohlennestern, Kohlensäcken und das Zurückbleiben von Kohlengrus verhindert wird.

Der Bunker mit seinem Tragwerk, seinem Platzbedarf und die dann erforderliche besondere Durchbildung des Kesselhauses erfordert große Anlagekosten. Es ist daher sorgfältig zu untersuchen, ob besonders bei kleinen Werken seine Wahl durch die gesamten Betriebsverhältnisse gerechtfertigt ist, oder andere Brennstoffzuführungsmöglichkeiten und die Lagerung auf dem Kohlenplatz zweckmäßiger sind. Gebaut wird der Bunker entweder in Eisen (Abb. 245) oder neuerdings auch vielfach in Beton (Abb. 246). Der Bunker darf die Tageslichtzuführung zum Kesselhaus und zum Kesselbedienungsgang nicht stören. Das ist bei der Dachdurchbildung zu beachten.

28. Die bauliche Ausgestaltung von Dampfkraftwerken.

a) Die Lage von Kessel-, Maschinen- und Schalthaus zueinander auf gegebener Grundfläche wird durch die Größe und Grenzen der Baufläche, die Brennstoffzuführung und -lagerung, die Zahl und Größe der Kessel und Maschinen und die sich aus ihrer Einzelanordnung ergebende Lage der betreffenden Raumachsen zueinander bestimmt, ferner aus der Erweiterungsfähigkeit der Gesamtanlage nach einer bestimmten, durch den Grundstücksschnitt und die Umgebung festgelegten Richtung und schließlich aus der Zahl und Richtung der abgehenden Fernleitungen. Sind Kühltürme notwendig, so müssen diese von vornherein mit berücksichtigt werden.

Über die Gesichtspunkte für die Auswahl des Kraftwerksgrundstückes ist auf S. 43 bereits gesprochen worden. Das war notwendig, um die Wahl der maschinellen Einrichtungen richtig zu treffen. Sind alle grundlegenden Fragen nach dieser Richtung geklärt, dann erst kann die Bearbeitung des Gesamtentwurfes in Angriff genommen werden.

In Abb. 247 bis 249 sind drei Lagepläne für Dampfkraftwerke wiedergegeben, aus denen ein Überblick über den Aufbau eines Werkes gewonnen werden kann.

Das Kraftwerk Abb. 247 liegt außerhalb bewohnter Gegenden an einem großen schiffbaren Fluß und in der Nähe von Haupteisenbahnlinien. Daraus ergeben sich die Verhältnisse für Brennstoffzufuhr, Aschebeseitigung und Frischwasserkühlung für die Kondensatoren. Das Kraftwerk liegt zwischen dem Wasserentladeplatz und der Kohlenhalde, die Erweiterung ist nach Nord-West vorgesehen, die Freileitungen laufen nach Süd-Ost.

Den Lageplan des Großkraftwerkes Rummelsburg der Berliner Licht- und Kraft A. G. zeigt Abb. 248. Die Brennstoffzuführung erfolgt ebenfalls auf dem Wasser- und Eisenbahnweg. Die Kondensation arbeitet mit Frischwasser aus der Spree. Der Kohlenplatz grenzt unmittelbar an das Kraftwerk. Für alle Bewegungen auf dem Kraftwerksgrundstück

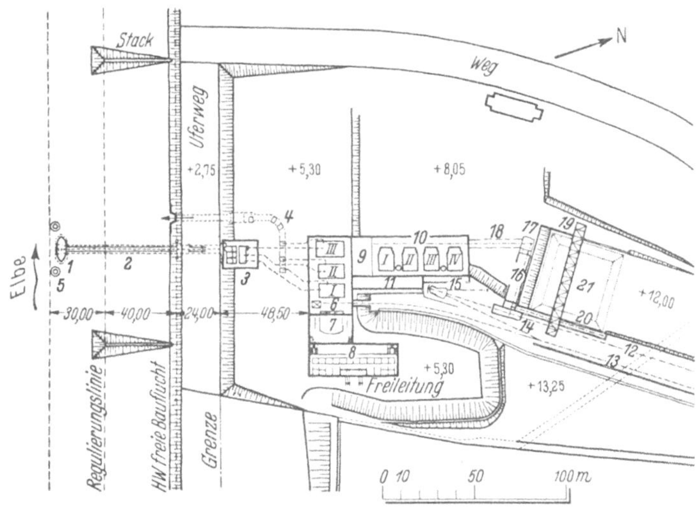

Abb. 247. Lageplan des Kraftwerkes Schulau der Elektrizitätswerk Unterelbe A.-G., Altona.

1 Strompfeiler, *2* Einlauf-Kanäle, *3* Siebhaus, *4* Auslauf-Kanal, *5* Ducdalben, *6* Maschinenhaus, *7* 5 kV- und Eigenbedarfs-Schalthaus, *8* 60 kV-Schalthaus, *9* Vorwärmer-Anlage, *10* Kesselhaus, *11* Nebenräume, *12* Kohlen- Zustellgleis, *13* Abstell- und Montagegleis, *14* Kipper mit Brechergrube, *15* Drehweiche, *16* Bandförderer, *17* Bandförderer-Turm, *18* Gurtförderband, *19* Kohlenlager-Brücke, *20* Lager-Gurtförderband, *21* Kohlenlager.

sind Gleisanlagen vorhanden, die Anschluß an die Eisenbahn erhalten haben.

Für ein Kraftwerk unmittelbar in der Nähe einer Braunkohlengrube, das mit rückgekühltem Wasser arbeitet, zeigt Abb. 249 den Lageplan. Ein Kohlenlagerplatz ist nicht vorhanden; zahlreiche Gleise erleichtern auch hier, abgesehen von der Brennstoffzuführung zu den Kesselhäusern, den Verkehr auf dem Kraftwerksgrundstück. Besonders zu beachten ist die große Grundfläche, die die Kühltürme einnehmen.

Für die Aufstellung der Maschinensätze mit ihren Längsachsen parallel oder hintereinander sind bestimmend die Gesamtbaulänge einschließlich eines ausreichenden Umganges, die sich daraus ergebende Breite des Maschinensaales für den Kran, die Länge oder Breite des Kesselhauses aus der Zuführung des Brennstoffes, eine gute Rohrführung für Frischdampf und die Kühlwasserzu- und -ableitung. Für die

Gesamtlänge des Maschinensatzes sind in den Zahlentafeln 9 bis 13 Angaben enthalten. Sie richtet sich nach der Leistung und den Dampfverhältnissen. Für Ein- und Zweigehäusemaschinen bis zu Leistungen von etwa 30000 kW wird immer die Parallelaufstellung als die wesentlich vorteilhaftere gewählt werden können. Bei größerer Einzelleistung und Dreigehäusemaschinen müssen die Maschinen hintereinander also mit den Längsachsen in einer Flucht stehen. Abb. 250 bis 252 geben einen Überblick über die Maschinenräume bei beiden Aufstellungsformen. Da

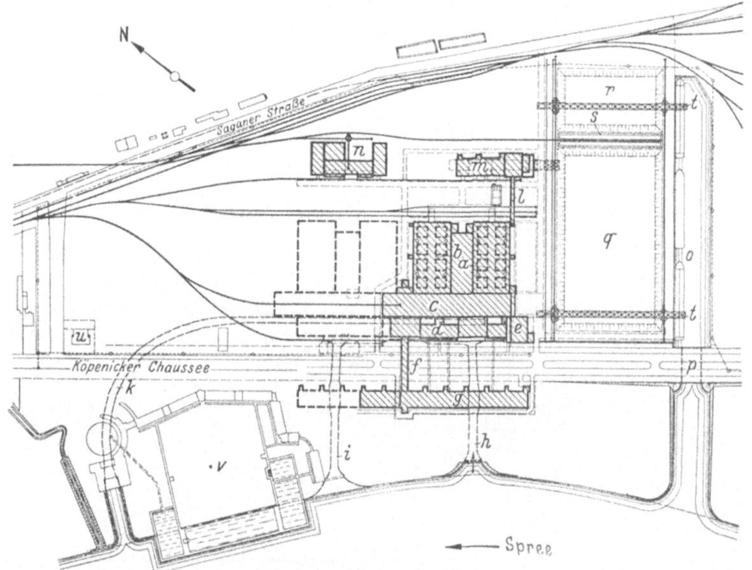

Abb. 248. Lageplan des Großkraftwerkes Klingenberg der Berliner städtischen Elektrizitätswerke A.G.[1]

a Kesselhaus A, *b* Kesselhaus B, *c* Turbinenhaus, *d* Turbinenhausvorbau, *e* Verwaltungsgebäude, *f* Verbindungsbrücke zum 30 kV-Schalthaus, *g* 30 kV-Schalthaus, *h* Kühlwasserzulaufkanal, *i* Kühlwasserzulaufkanal, spätere Erweiterung, *k* Kühlwasserablaufkanal, *l* Verbindungsbrücke zur Kohlenmahlanlage, *m* Kohlenmahlanlage, *n* Werkstatt- und Lagergebäude, *o* Stichkanal für Kohlenanfuhr, *p* Straßenbrücke über den Stichkanal, *q* Großer Kohlenlagerplatz, *r* Kleiner Kohlenlagerplatz, *s* Kohlenschüttgrube, *t* Lagerplatzbrücke, *u* Kasino, *v* Badeanstalt.

heute schon in mittleren Kraftwerken eine unmittelbare Verständigung zwischen der Maschinen- und Schaltwartenbedienung von Mund zu Mund nicht mehr erfolgt, sondern dafür elektrische Fernbefehlsanlagen gewählt werden, ist die Lage der Warte zum Maschinensaal nicht mehr von besonderer Bedeutung. Immerhin ist eine Augenverständigung und eine gute Übersicht sehr zu begrüßen, wenn die Warte an den Maschinensaal angrenzt. Abb. 250 zeigt betriebstechnisch eine sehr günstige Lösung, ohne daß die Geräuschübertragung der laufenden Maschinen nach der Warte die dortige Bedienung in irgendeiner Weise stört. Abb. 251 ist bei Abendbeleuchtung aufgenommen, um zu zeigen, daß auch der Beleuchtungsfrage mit schattenloser Lichtverteilung vom Betrieb große Aufmerksamkeit entgegenzubringen ist.

---

[1] Z. VDI 1927 Nr. 53.

Die Warte zu Abb. 252 liegt vom Maschinensaal räumlich weit getrennt, so daß hier eine Augenverbindung nicht hergestellt werden konnte. Ein betrieblicher Nachteil ist damit aber in keiner Weise verbunden.

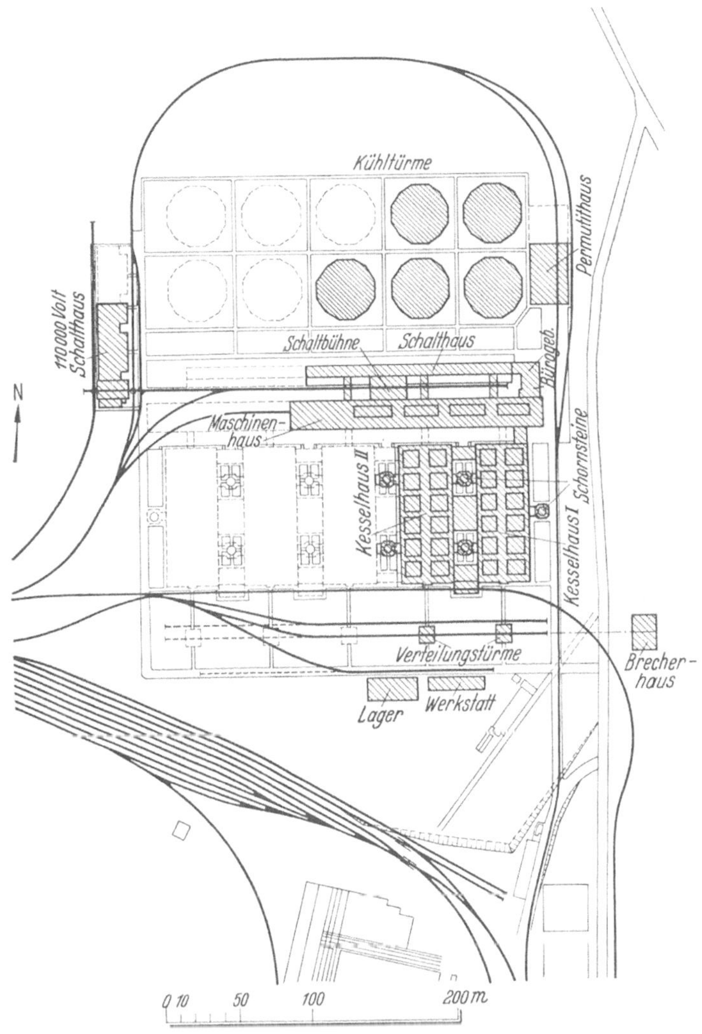

Abb. 249. Großkraftwerk Fortuna II der „Rheinisches Elektrizitätswerk im Braunkohlenrevier A.G.‘‘ Köln. 2 Kesselhäuser mit Steilrohrkesseln 15,5 atü, 375° C, Treppenrostfeuerung, Rohbraunkohle 1800 kcal/kg, 5 Turbosätze zus. 115000 kVA, 6,3 kV Drehstrom. Voller Ausbau 230000 kVA.
Lageplan, Kesselhäuser, Maschinenhaus, 25- und 110-kV-Schalthaus.

Die Aufstellung der Kessel[1] richtet sich nach deren Zahl und Größe, sowie nach der Zuführung des Brennstoffes. Die einfachsten

---

[1] Münzinger, F.: Einfluß der Ausbildung der Kesselanlage auf die Baukosten von Elektrizitätswerken. Forschung und Technik. Im Auftrage der AEG herausgegeben von W. Petersen. Berlin: Julius Springer 1930.

Wege sind dabei anzustreben. In möglichster Anpassung an die Maschinenaufstellung werden die Kessel alle nebeneinander oder in zwei Reihen mit dem Kesselbedienungsgang senkrecht bzw. parallel zur Längsachse des Maschinenhauses angeordnet.

Bei der Durchbildung der Gesamtanlage ist von vornherein ganz besonders auf die Erweiterung Rücksicht zu nehmen.

Der Zusammenbau nach Abb. 253 hat folgende Vorzüge und Nachteile, wenn angenommen wird, daß die Belieferung des Kesselhauses mit Brennstoff von Süden erfolgt, die Erweiterung nach Norden in Aussicht zu nehmen ist und die Fernleitungen nach Westen abgehen.

Abb. 250. Blick auf die Warte aus dem Maschinensaal des Großkraftwerk Erfurt A.G.

Maschinen- und Kesselhaus werden so bemessen werden können, daß beide Längsabmessungen gleich werden. Die Erweiterungsfähigkeit an sich ist für M (Maschinenraum), K (Kesselhaus) und S (Schalthaus) gut, doch bleiben dann die Gebäudelängsachsen nicht mehr in Übereinstimmung. Um letzteres zu erreichen, ist schon beim ersten Ausbau in den Kesselhausabmessungen und der Lage der Dach- und Bunkerträger auf spätere Aufstellung von Hochleistungskesseln Rücksicht zu nehmen. Der Platz für die Schornsteine kann bei a, b oder c gewählt werden[1]. Bei a besteht der Nachteil, daß die Gesamtfront von Maschinen- und Kesselhaus, die unter Umständen für Nebenräume vollständig in Anspruch genommen werden muß, zu unterbrechen ist. Die Fuchsführung ist zu lang. Ähnliches gilt für den Platz b. Eine gute Aufstellung ist die bei c, weil dann die Länge der Füchse kleiner ausfällt und Räume zwischen M und K anfallen, die betrieblich sehr gut für die Pumpen und für Nebenzwecke (Werkstatt, Aufenthaltsräume) verwertet werden können.

---

[1] Auf die Anordnung der Schornsteine über den Kesseln oder die Wahl von Saugzugschloten ist hier nicht Rücksicht genommen worden.

Abb. 251. Blick aus der Warte in den Maschinensaal, Maschinen nebeneinander.
Großkraftwerk Erfurt.

Abb. 252. Blick in den Maschinensaal Zschornewitz, Maschinen hintereinander.

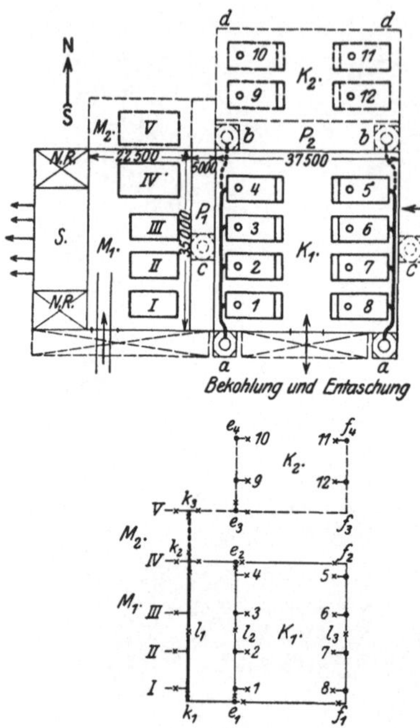

Abb. 253. Gesamtentwurf I eines Kraftwerkes mit Rohrplan. Maschinen- und Kesselhauslängsachsen parallel.

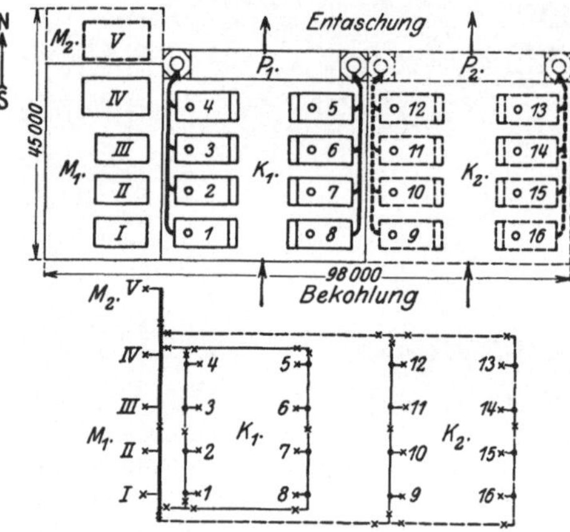

Abb. 254. Gesamtentwurf II. Maschinen- und Kesselhauslängsachsen senkrecht. Ununterbrochene Front vorhanden. Erweiterung von M und K nicht in Übereinstimmung. Bekohlung bei Erweiterung ungestört. Eingliederung der Dampfleitungen aus der Erweiterung von K_2 nicht gut. Schornsteinplätze mit Rücksicht auf Fuchsführung gut. Lage der Pumpenräume P zwischen den Schornsteinen gut. Explosionsausdehnung in K_1 bzw. K_2 für den Mittelteil umfangreicher. Bei nicht durch Mauer getrennten K_1 und K_2 Vernebelungsmöglichkeit beider K bei Rohrbruch und dadurch größerer Umfang der Betriebsstörung. Frischdampfleitungen für K_2 ungünstiger und länger.

Ist mit baldiger Erweiterung zu rechnen, ist Pumpenraum P_1 zu wählen. Werden die Schornsteine an der Stelle b vorgesehen und von vornherein reichlich bemessen, wird zwar damit die Erweiterung gestört, doch ist diese Ausführung dann die günstigste, wenn die Pumpen in P_2 aufgestellt werden. Die Erweiterung ist auch ohne Betriebsunterbrechung in der Bekohlung durchführbar. Die Hauptdampfleitungen lassen bei der in Abb. 253 eingetragenen Form für den I. Ausbau gute Beweglichkeit in der Zu- und Abschaltung von Rohrsträngen und Kesseln zu, wenn z. B. die beiden zur Sammelleitung vor den Maschinen führenden Anschlußrohrleitungen nach dem Rohrplan Abb. 199 mit Ventilen ausgerüstet werden. Für die Erweiterung K_2 ist der Anschluß an das vorhandene Dampfleitungsnetz nicht günstig. Die Beweglichkeit im Zu- und Abschalten einzelner Kessel von K_2 oder einzelner Rohrstücke wird erhöht, wenn bei $e_4 f_4$ der Zusammenschluß zum Ring vorgenommen wird.

Gegen die Übersichtlichkeit im Maschinen-, Pumpen- und Kesselraum ist nichts Besonderes zu sagen. Der Betriebsverkehr läßt sich gut abwickeln. Die Schaltanlage liegt ebenfalls gut. Für die Erweiterung des Schalthauses müßten die zu beiden Seiten vorgesehenen Nebenräume NR benutzt werden, die, falls sie schon beim I. Ausbau mit hochgeführt werden, entsprechend zu bemessen sind.

Kann die Kesselanlage nur nach Osten erweitert werden, so zeigt Abb. 254 die dann mögliche Durchbildung. Sie ist in vieler Beziehung ungünstig und sollte daher nicht gewählt werden. — Erfolgt die Bekohlung von Osten und demnach die Aufstellung der Kessel zur Lage der Maschinen nach Abb. 255, so ist

in Gegenüberstellung zu Abb. 253 hinsichtlich der Vorzüge und Nachteile folgendes hervorzuheben.

Die Stirnwandlängen für Maschinen- und Kesselhaus werden zumeist voneinander abweichen.

Die architektonische Durchbildung der Front wird nicht besonders einfach. Die Schornsteine können entweder bei a oder c und für die Erweiterung von K bei b Platz finden. Wird a vorgesehen, so entfällt ein Teil der Kesselhausfront nach Norden und Süden für den Anbau von Nebenräumen. Günstiger ist der

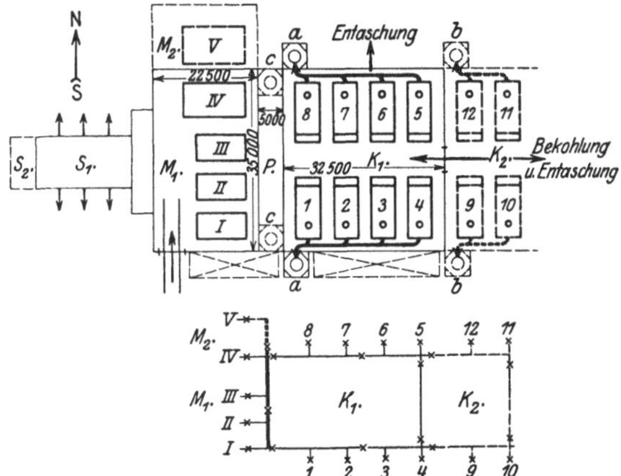

Abb. 255. Gesamtentwurf III. Maschinen- und Kesselhauslängsachsen senkrecht. Beste Lage der Schornsteine bei a und b, des Pumpenraumes bei P. Bekohlung wird bei Erweiterung gestört. Frischdampfleitungen von K_2 lassen sich bei entsprechender erster Durchbildung der Leitungen von K_1 gut eingliedern. Explosionsausdehnung größer. Gleichzeitige Vernebelungsgefahr für K_1 und K_2. Maschinenlängsachsen senkrecht zu Kessellängsachsen.

Platz c oder b, wenn die Schornsteine gleich für die Erweiterung bemessen werden. Es ist darauf zu achten, daß die Schornsteinsohlplatten bauliche Schwierigkeiten und solche in der Führung der Kühlwasserkanäle bereiten können. Die Bekohlungseinrichtungen müssen von vornherein der Erweiterung Rechnung tragen, um keine Betriebsunterbrechung eintreten zu lassen. Die Führung der Hauptdampfleitungen ist, da eine einfache Ringbildung möglich, sehr einfach und die Beweglichkeit durch diesen Zusammenschluß als gut zu bezeichnen. Die Zuführung des Dampfes aus dem Erweiterungsbau setzt voraus, daß die Dampfsammelleitungen über den Kesseln von K_1 für die Führung der größeren Dampfmenge aus K_2 von vornherein bemessen werden. Das gilt auch für die Speisewasserleitungen. Das Schalthaus hat bei der Richtung der abgehenden Leitungen nach Abb. 255 eine leichtere Erweiterungsmöglichkeit als in Abb. 253.

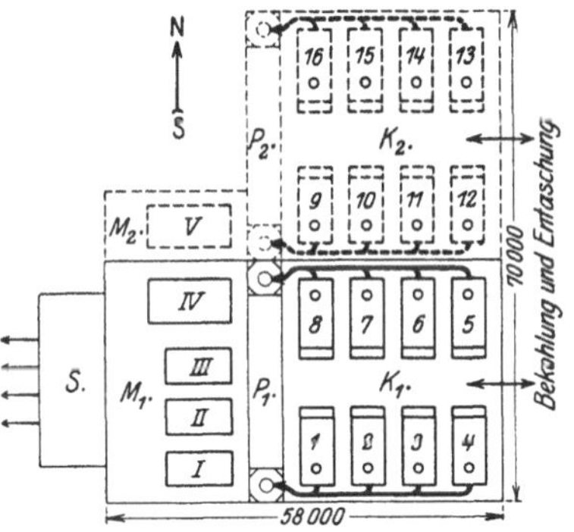

Abb. 256. Front bleibt bei Erweiterung von M und K nicht in Übereinstimmung. Bekohlung bei Erweiterung ungestört. Schornsteinplätze für Fuchsführung gut. Lage der Pumpenräume P_1 und P_2 zwischen den Schornsteinen gut. Eingliederung der Frischdampfleitungen von K_2 nicht günstig. Explosionsausdehnung auf M durch Pumpenraum abgeschwächt, zwischen K_1 und K_2 durch Mittelmauer ebenfalls. Gleichzeitige Vernebelungsgefahr von K_1 und K_2 nicht vorhanden.

Bei der Bekohlung von Osten und der Kesselhauserweiterung nach Norden entspricht die Gesamtdurchbildung der Abb. 256. Sie ist nach dem bisher Gesagten leicht zu beurteilen und zeigt gegenüber Abb. 253 keine wesentlichen betrieblichen Abweichungen.

Bei Großkraftwerken sind die Untersuchungen über die vorteilhafteste Form des Zusammenbaues nach den gleichen Gesichtspunkten

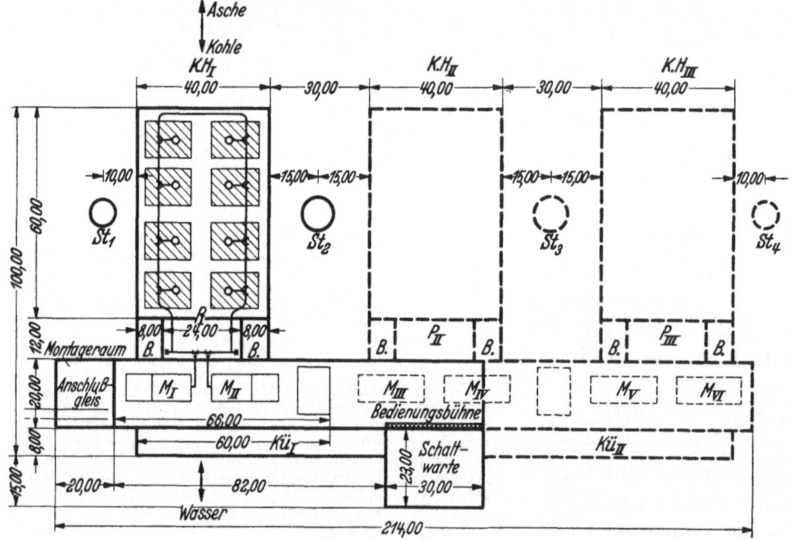

Abb. 257. Kraftwerksgrundriß; Kesselhausachse senkrecht zur Maschinenhausachse. Maschinenaufstellung hintereinander. Schornsteinzug.

K.H Kesselhäuser, *P* Pumpenräume, *M* Maschinen, *B* Betriebsräume, *Kü* Kühlwasserpumpe *St* Schornsteine.

durchzuführen. Zu beachten ist dabei besonders, daß reichliche Nebenräume geschaffen werden, die der Betrieb stets gern begrüßt. In Abb. 257 bis 261 sind hierfür einige Beispiele gezeichnet, nach welchen heute Groß-

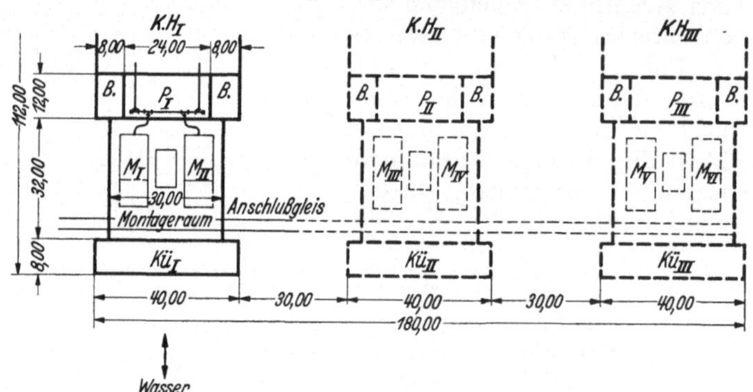

Abb. 258. Kraftwerksgrundriß. Aufgelöste Bauart.

kraftwerke auch bei großer Kesselzahl (z. B. Braunkohlenfeuerung) gebaut werden. Die Maschinen stehen in Abb. 258 und 261 parallel zueinander, in Abb. 257, 259 und 260 mit ihren Achsen in einer Richtung senkrecht oder parallel zu der Längsachse der einzelnen Kesselhäuser.

Die Kessel werden auf mehrere, voneinander unabhängige Kesselhäuser verteilt, zwischen denen, um gute Raumausnutzung zu erreichen, die Schornsteine, Pumpenräume und Nebenräume für die Heizer vorgesehen

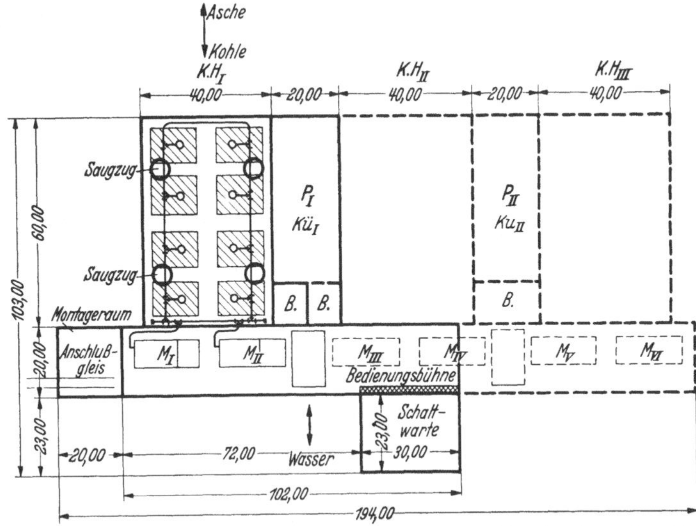

Abb. 259. Kraftwerksgrundriß; Kesselhausachse senkrecht zur Maschinenhausachse. Maschinenaufstellung hintereinander. Saugzug. Pumpenräume zwischen den Kesselhäusern.

werden. Das gibt dann auch die beste Möglichkeit der Erweiterung und schließlich die einfachste Führung sämtlicher Rohrleitungen. Die Be-

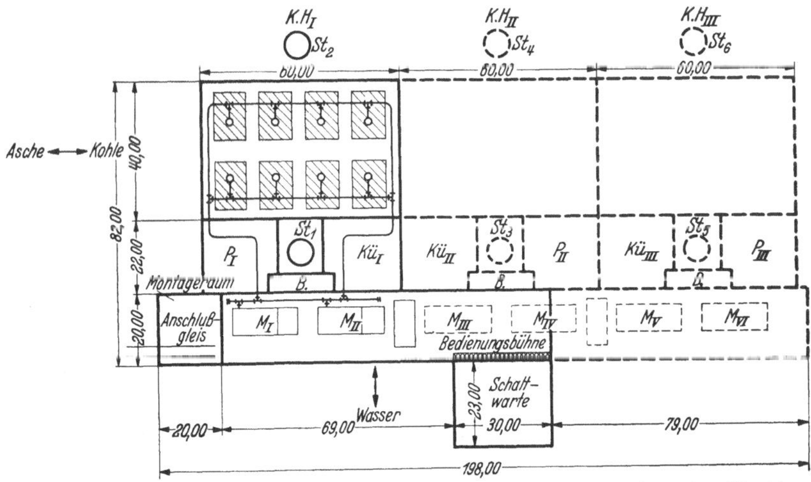

Abb. 260. Kraftwerksgrundriß; Kesselhausachse gleichlaufend mit Maschinenhausachse. Maschinenaufstellung hintereinander. Schornsteinzug.

kohlung erfolgt entweder von Norden oder von Westen bzw. Osten. Über das Schalthaus ist hier nichts mehr besonders zu erwähnen, da es getrennt angelegt gedacht ist. Die Schaltwarte liegt am Maschinenhaus.

Die Planbearbeitung für Abb. 257 bis 261 erstreckt sich auf ein Kraftwerk mit zunächst 2×25000 kW Maschinenleistung bei 40 atü Kesseldruck und soll die Erweiterung bis auf 150000 kW bei vorerst gleichen Maschineneinheiten umfassen. Die Kühlwasserverhältnisse begrenzen die Höchstleistung. Die Kohlenzufuhr soll von Norden oder Westen bzw. Osten untersucht werden. Die Abmessungen sind in runden Zahlen eingetragen.

Bei der Beurteilung der einzelnen Entwürfe ist darauf aufmerksam zu machen, daß einmal gemauerte Schornsteine, ein zweites Mal Saugzug oder auf das Kesselhaus aufgesetzte Schornsteine gewählt worden sind. Daraus bestimmt sich wesentlich der Gesamtplatzbedarf und die Raumgewinnung für die Pumpen-, Vorwärmer- und Nebenanlagen. Auch die verschiedenen Erweiterungsmöglichkeiten sind dargestellt.

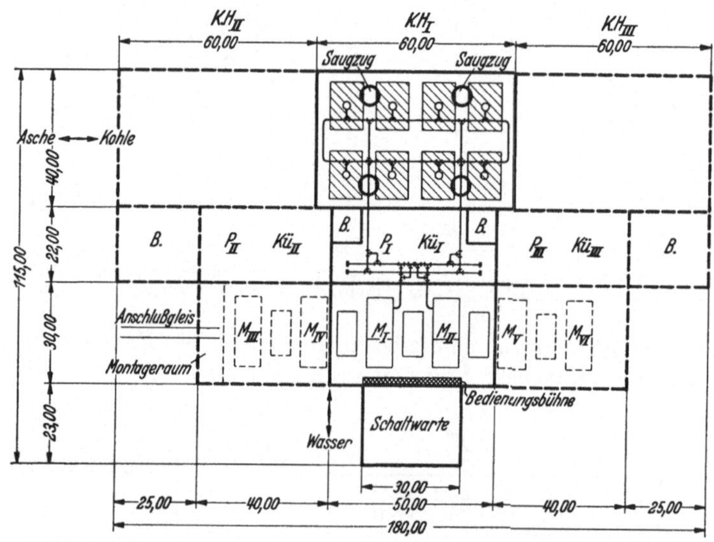

Abb. 261. Kraftwerksgrundriß; Maschinenaufstellung nebeneinander. Saugzug.

Abweichend von allen Entwürfen ist Abb. 258. Hier werden 3 gewissermaßen selbständige Kraftwerke gebildet, die wie die anderen Planungen in den Dampf- und Wasserleitungen die gleichen Verbindungen erhalten sollen, um die gegenseitigen Reserven nicht zu beeinträchtigen. Betrieblich sind gegen diese Trennung keinerlei Bedenken zu erheben, weil eine Verständigung über Befehls- und Fernsprechanlagen mit der Hauptwarte des Werkes vorgesehen sein soll. Wehrpolitisch genügt diese Aufteilung schon weitgehenden Forderungen. Eine wesentliche Bauverteuerung ist nicht anzunehmen, trotzdem jedes Kraftwerk eine eigene Krananlage erhalten muß.

Die Aufstellung der Kessel nach Abb. 260 und 261 hat den Vorteil, daß die Bekohlungsanlagen einfach und billig werden.

Die Beurteilung des Gesamtentwurfes wird sich nach der Kostenermittelung in ihrem Ergebnis auf den Vergleich des jedesmal umbauten Raumes, der in Anspruch genommenen Grundfläche und der Betriebsabwicklung zu erstrecken haben. Weitere Einzelheiten zu den Entwürfen zu geben, erscheint nicht mehr erforderlich.

Abb. 263 zeigt das dem Grundrisse Abb. 262 entsprechende Gesamtbild eines derart gebauten Großkraftwerkes. Weitere Erläuterungen können auch hierzu unterbleiben.

b) Allgemeines über die Bauausführung. Die Sohle sämtlicher Gebäude wird heute zumeist zu ebener Erde mit einer Erhöhung von etwa 10 bis 20 cm gewählt, um das Eindringen von Tageswässern zu verhindern. Je nach den Bodenverhältnissen und dem Grundwasser-

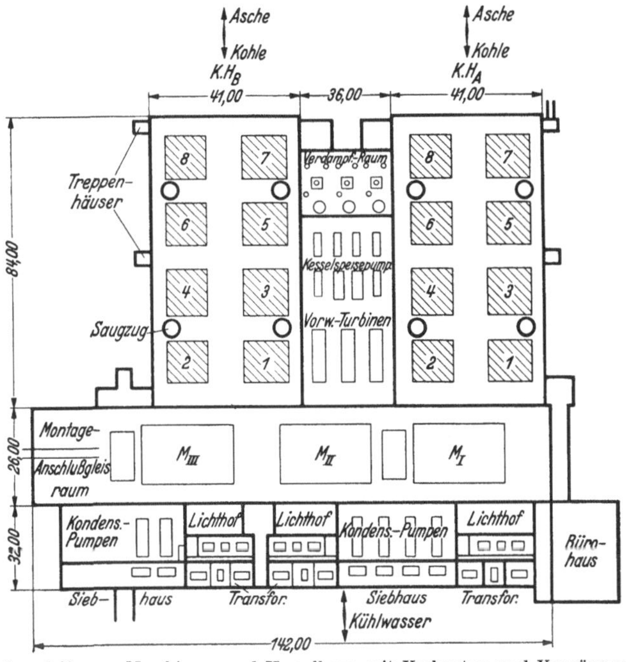

Abb. 262. Grundriß von Maschinen- und Kesselhaus mit Vorbauten und Vorwärmeranlage des Großkraftwerkes Klingenberg der Berliner städtischen Elektrizitätswerke A.G.
3 Turbogeneratoren von je 80000 kW, 16 Kessel für 35 atü, 420° C, je 1750 m² Heizfläche, Kohlenstaubfeuerung, Kondensatvorwärmung durch Abdampf von 3 besonderen Vorwärmerturbinen von je 10000 kW.

stand wird die Sohle entweder unmittelbar auf tragfähigem Baugrund oder auf einem Pfahlrost betoniert. Tiefe Ausschachtungen mit Unterkellerung der Maschinen- und Kesselräume kommen heute nur noch selten zur Ausführung. Das ergibt dann, daß die Aschekeller und Kondensatorräume zu ebener Erde liegen und die Maschinen sowie die Kessel hoch gelegt werden. Auszugehen ist gegebenenfalls von der Kühlwasserzu- und -abführung, sofern es sich um Frischwasser handelt, weil die Höhe des Wasserspiegels hier bestimmend ist, und zwar ist darauf zu achten, daß die Saug- und Druckhöhe zusammen möglichst gering ausfällt (gewöhnlich bis etwa 10 m). Das warme Kühlwasser soll frei abfließen können. Vorarbeiten nach dieser Richtung werden durch die Angaben in den vorangegangenen Abschnitten über Maschinenabmessungen leicht durchgeführt werden können. Alsdann ergibt sich hieraus die Höhe des Maschinenfußbodens. Sehr wesentlich ist, wenn irgendmöglich auch den Pumpen- und Kesselraum auf die Höhe des Maschinenfußbodens zu bringen. Das ergibt für die gesamte Bedienung die gefahrlosesten, besten und einfachsten Wege. Treppen können dann auf den Hauptwegen ganz vermieden werden, was der Betrieb immer sehr begrüßt.

Als Grundsätze für die Bauausgestaltung gelten:

Licht und Luft in allen Räumen,

in die Höhe, nicht in den Untergrund bauen,

Einbringen aller Maschinenteile in die Werksräume in Flurhöhe,

gute Übersicht über Maschinen und Kessel,

möglichste Unabhängigkeit der einzelnen Betriebsräume wegen Explosions-, Vernebelungs- und Wassergefahr,

glatte Betriebsabwicklung in allen Räumen.

Um ferner schwere Maschinenstücke von Gelände- auf Maschinenraumflur zu bewegen, sind Montageluken im Maschinenhaus-Fußboden vorzusehen, die vom Maschinenhauskran bestrichen werden können.

c) Maschinenräume. Die Maschinenraum- und Kondensatorkellerhöhe werden durch die Abmessungen der unterzubringenden Einzelteile bestimmt. Die Höhe der Kranbahn soll so gewählt werden, daß einzelne Teile instandzusetzender Maschinen auch im Betrieb über die anderen Maschinen hinweggefahren werden können.

Zur Abstellung, für Prüfungen, Instandsetzungsarbeiten, Auswechselungen muß für jede Maschinenanlage genügender Platz vorhanden sein. Die Verbindung mit der Werkstatt soll ebenfalls möglichst einfach herstellbar sein.

Die Krananlage im Maschinenhaus richtet sich nach den zu bewegenden Stückgewichten, die im einzelnen vom Maschinenhersteller anzugeben sind. Mitbestimmend für die Kosten ist ferner die Spannweite, die durch die Aufstellung der Maschinen quer oder in Richtung der Maschinenlängsachse festgelegt wird.

Größere Maschinenhauskrane werden von einem angebauten Kranführerhaus bedient, kleinere Krane vom Maschinenhausflur durch Seilzugschalter gesteuert.

Die Kran- und Katzfahrgeschwindigkeiten werden von den Kranherstellern nach Erfahrungen gewählt. Eine für schwere Stücke ausgeführte Katze wird gerne noch mit einem zweiten Windwerk und Kranhaken für leichte Stücke ausgerüstet, um bei leichteren Montagearbeiten schnellere Bedienung zu erreichen. Es wird entweder der Hubmotor über ein Getriebe umgeschaltet oder ein besonderer kleiner Motor vorgesehen.

Liegen die Einzelgewichte über etwa 40 bis 60 t, dann sind oft zwei Krane für je die Hälfte Belastung zweckmäßiger, zumal sie größere Bewegungsfreiheit nicht nur bei der Hauptmontage und der Aufstellung von neuen Maschinen, sondern auch im Regelbetrieb gewährleisten.

Die Stromart für die Motoren richtet sich nach der Stromart, die für die anderen Hilfs- und Nebeneinrichtungen gewählt wird.

Bei der Platzbedarfsfeststellung für die Maschinen ist besonders darauf zu achten, daß der Kran nicht nur die Maschinen, sondern auch

Abb. 263. Ansicht des Großkraftwerkes Klingenberg der Bewag. Links von der Straße 30 kV-Schalthaus, rechts im Vordergrund Bürohochhaus mit Hochbehältern, anschließend Maschinenhaus, Kesselhaus und Kohlenaufbereitungsanlage Bauten in Eisenfachwerk; Rohziegelbau mit Flachziegelmusterung, lange, senkrechte Linienführung, große Fensterflächen (AEG).

die Abstellplätze mit genügendem Raum für die Arbeiter bestreichen kann. Zwischen den Maschinen müssen Bedienungsluken vorhanden sein, um Maschinenstücke der Kondensationsanlagen ein- und ausbringen zu können.

Im Kondensatorkeller und Pumpenraum werden sich Hilfskrane oder fahrbare Laufkatzen oft schwer einbauen lassen, weil die Rohrleitungen hindern. Man sollte das aber nicht immer ohne eingehende Prüfung als Tatsache hinnehmen, sondern auch diesen Teil des Entwurfes gründlich durcharbeiten, weil solche Krananlagen besonders im Betrieb die Zeiten für Instandsetzungen, Auswechselungen und Überprüfungen wesentlich abkürzen und die Arbeiten unter Umständen mit erheblicher Kostenersparnis erleichtern können.

Als selbstverständlich gilt ferner für den Maschinenraum gute Übersicht vom Betriebsbüro oder der Schaltbühne, was bei breitgebauten Räumen leichter möglich ist, als bei Aufstellung der Maschinen hintereinander. Der Anstrich der Wände soll einfach und tunlichst in weißer Farbe gehalten werden, um die Lichtverhältnisse zu verbessern (auch für den Kondensatorkeller). Als zweckmäßig hat es sich ergeben, die Wände in Reichhöhe mit Kacheln oder Fliesen zu belegen, um sie stets sauber halten zu können. Der Fußboden soll entweder mit gerauhten Kacheln oder mit stumpfen Linoleummatten in einfachster Weise abgedeckt werden, wobei Verzierungen und Musterungen nicht in ein Maschinenhaus gehören. Gummiläufer haben sich auch bewährt.

d) Pumpenräume. Die Aufstellung der Pumpen und die Rohrleitung sollen weitgehendst durchgearbeitet werden, um auch hier bei geringstem Raum größte Übersicht und leichte Bedienung zu erreichen. Pumpen für Feuerlöschzwecke und wo notwendig auch für Gebrauchswasser dürfen nicht vergessen werden. Bei niedrigem Pumpenraum muß für den Speisewasserbehälter ein Wasserturm zur Aufstellung kommen. Architektonisch kann letzterer für den Gesamtbau des Kraftwerkes schöne Wirkung ergeben.

Liegen die Pumpenräume zwischen Maschinen- und Kesselhaus, so muß ein unbehinderter Durchgang zwischen beiden vorhanden sein. Das über den Anstrich des Maschinenraumes Gesagte gilt auch für den Pumpenraum.

e) Kesselhaus. Für das Kesselhaus bei kleineren Werken hat die Lage der Sohle auf Geländehöhe neben der leichten Entaschung auch hinsichtlich der Füchse und Rauchkanäle den Vorteil, daß sie nicht im Bereich des Grundwassers liegen. Wird eine besondere mechanische Bekohlung nicht gewünscht, so ist trotzdem das Hochlegen der Kessel nicht unvorteilhaft, wenn für die Brennstoffzuführung ein Aufzug vorhanden ist. Die mechanische Bekohlung und Ascheabführung macht die Lage der Kessel von der Geländehöhe unabhängig, zwingt aber durch den gegebenenfalls vorzusehenden Bunker zur besonderen Ausbildung des Kesselhausdaches, weil, wie bereis gesagt, ein Teil des Kesselhauses, und zwar gerade der Heizerstand, von dem über diesem gelegenen Bunker so abgedeckt wird, daß Licht nach dem Heizerstand nur spärlich gelangen kann. Künstliche Beleuchtung sollte am Tage weitgehendst durch die bauliche Ausgestaltung vermieden werden.

Die Dachdurchbildung bedarf in ihrer Ausführung der Zusammenarbeit zwischen Architekt und Maschineningenieur. Flache Dächer sind nicht vorteilhaft, denn sie geben die geringste Möglichkeit, Licht in das Kesselhaus zu bringen, ferner werden sie in solchen Gegenden, in denen mit häufigem Schneefall zu rechnen ist, sehr bald vollständig mit Schnee zugedeckt und damit undurchsichtig, und schließlich läßt sich eine ausreichende Belüftung des Kesselhauses nur schwer durchführen. Schräge oder stufenförmig ausgebildete Dächer sind vom Betriebsstandpunkt aus besser. Die Selbstreinigung erfolgt bei ihnen schneller als bei flachen Dächern, und vor allen Dingen werden sie der Betriebsforderung raschester und ausgiebigster Lüftung am besten gerecht, was dann besonders von Wichtigkeit ist, wenn z. B. ein Rohrbruch der Dampfleitung oder ein sonstiges Austreten des Dampfes aus den Flanschen usw. eintritt. Bei flachen Dächern ist, wie der Betrieb mehrfach festgestellt hat, sofort ein vollständiges Vernebeln des Kesselhauses die Folge. Dadurch können an sich vielleicht leichte Betriebsstörungen zu sehr unangenehmen Kesselgefährdungen führen, weil jeder Aufenthalt im Kesselhaus und jede Übersicht unmöglich werden. Auf diesen Umstand wird oft nicht genügend geachtet; es ist daher vor flachen Dächern zu warnen.

Die Ablöschung eines entstandenen Brandes im Kesselhaus, der zu den Seltenheiten gehört, ist bei einem flachen Dach naturgemäß leichter möglich. Sind aber Feuerlöschpumpen vorhanden, so ist die leichtere Brandbekämpfung kein Grund dafür, die obengenannten Gesichtspunkte für die Dachausbildung in den Hintergrund treten zu lassen. Die Belüftungseinrichtungen müssen von einer auch im äußersten Falle leicht erreichbaren Stelle jederzeit bedienbar sein. Druckluftantriebe für die Fensterbewegung haben sich sehr gut bewährt und sollten daher mehr als bisher verwendet werden.

f) Der **Hochbau** für das Maschinen- und Kesselhaus wird je nach der Größe des Werkes in Ziegelmauerwerk oder in Eisenrahmenbau mit Ziegelausfachung ausgeführt. Es ist in den letzten Jahren vielfach die letztere Bauweise — der Eisenskelettbau — gewählt worden, weil er eine Reihe von Vorzügen besitzt, die ihn für größere und größte Industriebauten besonders geeignet erscheinen läßt. Zu nennen sind der erzielbare sehr schnelle Baufortschritt namentlich in den Wintermonaten, weil die Aufrichtung des Eisenskelettes von den Witterungsverhältnissen wenig beeinflußt wird, die Unabhängigkeit der Aufstellung vom Mauerwerk, die Anpassungsfähigkeit an maschinentechnische Bedingungen und Belastungen durch schwere Maschinenstücke z. B. für die Krananlagen. Das Stahlgerippe wird außen zum Schutz gegen Witterungseinflüsse am vorteilhaftesten ummantelt, in den Innenräumen bleibt es zumeist offen. Um den Hallen und Räumen ein ruhiges Bild zu geben, ist zu empfehlen, alle Träger, Stützen, Unterzüge, Rahmen — auch den Kranträger — nicht in Gitterwerk, sondern vollwandig auszuführen zu lassen.

Hochbauten in Beton oder gar in Eisenbeton sind für Kraftwerke nicht geeignet, da die Herstellung der zahlreichen Befestigungen für Rohrleitungen und Kabel, ferner die vielen Mauer- und Fußbodendurchbrüche Schwierigkeiten bereitet und nachträgliche Änderungen, die trotz sorgfältigster zeichnerischer Vorausbestimmung niemals ganz vermieden werden können, sehr viel Zeit, Geld und Verdruß verursachen.

Dem Bedürfnis an Tageslicht in möglichst schattenfreier Durchflutung ist für alle Räume — auch solche für Nebenzwecke — in erreichbar bester und vollkommenster Weise zu entsprechen. In Verbindung mit der Außenarchitektur sind hohe Fenster sehr zweckmäßig. Das Öffnen und Schließen der Flügel bietet keine Schwierigkeit, wenn der Druckluftantrieb gewählt wird. Mit Rücksicht auf die Blendung und die Reinigung empfiehlt sich Rauchglas oder ähnliche Auskleidung.

Auf die Raumbelüftung ist besonders zu achten. Einzelheiten hierzu werden im IV. Band behandelt. Besonders muß der Schwitzwasserbildung[1] in den Maschinenräumen Rechnung getragen werden. Das wird nicht immer beachtet. Je nach der Deckendurchbildung aus Hohlsteinen mit Isolierung aus Korkstein mit Esterich oder einer Unterdecke aus Isolierstoff, ferner der Ausmauerung mit Luftschicht und der Verwendung von Doppelfenstern, sowie besonderer Belüftungsvorschriften (I. Band S. 522) ist die Raumerwärmung zu regeln.

Über die Außenarchitektur soll hier nicht viel gesagt werden. Sie ist Sache des Künstlers. Nur der Hinweis mag gestattet sein, daß die äußere Gestaltung nach Gliederung und Ansicht der Eigenart des Gesamtbauwerkes entsprechen muß. Einfachste Linienführung, Betonung der Hauptgebäudeteile, Rücksichtnahme auf Übergänge, Schornsteine, eiserne Schlote, Wasserhochbehälter sind Richtlinien, die dem Architekten für seine Arbeiten gegeben werden müssen. Dazu gehört auch die Berücksichtigung der Umgebung, des Landschaftsbildes im allgemeinen und die Wahl der Außenverblendung bzw. des Außenputzes. Die Rauch- und Rußbildung aus der Kesselanlage ist bei letzterer nicht zu vergessen. Sachlichkeit und Zweckmäßigkeit sollen zusammen mit der Wirtschaftlichkeit den Ausschlag geben.

Die technische Durchbildung ist an die behördlichen Vorschriften gebunden.

---

[1] Schwitzwasserbildung in Dampfturbinenhäusern. AEG-Mitt. 1931. Kraftwerk 1931 Heft 2 S. 51.

Die Kolbenkraftmaschinen.

29. Die Betriebsanforderungen im allgemeinen.

Von dieser Antriebsmaschinengattung kommen heute für die Zwecke der Stromerzeugung fast nur noch der Dieselmotor und der Gasmotor in Betracht. Die Kolbendampfmaschine und die Dampflokomobile stehen bei Neuanlagen nicht mehr im Wettbewerb. Das Anwendungsgebiet ist durch die Energieträger Öl und Gas wirtschaftlich begrenzter als bei Kohle.

Der Antrieb von Stromerzeugern stellt an diese Kolbenmaschinen besondere Anforderungen, um einen einwandfreien elektrischen Betrieb zu gewährleisten. Sie sollen besonders behandelt werden, da sie in grundsätzlicher Beziehung für beide Maschinengattungen in gleicher Weise gelten.

Zunächst die Leistung in PS_e ergibt sich aus den bekannten Gl. (**114**) und (**115**)

für Gleichstrom:

$$N_{Ku} = \frac{kW}{0,736 \cdot \eta_G} \; PS_e \,, \tag{115a}$$

für Wechsel- und Drehstrom und angebaute Erregermaschinen:

$$N_{Ku} = \frac{kVA \cdot \cos \varphi}{0,736 \cdot \eta_G} + \frac{kW_{Err}}{0,736 \cdot \eta_{G,E}} \; PS_e \,. \tag{115b}$$

Es muß also bei Wechsel- und Drehstromgeneratoren der Netzleistungsfaktor berücksichtigt werden. Dabei ist zu beachten, ob der Netzleistungsfaktor von anderen Stellen aus verbessert wird, damit keine Unstimmigkeit zwischen der Generator- und der Antriebsmaschinenleistung eintritt, denn im Gegensatz zu der Dampfturbine ist ein Diesel- oder Gasmotor nur beschränkt überlastbar. Daher ist bei der Leistungsbestimmung für die Antriebsmaschine zusätzlich die etwa notwendige Überlastbarkeit aus den schwankenden Netzbelastungen besonders festzulegen oder in Gestalt einer an sich größeren Leistung zu berücksichtigen. Das muß auch beim Kostenvergleich mit der Dampfturbine in Rechnung gestellt werden. Als Richtlinien haben die Bestimmungen der „Regeln für Bewertung und Prüfung von elektrischen Maschinen" REM für die zulässige Generatorüberlastung zu gelten.

Beide Motorgattungen können nur für verhältnismäßig niedrige Drehzahlen gebaut werden. Diese bautechnische Eigenart zusammen mit der stoßweisen Arbeitsentwicklung bei jedem Umlauf machen es erforderlich, daß zur Umlaufs-Vergleichsmäßigung ein Schwungrad verwendet werden muß. Der Grad der Ungleichförmigkeit (Ungleichförmigkeitsgrad) darf ein bestimmtes, von der Taktzahl des Motors (Impulszahl) abhängiges Maß nicht überschreiten. Andernfalls ist durch die dann bei jeder Umdrehung auftretenden Schwankungen der Drehzahl und Frequenz und damit der Generatorspannung ein Flimmern des Lichtes und ein unruhiger Lauf der angeschlossenen Motoren im Takt mit den Kraftimpulsen die Folge. Das ist nicht zulässig. Beim Parallelarbeiten mehrerer gleichartig angetriebener Maschinen untereinander oder mit Dampf- oder Wasserturbinen können die verschiedenen Ungleichförmigkeitsgrade der Maschinen, sofern sie nicht mit einander abgestimmt sind, den Betrieb so empfindlich stören, daß er nicht mehr aufrechterhalten werden kann. Es muß daher über- den Ungleichförmigkeitsgrad Besonderes gesagt werden.

Der Ungleichförmigkeitsgrad δ gibt die Geschwindigkeitsänderung während einer Umdrehung bezogen auf die mittlere Geschwindigkeit unter der Voraussetzung gleichbleibenden Widerstandes an, also:

$$\delta = \frac{n_{max} - n_{min}}{n_{mittl}} = \frac{v_{max} - v_{min}}{v_{mittl}} = \frac{\omega_{max} - \omega_{min}}{\omega_{mittl}}, \tag{116}$$

worin n die Drehzahl U/min,

v die Umfangsgeschwindigkeit m/s,

ω die Winkelgeschwindigkeit des Schwungrades bedeutet.

Für die Wucht $E = \frac{m \cdot v^2}{2}$ in kgm, das Trägheitsmoment J in kgm s² und die Masse m in kgs²/m des Schwungrades ist der Arbeitsunterschied:

$$A = 2 \cdot E \cdot \delta = J \cdot \omega^2 \cdot \delta = m \cdot v^2 \cdot \delta \ \text{kgm} \ . \tag{117a}$$

Die während einer Umdrehung aufzunehmenden und wieder abzugebenden Arbeitsunterschiede werden aus dem Tangentialdruckdiagramm des Motors festgestellt.

Bezeichnet G in kg das Gewicht des Schwungrades, D in m den Durchmesser und g in m/s² die Beschleunigung durch die Erdschwere, so ist:

$$m = \frac{G}{g}, \qquad v = \frac{D \cdot \pi \cdot n}{60}$$

und daraus:

$$\frac{1}{\delta} = \frac{1}{A} \cdot \frac{G}{g} \cdot \frac{D^2 \cdot \pi^2 \cdot n^2}{60^2}$$

oder:

$$\frac{1}{\delta} = G \cdot D^2 \cdot \frac{1}{A} \cdot \left(\frac{n}{60}\right)^2. \tag{117b}$$

GD^2 wird das Schwungmoment genannt.

Der Ungleichförmigkeitsgrad δ ist demnach bei gegebenem Arbeitsüberschuß und gegebener Drehzahl verhältnisgleich dem GD^2 des Schwungrades. Beim Parallelbetrieb mehrerer Generatoren müssen aus elektrischen Gründen (Netzverhältnisse) und weil sich die Tangentialdrücke der zusammenarbeitenden Maschinen überlagern, wodurch eine Verschlechterung des Ungleichförmigkeitsgrades eintreten kann, die einzelnen Maschinen einen besseren als den errechneten eigenen Ungleich-

förmigkeitsgrad besitzen, um den erforderlichen Gesamtungleich-
förmigkeitsgrad zu erreichen.

Zum Ausgleich der umlaufzeitigen Arbeitsüberschüsse beeinflußt
das GD^2 die Zeit bis zum Ansprechen des Reglers. Infolgedessen ist
das GD^2 ausschlaggebend für den Lichtbetrieb und den Parallelbetrieb. Die Arbeitsweise des Reglers muß dabei im richtigen Verhältnis zum GD^2 stehen. Bei zu kleinem GD^2 tritt das bereits
erwähnte Flimmern des Lichtes auf, das sich je nach der Art der
Lampen mehr oder weniger stark bemerkbar machen kann
(Abb. 264)[1].

Soll ein neu aufzustellender, durch eine Kolbenma-
schine angetriebener Drehstromgenerator mit anderen
Generatoren parallel arbeiten,
muß ferner untersucht werden, ob durch das Voreilen oder
Zurückbleiben des Generators
gegenüber dem Netz zwischen
der Eigenschwingungszahl des
Generators und der der Antriebsmaschine Resonanz auftreten kann. Nach Rosenberg
muß sein:

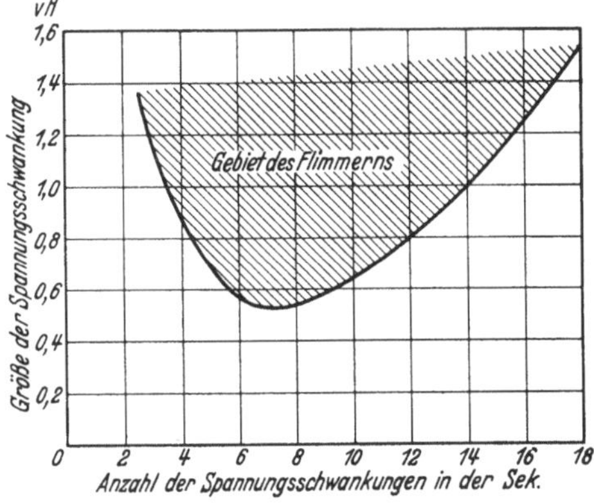

Abb. 264. Flimmern des Glühlampenlichtes in Abhängigkeit von Spannungsschwankung und Impulszahl.

$$\frac{G \cdot D^2_{krit}}{N_{Ku}} = 710 \cdot k \cdot \eta_G \cdot p \cdot \frac{t^2}{n}, \tag{118}$$

worin bezeichnet:

N_{Ku} die Kupplungsleistung der Antriebsmaschine in $\mathrm{PS_e}$ bei der
Drehzahl n U/min,

$$k = \frac{\text{Kurzschlußstrom bei Vollasterregung}}{\text{Nennstrom}},$$

$p = \dfrac{60 \cdot f}{n}$ die Polpaarzahl des Generators,

f die Netzfrequenz,

t die Dauer eines Antriebskreislaufes in min.

Die Dauer eines Antriebskreislaufes ist dabei stets nur für einen Zylinder und eine Zylinderseite einzusetzen, da umlaufzeitlich wiederkehrende
kleine Mehrleistungen eines Zylinders auch zu Resonanz führen können.

Das Vor- und Zurückbleiben des Generators gegenüber dem Netz
hat ein Pendeln zwischen beiden zur Folge, die Leistungen schwanken hin und her und der Pendelausschlag kann so groß werden, daß
Netz und Maschine bei plötzlicher großer Leistungsabweichung aus
dem Tritt fallen. Sehr unangenehme Betriebsstörungen können dadurch
eintreten. Näheres wird im IV. Band besprochen werden. Maßgebend

---

[1] Simons: Das Flackern des Lichtes in elektrischen Beleuchtungsanlagen.
Elektrotechn. Z. 1917. Laßwitz, E.: Zusammenarbeit von Wechselstromgeneratoren mit ihren Antriebsmaschinen. Bergmann Mitt. 1927 S. 204.

für derartige Pendelerscheinungen ist also nicht der Ungleichförmigkeitsgrad, sondern das Schwungmoment.

Aus diesen Erörterungen ist zu ersehen, daß das Schwungmoment nicht allein nach einem bestimmten Ungleichförmigkeitsgrade festgelegt werden darf, sondern daß auch die elektrischen Eigenschaften des Generators und des Netzes berücksichtigt werden müssen. Hier hat eine Verständigung zwischen den **Herstellern** des Motors und des Generators stattzufinden, zumal das Schwungmoment auch für das Anlassen und die Drehzahlschwankungen bei Belastungsänderungen, demnach also für die Regelung bestimmend ist.

Das GD^2 wird entweder ganz in den Läufer des Generators oder zum Teil in ein besonderes Schwungrad eingebaut. Beim Gleichstromgenerator kann der Läufer zusätzliche Schwungmassen nur schwer erhalten, infolgedessen ist hier zumeist ein Schwungrad vorzusehen. Bei Wechselstrom-Innenpolmaschinen wird häufig auf das Schwungrad verzichtet werden können; dadurch wird an Baulänge gespart. Es muß untersucht werden, welche Ausführung die betrieblich beste ist. Beim Verzicht auf das Schwungrad legt der Durchmesser des Generatorläufers die Auslegung der Maschine fest. Über die Bauart der Generatoren wird im IV. Band gesprochen.

30. Die Dieselmotoren.

a) Allgemeines. Die Dieselmotoren sind hinsichtlich ihrer Wirtschaftlichkeit und Baudurchbildung auch für die Verwendung in elektrischen Kraftwerken Antriebsmaschinen, denen hervorragende Bedeutung beizumessen ist. Bei Einzelleistungen bis etwa 2500 PS$_e$ bedarf es eingehender wirtschaftlicher Untersuchungen, ob Dampfturbine oder Dieselmotor zu verwenden sind dann, wenn die Kohlen- und Wasserbeschaffung Schwierigkeiten bereitet. Ferner haben die Dieselmotoren infolge ihrer **schnellen Betriebsbereitschaft auch als Aushilfs-, Not- und Spitzenmaschinen** wiederholt in größeren Kraftwerken Anwendung gefunden, doch werden sie diesen Aufgaben nur unter bestimmten Betriebsverhältnissen gerecht, worauf später näher eingegangen werden wird.

b) Die Brennstoffe (Treibstoff). Als Brennstoffe werden Leicht- und Schweröle verwendet. Sie bestimmen die Bauart, den Betrieb und die Wirtschaftlichkeit des Dieselmotors so wesentlich, daß zunächst festgestellt werden muß, welche Art von Brennstoff benutzt werden soll oder etwa nach den örtlichen bzw. natürlichen Verhältnissen benutzt werden muß. Das gilt besonders für alle Länder mit Ölen aus Naturquellen. Für Deutschland, das nach dieser Richtung keine glücklichen Gewinnungsstätten hat, ist daher die Anwendung des Dieselmotors im Dauerbetrieb beschränkt, teilweise sogar kaum möglich, wenn im Wettbewerb die Dampfkraftanlage steht. Nur als Aushilfs-, Not- und Spitzenlastmaschine hat der Dieselmotor wegen seiner Betriebseigenschaften große Bedeutung. Mit der verstärkten künstlichen Ölgewinnung in Deutschland für Treibzwecke kann unter Umständen auch der Dieselmotor bessere Aussichten erhalten.

Die benutzten Brennstoffe sind:

das Gasöl, aus Roherdöl durch fraktionierte Destillation gewonnenes Destillat:

spez. Gewicht: 0,83 bis 0,88 kg/dm³,

Wasserstoffgehalt über 12 vH,

unterer Heizwert H_u über 10000 kcal/kg;

das Dieselöl, eine Mischung von reinem Gasöl und den Rückständen des Roherdöldestillats:

spez. Gewicht 0,86 bis 0,89 kg/dm³,

Wasserstoffgehalt über 12 vH,

unterer Heizwert H_u über 10000 kcal/kg;

das Paraffinöl (Braunkohlenteeröl, Schieferöl, Messeöl), aus dem Schwelteer der Braunkohle oder des bituminösen Schiefers durch Destillation gewonnen:

spez. Gewicht etwa 0,94 kg/dm³,

Wasserstoffgehalt etwa 9,8 bis 10 vH,

unterer Heizwert H_u etwa 9800 kcal/kg;

das Steinkohlenteeröl, durch Destillation aus dem Steinkohlenteer der Kokereien und Gaswerke gewonnen:

spez. Gewicht 1,02 bis 1,08 kg/dm³,

Wasserstoffgehalt etwa 6 bis 6,5 vH,

unterer Heizwert H_u etwa 8900 kcal/kg.

Für die Beurteilung dieser flüssigen Brennstoffe sind weiter Angaben erforderlich über den Gehalt an chemischen Beimengungen insbesondere von Schwefel und Wasser, ferner über die Menge an Asche und die Brennstoffzusammensetzung an sich nach Kohlenstoff, Wasserstoff und Rest, sowie über die Zähflüssigkeit, den Flammpunkt und den Verkokungsrückstand.

Die Auswahl des Dieselmotors bestimmt in der Hauptsache der Wasserstoffgehalt des Brennstoffes. Liegt dieser bei mindestens 10 vH, so kann die luftlose Brennstoffeinspritzung und der kompressorlose Dieselmotor benutzt werden, der in seiner Durchbildung und im Betrieb einfacher, billiger und wirtschaftlicher als der mit Lufteinblasung arbeitende Motor ist. Der hohe Wasserstoffgehalt gibt dem Brennstoff die leichte Zündfähigkeit. Das Steinkohlenteeröl kann nur mit Lufteinblasung verarbeitet werden und erfordert zudem zur sicheren Einleitung der Zündung und Verbrennung bis zum Warmlaufen des Motors einen Zusatz von Gasöl als Zündöl. Der Motor muß infolgedessen noch besondere Einrichtungen erhalten, die den Preis erhöhen und die Wirtschaftlichkeit beeinträchtigen.

Von betrieblicher Seite ist für die Wahl des Brennstoffes und damit für die Ausführung des Motors besonders die Verwendung des Maschinensatzes im Dauerbetrieb oder als Spitzenlast- und Aushilfsmaschine, die Anfahrbereitschaft, die Anfahrzeit, das Verhalten über längere ununterbrochene Betriebszeit (Tage, Wochen), die Verschmutzung der Zylinderräume, Zündung, Rohrkanäle usw. durch Rückstände, die Reinigungsarbeiten nach Umfang und Dauer, die Temperatur im Maschinenraum im Winter, die Beschaffenheit der umgebenden

Luft und schließlich der Belastungsverlauf (längerer Leerlauf, plötzliche Überlastungen bei noch nicht voll erwärmten oder wieder bereits abgekühlten Zylindern) zu beachten.

Der Betrieb mit Steinkohlenteeröl allein ist bei allen Anlagen, die keinen größeren Belastungsschwankungen unterworfen sind und nicht längere Zeit im Leerlauf, oder mit ganz geringer Belastung arbeiten, vollständig sicher.

Das Teeröl sowohl wie das Gasöl müssen besonderen Bedingungen entsprechen, die z. B. von der Firma Krupp wie folgt vorgeschrieben werden:

Lieferungsvorschriften für Steinkohlenteeröle zum Betrieb von Krupp-Dieselmotoren.

Das Öl muß ein reines Teerdestillat sein mit einem spez. Gewicht von 1,02 bis 1,08 kg/dm^3;

Pech oder Teer dürfen nicht zugesetzt sein;

Das Öl darf nicht mehr als 0,11 vH feste, in Xylol unlösliche Bestandteile bei 0° C enthalten. Der Gehalt an unverbrennlichen Bestandteilen soll 0,02 vH nicht übersteigen;

Der Wassergehalt darf 0,5 vH nicht übersteigen;

Der Verkokungsrückstand darf nicht mehr als 3,0 vH betragen;

Bei der Siedeanalyse sollen bis 350° C mindestens 75 Volumprozente des Öles überdestillieren;

Der Flammpunkt im offenen Tiegel darf nicht unter 65° C liegen (meist 85° bis 110° C);

Das Öl muß bei + 15° C satzfrei sein;

Zähflüssigkeit bei 20° C 2° Engler;

Schwefel höchstens 1 vH.

Lieferungsvorschriften für Gasöle zum Betrieb von Krupp-Dieselmotoren.

Gasöle, Braunkohlenteeröle, Paraffinöle, Solaröle u. dgl., durch fraktionierte Destillation von Erdöl geeigneter Herkunft oder von Braunkohlenteer gewonnen, sollen etwa folgende Eigenschaften aufweisen

Spez. Gewicht 0,85 bis 0,92 (ausnahmsweise bis 0,98) kg/dm^3;

unterer Heizwert H_u 9600 bis 10300 kcal/kg;

Zähflüssigkeit bei 20° C Temperatur bis etwa 5° Engler;

Flammpunkt im offenen Tiegel nicht unter 65° C;

Selbstzündungspunkt zwischen 265° C und 300° C;

Verkokungsrückstände bis etwa 1 vH;

Asche nicht über 0,05 vH;

Wasser nicht über 0,5 bis 1 vH;

Säure nicht über 0,3 vH (als SO_3 berechnet);

Schwefel nicht über 1 vH;

Siedepunkt bei etwa 160°; bei Siedeanalyse bis 350° etwa 75 Volumprozent überdestillierend.

Siederückstände nicht über 5 vH bei 400° C.

c) Der Aufbau und die allgemeine Arbeitsweise müssen als bekannt vorausgesetzt werden. Für den Elektrotechniker ist in der Hauptsache die Taktzahl und Wirkungsweise in den Zylindern beachtlich, wenn Drehstrom-Generatoren anzutreiben sind, weil der Parallelbetrieb u. U. Schwierigkeiten bereiten kann.

Die Dieselmotoren arbeiten entweder im **einfachen** oder **doppeltwirkenden Viertakt** oder im **einfach wirkenden Zweitakt**. Die Zuführung des Brennstoffes zu den Zylindern erfolgt durch Brennstoffpumpen entweder luftlos (kompressorlose Bauart) oder mit Luftdruckeinspritzung unter hohem Druck durch besondere Einspritzpumpen (Kompressor-Bauart). Die luftlose Brennstoffeinspritzung wird für Motorleistungen bis 3000 PS_e angewendet und setzt hochwertige Brennstoffe voraus. Die Lufteinblasung ermöglicht die Verwendung auch ganz geringwertiger Brennstoffe. Die luftlose Ausführung ist einfacher, betriebssicherer und in den Anschaffungskosten billiger. Die Lufteinspritzung erfordert die Einblasepumpe mit Einblasegefäßen und entsprechende mechanische Einrichtungen am Motor,

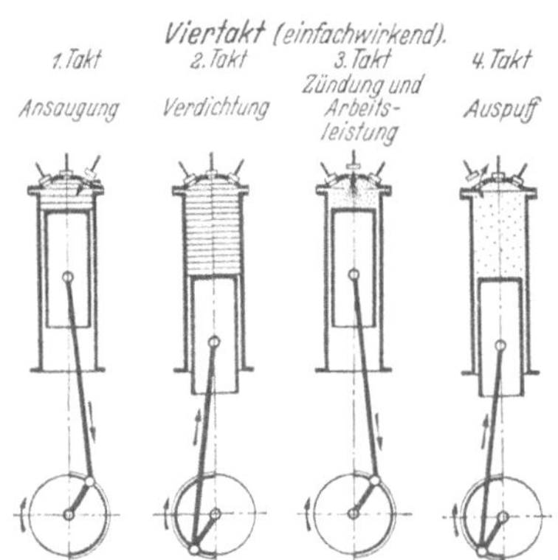

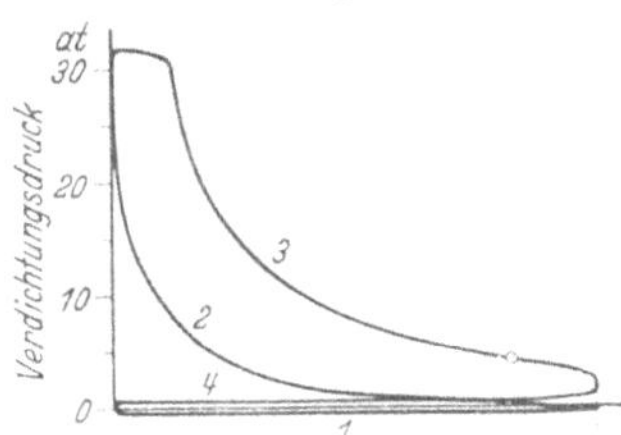

Abb. 265 u. 266. Arbeitsverlauf beim einfachwirkenden Viertakt-Dieselmotor
1 Einsaugen, *2* Verdichtung, *3* Arbeitsleistung, *4* Auspuff.

wie bei der Brennstoffbesprechung bereits kurz erwähnt. Beim **einfach wirkenden Viertakt** ist der Arbeitsvorgang folgender (Abb. 265 u. 266):

erste Umdrehung:

1. Takt: erste Abwärtsbewegung des Kolbens (Saughub) — Einsaugen der Luft in den Arbeitszylinder durch das Einsaugventil;

2. Takt: erste Aufwärtsbewegung des Kolbens (Verdichtungshub), Verdichtung der eingesaugten reinen Luft auf etwa 30 bis 32 at, wodurch dieselbe auf die für die Entzündung erforderliche Temperatur gebracht wird.

zweite Umdrehung:

3. Takt: zweite Abwärtsbewegung des Kolbens (Arbeitshub, Zünd- und Ausdehnungshub), kurz vor dem oberen Totpunkt Einspritzen des flüssigen Brennstoffes mit oder ohne Druckluft in den Zylinder, durch Zündung an der hocherhitzten Luft Drucksteigerung bis etwa 40 at; Verbrennung und Ausdehnung etwa 15 vH vor unterem Totpunkt, Öffnen des Auspuffventils;

4. Takt: zweite Aufwärtsbewegung des Kolbens (Auspuffhub), Ausstoßen der verbrannten Gase durch das Auspuffventil aus dem Arbeitszylinder.

Dieser Arbeitsgang wiederholt sich nach je zwei Umdrehungen. Abb. 267, 268 und 269 zeigen die Arbeitsweise für den einfach wirkenden Zweitakt und den doppeltwirkenden Viertaktmotor und bedürfen weiter keiner Erläuterung.

Aus Abb. 270 bis 272 ist der Aufbau eines Dieselmotors für Steinkohlenteeröl zu ersehen. Das in Kastenform ausgebildete Gestell ist mit dem Zylindermantel aus einem Stück gegossen. Bei einer anderen Bauart gehen von der Grundplatte zur Oberkante des Zylinderblocks stählerne Zuganker, die durch ihre Vorspannung die zwischen ihnen liegenden gußeisernen Teile (Grundplatte, Tragständer, Zylinderblock) von den durch die Verdichtung und Verbrennung hervorgerufenen Zugkräften entlasten. Der aus Sonderguß hergestellte Arbeitszylinder ist in den Zylindermantel eingesetzt. Letzterer ist, da der Motor einfachwirkend arbeitet, unten offen, oben

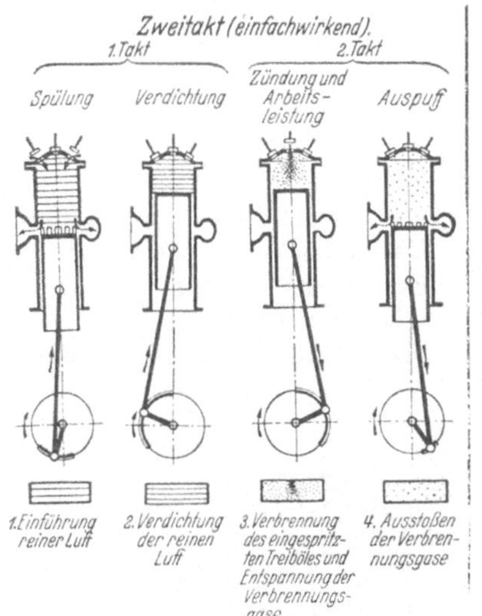

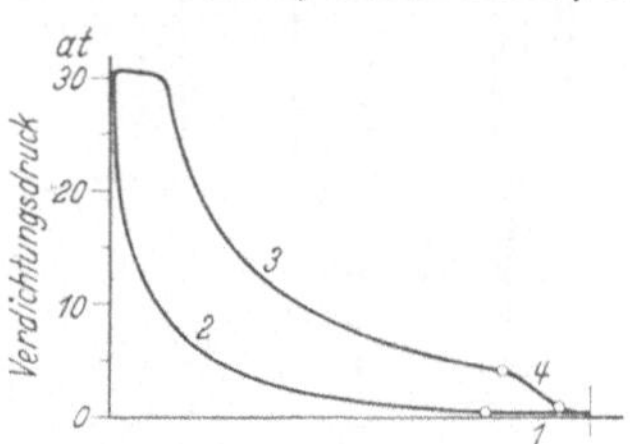

Abb. 267 u. 268. Arbeitsverlauf beim einfachwirkenden Zweitakt-Dieselmotor.
1 Spülung, *2* Verdichtung, *3* Arbeitsleistung, *4* Auspuff.

dagegen durch den Zylinderdeckel geschlossen. In diesem Deckel sind die Ventile untergebracht und zwar:

Einlaßventil *13* für das Einsaugen der frischen Luft,

Brennstoffventil *14* für die Einführung des Brennstoffes in den Zylinder,

Auslaßventil *12* für das Auslassen der Auspuffgase,

Anlaßventil *15* für die Inbetriebsetzung des Motors.

Die Steuerung der Ventile erfolgt für das Öffnen durch Steuerscheiben, für das Schließen durch Federkraft.

Der Brennstoff wird durch die Brennstoffpumpe *18* gefördert und durch das Brennstoffventil *14* unter hohem Druck luftlos allmählich in feinzerstäubtem Zustande in den Arbeitszylinder eingespritzt. Die Brennstoffeinspritzung ist eine der wichtigsten Baueinzelheiten des Dieselmotors. Die Druckluft wird sowohl für das Einblasen des Brennstoffes in den Zylinder, als auch für das Anlassen des Motors durch eine Luftpumpe (15 bis 20 at) erzeugt und in Luftbehältern (Einblase- und Anlaßgefäße) aufgespeichert.

Wird nur ein Dieselmotor aufgestellt, so sind zwei Anlaßgefäße (davon eines zur Reserve) erforderlich. Handelt es sich um zwei oder mehrere Dieselmotoren, so genügt ein Anlaßgefäß für jeden Motor. Die Anlaßgefäße der einzelnen Motoren sind untereinander zu verbinden. Für größere Anlagen ist die Aufstellung eines kleinen Notkompressors (etwa 0,5 m³ minutliches Ansaugvolumen und 12 kW Kraftbedarf) mit Antrieb durch Elektromotor oder Gasmotor (Glühkopfmotor) in Erwägung zu ziehen.

Die Schmierung sämtlicher Schmierstellen erfolgt durch eine Zentraldruckschmierung mit Kreislauf des Öles durch Pumpe und Filter, gegebenenfalls noch unter Zwischenschaltung eines Ölkühlers.

Der Verbrauch an Schmierölen ist in Zahlentafel 37 für verschiedene Motorleistungen zusammengestellt. Er richtet sich nach der Beschaffenheit der Schmieröle und setzt die Wiederverwendung des abgelaufenen und gereinigten Öles, sowie sorgfältige und sparsame Wartung voraus. Die an diese Schmieröle zu stellenden Bedingungen sind nachstehend aufgeführt, wobei zu unterscheiden ist:

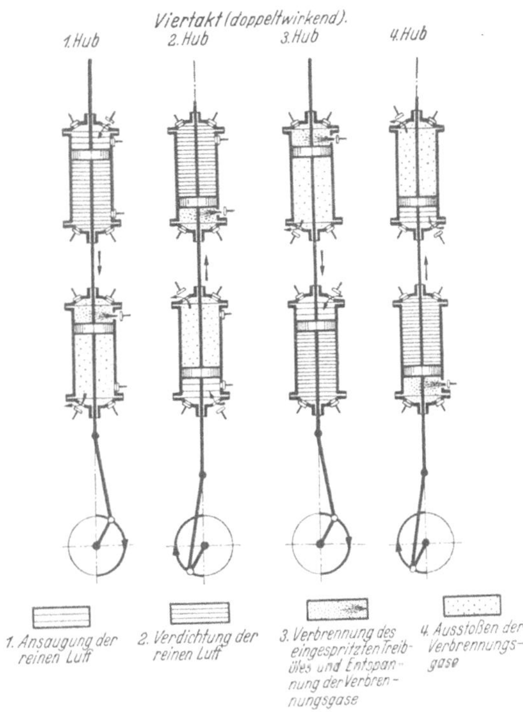

Abb. 269. Arbeitsverlauf beim doppeltwirkenden Viertakt-Dieselmotor.

Zahlentafel 37. Schmierölverbrauch für Dieselmotoren.

Bei	100 PS$_e$	Leistung	. . . .	etwa	3	g/PS$_e$-Std.
„	400 „	„	. . . .	„	2,5	„
„	1000 „	„	. . . .	„	2	„
über	1500 „	„	. . . .	„	1,5	„

1. Schmieröl für Dieselmotoren mit nicht ölgekühlten Arbeitskolben;

2. Schmieröl für Dieselmotoren mit ölgekühlten Arbeitskolben, die außer zum Schmieren aller sich bewegenden Teile des Motors mit Einblaseluftpumpe noch zum Kühlen der Arbeitskolben dienen:

Lieferungsvorschriften für Schmieröle zum Betrieb von Krupp-Dieselmotoren[1].

1. Schmieröle für Dieselmotoren mit nicht ölgekühlten Arbeitskolben. Die Schmieröle sollen reine Mineralöle und in Diesel-

---

[1] DIN 6551 Öle für Verbrennungskraftmaschinen (Dieselöle).

motoren erprobt sein. Sie sollen etwa folgende besondere Eigenschaften haben:

Spezifisches Gewicht bei $+ 20^0$ C etwa 0,90 bis 0,92 kg/dm³;

Zähflüssigkeit bei 50^0 C 5^0 bis 9^0 Engler;

Flammpunkt im offenen Tiegel etwa 200^0 C;

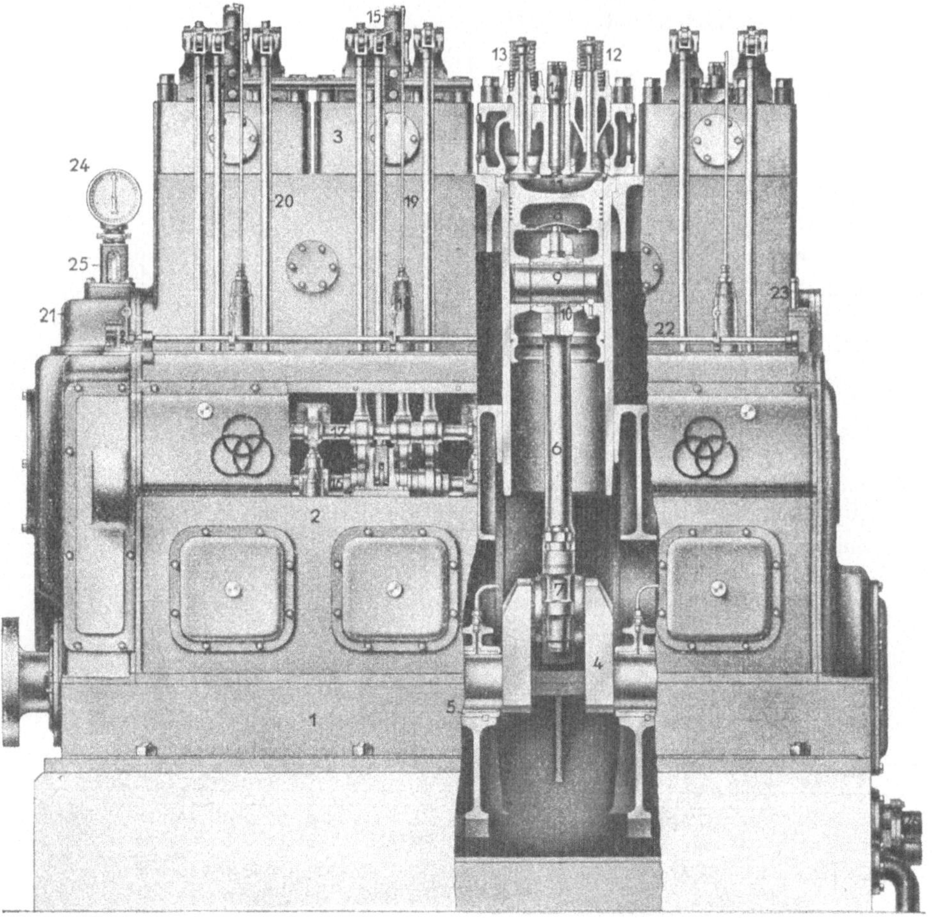

Abb. 270. Kompressorloser Viertakt-Krupp-Dieselmotor, Leistung 220 PS$_e$ bei 350 U/min.

Kältebeständigkeit: die Öle müssen bei etwa -6^0 C noch fließend sein;

Säuregehalt als SO_3 berechnet: nicht über 0,015 vH;

Wassergehalt und wasserlösliche Stoffe dürfen nicht vorhanden sein.

2. Schmieröle für Dieselmotoren mit ölgekühlten Arbeitskolben (Einheitsschmieröle):

Zähflüssigkeit bei 50^0 C $4,5^0$ bis 6^0 Engler;

die Öle dürfen in den Kolben keinen Satz bilden, müssen also beim Erwärmen beständig sein. Nachweis: 50 cm³ Öl sind im Erlenmeyer-

Kolben 50 Stunden auf 120⁰ C zu halten, wobei Satzbildung nicht auftreten darf.

Sonst wie unter 1.

Die Zylinderdeckel, Arbeitszylinder, Luftpumpenzylinder, Zwischenkühler und Hochdruckleitung der Luftpumpe werden durch Wasser

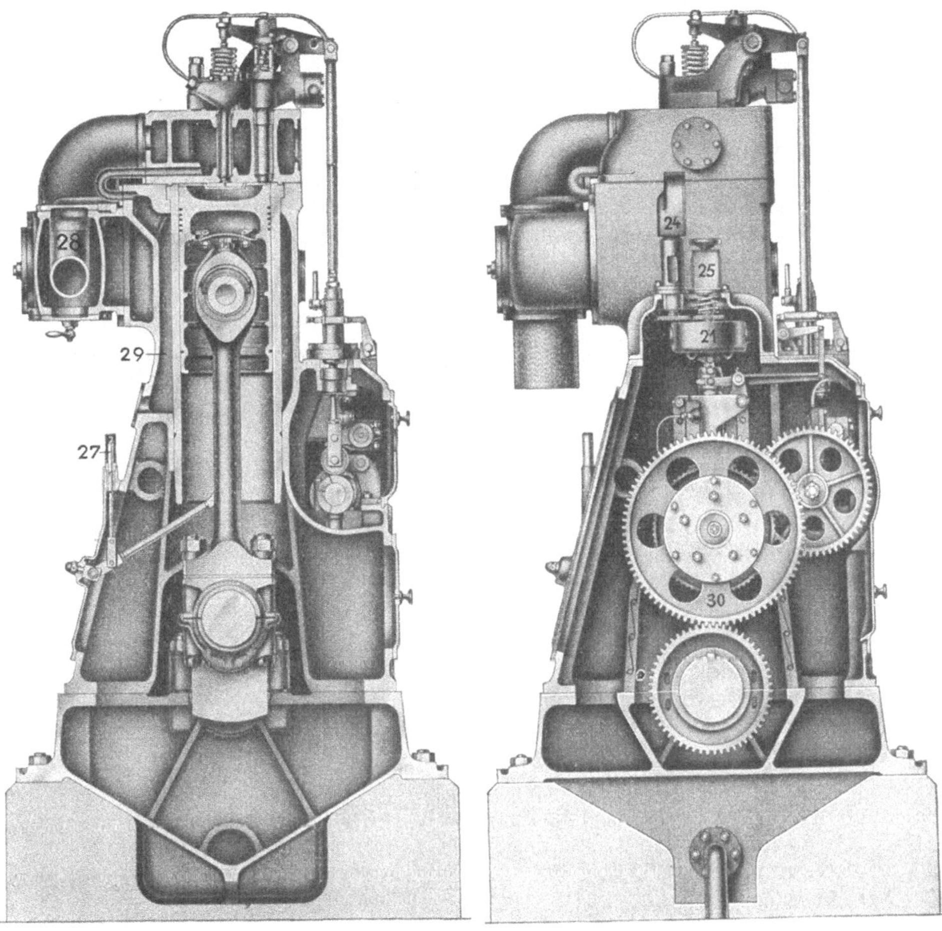

Abb. 271. Querschnitt durch einen kompressorlosen Krupp-Dieselmotor von 220 PS$_e$.

Abb. 272. Schnitt durch einen kompressorlosen Viertakt-Krupp-Dieselmotor von 220 PS$_e$. Antrieb der Steuerwelle und des Reglers.

1 Grundplatte, *2* Kurbelgehäuse, *3* Zylinderdeckel, *4* Kurbelwelle, *5* Grundlager, *6* Pleuelstange, *7* Pleuellager, *8* Kolben, *9* Kolbenbolzen, *10* Kolbenbolzenlager, *11* Verbrennungsraum, *12* Auslaßventil, *13* Einlaßventil, *14* Brennstoffventil, *15* Anlaßventil, *16* Nockenwelle, *17* Lenkerwelle, *18* Brennstoffpumpe, *19* Brennstoffdruckrohr, *20* Stoßstangen, *21* Regler, *22* Reglerwelle, *23* Handabstellung, *24* Drehzahlanzeiger, *25* Drehzahlverstellung ± 10%, *26* Schmierölpumpe, *27* Indiziergestänge, *28* Auspuffleitung, *29* Kühlraum, *30* Steuerungsantrieb.

gekühlt. Das abfließende Wasser kann zu allen technischen Zwecken weiterverwendet werden (Abwärmeverwertung), da es in der Maschine nicht verunreinigt wird. Das Kühlwasser muß stets und in ausreichender

Menge mit möglichst tiefer Temperatur und in reiner Beschaffenheit zur Verfügung stehen und zwar entweder aus einer Druckwasserleitung mit etwa 1 bis 2 kg/cm² Druck, durch eine vom Dieselmotor unmittelbar angetriebene Kolbenpumpe, oder durch eine elektrisch angetriebene Kreiselpumpe. Für genügende und sichere Reserve ist Vorsorge zu treffen. Die Fördermenge der Pumpe wird zweckmäßig 50 bis 100 vH größer gewählt als für den Betrieb der Maschinen notwendig ist. Auf die Gesamtförderhöhe einschließlich Rohrleitungswiderstand ist besonders zu achten. Sie beträgt unter normalen Verhältnissen 20 bis 25 m.

Für das Kühlwasser wird in der Regel ein Hochbehälter angeordnet, der von der Druckwasserleitung oder von der Pumpe gespeist wird, und von dem aus das Wasser dem Dieselmotor zufließt. Der Hochbehälter bietet die Sicherheit, daß die Wasserräume des Dieselmotors beim Anlassen gefüllt sind, und daß beim Versagen der Wasserzufuhr der Betrieb nicht sofort zu unterbrechen ist. Die unmittelbare Wasserförderung ohne Zwischenschaltung des Hochbehälters ist zwar möglich, kann aber wegen der Unsicherheit nicht empfohlen werden. Die Größe des Hochbehälters richtet sich nach der erforderlichen Wassermenge und soll so bemessen sein, daß ein Wasserbedarf für etwa ½ bis 1 Stunde vorhanden ist. Die Aufstellung hat so hoch zu erfolgen, daß mindestens 3 m zwischen Oberkante des Arbeitszylinderdeckels und dem tiefsten Punkt des Behälters liegen.

Ist das Kühlwasser, für dessen Beschaffenheit die gleichen Bedingungen wie für das Kondensatorkühlwasser oder für das Kühlwasser von Transformatoren gelten, nicht rein, hat es insbesondere Kesselsteinbildner und mechanische Beimengungen, so ist die Aufstellung einer Rückkühlanlage erforderlich. Der Verbrauch an Zusatzwasser, das entsprechend vorzureinigen ist, stellt sich in letzterem Fall auf etwa 1 Liter für die PS$_e$-Std.

Der Kühlwasserverbrauch ist besonders anzugeben. Er beträgt für deutsche Verhältnisse etwa bei $+ 15^0$ Eintritts- und 45^0 Austrittstemperatur d. h. also bei etwa 30^0 Temperaturzunahme 15 bis 20 Liter für die PS$_e$-Std. und ist durch die abzuführende Wärmemenge, durch die Zulauftemperatur und den Reinheitsgrad des Wassers bzw. der Kühlräume bestimmt. Bei Maschinen mit gekühltem Auspuffrohr sind insgesamt etwa 600 kcal für die PS$_e$-Std. abzuführen. Die Zulauftemperatur ist jeweils örtlich gegeben. Eine wesentlich höhere Temperaturzunahme als 30^0 C sollte das Kühlwasser beim einfachen Durchfluß nicht aufweisen, weil dann die Kühlwassergeschwindigkeit in den Kühlräumen zu gering sein würde und Kalkablagerungen eintreten können. Um die Temperaturzunahme von 30^0 C zu erreichen, wird gegebenenfalls das Kühlwasser-Umwälzverfahren angewendet, bei welchem ein Teil des erwärmten Wassers erneut durch die Motorkühlräume geführt wird.

Der Verbrauch an Kühlwasser ist in die Wirtschaftlichkeitsberechnung und zwar einschließlich der aufzuwendenden Arbeit für die Beschaffung, Reinigung usw. einzubeziehen.

d) Leistung, Drehzahl, Brennstoffverbrauch. Für Leistungen bis 1500 kW wird der einfach-wirkende Viertaktmotor gewählt, der

in den letzten Jahren fast durchweg in stehender Bauform mit 3 bis
10 Zylindern ausgeführt wird. Die Drehzahlen bewegen sich in den

Zahlentafel 38. Abmessungen der ortsfesten, einfachwirkenden,
kompressorlosen Zweitakt-Dieselmotoren.

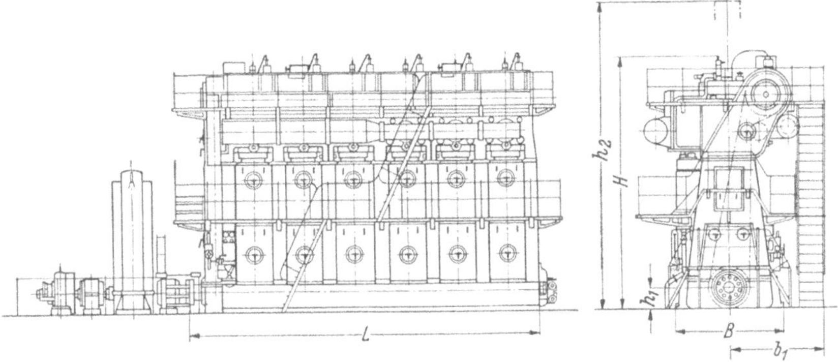

Zyl.-Zahl	Leistung in PS$_e$	Drehzahl i. d. Min.	Abmessungen in mm					
			L	B	H	h_1	h_2	b_1
4	920—1230	150—200	5000	2400	5300	450	6000	2200
5	1150—1530	150—200	6000	2400	5300	450	6000	2200
6	1380—1840	150—200	6800	2400	5300	450	6000	2200
7	1620—2160	150—200	7700	2400	5300	450	6000	2200
8	1840—2460	150—200	8600	2400	5300	450	6000	2200
4	1330—1780	125—167	6200	2700	6000	600	7200	2350
5	1670—2230	125—167	7400	2700	6000	600	7200	2350
6	2000—2670	125—167	8600	2700	6000	600	7200	2350
7	2330—3120	125—167	9850	2700	6000	600	7200	2350
8	2650—3550	125—167	11100	2700	6000	600	7200	2350
4	1630—2280	107—150	6900	2900	6850	700	7900	2450
5	2040—2850	107—150	8300	2900	6850	700	7900	2450
6	2440—3420	107—150	9800	2900	6850	700	7900	2450
7	2860—4000	107—150	11400	2900	6850	700	7900	2450
8	3260—4550	107—150	13200	2900	6850	700	7900	2450
4	1740—2400	93—128	7200	3100	7100	750	8500	2550
5	2170—3000	93—128	8700	3100	7100	750	8500	2550
6	2600—3600	93—128	10100	3100	7100	750	8500	2550
7	3040—4200	93—128	11800	3100	7100	750	8500	2550
8	3480—4800	93—128	13800	3100	7100	750	8500	2550
4	1980—2720	93—128	7600	3200	7300	775	8800	2600
5	2470—3400	93—128	9300	3200	7300	775	8800	2600
6	2960—4070	93—128	10700	3200	7300	775	8800	2600
7	3460—4760	93—128	12500	3200	7300	775	8800	2600
8	3950—5440	93—128	14800	3200	7300	775	8800	2600

Maße sind mm. Die Abmessungen sind unverbindlich.

Grenzen von 500 bis 125 U/min. Sie richten sich nach dem Kolbenhub;
die mittlere Kolbengeschwindigkeit beträgt im Mittel etwa 5,5 bis
6 m/s. In Zahlentafel 38 und 39 sind die Leistungen, Drehzahlen und

Hauptabmessungen der Krupp-Dieselmotoren für Landzwecke mit angebauten Drehstromgeneratoren und Erregern zusammengestellt. Je geringer die Zylinderzahl ist, um so einfacher sind Wartung und Betrieb.

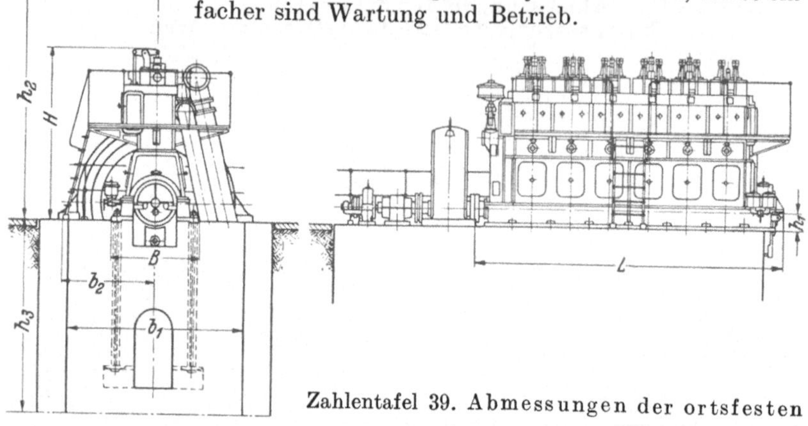

Zahlentafel 39. Abmessungen der ortsfesten

Ohne Aufladung.

Zyl.-Zahl	Leistung in PSe	Drehzahl in der Minute	Abmessungen in mm							
			L^*	B	H	h_1	h_2^{**}	h_3^{***}	b_1	b_2
3	80— 130	300—500	1 900	1060	1880	220	2600	2000	2400	—
4	105— 175		2 300	1060	1880	220	2600	2000	2400	—
3	120— 200		2 300	1280	2200	260	2900	2300	2600	—
4	160— 265	250—428	2 780	1280	2200	260	2900	2300	2500	—
6	240— 400		3 740	1280	2200	260	2900	2300	2400	—
3	185— 330		2 925	1570	2800	310	3550	2600	3200	1600
4	250— 440		3 525	1570	2800	310	3550	2600	3200	1600
5	315— 550	214—375	4 125	1570	2800	310	3550	2600	3200	1600
6	375— 660		4 725	1570	2800	310	3550	2600	3000	1600
7	440— 770		5 325	1570	2800	310	3550	2600	3000	1600
8	500— 880		6 000	1570	2800	310	3550	2600	3000	1600
6	550— 770	214—300	5 590	1570	3045	300	4200	3300	4000	1700
8	730—1025	214—300	7 100	1570	3045	300	4200	3300	4000	1700
6	580— 770	188—250	5 590	1700	3350	320	4800	3300	4200	1700
8	770—1025	188—250	7 100	1700	3350	320	4800	3300	4200	1700
6	670— 900	188—250	6 100	1700	3350	320	4800	3400	4400	1800
8	900—1200	188—250	7 700	1700	3350	320	4800	3400	4400	1800
6	800—1020	167—214	6 450	1960	4000	350	5650	3600	4600	1950
8	1065—1360	167—214	8 400	1960	4000	350	5650	3600	4600	1950
6	975—1220	150—188	7 000	2260	4350	385	6300	3800	4800	2150
8	1300—1630	150—188	9 000	2260	4350	385	6300	3800	4800	2150
6	1130—1450	167—214	7 700	2200	4410	420	6600	4000	4800	2350
8	1500—1930	167—214	10 000	2200	4410	420	6600	4000	4800	2350
6	1180—1475	150—188	7 700	2260	4600	430	7000	4000	5000	2350
8	1570—1970	150—188	10 000	2260	4600	430	7000	4000	5000	2350
6	1400—1750	150—188	8 600	2400	4800	500	7600	4300	5000	2600
8	1870—2340	150—188	11 000	2400	4800	500	7600	4300	5000	2600
6	1350—1620	125—150	8 600	2600	5160	500	8000	4300	5200	2600
8	1800—2160	125—150	11 000	2600	5160	500	8000	4300	5200	2600
9	2035—2400	125—150	12 300	2600	5160	500	8000	4300	5200	2600

Abmessungen: * Bei Ausführung der Maschine ohne angehängte Kühlwasserpumpe.
** Für bequemen Ausbau notwendig.
*** Mindesttiefe des Fundamentblockes bei tragfähigem Boden.

Der einfach- oder doppeltwirkende Zweitaktmotor kommt bei Drehzahlen unter 200 in der Minute nur für sehr große Leistungen von 1500 bis zu 25000 kW mit 3 bis 12 Zylindern zur Ausführung, da er sich um 20 bis 30 vH leichter bauen läßt und mit weniger Arbeitszylindern auskommt als der Viertaktmotor. Diese Bauform hat daher manche Vorzüge so z. B. bei gleichen Abmessungen fast die doppelte Leistung des Viertaktmotors. Im Brennstoffverbrauch allerdings ist der Zweitaktmotor bei mittleren Leistungen um etwa 5 bis 10 vH ungünstiger, was bei hohen Leistungen und Brennstoffpreisen wohl mit den Ausschlag gegeben hat, diese Bauart nur für sehr große Leistungen weiter zu entwickeln, weil dann Unterschiede in Haltbarkeit, Betriebssicherheit und Brennstoffverbrauch kaum mehr bestehen.

Besonders ist darauf hinzuweisen, daß im Gegensatz zu den Dampfkraftanlagen im Stillstand eine Dieselanlage keinen Brennstoff verbraucht; auch Anheiz- und Abbrandverluste sind nicht vorhanden. Ein Brennstoffmehrverbrauch für die PS_e-Std. nach längerer Betriebszeit tritt nicht ein. In Zahlentafel 40 sind Brennstoffverbrauchszahlen für kleinere und mittlere Leistungen angegeben. Bei Steinkohlenteeröl und anderen Ölsorten kann der Brennstoffverbrauch entsprechend dem

kompressorlosen Viertakt-Krupp-Dieselmotoren.

Mit Aufladung.

Zyl.-Zahl	Leistung in PS_e	Drehzahl in der Minute	L	B	H	h_1	h_2	h_3	b_1	b_2
2	105— 140		1590							
3	155— 210		1990							
4	210— 280	375—500	2390	1090	1880	220	2500	1800	1800	—
5	265— 350		2790							
6	315— 420		3190							
3	210— 300		2250							
4	280— 400		2730							
5	350— 500	300—428	3210	1310	2200	260	2900	2300	2400	—
6	420— 600		2690							
7	490— 700		4170							
8	560— 800		1650							
3	325— 485		2925							
4	430— 650		3525							
5	540— 810	250—375	4125	1570	2580	310	3800	2600	3000	1600
6	650— 970		4725							
7	755—1135		5325							
8	860—1300		5925							
6	760—1050	214—300	5600	1570	3045	300	4200	3000	3600	1700
8	1000—1400		7080							
6	790—1050	188—250	5600	1700	3325	300	4750	3400	3800	1700
8	1050—1400		7080							
6	860—1220	214—300	5780	1550	2930	320	4000	3000	3500	1700
8	1150—1620		7300							
6	920—1220	188—250	5860	1700	3450	320	4800	3400	4000	1800
8	1220—1620		7420							
6	1100—1450	188—250	6200	2060	3650	360	4900	3500	4200	1800
8	1470—1940		7900							
6	1080—1450	167—225	6200	2100	4000	360	5300	3600	4300	1950
8	1450—1940		7900							
6	1500—2000	167—225	8060	2150	4350	420	5850	4000	4600	2350
8	1970—2660		10160							
6	1620—2025	150—188	8060	2180	4575	420	6400	4200	4700	2350
8	2160—2700		10160							
6	1900—2360	150—188	8850	2300	4700	500	6600	4300	4700	2600
8	2530—3160		11100							
6	1860—2470	125—167	8850	2420	5150	500	7300	4400	4800	2600
8	2480—3300		11100							

Heizwert umgerechnet werden. Bei Schwerölen ist ferner der Zündölverbrauch zu berücksichtigen. Das Einspritzen von Zündölen bei Stein-

Zahlentafel 40. Spez. Brennstoffverbrauch für Dieselmotoren
in g/PS_e-Std. für ein Dieselöl mit $H_u = 10000$ kcal/kg.

Leistung PS_e	130	265	1025
Zylinderzahl	3	4	8
Drehzahl U/min	500	428	250
$^1/_4$ Last	250	240	235
$^2/_4$,, ... :	195	190	185
$^3/_4$,, ...	180	175	172
$^4/_4$,, ...	175	170	170
10 vH Überlast	178	172	172

kohlenteeröl ist neben dem Anlassen auch einige Minuten vor dem Stillsetzen des Motors vorzunehmen, damit die Rohrleitungen am Motor für
das nächste Anlassen mit Gasöl gefüllt sind. Der Gasölverbrauch für
einmaliges Anlassen und Stillsetzen von Teerölmotoren beträgt etwa:

$$\begin{aligned}
\text{bei Motoren von} \quad 100 \ PS_e \quad &. \ . \ . \ . \ . \quad 5 \text{ kg}\\
,, \qquad ,, \qquad ,, \quad 500 \ ,, \quad &. \ . \ . \ . \ 20 \ ,,\\
,, \qquad ,, \qquad ,, \quad 1000 \ ,, \quad &. \ . \ . \ . \ 40 \ ,,\\
,, \qquad ,, \qquad ,, \quad 1500 \ ,, \quad &. \ . \ . \ . \ . \ 50 \ ,,\\
,, \qquad ,, \qquad ,, \quad 2000 \ ,, \quad &. \ . \ . \ . \ . \ 60 \ ,,
\end{aligned}$$

Abb. 273 zeigt Kennlinien für den Brennstoffverbrauch eines MAN-
Dieselmotors bei verschiedenen Leistungen und Drehzahlen.

Die Leistung des Motors, d. h. die nutzbare Luftladung der Zylinder,
ist von der Beschaffenheit der Luft abhängig. Es müssen daher
die Lufteigenschaften (Gewicht nach dem Barometerstand und mittlere
Lufttemperatur zu verschiedenen Jahreszeiten am Aufstellungsort) für
die Größenbestimmung bekannt sein. Bei dünner Luft mit hoher Temperatur nimmt der mittlere Druck ab. Daraus ergibt sich ein höherer
Arbeitsverbrauch der Gebläse für die Luftförderung. Dieser Umstand
zusammen mit der verringerten nutzbaren Luftladung der Zylinder hat
einen höheren Brennstoffverbrauch für die nutzbar abgegebene kWh
zur Folge. Aus den Kennlinien Abb. 274 ist die Leistungsabnahme zu
ersehen.

Die Luftbeschaffenheit hat ebenfalls einen wesentlichen Einfluß auf
das sichere und wirtschaftliche Arbeiten des Dieselmotors. Mechanisch
und chemisch verunreinigte Luft kann eine starke Verschmutzung der
Maschine in den Zylindern und Auspuffrohren durch Verkrustung der
Verbrennungsrückstände herbeiführen. Es ist daher gegebenenfalls dafür
Sorge zu tragen, daß diese Luft durch Filter gereinigt wird.

Die Überlastbarkeit eines Dieselmotors ist beschränkt. Sie beträgt zumeist nur etwa 10 vH der Vollastleistung und darf nicht häufig
und stoßweise auftreten. Es ist daher, wenn nicht ein besonders
schweres Schwungrad eingebaut wird, das als Kraftspeicher bei stark
schwankendem Betrieb einen Teil der Belastungsstöße aufnimmt, der
Dieselmotor mehr für ruhigen, gleichmäßigen Betrieb geeignet. Nach den REM müssen die elektrischen Maschinen um 25 vH
während einer halben Stunde überlastbar sein. Man berücksichtigt dieses
gegenseitige Leistungsverhältnis dadurch, daß man den Generator etwa

um 5 vH kleiner wählt. Seine Leistung berechnet sich dann zu:

$$N_G = 0{,}95 \cdot N_{Di} \cdot \eta_G \cdot 0{,}736 \ \text{kW},$$
$$= 0{,}70 \cdot \eta_G \cdot N_{Di} \ \text{kW},$$

bzw.

$$N'_G = \frac{N_G}{\cos \varphi} \ \text{kVA},$$

(119)

(120)

worin N_{Di} die Nutzleistung des Dieselmotors in PS_e bezeichnet.

Beim Parallelbetrieb mit andersartig angetriebenen Generatoren, insbesondere mit Dampfturbinen, soll aus diesem Grunde möglichst der Turbogenerator die Belastungsstöße aufnehmen und ausgleichen, während die mit Dieselmotoren arbeitenden Generatoren mit gleichmäßiger Belastung zu betreiben sind.

Als Überlastungswerte werden heute angegeben:

Überlastung während 30 Minuten etwa 10 vH der normalen Leistung,

Höchstbelastung bis zu 5 Minuten etwa 12½ vH,

augenblickliche Kraftschwankungen steigerbar bis zu 20 vH.

Bei der Dieselmaschine ist bei plötzlicher Entlastung mit einer Drehzahlsteigerung von etwa 15 vH zu rechnen. Der unmittelbar angetriebene Generator ist daher im Läufer für diese Drehzahlsteigerung zu bemessen.

Der Motor mit Aufladung. Bei der Regel-

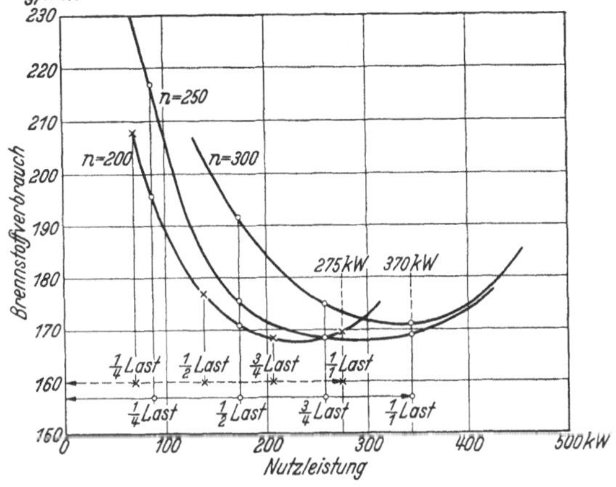

Abb. 273. Brennstoffverbrauch eines Sechszylinder-Dieselmotor ohne Verdichter, 275 bis 370 PS_e, 275 bis 370 kW, $n = 215$ bis 300 U/min.

bauart saugt der Arbeitskolben die Verbrennungsluft aus der Umgebung. Zum Schluß des Aussaughubes ist der Zylinderraum nicht voll mit Frischluft von atmosphärischem Druck gefüllt, weil nach Schluß des Auspuffens noch eine der Größe des Verdichtungsraumes entsprechende Abgasmenge im Zylinder zurückbleibt, die sich mit der angesaugten Frischluft mischt. Außerdem entsteht beim Ansaugen ein Unterdruck im Zylinder, so daß das tatsächlich angesaugte Luftgewicht kleiner ist als das Gewicht des gleichen Luftrauminhaltes in der freien Atmosphäre. Der Viertaktmotor der Regelbauart ist somit nur teilweise ausgenutzt. Seine Wirtschaftlichkeit kann durch Aufladung verbessert werden.

Bei der Aufladung wird mit dem Öffnen des Einlaßventils eine Durchspülung des Zylinders mit Frischluft von etwa 260 mm QS Überdruck vorgenommen, die den ganzen Zylinderraum von den Restgasen reinigt. Während der Kolben abwärts gleitet, wird nicht Frischluft angesaugt, sondern die Zylinder werden von einem Kapselgebläse mit Aufladeluft gefüllt, beim Schließen des Einlaßventils ist dann ein geringer Überdruck im Zylinder vorhanden. Infolgedessen steht für die Verbrennung ein größeres Luftgewicht zur Verfügung, wodurch eine Leistungssteigerung von 35 vH und mehr erzielbar ist. Diese Leistungssteigerung hat aber keine höhere thermische Belastung des Motors zur Folge, weil während des Einblasens mit der Durchspülung des Zylinderraumes die Kolben, Zylinderdeckel und Anlaßventile zusätzlich gekühlt werden. Hinsichtlich der Lebensdauer und Betriebssicherheit besteht kein Unterschied gegenüber der Regelbauart.

Das Kapselgebläse ist seitlich am Motor angeordnet und wird von der Motorwelle angetrieben. Bei der Krupp-Bauart ist der Zylinderblock mit dem Kapselgebläse nicht wesentlich breiter als die Grundplatte des Motors, so daß kein nennenswerter zusätzlicher Raum beansprucht wird. Aus Zahlentafel 39 sind die Abmessungen für die mit Aufladung arbeitenden Motoren zu ersehen.

Der Brennstoffverbrauch für die PS_e-Std. ist nicht größer als bei der Regelbauart, weil die Leistungserhöhung durch Verbrennung einer größeren Brennstoffmenge bei gleichzeitiger stärkerer Vergrößerung der Verbrennungsluftmenge erfolgt. Die Brennstoffverbrauchskennlinie verläuft zwischen ¾ und Vollast sehr flach und geradlinig, so daß Belastungschwankungen auf die Wirtschaftlichkeit des Motors keinen Einfluß haben. Die Auspufftemperaturen, die ein Maß für die Güte der Verbrennung sind, liegen beim aufgeladenen Motor nicht höher als beim Regelmotor.

e) Die Steuerung und Zündung müssen so genau arbeiten, daß die bei gleichbleibender Belastung während mehrerer Umdrehungen aufgenommenen Indikatordiagramme (Abb. 266 u. 268) für die verschiedenen Zylinderseiten mit ihren größten und kleinsten Flächenwerten nur geringe Abweichungen voneinander besitzen. Die Flächen-Abweichungen dürfen bei beliebiger Belastung höchstens 10 vH für guten Parallelbetrieb von derjenigen kleinsten der Diagrammflächen, die bei normaler Belastung der Maschine aufgenommen werden, betragen.

Fehlzündungen und Aussetzer sollen sowohl bei Leerlauf wie bei jeder Belastung nach Möglichkeit nicht auftreten. Mehrere aufeinander folgende oder periodisch sich wiederholende Fehlzündungen und Aussetzer müssen unter allen Umständen vermieden werden.

f) Der Antrieb der Generatoren erfolgt bei kleinen Leistungen durch Riemen, bei größeren Leistungen durch Kupplung oder unmittelbaren Zusammenbau. Da jeder Dieselmotor aus Gründen gleichmäßiger Kraftübertragung, über die bereits gesprochen worden ist, ein Schwungrad erfordert, wird dieses bei Riemenübertragung gleichzeitig als Riemenscheibe ausgebildet. Der Platzbedarf ist naturgemäß größer als beim unmittelbaren Zusammenbau. Da auch elektrisch mit Rücksicht auf einwandfreie Stromerzeugung diese Art des Antriebes nicht befriedigt, wird sie heute kaum noch angewendet. Die Gesamtkosten gegenüber dem langsamlaufenden Generator für den Riemenantrieb einschließlich der Verluste durch Riemenschlupf, die je nach der Riemengeschwindigkeit, Achsentfernung und der Benutzung von Spannrollen bei kurzer

Riemenlänge zwischen 2 bis 4 vH betragen, und den Mehrkosten des umbauten Raumes, schließlich die erhöhten Bedienungs-, Unterhaltungs- und Reparaturkosten ergeben fast stets den Vorzug für den unmittelbaren Antrieb. Die Riemengeschwindigkeit darf bis höchstens 30 m/s betragen. In Zahlentafel 41 ist die zulässige Übersetzung angegeben.

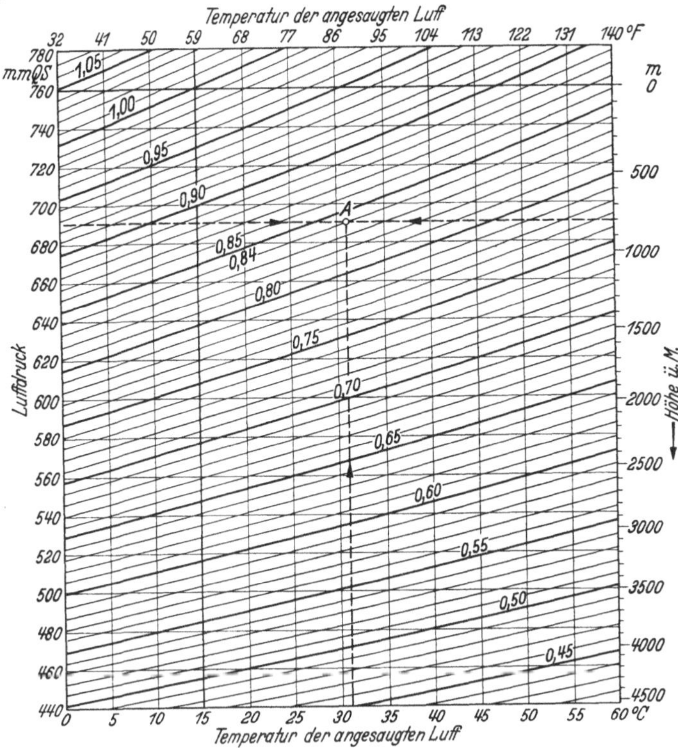

Abb. 274. Nennleistungsabfall von Viertakt-Dieselmotoren in Abhängigkeit von Luftdruck (Höhe) und Lufttemperatur.

18. Beispiel. Nennleistung des Motors bei $+ 15^{\circ}$ C und 760 mm QS (0 m ü. M.). $N_{Di} = 150$ PS$_e$. Bei $+ 31^{\circ}$ C und 690 mm QS (800 m ü. M.) $N'_{Di} = 150 \cdot 0{,}84 = 126$ PS$_e$.

Zahlentafel 41. Riemenscheiben-Achsenentfernungen.

Durchmesser der kleinen Riemenscheibe	Kleinste Riemenscheiben-Achsenentfernung bei einem Übersetzungsverhältnis von					
	1 : 2	1 : 3	1 : 4	1 : 5	1 : 6	1 : 7
mm	mm	mm	mm	mm	mm	mm
200	—	2800	3000	3200	3400	3600
300	—	3200	3500	3800	4300	5100
400	—	3600	4000	4600	5700	6800
500	3500	4000	4500	5700	7100	8600
600	3800	4400	5100	6800	8600	10000
700	4100	4800	5800	7900	10000	—
800	4400	5200	6600	9100	—	—
900	4700	5600	7400	—	—	—
1000	5000	6000	8200	—	—	—

Seile werden heute zum Antrieb von Generatoren nicht mehr benutzt, da sie in ihrer Übertragungsfähigkeit dem Riemen nicht gleichwertig sind, bei Lastschwankungen nicht sicher genug arbeiten, ein Nachspannen nicht in gleich einfacher Weise gestatten und in Bedienung und Unterhaltung teurer sind.

Bei größeren Maschinenleistungen werden Antriebsmaschine und Generator zu einem Maschinensatz in der Form vereinigt, daß die beiden Maschinenwellen miteinander gekuppelt werden oder der Generator auf die Welle der Antriebsmaschine gesetzt wird. Beides bedingt eine gegenseitige Übereinstimmung der Drehzahl.

Bei Gleichstrommaschinen wird von der Generatorseite eine in engen Grenzen bestimmte Drehzahl nicht vorgeschrieben. Hier läßt sich verhältnismäßig einfach eine günstigste Maschinendrehzahl finden.

Bei Drehstrom ist die Drehzahl des Generators von der Frequenz und der Polzahl der Maschine abhängig nach Gl. (121):

$$n = \frac{f \cdot 60}{p}. \qquad (121)$$

Zahlentafel 42. Genormte Drehzahlen und Synchron-Drehzahlen U/min für Wechselstrommaschinen von 50 Hertz.

Polzahl	Drehzahl	Polzahl	Drehzahl
6	1000	(28)	(214)
8	750	32	188
10	600	(36)	(167)
12	500	40	150
16	375	48	125
20	300	(56)	(107)
24	250	64	94

Bei der heute in Deutschland allein angewendeten Frequenz $f = 50$ Hertz bei Drehstrom sind nur die in Zahlentafel 42 zusammengestellten Drehzahlen für die Antriebsmaschinen möglich. Sie sind in den REM genormt. Die eingeklammerten Werte sollen tunlichst nicht angewendet werden, weil sie bautechnische und betriebliche Schwierigkeiten mit sich bringen. Letztere liegen hauptsächlich in unruhiger Stromerzeugung und ungünstigem Verhalten beim Parallelschalten und im Parallelbetrieb.

Die Richtlinien für den unmittelbaren Antrieb des Generators sind:
richtige Bemessung des Schwungrades,
zweckmäßiger Zusammenbau unter Vermeidung überflüssiger Lager und Kupplungen,
gute Zugänglichkeit zu den Lagerstellen und
bei Gleichstrom zum Kommutator.

Für den Zusammenbau mit der Gleichstrommaschine haben sich die Anordnungen nach Abb. 275 bis 277 bewährt. Der Zusammenbau nach Abb. 276 und 277 ist gedrängter als nach Abb. 275, weil das Zwischenlager fortfällt. Nachteile sind damit nicht verbunden, nur müssen Welle und Außenlager wegen der zusätzlichen Beanspruchungen durch das Schwungrad kräftiger ausgebildet werden.

In den Abb. 278 bis 280 sind Ausführungsformen und vergleichende Baulängen für Drehstromgeneratoren mit eingebauten Schwungmassen und angebautem Schwungrad gezeichnet. Die Erregermaschine wird fliegend auf die Motorwelle aufgesetzt.

Der Kupplungsflansch und die sonstigen Paßflächen zwischen Motor-
und Generatorlieferung werden nach auszutauschenden Lehren be-

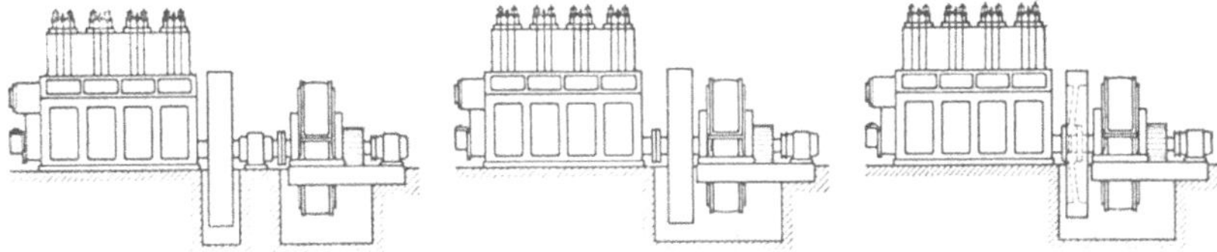

Abb. 275 bis 277. Zusammenbauformen zwischen Dieselmotor und Gleichstromgenerator.

Dieselmotor mit Schwungrad auf Kurbelwellenverlangerung mit besonderem Außenlager und Flansch. Generator jenseits des Außenlagers einlagerig ange-flanscht, entweder auf getrenn-ten Sohlplatten oder auf ver-kurzter Grundplatte.	Dieselmotor mit Kupplungs-flansch unmittelbar am Mo-torgrundplattenendlager. Generator einlagerig ange-flanscht. Schwungrad auf der Generatorwelle zwischen Flansch und Anker.	Dieselmotor mit Kupplungs-flansch unmittelbar am Motor-grundplattenendlager Genera-tor einlagerig angeflanscht. Schwungrad entweder auf dem Kupplungsflansch sitzend oder zwischen den Flanschhälften eingeklemmt.

arbeitet bis auf die vorge-
bohrten Kupplungslöcher,
die erst am Aufstellungsort
im zusammengesetzten
Flansch aufzureiben sind;
die Kupplungsbolzen und
das Schutzgeländer um die
Schwungrad- und Genera-
torgrube liefert üblicherweise
der Hersteller des Dieselmotors.

Bei jedem Dieselmotor
liegt die Kurbelwelle sehr
niedrig über Maschinenhausflur, so daß der Generator
eine übereinstimmende niedrige Fußhöhe erhalten muß.
Die unzweckmäßige und auch
die Bedienung hindernde versenkte Aufstellung des Generators in einer Grube ist
ebenso verfehlt, wie der Aus-
weg mit abgesetzter Maschi
nenhaussohle.

Soll der Generator auch
als Phasenschieber benutzt
und dann von der Diesel-
maschine getrennt werden
können, was stets zu untersuchen und eingehend zu beurteilen ist, dann muß die
Kupplung lösbar sein.

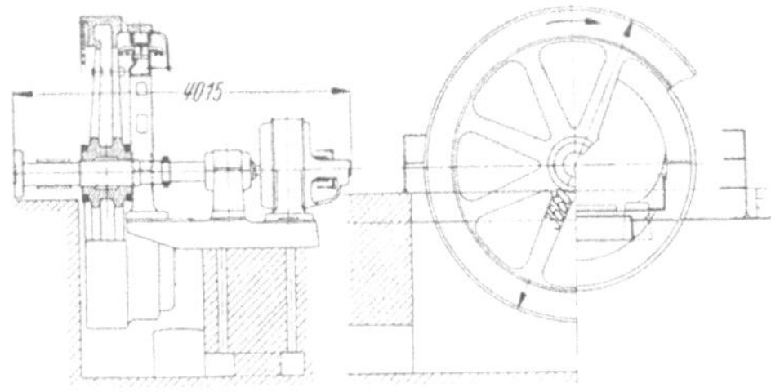

Abb. 278. Außenpolgenerator.

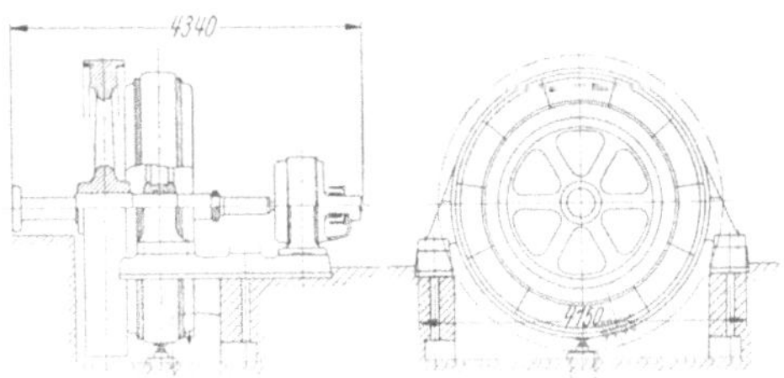

Abb. 279. Generator mit Schwungrad.

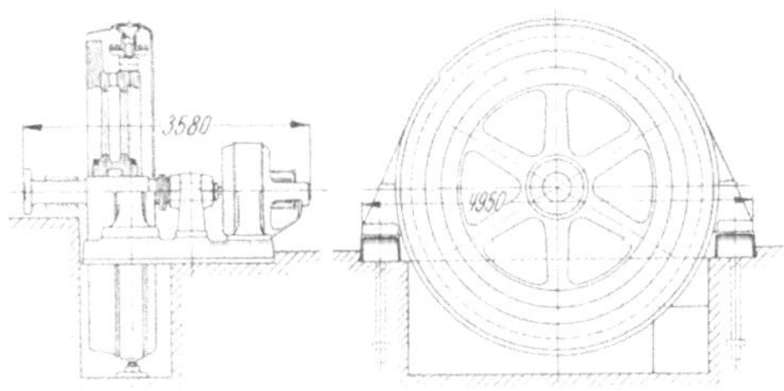

Abb. 280. Generator mit eingebautem GD^2.

Abb. 278 bis 280. Bauformen von Drehstromgeneratoren
für Dieselmotorantrieb.

Getriebe zwischen Motor und Generator werden nicht angewendet, da der Wirkungsgrad verschlechtert und infolgedessen der Brennstoffverbrauch weiter erhöht wird.

g) Der Ungleichförmigkeitsgrad. In Vervollständigung des auf S. 402 bereits Gesagten sind in Abb. 281 Kennlinien für den Ungleichförmigkeitsgrad bei verschiedenen Drehzahlen zusammengestellt, die insbesondere auf das Gebiet der Lichtflimmern bezogen worden sind. Bei einem Viertaktmotor mit 4 Zylindern und einer Drehzahl von $n = 300$ U/min ergibt sich aus diesen Kennlinien mindestens ein Ungleichförmigkeitsgrad von $\delta = {}^1/_{190}$ bei Drehstrommaschinen, der beim Parallelbetrieb entsprechend zu verringern ist.

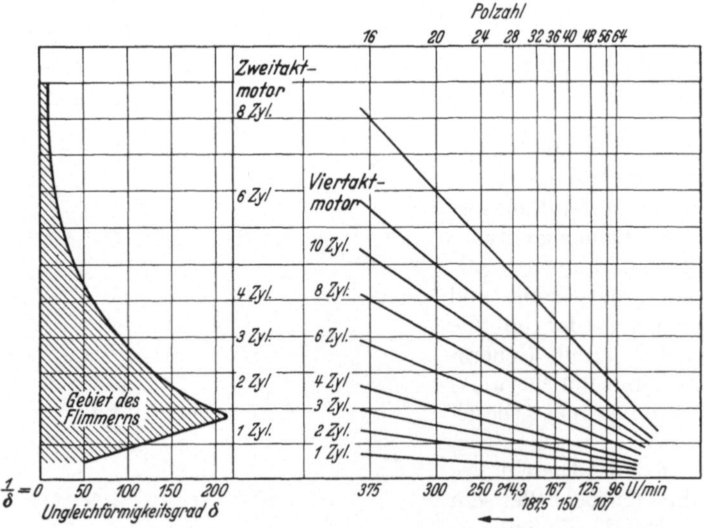

Abb. 281. Zulässiger Ungleichförmigkeitsgrad für gleichmäßiges Licht in Abhängigkeit von der Bauform des Dieselmotors.

Für eine gegebene Kraftmaschine ändert sich der Ungleichförmigkeitsgrad umgekehrt mit der Größe des Schwungmomentes, bei Änderung der Drehzahl in geringen Grenzen umgekehrt verhältnisgleich dem Quadrat der Drehzahl. Viertaktmaschinen machen hiervon eine Ausnahme, weil bei ihnen von einer bestimmten Drehzahl aufwärts der Ungleichförmigkeitsgrad schlechter wird.

Das Schwungmoment läßt sich für Viertaktmaschinen nach Gl. (122) berechnen:

$$GD^2 = \frac{N_i \cdot c \cdot 10^6}{\delta \cdot n^3}, \tag{122}$$

worin bedeutet:

N_i indizierte Leistung in PS,

$c = 48$ für Einzylindermotoren,

$\quad = 21$,, Zweizylindermotoren,

$\quad = 12$,, Dreizylindermotoren,

$\quad = 3$,, Vierzylindermotoren,

$\quad = 1,5$,, Sechszylindermotoren.

Da der Ungleichförmigkeitsgrad ferner abhängig ist von der Drehzahl und den Zündabständen, sind in Zahlentafel 43 Werte für δ nach der Anzahl der Zündungen bezogen auf 2 U/min angegeben. Die Anzahl der Impulse für die verschiedenen Bauarten der Motoren sind aus Zahlentafel 44 zu ersehen.

Zahlentafel 43. Mindest-Ungleichförmigkeitsgrade zur Erzielung flimmerfreien Lichtes.

Anzahl der Zündungen bezogen auf 2 U/min	1	2	3	4	5	6
$n = 187$	1/55	1/85	1/140	1/180	1/185	1/165
$n = 215$	1/60	1/100	1/160	1/185	1/170	1/145
$n = 250$	1/65	1/120	1/180	1/180	1/150	1/120
$n = 300$	1/70	1/150	1/185	1/155	1/120	1/90
$n = 375$	1/85	1/180	1/165	1/120	1/85	1/60
$n = 430$	1/100	1/185	1/145	1/100	1/65	1/50
$n = 500$	1/120	1/180	1/120	1/75	1/50	1/40
$n = 600$	1/150	1/155	1/90	1/55	1/40	1/35
$n = 750$	1/180	1/120	1/60	1/40	1/35	1/30
$n = 1000$	1/180	1/75	1/40	1/30	1/30	1/30

Zahlentafel 44. Impulszahlen für Dieselmotoren.

Bauart		Einfach wirkender Viertaktmotor	Doppelt wirkender Viertaktmotor	Einfach wirkender Zweitaktmotor	Doppelt wirkender Zweitaktmotor
Impulszahl	mit 1 Kurbel	$\dfrac{n}{2 \cdot 60}$	$\dfrac{n}{60}$	$\dfrac{n}{60}$	$\dfrac{2\,n}{60}$
	mit 2 Kurbeln	$\dfrac{2\,n}{2 \cdot 60}$	$\dfrac{2\,n}{60}$	$\dfrac{2\,n}{60}$	$\dfrac{4\,n}{60}$
	mit 3 Kurbeln	$\dfrac{3\,n}{2 \cdot 60}$	$\dfrac{3\,n}{60}$	$\dfrac{3\,n}{60}$	$\dfrac{6\,n}{60}$
		usw.	usw.	usw.	usw.

Bei Drehstromgeneratorantrieb muß aus den bereits ebenfalls kurz erläuterten Gesichtspunkten δ wesentlich besser sein, wenn Parallelbetrieb in Frage kommt, und zwar ergibt sich im allgemeinen eine Verbesserung um mindestens die Hälfte, um den erforderlichen Gesamt-Ungleichförmigkeitsgrad zu erreichen. In jedem Fall hat hier ein Zusammenarbeiten zwischen Motor- und Generatorhersteller stattzufinden, da für die eine Seite das gute und einwandfreie Arbeiten des Reglers, für die andere Seite die Drehschwingungen der Welle, die Resonanzschwingungen und das Synchronisieren jedesmal besondere Bedingungen stellen. Da das Schwungmoment für die Pendelerscheinungen maßgebend ist, treten bei den einzelnen Leistungen und Drehzahlen der Viertakt- und Zweitaktmotor kritische GD^2-Bereiche [Gl. (118)] auf, die bei der Ausführung der Generatoren berücksichtigt werden müssen. Beim Parallelbetrieb von gleichartigen Maschinensätzen mit gleichen Drehzahlen ist die Resonanzlage nur einer Maschine zu untersuchen. Bei Erweiterung einer bestehenden Anlage muß eine vollständige Untersuchung aller Maschinen stattfinden. Besonders schwierig werden die Verhältnisse, wenn Maschinen mit ungleichen Drehzahlen parallel arbeiten sollen, weil sich die Resonanzbereiche der verschiedenen Antriebstakte aller Maschinen gewöhnlich überschneiden. Stärkere Schwingungen sind dann kaum zu vermeiden. Es sollen daher ungleiche Drehzahlen möglichst nicht gewählt werden.

Im Leerlauf dürfen die Ungleichförmigkeitsgrade bis zu 40 vH größer sein. Über diese Grenze hinaus ist ein sicheres und schnelles Parallelschalten nicht mehr möglich. Es muß daher bei Drehstromgeneratorantrieb δ stets bei Leerlauf und Vollast angegeben werden.

Dienen die Generatoren nur für reine Kraftstromlieferung, was nur selten vorkommt und im Hinblick auf zukünftige Verhältnisse nicht angenommen werden sollte, dann kann je nach der Gleichmäßigkeit des Betriebes δ zu $^1/_{70}$ bis $^1/_{140}$ noch zugelassen werden.

Bei großen rasch laufenden Generatoren, besonders bei Antrieb durch Mehrzylinder-Dieselmaschinen ist für die Festlegung des GD^2 und damit auch des Ungleichförmigkeitsgrades noch ganz besondere Rücksicht auf die kritische Drehschwingung der Welle zu nehmen. Es ist bei derartigen Maschinen stets nötig, die Welle auf die Torsionseigenfrequenz nachzurechnen und darauf zu achten, daß diese nicht mit der Drehzahl oder einem gefährlichen Bruchteil der Drehzahl zusammenfällt (Resonanzferne). Gewöhnlich werden geeignete Verhältnisse nicht durch die Veränderungen des GD^2, sondern durch entsprechende Bemessung der Wellenleitung und zweckmäßige Entfernungen der schwingenden Massen voneinander hergestellt.

h) Die Regelung erfolgt durch einen Achsen- oder einen federbelasteten Pendelregler, der die für die jeweilige Belastung erforderliche Brennstoffmenge selbsttätig verändert. Die Regelung muß sehr empfindlich arbeiten, um bei schwankender Kraftabgabe dennoch einen durchaus gleichmäßigen Gang der Maschine zu erzielen. Als besondere Bedingungen, die der Regler zu erfüllen hat, gelten folgende:

Der Regler muß bei gleichbleibender Brennstoffzufuhr im Beharrungszustand der Maschine ohne Schwankung in Ruhe verharren. Jede taktmäßige Rückwirkung der Maschinensteuerung und jede Pendeleinwirkung der Kraftmaschine auf den Regler muß vermieden sein. Drehzahlschwankungen, die von der Unempfindlichkeit des Reglers herrühren, dürfen für guten Parallelbetrieb höchstens $\pm \frac{1}{4}$ vH betragen.

Bei allmählicher Belastungsänderung zwischen Leerlauf und Vollast soll der Regler eine Drehzahländerung von 4 bis 6 vH von selbst hervorrufen. Der Zusammenhang zwischen Drehzahl und Belastung muß eindeutig sein, so daß jede Drehzahl bei nur einer bestimmten Belastung eingestellt wird. Am vorteilhaftesten ist ein gleichmäßiger Abfall der Drehzahl mit zunehmender Belastung entsprechend der Kennlinie a in Abb. 282. Zulässig ist ein Abfall nach Kennlinie b, unzulässig ein solcher nach Kennlinie c, bei der die Drehzahl im unteren Belastungsbereich unabhängig von der Belastung ist.

Bei plötzlichen Belastungsänderungen in beliebigen Betriebszuständen zwischen Leerlauf, Vollast oder Überlast muß der Regler so schnell ansprechen, daß die Drehzahlschwankung höchstens 3 vH beträgt, wenn die Belastung sich um 25 vH der normalen Last ändert. Die Schwankungen der Drehzahl um den neuen Beharrungszustand sollen stark gedämpft sein. Bei plötzlicher Entlastung von Vollast auf Leerlauf muß ein Durchgehen der Maschinen sicher verhindert werden.

Beim Parallelarbeiten verschiedenartiger und verschieden großer Maschinen soll der durch den Regler bewirkte Drehzahlabfall bei großen Teilbelastungen möglichst gleichartig sein.

Auch im Leerlauf der Maschine muß der Regler die Drehzahl sicher beherrschen.

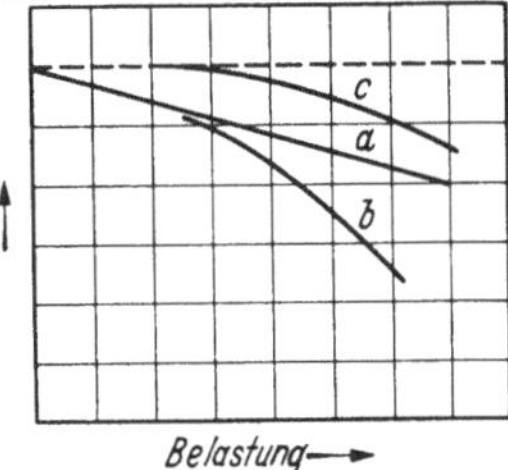

Abb. 282. Drehzahlkennlinie für Belastungsänderungen bei Kolbenkraftmaschinen.

Die Regelung muß mit dem Schwungmoment der Maschine abgestimmt sein (bei zu schlechtem δ pendelt der Regler bei Belastungsschwankungen stark, bei zu gutem δ wird die Reglergleichgewichtslage zu langsam erreicht).

Die Drehzahl der Maschine muß während des Laufes durch äußeren Eingriff (Motor- oder Handverstellung mit Fernsteuerung) bei jeder Belastung um 4 bis 6 vH verändert werden können, so daß die Maschine trotz Vollast auf Leerlaufdrehzahl und trotz Leerlauf auf Vollastdrehzahl gebracht werden kann.

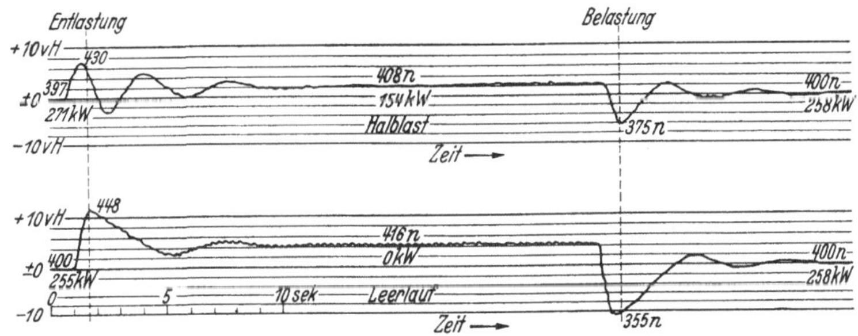

Abb. 283. Drehzahl-Regelverlauf bei Belastungsänderungen eines Krupp-Sechszylinder-Dieselmotors. 450 kW, $n = 400$ U/min.

Für den Parallelbetrieb und die Lastverteilung soll der Regler in jeder Lage zwangweise feststellbar sein.

Zur Beurteilung der Reglerstellung soll am Regler eine leicht ablesbare Zeigerstellung mit Angabe der Zylinder-Füllungsgrade vorhanden sein.

Beim Parallelarbeiten müssen für jede Maschine sämtliche Reglerbedingungen erfüllt sein. Ferner soll der durch den Regler bewirkte Drehzahlabfall bei etwa gleichen Teilbelastungen möglichst gleichartig sein. Der Regler kleiner Maschinen darf nicht schneller ansprechen als der großer Maschinen.

Abb. 283 zeigt den Regelverlauf bei einer schnellaufenden 6-Zylinder-maschine (Krupp) von 450 kW, $n = 400$ U/min, 350 mm Zylinderdurch-messer, 350 mm Hub, $GD^2 = 2,1$ tm^2 für Schwungrad und Generator zusammen, aus dem zu ersehen ist, wie stark die Drehzahlschwankungen bei plötzlichen Laständerungen ausfallen und in welcher Zeit der Regler die Maschine in der Drehzahl auf den Beharrungszustand zurückführt. Abb. 284 gibt dazu noch einen kurzen Zeitausschnitt für die Regler-arbeit im normalen Betrieb.

Als Vorschrift für die Regelung kann gelten, daß sich die Drehzahl bei gleichbleibender Belastung um nicht mehr als $\pm 0,5$ vH, bei Än-derung der Belastung um 25 vH der jeweiligen Belastung um nicht mehr als $\pm 1,5$ vH, beim Übergang vom Leerlauf zur normalen Leistung um etwa 5 vH nach erreichtem Beharrungszustand ändert.

i) Der Raumbedarf und die Fundierung. Der Raumbedarf ist gegen-über anderen Antriebsmaschinengattungen geringer, da außer der Maschine selbst und den Brennstoffbehältern nur noch einige Pum-pen unterzubringen sind (Abb. 285).

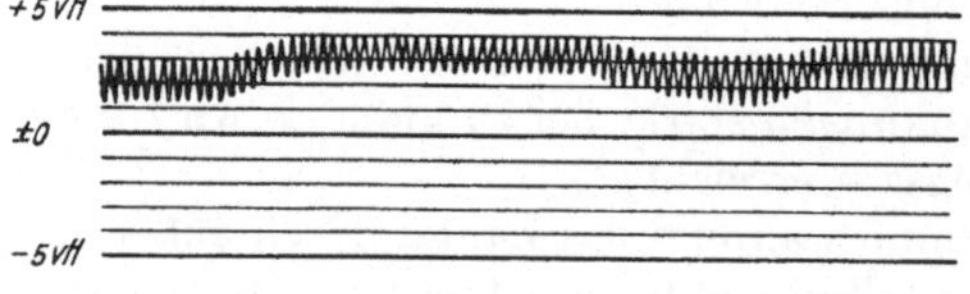

Abb. 284. Regelkennlinie für normalen Belastungs-verlauf.

Über die Höhenmaße des Maschinensaales gibt die Zahlentafel 38 und 39 Auf-schluß. Das ist für den um-bauten Raum und die Lage des Kranes zu beachten.

Zieht man die Kesselanlagen und die Räume für die Kondensation bei Dampfkraftmaschinen zur Beurteilung der gesamten Raumbean-spruchung (umbauten Raum) in die Betrachtung, so ist natürlich die Dieselmotorenanlage der Dampfkraftanlage bei weitem überlegen. Große, für die Bedienung Platz beanspruchende Zusatzanlagen sind nicht vorhanden. Die Kosten für Grundstück und Gebäude sind infolge-dessen wesentlich niedriger als bei den anderen Wärmekraftmaschinen. Abb. 286 zeigt die Gesamtanlage eines Dieselmotorenkraftwerkes mit zugehörigen Geräten und Einrichtungen und Abb. 287 den Rohplan. Als Zubehör kommt in Frage: das Anlaßgefäß mit Anlaßleitung, das Einblasegefäß mit Einblaseleitung und das Brennstoffiltriergefäß mit Leitung zum Motor, ferner der Brennstoffbehälter mit der Rohrleitung, die Flügelpumpe, die Kühlwasserleitung, die Auspuffleitung, unter Um-ständen mit zwei Auspufftöpfen, und Schutzvorrichtungen. Der Raum-bedarf für Motoren ohne Verdichter (kompressorlose Bauart) ist noch geringer, weil die Einblasepumpe, die Einblaseflaschen und die Ein-blaseleitung fortfallen.

Das Fundament ist für den Dieselmotor selbst wesentlich größer und schwerer zu halten als bei Dampfturbinen, weil jeder Dieselmotor infolge seiner inneren Arbeitsweise außerordentlich sicher stehen muß. Die Maschinen sind heute allerdings in ihren Fundamentbeanspruchun-gen schon wesentlich ausgeglichener als früher. Das Fundament ist bei größeren Maschinen am zweckmäßigsten in bestem Eisenbeton auszu-führen und bis auf vollständig einwandfreien tragfähigen Baugrund, gegebenenfalls unter Benutzung von Rammpfählen herunterzuführen. Die spez. Bodenpressung muß sehr vorsichtig gewählt werden, damit durch die Erschütterungen aus dem Arbeiten der Maschine keine späteren Setzungen eintreten. Wechselnder Grundwasserstand muß ebenfalls beachtet werden. Es werden entweder die Ankerplatten mit eingemauert und die Ankerbolzen bei der Montage eingeführt, oder man baut die Ankerplatten in das fertige Fundament ein, was leicht möglich ist, wenn im Fundament ein entsprechender Kanal freigelassen wird. Abb. 287a zeigt die Fundierung und läßt Einzelheiten erkennen.

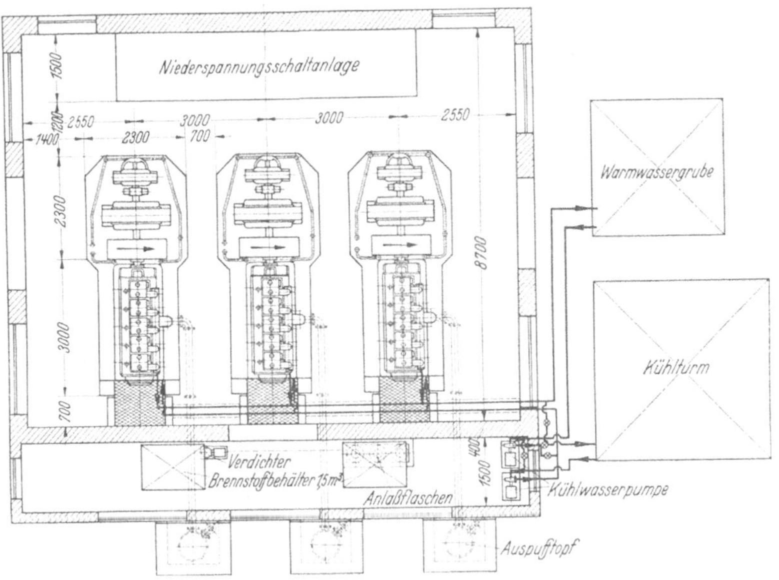

Abb. 285. Dieselmotorenkraftwerk mit 3 Funfzylinder-Viertaktmotoren je 220 Ps$_e$, $n = 500$ U/min. Motorgewicht 9000 kg ohne und 14 000 kg mit Zubehör und Schwungrad, Brennstoff: Südamerikanisches Dieselöl; Zylinderdurchmesser 250 mm, Kolbenhub 350 mm. Aufstellung 550 m über Meereshöhe, 45° C Tagestemperatur.

Das Fundament des Dieselmotors darf ferner keine Verbindung mit dem Gebäudemauerwerk und den anschließenden Kanälen haben. Es werden daher zur Abdämpfung der noch bestehenden unausgeglichenen Massenkräfte zwecks Vermeidung der Übertragung von Erschütterungen auf die Bauteile des Maschinenhauses bzw. auf die Nachbarschaft die Maschinenfundamente vorteilhaft mit einer stoßausgleichenden Isolierung versehen. Unter den verschiedenen hierfür zur Verwendung kommenden Baustoffen sind die aus reinem Naturkork hergestellten Korkfundament-Unterlagen bisher als das Beste bekannt. Die Eigenschaft des Korkes, in Wasser und Luft undurchlässigen Poren Luftsäckchen zu umschließen, bietet die Gewähr für ein Jahrzehnt gleichbleibender Elastizität. Die Unzerstörbarkeit des Korkes durch Fäulnis gibt gleichzeitig genügende Zuverlässigkeit für die Dauer der

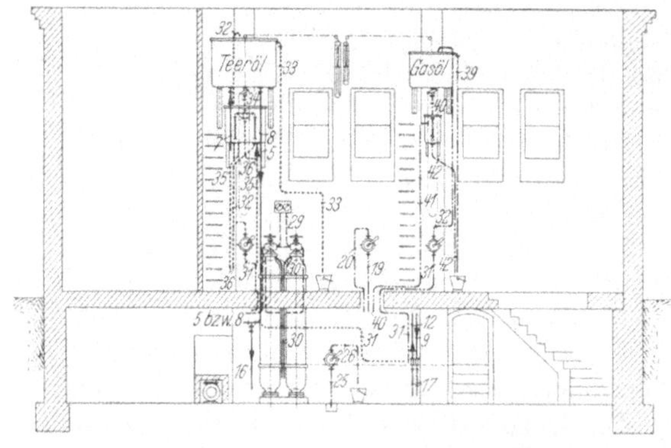

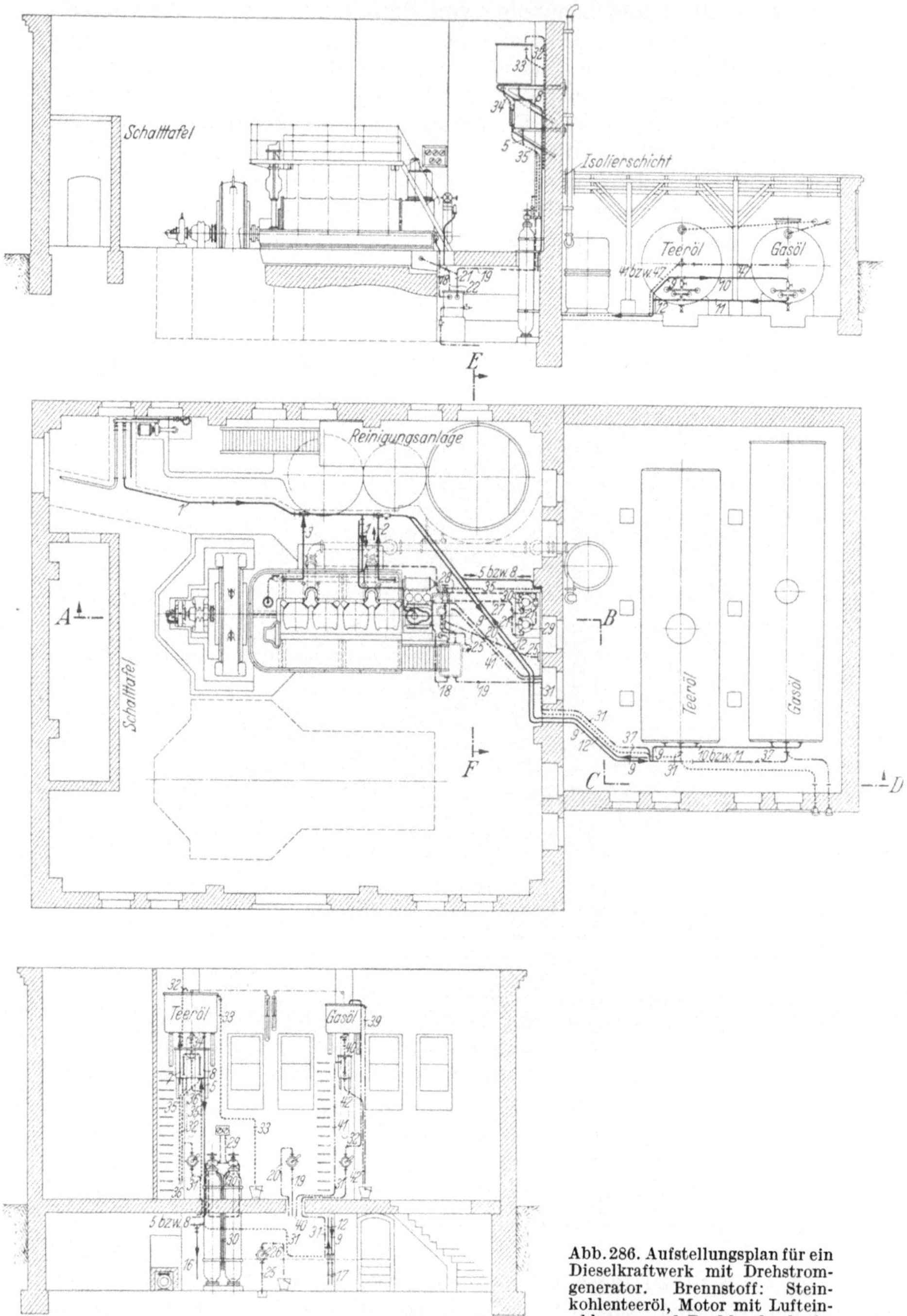

Abb. 286. Aufstellungsplan für ein Dieselkraftwerk mit Drehstromgenerator. Brennstoff: Steinkohlenteeröl, Motor mit Lufteinblasung und Preßdruckanlauf.

Zahlenbedeutung zu Abb. 286.

Lfde. Nr.	Leitung	
	von	nach
1	Anschließend an Leitung von elektrischer Kühlwasserpumpe	Ölkühler
2	Vorwärmrohr	unter Flur
3	Vorwärmrohr	unter Flur
4	Verbindungsleitung zwischen 2 und 3	
5	Leitung 3	Brennstoffiltergefäß
6	Verbindungsleitung der Brennstoffilter	
7	Brennstoffilter	Brennstoff-Vorratsgefäß
8	Brennstoff-Vorratsgefäß	unter Flur (nach Hochbehälter)
9	Stutzen Leitung 4 (Eckventil)	Brennstofflagerbehälter
10	Verbindungsleitung Brennstofflagerbehälter 1 und 2 (Zulauf)	
11	Verbindungsleitung Brennstofflagerbehälter 1 und 2 (Ablauf)	
12	Brennstofflagerbehälter	unter Flur (nach Hochbehälter)
13	Entlüftungsleitung am Motor	Ablauftrichter
14	HD. Zylinderdeckel	Ablauftrichter
15	Ablauftrichter	Wasserbehälter
16	Leitung 5 u. 8	Entwässerung (2 Enden je 1,5 m)
17	Leitung 9 u. 12	Entwässerung (2 Enden je 6,5 m)
18	Schmierölbetriebsbehälter	Maschinenpumpe
19	Schmierölbetriebsbehälter	Handpumpe
20	Handpumpe	Druckleitung, Maschinenpumpe
21	Rohrkrümmer Grundplatte	Betriebsbehälter
22	Rohrkrümmer Grundplatte	Betriebsbehälter
23	Ölwanne	Schmutzölsammeltopf
24	Ventilbetriebsbehälter	Stutzen Leitung 25
25	Stutzen Leitung 24	Schlammpumpe
26	Schlammpumpe	Ablaufeimer
27	Einblaseleitung (Überströmleitung)	Anlaßgefäße
28	Stutzen Anlaßflasche	Verteilstutzen an der Maschine
29	Anlaßgefäße (Kopf)	Manometer
30	Anlaßgefäße (Kopf)	unter Flur (Entwässerung)
31	Teeröl-Lagerbehälter	Handpumpe
32	Handpumpe	Betriebsbehälter
33	Betriebsbehälter Überlaufleitung	
34	Betriebsbehälter	Teerölfilter
35	Teerölfilter	Vorwärmerohr
36	Teerölfilter Schlammabfluß	
37	Gasöl-Lagerbehälter	Handpumpe
38	Handpumpe	Betriebsbehälter
39	Betriebsbehälter Überlaufleitung	
40	Betriebsbehälter	Gasölfilter
41	Gasölfilter	Vorwärmerohr
42	Gasölfilter Schlammabfluß	

Haltbarkeit. Wichtig ist, daß der Kork nicht in Platten verwendet wird, die aus Korkschrot unter Benutzung von Bindemitteln zusammengepreßt sind, da hierdurch die Elastizität im wesentlichen verlorengeht und die mechanische Festigkeit leidet. Der Kork soll vielmehr in seiner natürlichen Beschaffenheit verwendet und durch mechanische Hilfsmittel (Eisenumschließung) zusammengehalten werden. In dieser Form (Ausführung Zorn, Berlin) besitzt dieser Stoff trotz der elastischen Eigenschaften genügende Tragfähigkeit. Es liegen hierüber reichliche Erfahrungen vor, aus denen weiter hervorgeht, daß der Stoff auch im Grundwasser seine Eigenschaften gleichmäßig bewahrt.

Die Isolierung soll grundsätzlich nicht zwischen Fundament und Maschinenrahmen eingebaut werden, sondern unterhalb der Ankerschrauben im Fundament liegen. Bei Bemessung der Größe des Fundamentes ist zu berücksichtigen, ob die Beanspruchung nur durch die freien Massenkräfte bei unmittelbar mit dem Generator gekuppelten

Dieselmaschinen, oder durch Riemenzug erfolgt. Im letzteren Fall empfiehlt es sich, auch eine Stirnseite des Fundaments in Richtung der Riemenbeanspruchung durch Isolierstoff von dem umgebenden Erdreich zu trennen. Bei vollständig ausgeglichenen Maschinen (Vier- und Sechszylinder) wird neuerdings die Isolierung fortgelassen.

Zeigt der Erdboden besonders gute Fortpflanzung von Erschütterungen, so ist das Fundament mit allen erreichbaren Massen möglichst steif zu verbinden, damit die Massenbewegungen so verringert werden, daß sie in kurzer Entfernung bereits abgedämpft sind. Liegt das Funda-

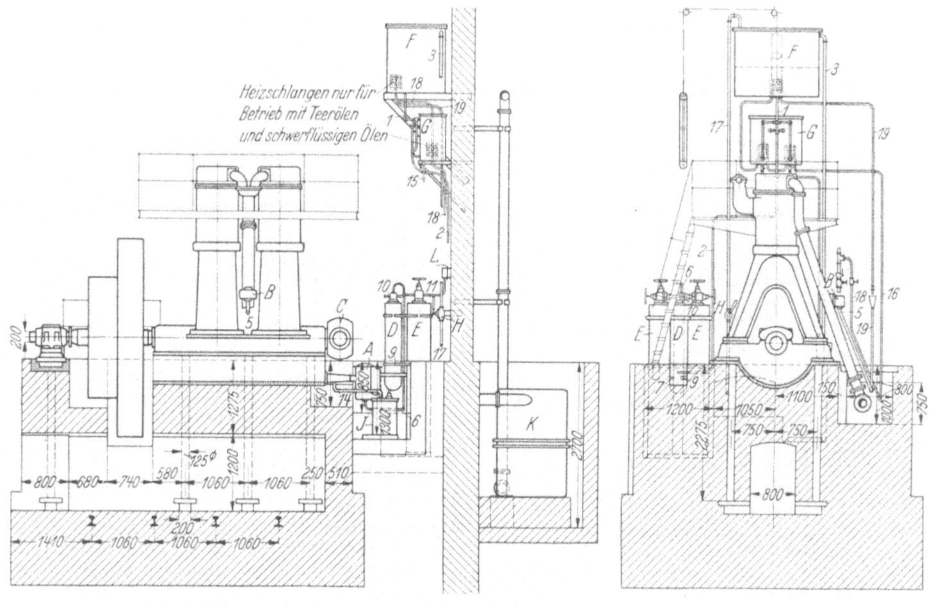

Abb. 287a. *A* Kühlgefäß, *B* Ablauftrichter, *C* Einblasepumpe, *D* Einblaseflasche, *E* Anlaßflasche, *F* Brennstoff-Vorratsbehälter, *G* Brennstoff-Filtergefäße, *H* Brennstoff-Handpumpe, *J* Schmutzöl-Sammeltopf, *K* Auspufftopf, *L* Druckmesser.

Nr.	Leitung von	Leitung nach
1	Vorratsgefäß	Filtergefäßen
2	Filtergefäßen	Schwimmerventil
3	Überlaufleitung	
4	Kühlwasserbehälter oder Pumpen	Kühlgefäß u. Maschine
5	Ablauftrichter	ins Freie
6	Kühlgefäß	Einblaseflasche
7	Einblaseflasche	Maschinen-Anschluß
8	Einblaseflasche	Anlaßflasche
9	Anlaßflasche	Maschinen-Anschluß
10 11	Manometerleitungen für Einblase- und Anlaßflaschen	
12 13	Entwässerungsleitungen für Einblase- und Anlaßflaschen	
14	Maschine	Schmutzöltopf
15	Schlammabfluß der Filtergefäße	
16	Kühlgefäß	ins Freie
17	Brennstoffbehälter	Handpumpe u. Vorratsgefäß
18	Kühlwasserabfluß	Filter u. Vorratsgefäße
19	Vorratsgefäß	Kühlwasserablauf

ment im Grundwasserbereich, so ist Feuchtschutz durch Dachpappen-
Zwischenlagen vorzusehen.

Für das Unterbringen des Brennstoffes muß ein Nebenraum
vorgesehen werden, der indessen nicht explosionssicher zu bauen ist, da
Feuer- und Explosionsgefahr bei den benutzten Brennstoffen nicht besteht. Vorzugsweise werden im Boden versenkte Tanks verwendet.
Der Raum muß mit einer Heizeinrichtung versehen sein, um im Winter
das Dickwerden des Brennstoffes zu verhüten. Zum Heizen werden
die Abgase oder die Abwärme des Kühlwassers benutzt. Die Filter-

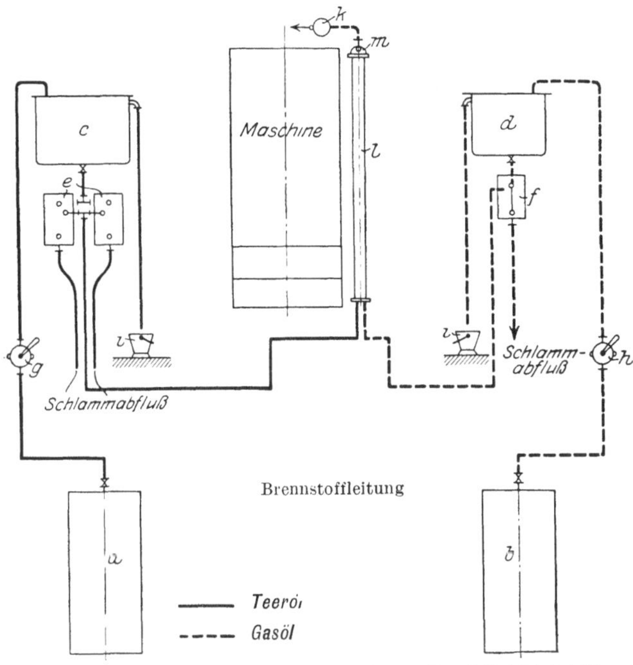

Abb. 287 b. *a* Teeröl-Lagerbehälter, *b* Gasöl-Lagerbehalter, *c* Teeröl-Betriebsbehälter, *d* Gasöl-Be-
triebsbehalter, *e* Teeröl-Filter, *f* Gasöl-Filter, *g* Teeröl-Handpumpe, *h* Gasöl-Handpumpe, *i* Eimer,
k Schwimmertopf, *l* Vorwärmrohr nur bei dickflüssigen Brennstoffen, *m* Umschalthahn.

Abb. 287a und b. Rohrpläne zum Dieselkraftwerk Abb. 286.

gefäße sind ebenfalls in der kalten Jahreszeit zu heizen, zumeist durch
eingebaute Kühlschlangen, die vom abfließenden Kühlwasser durchströmt werden. Es ist zweckmäßig, einen oder mehrere Behälter für
den Brennstoff-Tagesbedarf im Maschinenraum aufzustellen. Die Auf-
füllung erfolgt in kleinen Anlagen durch eine Handpumpe, in größeren
Werken durch eine Elektropumpe.

Abb. 288 zeigt einen Blick in ein größeres Dieselkraftwerk mit
3 MAN-Maschinen von je 1300 kW = 1780 PS$_e$ und bedarf keiner
weiteren Erläuterung über die Maschinenaufstellung. Schalt- und Be-
dienungstafel, Maschinenraumgestaltung usw.

k) Für die **Beurteilung verschiedener Angebote** sind folgende Kenn-
werte von besonderer Bedeutung, die gleichzeitig die Vorteile der

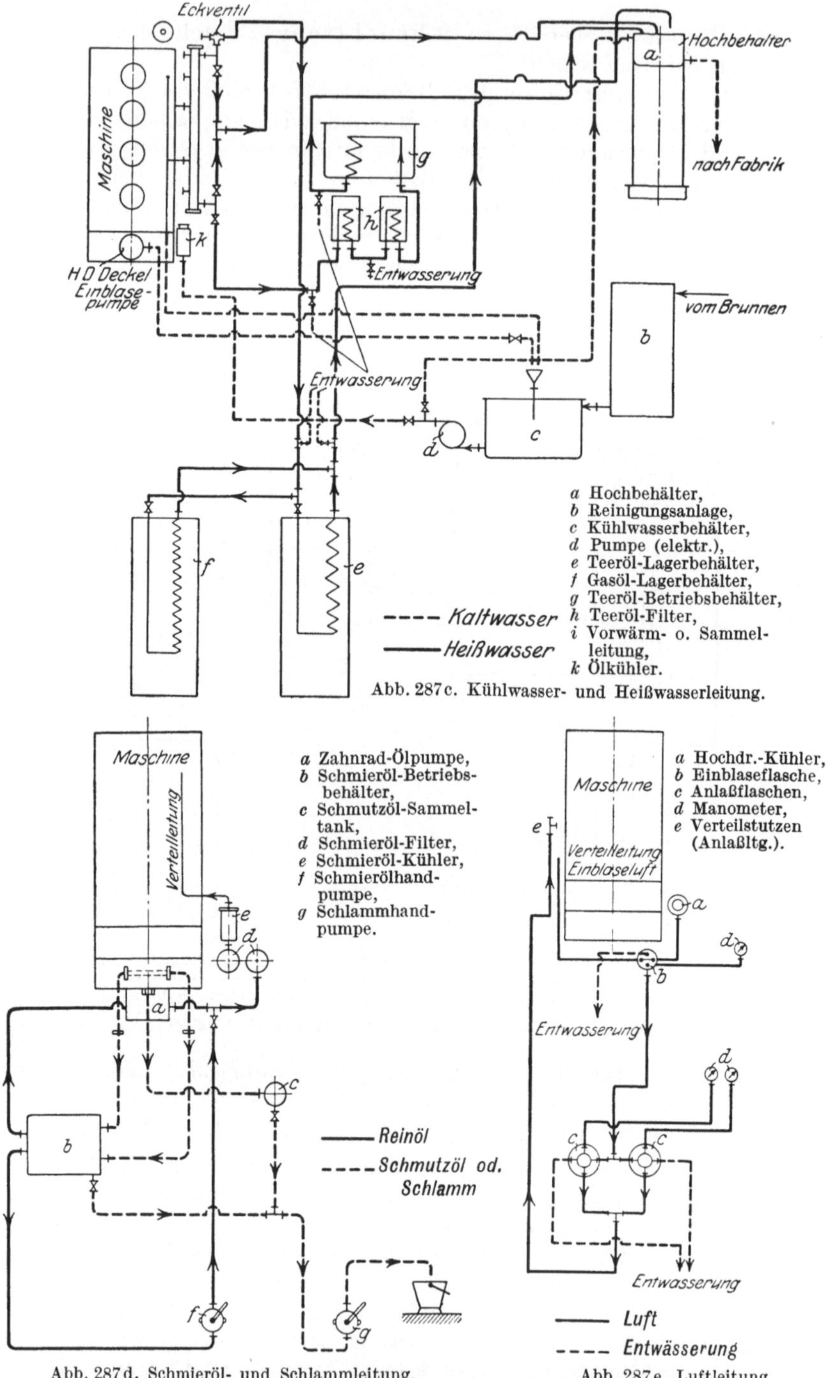

a Hochbehälter,
b Reinigungsanlage,
c Kühlwasserbehälter,
d Pumpe (elektr.),
e Teeröl-Lagerbehälter,
f Gasöl-Lagerbehälter,
g Teeröl-Betriebsbehälter,
h Teeröl-Filter,
i Vorwärm- o. Sammel-
leitung,
k Ölkühler.

Abb. 287c. Kühlwasser- und Heißwasserleitung.

a Zahnrad-Ölpumpe,
b Schmieröl-Betriebs-
behälter,
c Schmutzöl-Sammel-
tank,
d Schmieröl-Filter,
e Schmieröl-Kühler,
f Schmierölhand-
pumpe,
g Schlammhand-
pumpe.

a Hochdr.-Kühler,
b Einblaseflasche,
c Anlaßflaschen,
d Manometer,
e Verteilstutzen
(Anlaßltg.).

Abb. 287d. Schmieröl- und Schlammleitung. Abb. 287e. Luftleitung.

Abb. 287c bis e. Rohrpläne zum Dieselkraftwerk Abb. 286.

Maschinendurchbildung und betriebswirtschaftliche Einzelheiten erkennen lassen:

1. Wellen- oder Kupplungsleistung in kW als Dauer- und Spitzenleistung,

2. Nutzleistung des Maschinensatzes an den Klemmen des Generators in kW,

3. Indizierte Leistung und Verlauf des Indikatordiagramms, mittlerer indizierter Druck in atü,

4. Wirkungsgrad des Dieselmotors und des Generators bei Voll-, Überlast und Teillasten einschließlich aller Verluste,

Abb. 288. Kraftwerk mit 3 Zehnzylinder-MAN-Dieselmotoren von je 1780 PS_e
(Elektrizitätsverband Gröba).

5. Brennstoffvorschriften (Beschaffenheit, Heizwert, Zusammensetzung),

6. Brennstoffverbrauch in Abhängigkeit von der Leistung in kg/h,

7. Brennstoffverbrauch in Abhängigkeit von der Arbeit in g/kWh,

8. Brennstoffpreis und Brennstoffkosten (Wärmepreis),

9. Kühlwasserverbrauch für Zylinderkühlung, Kolben- und Lagerkühlung,

10. Gesamter Kühlwasserverbrauch in m^3/h,

11. Verlangte Eintrittstemperatur des Kühlwassers,

12. Kühlwassertemperatur beim Austritt aus der Maschine (Zylinderkühlung),

13. Kühlwassertemperatur beim Austritt aus dem Ölkühler (Kolben- und Lagerkühlung),

14. Stündlicher mittlerer Kühlwasserverbrauch bezogen auf 45°
Temperatursteigerung,

15. Abgastemperatur,

16. Lufttemperatur und vorausgesetzter Barometerstand,

17. Luftüberschußzahl,

18. Abgaszusammensetzung (CO_2, O_2, $CO_2 + O_2$) vH,

19. Wärmeverteilung für 1 kg Brennstoff bezogen auf den unteren
Heizwert bei Voll- und Teillasten in kcal und vH für Nutzleistung, Kühl-
wasserwärme der Zylinderkühlung, der Kolben- und Lagerkühlung,
Abgaswärme und Abkühlungsverluste,

20. Thermischer Wirkungsgrad,

21. Schmierölverbrauch je h und Öltemperaturen bei Dauerbetrieb,

22. Lagertemperaturen bei Dauerbetrieb,

Art der Kolbenschmierung mit Antrieb der Ölpumpe und Pumpen-
antriebsleistung,

23. Drehzahl U/min,

24. Drehzahlschwankungen bei plötzlichen Laständerungen,

25. Regelverlauf nach Größe und Zeit,

26. Ungleichförmigkeitsgrad,

27. Schwungmoment,

28. Kolbengeschwindigkeit in m/s,

29. Zeit je Arbeitsvorgang in sec (Verbrennungszeit),

30. Zylinderabmessungen (Anzahl, Leistung, Durchmesser, Hub),

31. Mittlerer Kolbendruck in at in Abhängigkeit von der Leistung,

32. Anfahrtszeit aus dem Ruhezustand der Gesamtanlage,

33. Maschinenabmessungen,

34. Raumbedarf m³/kW ohne und mit Zubehöranlagen,

35. Höhe der Maschine einschl. Ventilen über Wellenmitte und über
Maschinenhausflur,

36. Gewicht und Einheitsgewicht kg/kW,

37. Preis und Einheitspreis RM/kW,

38. Betriebskennlinien des Dieselmotors und des Generators.

l) Die Wirtschaftlichkeit und der Betrieb. Auf die wirtschaftlichen
Untersuchungen gegenüber anderen Maschinengattungen wird erst im
IV. Band im Einzelnen eingegangen, da sie nur im Zusammenhang
mit allen anderen Fragen beurteilt werden können. Zu solchen Untersuchungen sind neben Kapital- und Brennstoffkosten auch die Bedie-
nungs-, Unterhaltungs- und Reparaturkosten, ferner die Beschaffung
und der Verbrauch an Kühlwasser und der Schmierölverbrauch besonders zu beachten. Die Verwendung als Dauer- oder Spitzenmaschine
ist ebenfalls von ausschlaggebender Bedeutung.

Wesentlich und zum Abschluß dieses Abschnittes ist in wirtschaftlicher Beziehung das Wärmestrombild des Dieselmotors, das Abb. 289
zeigt und das den Wärmestrombildern der anderen Antriebsmaschinen
gegenüberzustellen ist.

Aus Abb. 289 ist zu ersehen, daß etwa 5,5 vH der zugeführten
Wärmemenge als Ausstrahlungsverluste zu rechnen sind. Im Kühlwasser werden 39 vH, in den Auspuffgasen etwa 24 vH verloren, während

nutzbringend nur etwa 32 bis 33 vH gewonnen werden, von denen weiter etwa 2 bis 3 vH für die elektrischen Verluste im Generator zu rechnen sind. Es ist daher wesentlich, wie die Verwertung der Wärmemengen im Kühlwasser und in den Auspuffgasen von Fall zu Fall ins Auge zu fassen ist, um die Wirtschaftlichkeit der Gesamtanlage zu verbessern.

Das Wärmestrombild Abb. 289 zeigt ferner, daß der thermische Wirkungsgrad einer Dieselmotorenanlage etwa $\eta_{th,\,Di} = 30$ vH beträgt, somit wesentlich besser ist als bei einer Dampfkraftanlage, wenn diese in einfacherer Gesamtausführung und bei mittleren Dampfverhältnissen gegenübergestellt wird. Bei größeren Kraftwerksleistungen

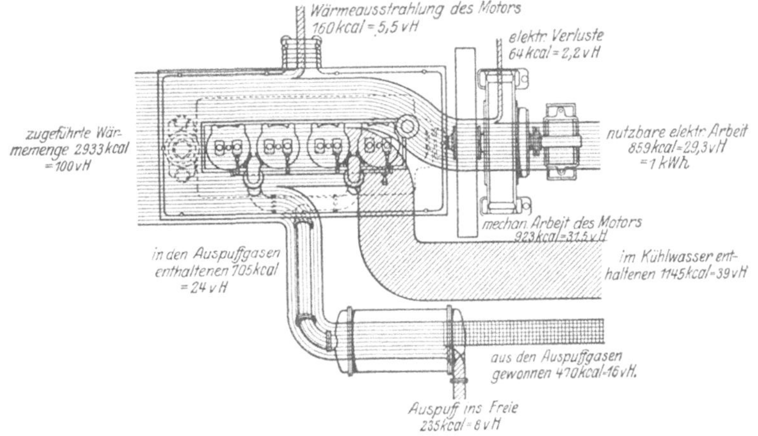

Abb. 289. Wärmestrombild für einen Dieselmotor.

darf dieser Wirkungsgradunterschied aber nicht schlechthin angenommen werden. Es bedarf dann sehr eingehender Untersuchungen und Abwägung aller Vorteile und Nachteile. Auf das Umlaufverfahren bei der Dampferzeugung ist ganz besonders aufmerksam zu machen. Auch die schnelle Betriebsbereitschaft des Dieselmotors kann bei einer Dampfturbine erreicht werden, wenn sie für Schnellanfahren gebaut ist.

Dem Gewinn im thermischen Wirkungsgrad stehen die Kapitaldienst-, Betriebs- und sonstigen Kosten gegenüber. Ohne auf wirtschaftliche Einzelfragen einzugehen, erscheint es doch zweckmäßig, einige wirtschaftliche Überlegungen zu streifen, die sich auf den Wärmepreis beziehen. Es ist der Wärmepreis für 100 000 in elektrische Energie umgesetzte kcal:

$$P_W = \frac{\text{Wärmepreis für 100 000 kcal}}{\eta_{th}}. \tag{123}$$

Die Brennstoffpreise für Dieselmotoren[1] liegen noch sehr hoch. So kostet z. B. Dieselöl frei Kraftwerk Mitteldeutschland etwa RM 140/t

---

[1] Gercke, M.: Dieselmotoren in der Elektrizitätswirtschaft. Berlin: Julius Springer 1932.

bei $H_u = 10000$ kcal/kg gegenüber Steinkohle mit RM 35,00/t bei $H_u = 7400$ kcal/kg, und somit ist für diese Werte:

$$P_{W.Di} = \frac{140 \cdot 100000}{10^7 \cdot \eta_{th,Di}} = \frac{1,4}{0,30} = 4,675 \text{ RM},$$

$$P_{W.Da} = \frac{35 \cdot 100000}{7,4 \cdot 10^6 \cdot \eta_{th,Da}} = \frac{3,5}{7,4 \cdot 0,20} = 2,37 \text{ RM}.$$

19. Beispiel. Höchstleistung $N_H = 6000$ kW, $h_f = 3500$, $\eta_{th,Di} = 0,33$ bei Gasöl, $\eta_{th,Da} = 0,20$ ohne zusätzliche Speisewasservorwärmung bei mittleren Dampfverhältnissen bis etwa $p = 25$ atü und 425°C; $\eta_{f,Di} = 0,86$, $\eta_{f,Da} = 0,84$ für gute Betriebsbeweglichkeit und entsprechende Leistungsunterteilung der Maschinensätze; Brennstoffpreise wie oben angegeben.

Dann ist der spez. Wärmeverbrauch für 1 kWh an den Maschinen bzw. Kesseln:

$$M_{Di} = \frac{860}{\eta_{th,Di}} = \frac{860}{0,33} = 2610 \text{ kcal/kWh},$$

$$M_{Da} = \frac{860}{\eta_{th,Da}} = \frac{860}{0,20} = 4300 \text{ kcal/kWh},$$

und es betragen die Brennstoffkosten im Durchschnitt für die Jahreserzeugung an den Generatorsammelschienen:

$$K_{Di} = \frac{M_{Di}}{\eta_{f,Di}} \cdot N_H \cdot h_f \cdot \frac{P_{B,Di}}{H_u \cdot 1000} = \frac{2610}{0,86} \cdot 6000 \cdot 3500 \cdot \frac{140}{10000 \cdot 1000} = 890000 \text{ RM}$$

oder 4,23 Rpf/kWh,

$$K_{Da} = \frac{4300}{0,84} \cdot 6000 \cdot 3500 \cdot \frac{35}{7400 \cdot 1000} = 508000 \text{ RM oder } 2,43 \text{ Rpf/kWh}.$$

Es ständen also 382000.— RM Unterschiedsbetrag für Kapitaldienst-, Betriebs- und Unterhaltungskosten der Dampfkraftanlage zur Verfügung, wenn das wirtschaftliche Ergebnis der Dieselanlage erzielt und deren sonstige Kosten aus Anlage und Betrieb als Vergleichsgrundlage dienen sollen. Bei 12 vH über alles gerechnet entspricht der Unterschied von 382000.— RM einem Anlagewert von 3170000.— RM. Schon hieraus geht ohne weitere Rechnung hervor, daß die Dieselanlage nicht in Wettbewerb treten kann.

Nach dem Rechnungsgang des 19. Beispieles werden sich andere Vergleichsrechnungen verhältnismäßig leicht durchführen lassen.

Abb. 290 zeigt den Verlauf aller wirtschaftlich und betrieblich wissenswerten Einzelheiten eines 12000 PS-Großdieselmotors[1] für Brennstoffverbrauch, Wärmemengen, Verluste, Wirkungsgrade bei Voll- und Teillast. Besondere Erläuterungen sind nicht erforderlich. Diese Kennlinien, die bei den Abnahmeversuchen aufzustellen sind, geben dem Betriebsingenieur und der Werksleitung die Mittel an die Hand, die Dieselanlage als Einzelanlage oder im Verbundbetrieb mit anderen Werken wirtschaftlich zu beurteilen und entsprechend zu verwenden.

Der wirtschaftliche Vergleich hat sich ferner auf die Art des Brennstoffes zu erstrecken, da die Verwendung des Steinkohlenteeröles nicht unerhebliche Mehranlagekosten verursacht. Es sind hier zu berücksichtigen: der Luftverdichter, die Zündölpumpen, die Lufteinblasesteuerung,

---

[1] **Laudahn, W.**: Kompressorlose doppeltwirkende Zweitakt-Dieselmotoren von 12000 PS (MAN) für die Märkische Elektrizitätswerk AG. Z. VDI 1930 S. 489.

der geteilte Teeröl- und Zündöl-
tank und die zugehörigen Rohrleitungen. Hinzu kommen die vermehrten Betriebskosten für den
Arbeitsverbrauch des Luftver-
dichters und seine Instandhaltung, für das Zündgas, sowie für
die gesteigerten Bedienungskosten
durch die Reinigung und Beaufsichtigung.

Die Betriebssicherheit
und die Lebensdauer des Dieselmotors kann gegenüber Dampfturbinen bei bester Werkstatt-

Abb. 290. Betriebskennlinien für einen
12000 PS doppeltwirkenden Zweitakt-
Dieselmotor (MAN).

A. Betriebskennlinien.
  a Brennstoffverbrauch abhängig
     von der Kupplungsleistung
     N_{Ku} in kg/h,
  b Brennstoffverbrauch abhängig
     von der Nutzleistung N_n in kg/h,
  c spez. Brennstoffverbrauch ab-
     hängig von der Kupplungs-
     leistung $N_{Ku} \cdot$ g/PSh,
  d spez. Brennstoffverbrauch ab-
     hängig von der Nutzleistung
     $N_n \cdot$ g/PSh,
  e gewährleisteter spez. Brennstoff-
     verbrauch + 5 vH abhängig von
     der Nutzleistung in g/PSh,
     indizierte Leistung abhängig von
     der Nutzleistung in PS,
  g mittlerer indizierter Kolben-
     druck abhängig von der Nutz-
     leistung in at,
  h Abgastemperatur abhängig von
     der Nutzleistung in ° C.

B. Zu- und abgeführte Wärmemenge.
  a im Brennstoff zugeführte
     Wärmemenge,
  b bis e abgeführte Wärmemenge,
  b Nutzleistung,
  c Zylinderkühlwasser,
  d Kolbenkühlwasser,
  e Abgase,
  f Restglied (Raumverlust).

C. Wärmeverbrauch.

D. Wirkungsgrad.
  η_m = mechanischer Wirkungsgrad,
  η_h = Umsetzungsgrad,
  $\qquad = \dfrac{\text{Nutzleistung}}{\text{Kupplungsleistung}}$,
  η_{th} thermischer Wirkungsgrad der
     verlustlosen Maschine,
  η_i thermodynamischer Wirkungs-
     grad der wirklichen Maschine
     (reduzierte Leistung),
  $\eta_{id} = \dfrac{\eta_{th}}{\eta_i}$ indizierter Wirkungs-
     grad,
  $\eta_{ges} = \eta_{th} \cdot \eta_m \cdot \eta_h$ Gesamtwirkungs-
     grad.

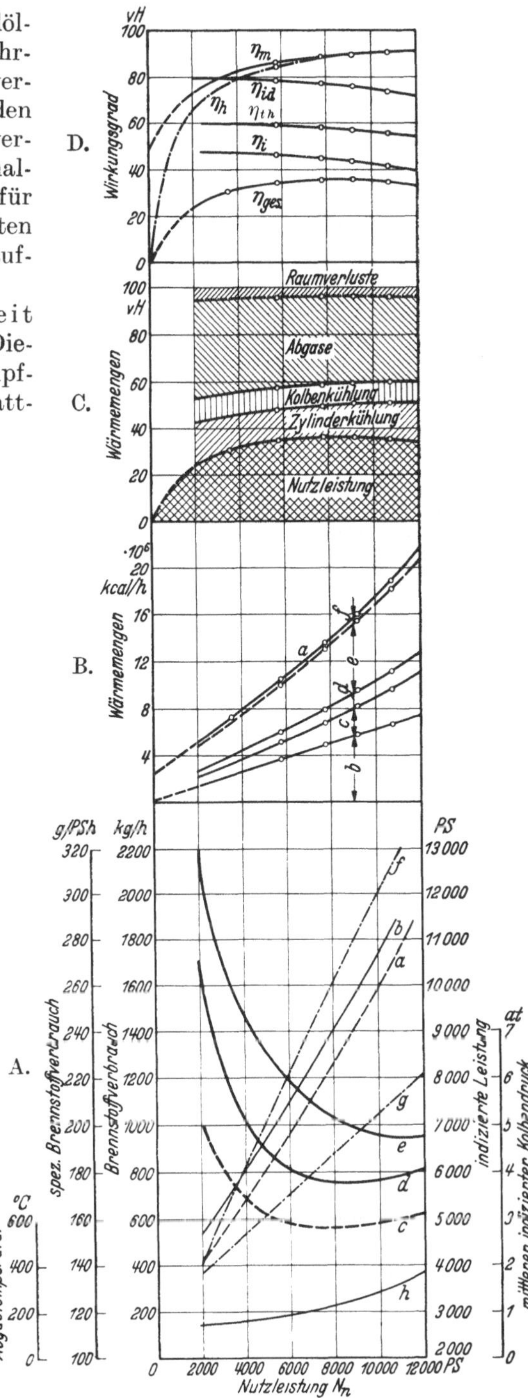

ausführung und Instandhaltung als gleich angesehen werden. Die jederzeitige sofortige Betriebsbereitschaft ist bereits erwähnt worden. Brennstoffverluste durch Überhitzen und Abbrand treten nicht auf, Flugaschebelästigungen und Ascheabfuhr sind ebenfalls nicht vorhanden, der Kühlwasserverbrauch ist geringer und die Anfuhr der Betriebstoffe billiger als bei den Dampfkraftanlagen.

Als Reserve- und Spitzenlastmaschinen können Dieselmaschinen trotz der verhältnismäßig hohen Betriebskosten, die durch die Ausgaben für den Kapitaldienst bei geringer Jahresbenutzungsstundenzahl steigen, ohne weiteres empfohlen werden, weil für derartige Zwecke die Gesamtkosten der erzeugten kWh keine ausschlaggebende Rolle spielen. Die jederzeitige Betriebsbereitschaft ist bestimmend. Das setzt allerdings voraus, daß die ganze Anlage für diesen plötzlichen Einsatz gebaut ist. Das Anlassen des Dieselmotors geschieht durch Druckluft mit etwa 15 bis 20 at, die von einer von der Kurbelwelle angetriebenen Luftpumpe erzeugt und in Anlaßgefäßen aufgespeichert wird. Bei der Lufteinspritzung liefert diese Pumpe gleichzeitig die hochgespannte Luft für die Einblasung des Brennstoffes in die Zylinder. An Stelle des Druckluftanlassens kann auch das elektrische Anwerfen gewählt werden, wenn für den Anwurfsmotor entweder ein jederzeit ungestörtes Netz (Verbundbetrieb) oder eine Batterie zur Verfügung steht. Die jederzeitige Betriebsbereitschaft des Dieselmotors als einer seiner bedeutendsten Vorzüge setzt voraus, daß der Motor aus dem kalten Zustand ohne vorheriges Anwärmen jederzeit mit Sicherheit anspringt. Wesentlich dazu ist ferner die Anlaufzeit, die in Wettbewerb mit der Anlaufzeit anderer Maschinengattungen treten muß, wenn ein Dieselmotor als Aushilfs-, Not- und Spitzenlastmaschine mit selbsttätigem Anlauf seinen Zweck voll erfüllen soll. Die Anlaufzeit ist bereits mit 40 s in größeren Werken erreicht worden. Das ist eine besonders günstige Zeit. Im allgemeinen wird für die öffentliche Stromversorgung eine Anlaufzeit mit Einschluß des Parallelschaltens und der Lastübernahme von 1 bis 2 Minuten gefordert werden müssen. Das setzt bei den Dieselmotoren sehr gut geschulte Bedienung und für die Gesamtanlage entsprechende Durchbildung aller Einzelheiten für Brennstoff-, Luft- und Kühlwasserzuführung voraus. Bei sehr großen Maschinen wird, wie z. B. bei dem Kopenhagener Dieselwerk, ein Fahrstuhl bei der Maschine eingebaut, um die Bedienung vom Maschinenhausfußboden schnellstens auf die oberste Motorlaufbühne zu bringen.

m) Die Abwärmeverwertung. Wie aus dem Wärmestrombild Abb. 289 hervorgeht, ist der Dieselmotor hinsichtlich der Umsetzung von Wärme in Arbeit allen anderen Kraftmaschinen überlegen. Der thermische Wirkungsgrad kann weiter erhöht werden, wenn die im Kühlwasser und in den Auspuffgasen enthaltenen Wärmemengen nutzbar gemacht werden. Die Abwärme verteilt sich bei größeren Maschinen etwa wie folgt:

Stündlich zugeführte Wärmemenge	etwa 2900 kcal für 1 kWh	
davon im Kühlwasser enthalten . . .	„ 1160 „	= 40 vH
davon in den Auspuffgasen enthalten	„ 720 „	= 25 vH.

Für die Abwärmeverwertung kommt in Frage:

1. Verwendung des warmen reinen Kühlwassers für gewerbliche Zwecke aller Art, Badeanlagen usw. unmittelbar, sofern Frischwasser stets billig und in genügender Menge zur Verfügung steht;

2. Weitererwärmung des Kühlwassers durch die Abgase und Verwendung für Warmwasserheizung, Kesselspeisung und sonstige gewerbliche Zwecke;

für die Abgase:

3. Erwärmung von Frischwasser;

4. Erhitzung von Luft für Trockenzwecke und Heizungen, oder unmittelbare Beheizung von Trockenräumen;

5. Destillieren von Wasser;

6. Erzeugung von Dampf für Kraft und chemische Zwecke.

In der Hauptsache sind es Kraftwerke, die für industrielle Betriebe (Nahrungsmittel-, Spinn-, Webstoff- und chemische Fabriken, Brauereien, landwirtschaftliche Großbetriebe usw.) anzulegen sind, bei denen die Abwärmeverwertung u. U. nennenswerte wirtschaftliche Vorteile herbeiführen kann.

Bei genügendem Bedarf an Warmwasser von 40 bis 50° C läßt sich die Kühlwasserwärme ohne besondere Einrichtungen nahezu vollständig ausnutzen. Es stehen bei der Regelleistung etwa 11 bis 12 l/kWh warmes Kühlwasser von 50° C zur Verfügung.

Schwieriger ist die Verwertung der in den Auspuffgasen enthaltenen Wärmemenge wegen der verhältnismäßig niederen Temperatur (etwa 280 bis 400° C je nach der Motorbauart), der kleinen Strömungsgeschwindigkeit, des infolge der niedrigen spezifischen Wärme (etwa 0,26) geringen Wärmeinhaltes und der schlechten Wärmeabgabefähigkeit.

Die Abgaswärme kann auch z. T. unmittelbar zur Beheizung des Maschinenraumes, der Brennstofflagerräume usw. ausgenutzt werden. Soll heißes Wasser, Dampf oder heiße Luft für Heiz-, Trocknungs- oder andere Zwecke gewonnen, oder soll destilliertes Wasser z. B. für Akkumulatoren erzeugt werden, so sind besondere Abwärmekessel erforderlich. Diese können zugleich die Auspufftöpfe ersetzen, sie müssen aber nahe beim Motor aufgestellt und die Verbindungsleitungen gut isoliert werden. Die Heizflächen der Abwärmekessel müssen innen und außen zum Reinigen leicht zugänglich sein und sollen das Abströmen der Gase möglichst wenig behindern, damit der Rückdruck auf den Motor nicht mehr als 0,15 bis 0,2 at beträgt. Das Temperaturgefälle kann in den Abwärmekesseln auf 180 bis 190° C gebracht werden, so daß 100 bis 210° gewonnen werden. Die gewinnbare Wärmemenge hängt von der Höhe der Maschinenbelastung und dem vH.-Satz der Rückgewinnung der Gesamtwärme der Auspuffgase ab.

Bei vollbelastetem Motor sind aus den Abgasen 300 bis 350 kcal/PS$_e$h nutzbar zu machen. Man kann also beispielsweise das mit 50° in einer Menge von etwa 12 l/kWh aus dem Motor kommende Kühlwasser auf 72° erwärmt, oder 0,5 bis 0,6 kg Niederdruckdampf von 0,1 bis 0,2 at Überdruck erzeugt, oder aber 16 bis 17 m³ Luft um 60° erhitzen.

In günstigen Fällen sind Gesamtwirkungsgrade der Wärmeausnutzung von 82 bis 84 vH zu erreichen (z. B. in Spinnereien, Färbereien usw.), die einen großen Bedarf an Warmwasser und heißer Luft haben, somit also die gesamte Kühlwasserwärme und den gewinnbaren Teil der Abgaswärme nutzbar machen können. Der Bedarf an Heizfläche ist groß; er beträgt etwa 25 m² und mehr für je 100 kW. Es entstehen also recht erhebliche Anlagekosten. Auch die Instandhaltungskosten sind wesentlich, weil die Heizflächen, Rohranschlüsse, Dichtungen usw. unter der Einwirkung der säurehaltigen Auspuffgase stark leiden.

Für kleinere Leistungen bis etwa 300 kW wird die Abwärmeverwertung kaum angewendet. Bei größeren Anlagen ist sie nur dann in Betracht zu ziehen, wenn:

1. die Betriebspausen kurz und die Belastungsschwankungen klein sind, d. h. der Beharrungszustand des Auspuffgasverwerters selten unterbrochen wird;

2. die unvermeidlichen Betriebspausen keine besondere Aushilfsheizeinrichtung notwendig machen;

3. die im Auspuffgasverwerter erzeugten Warmwasser- oder Dampfmengen dauernd und vollständig ausgenutzt werden können;

4. keine billigeren Wärmequellen zur Verfügung stehen.

Welche Ersparnisse z. B. in einem Betrieb mit großem Heißwasserbedarf erzielbar sind, zeigt folgende Wirtschaftlichkeitsberechnung unter der Voraussetzung entsprechender Betriebsführung:

Nutzbare Abwärme eines 350 kW-Dieselmotors i. d. Std.:

$$\begin{array}{ll} \text{im Kühlwasser } (9000\,l \text{ von } 10^0 \text{ auf } 50^0) \ .\ .\ . & 360000 \text{ kcal} \\ \text{in den Abgasen} \ .\ .\ .\ .\ .\ .\ .\ .\ .\ .\ .\ .\ . & 150000 \ \ ,, \\ \hline \text{Zusammen } .\ . & 510000 \text{ kcal} \end{array}$$

Wärmepreis bei Kohlenfeuerung zur Erzeugung dieser 510000 kcal in einem kohlegefeuerten Kessel:

$$\frac{35 \times 510000}{1000 \times 7400 \times 0,82} \simeq 2,95 \text{ RM}.$$

(35 RM für 1 t Kohle von $H_u = 7400$ kcal/kg, durchschnittlicher Kesselwirkungsgrad 82 vH.)

Bei 2400 Betriebsstunden im Jahr ergibt sich durch die Abwärmeverwertung des Dieselmotors eine Ersparnis an Brennstoffkosten von:

$$2400 \times 4,20 \simeq 10000 \text{ RM}.$$

Dieser Ersparnis sind die Ausgaben für den Kapitaldienst einschl. Grund und Boden, Gebäude usw., die Abschreibungs-, Bedienungs- und Unterhaltungskosten der Gesamtanlage gegenüberzustellen. Ein solcher Vergleich wird allerdings nur in wenigen Fällen die Aufstellung einer Abwärmeverwertungsanlage rechtfertigen.

31. Die Gasmaschinen.

a) Allgemeines[1]. Die mit Leuchtgas aus städtischen oder sonstigen Gaswerken betriebenen kleinen Gasmotoren und die Generator-Gas-

---

[1] 30 Jahre Großgasmaschinenbau (MAN). Stahl u. Eisen Bd. 51 (1931) Heft 38 S. 1167.

anlage (Sauggas) sollen nicht besprochen werden, vielmehr bezieht sich das Nachfolgende nur auf die Großgasmaschinen, wie sie in Hütten, Zechen und chemischen Fabriken zur Aufstellung kommen. Als Betriebsstoff dient Koks- und Hochofengas (Gichtgas) bzw. ein Gemisch von beiden und Erdgas. Mit dem Ausbau der Gasfernleitungen hat auch der kleine Gasmotor wieder an Bedeutung gewonnen.

Die Gaserzeugung, Fortleitung, Aufspeicherung und Reinigung, also alle diese rein gastechnischen Einrichtungen sind stets allein durch Sonderfachleute zu entwerfen bzw. zu beurteilen. Der Elektroingenieur hat mit derartigen Anlagen kaum etwas zu tun, daher können sie unbeschadet der Vollständigkeit der nachfolgenden Erläuterungen übergangen werden. Auf die Gewinnung der bei der Reinigung des Betriebsgases anfallenden Nebenerzeugnisse (insbesondere Schwefel) ist Wert zu legen. Sie muß bei der Wirtschaftlichkeitsberechnung mit berücksichtigt werden.

b) Aufbau und Arbeitsweise im allgemeinen werden wiederum als bekannt vorausgesetzt.

Abb. 291 zeigt den Längsschnitt und Abb. 292 den Zylinderquerschnitt einer doppeltwirkenden MAN-Großgasmaschine für 2500 kW (3400 PS). Der Gußrahmen A liegt seiner ganzen Länge nach auf dem Fundament auf, trägt die Kreuzkopfführung und die beiden Kurbelwellenlager und dient gleichzeitig als Ölfang für die Kurbel. Die Zylinder B haben reichliche Kühlwasserräume. In C ist das Einlaßventil, in D das Auslaßventil zu sehen. Zur Verbindung der beiden Zylinder und zur Führung der Kolbenstangenkupplung G dient das Zwischenstück E. Weiter bezeichnet F den Kolben, H Exzenter für die Steuerung des Ein- und Auslaßventils, I das Mischventil, K das Einlaßventil, L die durch den Regler beeinflußte Verstellung des Ventilhubes für die Menge des der verlangten Leistung entsprechenden Gasgemisches und M die elektromagnetisch betätigten Funkenabreißzünder.

Als besondere, für die Beurteilung verschiedener Bauformen beachtliche Einzelheiten sind zu nennen: die Steuerung, die Zündung, die Schmierung, die Kühlung und das Anlassen.

Die Steuerung muß eine vollkommene Füllungsregelung bewirken, und die Menge des Gasgemisches muß sich bei stets bester Zündfähigkeit genau der Belastung anpassen. Zur Mischung des Gases mit der Verbrennungsluft dient ein Mischventil, das gleichzeitig mit dem Gas auch die Luft steuert. Bei veränderlicher Gaszusammensetzung soll das Gemisch auch während des Betriebes von Hand leicht regelbar sein. Verschmutzungen der Steuerteile bei teer- und staubhaltigem Gas, die selbst bei sorgfältigster Wartung nicht zu vermeiden sind, müssen leicht beseitigt werden können, ohne daß umfangreiche Zerlegungsarbeiten dazu notwendig sind.

Die Verbrennungsluft, die den Zylindern zugeführt werden muß, ist durch Filter zu reinigen. Die Filteranlage bedarf besonderer Ausgestaltung, weil bei Früh- oder Fehlzündungen Explosionen im Luftansaugekanal eintreten können, die unter Umständen eine Beschädigung oder Zerstörung des Filters zur Folge haben. Aus brennbaren Teilen darf daher das Filter nicht bestehen. Man ordnet zweckmäßig zwischen

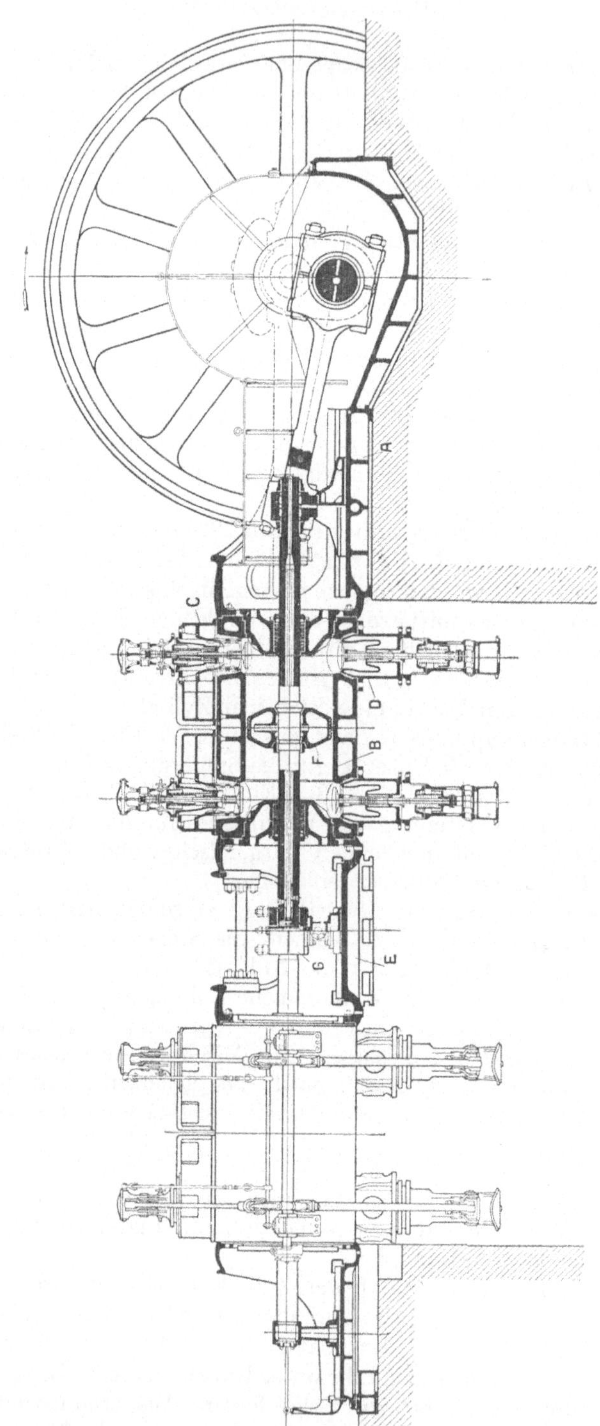

Abb. 291. Längsschnitt einer 3000 PS doppeltwirkenden MAN-Großgasmaschine.

Filter und Luftansaugekanal eine Vorkammer an, in welcher ein auf-
tretender Explosionsdruck zum Ausgleich kommen kann. Jedenfalls
aber sollte die Reinigung der Verbrennungsluft nicht unterbleiben.

Die Zündung wird fast durchweg elektromagnetisch herbeigeführt
und soll hinsichtlich des Zündzeitpunktes ebenfalls während des Betriebes geregelt werden können. Ein kleiner Umformer ist für diesen

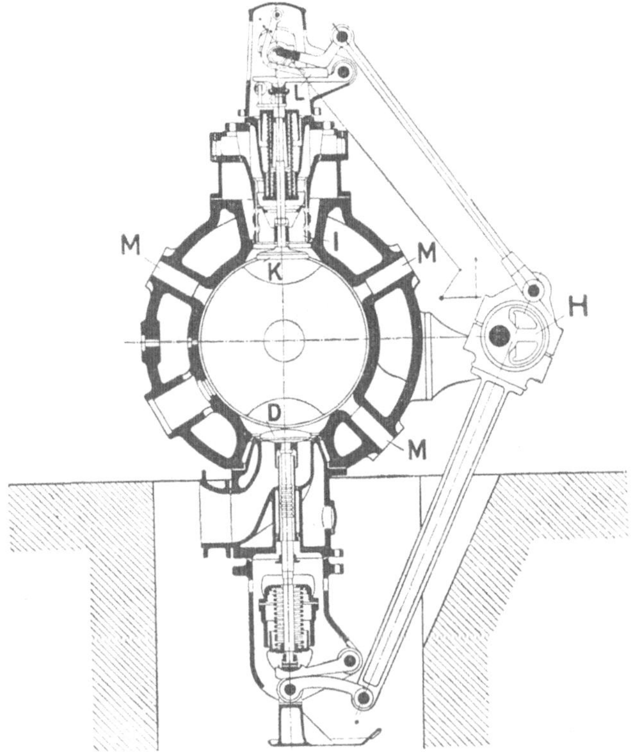

Abb. 292. Zylinderquerschnitt zu Abb. 291.

Zweck aufzustellen, an den bei entsprechender Größe dann auch die
Steuerstromkreise der elektrischen Schalter angeschlossen werden. Daß
von einer unabhängigen Stelle zuverlässig stets Strom für den Antriebsmotor dieses Umformers vorhanden sein muß, ist besonders zu beachten.

Die Schmierung[1]. Es werden besondere Schmierpressen für die
Zylinderstopfbuchsen und die Auslaßventile benutzt, die den Ölzufluß
für jede Schmierstelle nach Bedarf einstellen lassen. Den äußeren Trieb-
werksteilen wird zumeist mittels einer Druckschmierung aus einem hoch-
liegenden Ölbehälter das Schmieröl zugeführt. Das abfließende Öl ist zu
sammeln, zu reinigen und erneut zu benutzen. Eine Ölpumpe muß vorgesehen sein, die dieses Öl in den Hochbehälter zurückführt. Der Ölverbrauch beträgt bei guteingelaufenen Maschinen, guter Wartung,

---

[1] DIN 6550 Öle für Verbrennungskraftmaschinen (Gasmaschinenöl).

Verwendung des vorgeschriebenen Schmierstoffes und Wiederbenutzung des gereinigten Öles etwa 1 bis 1,5 g/PS$_e$-Std. an frischem Öl (Zahlentafel 45). Gegen das Ölschleudern am Kurbeltrieb sind Schutzabdeckungen anzubringen (Abb. 291). An allen Stellen, an denen sich Austrittsöl sammeln kann, sollen Auffanggefäße vorgesehen werden, um jeden Ölverlust tunlichst zu vermeiden und den Fußboden um die Maschinen herum sauber zu halten.

Die Kühlung. Infolge der hohen Temperaturen im Zylinder, an Zylinderdeckel, Kolben, Kolbenstange und Auslaßventilgehäuse müssen diese Teile mit umlaufendem Wasser gekühlt werden. Die Kühlwasserräume im Zylinder sollen möglichst groß gehalten sein und vom Kühlwasser in solcher Richtung durchströmt werden, daß die am stärksten beanspruchten Teile am wirkungsvollsten gekühlt werden. Der Druck, mit dem dieses Kühlwasser zur Verfügung stehen muß, liegt etwa bei 1 at. Zahlreiche Reinigungsöffnungen an diesen Kühlräumen müssen die Besichtigung des Innern und die Beseitigung von Schlamm und Kesselsteinansatz leicht und schnell vorzunehmen gestatten. Im Gegensatz zu diesem Wasserdruck verlangt die Kühlung der bewegten Teile, insbesondere des Kolbens, der auf der hohlgebohrten Kolbenstange, die für die Wasserzu- und -abführung benutzt wird, sitzt, einen wesentlich stärkeren Wasserdruck. Bei Einzelmaschinen wird daher dieses Kühlwasser durch eine unmittelbar von der Kurbelwelle angetriebene Wasserpumpe auf den erforderlichen Druck gebracht. Kommen mehrere Maschinen zur Aufstellung, wird das Kolbenkühlwasser vorteilhafter von einer besonderen, für alle Maschinen gemeinsamen Hochdruckkreiselpumpe gefördert. Die Kühlwasserrohrleitungen sind dann derart anzulegen, daß eine leichte Wasserregelung bei zu- und abzuschaltenden Maschinen unter dem Gesichtspunkt größter Wasserersparnis möglich ist.

Hinsichtlich der Wasserbeschaffenheit gelten dieselben Bedingungen wie für das Kühlwasser von Kondensatoren. Da auf Gruben und Zechen in der Mehrzahl der Fälle nur schlechtes, saures, verunreinigtes und in der Menge beschränktes Wasser vorhanden ist, wird oftmals die Benutzung einer Rückkühlanlage notwendig. Das Zusatzwasser ist gegebenenfalls besonders aufzubereiten.

Durch das Kühlwasser sind im Durchschnitt etwa 600 bis 700 kcal/kWh abzuführen. Das entspricht bei einer Kühlwassertemperatur von 15° C und einer Abflußtemperatur von 40° C einem Kühlwasserverbrauch von etwa 25 bis 30 l/kWh. Bei der Benutzung einer Rückkühlanlage beträgt der Bedarf an Zusatzwasser etwa 10 vH.

Muß mit häufigerem Abstellen einzelner Maschinen gerechnet werden (Sonn- und Feiertage), und besteht die Gefahr des Einfrierens, dann ist dafür Sorge zu tragen, daß sich das Kühlwasser beim Stillsetzen der Maschine aus dem Zylindermantel selbsttätig entleert. Ferner müssen Einrichtungen, die den ständigen und genügenden Umlauf des Kühlwassers jederzeit anzeigen, und Meldevorrichtungen bei Störungen vorhanden sein.

Besondere Durchbildung der Kühlung ist erforderlich bei der Verwendung von Koksofengas, das stark wasserstoffhaltig und oft auch stark schwefelhaltig ist, um Anfressungen der Kühlräume durch Schwefelverbindungen zu verhüten.

Das Anlassen ist bei Gasmotoren namentlich größerer Leistung nicht so einfach wie bei den anderen Antriebsmaschinen, weil ein Andrehen von Hand infolge der großen Gewichte nicht möglich ist. Das Anlassen wird daher durch ein elektrisches Anwurfschaltwerk oder mittels Druckluft vorgenommen. Die Anlaufzeit d. h. die Zahl der Umläufe bis zum normalen Gang des Motors soll möglichst gering sein. Das elektrische Schaltwerk dient dazu, die Maschine in die Anlaufstellung zu bringen. Es greift in einen Schaltkranz, der sich entweder am Schwungrad oder, wenn letzteres nicht vorhanden ist, am Läufer des Generators befindet. Für Druckluft muß ein Behälter von hinreichender Größe vorgesehen werden, der mit Hilfe eines Verdichters (Kompressors) aufzufüllen ist. Die Druckluft steht gewöhnlich unter 15 bis 20 at. Die Steuerung der Druckluft wird entweder von Hand oder auch durch ein mechanisch betriebenes Steuergerät bewirkt. Vorteilhaft ist den Druckluftbehälter so mit dem Verdichter in Verbindung zu bringen, daß beim Sinken des Druckes nach dem Anlassen oder infolge von Undichtigkeiten in der Anlage selbsttätig eine sofortige Neubefüllung eintritt.

c) Leistung und Drehzahl. Die Großgasmaschinen werden für Leistungen bis zu 4000 kW als Verbundmaschinen und für größere Leistungen bis etwa 8000 kW als Zwillingsverbundmaschinen gebaut, zumeist als liegende, doppeltwirkende Viertaktmaschinen mit hintereinander angeordneten Zylindern. Der Zwillingsgasmotor ist auf die Leistungseinheit bezogen in der Richtung der Achse kürzer und läßt auch durch den Generator noch Ersparnisse an umbautem Raum zu, so daß bei größeren Leistungen dieser Ausführung der Vorzug zu geben ist. Die liegende Bauform ergibt die beste Kräfteverteilung innerhalb der Maschine selbst, sowie auf die Fundamente; die Viertaktbauform weist gegenüber dem Zweitakt wärmetechnische Vorteile auf, die bereits bei den Dieselmotoren kurz gestreift wurden[1].

Die Drehzahlen liegen je nach der Größe der Maschine zwischen 167 und 83 i. d. M. und können bei Drehstrom der durch die Frequenz und Polzahl bedingten Generatorendrehzahl angepaßt werden. Mit höherer Drehzahl nehmen zwar die Abmessungen von Gasmotor und Generator ab, doch ist in Anbetracht der Betriebssicherheit die Drehzahl tunlichst niedrig zu halten. In Zahlentafel 45 sind die von der MAN gebauten Großgasmaschinen nach Leistung und Drehzahl mit ihren Hauptabmessungen und sonstigen technischen Daten im Zusammenbau mit Drehstromgeneratoren zusammengestellt. Da es sich bei Gaskraftwerken der hier zu behandelnden Art zumeist um eine größere Zahl gleichzeitig aufzustellender Maschinen handelt, kann nach Festlegung der Gesamtleistung an Hand der Zahlentafel 45 festgestellt werden, welche Motorgröße auf gegebener Kraftwerksgrundfläche unterzu-

---

[1] Näheres siehe Güldner: Das Entwerfen und Berechnen von Verbrennungskraftmaschinen und Kraftgasanlagen. Berlin: Julius Springer.

bringen ist. Mit Rücksicht auf den Parallelbetrieb bei Drehstrom ist zu empfehlen, die Drehzahlen für alle in einem Kraftwerk zusammenarbeitenden Maschinen gleich zu wählen. Das bei den Dieselmotoren hierzu Gesagte gilt sinngemäß.

Die Größe der einzelnen Maschinen und die Leistung des ganzen Kraftwerkes hängt von der Menge des jeweils verfügbaren Gases ab. Die Leistungsverhältnisse sind leicht feststellbar; der Belastungsverlauf entspricht oft der in Abb. 14 dargestellten Kennlinie. Bei Koks-

Zahlentafel 45. Leistungen, Gewichte und Ölverbrauch von MAN doppeltwirkenden Viertakt-Gasmaschinen.

Größe	Bohrung mm	Leistungen in PSe [1] — Drehzahl U/min										Gesamtgewicht t [2]	Größtes Einzelgewicht t [2]	Ölverbrauch [3]			
		167	150	136	125	115	110	107	100	94	83			Zylinderöl kg	Maschinenöl kg	$g/PS_e h$	bei höchstens $n=$
T. 7a	650	615	550	500								70	12	14	7	1,6	150
8	700		700	635								85	14	16	8	1,5	140
9	780			890	820							110	17	18	9	1,25	125
9	800			940	865							110	17	18	9	1,25	125
10	870				1150	1060	1010	980				140	20	20	10	1,1	115
10	900				1240	1140	1090	1060				140	20	20	10	1,1	115
11	900					1250	1200	1165				170	29	22	11	1,05	110
I1	930					1345	1285	1250				170	29	22	11	1,05	110
11	1000					1560	1490	1450				170	29	22	11	1,05	110
12	1000						1620	1575	1470	1385		210	36	24	12	0,95	107
12	1100						1995	1940	1815	1700		210	36	24	12	0,95	107
13	1070							1980	1850	1740		235	43	28	14	0,9	107
13	1100							2100	1965	1845		235	43	28	14	0,9	107
13b	1150							2310	2160	2030		275	48	32	16	0,8	100
13	1200							2530	2370	2225		275	48	32	16	0,8	100
13b	1250								2560	2405		275	48	32	16	0,8	100
14	1300									2795		340	57	40	20	0,8	94
14	1350									3030	2680	340	57	40	20	0,8	94
15	1500									4000	3530	450	75	58	29	0,9	94

ofengas ist die Belieferung des Gaskraftwerkes verhältnismäßig regelmäßig möglich, weil die vielen Öfen, die zu einer Koksbereitungsanlage gehören, einen leichteren Ausgleich in der verfügbaren Gasmenge herbeizuführen gestatten. Hochöfen arbeiten nach dieser Richtung nicht ebenso gleichmäßig. Dazu kommt, daß der Heizwert des Hochofengases von den in den verschiedenen Öfen zur Verhüttung kommenden Eisensorten abhängt.

Nach Abzug des Eigenverbrauches an Gas kann etwa mit folgenden Werten gerechnet werden:

Koksofengas: für 1 kg Koks etwa 0,1 m³ Gas verfügbar, bei 2400 bis 2800 kcal/m³,

---

[1] Bei Zwillings-Verbundanordnung beträgt die Maschinenleistung das Doppelte.

[2] Für die Zwillings-Verbundmaschine sind die Gewichte mit 1,9 zu multiplizieren.

[3] Bei höherer Drehzahl ist der Ölverbrauch verhältnisgleich höher anzusetzen.

Hochofengas: für 1 kg Koks etwa 1 m³ Gas verfügbar, bei 700 bis 1100 kcal/m³.

Die Stillstandzeiten der einzelnen Öfen auf das Betriebsjahr bezogen sind festzustellen und bei der Berechnung der für das Kraftwerk verfügbaren Gasmengen zu berücksichtigen. Der Elektroingenieur wird für solche Untersuchungen indessen kaum herangezogen werden oder nur bei den Stromverbrauchsermittlungen mitwirken. Auf den Sonn- und Feiertagsbetrieb sowie auf die täglichen Pausen durch Reinigungsarbeiten an den Gasmaschinen selbst ist achtzugeben.

Bei stark schwankenden Gasmengen, die eine Sicherstellung der vom Kraftwerk verbrauchten Gasmenge nicht immer zulassen, ist die Reserve einer Dampfkraftanlage zu untersuchen[1], sofern nicht Fremdstrom bezogen werden kann.

Die Einzelleistungen der Gasmaschinen sollen nicht zu groß genommen werden, damit beim Ausfall eines Maschinensatzes die Leistungseinschränkung nicht zu stark fühlbar wird.

Die Überlastbarkeit der Gasmaschine ist gering und beträgt etwa 10 vH der Vollast. Überlastungen dürfen daher nur vorübergehend auftreten und nicht von langer Dauer sein. Dieses ist bei der Auswahl des Generators wiederum zu beachten. Um also nicht unwirtschaftlich große Generatoren zu erhalten, die nicht voll ausgenutzt werden, wird die Generatorleistung wie bei Dieselmotoren etwa um 5 vH geringer als die normale Leistung des Gasmotors gewählt.

Bezeichnet: N_{Ga} die Leistung des Gasmotors in PS$_e$, so ergibt sich aus der verlangten elektrischen Leistung in kW N_G:

$$N_{Ga} = \frac{N_G}{0,95 \cdot \eta_G \cdot 0.736} \, \mathrm{PS_e} \, . \tag{124}$$

Der Generator wird bei der Großgasmaschine stets mit seinem Läufer auf die Motorwelle aufgekeilt, um gedrungensten Bau, also kleinste Raumbeanspruchung zu erhalten. Bei Gleichstrom kommt entweder ein Zusatzschwungrad zur Erreichung des erforderlichen Ungleichförmigkeitsgrades zur Anwendung, oder es wird auch hier neuerdings die Schwungradausführung gewählt (Abb. 293 und 294). Bei Drehstromgeneratoren ist aus den bereits genannten Gründen ein Zusatzschwungrad nicht notwendig (Abb. 295). Die Erregermaschine wird fliegend angebaut. Riemenübertragung kommt nicht zur Anwendung. Es gilt hierzu das beim Dieselmotor Gesagte entsprechend. Zwischen Schwungrad und Läufer soll keine Kupplung liegen, um wiederum geringste Abmessungen zu erhalten und zu vermeiden, daß zwischen den beiden Schwungscheiben Drehschwingungen auftreten, wodurch der Parallelbetrieb gestört werden könnte.

Hinsichtlich des Ungleichförmigkeitsgrades und Schwungmomentes sind die Bedingungen, die in der Einleitung zu diesem Abschnitt und bei den Dieselmotoren erläutert worden sind, ganz besonders

---

[1] Richter, C.: Turbodynamos als Reserve- und Spitzenmaschinen in elektrischen Gaszentralen. ETZ 1911 Nr. 7 und 8.

scharf zu beurteilen und deren Erfüllung zu verlangen. Anderenfalls ist
ein befriedigender Parallellauf mit einem anderen Netz nicht möglich

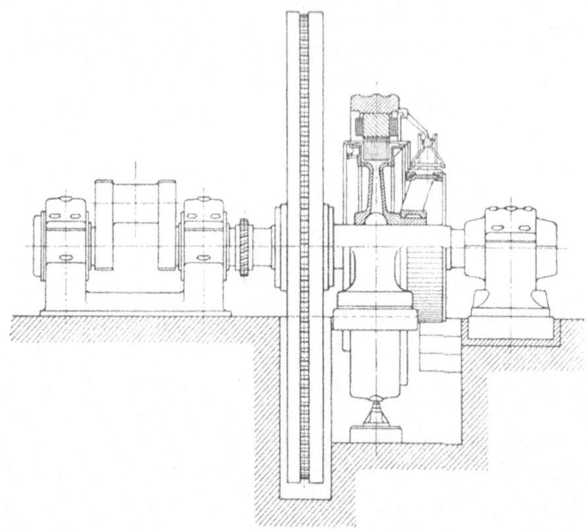

Abb. 293. Gleichstromgenerator mit Schwungrad und Schaltkranz für Gasmotorenantrieb.

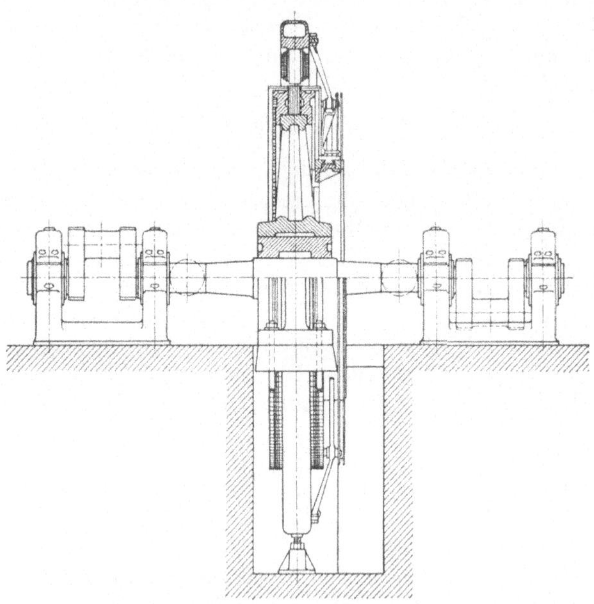

Abb. 294. Gleichstromgenerator mit eingebautem Schwungmoment (Schwungradgenerator) für
Gasmotorenantrieb.

und auch in keiner Weise mit wirtschaftlich vertretbaren Mitteln durch
Änderungen später zu erreichen.

In Zahlentafel **46** sind für die verschiedenen Bauarten der Gasmaschinen die Impulszahlen angegeben.

d) Die Regelung.

Vom Regler ist in seiner Arbeitsweise ganz besondere Zuverlässigkeit zu fordern. Er hat die Aufgabe, durch Änderung des Einströmventils eine Änderung der Menge des Ladungsgemisches Luft-Gas bei gleicher Zusammensetzung herbeizuführen. Höchste Gleichmäßigkeit des Ganges ist zu verlangen. Als Regler werden Fliehkraft- oder Öldruckregler verwendet, die durch eine angebaute Verstellvorrich-

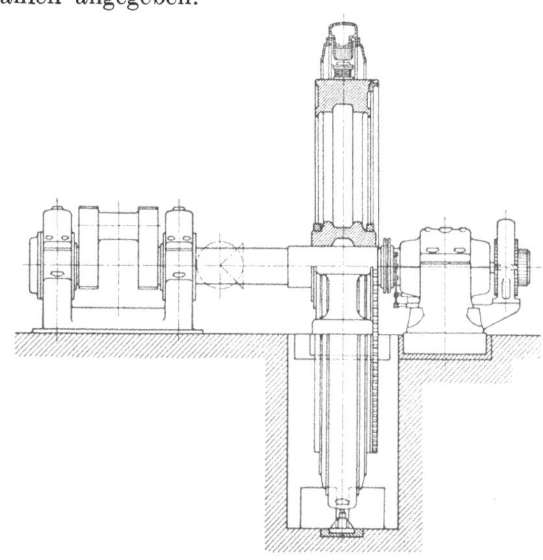
Abb. 295. Drehstromgenerator mit eingebautem Schwungmoment (Schwungradgenerator) für Gasmotorenantrieb.

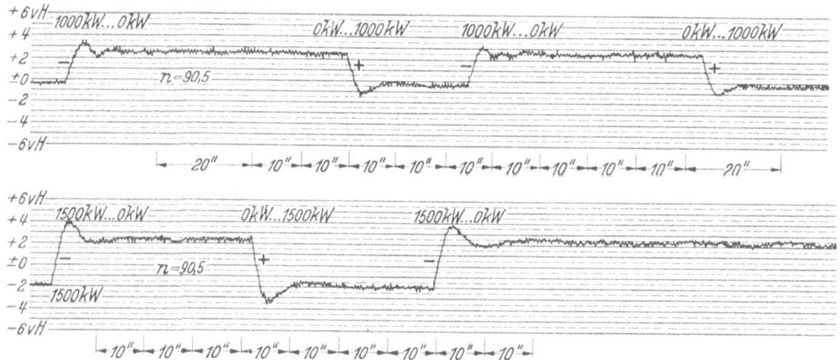

Abb. 296. Drehzahländerungen bei Belastungsänderungen einer MAN-Großgasmaschine von 1000 kW, $n = 90,5$.

Zahlentafel 46. Impulszahlen für Großgasmaschinen.

Maschinenbauform	Impulse je Umdrehung	
	bei Viertakt	bei Zweitakt
Einzylindr. einfach wirkender Gasmotor	½	1
Einzylindr. doppelt wirkender Gasmotor	1	2
Verbund Einzylindr. Zwilling } einfach wirkender Gasmotor	1	2
Verbund Einzylindr. Zwilling } doppelt wirkender Gasmotor	2	4
Zwilling-Verbund, einfach wirkender Gasmotor . .	2	4
Zwilling-Verbund, doppelt wirkender Gasmotor . .	4	4 (8)

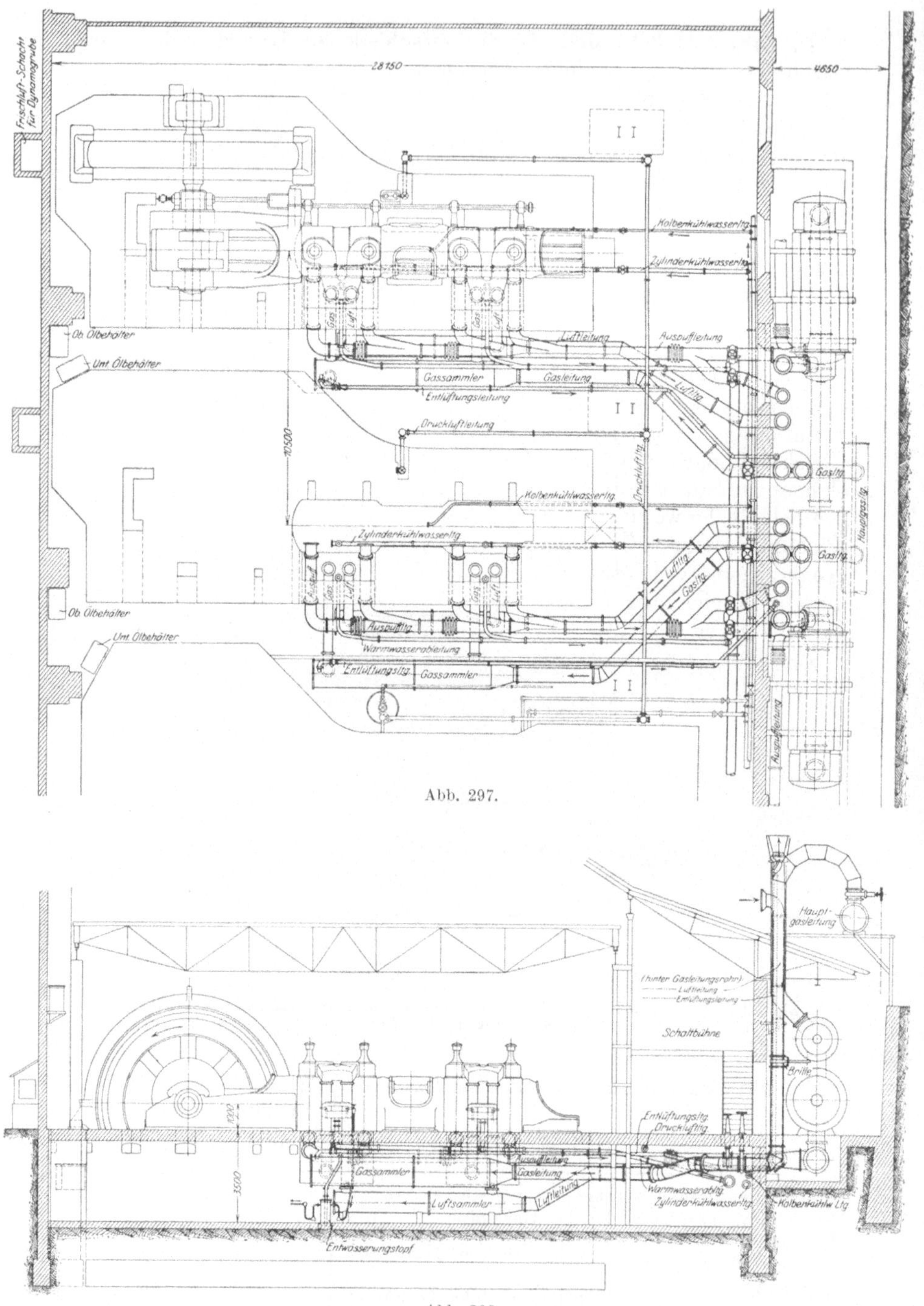

Abb. 297.

Abb. 298.

Abb. 297 und 298. Aufstellungsplan für ein Gasmaschinenkraftwerk mit Drehstromgeneratoren (Fundament- und Rohrplan, Grundriß und Schnitt).

tung die Änderung der Drehzahl der Maschine einzustellen gestatten.
Die Gasmotorenfabrik Deutz verwendet z. B. einen Federregler,
der von der Steuerwelle angetrieben wird und erlaubt, nur bei voller
Maschinenleistung mit voller Verdichtung und hohen Verbrennungs-
drücken zu arbeiten, während bei geringerer Leistung der Verdichtungs-
grad und hiermit auch die Verbrennungsdrücke geringer werden, wodurch die Beanspruchung der Maschinenteile ebenfalls vermindert wird.
Plötzliche Belastungsschwankungen muß der Regler leicht und schnell
aufnehmen. Die Regelbedingungen für Dieselmotoren müssen auch bei
Gasmotoren erfüllt sein. Steuerung und Zündung sollen so genau
arbeiten, daß die bei gleichbleibender Belastung während mehrerer

Abb. 299. Gesamtansicht eines Großgaswerkes mit 9 Drehstrommmaschinensätzen. Gesamtleistung
18000 PS$_e$. Brennstoff: Hochofengas.

Umdrehungen aufgenommenen Arbeitskennlinien (Indikatordiagramme)
für die einzelnen Zylinderseiten mit ihren größten und kleinsten Flächenwerten nur geringe Abweichungen voneinander aufweisen. Diese
Flächenabweichungen dürfen bei beliebiger Belastung höchstens 10 vH
von der kleinsten der Arbeitsflächen, die bei der Regelbelastung der
Maschine aufgenommen sind, betragen. Fehlzündungen und Aussetzer, wenn sie nur vereinzelt auftreten, stören den Parallelbetrieb
nicht wesentlich; naturgemäß sollen sie sowohl bei Leerlauf, als auch
bei jeder Belastung tunlichst überhaupt nicht vorkommen. Zeigen sie
sich dagegen mehrfach hintereinander oder periodisch wiederholend, so
ist ein Parallelbetrieb mit anderen Maschinen nicht mehr durchführbar.
In Abb. 296 ist der Drehzahl-Regelverlauf für eine 1000 kW-Maschine
$n = 90,5$ U/min gezeichnet. Die Drehzahlschwankungen sollen bei Laständerungen nicht mehr als 2 bis 3 vH betragen.

Für das Parallelschalten und die Lastverteilung muß eine
Drehzahlverstellvorrichtung am Reglergestänge vorhanden sein. Die
Verstellgrenze liegt bei 10 bis 15 vH.

e) Über den **Raumbedarf,** die Leistungen, Drehzahlen, Gewichte und den Ölverbrauch geben die Zahlentafeln 47 Aufschluß. Zu be-

Zahlentafel 47. Hauptabmessungen von MAN doppeltwirkenden Viertakt-Gasmaschinen.

Verbund-Anordnung.

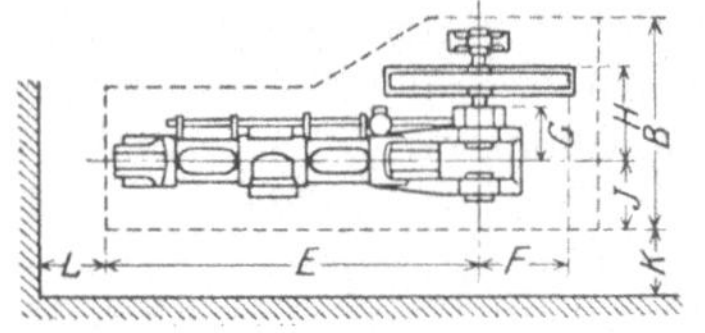 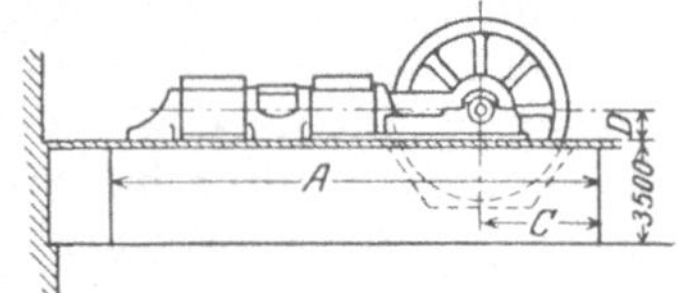

DT	7a	8	9	10	11	12	13	13b	14	15
A	13800	14285	15280	16780	18530	20025	21700	22500	23900	25650
B	6000	6500	7000	7500	8000	9000	9500	9500	9700	9700
C	3500	3500	3500	4000	4500	5000	5000	5500	6000	7500
D	775	800	850	900	950	975	1000	1000	1000	1050
E	9800	10465	11340	12795	13545	14635	15690	15800	17280	17850
F	2550	2550	2550	3100	3100	3500	3500	3500	—	—
G	1410	1510	1535	1775	1935	1915	2200	2305	—	—
H	2250	2500	2800	3000	3200	3450	3600	3950	4400	4850
J	1800	2100	2100	2200	2500	2800	3000	3000	—	—
K	2500	2800	3000	3000	3200	3200	3600	3800	—	—
L	1900	2200	2400	2600	2800	3000	3200	3300	3400	—

Zwillings-Verbund-Anordnung.

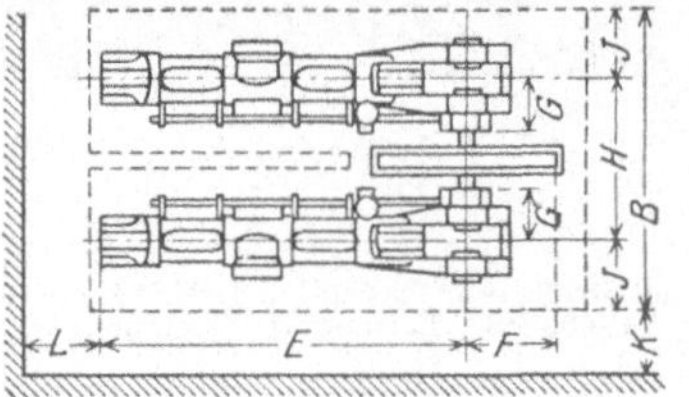

DTZ	7a	8	9	10	11	12	13	13b	14	15
A	13800	14285	15280	16780	18530	20025	21700	22500	25900	26100
B	7650	8700	9200	9800	10800	11800	12500	13000	14200	15000
C	3500	3500	3500	4000	4500	5000	5000	5500	7500	7500
D	775	800	850	900	950	975	1000	1000	1000	1050
E	9800	10465	11340	12795	13545	14635	15690	15800	17280	17850
F	2550	2550	2550	3100	3100	3500	3500	3500	—	—
G	1410	1510	1535	1775	1935	1915	2200	2305	—	—
H	4050	4500	5000	5400	5800	6200	6500	7000	7200	7400
J	1800	2100	2100	2200	2500	2800	3000	3000	—	—
K	2500	2800	3000	3000	3200	3200	3600	3800	—	—
L	1900	2200	2400	2600	2800	3000	3200	3300	3400	—

Maschinengrößen nach Zahlentafel 45.

rücksichtigen sind noch der Platz für die Druckluftbehälter, die Kühlwasserpumpe, den Luftverdichter, das Filter und die Rohrleitungen. Abb. 297 und 298 zeigen den vollständigen Aufstellungsplan für zwei Großgasmaschinen mit Generatoren und dem erforderlichen Zubehör,

Abb. 299 den Blick in ein Großgasmaschinenkraftwerk mit Schaltbühne und Abb. 300 den Grundriß für ein ähnlich großes Werk mit den Hauptabmessungen.

Die **Fundierung** muß wie beim Dieselmotor besonders sorgfältig und wegen der Arbeitsweise des Gasmotors an sich so vorgenommen werden, daß das Grundmauerwerk des Maschinenhauses nicht mit den Fundamenten in Verbindung steht, weil auch von den Gasmaschinen sehr starke Schwingungen ausgehen, die andernfalls von dem gesamten Gebäude und der Schaltanlage mit aufgenommen werden.

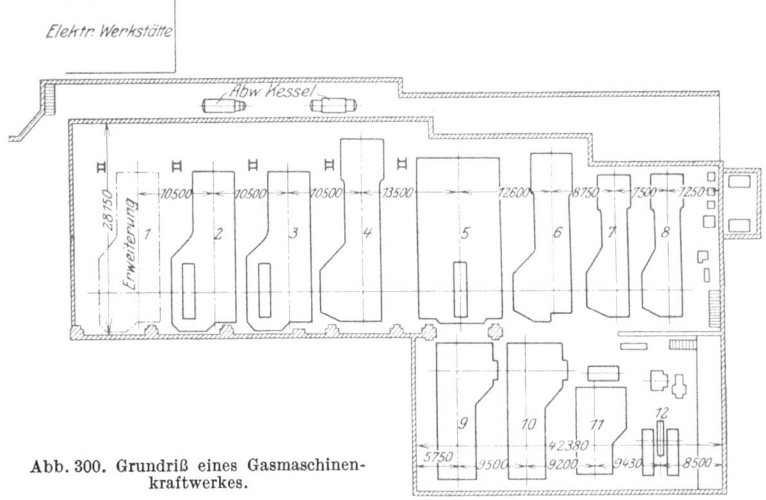

Abb. 300. Grundriß eines Gasmaschinenkraftwerkes.

Der Maschinenraum ist außerdem besonders gut zu belüften. Das Kraftwerk soll ferner in der Gesamtanlage der Zeche oder Hütte nicht derart eingezwängt werden, daß Erweiterungen, Bewegung der großen und schweren Maschinenteile bei Reparaturen und dergleichen gehindert werden (Abb. 301).

f) Wirtschaftlichkeit und Betrieb. Die Wirtschaftlichkeit von Großgasmaschinenanlagen der hier behandelten Art ist sehr groß, weil insbesondere der Betriebsstoff als Nebenerzeugnis anfällt und, wie bereits gesagt, auch aus dem Gas selbst noch Nebenerzeugnisse gewinnbar sind. Demgegenüber stehen der verhältnismäßig hohe Anlagepreis und die Kosten für die sorgfältige Wartung und Bedienung der Gasmaschinen. Der Wirkungsgrad von Großgasmaschinen liegt je nach ihrer Größe, der Gas- und Kühlwasserbeschaffenheit und der Wartung etwa bei 80 bis 84 vH. Das in Abb. 302 gezeichnete Wärmestrombild gibt Aufschluß über den Verbleib der aus dem Betriebsstoff erzeugten Wärmemengen. In Gegenüberstellung zu Abb. 302 zeigt Abb. 303 die Wärmeverteilung, wenn das Gas unter Kesseln verfeuert und der erzeugte Dampf in einer Dampfturbine nutzbar gemacht wird. Beide Wärmestrombilder mit ihren zugehörigen Maschinenskizzen geben wertvolle Unterlagen für wirtschaftliche Untersuchung.

Wie beim Dieselmotor liegt auch beim Gasmotor der **thermische Wirkungsgrad** sehr hoch, was aus Abb. 302 ohne weiteres zu ersehen ist.

Bezeichnet:

$M_{Ga,i}$ den spez. Wärmeverbrauch in kcal für 1 PS$_1$-Std.,

η_{Ga} den Wirkungsgrad der Gasmaschine,

$M'_{Ga,i}$ die theoretisch zur Erzeugung von 1 PS$_1$-Std. erforderliche spez. Wärmemenge (632 kcal),

so ist der spez. Wärmeverbrauch für 1 kWh:

$$M_{Ga} = \frac{M_{Ga,i} \cdot 1,36}{\eta_{Ga} \cdot \eta_G} \text{ kcal}, \tag{125}$$

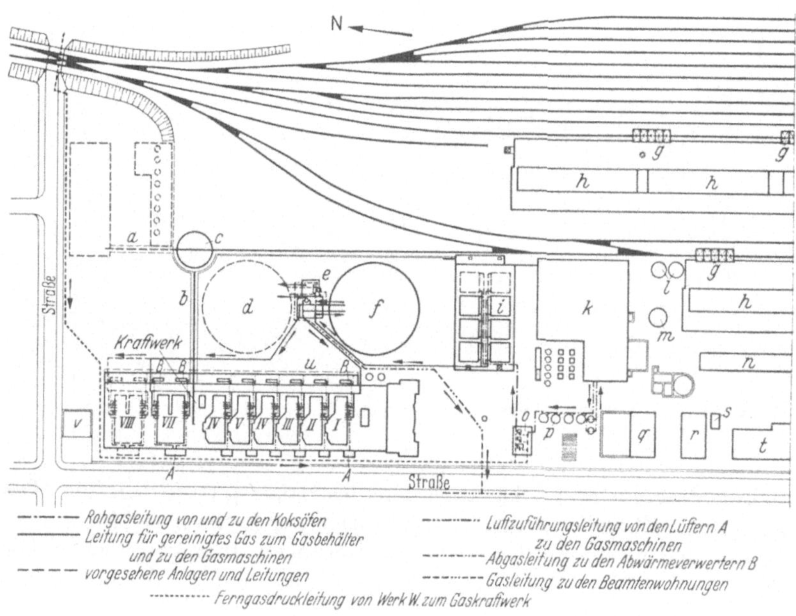

Abb. 301. Lageplan eines Gasmaschinenkraftwerkes mit Hilfsanlagen.

ferner der thermische Wirkungsgrad der indizierten Leistung:

$$\eta_{th,i} = \frac{M'_{Ga,i}}{M_{Ga,i}} = \frac{632}{M_{Ga,i}} \cdot 100 \text{ vH} \tag{126}$$

und der tatsächliche thermische Wirkungsgrad:

$$\eta_{th} = \frac{632 \cdot \eta_{Ga}}{M_{Ga,i}} \cdot 100 \text{ für 1 PS}_e\text{-Std.} \tag{127}$$

In Abb. 304 ist für eine MAN-Großgasmaschine der Nutzwirkungsgrad und der spez. Wärmeverbrauch in Kennlinien zusammengestellt. Der Vergleich dieser Werte auch bei Teilbelastungen mit denjenigen der anderen Antriebsmaschinen ist daher leicht durchführbar.

Die Betriebssicherheit neuzeitlicher Großgasmaschinen ist vollauf befriedigend, wie die große Zahl seit Jahren im Betrieb befindlicher Maschinen bis zu den größten Leistungen beweist. Selbstverständlich setzt sie aber gute Wartung, sachgemäße Bedienung, gute Reinigung des Gases und beste Anlagedurchbildung voraus.

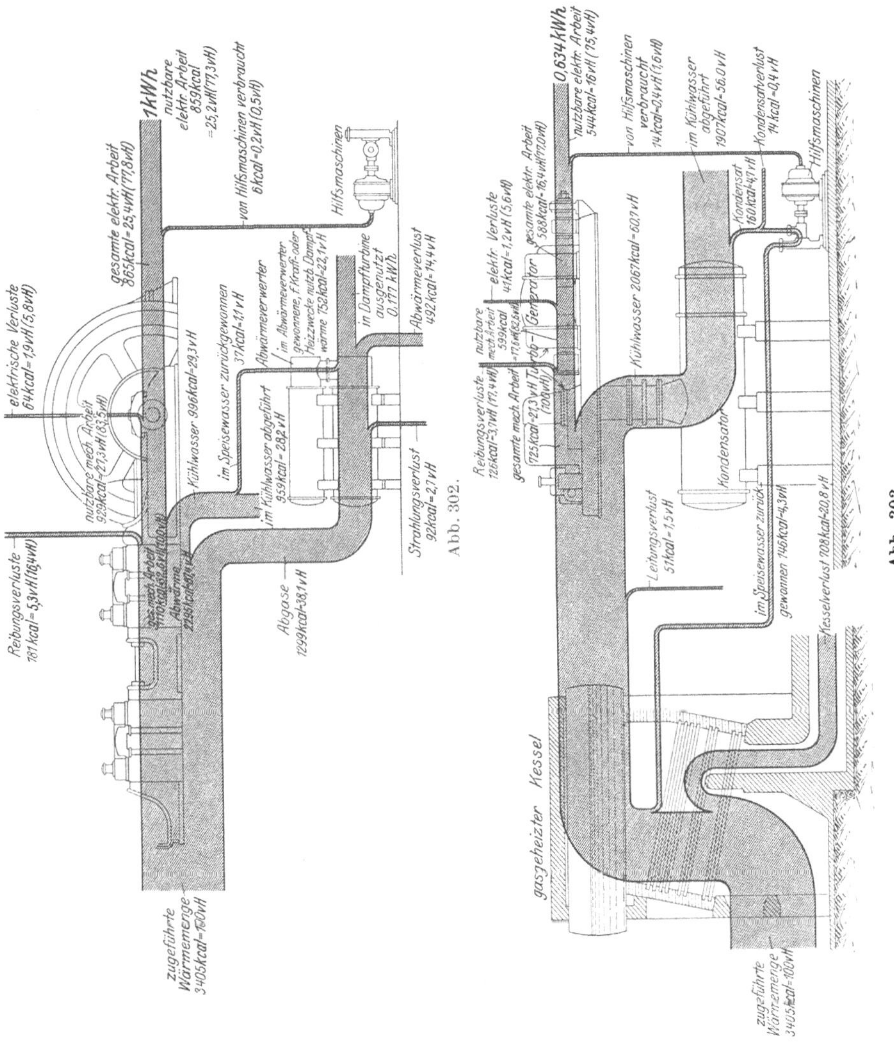

Abb. 302 und 303. Gegenüberstellung des Wärmestrombildes einer Großgasmaschine mit Abwärmeverwertung durch Dampfturbine und einer durch Hochofengas geheizten Dampfkesselanlage mit Dampfturbine.

Bei stark schwankender Stromentnahme ist es auch bei dieser Antriebsart betriebstechnisch besser, die Spitzenbelastungen nicht von den schweren, langsamlaufenden Gasmaschinen, sondern von besonderen Dampfturbosätzen aufnehmen zu lassen, die mit Schnellreglern ausgestattet den Leistungs- und Spannungsschwankungen rascher folgen können. Die weiter unten behandelte Abwärmeverwertung kann dann besonders wirtschaftlich gestaltet werden.

Die beim Dieselmotor gegebene Kennwertzusammenstellung zum Vergleich verschiedener Angebote kann mit geringfügigen Änderungen auch für Gasmotoren herangezogen werden. Es erübrigt sich daher, auf diese Einzelheiten noch besonders einzugehen.

Der Ölverbrauch ist aus Zahlentafel 45 zu ersehen.

g) Die Abwärmeverwertung. Nach dem Wärmestrombild Abb. 302 gehen in den Abgasen etwa 38 vH der Gesamtwärme ungenutzt aus der Maschine. Trotz des verhältnismäßig günstigen thermischen Wirkungsgrades wird nur etwa $\frac{1}{3}$ der Brennstoffwärme in der Gasmaschine in Arbeit umgesetzt. Das Kühlwasser führt etwa 30 vH der Wärmebeträge unverwertet ab. Hier sind nun, um die Kühlwasser- und Abgaswärme noch wirtschaftlich auszunutzen, ebenfalls Abwärmeverwerter neuerdings in großem Umfang zur Anwendung gekommen, aus denen Hochdruckdampf zum Betrieb einer Dampfturbine gewonnen wird[1].

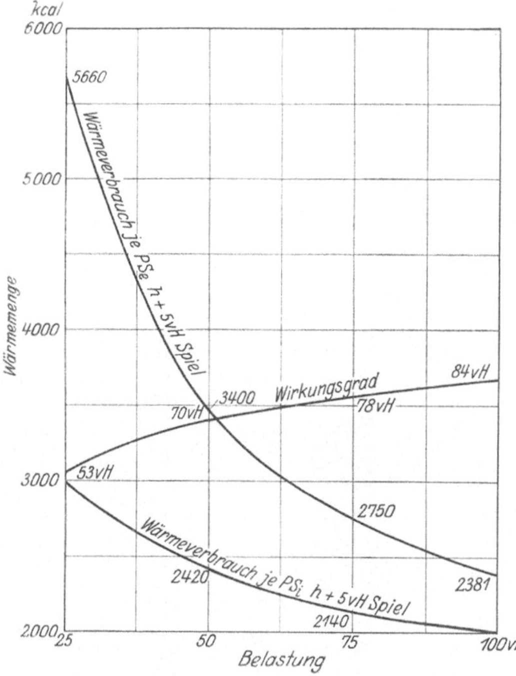

Abb. 304. Betriebskennlinien für eine Großgasmaschine.

Für die im Kühlwasser enthaltenen Wärmemengen sind Verwertungsmöglichkeiten oftmals zu Heißwasserzwecken gegeben, wie sie beim Dieselmotor bereits erwähnt worden sind.

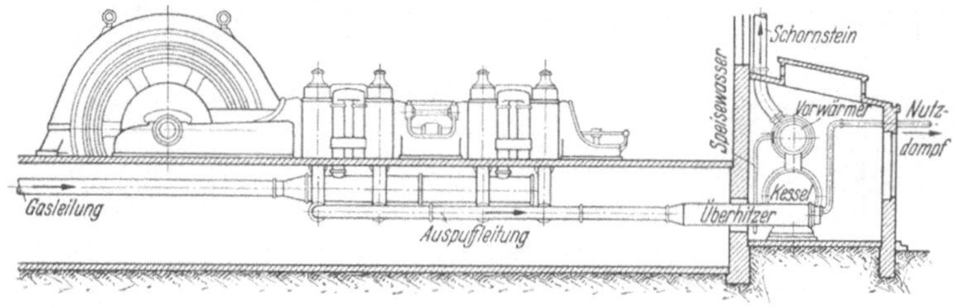

Abb. 305. Gasmaschinen mit Abwärmedampfkessel, Überhitzer und Speisewasservorwärmer.

Die Abgase, die eine Temperatur von etwa 500° C haben, wer-

---

[1] Abhitzeverwertung. Arch. Wärmewirtsch. 1933 Heft 3. Angaben der MAN über Anwendungsgebiet, ausnutzbare Wärmemenge, zweckmäßigste Bauart, Bemessung der Heizfläche, Versuchsergebnisse.

den unter einen oder mehrere Röhrenkessel geleitet und dort verbrannt. Auch die Zusammenfassung von Steinkohlen- und Gasfeuerung
kommt vereinzelt vor. In Abb. 305 ist eine solche Abwärmekessel-

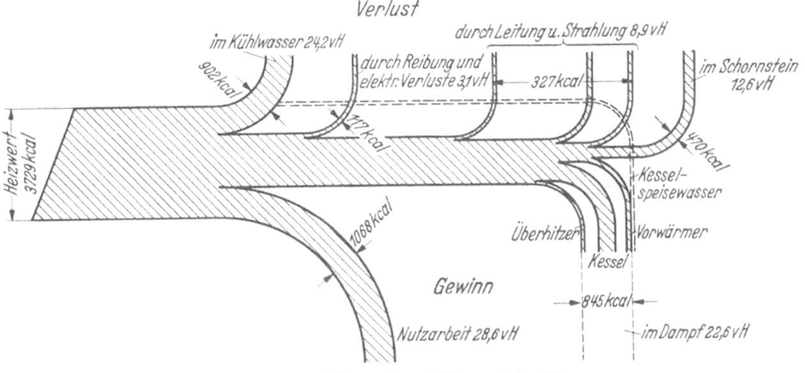

Abb. 306. Wärmestrombild zu Abb. 305.

anlage mit Dampfüberhitzer und Speisewasservorwärmung Bauart MAN abgebildet. Abb. 306 zeigt das Wärmestrombild und Abb. 307

Abb. 307. MAN-Abwärmeverwerteranlage mit Abwärmedampfkessel, Überhitzer und Speisewasservorwärmer, 14 ata, 350° C. 10 Gasmaschinen.

eine praktische Ausführung. Die Gastemperatur kann bei der Verbren-
nung auf etwa 230 bis 250° C hinter dem Kessel und bei Benutzung eines
Vorwärmers weiter bis auf 180 bis 200° C vermindert werden. Das
Wasser für den Abwärmekessel wird, wenn genügend Frischwasser

für die Kühlung der Gasmotoren zur Verfügung steht, dem warmen Kühlwasser entnommen, so daß auch die im Kühlwasser enthaltene Wärmemenge noch zur Verwertung kommt.

Für die rechnungsmäßige Verfolgung der Wärmewirtschaft, die auch für den Elektroingenieur wertvoll ist, gilt folgendes:

Sind zur Erzeugung einer kWh an den Klemmen des Generators der Gasmaschine M_{Ga} Wärmemengen zuzuführen, so gehen von diesen nach Abzug der Strahlungs- und Auspuffverluste von etwa 9 vH rund 29 vH in die Abgase unter den Kessel. Nach dem Mollier-Diagramm Abb. 26 sind zur Erzeugung von 1 kg Dampf z. B. von 14 at und 325° C Temperatur i Wärmemengen erforderlich, also können:

$$\frac{0{,}29\,M_{Ga}}{i} = D \text{ kg Dampf/kWh} \tag{128}$$

erhalten werden. Bei dem Kesselwirkungsgrad η_K stehen demnach für den Betrieb einer Dampfturbine $D \cdot \eta_K$ kg Dampf zur Verfügung. Hat die Dampfturbine einen Dampfverbrauch von D_{Ku} kg/kWh, so ist eine Leistung von:

$$\frac{D \cdot \eta_K}{D_{Ku}} \text{ kW}$$

erzielbar. Diese Leistung wird praktisch aber nur selten erreicht, weil nicht immer Vollbelastung der Gasmaschine vorhanden ist.

Zahlentafel 48. Versuchsergebnisse von MAN-Abwärmeverwertern an Gasmaschinen.

Maschinen-leistung		Temperatur °C					Dampfdruck at	Speisewasser-menge kg/h	Dampfmenge kg/PSeh	Be-merkung
		der Abgase		des Speisewassers		des Damp-fes				
		vor	nach	vor	nach					
PS$_e$	vH	dem Abwärmeverwerter								
2640	88	581,9	168,7	40,26	132,1	310,29	7,13	2475	0,94	
2183	100	538	159	25,7	133,4	340	8,2	1685	0,775	
1542	75	528	163	39,2	140,5	338	8,05	1390	0,905	
1143	50	532	156	22,3	130,0	340,4	6,65	1760	1,54	
Leer-lauf	—	—	159	30,0	124,0	297	7,2	2580	—	
1192	100	472	151	30,2	137,5	306	7,9	894	0,75	
2000	87	493	156	43	147	350	4,6	1750	0,88	
1700	74	545	160	48	155	334	5,4	1990	1,17	
1560	68	506	164	48	153	356	5,7	1935	1,24	
900	39	468	157	46	157	307	5,0	1820	2,05	
810	35	—	163	48	153	326	5,2	2080	2,55	
760	33	535	167	46	153	365	6,6	2120	2,80	
550	24	550	169	46	153	365	6,9	1970	3,60	
930	93	521	170	26,6	145	335	6,91	978	1,05	
2350	83	{536	172,5	41	156	347	11,7}	2960	1,89	1. Kessel
		{465	172	38,3	156	306	11,8}			2. Kessel
1272	55	376	166,4	80	155,6	288,6	4,4	1210	0,95	{Zweitakt-
1690	74	507	170,6	80	158	(209)	5,6	2635	1,55	{maschine
2700	90	592,5	—	31	130	191,4	14,4	3060	1,13	

Im allgemeinen kann man rechnen, daß für eine Gas-kWh bei Gasmaschinen mittlerer Größe bei Vollast 0,93 kg Dampf von 12 at und 325° C erzielt werden. Bei geringerer Belastung und weniger sorgfältiger Wartung verbraucht der Gasmotor bezogen auf die Leistungseinheit größere Wärmemengen, die in die Auspuffgase gehen und in der Abhitzeanlage zum größten Teil selbsttätig wiedergewonnen werden. In Zahlentafel 48 sind einige Betriebsergebnisse von MAN-Abwärmeanlagen zusammengestellt.

Aus den Wärmebeträgen, die auf diese Weise noch nutzbringend verarbeitet werden, ist leicht festzustellen, wie groß der Kohlenverbrauch wäre, wenn für den Betrieb der Dampfturbinen Dampf aus festen Brennstoffen zur Erzeugung kommen müßte. Diese Ersparnis an besonderem Brennstoff ist in die gesamte Wirtschaftlichkeitsberechnung eines Gaskraftwerkes ebenfalls entsprechend mit einzusetzen.

Die Wasserkraftanlagen.

32. Die Grundlagen für die Entwurfsbearbeitung.

a) Einleitung. Eine Wasserkraftanlage ist hinsichtlich ihrer Lage, ihrer Leistungsfähigkeit und ihres Ausbaus für den Entwurf und den Betrieb nach ganz anderen Gesichtspunkten zu beurteilen als eine Wärmekraftanlage. Das liegt in der Natur der Sache, denn die erzielbare Leistung und Arbeitsmenge sind von den jeweils vorhandenen Wassermengen und Fallhöhen abhängig, wobei gegebenenfalls eine Regelung in bestimmten Grenzen durch Stauanlagen für Stunden, Tage, Wochen oder Monate, vereinzelt auch über ein Jahr möglich ist. Die Höchstleistung aber, also die Ausbaufähigkeit ist aus der Wasserkraft an sich gegeben. Während bei den anderen Antriebsmaschinen der Betriebsstoff (Kohle, Öl, Gas) stets vorhanden ist oder in genügender Menge beschafft werden kann, aber Geld kostet, kostet das Wasser an sich nichts, schwankt aber in seiner Darbietung und letztere muß genommen werden, wie sie anfällt.

Die Ausnutzung einer Wasserkraft zur Erzeugung elektrischen Stromes hängt für alle Zwecke von zwei Voraussetzungen ab. Die Darbietung d. h. der jährliche Verlauf der zu erwartenden Wasserspende und die Baukosten für die Gesamtanlage müssen in bezug auf die erzeugbare Leistung und Arbeitsmenge und ihren Jahresverlauf einen wirtschaftlich tragbaren Strompreis ergeben. Was nach dieser Richtung als wirtschaftlich zu bezeichnen ist, kann nur von Fall zu Fall beurteilt werden. Es werden Einzelheiten hierzu im folgenden angegeben; die wirtschaftlichen Untersuchungen selbst sind im IV. Band behandelt.

b) Bedarf und Deckung. Jede Naturwasserkraft schwankt in ihrer Wasserdarbietung, die Wassermenge ändert sich innerhalb eines Betriebsjahres häufig und in mehr oder weniger starkem Maß, wobei die Beurteilung solcher Schwankungen nur auf das Betriebsjahr zu beziehen ist. Günstige Verhältnisse liegen noch nicht vor, wenn ein Betriebsjahr gute Wasserverhältnisse aufweist. Erst die Häufigkeit von Niedrig-, Mittel- und Hochwasser über einen möglichst langen Beobachtungszeitraum, mindestens über 10 Jahre — besser über einen weit längeren Zeitraum — kann genügende Anhaltspunkte für die Beurteilung der Wasserverhältnisse geben. Das gilt sowohl für Fluß- als auch für Gebirgswasserkräfte, wobei besonders für letztere das zumeist sehr begrenzte sogenannte Einzugsgebiet d. h. das Gebiet, das die Wasserspende liefert, also die Schneeverhältnisse und Trockenzeiten ausschlaggebend sind. Untersuchungen solcher Art hat der Wasserfachmann vorzunehmen. Die Auswertungen bedürfen der Beurteilung durch den Elektroingenieur im Zusammenarbeiten mit dem Turbinenbauer.

Dem Verlauf der Jahresbelastung des Netzes ist der Jahresverlauf der an der Ausbaustelle der Wasserkraft erzielbaren Leistung, dem kWh-Verlauf die erzeugbare Arbeitsmenge gegenüberzustellen. Bedarf und Deckung[1] sind demnach für die wirtschaftlichen Untersuchungen bestimmend. Die beste Lage des Kraftwerkes für die Ausnutzung der Wasserkraft in baulicher Hinsicht und die sich daraus ergebenden weiteren Bauanlagen für die Fassung, Zu- und Abführung des Wassers sind maßgebend für die Gesamtbaukosten. Der jährliche Kapitaldienst für diese unter Berücksichtigung der Ausgaben für Unterhaltung und Instandsetzung nach der Güte der Bauwerke und demnach nach ihrer Lebensdauer ergeben dann den Preis für Leistung und Arbeitsmenge.

Es ist daher bei der Entwurfsbearbeitung der Wasserkraftanlage derart vorzugehen, daß tunlichst jeder verfügbare Wassertropfen an der Ausbaustelle nutzbringend und wirtschaftlich verwertet wird. Dieser Hauptgesichtspunkt bestimmt zusätzlich die Lage und die Form des Anlageausbaues und richtet sich sowohl nach der Eigenart der Wasserkraft, als auch nach derjenigen des Stromversorgungsgebietes (Überlandanlagen, Industrieanschluß, Großstadt, Verbundbetrieb mit anderen Werken).

Soweit es der Rahmen dieses Werkes zuläßt, sollen zunächst Eigenart und Unterscheidungsmerkmale der Wasserkraftanlage an sich zugleich mit Einzelheiten für Entwurf und Betrieb behandelt werden.

In Abb. 308 ist der einem trockenen und einem feuchten Jahr entsprechende Jahresverlauf der Wassermenge eines im Mittelgebirge entspringenden Flusses mit verhältnismäßig kleinem Einzugsgebiet dem Jahresverlauf eines aus dem Hochgebirge gespeisten Flusses mit mittlerem Einzugsgebiet gegenübergestellt. Der Unterschied dieser beiden Kennlinien ist offensichtlich und zeigt, daß die Mittelgebirgsverhältnisse größere Wassermengen in den Wintermonaten, die Hochgebirgsverhältnisse solche in den Sommermonaten bringen. Hoch- und Niedrigwässer liegen zeitlich sehr verschieden zueinander. Hält man sich dazu den Verlauf der Stromabnahme vor Augen, so ist diejenige Wasserkraft an sich günstiger, die eine dem Verlauf der Belastungskennlinien am besten folgende Angleichung zuläßt. Ist der Strombedarfsverlauf noch nicht bekannt, muß er für eine neu zu errichtende Wasserkraftanlage geschätzt werden. Auf das im I. Abschnitt über den Strombedarfsverlauf Gesagte ist hier besonders hinzuweisen und dabei die Wasserspendenänderung in den einzelnen Jahreszeiten entsprechend zu berücksichtigen.

Trägt man die einzelnen Wassermengen Q m³/s nach Größe und Dauer zusammengefaßt in Form einer Kennlinie für den Verlauf der Jahresabflußmenge an der in Aussicht genommenen Kraftwerksstelle auf, so erhält man die in Abb. 309 dargestellte Form des Wasser-

---

[1] Ludin, Dr. Ing., A.: Bedarf und Dargebot. Berlin: Julius Springer 1932.

mengenverlaufes innerhalb eines Jahres, die nun der Ermittlung der
Ausbauverhältnisse zugrunde zu legen ist. Aus dieser Wasser-
mengen-Dauerlinie geht hervor, daß z. B. die Wassermenge Q einschließlich des Hochwassers für die Mittelgebirgswasserkraft zwischen
den Grenzen Oc_3 bzw. OE und Oc_1 bzw. OA schwankt. Oc_1 ist die an
365 Tagen des Jahres stets vorhandene kleinste Wassermenge.

Da sich die Wasserverhältnisse weiter nach dem jährlichen Nieder-
schlagsverlauf in dem der Wasserkraft zugeordneten Einzugsgebiet auch
von Jahr zu Jahr ändern — trockenes oder feuchtes Jahr — genügt wie

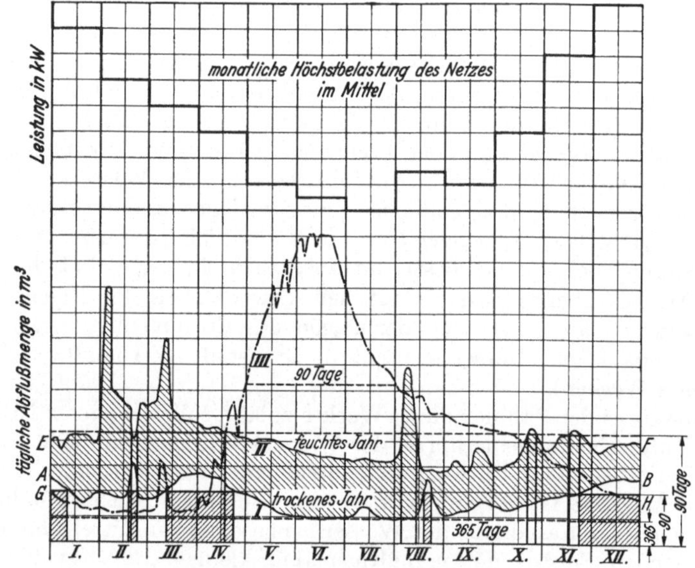

Abb. 308. Wassermengen-Jahresverlauf.

I trockenes Jahr $\Big\}$ Mittelgebirge, Flachland,
II feuchtes Jahr
III mittleres Jahr, Hochgebirge.

bereits kurz gesagt für die Beurteilung der Wertigkeit der Wasserkraft
nicht die Jahreswassermengen-Dauerlinie eines Jahres, sondern es muß
aus einer ganzen Reihe von Jahren eine mittlere Dauerlinie festgestellt
werden. Am besten und sichersten werden hierzu die amtlichen Pegel-
aufzeichnungen und Auswertungen herangezogen. Das gilt sowohl für
einen Flußlauf als auch für einen auszunutzenden See mit seinem Zu-
und Ablauf.

Die Leistung einer Wasserkraft ergibt sich aus der zu verarbeitenden
Wassermenge Q und der Fallhöhe H [Gl. (133)]. Ist aus dem bisher
Gesagten der Wassermengenverlauf berechnet, so ist aus den Geländeverhältnissen zu ermitteln, an welcher günstigsten Stelle nunmehr eine
möglichst große Fallhöhe (das Gefälle) gewonnen werden kann. Das
geschieht in einem Fluß durch Aufstauen des Wasserlaufes; bei Verwertung eines Sees ist aus der Höhenlage des Sees zur Baustelle die
Fallhöhe gegeben (Abb. 315).

Die Ausnutzung einer Wasserkraft hinsichtlich der Fallhöhe und der Wassermenge richtet sich weiter nach den Wassernutzungsbedingungen der Behörden und den bereits bestehenden Wassergerechtsamen der Ober- und Unterlieger. Muß die fließende Welle z. B. in einem Fluß unverändert bleiben, dann kann nur eine natürliche Fallhöhe ausgenutzt werden und die Wassermenge ist nur entsprechend dem jeweiligen Anfall verwertbar. Wassermenge und auch Fallhöhe werden also je nach der Jahreszeit und den Witterungsverhältnissen schwanken. Ein Zurückhalten von Wasser über gewisse Zeiten durch ein Wehr innerhalb einer bestimmten Flußstrecke wird dann zumeist nicht statthaft oder nur in ganz geringem Umfang möglich sein. Kann das zu versorgende Netz die augenblicklich erzeugbare Leistung und Arbeitsmenge nicht aufnehmen z. B. des Nachts, so muß das nicht verarbeitete Wasser nutzlos ablaufen. Ist die Leistungsanforderung aus dem Netz größer als die erzeugbare Leistung z. B. bei Niedrigwasser, dann muß die Fehlleistung und ihre entsprechende Arbeitsmenge aus einer anderen Stromerzeugungsanlage zusätzlich gedeckt werden. Tritt Hochwasser ein, kann die Fallhöhe zwischen dem Wasserspiegel vor und hin-

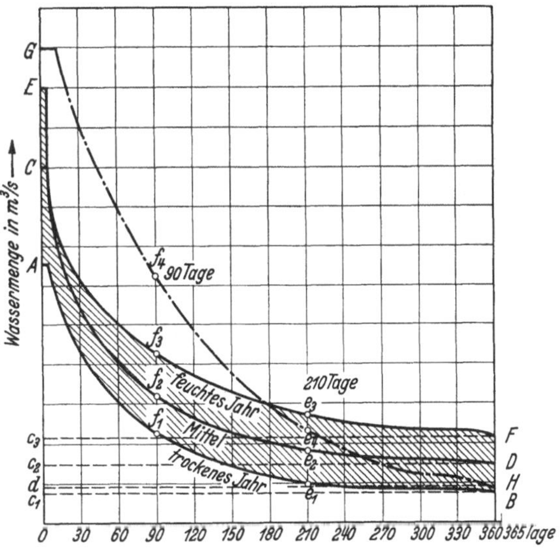

Abb. 309. Wassermengen-Dauerlinien zu Abb. 308.

ter dem Kraftwerk (Ober- und Unterwasserspiegel) auf Null sinken, also eine Leistung nicht gewinnbar sein. Das Netz müßte von dritter Stelle vollständig gespeist werden. Da nur die jeweils im Flußbett laufende Wassermenge zur Energieerzeugung verfügbar ist, die Netzansprüche indessen wesentlich andere sein können und zumeist auch sein werden, kann ein solches Wasserkraftwerk unter Umständen wesentliche Nachteile darin aufweisen, daß es zu bestimmten Zeiten zu klein, zu bestimmten Zeiten nicht voll ausnutzbar ist, so daß im letzteren Fall der kostenlos anfallende Betriebsstoff — das Wasser — keine Verwertung findet. Man bezeichnet eine solche Wasserkraftanlage daher als Laufanlage, das Wasserkraftwerk als Laufwerk. Betrieblich und wirtschaftlich kömmt diesem also nur eine beschränkte Bedeutung zu. Geringe Zurückhaltung des Wassers durch Aufspeicherung (Staubecken) ändert hierin nichts. Kann dagegen das jeweils nicht benötigte Wasser in größerer Menge und für längere Zeit zurückgehalten, d. h. in irgendeiner Form aufgespeichert werden, um es zu gegebener Zeit zusätzlich nutzbringend zu verwerten, dann bezeichnet man eine solche Wasserkraftanlage als Stau- oder Speicheranlage, das Wasserkraftwerk als Speicherkraftwerk und gewinnt damit unter gewissen Umständen eine betrieblich und wirtschaftlich sehr wertvolle Stromerzeugungsanlage.

Aus dem bisher Gesagten ist unschwer zu ersehen, daß ein Laufwasserkraftwerk als selbständiges Stromerzeugungswerk betrieblich und damit auch wirtschaftlich nur unter eng begrenzten Verhältnissen gebaut werden kann. Der rechnerische Nachweis wird das in den meisten Fällen leicht erbringen und zwar für kleine als auch für große Wasserkraftanlagen dieser Art, wenn nicht ganz geringe Anlagekosten aufzuwenden sind, so daß mit gewissen zusätzlichen Kosten für den Strombezug aus einer anderen Quelle zu ungünstigen Wasserzeiten die wirtschaftliche Grenze noch nicht überschritten wird z. B. gegenüber einer Dampfkraft- oder einer Dieselanlage oder gegenüber Strombezug aus einem Überlandwerk.

Um den volkswirtschaftlichen Gewinn aus der fließenden Welle trotzdem zu erzielen, was zur Schonung von Kohlenvorräten insbesondere in brennstoffarmen Ländern anzustreben ist, wird also das Laufwerk mit einem Wärmekraftwerk oder auch mit einem Speicherkraftwerk zu verbinden sein. Es wird dadurch zu einem unselbständigen Werk. Die Gesichtspunkte für den Zusammenschluß mit Wärmekraftwerken sind grundsätzlich anderer Art als die für die Verbindung mit einem Speicherkraftwerk. Beiden gemeinsam sind die Größe und die Lastverhältnisse zusammen mit dem Lastverlauf der ersten Untersuchung zugrunde zu legen. Dabei ist auszugehen von der geringsten Netzlast, die am ungünstigsten Betriebstage des Jahres auftreten kann. Das wird eine Sonn- oder Festtags-Sommertageslast oder eine Sommernachtlast sein. Kann in einem trockenen Jahr das Laufwerk diese Last decken, dann deckt es den unteren Grundlastwert des Netzes über das ganze Betriebsjahr und kann mit dieser Last 8760 Jahresbetriebsstunden laufen (Abb. 309). Alle anderen Wassermengen und daraus anfallenden Leistungen und Arbeitsmengen sind unbestimmt, zeitlich begrenzt und daher nur ein Ersatz für den aus anderen Stromquellen zu deckenden Bedarf bis zu den Zeiten, wo das Laufwerk durch Hochwasser oder auch durch Frost unter Umständen vollständig zum Erliegen kommt. Abb. 310 und 311 zeigen die Betriebskennlinien eines Laufwerkes für ein trockenes und ein feuchtes Wasserjahr. Sie geben zu dem Gesagten die deutlichsten Erklärungen.

Erst der Verbundbetrieb mit einer anderen Stromquelle kann beim Laufwasserkraftwerk die Deckung des Netzbedarfes sicherstellen. Es ist also nicht, wie das so häufig irrtümlich geschieht — auch wenn es sich nur um eine Maschine handelt — von der zweiten Stromquelle z. B. einem Wärmekraftwerk als Zusatzwerk zu sprechen, denn das Wärmekraftwerk ist in jedem Fall das Hauptwerk (nur nicht immer im Betrieb), das Laufwerk das Zusatzwerk, weil das Wärmekraftwerk selbständig die Netzlast vollständig zu decken in der Lage sein muß.

Anders liegen die Verhältnisse bei dem Gemeinschaftsbetrieb eines Laufwerkes mit einem Wasserkraftwerk, das aus einer gespeicherten

Wassermenge ohne besondere Abflußbedingungen betrieben werden kann. Hier kann das Laufwerk das Hauptwerk sein und das Speicherwerk die Aufgaben des Zusatzwerkes erfüllen, wobei die Selbständigkeit des Laufwerkes nur in Verbindung mit dem Zusatzwerk erreicht wird, die sich ergänzen, nicht wie beim Wärmekraftwerk vollständig ersetzen müssen.

Mit diesen wesentlichen Eigenarten des Gemeinschaftsbetriebes ist dieser zu beurteilen.

Das Speicherwerk bietet an sich auch eine selbständige Ausbaumöglichkeit für die Ausnutzung einer Wasserkraft. Hier ist die Verbindung mit anderen Stromquellen dann nicht erforderlich, wenn die innerhalb eines Betriebsjahres gespeicherte Wassermenge ausreicht, um den Netzbedarf zu decken. Je nach den Bedingungen, denen der natürliche Wasserabfluß unterliegt, wird die aus dem Speicherwerk verarbeitete Wassermenge in ihrer jeweiligen Unregelmäßigkeit abgegeben werden können (Ausnutzung eines Gebirgswasserfalles oder eines Gebirgssees) oder durch ein Unterbecken eine Aufspeicherung und Vergleichmäßigung des den Unterliegern wieder zuzuführenden Wassers herbeigeführt werden müssen (Talsperre). Das richtet sich nach den Ausbauverhältnissen der Unterliegeranlagen. Beim Austritt des Wassers aus diesem Unterbecken wird dann zumeist noch ein Laufwasserkraftwerk zur weiteren Ausnutzung dieser abströmenden Wassermenge angelegt.

Reicht die Speicherung nicht für die Selbständigkeit der Wasserkraftanlage zur Bedarfsdeckung aus, was häufig der Fall sein wird, dann kommt dem Speicherwerk eine andere Aufgabe zu, nämlich die Deckung der Spitzenlasten des Netzes zu übernehmen, dadurch die Wärmekraftwerke zu entlasten und den Gesamtbetrieb wirtschaftlicher zu gestalten. Diese Ausnutzung des Speicherwerkes als Spitzenwerk ist schon in größtem Ausmaß zur Durchführung gekommen. Das Unterbecken wird in diesem Fall stets erforderlich, wenn es nicht z. B. durch einen zu diesen Zwecken ausnutzbaren See ersetzt werden kann. Das Wärmekraftwerk wird Grundlastwerk. Ein solches Speicherwerk hat im Verbundbetrieb den weiteren Vorteil als Augenblicks-Unterstützungswerk dem Wärmekraftwerk zur Verfügung zu stehen, da es in kürzester Zeit angefahren und eingesetzt werden kann, sonst aber keinerlei Vorbereitungen für die Betriebsbereitschaft bedarf.

c) Die Ausbauverhältnisse. Die Beurteilung für den Ausbau einer Wasserkraft ist nach dem bisher Gesagten nicht mehr schwer, wenn die Wassermengen zuverlässig sind.

Der Größenbestimmung des Laufwerkes wird die Jahreswassermengendauerlinie zugrunde gelegt. Aus Abb. 308 und 309 ist unschwer zu erkennen, daß das je nach der Eigenart der Speisung des Wasserlaufes und den ganz unbestimmbaren Witterungsverhältnissen für die Wasserspende zu großen Irrtümern führen kann. Nur dann, wenn im Verbundbetrieb aus anderen Stromquellen eine bestimmte Leistung — für kurze Zeit auch unter Einsatz der Reserven — zur Verfügung steht, wird aus den Anlage- und Betriebskosten des Laufwerkes und

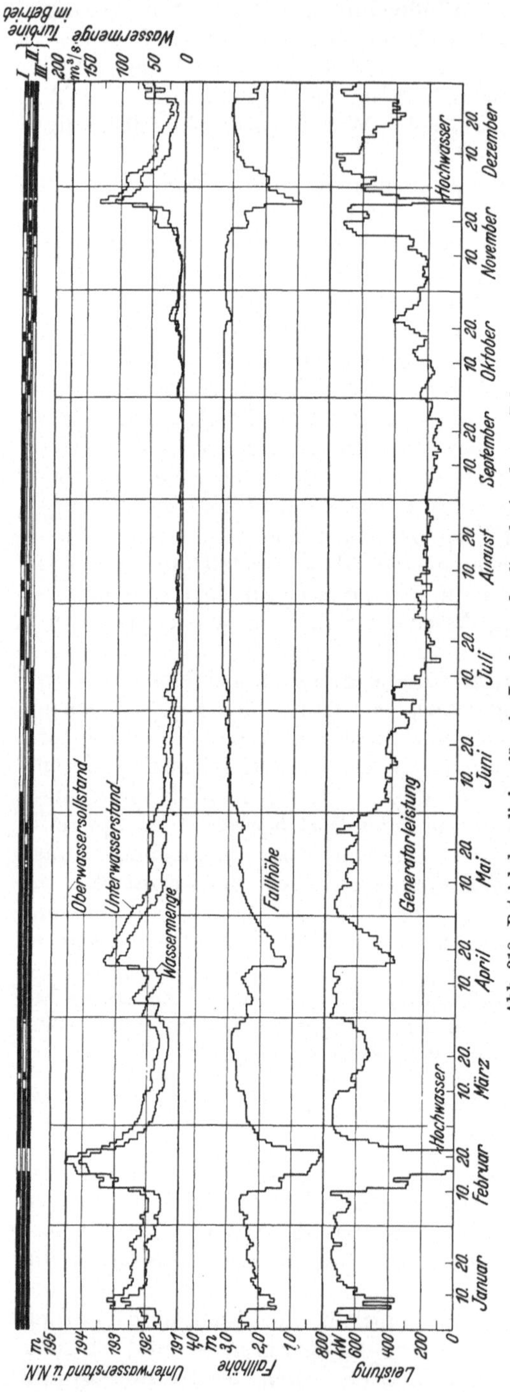

Abb. 310. Betriebskennlinien für ein Laufwasserkraftwerk, trockenes Jahr.

den zur Zeit des Mitarbeitens des Laufwerkes erzielbaren Betriebskostenersparnissen beim Verbundwerk je nach der innerhalb einer bestimmten Zeit des Jahres zur Verfügung stehenden Wassermenge die Leistung des Laufwerkes ermittelt. Die Ausnutzung großer Flüsse durch Laufwerke ist nicht anders zu beurteilen. In Abb. 309 ist durch die Punkte e und f die an 210 oder 90 Tagen im Jahr auftretende Wassermenge bestimmt. Diese Wassermenge steigt in feuchten Jahren auf den Wert e_3 oder f_3 und geht in trockenen Jahren auf den Wert e_1 oder f_1 zurück. Alle Wassermengen über e oder f hinaus werden nicht ausgenutzt. Die Wassermengendauerlinie läßt nicht erkennen, wann in den am vollen Jahr fehlenden 155 oder 275 Tagen die Wassermenge unterschritten wird. Daher ist noch die Wassermengenlinie nach Abb. 308 heranzuziehen und in diese die Ausbauwassermenge einzutragen. Wird darüber die Lastkennlinie des Netzes gelegt, so kann nunmehr schon mit größerer Sicherheit festgestellt werden, wann und wie lange die anderen Stromquellen einzusetzen sind. Nur auf Grund eingehender wirtschaftlicher Untersuchungen kann ermittelt werden, ob bei dem Ausbau des Wasserkraftwerkes z. B. die an 90 Tagen auftretende Wassermenge zu wählen ist. Das richtet sich im besonderen nach den Stromkosten des mitarbeitenden Wärmekraftwerkes. Feste Regeln lassen sich begreiflicherweise nicht aufstellen. Je größer die Ausbauwassermenge ist, um so weniger wird der Betrieb des Laufwerkes durch kleine Hochwässer gestört oder beeinträchtigt werden können. Die Kaplanturbinen bieten hierzu sehr günstige Möglichkeiten bei Niederdruckanlagen.

Bei der Hochgebirgswasserkraft wird der Ausbau nach den gleichen Gesichtspunkten ermittelt, wobei allerdings zu berücksichtigen ist, daß die z. B. 90 tägige Wassermenge nach Abb. 308 zu ganz anderen Zeiten auftritt und zwar im Sommer, wo diese hohen Leistungen zumeist nicht gebraucht werden. Im Winter dagegen sind dann wesentlich geringere Wassermengen zu erwarten und die Leistungsfähigkeit der anderen Stromquellen muß entsprechend untersucht, aber auch wirtschaftlich bewertet werden. Da bei den Hochgebirgswasserkräften die Speicherung fast immer zur Anwendung kommt, kann der Monatsbeckeninhalt oder Jahresbecken-

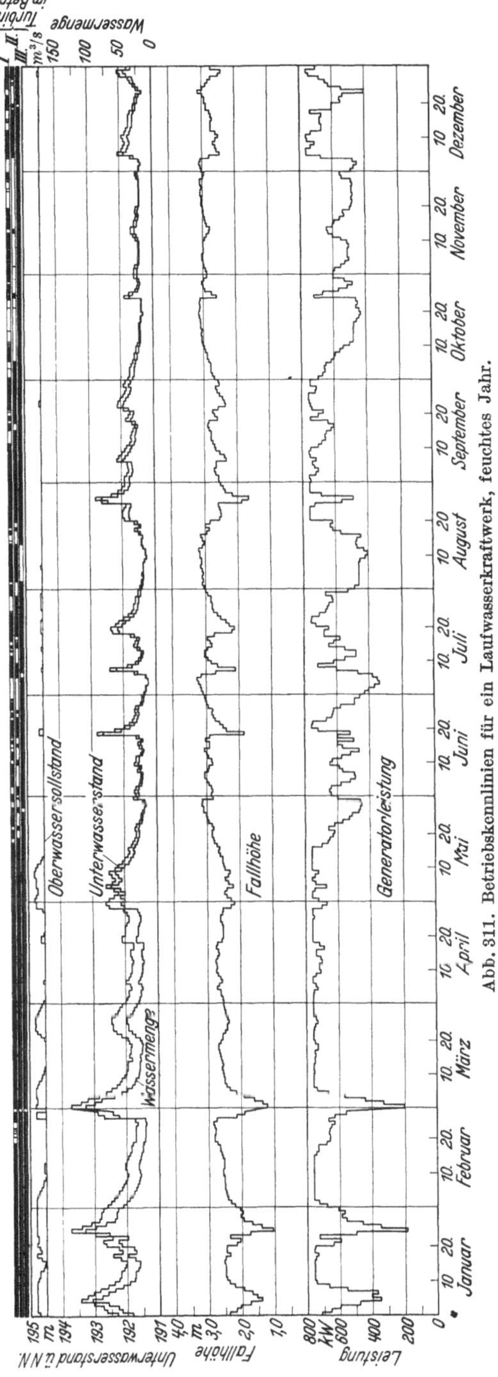

Abb. 311. Betriebskennlinien für ein Laufwasserkraftwerk, feuchtes Jahr.

inhalt festgestellt und dann dem Netzbedarf entsprechend bewirtschaftet werden.

Der Ausbau der Speicher- bzw. Spitzenwerke richtet sich weiter nach der möglichen Ausnutzung vorhandener oder künstlich anzulegender Ober- und Unterbecken und demzufolge der Tages-, Wochen- oder im Höchstfall der Jahresspeicherung, wobei die Bedingungen der Unterliegerversorgung besonders berücksichtigt werden müssen. Die ebenfalls erst auf Grund wirtschaftlicher Untersuchungen festzustellenden Ausbauverhältnisse können manche Besserung erfahren, wenn die Unterlieger bis zu der Stelle des Flusses, an der durch die Einmündung anderer Zuflüsse wieder normale Wasserverhältnisse eintreten, die Ausnutzung der Wasserkraft aufgeben und durch Stromlieferung entschädigt werden. Verbessert die Speicheranlage die Hochwassergefahren im Flußlauf, wird diese Verbesserung wirtschaftlich nicht unberücksichtigt bleiben dürfen. Der Grenzfall für die Speicherung einer Flußwasserkraft und die Jahresausnutzung bildet das Auffangen lediglich der Hochwässer und die zusätzliche Ausnutzung der jeweilig ungeregelten Wasserführung.

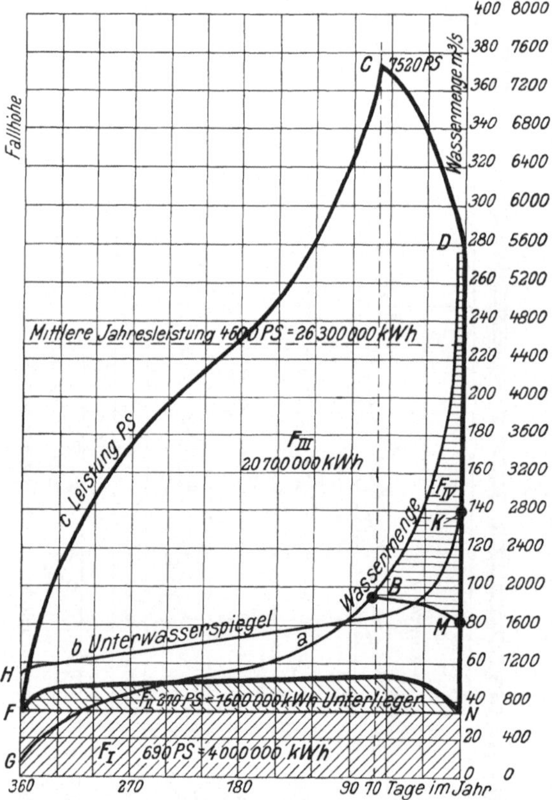

Abb. 312. Leistungs- und Arbeitskennlinien für ein Flußwasserkraftwerk (Laufkraftwerk).

20. Beispiel. Eine Flußwasserkraft soll ausgebaut werden, deren Abflußverhältnisse in Abb. 312 bis 314 dargestellt sind. Die Kennlinien gelten für ein trockenes Jahr. Der Spendenverlauf entspricht der Eigenart eines Hochgebirgsflusses. Der Ausbau soll für eine Wassermenge von 96,5 m³/s erfolgen, die an 70 Tagen im Jahr auftritt. Die Wassermengenlinie nimmt dann den vom Punkt B (Abb. 312) ab durch den Linienzug BM dargestellten Verlauf. Die den jeweiligen Verhältnissen entsprechende Leistung verläuft nach der Kennlinie c, die im Punkt C ihren Höchstwert = 7250 PS erreicht und von dort bis Punkt D = 5200 PS abfällt, wenn Hochwasser auftritt. Für die verfügbare Leistung ist zu berücksichtigen, daß ein Unterlieger eine Verwertungserlaubnis auf eine Wassermenge besitzen soll, die eine Leistung von 270 PS gewinnen läßt. Die Ausbauverhältnisse des Unterliegers entsprechen dem in Abb. 312 eingetragenen Linienzuge FN. Die Arbeitsmenge wird durch die Fläche $F_{II} = 1\,600\,000$ kWh dargestellt. Der Unterlieger wird durch Strom abgefunden.

Das Stromversorgungsgebiet sei das einer gemischten Überlandanlage mit Landwirtschaft und Gewerbe. Nach dem Verlauf der erzeugbaren Leistung in Abb. 314 ist in den Wintermonaten Oktober bis Dezember mit einer verhältnis-
mäßig sehr kleinen Leistung zu rechnen, die zwischen 1000 und 700 PS schwankt, das sind rd. 10 vH der Höchstleistung. Diese Wasserkraftanlage ist daher nur mit einem anderen Stromlieferungswerk oder mit Einschaltung eines Speicherbeckens zu betreiben. Das Speicherbecken wäre in den Sommermonaten zu füllen, um für den Winter bereitzustehen.

Die kleinste Leistung mit 690 PS steht über das ganze Jahr zur Verfügung. Damit wird auch die Nachtlast zu decken und die gewinnbare Arbeitsmenge mit rd. $4 \cdot 10^6$ kWh nutzbringend abzusetzen sein (Fläche F_I). Die dem Unterlieger zur Verfügung zu stellende Leistung und Arbeitsmenge wird mit guter

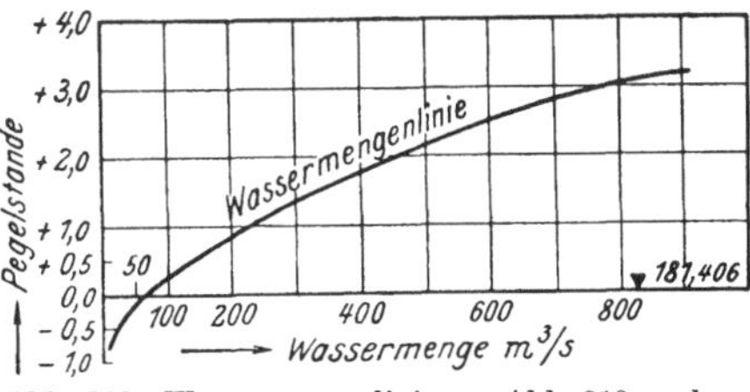

Abb. 313. Wassermengenlinie zu Abb. 310 nach Pegelangaben.

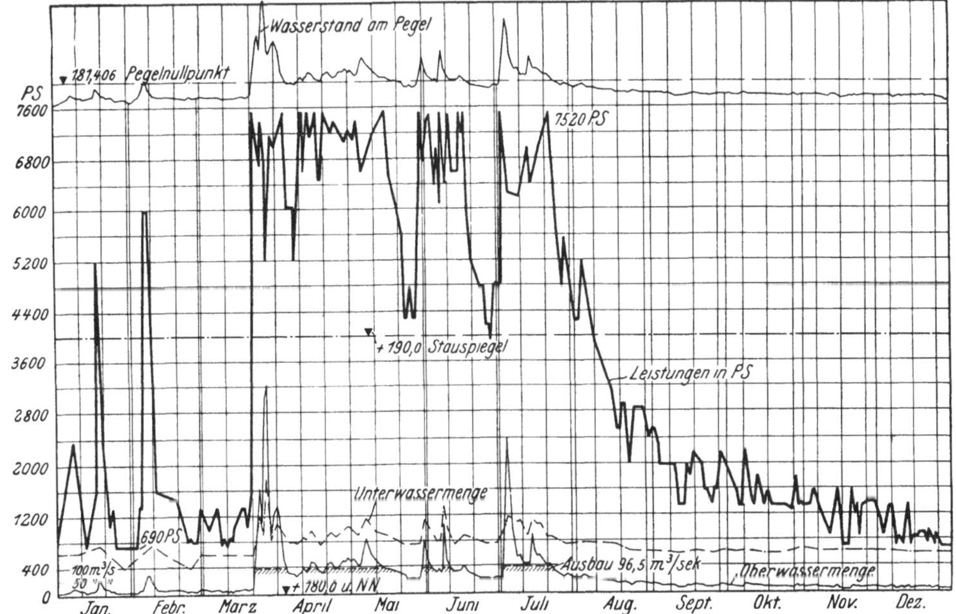

Abb. 314. Jahres-Pegel-Wassermengen-, Fallhöhen- und Leistungsverlauf für ein Flußwasserkraftwerk.

Sicherheit ebenfalls erzielbar sein. Darüber hinaus aber zeigt sich die Unzuverlässigkeit des Laufwerkes hier ganz besonders klar. Die erzeugbare Arbeitsmenge mit $20,7 \cdot 10^6$ kWh der Fläche F_{III} kann der wirtschaftlichen Untersuchung nicht oder nur sehr bedingt zugrunde gelegt werden und nur in Verbindung mit den Erzeugungskosten einer anderen Stromerzeugungsquelle, für die eine Dieselmotorenanlage in erster Linie zu untersuchen wäre. Der Ausbau der Wasserkraftanlage auf die 70 tägige Wassermenge bedarf daher sehr eingehender wirtschaftlicher Gesamtbeurteilung. Auch die mittlere Jahresleistung von 4600 PS bei $26,3 \cdot 10^6$ kWh hat für die wirtschaftliche Beurteilung nur geringe Bedeutung. Die nicht mehr verwertbare Wassermenge entspricht der Fläche F_{IV}.

Die Wahl der Turbinengrößen ist besonders vorsichtig zu behandeln, um günstigste Wirkungsgrade zu erhalten. Zum mindesten wird eine kleine Turbine für etwa 1500 bis 2000 PS als Hauptmaschine und eine größere Turbine oder aus mancherlei Betriebsgründen eine Aufteilung auf 2 bis 3 gleiche Turbinen zweckmäßig sein. Gestatten die Fallhöhenverhältnisse die Aufstellung von Kaplanturbinen, so sind diese hier die vorteilhaftesten Maschinen.

d) Gliederung und Rechnungsgrundlagen. Abb. 315 und 316 zeigen die allgemeine Gliederung einer Wasserkraftanlage. Ein in einem Flußlauf errichtetes Wehr oder der Abschluß eines Sees, eines Tales, eines Wasserfalles durch eine Staumauer bzw. einen Staudamm staut das Wasser bis zu einem bestimmten Stauziel. Entweder in baulicher Verbindung mit dem Wehr oder durch die Zuleitung (besonderer Kanal, Stollen, Gerinne) wird das Wasser je nach den Verhältnissen den Turbinen unmittelbar oder über eine Druckausgleichsstelle (Ausgleichsbecken, Wasserschloß) in Verbindung mit einer Rohrleitung zugeführt. Nach seiner Ausnutzung im Kraftwerk strömt das Wasser allmählich in das ursprüngliche Flußbett zurück.

Je nach der Höhe des auszunutzenden Wasserdruckes wird unterschieden zwischen Niederdruck-, Mittel- und Hochdruckanlagen. Die Druckhöhe (Fallhöhe) ist bestimmend für die Bauart der Turbinen.

Niederdruckanlagen d.h. Anlagen mit geringer Fallhöhe (niedrigem Gefälle), dafür aber oft mit großen Wassermengen kommen in der Hauptsache in Flüssen unmittelbar oder in einer Umlaufstrecke zur Ausführung. Es wird in solchen Fällen zumeist nur ein Teil der verfügbaren Wassermenge nutzbar und, wie bereits gesagt, eine Aufstauung nur in geringen Grenzen möglich sein (Überschwemmungsgefahr), weil die Rechte der Anlieger (Städte, Hafenanlagen, Schiffsverkehr, Mühlen, Wiesenbesitzer usw.) gewahrt werden müssen. Niederdruckanlagen werden daher nur als Laufanlagen gebaut.

Mitteldruckanlagen, also Anlagen mit mittlerer Fallhöhe kommen im Übergang von der Hochebene zur Tiefebene dort zur Ausführung, wo eine Fallhöhe von mehr als etwa 10 m gewonnen werden kann. Sie sind die am häufigsten zu findenden für die Verwertung sonst brachliegender, nicht schiffbarer Flüsse. Bei ihnen ist durch geschickte Wahl der Lage des Krafthauses, durch Ausnutzung von Seen, Geländefalten oder Talmulden Aufspeicherung oftmals in einem Umfang möglich, der den Betriebs- und Belastungsverhältnissen des Stromversorgungsgebietes sehr weitgehend gerecht wird, ohne die Anlagekosten durch Landerwerb allzu hoch zu beeinflussen. Das ergibt dann die Ausbaufähigkeit als Speicherwerk. Gestatten die Gefällsverhältnisse im Unterwasser ebenfalls noch die Gewinnung weiterer Leistung und sind Unterliegerrechte zu wahren, so ist mit einer entsprechenden Sammel- und Ausgleichsanlage für die unregelmäßig vom Oberwerk, Speicher- oder Spitzenkraftwerk abströmende Wassermenge in bezug auf das vom Unterwerk (Laufwerk) zu verarbeitende Wasser eine unter Umständen ganz hervorragend wirtschaftliche Gesamtanlage — so auch durch einen etwa erreichbaren Hochwasserschutz — zu schaffen. Sind mehrere Mittelgefälle innerhalb eines bestimmten Gebietes nutzbar, jede der Einzelanlagen aber im Ausbau zu unwirtschaftlich klein, so ist die Errichtung einer Talsperre mit Wasserausnutzung in nur einem Kraftwerk ins Auge zu fassen.

Hochdruckanlagen (Hochgefällsanlagen) kommen lediglich im Gebirge zur Ausnutzung von Wasserfällen und Hochgebirgsseen vor.

Neuerdings wird die Wasserkraftanlage mit mittlerem und hohem Gefälle oft mit einer Rückpumpanlage versehen, die das tagsüber verarbeitete und dann ganz oder zum Teil in einem Unterbecken gesammelte Wasser mit den Maschinen des Kraftwerkes wieder hochpumpt und so im Staubecken erneut zur Arbeitsgewinnung verfügbar macht. Also auch nach dieser Richtung sind bei der Bestimmung der Lage des Kraftwerkes bzw. der Ausnutzung einer Wasserkraft Untersuchungen anzustellen. Eine derartige Rückpumpanlage kann, wenn sie in Verbindung mit anderen Werken günstige Verhältnisse für die Pumpstromlieferung aufweist, sehr wirtschaftlich arbeiten, worauf später näher eingegangen werden wird.

Der deutsche Wasserwirtschaft- und Wasserkraft-Verband zusammen mit dem VDI hat in seinen Regeln für Abnahmeversuche an Wasserkraftmaschinen Normungen vorgenommen, die hier auszugsweise eingeschaltet werden sollen[1]. In Abb. 316 bis 320 bezeichnet:

g	Erdbeschleunigung $= 9,81$ (im Mittel)	m/s^2
γ	Gewicht eines Raummeters Wasser bei 4^0	t/m^3
h	Höhenlage über einer beliebig angenommenen Nullebene . . .	m
h_e	Höhenlage des Meßpunktes vor dem Eintritt in die Turbine	m
h_a	Höhenlage des Meßpunktes hinter dem Austritt aus der Turbine	m
v	Wassergeschwindigkeit außerhalb der Turbine	m/s
v_e	Wassergeschwindigkeit am Meßpunkt vor dem Eintritt in die Turbine	m/s
v_a	Wassergeschwindigkeit am Meßpunkt nach dem Austritt aus der Turbine	m/s
p	Druck	t/m^2
p_0	Statischer Druck bei der Wassergeschwindigkeit Null . . .	t/m^2
p_{dyn} (q)	dynamischer Druck (Staudruck bei der Wassergeschwindigkeit $v - \dfrac{\gamma \cdot v^2}{2\,g}$)	t/m^2
	Geschwindigkeitshöhe $= \dfrac{p_{dyn}}{\gamma} = \dfrac{v^2}{2\,g}$	m
p_e	Druck am Meßpunkt vor dem Eintritt in die Turbine . . .	t/m^2
p_a	Druck am Meßpunkt nach dem Austritt aus der Turbine . . .	t/m^2
H, H', H''	Höhenunterschiede (Fallhöhen, Fallhöhenverluste)	m
H_n	Nutzfallhöhe: Höhenunterschied der Energielinien vor und hinter der Turbine	m

Gliederung der Anlage (Abb. 315 u. 316).

Jede Wasserkraftmaschine gehört zu einem Kraftwerk, das selbst wiederum ein Glied einer Wasserkraftanlage ist.

Die Wasserkraftanlage beginnt am Anfang der Ausbaustrecke und reicht bis zum Ende derselben.

---

[1] Regeln für Abnahmeversuche an Wasserkraftmaschinen; Mitteilungen des deutschen Wasserwirtschafts- und Wasserkraftverbandes 1930 Nr. 3.

Die **Ausbaustrecke** ist die Strecke des Wasserlaufes, innerhalb deren im Beharrungszustand seine Wasserspiegellage und seine Wasserführung durch die Wasserkraftanlage beeinflußt werden.

Die **Ausbaustrecke** umfaßt (Abb. 315):

a) **die Staustrecke:**

vom nächstoberen unbeeinflußten Wasserspiegel des in Anspruch genommenen Gewässers bis zur Wasserfassung,

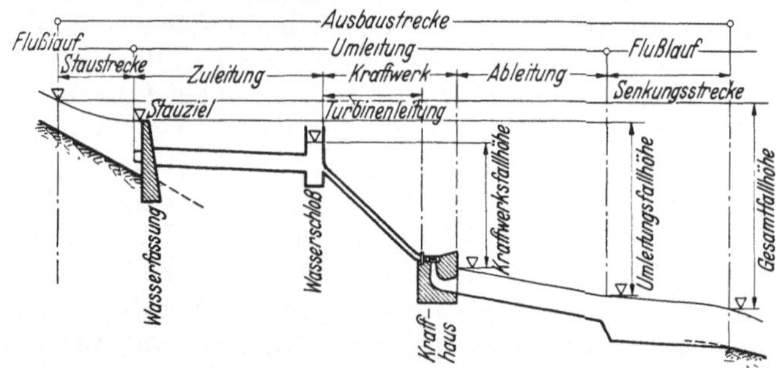

Abb. 315. Gliederung einer Fluß-Wasserkraftanlage.

b) **die Umleitungsstrecke:**

von der Wasserfassung bis zur Wasserrückgabe,

c) **die Senkungsstrecke:**

von der Wasserrückgabe bis zum nächsten unbeeinflußten Wasserspiegel des in Anspruch genommenen Gewässers.

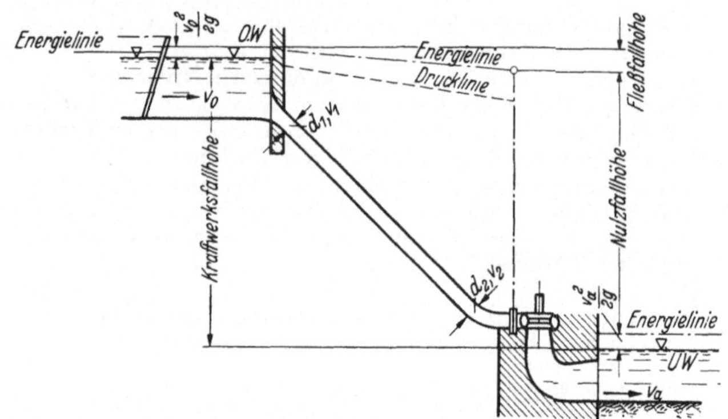

Abb. 316. Gliederung einer Staubecken-Wasserkraftanlage.

Die **Umleitungsstrecke** setzt sich wiederum zusammen aus:

a) der **Zuleitung** oder dem Wasserlauf (Freispiegelleitung, Druckleitung) von der Wasserfassung (Umleitungs-O. W.)[1] bis zum Kraftwerkeinlaß unterhalb des Rechens (Kraftwerk-O. W.),

b) dem **Kraftwerk**, dem Anlageteil vom Kraftwerkeinlaß (Kraftwerk-O. W.) bis zum Krafthausauslauf (Kraftwerk-U. W.),

c) der **Ableitung**, dem Wasserlauf zwischen Krafthausauslauf (Kraftwerk-U. W.) und der Wasserrückgabe (Umleitungs-U. W.).

In der Zuleitung und unter besonderen Verhältnissen auch in der Ableitung kann ein **Schwallraum** angeordnet sein. Ein solcher wird in der Zuleitung in der Regel an das untere Ende gelegt, mit dem Kraftwerkeinlaß vereinigt und dann **Wasserschloß** genannt.

---

[1] O.W. = Oberwasser, U.W. = Unterwasser.

Die Gesamtfallhöhe einer Wasserkraftanlage ist der Höhenunterschied zwischen den Wasserspiegeln am Anfang und Ende der Ausbaustrecke.

Die Umleitungsfallhöhe ist der Höhenunterschied zwischen den Außenwasserspiegeln an der Wasserfassung (dem Umleitungs-O. W.) und an der Wasserrückgabe (dem Umleitungs-U. W.). Sie ist gleich der Gesamtfallhöhe vermindert um die Fließfallhöhe in der Stau- und Senkungsstrecke.

Die Fließfallhöhen sind alle zur Aufrechterhaltung und Änderung der Wasserströmung verbrauchten Fallhöhen.

Die Kraftwerkfallhöhe ist zu messen zwischen dem Kraftwerk-O. W. unterhalb des Rechens und dem Kraftwerk-U. W. und ist gleich der Umleitungsfallhöhe vermindert um die Fließfallhöhen in der Zu- und Ableitung.

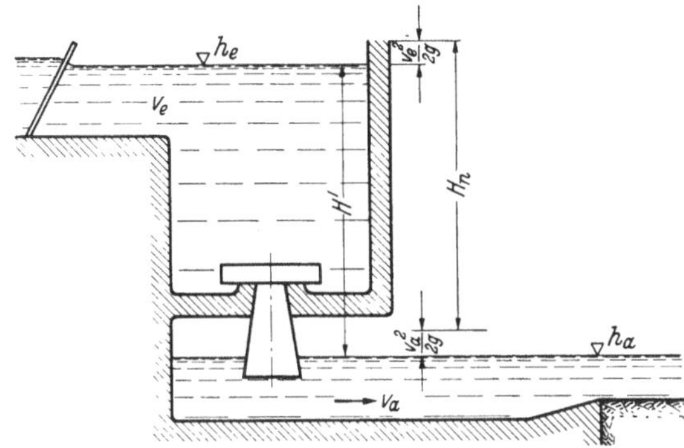

Abb. 317. Francisturbine mit Saugrohr im offenen Schacht.

Die Nutzfallhöhe (H_n) ist:

a) bei der Überdruck-Turbine im offenen Schacht mit Saugrohr (Abb. 317):

$$H_n = h_e - h_a + \frac{v_e^2 - v_a^2}{2\,g}\,; \qquad (129)$$

darin ist:

$h_e - h_a = H' =$ Höhenunterschied der Meßpunkte vor dem Eintritt in die Turbine und hinter dem Austritt aus der Turbine.

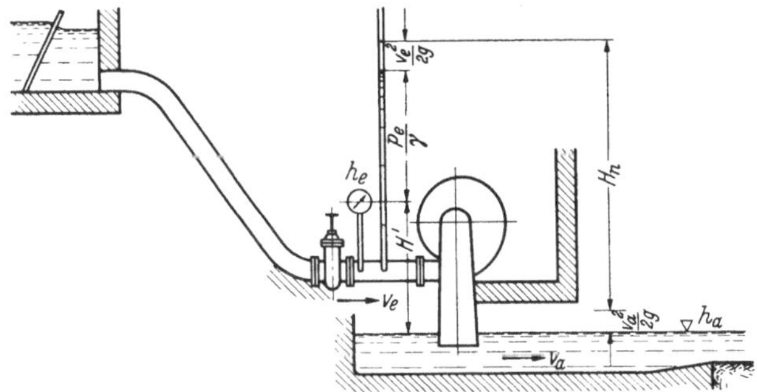

Abb. 318. Francisturbine in geschlossenem Gehäuse mit Druckrohrleitung und Saugrohr.

Bei $v_e = v_a$ ist $H_n = H'$.

Der in Gl. (129) einzusetzende Wert von v_e ist den Zulaufverhältnissen entsprechend festzusetzen. Dieser Wert entspricht nicht der vollen wagerechten Geschwindigkeit hinter dem Rechen, da ein Teil der Zulaufgeschwindigkeitshöhe durch Wirbelung vor der Turbine vernichtet wird.

b) bei der Überdruckturbine mit geschlossener Zuleitung und Saugrohr (Abb. 318):

$$H_n = h_e - h_a + \frac{p_e}{\gamma} + \frac{v_e^2 - v_a^2}{2\,g}\,; \qquad (130)$$

darin ist:

$h_e - h_a = H' =$ Höhenunterschied zwischen dem Mittelpunkt des Druckmesserzifferblattes und dem Unterwasserspiegel;

$\dfrac{p_e}{\gamma} =$ die vom Druckmesser angezeigte Druckhöhe.

c) bei der Freistrahlturbine mit geschlossener Zuleitung ohne Saugrohr (Abb. 319):

$$H_n = h_e - h_a + \frac{p_e}{\gamma} + \frac{v_e^2}{2\,g}; \qquad (131)$$

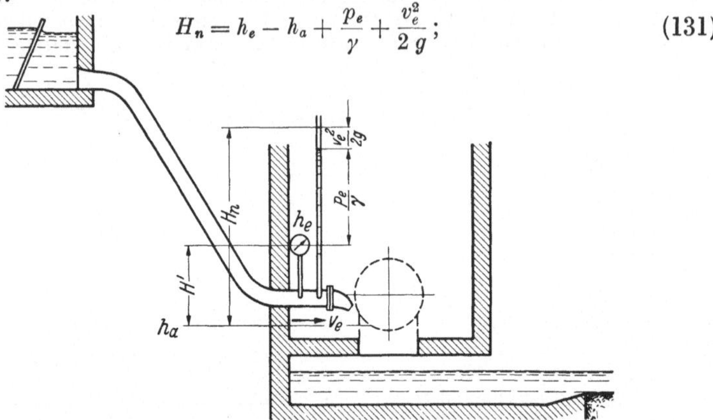

Abb. 319. Freistrahlturbine mit Druckrohrleitung und Freihang.

darin ist:

$h_e - h_a = H' =$ Höhenunterschied zwischen dem Mittelpunkt des Druckmesserzifferblattes und der Austrittsstelle des Wassers aus dem Laufrad,

$\dfrac{p_e}{\gamma} =$ die vom Druckmesser angezeigte Druckhöhe,

$\dfrac{v_e^2}{2\,g} =$ die der Wassergeschwindigkeit beim Eintritt in die Turbine entsprechende Geschwindigkeitshöhe.

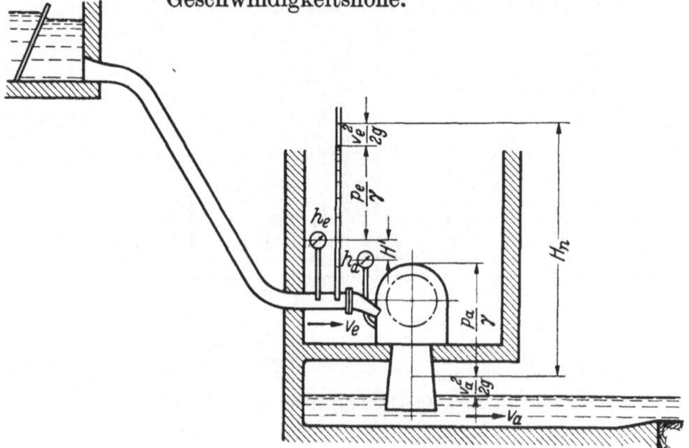

Abb. 320. Freistrahlturbine mit Druckrohrleitung und Saugrohr.

d) bei der Freistrahlturbine mit geschlossener Zuleitung und Saugrohr (Abb. 320):

$$H_n = h_e - h_a + \frac{p_e - p_a}{\gamma} + \frac{v_e^2}{2\,g}; \qquad (132)$$

darin ist:

$h_e - h_a = H' =$ Höhenunterschied der Mittelpunkte der beiden Druckmesserzifferblätter,

$\dfrac{p_e - p_a}{\gamma} =$ Unterschied der Druckmesserablesungen an der Zuleitung und am Saugrohr (hierin ist p_a negativ zu nehmen, falls Unterdruck — am Luftleeremesser abgelesen — vorhanden ist). Die Meßstelle für den Unterwasserspiegel soll in allen in Betracht kommenden Fällen möglichst nahe am Saugrohrende liegen, jedoch außerhalb der erkennbaren Einflüsse von Wirbelungen oder sonstigen örtlichen Störungen.

Allgemein weiter für Entwurf und Betrieb sind von besonderer Bedeutung die Wasserstands- und Abflußzahlen. Auch für diese sind einheitliche Bezeichnungen festgelegt worden[1] und zwar:

A. Grenz- und Mittelwerte der Wasserstände (cm) und Abflußmengen (m³/s).

1. NNW niedrigster, überhaupt bekannter Wasserstand, gegebenenfalls zu trennen in NNW überhaupt und NNW eisfrei;
NNQ kleinste überhaupt bekannte Abflußmenge.

2. NW niedrigster Wasserstand des betrachteten Zeitraumes, gegebenenfalls zu trennen wie NNW;
NQ kleinste Abflußmenge des betrachteten Zeitraumes.

3. MNW mittlerer niedrigster Wasserstand (mittlerer Niedrigststand, Mittelniedrigwasser) des betrachteten Zeitraumes;
MNQ mittlere kleinste Abflußmenge des betrachteten Zeitraumes.

4. MW mittlerer Wasserstand (arithmetisches Mittel der täglichen Wasserstände) des betrachteten Zeitraumes;
MQ mittlere Abflußmenge (arithmetisches Mittel der täglichen Abflußmengen) des betrachteten Zeitraumes.

5. HHW, HHQ ⎫
6. HW, HQ ⎬ gemäß 1 bis 3 für Hochwasser.
7. MHW, MHQ ⎭

Bei 2 bis 6 muß der zugehörige Zeitraum ersichtlich sein. Ohne Zusatz beziehen sich die Bezeichnungen auf das Jahr. MNW des Jahres ergibt sich, indem der niedrigste Wasserstand jedes einzelnen Jahres der betrachteten Jahresreihe festgestellt und aus diesen Werten das Mittel genommen wird, ebenso MNQ, indem die kleinste Abflußmenge jedes einzelnen Jahres aufgesucht und aus diesen Werten das Mittel gebildet wird. In entsprechender Weise sind MNW und MNQ für einen Monat zu verstehen, und in den Ländern, die eine feststehende Einteilung des Jahres in ein Winter- und Sommerhalbjahr haben, auch MNW und MNQ des Winters oder des Sommers. Wie Winter und Sommer abgegrenzt sind, muß gesagt werden. Für die Werte MHW und MHQ treten an die Stelle der unteren Grenzwerte die oberen.

Die zu einer der Bezeichnungen 1 bis 7 zusammengehörigen Buchstaben dürfen niemals voneinander getrennt werden. Etwaige Zeitangaben sind in folgender Weise hinzuzufügen:

Jan. MW 1901/20 ,
Wi. MNW 1901/20 ,
So. MHQ 1901/20 .

Während die Abkürzung der Monatsnamen und Halbjahre durch einen Punkt kenntlich gemacht wird, werden die Bezeichungen 1 bis 7 ohne Punkt geschrieben.

B. Bezeichnung der Wasserstände und Abflußmengen nach der Dauer.

Es ist eine Bezeichnungsweise sowohl nach der Unter- wie nach der Überschreitungsdauer vorzusehen. Beide sind in folgender Art voneinander zu unterscheiden:

30 W der an 30 Tagen des Jahres überschrittene oder gerade vorhandene Wasserstand. Mit ihm fällt zusammen:

335 W der an 335 Tagen des Jahres unterschrittene oder gerade vorhandene Wasserstand.

Ohne weiteren Zusatz beziehen sich die Bezeichnungen wieder auf das Jahr.

---

[1] Festgelegt durch die Vorstände der reichsdeutschen Landesstellen für Gewässerkunde in München 1925.

Zeitangaben sind rechts von W oder Q hinzuzufügen, wie in folgenden Beispielen:

$\overline{60}$ W Wi. 1901/20: der in den Wintern 1901/20 durchschnittlich an 60 Tagen überschrittene oder gerade vorhandene Wasserstand,

$\underline{90}$ Q So. 1901/20: die in den Sommern 1901/20 durchschnittlich an 90 Tagen unterschrittene oder gerade vorhandene Abflußmenge.

Der in der Reihe von Jahren ebenso oft über- wie unterschrittene Wasserstand (gewöhnlicher Wasserstand) wird mit GW, ebenso die gleich oft über- wie unterschrittene Abflußmenge mit GQ bezeichnet.

C. Wasserstandszonen.

Von einer mathematisch bestimmten Abgrenzung der Wasserstandszonen durch Mittelwerte oder durch Dauerzahlen muß wegen zu großer Mannigfaltigkeit der Verhältnisse an den einzelnen Gewässern abgesehen werden.

D. Sonstige Zeichen in Untersuchungen über Niederschlag, Abfluß und Verdunstung.

q Abflußspende in m³/s · km² oder l/s · km².
N Höhe des Niederschlages
A Höhe des Abflusses wenn nichts anderes bemerkt,
U Unterschied $N-A$ in mm.
V Verdunstung

Wo Verwechslungen nicht möglich sind, können die Zeichen N, A, U und V auch für die entsprechenden Vielfachen (Millionen m³) benutzt werden. Sonst können diese, soweit Abkürzungen für sie überhaupt wünschenswert erscheinen, z. B. durch $\overline{N}$, $\overline{A}$, $\overline{U}$, $\overline{V}$ oder N', A', U', V' bezeichnet oder durch ähnliche Merkmale von den Ursprungsgrößen unterschieden werden.

33. Die Wasserturbinen.

a) Leistung, Wassermenge, Fallhöhe, Drehzahl und Wirkungsgrad[1]. Die aus einer Wasserkraft an der Turbine gewinnbare Leistung ist theoretisch:

$$N_{Tu} = \frac{1000 \cdot \gamma \cdot Q \cdot H}{75} \text{ PS} \qquad (133)$$

$$\gamma = 1 = \text{spez. Gewicht des Wassers}$$

und die Nutzleistung an der Turbinenwelle:

$$N_{n,Tu} = \frac{1000 \cdot Q_n \cdot H_n \cdot \eta_{Tu}}{75} \text{ PS}_e$$

$$= \frac{1000 \cdot Q_n \cdot H_n \cdot \eta_{Tu}}{1,36 \cdot 75} \text{ kW}$$

$$= 9,8 \cdot Q_n \cdot H_n \cdot \eta_{Tu} \text{ kW} . \qquad (134)$$

Es bezeichnet:

Q_n in m³/s die Nutzwassermenge = gesamte zum Betrieb der Turbine erforderliche Wassermenge einschl. Spalt-, Kühl- und Leckwasser der Turbine, aber ausschließlich des Betriebswassers für den Regler,

---

[1] Escher-Dubs: Die Theorie der Wasserturbinen. Berlin: Julius Springer 1924. Canaan, H. F.: Wassermessungen bei Großkraftanlagen. Wasserkraft-Jahrbuch 1930/31. Thomas, E.: Fluchttafeln und Wanderkurvenblatt als Hilfsmittel beim Entwerfen von Wasserturbinen. Siemens-Z. 1928 Heft 7 S. 443.

H_n in m die Nutzfallhöhe = Höhenunterschied der Energielinien vor und hinter der Turbine,

η_{Tu} in vH den Wirkungsgrad der Turbine.

Wird für erste überschlägliche Feststellungen $\eta_{Tu} = 0{,}75$ im Mittel angenommen, so geht Gl. (134) über in:

$$N_{n,\,Tu} = 10 \cdot Q_n \cdot H_n \text{ PS}$$
$$= 7{,}36\, Q_n \cdot H_n \text{ kW}.$$

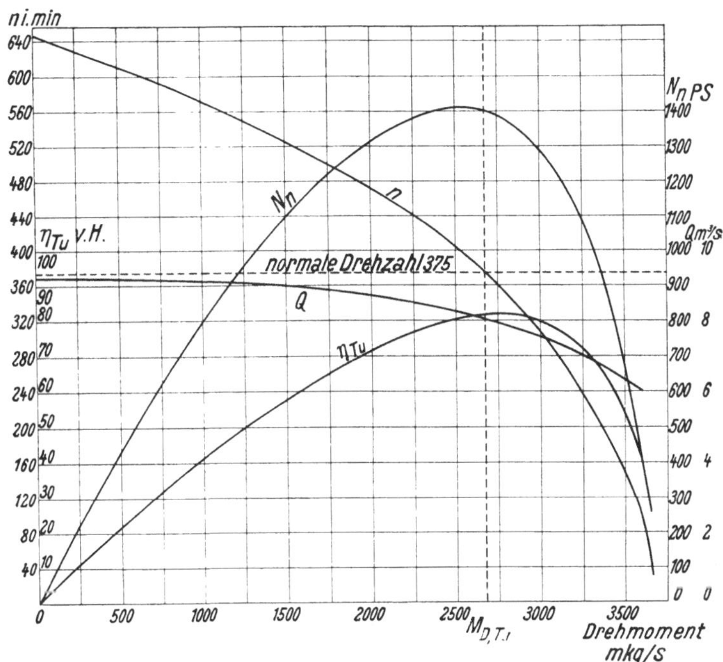

Abb. 321. Leistungs-, Drehzahl- und Wirkungsgradverlauf einer schnellaufenden Francisturbine bei veränderlicher Belastung, veränderlichem Drehmoment und gleichbleibender Leitradeinstellung.

Für Einzelfälle wird das Drehmoment zugrunde gelegt. Dieses ist:

$$M_{D,\,Tu} = \frac{75 \cdot N_{n,\,Tu}}{\dfrac{2\,\pi \cdot n}{60}} = \frac{9{,}6 \cdot 10^3\, Q_n \cdot H_n \cdot \eta_{Tu}}{n} \text{ mkg}.$$

Q, H und n nennt man die Bestimmungselemente der Turbine. Eine Turbine kann nur für ganz bestimmte Verhältnisse gebaut werden, d. h. für eine bestimmte Wassermenge bei einer bestimmten Fallhöhe und einer alle sonstigen bautechnischen Einzelheiten berücksichtigenden Drehzahl n, wenn sie mit dem besten Wirkungsgrad arbeiten soll. Dann ist auch die Leistung der Turbine N_{Tu} eindeutig bestimmt.

Wird an einer solchen für die Drehzahl n gebauten Turbine nichts hinsichtlich der Wasserverhältnisse geändert, bleibt H unverändert, ändert sich aber die Belastung bzw. das Drehmoment, so zeigt Abb. 321 den Verlauf der N_n-, n- und η_{Tu}-Kennlinien. Die Drehzahl steigt bei

Entlastung und fällt bei Überlastung stark ab. Die Drehzahlzunahme bei Entlastung erfolgt allmählich und könnte, wenn keine mechanische Reibung vorhanden wäre, mehr als den doppelten Wert der Nenndrehzahl bei der Fallhöhe, für die die Schaufelung entworfen ist, erreichen. Auch die Leistung und der Wirkungsgrad ändern sich wesentlich. Beide nehmen bei Entlastung und Überlastung ab. Sie erreichen ihre Höchstwerte bei der Nenn- oder „günstigsten" Drehzahl. Die zu verarbeitende Wassermenge Q bleibt ebenfalls nicht unveränderlich, wenn die Turbine mit unveränderter voller Leitschaufelöffnung läuft. Die Kennlinien der Abb. 321 beziehen sich auf eine schnellaufende Francisturbine mit stehender Welle von $N_n = 1410$ PS, $H = 16$ m, $n = 375$ i. d. Min.

Die Betriebsverhältnisse sind für die Turbine gegeben, da sie durch die jeweilige Netzbelastung hervorgerufen werden. Nach dem Verlauf von Drehzahl, Leistung und Wirkungsgrad wäre die Turbine in dieser Arbeitsweise nicht brauchbar. Die Drehzahl muß zunächst gleichbleiben. Um das zu erreichen, muß Q, wenn die Fallhöhe unverändert bleibt, bei den verschiedenen Belastungen geändert werden. Die zu verarbeitende Wassermenge entsprechend der Belastung wird geregelt durch Veränderung des Querschnittes des Leitapparates, durch den das Wasser dem Laufrad zuströmt.

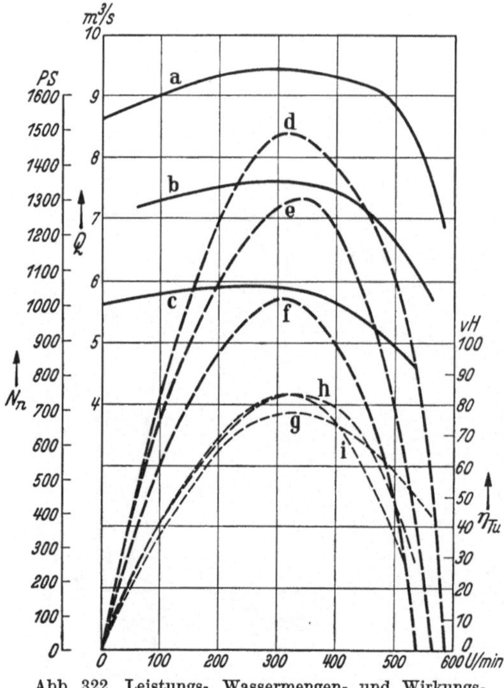

Abb. 322. Leistungs-, Wassermengen- und Wirkungsgradverlauf einer Francisturbine bei drei Leitschaufelöffnungen.

$$\left.\begin{matrix}a\\b\\c\end{matrix}\right\}\text{ ——— Wassermenge für } Q = \left\{\begin{matrix}{}^1/_1\\0,8\\0,625\end{matrix}\right.$$

$$\left.\begin{matrix}d\\e\\f\end{matrix}\right\}\text{ – – – – Leistung } N_n \text{ für } Q = \left\{\begin{matrix}{}^1/_1\\0,8\\0,625\end{matrix}\right.$$

$$\left.\begin{matrix}g\\h\\i\end{matrix}\right\}\text{ Wirkungsgrad } \eta_{Tu} \text{ für } Q = \left\{\begin{matrix}{}^1/_1\\0,8\\0,625\end{matrix}\right.$$

In Abb. 322 sind Kennlinien der Leistungswerte, Wassermengen und Wirkungsgrade einer Francisturbine in Abhängigkeit von der Drehzahl bei drei verschiedenen Leitschaufelöffnungen ($Q = 1$, $0,8$, $0,625$ m³/s) aufgetragen. Die von der Turbine verarbeitete Wassermenge Q bleibt infolge der Wirkungsgradänderung nicht unverändert, sondern ändert sich in der in Abb. 322 ersichtlichen Weise. Die günstigste Drehzahl dieser Turbine liegt etwa bei $n = 320$ U/min. Unter- oder Überschreitung dieses Wertes hat sofort starken Leistungs- und Wirkungsgradabfall zur Folge.

Abb. 323 zeigt den Wirkungsgradverlauf und die jeweilige Leitschaufelöffnung einer Francisturbine bei verschiedenen Wassermengen und Abb. 324 Wirkungsgrad und Wassermenge einer Turbine gleicher Bauart in Abhängigkeit von der Leistung. Mit Hilfe derartiger Kennlinien kann auch die neue Leistung N_1 bei abweichender Fallhöhe H_1 und der dieser entsprechenden Drehzahl n_1 bestimmt werden. Wenn nun die Drehzahl der Turbine $= n$ bleibt, ändert sich wiederum der Wirkungsgrad und damit die Leistung derselben. Diese Änderungen

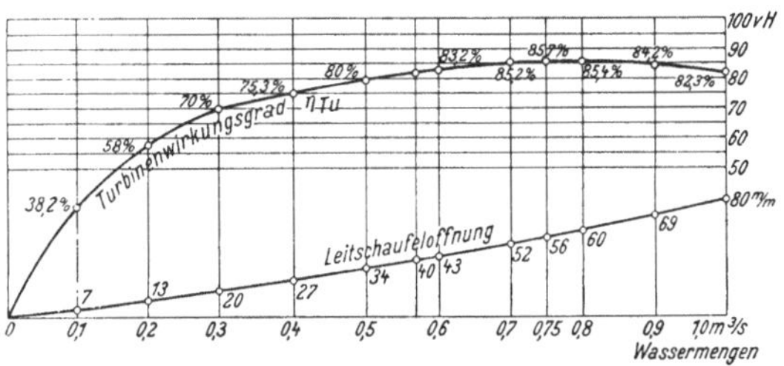

Abb. 323. Wirkungsgrad und Leitschaufelöffnungen einer Francisturbine für verschiedene Wassermengen.

werden von den Turbinenherstellern in ihren Versuchsanlagen sorgfältig ermittelt und sind besonders wertvoll bei Abgabe von Leistungsgewährleistungen.

Sinkt die Wassermenge Q unter den halben Normalwert und weiter, dann wird der Turbinenwirkungsgrad bald außerordentlich schlecht. Die verschiedenen Turbinenbauformen verhalten sich nach dieser Richtung ganz verschieden. Es ist daher nur vom Turbinenbauer zu entscheiden, welche Turbine für einen bestimmten Fall zu wählen ist.

Die Wirkungsgradgewährleistungen werden fast immer in Abhängigkeit von der verbrauchten Wassermenge also z. B. für $^1/_1$, $^3/_4$, $^1/_2$ oder für volle, 0,8-, 0,6fache Beaufschlagung d. h. Wassermenge angegeben. Es kommt aber auch vor, daß die Gewährleistungsziffern auf die Leistung oder die Leitschaufelöffnung bezogen sind. Abb. 323 und 324 zeigen, daß weder die Leitschaufel

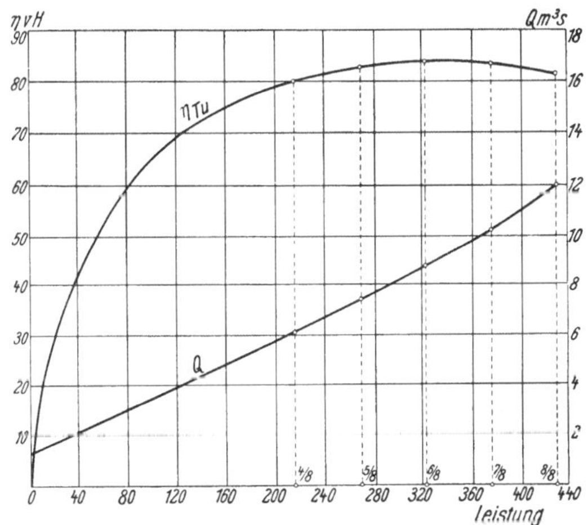

Abb. 324. Wirkungsgrad und Wassermenge einer Francisturbine für verschiedene Leistungen.

öffnung noch die Leistung in Übereinstimmung mit der Wassermenge liegen. In Abb. 323 beträgt z. B. der Wirkungsgrad bei 0,5 m³/s (halbe Wassermenge) 80 vH, bei der halben Leitschaufelöffnung (40 mm) aber ungefähr 82 vH. Ähnliches ergibt sich aus Abb. 324. Hier ist z. B. bei 3 m³/s entsprechend dem vierten Teil der Wassermenge der Wirkungsgrad 60 vH, während er bei ¼ Leistung = 110 PS etwa 65 vH beträgt.

Wird die verfügbare Wassermenge durch die Turbine beeinflußt, so ändert sich bei einer künstlichen Verringerung des Zulaufes infolge der geringeren von der Turbine abzugebenden Leistung die Fallhöhe durch Aufstauen des Wassers im Zulaufkanal. Verarbeitet die Turbine bei Abgabe einer größeren als der Nennleistung mehr Wasser, so ändert sich die Fallhöhe ebenfalls. In jedem Fall ändert sich auch der Turbinenwirkungsgrad.

Zu diesen veränderlichen Betriebsverhältnissen treten die natürlichen Änderungen von Q und H durch die schwankenden Wasserverhältnisse an sich, die ihre Grenzen in den geringsten überhaupt vorkommenden Wassermengen und bei Hochwasser haben. Auch hierbei soll die Turbine bei unveränderter Drehzahl einen möglichst guten Wirkungsgradverlauf zeigen. Es muß daher der Turbinenbauer zu allen diesen Verhältnissen bei der Abgabe seines Angebotes Stellung nehmen, damit der Elektroingenieur daraus die jeweilig erzielbare Leistung feststellen kann, um sie zu dem entsprechenden Belastungsverhältnis des Netzes in Beziehung zu bringen. Das Ausbauverhältnis der Wasserkraft nach den Angaben auf S. 465 ist dafür weiter bestimmend.

Einer neuen Fallhöhe H_{n1} entspricht eine neue Drehzahl n_1, bei der die Turbine mit dem gleichen Wirkungsgrad arbeitet wie unter den ursprünglichen, der Baudurchbildung zugrunde gelegten Werten. Die Wassermenge Q ändert sich dabei in Q_1. Die neuen Werte ergeben sich aus Gl. (135) bis (137).

$$Q_1 = Q\,\frac{\sqrt{H_{n1}}}{\sqrt{H_n}}\,, \tag{135}$$

$$n_1 = n\,\frac{\sqrt{H_{n1}}}{\sqrt{H_n}}\,, \tag{136}$$

$$N_{Tu1} = N_{Tu}\,\frac{\sqrt{H_{n1}^3}}{\sqrt{H_n^3}}\,. \tag{137}$$

Der Beaufschlagungsgrad a der Turbine ist bei verschiedenen Fallhöhen:

$$a = \frac{Q}{Q_1}\cdot\frac{\sqrt{H_1}}{\sqrt{H}}\,, \tag{138a}$$

und die Schlugfähigkeit:

$$Q_1 = \frac{Q\cdot\sqrt{H_1}}{a\cdot\sqrt{H}}\,. \tag{138b}$$

Die neue Leistung N_{Tu1} wird gewonnen bei der Drehzahl n_1, mit der die Turbine laufen muß bzw. einzustellen ist. Der ursprüngliche Turbinenwirkungsgrad wird dann wiederum erreicht.

Die Änderung der Drehzahl ist für den Antrieb von Generatoren sowohl bei Gleichstrom als auch bei Wechselstrom abgesehen von Sonderfällen nicht zulässig. Es muß vielmehr n bei allen Fallhöhen bzw. Wassermengenänderungen unverändert bleiben. Infolgedessen sind die Bestimmungselemente Q, H, n nur für Q und H veränderlich, während

$n_1 = n$ bleiben muß. Das hat eine Verschlechterung des Wirkungsgrades zur Folge, die sich aus Gl. (139) ergibt:

$$\eta_{Tu_1} \mathrm{vH} = \eta_{Tu} \mathrm{vH} - \left(\frac{n - n_1}{100}\right). \qquad (139\,\mathrm{a})$$

Die Leistung ändert sich dabei in:

$$N_{Tu_1} = \frac{N_{Tu} \cdot \eta_{Tu}}{\eta_{Tu_1}} \sqrt{\frac{H_{n_1}^3}{H_n^3}}. \qquad (139\,\mathrm{b})$$

Für die Auslegung einer Turbine müssen daher Mittelwerte für Q und H vom Turbinenbauer gewählt werden.

Bei kleineren Fallhöhenänderungen wird $\eta_{Tu_1} \cong \eta_{Tu}$, bei größeren Fallhöhenunterschieden aber wird sich auch der Gesamtwirkungsgrad etwas ändern, da die mechanische Reibung nicht im Verhältnis der Turbinenleistung größer oder kleiner wird. Bei größeren Fallhöhen ist η_{Tu} etwas höher, doch gilt dieses nur innerhalb bestimmter Grenzen.

Um verschiedene Turbinen miteinander vergleichen zu können, werden im Turbinenbau diese Werte Q, H, n immer auf eine bestimmte Fallhöhe $H = 1$ m bezogen und mit Q_I, n_I und N_I bezeichnet. Für jede andere Fallhöhe H_1 ergibt sich dann:

$$Q_1 = Q_I \sqrt{H_1}, \qquad (140)$$

$$n_1 = n_I \sqrt{H_1}, \qquad (141)$$

$$N_{Tu,1} = N_I \frac{\eta_{Tu}}{\eta_{Tu_1}} \sqrt{H_1^3} \cong N_I \sqrt{H_1^3}. \qquad (142)$$

Bei $\eta_{Tu} = \eta_{Tu_1} = 0{,}75$ wird:

$$N_I = 10 \cdot Q_I. \qquad (143)$$

Die Drehzahl einer Turbine für gegebene Wasserverhältnisse ist nicht frei oder nach Gesichtspunkten wie etwa für die anderen Antriebsmaschinenarten zu wählen, sondern hängt von der Fallhöhe und der Turbinenbauart ab. Sie ist in jedem Fall vom Turbinenfachmann anzugeben.

Aus den Bestimmungselementen Q und H ergibt sich für den günstigsten Wirkungsgrad der Turbine eine bestimmte Drehzahl n, die der Turbinenbauer auf Grund besonderer Versuchs- und Erfahrungswerte ermittelt hat. Bei der Festsetzung der Drehzahl wird daher zunächst derart vorgegangen, daß bei einer verlangten Höchstleistung des Maschinensatzes die günstigste Drehzahl des Generators mit Bezug auf Abmessungen, Preis, Gewicht und Umfangsgeschwindigkeit des Generatorläufers ermittelt wird. Bei Gleichstrommaschinen sind die Drehzahlen freier wählbar; bei Wechselstrom sind sie an Frequenz und Polzahl gebunden. Mit dieser Drehzahl wird die sogenannte „spezifische Drehzahl n_s" für die Turbine berechnet, worunter diejenige Drehzahl verstanden wird, die von einer Turbine erreicht wird, die bei einer Fallhöhe von 1 m die Leistung 1 PS besitzt. Für ein größeres Turbinenrad, das bei 1 m Fallhöhe mehr als

1 PS leistet, gilt dann:

$$n_s = \frac{n}{H} \cdot \sqrt{\frac{N_{Tu}}{\sqrt{H}}} = n_I \sqrt{N_{Tu,I}}, \tag{144}$$

worin N_{Tu} bei Mehrfachturbinen die Leistung eines Laufrades, n_I wieder die auf 1 m Fallhöhe bezogene Drehzahl, N_I die auf 1 m Fallhöhe bezogene Leistung in PS bedeutet. Es ist:

$$N_I = \frac{N}{H\sqrt{H}}. \tag{145}$$

Je nach der Bauart der Turbine als Langsam- oder Schnellläufer, als Freistrahl-, Francis- oder Kaplan-Turbine liegen die spezifischen Drehzahlen verschieden. Sie schwanken zwischen 5 bis 500 und kommen bei den neuesten Bauformen auf 1000 und darüber.

Aus Gl. (141) und (142) folgt weiter:

$$Q_I = \frac{Q}{\sqrt{H}} \quad \text{und} \quad n_I = \frac{n}{\sqrt{H}}.$$

Ferner ist:

$$N_{Tu,I} = \frac{Q_I \cdot 1 \cdot 1000 \cdot \eta_{Tu,I}}{75}$$

oder auch:

$$N_{Tu,I} = \frac{N_{Tu}}{H\sqrt{H}}$$

und mit $\eta_{Tu} = 0,80$ bei voller Belastung im Mittel wird die spez. Drehzahl:

$$n_s = 3,27\, n_I \sqrt{Q_I}. \tag{146}$$

Aus Gl. (146) ergibt sich die Betriebsdrehzahl

$$n = \frac{n_s \cdot H^{3/4}}{3,27 \cdot \sqrt{Q}}.$$

Die spez. Drehzahl ist das Merkmal für die Schnelläufigkeit der Turbine. Sie wird vom Turbinenbauer auf Grund seiner Erfahrungen und seiner Bauformen gewählt. Bei Wechselstromgeneratoren ist, sofern keine Getriebe zwischengeschaltet wird, n_s und n an die durch Frequenz und Polzahl gegebenen Drehzahlen gebunden. Die spez. Drehzahl wird ferner durch die Saughöhe und die Kavitation begrenzt.

21. Beispiel. Eine Francisturbine ist für folgende Verhältnisse ausgelegt: $H_n = 87\,\text{m}$, $Q = 2,66\,\text{m}^3/\text{s}$, $n = 500\,\text{U/min}$, $N_{Tu} = 2500\,\text{PS}$.
Dann ist die spez. Drehzahl der Turbine:

$$n_s = \frac{500}{87} \sqrt{\frac{2500}{\sqrt{87}}} = 94,1.$$

Turbinen mit niedrigem n_s finden Anwendung bei sehr großer Fallhöhe und verhältnismäßig kleinen Wassermengen, mit hohen n_s bei kleiner Fallhöhe und großer Wassermenge.

Für die verschiedenen Fallhöhen und Wasserverhältnisse kommen allgemein folgende Turbinenarten in Frage:

1. für Fallhöhen über 350 m und kleine Wassermenge: Freistrahlturbinen stehend oder liegend mit $n_s = 1$ bis 25 bei einem Rad mit ein bis zwei Düsen, mit n_s bis 70 bei einem Rad mit mehreren Düsen stehend oder liegend, oder bei mehreren Rädern mit mehreren Düsen liegend. Für diesen letzteren Bereich sind vereinzelt bis zu Fallhöhen von 200 m auch zwei hintereinandergeschaltete Spiral-Francisturbinen zur Ausführung gekommen;

2. für eine Fallhöhe bis etwa 350 m und größere Wassermenge: Hochdruck-Francisturbinen in Spiralgehäuse mit Rohrleitungsanschluß und langsamlaufenden Rädern stehend und liegend mit $n_s = 70$ bis 120*;

3. für Fallhöhe bis etwa 135 m und größere Wassermenge: Mitteldruck-Francisturbinen in Spiralgehäuse mit normalen Laufrädern (Normalläufer) stehend und liegend mit $n_s = 120$ bis 150;

4. für Fallhöhen bis 50 m und größere Wassermengen: Spiral-Francisturbinen und Gehäuse-Francisturbinen stehend und liegend mit $n_s = 150$ bis 180;

5. für Fallhöhen bis 35 m und größere Wassermenge: Spiral-Francis- und Gehäuse-Francisturbinen mit schnellaufenden Rädern stehend und liegend mit $n_s = 175$ bis 250, ferner Francisturbinen in offener Wasserkammer auch Oberschnelläufer genannt mit $n_s = 175$ bis 500;

6. für Fallhöhen unter 35 m und große Wassermengen: Kaplan- und Propellerturbinen stehend und liegend mit $n_s = 500$ bis 1000.

Für erste Entwurfsbearbeitungen ist es oft erwünscht, den Durchmesser des Turbinenlaufrades zu kennen. Ist die Drehzahl n bekannt, so ist die Umfangsgeschwindigkeit des Laufrades:

$$v_1 = \frac{\pi \cdot D_1 \cdot n}{60}\ \text{m/s}\,,$$

$$D_1 = \frac{60 \cdot \sqrt{2\,g}}{\pi} \cdot u_1 \cdot \frac{\sqrt{H}}{n} = 84{,}6\,u_1\,\frac{\sqrt{H}}{n}\,,$$

$$u_1 = \frac{\text{Umfangsgeschwindigkeit}}{\text{Umfangsschnelligkeit}} = \frac{v_1}{\sqrt{2\,g\,H}}\,,$$

$D_1 \sim$ Laufraddurchmesser der Turbine in m.

Die Umfangsschnelligkeit schwankt:

bei Freistrahlturbinen	zwischen	0,13	und	0,52 im	Mittel	0,44,
„ Francisturbinen	„	0,60	„	1,20	„	„ 0,75,
„ Kaplanturbinen	„	1,60	„	2,80.		

Alle Wasserturbinen schließen die Gefahr in sich, daß sie bei plötzlicher Entlastung „durchgehen", d. h. eine wesentlich höhere Drehzahl erreichen können, die bis zum Zweifachen der Nenndrehzahl gehen kann. Die Durchgangsdrehzahl hängt von der Laufradform und den Schwankungen in der Fallhöhe ab. Bei Francisturbinen ist die Ge-

---

* Spez. Drehzahlen unter 50 sind bei Francisturbinen zu vermeiden, weil die infolge des kleineren Überdruckes auftretenden Wasserwirbelungen den Wirkungsgrad stark herabsetzen und Ablösungen des Wassers von den Schaufeln (Kavitationen) zur Folge haben, die zu Zerstörungen an den Laufrädern und Leitschaufeln führen können.

fahr des Durchgehens größer als bei den mit Düsenregelung arbeitenden Freistrahlturbinen. Langsamläufer erreichen einen etwa bei dem 1,8-fachen der Nenndrehzahl liegenden Durchgangswert (auch Freistrahlräder), Schnelläufer kommen bis zum 1,6fachen bei gleichbleibender Fallhöhe. Tritt jedoch eine Vergrößerung der Fallhöhe ein, und ist die Durchgangsdrehzahl bei normaler Fallhöhe $n_{d.\,norm}$, so steigt sie bei größter Fallhöhe auf:

$$n_{d\,max} = n_{d\,norm} \sqrt{\frac{H_{1\,max}}{H_{norm}}}, \tag{147}$$

was bei Anlagen mit wechselnden Fallhöhen, also bei Talsperren und Speicheranlagen, zu beachten ist.

Die Ursachen für das Durchgehen liegen entweder im Versagen des Turbinenreglers, der die Aufgabe hat, die Drehzahl unverändert zu halten und die Leitschaufeln der Turbine entsprechend zu verstellen bzw. bei Entlastung vollständig zu schließen, oder in Verklemmung der Leitschaufelbewegung durch eingedrungene Fremdkörper, die das Schließen der Leitschaufeln verhindern.

Die Generatoren müssen daher im mechanischen Aufbau ihres umlaufenden Teiles für diese Durchgangsdrehzahl gebaut sein, die vom Turbinenbauer stets besonders anzugeben ist.

Die Nenndrehzahl der Turbine soll möglichst hoch liegen, um kleine Turbinen und leichte Triebwerksteile, kleine Generatoren und geringe Raumbeanspruchung, somit billige Anschaffungskosten für die Gesamtanlage zu erhalten. Bestimmend dafür ist stets die spez. Drehzahl n_s.

Höhere Turbinendrehzahlen sind auch dadurch erreichbar, daß die Leistung auf mehrere Laufräder verteilt wird, also durch Wahl von Zwillings- und Mehrfach-Zwillings- oder Doppelturbinen. Dem Vorteil stehen folgende Nachteile gegenüber: bei Schachtturbinen längere Turbinenkammer, engere Schaufelquerschnitte, umständlichere Gesamtanlage; bei Gehäuseturbinen größere Baulänge, teurer Preis. Auch hier können nur genauest durchgerechnete Preisvergleiche für Anlage- und Betriebskosten die Entscheidung geben. Mehrfachturbinen sind bei stark schwankenden Wasserverhältnissen auch hinsichtlich des Wirkungsgrades zumeist empfehlenswert.

b) Entwurfs- und Betriebsangaben. Um nun für eine auszubauende Wasserkraft die günstigsten Verhältnisse für die Turbinen und damit für die Leistungserzeugung nach den schwankenden Netz- und Wasserverhältnissen zu erreichen, wird die gewinnbare Leistung auf mehrere Turbinen verteilt. Es werden entweder mehrere selbständige Turbinen mit Generatoren, die in ihren Leistungen den einzelnen, über einen längeren Zeitraum bestehenden Wasser- und Netzverhältnissen angepaßt werden, oder Zwillings- bzw. Doppelturbinen mit je nur einem Generator für die volle Leistung gewählt. Dabei ergibt sich erst aus der vollständigen Entwurfsbearbeitung und Wirtschaftlichkeitsberechnung, welche Form der maschinellen Ausgestaltung des Wasserkraftwerkes den günstigsten Jahreswirkungsgrad bei kleinsten Anlagekosten gewährleistet. In vielen Fällen wird diese Frage dahin beantwortet werden können, daß die Ausführung mit Zwillings- oder Doppelturbinen die vorteilhaftere ist. Dabei ist dann für ein Laufwerk der gesamte Maschinensatz, also bei einer Zwillingsturbine beide Teilturbinen zusammen, für eine größte Wassermenge zu bemessen, welche etwa 2 bis 3 Monate im Jahr auftritt, während den jeweils über einen längeren Zeitraum vorhandenen geringen Wassermengen durch Abschalten einer Teilturbine Rechnung getragen wird. Die Verteilung der gesamten erzielbaren oder auszunutzenden Leistung gleichmäßig oder ungleichmäßig auf die einzelnen Turbinensätze oder die Teilturbinen bedarf ebenfalls besonderer Untersuchung, um auch nach den Belastungsverhältnissen des Netzes den günstigsten Wirkungsgrad für die einzelnen Betriebszeiträume zu erreichen.

Bei mehrfacher Unterteilung der Turbinenleistung und schwankenden Belastungsverhältnissen werden zumeist die im Betrieb befindlichen Turbinen sämtlich mit gleicher Teillast beansprucht. Das hat zur Folge, daß bei allen Maschinen gleich gute oder gleich schlechte Wirkungsgrade der Teilbelastung entsprechend auftreten und der Wasserverbrauch infolgedessen erhöht wird. Das ist wirtschaftlich namentlich dann ungünstig, wenn das Betriebswasser einem Speicherbecken entnommen wird, mit dessen Inhalt haushälterisch umgegangen werden muß. Bei Francisturbinen läßt auch eine geänderte Betriebsweise derart, daß ein Teil der Maschinen möglichst mit bester Belastung arbeitet und höhere Belastungen mit einer weiteren Turbine ausgeglichen werden, die dann mit starken Teillastschwankungen zu arbeiten hat, keine wesentliche wirtschaftliche Besserung erreichen. Dagegen ist das der Fall, wenn eine Kaplanturbine zur Deckung dieser Lastschwankungen benutzt wird, sofern die Fallhöhenverhältnisse die Verwendung einer Kaplanturbine natürlich ermöglichen. Für welche Bruttofallhöhen eine solche Turbine zur Zeit gebaut werden kann, ist auf S. 498 angegeben.

Aus diesen allgemeinen Erörterungen folgt weiter, daß in Laufwerken die geringste Wassermenge zum mindesten mit nur einer Turbine verwertbar sein muß. Tritt sie nur kurzzeitig auf, dann wird man im allgemeinen fordern müssen, daß hierbei der Turbinenwirkungsgrad noch in wirtschaftlichen Grenzen liegt. Das ist, wie später ausführlicher behandelt wird, bei etwa ½ Last zutreffend. Infolgedessen wird in der Mehrzahl der Fälle die kleinste Turbine für die doppelte gewinnbare Mindestleistung gewählt.

Für Mittel- und Hochdruckanlagen sowie für alle Wasserkraftanlagen, die mit Speicherung arbeiten, gelten andere Gesichtspunkte, auf die später näher eingegangen werden wird.

Wird Parallelbetrieb mit anderen Werken verlangt, so wird bei der Bestimmung der Maschinen Einzelleistungen der Gesamtbetrieb in Rücksicht zu ziehen sein.

Reservemaschinen mit Turbinenantrieb in dem Sinne, wie sie in Wärmekraftwerken zur Aufstellung kommen, werden in Wasserkraftwerken nicht gewählt, weil die dann notwendigen Wasserbauten zu teuer werden und die Wirtschaftlichkeit der Gesamtanlage durch die erhöhten Anlagekosten einerseits, den großen Kapitaldienst bei der geringen Benutzungsdauer der Reserveeinrichtungen andererseits zu stark beeinträchtigt wird. Dazu kommt ferner, daß eine spätere Ausnutzung der Reserve mit der Erweiterung der Anlage wie bei Wärmekraftwerken dann nicht möglich ist, wenn die Wasserkraft durch den ersten Ausbau bereits voll ausgenutzt wird.

Das Nichtvorhandensein eines Reservemaschinensatzes hat sich in Wasserkraftanlagen, soweit bekannt geworden ist, nicht besonders nachteilig erwiesen. Bei größeren Maschinenschäden besteht allerdings die Gefahr des längeren Leistungsausfalles, doch kann dieser sehr weitgehend begegnet werden, wenn Turbinen und Generatoren jährlich einer gründlichen Untersuchung und Instandhaltung unterworfen werden. Der empfindlichere Teil ist der Generator. An den Turbinen sind größere Instandhaltungsarbeiten selten, sofern keine Kavitationen und Korrosionen auftreten. Da zumeist in den Frühsommermonaten bei geringer Wasserführung Zeit genug vorhanden ist, grundhafte Überholungen zugleich auch an den Einlaufbauwerken, Schützen, Rechen, Ober- und Unterwassergraben durchzuführen, ist die Reservehaltung für den Betrieb keine Sorgenfrage. Ersatzstücke müssen allerdings in ausreichender Menge bereitgehalten werden. Bei größeren Werken darf auch eine entsprechend eingerichtete **Werkstatt** nicht fehlen, um kleinere Arbeiten schnell ausführen zu können.

c) Die Turbinenbauformen[1]. Die Turbinen aller Bauarten stehen auf einem außerordentlich hohen Stand der Entwicklung. Insbesondere bezieht sich das auf die Betriebssicherheit und den guten Wirkungsgrad, der auch für die Ausnutzung des Wassers als Betriebsstoff stets angestrebt werden muß. Je nach der Fallhöhe (Druckhöhe) unterscheidet man zwischen:

Hochdruckturbinen, Mitteldruckturbinen und Niederdruckturbinen.

Der allgemeine Aufbau der Turbine wird als bekannt vorausgesetzt. Die Arbeitsweise beruht darauf, daß der Wasserdruck im sogenannten Leitapparat in Geschwindigkeit umgesetzt und diese im Laufrad in Richtung und Größe ohne Stoßverluste geändert (verzögert) wird, so daß das Wasser aus der Turbine nur noch mit einer Geschwindigkeit austritt, die zu seinem Weiterfließen notwendig ist. Es hat dann fast sämtliche Geschwindigkeitsenergie an das Laufrad abgegeben.

Die Turbinen können mit liegender oder stehender Welle gebaut werden. Für die Entscheidung sind hydraulische, bautechnische und betriebliche Gesichtspunkte bestimmend; auch hier kann wiederum nur der Kostenvergleich den Ausschlag geben, der allerdings von der Betriebsseite aus unter ganz besonders auch preislich bewerteter Berücksichtigung aller Schwierigkeiten durchgeführt werden muß. Bei der liegenden Welle stehen Turbine und Generator nebeneinander, bei der stehenden Welle liegt die Turbine unter dem Generator. Es wird im folgendem noch verschiedentlich auf diese Ausführungen eingegangen, vorweg sollen einige grundsätzliche Vorzüge und Nachteile gegenübergestellt werden:

---

[1] Für die Bezeichnung der verschiedenen Wasserturbinenbauformen gelten die in DIN 33, Blatt 1 bis 5 festgesetzten Normen.

Liegende Welle. Turbine und Generator lassen sich leicht vollkommen trennen; günstigere Ausführung des Kraftwerkbaues als bei stehender Welle, da Turbine und Generator auf demselben Maschinenhausflur stehen;

Gründungstiefe verhältnismäßig gering, dadurch geringere Fundierungskosten für Bodenbewegung und Fundament selbst;

leichtere Montage, billigere Krananlagen, beste Gesamtübersicht;

leichtere Betriebsführung und einfachere Wartung;

leichtere und billigere Instandsetzungsmöglichkeit an Turbine und Generator;

geringerer Preis für beide Maschinen;

Flächenbeanspruchung nach Länge und Breite größer als bei stehender Welle.

Stehende Welle. Turbine und Generator sind nicht mehr vollständig getrennt, sondern der umlaufende Teil des Maschinensatzes muß von einem Traglager gehalten werden. Dieses Traglager[1] bereitet, wenn es sich um sehr große Gewichte handelt, nicht unerhebliche Schwierigkeiten in Durchbildung und Wartung und verlangt zudem eine Verstärkung des Maschinenhausflures, da es stets auf dem Generator, also über dem Maschinensatz liegt.

Turbine und Generator liegen nicht mehr auf demselben Maschinenhausflur, sondern übereinander, also zum mindestens, wenn nur eine Turbine zur Aufstellung kommt, in zwei Stockwerken. Bei mehrstufigen Turbinen steigt die Zahl der Stockwerke und bedingt eine wesentlich höhere Fundierung. Die Übersichtlichkeit der Anlage leidet hierunter, andererseits aber werden Generator und Maschinenhausfußboden hochwasserfrei.

Die Montage, Gesamtübersicht, Betriebsführung und Wartung sind nicht gleich einfach wie bei der liegenden Welle.

Die Zugänglichkeit zu den einzelnen Teilen des Maschinensatzes ist schwieriger;

der Preis der Turbinen ist annähernd gleich, der Preis der Generatoren liegt etwa 15 vH höher;

für Instandsetzungsarbeiten muß ein Schacht bis zum Turbinenunterlager vorhanden sein, dadurch wird die Flächenbeanspruchung nach Länge und Breite bei größeren Anlagen nicht mehr wesentlich geringer;

die Ausbildung der Schmiervorrichtungen, insbesondere auch für das Traglager, bedarf besonderer Beachtung und fordert Druckölschmierung mit den dann notwendigen Pumpen- und Rohrleitungsanlagen, Aushilfseinrichtungen u. dgl.

Trotz der bei stehender Welle ungünstigeren Verhältnisse wird diese Ausführung neuerdings bei Flußwasserkraftwerken gern gewählt, um bei diesen Niederdruckanlagen die größtmögliche Fallhöhe zu gewinnen und den Maschinenhausfußboden aus der Überflutungsgefahr bei Hoch-

---

[1] Obrist, H.: Vom Spurlagerzapfen bis zum modernen Spurlager der Wasserturbinen. Escher Wyss Mitt. 1929 S. 20.

wasser zu bringen. Sie hat sich, wie die bereits seit mehreren Jahren im Betrieb befindlichen großen Wasserkraftanlagen beweisen, gut bewährt. Die Durchbildung des Traglagers hat befriedigende Lösungen gefunden, so daß Schwierigkeiten an diesem Teile des Maschinensatzes, die allerdings bei Eintreten zu außerordentlichen Betriebsstörungen führen können, nicht mehr zu erwarten sind. Auf das über den Einbau der Turbinenbauformen weiter Gesagte wird besonders hingewiesen.

Der **Generator** wird mit der Turbine zusammengebaut, entweder indem die Turbinenwelle mit der Generatorwelle gekuppelt oder das Turbinenlaufrad fliegend auf die Generatorwelle aufgekeilt wird. Ist

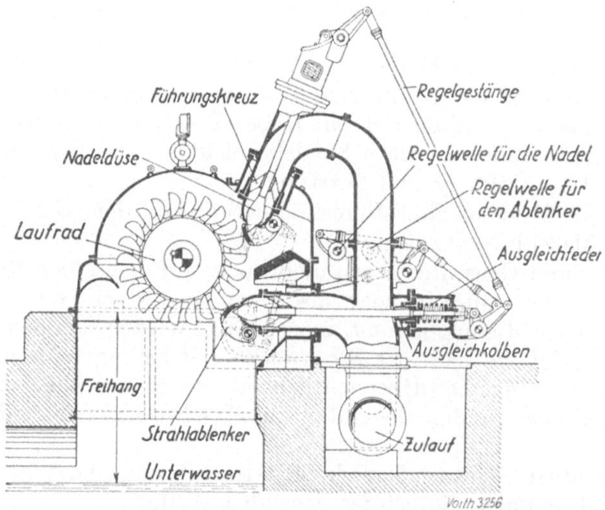

Abb. 325. Zweidüsige Voith-Freistrahlturbine mit Doppelregelung.

es aus Gründen der Raumbeanspruchung und des Generatorpreises erwünscht, über die Turbinendrehzahl hinauszugehen, so wird ein **Zahnradgetriebe** (Kapselgetriebe) zwischengeschaltet, das heute in bester Form ausgeführt mit einem Wirkungsgrad von 98 bis 99 vH läuft. Untersuchungen nach dieser Richtung sollten nicht unterbleiben. Die alten Stirn- und Kegelräderübersetzungen bei stehender Welle zur Drehzahlerhöhung und Überführung auf die liegende Generatorwelle werden nicht mehr gewählt. Da die Generatorwelle durch das zwischengeschaltete Getriebe von der Turbinenwelle getrennt wird, werden die Traglager beider Maschinen einfacher und billiger.

Bei der Lagerdurchbildung ist auf den Axialschub aus dem Turbinenlaufrad insbesondere bei Francisturbinen zu achten. Lagerströme ausgehend vom Generator oder der Erregermaschine dürfen nicht auftreten. Sie können zu Anfressungen der Lagerschalen und der Wellensitze und dadurch zum Heißlaufen der Lager führen. Am zweckmäßigsten wird ein Lager gegenüber der Grundplatte oder dem Grundrahmen, auch gegenüber dem Eisenbetonfundament isoliert. Desgleichen sind alle etwa in Frage kommenden Rohrleitungsanschlüsse, soweit sie die Bildung eines geschlossenen Stromweges oder einen Nebenschluß ermöglichen, mit Isolierstücken zu versehen.

Das in den Generatorläufer einzubauende Schwunggewicht wird auf S. 508 eingehender behandelt.

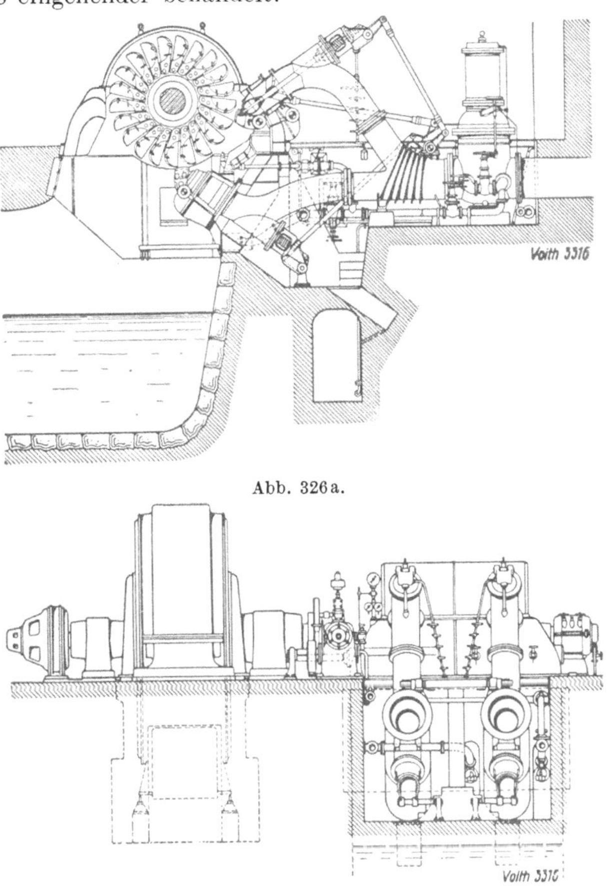

Abb. 326a.

Abb. 326b.

Abb. 326a und b. Voith-Freistrahlturbinen mit 2 + 2 Düsen (Leistung je 36000 PS, $H_n = 354$ m.)

Bei der Fundierung müssen die besonderen Beanspruchungen, die durch eine plötzliche Kurzschlußbelastung des Generators entstehen, berücksichtigt werden.

Die Freistrahlturbine (Abb. 325 und 326). Bei sehr großen Fallhöhen kommt nur die Freistrahlturbine (Peltonturbine) mit Wasserführung durch besondere Rohrleitung zur Aufstellung. Als Leitapparate dienen je nach den zu regelnden Wassermengen, eine oder mehrere Düsen (Ein- oder Mehrstrahlturbine), auf die die Regelvorrichtung wirkt. Der Laufradkörper — ein oder mehrere — trägt eine Anzahl von Bechern, gegen die das Betriebswasser strömt.

Je nach der Umfangsgeschwindigkeit des Laufrades wird dieses aus Gußeisen oder aus Stahlguß hergestellt. Der Baustoff der Becher und der Düsen richtet sich nach der Beschaffenheit des Wassers. Bei sand- und säurehaltigem Betriebswasser kommt Phosphorbronze, bei hohem Druck (sehr hohem Gefälle) Stahlguß zur Verwendung. Wenn auf die Wasserbeschaffenheit nicht sorgfältig geachtet wird, ist mit einem starken vorzeitigen Verschleiß der Düsen und Becher zu rechnen, der neben Betriebsunterbrechungen, die gerade bei Wasserkraftanlagen infolge des dann ungenutzt abfließenden Wassers sehr unwirtschaftlich sind, hohe Unkosten für Auswechselung und Instandsetzungsarbeiten verursacht. Zur Verminderung dieses Zeitverlustes und der Unkosten werden die Düsenaustrittsstücke leicht auswechselbar hergestellt.

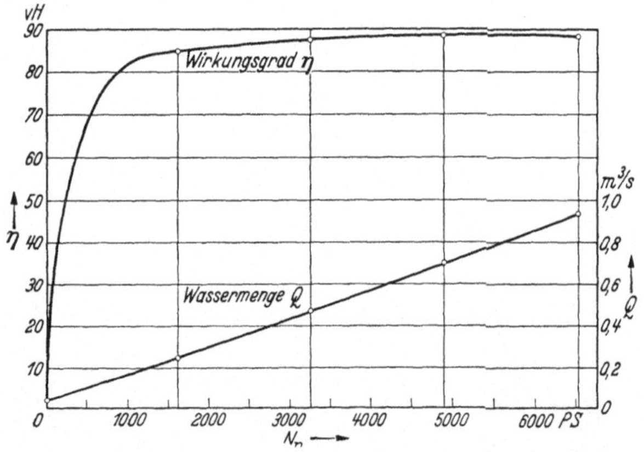

Abb. 327. Wirkungsgradkennlinie einer EWC-Freistrahlturbine, $H_n = 600$ m, $Q = 0,94$ m³/s, $N_n = 6200$ PS, $n = 500$ U/min, $n_s = 13,31$.

Je nach der Leistung und Drehzahl wird die Freistrahlturbine als Einfach- oder Zwillingsturbine gebaut. Über die spez. Drehzahl ist bereits gesprochen worden. Die Anpassung an die Generator-Drehzahl ist verhältnismäßig leicht möglich.

Die Turbine erhält fast ausnahmlos auch bei größeren Leistungen liegende Welle und wird mit dem Generator unmittelbar gekuppelt. Je nach der Größe des Maschinensatzes wird die Drei- oder Vierlagerform gewählt. Bei beschränkten Raumverhältnissen wird das Turbinenlaufrad auf die Generatorwelle aufgekeilt. Da das Betriebswasser senkrecht zur Maschinenwelle auf das Laufrad auftrifft und in gleicher Richtung abströmt, treten keine zusätzlichen seitlichen Lagerbeanspruchungen auf. Diese Turbine ist daher bautechnisch in allen Teilen sehr einfach und betriebssicher. Der Einbau muß so erfolgen, daß das Laufrad frei über dem höchsten Unterwasserspiegel liegt, also kein „Waten" im Unterwasser eintritt, das große Leistungsverluste verursachen würde. Der Ablaufschacht unter dem Gehäuse wird oft durch Auspanzerung mit Stahlblech oder durch besondere Stein- oder Betonauskleidung gegen Auswaschungen geschützt.

Die Freistrahlturbine hat infolge ihres einfachen Baues mit verhältnismäßig kleiner Schaufelfläche und der sich daraus turbinentechnisch ergebenden Vorteile den höchsten Wirkungsgrad, der überhaupt erreichbar ist (Abb. 327). Entgegen der Durchbildung der Francisturbine wird die Freistrahlturbine für besten Wirkungsgrad bei Vollbeaufschlagung entworfen. Die Wirkungsgradkennlinie soll über einen möglichst weiten Belastungsbereich tunlichst geradlinig zur Abszissenachse also flach verlaufen, um auch bei Teilbelastungen hohe Werte zu erhalten.

Die Regelung der Wassermenge nach der Leistung erfolgt durch Längsverschiebung einer in der Düsenachse gelagerten Regelnadel (Abb. 325 und 326). Bei mehrdüsiger Ausführung ist besonders darauf zu achten, daß die Wasserführung aller Düsen gegenüber dem Laufrad die gleichen Verhältnisse aufweist. Da die Freistrahlturbinen an lange Rohrleitungen angeschlossen sind, müssen die Regelvorgänge so sanft und gleichmäßig vor sich gehen, daß Druckstöße in der Rohr-

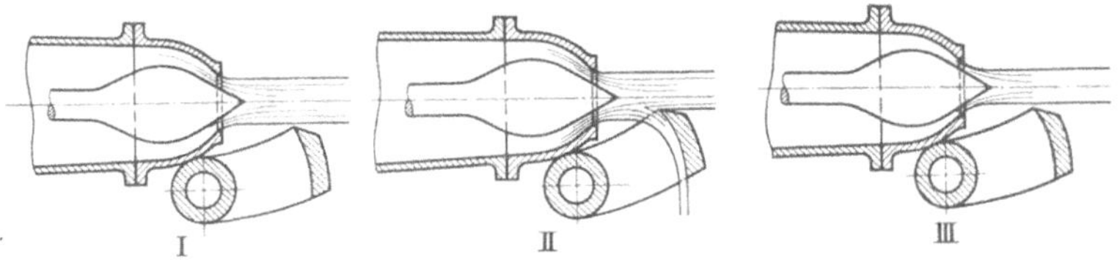

Abb. 328. Doppelregelung mit Strahlablenker.
I Vollbelastet, II Augenblick der Entlastung, III Zustand bei der neuen Belastung.

leitung keine schädlichen Wirkungen zur Folge haben. Um dieser Bedingung zu entsprechen, wird die Doppelregelung angewendet. Bei dieser wird bei plötzlichen Entlastungen zunächst ein Ablenker in den Strahl eingeschwenkt, der einen Teil des Strahles abspaltet und vom Laufrad wegführt. Die Düsennadel rückt währenddessen langsam nach und der Ablenker kehrt in seine Anfangsstellung zurück (Abb. 328). Zum Druckausgleich wird gegebenenfalls ein Ausgleichbehälter in die Rohrleitung eingebaut (Wasserschloß).

Die Francisturbine. Bei der Francisturbine strömt das Betriebswasser senkrecht zur Turbinenachse durch einen Leitapparat dem Laufrad zu und verläßt dieses parallel zu letzterem zumeist durch ein Saugrohr aus Gußeisen, Schmiedeeisen oder Beton. Je nach den Wasser- und Fallhöhenverhältnissen wird die Form des Laufrades bestimmt, die dann unterscheiden läßt zwischen Langsamläufer, Schnelläufer und Oberschnelläufer mit ihren verschiedenen spez. Drehzahlen n_s.

Diese Turbine wird ebenfalls mit stehender oder liegender Welle und mit einem oder mehreren Laufrädern gebaut. Welche dieser Bauarten zu wählen ist, richtet sich nach den Wasserverhältnissen. Die grundsätzlichen Gesichtspunkte werden weiter unten erörtert. Abb. 329 und 330 zeigen Schnitte durch eine Gehäuseturbine mit liegender und stehender Welle und lassen den Unterschied in der allgemeinen Ausgestaltung erkennen.

Die Francisturbine ist die für mittlere Fallhöhen am häufigsten verwendete Turbine. Da in Mitteldruckanlagen Schwankungen in Fallhöhe und Wassermenge schon bei verhältnismäßig geringen prozentualen Abweichungen von den günstigsten oder mittleren Verhältnissen, die

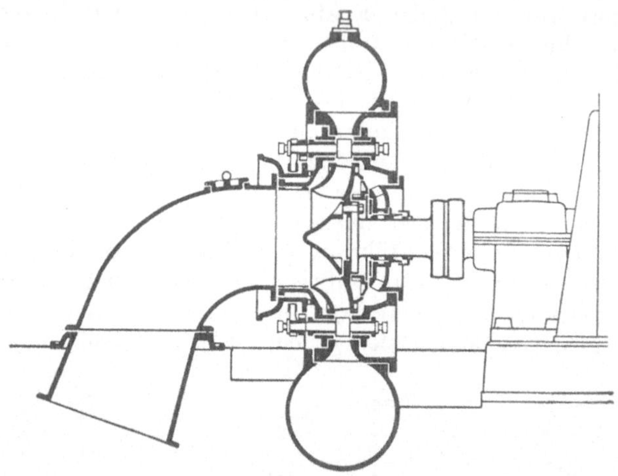

Abb. 329. Schnitt durch eine 15 250 PS-Voith-Spiralturbine mit liegender Welle.

dem Entwurf der Turbine zugrunde gelegt worden sind, auf die Arbeitsweise der Turbine einwirken, insbesondere den Wirkungsgrad beeinflussen, müssen die Kennlinien für Q und η_{Tu} den Turbinenangeboten

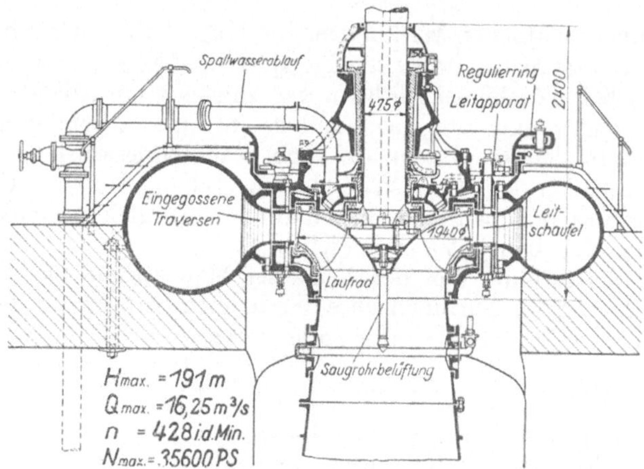

Abb. 330. Axialschnitt durch eine Voith-Spiralturbine mit stehender Welle.

beigefügt werden. Zumeist wird die Turbine so ausgelegt, daß sie den besten Wirkungsgrad bei ¾ Beaufschlagung aufweist. Aus den Erfahrungen heraus wird dann der günstigste Jahreswirkungsgrad erreicht. Auch hier soll die Wirkungsgradkennlinie möglichst flach zur Absissenachse verlaufen (Abb. 324).

Je nach den örtlichen Verhältnissen, der Fallhöhe und den zu verarbeitenden Wassermengen wird die Francisturbine in eine offene Wasserkammer eingebaut (Abb. 331) oder als Gehäuseturbine ausgeführt (Abb. 329 u. 332).

Für Kraftwerkszwecke, also in Verbindung mit einem Generator, kommt heute nur noch die Gehäuseturbine zur Verwendung, weil die offene Wasserkammer nicht die beste Erfüllung der hydraulischen Bedingungen zuläßt. Bei dieser Bauform wird das Laufrad mit einem Gehäuse umgeben, das entsprechend dem radialen Wassereintritt einen stetigen, verlustfreien Übertritt aus der Zuführung in den Leitapparat herbeiführt und einen ebenfalls stetig abnehmenden Querschnitt erhält. Diese Umkleidung bezeichnet man als Spiralgehäuse, das bei der Turbine mit stehender Welle im Betonfundament entsprechend ausgespart (Abb. 332), ge-

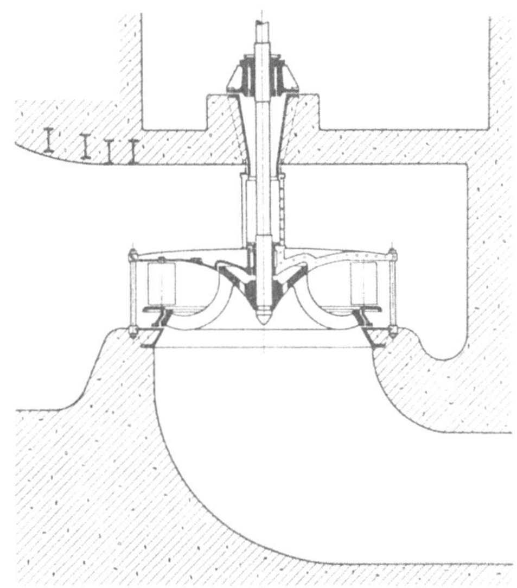

Abb. 331. Einbau von Francisturbinen mit stehender Welle in offener Wasserkammer.

gebenenfalls noch mit Eisenblech ausgekleidet oder auch von vornherein aus Eisenblech hergestellt wird (Abb. 330). Bei der Turbine mit liegender Welle wird dieses Spiralgehäuse je nach der Größe der Turbine aus Gußeisen oder ebenfalls aus Stahlblech gewählt und seitlich so ausgebildet, daß das sogenannte Saugrohr angeschlossen werden kann. Bei kleineren Leistungen hat die Turbine nur einen Ausguß (Abb. 333) bei größeren Wassermengen zweiseitigen Ausguß (Abb. 334). Für die Wellenlagerung und Lagerbeanspruchung ist dieses insofern besonders zu beachten, als bei einseitigem Ausguß ein Druck entsprechend dem Axialschub des Laufrades vom Lager aufzunehmen

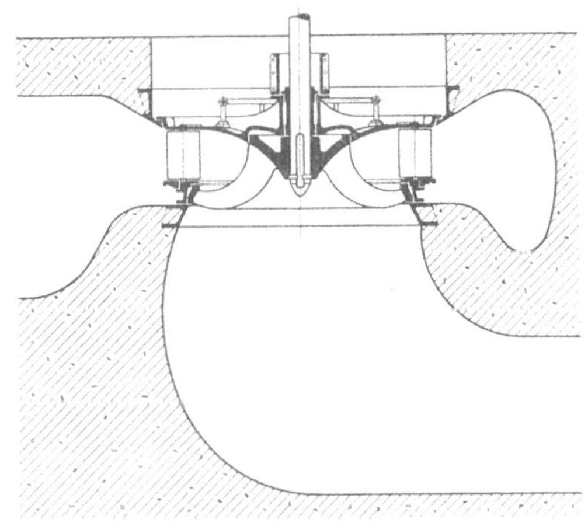

Abb. 332. Einbau einer Francis-Spiralturbine mit stehender Welle ohne Auskleidung des Gehäuses.

ist, also eine entsprechende Lagerdurchbildung notwendig macht. Bei zweiseitigem Ausguß wird die ganze Turbine vollständig gleichgestaltig und die Axialschübe halten sich im Gleichgewicht. Besondere Drucklager sind daher nicht erforderlich. Der zweiseitige Austritt ermöglicht die Anwendung kleinerer Durchmesser und dadurch die Erhöhung der Drehzahl.

Die Francisturbine kann leicht den verschiedensten Verhältnissen angepaßt werden und ist insbesondere hinsichtlich der Drehzahl bei besten Wirkungsgraden sehr beweglich. Über die spezifischen Drehzahlen sind bereits Angaben gemacht worden.

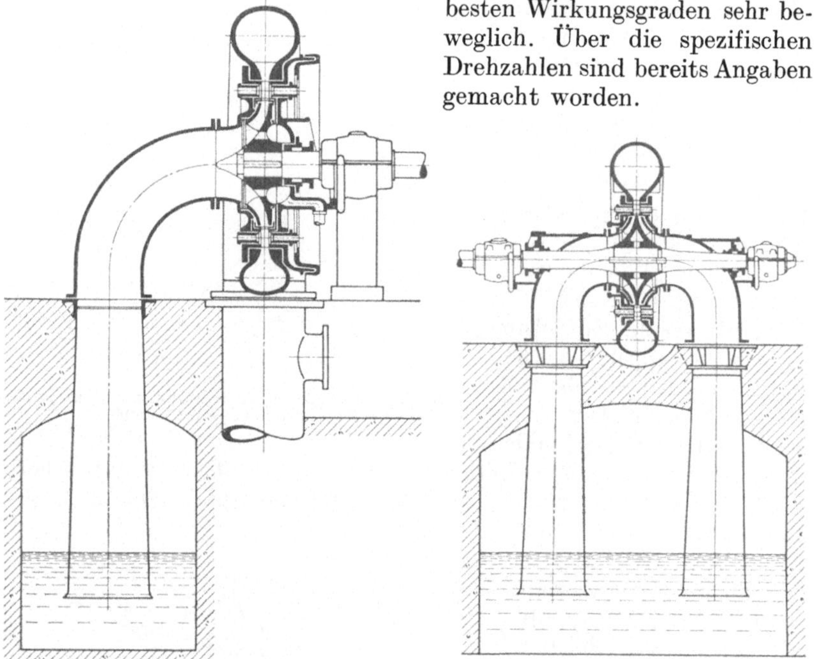

Abb. 333a mit einem Ausguß.   Abb. 333b mit zwei Ausgüssen.

Abb. 333a und b Einbau von Spiralturbinen mit liegender Welle und Saugrohranschluß.

Um die Fallhöhe voll auszunutzen, müßte die Turbine im Unterwasser stehen. Das ist nur bei der liegenden Bauart mit stehender Welle möglich, wo dann der Generator über der Turbine liegt, dadurch zugänglich und vor Wassereinflüssen (Hochwasser) geschützt wird. Um die Turbine bei dieser Bauform aus dem schwankenden Unterwasserspiegel herauszubringen und dadurch ein freies Abströmen aus dem Laufrad zu gewinnen, wird der Ablauf durch ein an das Laufrad angeschlossenes Rohr, das sog. Saugrohr geleitet. Dieses Saugrohr erfüllt gleichzeitig die Aufgabe, die durch den höheren Einbau dann verlorengegangene Fallhöhe wiederzugewinnen. Die Wirkung des Saugrohres beruht darauf, daß mit dem Ingangsetzen der Turbine die im Saugrohr befindliche Luft durch das Wasser ausgetrieben und dadurch der Druck im Saugrohr gegen den Druck des aus dem Laufrad austretenden Wassers um den Betrag des Sauggefälles kleiner wird als der der umgebenden Luft. Ein großer Teil der Austrittsgeschwindigkeit aus dem Laufrad wird wieder in Druck umgesetzt und dadurch die verlorene Fallhöhe zurückgewonnen. Je nach den Abmessungen der Maschine und dem Tiefen-Platzbedarf des Generators bei großer Leistung zuzüglich der Kanäle für Kalt- und Warmluft gießt das Saugrohr senkrecht in das Unterwasser aus oder es muß in einem Bogen durch das Fundament zum Unterwasser vorgezogen werden. Die erste Form bringt größten Fallhöhengewinn, ist aber infolge des höheren Fundamentes in baulicher Beziehung teurer; die zweite Form verlangt sorgfältigste bauseitige Herstellung und breiteres Fundament zur Entwicklung des Saugrohres, hat aber den großen Vorteil, die Turbinen eines Kraftwerkes betrieblich auch von der Unterwasserseite aus von einander unabhängig zu machen, da dann jeder Abfluß vollkommen getrennt ist und für Untersuchungszwecke durch einen besonderen Verschluß in Form von Balken oder Bohlen (Dammbalken) abgesperrt werden kann.

Bei der Aufstellung der Turbine auf dem Maschinenhausboden, dann also mit liegender Welle und frei zugänglich, wird das Saugrohr ebenfalls angewendet, um wiederum die Höhe des Maschinenfußbodens bzw. die Aufstellung der Turbine in gewisser Beziehung von der Lage des Unterwasserspiegels freizumachen.

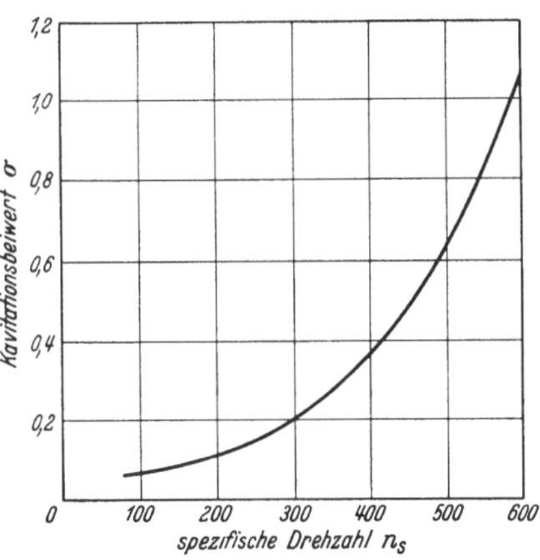

Abb. 304. Kavitations-Beiwert in Abhängigkeit von der spez. Drehzahl.

Die Saughöhe ist an bestimmte Verhältnisse gebunden, die sich aus der Wassergeschwindigkeit ergeben, die an der Stelle des Wasseraustrittes aus der Turbine herrscht. Tritt starke Druckverminderung ein, so scheidet sich die im Wasser gelöste Luft in großen Mengen aus und unterbricht den Wasserfadenzusammenhang. Die Saughöhe soll daher nicht mehr als 3 bis 4 m, bei mittleren Drehzahlen höchstens 6 bis 7 m betragen.

Bei großen Wassergeschwindigkeiten besteht ferner die Gefahr von Wasserablösungen innerhalb des Turbinengehäuses (Kavitationen)[1]. Der Unterdruck auf der Seite der Laufradschaufeln kann so groß wer-

---

[1] Englesson: Anfressungen bei Wasserturbinen und Erprobung von gegen Anfressungen besonders widerstandsfähigen Baustoffen. Wasserkr.-Jb. IV (1928/29) S. 377. Kaplan: Kavitationserscheinungen bei Turbinen mit großer Umlaufgeschwindigkeit, Wasserkr.-Jb. IV (1928/29) S. 421. Thoma, D.: Kavitation bei Wasserturbinen. Wasserkr.-Jb. I (1924) S. 409. Hahn: Schnellaufende Turbomaschinen für Flussigkeiten. Z. VDI Bd. 75 Nr. 42. Acheret, D. J.: Über Hohlraumbildung (Kavitation) in Wasserturbinen. Escher Wyss Mitt. 1928 Heft 2 S. 40 und 1930 Heft 2 S. 27. Streiff, C.: Turbinen- und Pumpspeicheranlagen mit Gegendruck. Escher Wyss Mitt. 1935 Heft 1.

den, daß er sich dem absoluten Druck Null nähert. Das Wasser beginnt an der betreffenden Stelle zu verdampfen und unter Bildung heftiger Stöße zu kondensieren, sobald es bei seinem Lauf in Gebiete höheren Druckes kommt. Der Druck dieser sehr rasch aufeinanderfolgenden Stöße beträgt einige 100 at. Die Laufradschaufeln werden in der in der Kavitationszone liegenden Fläche stark angefressen und können dadurch in kürzester Zeit zerstört werden. Thoma hat für die Beurteilung der Kavitationsverhältnisse den Kavitations-Beiwert (Abb. 334):

$$\sigma = \frac{b - H_s}{H} \tag{148}$$

aufgestellt. Es bedeutet b den Barometerstand in Meter Wassersäule, H_s die Saughöhe und H die totale Fallhöhe in Metern.

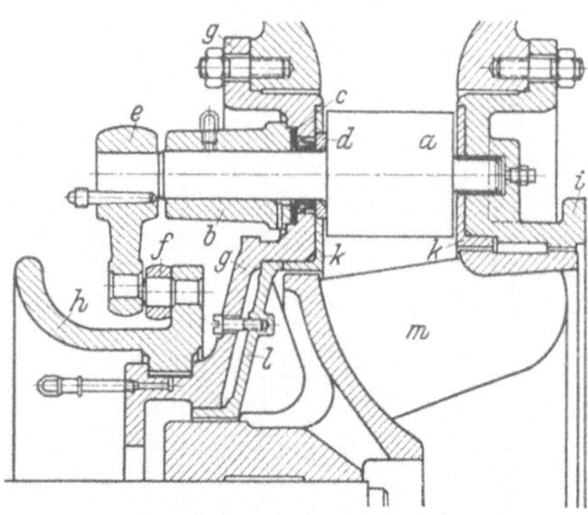

Abb. 335. Schnitt durch den Leitapparat einer Voith-Spiralturbine.

a Leitschaufel, *b* Leitschaufellager, *c* Manschettendichtung, *d* Rotgußdruckring, *e* Leitschaufelhebel, *f* Lenker, *g* Turbinendeckel, *h* Regelring, *i* Leitradring, *k* Auskleidringe, *l* Deckelschutzwand, *m* Laufrad.

Der Turbinenhersteller muß bei seinem Angebot und seinem Vorschlag für die Aufstellung der Turbinen hierzu ganz besonders Stellung nehmen, ferner Angaben machen, welche hydraulische Flächenbelastung für die Schaufeln gewählt wird und welche Schaufelbaustoffe er verwendet, die den Kavitationen auf Grund von Baustoffprüfungen gewachsen sind. Am besten haben sich Bronze und legierte Stähle mit einem Gehalt von 13 bis 15 vH Chrom bewährt. Ferner wird auch eine Belegung mit besonders widerstandsfähigen Baustoffen (Plattierung) angewendet.

Versuche an den Turbinen des Pumpspeicherwerkes der Saaletalsperre am Bleiloch haben ergeben, daß ferner durch Einführen von Luft in das Spiralgehäuse die Kavitationen unter gewissen Umständen beseitigt werden können.

Für die Aufstellungshöhe der Turbine ist schließlich darauf zu achten, daß der untere Rand des Saugrohres bei keiner Spiegelhöhe des Unterwassers aus dem Wasser austauchen darf.

Das Saugrohr wird zum Austritt in das Unterwasser konisch erweitert, um möglichst großen Fallhöhengewinn zu erzielen. An den Austritt der Turbine ist es in einer Form anzuschließen, daß keine plötzliche Erweiterung des Querschnittes eintritt, da sonst große Stoßverluste auftreten. Die Ausbildung des Saugrohres nach Form und Querschnitt ist also auf die glatte, einfache und verlustfreie Wasserführung und damit auf den Turbinenwirkungsgrad von bestimmendem Einfluß. Je nach der Wassergeschwindigkeit und vor allen Dingen nach der chemischen Beschaffenheit des Wassers ist das Saugrohr mit Eisen auszukleiden oder frei in Beton herzustellen und mit einem entsprechenden Schutzanstrich zu versehen. Auf Korrosionen durch schlechte Wasserbeschaffenheit ist ebenfalls hinzuweisen.

Die Regelung der Francisturbine erfolgt durch Verstellen der Schaufeln des Leitapparates. Abb. 335 zeigt den Schnitt durch einen solchen Leitapparat und läßt die Verstellvorrichtung erkennen.

Abb. 336. Kaplanturbine, Leitapparat und Laufrad geschlossen.

Abb. 337. Kaplanturbine, Leitapparat und Laufrad offen.

Die Kaplan- und Propellerturbinen[1] sind Flügelradturbinen nach Abb. 336 und 337. Wie bei den Francisturbinen strömt das Wasser durch einen Leitapparat mit Drehschaufeln radial zu, wird im sogenannten „schaufellosen Raum" umgelenkt und durchfließt das propellerähnliche Laufrad in axialer Richtung. Diese Turbinen werden ebenfalls an ein Saugrohr angeschlossen, um den verhältnismäßig großen Energieanteil, der noch im abströmenden Wasser enthalten ist und bis zu 50 vH der gesamten Strömungsenergie betragen kann, wirtschaftlich auszunutzen. Das über die Saugrohrdurchbildung bei der Francisturbine Gesagte gilt auch hier.

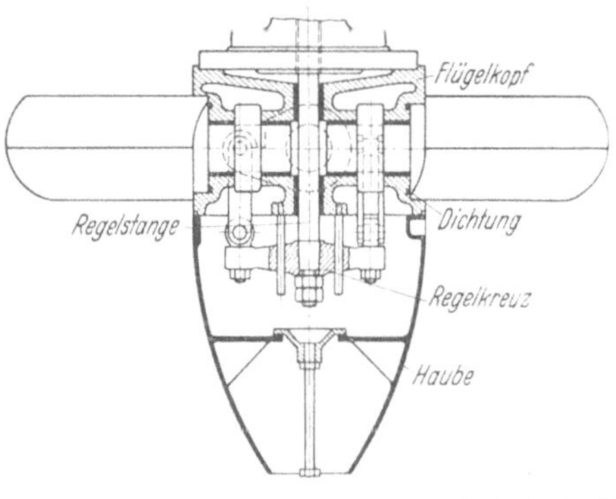

Abb. 338. Kaplanturbinenlaufrad, Axialschnitt durch den Flügelkopf.

Das Laufrad der Kaplanturbine trägt nur wenige, flügelartig gestaltete Schaufeln, die auf der Laufradnabe — dem Flügelkopf — drehbar (Abb. 338) befestigt sind.

---

[1] Gerber, H.: Die Bestimmung des günstigsten Zusammenhanges zwischen Leitapparat und Laufrad von Kaplanturbinen. Escher Wyss Mitt. 1935 S. 107. Maas, A.: Der Einfluß der Propeller- und Kaplanturbinen auf den Ausbau von Wasserkraftanlagen. Escher Wyss Mitt. 1930 Nr. 3.

Die Laufradschaufeln werden selbsttätig im Betrieb zusammen mit den Drehschaufeln des Leitapparates nach bestimmten Bewegungsgesetzen

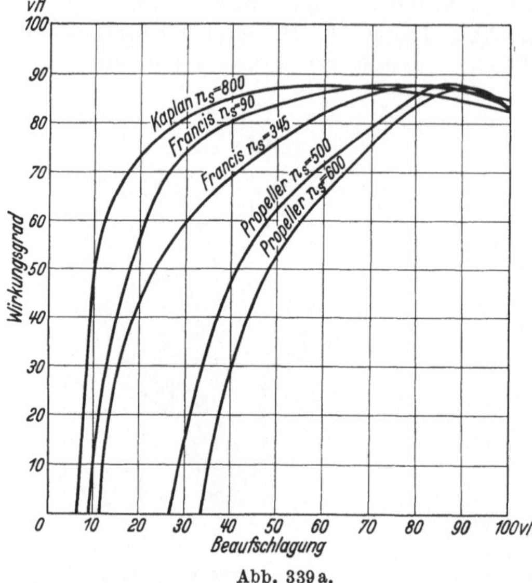

Abb. 339 a.

verstellt, die für einen großen Belastungsbereich sehr günstige Wirkungsgrade ergeben. Bei der Propellerturbine werden die Laufradschaufeln nicht verstellt.

Abb. 339 a und 339 b zeigen Kennlinienzusammenstellungen für Kaplan-, Francis- und Propellerturbinen bei verschiedenen spez. Drehzahlen, wechselnder Beaufschlagung und wechselnder Leistung und lassen die Überlegenheit der Kaplanturbine den anderen Turbinenbauformen gegenüber ohne weiteres erkennen.

Die Kaplanturbinen werden bei kleinen Fallhöhen und großen Wassermengen — also in Niederdruckanlagen — neuerdings ausschließlich gewählt und treten an die Stelle der Zwillings-, Doppel- und Mehrfach-Francisturbinen mit oder ohne zwischengeschaltetem Übersetzungsgetriebe. Die Versuche, die bisherigen geringen Fallhöhen, die bei der Kaplanturbine anwendbar sind, zu vergrößern, haben bereits dazu geführt, bis auf 32 m bei einer Leistung von 33 500 PS heraufgehen zu können (Shannonwerk[1]).

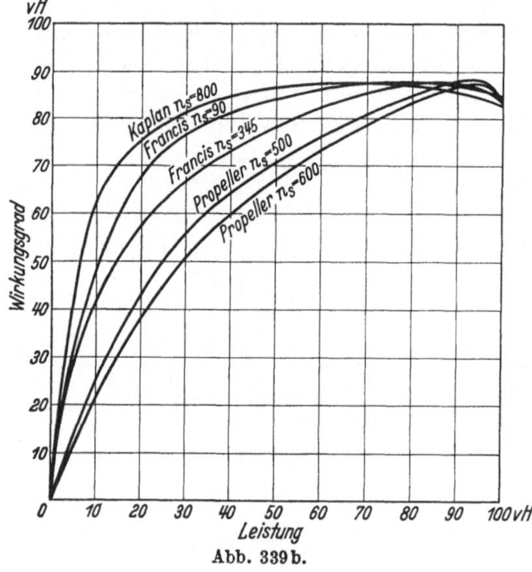

Abb. 339 b.

Abb. 339 a und b. Wirkungsgradkennlinien von Kaplan-, Francis- und Propellerturbinen in Abhängigkeit von der Beaufschlagung und der Leistung für verschiedene spezifische Drehzahlen.

[1] Schmitthenner, Dr.-Ing.: Die Turbinen des Wasserkraftwerkes am Shannon, Irland. Wasserkr. u. Wasserwirtsch. 1930 Heft 21/22; und Kaplanturbinen für große Fallhöhen: Wasserwirtsch. 1934 Heft 9. Demmel, A., und O. Schmidt: Das Rheinkraftwerk Ryburg-Schwörstadt. Z. VDI Bd. 75 (1931) Nr. 15.

Die Betriebsergebnisse sind, soweit bekannt geworden ist, gut. — Die
sehr große Schluckfähigkeit der Kaplanturbine ist besonders günstig
bei Hochwasser, wo die Francisturbinen sehr stark im Wirkungsgrad abfallen. Durch Überöffnen des Leitapparates und der Laufradschaufeln kann die Kaplanturbine eine weit größere Wasserenge als
bei der Regelstellung verarbeiten und dadurch den Leistungsrückgang
infolge der Abnahme der Fallhöhe teilweise ausgleichen.

Der Wirkungsgrad neuzeitiger Kaplanturbinen ist bereits bis zu
93 vH im praktischen Betrieb ermittelt worden. Er verläuft in Abhängigkeit von der Beaufschlagung sehr flach, also betriebswirtschaftlich gesehen sehr günstig. Abb. 340 zeigt den Wirkungsgrad und die
Leistung in Abhängigkeit von der Wassermenge bei gleichbleibender
Fallhöhe. Für den Leerlauf dieser Turbine werden nur 5,6 m³/s be-

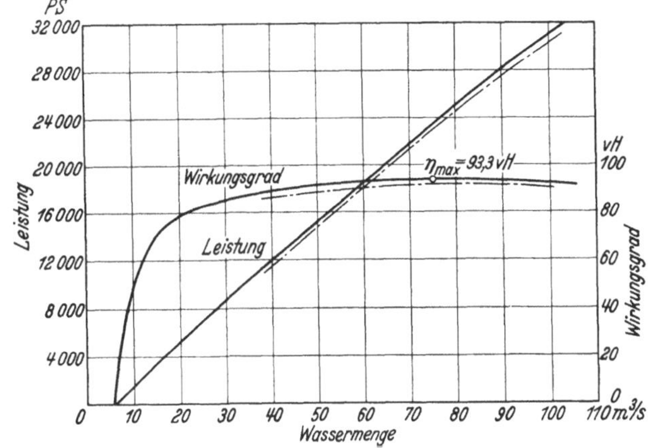

Abb. 340. Wirkungsgrad und Leistung der Shannon-Kaplanturbinen (Voith).
$H = 25,15$ m, $n = 167$ U/min, - - - - gewährleistet, ——— erreicht.

nötigt, bei einer gleich großen Francisturbine würden zum Leerlauf
20,5 m³/s erforderlich sein. Mit dieser Unterschiedswassermenge liefert
die Kaplanturbine bereits 5500 PS bei $\eta_{T_u} = 0,80$.

Ein weiterer wesentlicher Vorteil der Kaplan- und Propellerturbine
ist ihre hohe Schnelläufigkeit, also ihr hohes n_s. Das ermöglicht
meistenteils unmittelbare Kupplung mit dem Generator und billige
Generatoren. Bei sehr kleinen Fallhöhen und nicht zu großen Wassermengen wird allerdings auch bei dieser Turbinenbauform gegebenenfalls ein besonderes Getriebe zwischen Turbine und Generator eingeschaltet.

Abb. 341 zeigt eine ältere Anlage mit Francisturbinen und Abb. 342
die gleiche Anlage mit Kaplanturbinen. Der Vergleich läßt die Vorteile der Kaplanturbinen leicht erkennen. Um den schwankenden
Wasserverhältnissen bei dieser Laufwasserkraftanlage weitgehendst
Rechnung zu tragen und eine möglichst hohe Leistung über den größten
Zeitraum des Jahres zu erzielen, wurde die Turbinenleistung auf 3 Francisturbinen mit senkrechter Welle verteilt. Sie arbeiten ausgelegt für

ihre günstigsten Drehzahlen über Kegelrädergetriebe und unter Zwischenschaltung von Kupplungen, die im Leerlauf bedient werden, auf den Generator von 875 kW bei $\cos\varphi = 0{,}7$ und $n = 375\,\mathrm{U/min}$. Abb. 343 gibt Aufschluß über die jeweils im Betrieb befindlichen Turbinen und den dann erreichten Turbinenwirkungsgrad an der Generatorkupplung.

An Stelle der 3 Francisturbinen würden heute 2 Kaplanturbinen vorteilhafter verwendet werden, die jede für sich einen Generator der halben Leistung über ein hochwertiges Kapselgetriebe antreibt. Schon in der beanspruchten Grundfläche würde sich eine wesentliche Ersparnis ergeben. Die Francisturbinen erfordern $26{,}0 \times 9{,}0 = 234\,\mathrm{m}^2$, die Kaplanturbinen $20{,}6 \times 8{,}0 = 164{,}8\,\mathrm{m}^2$, also um $29{,}6$ vH weniger, was für die gesamten Fundament- und Gebäudekosten bereits beachtlich ist. Da der Einbau der Kaplanturbinen in Form der Heberanordnung vorgesehen

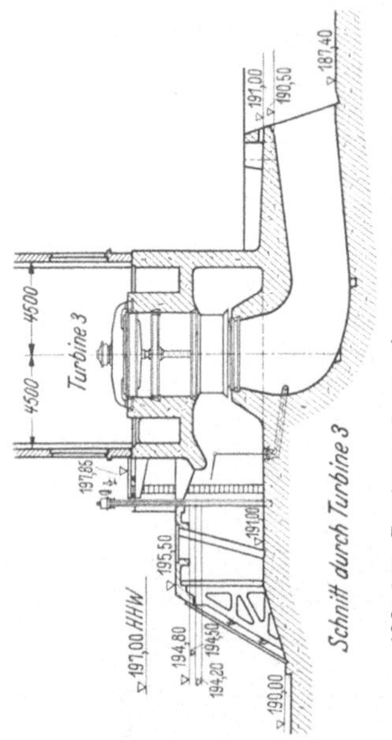

Abb. 341. Laufwasserkraftwerk mit Francisturbinen.

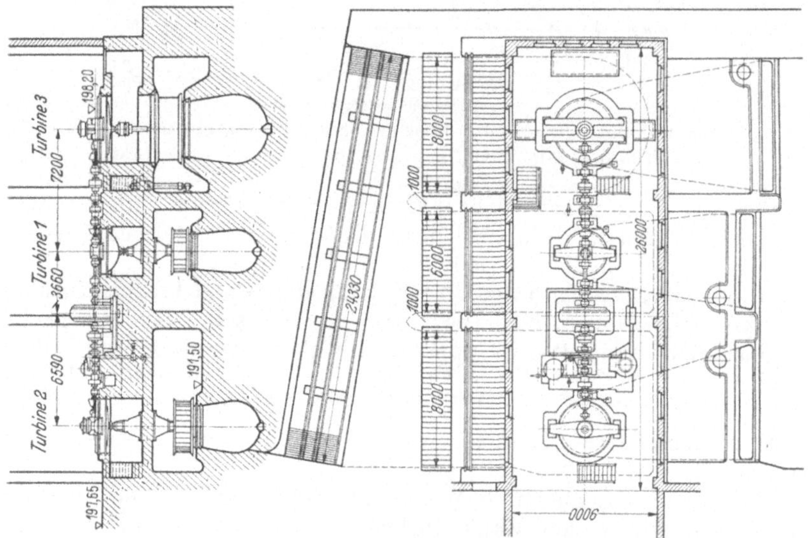

ist, entfallen auch Einlaufschützen, denn zum Anfahren und Stillsetzen werden die Anlaß- und Betriebsentlüfter benutzt.

Aus Abb. 343 geht der Betrieb der Kaplanturbinenanlage und der erzielte Gesamtwirkungsgrad ebenfalls hervor. Letzterer ist wesentlich günstiger als bei den Francisturbinen; er liegt überall höher bis auf die Verarbeitung der großen Wassermengen. Bei diesen muß die Kaplanturbine stark überöffnet laufen. Infolgedessen ist auch die Leistung trotz des etwas niedrigeren Wirkungsgrades höher als die der Francisturbine. Die planimetrierte Fläche ergibt bei den Kaplanturbinen eine Jahresarbeitsmenge von 4430000 kWh und bei den Francisturbinen 4100000 kWh, also nun 8 vH Gewinn.

Aus den Betriebskennlinien ist z. B. Folgendes festzustellen: Die an 200 Tagen im Jahr auftretende Wassermenge beträgt nach der Wassermengendauerlinie $Q = 20{,}5$ m³/s und die dann vorhandene Fallhöhe rd.

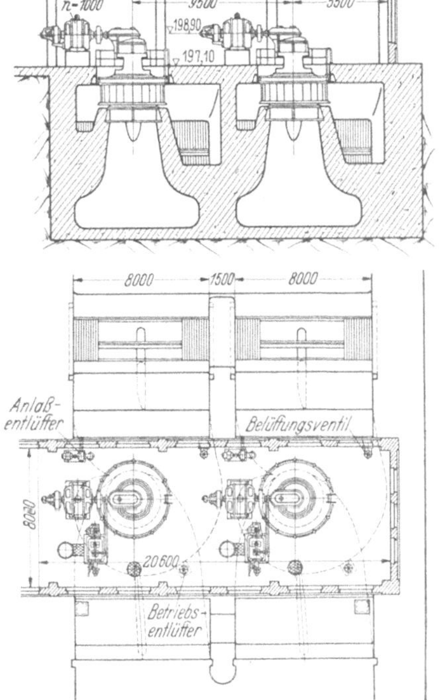

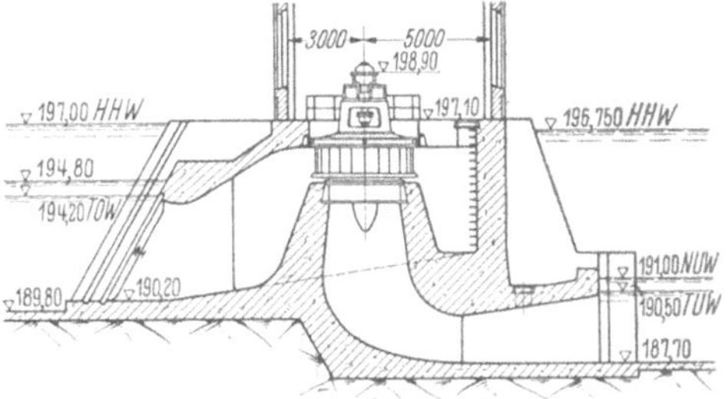

Abb. 342. Laufwasserkraftwerk nach Abb. 341 mit Kaplanturbinen.

$H = 2{,}9$ m. Es leisten in diesem Fall die Francisturbinen 1 und 2 bei einem Gesamtwirkungsgrad von 84 vH an der Kupplung 665 PS und die eine Kaplanturbine bei $\eta_{Tu} = 89$ vH 710 PS $= 6{,}75$ vH mehr.

Die Kosten für die maschinellen Anlagen sind auf heutiger Preisgrundlage etwa gleich anzusetzen. Der Betrieb wird aber bei den Kaplanturbinen wesentlich einfacher, die Unterhaltungskosten werden geringer.

Der Wirkungsgradverlauf der Propellerturbine (Abb. 339a und b) zeigt durch seinen spitzen Anstieg innerhalb einer verhältnismäßig engen Grenze der Beaufschlagung, daß diese Turbine sehr viel schlechter arbeitet als die Kaplan- und Francisturbine. Die Propellerturbine ist im Preis etwas billiger als die Kaplanturbine, doch steht diese Kostenersparnis zumeist in keinem wirtschaftlichen Verhältnis zu dem Ausfall an der Jahreserzeugung elektrischer Arbeit, die bei veränderlichen Wasserverhältnissen eintritt. Untersuchungen nach dieser Richtung sind daher vor endgültigen Entschlüssen sehr sorgfältig durchzuführen, um die höchste Wirtschaftlichkeit des Kraftwerkes zu erreichen.

Die Propellerturbine wird aus diesem Grunde nur selten benutzt, in der Hauptsache nur für Anlagen, die mit annähernd gleicher Wasserführung arbeiten (z. B. in Kanälen) und die mit mehreren Turbinen ausgerüstet sind, durch deren Zu- und Abschaltung eine gute Angleichung an veränderlicher Wasserdarbietung erreichbar ist.

Die Regelung der Kaplanturbine erfolgt durch zwei, einem Doppelregler gemeinsam zugeordnete Servomotoren (Abb. 344). Der eine Servomotor betätigt den Leitapparat, der zweite, der in die hohle Welle axial eingebaut ist, wirkt auf die im Flügelkopf untergebrachte

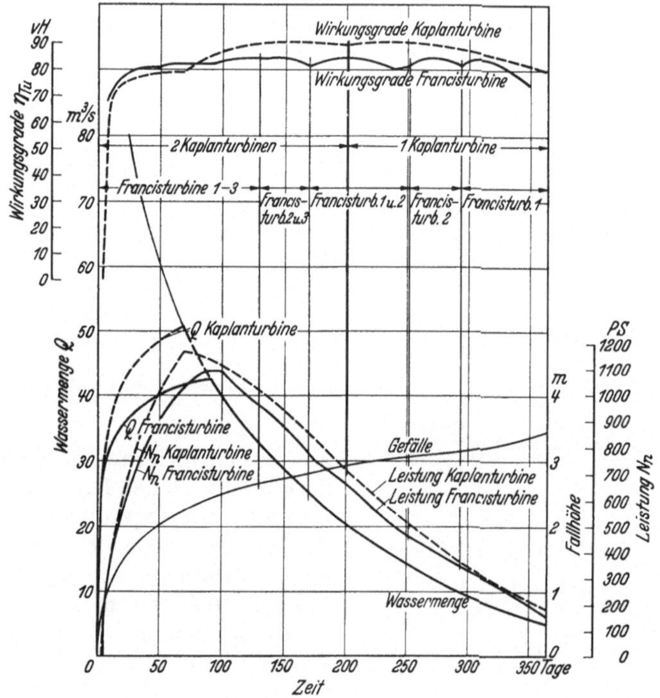

Abb. 343. Turbinenkennlinien für das Laufwasserkraftwerk nach Abb. 341 und 342 bei Francis- und Kaplanturbinen.

Bewegungseinrichtung der Laufradschaufeln. Die Regelung der Propellerturbine gleicht vollständig der der Francisturbine.

Der Einbau mit stehender Welle — die Kaplanturbine wird nur in dieser Bauform ausgeführt — richtet sich wiederum nach den örtlichen Verhältnissen. Abb. 345 zeigt den Schnitt durch ein Kraftwerk mit liegenden Turbinen. Um die geringe Fallhöhe ganz auszunutzen, ist das Saugrohr sehr tief unter den Unterwasserspiegel gezogen und trompetenförmig nach vorne geleitet worden. Um die Strömungsverhältnisse des abfließenden Wassers zu verbessern, ist im Saugrohr eine Leitwand eingebaut.

Bei kleinen Fallhöhen ist eine merkliche Verbilligung der Anlagekosten dadurch zu erreichen, daß die Turbine in eine Heberkammer gelegt wird. Hierbei liegt die Leitradunterkante bei NOWSp höher als der Oberwasserspiegel. Einlaufschützen sind nicht erforderlich, weil

durch Belüftung der Turbinenkammer die Turbine jederzeit abgestellt
werden kann. Diese Anordnung beeinflußt insbesondere die Kosten der
Gründungsarbeiten, da durch die verhältnismäßig hohe Lage der Turbine auch die Saugrohrsohle nachrückt, wodurch die Aushubarbeiten
wesentlich verringert werden. Die Ersparnisse durch den Hebereinlauf
fallen um so mehr ins Gewicht, je größer die Turbine d. h. die zu verarbeitende Wassermenge ist, weil die Kosten sowohl der Schütze und
ihrer Antriebe als auch der Gründungsarbeiten mit den Abmessungen
stark anwachsen.

Der Wirkungsgrad der Turbinen wird durch diese Einbauform nicht
beeinträchtigt.

Abb. 346 zeigt den Längsschnitt einer
Anlage mit Heberkammer[1]. Die Turbine
verarbeitet bei 3,5 m Nutzgefälle 110 m³/s.
Die Leitradunterkante liegt um 0,1 m über
dem Stauspiegel. Beim Anlassen der Turbine wird die Heberkammer, deren luft-
dichte Betondecke 2,1 m über dem Oberwasserspiegel liegt, durch Luftsauger luft-
leer gepumpt. Das Abstellen erfolgt einfach
mit Lufteinlassen in die Heberkammer
durch Öffnen von drei in die Heberdecke
eingesetzten Lufteinlaßventilen, welche
beim Regel-Turbinenbetrieb durch hydraulische Servomotoren, die vom Regler-
windkessel mit Öldruck gespeist werden,
in angehobener Stellung gehalten sind.
Verschwindet dieser Haltedruck, fallen
die Ventile ab und in 15 Sekunden sind
Heberkammer und Turbine wasserfrei.
Diese Heberanordnung hat sich gut bewährt; sie verkürzt die Anlaß- und Ab-
stellzeit gegenüber dem Betrieb mit Schüt-

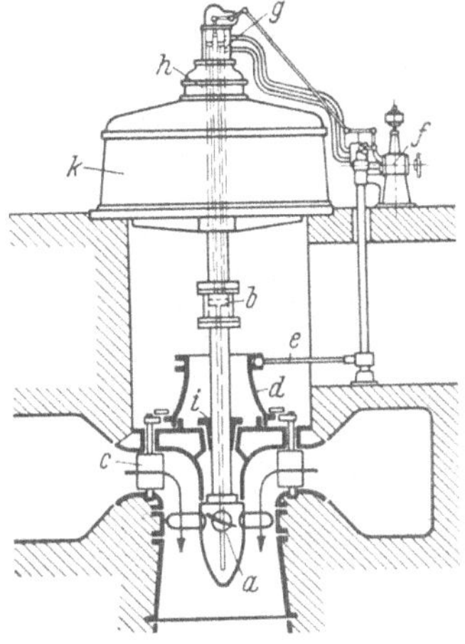

Abb. 344. Kaplanturbine mit Regelung.

a Laufrad mit Drehschaufeln, *b* in die
Welle eingebauter Laufrad-Servo-
motor, *c* Leitradschaufeln, *d* Regelring, *e* Regelgestänge, *f* Doppelregler
mit Leitradservomotor, *g* Ölzuführung
zum Laufradservomotor, *h* Spurlager,
i Führungslager, *k* Generator.

zen. Die Bedienung ist sehr einfach, die Unterhaltungskosten betragen
nur einen Bruchteil derjenigen einer Schützenanordnung.

d) Die Regelung. Dem Turbinenregler kommt neben den Aufgaben,
die die Kraftmaschinenregler an sich stets zu erfüllen haben, noch
eine gesteigerte Bedeutung zu. Es ist bei der Auswahl des Reglers
je nach der betrieblichen Eigenart der Wasserkraftanlage (selbständiges
Werk, Laufwerk, Spitzenwerk, Zubringerwerk für große Netze mit
parallelarbeitenden Wärmekraftmaschinen) der Elektroingenieur mit
zu Rate zu ziehen, weil z. B. beim Parallelbetrieb mehrerer Werke
einzelnen Wasserkraftwerken ganz bestimmte Aufgaben im Rahmen des
Gesamtbetriebes zugewiesen werden, die sie nur bei entsprechender
Wahl der Regler erfüllen können.

---

[1] Canaan, H. F.: Die Entwicklung der Kaplanturbine in den letzten 20 Jahren.
Wasserkr. u. Wasserwirtsch. 1935 Heft 12.

Die Reglergrundbedingungen nämlich Zuverlässigkeit, genügende Genauigkeit, Stetigkeit (Vermeidung des Überregelns) und Schnelligkeit in der Arbeitsweise müssen natürlich sicher erfüllt sein.

Eine Beschreibung der mannigfaltigen Reglerdurchbildungen soll wiederum unterbleiben. Es muß vielmehr nur die grundsätzliche Arbeitsweise der einzelnen gebräuchlicheren Reglerarten bekannt sein.

Die Geschwindigkeitsregelung. Bei der Entlastung einer Turbine steigt die Drehzahl, bei Überlastung fällt sie ab. Die Verstellung

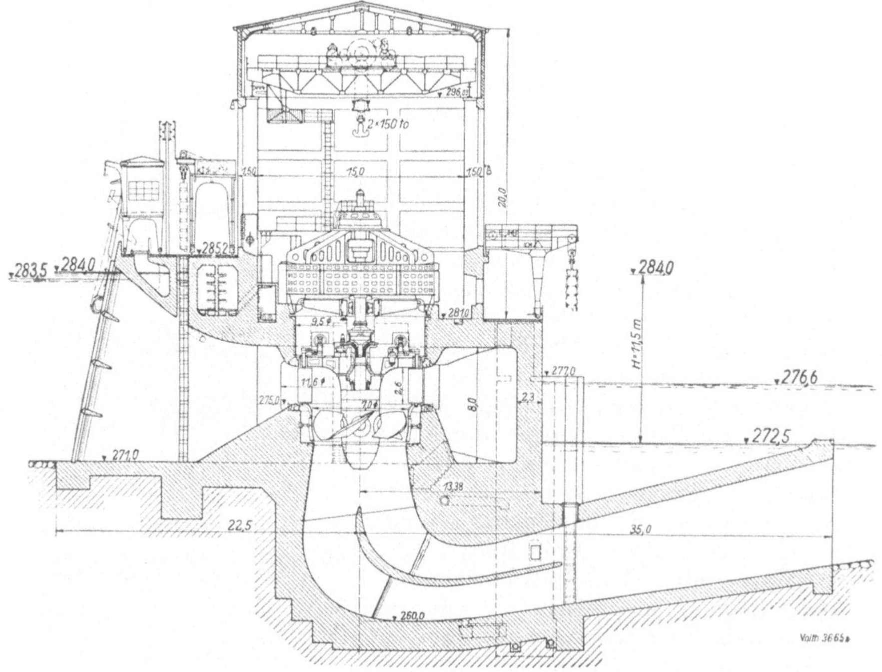

Abb. 345. Schnitt durch das Maschinenhaus eines Großkraftwerkes mit eingebauten Kaplanturbinen (stehende Welle) von 42 500 PS Höchstleistung (Voith).

$H = 11{,}5$ m, $Q = 295$ m³/s, $n = 75$ U/min, $N = 38\,000$ PS, $N_H = 42\,500$ PS.

des Leitapparates regelt die Wassermenge, die dem Laufrad zuströmt, d. h. den Grad der Beaufschlagung und damit die Drehzahl. Das kann von Hand oder selbsttätig durch einen Geschwindigkeitsregler erfolgen.

Die Handregelung erfolgt zu langsam, ist abhängig vom Wärter, oft zu ungenau und daher bei Schwankungen in der Wassermenge oder der Belastung nicht brauchbar. Ein Betrieb mit Handregler ist nur bei kleinen Einzelanlagen möglich, bei öffentlicher Stromversorgung dagegen unzulässig.

Der selbsttätige Geschwindigkeitsregler steuert den Leitapparat. Da hierzu aber wesentlich größere Kräfte am Regler notwendig sind als z. B. bei der Dampfturbine, werden die Geschwindigkeitsregler als Öldruckregler ausgebildet, bei welchen das Verschieben

des Steuergestänges durch Öldruck (Servomotor) erfolgt, der durch
eine Ölpumpe mit zwischengeschaltetem Ölbehälter und Windkessel
erzeugt wird. Zur Einleitung der Reglerbewegung dient zumeist ein
hochempfindliches Fliehkraftpendel.

Das Fliehkraftpendel mit dem Steuerwerk wird entweder durch
eine Riemenübertragung bzw. durch Zahnradübersetzung von der Welle
der Turbine oder durch einen kleinen Synchronmotor angetrieben. Die
Riemenübertragung erfordert Platz und ständige Wartung, sie wird

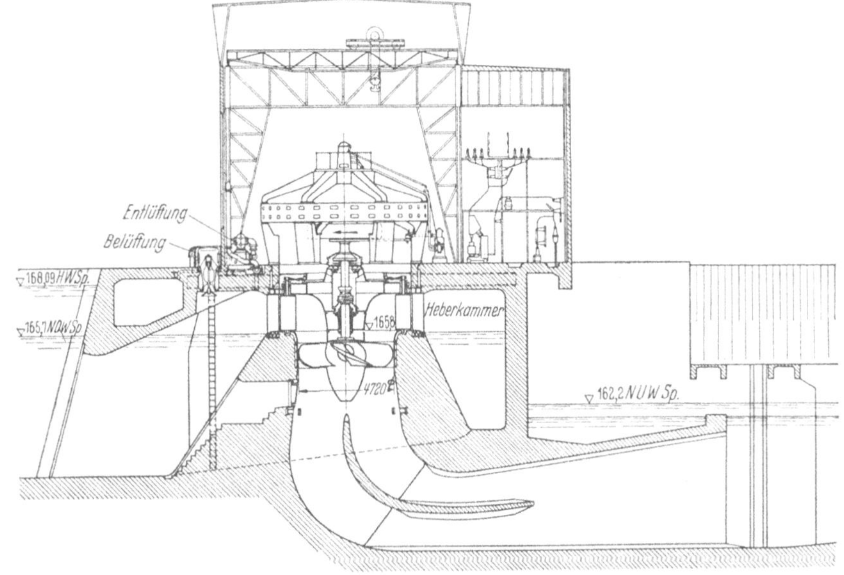

Abb. 346. Einbau einer Kaplanturbine in eine Heberkammer.

trotzdem sehr häufig angewendet und hat selten zu Betriebstörungen
Veranlassung gegeben. Bei Einradturbinen mit fliegend auf der Generatorwelle aufgesetztem Laufrad bereitet die Ausführung der Riemenübertragung Schwierigkeiten. Zur Sicherung der Anlage gegen Riemen-
bruch und Riemenabfall wird eine Riemenbruchsicherung in Form
einer Spannrolle eingeschaltet, die im gegebenen Fall absinkt und dadurch das Hauptsteuerventil des Servomotors auf sofortiges Schließen
des Turbinenleitapparates stellt.

Bei der Zahnradübertragung zwischen Turbinenwelle und Regler
fällt eine besondere Sicherung fort.

Der elektrische Antrieb ist sehr einfach und arbeitet zuverlässig.
Der Strom wird vom Generator bezogen. Zur Sicherung gegen eine
Stromstörung wird ein Hubmagnet verwendet, der beim Ausbleiben
des Stromes abfällt und dann ebenfalls das Hauptsteuerventil auf
Schließen des Leitapparates stellt.

Ölpumpe und Ölbehälter werden bei kleinen Reglern unmittelbar
in einem gußeisernen Fuß untergebracht. Die Pumpe wird so groß be-

messen, daß sie für alle Steuerbewegungen das erforderliche Drucköl
unmittelbar fördert. Bei größeren Reglern wird ein Windkessel zwischen
Pumpe und Steuerwerk geschaltet und das unter Druck stehende Öl
diesem entnommen. Die dann wesentlich kleinere Pumpe hat hier nur
die aus dem Windkessel verbrauchte Ölmenge allmählich nachzufördern,
muß allerdings ständig in Betrieb sein. Eine selbsttätige Zu- und Abschaltung der Pumpe sorgt dafür, daß der Windkessel stets den erforderlichen Druck besitzt, auch wenn die Anlage längere Zeit steht.

Zumeist wird jeder Regler mit dem Hauptsteuerventil, dem Servomotor, den Pumpen, dem Ölbehälter und dem Windkessel in eine Maschinengruppe zusammengefaßt. Das ist besonders dort der Fall, wo
Drucköl nicht noch für andere Zwecke erforderlich ist. Vorteilhaft ist
dabei die gegenseitige Unabhängigkeit der einzelnen Maschinensätze.
Eine Störung an der Ölpumpe setzt allerdings den Maschinensatz sofort und vollständig außer Betrieb. Genügende Auswechselungsstücke
müssen vorhanden sein, um die Zeit der Instandsetzung so kurz wie
möglich zu halten. Auf die Zusammenfassung der Öldruckanlagen in
großen Kraftwerken wird bei der Besprechung der Kraftwerksaus-
gestaltung besonders eingegangen werden.

Maßgeblich für das ordnungsmäßige Arbeiten des Geschwindigkeitsreglers ist das Schwungmoment (GD^2) der umlaufenden Massen des
Maschinensatzes.

Der Schwungmassenbedarf einer Turbine gründet sich auf andere
Verhältnisse als bei den Kolbenmaschinen. Während bei letzteren die
Schwungmassen die periodischen Arbeitsüberschüsse während einer
Umdrehung aufzunehmen und wieder abzugeben haben, gibt die Arbeitsweise des Wassers in der Turbine an sich keine Veranlassung zu
solchen Abweichungen in der Winkelgeschwindigkeit. Die Drehmomente
bleiben hier während einer Umdrehung vollständig gleich, der Ungleichförmigkeitsgrad einer Turbine ist also 1:∞. Für Wasserturbinen sind daher an sich Schwungmassen nicht nötig. Da auch bei
diesen Maschinen nur mittelbar wirkende Regler zur Verwendung
kommen, welche Zeit brauchen, um die Turbine der jeweiligen Last-
schwankung entsprechend zu öffnen und zu schließen, müssen in
dieser Zeit die Schwungmassen den Ausgleich übernehmen. Infolgedessen richtet sich und wächst der Bedarf an Schwungmassen mit
der Länge der Schlußzeit der selbsttätigen Regler. Vom Regler- bzw.
Turbinenhersteller muß daher stets ein bestimmtes Schwungmoment
angegeben werden, das die mit der Turbine zu kuppelnden Massen
aufweisen müssen. Dieses Schwungmoment kann im Laufrad einer
Francisturbine und im Flügelrad der Kaplanturbine nur schwer und in
geringem Maß untergebracht werden und ist daher entweder durch
ein Zusatzschwungrad oder durch entsprechende Ausbildung des umlaufenden Teiles des Generators zu erzeugen. Bei Freistrahlturbinen dagegen kann dasselbe leichter durch die Gewichtserhöhung des Laufrades
erzielt werden.

Abb. 346 zeigt den Drehzahlverlauf für einen Entlastungs- und
einen Belastungsvorgang mit Ungleichförmigkeit im Regler. Der Un-

gleichförmigkeitsgrad ist:

$$\delta = \frac{n_0 - n_u}{n_n} \cdot 100 \, .$$

$n_0 =$ Drehzahl i. d. Min. bei Leerlauf im Beharrungszustand,
$n_u =$ Drehzahl i. d. Min. bei voller Belastung im Beharrungszustand,
$n_n =$ Normaldrehzahl für die Turbine.

Bei Entlastung bleibt eine Drehzahlerhöhung n_1, bei Belastung eine Drehzahlverminderung n_2 gegenüber dem anfänglichen Betriebszustand bestehen, die sich nach der Reglerausführung richtet. Der größte vorübergehende Drehzahlzuwachs bzw. -abfall (Maß b in Abb. 347), der in einer oder mehreren Schwankungen bis zum Abklingen auf den Endzustand eintritt, darf bestimmte Grenzen nicht überschreiten.

Bezeichnet die Strecke a_e bzw. a_b die Größe der Drehzahländerung in vH bei Ent- bzw. Belastung und zwar den Unterschied zwischen der höchsten (bei Entlastung) bzw. der niedrigsten (bei Belastung) während des Regelvorganges auftretenden Drehzahl der Turbine und der Drehzahl bei dem vor dem Eintritt der Belastungsänderung vor-

Abb. 347. Drehzahländerung für einen Entlastungs- und einen Belastungsvorgang mit Ungleichförmigkeit im Regler.

handen gewesenen Beharrungszustand, ferner b_e bzw. b_b das Maß des Abklingens bis auf den neuen Endzustand, so wird durch c_e bzw. c_b die Höhe des bleibenden Ungleichförmigkeitsgrades gekennzeichnet.

Die Drehzahlschwankungen bei Belastungsänderungen müssen sehr klein sein und der Regler muß infolgedessen sehr sicher und zuverlässig arbeiten, sonst können die Frequenz- und Spannungsschwankungen den Betrieb außerordentlich erschweren und unzulässig beeinflussen. In Zahlentafel 49 sind die höchstzulässigen Drehzahlschwankungen zusammengestellt.

Zahlentafel 49. Höchstzulässige Drehzahlschwankungen für die Regelung von Wasserturbinen zum Antrieb von Stromerzeugern.

Plötzliche Belastungsänderung bezogen auf Volleistung	$\mp$ 25 vH	$\mp$ 50 vH	$-$ 100 vH
Freistrahlturbinen:			
Vorübergehende Drehzahländerung $\Big\{$	$+$ 2 bis 6 vH $-$ 3 bis 8 vH	$+$ 4 bis 10 vH $-$ 4 bis 12 vH	$+$ 10 bis 25 vH
Bleibende Drehzahländerung[1] . .	0,2 bis 2 vH	0,3 bis 3 vH	0,1 bis 5 vH
Francis- und Kaplanturbinen:			
Vorübergehende Drehzahländerung $\Big\{$	$+$ 2 bis 5 vH $-$ 2 bis 6 vH	$+$ 3 bis 8 vH $-$ 3 bis 10 vH	$+$ 6 bis 18 vH
Bleibende Drehzahländerung[1] . .	0,2 bis 2 vH	0,3 bis 3 vH	0,4 bis 5 vH

―――――

[1] Die kleinen Werte bei kleinem, die hohen Werte bei großem bleibendem Ungleichförmigkeitsgrad.

Bezeichnet T in s die Schlußzeit bzw. Öffnungszeit des Reglers (Isodromzeit) d. h. diejenige Zeit, die verstreicht, bis der Regler die Leitschaufeln von der vollen Öffnung zum vollständigen Schließen gebracht hat (bei kleinen Turbinen etwa 2 bis 2,5 s, bei großen Turbinen 3 bis 4 s, bei Freistrahlturbinen je nach den Rohrleitungsverhältnissen [siehe weiter unten] 2 bis 3 s), l_R in m die Rohrleitungslänge, v_R in m/sec die Wassergeschwindigkeit in der Rohrleitung, so ist das erforderliche Schwungmoment für einen bestimmten verlangten Wert der Belastungsänderung a_e bzw. a_b (z. B. 3 vH bei $\mp$ 25 vH):

$$\sum G D^2 = 1\,450\,000\ \frac{T \cdot N_n}{a \cdot n^2}\left(1 + 0{,}27\ \frac{l_R \cdot v_R}{H_n \cdot T}\right)^{3/2}\ \text{kgm}^2\,. \tag{149}$$

Die Gl. (149) soll nur dazu dienen, eine Übersicht zu gewinnen, von welchen Einzelwerten das jeweils erforderliche $G D^2$ beeinflußt wird. Das Summenzeichen deutet darauf hin, daß alle für das Schwungmoment vorhandenen Gewichte also auch dasjenige des Turbinenläufers, der Kupplung usw. zu berücksichtigen sind.

Die Schlußzeit T, mit der der Regler arbeiten soll, hängt von der Art der Wasserzuführung ab. Turbinen im offenen Schacht ermöglichen kurze, Turbinen mit Rohrleitungen dagegen verlangen lange Schlußzeiten, weil die in einer langen Rohrleitung auf die Turbine zufließende Wassermenge sich infolge ihres Beharrungsvermögens nur unter Druckänderung auf die dem neuen Wasserverbrauch entsprechende Geschwindigkeit einstellen kann. Ist die Schlußzeit zu kurz bemessen, können unter Umständen so starke Druckänderungen entstehen, daß die Rohrleitung gefährdet wird.

Die kleineren Werte gelten für Turbinen im offenen Schacht, die größeren für ungünstigere Wasserzuführungen, insbesondere auch für Freistrahlturbinen mit ungünstigen Rohrlängen.

Beim Parallelbetrieb ist zu verlangen, daß nach einer Belastungszunahme eine etwas niedrigere, nach einer Belastungsabnahme eine etwas höhere Drehzahl gegenüber der Drehzahl verbleibt, die vor Eintritt der Regelung geherrscht hat. Dieser „bleibende Ungleichförmigkeitsgrad" muß den Betriebsverhältnissen angepaßt werden und soll etwa in den Grenzen 0 bis 5 vH bezogen auf die Betriebsdrehzahl einstellbar sein.

Wenn die geregelte Turbine nicht von anderen Kraftmaschinen abhängig ist, kann die bleibende Ungleichförmigkeit zu Null gemacht werden, so daß die Turbine bei allen Belastungen die gleiche Drehzahl aufweist.

Wenn dagegen die Turbine einen Wechselstromgenerator antreibt, welcher mit anderen Generatoren parallel geschaltet werden soll, muß im allgemeinen eine kleine bleibende Ungleichförmigkeit eingestellt werden (1—2 vH, in besonderen Fällen bis Null herunter) für diejenigen Maschinen oder Werke, die die Belastungsschwankungen des Netzes entsprechend regeln, und ein großer (3 bis 6 vH), wenn die Maschinen möglischst wenig auf Netzleistungsschwankungen ansprechen sollen. Die in der Gewähr der Turbinenhersteller angegebene Größe der bleibenden Ungleichförmigkeit genügt unter normalen Umständen zumeist, um ein ungestörtes Zusammenarbeiten der verschiedenen Regler, insbesondere eine stetige Lastverteilung auf die im Betrieb befindlichen Maschinen zu erzielen. Abb. 348 zeigt den Drehzahlverlauf bei einer selbsttätig geregelten Kaplanturbine mit kleinem und großem bleibenden Ungleichförmigkeitsgrad.

Neben der selbsttätigen Arbeitsweise muß jeder Geschwindigkeitsregler auch eine einfache und jederzeit sofort benutzbare Einstellung von Hand bis zum völligen Abschluß des Leitapparates ermöglichen und ferner eine Drehzahlverstellung der Turbine während des Ganges um ± 5 vH gestatten, um das Parallelschalten des Generators und die Lastverschiebung schnell und sicher vornehmen zu können. Wie bei den anderen Kraftmaschinenreglern wird diese Drehzahlverstellvorrichtung auch elektrisch von der Schalttafel aus betätigt.

Bei Zwillingsturbinen muß der Regler beide Turbinen gleichzeitig beherrschen, andererseits aber auch je nach Erfordernis die Umschaltung auf jede Einzelturbine gestatten.

Ist mit sehr unreinem Wasser zu rechnen, so ist die Drehschaufelregelung ganz besonders sorgfältig durchzubilden, um ein Versagen oder allmähliches Ausleiern einzelner Teile und damit Verschlechterung des Regelvorganges zu verhüten.

Als weitere Anforderungen an den Regler sind zu nennen:

leichte und bequeme Einstellbarkeit für verschiedene Schlußzeiten;

leichtes Anlassen der Turbine nach kurzen Betriebspausen ohne Zuhilfenahme der Handregelung;

größte Regelgenauigkeit, beste Dämpfung der Regelbewegung:

leichte Übersicht und gute Zugänglichkeit zu allen Teilen.

Je schneller und empfindlicher der Geschwindigkeitsregler arbeitet, um so besser kann auch der elektrische Spannungsregler die Spannung des Generators bei raschen und kurzzeitig aufeinanderfolgenden Belastungsänderungen unverändert halten. Da mit jeder Geschwindigkeitsänderung der Turbine auch eine Frequenzänderung des erzeugten Wechselstromes verbunden ist, muß im Verbundbetrieb hinsichtlich

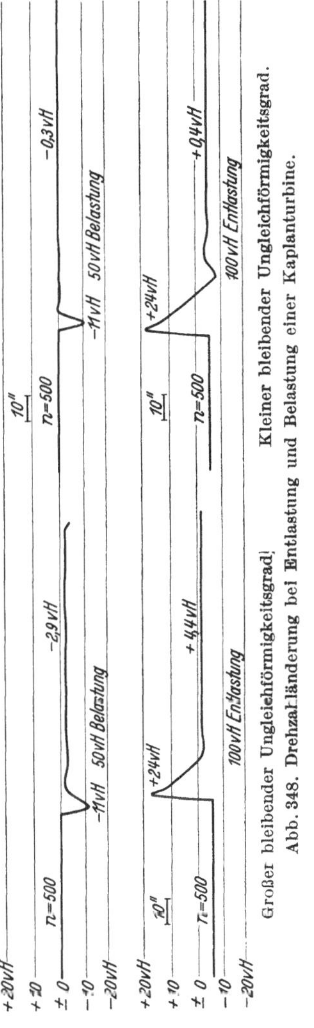

Abb. 348. Drehzahländerung bei Entlastung und Belastung einer Kaplanturbine.

gleichbleibender Frequenz der Geschwindigkeitsregler ebenfalls besonders hohen Anforderungen an Regelgeschwindigkeit genügen und mit sehr kleinem Ungleichförmigkeitsgrad arbeiten. Abb. 349 zeigt einen ungenügenden Frequenzverlauf mit etwa 3 vH Amplitudenwert der Schwankung, Abb. 350 eine wesentlich bessere Frequenzhaltung mit nur etwa 1 vH Amplitudenwert.

Abschließend ist für den Parallelbetrieb mit Wärmekraftanlagen noch darauf hinzuweisen, daß die großen Schwungmassen der Turbinengeneratoren bei größeren und schnelleren Lastschwankungen zwar ausgleichend wirken, aber eine oft nicht erwünschte Verzögerung in der Regelung zur Folge haben. Das tritt dann besonders in die Erscheinung, wenn mit dem Wasserkraftwerk ein Dampfkraftwerk mit Dampfturbinen parallel arbeitet. Letztere bewirken infolge der geringen, in den Läufern vorhandenen Schwungmassen eine bedeutende Steigerung der Gleichförmigkeit des Betriebes und übernehmen die ausgleichende

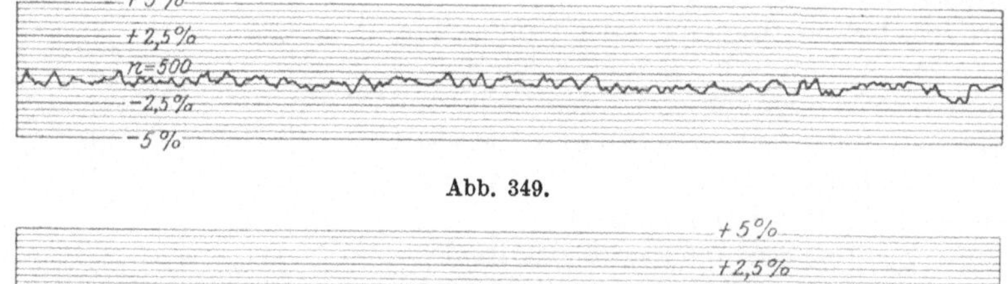

Abb. 349.

Abb. 350.

Abb. 349 und 350. Drehzahländerungen mit unempfindlichem und besonders empfindlichem Regler.

Spannungsregelung. Es ist daher bei einem derartigen Parallelbetrieb die selbsttätige Spannungsregelung in das Dampfturbinenwerk zu verlegen, Schnellregler oder dgl., die im Wasserkraftwerk vorhanden sind, müssen dann für die Zeit des Parallelbetriebes abgeschaltet werden.

Öffnungsbegrenzung. Für Anlagen mit stark schwankendem Wasserzufluß ist unter Umständen eine Begrenzung der Öffnungsbewegung des Reglers erwünscht. Das trifft zu, wenn der Turbine weniger Wasser zuströmt, als sie bei voller Öffnung schlucken könnte. An sich würde dann der Regler den Leitapparat weiter öffnen und der Oberwasserspiegel zu stark abfallen. Bei solchen Wasserverhältnissen wird eine Öffnungsbegrenzung des Leitapparates durch den Regler vorgesehen, die entweder von Hand oder selbsttätig vom Wasserspiegel aus betätigt wird. Mit derselben Vorrichtung kann erreicht werden, daß die Turbine ganz geöffnet wird, wenn bei genügendem Wasserzufluß eine Überlastung auftritt und die Drehzahl abfällt.

Der Doppelregler. Bei Freistrahlturbinen wird, wie bereits erwähnt, zur Vermeidung einer besonderen Druckregelung die Doppelregelung angewendet. Diese Regelung erstreckt sich bei rascher Entlastung der Turbine auf die teilweise oder vollständige Ablenkung des arbeitenden Wasserstrahles vom Laufrad und auf die gleichzeitige Veränderung des Düsenquerschnittes, also damit auf die Verringerung der austretenden Wassermenge. Dadurch werden Druckstöße in der Turbinenrohrleitung vermieden. Der Vollständigkeit wegen sei darauf aufmerksam gemacht, daß hier **wassersparende** und **wasserverschwendende** Reglerbauarten auf dem Markt sind.

Der Druckregler. Treten größere Entlastungen plötzlich auf, so können bei langen Rohrleitungen Gefährdungen Letzterer eintreten. Hier wird dann ein Druckregler eingeschaltet, das ist eine Vorrichtung, die beim raschen Schließen der Turbinenleitvorrichtungen ein Leerlaufventil so weit öffnet, daß durch dasselbe die Wassermenge, die von der Turbine nicht mehr verarbeitet werden kann, ausströmt. Mit dem Aufhören der Regelbewegung schließt der Druckregler selbsttätig das Leerlaufventil wieder ab, jedoch muß dieses so langsam vor sich gehen, daß nicht wiederum eine gefährliche Druckerhöhung verursacht wird. Der Druckregler kann sowohl bei Francis- als auch bei Freistrahlturbinen Anwendung finden.

Die Wasserstandsregelung. Ist mit sehr unregelmäßigem Wasserzufluß zu rechnen, so daß der vorher erwähnte Öffnungsbegrenzer nicht mehr ausreicht, oder soll die Wasserkraftanlage längere Zeit ohne Aufsicht arbeiten, ist schließlich die Turbinengröße einer Wassermenge angepaßt, die nur wenige Monate im Jahr auftritt, und soll in den verbleibenden Zeiten stets die verfügbare Wassermenge bestens verarbeitet werden, so ist die Wasserspiegelregelung zu wählen. Abgesehen von der Regelung durch den Turbinenwärter, die zumeist nicht zu empfehlen ist, da sie zu ungenau und infolgedessen nicht wirtschaftlich genug für die Anlage selbst vorgenommen wird, ist die selbsttätige Wasserstandsregelung entweder allein oder in Verbindung mit einem Geschwindigkeitsregler zu verwenden. Bei dieser Regelung wird der Leitapparat auf die jeweils verfügbare Wassermenge eingestellt.

Die Leitschaufelverstellung erfolgt durch einen Schwimmer im Oberwassergraben, der seine Stellung mittels mechanischer Glieder, elektrisch oder durch Druckluft überträgt. Ist bei derartig geregelten Wasserkraftwerken bzw. einzelnen Turbinen mit einer plötzlichen Entlastung zu rechnen, so ist der Wasserspiegelregler noch mit einer Sicherheitsvorrichtung zu versehen, um das Durchgehen der Turbine zu verhüten.

Sicherheitsvorrichtungen. Sicherheitsvorrichtungen für Turbinenanlagen, die ein Überschreiten der Betriebsdrehzahl über einen bestimmten Betrag verhindern sollen, können je nach der Betriebsweise und Art der Turbinen in verschiedener Form ausgeführt werden (Meldeeinrichtungen, Schließen der Leitapparate). Alle diese Ausführungen bieten jedoch keine volle Gewähr dafür, daß ein Durchgehen der Turbine vermieden wird, weil sie die Ursachen gegen Verstopfungen des Leitapparates oder Einklemmen von Fremdkörpern nicht verhindern können. Außerdem ist das sichere Arbeiten der Sicherheitsvorrichtungen hauptsächlich von der aufmerksamen Wartung und guten Instandhaltung des Reglers, sowie des Leitapparates abhängig.

Als Sicherheitsvorrichtungen sind zu nennen:

Bei Wasserturbinenanlagen, die ständig mit fremden größeren Kraftquellen, welche die Geschwindigkeitsregelung übernehmen, zusammenarbeiten, mechanische bzw. hydraulische Sicherheitsabsteller, die beim Überschreiten einer einstellbaren, höchst zulässigen Drehzahl die Turbine schließen;

Geschwindigkeitsregler mit besonderem Sicherheitspendel, welches beim Überschreiten einer einstellbaren, höchst zulässigen Drehzahl den Regler auf Schließen stellt;

Riemenbruchsicherung;

bei Niederdruckturbinen mit verhältnismäßig hohem Sauggefälle eine besondere, durch ein Pendel einzuschaltende Belüftung des Saugrohres, wodurch eine energische Bremswirkung der Turbine erzielt wird;

bei Freistrahlturbinen eine durch ein Sicherheitspendel betätigte Bremsdüse, die Wasser auf den Schaufelrücken des Laufrades spritzt.

Die Sicherheitsvorrichtungen werden in der Regel so eingestellt, daß sie in Tätigkeit treten, wenn die Drehzahl um etwa 15 vH über die Betriebsdrehzahl angestiegen ist, so daß nicht bei jeder größeren Entlastung eine Störung im Netz durch Stillsetzung der Anlage verursacht wird. Die Drehzahl wird dann bis zum Eintritt des wirksamen Abschlusses noch etwas ansteigen. Der Schluß der Sicherheitsvorrichtungen bei offenen Schachtturbinen ist in wenigen Sekunden statthaft, während bei Rohrleitungsturbinen ohne Druckregelung Rücksicht auf die zulässig höchsten Drucksteigerungen in der Rohrleitung zu nehmen ist, und die zugehörige Schlußzeit daher von Fall zu Fall bestimmt werden muß.

Der normale Geschwindigkeitsregler ergibt bei einer plötzlichen vollständigen Entlastung für das Regelspiel, bis die Turbine ihre Betriebsdrehzahl wieder erreicht hat, je nach der Größe der Anlage einen Zeitraum von etwa 15 bis 50 Sekunden.

Schnellschlußvorrichtungen in der Wasserzufuhr z. B. durch selbsttätige Fallschützen lassen sich bei offenen Schachtturbinen benutzen. Bei Rohrleitungsturbinen muß eine besondere Druckregelung durch Nebenauslaß vorgesehen werden.

Der elektrische Widerstandsregler. Neben den hydraulischen Geschwindigkeitsreglern kommt in kleineren Anlagen auch der elektrische Widerstandsregler zur Anwendung. Seine Aufgabe liegt darin, bei Entlastungen der Turbine die vom Generator erzeugte Überleistung zu vernichten, dadurch also die Belastung des Generators unverändert zu halten und den immerhin teueren Geschwindigkeitsregler zu vermeiden. Die Turbine wird der jeweils für einen längern Zeitraum zu erwartenden oder bestimmten Wassermenge in der Beaufschlagung angepaßt bzw. der größten benötigten Leistung entsprechend eingestellt, während der elektrische Widerstandsregler selbsttätig die Geschwindigkeitsregelung übernimmt. Dadurch werden alle Druckschwankungen oder Stöße in der Turbinenrohrleitung bei Belastungsänderungen ausgeschlossen und Nebenauslässe bei Freistrahlturbinen vermieden. Die in den Generatorläufern vorhandenen Schwungmassen genügen in vielen Fällen zur Herbeiführung einer ausreichenden Regelung. Die bei plötzlicher vollständiger Entlastung auftretende Drehzahlerhöhung kann auf etwa 10 vH sicher begrenzt werden.

Die Regler dieser Art bestehen aus einem Fliehkraftschalter, welcher bei zunehmender Drehzahl einen elektrischen Widerstand vergrößert, bei abnehmender Drehzahl vermindert. Die Anschaffungs- und Unterhaltungskosten können bei großen Leistungen und großem Regelbereich unter Umständen sehr hoch sein. Bei mehreren parallel arbeitenden Generatoren ist nur ein gemeinschaftlicher Widerstandsregler erforderlich. Über die Wirtschaftlichkeit müssen besondere Rechnungen angestellt werden, da es zumeist nicht möglich sein wird, die im Widerstand bei der Vernichtung der elektrischen Energie erzeugte Wärme anderweitig nutzbringend zu verwerten. Bei großen Widerständen ist eine Kühlung durch Wasser notwendig, wobei für dieses Kühlwasser dieselben Bedingungen gelten, wie für das Kühlwasser von Transformatoren.

Die Größe des Widerstandes richtet sich nach den möglichen Belastungsschwankungen und wird im allgemeinen so bestimmt werden können, daß etwa ⅔ der vollen Turbinenleistung bei kleineren Anlagen, ½ bis zu ¼ bei größeren vernichtbar ist.

e) Die Wahl des Reglers mit Rücksicht auf die elektrischen Verhältnisse ist in kleinen und mittleren Kraftwerken dann, wenn jedes Turbinenkraftwerk selbständig sein eigenes Netz zu speisen hat, nicht an besondere Bedingungen geknüpft. Es muß stets ein Geschwindigkeitsregler für jede Turbine vorhanden sein. Daß die Regler der verschiedenen Maschinen in einem Kraftwerk untereinander in Übereinstimmung arbeiten müssen, wenn die Generatoren auf Sammelschienen parallel geschaltet sind, ist selbstverständlich.

Arbeiten dagegen mehrere Wasserkraftwerke untereinander parallel, deren Wasserzuflußverhältnisse wesentlich voneinander abweichen (z. B. Lauf- und Spitzenwerke), so sollen die Laufwerke an den Belastungsschwankungen nicht teilnehmen, also die Turbinen nicht geregelt werden. Sie werden vielmehr mit unveränderter Beaufschlagung (für bestimmte Zeitabschnitte) betrieben. Die Geschwindigkeitsregler werden ausgeschaltet und die Leitschaufeln von Fall zu Fall auf die jeweils (z. B. täglich) verfügbare Wassermenge eingestellt. Die Ausregelung der Belastungsschwankungen, also die Deckung der Spitzenbelastungen, erfolgt hier lediglich im Spitzenkraftwerk. Wird das Laufwerk zudem mit Wasserspiegelreglern ausgerüstet, so kann, wenn die Belastung der Leistung des Laufwerkes entspricht oder über dieser liegt, das jeweils verfügbare Wasser vollständig bei günstigstem Wirkungsgrad verarbeitet werden. Ist mit abnehmenden Belastungen in dem Umfang zu rechnen (z. B. des Nachts), daß das Spitzenwerk abgeschaltet werden kann, so müssen die dann noch in Betrieb zu haltenden Turbinen des Laufwerkes mit Geschwindigkeitsreglern arbeiten, um den elektrischen Forderungen zu genügen. Nur bei sehr kleinen, als Zubringerwerke anzusehenden Wasserkraftwerken, die in ihrem Leistungsbereich wesentlich unter der niedrigsten vorkommenden Belastung liegen, können Geschwindigkeitsregler überhaupt entfallen, wenn Wasserspiegelregler und Sicherheitsvorrichtungen gegen das Durchgehen der Turbinen vorhanden sind. Die Anlage wird bei bester wirtschaftlicher Ausnutzung der Wassermenge am einfachsten und billigsten.

In ähnlicher, dagegen noch weit ausgeprägterer Weise ist bei der Auswahl der Regler vorzugehen, wenn an Stelle des Spitzenwerkes oder zu diesem noch Parallelbetrieb mit Wärmekraftanlagen stattfindet. Hier ist es Aufgabe der Wasserkraftwerke, ihre gesamte Leistung in allen Fällen dem Netz zur Deckung der Grundbelastung zur Verfügung zu stellen, während die darüber erforderliche Energie aus den Dampfkraftwerken abzugeben ist. Arbeiten neben Wasserkraftwerken kleine Zubringerwerke und Werke mit Stauanlagen zusammen, so sind die Zubringerwerke mit Wasserspiegelreglern, die anderen Wasserkraftanlagen mit besonders eingestellten Geschwindigkeitsreglern in der Form zu betreiben, daß hier dann das parallelarbeitende Wärmekraftwerk die Ausregelung aller Lastschwankungen übernimmt, während die Wasserkraftwerke wiederum die Grundbelastung dauernd zu decken haben. Das ist auch hinsichtlich der Spannungsregelung der Generatoren erwünscht. Geht die Belastung zeitweilig so weit herab, daß das Dampfkraftwerk und bei ausgedehnteren Anlagen auch ein Teil der Wasserkraftwerke abzuschalten sind, so muß eine derjenigen Wasserkraftanlagen, die noch im Betrieb bleibt, mit Geschwindigkeitsreglern ausgerüstet sein, um nunmehr den ordnungsmäßigen Betrieb in elektrischer Hinsicht für das Netz aufrechtzuerhalten. Alle übrigen Zubringerwerke bedürfen keines besonderen Geschwindigkeitsreglers.

Treten bei Wasserkraftwerken zur Stromversorgung von Industrieanlagen oder großen Bahnanlagen ständig mehr oder weniger große Belastungsschwankungen stoßweise und für längere Zeit auf, so ist zu bedenken, daß aus der Natur der Turbine heraus diese nicht überlastbar ist. Bei der Leistungsbestimmung ist infolgedessen auf diese Belastungsspitzen zu achten. Der Regler ist nicht imstande, die Überlastung und den damit verbundenen Drehzahlabfall zu beherrschen, wenn erstere über der Höchstleistung der Turbine bei bestimmten Wasserverhältnissen liegt. Hier müssen dann die einzelnen, in einem Kraftwerk vorhandenen Turbinensätze in ihren Leistungsverhältnissen derart bestimmt werden, daß die Überlastung noch innerhalb des normalen Leistungsbereiches der Turbinen liegen. Man wird also die normalen Leistungen zu etwa ¾ oder darüber festsetzen, je nachdem die Belastungsstöße ihrer Größe nach zu erwarten sind. Auch der Einbau besonders schwerer Schwungmassen kann hier nur wenig helfen, weil die erforderliche Leistung nach Verbrauch der in den Schwungmassen aufgespeicherten Energie von der Turbine nicht herausgebracht werden kann. Nach dieser Richtung hat also der Turbinenfachmann mit dem Elektroingenieur wiederum Hand in Hand zu arbeiten.

34. Das Kraftwerk.

a) Für alle **Flußwasserkraftwerke** ergibt sich die Lage des Maschinenhauses zur Flußrichtung zumeist von selbst und zwar quer zu dieser. Damit ist auch die Aufstellung der Maschinen nebeneinander in Achsenrichtung gegeben. Vor und hinter dem Maschinenhaus in Fluß-

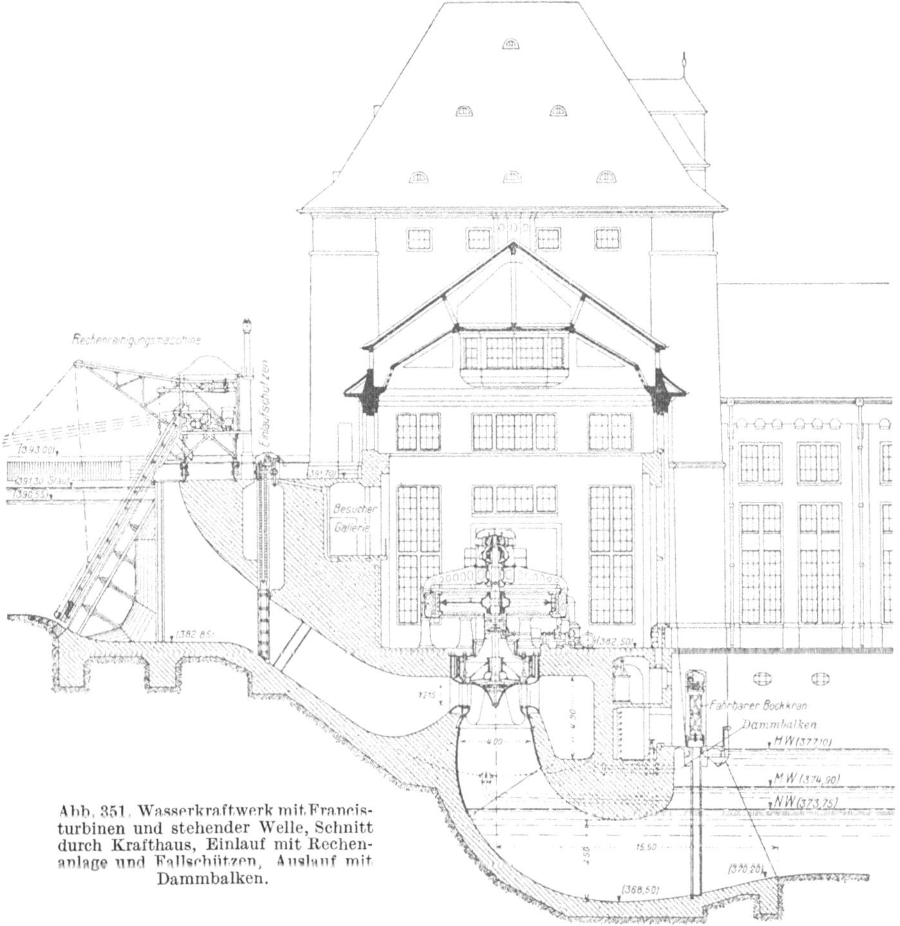

Abb. 351. Wasserkraftwerk mit Francis-turbinen und stehender Welle, Schnitt durch Krafthaus, Einlauf mit Rechen-anlage und Fallschützen, Auslauf mit Dammbalken.

richtung gesehen werden die Abschlußvorrichtungen für die einzelnen Turbinen angeordnet. Beim Einlauf kommt dazu noch der Rechen zur Fernhaltung des Geschwemmsels und Geschiebes. Bei kleinen Anlagen werden die Rechen von Hand, bei größeren Anlagen mit Hilfe einer Rechenreinigungsmaschine freigehalten. Die ständige Sauberhaltung des Rechens besonders von Vorlagerungen aus Staub, Nadeln, Reisig usw. ist mit Sorgfalt zu überwachen, um ein Zusetzen des Rechens und damit eine Beschädigung desselben durch Unterdruckwirkung der arbeitenden Turbinen zu verhüten. Ist mit starkem Geschiebe zu rechnen, muß noch ein **Grobrechen** vorgebaut werden. Der beim Durchfluß durch den Rechen entstehende Druckverlust muß beachtet werden. Die Abschlußvorrichtungen für den Wasserzulauf bestehen entweder aus einzelnen Tafeln (**Dammtafeln**) in handlichen Abmessungen, die in Nischen geführt aufeinander gesetzt werden und gut dicht schließen müssen, um die Turbinenkammer wasserfrei zu erhalten, oder aus **Schützentafeln**, die mittels Dreh- oder geradliniger Bewegung gehoben und gesenkt werden. Für die Unterwasserseite sind solche Dammtafeln ebenfalls vorzusehen, um die Turbinen bei Untersuchungen vollständig wasserfrei und von einander unabhängig zu machen. Die Fallhöhe über

Abb. 352. Drosselklappe (ganz geöffnet).

die ganze Flußbreite wird durch ein bewegliches **Wehr** hergestellt und eingestellt. Floßgasse und Fischpaß werden zumeist gefordert werden. Abb. 351 zeigt den Schnitt durch ein Flußwasserkraftwerk und läßt das Gesagte ohne Schwierigkeit erkennen.

b) Für alle **Speicherwasserkraftwerke** mit Druckrohren richtet sich die Lage des Kraftwerkes und die Aufstellung der Maschinensätze nach der Lage des Unterbeckens zur Rohrleitung. Grundsätzlich ist bei der Rohrführung darauf zu achten, daß, wie schon wiederholt gesagt, tunlichst wenig Krümmer und Abzweigstücke notwendig werden, die die Rohrreibungsverluste erhöhen und die Erfüllung der Regelbedingungen erschweren, zudem auch unter Umständen teuere Rohrverankerungen und Festpunkte zur Aufnahme der Druckbeanspruchungen beim plötzlichen Schließen der Turbinen erforderlich machen. Zu den einzelnen Ausführungsmöglichkeiten sind besondere Bemerkungen nur hinsichtlich der Betriebsbeweglichkeit bei Instandsetzungsarbeiten zu machen. Diese Betriebsbeweglichkeit wird bestimmt durch die Zahl und **Lage**

der Abschlußvorrichtungen. Sammelleitungen zur Wasserverteilung auf die Turbinen sind möglichst zu vermeiden, da sie hydraulisch, betrieblich und wirtschaftlich eine schlechte Lösung darstellen.

Als Abschlußvorrichtungen werden Drosselklappen[1] oder Kugel- und ähnliche Schieber verwendet, deren Wahl sich nach den Betriebsbedingungen richtet. Da die Regelung der Wassermenge durch die Düsen der Freistrahlturbine oder die Leitradverstellung der Francis- und Kaplanturbinen erfolgt, genügen zumeist Drosselklappen (Abb. 352) bei den Turbinen, die nur bei ruhender Wassersäule bedient und nur in voll geöffneter oder voll geschlossener Stellung benutzt werden dürfen.

Abb. 353a. Kugelschieber mit Handantrieb, geöffnet.

Genügt diese einfache Vorrichtung nicht insbesondere wenn die einzelnen Turbinen an Rohrverzweigungen oder Sammelleitungen angeschlossen sind, dann ist der Kugelschieber (Abb. 353) bzw. eine ähnliche Bauart zu verwenden. Schieber dieser Art müssen unter Wasserdruck bedienbar sein, dürfen im Betrieb keine Erschütterungen aufweisen, müssen leicht schaltbar sein, ohne Schwierigkeiten beaufsichtigt und instandgesetzt werden können. Sie dürfen außerdem in vollgeöffneter Stellung keine zusätzlichen Druckverluste verursachen.

Am Einlauf des Speicherbeckens werden diese Verschlußvorrichtungen nicht verwendet. Da auch die Rohreinmündung in das Becken (Einlaufbauwerk) der Wartung unterliegt und diese aus hydraulischen Gründen trom-

Abb. 353b. Kugelschieber mit Servomotor, geschlossen.

petenartig erweitert werden muß, werden dann Schützentafeln benutzt, die so zu bemessen sind, daß sie gegen den vollen Wasserdruck bei geöffneter Turbine geschlossen werden können. Diese Schützen wer-

---

[1] Keller, C., u. F. Salzmann: Luft-Modellversuche an Drosselklappen. Escher Wyss Mitt. 1936 Heft 1.

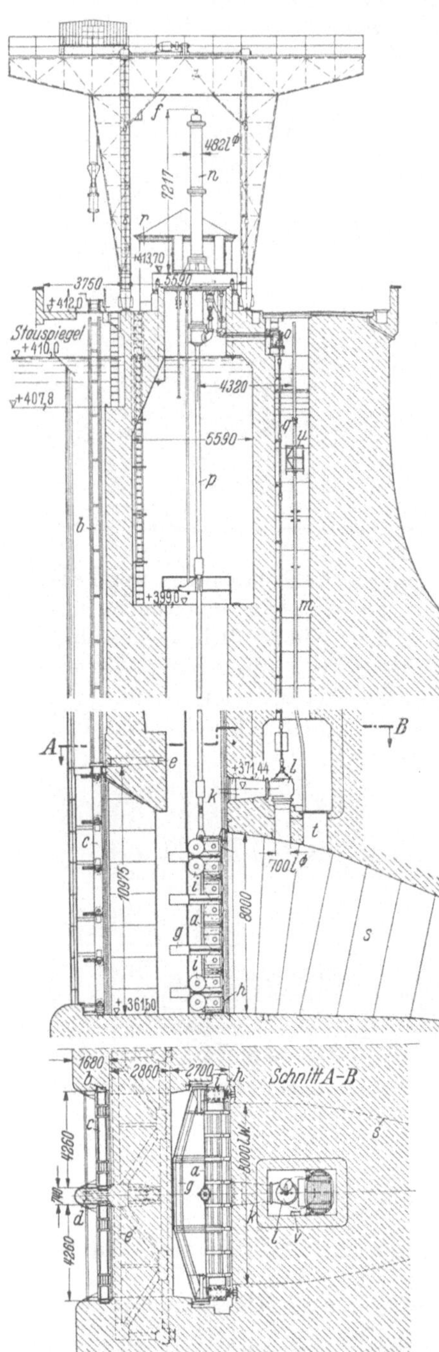

Abb. 354. Einlaufbauwerk in der Sperrmauer
der Saaletalsperre am Bleiloch.

a Rollschützentafel, *b* Nische für den Feinrechen *c*,
c Feinrechen, *d* Mittelpfeiler, *e* Fachwerkverstei-
fung für *d*, *f* Portalkran, *g* Trägerjoche der Schützentafel *a*, *h* Laufrollen der Schützentafel *a*, *i* Ge-
genrollen der Schützentafel *a*, *k* Umlaufleitung,
l Schieber zu *k*, *m* Schacht mit Schieberkammer,
n Servomotor für die Schütze *a*, *o* Servomotor
für den Umlaufschieber *l*, *p*, *q* Zugstangen von
den Servomotoren *n* und *o*, *r* Pumpen- und Steuer-
haus, *s* Druckrohrleitung, *t* Entlüftungsstutzen,
u Fahrstuhl, mittels des Krans *f* bewegt, *v* Notleiter.

den entweder mit Ketten oder Seilen
gehoben und gesenkt oder bei sehr
großen Tiefen mit Gestänge und Öldruck für ihre Bewegungen gesteuert.
Sie sind mit einer Sicherheitsvorrichtung zu versehen, deren
Betätigung den sofortigen freien
Fall der Schütze bis zur Schluß-
stellung auslöst, um bei Gefahr die
Rohrleitung sicher und schnell ab-
zuschließen (Schnellschlußvorrichtung). Die Betätigung dieser
Schnellschlußvorrichtung soll vom
Kraftwerk, vom Einlaufbauwerk
und gegebenenfalls noch von dem
Betriebsbüro und der Warte möglich sein, sofern von diesen die Gesamtanlage jederzeit frei und vollständig überblickt werden kann.
Die Auslösung der Sicherheitsvorrichtung erfolgt elektrisch. Sie ist
an eine völlig unabhängige Stromquelle, am zweckmäßigsten an die
für die Notbeleuchtung vorzusehende Batterie anzuschließen.
Auf Einzelheiten in der Durchbildung dieses Einlaufbauwerkes
mit seinen Druckölpumpen, Steueranlagen usw. soll nicht näher eingegangen werden. Abb. 354 zeigt
hierfür ein Beispiel aus den Anlagen
der Bleilochsperre und Abb. 355 den
Schnitt durch die Sperrmauer mit
der Rohrleitung und dem Kraftwerk.

c) Die Druckrohrleitungen[1]. Für
die Durchbildung der gesam-

---

[1] Hruschka, A. Dr. techn.: Druckrohrleitungen der Wasserkraftwerke. Berlin: Julius Springer 1929.

ten Rohranlage müssen in erster Linie die Betriebs- und Sicherheits-
bedingungen bestimmend sein, wirtschaftliche Unterschiede haben hier
erst in zweiter Linie Berücksichtigung zu finden. Der Turbinenlieferer wird bei den einzelnen Ausführungsmöglichkeiten den Ausschlag
zu geben haben.

Die Rohrleitungen[1] nach Zahl der Rohrstränge, der Lichtweiten,
nach Baustoff, Aufbau und Verlegung zu bearbeiten, ist Sache des
Turbinenbauers. Für die Sicherheit muß der Rohrlieferer die Gewähr
leisten, für die Verluste ist bei sachgemäßer Ausführung der Rohr-

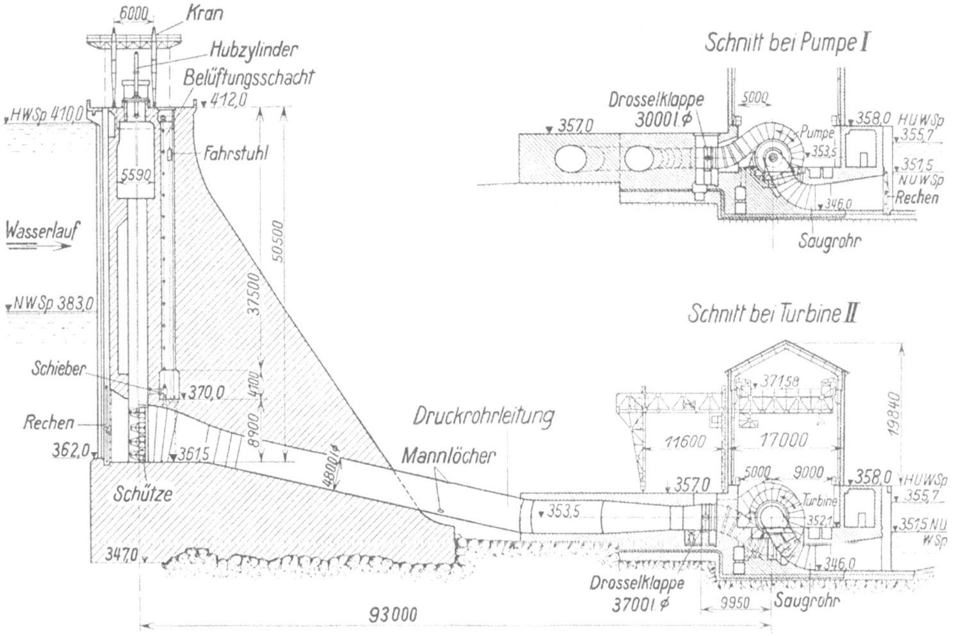

Abb. 355. Schnitt durch die Hauptsperrmauer, die Rohrleitung und das Kraftwerk der Saaletalsperre am Bleiloch (Turbinen- und Pumpenaufstellung).

leitung der Turbinenlieferer verantwortlich, da dieser die Baudaten anzugeben hat. Letzteres zu fordern ist zweckmäßig, wenn die Lieferung der
Rohrleitungen und Turbinen nicht in einer Hand liegt, um bei den
Abnahmeversuchen und der Feststellung der Verluste keinen Streit
aufkommen zu lassen. Die Beurteilung des Entwurfes der Rohrleitung
hat sowohl nach den technischen Einzelheiten (geschweißte, genietete,
gezogene Rohre, Baustoff, Muffen, Flanschen, Ausdehnungsstücke,
Stopfbuchsen, Lagerung, Abstützung, Zusammenbau, Verankerungen,
Anschluß an die Abschlußeinrichtungen) als auch nach der wirtschaft-
lichen Seite zu erfolgen, wobei Herstellungskosten und Druckverlust,
Unterhaltung und Sicherheit in die Rechnung einzustellen sind.

---

[1] Tölke, D.-Ing. F.: Über die Fortschritte in der Herstellung und Pla-
nung von Druckrohrleitungen. Bauing. 1934 Heft 43/44 S. 424.

Eisenbeton- und Holzrohrleitungen werden für Wasserkraftanlagen nicht verlegt, es kommen nur schmiedeeiserne Druckleitungen zur Anwendung. Für kleinere und mittlere Fallhöhen und Rohrdurchmesser, die den Bahnversand der Rohrschüsse zulassen, werden diese Leitungen in neuerer Zeit immer mehr geschweißt, weil bei dieser Herstellung eine bedeutend bessere Baustoffausnützung infolge der größeren Festigkeit und Sicherheit der Naht und eine Baustoffersparnis durch Fortfall der Laschen und Nieten erzielt werden kann. Die Verbindung der einzelnen Rohrschüsse erfolgt gleichfalls durch Schweißen, oder, wenn Wintermontage in Frage kommt, besser durch Nietung. Für sehr große Durchmesser wird, wenn der Zusammenbau aus einzelnen Halbschalen auf der Baustelle erfolgen muß, die Nietung zur Zeit noch vorgezogen. Bei der Wahl der Laschen- und Nietverbindungen ist auf die Reibungsverluste besonders zu achten. Als Baustoffe werden Stahl 37 oder 42 und auch Kesselblech gewählt. Die Baustoffbeanspruchung im vollen Blech beträgt etwa 800 kg/cm². Für große Fallhöhen und entsprechende Abmessungen der Rohre werden wassergasüberlapptgeschweißte Rohre mit und ohne Bandagen, nahtlos gezogene oder nahtlos geschmiedete Rohre verwendet. Die zulässige Beanspruchung im vollen Blech beträgt für die ersteren etwa 800 bis 900 kg/cm², für die letzteren etwa 1000 bis 1100 kg/cm². Ein Rostzuschlag von 1 bis 2 mm (2 bis 3 vH) sollte stets berücksichtigt werden. Um das Rosten wesentlich zu beschränken ist ein Kupferzusatz zum Stahl zu empfehlen, der zu etwa 0,25 bis 0,33 vH gewählt wird. Die Festigkeit geht dabei um etwa 4 vH zurück. An Stelle des Kupferzusatzes ist auch die Verwendung von besonderem, nichtrostendem Stahl zu prüfen. Bei säurehaltigem Wasser ist der Kupferzusatz nicht zu benutzen, da unter Umständen Korrosionen durch elektrolytischen Einfluß eintreten können.

Kleine Druckrohrleitungen werden meist im Graben, größere Rohrleitungen dagegen offen verlegt und mit Festpunkten[1] an den Gefällsbrüchen versehen, die unter Berücksichtigung aller einwirkenden Kräfte statisch zu berechnen sind. Abb. 356 zeigt eine solche Rohrverlegung. Unterhalb dieser Festpunkte werden Ausdehnungsstücke eingebaut, um die infolge der Temperaturunterschiede auftretenden unvermeidlichen Längenausdehnungen auszugleichen. Die Rohrsockel erhalten vorteilhaft Gleitsättel aus Eisenblech oder Baueisen, um die auf die Festpunkte wirkenden Kräfte zu vermindern. Die Krümmer werden in den Festpunkten mit Bügeln und Winkeleisenringen verankert.

In Gebirgsgegenden wird bei guter Beschaffenheit des Gesteins und entsprechenden örtlichen Verhältnissen die Wasserzuführung in das Innere des Berges verlegt und die Rohrleitung als Druckschachtauskleidung ausgebildet. Hierdurch kann eine Verbilligung erzielt werden, wenn der das Rohr umgebende Beton und das Gestein zur Aufnahme eines Teiles der Beanspruchungen (etwa bis zu 25 vH)

---

[1] Hermann: Hydraulische Gesichtspunkte für die Verlegung von Druckrohrleitungen und die Errichtung von Wasserschlössern. Escher Wyss-Mitt. 1928 S. 176. Klein, H. J.: Rohrleitungen für Wasserkraftanlagen. Escher Wiss Mitt. 1930 S. 75.

herangezogen werden. Das gilt auch bei Talsperren für den Rohrteil, der in Mauer liegt.

Wenn die Abmessungen es zulassen, sollen die Rohrschüsse im Werk einem Probedruck unterworfen werden, der dem 1½fachen statischen Druck an der betreffenden Stelle entspricht. Zonenproben der fertig verlegten Leitung werden mit dem am oberen Ende der betreffenden Zone herrschenden statischen Druck + 50 vH vorgenommen.

Die Rohrleitungen werden innen und außen entweder mit heißaufgetragenem Teerasphalt oder säurefreier Teerfarbe gestrichen, um sie noch besonders gegen Rost zu schützen. Als Außenfarben sind nur erprobte Farben zu wählen, damit sie den Witterungsverhältnissen standhalten und nicht schon nach kurzer Betriebszeit zu Instandsetzungen oder teueren Neuanstrich zwingen.

Auf die Berechnung der Rohrleitung selbst kann nicht näher eingegangen werden. Dem Angebot soll zum mindesten eine überschlägliche Berechnung beigefügt sein, um an Hand dieser den Vergleich mit anderen Vorschlägen durchführen zu können. Insbesondere hat sich dieser zu erstrecken auf:

1. die Wassergeschwindigkeit v_R in den einzelnen Rohrstrecken in m/s,

2. den wirtschaftlichsten Rohrdurchmesser D_R in m,

3. den Druckhöhenverlust H_R in m einschließlich aller zusätzlichen Verluste durch Krümmer, Richtungsänderungen, Abzweigstücke, Schieber usw.,

4. den Baustoff mit seinen physikalischen und technischen Einzelheiten (Streckgrenze, Zugfestigkeit, Dehnung, Biegefestigkeit),

5. die Wandstärke der einzelnen Rohrschüsse d_S in mm,

6. die Beanspruchung in kg/cm²,

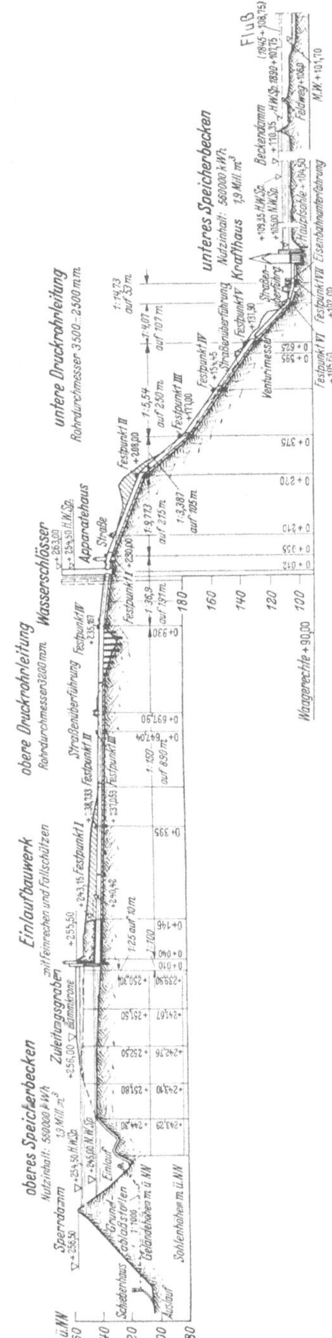

Abb. 356. Rohranlage für ein Hochdruck-Wasserkraftwerk.

7. die Sicherheit (etwa 4- bis 5fach beim statischen Druck und 3- bis 4fach einschließlich dynamischem Druck),

8. die Art der Verbindung der einzelnen Rohrschalen und Rohrschüsse durch Nietung oder Schweißung,

9. den Gütegrad der gewählten Rohrverbindungen,

10. das Rohrgewicht G_R in kg mit allen Anschlußstücken, Versteifungen, Verankerung und sonstigen Einbauteilen,

11. die Kosten für die Baustoffe, die Heranführung und den Einbau auf der Baustelle.

Der Rohrdurchmesser ist von der Wassergeschwindigkeit und dem Verhältnis Rohrlänge zu Fallhöhe abhängig. Man wählt die Wassergeschwindigkeit zumeist etwa zu 3 m/s unter der Voraussetzung, daß der Druckhöhenverlust nicht mehr als $0{,}05\,H_n$ beträgt. Bei sehr kurzen Rohrlängen kann erfahrungsgemäß v_R bis zu 5 bis 6 m/s angenommen werden. Mit kleinerem oder größerem v_R ändern sich die Kosten der Rohrleitung wesentlich und kommen zu einem wirtschaftlichen Mindestwert mit Berücksichtigung der Verluste gegenüber den jährlichen Mehr- oder Mindestkosten des Kapitaldienstes. Nur vergleichende Berechnungen können hier das beste Ergebnis liefern.

Bei der Bestimmung der Blechstärke ist auch auf die mechanischen Beanspruchungen der Rohrschüsse beim Heranführen zur Baustelle und während des Einbaus besonders Rücksicht zu nehmen, und darauf zu achten, daß keine Formveränderungen eintreten. Unter normalen Verhältnissen und zumeist über die Rechnung hinaus erhalten die Rohre bei Rohrdurchmessern

bis 0,7 m eine Wandstärke von 7 mm,
„ 1,0 „ „   „   „ 8 „
„ 1,5 „ „   „   „ 8,5 bis 9 mm,
„ 2,0 „ „   „   „ 9,5 „ 12 „
„ 2,5 „ „   „   „ 12 „ 14 „
„ 3,0 „ „   „   „ 14 „ 16 „
„ 3,5 „ „   „   „ 16 „ 18 „

Bei geschweißten Rohren wird die Wandstärke, wenn das Güteverhältnis der geschweißten Nähte behördlich höher zugelassen wird als das der Nietnähte, 1 bis 2 mm geringer gewählt. Sie sind daher im Baustoff preislich günstiger, im Zusammenbau aber wieder teurer als genietete Rohre. Aus diesem Grund sollen stets Preisvergleiche durchgeführt werden, wobei der Druckhöhenverlust einzubeziehen ist, wenn die Nietung aus Festigkeitsgründen auch Innenlängs- und Rundlaschen erfordert.

Zur Vervollständigung sollen einige Gleichungen angegeben werden, die eine überschlägliche Überprüfung des Rohrdurchmessers, der Rohrwandstärke und des Reibungsverlustes ermöglichen.

Es ist:

der Rohrdurchmesser:

$$D_R = \sqrt{\frac{4}{\pi} \cdot \frac{Q}{v_R}} = 1{,}125\,\sqrt{\frac{Q}{v_R}}\ \mathrm{m}\,, \qquad (150)$$

die Rohrwandstärke:
$$d_S = \frac{D_R\,(p_s + p_{dyn})}{2 \cdot \varphi \cdot \sigma_\varphi} + c \text{ mm}, \tag{151}$$
worin:

p_s der statische Innendruck in m WS,

p_{dyn} die dynamische Drucksteigerung in m WS,

φ das Güteverhältnis der Niet- oder Schweißnaht in vH,

σ_φ die zulässige Umfangsspannung im Baustoff in kg/mm²

$$= \frac{\text{Zugfestigkeit } \sigma_B \text{ in kg/mm}^2}{\text{Sicherheitsgrad}},$$

c einen Zuschlag zur Wandstärke,

der Druckhöhenverlust: bei genieteten Rohren bei der Länge l_R in m:
$$H_R = 1{,}1 \cdot \frac{v_R^2 \cdot l_R}{D_R} \text{ m}, \tag{152}$$

das Rohrgewicht:
$$G_R = 29 \cdot D_R \cdot d_S \cdot l_R \text{ kg} \tag{153}$$

bei einem spez. Gewicht des Rohrbaustoffes von 8000 kg/m³ und einem Sicherheitszuschlag von 15 vH für Verbindungsstücke, Richtungsabweichungen usw.

Die Drucksteigerung beim plötzlichen Schließen der an der Rohrleitung hängenden Turbine beträgt etwa:
$$H_d \simeq 15 \cdot \frac{l_R \cdot v_R}{T \cdot H_n} \text{ vH der Nutzfallhöhe[1].} \tag{154}$$

Es ist H_d abhängig von der Reglerschlußzeit und diese wiederum von dem Schwungmoment. Übersteigt H_d etwa 50 vH der Nutzfallhöhe, dann sind druckvermindernde Einrichtungen einzubauen (Druckregler, Wasserschloß), oder es muß die Reglerschlußzeit erhöht werden. Es ist auch im Zusammenhang mit der Rohrleitung zu prüfen, ob die damit bedingte Vergrößerung des GD^2 nicht unter Umständen unvorteilhaft ist.

Bei großen Fallhöhen muß die Rohrleitung besonders gegen diese Druckstoßbeanspruchungen geschützt werden, die unter Umständen die ganze Rohrleitung, namentlich wenn diese sehr lang ist und noch Richtungsänderungen aufweist, stark gefährden können. Diesen Schutz durch eine mechanische Verstärkung der Rohrleitung mit ihren Verankerungen zu erreichen ist wegen der hohen Kosten zumeist unwirtschaftlich. Je nach den Verhältnissen wird entweder ein Druckausgleich durch einen in die Rohrleitung eingeschalteten Wasserbehälter (Wasserschloß) gewählt oder die Turbinen erhalten selbsttätige Druckregler, die das Wasser aus dem Spiralgehäuse über einen besonderen Energievernichter dem Unterbecken oder dem Unterwasserlauf zuführen. Das Tosbecken — wie man das aufnehmende und ausgleichende Unterbecken bezeichnet — muß dann durch entsprechende Modellversuche in seiner Ausgestaltung bestimmt werden, um beste und vollständige Energievernichtung bei billigster Bauweise zu gewähr-

---

[1] Thomann, R.: Über Drucksteigerungen in Rohrleitungen bei der Betätigung von Absperrorganen. Wasserkr. u. Wasserwirtsch. 1936 Heft 10 S. 109.

leisten. Bestimmend sind die Höchstwassermengen, die in das Tosbecken abströmen können, die Fallhöhe und daraus die Geschwindigkeit im Abfallrohr der Turbine. Der zulässige Rückdruck aus dem Tosbecken auf das Abfallrohr darf bestimmte Grenzen, die vom Turbinenbauer anzugeben sind, nicht überschreiten, um keine schädlichen Einwirkungen auf den Druckregler auszuüben.

Im Einlaufbauwerk wird die Rohrleitung aus strömungstechnischen Bedingungen (Vermeidung von Wasserwirbelbildung und zusätzlichen Stoßverlusten) über eine sogenannte Einlauftrompete in das Wasserbecken geführt. Diese Trompete erhält konische Gestalt und vermittelt dann auch den Übergang aus dem runden Querschnitt in einen rechteckigen oder quadratischen für den Dichtungsrahmen der Einlauf-Verschlußvorrichtung, sofern diese in Form einer Flachschütze gewählt wird (Abb. 354).

Je nach den baulichen Verhältnissen wird die Einlauftrompete druckfest gegen den statischen Druck hergestellt, wenn eine Hinterspülung nicht mit voller Sicherheit vermieden werden kann. Gewährleistet der Anschlußrahmen und sein Einbau eine solche Nichtgefährdung, dann kann von der druckfesten Ausführung abgesehen werden. Einige äußere Verstärkungsringe auf der Trompete werden aber immer empfehlenswert sein, die dann auch ein Vordringen von Druckwasser von einer Teilstelle aus längs der ganzen Trompete stark begrenzen. Von Zeit zu Zeit sind über die Druckbeanspruchung der Trompete Feststellungen durch Anbohren zu machen und nötigenfalls Gefahrstellen durch Druckeinpressungen mit Zementmilch zu beseitigen.

d) Die Neben- und Hilfsanlagen. Besondere Aufmerksamkeit ist der Durchbildung der Nebenanlagen zu widmen. Es werden hier manche Fehler gemacht, die zu vermeiden leicht gewesen wäre, wenn der Betriebsfachmann frühzeitig zu Rate gezogen worden wäre. Bei der Entwurfsbearbeitung durch die Lieferer wird nach erteiltem Auftrag häufig der Gesichtspunkt in den Vordergrund gestellt, daß die vereinbarten Kosten nicht überschritten werden sollen und daher nachträgliche Wünsche nicht berücksichtigt werden können. Im Vorentwurf werden Einzelheiten selten ausführlich behandelt, darum sollte schon bei der Prüfung des Vorentwurfes größerer und größter Anlagen der Betriebsfachmann unter allen Umständen mitwirken. Die spätere Betriebsführung hat in vielen Punkten den Ausschlag zu geben und das ganz besonders bei den Neben- oder Hilfsanlagen, zu denen zu rechnen sind: die Kühlwasserbeschaffung mit ihrer Verteilung, die Ölanlagen für Lager und Steuerung, die Druckluftanlagen und für alle diese Einrichtungen zusammen die elektrischen Antriebe mit ihren Steuer- und Verteilungsanlagen. Als Hauptgesichtspunkte haben immer zu gelten: beste Übersicht, möglichste Zusammenfassung für einfachste Bedienung und Überwachung, klare Gliederung, leichte Instandsetzungsmöglichkeit, gegenseitige ausreichende Reserve einzelner Anlageteile und Rohrleitungen durch schnelle und unverwechselbare Umschaltmöglichkeiten, schnelle Fehlerbestimmung und Beseitigung in den elektrischen Übertragungs- und Verteilungseinrichtungen. So einfach die Erfüllung dieser Grundbedingungen auch zu sein scheint, so begegnet die Durchbildung der Nebenanlagen doch oft sehr großen Schwierigkeiten, wenn die Betriebsforderungen erfüllt werden sollen. Bei Stauwerken kommt die betriebliche Verbindung der Kraftwerksanlagen mit dem Wassereinlauf und seinen Einrichtungen, Steueranlagen und Sicherungsvorrichtungen hinzu. Liegen die Schaltanlagen für die Generatoren- und Fernstromkreise ebenfalls im Kraftwerk, dann erweitern sich die Betriebsbedingungen noch dahin, daß die Maschinen- und Schaltanlagenbedienung auf das beste, sicherste, schnellste und ohne gegenseitige Stör- oder Verständigungsschwierigkeiten zusammenarbeiten müssen. Nicht unbeachtet dabei darf das Geräusch der laufenden Maschinen bleiben (Trennung der Warte z. B. nach Abb. 250). Die Durchführung des Betriebes — und immer wieder nur diese — ist allen Einrichtungen an die Spitze zu stellen. Einsparungen nach dieser Richtung sind ein schwerer Fehler, der sich alsbald und gerade zu einem unglücklichen Zeitpunkt besonders bemerkbar macht. Da es bei der großen Mannigfaltigkeit von Ausführungsmöglichkeiten nicht denkbar ist, erschöpfende Angaben zu machen, werden diese kurzen Bemerkungen und das Folgende, das von den vielen Einzelheiten nur kurz herausgegriffen wird, immerhin manche Anregung geben.

Die Meldeanlagen sollen alle Vorgänge erfassen, die zu unregelmäßigen Betriebszuständen führen so z. B. ungenügende Lagerschmierung, unzulässige Temperaturerhöhung in den Lagern, den Generatorenwicklungen und Luftkanälen, die nicht ordnungsmäßige Durchführung von gegebenen Fernschaltungen elektrischer und hydraulischer Art. Sind mehrere Maschinen vorhanden, ist eine Hauptmeldetafel an der bestübersichtlichsten Stelle des Maschinensaales anzuordnen, auf der alle Meldungen erscheinen und somit von der gesamten Betriebsbedienung übersehen werden können. Eine bessere Durchbildung dieser Hauptmeldetafel und auch ruhiger für die Durchführung von Betriebsmaßnahmen ist die, durch einen Hauptanzeiger nur die Maschine melden zu lassen, an der sich eine Störung zeigt, während die eigentliche Anzeige der Störstelle auf einem besonderen Maschinenpult erscheint, von dem auch alle Betriebshandlungen vorgenommen werden.

Die elektrischen Anlageteile zu den Meldeeinrichtungen sollen in gekapselter Ausführung gewählt werden, um gegen alle Einwirkungen des Wassers und auch der feuchten Luft geschützt zu sein. Als Leitungen sind nur entsprechend isolierte und armierte Kabel zu verwenden.

Ein bis in alle Einzelheiten aufgestellter Kabelplan mit genauester Klemmenbezeichnung erleichtert die Wartung der oft sehr ausgedehnten Meldeanlage sehr wesentlich.

Jeder Maschinensaal muß eine Notbeleuchtung erhalten, für die immer eine selbständige Batterie das empfehlenswerteste ist. Ein selbsttätiger Umschalter von der Regelbeleuchtung auf diese Notbeleuchtung hat sich sehr gut bewährt und vermeidet das erstmalige vollständige Dunkelwerden der Maschinenanlagen bei einer Störung, bis ein Handumschalter gefunden ist.

Die Maschinenlager. Bei wassergekühlten Lagern soll, wenn die Wasserzuführung vorübergehend aussetzt, eine Gefährdung der Lager noch nicht eintreten. Die Wasserbeschaffenheit ist sorgfältig zu untersuchen. Chemisch verunreinigtes Wasser ist nicht zu benutzen. Um mechanische Verunreinigungen auch winziger Beschaffenheit zu beseitigen, ist eine Reinigungsanlage, z. B. ein Drehfilter, vorzusehen.

Öl- und Wasserumlauf in den Lagerböcken sollen an Schaugläsern erkennbar sein.

Für die Reinigung des Lageröles sind Einrichtungen erforderlich und entsprechende Behälter für Schmutz- und Reinöl anzulegen.

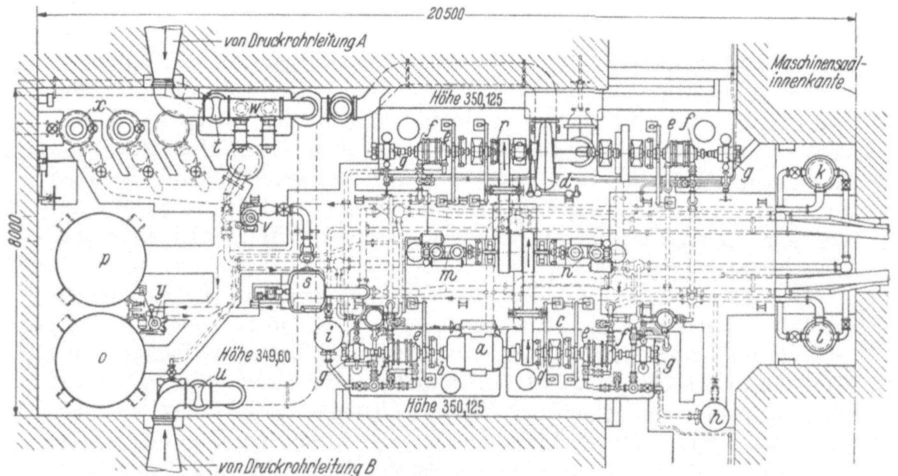

Abb. 357. Grundriß des Hilfsmaschinenraumes des Bleiloch-Pumpspeicherkraftwerkes.
a 300 PS-Drehstrommotor, *b*, *c* Reibungskupplungen, *d* 300 PS-Hilfsturbine, *e* Druckölpumpen für die Regelung, *f* Schmierölpumpen für die Hauptlager, *g* Druckölpumpen für die Drosselklappen, *h*, *i* Windkessel für Regleröl, *k*, *l* Röhrenkühler für Schmieröl, *m*, *n* mehrstufige Verdichter, *o*, *p* Hauptwindkessel, *q*, *r* Reibungskupplungen, *s* Drehfilter, *t*, *u* Absperrschieber, *v* Notpumpe, *w* Luftsauger, *x* Lenzpumpen, *y* Ölreiniger.

Werden in Anlagen mit Druckrohrleitungen für die Wasserzuführung noch andere Einrichtungen mit Drucköl betätigt wie z. B. Drosselklappen und Schieber, erfordern auch die Lager Druckölschmierung, so ist zu empfehlen, die Druckölerzeugung zusammenzufassen und sie mit Rohrleitungen an die einzelnen Stellen anzuschließen. Auch die Hauptwindkessel und Ölbehälter werden dann in diese Hilfsmaschinenanlage einbezogen. Dabei ist es zweckmäßig, diese Hilfsmaschinenanlage, wenn der Platz dafür zur Verfügung steht, in die Mitte des Maschinenraumes zu legen. Die Bedienung wird sehr übersichtlich und einfach, die Rohrleitungen klar in ihrer Anordnung und in ihren Querschnittsabmessungen am geringsten. Kreuzweise Umschaltungen der Rohrstränge sind leichter ausführbar und erhöhen die Betriebssicherheit und Betriebsbeweglichkeit beim Ausfall einer Druckölpumpe, die in ihrer Größe entsprechend aufzuteilen ist.

Der Antrieb der so zu bildenden Pumpengruppen wird derart ausgeführt, daß eine Gruppe mit Elektromotor, eine zweite Gruppe mit

Turbine versehen wird, wobei je nach den Verhältnissen zumeist der
Elektromotor läuft, während die Turbine steht und selbsttätig eingeschaltet wird, wenn der elektrische Antrieb versagt.

Abb. 357 zeigt den Grundriß der Hilfsmaschinenanlagen des Bleilochkraftwerkes, die in der Mitte des Maschinenhauses, oder seitlich unter dem Drosselklappenplatz (Abb. 355) liegt und somit auf
kürzestem Wege von allen Stellen erreicht werden kann. In ihr sind
alle Pumpen, Motoren, Druckluft- und Ölbehälter, die Wasserreinigung
usw. untergebracht. Von der auf der Höhe des Maschinenhausfußbodens
liegenden Bedienungsbühne, auf der sich auch die Handräder für die

Abb. 358. Ansicht der Bedienungsbühne des Hilfsmaschinenraumes zu Abb. 357.

Schieber der Pumpen und die Anlasser der Motoren befinden, kann
der unterhalb liegende Maschinenraum gut überblickt werden. Abb. 358
zeigt diese Bedienungsbühne mit dem Schaltpult für den Hauptpumpen-
motor der Ölversorgung.

e) Bei der **Raumdurchbildung und Raumgestaltung** ist auf die
Raumtemperaturen ganz besonders zu achten, die im Winter auftreten
können namentlich bei Werken, die nur teilweise oder nur für Stunden
im Betrieb sind. Auf die Schwitzwasserbildung muß besonders
aufmerksam gemacht werden. Bei sehr großen Maschinenräumen
empfiehlt sich die Hohlsteindecke und das Mauerwerk mit Luftschicht,
ferner die Verwendung von Doppelfenstern. Auf das bei der baulichen
Durchbildung des Dampfkraftwerkes Gesagte ist zu verweisen.

Um die Übersicht über den Maschinensaal zu erhöhen, ist bei Maschinen mit liegender Welle und großem Durchmesser, aber auch bei
senkrechter Welle ein entsprechend hochgelegter Umgang sehr vor-

teilhaft, der mit mehreren Treppen zu versehen ist, um gegebenenfalls schnell in den Maschinensaal gelangen zu können (Abb. 359).

Die Kalt- und Warmluftkanäle der Generatoren bereiten bei vollständig geschlossener Ausführung wegen ihres Platzbedarfes oft Schwierigkeiten in der Unterbringung im Fundament. Auf diese muß schon beim ersten Entwurf Rücksicht genommen werden, was manchmal nicht geschieht und dann bei der eigentlichen Bauplanbearbeitung zu großen Änderungen im Fundamentaufbau führt. Da die Warmluft möglichst hoch über dem Maschinenhausfußboden abgeführt werden soll, muß der Architekt die Durchbildung und Eingliederung dieser Abluftkanäle in .der Gebäudefront vornehmen. Eine besonders glückliche Lösung ist beim Bleilochkraftwerk angewendet worden. Um keine schlot- oder kanalförmigen Anbauten zu erhalten, wurden die Abluftkanäle in das Maschinenhaus verlegt und vollständig mit Glas umgeben, so daß die sonst von ihnen verdeckten Fenster erhalten blieben und in ihrer Lichtwirkung nicht gestört wurden (Abb. 359).

Bei der Grundflächenbemessung ist daran zu denken, daß die Maschinen u. U. Instandsetzungen erfordern, die nur an ausgebauten Teilen vorgenommen werden können. Das erfordert dann einen genügend großen Montageplatz, der auch von den Maschinenhauskränen vollständig bestrichen werden muß.

Abb. 359. Blick in den Maschinenraum des Bleiloch-Pumpspeicherkraftwerkes.

Alle Rohrleitungen und Kabel im Maschinenhaus sollen in getrennten, begehbaren oder bequem aufzudeckenden Kanälen liegen und so gekennzeichnet sein, daß sie nach den ihnen zugewiesenen Aufgaben leicht festgestellt werden können. Absperrschieber und -hähne sollen so reichlich vorgesehen werden, wie die Betriebsbeweglichkeit das bei Störungen, Überholungen, Instandsetzungen fordert. Wird daran zu Anfang gespart, wird zumeist schon nach kurzer Betriebszeit die Vervollständigung doch vorgenommen, dann aber mit vermehrten

Kosten und Unannehmlichkeiten. — Der Hauptmaschinensaal und alle Nebenräume, insbesondere solche, die für Betriebshandlungen ständig von der Bedienung begangen werden müssen, sollten keine Treppen, Podeste oder Stufenabsätze aufweisen, die den Verkehr sehr behindern und bei schnellem Handeln der Bedienung Gefahren bringen. Hierin sind die Anlagen mit stehender Welle besonders im Nachteil.

Die Hauptbedienungsgänge sollen gleitsicher sein auch im Winter für die von den Beobachtungsgängen kommende Bedienung (S. 398).

Die Durchbildung der Krananlagen zeigt im allgemeinen keine Besonderheiten. Beim Bleilochkraftwerk ist auf dem Maschinenhausvorplatz ein fahrbarer Kran mit einer Montagekatze aufgestellt worden, aber derart bemessen, daß er die durch ein großes Maschinenhaustor ausfahrbaren Katzen der Maschinenhauskräne für je 60 t Belastung aufnehmen kann. Eine ähnliche Ausführung sollte gegebenenfalls untersucht werden. Sie erleichtert außerordentlich die Montagearbeiten, ergibt ferner Ersparnisse an Montagekosten und -zeit. Die Bleiloch-Krananlage hat sich sehr gut bewährt.

Die Durchbildung der Räume für die elektrischen Anlagen (Schaltanlage, Transformatorenaufstellung) richtet sich in erster Linie nach der

Abb. 360. Blick in den Maschinenraum des Rheinkraftwerkes Ryburg-Schwörstadt.
4 Kaplanturbinen von je 42 500 PS Höchstleistung, $H = 12{,}5$ m, 4 BBC-Generatoren je 35 000 kVA, $n = 75$ U/min.

Zahl und Richtung der abgehenden Hauptleitungen, sofern sie als Freileitungen verlegt werden sollen. Bei Kabeln ist dieser Gesichtspunkt nicht mehr ausschlaggebend. Der erforderliche Gesamtraum für die elektrischen Anlagen ist dann in die noch zur Verfügung stehende Grundstücksfläche einzugliedern, wobei dringend davor zu warnen ist, bei beschränkten Grundstücksverhältnissen eine Raumersparnis an den elektrischen Anlagen zwangsmäßig zu verlangen. Es gelingt dem geschickten Entwurfsbearbeiter in den meisten Fällen, eine Lösung zu finden, die vor allen Dingen betrieblich befriedigt. Es ist also hier wiederum der Betriebsfachmann zu Rate zu ziehen. In diesem Zusammenhang sei dabei auch auf die Wahl eines Freiluftumspannwerkes getrennt vom Wasserkraftwerk aufmerksam gemacht, gegebenenfalls sogar mit Verlegung der gesamten Hauptbedienung in eine Warte bei diesem Umspannwerk.

Abb. 359 zeigt einen Blick von dem Umgang in den Maschinenraum des Bleiloch-Pumpspeicherkraftwerkes. Die Maschinenaufstellung ist aus Abb. 371 ersichtlich. Die Maschinensätze haben liegende Wellen erhalten. Zu jedem Maschinensatz gehört ein Steuerpult, von dem aus alle Betriebshandlungen durchgeführt werden und das mit der Warte des Umspannwerkes über Fernmeldeanlagen in Verbindung steht. Das Parallelschalten und die Netzverbindungen erfolgen vollständig getrennt von der Maschinenbedienung in dieser Warte. Die Uhr in der Mitte ist gleichzeitig Hauptanzeiger für den Maschinensatz A und B. Unterkellerungen sind nicht vorhanden. Die Übersicht ist nach allen Richtungen gegeben. Der Weg zum Hilfsmaschinenraum liegt zwischen den beiden Maschinensätzen.

Im Gegensatz zu dieser Anlage zeigt Abb. 360 den Maschinenraum für Maschinensätze mit stehender Welle. Nach dem bisher Gesagten sind hierzu weitere Erläuterungen nicht erforderlich.

35. Das Pumpspeicherwerk[1].

a) Rechnungsgrundlagen. Der Lastverlauf des Netzes wird unterteilt in Grundlast, Mittel- und Spitzenlast am Tage. Des Nachts sinkt die Last außerordentlich stark ab. Die Wärmekräftwerke werden infolge dieser täglich wiederkehrenden Leistungsschwankungen nicht wirtschaftlich genug ausgenutzt. Die Jahresbetriebsstundenzahl bezogen auf die Höchstleistung ist mit 3000 bis 4000 gegenüber 8760 Stunden verhältnismäßig gering. Da die Hauptbetriebs- und die Kapitalkosten unverändert bleiben, ob das Wärmekraftwerk mit Teil- oder Vollast läuft und lediglich die Brennstoffkosten z. B. durch die geringe Nachtbelastung sinken, haben für eine Reihe von Fällen die wirtschaftlichen Feststellungen ergeben, daß der Nachtstrom von Wärmekraftwerken, die unmittelbar auf dem Fundort der Kohle liegen, oder besonders günstige Kohlenzufuhrverhältnisse besitzen, sehr billig abgegeben werden kann, wenn die Belastung des Werkes vergleichmäßigt wird. Diese Vergleichmäßigung kann herbeigeführt werden durch das Abschneiden der Tagesspitzen und durch Stromlieferung in der Nacht. Die höchste Wirtschaftlichkeit wird erreicht, wenn mit gleichmäßiger Belastung 8760 Jahresstunden durchgefahren wird. Die Spitzenstromlieferung wird durch besondere Spitzenkraftwerke übernommen, über die bereits wiederholt gesprochen worden ist. Sind diese Spitzenkraftwerke Wasserkraftwerke, so kann auch der zweiten Forderung nach Vergleichmäßigung der Wärmekraftwerksbelastung durch Hebung der Nachtstromerzeugung entsprochen werden, wenn das Wasserkraft-Spitzenwerk so ausgeführt

---

[1] Der Verfasser: Die Saaletalsperre. Elektrotechn. Z. 1930 S. 1477; ferner: Der maschinentechnische Ausbau des Kraftwerkes der Bleiloch-Saaletalsperre. BBC Nachr. 1931 Heft 2; ferner Elektrotechn. Z. 1933 Heft 28 und 29. Schmitthenner, Dr.-Ing. e. h.: Das Kraftwerk Bleilochsperre. Z. VDI Bd. 77 Nr. 25 S. 663. Maas, A.: Untersuchungen über die hydraulische Speicherung von Dampfkraftenergie. Wasserkr.-Jb 1925/26.

wird, daß das zur Spitzenstromerzeugung verarbeitete Wasser nicht abfließt, sondern in einem Unterbecken gesammelt und des Nachts oder zu anderen entsprechenden Betriebszeiten in das Oberbecken zurückgepumpt wird. Der Stromverbrauch der Pumpenmotoren stellt die zusätzliche Ausnutzung des Wärmekraftwerkes dar (Abb. 361). Ein solches Pumpspeicherwerk hat dann neben den Vorzügen des Wasserkraftspitzenwerkes noch die Vorteile, im Rahmen der Verbundwirtschaft für die Gesamtstromerzeugung die Wirtschaftlichkeit zu erhöhen und das Speicherbecken je nach der Größe des Unterbeckens und den Wasserzu- und -abflußverhältnissen an sich unabhängiger von den Füllungsverhältnissen und damit seiner Einsatzbereitschaft nach Dauer und Leistungshöhe zu machen. Eine Verbundwirtschaft in dieser Form mit Energiespeicherung[1] kann grundsätzlich als vortrefflich bezeichnet werden. Sie bedarf aber sehr eingehender wirtschaftlicher

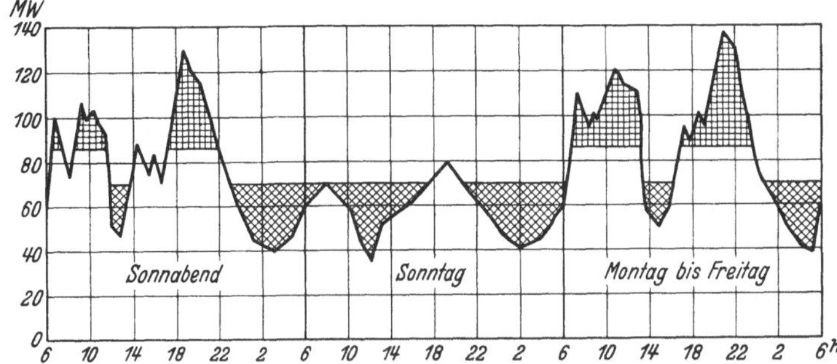

Abb. 361. Wochenbetriebsfahrplan für die Spitzenlastdeckung und die Pumpstromlieferung einer Großkraftanlage mit Wasserkraft-Pumpspeicherwerk.

Spitzenstromlieferung,   Pumpstromlieferung.

Untersuchungen, da die Pumpstromlieferung mit einer Reihe von Verlusten behaftet ist, die das Gesamtergebnis unter Umständen stark beeinflussen können.

Diese Form der Energiespeicherung im Pumpspeicherwerk besitzt dann besondere Bedeutung, wenn ganz oder auch zum Teil an Stelle des Wärmekraftwerkes ein größeres Laufkraftwerk tritt, hier allerdings mit dem Unterschied, daß die über die Dauerleistung des Laufwerkes unregelmäßig nach Größe und Zeit verfügbare Wassermenge nur in einem entsprechend großen Oberbecken aus entsprechenden Wasserverhältnissen des Unterbeckens gespeichert werden kann.

Die Energiespeicherung in dieser Art bezeichnet man auch als Energieveredelung, weil durch das Speicherwerk die Abfallenergie des Wärme- bzw. Laufwerkes in wertvollste Spitzenenergie umgewandelt wird.

---

[1] Lell, Dr.-Ing.: Die Frage der Pumpspeicherung mit besonderer Berücksichtigung ihrer Wirtschaftlichkeit. Wasserwirtsch. 1930 S. 118. Kühne: Betriebsfragen der Pumpspeicherung. Wasserkr. u. Wasserwirtsch. 1928 Heft 4. Rohrleitungs- und Kupplungsprobleme bei Speicherpumpen. Elektr.-Wirtsch. Nr. 470.

Zwei grundsätzlich verschiedene Ausführungs- und Betriebsformen sind für das Pumpspeicherwerk zu unterscheiden und zwar:

ob das Wasserkraftspitzenwerk an ein Oberbecken angeschlossen ist, das aus natürlichen Zuflüssen gefüllt,

oder ob das Oberbecken künstlich angelegt und dann nur aus dem Unterbecken aufgefüllt wird.

Für die erste Form kommen alle Speicherwasserkraftanlagen in Frage. Die zweite Form ist eine in allen Teilen künstliche Anlage und naturgemäß nur dort möglich, wo entsprechende Geländeverhältnisse und eine ständige Wasserquelle für die Deckung des Wasserverlustes durch Verdunstung, Versickerung und dgl. vorhanden sind. Bei der ersten Form ist der Pumpbetrieb eine Erweiterung der Gesamtanlage und nur zu bestimmten Zeiten einzusetzen. Das Unterbecken wird zur Vergleichmäßigung der vom Speicherwerk unregelmäßig verarbeiteten Wassermengen für die Unterlieger zumeist vorhanden sein. Bei der zweiten Art muß der Pumpbetrieb je nach den Beckenabmessungen und der zu erzeugenden Leistung und Arbeitsmenge unter Umständen

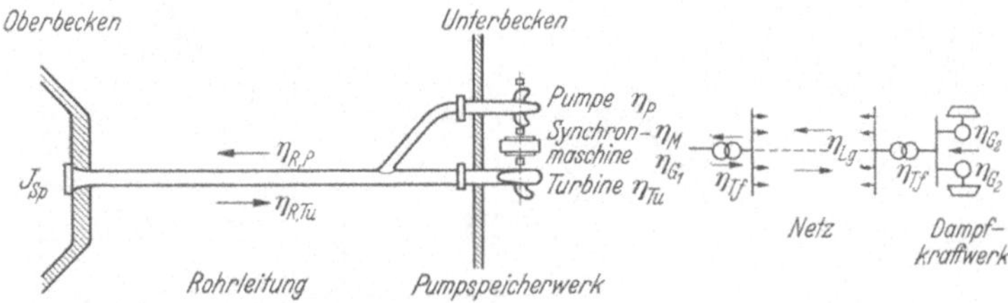

Abb. 362a. Übertragungsverhältnisse für eine Pumpspeicheranlage.

täglich stattfinden (Tages- oder Wochenspeicher). Beide Formen sind bereits in größtem Ausmaß zur Ausführung gekommen und haben sich nach jeder Richtung durchaus bewährt.

Bestimmte in Gleichungen gekleidete Angaben über die Berechnung und Größenbestimmung solcher Pumpspeicherwerke lassen sich nur für die zweite Form machen, weil die Verhältnisse für die erste Form in jedem Fall zu verschieden gelagert sind. Wird z. B. eine Spitzenleistung von etwa 30 vH der höchsten Winterspitze für das Pumpspeicherwerk zugrunde gelegt und den deutschen Verhältnissen im allgemeinen entsprechend eine tägliche Benutzungszeit dieser Spitzenleistung von 3 bis 4 Stunden, so sind diese Zahlen die ersten Anhaltspunkte für den Entwurf des Pumpspeicherwerkes.

Die Beckengrößen für das reine Pumpspeicherwerk ergeben sich aus der Größe der Spitzenleistung und der Dauer der Spitzenstromerzeugung, die Leistung der Pumpen, abgesehen von der Druckhöhe, die durch den gewählten Platz für die Pumpspeicheranlage gegeben ist, aus der Pumpzeit. Die Untersuchungen sind auszudehnen auf Tages- und Wochenspeicherung. Monatsspeicherung unter Zugrundelegung der Verhältnisse der Hauptbelastungsmonate wird zumeist nicht wirtschaftlich, weil die Baukosten bei künstlichen Becken zu hoch werden. Anders liegen die Verhältnisse, wenn das Ober- oder das Unterbecken aus der natürlichen Geländegestaltung leicht gewonnen werden kann.

Beträgt die Spitzenleistung x vH der Tageshöchstleistung N_H des Wärmekraftwerkes in kW und die tägliche Dauer der Spitzenstromlieferung t Stunden, so ist der erforderliche Beckeninhalt J_{Sp} in m³ bei einer mittleren Fallhöhe H_{mittl} zwischen höchstem und tiefstem Oberbeckenstand (Abb. 362):

$$J_{Sp} = \frac{1{,}05 \cdot x \cdot N_H \cdot 75 \cdot 3600 \cdot t}{1000 \cdot H_{mittl} \cdot 0{,}736 \cdot \eta_{R,\,Tu} \cdot \eta_{Tu} \cdot \eta_G \cdot \eta_{Tf}} \ \text{m}^3. \qquad (155)$$

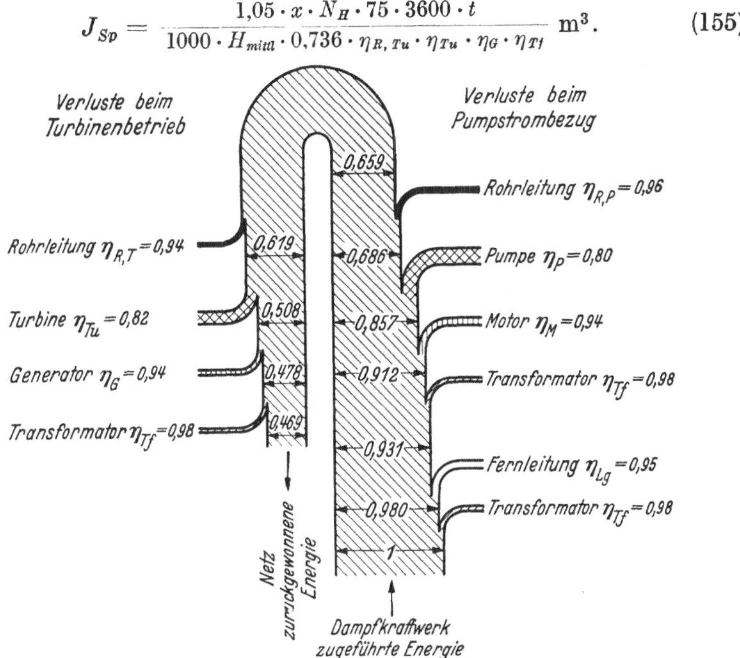

Abb. 362b. Energiestrombild für eine Pumpspeicheranlage.

$\eta_{R,\,Tu}$ = Wirkungsgrad der Rohrleitung für Turbinenbetrieb,
η_{Tf} = Wirkungsgrad des Tranformators,
1,05 = Zuschlag für Verluste durch Verdunstung und Undichtigkeiten
       (Versickerungsverluste müssen besonders berücksichtigt werden).

Bei $x = 30$ vH und heutigen guten Wirkungsgraden für ¾ Last ($\eta_{R,\,Tu} = 0{,}94$, $\eta_{Tu} = 0{,}82$, $\eta_G = 0{,}94$ bei $\cos \varphi = 0{,}95$, $\eta_{Tf} = 0{,}98$) wird:

$$J_{Sp} = 164 \cdot \frac{N_H \cdot t}{H_{mittl}} \qquad (156)$$

und für:

einen Tagesspeicher bei $t = 4$: $J_{Sp} \cong 660 \ \dfrac{N_H}{H_{mittl}}$,

einen beschränkten Wochenspeicher bei $t = 6 \times 4$ (ohne Sonntag)
$J_{Sp} \cong 4000 \ \dfrac{N_H}{H_{mittl}}$,

einen vollen Wochenspeicher bei $t = 7 \times 4$ (mit Sonntag)
$J_{Sp} \cong 4600 \ \dfrac{N_H}{H_{mittl}}$.

22. Beispiel. Höchste Spitzenleistung des Wärmekraftwerkes an den Netz-Oberspannungssammelschienen nach Abb. 362

$$N_H = 130\,000 \text{ kW},$$
$$H_{mittl} = 100 \text{ m}.$$

Dann ist der Beckeninhalt für Ober- und Unterbecken bei Tagesspeicherung:

$$J_{Sp} \cong 660 \cdot \frac{130\,000}{100} \cong 860\,000 \text{ m}^3,$$

bei beschränkter Wochenspeicherung:

$$J_{Sp} \cong 4000 \, \frac{130\,000}{100} = 5\,200\,000 \text{ m}^3,$$

bei voller Wochenspeicherung:

$$J_{Sp} \cong 4600 \, \frac{130\,000}{100} \cong 6\,000\,000 \text{ m}^3.$$

Bei voller Leistung der Turbinen über 4 Tagesstunden beträgt die zu verarbeitende Wassermenge unter Berücksichtigung eines Verlustabschlages von 5 vH:

$$Q = \frac{J_{Sp}\,0{,}95}{3600 \cdot 4} = \frac{860\,000 \cdot 0{,}95}{3600 \cdot 4} = 56{,}8 \text{ m}^3/\text{s},$$

die Turbinenleistung:

$$N_{Tu} = \frac{1000 \cdot Q \cdot H_{mittl} \cdot \eta_{R,\,Tu} \cdot \eta_{Tu} \cdot 0{,}736}{75}$$

$$= \frac{1000 \cdot 56{,}8 \cdot 100 \cdot 0{,}94 \cdot 0{,}82 \cdot 0{,}736}{7{,}5} = 43\,000 \text{ kW}.$$

Die Leistung an den Umspanner-Oberspannungssammelschienen des Spitzenkraftwerkes:

$$N_{Tf} = N_{Tu} \cdot \eta_G \cdot \eta_{Tf} = 43\,000 \cdot 0{,}94 \cdot 0{,}98 = 39\,500 \text{ kW}.$$

Für die Größe der Pumpen ist wiederum die tägliche Förderzeit t_P und für letztere der Verlauf der Netzbelastung bzw. die gewünschte Vergleichmäßigung der Maschinen- und Kesselbelastung des Wärmekraftwerkes bestimmend. Es ist hier in gleicher Form wie für die Turbinenleistung rechnerisch vorzugehen. Förderzeit und Wärmekraftwerksleistung sind aber von so vielen Einzelheiten abhängig, daß eindeutige Angaben nicht gemacht werden können.

Die Fortsetzung des Beispiels wird die Verhältnisse am schnellsten zu beurteilen gestatten. Zu berücksichtigen ist besonders, daß sich die Pumpen wirtschaftlich in ihrer Leistungsaufnahme nicht regeln lassen, daß also besser eine solche Kraftwerksleistung festgelegt wird, die über mehrere Stunden gleichmäßig das Wärmekraftwerk am günstigsten belastet. Dabei wird in der Weise vorgegangen, daß zunächst die Pumpenleistung bei angenommener Förderzeit ermittelt und die so gefundenen Ergebnisse den tatsächlichen Betriebsverhältnissen angepaßt werden. Da Sonn- und Feiertage bzw. in einer Betriebswoche der Sonntag zweckmäßig auch zum Pumpen heranzuziehen ist, hier aber in der Spitzenzeit die zumeist wesentlich geringere Höchstleistung fast stets vom Wärmekraftwerk ohne Beeinträchtigung der Wirtschaftlichkeit aufgenommen werden soll, wird zu diesem Zweck der Pumpbetrieb unterbrochen (Abb. 361). Man nimmt dafür in der Regel 2 Stunden an, wobei besonders darauf hinzuweisen ist, daß durch diese Betriebsbeweglichkeit im Verbundbetrieb, die sich auch auf die Mittagszeit der Wochentage zu erstrecken hat, die Gesamtwirtschaftlichkeit wesentlich gehoben wird und erst dann dem eigentlichen Zweck des Pumpspeicherwerkes entspricht.

Für das **22. Beispiel** soll die beschränkte Wochenspeicherung über 6 Tage zugrundegelegt werden, für die zum Pumpen der Sonntag mit $24 - 2 = 22$ Stunden und die Wochentage einschließlich der Mittagszeit mit 12 Stunden täglich zur Verfügung stehen.

Dann ist die Pumpenfördermenge:

$$Q_P = \frac{J_{Sp} \cdot 0,95}{3600\,t_P} = \frac{J_{Sp} \cdot 0,95}{3600\,(6 \cdot 12 + 22)} = \frac{5\,200\,000 \cdot 0,95}{3600 \cdot 94} = 14,6 \text{ m}^3/\text{s} \,,$$

die Leistung der Pumpenmotoren zusammen:

$$N_P = \frac{1000 \cdot Q_P \cdot H_{mittl} \cdot 0,736}{75 \cdot \eta_{R,\,P} \cdot \eta_P} = \frac{1000 \cdot 14,6 \cdot 100 \cdot 0,736}{75 \cdot 0,96 \cdot 0,80} = 18\,655 \text{ kW} \,,$$

und vom Wärmekraftwerk muß zur Verfügung gestellt werden eine Leistung an den Klemmen der Generatoren:

$$N_{Kl} = \frac{N_P}{\eta_M \cdot \eta_{Tf} \cdot \eta_{Lg} \cdot \eta_{Tf}} = \frac{18\,655}{0,94 \cdot 0,98 \cdot 0,95 \cdot 0,98} = 21\,950 \text{ kW} \,.$$

$\eta_{R,\,P} =$ Wirkungsgrad der Rohrleitung beim Pumpbetrieb,
$\eta_P \;\;=$ Wirkungsgrad der Pumpe,
$\eta_{Lg} \;\;=$ Wirkungsgrad der Übertragungsleitung,
$\eta_M \;\;=$ Wirkungsgrad des als Synchronmotor bei $\cos \varphi = 1$ laufenden Generators (0,94).

Aus diesem Beispiel ist zu ersehen, daß die Wochenspeicherung manche Vorzüge hinsichtlich der Leistungsverhältnisse und daraus des Wirkungsgradverlaufes für Turbinen und Pumpen hat, hinsichtlich der Wirkungsgrade insbesondere aus dem Grund,

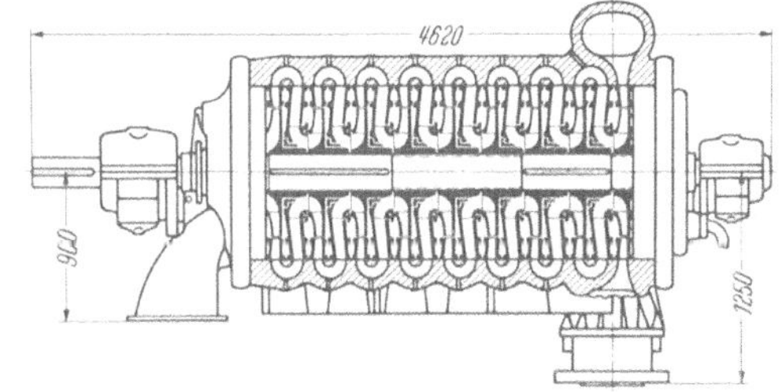

Abb. 363. Schnitt durch die Speicherpumpe des Tremorgio-Kraftwerks.

weil die Spiegelschwankungen und damit die Fallhöhen- bzw. Druckhöhenänderungen wesentlich günstiger sind. Das kann auch dadurch noch verbessert werden, daß die Becken möglichst flach angelegt werden, um diese Höhenunterschiede der Spiegellagen noch weiter herabzusetzen.

b) Die Pumpen werden in ihrer Bauform durch die Förderhöhe und die zu fördernde Wassermenge bestimmt, und zwar wird auch hier zwischen Hochdruck- und Mitteldruckpumpen unterschieden. Für Förderhöhen von etwa 150 m aufwärts kommt die zwei- und mehrstufige, darunter die einstufige Ausführung zur Verwendung. Sobald die Stufenzahl größer als zwei wird, nähert sich die Pumpenbauform immer mehr der der Hochdruckkreiselpumpe, wie sie auch in Dampfkraftwerken zur Kesselspeisung bei hohen Drücken benutzt wird (Abb. 363).

Die Pumpe für Mitteldruckanlagen ist in der Bauform der der Turbine angeglichen und in den letzten Jahren für sehr große Leistungen durchgebildet worden. Dabei ist zu berücksichtigen, daß die Pumpe nicht imstande ist, eine größere Saughöhe zu überwinden. Sie muß also so aufgestellt werden, daß ihr das Wasser möglichst zuströmt. Bei stehender Welle liegt die Pumpe daher unten (Abb. 364), bei liegender Welle (Abb. 365 und 355) muß der Maschinenhausfußboden so tief gelegt werden, daß möglichst keine Saughöhe entsteht, der tiefste Wasserspiegel also über der Pumpe steht. Für die bauliche Durchbildung der Pumpe ist in der Hauptsache die Drehzahl und ihre Angleichung an die Turbinen- bzw. Motorgeneratordrehzahl bestimmend.

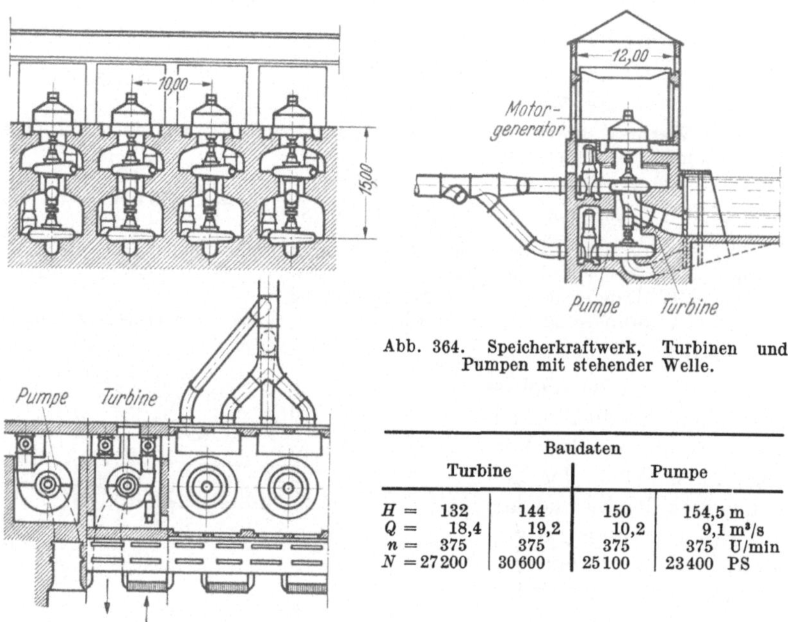

Abb. 364. Speicherkraftwerk, Turbinen und Pumpen mit stehender Welle.

Baudaten			
Turbine		Pumpe	
$H =$ 132	144	150	154,5 m
$Q =$ 18,4	19,2	10,2	9,1 m³/s
$n =$ 375	375	375	375 U/min
$N =$ 27200	30600	25100	23400 PS

Bei den Freistrahlturbinen, die mit hohen Drehzahlen laufen, wird die Herstellung der Drehzahlübereinstimmung oft nicht schwer sein oder mit Hilfe eines Getriebes leicht erreicht werden können.

Bei den Mitteldruckanlagen wird von der spez. Drehzahl der Turbine ausgegangen und die spez. Drehzahl der Pumpe in Übereinstimmung gebracht. Dabei ergeben sich bestimmte Grenzen, die infolge der zumeist hohen Schaufelbelastung durch die aus der Kavitation entstehende Korrosionsgefahr gegeben sind. Dr. Hahn[1] hat Grenzlinien für die spez. Drehzahlen der Turbinen und Pum-

---

[1] Hahn, Dr.-Ing. W.: Die einstufigen Pumpen des Speicherwerkes Niederwartha. Wasserkr. u. Wasserwirtsch. 1930 Heft 13/14; und Der Entwicklungsgang der Speicherpumpen unter besonderer Berücksichtigung der Maschinen des Großkraftwerkes Herdecke. Z. VDI Bd. 74 (1930) Nr. 25 S. 881.

v. Widdern: Über Hohlraumbildung (Kavitation) in Kreiselpumpen. Escher Wyss Mitt. 1936 Heft 1 S. 14.

pen aufgestellt, bei welchen noch genügende Sicherheit gegen das Auftreten von Kavitationen unter den zugrunde gelegten Saughöhen- und Laufradausführungen besteht (Abb. 366). Ist eine Pumpensaughöhe vorhanden, so muß $n_{s,\,P}$ entsprechend kleiner, bei Zulaufdruck ent-

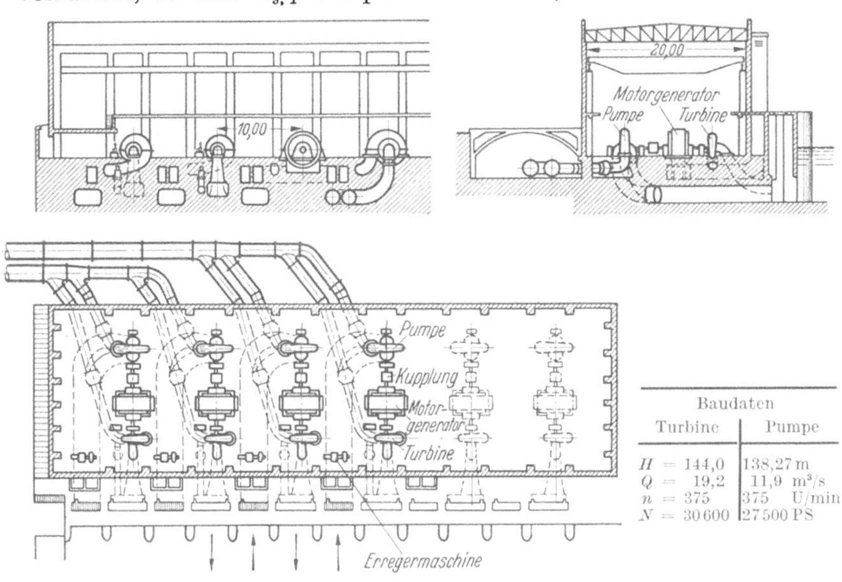

Baudaten		
	Turbine	Pumpe
$H =$	144,0	138,27 m
$Q =$	19,2	11,9 m³/s
$n =$	375	375 U/min
$N =$	30 600	27 500 PS

Abb. 365. Speicherkraftwerk, Turbinen und Pumpen mit liegender Welle.

sprechend größer gewählt werden. Er untersucht weiter das Verhältnis der spez. Drehzahl der Turbine $n_{s,\,Tu}$ zur spez. Drehzahl der Pumpe $n_{s,\,P}$ ausgehend von der einstufigen Ausführung und dem Einfachlaufrad und hat für verschiedene Fallhöhen H_{Tu} der Turbine die in Abb. 367 ge-

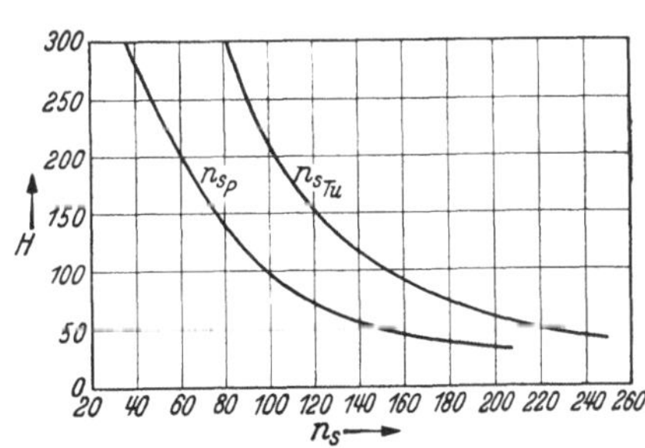

Abb. 366. Grenzlinien für die spezifische Drehzahl der Turbinen und Pumpen.

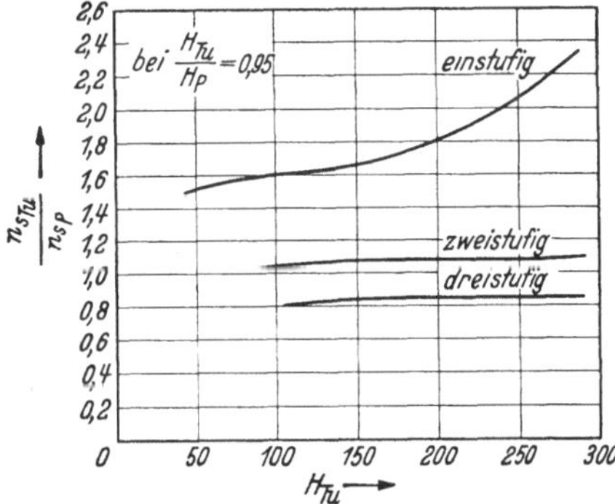

Abb. 367. Kennlinien für das Verhältnis der spezifischen Turbinen- und Pumpendrehzahlen.

zeichneten Kennlinien für $\dfrac{n_{s,\,Tu}}{n_{s,\,P}}$ bei einem Verhältnis der Rohrreibungs-

verluste — also der Fallhöhe zur Förderhöhe $\dfrac{H_{Tu}}{H_P} = 0,95$ gefunden.

Aus diesen Kennlinien ist die erforderliche Bauart der Pumpe ein-,

zwei- oder dreistufig leicht zu ermitteln, desgleichen die höchstzulässige
spez. Drehzahl und damit die Drehzahl der Maschine. Die Stufenzahl
der Pumpe wird durch die Förderhöhe bestimmt. Nach Möglichkeit ist
die einstufige Bauart zu wählen, weil die Umlenkungen bei der Mehr-
stufenpumpe zusätzliche Verluste verursachen und die Zwischenlagerung
der Welle die Baulänge sehr vergrößert. Abb. 368 und 369 zeigen den
Querschnitt durch eine einstufige und eine zweistufige Pumpe.

Die Pumpe muß aus hydraulischen Gründen mit sehr kleinem
Luftspalt ausgeführt werden. Das bedingt eine sehr sorgfältige Bemessung und Lagerung der Welle und für den Fall, daß die Pumpe im
Turbinenbetrieb des Maschinensatzes leer mitläuft, worauf weiter unten
näher eingegangen wird, eine besondere Spaltschmierung durch Wasser, damit infolge der Erwärmung kein Schleifen der Laufradschaufeln

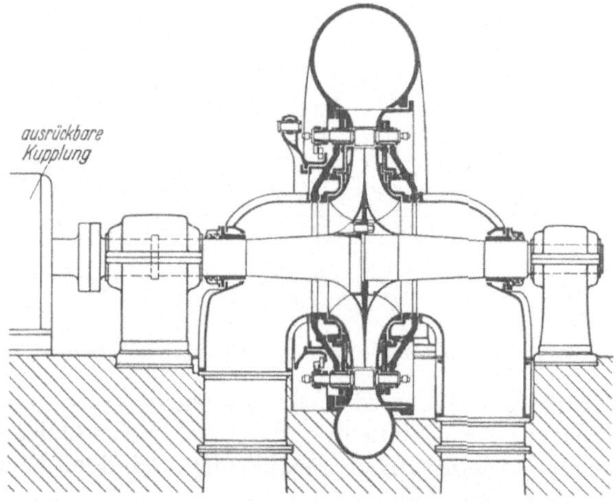

Abb. 368. Querschnitt durch eine einstufige Speicherpumpe.

an den Leitradschaufeln eintritt. Zur Vermeidung einer solchen Gefährdung ist bei einigen Anlagen eine schaltbare Kupplung zwischen
Pumpe und Synchronmaschine eingebaut worden.

Die Welle muß von jeder Schwingung auch infolge von Wasser-
strömungen in den Saugkrümmern, durch die sie geführt werden muß,
frei sein. Sie ist daher besonders gut zu lagern; die Lager selbst sind
entsprechend auszubilden und sicher zu kühlen. Die kritische Drehzahl muß genügend weit oberhalb der Betriebsdrehzahl liegen. Da es
immerhin vorkommen kann, daß bei einer Störung in der Stromzu-
führung zum Motor und nicht sofortigem Abschluß der Pumpe der
Maschinensatz rückwärts laufen könnte, sind die Lager für Vor-
wärts- und Rückwärtslauf auszubilden.

c) Der Antrieb der Pumpe. Die Pumpe wird mit dem Motorgenerator
entweder unter Verwendung einer Kupplung, die dann im Betrieb
aus- und einrückbar sein muß, zu- und abgeschaltet, oder sie wird fest
mit der Maschinenwelle verbunden und läuft dann im Turbinenbetrieb leer mit.

Die schaltbare Kupplung hat den Vorteil, daß der Wirkungsgrad des
Maschinensatzes im Turbinenbetrieb nicht durch das Leermitlaufen der
Pumpe verschlechtert wird und daß weiter keine Gefährdung des, wie

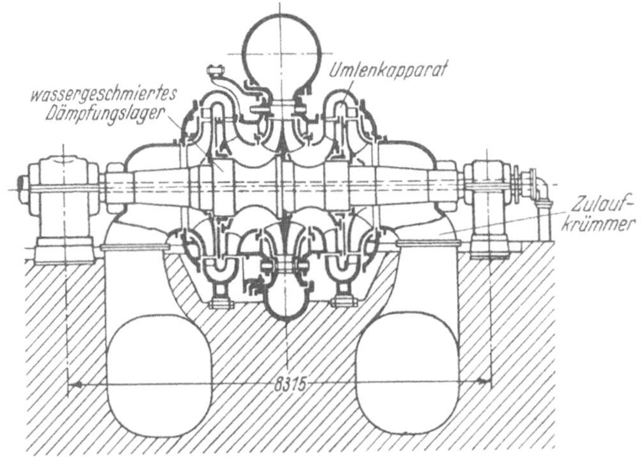

Abb. 369. Querschnitt durch eine zweistufige Speicherpumpe mit zwei einfachen Laufrädern in
der ersten und einem Doppelrad in der zweiten Stufe. 33200 PS, $H_P = 146$ bis 167 m, $Q_P = 14,88$
bis 13,15 m³/s, Stufendruck je 80 m, $n = 300$ U/min (Voith).

bereits gesagt, mit sehr engem Luftspalt laufenden Pumpenlaufrades
eintreten kann. Auf die Beschreibung der verschiedenen hydraulischen
und elektrischen Kupplungen und ihre Arbeitsweise soll nicht näher

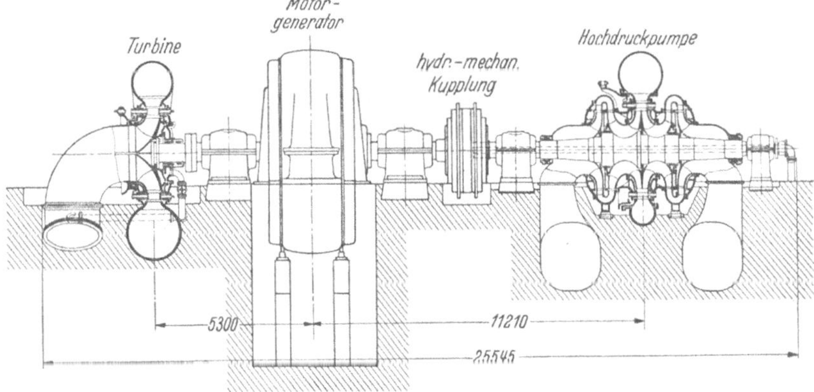

Abb. 370. Längsschnitt durch einen Speichermaschinensatz mit hydraulisch- mechanischer Kupplung
(36000 PS, $n = 300$ U/min).

eingegangen werden. Jedenfalls erfordert eine solche Kupplung für
ihren Einbau (Abb. 370 zu Abb. 371) viel Platz, erhöht die Kosten
für den Maschinensatz wesentlich, bedingt sehr vorsichtige Bedienung
und sorgfältigste Unterhaltung, wenn sie stets zuverlässig arbeiten soll.

Trotz aller Vorteile, die zugunsten des Einbaus einer Kupplung
sprechen, haben die Maschinensätze der Saaletalsperre am Bleiloch,

die die zur Zeit neueste Ausführung darstellen, keine Kupplung
erhalten. Schwierigkeiten und Störungen sind im mehrjährigen Betrieb
bisher nicht eingetreten. Von betrieblicher Seite ist der Fortfall der
Kupplung sehr zu begrüßen, denn Kupplungen jeglicher Art sind nun
einmal im Betrieb keine besonders gern gesehenen Bauteile. Die geschilderten Betriebsunsicherheiten werden durch die Spaltkühlung im
Leerlauf der Pumpe beseitigt. Um weiter das Laufrad im Leerlauf nicht
im Wasser waten zu lassen, wird der Wasserspiegel im Saugrohr durch
Einführen von Druckluft so weit abgesenkt, daß das Laufrad in
Luft läuft. Auch diese Maßnahme ist bei den Maschinensätzen des
Bleilochkraftwerkes zur Durchführung gekommen und wird sogar im
Pumpenbetrieb auf die Turbinenlaufräder ausgedehnt. Die durch Fortfall der Kupplungen gemachten wesentlichen Ersparnisse an Baufläche
(Abb. 371), Bau-, Fundament- und Maschinenkosten kapitalmäßig
behandelt decken die ganz geringe Wirkungsgradverschlechterung beim
Mitlaufen der Pumpe ohne weiteres, auch wenn mit großer Jahresbetriebsstundenzahl zu rechnen ist. Auf einen weiteren Vorteil der festen
Verbindung wird bei der Regelung noch besonders eingegangen.

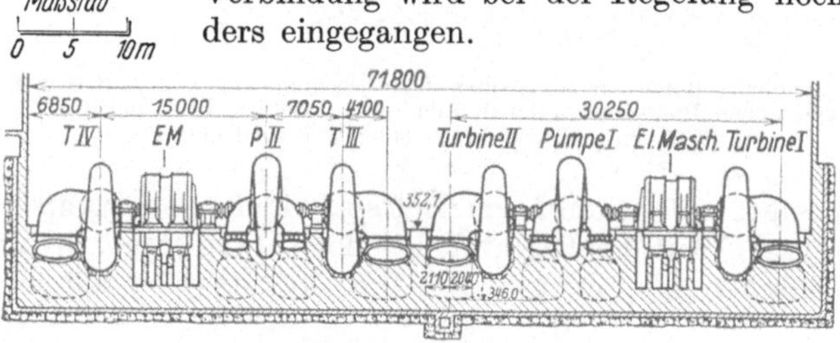

Abb. 371. Schnitt durch die Speichermaschinensätze des Bleiloch-Pumpspeicherwerkes (je 26 000 PS,
n = 187,5 U/min, Pumpen fest auf den Turbinenwellen).

Eine starre, nur im Stillstand lösbare Wellenkupplung
einzubauen muß ebenfalls sorgfältig untersucht werden und kommt
nur dann in Frage, wenn ein Jahresspeicherbecken vorhanden ist, so
daß die Pumpen nur zu ganz bestimmten Zeiten in Betrieb zu nehmen
sind. Mechanisch kann die Abtrennung der Pumpe eine Verlagerung
der elastischen Wellenlinie hervorrufen, die ein Nachstellen der Lager
erforderlich macht und dadurch wiederum eine Betriebsunsicherheit mit
sich bringt. Wirtschaftlich d. h. in bezug auf den Wirkungsgrad im Turbinenbetrieb wird selbst bei längere Zeit ruhendem Pumpbetrieb so wenig
gewonnen, daß durch die zum Lösen und Wiederzusammensetzen der
Kupplung notwendige Zeit, Montagearbeit, Werkzeugbeschaffung bei
großen Maschineneinheiten u. dgl. Vorteile nicht erzielt werden. Die
Bleiloch-Maschinensätze haben zwar diese Kupplung, die auch im Betrieb bereits durchgeprobt worden ist, erhalten, aber ihre bestimmungsmäßige Aufgabe wird ihr nur selten gestellt werden. In reinen Pumpspeicherwerken, die also ständig nach beiden Richtungen betriebsbereit
sein müssen, ist diese Wellenkupplung nicht einzubauen.

d) Das Anlassen und die Regelung. Die Form der Regelung der Pumpe
muß für jede Pumpspeicheranlage besonders durchgeprüft werden. Aus

der einleitenden Betrachtung über den Pumpbetrieb an sich geht hervor, daß dieser mit großen Verlusten verknüpft ist und nur dann wirtschaftliche Bedeutung hat, wenn er in den Gesamtbetrieb der Anlage so eingegliedert werden kann, daß er zu jeder Zeit einspringt, wenn die Netzbelastung die günstigste Maschinenbelastung des Dampfkraftwerkes unterschreitet, um die dann freiwerdende Leistung aufzunehmen. Da die Höhe der Leistung, ihre Dauer und die Zeit ihres Anfalles sehr wechseln, sollte theoretisch die Pumpspeicheranlage sofort folgen und bei der Zunahme der Netzlast die Spitzenlast im Turbinenbetrieb übernehmen, also eigentlich fortgesetzt zwischen beiden Betriebsarten hin- und herschwanken. Das ist aus leicht erklärlichen Gründen naturgemäß nicht möglich. Um aber hier eine mehr oder weniger weite Angliederung an die Netzbetriebsverhältnisse zu erhalten, soll die Pumpe in gewissen Grenzen regelbar sein, um entsprechend der jeweiligen zur Verfügung stehenden Pumpleistung die zu fördernde Wassermenge einzustellen. Dabei ist aber von vornherein auch die Förderhöhe von besonderer Bedeutung. Bei Hochdruckanlagen schwankt die Spiegellage des Wassers im Oberbecken zumeist nur um wenige Meter, so daß hier, je größer die Förderhöhe an sich ist, etwa mit praktisch gleichbleibender Förderhöhe gerechnet werden kann. Bei Mitteldruckanlagen liegen die Verhältnisse wesentlich anders. Hier kommen zwischen gefülltem und abgesenktem Oberbecken Höhenunterschiede von 20 und mehr Meter vor. Die größten Spiegelschwankungen weisen die großen Talsperren auf (Bleilochsperre z. B. 27 m). Diese Förderhöhenschwankungen muß die Pumpe ebenfalls überwinden können. Es ist daher, bevor der Entwurf einer Pumpspeicheranlage überhaupt in Angriff genommen wird, festzulegen, unter welchen Bedingungen für Leistung und Förderhöhe, auch für die Pumpzeit und den Übergang vom Pump- zum Stromlieferungsbetrieb die Maschinensätze arbeiten sollen.

Die Regelung der Pumpe steht im unmittelbaren Zusammenhang mit der Abschlußvorrichtung in der Rohrleitung und umfaßt das Anlassen mit dem Zu- und Abschalten und die Einstellung der Fördermenge nach der jeweiligen Förderhöhe bzw. der verfügbaren Antriebsleistung.

Das Anlassen aus dem Stillstand des Maschinensatzes erfolgt stets von der Turbinenseite aus. Ist der Motorgenerator auf seiner synchronen Drehzahl, wird er mit dem Netz parallelgeschaltet, die Kupplung mit der Pumpe hergestellt, wenn eine lösbare Kupplung vorhanden ist, dadurch die Pumpe bei geschlossener Absperrvorrichtung hochgefahren, letztere allmählich geöffnet, die ruhende Wassersäule in Bewegung gesetzt und die Pumpe dann belastet. Beim Stillsetzen der Pumpe wird umgekehrt verfahren, indem zunächst die Wasserförderung gedrosselt wird, bis die Pumpe entlastet ist; dann wird die Pumpe von der Rohrleitung getrennt, also geschlossen, und gegebenenfalls die Kupplung gelöst. Bei der festen Verbindung mit dem Motorgenerator wird nach dem Parallelschalten der Wasserspiegel im Saugrohr durch Fortnahme des Druckes mittels Ejektors gehoben, die Pumpe allmählich belastet und bei Stillsetzen wiederum in umgekehrter Weise vorgegangen.

Die Abschlußvorrichtung zur Rohrleitung muß je nach den Rohrleitungsverhältnissen sehr sanft mit einstellbarer Öffnungs- und Schließzeit arbeiten, damit keine unzulässige Druckerhöhung in der Rohrleitung und keine Stöße auf das Netz auftreten, die beide unter Umständen gefährlich werden können.

Für den unmittelbaren Übergang aus dem Turbinen- auf den Pumpenbetrieb sind die gleichen Betriebsmaßnahmen durchzuführen wie beim Anlassen.

Eine ganz besondere Beachtung und Untersuchung der Schwingungsvorgänge in der Rohrleitung ist für den Fall einer Störung im Pumpenbetrieb durch plötzliches Ausbleiben des Stromes erforderlich. Dann fällt der Motorgenerator in sehr kurzer Zeit in der Drehzahl ab, die Förderung der Pumpe hört sofort auf und es treten je nach der Rohrleitungsanlage unter Umständen in wenigen Sekunden veränderte Strömungszustände auf, die sehr gefährliche Folgen haben können, wenn ihnen nicht durch entsprechende Vorkehrungen begegnet wird. Die in der Rohrleitung befindliche Wassermenge fließt infolge der Trägheit zunächst noch in der Förderrichtung weiter. Dadurch entsteht zwischen Pumpe und Rohrleitung eine Druckverminderung, die bis zur Umkehr der Strömungsrichtung andauert. Aus der Schwingung der Wassermenge folgt ihr ein Druckanstieg, der nach einer bestimmten Zeit einen Höchstwert erreicht und dann in einer sinusförmigen Schwingung auspendelt. Der Druckanstieg wird am höchsten, wenn die Rohrleitung sofort vollständig abgeschlossen wird. Er hängt von der Größe der Wassermenge, also von den Abmessungen der Rohrleitung ab. Pumpe und Abschlußvorrichtung müssen diesen Verhältnissen entsprechend gebaut sein.

Ein sofortiger Abschluß der Pumpe ist unzulässig, wenn nicht der Druckausgleich durch eine Ausgleichsstelle in der Rohrleitung (Wasserschloß) oder andere Einrichtungen wie Umlaufleitungen in Verbindung mit Rückschlagklappen herbeigeführt wird. Einfache Rückschlagklappen dürfen nicht benutzt werden. Auch von der Verwendung der Umlaufleitungen wird praktisch kein Gebrauch gemacht, weil ihre Zuverlässigkeit zusammen mit der Bewegungszeit der Abschluß- und Umschaltvorrichtung nicht gewährleistet werden kann.

Wesentlich gemildert wird der Druckausgleich und damit die Gefährdung der Rohrleitung, wenn die Pumpe offen an der Rohrleitung bleibt und mit einer großen Schwungmasse ausgestattet ist, die erst ein allmähliches Abfallen der Drehzahl bewirkt. Dann tritt das rückströmende Wasser in die Pumpe und treibt diese als Turbine an. Sie kehrt ihre Drehrichtung um und kann, wenn nunmehr nicht im geeigneten Augenblick die Abschlußvorrichtung in Tätigkeit tritt, eine Drehzahl bis zum Durchgehen erreichen, was aber kaum gefährlich sein wird, da die Durchgangsdrehzahl der Pumpe wesentlich geringer als die der Turbine ist und der Maschinensatz für die letztere gebaut sein muß.

Die Pumpe kann in ihrem Laufrad keine großen Schwungmassen erhalten, aber der Läufer des Motorgenerators ist mit einer solchen schon aus turbinentechnischen Gründen ausgerüstet. Der ganze ungetrennte Maschinensatz hat also ein verhältnismäßig hohes Schwungmoment zur Verfügung. Dieses kann hier ausgenutzt werden, wenn der Maschinensatz starr im ganzen verbunden bleibt. Es darf also die lösbare Kupplung nicht ansprechen. Da das bei der Durchbildung dieser Kupplungen nicht möglich ist, wird heute auch aus diesem Grunde von der Verwendung solcher Kupplungen Abstand genommen.

Abb. 372 und 373 zeigen den Druckverlauf beim Trennen der Pumpe durch die Kupplung und beim Weiterlaufen des Maschinensatzes mit Schwungmassen.

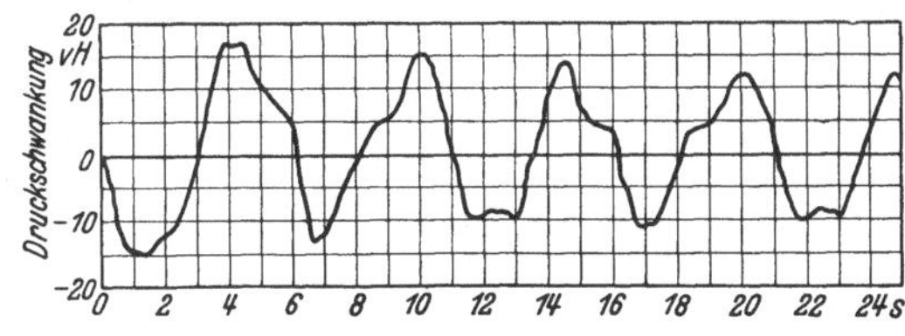

Abb. 372. Abschalten einer Speicherpumpe durch Trennen der Kupplung.

Der Druckregler, wie er für Turbinen benutzt wird, ist als Sicherheitsvorrichtung für diesen Störungsfall nicht brauchbar, weil er erst anspricht, wenn die Drucksteigerung bereits erfolgt ist. Mit einer Änderung in der Form, daß die Öffnungsbewegung des Reglers bereits einsetzt, sobald die größte Druckverminderung überschritten ist, ist dieser Regler für kleinere Pumpspeicheranlagen bereits zur Ausführung gekommen.

Die Abschlußvorrichtungen. Die einfache Drehklappe (Drosselklappe) (Abb. 352) erfüllt die an die Abschlußvorrichtung zu stellenden Bedingungen nicht. Sie kann in ihrer Baudurchbildung nicht so hergestellt werden, daß sie in Zwischenstellungen z. B. beim Anfahren oder Drosseln den Beanspruchungen auf die Dauer standhält. Sie kann nur, wie bereits gesagt, in vollständig offener oder vollständig geschlossener Stellung benutzt werden. Eine Regelung in bezug auf die Arbeitsweise der Pumpe ist mit der Drosselklappe nicht möglich. Sie wird daher nur als Hilfsabschlußvorrichtung für Betätigung bei ruhender Wassersäule verwendet und darf nur im druckentlasteten Zustand geöffnet

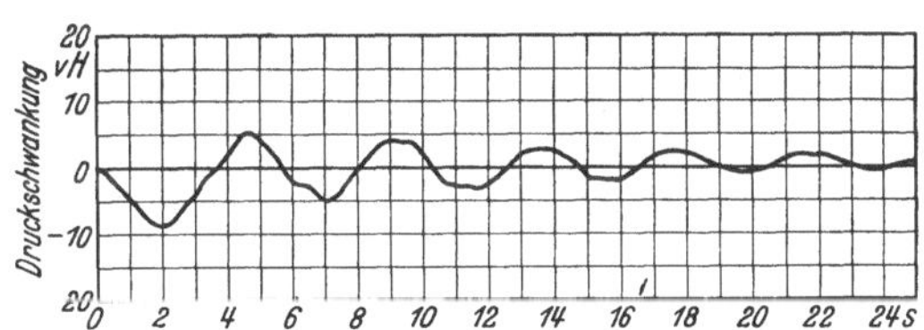

Abb. 373. Abschalten einer Speicherpumpe mit Schwungmassenwirkung.

werden, wenn also durch eine Umgangsleitung vor und hinter der Drosselklappe der gleiche Druck herrscht.

Die Kugel- und Walzenschieber und ähnliche Bauformen erfüllen die an die Abschlußvorrichtungen zu stellenden Bedingungen und sind daher für diesen Zweck selbst in Hochdruckanlagen in Benutzung. Sie gestatten zudem jede gewünschte Durchflußöffnung im Dauerbetrieb einzustellen und können mit der jeweils erforderlichen Schließ- und Öffnungszeit arbeiten. Für die Regelung der Fördermenge haben sie mit der Pumpe zusammen den Nachteil, daß der Wirkungsgrad verhältnismäßig schlecht ist, weil sie die Wassermenge durch die Durchfluß-

begrenzung drosseln (Drosselregelung). Die Pumpe muß mit fester
Leitschaufelstellung ausgeführt werden. Eine Einstellung der Drosselregelung nach dem jeweiligen QH-Verhältnis und der verfügbaren
Antriebsleistung für die Pumpe ist nur sehr schwer und umständlich
möglich. Zur Sicherheit müssen vor diese Schieber noch Drosselklappen
eingebaut werden, die im Notfall beim Versagen der Schieber, sowie
bei Untersuchungen und Instandsetzungen an den Schiebern die Rohrleitung abschließen, um den Turbinenbetrieb nicht zu stören.

Die Leitschaufelverstellung kann sowohl als Abschlußvorrichtung als auch zur Regelung benutzt werden und stellt die beste Ausführung für Mitteldruckpumpen dar. Die Leitschaufeln werden in ähnlicher Weise wie bei Wasserturbinen mit Hilfe von Hebeln und Lenkern
über einen Regelring bewegt. Zum
Drehen des Regelringes dient ein
Servomotor mit Betrieb durch Preß-
wasser oder Preßöl.

Die Leistungsregelung[1] ist
bei der Pumpe nicht in gleich wirtschaftlicher Weise möglich, wie etwa
bei der Turbine. Es werden für diese
die Drosselung, die Leitschaufelverstellung, die Aufteilung auf zwei
Pumpen, unter Umständen auch die
Auswechselung des Laufrades und
die Drehzahländerung benutzt. Abb.
374 zeigt den Wirkungsgradverlauf
bei gleichbleibender Förderhöhe für
drei verschiedene Regelungsformen
und läßt erkennen, wie unwirtschaftlich eine solche Wassermengenregelung ist.

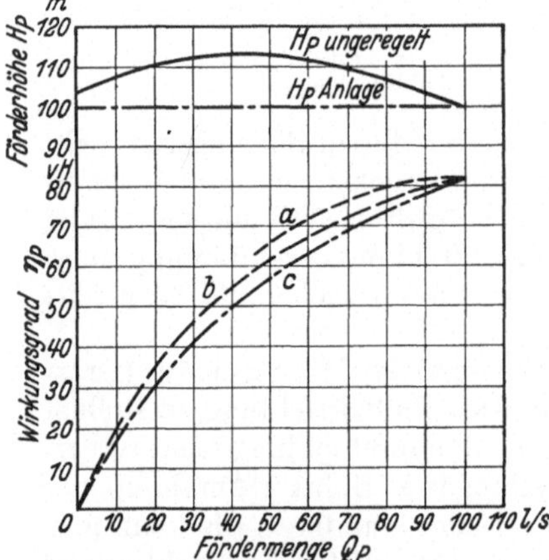

Abb. 374. Wirkungsgradverlauf für verschiedene Regelungsarten.
a Drehzahlregelung, b Drehschaufelregelung,
c Drosselregelung.

Die Drosselregelung durch Schieber ist die ungünstigste Form
und wird daher nicht angewendet.

Die Leitschaufelverstellung arbeitet vorteilhafter, ist zudem sehr
einfach und wird daher am häufigsten benutzt. Alle großen Mitteldruckpumpen sind in neuerer Zeit mit dieser Drehschaufelregelung versehen.
Die Steuerung des Verstellservomotors besorgt ein selbsttätiger Regler,
dessen Pendel entweder von der Maschinenwelle oder durch einen kleinen
Synchronmotor angetrieben wird, der vom Netz Strom erhält. Da er
auf sämtliche Änderungen in der Frequenz des Stromes anspricht,
erfolgt fortgesetzte Regelung. Ist das Netz zu stark belastet, sinkt die
Frequenz und der Motor läuft langsamer, der Regler verstellt die Leitschaufeln im Sinne des Schließens und verringert somit die Arbeitsaufnahme der Pumpe. Bei zu schwacher Belastung des Netzes tritt das
Umgekehrte ein. Die Pumpe paßt sich infolgedessen dem jeweils zur

---

[1] Lembcke: Zur Frage der Regelung von Speicherpumpen. BBC Nachr.
1931 S. 65 und Pfleiderer: Z. VDI 1929 S. 129.

Verfügung stehenden Leistungsüberschuß selbsttätig an. Die elektrische
Beeinflussung des Reglerpendels hat allerdings den Nachteil, daß der

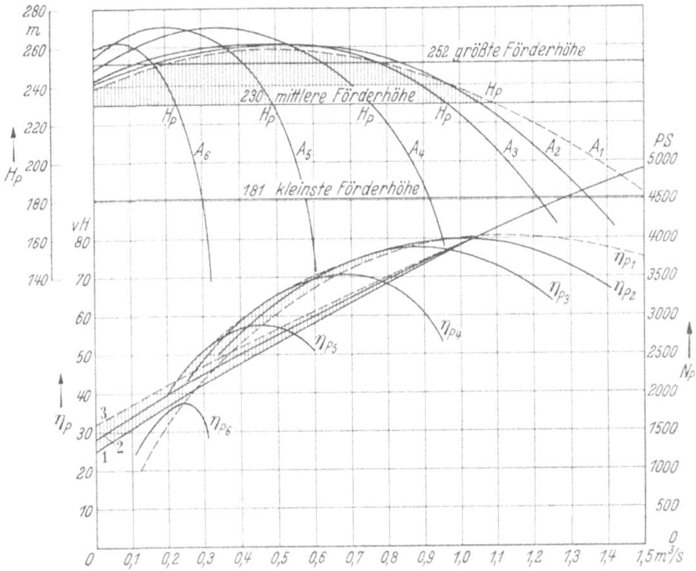

Abb. 375. Drehschaufelregelung (Leitschaufelverstellung).

Reglermotor auch einmal durch geringfügige Ursachen aus dem Tritt
fallen kann und die Pumpe dann schließt.

Die Wirksamkeit und den Vorteil der Leitschaufelregelung zeigt
Abb. 375[1]. Die punktiert ausge-
zogene Kennlinie A_1 ist die QH_P-
Linie bei Drosselregelung; die zugehörige η_P-Kennlinie und der
Kraftbedarf sind ebenfalls punktiert eingezeichnet. Die ausge-
zogene Kennlinienschar zeigt die
Wirkung der Leitschaufelstellung
bezüglich Wirkungsgrad und
Kraftbedarf bei Leitschaufelregelung. Aus den schraffierten unteren Feldern ist deutlich zu erkennen, wie der Wirkungsgrad und
die Arbeitsaufnahme bei Teilbelastung für die regelbare Pumpe
wesentlich günstiger ausfallen als

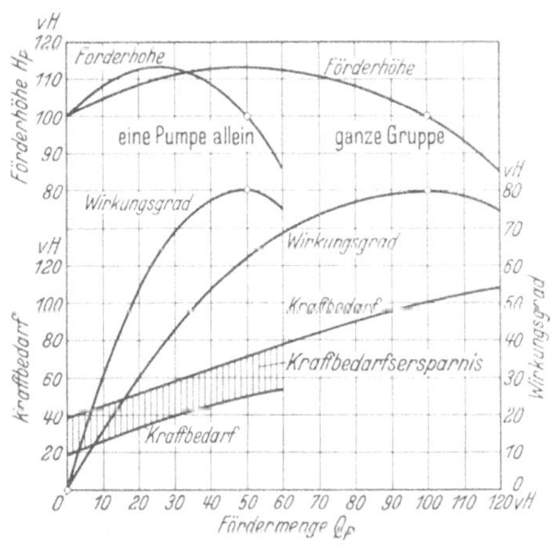

Abb. 376. Leistungskennlinien für eine Zwillings-
speicherpumpengruppe mit einer zu- und abschaltbaren Pumpe (Tremorgio).

---

[1] Maas, A.: Hydraulische Hochspeicherwerke. Escher Wiss Maschinenfabrik
GmbH., Ravensburg, Württemberg. Auch Z. VDI Bd. 67 (1923) S. 429; Wasserkraft 1924 Nr. 1/2; Schweiz. Bauztg. 1923 Heft 3/4.

546 Die Wasserkraftanlagen.

bei einer gewöhnlichen Pumpe mit Drosselregelung. Daraus ergibt sich für das Anfahren der geregelten Pumpe beim unmittelbaren Übergang vom Kraft- zum Pumpenbetrieb ein viel geringerer Arbeitsaufwand, was für die schaltbare Kupplung von besonderem Vorteil ist.

Ein weiterer Vorzug dieser Regelung ist die genaue Einstellung des Leitapparates auf den in der Leitung herrschenden Druck, so daß die Vernichtung der überschüssigen Förderhöhe mit Hilfe des Absperrschiebers wie bei einer gewöhnlichen Pumpe vollständig in Wegfall kommt. In Abb. 375 ist dies durch das schraffierte obere Feld zwischen der als Abszisse eingetragenen mittleren Förderhöhe von 230 m und der QH_P-Kennlinie A_1 kenntlich gemacht. Danach sind beispielsweise bei dieser Pumpe bei 0,5 m³/s Fördermenge und 230 m Förderhöhe rd. 30 m und bei der kleinsten Förderhöhe von 181 m sogar fast 80 m durch Schieber oder Ventil abzudrosseln, während bei den regelbaren Pumpen der Leitapparat nur so einzustellen ist, daß beim ersten Fall die Leitschaufelöffnungen etwa bei A_5 und beim anderen zwischen A_5 und A_6 stehen.

Die Aufteilung auf zwei Pumpen kann gegebenenfalls eine sehr gute Lösung darstellen. Die dafür erforderlichen Maschinenteile verteuern allerdings bei Mitteldruckanlagen die Anschaffungskosten und erhöhen den Platzbedarf so wesentlich, daß diese Regelform kaum zur Ausführung kommen kann.

Bei Hochdruckanlagen mit den verhältnismäßig kleinen Pumpen, wenn sie in der Bauart der Kreiselpumpen zur Anwendung kommen, kann diese Pumpenunterteilung sehr wohl betriebliche und wirtschaftliche Vorteile ergeben. Ein besonderes Beispiel hierfür gibt die Hochdruck-Pumpspeicheranlage Tremorgio[1].

Zeitweise können aus dem Netz 4000 und 10000 kW bereitgestellt werden. Demzufolge wurden zwei Hochdruckpumpen gewählt (Abb. 377), die einzeln oder zusammen vom Motorgenerator angetrieben werden. Die Einkupplung der Pumpen erfolgt im Stillstand über eine mechanische Kupplung. Zwischen der Pumpen- und der Motorwelle liegt ein hochwertiges Ge-

---

[1] Siehe G. Kühne: Fußnote S. 531.

Zahlentafel 50. Leistungen und Wirkungsgrade der Turbinen und Pumpen des Bleilochkraftwerkes.

Turbinen

		zwei Turbinen		eine Turbine	
Nutzfallhöhe . . . . . m	26,7	40,9	40,9	58
Wassermenge je Turbine m³/s	50,85	33,6	62,9	45,7
Drehzahl . . . . . U/min	176,5		176,5	
Nutzleistung je Turbine . PS	14750	14750	29500	29500
Wirkungsgrad . . . . vH	81,5	80,5	86	83,5

Pumpen

Förderhöhe . . . . . m	28	36	41	41	50	58
Fördermenge je Pumpe m³/s	30,5	24,5	19	35	29	20.5
Drehzahl . . . . . U/min	150			176.5		
Kraftbedarf . . . . . PS	14750	13850	13150	24200	22900	21000
Wirkungsgrad . . . . vH	77,5	85	79	79	84,5	75,5

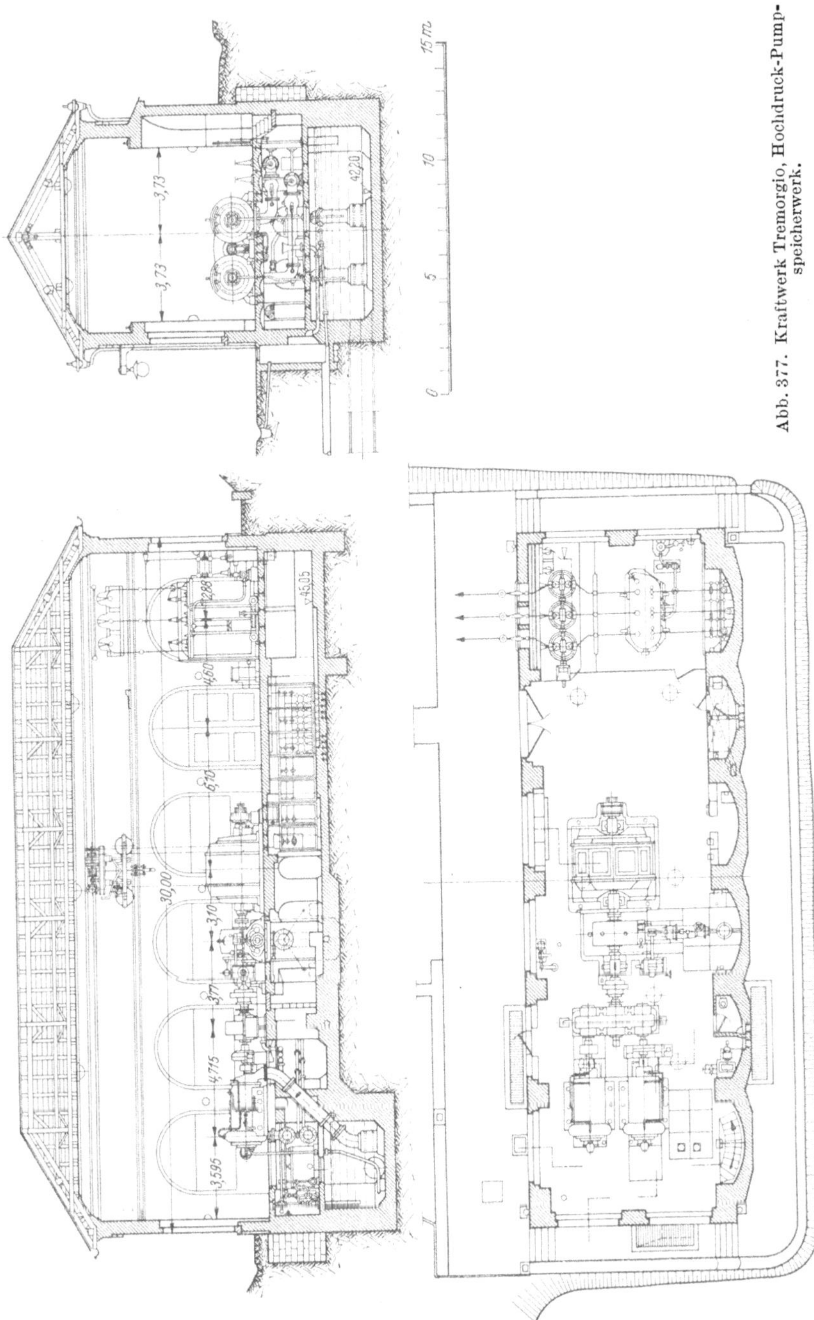

Abb. 377. Kraftwerk Tremorgio, Hochdruck-Pump-speicherwerk.

triebe, das mit der einen Pumpe fest verbunden ist. Die zweite Pumpe kann mittels einer elektromagnetischen Kupplung zu- und abgeschaltet werden. Jede Pumpe leistet 0,4 m³/s bei 920 m Förderhöhe.

Die Wirkungsgrade und der Kraftbedarf bei wechselnder Förderhöhe sind aus den Kennlinien der Abb. 376 ersichtlich. Abb. 377 zeigt das Kraftwerk mit seiner Maschinenanlage. Als Absperrvorrichtungen sind hier Kugelschieber mit besonderer Steuerung einer Umleitung im Pumpenbetrieb verwendet. Diese Pumpenunterteilung hat noch den Vorteil, daß stets eine Pumpe betriebsbereit ist, die Pumpen also gegenseitige Reserve bilden.

Wäre nur eine einzige Pumpe zur Aufstellung gekommen, so hätten die Wirkungsgrade betragen: bei Vollast 80 vH, bei Halblast 62,5 vH und bei Viertellast 36,5 vH. Demgegenüber kommen die Wirkungsgrade bei geteilten Pumpen und einer abgeschalteten Hälfte bei Vollast = ¹/₂-Last der ganzen Pumpe auf 80 vH und bei Halblast = ¹/₄-Last der ganzen Pumpe auf 62,5 vH. Der Verlust des Getriebes beträgt 1 bis 2 vH. Die Pumpendrehzahl konnte den hydraulisch günstigsten Verhältnissen angepaßt werden.

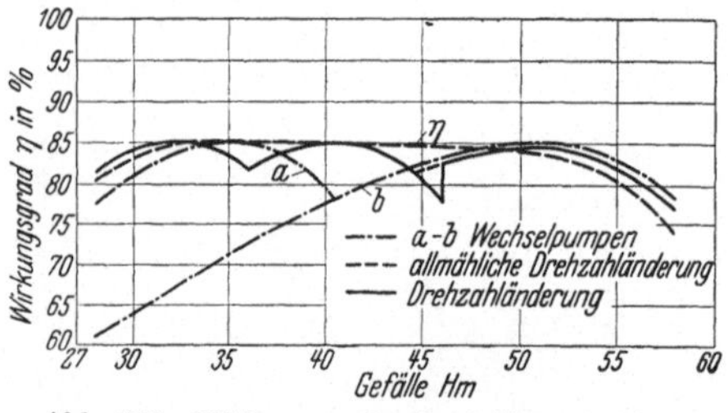

Abb. 378. Wirkungsgradverlauf für verschiedene Pumpenausführungen.

Die Laufradauswechselung kann nur bei Ausnützung eines Jahresspeichers angewendet werden, weil sie recht umständlich ist und stets umfangreiche Montagearbeiten erfordert. Eine Regelung in dieser Form ist bisher nicht zur Ausführung gekommen.

Eine weitere Regelung der Pumpe kann durch die Änderung der Drehzahl entweder allmählich oder in Stufen erreicht werden. Bei dem Synchronmotorgenerator ist die durchgehende Drehzahländerung nicht möglich, da nur durch eine Frequenzänderung die Drehzahl geändert werden kann. Es muß dann ein Asynchronmotorgenerator mit Regelmaschinen zur Aufstellung kommen, die sehr teuer sind, viel Platz bedürfen und außerdem den Betrieb der Gesamtanlage erschweren. Zudem bedarf die Asynchronmaschine stets eines spannungsführenden Netzes, wenn sie als Generator arbeiten soll. Diese Form der Drehzahlregelung ist noch nicht benutzt worden. Den Wirkungsgradverlauf zeigt Abb. 378.

Der große Förderhöhenunterschied bei Talsperren zusammen mit der stark veränderlichen Wassermenge, die zu pumpen ist, hat bei den Pumpen des Bleiloch-Kraftwerkes dazu gezwungen, nach einer anderen Lösung der Drehzahlregelung zu suchen.

Dieses Pumpspeicherwerk hat je nach dem Füllungsgrad des Talsperrenbeckens mit Förderhöhenunterschieden bis zu 27 m zu rechnen und da die Turbinenleistung bei den gleichen Fallhöhenschwankungen immer gleich sein muß, schwankt die verarbeitete Wassermenge zwischen 45,7 und 100 m³/s, die von den Pumpen gegebenenfalls täglich zurück-

befördert werden muß. Da das Ausgleichsbecken in jedem Fall in einer
Tagespumpzeit entleert sein muß, schwankt die Fördermenge der Pumpen entsprechend der Turbinenwassermenge. Hier wurden zwei zusam-
mengebaute Synchronmaschinen für jeden Maschinensatz gewählt, die
eine für $n = 176{,}5$ U/min bei voller Leistung und die zweite für
$n = 150$ U/min bei halber Leistung. Bei tiefem Beckenstand der Talsperre arbeitet die kleine Maschine, bei Überschreitung eines mittleren

Abb. 379. Saaletalsperre am Bleiloch, Sperrmauer mit Kraftwerk und Umspannwerk,

Wasserstandes im Becken die große Maschine. Untersucht wurden zu
dieser Betriebsform noch bei nur einer Synchronmaschine die Aufstellung
von zwei Pumpen und die elektrische Drehzahlregelung der dann als
Asynchronmaschinen zu bauenden Motorgeneratoren (Abb. 378). Die
aus betrieblichen und wirtschaftlichen Gründen gewählte Ausführung
zeigt Zahlentafel 50.

Die Pumpe wird also stets mit voller Beaufschlagung gefahren, weil
sie dann den besten Wirkungsgrad hat. Eine ständige Regelung der zu
fördernden Wassermenge findet nicht statt.

Abb. 379 zeigt die zur Zeit größte deutsche Talsperre in der Saale
mit der Sperrmauer, dem Krafthaus, dem Ausgleichsbecken und dem
auf der Höhe liegenden Umspannwerk.

Die Saaletalsperre am Bleiloch hat drei Aufgaben zu erfüllen und
zwar in Niedrigwasserzeiten Zuschuß an die Elbe zu geben, dann den
Unterlauf der Saale vor Hochwässern aus dem gesperrten Gebiet zu
schützen und schließlich die Ausnutzung des aus dem Sperrenbecken
abgegebenen Wasserschatzes zur Gewinnung elektrischer Energie. Das
Pumpspeicherwerk ist als Spitzenkraftwerk in das thüringische Landesnetz eingegliedert und über 100-kV-Leitungen nach Westen mit dem

preußischen Landesnetz, nach Osten mit dem sächsischen Landesnetz verbunden. Durch gemeinsam vereinbarte Betriebsfahrpläne wird das Kraftwerk als Spitzenkraftwerk den Sommer- und Winterbedürfnissen entsprechend für die 3 Versorgungsgebiete eingesetzt und die verarbeitete Wassermenge, die in einem Ausgleichsbecken gesammelt wird, dann zurückgepumpt, wenn der Wasserschatz der Sperre über das aus den weiteren Aufgaben jeweils zulässige Maß in Anspruch genommen worden ist. Die jährlich zu verarbeitende Wassermenge beträgt bei einem Stauraum von 210 Mill. m³ etwa 180 bis 190 Mill. m³.

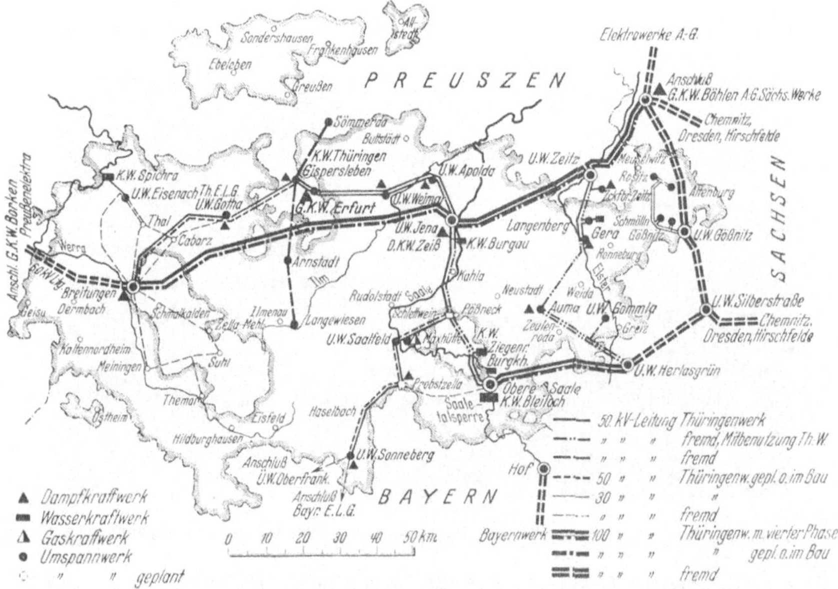

Abb. 380. Pumpspeicherwerk der Bleiloch-Saaletalsperre und Netzplan für die Eingliederung in die Landesversorgungen von Thüringen, Preußen und Sachsen.

Auch als Augenblicksreserve und für Leitungsüberholungszwecke hat dieses Spitzenwerk eine besondere Bedeutung. Aus Abb. 380 ist die Verkuppelung der Netze und der entsprechend gestaltbare Verbundbetrieb ersichtlich. Die bisherigen Erfahrungen in der Betriebsführung und in der Erfüllung der elektrowirtschaftlichen Aufgaben sind nach jeder Richtung durchaus zufriedenstellend.

Verzeichnis der Formelzeichen und Sachverzeichnis.

Um das Formelverzeichnis und das ausführlich gehaltene Sachverzeichnis beim Studium bequem zur Hand zu haben, sind beide so eingeheftet worden, daß sie im ganzen herausgenommen und besonders benutzt werden können.

Verzeichnis der Formelzeichen.

Seite

E

$\varkappa$

$\varkappa$ Leitfähigkeit des Baustoffes in S m/mm² 28

λ

λ Wärmeleitfähigkeit des Stein- oder Schlammansatzes in kcal/m h °C   119
λ Wärmeleitzahl in kcal/m h °C 331

μ

μ Feuchtigkeitsgrad 98

ν

ν Lastverhältnis (Fußzeiger Wi = Winter, So = Sommer). 4
ν spezifische Umfangsgeschwindigkeit in mkg/s kcal 94

σ

σ Kavitationsbeiwert 495
σ_φ zulässige Umfangsspannung im Baustoff in kg/mm² 523

τ

τ_1 $\tau_1 = t_1 - t_1''$ in °C 97

φ

φ Güteverhältnis der Niet- oder Schweißnaht in vH 523
$\cos \varphi_a$ Leistungsfaktor 10

ω

ω Winkelgeschwindigkeit des Schwungrades in 1 sec 402

Sachverzeichnis.